中国工程院重大咨询研

“中国食品安全现状、问题及对策战略研究（[illegible]期）”项目组

中国食品安全现状、问题及对策战略研究（第二辑）

庞国芳　孙宝国　陈君石　魏复盛　主编

科学出版社
北　京

内 容 简 介

《中国食品安全现状、问题及对策战略研究(第二辑)》是中国工程院重大咨询项目研究成果。该项目由中国工程院庞国芳院士担任组长,30多家单位数百位专家持续研究,形成了这部专著。本书内容包括三部分。第一部分是项目综合报告,包括:①新形势下我国食品安全现状;②现阶段我国食品安全问题剖析;③发达国家食品安全监管策略与措施;④我国食品安全保障的战略构想;⑤构建我国食品安全保障体系的对策与建议。第二部分是各课题研究报告,包括:①食品产业供给侧改革发展战略研究;②环境基准与食品安全发展战略研究;③食品风险评估诚信体系建设战略研究;④食品微生物/兽药安全风险控制发展战略研究;⑤食品安全与信息化发展战略研究;⑥经济新形势与食品安全发展战略研究。第三部分是各专题研究报告,包括:①开启食品精准营养与智能制造新时代战略发展研究;②“食药同源”食品改善国民营养健康战略发展研究;③我国“菜篮子”工程水果蔬菜残留农药治理战略发展研究;④加强食品营养健康产业创新,厚植“健康中国”根基战略发展研究。

本书对中国食品安全管理相关各级政府部门具有重要参考价值,同时可为食品生产、科研、教育从业人员和大专院校师生以及社会公众等了解中国食品安全现状及发展提供参考。

图书在版编目(CIP)数据

中国食品安全现状、问题及对策战略研究. 第二辑/庞国芳等主编. —北京:科学出版社,2020.8

中国工程院重大咨询研究项目

ISBN 978-7-03-065727-5

Ⅰ. ①中… Ⅱ. ①庞… Ⅲ. ①食品安全–安全管理–研究–中国 Ⅳ. ①TS201.6

中国版本图书馆CIP数据核字(2020)第136268号

责任编辑:杨 震 刘 冉 杨新改 / 责任校对:杜子昂
责任印制:赵 博 / 封面设计:北京图悦盛世

科学出版社 出版
北京东黄城根北街16号
邮政编码:100717
http://www.sciencep.com
涿州市般润文化传播有限公司印刷
科学出版社发行 各地新华书店经销
*
2020年8月第 一 版 开本:787×1092 1/16
2024年9月第五次印刷 印张:37 1/2
字数:870 000

定价:298.00元

(如有印装质量问题,我社负责调换)

《中国食品安全现状、问题及对策战略研究(第二辑)》编写委员会

主　　编：庞国芳　孙宝国　陈君石　魏复盛

副 主 编：夏咸柱　沈昌祥　朱蓓薇　吴清平　岳国君　吴丰昌

常务编委：陈　卫　钱　和　常巧英　王守伟　臧明伍

编　　委(按姓氏拼音排序)：

白若镔　毕克新　常巧英　陈　卫　陈　艳　陈　颖

陈君石　戴小枫　段小丽　范春林　郭　斐　郭波莉

胡小松　李大东　李建军　马连营　孟素荷　宁振虎

牛兴和　庞国芳　钱　和　任发政　沈昌祥　孙宝国

王　静　王守伟　魏复盛　吴丰昌　吴清平　吴永宁

夏咸柱　谢　晶　谢明勇　岳国君　臧明伍　张菊梅

赵晓丽　赵永坤　钟虹光　周光宏　朱蓓薇

主要研究人员名单

1 项目组

组 长

庞国芳 中国检验检疫科学研究院，中国工程院院士

副组长

孙宝国 北京工商大学，中国工程院院士
魏复盛 中国环境监测总站，中国工程院院士
吴丰昌 中国环境科学研究院，中国工程院院士
陈君石 国家食品安全风险评估中心，中国工程院院士
吴清平 广东省微生物研究所，中国工程院院士
沈昌祥 海军计算技术研究所，中国工程院院士

顾 问

郝吉明 清华大学，中国工程院院士
刘 旭 中国工程院，中国工程院院士
曲久辉 中国科学院生态环境研究中心，中国工程院院士
陈克复 华南理工大学，中国工程院院士
范维澄 清华大学，中国工程院院士
侯立安 第二炮兵工程设计研究院，中国工程院院士
刘文清 中国科学院合肥物质科学研究院，中国工程院院士
谢剑平 中国烟草总公司郑州烟草研究院，中国工程院院士
尹伟伦 北京林业大学，中国工程院院士
郑静晨 解放军总医院第三医学中心，中国工程院院士
杨志峰 北京师范大学，中国工程院院士
陈萌山 中国农业科学院，原党组书记
张晓刚 国际标准化组织(ISO)，前主席
蒲长城 原国家质量监督检验检疫总局，副局长
边振甲 中国营养保健食品协会，会长
郎志正 国务院参事
任玉岭 全国政协原常委、国务院资深参事
段永升 国家市场监督管理总局食品安全抽检监测司，司长
于 军 国家市场监督管理总局新闻宣传司，司长
张志强 国家卫生健康委员会食品司，副司长/研究员
贾敬敦 科学技术部火炬高技术产业开发中心，主任

金发忠　农业农村部农产品质量安全监管司，副司长
戴小枫　中国农业科学院农产品加工研究所，所长/研究员
王东阳　农业农村部食物与营养发展研究所，副所长/研究员
严卫星　国家食品安全风险评估中心，副主任

项目办公室

高中琪　中国工程院二局，局长
王振海　中国工程院一局，巡视员
王元晶　中国工程院三局，副局长
唐海英　中国工程院二局，副局长
张　健　中国工程院科学道德处，处长
王小文　中国工程院二局环境学部办公室，主任
张海超　中国工程院二局环境学部办公室，主任科员
郑　竞　中国气象科学研究院，工程师
姜玲玲　中国工程院咨询服务中心，助理研究员
范春林　中国检验检疫科学研究院，研究员
常巧英　中国检验检疫科学研究院，高级工程师
陈　卫　江南大学，校长/教授
钱　和　江南大学，教授
王守伟　北京食品科学研究院，院长/教授级高工
臧明伍　北京食品科学研究院，主任/教授级高工

2　课题组

课题一　食品产业供给侧改革发展战略研究

组　长

孙宝国　北京工商大学，中国工程院院士

副组长

朱蓓薇　大连工业大学，中国工程院院士
岳国君　中粮集团有限公司，中国工程院院士

成　员

王　静　北京工商大学，教授
胡小松　中国农业大学，教授
任发政　中国农业大学，教授
王守伟　北京食品科学研究院，教授级高工
周光宏　南京农业大学，教授
牛兴和　中粮营养健康研究院，教授级高工
潘迎捷　上海海洋大学，教授
谢　晶　上海海洋大学，教授
乔晓玲　北京食品科学研究院，教授级高工

谭明乾　　大连工业大学，教授
李春保　　南京农业大学，教授
陈　芳　　中国农业大学，教授
宋　弋　　中国农业大学，副教授
董秀萍　　大连工业大学，教授
臧明伍　　北京食品科学研究院，教授级高工
陈文华　　北京食品科学研究院，教授级高工
徐幸莲　　南京农业大学，教授
刘海泉　　上海海洋大学，副教授
赵　勇　　上海海洋大学，教授
罗　洁　　中国农业大学，博士后
郭　斐　　中粮营养健康研究院，副主任
卞　祺　　中粮营养健康研究院，研究经理
董笑晨　　中粮营养健康研究院，研发专员
张　明　　北京工商大学，副教授
孙金沅　　北京工商大学，副研究员

课题二　环境基准与食品安全发展战略研究

组　长

魏复盛　　中国环境监测总站，中国工程院院士
吴丰昌　　中国环境科学研究院，中国工程院院士

成　员

段小丽　　北京科技大学，教授
赵晓丽　　中国环境科学研究院，研究员
冯承莲　　中国环境科学研究院，副研究员
符志友　　中国环境科学研究院，副研究员
何　佳　　中国环境科学研究院，博士后
王凡凡　　中国环境科学研究院，博士后
刘沙沙　　中国环境科学研究院，博士后
李天昕　　北京科技大学，教授
曹素珍　　北京科技大学，讲师
秦　宁　　北京科技大学，讲师
郑　蕾　　北京科技大学，讲师
程世昆　　北京科技大学，讲师

课题三　食品风险评估诚信体系建设战略研究

组　长

陈君石　　国家食品安全风险评估中心，中国工程院院士
吴永宁　　国家食品安全风险评估中心，技术总师/研究员

成　员

孟素荷　　中国食品科学技术学会，理事长/教授级高工
陈　颖　　中国检验检疫科学研究院，副院长/研究员
王守伟　　北京食品科学研究院，院长/教授级高工
魏益民　　中国农业科学院农产品加工研究所，教授
Patrick Wall　　国家食品安全风险评估中心，教授
Godefroy Samuel　　国家食品安全风险评估中心，教授
樊永祥　　国家食品安全风险评估中心，室主任/研究员
郭丽霞　　国家食品安全风险评估中心，室主任/主任医师
李业鹏　　国家食品安全风险评估中心，室主任/研究员
苗　虹　　国家食品安全风险评估中心，研究员
李敬光　　国家食品安全风险评估中心，研究员
陈　艳　　国家食品安全风险评估中心，研究员
陈　思　　国家食品安全风险评估中心，副研究员
邵　懿　　国家食品安全风险评估中心，副研究员
张九凯　　中国检验检疫科学研究院，副研究员
邢冉冉　　中国检验检疫科学研究院，博士后
韩建勋　　中国检验检疫科学研究院，副研究员
莫英杰　　中国食品科学技术学会，工程师
臧明伍　　北京食品科学研究院，主任/教授级高工
李　丹　　北京食品科学研究院，高级工程师
郭波莉　　中国农业科学院农产品加工研究所，研究员
张　磊　　中国农业科学院农产品加工研究所，工程师

课题四　食品微生物/兽药安全风险控制发展战略研究

组　长

吴清平　　广东省微生物研究所，中国工程院院士
夏咸柱　　军事医学科学院军事兽医研究所，中国工程院院士

成　员

陈　颖　　中国检验检疫科学研究院，研究员
张菊梅　　广东省微生物研究所，主任/研究员
曹兴元　　中国农业大学，教授
吴聪明　　中国农业大学，教授
杜向党　　河南农业大学，教授
薛　峰　　南京农业大学，教授
林　洪　　中国海洋大学，教授
马连营　　广东省微生物研究所，教授级高工
吴　诗　　广东省微生物研究所，助理研究员
陈谋通　　广东省微生物研究所，副研究员

赵永坤　军事医学科学院军事兽医研究所，副研究员
丁　郁　暨南大学，教授
王　涓　华南农业大学，副教授
薛　亮　广东省微生物研究所，副研究员
张淑红　广东省微生物研究所，副研究员
杨小鹃　广东省微生物研究所，副研究员
曾海燕　广东省微生物研究所，副研究员

课题五　食品安全与信息化发展战略研究

组　长

沈昌祥　海军计算技术研究所，中国工程院院士

成　员

王守伟　北京食品科学研究院，院长/教授级高工
李大东　深圳市亿睿诚科技有限公司，研究员
孙　瑜　北京可信华泰信息技术有限公司，副总经理/高级工程师
宁振虎　北京可信华泰信息技术有限公司，安全研究员
王　涛　北京可信华泰信息技术有限公司，架构师
洪　宇　北京可信华泰信息技术有限公司，工程师
刘　威　深圳市亿睿诚科技有限公司，总经理
易　兵　深圳市亿睿诚科技有限公司，架构师
袁朝平　深圳市亿睿诚科技有限公司，高级工程师
臧明伍　北京食品科学研究院，主任/高级工程师
陈文华　北京食品科学研究院，教授级高工
成晓瑜　北京食品科学研究院，教授级高工
李　丹　北京食品科学研究院，高级工程师

课题六　经济新形势与食品安全发展战略研究

组　长

庞国芳　中国检验检疫科学研究院，中国工程院院士

成　员

毕克新　海关总署进出口食品安全局，局长
王守伟　北京食品科学研究院，院长/教授级高工
陈　卫　江南大学，校长/教授
范春林　中国检验检疫科学研究院，研究员
臧明伍　北京食品科学研究院，主任/教授级高工
钱　和　江南大学，教授
李建军　海关总署国际检验检疫标准与技术法规研究中心，研究员
常巧英　中国检验检疫科学研究院，高级工程师
李　丹　北京食品科学研究院，高级工程师

张凯华　　北京食品科学研究院，工程师
张哲奇　　北京食品科学研究院，工程师
李笑曼　　北京食品科学研究院，工程师

3　专题组

专题一　开启食品精准营养与智能制造新时代战略发展研究

组　长

戴小枫　　中国农业科学院农产品加工研究所，研究员

成　员

张　泓　　中国农业科学院农产品加工研究所，研究员
张德权　　中国农业科学院农产品加工研究所，研究员
高　雷　　中国农业科学院农产品加工研究所，研究员
王　锋　　中国农业科学院农产品加工研究所，研究员
朱　捷　　中国农业科学院农产品加工研究所，副研究员

专题二　“食药同源”食品改善国民营养健康战略发展研究

组　长

谢明勇　　南昌大学食品科学与技术国家重点实验室，教授

成　员

钟虹光　　江西江中食疗科技有限公司，主任中药师/教授
庞国芳　　中国检验检疫科学研究院，中国工程院院士
余　强　　南昌大学食品学院，副教授
尧梅香　　江西江中食疗科技有限公司，工程师
聂少平　　南昌大学食品学院，教授
常巧英　　中国检验检疫科学研究院，高级工程师

专题三　我国“菜篮子”工程水果蔬菜残留农药治理战略发展研究

组　长

庞国芳　　中国检验检疫科学研究院，中国工程院院士

成　员

范春林　　中国检验检疫科学研究院，研究员
常巧英　　中国检验检疫科学研究院，高级工程师
白若镔　　北京合众恒星检测科技有限公司，总经理
梁淑轩　　河北大学化学与环境科学学院，教授
曹彦忠　　秦皇岛海关总署，研究员
徐建中　　河北大学化学与环境科学学院，教授

专题四　加强食品营养健康产业创新 厚植“健康中国”根基战略发展研究

组　长

庞国芳　　中国检验检疫科学研究院，中国工程院院士

孙宝国　　北京工商大学，中国工程院院士
陈君石　　国家食品安全风险评估中心，中国工程院院士

成　员

任发政　　中国农业大学，教授
陈　卫　　江南大学，校长/教授
谢明勇　　南昌大学食品科学与技术国家重点实验室，教授
钱　和　　江南大学，教授
余　强　　南昌大学食品学院，副教授
常巧英　　中国检验检疫科学研究院，高级工程师

前　言

民以食为天，食以安为先。食品安全是全球食物生产链和供应链面临的重大和持续挑战，来自种植业和养殖业滥用药物以及环境污染造成的化学性污染，以及疫情疫病传播和突发性致病菌污染造成的食源性疾病长期威胁着全球的食物生产和供应。随着食品贸易的全球化，食物供应链日趋复杂，区域间经济发展不均衡、产销分离、技术水平的差异等因素给食品安全带来新的不确定风险，世界各国对食品安全问题的关注持续升温。

我国党和政府历来高度重视食品安全问题。习近平总书记指出：食品安全关系中华民族未来……能不能在食品安全上给老百姓一个满意的交代，是对我们执政能力的重大考验。并提出要用“四个最严”要求构建食品安全治理体系，即最严谨的标准、最严格的监管、最严厉的处罚、最严肃的问责。食品安全具有历史性特征，不同发展阶段食品安全主要特征不同，一定时期内的潜在风险可能演变成未来阶段的突出问题；食品安全具有系统性特征，涉及经济、社会、科技水平与政治等多因素、多环节。因此，食品安全治理是一个长期复杂的过程，“不可能一蹴而就，也不可能一劳永逸”。

2017 年初，中国工程院在一期调研成果和反复酝酿的基础上，启动了“中国食品安全现状、问题及对策战略研究(二期)”重大咨询项目。项目由中国工程院庞国芳院士担任组长，十几位院士和几百名食品领域知名专家共同参与研究。项目设六个课题：①食品产业供给侧改革发展战略研究；②环境基准与食品安全发展战略研究；③食品风险评估诚信体系建设战略研究；④食品微生物/兽药安全风险控制发展战略研究；⑤食品安全与信息化发展战略研究；⑥经济新形势与食品安全发展战略研究。

经过两年多的紧张工作，专家们通过文献调研、问卷调查、实地考察、座谈研讨和专家咨询等方式，在“中国食品安全现状、问题及对策战略研究(一期)”基础上，结合当前经济发展形势、食品安全突出问题和面临的新风险，围绕食品产业供给侧结构性改革、环境基准、食品安全风险诚信体系、微生物风险防控、信息化和经济新形势等深入开展我国食品安全对策战略研究，分析得出我国现阶段凸显的食品安全风险主要为：①资源禀赋和产业基础难以满足中高端食品自给；②产地环境污染对食品安全影响深远；③农兽药残留仍是食品安全源头治理的重点；④食源性病原微生物及其耐药性问题日益突显；⑤食品掺假是食品安全社会化治理的首要任务；⑥供应链多元化导致食品安全风险复杂化。

基于上述判断，并充分借鉴发达国家和地区的食品安全治理先进经验，紧紧围绕“两个一百年”奋斗目标，基于食品质量、安全、营养、真实性四大要素，全面提升我国食品供给、安全保障和科研能力，到 2035 年：基本实现食品安全治理现代化；食品法规与标准国际化水平大幅提升，参与国际标准化活动能力进一步增强；监管体系由终端监督向过程管理与服务转变；食品抽检监测、食源性疾病、进出口风险预警等网络实现全覆盖，环境污染物、农兽药、病原微生物、经济利益驱动型掺假(EMA)等监测平台建立完善；食品安全“国际共治”取得实质推进；科技保障能力不断提升。到 2050 年：实现食品安全治理现代化，食品安全水平达到国际一流，成为社会主义现代化强国的重要民生基础。同时，提出了推进我国食品安全治理的六项重大建议：①关于构建以自给为主、多元补充、国际共治的食物供给和安全保障体系的建议；②关于推动建立基于健康风险全程管控的环境与食品基准/标准体系的建议；③关于建立基于“唯一健康”(One Health)原则的耐药菌防控机制，规范养殖业抗生素使用的建议；④关于强化大数据技术应用，推动国家监测网络由“信息化”向“智能化”升级的建议；⑤关于多部门联动，实施“食品消费信心提振计划”的建议；⑥关于持续支持食品安全与营养研发项目，健全食品安全与营养科技支撑体系的建议。

本书包括项目综合报告、各课题研究报告和各专题研究报告三部分。项目综合报告主要凝练各课题达成共识的观点和结论；专题报告则对具体专题进行深入的研究，并形成一批独特的观点。本书尽量确保支撑数据的权威性和时效性，大部分数据采用国内外官方数据，但仍有部分数据尚无法实现更新，敬请广大读者谅解。同时，希望本书的出版能够促进社会各界在食品安全治理方面形成战略性共识，为推进我国食品安全长效治理提供借鉴和参考，为我国食品安全保障水平的持续提升起到积极的推动作用。

本书项目组力求将6个课题、30多家单位数百位专家参与的历时两年多的中国工程院重大咨询研究项目丰硕成果，如数家珍地呈现给大家，但因水平所限难以完全兑现，不妥之处在所难免，敬请广大读者批评指正，多多赐教。

“中国食品安全现状、问题及对策战略研究(二期)”项目组

2020年5月16日

目　录

第一部分　项目综合报告

第二部分　各课题研究报告

第三部分 各专题研究报告

第一部分　项目综合报告

名 词 解 释

食品 供人食用或者饮用的成品和原料以及按照传统既是食品又是中药材的物品，但是不包括以治疗为目的的物品。

食品安全 食品无毒、无害，符合应当有的营养要求，对人体健康不造成任何急性、亚急性或者慢性危害。

营养安全 所有人在任何时候都能消费在品种、多样性、营养素含量和安全性等方面数量和质量充足的食物，满足其积极和健康生活所需的膳食需要和饮食偏好，并同时具备卫生清洁的环境，适宜的保健、教育和护理。

农产品 来源于农业的初级产品，即在农业活动中获得的植物、动物、微生物及其产品，可分为直接食用农产品和食品原料。

风险 暴露某种特定因子后在特定条件下对组织、系统或人群(或亚人群)产生有害作用的概率。

食品安全风险 对人体健康或环境产生不良效果的可能性和严重性，这种不良效果是由食品中的一种或多种危害所引起的。

食品供应链 食品的初级食品生产经营者到消费者各环节和经济利益主体(包括其前端的生产资料供应者和后端的作为规制者的政府)所组成的整体。

风险分析 一种为食品安全决策提供参考的系统化、规范化方法，由风险管理、风险评估和风险交流三个相互区别但紧密相关的部分组成。

风险管理 在风险评估结果基础上的政策选择过程，包括选择实施适当的控制理念以及法规管理措施。

风险评估 对特定时期内因危害暴露而对生命与健康产生潜在不良影响的特征性描述，由危害识别、危害特征描述、暴露评估和风险特征描述四个步骤组成。

风险交流 又称风险沟通，指在风险分析全过程中，风险评估人员、风险管理人员、消费者、产业界、学术界和其他感兴趣各方就风险、风险相关因素和风险认知等方面的信息和看法进行互动性交流，内容包括风险评估结果的解释和风险管理决定的依据。

食源性疾病 食品中致病因素进入人体引起的感染性、中毒性等疾病，包括食物中毒。

食物中毒 食用被有害物质污染或含有有毒有害物质的食品后出现的急性或亚急性疾病。

食品安全事故 食源性疾病、食品污染等源于食品，对人体健康有危害或者可能有危害的事故。

食品添加剂 为改善食品品质和色、香、味以及为防腐、保鲜和加工工艺的需要而加入食品中的人工合成或者天然物质，包括营养强化剂。

冷链物流 从生产、储藏、运输、销售，直到最终消费前的各个环节使易腐、生鲜食品始终处于规定的低温环境，保证食品质量，减少食品损耗的特殊供应链体系。

食品安全风险监测 通过系统和持续地收集食源性疾病、食品污染以及食品中有害因素的监测数据及相关信息，并进行综合分析和及时通报的活动。

微生物预报技术 在确定的条件下，借助微生物数据库和数学模型，快速对食品中重要微生物的生长、存活和死亡进行预测，从而确保食品在生产、运输和储存过程中的安全和稳定。

农业化学投入品 农药、兽药、渔药、化学肥料、农膜、饲料和饲料添加剂、动植物生长调节剂，以及在农产品产后加工过程中使用或添加的有可能影响农产品质量安全的其他物质。

物联网 通过信息传感器设备，按照约定的协议，把任何物品与互联网连接起来，进行信息交换和通信，以实现智能化识别、定位、跟踪、监控和管理的一种网络。

经济利益驱动型食品掺假 欺骗性地、有意地在一种产品中故意替换或添加某种物质，目的是增加产品的表观价值或降低其生产成本。经济利益驱动型食品掺假包括对产品的稀释，即将产品中已经存在的组分的数量提高(如果汁的加水稀释)，在某种程度上这类稀释甚至会对消费者产生一种已知的或者可能的健康风险，经济利益驱动型食品掺假还包括用于掩饰稀释的添加或替代食品组分的行为。

超高压技术 把液体或气体加压到100 MPa以上的技术称为“超高压技术”。这项技术类型分为超高静压技术、超高压水射流技术和动态超高压技术，在应用上也非常广泛。

食品追溯机制 为了确保食品质量安全，由生产者、加工者以及流通者分别将食品的生产销售过程中的可能影响食品质量安全的信息进行详细记录、保存并向消费者公开的制度。它主要由生产经营记录制度、包装与标识制度、编码与查询制度、消费者通报制度构成。

高温瞬时杀菌技术 把加热温度设为135～150℃、加热时间设为2～8 s、加热后产品达到商业无菌要求的杀菌过程。其基本原理包括微生物热致死原理和如何最大限度地保持食品的原有风味及品质原理。因为微生物对高温的敏感性远远大于多数食品成分对高温的敏感性，故超高温短时杀菌，能在很短时间内有效地杀死微生物，并较好地保持食品应有的品质。

兽药残留 用药后蓄积或存留于畜禽机体或产品(如鸡蛋、奶品、肉品等)中的原型药物或其代谢产物，包括与兽药有关的杂质的残留。

真空浓缩 在二次蒸汽的诱导及分离器高真空的吸力下，被浓缩的物料及二次蒸汽以较快的速度沿切线方向进入分离器。真空技术保存了原料的营养成分和香气。

微胶囊技术 微量物质包裹在聚合物薄膜中的技术，是一种储存固体、液体、气体的微型包装技术。

超微粉碎技术 利用机器或者流体动力的途径将0.5～5 mm的物料颗粒粉碎至微米甚至纳米级的过程，一般的粉碎技术只能使物料粒径为45 μm，而运用现代超微粉碎加工技术能将物料粉碎至10 μm，甚至1 μm的超细粉体。

食品微生物 与食品有关的微生物的总称。包括生产型食品微生物(醋酸杆菌、酵母菌等)和使食物变质的微生物(霉菌、细菌等)以及食源性病原微生物(大肠杆菌、肉毒杆菌等)。

食品欺诈 以经济获益为目的的食品造假行为，涵盖在食品、食品成分或食品包装中蓄意使用非真实性物质、替代品、添加物以及去除真实成分，或进行篡改、虚报以及做出虚假或误导性的食品声明。

精准加工 一种建立在人群营养需求以及针对他们的目标产品设计基础上，依据不同区域、不同品种的粮食油料作物的营养特性、加工特性、危害物迁移变化规律而实现的差异化、特定化、精确化的加工模式。

反式脂肪酸 化学结构包含反式非共轭双键的脂肪酸。

危害识别 对可能存在于特定的一种或一类食品中能引起有害健康影响的包括生物、化学和物理等(微生物和毒素)因素的识别。

多克隆抗体 天然抗原分子中常含有多种抗原表位，以其刺激机体，体内多个B细胞克隆被激活，产生的抗体实际是针对多种不同抗原表位的抗体的总和。

单克隆抗体 由一个B细胞分化增殖形成的浆细胞产生的针对单一抗原表位的抗体。

生物芯片 通过不同方法将生物分子(寡核苷酸、cDNA、多肽、抗体、抗原等)固着于硅片、玻璃片(珠)、塑料片(珠)、凝胶、尼龙膜等固相递质上形成的生物分子点阵。

摘　要

食品安全是国家生存和发展的根本。食品安全具有历史性特征，一定时期内的潜在风险可能演变成未来阶段的突出问题；食品安全具有系统性特征，涉及经济、社会、科技、政治等多因素、多环节。因此，食品安全治理是一个长期复杂的过程。

目前我国面临的主要食品安全问题包括：①供给侧结构性改革、消费结构持续升级加速新技术、新产品、新模式不断涌现，但营养与安全问题依旧严峻，食品安全监管面临新难题；②环境是食品安全的第一道防线，环境治理的长期性、综合性和反复性的特点迫使环境污染成为长期影响食品安全的重要问题；③食源性致病微生物污染率高，耐药性问题突出，基于组学平台的食源性致病微生物数据库尚未建立，难以应对致病微生物突发风险；④客观安全的提升难以转化为主观安全感，消费者对食品安全的信心和信任度需要修复和重塑；⑤食品安全信息化标准有待完善，智能化应用法规缺乏，信息化系统存在信息孤岛和一定的安全性隐患；⑥经济新形势下，城镇化加速发展，社会化分工日趋细化，食品产销分离带来的食品安全风险日趋凸显；⑦我国食品供应链日趋国际化，加大了进口食品输入性风险。综上所述，我国食品安全治理任重道远。

一、我国食品安全现状

(一)经济新形势下食品安全保障能力不断提高

食品安全问题历来是我国政府和人民关注的重点，新《食品安全法》体现了科学管理、责任明确、综合治理的食品安全指导思想，树立了“预防为主、风险评估、全程控制、社会共治”的治理理念，确立了食品安全风险监测制度、食品安全风险评估制度、食品生产经营许可制度、食品召回制度、食品安全信息统一公布制度等多项食品安全监管基本制度，明确了分工负责与统一协调相结合的食品安全监管体制，为实现全程监管、科学监管，提高监管成效、提升食品安全水平，提供了法律制度保障。

目前，我国食品安全国家标准体系已经形成，国家食品安全抽检监测信息系统(原国家食品药品监督管理总局，简称食药监总局，CFDA)、全国食品污染物监测系统(卫生部门)、食源性监测报告系统(卫生部门)和出入境食品检验检疫风险预警和快速反应系统等四大系统的应用，标志着我国食品安全监管“大数据”平台初步形成，食品安全监管将进入信息化和智能化的新时代。此外，我国食品安全科技支撑能力不断强化，监管队伍日益专业，检验检测能力逐步提升，监管成效进一步彰显，食品安全保障体系趋于完善。

与此同时，我国经济从高速增长转为中高速增长，食品工业进入提质增效新阶段。虽然食品工业总产值增速逐步下降，但是食品安全总体持续稳定向好：①主要食用农产品质量安全总体保持较高水平；②2015～2017 年，加工食品及进入销售环节食用农产品抽检批次 66.23 万批次，总体合格率一直保持在 96%以上，2017 年最高，为 97.6%；③消费环节食品安全水平不断提升，食物中毒报告起数及中毒/死亡人数降低；④进口食品安全处于较高水平。未准入境食品从2011年的1875批次和2949万美元增加到2017年的6631批次和6953.7万美元，较好地保证了我国进口食品安全。

（二）旧疾新患，现阶段食品安全形势依然严峻

1. 供给侧改革初见成效，食品安全监管面临新难题

当前，我国进入经济新常态，国内生产总值（GDP）增速从高速增长转为中高速增长。但新时期，我国食品安全问题新旧交织，重点问题突出：国内农产品产量增速趋缓，对外依存度不断攀升；食品电商等新模式经济日趋多样，不断滋生新型食品安全风险；国民营养健康状况尚不理想，营养不良问题成为常态危机；农业资源长期透支，开发利用形势严峻。

2. 环境污染问题依然严峻，源头治理成为全球共识

因"自然资源及修复力"指标不佳，2017年我国全球食品安全指数综合排名从第42位下滑至第45位，国内自然资源和生态环境问题已然影响到食品安全保障水平。虽然我国环境管理体系建设日益完善，食品安全相关的环境标准已达到1800余个，但多数指标是在借鉴和参照发达国家的基准和标准数值的基础上制定的，一定程度上会因为缺乏科学性或实际匹配度不高的问题而降低保障力，不利于食品安全的保障。

3. 农兽药残超标等问题，成为食品安全的长远隐患

我国是农畜禽生产和产品消费大国，保障种植和养殖业持续稳定发展有着重要的战略意义。但是，为追求产量和利润而超范围、超剂量滥用农兽药的问题已经成为保障食品安全的长期隐患，农兽药残留对健康构成了直接或潜在的威胁，同时也影响到我国农产品和食品的对外出口及可持续发展。

4. 食品欺诈事件时有发生，消费者信心重塑任重道远

在全球经济发展的当代，食品欺诈遍及世界各国。食品掺假是食品欺诈最主要的形式，是政府和消费者最关注的一类食品安全问题，同时也是对食品安全、政府公信力、社会和谐稳定影响最大的一类。以奶粉为例，原国家食品药品监督管理总局发布"2017年婴幼儿配方乳粉抽检合格率为99.5%"，是目前所有大宗食品中合格率最高的，其质量安全指标和营养指标与国际水平相当。但是99%的抽检合格率下，仍然存在疯狂抢购洋奶粉的现象，消费者对婴幼儿奶粉信心的恢复程度远落后于质量安全的提高程度。

5. 食品产销分离趋势增强，食品安全新风险不容小觑

随着食品供应链的复杂化和全球化，食品生产链不断延长、产销分离加剧，食品供应链各环节出现漏洞的可能性增加。消费结构持续升级，供给侧结构性改革加速新技术、新产品、新业态、新模式不断涌现，"互联网+"激活食品电子商务市场，跨境电商食品交易规模逐年扩大，由此带来的诸如跨境电商食品安全保障等问题成为监管新难题。同时，非传统食品安全问题日渐增多，向食品中故意甚至恶意加入非食用或有害物质的食品掺假、食品供应链脆弱性和与反恐有关的食品防护成为食品新风险。

6. 国际食品贸易发展迅速，进口食品输入性风险加大

在"出口全世界，进口五大洲"的大背景下，食品供应链国际化将导致食品安全风险随国际供应链扩散，"一国感冒、多国吃药"正不断成为全球食品安全应急的常态化特征。

由于世界经济持续低迷，有些企业在成本压力面前，为节省支出而减少食品安全管理的投入，也有些企业为牟取非法利益使用假冒伪劣、掺假造假等手段，导致进口食品输入性风险加大。

7. 渠道创新催生了新风险，非传统食品安全风险日益增大

随着新技术、新产品、新业态、新商业模式大量涌现，食品安全新问题、新情况、新挑战也随之出现，食品安全风险日益增大。其中，食品电子商务经营碎片化，呈现批次多、数量少、面向个体消费者、交易频次高等特点，潜在食品安全风险高；跨境食品电商销售则以短期销量为主，无法形成稳定的消费需求，经销商难以建立稳定的供货渠道，无法实现对渠道的风险控制，而电商平台为了保证供货通常采用复合渠道，极大地增加了食品安全风险；在不断扩大的网络订餐市场中，一些无证无照的“黑店”往往也窝藏其中。如何构筑网络外卖食品安全“防火墙”，成为食品安全关注的新话题。

二、现阶段我国食品安全问题剖析

(一)经济新常态下食品安全风险仍不容忽视

1. 粮油食品过度加工是系列健康问题要因

为了迎合消费者需求，粮油食品加工业曾以精加工视为行业进步和发展提高的标志，从而出现目前“面粉过白、大米过精”等现象。而在此过程中营养成分大量损失，造成了消费者营养摄入不均衡、“隐性饥饿”等问题，最终引发“三高”、肥胖等慢性病。

2. 环境污染仍是影响食品安全的重大隐患

食品安全和环境安全是保障人民群众健康最重要的两个方面，两者互为因果，密不可分。随着社会经济水平的不断发展，人们的环境意识、健康意识逐步加强，但长久以来的水污染问题、大气污染问题、土壤污染问题、生态功能退化和突发性环境污染问题在短期内无法得到根本性的解决。环境治理的长期性、综合性和反复性的特点迫使环境污染成为长期影响食品安全的重要问题。

3. 食源性病原微生物及其耐药性问题突出

食源性病原微生物引起的食源性疾病是全球食品安全的核心问题，食源性病原微生物防控涉及“从农场到餐桌”的食品链全过程，具有环节多、技术原因复杂、涉及领域宽泛的特点，需要众多行政和不同领域技术部门的协调工作。目前，食源性致病菌中毒事件统计数据尚不健全，风险识别数据库、溯源系统缺乏，而食源性致病微生物耐药性却呈现逐年上升的趋势。在社会经济快速发展的大背景下，无疑给我国食品安全带来了新的风险。

4. 食品欺诈依然是我国食品安全监管难点

食品欺诈的根本原因在于人性的贪婪和欲望，即谋求获得更高经济利益的欲望。目前减少食品欺诈事件发生的有效途径包括：正视食品欺诈，加强社会诚信体系建设；企业进行食品欺诈脆弱性评估；建立食品欺诈数据库等。但是，这些工作目前还处于“进行时”阶段，随着互联网技术的不断发展，传统食品行业与互联网不断融合、重构，电商食品假冒伪劣等欺诈行为层出不穷，食品欺诈已成为当今食品安全保障的“新痛点”。

（二）食品安全监管及综合治理能力急需提高

1. 新产业新业态形成食品安全新风险，监管模式亟须跟进完善

经济发展新形势下，食品安全严管与跨境电商零售进口监管过渡政策难衔接，食品安全保障仍存问题。与此同时，新兴业态推陈出新，监管政策、监管机制尚不适应。互联网食品安全事件屡屡发生，网络订餐平台消费投诉居高不下，食品安全监管模式亟须跟进完善。

2. “一带一路”新通道增加进口食品风险，宏观治理机制亟待健全

“一带一路”倡议的提出，有力地促进了我国与“一带一路”沿线国家贸易的便利化。但许多亚洲、非洲国家至今尚未建立较为完善的食品安全管理体系，也有部分国家不是世界动物卫生组织成员国或通报系统不规范、动物疫情不透明，这些都对我国现行风险预警和监管体系、监管机构和监管能力提出了重大挑战。而目前我国进口食品法律法规制度尚未完全实现现代化，治理依据不充分，宏观治理机制急待健全。

3. 食品安全风险分析监测预警应急相关，信息化监管体系尚需完善

我国食品安全信息化管理起步较晚，尚未建立保障食品安全智能化应用的完整管理体系。同时，现有的食品安全信息化监管平台存在对食品安全信息化范畴认识不清、信息化系统存在信息孤岛和安全隐患、数据来源不一且时效性差等问题，与食品安全风险分析、监测、预警、应急等相关的食品安全信息化监管体系亟须完善。

4. 食品领域新兴业态和新商业模式，科技支撑和创新能力需加强

“十三五”期间，我国食品安全技术领域取得重要突破，但在关键技术领域的研究较发达国家仍处于跟跑阶段，科技投入和成果转化需进一步加强，专利数量和质量有待提升，国际标准参与度需进一步提高，食品安全识别能力有待提升，应用范围需进一步扩大，食品安全技术支撑和创新能力仍有待强化。

三、发达国家食品安全监管策略与措施

（一）透明、开放的食品产业治理策略

1. 通过国家政策，推动市场健康发展

发达国家政府重视营养健康知识的普及与营养健康人才的培养，具备完善的营养健康相关法规体系。美国 FDA 专门制定了两个管理法规，对健康食品和膳食补充剂进行分类管理，其一是《营养标签与教育法》，要求上市的所有食品必须附上合格的标签，该管理办法也同样适用于健康食品的管理；其二是《膳食补充剂健康与教育法》，是一种专门针对膳食补充剂的法规。

2. 透明、开放、完善的市场监管机制

发达国家能较快地发展营养与健康食品产业，主要归根于其透明、开放并且完善的市场监管机制。以健康产品营养声称为例，美国、日本等发达国家对健康产品声称相对灵活，日本、欧盟及澳大利亚的管理机构仅针对“降低疾病危险性”功能声称，要求启动耗时长并且经过试验验证的特别审批流程，但其他的健康声称如营养素功能声称、强化功能声称

及结构功能声称等仅需要通过普通审批程序即可。审批流程的简化，市场准入的快速便捷，无疑为健康食品产业的发展提供了强有力的支持和保障。

3. 鼓励企业重视基础研究和创新能力

发达国家由于监管制度完善，政府可以通过监管机制监督企业，而企业可以根据监管制度完善经营，以产品为导向，系统设置科研与工程化应用系统研究，促进产业又好又快发展。2015 年统计数据显示，美国共有膳食补充剂生产企业 530 家，且每年超过 1000 个产品种类投放市场。美国作为全球最大的膳食补充剂市场，其产品上市前都有大量动物实验、流行病学调查数据作为支撑，以保证其产品的质量。

4. 强化食品企业和行业协会自律意识

较高的企业与行业协会的自律性是营养健康食品行业顺利发展的必要条件。行业自律组织对营养健康食品的协同监管，在营养健康食品监管过程中发挥着重要的作用。以日本为例，其行业自律组织对营养与健康食品的监管主要体现在其备案、审批与行业认证相结合的分类管理制度，由行业协会对部分营养与健康食品进行管理，体现了行业社会组织参与社会监督的管理方法，对营养健康食品的质量安全也起到了重要的保障作用。

5. 普及健康消费理念，引导消费习惯

自 20 世纪 50 年代末起，美国、德国等发达国家提出健康管理的概念，历经半个多世纪的教育与实施，这些国家的消费者个人健康意识极强，大多将健康消费作为预防疾病的主要手段。通过定期自觉地消费营养与健康食品，已形成同日常食品消费无异的消费文化和习惯。

(二)重视生态环境监管，落实环境修复措施

1. 基于食品安全制定环境基准/标准

没有清洁的环境，就没有安全的食品。餐桌食品的安全一方面取决于食品的加工、包装、储运等过程的安全性，但归根结底还是要从保障食物源头开始。例如，农产品中有毒有害污染物的限值，取决于其生长环境的大气质量、土壤质量、灌溉水的质量，以及农药和化肥使用等，而合理的大气、水体、土壤等环境基准是保障食品安全的关键所在。环境基准作为“从农田到餐桌”无缝链接的食品安全标准体系的重要支撑，已逐渐成为保障食品安全的第一道防线。

2. 积极开展食品原产地环境健康风险评估

食物从农田到餐桌的整个过程，影响其安全性的关键因素是其原生环境，而开展食品原产地的环境健康风险评估工作是保障原生环境质量的关键措施，也是防范人体暴露健康风险的关键所在。重点包括：①通过有效的污染普查、风险识别和评估手段，识别原产地的污染水平及潜在健康风险，为相关政策的提出提供科学依据；②定期梳理和更新环境污染物毒理学、暴露评价及健康效应研究基础和数据储备库，构建科学的方法体系；③推动并更新环境污染特征，包括人体摄入量、暴露方式、寿命、体重参数等环境暴露行为和健康数据的收集和研究，为原产地的健康风险评估提供重要数据支撑；④积极推动建立有机农业安全生产基地，从根本上解决农业生态环境的污染问题。从环境问题着手解决食品安

全问题，是解决食品安全问题的必然选择。

3. 建立“从农田到餐桌”长期运行的健康网络

建立食品综合环境监测体系以及风险管控监测体系，加强“从农田到餐桌”整个链条上全面且长期的监控。具体包括：①实施不同环境的长期性、动态性重金属污染监测和预警，选择有代表性的重金属污染风险地区，建立环境重金属污染与人群生物监测网络；②设立多个产地风险评估站点和产地监测员，加强产地风险评估的监测力度，形成产地风险评估网络，提高“不安全产地”的检出率；③形成基于健康风险评估的统一的监测方法、监测指标、监测限值，确保整个链条上监测网络的协调统一。

4. 建立基于健康风险全程管控的环境与食品基准/标准体系

建立基于“健康风险、风险管理”原则下的全程管控的环境与食品基准/标准体系建设。具体包括：①制定基于健康风险管控的环境与食品相关标准或基准；②在相关基准和标准的制定过程中统一、规范环境重金属健康风险评价方法、程序和技术要求，建立风险评估模型、决策支持系统；③定期更新基准及标准的指标及限值，若无充足数据支撑，不得随意更改；④强化专业技术支撑机构培育和人才队伍的培养，促进方法学及科研技术的增强，推动相关基准和标准的制修订。

5. 普及环境健康风险评估教育，树立全民健康风险防范意识

积极推进“全民防范健康风险”的运动，提高公众“环境健康风险素养”，具体包括：①鼓励和支持“环境健康风险素养”公益性科普事业，大力推进全民“环境健康风险素养”的提高；②通过开展全方位、多层次的教育宣传工作，提高不同区域、不同层次人群的环境健康风险素养；③有效利用大众媒介，开展分层次、分年龄、分对象的有效推广工作。

（三）保障食品真实性，维护食品安全信心

自美国提出经济利益驱动型食品掺假（EMA）问题以来，发达国家在保障食品真实性方面提出了一系列有效措施，目前主要包括：①经济利益驱动型食品掺假数据库的构建，主要包括美国国家食品保护与防御中心（NCFPD）创建的 EMA 数据库、美国药典（USP）创建的食品欺诈数据库，以及欧盟共享的食品欺诈网络等；②开展 EMA 事件特征研究，评估和减少 EMA 风险；③提出脆弱性评估和关键控制点体系，最大限度减少食品欺诈和掺假原材料风险；④颁布应对食品掺假的法律法规，做到有法可依；⑤构建食品掺假检测技术体系，实现简单、快速、准确鉴别的目标。

（四）高度重视致病菌及其耐药性的危害

1. 完备的细菌耐药性监控系统

目前，大部分发达国家已陆续建立了微生物耐药性的监测系统，其监测数据的运用对合理使用抗生素、改善细菌耐药性状况发挥了非常积极的作用。美国食品药品管理局以及农业部和疾病控制中心联合成立了国家抗菌药物耐药性监测系统（NARMS）；加拿大组建国家肠道菌抗菌药耐药性监测指导委员会（NSCARE）制定了加拿大抗菌药耐药性整合监测计划（CIPARS）；欧盟兽用抗菌药耐药性管理工作主要由欧洲药品管理局下设的兽用药品委员

会负责，健康与消费者保护司、食品安全局等也参与相关的管理研究工作。

2. 严格的兽药防控和管理体系

发达国家重视兽药残留的防控和管理体系建设，美国、欧盟、日本等均在法律法规层面制定了相关的残留限量标准，并已形成相对完善的控制体系；同时，美国、欧盟等发达国家和地区的兽药管理法制化程度较高，药政、药监和药检三个体系并存，各司其职、彼此衔接、相互监督，为兽药残留的有效防控提供了切实有效的法律保障。

（五）为食品安全信息化提供技术支撑

1. 强制性的食品安全信息化法律法规

发达国家食品安全信息化法律法规体系健全。通过建立完善的信息化法律法规，一方面对问题食品进行严格监测，确保食品安全问题能得到快速处理，有效保障食品安全；另一方面对食品生产经营者也能起到有效约束的作用。

2. 完善的食品安全信息化支撑平台

美国、欧盟、加拿大和澳大利亚等发达国家和地区已逐步进入食品安全网络监控管理时代。通过建立一系列的环境监测体系、农药残留检测体系、兽药检测体系、污染物监测体系、食源性疾病监测体系、食品掺假监控体系、食品安全风险预警体系、食品可追溯体系，以及快速反应网络、食品成分数据库、食品安全过程管控系统等食品安全信息化平台，为政府实施有效管理提供强有力的技术支撑。当监测中发现食品风险，监管部门能够迅速对问题进行判定，准确缩小问题食品的范围，并对问题食品进行追溯和召回，最大限度减少因食品安全问题所带来的损失。

3. 强大完备的信息化技术支撑体系

发达国家在个体识别技术、数据信息结构和格式标准化、追溯系统模型、数据库信息管理、数据统计分析、可视化等方面关键技术配套完善，为食品安全信息系统的构建提供了有力的技术支撑。以美国、欧盟、日本为代表的发达国家和地区信息技术的研发能力和应用水平居世界前列，通过云计算、移动互联网等现代技术的运用，构建完善的食品安全检测、预警和应急反应系统。

4. 有效运行的信息化系统和平台

发达国家食品安全信息化和智能化应用非常普遍，以食品安全检测领域为例，发达国家国际知名检测实验室都不同程度地使用了实验室信息管理系统（LIMS）来规范实验室内部的业务流程，并对人员、资产、设备进行有效管理。随着信息技术的提升，系统的功能也开始逐渐扩展到业务结算、客户服务、数据共享、大数据分析等领域。另外，利用新一代互联网技术，采用“云计算”的思路和方法，建立“云检测”服务平台，有效实现检测报告的溯源管理，保障检测报告的真实性，并且实现产品检测数据的大集中。

5. 多元化的信息发布和共享机制

发达国家非常注重食品安全信息的发布和共享，公众参与食品安全监管的积极性普遍较高。美国、欧盟等在立法与监管过程中高度重视食品安全信息的透明化与公开化。以美国为例，美国将食品安全生产经营者、食品行业协会、食品安全专家等拥有的除“国家机密”以外的信息，均明确其为公开的“食品安全信息”，不但建立了一套从联邦到地方的食品安全监管信息网络，还建立了覆盖全国的信息搜集、评估及反馈方面的基础设施，对信息进行全方位披露。

6. 食品安全信息化可信保障技术

发达国家将网络安全看作一项急迫而严峻的挑战。发达国家将网络安全上升到国家战略层面加以对待，纷纷加强战略谋划，制定网络安全战略。例如，2011 年 5 月美国发布《网络空间国际战略》，集中阐述了美国对网络空间未来的看法和目标，明确了美国今后着力推进的政策重点和行动举措。

7. 充足的信息化建设资金保障

发达国家非常注重农业信息技术的开发、应用和推广，投入大量资金和人力致力于研发先进的食品安全信息技术，每年投入专项经费保证信息系统的建设、维护、更新和升级，并进行集成和推广应用。以美国为例，美国从 20 世纪 90 年代以来，每年投入 15 亿美元兴建农业信息网络，用于建设信息化平台及其推广应用。

（六）食品安全监管与科技支撑与时俱进

1. 完备的进口食品安全监管体系

欧盟一直致力于建立涵盖所有食品类别和食品链各环节的法律法规体系，30 年来陆续制定了《食品卫生法》等 20 多部食品安全方面的法规。美国进口食品管理注重全球性的合作策略，同时美国食品药品管理局大力推行外国供货商审核制度，要求进口商在向美国引入安全食品方面承担责任。国际食品法典委员会（CAC）和联合国粮食及农业组织（FAO）对进口食品采取包括进口食品入境前控制、进口食品边境控制、进口食品国内控制等多项监管。

2. 强大的食品安全科技支撑力量

经济新形势下，发达国家政府重视科学研究与经费投入，尤其是在食品安全与营养研究领域。与此同时，国际知名企业在全球布局研发中心，集全球智慧开展科学研究。此外，核心技术的专利保护和国际标准制修订话语权也得到发达国家的极度重视。

3. 全面、详尽的食物资源数据库

发达国家和国际组织已经在掌握全球食物产量、食品贸易量、消费量等方面走在前列，如美国农业部、联合国粮食及农业组织、世界贸易组织等均构建了不同领域、涉及世界各个国家和地区海量数据的数据库。这些数据库都是掌握国际食品贸易信息的重要数据来源，具有系统性、连续性和可靠性等特点，能够为掌握世界食品产业信息提供最基础的数据支持。

四、我国食品安全保障的战略构想与对策建议

（一）未来我国食品安全风险研判

未来 10～20 年，是我国全面深化供给侧结构性改革，加快建设创新型国家的攻坚时期，也是我国食品产业实现由低端向中高端迈进，食品安全由被动防御向主动保障转变的关键时刻。

1. 食品产业不断转型升级，食品安全面临新问题

资源、能源与生态环境约束加剧，食品消费需求增长和消费结构的变化，推动食品产业不断转型升级，食品安全面临新需求和新挑战。互联网+、云计算、大数据分析等现代技术的发展和应用，为食品安全提供了强大的技术支撑，同时食品生产、销售、物流安全监管也面临诸多新问题。

2. 食品环境基准安全阈值不明，食品安全任重道远

目前我国地表水、大气、土壤等环境污染严重，每年有1200万吨粮食受土壤重金属污染，农业面源污染物已经超过工业的7.5倍。而我国现行不同环境质量标准之间不仅整体协调性较差，而且现行环境质量标准与健康基准的衔接性较薄弱，食品安全任重道远。

3. 致病微生物耐药性加强，食品微生物危害加大

我国是抗生素使用大国，医疗、农业与水产系统中抗生素的大量使用，导致了具有抗生素抗性的细菌菌株的不断出现，其潜在的环境和健康风险已引起广泛重视。美国、巴西、印度、泰国等国家曾相继报道副溶血性弧菌抗性菌株及多重抗性菌株，而我国副溶血性弧菌抗性菌株也普遍存在。目前而言，由于抗菌药物的广泛使用，全球细菌耐药性问题日益严重。

4. 动物产品需求刚性增长，食品兽药安全治理难度大

未来20年，在人口持续增长、居民收入迅速增加等因素影响下，我国居民对食源性动物产品的需求将呈刚性增长，兽药投入量也会随之加大。据统计，近几年我国年平均兽药投入总成本约为360亿元，而2015年全国兽药总产值超过2000亿元，过量的兽药投入给兽药残留和耐药性防控带来巨大压力。

5. 食品产业国际竞争激烈，进口食品安全面临新挑战

经济全球化进程的加剧促进食品进出口贸易快速发展，我国食品安全呈现新特征。主要表现为我国在世界食品进出口贸易中的地位不断提升；我国食品进出口贸易规模稳步扩大，占世界贸易比重稳步增加。“出口全世界，进口五大洲”正逐步成为我国食品产业的常态，保障进口食品安全与推动国际贸易便利化间的双赢局面日益迫切。

(二)构建我国食品安全保障体系的对策与建议

1. 关于“完善我国食品安全中长期战略规划”的建议

基于“十三五”国家食品安全规划阶段性完成情况和对经济新形势下我国食品安全特征的认识，完善我国食品安全中长期战略规划。进一步确立“预防为主、风险评估、全程控制、国际共治”的风险治理理念，重点提出食品安全“国际共治”方案。其关键在于：第一，不断推动全球范围内食品安全领域更为广泛的政府间协作，构建食品安全国际共治规则；第二，立足全球食品供应链，构建多元主体、责任共担的食品安全治理模式；第三，遵循WTO/TBT-SPS协定的原则及相关国际标准/指南，积极推动进出口方治理体系的等效互认；第四，加强食品安全共治领域关键技术的合作研发与技术沟通，推进关键治理技术在国际食品供应链各方的应用，逐步实现关键技术的协调一致；第五，建立国际共治原则下的便利通关机制，优化进口食品口岸查验方式，缩短口岸通关时长，降低通关成本；第

六，构建国际食品安全大数据共享平台，建立国际贸易下食品安全风险预警与应急机制，实现“互联网+国际共治”；第七，构建进出口食品生产、贸易、物流等企业的信用体系，联合打击欺诈、非法转口、走私等严重妨害国际贸易食品安全行为；第八，适应食品跨境贸易新业态发展需求，开展大数据甄别分析和产业发展动态跟踪，共研新业态下跨境食品安全风险，共建新业态下跨境食品安全治理体系。

2. 关于“加强防范环境健康风险、保障居民食品安全”的建议

食品安全问题是重要民生问题，当前我国食品安全形势依然严峻，源头污染问题突出是食品安全的最大风险。研究表明，不同的暴露情景下，食品暴露是人体环境污染物暴露健康风险的主要途径和来源。因此，建议尽快加强对“环境健康风险评估”的研究工作，有效建立环境与食品之间的纽带关系，立足于环境健康风险评估的方法，科学有效地设立食物原生环境的环境基准，以保护人体健康为目的，切实保障居民“舌尖上的安全”。

第一，对食品安全工作实施一体化统一管理，积极开展食品原产地的环境健康风险评估工作；第二，建立食品综合环境监测体系及风险管控监测体系，加强“从农田到餐桌”整个链条上全面且长期的监控，推动建立基于健康风险全程管控的环境与食品基准/标准体系；第三，加大公众对于环境健康风险评估的普及教育，促进“全民防范健康风险，共同保障食品安全”。

3. 关于“加强粮油食品精准加工，提供食品质量安全”的建议

精准加工作为一种全新的加工理念，在粮油食品领域中具备一定的研究与技术成果基础。粮油食品加工现场检测控制技术突破、加工工艺参数与营养成分留存关系研究以及加工设备的更新换代均有助于精准加工模式的实现。依据我国粮油食品产业现状，将其整合成一种以需求驱动供给的加工模式，对于我国粮油食品加工产业具有一定创新意义。

第一，以居民营养健康需求为导向，加强人群需求研究；第二，建立健全粮油食品标准体系及规范，实现“好产品”有标准；第三，提出有针对性的引导政策，激励粮油加工企业有效实现精准加工；第四，加大对粮油食品基础研究的支持力度，发展我国自主创新的符合我国国民饮食习惯的成套粮油食品加工技术；第五，建立粮油食品资源数据库，为粮油食品行业发展有效的、全面的数据资源支持，实现资源共享；第六，鼓励行业搭建粮油食品数字化、智能化加工体系，实现粮油食品产业升级；第七，出台粮油食品加工企业节能减排的审查标准，淘汰产业中高能耗、高污染、低产能企业，优化粮油食品加工企业结构。

4. 关于“促进营养与健康食品产业发展”的建议

经济新形势下，我国食品营养安全存在严峻挑战，建议大力促进营养与健康食品产业发展。

第一，建立健全营养与健康食品法规、标准体系，加快制定各类食品的营养质量要求与技术指标，实现“有法可依”。实施积极有效的政策引导和激励，以市场为导向，因地制宜地实施和完善产业布局：在长三角、珠三角、环渤海等地区，建设营养与健康食品的研发生产基地；在中西部地区，重点建设大产值的营养与健康食品原料基地，推动原料资源优势向产业优势转化；组织、培育大型企业集团，促进中西部原材料基地和东部营养健康食品生产企业之间的融合。

第二，加强科技投入与技术创新，突破营养与健康食品行业系列瓶颈技术难题，在国家层面上从“全食物链”的角度进行营养与健康食品产业的顶层设计；以建设创新型科技人才、急需专业人才和高技能人才队伍为先导，统筹营养与健康食品相关专业技术人才和经管人才队伍建设；加强健康教育与国民健康意识管理，提高全民健康素养，使消费者主动、理性选择营养与健康食品。

第三，扩大营养与健康食品的范围，细分品类，研究放宽食品功能声称的市场准入，进行分别管理，分别审批，实施“功能性食品标示制度”，具体包括：对功能性食品进行备案管理，缩短申请周期，扩大产品范围，以及功能标注。功能应涵盖但不局限于低糖、低脂、低盐、高蛋白、高钙、利于骨骼发育、利于肠道健康等等，从而吸引投资扩大市场规模、提高企业宣传效率、扩大市场品牌认同度，易于消费者快速了解产品的特点，并购买自身需要的产品，让国民通过自我保健从而削减医疗支出。

5. 关于“建立我国食品 EMA 脆弱性评估数据库”的建议

经济利益驱动型食品掺假已经成为一个新的全球主题，但目前我国主要通过事后的抽检对食品掺假进行监管，未能对食品生产过程中食品掺假做出相应防控措施。而 EMA 脆弱性评估数据库的建立对提升我国食品安全治理能力和推进治理体系现代化具有重要意义。因此，建议构建我国食品 EMA 脆弱性评估数据库和预警平台。

第一，建议构建由专业人员负责和参与的我国 EMA 数据库，梳理我国食品安全事件，创建我国经济利益驱动型食品掺假数据库；第二，针对我国食品欺诈中非法非食用物质以及有毒有害物质的特点，研究构建我国的食品脆弱性评估体系，开发风险预警模型；第三，结合食品 EMA 脆弱性评估数据库中容易发生掺假的食品及其掺假方式，加大对肉、奶、油、酒和蜂蜜等大宗食品的真实性鉴别和原产地鉴定等技术方法的开发；第四，积极参与国际食品掺假防控，参与构建全球性食品掺假防控网络，共同研究反掺假检测技术，在国际 EMA 问题防控领域做出中国贡献。

6. 关于“加强电商(含跨境电商)食品安全保障与监管”的建议

第一，完善相关法律法规，建立健全电商食品生态圈的诚信体系。制定保障网络食品信息安全、信息真实性的法律法规，增强市场监管，加大网络犯罪侦查力度，严厉打击电子商务领域犯罪行为，营造良好的电商平台竞争环境，保障食品电子商务交易在各个环节有序发展；构建完善的电商食品生态圈的信用评价指标体系、评价标准及相关管理制度，完善信用监管机制；利用大数据、人工智能等先进技术，开展信用评价，如建立诚信档案、完善诚信名单、定期发表信用评价报告等。

第二，建立健全电商食品可追溯体系，并快速推进“以网管网”的监管体系。《食品安全法》《网络食品安全违法行为查处办法》《网络餐饮服务食品安全监督管理办法》等对第三方平台或者自建的网站进行交易的食品生产经营者基本信息备案、台账记录、食品追溯等均有明确规定，监管部门应严格执法，按照法律法规和管理办法中的要求，严格检查平台每个环节实名登记和备案情况，线上线下监管结合，监督和推进企业、平台利用电商食品得天独厚的网络信息资源、大数据、人工智能、区块链技术等构建“来源可追溯、去向可查证、风险可控制、责任可追究”的全流程追溯体系，创建“以网管网”的监管体系。

第三，加快推进农产品及食品产业链标准体系建设和品牌建设。目前我国农产品电子商务仍处于初级阶段，农产品生产粗放分散，标准化、品牌化程度低是制约其发展的重要因素之一。要做好农产品电商，保障电商农产品和食品的有效监管，必须实现农产品产业链的标准化，即农产品标准化生产、商品化处理、品牌化销售及产业化经营。

第四，建立高效的食品配送体系。政府要推动食品物流体系的基础条件建设，选择合适位置建立配送中心，建立起集仓储、冷藏、加工、配送以及长短途运输功能为一体的食品配送体系。同时，大力发展第三方物流，鼓励运输企业发展现代物流，开展面向同行业其他企业的物流运输服务，分担成本，实现资源共享。

第五，培养与开发食品电子商务专业人才。食品电子商务作为一种全新的商业运作模式，需要大量既懂得食品技术又懂得网络管理和营销的人才。但是，目前很多食品电商从业者比较缺乏食品行业的专业经验，在甄别产品、仓储物流等部分做得不够，要在未来食品电子商务的市场竞争中获胜，企业须有一支高素质食品电子商务人才队伍。

7. 关于“构建中国食品微生物安全科学大数据库”的建议

食品安全是关乎国计民生的头等大事。物理因素、化学因素、生物因素是引起食品安全的三大因素，其中微生物是最主要的因素。目前，我国已建立了相关的标准对各食品类型中的食源性致病微生物进行监控和检测。基于我国目前的食品微生物安全现状，针对全国代表性地区食品样品和食品产业链的各个环节的系统性调查研究，建议如下：

第一，针对我国不同地区不同类型的食品，系统调查食源性致病微生物在不同季节及其产业链中的分布情况，开展食源性致病微生物的遗传多态性和溯源分析，确定我国食品中的优势菌株和产业链中的主要污染源，为我国食品安全的风险识别提供更为全面的思路；第二，建立食源性致病菌的全基因组序列库和全面的代谢产物指纹图谱库，挖掘不同种属间的食源性致病微生物的基因检测靶点和特征性代谢产物，为食源性致病微生物的快速检测提供新策略；第三，基于全基因组序列数据库和挖掘出的特异性分子靶标，研制分子杂交、LAMP、微流体等多种高通量快速检测芯片，制定相关芯片检测技术规程，构建快速检测技术体系；第四，开展致病菌相关毒力因子表达调控机制的研究，为探索食源性致病微生物危害机制的形成提供理论和基础；第五，建立我国食源性致病微生物的风险防控机制，构建食源性致病菌新型防控预警平台，研制和开发食源性致病微生物控制技术和产品，实现致病微生物从预防到控制的新型预警体系的构建。

绪　论

一、食品安全监管理念的变化

(一)食品安全监管的概念

民以食为先，食以安为先。食品安全状况是一个国家经济发展水平和人民生活质量的重要标志，也是全球面临的共同挑战。根据联合国粮食及农业组织和世界卫生组织的定义，食品安全监管又被称为食品控制(food control)，是指“为了保护消费者，并确保食品在生产、处理、储藏、加工和销售过程中均能保持安全、卫生及适于人类消费，确保其符合食品安全和质量要求，确保货真无假并按法律规定确定标识，由国家或地方主管部门实施的强制性法律行动”。

(二)经济发展推动食品安全监管体系建设

自1949年以来，尤其是改革开放之后，我国食品产业得到了迅速发展。同时，群众对食品安全意识的增强是推动食品安全监管体系发生变化的主要原因。随着我国经济的快速发展，人们对食品安全、环境质量等方面的要求更高。早期群众物质水平匮乏，对于食品的要求是“吃饱”，而对于食品的监督管理，则主要是保证食品的卫生。现在随着群众生活水平的提高，食品的种类极大丰富，人们对于食品的要求不但要卫生、有营养，而且还要对人体无伤害，这包括即刻的伤害和潜在的威胁等。由于食品安全具有传递性，各种新技术的滥用，以及假冒伪劣产品等问题，提升了食品安全监管对综合协调能力的要求。这一方面体现在对于食品安全的监管越来越专业化，同时也强化了对于食品安全风险评估的需求，另一方面体现了对国家层面覆盖“从农田到餐桌”的全过程综合监管的需求。同时，对于食品安全监管体系的要求也转变为加强食品安全风险评估和国务院食品安全委员会的设立等现实政策措施。

(三)行政体制改革促进食品安全监管体系的完善

随着服务型政府、监管型政府建设的进一步深入，中国食品安全监管体系随着其行政体制改革历程在进行着不断调整和完善。每次的行政体制改革过程中，也会将政府执政理念贯穿到机构调整和体制改革中。同时，食品安全监管相应的机构和职能调整也同时进行。由于历史因素和部门利益影响，在食品安全监管部门的成立和职能变迁过程中，也出现了反复调整的现象。

(四)国际食品安全治理经验借鉴促进我国监管理念的转变

国际上的食品安全理念对中国食品安全监管体系的建立和完善也起到了积极的作用。

国际食品安全管理三次改革的侧重点不同，第一次改革以良好卫生程序(GHP)为代表，重点是食品生产加工的一般卫生原则；第二次改革以危害分析及关键控制点(HACCP)为核心，重点是鉴别、评价和控制食品中危害因子；第三次改革的重点是人类健康和整个食物链。我国的食品安全监管历史变化过程中，受到来自国际食品安全监管理念的影响。《食品安全法》第二章为“食品安全风险监测和评估”，充分借鉴了国际上食品风险的基本理念。从近年来中国食品安全监管体系的重要调整中，可看到国际食品安全管理理念的影响。同时，典型的食品安全事件会引发舆论的广泛关注和政府的高度重视，往往也会成为推动食品安全监管体系调整的重要推动力。

国际食品监管强调分类管理、风险管理。欧盟对动物源性食品、非动物源性食品和混合食品采用不同的管理措施。动物源性食品要求相对较严格，需要输出国准入、输出企业注册、双壳贝类养殖要求、卫生证书和边境检查要求等。欧洲食品标准强调以预防为主，贯彻风险分析为基础的原则，对“从农田到餐桌”整个食品链的全过程进行控制。以美国、欧盟、日本为代表的发达国家和地区信息技术的研发能力和应用水平居世界前列，运用云计算、物联网、移动互联网等现代技术，构建了完善的食品安全检测、预警和应急反应系统。同时，还结合食品安全专家咨询机构和信息化平台，实现对食品安全监管信息的高效整合，帮助食品安全监管宏观决策的制定。

二、食品安全保障内涵的变化

（一）食品安全保障的概念

食品安全保障是指通过改善人的食品安全认知、改进食品活动环境、合理运用食品科学技术以及建立相关制度规范等举措，使食品在合理食用的条件下达到风险最低、有效可控的行为。伴随不同的社会生活水平，食品安全从最早的避免中毒、保护生命，继而发展为营养、卫生、有利于健康、有利于保持生态平衡的可持续发展，其内涵在不断地丰富和延伸。广义的食品安全概念，则是持续提高人类的生活水平，不断改善环境生态质量，使人类社会可以持续、长久地存在与发展。这个意义上的食品安全，包含了数量安全、质量安全、营养安全、农业生态环境安全等要素。

（二）从食品安全保障到可持续发展的转变

在供给侧改革背景下，“大数据+食品”成为食品产业的发展趋势。通过对数据收集与分析，探索消费者的潜在需求，为消费者提供更加营养健康的食品。随着经济快速发展，人们对食品的营养和健康要求不断提升，利用大数据可以更好地服务特殊群体。例如，针对亚洲人普遍的乳糖不适症，利用乳糖水解技术推出舒化奶产品，服务于乳糖不耐受的消费者，用持续创新改善营养，用共享共赢促进食品企业发展。食品产业要从食品原料上实现营养健康的食品愿景，就是要保证食品企业对于原材料厂家的可追溯性。要把食品企业与原材料提供者“捆绑”在一起，相辅相成，共同承担社会责任，确保农产品从种子到采收整个过程都是可追溯的。因此，要建立完善的可追溯食品安全保障体系，做到危害分析和关键控制，从而完善食品安全监管。“科技创新是供给侧改革的原动力”，企业在订单、物流、仓储方面都涉及科技创新与自主研发。过去，人们只要求吃饱，现在人们不仅要吃好，还要吃出未来感。不管是种植技术、种植方式还是食品研发，都需要科技创新，这是连接供给方与需求方的结合点。

（三）从食品安全危机应对到风险预防的转变

质量标准体系是对产品质量的保证模式。质量标准体系最早产生于西方发达国家，是为了应对西方消费者的食品安全信任危机而出现的。随着社会的发展，质量标准体系在逐渐完善，并且形成了完备的系统化的质量标准体系。

随着国家对食品安全监管工作的加强，食品安全发生了从质量危机应对到风险预防的转变。我国当前已经初步构建起食品安全预警系统。原国家质检总局建立的全国食品安全风险快速预警与快速反应体系（RARSFS）于 2007 年正式推广应用，初步实现国家和省级监督数据信息的资源共享，构建质检部门的动态监测和趋势预测网络。商务部构建了酒类流通管理信息系统、酒类流通统计监测系统。这些系统通过发现食品安全隐患，进行风险预警，提升了我国应对食品安全系统性风险的能力。《国家食品安全监管体系“十二五”规划》中要求：“逐步增设食品和食用农产品风险监测网点，扩大监测范围、监测指标和样本量，使风险监测逐步从省、市、县延伸到社区、乡村，覆盖从农田到餐桌全过程……重点加强食品安全风险监测参比实验室、监测质量控制、风险监测数据采集与分析、评估预警技术研究与应用、信息技术应用、国际交流与合作等领域的能力建设。”

三、食品安全形势的主要特征

（一）新经济形势下的食品安全新挑战

近年来，我国城镇化进程加快、居民收入稳步增加使得食品消费需求在较长时间内保持高增长，“一带一路”倡议、自由贸易区建设为我国食品国际贸易提供广阔的发展空间。与此同时，新的经济形势也给食品安全带来新的挑战。城镇化加速发展导致社会化分工日趋细化，食品产销分离带来的食品安全风险日趋凸显；消费结构持续升级，供给侧结构性改革加速新技术、新业态、新产品、新模式不断涌现，云计算、大数据成为保障食品安全的重要信息化手段，针对不同人群的食品市场呈现细分化趋势，“互联网+”激活食品电子商务市场，跨境电商食品交易规模逐年扩大，由此带来的食品安全问题成为食品安全监管新课题；“健康中国”战略的推进使得食品营养安全成为新的关注点，我国食品安全治理仍任重道远。

（二）新业态和新产业带来新问题

我国经济从高速增长转为中高速增长，食品工业进入提质增效新阶段，虽然食品工业总产值增速逐步下降，但是食品安全总体持续稳定向好。一大批新技术的开发，例如，先进制造、智能化技术和云技术、新业态的出现（如电商、物联网和健康配送）、新模式的形成（如控制全产业链和建立可追溯体系）、新产业的发展（如现代调理食品和营养保健功能食品），已经成为引领、带动乃至决定我国现代食品产业发展的“新动力”和“新优势”。同时，食品消费需求快速增长和消费结构不断变化，“方便、营养、安全、实惠、多样性”的产品新需求，以及“智能、节能、可持续”的产业新要求，综合保障营养安全与饮食健康成为产业发展的新常态，也对产业科技提出了新挑战。着力提升我国食品产业的自主创新能力，是增强我国食品产业国际竞争力和持续发展能力的核心与关键，依靠科技创新驱动，是我国食品产业实现可持续健康发展的根本途径。

（三）食品安全总体形势依然严峻

我国食品安全总体形势持续稳定向好，但是，旧疾新患，现阶段我国食品安全形势依然严峻。环境污染仍是影响食品安全的重要问题；农兽药残超标等问题成为食品安全的长远隐患；随着食品安全治理范畴的延伸，以蓄意污染（故意或恶意加入非食用或有害物质）为主要特征的经济利益驱动型食品掺假、食品防护、食品恐怖主义等非传统食品安全问题以及食品营养缺乏与过剩的食品营养安全问题正不断成为食品安全治理面临的新挑战；食品供应链不断延长、产销分离加剧，食品供应链中各环节出现漏洞的风险增加；随着新技术、新产品、新业态、新商业模式大量涌现，非传统食品安全风险日益增大；对进口食品依赖度增加，促进国际食品贸易发展迅速，导致进口食品输入性风险加大。因此，经济新形势下，我国必须持续提高食品安全保障能力。

四、本项咨询研究的目的、内容、方法和重要意义

（一）研究目的

食品安全与人类生存、国家安危和社会发展休戚相关。世界各国都投入了大量生产要素用于食品生产，并且把实现食品安全列为各国政府经济发展的核心政策目标之一。食品安全也是当今全球食物生产链和供应链面临的重大挑战。通过项目开展，全面系统调研我国食品安全现状，厘清影响我国食品安全的系统性、根源性因素，解决制约我国食品安全的深层次问题。2016 年 8 月，习近平总书记在全国卫生与健康大会上强调，“要把人民健康放在优先发展的战略地位，以普及健康生活、优化健康服务、完善健康保障、建设健康环境、发展健康产业为重点，加快推进健康中国建设，努力全方位、全周期保障人民健康，为实现‘两个一百年’奋斗目标、实现中华民族伟大复兴的中国梦打下坚实健康基础。”食品安全是人民群众对美好生活的最基本需要，首先应让人民吃得好、吃得安全。推动经济新形势下我国食品安全形势持续改善，不断提高人民群众满意度和获得感，是护航“健康中国”国家战略的重要组成，加强食品安全治理，提升食品安全水平，有利于食品产业升级、提高民生品质、维护国家形象，并促进社会和谐稳定与可持续发展。

（二）研究内容

“中国食品安全现状、问题及对策战略研究（一期）”从生态环境、食品原料、病原微生物、风险分析、监督管理体系和经济环境等角度开展研究，提出产业升级、源头治理、风险管理信息化和社会共治四大食品安全提升战略来推动食品安全保障水平的提升。本研究紧紧围绕党的十九大对我国社会主要矛盾转变的重大判断，在“中国食品安全现状、问题及对策战略研究（一期）”研究基础上，结合当前经济发展形势、食品安全突出问题和面

临的新风险，汇聚中国工程院多学部院士及食品、环境、信息领域知名专家，围绕食品产业供给侧结构性改革、环境基准、食品安全风险诚信体系、微生物风险防控、信息化和经济新形势等深入开展我国食品安全对策战略研究，以期为食品产业供给侧结构性改革、潜在食品安全风险评估、食品安全信息化建设和管理提供前瞻性、战略性和全局性咨询建议。

根据研究内容并结合实际工作需要，从七个方面开展研究，具体研究内容如下：

课题一　食品产业供给侧改革发展战略研究

通过研究明确食品营养与健康产业、果蔬健康产业、食品添加剂、水产食品、肉类食品和粮油食品等重点行业供给侧结构性改革的方向和战略重点，以提高食品供给体系质量和效率，促进产业智能化和绿色化发展，提升全产业链食品安全风险防控能力和科技创新水平，实现食品产业转型升级、创新发展，促进食品安全水平的提升。

课题二　环境基准与食品安全发展战略研究

通过分类归纳总结适合我国不同环境介质的环境基准和食品安全的内在机制，并系统分析健康风险评估和食品安全机制的内在联系，为探索环境基准和食品安全发展战略提供支撑。

课题三　食品风险评估诚信体系建设战略研究

在传统的食品安全形势逐渐好转的背景下，针对潜在的非传统食品安全问题开展深入研究，具体包括食物欺诈和食品反恐防控，新兴电商食品安全风险评估及保障措施战略研究，提出应对食品欺诈和食品反恐的有效措施，预防非传统食品安全问题带来的潜在和未知的危害，促进电商食品产业的健康、有序发展。

课题四　食品微生物/兽药安全风险控制发展战略研究

在充分调研国外微生物安全控制方面的经验和案例分析的基础上，从中国食品流通中微生物安全风险调查和控制研究两个方面梳理我国食品微生物安全存在问题，提出我国食品微生物安全建设的策略和政策建议；通过对动物性食品中兽药残留的监测与风险评估研究，调研分析发达国家动物性食品兽药残留监测和防控的经验与启示，形成我国动物性食品兽药残留监测与防控对策及法律法规建设的建议，最终形成我国食品兽药安全风险控制发展战略研究报告，实现我国食品兽药安全风险控制水平的提升。

课题五　食品安全与信息化发展战略研究

调研发达国家食品安全信息化相关核心技术和可信计算体系，结合我国国情，提出我国特色的食品安全信息化技术发展战略和我国食品安全信息化系统的可信保障体系，确保系统的网络安全；调研发达国家和地区食品安全过程控制信息化管理及食品安全风险信息化预警体系建设经验，梳理我国食品安全过程控制与风险信息化预警的现状、问题与制约因素，进而提出强化我国食品安全过程控制信息化管理与风险信息化预警的战略咨询建议，提升我国食品安全信息化发展水平。

课题六　经济新形势与食品安全发展战略研究

以我国当前经济新形势下的食品安全现状为问题出发点，探究国际贸易中食品安全问题产生的原因，揭示我国在国际食品贸易中存在的问题，开展进口食品安全监管及风险控制战略研究，研究食品行业中食品安全重点领域中相关技术与标准发展战略，从经济新形势和科技层面为我国食品安全发展战略的制定提供支撑。

课题七　综合研究

组织相关专家，成立咨询研究团队，整体落实任务分工，通过组织项目组会议、工作会议、阶段性成果交流研讨会及项目综合考察和专题调研、座谈等形式，通过全局考虑，统筹安排各课题组研究；在各分课题研究的基础上，结合当前经济发展形势、食品安全突出问题和面临的新风险，明确食品产业供给侧结构性改革、环境基准、食品安全风险评估诚信体系、微生物/兽药安全风险控制、信息化和经济新形势等食品安全治理对策，形成项目汇报材料，汇总并出版项目成果等整体上支撑项目的战略咨询。

(三)研究方法

根据项目总体目标和研究内容等要求，确定调研咨询工作总体实施方案，对调研任务进行进一步细化，组织专家咨询论证，确定各课题具体实施路线，完善顶层设计。

1. 理论研究

系统分析探讨不同介质的环境基准和食品安全的内在联系和机制；研究食品掺假脆弱性评估与阻断漏洞机制；着眼于当前及未来几年国内外食品安全信息技术发展趋势，开展食品安全信息化涉及的新理论、新技术和新观点研究。

2. 调查研究

通过文献资料、数据和信息搜集、实地考察、走访相关单位、问卷调查等形式对国内外食品产业发展、环境基准及环境健康风险评估、食品掺假脆弱性评估、微生物/兽药防控、信息化发展等现状开展研究，明确当前我国食品安全现状及存在的风险和问题。

3. 比较研究

与发达国家食品产业特点、环境基准、非传统食品安全问题研究、食品安全信息化建设、兽药残留防控情况以及食品相关新技术新标准进行对比，分析我国的不足，借鉴国外做法和经验提出对策建议。

4. 技术路线

全面梳理我国食品产业供给侧改革、环境基准、食品风险评估诚信体系、食品微生物/兽药安全风险控制、食品安全信息化，充分调研国内外食品安全信息化技术体系及管理体系现状和国外发展/研究趋势，探究新经济形势下我国食品安全面临的新形势新问题，分析我国食品产业以及相关领域在保障食品安全方面存在的问题与不足，借鉴发达国家成功经验，结合国内相关领域的专家权威，提出符合特定发展阶段、特定发展形势的我国食品安全发展战略咨询建议。

(四)重要意义

1. 有利于推动食品产业供给侧改革

习近平总书记在中国共产党第十九次全国代表大会上要求“必须坚持质量第一、效益优先，以供给侧结构性改革为主线，推动经济发展质量变革、效率变革、动力变革”。新中国成立以来经济的快速发展带来了人民生活水平的日益提升。国民对食品的需求已经从温饱型消费加速向营养健康型消费转变，从“吃饱、吃好”向“吃得安全、吃得营养、吃得健康”转变。社会对食品的要求在“充饥、可口”的基础上，追求“安全、营养、健康、方便、个性和多样”。环境问题突出以及人工成本的上升，也促使社会向全行业提出“绿色”和“节能”的要求。食品产业是集农业、制造业、服务业于一体的产业，因此，更加亟待向“智能、低碳、环保、绿色和可持续”的目标迈进。关于推进农业供给侧结构性改革的2017年中央一号文件发布，明确提出加快发展现代食品产业。加大食品加工业技术改造支持力度，开发拥有自主知识产权的生产加工设备。加强现代生物和营养强化技术研究，挖掘开发具有保健功能的食品。健全保健食品、特殊医学用途食品、婴幼儿配方乳粉注册备案制度。因此，本项目的开展，顺应社会发展趋势，有利于推动食品产业供给侧改革。

2. 促进健康风险评估的推进

环境基准是保障良好环境质量的安全阈值。通过剖析环境基准与食品安全的内在联系，调查和对比研究国际环境基准与食品安全的对策和保障机制，总结国际环境基准在保障食品安全中的先进经验，结合我国环境质量的实际情况，分析环境质量改善对我国食品安全的影响权重，提出我国环境基准与食品安全发展战略建议。开展食品安全与环境健康风险评估工作的方式和方法，形成环境健康评估报告制度，为开展环境与健康调查、监测、风险评估工作建立规范和程序提供对策建议，提出我国环境健康风险管理的战略建议，为推进实现我国环境管理向风险管理转型奠定技术基础；通过研究形成有关暴露评价、预测模型和工具包，以及系列技术规范，推动国家及地区层面定期开展环境健康暴露调查、评价机制的形成，进而推动我国环境管理向风险管理转型。

3. 有利于维护国家形象，提升国际地位

有效的食品安全治理首先需要识别和描述新兴风险。在新兴食品安全风险框架中，传统食品安全风险(食品安全、食品)形势逐年变好，而全球食品欺诈丑闻频现，新兴食品安全风险(食品欺诈、食品防护)问题突出。食品欺诈估计每年造成行业损失达180亿美元，且严重削弱消费者对食品产业和监管机构的信任。与此同时，随着互联网新技术应用，食品生产销售模式巨变，食品链更趋复杂，监管更加困难。近年来，食品诚信(food integrity)成为食品安全内涵之一，国际会议也从传统食品安全大会向食品诚信大会过渡。国际上食品安全最新进展是从传统的针对有毒有害物质的健康风险扩大到以非法添加和掺假为主的食品欺诈、与反恐相关的食品防护，针对食品质量的以次充好和经济利益驱动型食品掺假(EMA)也成为食品安全监督管理部门的监管职责。因此，我们也需要从国家战略层面提出食品安全诚信体系的建设与实施。

4. 有效预防食品微生物安全风险

食源性致病微生物导致的食源性疾病和食品安全问题已经成为我国的公共卫生问题之一，食源性致病微生物防控是保障我国食品安全的重要措施。近年来，由食源性病原微生物引发的沙门菌、霍乱、肠出血性大肠杆菌感染、甲型肝炎等食源性疾病在发达国家和发展中国家不断暴发和流行，流行病学检测数据表明食源性病原微生物引发的食源性疾病的发病率持续上升，国际相关组织和各国政府已充分认识到食源性病原微生物对食品安全的影响，并在全球范围内已采取多种方式加以严格控制。据统计，1992～2015 年我国共发生食源性疾病暴发事件 9696 起，累计发病 299443 人，其中微生物和生物毒素引起的食源性疾病暴发事件数、患者分别占 37.7%和 54.2%。因此，病原微生物污染是我国食品安全的主要威胁，随着国民经济的发展，突发性致病菌污染引发的食品中毒将日益凸显，食源性致病微生物防控工作任重道远。

5. 有利于食品安全与信息化发展战略研究

近年来，随着我国改革开放的快速发展，我国的食品安全管理体系也进入了一个全新的发展阶段，由长期食品供应短缺向结构性食品相对过剩转变，由主要解决食品总量供应问题向主要提升食品质量问题转变。食品安全关系到广大人民群众的身体健康和生命安全，关系到社会稳定和经济的健康发展，也得到我国政府的高度重视。借鉴发达国家的经验，通过健全政府信息传播体系和监管体系，构建综合管理平台，完善预警和追溯制度以实现对食品的全程监管，才能有效保障食品安全。

6. 为我国食品安全发展战略的制定提供支撑

目前我国经济发展已进入增速换挡、结构调整和动力转换的新常态。我国食品工业总产值增速逐步下降，进入提质增效的转型阶段。消费超过投资和出口成为国民经济发展的重要支撑，而食品消费成为扩大内需的主要推动力之一。我国食品进出口贸易规模稳步扩大。据 WTO 统计，2011 年我国已经成为全球第一大食品农产品进口市场，来源国和地区超过 200 个，几乎涵盖所有食品种类。随着“一带一路”倡议的推进，部分国家动物疫情不透明，许多亚洲、非洲国家尚未建立较为完善的食品安全管理体系，在无形中增加食品安全风险。因此，本项目对新形势下的食品安全发展战略研究具有重要意义。

7. 有利于满足人民群众美好生活新需求，护航“健康中国”战略

当前我国社会主要矛盾发生转化，经济发展进入“新常态”，内需成为经济平稳较快发展的重要支撑。随着我国经济持续快速发展，城镇化步伐不断加快以及农村整体收入水平的提高，我国扩大开放、进口促进和贸易便利化进程逐步推进，食品消费的绝对需求还将在较长的时间内保持较高增速。顺应我国居民对食品安全、营养健康的新需求，适应我国当前社会主要矛盾变化，是共建共享“健康中国”的关键任务，有利于提高居民健康水平、满足人民群众美好生活需要。

8. 有利于推动形成全面开放新格局，加快整合优质食物资源

我国食品产业面临的资源承载力和环境容量问题日益突出，全球化进程的反复使我国多元化优质食物供应保障正面临新的挑战，以大豆为代表的食物供给对外依赖度高，供应链极为脆弱，亟待我国食品产业“走出去”，在全球范围内整合优质食物资源。我国进口食品种类繁多，涵盖世界上大部分国家和地区。“一带一路”倡议和自由贸易区建设为我国食品国际贸易提供广阔的发展空间，“出口全世界，进口五大洲”正逐步成为我国食品产业的常态。作为我国第一大产业和基础产业，一方面推动我国食品产业“走出去”，在全球范围内整合优质食品资源，另一方面加强对进口食品安全的把控，提出食品安全“国际共治”中国方案，将助推全面开放新格局的形成，为其他产业进一步深化改革开放树立典范。

第 1 章　新形势下我国食品安全现状

1.1　食品数量安全现状

1.1.1　整体产能持续提升，供给保障能力持续增强

我国是世界第一人口大国，保障 14 亿人的吃饭问题始终是治国安邦的头等大事。据统计，2017 年，全国粮食生产总量 12358 亿斤，连续 5 年超过 12000 亿斤，人均粮食占有量超过 470 kg；2016 年，水产品、蔬菜和水果产量分别达到 6901.3 万吨、79779.7 万吨和 28351.1 万吨，同比分别增长 3%、1.6%和 3.5%，水产品产量已超出世界水产品总量的三分之一，蔬菜和水果产量均居世界第一位(表 1-1-1 和表 1-1-2)。近年来，谷物、肉类、花生、茶叶产量连续增长，领跑全球发达农业国家；油菜籽产量稳居世界第二位；甘蔗产量稳居世界第三位。粮食供给保障取得显著成就，主要农产品数量极大丰富，切实解决了我国居民的“米袋子”和“菜篮子”问题。

表 1-1-1　我国主要食用农产品产量变化(单位：万吨)

年份	主要食用农产品				主要食品原料农产品	
	蔬菜	水果	肉类	水产品	粮食	原奶
2001	48422.36	6658.04	6105.8	3795.92	45263.67	1025.5
2002	52860.56	6952	6234.3	3954.86	45705.75	1299.8
2003	54032.32	14517.4	6443.3	4077.02	43069.53	1746.3
2004	55064.66	15340.9	6608.7	4246.57	46946.95	2260.6
2005	56451.49	16120.09	6938.9	4419.86	48402.19	2753.4
2006	53953.05	17101.97	7089	4583.6	49804.23	3193.41
2007	56452.04	18136.29	6865.72	4747.52	50160.28	3525.24
2008	59240.35	19220.19	7278.7	4895.6	52870.92	3555.8
2009	61823.81	20395.51	7649.7	5116.4	53082.08	3518.8
2010	65099.41	21401.41	7925.8	5373	54647.71	3575.6
2011	67929.67	22768.18	7965.14	5603.2	57120.85	3657.85
2012	70883.06	24056.84	8387.24	5907.68	58957.97	3743.6
2013	73511.99	25093.04	8535.02	6172	60193.84	3531.42
2014	76005.48	26142.24	8706.74	6461.5	60702.61	3724.64
2015	78526.1	27375	8625.04	6699.65	62143.92	3754.67
2016	79779.71	28351.09	8537.76	6901.25	61625.05	3602.2

数据来源：历年中国统计年鉴

表 1-1-2　各主要农产品人均占有量的变化(单位：kg)

年份	主要食用农产品				主要食品原料农产品	
	蔬菜	水果	肉类	水产品	粮食	原奶
2001	379.4	52.2	47.8	29.7	354.7	8.0
2002	411.5	54.1	48.5	30.8	355.8	10.1
2003	418.1	112.3	49.9	31.5	333.3	13.5
2004	423.6	118.0	50.8	32.7	361.2	17.4
2005	431.7	123.3	53.1	33.8	370.2	21.1
2006	410.5	130.1	53.9	34.9	378.9	24.3
2007	427.2	137.3	52.0	35.9	379.6	26.7
2008	446.1	144.7	54.8	36.9	398.1	26.8
2009	463.3	152.8	57.3	38.3	397.8	26.4
2010	485.5	159.6	59.1	40.1	407.5	26.7
2011	504.2	169.0	59.1	41.6	423.9	27.1
2012	523.5	177.7	61.9	43.6	435.4	27.6
2013	540.2	184.4	62.7	45.4	442.4	26.0
2014	555.7	191.1	63.7	47.2	443.8	27.2
2015	571.3	199.1	62.7	48.7	452.1	27.3
2016	577.0	205.0	61.7	49.9	445.7	26.1

数据来源：历年中国统计年鉴

在新的历史时期，党中央依据农业生产情况的新变化，提出了“以我为主、立足国内、确保产能、适度进口、科技支撑”的粮食安全新战略，确立了“谷物基本自给，口粮绝对安全”的国家粮食安全新目标；2016 年，我国主动调减非优势产区籽粒玉米播种面积 3800 多万亩[①]，增加大豆种植面积 2100 多万亩，粮经饲协调发展的三元结构正在加快形成。

1.1.2　国民经济转型升级，食品工业跃入发展新阶段

1. 经济增速变缓，中高速增长成为主旋律

当前，我国进入经济新常态，国内生产总值(GDP)增速从高速增长转为中高速增长。2016 年我国一、二、三产业增速较 2011 年分别降低了 1.2%、4.5%、2.1%，我国经济已进入增速换挡、结构调整和动力转换的新常态。与之相对应，我国规模以上食品工业企业总产值稳步增长，但增速逐步下降，2016 年，我国食品工业总产值 11.97 万亿，同比增长 5.5%，但在 2013 年以前的十年时间都保持近两位数高速增长，由此可见，我国食品工业已进入提质增效的转型阶段(图 1-1-1 和图 1-1-2)。

2. 消费结构转化升级，助推食品经济稳步增长

自 2010 年起，消费支出对国内生产总值增长的贡献开始占据主导作用，超过投资和出口成为国民经济发展的重要支撑，据统计，2016 年消费对经济增长的贡献率达 64.6%(图 1-1-3)，继续发挥经济增长第一驱动力的作用。我国是食品产业大国，食品消费已成为食品经济发展的首要动力。

① 1 亩≈666.7 m^2

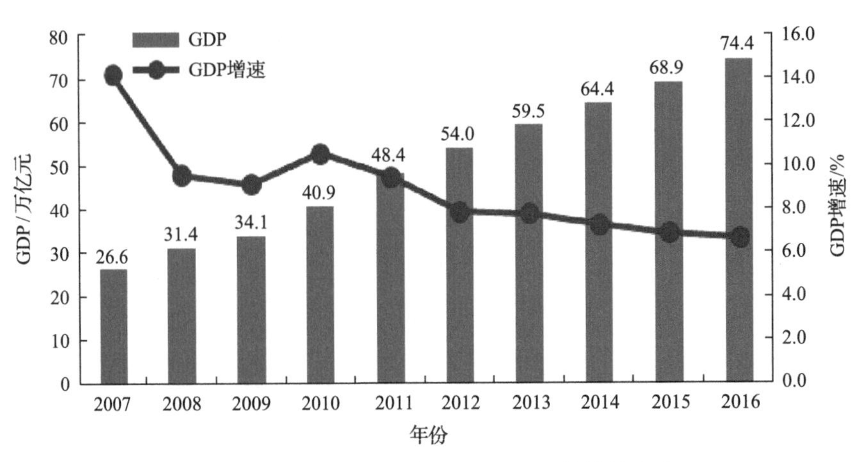

图 1-1-1　2007～2016 年中国 GDP 及其增长速度

数据来源：国家统计局

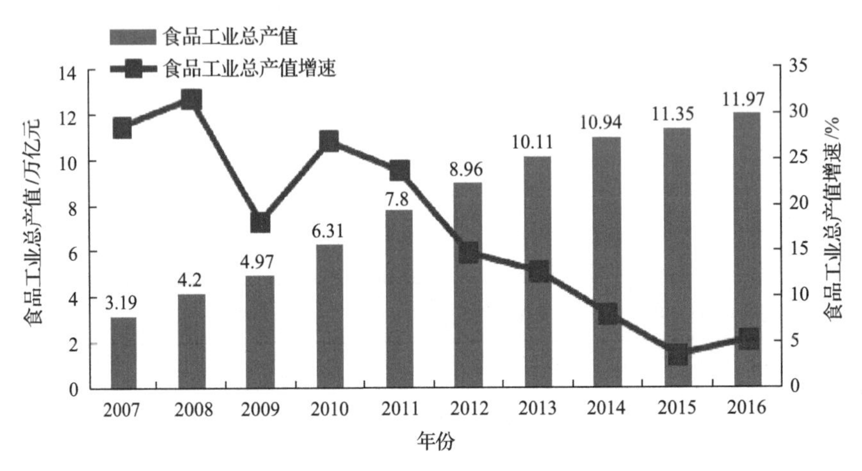

图 1-1-2　2007～2016 年食品工业总产值及其增长速度

数据来源：国家统计局

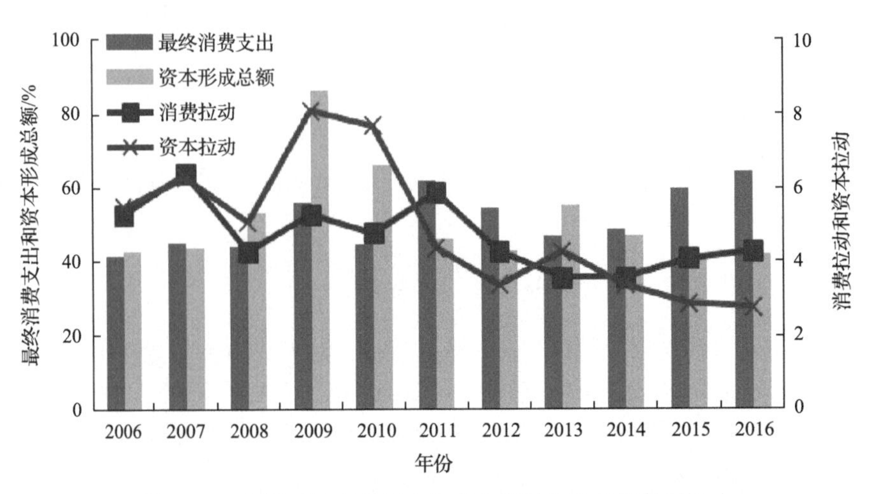

图 1-1-3　消费和投资对国内生产总值增长的贡献率和拉动

数据来源：国家统计局

随着城镇化进程的不断加快，我国城镇化率大幅度提升(图 1-1-4)，进一步拓展了消费空间。2017 年末我国常住人口城镇化率为 58.52%，据初步测算，城镇化率每提高 1 个百分点，拉动消费增长近 2 个百分点。因此，食品消费需求将在较长时间内保持高速增长，2016 年，我国人均食品消费支出达 5151 元(图 1-1-5)，同比增长 7%。当前，我国的城镇化进程还没有结束，城镇化将继续保持旺盛势头，未来将有 2 亿左右“半市民”的农民工真正实现城市化，食品消费规模将进一步扩大，加之居民生活水平的提高和消费结构升级，消费者对食品的需求越来越多样化和个性化，多层次、多元化及更加优质的消费需求将只增不减。

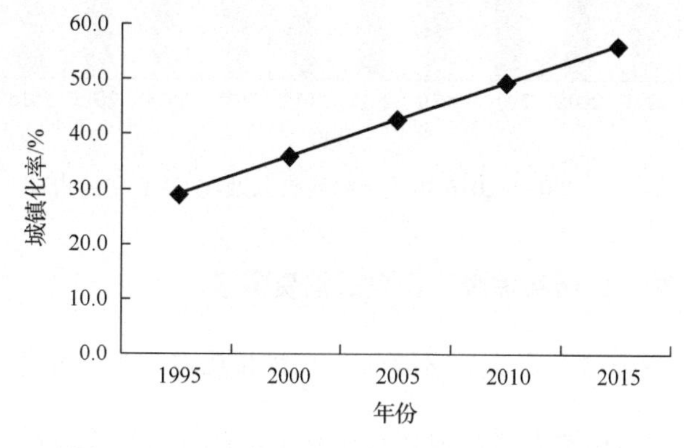

图 1-1-4　1995～2015 年我国城镇化率变化趋势

数据来源：国家统计局

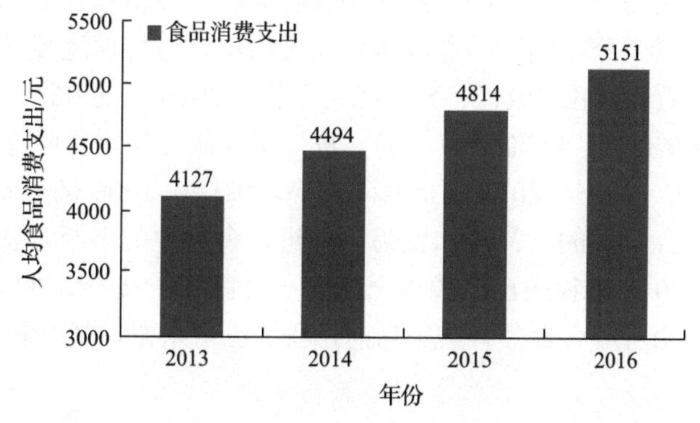

图 1-1-5　2013～2016 年我国人均食品消费支出

数据来源：国家统计局

3. 加大科研投入力度，夯实食品科技基础

“十二五”以来，我国科技进步贡献率已由 50.9%增加到 55.1%。科技创新能力显著增强，投入不断增加，2016 年中共中央、国务院印发《国家创新驱动发展战略纲要》提出要进一步加大科研投入，到 2020 年研究与实验发展经费支出占 GDP 比例达到 2.5%。

同时，我国食品企业积极开展科技创新活动。据统计，2016 年，我国规模以上食品工业企业共有 42015 家，其中 4081 家(占 9.7%)拥有研发机构，6137 家(占 14.6%)有开展研发(R&D)活动；食品规模以上工业企业开发的新产品主营业务收入 6068.9 亿元，占食品工业主营业务收入的 5.5%。食品规模以上工业企业新产品研发项目共计 2.0 万项，项目经费支出 522.5 亿元。2007～2016 年我国科研投入及在 GDP 中所占比重见图 1-1-6。

图 1-1-6　2007～2016 年我国科研投入及在 GDP 中所占比重

1.1.3　政策红利持续发力，切实保障进口食品消费需求

1. 务实推进“一带一路”和自贸区建设，积极拓展国际食品贸易市场

在“一带一路”和自由贸易区(港)建设推动下，我国在世界食品进出口贸易中的地位不断提升。2016 年，我国与“一带一路”沿线国家食品农产品贸易额高达 210.3 亿美元，同比增长 11.3%，我国与“一带一路”沿线国家在农产品种植和食品加工工业方面具有较强的互补性，合作前景十分广阔。随着我国食品进出口贸易规模逐步扩大，占世界贸易比重进一步增加，出口贸易额由 2011 年 542 亿美元增至 2016 年的 662 亿美元，占世界出口贸易总额的占比由 4.0%增至 4.9%(图 1-1-7)，进口贸易额呈先增后降态势，2014 年贸易额最高，为 1053 亿美元，2015～2016 年呈略降态势，维持在 1000 亿美元左右(图 1-1-8)。

目前，我国是世界重要的食品进口贸易国，进口食品种类不断丰富，来源需求不断扩大。据 WTO 统计，2011 年我国已经成为全球第一大食品、农产品进口市场，来源国和地区超过 200 个，几乎涵盖所有食品种类。当前，我国已与东盟、澳大利亚、新西兰、智利、

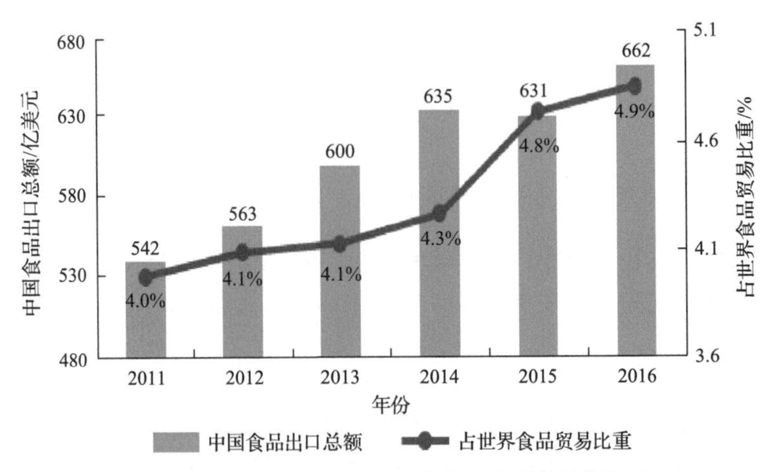

图 1-1-7　我国食品出口额及占世界食品贸易的比重

数据来源：2016 年中国进口食品质量安全状况白皮书

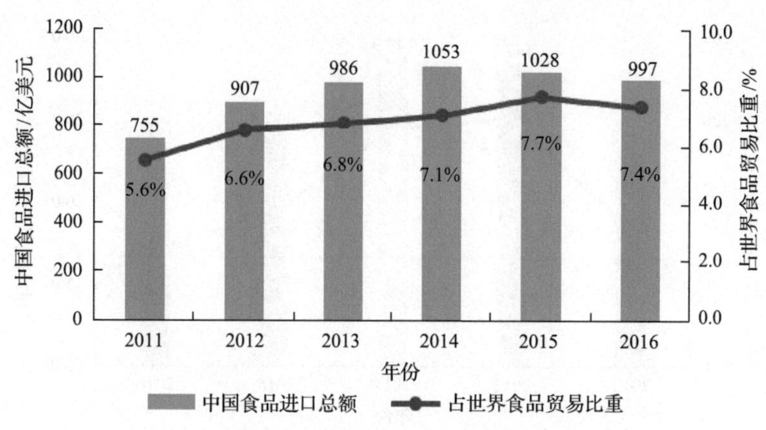

图 1-1-8　我国食品进口额及占世界食品贸易的比重

数据来源：2016 年中国进口食品质量安全状况白皮书

瑞士、韩国等国家和组织签订了自由贸易协议，2016 年 9 月，我国再设 7 个自由贸易试验区，总数达到 11 个。海南、广东等地自由贸易港建设稳步推进。“出口全世界，进口五大洲”正逐步成为我国食品产业发展的常态。

2. 国际食品贸易稳定发展，进口食品消费需求基本满足

近年来，我国居民收入和人均可支配收入逐年增加，对进口食品的消费需求愈加明显。2016 年，我国进口食品贸易额列前 10 位的食品种类分别为：肉类、水产及制品类、油脂及油料类、乳制品类、粮谷及制品类、酒类、糖类、饮料类、干坚果类和糕点饼干类，共 433.2 亿美元，占我国进口食品贸易总额的 92.9%(图 1-1-9)。其中，植物油、乳粉、肉类、水产品等大宗食品的进口量分别达到 673.5 万吨、96.5 万吨、460.4 万吨、388.3 万吨。

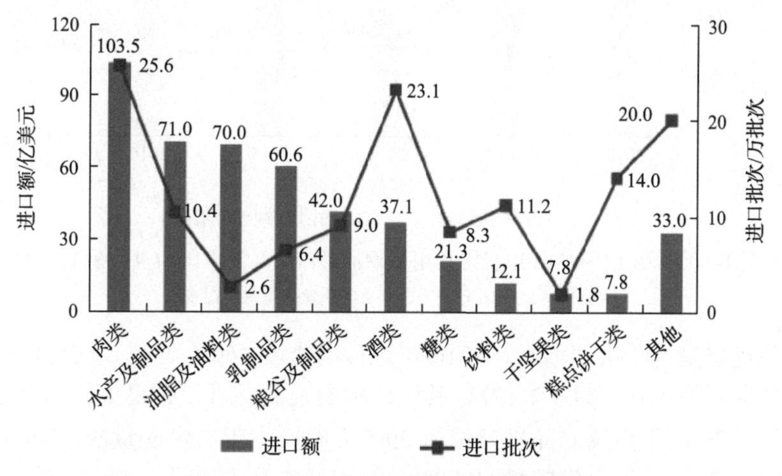

图 1-1-9　2016 年我国进口食品种类情况

数据来源：2016 年中国进口食品质量安全状况白皮书

我国进口乳制品贸易额和市场占比在 2014 年达到高点后呈下降趋势。2016 年，乳粉(含乳清粉)进口量为 96.5 万吨(图 1-1-10)。

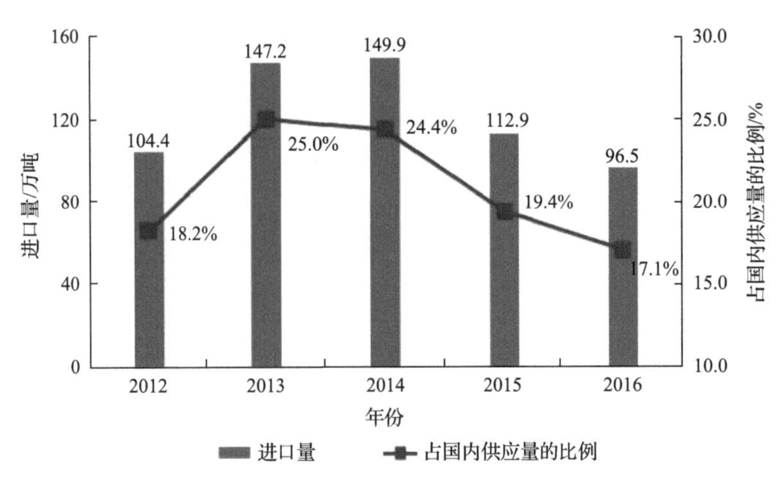

图 1-1-10　2012～2016 年我国乳粉进口量及其占国内供应量的比例

数据来源：2016 年中国进口食品质量安全状况白皮书

我国进口食用植物油贸易基本稳定，进口食用植物油已成为国内市场重要的供应来源。2016 年，我国进口食用植物油或以进口原料制成的食用植物油达 2171.5 万吨，占国内食用植物油供应量的 29.3%(图 1-1-11)。

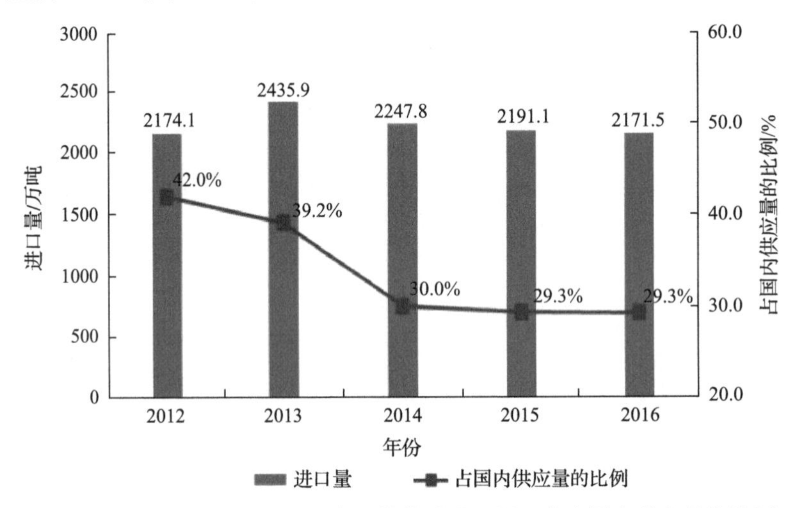

图 1-1-11　2012～2016 年我国食用植物油进口量及其占国内供应量的比例

数据来源：2016 年中国进口食品质量安全状况白皮书

我国肉类进口量持续快速增长，2016 年进口肉类达 460.4 万吨，同比增长达 63.6%，占国内肉类供应量的 5.1%(图 1-1-12)。其中，猪肉及制品进口量最大，达 271.8 万吨，占国内供应量的 4.7%；牛肉及制品进口量为 59.5 万吨，占国内供应量的 7.8%；羊肉及制品进口量为 22.9 万吨，占国内供应量的 4.9%；禽肉及制品进口量为 58.7 万吨，占国内供应量的 2.9%。

我国进口水产品贸易基本稳定，2016 年进口水产及制品达 388.3 万吨，占国内水产品供应量的 5.5%(图 1-1-13)。

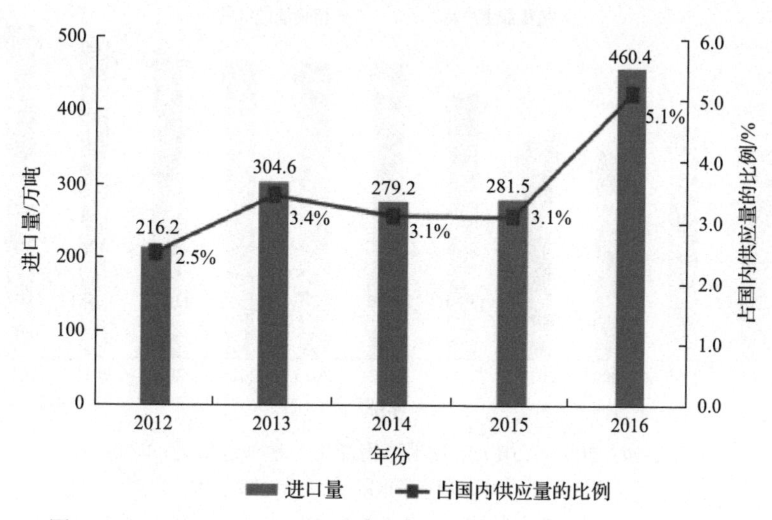

图 1-1-12　2012～2016 年我国肉类进口量及其占国内供应量的比例

数据来源：2016 年中国进口食品质量安全状况白皮书

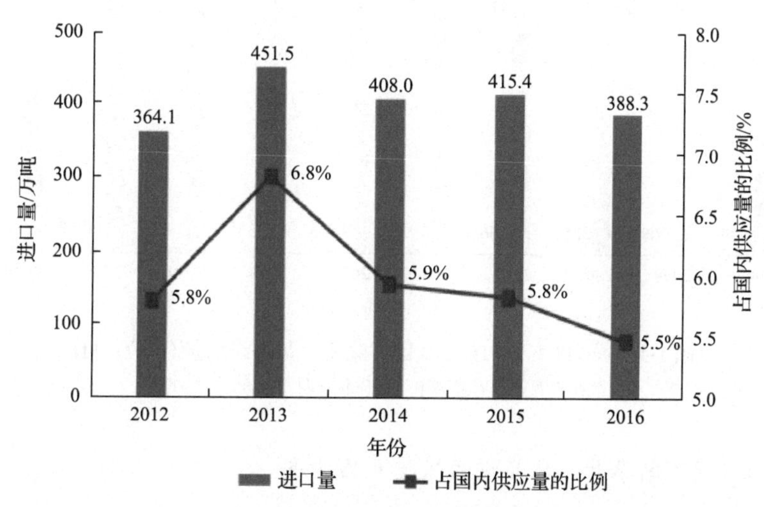

图 1-1-13　2012～2016 年我国水产品进口量及其占国内供应量的比例

数据来源：2016 年中国进口食品质量安全状况白皮书

1.1.4　食品数量安全面临新形势，新旧挑战接踵而至

1. 农产品产量增速趋缓，供应保障压力初步显现

虽然我国食用农产品从整体上看已经基本能够自给，但是由于受资源禀赋和种植、养殖方式等因素的制约，我国一些食用农产品产量已结束多年来的连年增收（图 1-1-14 和图 1-1-15）。2016 年，我国粮食产量 61625.1 万吨，同比下跌 0.8%，肉类产量 8537.8 万吨，同比下跌 1%；原奶产量 3602.2 万吨，同比下降 4.1%。未来相当长的一段时期内，我国农产品供应既面临着自然资源与环境的挑战，也面临着人口刚性增长与经济快速发展带来的食物需求增长的压力。

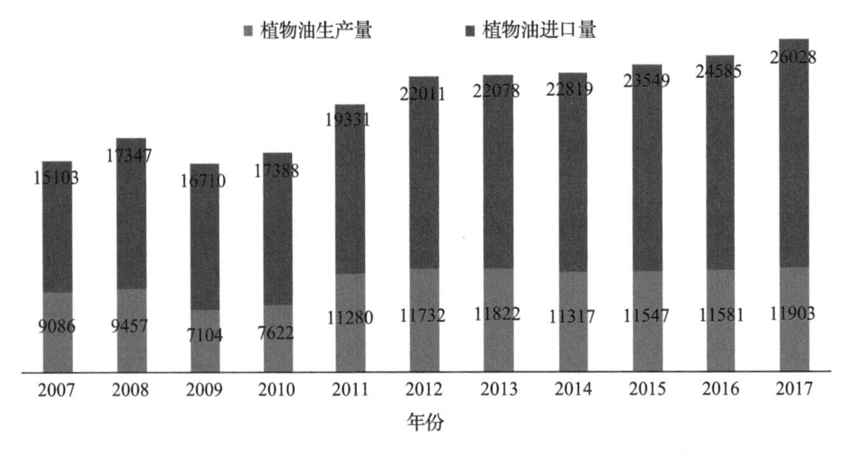

图 1-1-14 2007～2017 年我国植物油生产量与进口量(单位：kt)

数据来源：油脂油料市场供需状况月报第 82～211 期

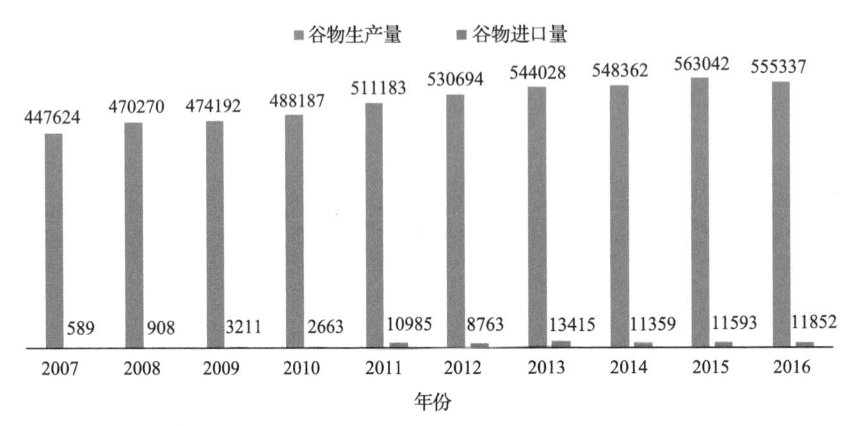

图 1-1-15 2007～2016 年我国谷物生产量与进口量(单位：kt)

数据来源：食用谷物市场供需状况月报第 85～213 期

2. 对外依存度不断攀升，食品供给保障面临冲击

中美贸易战使得食品全球贸易严重受挫，部分对外依赖度高的食用农产品、食品供应也面临极大挑战。以粮油为例，我国粮油供应主要依靠进口，进口占国内产量的比重连续 10 年处于高位。我国大豆的对外依赖度超过 80%，2016 年我国进口大豆主要来自巴西和美国，两者占比超过 85%(表 1-1-3)，进口来源国较为单一，中美贸易战中我国对美国大豆征税可能增加国内相关企业经营成本，或造成无原料可用、生产中断。

表 1-1-3 2016 年中国大豆进口市场情况

排名	国家	进口量/万吨	进口额/亿美元	进口量占比/%
1	巴西	3820.5	155.5	45.5
2	美国	3417.1	137.7	40.7
3	阿根廷	801.4	32.3	9.6
	其他国家	352.3	14.3	4.2
	总计	8391.30	339.8	100.0

数据来源：2016 年商务部中国进出口月度统计报告

我国肉类对外依赖度较低。2016 年，我国猪肉产量 5299 万吨，牛肉 717 万吨，羊肉产量 459 万吨，禽肉 1888 万吨，杂畜肉 179 万吨，美国、巴西、新西兰等主要进口国家进口量远远低于我国肉类产量(表 1-1-4 至表 1-1-7)，对我国肉类食品进口供应的冲击较小。

表 1-1-4　2016 年中国牛肉及其副产品进口市场情况

排名	国家	进口量/万吨	进口额/亿美元	进口量占比/%
1	巴西	17.1	7.7	28.5
2	乌拉圭	16.7	5.7	27.8
3	澳大利亚	11.7	5.8	19.5
	其他国家	14.6	6.7	24.3
	总计	60.10	25.9	100.0

数据来源：2016 年商务部中国进出口月度统计报告

表 1-1-5　2016 年中国鸡肉及其副产品进口市场情况

排名	国家	进口量/万吨	进口额/亿美元	进口量占比/%
1	巴西	48.7	10.4	85.6
2	阿根廷	5.2	1.1	9.1
3	智利	1.8	0.5	3.2
	其他国家	1.2	0.3	2.1
	总计	56.90	12.3	100.0

数据来源：2016 年商务部中国进出口月度统计报告

表 1-1-6　2016 年中国羊肉及其副产品进口市场情况

排名	国家	进口量/万吨	进口额/亿美元	进口量占比/%
1	新西兰	13.9	4	62.1
2	澳大利亚	8.1	1.76	36.2
	其他国家	0.40	0.04	1.8
	总计	22.40	5.8	100.0

数据来源：2016 年商务部中国进出口月度统计报告

表 1-1-7　2016 年中国猪肉及其副产品进口市场情况

排名	国家	进口量/万吨	进口额/亿美元	进口量占比/%
1	美国	6.6	12.5	22.2
2	德国	5.6	10.3	18.9
3	西班牙	3.7	7	12.5
	其他国家	13.8	26.7	46.5
	总计	29.70	56.5	100.0

数据来源：2016 年商务部中国进出口月度统计报告

1.2　食品质量安全现状

1.2.1　源头风险防控良好，主要食品原料安全性较高

我国食用农产品质量安全稳中向好。据农业农村部例行监测数据，2013～2016 年我国蔬菜质量安全例行监测合格率一直保持在 96%以上，水果维持在 95%以上，畜禽产品维持在 99%以上，水产品从 2014 年的 93.6%增至 2016 年的 95.9%，茶叶合格率基本保持在 97%以上，仅 2014 年略低，为 94.8%，可见主要食用农产品质量安全总体保持较高水平（图 1-1-16 至图 1-1-20）。

1.2.2　市场流通环节监管有力，主要食品安全性良好

由国家食品安全监督抽检数据可知，2015～2017 年，抽检批次近 66.23 万批次，总体合格率一直保持在 96%以上，2017 年最高，为 97.6%；居民日常消费的粮、油、菜、肉、

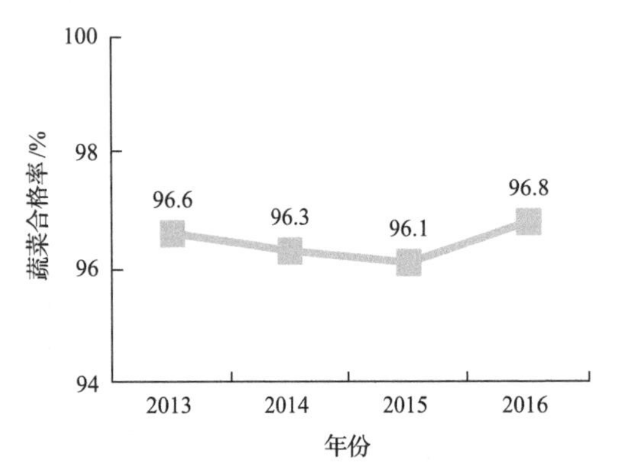

图 1-1-16　2013～2016 年我国蔬菜例行监测合格率变化

数据来源：农业农村部

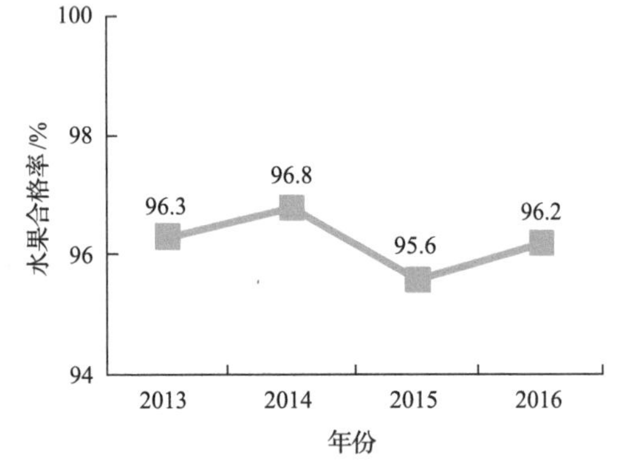

图 1-1-17　2013～2016 年我国水果例行监测合格率变化

数据来源：农业农村部

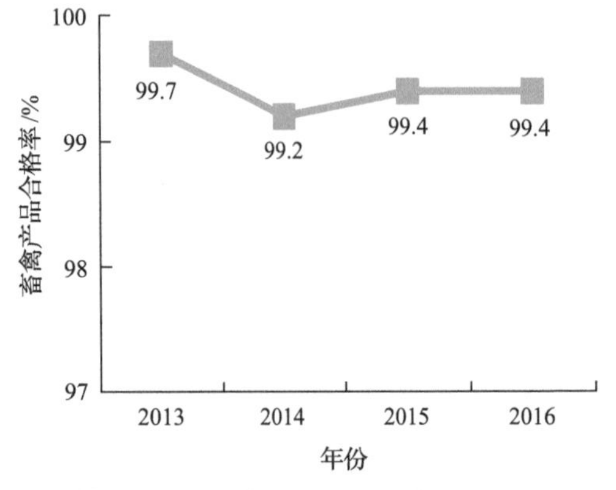

图 1-1-18　2013～2016 年我国畜禽产品例行监测合格率变化

数据来源：农业农村部

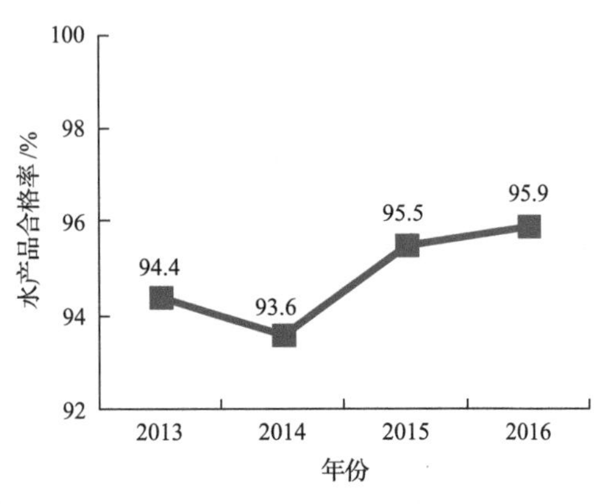

图 1-1-19　2013～2016 年我国水产品例行监测合格率变化

数据来源：农业农村部

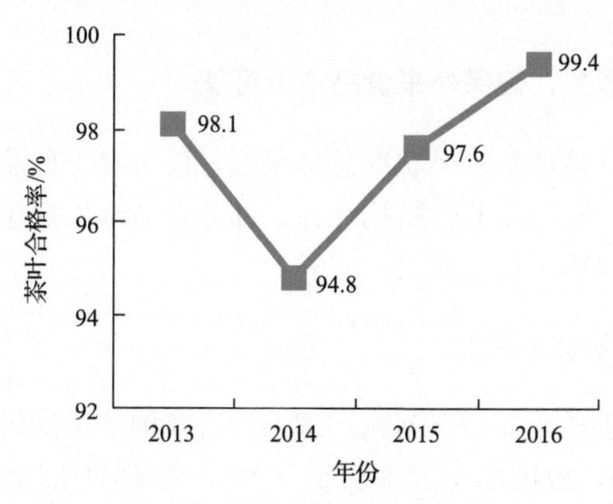

图 1-1-20　2013～2016 年我国茶叶例行监测合格率变化

数据来源：农业农村部

蛋、奶、水产品、水果等合格率整体保持较高水平，乳制品合格率超过 99%，水产品和蔬菜最低合格率也在 95%以上(表 1-1-8)。大型生产经营企业食品安全管理较为良好，其抽检合格率在 98%。

表 1-1-8　2015～2017 年国家食品安全监督抽检情况

	2015 年	2016 年	2017 年
抽检批次/万批次	17.2	25.7	23.33
食品总体抽检合格率/%	96.80	96.8	97.6
蛋制品合格率/%	97.95	99.6	99.3
乳制品合格率/%	99.53	99.5	99.2
粮食加工品合格率/%	97.32	98.2	98.8
水产制品合格率/%	95.3	95.7	98.1
蔬菜制品合格率/%	95.6	95.9	98.0
食用油及其制品合格率/%	98.10	97.8	97.7
肉、蛋、菜、果等食用农产品合格率/%	—	98.0	97.9
大型生产企业样品抽检合格率/%	99.4	99.0	99.6
大型经营企业样品抽检合格率/%	98.1	98.1	98.7

同时，国家食品监督管理部门加大食品案件查处力度，2014～2017 年累计查获食品案件 93.6 万件，涉及物品总值 21.8 亿元，捣毁制假售假窝点 2818 个，吊销许可证 1204 个，有力保障了食品规范安全生产(表 1-1-9)。

表 1-1-9　2014～2017 年国家食药监总局食品案件查处情况

	2014 年	2015 年	2016 年	2017 年
查处食品案件/万件	25.6	24.8	17.5	25.7
涉及物品总值/亿元	4.1	4.8	6.1	6.8
捣毁制假售假窝点/个	1106	779	365	568
吊销许可证/个	637	235	146	186

1.2.3　严把进口食品质量关，确保外来食品安全可靠

近年来，我国进口食品质量安全状况总体平稳，没有发生行业性、区域性、系统性食品安全问题。但据口岸检验检疫监管机构统计，部分食品添加剂超范围或超限量使用、微生物污染和品质不合格问题仍较为突出。

1. 主要进口食品质量安全情况

我国尚未发生重大进口食品安全问题，因不符合我国法律法规和标准而未准入境食品从 2011 年的 1875 批次和 2949 万美元增加到 2017 年的 6631 批次和 6953.7 万美元，较好地保证了我国进口食品安全(图 1-1-21)。未准入的进口食品种类(排前十的种类)变动不大，主要集中在饮料类、糕点饼干类、粮谷及制品类、乳制品类、酒类、糖类等。产品品质不合格、食品添加剂超量超范围使用、产品标签或证书等不合格、货证不合格、微生物污染等为主要不合格原因。2017 年，按批次排列前 10 位的不合格原因占到总未准入境食品总批次的 98.1%。此外，海关持续开展打击食品走私专项行动，有力降低走私食品态势。总的来说，进口食品安全处于较高水平。

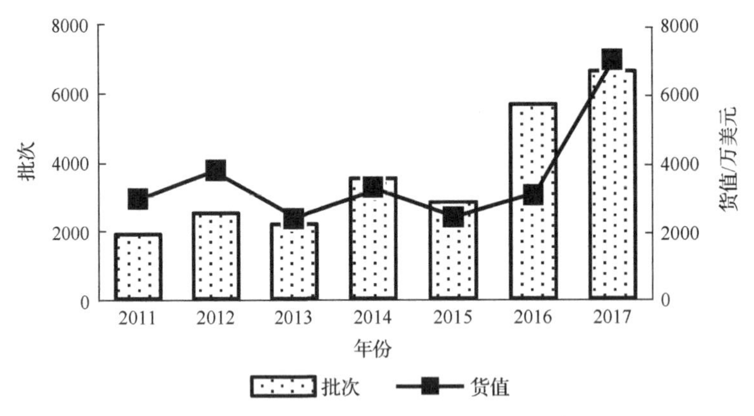

图 1-1-21　我国进口不合格批次及货值变化

数据来源：2016 年中国进口食品质量安全状况白皮书

目前我国所有进口食品种类中，大宗产品主要有乳制品、食用植物油、肉类、水产品，这四类产品的未准入批次占到了总未准入批次的五分之一到四分之一。依据我国政府相关部门公布的数据，近七年四类大宗进口食品质量安全情况相对较为稳定，主要食品安全风险整体可控。

1)乳制品

近年来，进口乳制品的未准入境产品各指标均有所降低。数据显示，“十二五”期间，进口乳制品中检出不合格产品共计 1167 批、3596 吨、1884 万美元，平均每年不合格产品约 233 批、718 吨、369 万美元；而 2016 年和 2017 年这一数据分别为 154 批、329.3 吨、106.3 万美元和 250 批、522.5 吨、288.8 万美元。此外综合多年数据，不合格原因主要集中在品质不合格、微生物污染、标签不合格、标签不合格、添加剂超量超范围使用方面。

“十二五”期间，进口婴幼儿配方乳粉年均检出不合格产品约 13 批次、27 吨、44 万美元；2016 年，为 9 批次、46.6 吨、50.3 万美元；2017 年，为 17 批次、35.7 吨、41.7 万美元；总体变化不大。未准入境原因主要是进口国无法提供符合要求的输华乳品卫生证书及营养成分符合性检测不合格。

2)食用植物油

2011～2017 年进口食用植物油产品食品安全状况较为稳定，2017 年，各地海关从来自 15 个国家(地区)的食用植物油中检出未准入境产品共计 44 批、2.6 万吨、1548.1 万美元。与 2016 年(42 批、2.6 万吨、1532.8 万美元)相差不大。在“十二五”期间，各地出入境检验检疫机构从 29 个国家(地区)的进口食用植物油中检出不合格产品共计 168 批、2.7 万吨、3347 万美元(年均 36 批次、4140 吨、669.4 万元)。从上述数据可以看出每年不合格批次较为接近，而近两年货量和货值的增加可能是由于单次运货量的提高。

导致产品被拒绝入境的主要原因是包装、标签问题，而在食品安全卫生问题中，砷、苯并芘等污染物超标问题占未准入境食用植物油总批次的 11.4%。

3)肉类

我国肉类进口放开以后，肉类的未准入境产品在 2017 年出现了大幅提升，肉类中检出未准入境产品共计 395 批、5129.5 吨、1165.1 万美元，与 2016 年(128 批、902.7 吨、161.8 万美元)相比分别提高了 209%、468%和 620%；而 2016 年与“十二五”期间(73 批、918 吨、179 万美元)则相差不大。其中 2017 年度由于食品安全卫生问题导致的产品禁入，如菌落总数、大肠菌群超标等微生物污染问题等占未准入境肉类总批次的 7.3%。

4)水产品

2011～2017 年我国水产品未准入境产品基本稳定，2017 年各地海关从来自 34 个国家(地区)的水产品中检出未准入境产品共计 338 批、921.9 吨、447.3 万美元，在“十二五”期间年均 138 批、1645.4 吨、469.8 万美元，从货值来看总体变化不大。而在 2016 年，由于水产品整体进口量降低，未准入境产品量有显著降低，分别为 91 批、607.3 吨、164.7 万美元。

与其他产品相比，水产品的食品安全卫生问题较为严重，2017 年数据显示大肠菌群、菌落总数等微生物污染，镉等污染物超标问题占未准入境水产品总批次的 18.6%，高于其他大宗食品。

2. 未准进入境内的食品种类

2017 年我国未准进入境内食品种类几乎覆盖全部种类，其中按批次排列前 10 位的种类分别为：饮料类、糕点饼干类、糖类、粮谷及淀粉类、酒类、肉类、水产及制品类、乳制品类、茶叶类、特殊食品类(图 1-1-22)。

2017 年，未准入境食品涉及 15 类不合格项目，其中按批次排列前 10 位的分别为：品质、证书不合格、标签不合格、食品添加剂超标、微生物污染、包装不合格、未获检验检疫准入、货证不符、污染物、营养素不合格(图 1-1-23)。

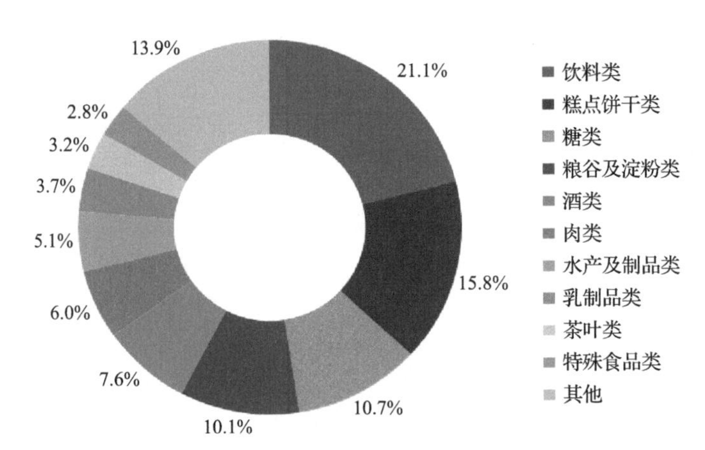

图 1-1-22　2017 年我国未准入境食品种类

数据来源：2016 年中国进口食品质量安全状况白皮书

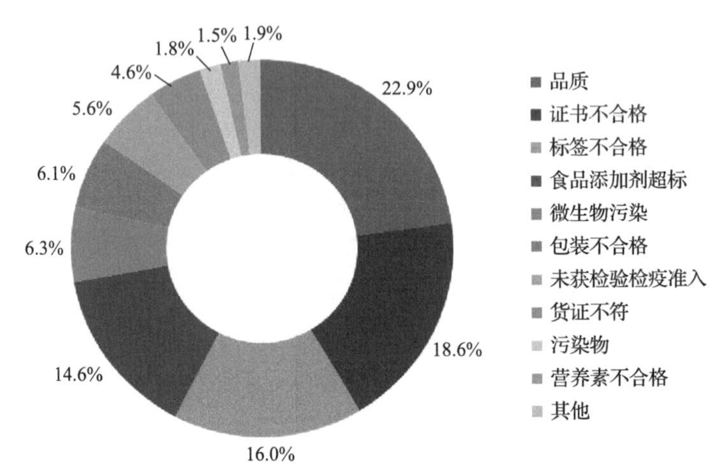

图 1-1-23　我国 2017 年我国未准入境食品不合格原因

数据来源：2016 年中国进口食品质量安全状况白皮书

1.2.4　非传统食品经济日趋多样，滋生新型食品安全隐患

随着我国人民生活质量的不断提高，对食品安全与生活质量的要求也越来越高，食品电商以自己独特的采购模式，为消费者提供安全优质和放心的产品。伴随着大量垂直型食品购物网站的崛起，消费者有了更多的网购选择通道，食品电商市场呈现更加激烈的竞争态势。然而，由于互联网的虚拟性，食品在交易过程中更加隐蔽，导致食品质量监督不到位、网络市场规范化经营管理不细致、食品安全监管体系落后，同时部分网店食品经营者诚信缺失、行业自律性差、道德素质参差不齐，不良商家和企业利用互联网的虚拟性隐匿在网络环境中攫取最大化利益不断危害食品安全市场，给原本严峻的食品安全问题提出了更高的挑战；随着网络外卖的不断发展，平台准入门槛低、对商户的资质审查把关不严，致使许多没有任何餐饮卫生资质，甚至没有《食品经营许可证》的商家进入了订餐平台。

1.2.5　食品质量安全问题复杂多元化，主观安全难以重建

1. 食品掺假成主要风险

近年来，我国食品安全事件频发，研究发现经济利益驱动型食品掺假(EMA)事件占我国食品安全事件的较大比重，从 2009 年到 2013 年“每周质量报告”报道中有 52 期涉及食品安全，其中涉及食品欺诈的就达 39 项，占到 75%。2001～2013 年央视曝光的重大食品安全事件中 25.35%由非法添加物造成，假冒伪劣和掺杂使假也分别占 5.63%和 4.23%，其他还包括非食用原料(11.27%)、化学污染物(9.86%)、理化成分(8.45%)、非法使用违禁药物(7.04%)等，由此看出，非法添加、使用非食用原料、假冒伪劣和掺杂使假等违法生产经营行为，是导致食品安全事件发生的主要原因。

2013 年，我国规模以上食品工业企业数 36140 个，约占食品加工企业总数的 20%，大中型食品工业企业为 5269 个，仅占食品加工企业总数的 3%，因此，小、微型企业和小作坊仍然占全行业的 80%以上。这些小微企业安全管理意识和能力较弱，食品质量安全难以保证，随着现代食品生产技术的进步，我国出现了多种多样的食品掺假手段，一些媒体报道的经济利益驱动型食品掺假让人触目惊心，如为了给猪注水不易从外表上被察觉，给猪注射药物；为使辣椒更鲜艳，掺苏丹红；为提高奶中蛋白质含量，在牛奶中添加“皮革水解蛋白”；为了对水产品进行保鲜，添加“孔雀石绿”等。

从我国出口食品的角度看，2009～2013 年欧盟食品和饲料快速预警系统通报中，我国出口到欧洲、美国、日本、韩国等的食品，食品掺假也是主要问题之一。联合国粮食及农业组织发布的《粮食展望》报告显示，2017 年食品进口成本增至 1.413 万亿美元，较上一年同期增加 6%，并将创下历史第二高的纪录。在经济不景气的背景下，食品造假现象遍及全球，各国民众还是希望“价廉物美”，但“价廉”有了，就牺牲了“物美”。

近年来，我国政府、各地区、各部门开展了多次针对假冒伪劣食品的专项整治打击活动，在一些法规和许多标准中做出了相关规定，并开始实行食品溯源制度。随着科学技术的进步，新材料、新技术不断涌现，为食品真伪鉴别检测体系的完善提供了强有力的保障。快速、可靠的食品真伪检测鉴别技术及其标准体系的完善，是食品打假的治本之策。只有将严格的法律标准体系和有效的检测方法相结合，才能更好地保障食品的安全，从而尽可能地使消费者由客观安全转化为主观安全，这条道路将会漫长而又艰辛。

2. 新模式食品经济滋生新风险

电商主要存在的问题包括假冒伪劣等欺诈行为层出不穷、标签标识违规现象频发、储运过程存在安全隐患、标准化品牌化产品缺乏、质量难以保障、监管维权困难等。

3. 客观安全难以转化成主观安全

食品安全有两个层面，客观食品安全和主观食品安全。客观食品安全是食品的实际安全，是食品安全的基础；主观食品安全是民众心里感受到的安全，是食品安全保障的归宿。不少人认为，客观安全是食品安全保障的核心，只要客观安全保障到位，民众的主观安全

感自然会增进。但在食品安全领域，并非如此。2008 年“三聚氰胺奶粉”事件曝光，自此婴幼儿配方奶粉成为监管的重中之重，中国政府采取多项措施努力保障婴幼儿配方奶粉质量安全，先后颁布了《乳品质量安全监督管理条例》等 20 余项法规制度和措施，公布了 66 项乳品质量新标准。虽然经过各项法律标准的实施，婴幼儿配方乳粉的质量安全处于历史最好水平，是目前所有大宗食品中合格率最高的，其质量安全指标和营养指标与国际水平相当。但是在 99%的抽检合格率下，仍然是对洋奶粉的疯狂抢购。2018 年课题组针对 20 个省份 3000 余名负责婴幼儿奶粉采购的妈妈群体开展的认知调查数据显示，六成(63.3%)以上的妈妈群体选择了进口奶粉。七成以上(74.9%)的受访者担心国产婴幼儿奶粉的安全性。消费者对婴幼儿奶粉信心的恢复程度远落后于质量安全的提高程度，客观安全的提升并未能相应转化为消费者的主观感受。

1.3　食品营养安全现状

1.3.1　健康意识显著提高，营养结构逐步趋于合理

根据 2016 年我国居民健康素养监测结果，基本知识和理念素养水平达到 24.00%，健康生活方式与行为素养水平为 9.79%，基本技能素养水平为 15.57%；我国居民健康素养水平为 11.58%，继续保持上升态势。随着健康意识的提高，城乡居民饮食更加注重食品营养，不断优化和调整膳食结构[1]。据统计，2017 年，城镇居民人均粮食消费量下降至 110 kg，农村居民人均粮食消费量为 155 kg；肉、禽、蛋、奶等动物性食品消费显著增加，城镇居民人均猪肉消费量上升至 20.6 kg，禽类上升至 9.7 kg，鲜蛋上升至 10.3 kg；农村居民人均猪肉消费量上升至 19.5 kg，禽类上升至 7.9 kg，蛋类上升至 8.7 kg。由此可见，我国居民主食消费明显减少，膳食结构更趋合理，已逐步从“吃得饱”向“吃得好”转变(表 1-1-10 至表 1-1-12)。

表 1-1-10　全国居民人均主要食品消费量(单位：kg)

指标	2013 年	2014 年	2015 年	2016 年
粮食(原粮)	148.7	141.0	134.5	132.8
谷物	138.9	131.4	124.3	122.0
薯类	2.3	2.2	2.4	2.6
豆类	7.5	7.5	7.8	8.3
食用油	10.6	10.4	10.6	10.6
食用植物油	9.9	9.8	10.0	10.0
蔬菜及食用菌	97.5	96.9	97.8	100.1
鲜菜	94.9	94.1	94.9	96.9
肉类	25.6	25.6	26.2	26.1
猪肉	19.8	20.0	20.1	19.6
牛肉	1.5	1.5	1.6	1.8

续表

指标	2013 年	2014 年	2015 年	2016 年
羊肉	0.9	1.0	1.2	1.5
禽类	7.2	8.0	8.4	9.1
水产品	10.4	10.8	11.2	11.4
蛋类	8.2	8.6	9.5	9.7
奶类	11.7	12.6	12.1	12.0
干鲜瓜果类	40.7	42.2	44.5	48.3
鲜瓜果	37.8	38.6	40.5	43.9
坚果类	3.0	2.9	3.1	3.4
食糖	1.2	1.3	1.3	1.3

数据来源：《中国统计年鉴》2017 年

表 1-1-11 城镇居民人均主要食品消费量(单位：kg)

指标	2013 年	2014 年	2015 年	2016 年
粮食(原粮)	121.3	117.2	112.6	111.9
谷物	110.9	106.5	101.6	100.5
薯类	1.9	2.0	2.1	2.3
豆类	8.8	8.6	8.9	9.1
食用油	10.9	11.0	11.1	11.0
食用植物油	10.5	10.6	10.7	10.6
蔬菜及食用菌	103.8	104.0	104.4	107.5
鲜菜	100.1	100.1	100.2	103.2
肉类	28.5	28.4	28.9	29.0
猪肉	20.4	20.8	20.7	20.4
牛肉	2.2	2.2	2.4	2.5
羊肉	1.1	1.2	1.5	1.8
禽类	8.1	9.1	9.4	10.2
水产品	14.0	14.4	14.7	14.8
蛋类	9.4	9.8	10.5	10.7
奶类	17.1	18.1	17.1	16.5
干鲜瓜果类	51.1	52.9	55.1	58.1
鲜瓜果	47.6	48.1	49.9	52.6
坚果类	3.4	3.7	4.0	4.2
食糖	1.3	1.3	1.3	1.3

数据来源：《中国统计年鉴》2017 年

表 1-1-12　农村居民人均主要食品消费量(单位：kg)

指标	2013 年	2014 年	2015 年	2016 年
粮食(原粮)	178.5	167.6	159.5	157.2
谷物	169.8	159.1	150.2	147.1
薯类	2.7	2.4	2.7	2.9
豆类	6.0	6.2	6.6	7.3
食用油	10.3	9.8	10.1	10.2
食用植物油	9.3	9.0	9.2	9.3
蔬菜及食用菌	90.6	86.9	90.3	91.5
鲜菜	89.2	87.5	88.7	89.7
肉类	22.4	22.5	23.1	22.7
猪肉	19.1	19.2	19.5	18.7
牛肉	0.8	0.8	0.8	0.9
羊肉	0.7	0.7	0.9	1.1
禽类	6.2	6.7	7.1	7.9
水产品	6.6	6.8	7.2	7.5
蛋类	7.0	7.2	8.3	8.5
奶类	5.7	6.4	6.3	6.6
干鲜瓜果类	29.5	30.3	32.3	36.8
鲜瓜果	27.1	28.0	29.7	33.8
坚果类	2.5	1.9	2.1	2.4
食糖	1.2	1.3	1.3	1.44

数据来源：《中国统计年鉴》2017 年

1.3.2　营养不良成为常态危机，新型营养需求不断涌现

营养缺乏和营养过剩是世界性的营养安全问题，各国均存在多种形式的营养不良，同时面临儿童营养不足、女性贫血和成人肥胖发生率高的问题(表 1-1-13)。据统计，2016 年，世界上长期食物不足人口数从 2015 年的 7.77 亿增至 8.15 亿；发育迟缓发生率已从 2005 年的 29.5%降至 2016 年的 22.9%，但世界上仍有 1.55 亿五岁以下儿童受到发育迟缓的困扰；五岁以下儿童每 12 人中就有 1 人(5200 万)受消瘦困扰，其中半数以上生活在南亚(2760 万人)。

在我国，贫困地区人群普遍存在营养不良，儿童低体重、生长迟缓、贫血等问题突出，微量营养素(如铁、锌、钙、维生素 A 等)严重缺乏；城乡居民超重、肥胖等健康问题持续增高；由营养问题引发的糖尿病、高血压等疾病呈高增长态势，《中国居民营养与慢性病状况报告(2015 年)》显示，2012 年全国 18 岁及以上成年人高血压患病率为 25.2%，糖尿病患病率为 9.7%，体重超重率为 30.1%，肥胖率为 11.9%。《国民营养计划(2017—2030 年)》指出，我国国民营养健康状况显著体现为营养缺乏与营养过剩并存(图 1-1-24)[2]。

表 1-1-13　2005～2017 年世界营养不良率(%)

	2005 年	2010 年	2012 年	2014 年	2016 年	2017 年 [a]
世界	14.5	11.8	11.3	10.7	10.8	10.9
非洲	21.2	19.1	18.6	18.3	19.7	20.4
北非	6.2	5.0	8.3	8.1	8.5	8.5
北非(苏丹除外)	6.2	5.0	4.8	4.6	5.0	5.0
撒哈拉以南非洲地区	24.3	21.7	21.0	20.7	22.3	23.2
东非	34.3	31.3	30.9	30.2	31.6	31.4
中非	32.4	27.8	26.0	24.2	25.7	26.1
南非	6.5	7.1	6.9	7.4	8.2	8.4
西非	12.3	10.4	10.4	10.7	12.8	15.1
亚洲	17.3	13.6	12.9	12.0	11.5	11.4
中亚	11.1	7.3	6.2	5.9	6.0	6.2
东南亚	18.1	12.3	10.6	9.7	9.9	9.8
南亚	21.5	17.2	17.1	16.1	15.1	14.8
西亚	9.4	8.6	9.5	10.4	11.1	11.3
中亚和南亚	21.1	16.8	16.7	15.7	14.7	14.5
东亚和东南亚	15.2	11.5	10.1	9.0	8.9	8.9
西亚和北非	8.0	7.1	8.9	9.3	9.9	10.0
拉丁美洲和加勒比海地区	9.1	6.8	6.4	6.2	6.1	6.1
加勒比海地区	23.3	19.8	19.3	18.5	17.1	16.5
拉丁美洲	8.1	5.9	5.4	5.3	5.3	5.4
中美	8.4	7.2	7.2	6.8	6.3	6.2
南美	7.9	5.3	4.7	4.7	4.9	5.0
大洋洲	5.5	5.2	5.4	5.9	6.6	7.0
北美和欧洲	<2.5	<2.5	<2.5	<2.5	<2.5	<2.5

a. 预测值

数据来源：世界营养与安全(2018)

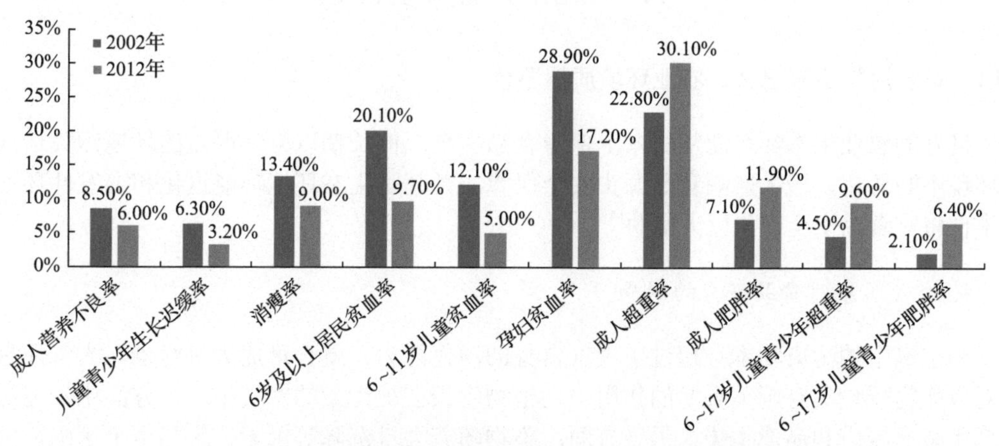

图 1-1-24　我国国民营养健康状况：营养缺乏与营养过剩并存

数据来源：国民营养计划(2017—2030 年)

当前，我国正处在一个快速老龄化的历史进程当中，人口老龄化程度日益加深，速度也日益加快，民政部《2016年社会服务发展统计公报》指出，截至2016年年底，我国60岁以上老年人口达到2.31亿，占总人口的16.7%(图1-1-25)，预计我国人口老龄化以每年3%的速度递增，到2050年，我国老年人口的比例将超过30%[3]。老年人由于生理机能退化、老年性疾病等原因，对于新型营养健康的需求尤为突出。但是目前老年人保健品市场管理混乱，许多老年人上当受骗以至于钱财尽失，目前还没有有效的方法能控制这种趋势。如何保障这部分人群的健康将是未来最为重要的食品营养发展课题之一。

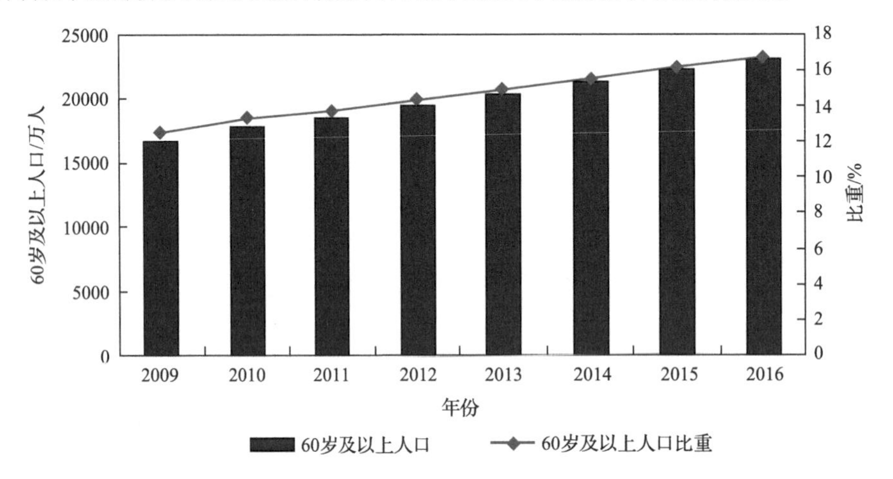

指标	2009年	2010年	2011年	2012年	2013年	2014年	2015年	2016年
60岁及以上人口/万人	16714	17765	18499	19390	20243	21242	22200	23086
比重/%	12.5	13.26	13.7	14.3	14.9	15.5	16.1	16.7

图1-1-25　60岁以上老年人口占全国总人口比重

数据来源：民政部《2016年社会服务发展统计公报》

1.4　农业环境安全问题

1.4.1　环境污染由来已久，农业环境质量不佳

良好的农业生态环境能从根本上保障食品安全。但长期以来，严重的环境污染造成农业环境不断恶化，极大影响食品源头安全保障。尤其是生态环境功能退化和突发性环境污染事件将对食品安全产生巨大威胁[4]。

1. 空气污染对食品安全的影响

当空气中的污染物本身超过了大气自身的净化能力，就会形成大气污染。大气质量好坏对农作物质量具有至关重要的作用，动植物生长在被污染的空气中，一方面生长迟缓，发育不良，减产和品质不佳；另一方面污染物随着大气沉降等因素，转移至土壤中，随着农产品作为人类的食物，进入人体，给细胞和组织器官造成损害，继而引发急性或慢性中毒等。这类污染物主要包括有机物、氟化物、二氧化硫和氮氧化合物、煤烟粉尘和金属飘尘等，其理化性质复杂，毒性也各不相同。据不完全研究表明，对植物、动物和人体造成危害的大气污染物已超过一百种。因此，在农业生产中，空气污染对农作物的影响不容小视[5]。

2. 土壤污染对食品安全的影响

土壤污染是指进入土壤中的污染物超过土壤自身的净化能力，而且对土壤、植物或环境造成损害的状况。土壤污染会使污染物在农作物中积累，可以通过粮食、水果、蔬菜、蛋、肉、奶等食物链进入人体，引发各种疾病。土壤污染物大致可分为农药和有机物污染、重金属污染、放射性污染、病原菌污染等多种类型，其中以农药污染、重金属污染最为突出。目前，我国部分城区土壤已出现 Cd、Pb、Hg、Cr 等重金属污染，其中 Cd 污染最为严重和普遍；我国每年使用的农药量达到 50 万～60 万吨，其中约有 80%的农药直接进入环境，严重的农药残留造成土壤大面积污染，严重危害农作物生长[6]。

3. 水体污染对食品安全的影响

食品在生产过程中使用到的水体主要包括河流、地下水和降水等。水体污染引起的食品安全问题主要是通过污水中的有害物质在动植物中累积而造成的。水体污染物对陆生生物的影响主要是通过污水灌溉的方式造成。污水灌溉可以使污染物通过植物的根系吸收向地上部分以及果实中转移，使有害物质在作物中累积。同时有害物质也可直接进入并蓄积在水生动物体内[7]。

研究发现，土壤、大气降尘、农药这三类潜在污染源是农产品中食物的主要污染源，目前，我国农田土壤、水体、大气均受到重金属、有机物、农药等各种污染物的严重破坏。农田土壤和水体铅污染的情况如表 1-1-14 和表 1-1-15 所示。多氯联苯(PCBs)污染情况如表 1-1-16 所示。

1.4.2　农业资源长期透支，开发利用形势严峻

1. 耕地资源总量下降，耕地负荷不断增大

近年来，由于非农业项目所占耕地面积逐年扩大，以住房建筑面积侵占耕地面积最多，我国现有耕地总量呈现逐年下降的趋势。2017 年国土资源部对全国耕地的统计调查结果数据显示：2012～2016 年间，我国耕地面积以平均 5.9 万 hm^2 的速度逐年减少(图 1-1-26)，同期农作物总播种面积不断增加，其中粮食总播种面积以平均每年 7.97 万 hm^2 的速度减少，耕地负荷不断增大(图 1-1-27)。

表 1-1-14　农田土壤铅污染水平(单位：mg/kg)

地区	平均水平	范围
山东农田棕壤	99.05	50.10～272.6
广西农田	48.7	0.77～456
杭州农田	21.18	5.69～54.25
临安雷竹林	87.98	25.40～498.00
北京市	24.36	
沈阳市农田	22.00	8.6～84.1
安徽黄褐土	37.41	22.90～136.99

表 1-1-15　水体铅污染水平(单位：μg/L)

地区	平均水平	范围
宁波	82	
洛阳	0.70	
三峡	1.082	
丹江水库	10.59	
云南	4.4	
洞庭湖	ND	
太湖	5.20	
青海	11.17	
九龙江流域	4.467	0.033～24.820
广东农村饮用水	3.07	0～13

表 1-1-16　中国部分省(自治区、直辖市)表层土壤中∑PCBs 的平均浓度水平

省份	∑PCBs 的平均浓度/(pg/g 干重)	省份	∑PCBs 的平均浓度(pg/g 干重)
黑龙江	1616.65	河南	300.31
吉林	576.45	湖北	1300.39
辽宁	2118.97	湖南	836.03
北京	2427.71	广东	2198.40
天津	299.97	广西	1145.31
河北	587.94	海南	156.59
山西	1700.74	重庆	436.80
内蒙古	219.26	四川	1902.53
山东	323.69	贵州	1275.27
江苏	621.63	云南	2057.60
浙江	670.20	甘肃	460.10
江西	515.05	青海	446.82
福建	349.84	新疆	723.31

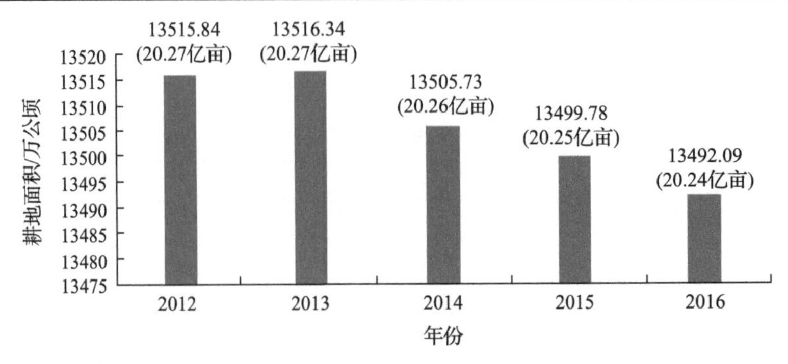

图 1-1-26　2012～2016 年我国耕地面积变化情况

数据来源：《中国土地矿产海洋资源统计公报(2017)》

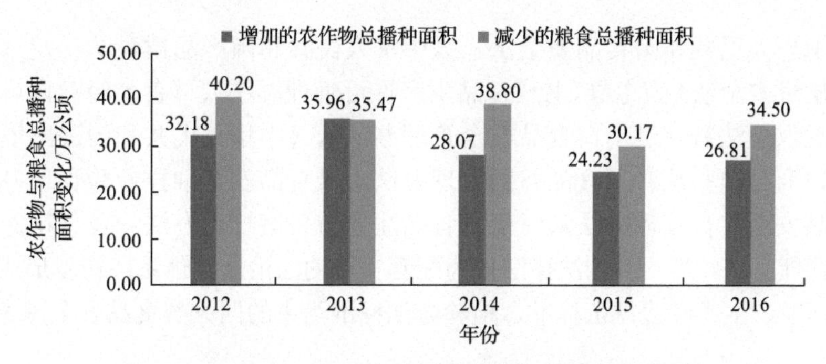

图 1-1-27　2012～2016 年我国农作物与粮食总播种面积

数据来源：《中国土地矿产海洋资源统计公报(2017)》

同时，我国人口数量递增趋势明显，人口压力不断攀升，日益增长的人口数量与不断下降的有效耕地之间的矛盾日益突出，进入 21 世纪，我国年平均人口自然增长率已经超过我国农业资源利用率，农业资源利用面临巨大挑战[8]。

2. 农业要素配置不均衡，农业资源利用率低

农业资源利用效率高低直接影响中国农业发展可持续与否。目前，我国对农业资源的利用还停留在初级利用层面，缺乏对食品工业资源的深层次加工与利用，这导致农产品在国内及国际市场缺乏足够的竞争能力，大量农业资源被浪费(图 1-1-28)[9]。

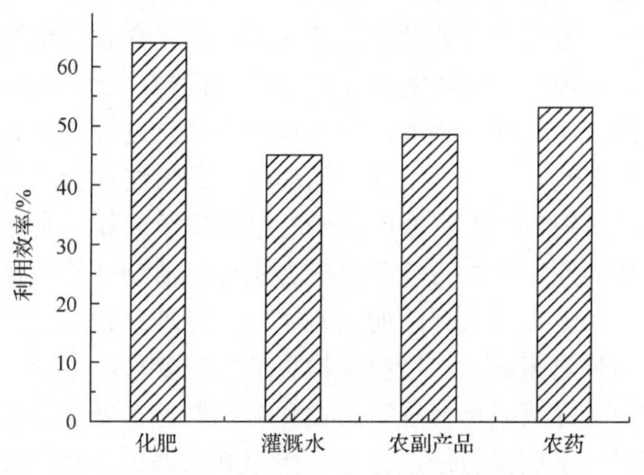

图 1-1-28　我国农业资源利用效率

就目前中国农业生产整体而言，凸显出强烈的资源约束性、日益失衡的要素配置和比较低下的弱质性等特征，极大限制了农业资源开发利用效率。据统计，我国化肥利用效率仅为 64%，灌溉水为 45%，农副产品约为 48.5%，远低于世界平均水平。同时，农业资源的不合理开发利用导致我国有限的农业资源不能充分发挥作用，农产品质量受到较大威胁[10]。

1.5　食品安全监管体系

1.5.1　持续建立和健全食品安全制度监管体系

20 世纪 50 年代，我国食品安全制度化管理开始起步，历经半个多世纪的发展，逐步

构建起以《中华人民共和国食品安全法》、《中华人民共和国产品质量法》及《中华人民共和国农产品质量安全法》为主导，以《食品生产许可管理办法》、《食品经营许可管理办法》、《消费者权益保护法》、《进出口食品安全管理办法》、《中华人民共和国进出境动植物检疫法》、《进出口商品检验法》、《食品召回管理办法》、《食品安全抽样检验管理办法》、《网络餐饮服务食品安全监督管理办法》、《保健食品注册与备案管理办法》及《特殊医学用途配方食品注册管理办法》等一系列法律法规为配套实施的法治监管体系；初步形成了包括通用标准、产品标准、生产经营规范标准、检验方法标准为主的四大类食品安全国家标准体系。

1. 完善法规，加强法治监管

据统计，我国现行涉及食品安全的法规中，法律主要包括《中华人民共和国食品安全法》、《中华人民共和国农产品质量安全法》、《中华人民共和国进出境动植物检疫法》、《中华人民共和国标准化法》及《中华人民共和国产品质量法》等；部门规章主要有《食品生产许可管理办法》、《粮食流通管理条例》、《生猪屠宰管理条例》、《食品安全抽样检验管理办法》、《农业转基因生物安全管理条例》、《农药管理条例》、《粮食收购条例》、《进出口食品质量管理办法》、《水产养殖质量安全管理规定》、《食品生产加工企业质量安全监督管理办法》、《集贸市场食品卫生管理规范》等。

2015 年，新《食品安全法》颁布，共 154 条，比原来增加 50 条，对原有许多条文进行了实质性修改。重点突出在制度管理、监管职责、从业者义务、食品安全违法违规行为规定、抽样检验制度完善等方面内容做出修订完善，强化食品安全社会共治等重要内容。制度管理方面，规定了完善统一权威的食品安全监管机构，建立预防为主、风险防范的完善的食品安全风险监测、风险评估制度，以及最严格的全过程监管制度。食品安全源头控制方面，加强对农药的管理，并将食用农产品的市场销售纳入新《食品安全法》的调整范围，要求对进入批发市场销售的食用农产品进行抽样检验。新《食品安全法》明确对特殊医学用途配方食品、婴幼儿配方乳粉的产品配方实行注册制度等特殊食品，以及网络交易食品实行严格监管，对保健食品实行注册与备案分类管理。食品进出口方面，规定进口的食品、食品添加剂应当按照国家出入境检验检疫部门的要求随附合格证明材料，如预包装食品、食品添加剂的中文标签或符合规定的说明书。严惩重处违法违规行为，强化食品安全刑事责任追究，突出民事赔偿责任，包括十倍赔款的惩罚性赔偿金制度，同时加大行政处罚力度中的财产处罚额度与资格处罚力度。

2016 年 10 月，《食品安全法实施条例》(修订草案送审稿)发布，基于新《食品安全法》，在原有《食品安全法实施条例》基础上，做出适当更新与补充。例如，明确国务院食品安全委员会职责；将食品安全知识纳入国民素质教育和中小学教育课程；明确风险监测重点监测对象，引入第三方参与食品安全风险监测工作，规定国务院卫生行政部门会同国务院食品药品监督管理、质量监督、农业行政等部门制定国家食品安全风险监测计划；重视食品安全风险警示信息与公众的知情权，明确可能具有较高程度安全风险的食品，省级以上人民政府食品药品监督管理部门应当及时提出食品安全风险警示，并向社会公布；规定食品生产经营者应当建立食品安全追溯体系，保健食品、特殊医学用途配方食品、婴幼儿配方食品、肉制品、乳制品、食用植物油、白酒等生产经营企业应当采用信息化手段推进追溯体系建设等。同年新修订《刑法》加大对食品安全犯罪惩处力度，增设食品安全监管渎职犯罪。

2016 年 2 月，食药监总局发布《食品生产经营日常监督检查管理办法》，按照属地负责、全面覆盖、风险管理、信息公开的原则，建立科学、统一、高效的食品生产经营日常监督检查制度。6 月，《婴幼儿配方乳粉产品配方注册管理办法》发布，同年 9 月发布《婴幼儿配方乳粉产品配方注册管理过渡期的公告》，规定在我国境内生产或向我国境内出口的婴幼儿配方乳粉应当依法取得婴幼儿配方乳粉产品配方注册证书。

2017 年 2 月，食药监总局发布《食品安全欺诈行为查处办法》（征求意见稿），界定各类食品安全欺诈行为及其法律责任，如产品欺诈、食品生产经营行为欺诈、标签说明书欺诈、食品宣传欺诈等。12 月，食药监总局印发《食品药品安全监管信息公开管理办法》，对食品监管有关信息的公开工作作出要求，切实保障公众的知情权、参与权、表达权和监督权。

2018 年，印发《网络餐饮服务食品安全监督管理办法》对网络订餐有了更多新规定，如入网餐饮服务提供者应当具有实体经营门店，并依法取得食品经营许可证等规定，进一步加强对新型食品经济的管理。此外，《食用农产品质量安全合格证明管理办法》及《农产品质量安全追溯管理规范》等追溯制度正在研究和编制中。法律法规制度的持续建设，为我国食品安全监管提供了强有力的法治力量。

2. 规范标准，筑牢技术防线

2013 年，我国正式启动食品标准清理工作，截至 2017 年 4 月，相继完成了 5000 项食品标准的清理、整合，共审查修改 1293 项标准，发布 1224 项食品安全国家标准。据统计，截至 2017 年 4 月，我国现有《食品安全国家标准 食品添加剂使用标准》等通用标准 11 项，《食品安全国家标准 发酵乳》等产品标准 64 项，《食品安全国家标准 食品用香料通则》等食品添加剂质量规格及相关标准 586 项，《食品安全国家标准 食品营养强化剂氧化锌》等食品营养强化剂质量规格标准 29 项，《食品安全国家标准 洗涤剂》等食品相关产品标准 15 项，如《食品安全国家标准 食品生产通用卫生规范》等生产经营规范标准 25 项，以及《食品安全国家标准 食品中水分的测定》等检验方法标准 418 项。其中，检验方法标准细化为理化检验方法标准 227 项，微生物检验方法标准 30 项，毒理学检验方法与规程标准 26 项，兽药残留检测方法标准 29 项，农药残留标准 106 项。新标准体系基本覆盖了食品产业主要技术环节，为食品安全监管提供了可靠的科学技术支撑(图 1-1-29)。

3. 体制建设日趋成熟，但尚有不足

通过国家法律法规的宏观管控，结合技术标准的严格把关，我国的食品安全监管制度能较为系统地完成食品从“农田到餐桌”的监管，但落实到具体问题，还存在一些不足，无法最大限度地发挥体系的监管能效。

1) 系统性较好，但执行效率较低

一是各法律法规标准之间相对独立，缺乏一定的统一性和同步性，以至于协同能力不足，监管执行衔接不畅，难以精准把握执法尺度，无法精准执法。二是地方性法律规章等

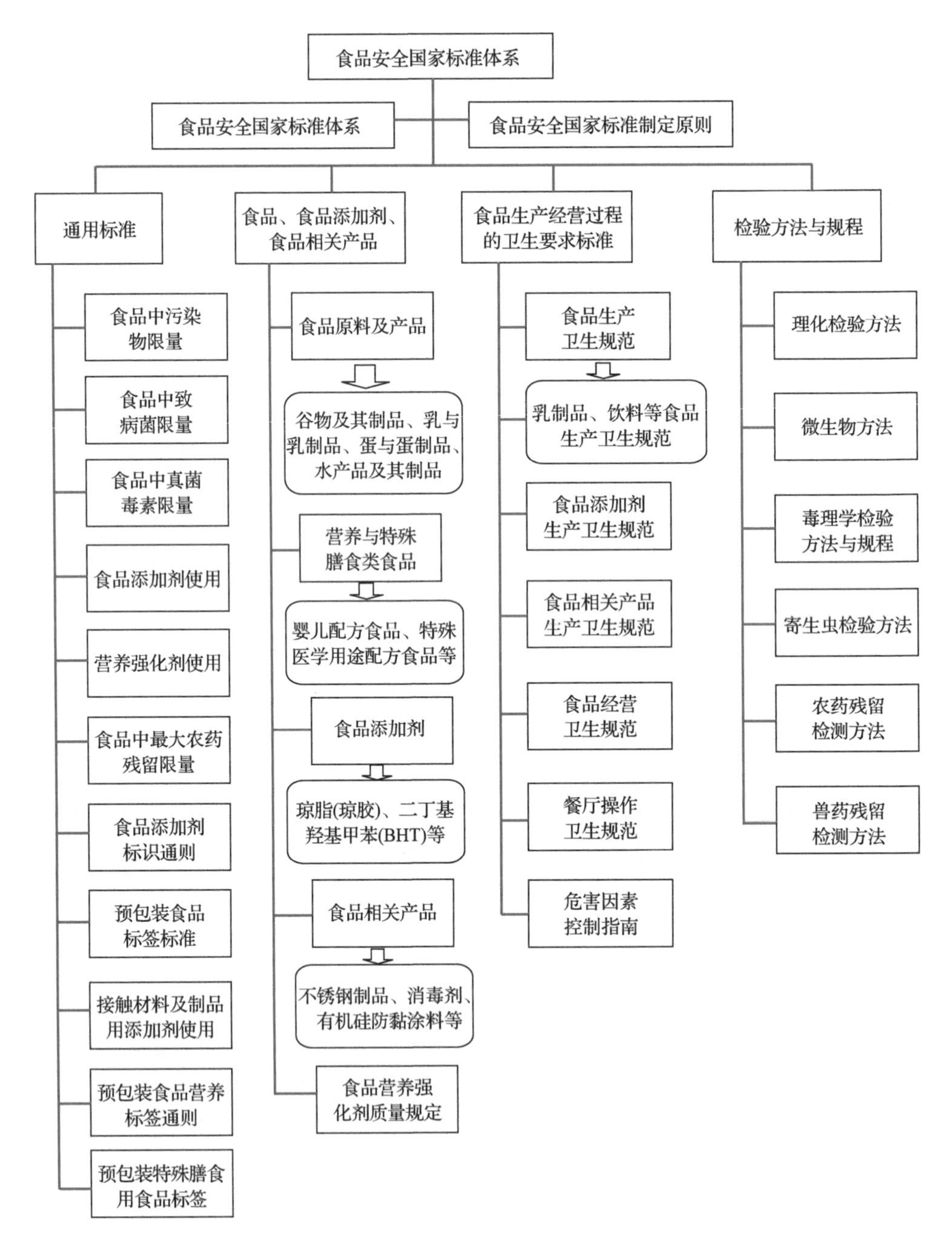

图 1-1-29　食品安全国家标准体系图

制度的制定不够严谨，不够科学，职能定位不够明晰，责任追溯体制不够严格，出现工作推诿、执法不力等现象。三是与发达国家食品安全监管的法律法规相比，还存在一定的差距。如技术标准较为落后，制度体系盲点盲区较多等，不利于我国与发达国家之间的食品出口贸易，加之对“一带一路”沿线国家食品进口的扩大，容易引发风险防控能力不足。

2) 安全监管方式创新，但缺乏制度支撑

先进的智能化、信息化应用技术可为食品安全提供准确高效的监管保障，但我国目前缺乏硬性的法律规定支持此类新型监管方式在食品安全监管领域的应用。如食品追溯机制有助于食品质量的全程跟踪和监控，在国际上被广泛应用和推广，2000 年以来，我国一直在进行农产品追溯体系建设工作，在国家制度体系的构建和完善层面取得了一定进展，2015 年新修订的《食品安全法》进一步针对标签、召回作出了规定，但目前的法规标准主要聚焦于一般性的质量和安全性要求，对可追溯性没有作明确的硬性规定，阻碍了追溯系统和追溯平台建设，以至于当下不能有力地利用追溯机制实行安全监管，制度建设上还有加强空间。

3）新经济模式发展迅速，但相关制度建设滞后

新业态下，互联网技术、电子商务等与食品产业融合后迅速发展，渠道创新加速，网络消费逐年增长，跨境电商交易持续增加，新型食品经济不断壮大，但相关制度保障跟不上。互联网餐饮经济在《网络餐饮服务食品安全监督管理办法》等规定的规范下，安全问题得到一定程度的控制，但仍存在一系列监管薄弱环节，如对依托微信等网络平台的食品经营行为，相关的制度规章没有对其明确界定，对营业执照、健康证是否具备，食品加工卫生条件控制是否达标等问题，监管尚处真空地带。又如主要的跨境海淘食品安全婴儿配方食品、特殊膳食食品等，进口食品安全检验检疫监管制度对跨境电商进口食品监管力度相对较弱，无法对其进行严格监管。现有监管制度已无法满足当下已逐步实现信息化和智能化的食品经济，亟须加快有关立法进程。

1.5.2　坚持改革和完善食品安全行政监管体系

2018 年 3 月，国务院机构改革，宣布成立国家市场监督管理总局，由国家食品药品监督管理总局与国家工商行政管理总局、国家质量监督检验检疫总局、国家发展和改革委员会的价格监督检查与反垄断执法部门、商务部的经营者集中反垄断执法以及国务院反垄断委员会办公室等整合而成。

2018 年 7 月，出台《国家市场监督管理总局职能配置、内设机构和人员编制规定》，明确国家市场监督管理总局承担统筹协调食品全过程监管中的重大问题，承办国务院食品安全委员会日常工作，推动健全食品安全跨地区跨部门协调联动机制工作（表 1-1-17）。

目前初步建立与公安部的行政执法和刑事司法工作衔接机制，市场监督管理部门发现违法行为涉嫌犯罪的，应当按照有关规定及时移送公安机关，公安机关应当迅速进行审查，并依法作出立案或者不予立案的决定；公安机关依法提请市场监督管理部门作出检验、鉴定、认定等协助的，市场监督管理部门应当予以协助。

与农业农村部加强协调配合和工作衔接，建立食品安全产地准出、市场准入和追溯机制，同时农业农村部负责食用农产品从种植养殖环节到进入批发、零售市场或者生产加工企业前的质量安全监督管理；食用农产品进入批发、零售市场或者生产加工企业后，由国家市场监督管理总局监督管理。

与国家卫生健康委员会等部门制定和实施食品安全风险监测计划，国家卫生健康委员会对通过食品安全风险监测或者接到举报发现食品可能存在安全隐患的，应当立即组织进行检查和食品安全风险评估，并及时向国家市场监督管理总局通报食品安全风险评估结果，对于得出不安全结论的食品，国家市场监督管理总局应当立即采取措施；国家市场监督管理总局在监督管理工作中发现需要进行食品安全风险评估的，应当及时向国家卫生健康委员会提出建议。

表 1-1-17 国家市场监督管理总局食品相关主要职责和内设机构

部门	部门职责	内设机构	机构职责
国家市场监督管理总局	负责市场综合监督管理并负责实施食品安全战略，负责市场主体统一登记注册，负责组织和指导市场监管综合执法工作，负责反垄断统一执法，负责监督管理市场秩序，负责宏观质量管理，负责产品质量安全监督管理以及食品安全监督管理	食品安全协调司	拟订推进食品安全战略的重大政策措施并组织实施。承担统筹协调食品全过程监管中的重大问题，推动健全食品安全跨地区跨部门协调联动机制工作。承办国务院食品安全委员会日常工作
		食品经营设施安全监督管理司	分析掌握流通和餐饮服务领域食品安全形势，拟订食品流通、餐饮服务、市场销售食用农产品监督管理和食品经营者落实主体责任的制度措施，组织实施并指导开展监督检查工作。组织食盐经营质量安全监督管理工作。组织实施餐饮质量安全提升行动。指导重大活动食品安全保障工作。组织查处相关重大违法行为
		特殊食品安全监督管理司	分析掌握保健食品、特殊医学用途配方食品和婴幼儿配方乳粉等特殊食品领域安全形势，拟订特殊食品注册、备案和监督管理的制度措施并组织实施。组织查处相关重大违法行为
		食品安全抽检监测司	拟订全国食品安全监督抽检计划并组织实施，定期公布相关信息。督促指导不合格食品核查、处置、召回。组织开展食品安全评价性抽检、风险预警和风险交流。参与制定食品安全标准、食品安全风险监测计划，承担风险监测工作，组织排查风险隐患

与海关总署建立进口产品缺陷信息协作和通报机制，海关总署在口岸检验监督中发现不合格或者存在安全隐患的进口商品，依法实施技术处理、退运、销毁，并向国家市场监督管理总局通报；国家市场监督管理总局统一管理缺陷产品召回工作，通过消费者报告、事故调查、伤害监测等获知进口产品存在缺陷的，依法实施召回措施。

通过改革，食品安全的行政监管职能分配更加合理，运行机制更加灵活，相关部门能快速协调联动和合作配合，同时也减少各部门在监管中出现的交叉重叠和监管盲区，有利于实现行政职能的科学配置和高效执行。但由于当前我国正处于食品安全风险易发期和高发期，行政监管体制还不能尽如人意。各级地方政府在实践中，还存在一些问题：一是顶层设计与基层探索脱节，体制与地方政府权责划分不明确，难以形成上下合力和全行业覆盖。同时地方各监管部门之间的职能定位还存在模糊之处，定位不清就无法精准监管。地方政府应建立职能清晰、权责分明的制度体系，切实提升法律法规的现实可操作性。二是基层监管手段落后，监管队伍专业水平较低，技术储备不足，部分地方监管部门对食品安全形势的研究和分析不够，面对新问题应对不足。地方监管机构应结合地方实际，积极引入创新监管体制机制，开展专项技术培训，提升队伍监管水平；面对专业技术问题，可借助第三方，展开技术合作，购买第三方服务等；同时，引进大数据、互联网、人工智能等信息技术，提高监管效率。三是区域监管不平衡，由于城市经济社会发展较好，监管水平较高，问题食品更易流向和集中在广大的农村和城乡接合部，易造成群体性和区域性的安全隐患。须投入力量加强基层监管体系建设，提升基层监管水平，平衡区域监管能力，让问题食品无处可去，无处而生。

1.5.3 逐步构建和完善食品安全社会监管体系

1. 食品安全“社会共治”格局初步形成

2015 年新《食品安全法》提出的食品安全“社会共治”这一新理念，是对传统政府一元管理体制治理结构的新突破。2017 年，国务院食品安全委员会副主任汪洋在全国食品安全宣传周上指出，全面落实习近平总书记“四个最严”的要求，坚持德法并举、法治先行，加强食品安全依法治理，加快形成食品安全社会共治格局，共同守护好人民群众“舌尖上的安全”。

食品安全具有最广泛的命运共同体，风险的多样性决定了治理主体和治理手段的多元化。过去，社会共治一直被看作政府监管体系附加手段，现在，我国逐步将企业责任、行业自律、媒体监督、消费者参等提升到与政府监管相并列的高度，并对食品安全监管产生了切实有效的监管效应。目前，我国已逐步形成由政府、行业协会、企业、第三方机构、媒体和消费者等多方参与的食品安全社会共治共同体，以传统的信息发布、风险解析、消费提示、投诉举报和公开征求意见、提供信息咨询、食品教育活动、新媒体等方式和渠道共协同配合，共同参与到食品安全监管中。

2. 社会信用体系建设为食品安全共治把好人心关

现代市场经济条件下，信用不仅仅是个人私德与品行，也是食品安全的重要影响因素，食品监管第一步就是做好信用监管。因此，加快食品安全信用体系建设是解决食品安全问题的治本之策。

2014 年，国务院出台《社会信用体系建设规划纲要(2014—2020 年)》，将社会信用体系建设提升到国家治理体系和治理能力现代化的高度，有力推进了食品安全信用监管体系发展。2016 年 8 月，食药监总局针对信用信息印发了《食品安全信用信息管理办法》，对信用信息形成、信用信息公开、信用信息使用等作了相关规定，并指出食药监管部门应主动公开食品安全信用信息，并建立信用信息安全管理制度。4 月，食药监总局和国家税务总局签署《信用互动合作框架协议》；同年 9 月，食药监总局与 27 个部门共同达成《关于对食品药品生产经营严重失信者开展联合惩戒的合作备忘录》，初步构建了对食品药品生产经营企业联合惩戒机制，相关严重失信者将“一处失信，处处受惩”；2017 年 2 月，食药监总局发布《关于印发对税务等领域信用 A 级食品药品生产经营者实施联合激励措施的通知》，明确了具体的奖惩措施，如对生产经营领域诚信守法企业的可通过“绿色通道”加快审批进度等。7 月，国务院食品安全办及食药监总局等 9 部门联合发布《食品、保健食品欺诈和虚假宣传整治方案》，对制假售假、非法添加、夸大宣传等问题开展集中整治。同时，在社会层面，通过开展诚实守信宣传教育，弘扬诚实守信的道德风尚，表彰诚实守信的道德模范，增强了社会信用意识，在全社会树立诚实守信的主流价值观，让全社会都参与进食品安全信用体系建设中。

3. 多方合力，食品安全社会监管体系取得成效

近年来，在政府、企业、第三方机构、媒体、消费者等的参与和配合下，我国食品安全社会监管体系的逐步建立和运用，已取得一定成效。2014 年，原国家食品药品监督管理总局加强信息公开，公布食品抽检信息，开发抽检信息手机和电脑客户端 APP 方便公众查询，基于抽检信息风险点，委托第三方等专业机构进行健康风险解读，在日常和重要节假日期间内，按期公布风险解析和消费提示等；中国食品科学技术学会组建了国内食品专家队伍，长期对食品安全热点进行跟踪和解析，按年度召开媒体沟通会就食品安全热点问题进行交流，开展风险解析与食品事件辟谣工作，有力加强了食品安全信息交流和科普工作。“辟谣平台”和“谣言治理”栏目增设，公众号、微博等新媒体猛增，为食品安全的公众

监督提供了新渠道(表 1-1-18)。

表 1-1-18　近年来我国央视和食品相关监管部门的典型辟谣内容

来源	辟谣内容
2011 年 2 月央视《新闻 1+1》	辟谣“皮革奶粉死灰复燃长期食用可致癌”
2015 年 4 月《人民日报》	辟谣“草莓农残超标可能致癌”
2016 年 5 月新华网	中国食品辟谣联盟发布十大乳业谣言：喝牛奶致癌、奶牛产奶靠打激素、牛奶越喝越缺钙、咖啡中加奶油等于喝了牛奶、空腹不能喝牛奶、牛奶连袋加热可致铝中毒、牛奶不能和水果一起吃、有机牛奶更营养、睡前喝一杯牛奶有助于睡眠、吃榴莲后喝牛奶会中毒
2016 年 6 月新华网	“饮用纯净水会形成酸性体质”是谣言
2016 年 6 月新华网	“猪肉钩虫”真的有？中国食品辟谣联盟：不存在！
2017 年 2 月新华网	啤酒含多菌灵?这是四年前的谣言了!
2017 年 3 月新华网	视频称有人用塑料造大米 石家庄工商部门辟谣
2017 年 3 月新华网	“粉丝可燃烧含荧光剂”视频流传 双塔公司辟谣并报案
2017 年央视“3·15”晚会	“3·15”起底十大食品谣言：食物相克(海鲜+维 C=毒药)、猪血和木耳清肺防雾霾、吃鸡鸭会感染禽流感、吃猪蹄猪皮可以美容、吃蕨菜蕨根粉会致癌、自来水加热产生氯有致癌风险、白皮鸡蛋更有营养、紫菜和粉丝是塑料做的、水果酵素能排毒养颜、土豆切开不变黑是转基因
2017 年 4 月国家食药部门官方网站	近年来食品药品类谣言汇总：毒豆芽五毒俱全、青蟹打针、食品使用避孕药、龙虾用于处理尸体、肯德基/麦当劳用转基因鸡、方便面是“垃圾食品”、打针西瓜致人中毒、柿子酸奶同吃致死、笔直黄瓜喷了药、鱼腥草致癌
2017 年 5 月国家食药部门官方网站	橡胶面条是谣言 躺枪背锅的面筋
2017 年 5 月 CCTV13	肉松竟是棉花做？！网络谣言影响食欲太可恨
2017 年 6 月《焦点访谈》	辟谣“紫菜是塑料做的”
2017年6月农业部在食品安全宣传周主题日辟谣	农产品十大谣言：香蕉浸泡不明液体(实为低毒杀菌剂)、西瓜打针、空心草莓是因为使用了激素、无籽葡萄都是蘸了避孕药、顶花带刺的黄瓜是沾了“避孕药”、蘑菇富含重金属、猪肉里有钩虫“水煮不烂”、45 天出笼的白羽鸡是激素催大的、螃蟹注黄色液体、养殖黄鳝是用避孕药喂大的
2017 年 7 月国家食药部门官方网站	香蕉浸泡的“不明液体”吃了有毒？实为保鲜剂
2017 年 7 月食药舆情、微信公众号“饮食参考”	海带天生“绿”质，无需染色
2017 年 8 月国家食药部门官方网站	葡萄“白霜”不是农药，是果粉！
2017 年 8 月国家食药部门官方网站	红枣与虾皮同吃中毒？“虾扯”
2017 年 8 月国家食药部门官方网站	“榴莲配牛奶有毒”？纯属无事生非
2017 年 11 月国家食药部门官方网站	黄瓜谣言换新装，“激素增肥”不可信！
2017 年 12 月食药舆情、网络辟谣举报平台、华商网、东南网等	柑橘内白色幼虫致命？胡扯！
2018 年 1 月国家食药部门官方网站	柚子和药物同吃猝死？夸张！
2018 年 2 月《解放日报》、食药舆情	吃柚子感染 bp5 病毒？系“旧谣新传”！
2018 年 3 月国家食药部门官方网站	辟谣“用海绵做八宝粥”
2018 年 3 月食药舆情、《济南日报》、茶语网	茶叶喷农药，一喝就中毒？千万别信！
2018 年 3 月“中国食事药闻”	又到“草莓”谣言频发时，草莓色泽太过鲜红，是被染了色；草莓的个头一个比一个大，是因为使用了膨大素；有些草莓尖端发白，是种植过程中使用了激素；以上都是谣言
2018 年 3 月新华网	辟谣柑橘使用甜蜜素增甜，无籽葡萄喷洒避孕药
2018 年央视“3·15”晚会	辟谣食物相克，西红柿与螃蟹同吃等于砒霜是假的。“荔枝喷盐酸”“药水泡荔枝”“桃子喷防腐剂”“无籽葡萄蘸避孕药”“西瓜打针有黄筋”等均是谣言

1.6　食品安全综合评价

新形势下，我国食品安全状况整体向好，各类食用农产品质量合格率整体保持较高水平，供应持续稳定；进口食品质量控制良好，尚未发现重大进口食品安全问题；全民饮食结构逐步合理优化，食品消费结构开始由良“温饱型”向“营养型”转变；食源性疾病连续几年得到有效控制，下降趋势明显。良好的局面源于良好的监管，食品安全风险控制和治理体系进一步完善，技术标准体系整体提标升级，风险治理体系趋于成熟；同时，食品安全监管体系建设取得长足发展，食品安全社会共治局面逐步打开；创新监管举措取得成效，监管队伍和检验检测能力不断提高。此外，食品科学技术的提高从根本上提高了食品生产质量，信息化技术的全面推广和应用为食品安全提供了更高效的保障机制。但新时期，我国食品安全问题新旧交织，层出不穷，重点问题突出。一方面，国内食品生产供应不足，不能有效应对外界环境变化；国民营养健康状况还不够理想，2014 年公布的《中国食物与营养发展纲要(2014—2020 年)》显示，我国粮食生产还不能适应营养需求，居民营养不足与过剩并存，营养与健康知识缺乏等问题严重。另一方面，环境污染引发的食品安全问题日益严重，重金属、有机物、农药等化学物质从生产源头被带入食品中，导致食品安全的首道防线崩溃，因此，环境治理将是食品安全治理的根本之策；食品微生物污染等引发的食源性疾病持续呈现增长态势，食源性疾病将对人体产生不同程度危害，严重的可引起致残、慢性后遗症等；兽药的违规违禁使用导致食品中兽药残留，医学界已证实，抗生素、激素及其他合成药物的滥用导致药物在畜禽产品中残留，将引起人体发生癌症、畸形、细菌耐药性、青少年性早熟、中老年心血管疾病及食物中毒等危害。如何严防食品中微生物污染和兽药残留是食品安全亟须攻克的课题。

根据英国经济学人智库发布的 2017 年《全球粮食安全指数报告》，中国在 113 个被评估国家中位居第 45 位，位列世界第二梯队，爱尔兰综合排名升至第一，美国失去全球食品最安全国家宝座。《全球粮食安全指数报告》是依据世界卫生组织、联合国粮食及农业组织、世界银行等权威机构的官方数据，通过动态基准模型综合评估国家的粮食安全现状，并给出总排名和分类排名。往年的全球食品安全指数(the global food security index，GFSI)是通过各个国家的食品承受能力(affordability)、供应充足程度(availability)和质量与安全(quality and safety)三个指标来计算综合的粮食安全指数，2017 年的 GFSI 还考虑到气候变化和自然资源枯竭的影响，加入第四个指标——自然资源及复原力(natural resources and resilience)，将各国在土壤退化、旱涝灾害、粮食减产、海平面上升等气候面前的应对情况纳入考量。根据 2017 年《全球粮食安全指数报告》，食品安全指数最高的十五个国家为：爱尔兰、奥地利、法国、美国、德国、瑞士、英国、加拿大、丹麦、瑞典、荷兰、新西兰、芬兰、澳大利亚、挪威。《全球粮食安全指数报告》指出，中国有粮食安全网络项目，农业生产波动最小，且有较好的营养标准等。由此可见，我国食品安全国际认可度保持在较高水平。

第 2 章　现阶段我国食品安全问题剖析

2.1　经济新常态下食品安全风险仍不容忽视

2.1.1　食品市场供需矛盾日益凸显

经济的快速发展带来了人民生活水平的日益提升。国民对食品的需求已经从温饱型消费加速向营养健康型消费转变，从“吃饱、吃好”向“吃得安全、吃得营养、吃得健康”转变。社会对食品的要求在“充饥、可口”的基础上，追求“安全、营养、健康、方便、个性和多样”。环境问题突出以及人工成本的上升，也促使社会向全行业提出“绿色”和“节能”的要求。食品产业是集农业、制造业、服务业于一体的产业，因此，更加亟待向“智能、低碳、环保、绿色和可持续”的目标迈进。

粮油食品方面，消费群体呈现多元化趋势，消费需求无法得到完全满足。一是随着经济和社会的发展，消费群体分化越加明显，如中产阶级的崛起、老龄化问题加剧以及慢性病患者人群的扩大，我国的消费群体发生日新月异的变化，他们的需求在不断更新。目前，我国消费市场上不同的消费者在寻求与之需求相对应的商品时存在困难，甚至于不能很好地找到自己消费的平衡点。二是消费者对于粮油食品的价格、口感、营养成分等存在不满。调查显示，消费者对于包装米面产品以及主食产品的消费过程中仍然存在消费痛点。口感是主食产品和基础米面油产品的主要消费痛点之一，消费者对于口感的追求仍然较为强烈。对于包装米面产品，消费者不满意的地方主要体现在价格和功效等方面。对于包装主食，则主要体现在口感和营养价值上，并且“口感较差”排在了“不够营养健康”和“价格偏高”等因素之前，可见，进一步改良口感是主食产品需要突破的重要方面。

果蔬食品方面，由于受到饮食习惯、消费水平和产品种类的影响与限制，大部分居民对于果蔬食品的消费仍停留在生存型消费阶段，部分居民已进入到享受型阶段，开始尝试不同种类的果蔬食品。而随着对果蔬农残的担忧及休闲农业与互联网的普及，还有部分消费者已开始尝试自己栽种水果蔬菜，甚至是自己加工制作果蔬食品，这些消费者着眼于自身未来更好地发展而进行的健康消费也就是发展型消费，这一部分人群占比尽管在上涨当中，但受各方条件所限，仍处于较低比例。

水产与肉类食品方面，中国中产阶级家庭数量增多和对健康食品需求加大。据 Intra Fish 报道，2016 年海产品在中国市场的销售稳增 4%。并且预计 2016～2021 年，海产品在中国的消费量年增长率在 3%，更多的消费者会受到食品健康学方面的影响，更多选择海产品，而降低肉类的消费。但由于国内食品安全事故不断发生，广大消费者对国内市场的水产品信心不足，更偏向于购买进口海产品。与此同时，如何才能维持出口的竞争优势，以克服输入成本的上涨，这仍旧是个问题。

由此可见，我国食品市场低品质、廉价食品供给过剩，高品质、高质量的安全食品供给不足与消费者不断提高的食品需求之间的矛盾愈加尖锐，同时，国内食品产业结构落后，产量和产质不佳，对外进口依存度不断攀升，引起供需不断矛盾升级，一旦供给面发生食品安全问题，引发需求供应不足，其风险就会随着供应链向消费者急剧扩散，引发大规模社会危机。

营养与健康食品产业方面，我国消费者通过主动选择营养与健康食品等“治未病”的健康管理意识严重不足，健康食品意识仍待进一步提高；由于国内营养与健康食品缺乏，进口依存度较高。

2.1.2　环境污染仍是影响食品安全的重大隐患

1. 重金属污染

重金属既可以直接进入大气、水体和土壤，造成各类环境要素的直接污染，也可以在大气、水体和土壤中相互迁移，造成各类环境要素的间接污染。由于重金属不能被生物降解，在环境中发生各种形态间的相互转化，因此会不断富集在农作物中，以食品原料、生产加工、包装等多种形式引起食品中的重金属污染，其中以铅和镉污染最为突出。

1) 铅污染

环境中的铅主要有两方面的来源，即自然来源和非自然来源。自然来源是指火山爆发、森林火灾等自然现象释放到环境中的铅。非自然来源是指人类活动，主要是指铅矿采选、冶炼，蓄电池的生产与加工等工业排放，含铅汽油的交通铅排放，燃煤排放等。研究表明，铅的人为排放是造成当今世界铅污染的主要原因。

据研究，我国各类环境介质中均呈现不同程度的铅污染，食物中主食类铅污染较为突出；从不同地区来看，南方环境污染形势较北方严重，东部较西部严重。虽然我国目前针对不同环境介质制定相关环境铅标准和人体健康标准，但随着当前经济发展及环境污染形势的变异，相关环境标准和健康标准已无法从健康风险防范的角度保护人体健康，且缺乏以从人体暴露健康风险防范角度制定的相关健康标准及环境基准。典型案例分析表明，食物是人体暴露环境铅健康风险的主要途径，其对一般人体铅暴露的环境分担超过 90%，因此，制定铅的相关食物基准，制修订土壤、水体、空气等食物上游污染源环境介质的铅标准及基准限值是保障食物铅安全摄入的有效措施(表 1-2-1)。

表 1-2-1　现行相关环境铅质量标准限值

空气年平均	土壤	食物(谷类及制品)
0.5 μg/m³	250～350 mg/kg	0.2 mg/kg

2) 镉污染

对各省份食物中镉的含量进行分析表明，南方各省食物中的镉含量明显高于北方各省。其中，花生、动物内脏和水产类食品镉含量较高。但是绝大多数食品中的镉含量均低于食品安全国家标准中的镉限量卫生标准。由于镉大米事件的发生，大米镉污染的情况受到了越来越多的研究关注。经过大量文献调研，我国大多数地区大米中镉的含量均在国家范围之内，江西污染区大米镉污染情况较严重，是我国标准限制的 2.95 倍。其次是厦门，其大米中镉含量是标准的 56.4%。在现行相关镉的环境标准下，推测食物的富集浓度，如表 1-2-2 所示。

表 1-2-2 现行环境质量标准中镉的限值

空气	土壤	食物	
		谷物及制品	蔬菜
0.005 μg/m³	0.3～1.0 mg/kg	0.1～0.2 mg/kg	0.05～0.2 mg/kg

我国各类环境介质中均呈现不同程度的镉污染，据研究，农产品中的镉污染主要来源于土壤中的镉污染。食物中大米及海产品中镉污染较为突出，从不同地区来看，南方环境污染形势较北方严重，东部较西部严重。虽然我国目前针对不同环境介质制定相关镉标准限值，但随着当前经济发展及环境污染形势的变异，相关环境标准限值表现出陈旧、不完整等特征，缺乏以从人体暴露健康风险防范角度制定的相关健康标准及环境基准。典型案例分析表明，食物是人体暴露环境镉健康风险的主要途径，其对一般人体镉暴露的环境分担超过 80%，因此，制定镉的相关食物基准，制修订土壤、水体、空气等食物上游污染源环境介质的镉标准及基准限值是保障食物镉安全摄入的关键措施。

2. 半挥发性有机物污染

半挥发性有机物(semi volatile organic compounds，SVOC)在环境介质中的浓度水平虽无重金属类高，但其性质稳定，可以随食物链生物富集和放大，最终进入到食品中，其危害不容小视，其中以多环芳烃(PAHs)和多氯联苯(PCBs)尤为突出。

1) 多环芳烃(PAHs)

多环芳烃来源复杂，大致分为两大类：自然原因与人为原因。自然原因如森林草原大火、火山爆发等过程。人为原因包括机动车、飞机等流动源的燃油排放，工业和民用的燃煤排放等。而人为源是当前多环芳烃的主要来源，主要是由各种矿物燃料、木柴以及其他碳氢化合物的不完全燃烧或在还原气氛下热解形成的。大部分多环芳烃是由人类活动过程中使用燃料的不完全燃烧及某些工业生产过程中产生的，对大气、土壤和水体均造成了不同程度的污染，从而引起食品中的多环芳烃残留，可对人类产生致癌、致畸、致突变的“三致”毒性。

A. 蔬菜中 PAHs 的污染水平

据报道，垃圾、磷肥，各种粪肥、堆肥，各种污泥及某些芳香类农药中的 BaP 含量分别为 130～150 μg/kg、39～74.9 μg/kg、20～130 μg/kg、1000～4700 μg/kg。由此，引发 BaP 不断向果蔬侵蚀，并且通过食物链富集从而影响人体健康。

B. 肉类中 PAHs 的污染水平

肉类食品，在烘烤时会生成 PAHs，同时在烘烤过程中往往会有油脂滴在热源上，这些脂肪遇到高温热源也会产生 PAHs，此外，肉类食品即使没有直接烘烤，脂肪滴落到火焰和木炭上边会生成 PAHs 化合物进入肉中。因此，烤肉是 PAHs 含量很高的一类食品，随着保藏时间的延长，逐渐向里层渗透(表 1-2-3)。

表 1-2-3　烧烤、烟熏食品中 BaP 的含量

食品	BaP 的含量/(μg/kg)	食品	BaP 的含量/(μg/kg)
香肠、腊肠	1.0～10.5	烤牛肉	3.3～11.1
熏鱼	1.7～7.5	油煎肉饼	7.9
烤羊肉	1～20	直接火上烤肉排	50.4
烤禽鸟	26～99	烤焦的鱼皮	5.3～760

C. 鱼类中 PAHs 的污染水平

鱼类食品中 BaP 主要来源于水体的污染，而不是烹饪方法。污染源包括海洋中泄漏的原油，来自陆地排放的废水。水体的污染间接地污染了鱼类和其他海洋生物。通常，鱼类的新陈代谢功能要强于软体动物，因此，PAHs 化合物更易蓄积在后者的体内。当然，烹饪方法不同，BaP 含量也不同。

D. 奶中 PAHs 的污染水平

英国的一项研究中，在熏奶酪中检出 PAHs(荧蒽、苯并[*a*]芘、苯并[*a*]蒽等)；未熏奶酪中检出二苯并[*a*, *h*]蒽、芘；人奶样品中 PAHs 水平较前两者低。

E. 油中 PAHs 的污染水平

国家食品卫生标准中规定各类食用油中苯并[*a*]芘的限值为 10 μg/kg。各种植物原油和食用油中 PAHs 含量水平见表 1-2-4。PAHs 可在涉及油籽干燥过程中同燃烧不完全或热解燃气直接接触而产生。油籽也可能在机械收获、运输、加工等过程中因接触机油等污染物而受到 PAHs 污染。在椰子油中曾发现 PAHs 含量高达 2000 μg/kg 以上，而在其他植物油中很少超过 100 μg/kg。但是，在某些农村地区，由于缺少烘干机，在收获季节时，人们常可看到农民将大豆等粮油原料晾晒在铺有沥青的路面上，在这种情况下，以这些原料生产产品中，必然含有很高 PAHs。

表 1-2-4　植物原油中 PAHs 含量[11]（单位：μg/kg）

油品	轻质 PAHs	重质 PAHs	总 PAHs
椰子	992.0	47.0	1039.0
菜籽	30.1	3.9	34.0
葵花籽	66.5	11.8	78.3
棕榈仁	97.5	4.7	102.3
棕榈	21.1	1.4	22.5
花生	54.0	2.4	56.4
棉籽	20.8	1.6	22.4
亚麻籽	33.3	1.6	34.9
大豆	18.1	1.9	20.0

2) 多氯联苯(PCBs)

PCBs 是 2001 年 5 月《斯德哥尔摩公约》中首批列入禁止或限制使用的 12 种持久性有机污染物之一，是最具有代表性的典型持久性有机污染物。因此，它具有持久性有机污染物的全部特征，即半挥发性、远距离迁移、高毒性、生物蓄积性、长期残留性、环境持久性以及难生物降解，易在环境中富集和残留，如沉积物、大气、土壤表层、水、水生生物等，特别是在水生生物体内，比水中要高出数十万倍，尽管 PCBs 已停产，但是其在环境中仍广泛存在。

研究表明，我国城市土壤受 PCBs 污染较为严重，偏远地区土壤也受到了 PCBs 的污染。大气中 PCBs 浓度分布的总体趋势是东高西低；高 PCBs 浓度的监测点主要集中在经济发达、人口密集的中部和东部地区。环境中的 PCBs 在生物食物链循环中，由于选择性的生物转化作用而使低氯代组分逐渐消失。而食物中 PCBs 受大气干湿沉降、污水灌溉、土壤吸附以及食品加工等过程逐渐富集，并通过食物链逐渐被富集于人体，从而对人体健康带来肝脏毒性、致癌性、生殖毒性、神经毒性、内分泌干扰性等危害。

A. 土壤中 PCBs 污染

土壤中 PCBs 来源主要有污染物的排放、泄露、空气降尘等过程。由于 PCBs 的难生物降解特性，土壤一旦受到污染，就很难修复，并进入植物体，通过食物链逐级放大，威胁人类和动物的生命健康。我国城市土壤中的 PCBs 高于农村地区，偏远地区也受到了 PCBs 的污染。虽然早在 1974 年，我国已停止了 PCBs 的生产，但在废旧的变压器和电容器里仍存在 PCBs，在一些废旧电力设备拆解地仍存在着严重的 PCBs 污染。我国土壤中 ∑PCBs 的平均浓度最高的 10 个省(直辖市、自治区)依次为：北京、广东、辽宁、云南、四川、山西、黑龙江、湖北、贵州和广西。其中，有 2 个省属于第一类；4 个省、自治区属于第二类；3 个省属于第三类；1 个市属于第四类。我国 26 个省(直辖市、自治区)的 ∑PCBs 的平均浓度见表 1-2-5 所示。

表 1-2-5 中国部分省(直辖市、自治区)表层土壤中 ∑PCBs 的平均浓度水平[12]

省份	∑PCBs 的平均浓度/(pg/g 干重)	省份	∑PCBs 的平均浓度/(pg/g 干重)
黑龙江	1616.65	河南	300.31
吉林	576.45	湖北	1300.39
辽宁	2118.97	湖南	836.03
北京	2427.71	广东	2198.40
天津	299.97	广西	1145.31
河北	587.94	海南	156.59
山西	1700.74	重庆	436.80
内蒙古	219.26	四川	1902.53
山东	323.69	贵州	1275.27
江苏	621.63	云南	2057.60
浙江	670.20	甘肃	460.10
江西	515.05	青海	446.82
福建	349.84	新疆	723.31

B. 灰尘中 PCBs 污染

灰尘(室内)可能包含矿物尘粒、纺织纤维等，往往是某些污染物的重要载体，并可能在室内长期存在。人们 80%以上的时间都是在室内度过，每天都会不知不觉地通过许多途径(如手口接触、皮肤接触、呼吸以及饮食等)摄入灰尘。因此，室内灰尘是食品中 PCBs 污染物的一个重要源头。

C. 水体中 PCBs 污染

水体中 PCBs 是多途径综合污染的结果，其污染途径包括大气沉降、污水排放等。PCBs 是疏水性有机污染物，在天然水体中的溶解度很低。但研究表明，我国水体已经普遍受到 PCBs 污染，其含量大部分高于国外(表 1-2-6)。根据美国环境保护局(EPA)评价标准(＜14 ng/L)的要求，我国一些水体受到 PCBs 的污染已经相当严重。河口、海湾和港口污染较严重，而河流与湖泊污染相对较轻。

表 1-2-6 我国部分水体中∑PCBs 的污染水平[13]

水域	浓度/(ng/L)	水域	浓度/(ng/L)
九龙江	0.36～1505.00	厦门港	0.12～1.69
武汉东湖	2.70	九段沙	23.00～95.00
第二松花江排污口	3.00～85.00	大亚湾	91.00～1355.30
闽江口	204.00～2473.00	莱州湾	4.50～27.70
海河	120.00～5290.00	珠江入海口	1.00～2.70
椒江口	57.50～519.30	珠江广州段	0.70～3.96

D. 空气中 PCBs 污染

大气中的 PCBs 主要来源于含 PCBs 废物排放、挥发和扩散等，主要以气态和吸附态两种形式存在。据报道，全球大气中的 PCBs 累计含量已达 100～1000 t，我国大气中的 PCBs 以低氯代 PCBs 为主，占大气中 PCBs 含量的 80%以上，其原因可能是国内用于电容器的介质油主要是低氯代 PCBs 和高氯代 PCBs 的混合物。我国大气中 PCBs 的含量和国外部分地区相比相对较高，特别是在沿海发达地区，已处于中等程度的 PCBs 空气污染。研究表明，我国大气中 PCBs 平均浓度分布的总体趋势是东高西低，经济发达、人口密集的中部和东部地区监测数据较高。

由于动植物长期生长在受 PCBs 污染的环境中，各种农作物、水产品等食品已遭受污染(表 1-2-7 和表 1-2-8)。

表 1-2-7 不同污灌下作物中 PCBs 的含量[14]

污染物种类	作物	土壤污染浓度/(ng/g)	灌溉水污染浓度/(ng/L)	作物浓度/(ng/g)
PCBs	小麦	23.98	285.22	0.066～0.6

表 1-2-8　不同沿海区海洋生物体内 PCBs 的污染水平

研究区域	时间	样品类型	PCBs 含量范围/(ng/g)	PCBs 平均值/(ng/g)
青岛近海	2007	鱼类	116.4～846.6	481.5
	2007	虾类	47.9～215.3	131.6
	2007	软体类	72.9～386.7	229.8
厦门岛东部	2001	贝类	ND～23.4	3.71
闽江口	2001	贝类	ND～0.678	0.282
大连湾	1996	贝类	2.8～82.0	4.6
渤海湾	1996	贝类	1.6～8.7	5.4
胶州湾	1996	贝类	4.3～11.6	6.6
诏安湾	2010	贝类	ND～7.32	1.32
	2010	虾类	ND～0.10	0.026
	2010	鱼类	ND～6.58	1.10

2.1.3　食源性病原微生物及其耐药性风险突出

物理因素、化学因素、生物因素是引起食品安全的三大因素，其中微生物安全是影响食品安全最主要的因素。美国疾病控制与预防中心(CDC)发布数据表明，1998～2008 年间 95%食源性中毒事件由食源性致病微生物引起；而中国疾病预防控制中心的统计数据也表明，2008～2015 年由微生物引起的食物中毒比例占 74%。食源性疾病不仅严重威胁人体健康，而且导致严重的经济损失。

1. 食品微生物可引发多种食源性疾病

一般来说，食品微生物是指与食品有关的微生物的总称。除醋酸杆菌、酵母菌等生产型食品微生物外，另外一大类食品微生物会导致食物变质，通过摄食而进入人体，引发各类具有感染性或中毒性质的食源性疾病，我们将这一类食品微生物称为食源性病原微生物。

目前，世界卫生组织将食源性疾病分为五种类型：生物性食物中毒、细菌性肠道感染症、病毒性肠道感染症、食源性寄生虫病、人畜共患感染症。食源性病原微生物与这五种类型的食源性疾病均有关联。由此可见，食源性病原微生物在食源性疾病中起到了非常重要的作用。近年来，由食源性病原微生物引发的沙门菌、霍乱、肠出血性大肠杆菌感染、甲型肝炎等食源性疾病在发达国家和发展中国家不断暴发和流行，流行病学检测数据表明食源性病原微生物引发的食源性疾病的发病率持续上升，国际相关组织和各国政府已充分认识到食源性病原微生物对食品安全的影响，并在全球范围内已采取多种方式加以严格控制。

食源性致病微生物通常分为两大类：一类为感染性，如沙门菌、空肠弯曲菌、致病性大肠杆菌；另一类为毒素型，如蜡样芽孢杆菌、金黄色葡萄球菌、肉毒梭菌等。国际食品微生物标准委员会(ICMSF)依据微生物致病力强弱(即危害程度)将食源性致病微生物分成了四级，见表 1-2-9。

表 1-2-9　国际食品微生物标准委员会对病原体的危害程度分类

危害程度	病原体
Ⅰ级：病症温和，无生命危险、无后遗症、病程短、能自我恢复	蜡样芽孢杆菌(包括呕吐毒素)，A 型产气荚膜梭菌，诺如病毒，大肠杆菌(EPEC 型、ETEC 型)，金黄色葡萄球菌，非 O1 型和 O139 型霍乱弧菌，副溶血性弧菌
Ⅱ级：危害严重，致残但不危及生命、少有后遗症、病程中等	空肠弯曲菌，大肠杆菌，肠炎沙门菌，鼠伤寒沙门菌，志贺菌，甲型肝炎病毒，单核细胞增生李斯特菌，微小隐孢子虫，致病性小肠结肠炎耶尔森菌，卡晏环孢子虫
Ⅲ级：对大众有严重危害、有生命危险、慢性后遗症、病程长	布鲁氏菌病，肉毒素，大肠杆菌(EHEC 型)，伤寒沙门菌，副伤寒沙门菌，结核杆菌，痢疾志贺菌，黄曲霉毒素，O1 型和 O139 型霍乱弧菌
Ⅳ级：对特殊人群有严重危害、有生命危害、慢性后遗症、病程长	O19(GBS)型空肠弯曲菌，C 型产气荚膜梭菌，甲型肝炎病毒，微小隐孢子虫，创伤弧菌，单核细胞增生李斯特菌，大肠杆菌 EPEC 型(婴儿致死)，阪崎肠杆菌

2. 食源性疾病的现状不容小觑

据统计，1992～2015 年我国共发生食源性疾病暴发事件 9696 起，累计发病 299443 人，其中微生物和生物毒素引起的食源性疾病暴发事件数、患者分别占 37.7%和 54.2%。全球范围监测表明，食源性疾病的发病率不断上升。沙门菌病、霍乱、肠出血性大肠杆菌感染、甲型肝炎和其他食源性疾病在发达国家和发展中国家均有暴发流行且危害严重。国家食源性疾病监测网个案报告的资料分析表明：微生物性病原占 46.4%，其次为化学物占 24.1%和有毒动植物占 14.7%。微生物性食源性疾病暴发中，副溶血性弧菌导致疾病暴发占 40.1%，变形杆菌占 11.3%，葡萄球菌肠毒素占 9.4%，蜡样芽孢杆菌占 8.6%，沙门菌占 8.1%，致病性大肠杆菌占 4%。如 2000 年 8 月，广州珠江新城某建筑工地食用污染副溶血性弧菌的烤鸭导致 104 人食物中毒；2006 年 7 月，四川省发生的人感染Ⅱ猪链球菌病，累计 204 例病例中，死亡 38 例；广州市荔湾区某知名餐厅沙门菌、可疑副溶血性弧菌混合污染食物，造成食源性细菌性食物中毒暴发事件；2017 年 1 月，广州一公司年会晚宴上，多名员工食用由某星级酒店提供的食物后导致 200 余人沙门菌中毒，2 名孕妇流产。目前，食源性疾病发生场所以公共餐饮单位、食堂为主。近年来家庭进餐引起的食源性疾病较以往明显增加。发病对象以少年儿童、青壮年为主，学生、农民及工人等人群中发病最高。

食源性疾病不仅使感染者发病和死亡，而且导致的经济损失也较大，同时，还影响旅游业和商业贸易。1991 年秘鲁暴发霍乱，致使鱼类及海洋产品出口损失超过 7 亿美元，食源性疾病流行 3 个月，使食品服务业和旅游业下降，损失 7000 万美元。据世界卫生组织(WHO)引用美国的统计资料，每年 7 种食源性病原体造成美国 330 万～1230 万人患病和 3900 人死亡，经济损失约 65 亿～349 亿美元。

3. 微生物耐药性或成严重问题

目前，WHO 已将细菌耐药性问题列为 21 世纪威胁人类健康的最重要因素之一。近年来，许多研究报道表明食品中的耐药菌/耐药基因可以通过食物链传播到人，全球多地都出现了多种超级耐药菌，给生态环境带来了不利影响，从而对食品安全和人类健康造成严重危害。有研究结果显示，我国北部养殖海域生产的海参中含有耐药基因的多重耐药细菌，这说明水产品中含有大量的耐药性微生物，这些耐药基因很有可能传播进入人体中。

水产和肉类食品产业，存在滥用兽药、渔药、激素和生产调节剂等现象。我国是动物源细菌耐药性较严重的国家。目前分离的畜禽源大肠杆菌对氨苄西林、四环素、复方新诺明几乎 100%耐药，对阿莫西林克拉维酸、环丙沙星的耐药率超过 80%，对氯霉素、庆大霉素、头孢噻呋的耐药率超过 40%，对黏菌素的耐药率超过 20%[15]；临床上已分离不到对常用抗菌药物均敏感的菌株，多数菌株对 15 种以上的抗菌药物耐药，动物疾病防治已越来越接近无药可用的局面。严重的动物源细菌耐药性使我国养殖动物用药陷入“耐药菌—用药量/种类—耐药菌”的恶性循环[16]，不仅极大影响了畜禽疾病的有效防控，而且进一步加剧了养殖生产中抗菌药物的过度使用甚至滥用，增加了动物源食品中抗菌药物残留风险。

2.1.4　粮油食品质量欠佳促生食品营养安全问题

粮油食品是国民日常饮食所需，亦是关乎国计民生的主要食品，粮谷食品是我国居民膳食宝塔的基石，是人体碳水化合物、植物蛋白等营养素的主要来源；油脂食品是健康膳食的重要元素，也是脂溶性营养素的重要载体。粮油食品在我国居民的每日饮食中占有最大的比重。由于我国粮油食品加工业曾将精加工视为行业进步和发展提高的标志，造成“面粉过白、大米过精”的现象，加之消费者中流行着追求“吃得精细”这一饮食误区，导致我国居民难以从粮油食品中获取充足微量营养素，逐渐引发营养摄入不均衡、“隐性饥饿”等健康问题，同时，居民膳食结构中对高热量、高蛋白、高脂肪食品摄入量大大增加，致使糖尿病、高血脂、高血压、肥胖症、脂肪肝等慢性病增多，超重和肥胖现象也愈加严重。

我国粮油食品在粗放式加工以及过度加工过程中导致微量营养物质大量流失，营养质量大大下降，以稻谷和小麦加工为例，稻谷在加工过程中通常被碾磨除去皮层和胚，损失了皮层和胚中含有较多的蛋白质、脂肪、矿物质和 B 族维生素等营养物质；在小麦加工过程中，为了获取更好的观感品质，通常将皮层和麦胚去除，这便导致皮层中丰富的膳食纤维、矿物质、维生素及抗氧化物质等微量元素和麦胚中氨基酸、脂肪酸、矿物质和维生素等营养物质的流失。研究表明，出粉率越低，小麦外层物质进入面粉越少，营养损失越多。

目前，市场上精加工的米面制品分别占稻米和小麦初级加工产品的 80%以上，实际生产中大米和小麦的加工副产物约 30%，这部分副产物集中了粮食 70%以上的活性营养成分，对营养不良、慢性疾病预防等具有重要意义(图 1-2-1 和表 1-2-10)。

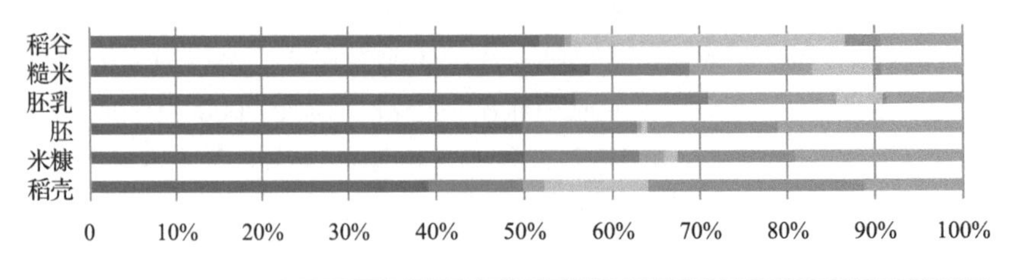

	稻壳	米糠	胚	胚乳	糙米	稻谷
■碳水化合物	29.38	35.1	29.1	78.8	74.53	64.52
■蛋白质	8.09	9.13	7.6	21.6	14.8	3.56
■脂肪	1.8	2	0.3	20.7	18.2	0.93
■纤维素	8.89	1.08	0.4	7.5	9	39.05
■灰分	18.59	9.4	8.7	0.5	1.1	5.02
■水分	8.5	13.5	12.4	12.4	12.16	11.68

■碳水化合物 ■蛋白质 ■脂肪 ■纤维素 ■灰分 ■水分

图 1-2-1　稻米及其各组成部分的化学成分(%)

表 1-2-10　出粉率与面粉中营养物质之间的关系[17]（%）

营养物质	100	95	87	80	75	66
蛋白	14.2	13.9	13.8	13.4	13.5	12.7
脂肪	2.7	2.4	2.0	1,6	1.4	1.1
淀粉+糖	69.9	73.2	77.2	80.8	82.9	84.0
钙	0.44	0.43	0.38	0.27	0.25	0.23
铁	35	33	23	15	13	10
锌	29	25	18	12	8	8
维生素 B_1	5.8	5.4	4.8	3.4	2.2	1.4
维生素 B_2	0.95	0.79	0.69	0.46	0.49	0.37
维生素 B_6	7.5	6.6	3.4	1.7	1.4	1.3

2.1.5　食品欺诈依然是引发我国食品问题的因素

食品欺诈（food fraud）指以经济获益为目的的食品造假行为，涵盖在食品、食品成分或食品包装中蓄意使用非真实性物质、替代品、添加物以及去除真实成分，或进行篡改、虚报，以及做出虚假或误导性的食品声明。食品欺诈不仅是食品工业的第五大问题，欧盟委员会确定食品欺诈也是欧洲的第五大经济问题。

1. 食品欺诈的持久性

国家质量监督检验检疫总局统计了 2007～2013 年间媒体报道的较为典型食品安全事件 694 件，其中非食用物质掺假 266 起，篡改生产日期、以假充真、以次充好等问题 128 件。民间网站“掷出窗外”统计的 2004 年以来近 4000 起食品安全相关的报道中也有半数以上属于食品欺诈[18]。尽管与致病微生物导致的食源性疾病相比，食品欺诈的危害相对较低，但在公众意识中，后者是中国食品安全面临的首要问题。

从食品欺诈和食品安全的定义和界定来看，食品欺诈和食品安全不是等同的概念（图 1-2-2）。不是所有的食品欺诈都会导致食品安全问题，只有少数的食品欺诈才会导致食

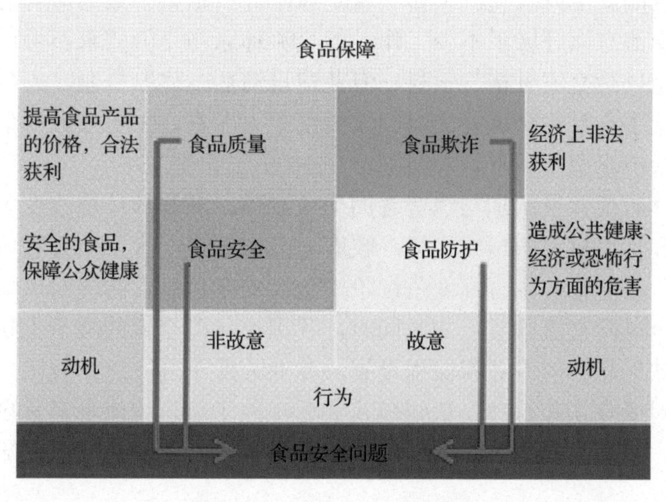

图 1-2-2　食品安全风险框架

品不安全，尤其是食品欺诈类型中的食品掺假，根据掺假物的物理化学性质及毒性的不同，则有可能会导致食品安全问题，或危害公众健康，如在我国曾发生的阜阳劣质乳粉事件、乳粉三聚氰胺事件等。更确切地说，食品欺诈是一种食品安全隐患。

对于食品欺诈，它产生的根本原因在于人性的贪婪和欲望，即谋求获得更高经济利益的欲望。企业和食品生产者的自律和自治，社会诚信体系及法制惩处及监管，检测技术的发展，对食品欺诈的治理产生一定的推动作用。总之，食品欺诈发生的原因是多方面的，食品欺诈的治理也需要社会各界多方合作，共同努力推进。

2. 食品安全信心低迷

受食品安全问题和重大食品安全事件的冲击，消费者主观安全重塑困难重重，对食品质量缺乏信任，食品安全信心持续低迷。一是客观食品安全水平不足而导致的食品信心低迷问题，解题的关键在于加强客观安全保障。二是客观食品安全的提升没能相应转化为消费者的主观感受的问题，即新痛点问题。消费者主观信心低迷的原因，主要包括以下几个方面：

第一，谣言给消费者信心的提升带来了负面影响。我国食品安全领域已成为谣言的重灾区，不断攻击消费者脆弱的食品安全神经。中国社会科学院发布的《中国新媒体发展报告》显示，当前食品安全谣言占各类网络谣言的45%，位居第一。对于食品企业来说，被谣言影响后，周期长、认定难、赔偿低、执行难已成为众多食品企业共同面临的困境。

第二，食品的特殊属性导致消费者无法直观感受到食品的客观食品安全水平。食品安全具有信任品属性，消费者即使食用后也很难判断，客观安全水平消费者无法直观看到。另一方面，消费者的食品安全风险认知具有主观建构性，公众与专家之间在进行认知判断时所考虑的因素，所采用的认知系统、认知模式都有很大的不同，两者的观点难以自然转化，即使干预也很难改变。

第三，缺乏有效的外力促进客观食品安全转化为主观食品安全。国际上普遍采用风险分析的框架保障食品安全，分别是风险管理、风险评估和风险交流。其中，风险交流的核心作用就是架起客观风险和主观认知之间的桥梁，弥合认知差异，促进科学共识的达成。然而多年来我国食品安全风险交流工作一直是风险分析框架中最为薄弱的环节。虽然我国在食品安全风险交流方面开展了不少工作，但交流体系与交流需求不协调的问题仍十分突出。我国食品安全风险交流机构、学科、专业建设滞后，体制机制、人财物全面匮乏，全国机构中，专职从事食品安全风险交流的人员仅十人左右，主要依赖科学家兼职交流，食品安全风险交流量小声微，经常陷入囧境。

第四，新媒体时代背景增加与消费者的交流难度。新媒体环境改变了政府和主流专家在食品安全信息和话语权上的传统优势，政府、专家不再一言堂，万物皆媒，话语体系分裂，多元意见竞争、交锋，各方高度争议争辩食品安全信息，弥漫对风险的恐惧愤怒和抵触，增大食品安全风险交流难度。与此同时，我国在风险交流的战术上缺乏技巧。目前食品安全风险交流缺乏相应的专业和课程设置，专业人才十分匮乏。我国食品安全风险认知研究刚刚起步，对受众认知心理、认知模式缺乏深入了解，交流者经常夏虫语冰，与公众不在一个频道上，交流内容得到对抗性解读；或进行形式化交流，对交流效果缺乏思考和追求。

3. 食品欺诈的代表性问题

在我国，从媒体报道和社会大众对食品安全事件的反应程度来看，食品掺假是食品欺诈最主要的形式，该类型的食品欺诈也是消费者和政府最关注的一类，也是对食品安全、政府公信力、社会和谐稳定影响最大的一类。食品掺假的类型主要分为添加、替代、剔除等，但其形式手段多样且复杂。一般情况下，除实施食品掺假的犯罪者能够明确具体的掺假物和掺假方式外，其他人很难了解或掌握，因此犯罪者的道德水平和知识水平决定了掺假物对食品安全和人体健康的危害程度。正是由于违法添加物的不确定性，该类事件极易引发消费者的恐慌，如果违法添加物毒性较大，还可能会引起重大公共卫生事件，如 2003 年发生的阜阳劣质奶粉事件导致 229 名儿童营养不良，12 名儿童死亡[19]。该事件震惊中外，亦被称之为“空壳奶粉事件”。将食品欺诈掺假的代表性问题举例如下。

1) 油脂鉴伪

油脂掺假较为严重。受总产量、生产成本和消费群体等因素的影响，植物油价格差异非常大，一些不法经营者将低价位的植物油掺入高价位植物油中从而牟取暴利，如在菜籽油中掺入棉籽油、棕榈油；在芝麻油中掺入棉籽油、菜籽油、大豆油；在油茶籽油中掺入大豆油、菜籽油等。掺伪植物油不仅存在严重的质量问题，而且给消费者的身体健康带来了危害，严重地损害了消费者以及合法经营者的利益。

2) 果蔬汁及饮料鉴伪

果蔬汁及饮料的鉴伪及评估是目前各国科学家关注的重要课题。当前果蔬汁及饮料的掺假手段主要有加水、甜味剂、酸味剂、加果渣提取液、价格高的果蔬汁中添加价格低的果蔬汁等。而且随着科技的发展，果汁的掺假手段也有很大的变化，现在已经发展到根据各种果汁的组成而进行非常精细的添加，甚至将食品鉴伪专家建立的果汁组成数据库作为掺假的“配方”，使果汁的鉴伪检测变得越来越困难。

3) 乳品鉴伪

随着经济的发展，我国人均年饮奶量大幅度提高，乳品生产也进入一个快速发展时期。但是，我国现阶段的国情决定了庞大的市场需求与落后的牛奶生产之间的矛盾，出现了乳品中抗生素残留超标、复原乳代替生鲜牛乳，甚至出现了乳品中掺淀粉类物质、水解蛋白粉、脂肪粉等掺假行为，严重扰乱了乳品产业的市场秩序，危害了人民群众的身体健康。

4) 功能食品鉴伪

功能食品已成为近年来世界食品工业新的增长点，但是目前许多假冒伪劣、非法添加违禁成分的功能食品也混杂其中，而且对功能食品治病功效的夸大宣传，造成了功能食品严重的“信誉危机”。造成此问题的原因主要有原料选择不恰当，即并没有选择适合的原料或原料本身的功效成分含量低，甚至混杂了其他原料，以次充好，从而造成理论上有作用但实际效果不佳的状况；功能性食品市场管理力度不够，产品质量鱼龙混杂，假冒伪劣时有发生，严重影响了消费者的身体健康和对功能性食品的消费信心，阻碍了功能性食品产业的发展，因此当前急需建立一批有效成分的快速检测方法、检测技术标准以及鉴伪技术。

5)其他

食品的掺伪已渗透到食品的各个领域，掺伪物质千奇百怪、千变万化。因此食品的鉴伪工作还有许许多多，如动物食品种类的鉴别，蜂蜜种类的鉴别，红酒年份的鉴定、品牌的鉴定、产地的鉴定，鱼片、沙丁鱼罐头或鱼酱里面所含有的鱼类品种的鉴定、原料鱼捕捞地的确定、鱼子酱中是否含有濒危品种的鱼籽的检测等。

2.1.6 新产业新业态形成食品安全新风险

经济发展新形势下，新产业、新兴业态推陈出新，食品电商产业油然而生。食品电商即食品电子商务，是在开放的网络平台上进行的食品交易，也是一种在电子商务环境下进行食品零售的模式、业态或活动。与其他食品商业活动的区别是，食品电商的交易必须依赖开放的网络。

但是，高速发展的电子商务为食品行业发展带来新的机遇的同时，也带来了新的食品安全风险。2016 年国家食品药品监督管理总局发布关于食品不合格情况的通告显示，在对蔬菜制品、食糖、豆制品等 7 类食品 544 批次样品的抽样检测中，不合格样品为 8 批次，其中电商平台上销售的不合格食品占不合格样品整体比例的 75%，包括宜家食品专营店在天猫商城销售的兰花萝卜、爱尚美食吧 520 在淘宝销售的平江豆干以及今良食品专营店在一号店销售的白砂糖等。

1. 假冒伪劣等欺诈行为层出不穷

电子商务的经营模式决定了消费者和食品销售者无法面对面交易，消费者无法对食品进行真实性鉴别，消费者都只能得到卖家的口头承诺，食品质量无法得到切实保障。另外就是欺诈、售假比较严重，网络食品经营者通常会利用消费者对商品信息的不了解，在网上发布虚假的食品介绍及宣传广告，有的经营者会销售假冒伪劣、“三无”、有瑕疵、质价不符的食品。

2. 标签标识违规现象普遍

目前，关于食品中无标识或者标识异常的情况，主要表现在一些零售散装食品与一些自制食品上。电商销售的自制食品也存在标签标识不规范的问题。现今海外网购盛行，部分进口产品没有标签或者是大部分没有合格的中文标识是电商食品存在的另一大问题。

3. 法律法规的滞后与漏洞

2016 年 10 月，为依法查处网络食品安全违法行为，加强网络食品安全监督管理，保证食品安全，根据《中华人民共和国食品安全法》等法律法规要求，《网络食品安全违法行为查处办法》颁布实施，在一定程度上缓解了电商食品监管法规薄弱的问题。但电商监管立法整体仍处在探索阶段，呈现相对滞后状态。

4. 监管及维权的双重困难

对部分网络食品经营者的调研显示，淘宝网上取得食品流通许可的经营者不到 50%，绝大部分经营者都是无证经营的。而在自制食品中，无证经营的比例有增无减。网络食品交易过程给传统的食品监管部门进行食品安全监管提出了新的考验。除了监管困难外，当出现食品安全问题时，维权也存在诸多障碍。

5. 储运过程存在安全隐患

随着现今食品电商的诞生以及迅速发展，运输模式也发生了变化，产生了更多的电商平台商家与消费者之间的小额运输，其主要模式是通过快递公司来完成产品的运输工作。但是，大多数的快递企业在获得电商订单之后，并不会对食品类货物采用另外隔离的方式进行储存，而是简单地与其他商品一起进行混装运输，食品的储存环境得不到有效保证，致使食品容易受到污染。

6. 跨境电商的食品安全监管存在困难

1）跨境电商农产品信息不对称问题

针对农产品跨境电商而言，信息不对称问题则主要体现在我国农产品出口经营者与国外农产品消费者之间的信息不对称，通常表现为我国农产品出口经营者对自身情况了解得较多，但对国外农产品消费者的相关信息了解相对有限；相反地，国外农产品消费者对自身的需求、喜好等情况相对熟悉，而对我国农产品出口经营者及其农产品的信息了解得较少。

2）跨境电商农产品质量认证及标准化问题

我国跨境电商农产品面临的最主要问题是产品追溯链的完整性以及安全性，导致农产品在国际流通受到阻碍，并增加了我国高端收入者在跨境电商平台中的进口消费量。跨境电商急需解决的是产品的质量问题，应该不断加强认证体系及相关标准体系的建设，树立跨境电商农产品的品牌形象。

3）跨境电商农产品安全监管法律法规缺乏

虽然与过去相比较，针对跨境电商的食品安全监管已经出台了相关的法律法规并配套了一些政策措施，但无论是在理论上还是监管上仍然存在一些不足。

2.1.7　“一带一路”新通道增加进口食品风险

1. 区域发展不平衡加大产销分离带来的食品安全风险

若农产品供应主体为经济相对落后地区，加上物流运输条件、较长的运输周期和食品安全控制技术的落后，会在一定程度上增加食品安全风险。受成本限制，生产制造企业对上游原材料和下游流通消费领域安全管控力缺失，批批检验增加生产经营成本，供应商提供质量保证承诺书和检测报告也可能存在造假问题。

进口食品较为漫长的运输周期以及储存条件不当也易增加食品安全风险。通常国际食品贸易会导致产品运输周期延长，食品的入境申报及检验放行尚需要一定的时间周期，在获得检验检疫机构出具的《入境货物检验检疫证明》前，进口食品应存放于检验检疫机构指定或认可的监管场所，对于保质期有限以及储存条件严苛的产品来说，均会增加其安全风险。

随着“一带一路”倡议的推进，部分国家不是世界动物卫生组织成员国或通报系统不规范、动物疫情不透明，许多亚洲、非洲国家尚未建立较为完善的食品安全管理体系。在推进国际贸易便利化的大背景下，这些都对我国现行风险预警和监管体系、监管机构和监管能力提出了重大挑战，在一定程度上增加了食品安全风险。

2. 食品国际贸易增加进口食品输入性风险

食品的全球供应让消费者受益的同时，也让食品安全问题变得更加棘手。“出口全世界，进口五大洲”的大背景下，食品供应链国际化将导致食品安全风险随国际供应链扩散，“一国感冒、多国吃药”正不断成为全球食品安全应急的常态化特征。2017 年巴西劣质肉事件暴发后，中国、欧盟、加拿大、墨西哥、日本、韩国、瑞士、智利等超过 20 个国家和地区纷纷对巴西肉类食品实施进口限制。

除了正当国际贸易外，非正当的食品走私由于存在较高的利润而使不法分子铤而走险，食品走私屡禁不止，对于我国食品安全造成了巨大的威胁。从海关总署所公布的数据来看，2014 年查获走私冻肉 12.2 万吨。2015 年 6 月份，海关总署在国内 14 个省份统一组织开展打击冻品走私专项查缉抓捕行动中，全案查获涉及走私冻品 10 万余吨，货值估计超过 30 亿元人民币。2017 年云南省查获涉案冻品 266.87 吨，查获走私活体生猪 979 头。

2.2 食品安全问题的主要特征与根源剖析

2.2.1 需求侧与供给侧发展失衡，食品产业发展整体滞后

《中国食品产业发展报告(2012—2017)》指出，食品工业发展呈现出较为明显的“四个并存”特征：生产集中度提升与“小、弱、散”并存、绿色高新精深加工与粗放生产方式并存、品牌价值凸显与自主品牌培育不足并存、食品安全稳定向好与风险隐患严峻并存，产业规模巨大而有效供给不足，制造能力较强而创造能力不足，以至于食品市场需求侧与供给侧发展严重失衡，产业发展严重滞后。

1. 粮油食品产业

1) 农业生态环境日益恶劣，农产品生产效率有待提高

我国粮油产业发展过程中，为解决原料总量不足的矛盾，边际产能被过度开发，水、土壤等都存在不同程度的污染，种植生态环境遭到了破坏。目前农业已经超过工业，成为我国最大的面源污染产业。我国农业资源环境承载能力已经达到极限。农药的生产量和使用量是世界最多。环境的污染会导致粮油食品原料中的农药残留、重金属超标等问题的出现，对粮油食品的产品质量与品质会产生潜在的威胁。

2) 结构性、区域性产能过剩问题突出

我国粮油加工业年处理加工能力呈上升态势，但产能利用率较低。利用率水平偏低，产能过剩问题主要是由于产品种类单一导致的结构性产能过剩及因布局不合理导致的区域性产能过剩。

3）粮油深加工转化能力不足，副产物综合利用率不高

与发达国家相比，我国粮油食品加工程度仍然不足，农产品的加工普及度仍有较大提升空间；由于深加工能力不足，副产物利用率较低，与发达国家副产物的平均利用率还有距离。

4）主食工业化发展迅速，但与发达国家存在差距

我国主食生产目前仍没有从根本上摆脱小作坊、摊贩式的生产经营模式，规模小，工业化、产业化程度整体偏低，龙头企业数量少，产品覆盖面窄，品牌知名度低，产品结构不合理。主食加工业发展存在不平衡现象。

2. 果蔬食品产业

1）生产成本持续上升，果蔬原料价格处于劣势

为保护种植户利益，鼓励农业生产的积极性，国家及部门出台了一系列保护性收购政策，但也同样抬升了原料的成本，造成了原料价格的倒挂。一是政府对果蔬原料执行的托市收购政策，保护性收购价格的增长幅度明显超过了国际上的市场价格，造成部分产品的价格倒挂现象；二是在农业生产力大发展的背景下，国际市场大部分农产品价格持续下降，且降幅超过了我国同期部分果蔬原料价格的增幅；三是人民币不断增值，加剧了我国果蔬在国际市场中的价格劣势；四是全球能源价格的暴跌也极大地降低了果蔬物流的成本。

2）原料基地建设落后，品种结构不合理

我国加工型果蔬品种种植大多零星分散、规模较小，且品种结构不合理（鲜食品种多、加工品种少）。此外，专业种植户比例不高，单产量较低，生产不规范，产品品质良莠不齐，导致生产成本较高。原料的供应周期极大地影响了加工过程的连续性和稳定性。

3）技术与装备水平偏低，加工能耗与物耗偏高

受技术与装备限制，我国果蔬采后加工率整体偏低，苹果加工率只有15%，而国际平均为25%，发达国家甚至达到75%；柑橘加工比例约为10%，而全球柑橘贸易以加工制品为主，加工量占年产量的42%以上，如美国的柑橘加工率约70%，巴西则高达85%。我国果蔬食品加工制造在资源利用、高效转化、清洁生产和技术标准等方面缺乏创新，整体上仍处于初加工多、综合利用差的发展阶段，产品生产仍存在过度加工，能耗、水耗、物耗、排放及环境污染等问题突出。在装备制造领域，美国、日本和欧盟等发达国家和地区的装备技术水平居世界前列，而我国装备产业的技术水平远落后于发达国家，且国产设备的智能化、规模化和连续化能力相对较低，成套装备长期依赖进口，工程化加工装备的设计水平、稳定可靠性及加工设备的质量等与发达国家相比存在较大差距。

4）基础设施相对落后，果蔬物流损耗严重

我国果蔬主要是以鲜销为主，加工只占很小份额，而鲜销又受到储藏能力、技术水平限制，损耗很大。目前，我国新鲜果蔬采后损失高达20%～35%，柑橘产后损失率高达20%～30%，浆果类采后损失率则高达40%～50%，年损失约2000亿元人民币。我国水果和蔬菜的冷链流通率只有5%，果蔬冷链储运尚未形成完整的冷链体系，而欧、美、日等国家和地区70%以上的果蔬实现了冷链流通。长期以来，我国果蔬产业在采前给予巨大的人力、物

力和财力的投入，使果蔬增产 10%实属不易，而损失 20%～30%则是轻而易举的事情，使采前的努力前功尽弃。

3. 食品添加剂产业

虽然我国食品添加剂产业在整体技术水平上已经取得了长足的进步，但与发达国家相比，仍然存在差距。一是产能过剩、同质化产品低价竞争现象依然存在，食品添加剂产品种类虽然较多，但成规模的大宗产品同样有产能过剩的情况；同时，产品价格的下降影响着企业的总体效益，进而给整个行业的发展带来负面影响。二是环境保护压力也是食品添加剂产业面临的严重挑战，由于生产所引起的废水等环保问题，2016 年，多家企业关停，生产能力大幅下降。

4. 水产与肉类食品产业

1) 技术落后，发展方式粗放

我国传统养殖方式自动化水平低下，内陆养殖品种趋同性高，造成了产业的成本高、效率低以及产品的结构失衡。我国水产品加工业生产方式仍较粗放，对水产品原材料、工人、成本等外在要素投入依赖性较高，仍然属于劳动密集型，在加工技术改良、产品创新等方面能力不足，自动化程度低，成套加工生产线少[20]。

2) 水产加工品牌多，但不大、不强，缺乏国际竞争力

我国水产加工品牌多，企业小，规模水产品加工企业几乎没有增加。一是效益低下，开工率不足问题突出，一批竞争力弱的企业濒临破产。二是我国水产加工业品牌相互模仿、跟风现象频繁，无序竞争、内耗严重，专业、领导型、品牌化企业几乎没有。三是随着我国劳动力、资本等要素成本上升，印度尼西亚、越南、印度、马来西亚等国家水产品加工与我国有很大程度的同质性，但其成本比我国要低 30%以上，我国水产加工品缺乏国际竞争力。

3) 肉类产业结构产业集中程度低

与国际先进水平相比，目前我国肉类加工业的集中程度仍然比较低，企业规模偏小，效益低。按美国的低集中度标准(CR4≤35%，CR8≤45%)和日本的低集中度标准(CR10≤50%)衡量，2016 年我国肉品加工业销售额在百亿元以上的 4 家企业 CR4 为 20%左右；而 2007 年，美国前 4 家肉品加工企业生猪屠宰总体市场份额已达 65.8%。

4) 饲料粮供需矛盾将日渐突出

我国水产饲料整体发展水平低，目前虽已开发了二十几个品种，但开口饲料和其他幼鱼饲料尚未过关，需要从国外进口，肉类生产对粮食的需求不断扩张，将给粮食安全带来巨大压力。由居民肉类消费增长及结构调整所引致的对饲料粮的巨大需求将是导致中国粮食自给率下降和贸易依存度上升的重要原因，这进一步验证了中国的“粮食安全”在未来主要表现为“饲料安全”。

5) 环境污染问题更加突出

水产养殖业发展迅速，养殖规模不断扩大，养殖品种增多，产量迅猛增加。但是随着

水产品养殖的发展和养殖集约化程度的提高，养殖环境日趋恶化，病害发生率越来越高，水产养殖的药残问题突出，水生生物的食品安全问题成为人们关注的焦点。同时因粗放式发展给资源和生态环境带来了较大的破坏和污染。近年来畜禽养殖业的蓬勃发展，畜禽养殖业中动物的数量及粪便排泄量大幅度增加，畜禽氮污染负荷不断增加，大部分省区的单位面积畜禽粪便的氮素却已经远远超出。此外，畜禽养殖过程中还存在重金属污染和抗生素污染。

6）肉品产业链各环节利润分配不均衡

中国的大多肉品企业未在产业链上进行延伸，无法打通上下游产业，以压缩成本，增加利润空间，平抑价格波动带来的冲击。近年来，国内人工成本大幅增加，导致肉类制造加工的利润空间有所下滑。

5. 营养与健康食品产业

1）生产规模小、低水平、缺乏市场竞争力

绝大多数企业的投资规模与生产规模小，产品中科研开发投入和成果转化率不高，生产的产品低质重复、科技含量不高，企业创新思路和方式难以脱开惯性继承模式，未形成高附加值的拳头产品，企业难以长期保持竞争优势，同时缺乏国际竞争力。

2）基础研究薄弱

我国营养与健康食品的中小型企业在基础研究方面投入较低，研发投入占总销售收入的比例不足1.5%，研发水平明显滞后西方国家。同时，目前各级政府和科研管理部门对营养健康基础研究的科研投入较少，没有引导各学科交叉形成综合研究力，无法促进行业体系深化。

3）人才缺乏

营养与健康食品产业领域内不同层次人力资源相对短缺，目前行业人才缺口约40万人。特别是在专业技术人才梯队方面，初中级人才较多，但技术领军人物、学科带头人等高级技术人才严重不足，同时缺乏高级技术人才的专业晋级通道和相应的待遇水平和激励机制，导致绝大多数较高水平的专业技术人才转向管理岗位，限制了研发整体的力度和深度。

4）部分产品标准及评价体系不完善

营养与健康食品中的保健食品现有检测标准体系不完善，检测标准或不统一或缺失或滞后，以致监管执法时缺少法定依据，给不法分子可乘之机，同时引起了媒体和公众对保健食品质量安全的质疑。2013年后，特殊用途食品虽然已经出台了《特殊医学用途配方食品通则》等相关标准，但无明确的指南性质资料，很多内容需要细化，以便为企业生产和市场监管、临床应用、产品创新鼓励等提供更详细的参考。

5）缺乏行业自律组织的监管

目前缺乏行业自律组织对营养与健康食品的监管，备案、审批与行业认证相结合的分类管理制度不完善，导致政府监管力不足时，营养与健康食品的质量安全无法得到相应的保障。

6)原料综合利用率低

营养与健康食品行业的原料综合利用率和废弃物直接资源化或能源化的比例较低，产业链条有待进一步完善。

2.2.2 环境基准体系不健全，难以保障食物原产地环境

1. 环境与食品法律衔接的顶层设计仍然存在不足

首先，环境污染与食品安全问题在法律层面缺乏衔接，目前我国虽已出台多项政策指出，要加强环境健康风险评估管理工作，2015年也修订了“史上最严”《食品安全法》，但是，环境健康风险评估工作主要侧重于对水、大气、土壤等介质中污染物的监测和风险的防控工作，而食品方面的法规主要侧重于对农药、添加剂等的限制和规范工作，环境污染与食品安全问题在法律层面缺乏衔接。其次，部门管理机制不健全也是一个重要瓶颈。环境污染问题主要由生态环境部负责，而食品安全则主要由农业农村部、药监局、质监局等负责，不同部门之间虽分工明确，但是工作的交叉地带存在缺乏明确分工、信息难以共享的问题，造成环境健康风险评估工作对于食品安全的保障工作难以推进。最后，我国已初步建立起了以国家标准为主体，行业标准、地方标准、企业标准相互补充，与我国食品产业发展、人民健康水平提高基本相适应的食品安全标准体系。但是单从某一标准来看，如食品质量标准，现行的标准中一些重要的标准仍短缺，且相关指标的制定总体上缺乏基于我国实际国情和情景的科学研究作为依据，而不同标准或同类标准中的不同指标与国际标准接轨度较差。在一定程度上，可能因缺乏科学性，降低了其对于公众健康保护、生态系统保护及使用功能层面的保障力，也不利于食品安全的保障。

2. 环境标准体系不够健全，食品安全保障能力受限

总体来看，我国水体、土壤和大气等影响食品安全的环境标准制定工作成果颇丰，目前已基于保护公众健康、保护生态系统及其使用功能等角度，从环境质量标准、排放标准、总量与容量控制标准、相关技术规范与导则、环境影响评价及风险管理等方面制定的相关标准达1800多个，逐渐形成了日益完善的环境管理体系(表1-2-11)。但是纵观各环境质量或排放等标准，多数指标均是在借鉴和参照国外发达国家的基准和标准数值的基础上制定的。在一定程度上，可能因缺乏科学性，降低了其对于公众健康保护、生态系统保护及使用功能层面的保障力，也不利于食品安全的保障。

表1-2-11　我国相关环境管理体系

介质/项数	质量标准	排放标准	方法与规范	其他
水体	5	43	150+	10+
土壤	5	—	13	—
大气	4	38	120+	10+

以重金属镉为例，我国及美国部分环境质量标准中镉的标准限值分类及限值如表1-2-12所示。总体上发现，①我国部分标准过于陈旧，如渔业水质标准、农田灌溉水质标准和土壤环境质量标准，特别是在土壤污染形势严峻的当前，依据26年前的标准进行环境质量和

生态功能的保护显然已大大失效。②虽然现行部分标准的限值进行了分类，但其一般是基于用途如水质的水源地、农业使用等用途进行分类，鲜有依据生态及人体健康风险的概念进行分类。在“健康优先、风险管理、分级制定”的原则下，现行的相关环境质量标准很难做到人体健康风险的管控。③与 WHO 相比，我国当前的空气质量标准中仅对部分气态污染物如 NO_x、颗粒物如 $PM_{2.5}$、铅和苯并[a]芘进行限定，而对需重点关注的典型环境有毒有害物如镉、汞等污染物质的限定标准值却仍然缺失，由此可见，我国在制定相关基准和标准时，针对重要标准缺失的问题需重点补充相关标准值。

表 1-2-12　我国及美国部分环境质量标准中镉指标

环境介质	标准限值		我国	美国
	类别	限值		
地表水	五类	0.001～0.01 mg/L	地表水环境质量标准(GB 3838—2002)	
地下水	五类	0.0001～0.01 mg/L	地下水质量标准(GB/T 14848—1993)	
海水	四类	0.001～0.01 mg/L	海水水质标准(GB 3097—1997)	
渔业水	一类	≤0.005 mg/L	渔业水质标准(GB 11607—1989)	
灌溉水	一类	0.005 mg/L	农田灌溉水质标准(GB 5084—1992)	0.005
饮用水	一类	0.005 mg/L	生活饮用水卫生标准(GB 5749—2006)	0.005
土壤	三类四用	0.25～1.0 mg/kg	土壤环境质量标准(GB 15618—1995)	
温室菜地	三类	0.3～0.4 mg/kg	温室蔬菜产地环境质量评价标准(HJ 333—2006)	通用值：3.56 生态筛选值：32
农产品产地	三类两用	0.3～0.6 mg/kg	食用农产品产地环境质量标准(HJ 332—2006)	
食品	一类	0.05～2.0 mg/kg	食品安全国家标准 食品中污染物限量(GB 2762—2012)	
空气	一类	5 ng/m^3	无	WHO

3. 环境质量标准与健康基准衔接不足，环境标准制定缺乏科学支撑

调查研究发现，若假设我国环境污染水平尚可接受，现行各相关环境标准制定合理的前提下，我国人群经过不同途径对污染物的暴露量超过人体耐受剂量，产生非致癌风险远超美国推荐的可接受风险水平阈值。且目前现行的食品标准中一些重要的标准仍短缺，相关指标的制定总体上直接引用国外数据，缺乏基于我国实际国情和情景的科学研究作为依据。这主要是由于我国目前有关环境标准值的制定总体上缺乏科学支撑和方法指南，标准制修订工作总体局限于对国内外相关基准及标准的直接引用或借鉴层面，而非制定层面的接轨，并不能反映我国的实际情形，导致其不能有效地保护人体的健康，无法实现环境基准和环境标准“健康优先、风险管理”的原则和需求。要从源头开始加强产地生态环保监控，规范种子肥料农药兽药等农业投入品管理，建立涵盖全产业链的信息化数据管理平台，发展农产品标准化生产等方面着手，建立起覆盖全过程的农产品质量安全管理法规体系。

2.2.3　食源性致病微生物防控形势严峻，抗生素滥用加剧细菌耐药性

食品安全是关乎国计民生的头等大事，目前，国家已建立了相关的标准对各食品类型中的食源性致病微生物进行监控和检测，然而我国当前食品安全形势依然十分严峻，食品中毒事件频频发生，所造成的损失和负面影响巨大。

我国地大物博，水、植物以及动物资源尤为丰富，温暖潮湿的气候环境加快了食品的腐败和有害生物的滋长。为降低食源性致病微生物污染率，抗生素应运而生。然而近年来，抗生素的滥用，导致食源性致病微生物耐药性现状日趋严峻，虽然2002年原农业部实施《食品动物禁用的兽药及其化合物清单》，但违规使用抗生素作为促生长剂的情况仍然存在。针对我国食源性致病微生物耐药趋势逐年上升的态势，相关菌株耐药的分子机制有待加强，特别是遗传多样性、分子微进化与耐药特征之间的关联研究工作亟待加强。

1. 食源性致病微生物的遗传背景不清晰

目前，导致我国致病微生物性食物中毒的主要病原菌分别是：沙门菌、副溶血性弧菌、金黄色葡萄球菌及其毒素、蜡样芽孢杆菌、大肠埃希氏菌、变形杆菌、志贺菌等。研究表明，不同致病微生物致病性也不尽相同，现阶段虽然相关食源性致病微生物的研究很多，但在我国大部分食品工业领域，食品微生物安全仅限于检测和监控，对于其内在的遗传背景并不清晰，这也给发生相关食品安全事故时采取应急措施带来困难和不便。

2. 食源性致病微生物耐药性问题突出

伴随着抗生素的大量使用，细菌耐药性问题日趋严重，成为全球公共卫生体系面临的一个严峻挑战。随着抗生素的滥用，细菌耐药性已成为威胁人类健康的最重要的因素之一，而食品中的耐药细菌或耐药基因可以通过食物链传播到人体，这将对食品安全和人类健康造成严重危害。我国是抗生素使用大国，这一现状导致了多重耐药细菌的激增，其潜在的环境和健康风险引起了科学家、公众和政府的广泛注意。

细菌的耐药性可通过食品产业链、人畜接触或环境散播等途径进行水平转移。耐药菌株及其耐药基因也可以通过空气、水和食物链进入人体而导致肠道菌群中耐药基因增多。禽畜养殖场和水产养殖系统作为耐药菌和耐药基因的重要来源，对食品全产业链、环境生态和人群产生重要影响。因此，在我国开展食源性致病菌耐药性的风险评估势在必行。

3. 基于组学平台的食源性致病微生物的数据库尚未建立

近年来，国内外对微生物食品安全问题愈加重视，世界各国已经展开了针对食源性病原微生物的监控和溯源工作。在欧美国家，由食源性致病微生物造成的食品安全事故反应迅速，可在食品安全事件发生后短时间内成功进行污染溯源，有效控制了食源性安全事故的发展势头。各种分型技术，如脉冲场凝胶电泳、多位点序列分型、扩增片段长度多态性技术以及随机扩增多态性技术等都在这个过程中发挥了重要作用。然而，在食源性致病微生物的研究水平上，我国还远远落后于欧美国家，缺乏整体性的食源性致病微生物溯源体系，给食品安全事故的追踪溯源造成很大的困难，迫切需要建立符合中国国情的食源性致病微生物溯源体系。

目前，相关食源性致病微生物的分子数据库的管理权没有一项在我国科研者的手中。且这些数据中真正有关我国食品样本的数据也少之又少，且由于受地域性差异限制，国内尚未建立相关的标准菌种库，而相应的全基因组数据库也不全面，新基因和新位点的挖掘工作开展也较为缓慢。

2.2.4　粮油食品加工不够精准，食品营养难以保障

由于我国粮油食品加工不精准，不同地域、不同品种的粮油原料无法实现加工效能最大化利用，造成加工过程中各种营养成分的损失，难以降低有害物和潜在风险因子的含量，针对不同的细分人群更具针对性、专业化的粮油产品至今尚未出现，使得粮油食品无法为居民营养健康提供有效支持。精准加工是一种建立在人群营养需求以及针对他们的目标产品设计基础上，依据不同区域、不同品种的粮食油料作物的营养特性、加工特性、危害物迁移变化规律而实现的差异化、特定化、精确化的加工模式。目前，我国粮油食品加工尚不精准，体现在如下四个方面：

1. 对于不同目标人群未实现“精准”

居民对营养的需求受性别、年龄、地域、健康状况等多种因素影响。在慢病发病率的问题上，60 岁及以上人群高血压发病率是 18～44 岁人群的 5～6 倍，随着年龄的增加，糖尿病患病率也呈上升趋势，妇女、婴幼儿童和老年人是缺铁性贫血的敏感人群(图 1-2-3 和图 1-2-4)。但是目前粮油食品加工未能实现为不同营养需求的人群量身定制“专属粮油”，从而不能为特定人群实现其所需的营养素的最大保留。

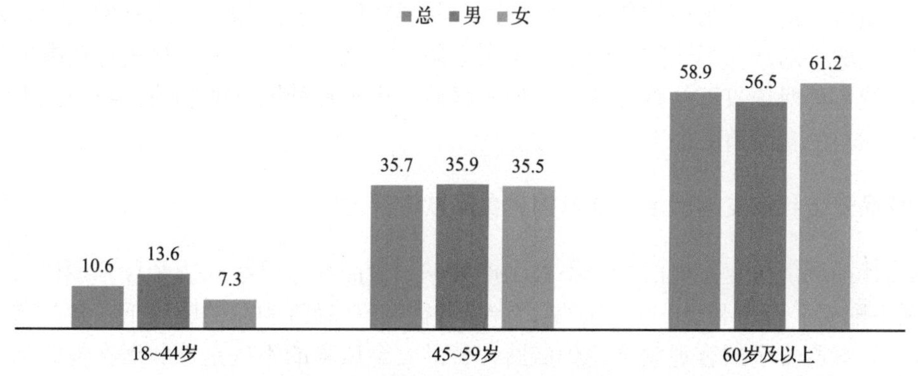

图 1-2-3　2012 年中国居民高血压患病率(%)

资料来源：中国居民营养与慢性病状况报告

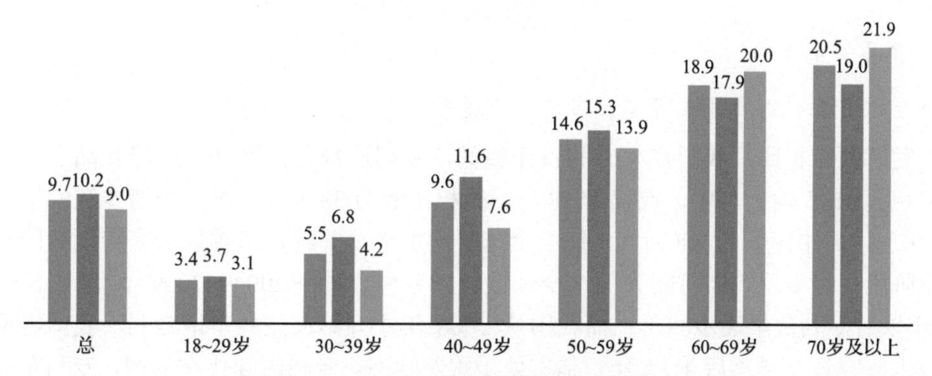

图 1-2-4　2012 年中国居民糖尿病患病率(%)

资料来源：中国居民营养与慢性病状况报告

2. 对于不同原料未实现“精准”

我国地大物博，粮食和油料作物品种繁杂，各类原料都有不同的营养特性和加工特性，与之对应的加工工艺也应有所区隔。精准加工就是要能准确把握每一种原料的特点，针对其所对应的不同终端产品的要求，设计和实施合理的加工工艺。但是目前，由于技术加工手段等的限制，粮油食品尚未实现针对不同原料的精准加工。

3. 对于不同区域未实现“精准”

我国幅员辽阔，不同地区的土壤、水质、气候都有其特点，因此即使是同一品种的粮食和油料，产自不同区域，也可能出现营养特性、加工特性、危害物含量等方面的不同。现阶段，粮油供给方尚未能够在全面掌握不同地区粮食油料作物特点的基础上，实现差异化的加工方式，同时导致了因“过度”产生的营养素流失或者因“不足”或“不当”带来的食品安全风险。

4. 对于不同产品形式未实现“精准”

随着生活水平的不断提升，消费者食用粮油食品的场所和时间日益多样，这对于粮油食品的产品形式提出了更多的要求。不同的产品形式所需要的加工方式有所差异。精准加工要求在了解不同产品形式的基础上，采用不同的工艺，对于产品原料进行精准加工，以使其满足特定消费场景下的食用需求。但是目前，由于种种因素的制约，我国尚未实现多产品形式的粮油食品精准加工。

2.2.5 食品安全科技支撑不足，难以揭露食品欺诈行为

作为伴随经济快速发展的一个不良副产物——食品欺诈已经成为全球范围内的普遍问题。“天下熙熙，皆为利来；天下攘攘，皆为利往”，在经济利益的驱动下，食品欺诈事件层见叠出。食品安全的客观安全受到威胁，食品安全风险的不确定性和潜在性大幅上升。虽然“十二五”以来，在食品安全技术领域出现大批创新成果，食品安全保障技术支撑作用也不断强化，但是随着新兴业态和新商业模式不断涌现、食品欺诈恶性蔓延、欺诈技术不断精进，对我国食品科技支撑与创新能力提出了新的考验。

1. 食品安全技术

1) 专利质量、关键领域研究、布局有待提升

与发达国家相比，我国授权专利占比较低，专利质量有待提升。全球食品安全快速检测技术相关 4615 项专利中，授权 1548 项，授权比例为 33.54%。美国申请专利的授权比例为 51.92%，而中国仅为 28.31%，低于全球平均水平。关键技术领域研究较发达国家还处于跟跑阶段。以零反式脂肪酸为例，全球该领域专利数量在 2004～2009 年呈现上升态势，2010 年以后专利数量逐步回落，而我国从 2008 年才开始关注并申请专利。我国零反式脂肪酸技术研究较全球落后 4～5 年，基本处于跟跑状态。专利国际化布局弱，专利布局相对零散单一。从功能性食品益生菌专利分布看，国内乳业如光明乳业申请数量远远低于以雀

巢、多美滋为代表的欧美企业。有效专利由 2010 年的 2132 件增至 2016 年的 18681 件，食品专利申请迈入提质新阶段，但专利质量有待提升。尚未完成由“重数量”向“重质量”转变。

2）我国国际标准制定参与度较低

近年来，我国国际组织参与度不断提升。但是截至目前，我国主导制定的国际标准 6 项，CAC 使用我国农药残留数据制定国际限量标准数量仅 11 项。

3）论文影响力有待提升

基于 Web of Science 文献检索可知，2007～2017 年我国在食品安全和营养健康领域发表 SCI 论文数量 6670 篇，高于西班牙、意大利、英国、德国、加拿大等，但较美国（15996 篇）仍有较大差距；从引用频次看，我国该领域 SCI 论文被引用总频次居第五位，仅低于美国、西班牙、英格兰、意大利，但单篇引用频次仅为 9.96，排名第 16 位；从 h 因子看，我国仅为 70，与爱尔兰并列 11 位，而排名前三的分别为美国（113）、英格兰（106）和西班牙（103）。就综合引用频次和 h 因子看，我国食品安全和营养健康领域论文影响力仍略显不足（图 1-2-5）。

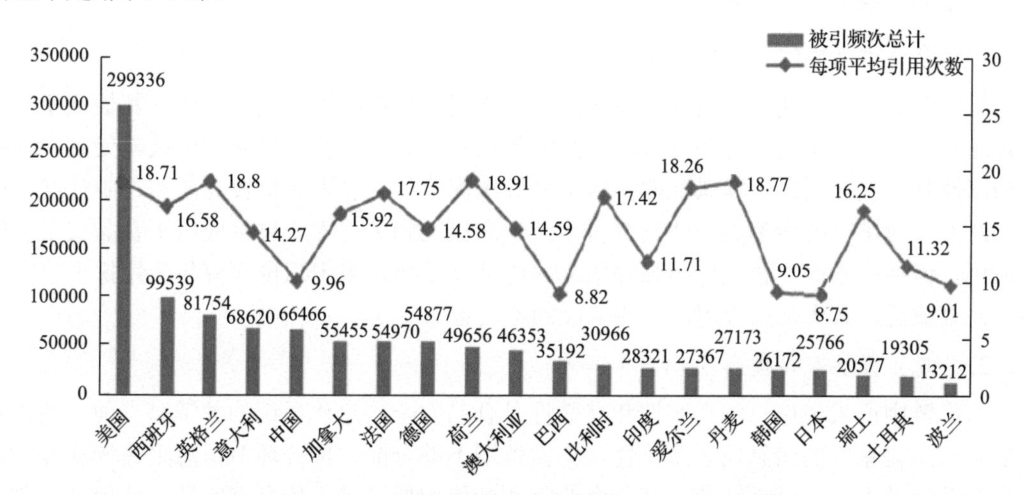

图 1-2-5　2007～2017 年食品安全领域 SCI 论文引用情况

4）科技成果转化率不高

全国高校的调查显示，被转让、许可的专利占“活专利”比例仅为 2.03%；中国科学院被转让、许可的专利占“活专利”的 8.7%；粮食主产区农业科技成果转化率不足 40%，明显低于全国平均水平，远低于发达国家水平（转化率在 80%以上），60%以上的农业科技成果得不到有效转化。

5）食品安全危害识别能力仍待提升

多兽药残留、潜在污染物、非法添加物的识别手段不多、技术储备不足。由于受不同类化合物结构性质以及基质等的限制，没有形成系统的样品前处理和筛选监测技术，在我国颁布的“打非添”的名单中，尚有一半的物质没有检测方法。研发投入比例上过分强调化学分析检测，使得食品毒理学检测技术更加薄弱，在相当大程度上限制了对食品中危害识别与溯源能力的发展；特殊毒性测试及其食品新资源评价技术（如动物代替试验、免疫毒性和致敏试验）尚未建立，生物标志物在人群生物监测中仅是个别应用；毒理学检测方法的标准化程度低，与国际良好实验室规范（GLP）要求有相当差距。此外，国际上已初步建立的食物中高分子量危害物的致敏潜力检测实验，在我国还没有引起足够重视。

6）抗体资源库尚未建立完善

实现多残留检测应用仍困难重重。基于基因工程技术的重组抗体是继多克隆抗体和单克隆抗体之后的第三代抗体，具有成本低、制备时间短、高度均一性等优点。重组抗体具有可操作性，通过 DNA 突变技术，可以对其亲和力和特异性进行定向改造，达到特定残留检测的要求，而且通过拼接几种特异性抗体的 DNA 可以制备识别几种不同种类药物的抗体，真正实现多残留检测。我国近年来在摸索小分子化合物抗体制备技术基础上研发出一系列快速检测免疫分析技术及产品，有力地促进了残留监测工作的开展。但目前缺少能够应对突发食品安全事故和针对国家整顿食品“非法添加物”的储备抗体，还没有形成具有实用价值的抗体资源库。

2. 食品安全信息化技术

1）部分关键领域的研究仍薄弱

我国食品安全智能化应用虽形成一批创新成果和创新团队，但在农药及其他化学投入品管理与追溯、全程双向追溯分析、食品大数据智能分析预警、食品安全风险处置智能化培训以及基于我国居民营养状况的特膳食品健康评价体系等方面仍较为薄弱，亟待深入研究。此外，我国已初步形成一些具有自主知识产权的相关技术成果可应用于食品安全智能化应用，但因成本高、普及性不强等原因，部分技术仍仅限于理论研究与应用探索阶段，系统研究缺乏，若大范围应用，实践基础尚不具备。

2）信息可靠性有待提高

生产链中所采集信息的真实性和有效性是食品安全信息化系统的关键。当前，我国食品安全信息化系统的信息缺乏统一性，覆盖范围不够全面，部分环节信息采集操作复杂，人员素质参差不齐，可靠性差。部分企业存在诚信问题，录入信息真实性无法保证，部分企业可能担心商业机密泄露而随意改动信息。因此需确保食品安全信息监管专业化，将企业的准入、监管、执法、投诉举报、信用信息归集、共享与运用，充分利用大数据等技术手段作为食品安全专业监管支撑。

3）信息采集的自动化和信息化程度低

实验室信息系统的应用不广泛，我国食品检测机构中，除了北京、上海、广东等发达地区，信息化程度依然较低。例如实验室信息管理系统（Laboratory Information Management System，LIMS），发达国家的检测机构在 20 世纪 90 年代就已经普及，被广泛用于实验室业务受理、样品管理、检测任务分配、实验结果报告以及检测报告出具和管理。但是目前国内实验室信息化管理体系依然较为落后，其主要原因就是该系统的建设费用相对较高，约 200 万～300 万元，且对于提高实际检测能力帮助并不直观。一些信息平台搜集的信息只能进行条录入，缺少统一的导入导出功能，面对每年数以万计的食品安全数据，靠人力逐条录入过程烦琐复杂，消耗大量的人力和时间。

种养殖环节分散化给信息的搜集带来挑战。我国地域广阔、人口众多，差异性大，因此需要更有针对性的信息交流策略，这给食品信息交流带来很大挑战。我国畜禽养殖和果蔬种植以小规模种养殖为主，小散户种植/养殖方式所固有的生产粗放、标准化程度低等问题，给源头信息的采集工作带来了巨大的挑战，严重制约了食品安全信息化系统或平台的构建和推广应用。

4）可信计算相关技术在食品安全监测系统中的应用目前尚处于起步阶段

食品监测系统缺乏完整的可信保护，无法对恶意终端的攻击实施主动防御，无法对接入感知终端的完整性进行认证，因而难以防范非可信感知终端的恶意接入，对恶意攻击行为难以进行有效检测。同时，食品安全监测系统网络端行为的检测难以适用于越来越复杂的恶意网络攻击。信息孤岛问题使得信息交换变得困难，这也使得防护工作力度变得不一致，容易受到黑客攻击。

3. 食品真伪鉴别技术

现有食品真伪鉴别技术难以解决食品掺假日益复杂化问题。目前常用的食品掺假检测技术有蛋白质组学法、DNA 法、同位素分析法、光谱法、色谱法等。以光谱、色谱和质谱等为代表的理化分析技术文献量最多，占半数以上，达 53.7%。其次是以 PCR、DNA 指纹图谱等为代表的分子生物学技术，占总量的 24.0%。排在第 3 位的是以电泳、免疫和蛋白质分析为代表的蛋白质技术（9.1%）。以电子鼻、电子舌等各类传感器为代表的人工智能技术排在第 4 位，占比 1.6%，形态学分析和感官分析技术的文献量占比分别为 0.6%和 0.5%（图 1-2-6）。现阶段我国新的国家食品产品安全标准体系初步形成，但扭转非法添加、非食用物质、非法使用违禁药物、超量超范围使用添加剂、掺杂使假、假冒伪劣等食品安全现象，当前还缺乏食品真伪鉴别技术体系的支撑。对重点品类食品常见掺假手段的检测能力有待提升；对高通量快速鉴别技术、方法的研发进程有待加快；对食品物种鉴别、原产地鉴定等技术的开发力度有待加强。

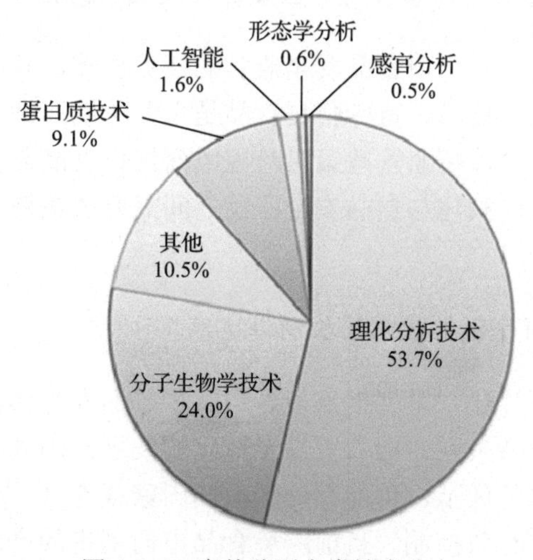

图 1-2-6　真伪鉴别大类技术分布

4. 致病微生物、农兽药检验检测技术

致病微生物、农兽药检验检测技术现代化程度不足。我国在快速在线(无损)检测方面的研究相对较晚，不能在安全基础上满足当前贸易便利化的要求，技术现代化程度不足。目前在成分快速测定、腐败菌和致病菌快速鉴定等方面，取得了阶段性研究进展。但大部分还只停留在实验开发阶段，没有大规模用于工业生产，存在抗体检测目标较单一，缺少食品中致病微生物的免疫检测技术，难以及时应对突发食品安全事故和“非法添加物”等问题。对食品安全未知物鉴定技术、生物芯片高通量检测技术、同源复杂组分检测技术等进出口食品检验检测高端技术和设备研究有待提升。

农兽药残留检测方法亟待技术革新。目前我国使用的农兽药残留检测方法分为化学、免疫学、仪器分析三种检测法。单独一类方法难以胜任农兽药残留的检测任务，联合应用，会互相取长补短，产生互补效应甚至是相乘效应，但仍难以达到理想目标的要求。缺乏一套简便快捷、成本低廉、检测谱广、灵敏度高、特异性强、精准可信的全新检测技术。

2.2.6 新商业模式野蛮生长，食品监管存在漏洞和盲区

在新的经济形势下，我国经济已进入新常态，经济发展从要素驱动、投资驱动转向创新驱动，食品工业进入提质增效的转型阶段。“一带一路”倡议、自由贸易区建设更是拓宽我国食品国际贸易发展空间。供给侧结构性改革加速新技术、新产品、新业态、新模式的涌现。互联网技术的发展为食品行业注入新鲜活力。“互联网+”激活食品电子商务市场，其模式也越来越丰富。跨境电商平台、微商平台、网络代购平台、餐饮类宅配平台、生鲜类宅配平台、垂直类电商自营平台、综合电商平台是我国食品电商的主要经营模式。其中，跨境电子商务在传统外贸年均增长不足10%的情况下，连年保持着20%～30%以上的增长。跨境电商食品交易规模逐年扩大。新兴业态和新商业模式快速发展给食品安全带来新的挑战，监管治理举措艰难跟进。新商业模式蓬勃发展，传统食品产业也存在监管漏洞。

1. 食品安全严管与跨境电商零售进口监管过渡政策难衔接

跨境电商的迅猛发展，进出口食品安全监管的任务加重，我国电商监管的立法仍然需要不断探索。例如婴儿配方食品、特殊膳食食品是主要跨境海淘食品，国内对其进行严格监管，而进口食品安全检验检疫监管政策对跨境电商进口食品监管弱化，无法保障跨境电商食品的安全。基于贸易便利化与食品安全严管之间需要政策衔接，以确保跨境电商食品的安全性。

2. 新兴业态革故鼎新导致监管政策机制难适应

食品电子商务经营碎片化，呈现批次多、数量少、面向个体消费者、交易频次高等特点。进口食品的供应链复杂多元。随着贸易全球化的发展，国外食品从原料生产、成品加工，再到运输或是销售等各环节，可能都处于不同国家或地区，导致主要参与、监管主体无法实现对产品供应链的有效控制。目前跨境食品电商销售的产品主要以短期内爆红的产品为主，短期内销量快速提升，并在之后迅速降低，无法形成稳定的消费需求。这就导致

经销商很难建立稳定的供货渠道，更无从实现对于渠道的风险控制。目前各平台为了保证供货通常采用复合渠道，极大地增加了食品安全风险。

3. 责任主体模糊致使追责问责难开展

电子商务市场中的网络主体、网络商品大多不是现实市场真人、实物的完整、准确、真实、唯一的表达与描述，真假难分，好坏难辨。当出现食品安全问题时，网络食品交易虚拟性、隐蔽性、不确定性导致维权困难。目前我国相关法律法规对于跨境电商平台的主体责任并未作出明确规定。相关数据显示 2017 年第三季度广州、深圳等保税备货模式试点区域检验检疫机构对食品等商品查验过程中，问题商品追责时权属不明，造成了新的食品安全风险。

4. 特殊渠道有效监管难进行

目前除跨境电商外，还有一定量的进口食品是通过国际快递、邮件方式进入国内。这一过程中消费者个人直接与境外的食品供应商或者是代购个人或团体进行点对点的联系，该种模式下供货方信誉是风险控制主要依靠，无法有效管理，同时交易品量小、批次多、产品种类复杂、个人隐私保护等因素也导致我国进出口管理部门无法对货物进行基本的检验检疫，食品安全风险完全由个人承担。一旦供货方出现失误或出于经济利益驱动进行食品欺诈，很可能会导致较大的食品安全风险。

落实企业主体责任是前提，消费者的参与是关键。只有这“三位一体”，新兴业态和新商业模式快速发展下的监管治理措施才能够跟进。

2.2.7　食品安全信息化监管支撑薄弱，进口食品风险治理体系仍待完善

食品安全风险分析是全球流行的一种保证食品安全的管理新模式，有助于对食品安全隐患早发现、早研判、早处置。目前，食品安全风险分析已经在我国诸多领域广泛应用，但实际使用起来仍存在很大的局限性，尚未形成一套公认的科学有效的食品安全风险评价与预警体系。现阶段我国食品安全信息化法律法规及标准的建立任重道远，尚且无法为食品安全信息化监管体系提供强有力的决策依据。保障食品安全智能化应用的完整的监管体系有待完善，尚且无法成为食品安全风险分析监测预警的战略支撑。

随着新技术、新产品、新业态、新商业模式大量涌现，国际贸易向着个性化、碎片化方向发展，跨境电商的日益发展也极大地推动了国内经济发展。但是，目前我国食品跨境电商产业仍存在不少问题，这些问题亟待解决。数据显示，“十二五”期间，进口食品不合格 1.28 万批，来源于 109 个国家或地区，平均每天 7 批。食品国际贸易大大增加了我国进口食品输入性风险。

1. 食品安全信息化法律法规及标准有待优化

目前，由于我国食品安全安全管理信息化尚处于起步阶段，我国相关的法律法规并不健全，仅在《食品安全法》、发展规划以及部门规章、规范性文件中形成了初步的法律法规框架。

1）保障食品安全智能化应用的法律法规不够完善

在实施安全信息化管理及风险预警的过程中，缺乏可操作性的法规和标准，未建立保障食品安全智能化应用的完整的管理体系，与食品安全信息化管理相关的政策、法规、标准仍需继续完善。针对我国食品安全预警信息化较为薄弱的现状，建议加强法律法规体系中的预警机制建设，使食品安全预警工作具有强有力的保障机制。

2）约束性法律法规体系不够完善

食品安全信息化建设的过程中，有监管部门、检验机构、食品企业、信息技术支持机构等多方的参与，如何保障信息的真实性、防止信息被篡改，对不宜公开的数据做到严格保密，至关重要。以 2017 年 5 月暴发的勒索病毒为例，国内有近 3 万家机构受影响。食品安全关系国计民生，因此对食品安全信息进行智能化应用的同时，强化对信息安全的监管，是食品安全监管的必要措施。强化监管，保证数据的真实性和安全性，才能使食品安全信息化应用更有效的服务于我国食品安全治理。就目前我国的法律法规体系而言，在这方面还存在欠缺。

3）食品安全信息化标准不够完善

当前我国与食品安全智能化应用的标准总量少，已发布的标准多集中在食品追溯领域和食品安全监管领域，食品安全信息公布、食品安全全程追溯、诚信体系建设、信息安全数据质量、数据安全、数据开放共享等方面标准不够完善，对信息的采集、存储、处理、整合、共享缺乏规范。

4）风险报告机制不够完善

以食品检测为例，目前我国食品检验机构进行食品安全风险信息报告的主要依据是原国家食品药品监督管理总局组织制定的《食品检验工作规范》。《规范》中第二十四条规定，检验机构应当建立食品安全风险信息报告制度，在检验工作中发现食品存在严重安全问题或高风险问题，以及区域性、系统性、行业性食品安全风险隐患时，应当及时向所在地县级以上食品药品监督管理部门报告，并保留书面报告复印件、检验报告和原始记录。但是在实际执行过程中很多地区并未形成有效的食品安全的风险预警、报告体系，其根本原因在于相关的管理机制、制度的不健全。对于食品安全信息化建设工作在管理层面存在不足，导致海量的食品安全相关数据无法得到有效利用，大量的数据分散在不同部门的多家机构，得不到有效的汇总和分析，导致我国食品安全风险预警能力得不到有效提高。

2. 食品安全信息化监管体系尚需完善

1）食品安全信息范围界定不清晰

我国《食品安全法》已经确立了食品安全社会共治的理念，并建立了食品安全信息共享的机制，但是目前我国食品安全信息标准分类仍不明确，我国《食品安全法》未对“食品安全信息”范围作出明确界定，而 2009 年制定的《食品安全信息公布管理办法》中所规定的食品安全信息范围过于狭窄，对于食品安全生产者、食品行业协会、网络食品交易、集中交易市场等主体报告的食品安全信息是否属于可以公开的食品安全信息没有明确。食品安全信息定义得不明确，不利于食品安全信息的开放与共享。

2）部门间食品安全信息缺少公开和互联互通

目前我国农业、食药、卫生、质检部门都做了大量监测、追溯工作，构建了多个监测、追溯数据库，但是数据库之间处于封闭和分散的状态，没有相互关联，共享程度低，没有形成统一的信息发布渠道，应急联动能力薄弱。食药、工商、质监、出入境检验检疫等部门已经建成的其他信息化系统一般局限于本部门，无法开展信息的集成和资源的共享。部门标准不统一甚至冲突。过去分段监管模式下，每个部门负责特定环节食品安全问题的监管，拥有各自部门主导制定的监管标准。改革后，由于中央、省级部门仍旧存在，部门标准仍存在，基层就不可避免地面临执法标准的不统一甚至冲突问题，突出表现在改革后部门监管职责发生调整的环节以及监管职责在部门内部进行重新调整的环节。虽然《食品安全法》要求食药和农业等部门之间要建立食品安全全程追溯协作机制，但是未强制要求部门间建设数据共享平台等信息化管理系统。信息作为独立的个体存在，资源共享表现不够明显，资源共享平台以及交换机制体系尚未确立，直接影响食品安全各项数据的完善，导致食品安全风险监测的基础性数据尚未建立。对于各部门如何建立数据共享平台缺乏具体的执行标准和规范性文件，不同部门数据无法实现共享和互联互通等。

3. 进口食品安全风险控制与治理体系仍待完善

现阶段食品安全严管与跨境电商零售进口监管过渡政策难衔接，食品安全保障仍存问题。如婴儿配方食品、特殊膳食食品是主要跨境海淘食品，国内对其进行严格监管，而进口食品安全检验检疫监管政策对跨境电商进口食品监管弱化，无法保障跨境电商食品的安全。基于贸易便利化与食品安全严管之间需要政策衔接，以确保跨境电商食品的安全性。《财政部 海关总署 国家税务总局关于跨境电子商务零售进口税收政策的通知》（财关税〔2016〕18 号）及《关于公布跨境电子商务零售进口商品清单的公告》和《关于公布跨境电子商务零售进口商品清单（第二批）的公告》要求跨境电商零售进口食品按照个人物品监管，无需进行食品安全检验，该政策延长至2018年年底。在此政策发布之前，跨境电商相关政策处于留白状态，此政策的实施是跨境电商监管体系的完善。新监管模式的实施，对跨境电商来说是个重大利好，这将缩短跨境食品的通关流程，节约跨境电商平台的运营成本。但是，新政策仍充满不确定性，可能导致存在食品安全隐患的跨境食品未能被检出即流入国内市场，侵害消费者权益，危害消费者健康。跨境食品监管治理体系仍有待健全。

1）进口食品宏观治理体制尚不健全

首先，治理依据不够充分，当前进口食品法律法规制度体系离现代化要求还有一定距离，进口食品安全监管配套法规规章不完善，部分监管措施缺乏法律支撑，部分制度缺乏细则指导。一线监管的执法依据为大量的规范性文件，有效性及严肃性不够。其次，治理机制不够健全，基于责任配置的进口食品安全治理机制尚未得到充分落实，进口食品输出国家或地区食品安全监管机制审查等工作落实与法律法规要求存在一定差距；针对国外政府的责任传导机制不够有力，导致进口食品安全“单兵作战”局面尚未根本改变；对进口食品违法违规行为处置力度不够，处置手段有限，导致生产经营者作为食品安全第一责任人角色未充分履行。再者，治理链条存在薄弱环节，在进口食品安全在事前预防、事中控制、事发响应和事后改进四大环节中，我国在事中控制和事发响应方面做得较好，但在事前预防、事后改进方面存在重视度不够、投入资源不足等问题。

2)我国进口食品微观监管支撑较为薄弱

首先，监管信息化水平不够高，缺乏全国统一的检验检疫监管信息化平台，特别是很多监管检测数据尚未有效整合，信息孤岛局面没得到根本改变。其次，监管队伍单一、不协调。网络进口食品经营者进货渠道多样化，如海淘、海代等直邮模式进口食品，监管主体缺位现象显而易见；监管人员业务培训机制建设不足，进出口食品安全监管人员数量不足、业务能力不高问题仍比较突出，特别是一线监管人员专业化程度不够；检验检测技术支撑能力不能满足新形势需要，特别是由于缺乏快速检测技术和方法，不能在安全基础上满足当前贸易便利化的要求，技术现代化程度不足。此外，不少检验检疫机构实验室专业技术人员不足，一些检验机构仪器设备利用率不高，系统内实验室检测信息难以共享，难以为进出口食品安全提供全方位的技术支撑。对食品安全未知物鉴定技术、生物芯片高通量检测技术、同源复杂组分检测技术等进出口食品检验检测高端技术和设备研究有待提升，大部分国际顶尖食品检测设备我国均未实现国产化，只能依赖进口。再者，风险评估、监控和预警体系基础显得较为薄弱，与《食品安全法》“预防在先”的要求有很大距离。此外，应急处置中信息报送、发布不畅，协调联动不够，快速反应能力有待进一步提高；资源保障不够，特别是检验检测等技术支撑机构的体制改革，导致其面临市场创收压力，在一定程度上影响了执法服务。

第 3 章　发达国家食品安全监管策略与措施

3.1　透明开放的食品产业治理策略

3.1.1　健全法律法规，推动市场健康发展

发达国家政府重视营养健康知识的普及与营养健康人才的培养，具备完善的营养健康相关法规体系。美国 FDA 专门制定了两个管理法规，对健康食品和膳食补充剂进行分类管理，其一是《营养标签与教育法》，要求上市的所有食品必须附上合格的标签，该管理办法同样也适用于健康食品的管理；其二是《膳食补充剂健康与教育法》，是一种专门针对膳食补充剂的法规。日本政府为了鼓励营养健康产业的发展，给消费者提供正确的营养与健康食品资讯，自 2003 年起开始重新研讨保健功能食品的管理制度，并于 2005 年 5 月正式实施健康增进法、食品卫生法以及营养标示标准等的修订规则，此外，日本还建立了相应的功能食品资源库和功能因子数据库，为营养、健康食品产业的发展提供重要的技术支撑[21]。

此外，美国对《食品与药品法》进行了两方面的修订[22]：其一，在食品添加剂方面，该法要求所有加入到食品原料或是成品中的添加剂必须经过权威机构批准，不能对食用者的身体构成潜在危害，对于已经获得认证但本身具有不利因素的要严格控制添加量；其二，给该法增添了一些款项，即在原有规定的基础之上，给环境保护局增加了一项新权力即规定美国农药在农作物中应用的最大限量，换言之，就是某种农药(专用于食用农作物)要想上市，首先要得到有关机关的使用认证，在此基础上，还要获得由环境保护局对其制定相应使用限量的规定。

3.1.2　透明、开放、完善的市场监管机制

发达国家能较快地发展营养与健康食品产业，主要归功于其透明、开放并且完善的市场监管机制，在保障产品质量的同时大力支持产业的创新发展。美国、欧盟等一直对营养与健康食品实行按品类区分，执行不同的法规分类监管；日本政府于 2013 年颁布“功能性食品标示制度”，自此放宽了食品功能声称的市场准入标准，从而大大加速了健康产业的发展。

以健康产品营养声称为例，美国、日本等发达国家对健康产品声称相对灵活，日本、欧盟及澳大利亚的管理机构仅针对“降低疾病危险性”功能声称，要求启动耗时长并且经过试验验证的特别审批流程，但其他健康声称，如营养素功能声称、强化功能声称及结构功能声称等仅需要通过普通审批程序即可。审批流程的简化，市场准入的快速便捷，无疑为健康食品产业的发展提供了强有力的支持和保障。

另外，美国联邦政府还构建了一个全面、高效的系统，其目的主要是用来传递与食品卫生、健康等相关的信息，以联邦政府为中心，延伸到各地方，切实做到了从各方面揭露主体的目的[23]。美国设置了健全的基础设施，便于全国各地对食品相关的信息进行采集，并对其风险进行有效分析。为了让消费者全面了解食品安全的信息，美国在 1971 年实施了

一项新规定，使 FDA 掌握的 90%的文件公开在网站上，可供消费者随时随地查询。与此同时，美国当局为便于消费者进行食品卫生与健康的监督和管理采取了许多措施，如立法者在拟定草案时会召开公开听证会等。

食品安全问题具有很多特点，其中最关键的是外差效应、信息不对称及公共产品。只想采用实现运行市场机制这种手段并不能对食品安全进行有效控制，一旦市场失灵，必须借助政府的力量对食品安全进行干预，因此，加强食品的监督管理成为确保食品安全的基本途径。

3.1.3 鼓励企业重视基础研究和创新

发达国家由于监管制度完善，政府可以通过监管机制监督企业，企业可以根据监管制度完善经营，科研创新以产品为导向，系统设置科研与工程化应用系统研究，投入新品研发，使制造商和分销商都能够利用研究成果引入新产品，增加销售量，促进产业发展。并且国外大型食品加工企业都比较注重研发投资，企业投资一般占销售额的 2%～3%。同时，政府也鼓励对食品研发的投资，加拿大政府就有专门的研发投资税收优惠政策。

发达国家食品加工过程基本实现了计算机自动控制、检测和调整。食品加工技术革新体现在包装技术、新式产品、高效加工控制系统以及自动分级系统。例如，美国作为全球最大的膳食补充剂市场，其产品上市前都有大量动物实验、流行病学调查数据作为支撑，以保证其产品的质量。根据 2015 年的统计，美国共有膳食补充剂生产企业 530 家，并且每年超过 1000 个产品投放市场。

在营养与健康食品产业飞速发展的发达国家，开发预防慢性病的营养健康食品已成为一种潮流。欧盟在功能性食品降低疾病风险方面研究比较深入，不仅运用基本理论作为支撑，还将其作用机理的研究深入到分子营养学的水平，为营养健康食品的研发提供理论支持和临床实践指导。在营养健康领域，欧美及日本等发达国家和地区一直处于领先地位，尤其是在代谢组学、表观遗传学等食品分子营养研究领域研究深入、手段先进、设备先进，在食品营养的流行病学方面体系完善、经验丰富、数据全面，并充分体现了工学、农学、医学多学科交叉优势，推动了行业发展及全民健康保障体系建立。这些国家在此基础上发展起来的营养健康食品产业结构健康，产品的品质可靠、功效明显、公众信任度高等特点。

近年来，超高压技术、膜分离技术、高温瞬时杀菌技术、真空浓缩技术、微胶囊技术、无菌储藏与包装技术、超微粉碎技术、基因工程技术及相关设备等已在全球范围内的果蔬制造领域得到广泛应用。同时，先进的非热加工技术与设备、冷打浆技术与设备等在美国、日本等发达国家果蔬深加工领域的应用中被进一步改进和提升，发达国家果蔬制造增值能力得到明显提高。而我国包括先进装备制造、果蔬深加工技术水平等方面仍受制于发达国家，在一些重要领域缺乏具有自主知识产权的核心关键技术，难以满足行业又好又快的发展需求。

3.1.4 强化食品企业和行业协会自律意识

发达国家的行业协会是由从事生产和经营活动的农民和农产品加工企业在自愿基础上

共同组织起来的非营利性民间机构，代表生产经营者的利益，为生产经营者服务[24]。由于其自身的自治性，在市场经济中发挥着制衡政府权力的功效。正是由于这一特点，西方国家的行业协会获得了来自成员内部以及社会公众的广泛认可。较高的企业与行业协会自律性是营养健康食品行业顺利发展的必要条件。行业自律组织对营养健康食品的协同监管，在营养健康食品监管过程中发挥着重要的作用，同时也是避免“政府失灵”的有效方法，是对政府监管力不足的有力补充。日本《食品安全法》对政府、生产商、民众等在食品安全方面的责任进行了明确规定，一旦违反该法律，将被处以不同程度的刑事处罚和罚款。在食品进出口方面，《食品安全法》修正案规定：倘若日本在引进国外食品时不按照相关标准进行，从事该贸易的商人就会给以不超过半年的有期徒刑，根据实际问题，也可以用罚金代替。在如此严厉的处罚制度下，如今日本大部分的食品生产商都能严格要求自己，认真分析各生产阶段可能存在的有害因素，并及时制定相应的保护措施。而政府也很重视企业的召回责任，一旦发现问题，企业要第一时间主动召回不合格产品，否则政府将对其进行严厉打击。如今，其行业自律组织对营养与健康食品的监管主要体现在其备案、审批与行业认证相结合的分类管理制度，由行业协会对部分营养与健康食品进行管理，体现了行业社会组织参与社会监督的管理方法，对营养健康食品的质量安全也起到了重要的保障作用。

3.1.5　普及健康消费理念，引导消费习惯

仅依靠政府的力量做好食品安全监管工作是不现实的，日本十分强调信息交流和共享的重要性，重视公众对食品安全监管的参与。为此，日本采用多种途径不断向其国民普及食品安全教育，不仅从民众中选拔食品安全监督员，还在学校的教材中增加了一些有关食品安全的知识，让教育者向每个阶段的学生传授食品的重要性以及远离食品污染造成伤害的方法。此外，消费者团体诉讼制度的建立更加为广大消费者介入食品安全的管制提供了有效保证。当经营者进行违法交易时，获得诉讼资格认定的消费者团体可以直接提请发出禁止令，取缔相关企业的违法行为。美国为了使公众最大限度地参与食品安全监管，有关食品安全的各种法律和行政法规的制定程序都是要按照透明的原则，以适当的方式向公众公开。在德国，消费者、企业、联邦风险评价研究所都是食品安全管理链上的参与者。在丹麦，食品安全监管机构还建立了非政府联系组，负责联系消费者委员会、零售者协会、丹麦工业董事会、丹麦农业董事会等组织，并经常组织会议进行交流。在韩国，有很多关于食品方面的协会，如韩国食品安全协会、韩国食品产业协会、韩国健康机能食品协会、韩国传统加工产业食品协会等，它们在食品安全监管中担当辅助主管部门的角色。同时韩国政府鼓励民意监督和民众介入，不仅开设了为消费者提供农产品安全信息服务的网站，还在各地设置检举电话，且号码一致，实行 24 小时值班制，根据违法情节对举报人给予奖励，最高金额可达 100 万韩元。

3.2　重视生态环境监管，落实环境修复措施

3.2.1　基于食品安全制定环境基准/标准

民以食为天，持续有效地获取食物是人类赖以生存和发展的前提和基础。随着经济的

不断发展与科技进步，人们获取食物的能力大大提高。食物种类日益丰富，但是食品生产引发的环境问题也日益突出、复杂。不仅仅是食品本身，环境问题也成为威胁食品安全的主要因素。因此，食品生产的环境保护成为全人类共同关注的重点。在此基础上，环境保护已经从末端治理向事先预防和全过程控制转变，从简单的治理技术向生产工艺技术渗透。国内外纷纷制定各项与食品安全相关的环境标准，将环境保护思想融入食品生产管理理念中，以实现食品生产的可持续性和全球环境保护的目的。

在当前国际社会，国际环境宣言和决议的重要作用不容忽视。在关乎人类健康的食品安全与环境保护领域尤其重要。1982 年《内罗毕宣言》倡导企业在采用工业生产方法或技术以及在将此种方法和技术出口国外时，都应考虑其对环境的责任。这些规定对与食品安全相关的环境标准的产生与发展具有重大影响。其中将与食品安全相关的环境标准的制定主体扩大化，表明在其标准的发展与完善过程中每个主体都应承担起相应的责任。宣言和决议中反复强调的关于与食品安全相关的环境标准的重要规则，已经构成了累积的法律效力。确认了与食品安全相关的环境标准的有关原则和规则，也必然促进规范食品安全与环境保护行为与食品安全相关的环境标准的逐步发展。

国际组织作为国际环境法的重要主体，在与食品安全相关的环境标准的制定和推广过程中以其特殊的职能发挥着重要作用。世界最大的国际标准化专门机构——国际标准化组织于 2005 年 9 月 1 日发布了《食品安全管理体系》标准 ISO 22000。与此同时，越来越多的人认识到，保护环境与保障食品安全、提高食品质量是相一致的。例如，生产过程中排放的废气通过雨淋或自然沉降，污染了作为食品生产的原料的农作物；废水中持久性有机污染物和重金属等在农畜水产品中富集，进而损害进一步加工的食品。因此，高标准的环境要求为生产具有较高品质和安全性的产品提供了良好的前提基础。于是，国际环境法领域许多重要原则被纳入与食品相关的环境标准之中。它们要求在生产管理的过程中，对于那些有害于食品及环境的物质和行为进行有效控制，以防止环境损害的发生，即通过制定环境标准对生产过程中使用的物质和生产行为进行规制，以此减少环境污染并避免环境损害。同时，这些标准特别强调了全过程控制和可持续发展的思想，将食品生产管理范围延伸至整个食品链，即通过对生产、制造、供应或处理食品的所有组织进行充分控制以努力提高其识别和控制危害的能力。

没有清洁的环境，就没有安全的食品。最终餐桌食品的安全一方面取决于食品的加工、包装、储运等过程的安全性，但归根结底还是要从保障食物源头开始。比如农产品中有毒有害污染物的限值，取决于其生长环境的大气质量、土壤质量、灌溉水的质量，以及农药和化肥使用等，而合理的大气、水体、土壤等环境基准是保障食品安全的关键所在。环境基准作为“从农田到餐桌”无缝链接的食品安全标准体系的重要支撑，已逐渐成为保障食品安全的第一道防线。

3.2.2 积极开展食品原产地环境健康风险评估

食物从农田到餐桌的整个过程，影响其安全性的关键因素是其原生环境，而开展食品源产地的环境健康风险评估工作是保障原生环境质量的关键措施，也是防范人体暴露健康风险的关键所在。

通过有效的污染普查、风险识别和评估手段，识别源产地的污染水平及潜在健康风险，为相关政策的提出提供科学依据。美国污染物监测体系是由食品药品管理局(FDA)和农业部(USDA)两个部门共同负责。FDA 于 1963 年开始负责农副产品中农药残留量的监测工作，监测的农药种类多达 360 多种，监测的重点为国内生产和国外进口的初级农产品，也涵盖一些加工食品。1987 年开始，FDA 每年发布农药残留监测数据的年度报告，实现监测资源的共享。除了农药残留外，FDA 也对砷、硒、钼、镉、汞、铅等元素以及丙烯酰胺、二噁英、多氯联苯、硝基呋喃等化学污染物进行长期的监测。USDA 的农业市场服务部(AMS)为开展食品的暴露评估，于 1991 年开展了农药残留监测项目(PDP)。该项目监测的食品品种和采样原则与 FDA 的农药残留监测有一定区别，食品类别主要侧重于婴幼儿和儿童食品，监测农药数量多达 420 多种，包括杀虫剂、除草剂、杀菌剂和生产调节剂等，采样方式是按照统计学原理而设计，尽可能地接近实际消费模式。USDA 的食品安全和检查局(FSIS)主要负责畜、禽、蛋的食品安全工作，并于 1967 年开展了国家残留监测计划，旨在掌握畜、禽、蛋中污染物的情况，监测的项目包括兽药残留、农药残留和环境污染物等，监测结果也能够为暴露评估提供依据。当发现超标样品，FSIS 将采取召回等措施。

定期梳理和更新环境污染物毒理学、暴露评价及健康效应研究基础和数据储备库，构建科学的方法体系。

推动并更新环境污染特征，包括人体摄入量、暴露方式、寿命体重参数等环境暴露行为和健康数据的收集和研究，为源产地的健康风险评估提供重要数据支撑。

积极推动建立有机农业安全生产基地，从根本上解决农业生态环境的污染问题，从环境问题着手解决食品安全问题，是解决食品安全问题的必然选择。加拿大食品检验局负责该国食品污染物的监测计划。监测计划主要包括三部分。第一部分为食品监测，目的是监测食品供应中可能存在的污染物水平，这一部分主要包含在食品化学残留监测方案中，该方案依据 CAC 发布的农兽药残留标准制定监测计划，监测的食物种类包括肉制品、乳制品、蛋制品、蜂蜜制品、果蔬制品及新鲜果蔬，监测的污染物包括农业化学物、兽药残留、环境污染物和放射性元素等。第二部分为定向监测，主要是针对目标地区的目标样品，核实可疑的化学污染物问题。第三部分为依从性监测，目的是将超标食品清除出市场。

3.2.3　建立“从农田到餐桌”长期运行的监测网络

建立食品综合环境监测体系以及风险管控监测体系，加强“从农田到餐桌”整个链条上全面且长期的监控[25]。

实施不同环境介质的长期、动态重金属污染监测和预警，选择有代表性的重金属污染风险地区，建立环境重金属与人群生物监测网络。澳大利亚和新西兰的食品监测是由澳新食品标准局(FSANZ)负责实施的。该监测方案最大的特点就是可形成两国共同的食品监测和执法策略，可以共同享有和讨论数据信息，以确保两国食品的安全。新西兰食品安全局(NZFSA)于 2002 年 7 月进行食品监测，监测方案包括国家残留监测项目、奶制品残留监测项目、食品化学残留监测项目、目标调查。四者相辅相成，对动/植物源食品、原料奶等食品中的农药、兽药残留和重金属等污染物进行长期监测，利用数据结果进一步进行暴露评估，为两国共同制定卫生标准提供依据。

设立多个产地风险评估站点和产地监测员，加强产地风险评估的监测力度，形成产地风险评估网络，提高“不安全产地”的检出率。发达国家和地区基本形成了完善的食品安全应急处置流程，包括开展事件调查、分级召回问题产品、向公众发布信息(信息交流)、实施问责，必要时改革管理体制、实施政府救助，并完善食品标准。做到了有效响应、及时应对、信息公开与持续改进，避免了不必要的恐慌，维护了社会秩序。同时，通过风险评估、应急响应网络和风险预警网络等，积极参与食品安全应急响应。例如欧盟食品安全局(EFSA)采纳了一套快速程序来评估紧急情况下的食品和饲料的安全性以辅助风险管理者及时采取措施降低风险；美国农业研究局(ARS)开展的食品安全国家项目中配套建设了食品应急响应网络，与监测工作相互辉映，确保美国的食品安全。

形成基于健康风险评估的统一的监测方法、监测指标、监测限值，确保整个链条上监测网络的协调统一。2000年世界卫生组织通过了一项决议，当发生成员国的食品受到自然、意外或蓄意污染所造成的卫生紧急情况，WHO将为其提供相应帮助和支持。2004年世界卫生组织开始建立国际食品安全当局网络(International Food Safety Authorities Network，INFOSAN)，随后进行了系统的开发和优化。INFOSAN作为一个食品安全信息交流网络，重点是为了应对可能导致多个国家产生微生物、化学和物理危害的重大食品安全事件，它通过让成员国之间共享全球关注的重大食品安全问题的信息，促进食品安全事件期间相关信息在国家层面之间的快速交换；推动不同国家之间与不同食品安全网络之间的合作与交流，同时帮助一些国家提升食品安全风险管理的能力。INFOSAN在各国设立联络点，评估成员国上报的信息并判断是否采取行动，在面对重大食品安全事件和紧急状况时将通过INFOSAN应急网向成员国发出警报，如2007年向70个国家发布花生酱中含沙门菌警告，在国际食品安全事件应对和预警中发挥了重要作用。发达国家非常注重食品安全信息的发布和共享，公众参与食品安全监管的积极性和参与性普遍较高。美国、欧盟等在立法与监管过程中高度重视食品安全信息的透明化与公开化。美国将食品安全生产经营者、食品行业协会、食品安全专家等拥有的除“国家机密”以外的信息，均明确其为公开的“食品安全信息”，在建立了一套从联邦到地方的食品安全监管信息网络，并建立了覆盖全国的信息搜集、评估及反馈方面的基础设施，对信息进行全方位披露。此外，美国的各级行政机关都会通过网络、出版物等形式对食品安全信息进行公开，并鼓励个人和社会团体对食品安全风险进行判断并发表见解。

3.2.4　建立基于健康风险全程管控的环境与食品基准/标准体系

建立基于“健康风险、风险管理”原则下的全程管控的环境与食品基准/标准体系建设。具体包括：

制定了基于健康风险管控的环境与食品相关标准或基准。全球环境监测系统(Global Environment Monitoring Service，GEMS)即联合国环境规划署(The United Nations Environment Program，UNEP)下属的全球和地区环境监测协调中心，于1975年根据联合国人类环境会议的宗旨而成立。全球环境监测系统中的食品项目(GEMS/Food)，旨在掌握各成员食品污染状况，了解食品污染物的摄入量，保护人体健康，促进贸易发展。GEMS/Food体系建立了一般食品污染物数据库和总膳食数据库，收集食品相关的污染水平数据和膳食数据，每个成员国依据国情进行监测工作，并通过分析实验室操作程序将数据上报。此外，GEMS/Food 体系根据各个国家的实验室能力水平制定了三套不同监测水平的参考目录，为各国食品污染物监测工作进行了指导和安排，提升了成员国实验室检测能力，并为成员国之间数据交流和共享提供了平台。

在相关基准和标准的制定过程中统一、规范环境重金属健康风险评价方法、程序和技术要求，建立风险评估模型、决策支持系统。形成农兽药残留监测平台、重金属污染物监测平台、营养健康监测平台、食源性疾病监测平台、进出口食品监测与风险预警平台、食品掺假风险监测与预警平台、社会诚信体系平台、食品安全监测与预警平台、高风险食品可追溯中央数据库平台，实现各平台间信息共享，为食品安全监管提供良好的信息支持，实现包括预测分析、监测预警、综合评价在内的多层次的宏观决策支持。

3.2.5　普及环境健康风险评估教育，树立全民健康风险防范意识

积极推进“全民防范健康风险”运动，提高公众“环境健康风险素养”，具体包括：

鼓励和支持提高“环境健康风险素养”公益性科普事业，大力推进全民“环境健康风险素养”的提高。信息公开科学、公正、规范和有效。食品安全信息化建设是食品安全信用管理的重要方面。随着社会的发展和专业化程度的提高，信息分布不对称也愈加明显。改善和消除信息不对称，最主要的是保障公众的信息权利，以信息透明原则为指导，建立起完善的信息公开制度，通过立法、司法、行政、产业、教育等多种途径保障公民信息权利的具体实现，进而建立起一套完善的社会信用体系，培育一个健全的信用社会。美国为了使公众最大限度地参与食品安全监管，有关食品安全的各种法律和行政法规的制定程序都是要按照透明的原则，以适当的方式向公众公开。在德国，消费者、企业、联邦风险评价研究所都是食品安全管理链上的参与者。在丹麦，食品安全监管机构还建立了非政府联系组，负责联系消费者委员会、零售者协会、丹麦工业董事会、丹麦农业董事会等组织，并经常组织会议进行交流。

有效利用大众媒介，开展分层次、分对象、分年龄的有效推广工作。由于食品是一种典型的后经验商品，更倾向于信息不对称状态；同时，政府监管公职人员的“权力寻租”及政府决策的效率问题等又会导致“政府失灵”和“市场失灵”。这些监督力量的失灵促使社会力量日渐壮大，在传统“官民二重结构”之外出现了第三大领域，即公共事务的多元治理主体，这些主体包括媒体、消费者等社会力量。发达国家在采用统一式(由一个政府部门对整个食品产业链统管)和分散式(政府多部门共管，各管一段)等食品安全监管体制都不能很好地解决食品安全监管效率低、各监管部门之间协调性差等问题之后，一些国家在 20 世纪 90 年代开始尝试采用以政府监管为主并且借助社会力量对食品安全加以监管的新模式，形成由政府监管、消费者维权、行业自律、社会监督相结合的“四位一体”的“社会共治”格局。政府主要依法履行监管职能，在维护公平竞争环境的同时，注重发挥消费者和社会监督的作用，注重强化企业自我管理和自我约束，发挥行业协会在促进行业发展的规范、维护市场经营秩序中作用。四者之间相互制约、相互补充、各负其责，共同保障和提升全社会的食品安全水平。媒体具有独立性，发达国家一方面通过法律法规保护其正当权益，最大限度地发挥其监督作用。另一方面，也十分注重对媒体的规范化管理。美国

鼓励媒体将超市和名牌厂家出售劣质产品和经营失误予以曝光，这也在客观上加强了食品企业的忧患意识，使得它们更加清楚地认识到，声誉不好会严重影响销售额，影响顾客的信心，且最重要的是影响“股票的价格”，即影响投资者的信心。同时，政府也注重加强对媒体的管理，要求媒体以准确、客观、科学的食品信息服务于社会，不得炒作新闻，制造轰动效应牟取利益，造成消费者对食品安全的恐慌。

强化专业技术支撑机构培育和人才队伍的培养，促进方法学及科研技术的增强，推动相关基准和标准的制修订。构建以学校教育为基础，在职培训为重点，基础教育与职业教育相互结合，公益培训与商业培训相互补充的信息化人才培养体系。鼓励食品安全专业人才掌握信息技术，培养复合型人才。强化监管部门的信息化知识培训，普及监管人员的信息技术技能培训。配合远程教育工程，为种植、养殖等基层从业人员开展信息化知识和技能服务。普及中小学信息技术教育。开展形式多样的食品安全信息化知识和技能普及活动，提高人们受教育水平和信息能力。

3.3　保障食品真实性，维护食品安全的信心

3.3.1　食品 EMA 概念及脆弱性评估

1. 食品掺假数据库的构建

为了系统地搜集和汇编 EMA 和食品欺诈的历史数据，从而预防 EMA 和食品欺诈事件的发生，美国 NCFPD 创建了 EMA 数据库(Economically Motivated Adulteration Incidents Database)，该数据库当前仅允许授权用户访问。此外，USP 还创建了食品欺诈数据库(Food Fraud Database)，数据库中包含事件来源、事件编号、事件产品涉及的食品分类、掺假物质、事件产品的具体名称、欺诈类型、事件发生时间等。该数据库不是一个“事件”的数据库，其中个别的记录已经由时间段等被进一步分组，并不一定是掺假最多的食品[26]。这两个数据库提供了一个系统化的方法来确定食物是否处于较大的 EMA 风险，以帮助机构和行业降低该风险。

此外，NCFPD 还在构建一些工具，用来绘制食品供应链的地图以及识别食品系统中的潜在风险。NCFPD 的早期信号数据聚焦集成项目(Focused Integration of Data for Early Signals，FIDES)将食品相关数据集中整合，从而系统、全面地监测潜在的食品威胁以及识别有害食品。该项目正在评估非传统数据源，构建数据源在异常情况预警的阈值，用于主动识别未来的威胁。NCFPD 还发起了开发名为关键性空间分析(Criticality Spatial Analysis，CRISTAL)软件的项目，该软件将通过对农场、加工工程以及配送等各个食品供应链的组成部分进行记录和评估，帮助食品企业和政府分配有限的安全和风险减缓措施，未来该软件将致力于发现在供应链出现严重问题时哪些环节最需要安全和风险减缓措施。美国《食品安全现代化法案》(FSMA)越来越强调在供应链书面记录、产品追踪和事件响应的重要性，这个软件的开发将有助于企业和政府更好地完成这些任务。这两个项目当前仍在开展过程中。

在英国、瑞典等国家的马肉掺假事件[27]发生后，欧盟委员会致力应对食品完整性问题，一方面，欧盟成立了政府机构共享事件信息和情报的食品欺诈网络，由于这些信息被视为

机密，该网络的有效性还难以评估。另一方面，欧盟食品和饲料快速风险预警系统(RASFF)中将包含掺假和欺诈这个新类别。

2. EMA 事件特征研究与预警

国内外开展了许多关于 EMA 事件的特征研究，并认为此类研究有助于更好地评估和减少 EMA 风险。通过对国内外食品安全事件开展分析，EMA 事件涉及的产品类别广泛，包括水产品、乳制品、肉制品、饮料、调味品等，事件的掺假类型包括替代、稀释、添加未经批准物质、假冒产品、标签错误、产地冒充等。事件地点涉及世界上大多数国家和地区(表 1-3-1)。

表 1-3-1　不同来源的食品掺假事件特征

来源	事件特征
美国食品欺诈数据库第一版(记录了 1980～2010 年的 1305 个食品掺假事件)	文献来源的事件中，涉及掺假最多的产品分别是橄榄油(16%)、牛奶(14%)、蜂蜜(7%)、藏红花(5%)、橙汁(4%)、咖啡(3%)和苹果汁(2%)
	来自媒体来源的事件中，涉及掺假最多的产品是鱼(9%)、蜂蜜(6%)、橄榄油(4%)、辣椒粉(4%)、牛奶(3%)、黑胡椒(3%)和鱼子酱(2%)
美国 EMA 数据库中 1980～2013 年 11 月期间搜集的 302 个事件	涉及 EMA 事件最多的食品类别分别是鱼和海产品(31%)、食用油和油脂(11%)、酒精饮料(8%)、肉及肉制品(7%)、乳制品(6%)、谷物和谷物产品(约 5%)、蜂蜜等天然甜味剂(5%)
	从掺假手段来看，替代或稀释占 65%，含有未经批准的食品添加剂占 13%，假冒商品占 9%，标签错误占 7%

国外学者运用企业风险管理的方法，创建了一个食品欺诈初步筛选模型(Food Fraud Initial Screening model，FFIS)，该模型是一种定性的方法，能够简单和快速地评估食品欺诈风险，并将这些风险纳入企业风险管理系统中。该方法包含以下几个步骤：确定所评估的产品类别和一些基本术语，对媒体报道、企业内部、食品欺诈数据库中的相关食品欺诈事件进行回顾，根据事件回顾确定 FFIS 矩阵的指标并评估这些指标对健康的危害，评估 FFIS 矩阵中的 EMA 风险在企业发生的可能性和影响大小，将 FFIS 矩阵加入到企业风险管理体系中。另有学者把 RASSF 数据库中涉及食品欺诈的 749 个通报分为了 6 个食品欺诈类型，创建了一个贝叶斯网络(BN)模型预测食品欺诈事件。该模型对 2014 年 RASSF 通报中的食品欺诈类型进行预测，当欺诈类型、国家和食品种类曾在 RASSF 通报中出现，模型预测准确率高达 80%；当产品源产地或者生产国在 RASSF 通报中都未被通报过，模型预测准确率为 52%。

3. 脆弱性评估和关键控制点体系

针对食品蓄意掺假问题，美国 USP 专家小组在食品化学法典(*Food Chemicals Codex*)中加了新的附录："食品欺诈控制指南"(Guidance on Food Fraud Mitigation)，以协助制造商和监管机构识别供应链中最脆弱的环节，并采取有效的措施打击 EMA。"食品欺诈控制指南"涵盖的范围是有意的、经济利益驱动型的食品掺假，不包含其他形式的食品欺诈。"食品欺诈控制指南"体系的构建是一个动态的和连续的过程，涉及脆弱性的表征、贡献因素、脆弱性产生的影响评估以及脆弱性控制策略及实施，并定期(如一个季度、半年)或发生新的情况时(如发现新的非法添加物、新的掺假方法)对评估指标进行更新。2014 年世界食品安全倡议(Global Food Safety Initiative，GFSI)提出了脆弱性评估和关键控制点体系(Vulnerability Assessment and Critical Control Point System，VACCP)，该体系侧重点从风险转移到脆弱性，并在第七版 GFSI 指导手册中增加了企业如何最大限度减少食品欺诈和掺假原材料风险的内容。

4. 颁布应对食品掺假的法律法规

美国 FDA 在 2011 年 1 月 4 日颁布的《食品安全现代化法案》(Food Safety Modernization Act，FSMA)中提出要加强食品故意掺假行为的预防，该法第 106 节内容是关于防范蓄意掺假，该部分要求 FDA 应对食品系统开展脆弱性评估，确定必要的防范食品蓄意掺假的科学缓解策略或措施的类型，并且要在本法案颁布 18 个月内颁布关于防范蓄意掺假的法规。2013 年 12 月 24 日，FDA 延期发布 FSMA 要求的防范蓄意掺假的法规《防范蓄意掺假的集中缓解策略》草案。美国法院裁决该法规必须在 2016 年 5 月 31 日前实施。该法规中所指的蓄意掺假行为有多种形式，包括那些意图造成大规模的公共卫生危害的情况；不满的员工、消费者或竞争对手的行为；经济利益驱动型掺假等。除了部分特殊情况外，《防范蓄意掺假的集中缓解策略》法规适用范围包括制造、加工、包装或保存食品，并且依据美国《药物食品化妆品管理法》第 415 条规定登记为食品生产的国内外食品工厂。该法规只涉及食品工厂中具有脆弱性的行为，而没有针对特定食物或危害，并将大宗液体收货与装载、液体储藏与处理、次要原料处理、混合与类似活动定为易受掺假的关键活动，要求具有任何此类活动的大型食品企业(食品总销售额在 1000 万美元以上)都要出具一个书面的食品防范计划，这个食品防范计划中要明确食品生产中主要的食品安全威胁，并开发和执行降低蓄意掺假风险的策略，包括作业点、作业步骤和程序。

5. 构建食品掺假监测技术体系

以美国为代表的发达国家和世界食品安全倡议为代表的行业组织，制定了专门应对食品掺假的法规和指导手册，指导食品企业在生产经营中识别容易受到掺假的环节并对食品掺假进行防范，此外，还建立了 EMA 事件数据库，并对事件的特征进行深入分析，通过风险管理的方法和构建数据模型对 EMA 行为进行预警。

食品掺假技术日益复杂化对食品掺假检测技术提出了更高的要求，随着检测技术的不断发展，国外食品掺假检测技术体系涵盖了从“农田到餐桌”的整个过程，其目标在于实现对产品的物种真伪鉴别、产地溯源、掺假物检测等。目前常用的食品掺假检测技术有 DNA 法、同位素分析法、光谱法、色谱法等。但是随着食品品种的丰富和不法分子掺假手段的提高，未来对快速、高通量食品掺假鉴别技术有更高的需求。

DNA 指纹技术和 DNA 条形码技术。DNA 指纹技术不受环境和组织类别、发育阶段等的影响，可鉴定产品的真伪和产地溯源。DNA 条形码技术可用于物种分类和食品鉴定。例如 Fish Barcode of Life Initiative(FISH-BOL)数据库收录了上万种鱼类的 DNA 条形码，大部分鱼类都可以使用该技术进行鉴别，该法已经成功应用到各个国家地区的鱼类产品鉴定中。

同位素法可根据不同产地的动植物产品同位素丰度的差异对其进行溯源，具有可定位、准确、快速等优点，该法已经在饮料、果汁、酒、奶制品和肉制品等动植物源性食品产地溯源中进行应用。光谱法可以分为红外光谱法、核磁共振波谱法等。红外光谱法可实现对化合物的定性和定量分析，可应用在调味品、牛奶、肉类和油脂的掺假检测中。核磁共振波谱法可应用于肉制品定级以及油脂和乳制品的掺假鉴定。色谱法可分为气相色谱-质谱法和高效液相色谱-质谱法。高效液相色谱-质谱法可用于鉴定生鲜牛乳中甲醛掺假、蜂蜜中糖浆掺假、玉米馒头中柠檬黄色素掺假，气相色谱-质谱法多应用在花生油、棕榈油、山茶油等食用油的掺假鉴定。

3.3.2　发达国家食品真实性保障措施

1. 正视食品欺诈，强调企业责任理念

随着食品科技的发展和食品全球化程度的深入，世界各国消费者对食品及食品安全的关注度日益增强。由于欧洲马肉事件、美国花生酱沙门菌污染事件、中国乳粉三聚氰胺事件等国内外一些重大食品欺诈事件的影响，世界各国均比较重视食品欺诈问题及其预防。

美国《食品安全现代化法案》（Food Safety Modernization Act，FSMA）的预防控制准则（PC准则）中强调“经济利益驱动型食品掺假”（EMA）或“经济利益驱动行为”，并明确指出应覆盖所有的食品欺诈。美国政府问责办公室（GAO）和美国国会研究服务部（CRS）报告强调：国会和消费者认为不管法律、法规、标准和认证的相关规定如何，联邦政府和联邦食品机构对预防食品欺诈负有责任。

欧盟委员会（EC）对食品欺诈进行了定义，并为各成员国创建了食品欺诈网络工作体系。2013年初，瑞典、英国和法国部分牛肉制品中发现了马肉，德国也宣布发现疑似此类情况，随后，爱尔兰、荷兰、罗马尼亚等多个欧洲国家卷入丑闻中。鉴于此次丑闻，食品欺诈问题在欧洲得到普遍关注。2014年英国环境、食品、农村事务部（DEFRA）主导形成的一个食品欺诈评估报告《艾略特关于食品供应网络完整性及保障性的评论——最终稿》，英文全称为 *Elliott Review into the Integrity and Assurance of Food Supply Networks—Final Report*，简称《艾略特评论》（*Elliott Review*），该报告是英国贝尔法斯特女王大学（Queen's University Belfast）的Chris Elliott教授受英国环境、食品、农村事务部委托而牵头撰写的一个评估报告，该报告强调保护消费者的利益是第一位的。

美国《食品安全现代化法案》首次授权监管部门就食品污染问题向企业问责。FDA除了可以直接下令召回存在安全隐患的食品外，还有权检查食品加工厂，同时对进口食品实行自动扣留制度。自动扣留制度实际是将国家对进口的产品进行质量控制的责任设在一个界定的范围内，超过这个界定就将该项责任转移到生产厂家、进出口商或出口国家（地区）政府的肩上。此外，各国对食品安全事故都加大了惩罚力度。在法国一旦被发现出售过期食品，经销商就需要负起责任。

2. 强化诚信体系建设，鼓励企业诚信自律

对于食品行业来说，诚信体系更为重要。食品供应者诚信体系是指在市场经济条件下，针对食品供应者群体，为形成和维护良好的食品安全诚信秩序，由一系列相关的法律法规、规则、制度规范、组织形式、运作工具、技术手段和运作方式而构成的综合系统。

食品安全信息化建设是食品安全信用管理的重要方面。随着社会的发展和专业化程度

的提高，信息分布不对称也愈加明显。改善和消除信息不对称，最主要的是保障公众的信息权利，以信息透明原则为指导，建立起完善的信息公开制度，通过立法、司法、行政、教育、产业等多种途径保障公民信息权利的具体实现，进而建立起一套完善的社会信用体系，培育一个健全的信用社会。美国政府强调食品安全信用体系建设和食品安全管理的公开性和透明度，其发达的信息技术和体系惠及食品行业，建立起有效的食品安全信息发布系统，通过定时发布食品市场检测信息、及时通报不合格食品召回信息，在互联网上发布管理机构的议案等，使消费者了解食品安全的真实情况，推动企业的信用建设。食品召回制度是发现食品质量存在缺陷之后采取的补救措施，力图将问题扼杀在萌芽状态。食品召回制度在对企业起到警示作用同时也可以鼓励厂商诚信自律。美国《食品安全现代化法案》赋予了 FDA 召回不安全食品的权力，同时为它履行这方面的职责提供了更多资源。欧盟很重视食品召回制度的建设，在 178/2002/EC 号法规中对食品经营者的召回责任作了明确细致的规定，其召回制度不仅涵盖食品，还包含饲料。由于对食品召回的明确规定，使企业增强了诚信自律。

3.4　高度重视致病菌及其耐药性

3.4.1　完备的细菌耐药性监控系统

近年来发达国家频繁地使用抗生素，导致了多重耐药细菌的激增，其潜在的环境和健康风险引起了科学家、公众和政府的广泛注意[28]。如副溶血性弧菌被认为对大多数的抗生素是敏感的，一些抗生素例如四环素、氯霉素被用于治疗此菌的严重感染。然而，在过去的几十年中，由于在人体医疗、农业与水产系统中大量使用抗生素，出现了大量的具有抗生素抗性的细菌菌株。美国、欧洲、巴西、印度、泰国、马来西亚等国家和地区都报道了副溶血性弧菌抗性菌株及多重抗性菌株。

目前，欧盟、美国、加拿大、日本等畜禽源大肠杆菌、沙门菌对氨苄西林、四环素、复方新诺明的耐药率在 40%～60%之间，对阿莫西林克拉维酸的耐药率在 20%～35%之间，对氯霉素、庆大霉素、头孢噻呋、环丙沙星的耐药率未超过 10%，对黏菌素的耐药率极低；畜禽源弯曲菌对环丙沙星的耐药率在 15%～25%之间，对四环素的耐药率在 35%～50%之间，对红霉素的耐药率极低[29]。

动物滥用药导致的细菌耐药性已引起世界卫生组织(WHO)、世界动物卫生组织(OIE)和联合国粮食及农业组织(FAO)等国际组织的高度关注。目前，发达国家已陆续建立了微生物耐药性监测系统，其监测数据的运用对合理使用抗生素、改善细菌耐药性状况发挥了积极的作用。

1996 年，美国食品药品监督管理局、农业部和疾病控制中心联合成立了国家抗菌药物耐药性监测系统(National Antimicrobial Resistance Monitoring System，NARMS)。NARMS 主要监控人类、动物中肠道细菌，监测其对人类和兽医至关重要抗菌药物敏感性的变化，也对动物饲料成分进行监测。

2003 年，加拿大由卫生部(HC)主导，公共卫生机构(PHAC)食源性人畜共患疾病实验室(LFZ)以及食源性、水源性和动物传染病署(FWZID)与国家微生物实验室(NML)组成的国家肠道菌抗菌药耐药性监测指导委员会（NSCARE）共同制定了加拿大抗菌药耐药性整合监测计划（Canadian Integrated Program for Antimicrobial Resistance Surveillance，CIPARS）。主要监测人类和动物抗菌药的使用和从农业食品领域分离的肠道病原体及共生体、人类分离的肠道菌耐药趋势。

日本于 1999 年建立了兽用抗菌药耐药性监控系统（The Japanese Veterinary Antimicrobial Resistance Monitoring System，JVARM），对食品动物（牛、猪、鸡）中大肠杆菌、沙门菌的耐药性进行监视。JVARM 由 3 个部分组成：动物使用抗生素的数量监测，从健康动物中分离的人兽共患病菌和指示菌的耐药性监控，以及从患病动物中分离的动物源致病菌耐药性监测。韩国国家细菌耐药性监测（Korean Nationwide Surveillance of Antimicrobial Resistance，KON-SAR）是在 WHO 的要求下建立的。其主要职责是连续监测韩国抗生素耐药性的发展趋势，检测新的耐药性细菌，为选择最合适的抗菌药物治疗患者提供支持等。

欧洲兽用抗菌药消耗监测（European Surveillance of Veterinary Antimicrobial Consumption，ESVAC）欧盟承担公众健康（耐药性）事务的 3 个机构分别为欧洲药品管理局（EMA）、欧洲疾病预防控制中心（ECDC）和欧洲食品安全委员会（EFSA）。ECDC 于 1998 年开始建立欧洲耐药性监测系统（European Antimicrobial Resistance Surveillance Network，EARS-Net），至少有 400 个实验室加入，数据中心设在荷兰公共卫生和环境国家学会。2012 年欧洲食品安全委员会（EFSA）和 ECDC 联合发布 2010 年度耐药性总结报告，对成员国在人兽共患致病菌，来自人、动物和食品的指示细菌的耐药性进行分析。其他瑞典于 2000 年由乌普萨拉兽药研究院组织建立的瑞典兽用抗菌药耐药性监测系统（SVARM）。

3.4.2　规范养殖用药，强化养殖用药风险评估

根据联合国粮食及农业组织的预测数据，到 2020 年，全球超过一半的海鲜需求量由水产养殖业提供。但目前渔用抗菌药物使用的范围和剂量日益增大，养殖水体病原菌抗药性问题日趋严重，由此引起的鱼病频发给水产养殖带来极大灾难。

目前，全球 90%的水产养殖品由发展中国家生产，然而发展中国家对水产养殖业的管制十分松懈，抗生素滥用的情况十分普遍，此后由耐药菌引起的鱼病越来越频繁。耐药基因的起源还不十分明确，通常认为耐药菌株是由抗菌药所施加压力选择出来的抗菌药抑制或杀灭了敏感菌耐药菌便得以存活下来成为优势种群。研究证实[30]，耐药菌株比例随药物使用的增加而平行增加，从野生鱼体内分离到的细菌其抗药性明显低于从养殖鱼体内分离到的细菌；多数情况下细菌对某种药物产生抗性只发生在该药物引入使用之后。而在此之前则极少见到，氨基糖苷类药物例外。养殖水体或鱼体内的耐药菌株可能在家畜养殖场或城市污水中已得到选择而成为鱼类病原菌耐药性的重要来源。已证明鱼类病原菌可与大肠杆菌互相传递耐药质粒。从患者和环境中包括淡水鱼和海水鱼分离到相似的霍乱弧菌，这鱼类细菌也有可能将耐药性传播给人类细菌。除此之外，各国都有研究显示，水产品及其养殖环境中都含有数量庞大的耐药和多重耐药致病菌和共生菌。

有研究结果显示[31]，我国北部养殖海域生产的海参中含耐药基因的多重耐药细菌。说明水产品中含有大量的耐药性微生物，这些耐药基因很有可能通过水平传播进入人体。但到目前为止，对水产品耐药细菌的研究还十分有限。大多数有关水产品食品安全的研究都

集中在致病性耐药菌当中。很少有研究涉及总体的耐药水平(致病菌和非致病菌)。目前，我国水产养殖生产上抗菌药物使用较多，主要包括氨基糖苷类、β-内酰胺类、大环内酯类、酰胺醇类、四环素类、磺胺类和喹诺酮类等。统计数据表明，我国养殖业抗生素年使用量约 9.7 万吨，占抗生素总产量的 46.1%，水产用抗菌药物约 74 种，以溶液剂和粉散剂为主。抗菌药物在我国水产养殖业大量使用，所引起的耐药性问题受到业内广泛关注。水产用抗菌药物耐药使水产养殖疾病的防控难度越来越大，成为限制我国水产养殖业发展的重要因素之一。

面对养禽业抗菌药的耐药性问题，科学界、国际组织和各国政府也都已经相继采取了积极措施，加强细菌耐药性风险评估，加快新药开发，合理使用现有药物，对禽用抗菌药实行严格监管，以有效控制抗菌药耐药性产生和扩散，保证动物和人类健康。对关键抗菌药进行风险评估，全面调查抗菌药的使用对细菌耐药性产生、传播和感染的风险，采取有效措施进行风险管理和风险预警。目前欧美等[32]发达国家和地区完成的风险评估数据显示：喹诺酮类药物在禽类的使用，会导致空肠弯曲菌的耐药率不断产生并迅速传播，对人体健康具有肯定的风险；阿伏帕星在食品动物的使用可造成万古霉素耐药肠球菌的产生和流行，并对人类健康造成肯定的负面影响；维吉尼亚霉素的使用可能促进耐药性传递。因此，这些抗菌促生长剂于 1999 年前后被欧盟禁用于食品动物，特别是禽类。然而，各国禽类病原菌耐药性监测数据和相关风险评估结果显示，禁止药物使用似乎不能一本万利。在禁止喹诺酮类药物在鸡的使用后，鸡空肠弯曲菌对喹诺酮类药物的耐药率仍然有增无减，因此在风险评估过程中，挖掘耐药细菌产生和扩散的本源，才是科学合理制定抗菌药使用政策的根本。开发新的禽类药物，目前某些天然抗微生物活性肽正在被研发用于治疗禽类病原菌感染[33]。某些细菌素，对肉鸡具有促生长和改善肠道菌群环境的作用。一些益生菌、益生元、噬菌体和一些天然中草药成分(如绿茶、首乌、黄芪、茴香、双花、黄芩、板蓝根、贯众等)等也可以作为禽类用药选择。

在养禽业中合理使用现有药物。第一，严格掌握适应证，选择最佳药物来治疗疾病，凡属可用可不用的尽量不用，以减少细菌接触药物的机会。第二，严格掌握用药指征，正确归属药物类型，如抗菌药是浓度依赖性还是时间依赖性，是否存在抗菌后效应等；确定合理的给药方案，保证剂量充足，疗程适当；加强对药物的同步关系研究，系统了解药物的个体和群体药效药动学特征，优化给药方案，预防和减缓耐药菌产生，延长药物在临床中的使用寿命心。第三，联合用药一直被认为是预防耐药性发生的重要举措。近年来的许多研究结果都表明两种或以上药物的联合应用对耐药菌的抑制作用远远优于单一药物，联合治疗对抑制耐药性非常必要。临床上联合用药，可以从不同机制杀灭病原菌，有效抑制耐药菌产生。根据联合用药原则，药物研发机构不断开发出新型复方制剂，临床兽医人员要有计划地分批、分期交替使用抗菌药物，减少耐药菌株产生。第四，开发新型禽用纳米制剂。随着纳米材料的开发，近年研究发现尺寸在 1～100 nm 的颗粒，易穿越细菌细胞膜，并避免被细菌外排泵排出，与生物分子相互作用时可发挥多价效应，也是防止细菌产生耐药性的重要举措。

对禽用药物实行严格监管[34]。第一，对禽用抗菌药进行分级。对禽用抗菌药与人用医疗药物进行严格区分，对药物进行分级监管，严格控制人兽共用抗菌药的应用。各级管理部门严格把关，严格控制人用抗菌药转为禽用，撤销已批准的不合适在兽医临床应用的药物。例如严格界定氟喹诺酮类药中的环丙沙星和氧氟沙星等药物的使用范围。第二，对禽用抗菌药物实施严格管理，实施处方药与非处方药制度。对兽医师进行严格培训和考核，仅授予兽医师使用抗菌药的权利，保障兽药的合理应用，避免抗菌药滥用和不合理使用，减少耐药性产生。

发达国家十分重视动物源细菌耐药性监测与研究。欧盟各国、美国、加拿大、日本等自 20 世纪 90 年代以来先后制定计划对动物源细菌耐药性开展持续性监测，为兽药临床合理用药、耐药性风险评估及兽药风险管理提供了基础数据。欧盟至今已投入了超过 13 亿欧元研究细菌耐药性，其中许多计划和项目(如 FP5-FP7、Horizon 2020 Projects 等)涉及动物源细菌耐药性；近年来美国启动的 NP 108 Food Safety 计划，有 8 个项目针对动物源细菌耐药性问题。上述研究[35]已基本阐明了动物源耐甲氧西林金黄色葡萄球菌、耐万古霉素肠球菌、耐氟喹酮弯曲菌的产生机制、流行规律、风险特征，为动物源细菌耐药性风险评估与防控提供了科学依据。

3.4.3　严格的兽药防控和管理体系

发达国家重视兽药残留的防控和管理体系建设[36]，美国、欧盟各国、日本等均在法律法规层面制定了相关的残留限量标准，并已形成相对完善的控制体系，体系内容一般包括法律法规、监控标准、安全认证、检测实验室、监控计划等。同时，美国、欧盟等发达国家和地区的兽药管理法制化程度较高，药政、药监和药检三个体系并存，各司其职、彼此衔接、相互监督，为兽药残留的有效防控提供了切实有效的法律保障。

3.5　完善的食品安全科技信息化支撑体系

3.5.1　强制性的食品安全信息化法律法规

发达国家食品安全信息化法律法规体系健全。通过建立完善的信息化法律法规，一方面对问题食品进行严格监测，确保食品安全问题能得到快速处理，有效保障食品安全；另一方面对食品生产经营者也能起到有效的约束作用。

以美国为例，从食品安全信息的采集、总结、分析、整理到发布，都制定了严格的规章制度，所有的信息都需要符合管理规定并经过专业审核才能录入信息化平台。在食品安全信息化的管理方面，强化政府的保护和监督职能，确保信息的时效性和真实性。

欧盟 178/2002 号法规《食品安全基本法》第 18 条强制要求可追溯，凡是在欧盟国家销售的食品必须具备可追溯性，否则不允许上市，同时还确立了欧盟 RASFF 系统，此外，欧盟的多个法规对动物饲养信息的记录，以及蔬菜、水果、鱼、禽和蛋等食品提出了可追溯性要求。完善的信息化法律法规，一方面对问题食品进行严格监测，确保食品安全问题快速处理，有效保障食品安全，另一方面也对食品生产经营者起到有效约束。

日本政府针对不同种类的食品出台了一些相对应的法规条例，比如限定农药作用类别和使用剂量的《农药管理法》、保护植被免受污染的《植物防疫法》、规范动物饲料中抗生素以及其他兽药使用行为的《饲料添加剂安全管理法》，以及如何对采用转基因技术制成的产品进行标注的《转基因食品标识法》和规定畜产品在宰杀过程中应注意事项的《屠宰场法》等。

2014 年 10 月韩国食品药品安全部发布通知对《食品卫生法》进行部分修正，其中包括更改 HACCP 的韩文名称、强化 HACCP 认证取消标准、扩大咖啡及酱类等营养标识范围等；2015 年 11 月韩国发布了对《食品添加剂法典》中有关内容进行修改的告示，包括修改 16 种食用色素的剂量使用上限和对葡糖氧化酶等 8 种加入食品或饲料中物质的标准及规格。韩国的相关法案还将要求每 3 年制定一次食品安全管理基本计划和食品安全标准。

3.5.2 完善的食品安全信息化支撑平台

美国、欧盟、加拿大和澳大利亚等发达国家和地区已逐步进入食品安全网络监控管理时代。通过建立一系列的环境监测体系、农药残留检测体系、兽药检测体系、污染物监测体系、食源性疾病监测体系、食品掺假监控体系、食品安全风险预警体系、食品可追溯体系，以及快速反应网络、食品成分数据库、食品安全过程管控系统等食品安全信息化平台，为政府实施有效管理提供强有力的技术支撑。当监测中发现食品风险，监管部门能够迅速对问题进行判定，准确缩小问题食品的范围，并对问题食品进行追溯和召回，最大限度减少因食品安全问题所带来的损失。澳大利亚的新鲜食品生产公司一直是行业中率先采用新技术作为推动力来提高产品质量的典范。公司使用计算机网络控制新鲜食品的生产、处理、包装和零售过程，这套网络延伸到了澳大利亚所有的主要生产地和零售市场。

3.5.3 强大完备的信息化技术支撑体系

食品安全信息化管理离不开信息技术的支撑，食品安全信息网中的海量数据分布在不同的数据库中，来自不同传感器、检测终端和不同语义集信息源。发达国家在个体识别技术、数据信息结构和格式标准化、追溯系统模型、数据库信息管理、数据统计分析、可视化等方面关键技术配套完善，为食品安全信息系统的构建提供了有力的技术支撑。

以美国、欧盟、日本为代表的发达国家和地区信息技术的研发能力和应用水平居世界前列，通过云计算、物联网、移动互联网等现代技术的运用，构建完善的食品安全检测、预警和应急反应系统；结合食品安全专家咨询机构和信息化平台，进一步实现对食品安全信息的高效整合，帮助食品安全宏观决策的制定。

例如美国的 Epi-X（The Epidemic Information Exchange）系统，是一个由 HHS/CDC 管理的基于网络的电子预警系统，在 Epi-X 上有国外以及美国国内的疫情状况，其发布信息的目的是加快最新疫情以及其他卫生信息在各州、地区以及政府卫生官员间的传播速度。HHS/FDA 和食品安全和检查局（Food Safety and Inspection Service，FSIS）的官员从 Epi-X 的电子预警系统得到警报，HHS/FDA 还有 SAFES（各州咨询传真/电子邮件系统）保证 HHS/FDA 可以随时向所有 50 个州发送传真和电子邮件信息。电子实验室交换网络是一个用于食品检测资讯的无缝隙、一体化、基于网络的数据交换系统，它使参与食品安全工作的多个代理方易于协调合作和沟通，并且对实验室的研究结果进行协调分析。

3.5.4 有效运行的信息化系统和平台

发达国家食品安全信息化和智能化应用非常普遍，以食品安全检测领域为例，发达国家国际知名检测实验室都不同程度地使用了实验室信息管理系统（LIMS）来规范实验室内部的业务流程，对人员、资产、设备进行有效管理。随着信息技术的提升，系统的功能也开始逐渐扩展到业务结算、客户服务、数据共享、大数据分析等领域。另外，利用新一代互联网技术，采用“云计算”的思路和方法，建立“云检测”服务平台，能有效实现检测报告的溯源管理，保障检测报告的真实性，并且实现产品检测数据的大集中。英国政府实施了国内的家畜辨识与注册综合系统。家畜辨识与注册综合系统也包括：耳标、养殖场记录、“身份证”（1996 年 7 月 1 日出生后的家畜必须有“身份证”来记录它们出生后的完整信息，在此之前的家畜由相关部门来颁发认证证书和家畜跟踪系统（Cattle Tracing System，CTS）。在 CTS 中，与家畜相关的记录都会被记录下来，以便这些家畜可以随时被追溯定位。

3.5.5　多元化的信息发布和共享机制

发达国家非常注重食品安全信息的发布和共享，公众参与食品安全监管的积极性普遍较高。美国、欧盟等在立法与监管过程中高度重视食品安全信息的透明化与公开化。美国将食品安全生产经营者、食品行业协会、食品安全专家等拥有的除“国家机密”以外的信息，均明确其为公开的“食品安全信息”，不但建立了一套从联邦到地方的食品安全监管信息网络，还建立了覆盖全国的信息搜集、评估及反馈方面的基础设施，对信息进行全方位披露。此外，美国的各级行政机关都会通过网络、出版物等形式对食品安全信息进行公开，并鼓励个人和社会团体对食品安全风险进行判断并发表见解。

在国际上，世界卫生组织（WHO）于 2004 年创建了国际食品安全当局网络（INFOSAN），它是世界卫生组织与联合国粮食及农业组织合作建立的，旨在促进食品安全信息交流及国家一级和国际一级食品安全当局之间的合作。INFOSAN 由世界卫生组织的食品安全、人畜共患病和食源性疾病司进行运行和管理。该网络目的是改善国家和国际层面的食品安全监管机构之间的合作。该网络将对国际上各成员国食品安全监管部门间进行日常食品安全信息交换起到重要作用，同时为食品安全突发事件发生时迅速获取相关信息提供载体。国际食品安全当局网络包括两个主要组成部分：一是食品安全紧急事件网络，它将国家官方联络点连接在一起，以处理有国际影响的食源性疾病和食品污染的紧急事件，并能迅速交流信息；二是发布全球食品安全方面的重要数据、信息的重要网络体系。

3.5.6　食品安全信息化可信保障技术

发达国家将网络安全看作国家当前和未来面临的一项急迫而严峻的挑战。一方面，发达国家将网络安全上升到国家战略层面加以对待，纷纷加强战略谋划，制定网络安全战略。例如 2011 年 5 月美国发布的《网络空间国际战略》，集中阐述了美国对网络空间未来的看法和目标，明确了美国今后着力推进的政策重点和行动举措；2013 年 2 月欧盟发布的《网络安全战略》确立了欧盟维护网络安全的原则，明确了各利益相关方的权利和责任，确定了下一步优先战略任务及行动方案。另一方面，细化和明确各部门网络安全职责。例如，美国国防部负责与军事和情报等相关的网络安全工作，国土安全部负责网络与关键基础设施相关的网络安全工作，商务部负责网络安全标准制定等工作；俄罗斯科技委员会负责网络安全标准、评估和检验，联邦通信与信息部负责产业计划和规划，联邦安全局负责网络安全监管等工作，外交部负责在国际社会推动俄罗斯提出的网络空间行为规范。

3.5.7　充足的信息化建设资金保障

发达国家非常注重农业信息技术的开发、应用和推广，投入大量资金和人力致力于研发先进的食品安全信息技术，每年投入专项经费保证信息系统的建设、维护、更新和升级。并进行集成和推广应用。美国从 20 世纪 90 年代以来，每年投入 15 亿美元兴建农业信息网络，用于建设信息化平台及其推广应用。2015 年经美国参议院批准，美国食品药品管理局(FDA)获得近 26 亿美元的财政拨款，美国农业部(USDA)食品安全和检查局(FSIS)获得 10.16 亿美元的财政拨款。在 FDA 获得的 26 亿美元款项中，9.03 亿美元用于 FDA 食品安全和应用营养中心(CFSAN)，1.47 亿美元用于兽医中心。此外，美国疾病控制与预防中心将获得 3.53 亿美元经费，其中约 4800 万美元将用于食品安全信息化建设。

3.6　食品安全监管与科技支撑与时俱进

3.6.1　完备的进口食品安全监管体系

1. 瑞士、法国、德国等欧盟国家进口食品安全管理体系

食品安全相关法律法规支撑体系建立健全。欧盟一直致力于建立涵盖所有食品类别和食品链各环节的法律法规体系，30 年来陆续制定了《食品卫生法》等 20 多部食品安全方面的法规，还制定了一系列食品安全规范要求，主要包括动植物疾病疫情控制、食品生产卫生规范等。就在 2017 年 4 月 7 日欧盟官方公报显示，欧洲议会和欧盟理事会于 3 月 15 日通过了 EU 2017/625 号法规，再次对欧盟食品与饲料安全、动物健康福利及植物保护领域的官方控制体系进行了全方位修订和系统性整合，构建了贯穿食品农产品全链条的官方监管统一框架，并进一步强化官方监管措施。

分类管理。欧盟对动物源性食品、非动物源性食品和混合食品采用不同的管理措施。动物源性食品要求相对较严格，需要输出国准入、输出企业注册、双壳贝类养殖要求、卫生证书和边境检查要求等。对于非动物源性食品进口，欧盟要求较松，未设置相关的许可条件，植物源性产品须符合有关植物保护措施的 2000/29/EC 指令(关于防止对植物或植物产品有害的生物进入共同体和防止其在共同体内蔓延的保护措施的欧盟理事会指令 2000/29/EC)的要求。欧盟对进口的非动物源性食品不执行边境检查，也不做证书要求，但是会在市场抽查和监控，发现问题会采取相应的措施。在混合产品进口上，欧盟要求其中的动物性成分要符合动物源性食品卫生要求。

强调风险管理。风险管理的首要目标是通过选择和实施适当的措施，尽可能控制食品风险、保障公众健康。风险管理的程序包括风险评估、风险管理措施的评估、管理决策的实施、监控和评价等内容。EFSA 成立后，进一步加强了食品安全风险管理工作。目前，欧盟主要采用食品和饲料快速预警系统(RASFF)来收集源自所有成员国的相关信息，RASFF 系统根据危害风险的严重和紧急程度将信息分成两类：警示通报和信息通报。

强调从“农田到餐桌”全程控制和可追溯原则。欧盟对食品安全强调从农田到餐桌的整个过程的有效控制，监管环节包括生产、收获、加工、包装、运输、储藏和销售等。欧

盟食品基本法法规中就明确提出，通过全程监管，对可能会给食品安全构成潜在危害的风险预先加以防范，避免重要环节的缺失，并以此为基础实行问题食品的追溯制度。欧盟明确提出要加强和巩固从农田到餐桌的控制能力，全面完善全程监管体制。欧盟及其主要成员国在追溯制度方面建立了统一的数据库，包括识别系统、代码系统，详细记载生产链中被监控对象移动的轨迹，监测食品的生产和销售状况。欧盟还建立了食品追踪机制，要求饲料和商品经销商对原料来源和配料保存进行记录，要求农民或养殖企业对饲养牲畜的详细过程进行记录。

重视和提倡食品安全的预防为主原则和责任主体限定原则。欧盟十分重视食品安全管理方面的预防措施，并以科学性的危害分析作为制定食品安全系统政策的基础。HACCP 体系作为世界公认的行之有效的食品安全质量保证系统，在欧美等国家和地区的食品生产加工企业中得到广泛应用。HACCP 体系的目标在于有效预防和控制可能存在的食品安全隐患，在生产中对关键点严密监控，一旦出现问题，马上采取纠正和控制措施消除隐患。在欧盟国家食品安全管理机制中，食品安全首先是食品生产加工者的责任，政府在食品安全监管中的主要职责，就是通过对食品生产者、加工者的监督管理最大限度地减少食品安全风险。在欧盟及各主要成员国的食品链中，生产、加工食品的经营者的责任非常明确。

2. 美国进口食品安全管理体系

1) 注重全球性合作策略

美国食品药品管理局（FDA）采取了全球性的合作策略，以便更有效控制来自世界各地的进口食品的安全。在该策略下，FDA 在各主要出口国设立办事处，以加强该局与外地监管机关之间的协作。2017 年 4 月，美国食品药品管理局（FDA）决定在中国北上广三地设立三个办事处，办事处的主要工作包括：帮助中国进行食品药品安全监管方面的能力建设，对中国出口至美国的食品药品进行检查。这些办事处协助在当地的检查工作，提供有关出口往美国的食品安全和质素的数据，以便 FDA 在食品真正开始进口之前，决定是否容许有关食品进口美国。此外，FDA 与超过 30 个外地的对口监管机关订有协议，分享检查报告及其他非公开数据，以协助其就进口食品的安全作出更准确的决定。

2) 明确进口商职责

食品药品管理局（FDA）要求进口商在向美国引入安全食品方面承担责任。大力推行外国供货商审核制度，用以加强进口商在进口食品安全方面的责任。制度规定进口商须核实其海外供应商是否已采取充分的预防控制措施，确保其食品符合美国的食品安全规定。有效震慑部分以谋利为主要目的，罔顾食品安全的进口商，同时还引入黑名单数据库。

此外，为了加快符合资格的优质进口商将食品输入美国的流程，食品药品管理局（FDA）有计划推出自愿性质的优质进口商计划，若要符合资格参与该计划，进口商必须从经由认可第三方认证的食品生产商进口食品。食品药品管理局（FDA）在决定有关进口商是否符合资格的时候，将优先参照对比已录入数据库，同时考虑有关进口食品的风险。

3) 强化风险评估

A. 主动评估产品出口国的食品法律法规

食品安全和检查局（FSIS）有权决定哪些国家可向美国出口肉类、家禽及蛋类制品。该局采用同等效力评估的程序，评估出口国是否正在实行与美国具同等效力的食品监管制度以及法律法规，并按评估所得出的结果做出是否符合资格的决定。目前，有约35个国家通过食品安全和检查局(FSIS)的评估，符合资格可向美国出口肉类、家禽及/或蛋类制品。

食品安全和检查局(FSIS)在评估过程之中，会通过文件审阅及实地审核，进一步评估出口国的食品监管制度。其中，通过进行文件文书的审阅，评估出口国的法律、规例及其他书面数据。审阅工作主要集中在6个高风险范围：①政府监管；②法定权限及食品安全规例；③卫生设施；④危害分析及重点控制制度；⑤残余化学物；⑥微生物检测计划。

通过文件审阅程序证实该出口国在以上范围之内的各项要求达标，食品安全和检查局(FSIS)将派遣专门的技术团队前往该国进行实地审核，目的是进一步审视这6个风险范畴及其食品监管制度的其他范畴，包括厂房设施和设备、化验室、人员培训计划及厂内检查的操作情况。防止任何能左右评估结果的项目仅存在于文书文件之中而未能切实有效地落地执行。

食品安全和检查局(FSIS)在决定某个国家符合资格向美国输出肉类、家禽及蛋类制品后，将允许该出口国的对应食品安全监管部门进行下列自主操作：①检查由该出口国出口的食品；②核实以及认证该国对应食品安全法律办法及司法管辖区内符合美国进口规定的食品公司，方可容许有关食品公司向美国输出食品。

B. 食品产品运抵美国口岸的再次检查

所有肉类、家禽及蛋类制品在付运美国之前，必须先经出口国的检查制度予以检查及批准。食品安全和检查局(FSIS)下属与各口岸的常驻监察部门，会在食品抵达口岸后再次检查这些食品，特别是查验所进口的相关食品是否具有与该国出口监管所发放同行一致的适当证明文书，检视其到岸物品的一般状况，以及所对应食品标签是否符合向美国进口要求。当口岸检查完成的时候，食品安全和检查局(FSIS)会根据统计数据抽样制度，就选定批次的产品进行其他各类专项检查，例如对食品进行品质检验，以及就成分和微生物污染情况进行检验分析。食品安全和检查局(FSIS)也会随机抽取食品样本，进行药物及残余化学物检验。

食品安全和检查局(FSIS)具有庞大的“公共健康信息系统”(PHIS)资料数据库，该数据库储存了历年所有口岸对每个出口国及每所食品公司进行再次检查的检测报告结果。PHIS系统按出口国、处理程序类别、食品类别及品种制订抽查安排，并根据每个出口国的风险高低为抽样方案做出调整。抽样方案根据比对上一年进口食品量及进口产品的风险类别进行制订。食品安全和检查局(FSIS)通过查询系统，可对到岸食品产品进行有针对性的特殊类别专项抽检。

所有未能通过到岸再次检查的食品会被拒绝进口美国，食品安全和检查局(FSIS)将就检测结果报告勒令其必须转运往其他地方、改变用途为非供人类食用或直接予以销毁。同时，PHIS系统会同步记录再次检查的结果，并按再次检查结果决定同一进口食品公司日后所付运的食品须接受再次检查的次数与项目。例如若某食品公司的食品产品未能通过到岸再次检查程序中质量类别检查，那么该公司日后10批食品(无论品种)均须接受质量类别检查。

3.6.2　强大的食品安全科技支撑力量

经济新形势下，发达国家政府重视科学研究与经费投入，尤其是在食品安全与营养研究领域。与此同时，国际知名企业在全球布局研发中心，集全球智慧开展科学研究。此外，国际标准制修订话语权也越来越受到发达国家重视。发达国家和地区重视科技在食品安全保障中的支撑作用，科技投入强度持续加大。2013 年美国 FDA 食品安全和营养应用中心(CFSAN)公布了科学研究战略计划。欧盟制定了第 7 框架计划《2012—2016 科学战略》和《2014—2016 科学合作路线图》，从营养健康和食品制造两方面同时关注食品安全问题，旨在对新型危害控制与预防、开发快速有效的检测方法、消费者健康饮食选择行为研究、开发新技术用于数据分析、加强 CFSAN 的适应及响应能力。澳新食品标准局在成功实施《2006—2009 年科技战略》的基础上，制定了《2010—2015 年科技战略》，旨在进一步加强其科研能力和资源，以继续满足未来食品安全监管的需求和挑战。欧美等发达国家和地区食品生产加工的社会化服务体系相对比较完善，促进了科技成果的高效转化。从种植业和养殖业的品种选育到疾病防治、检疫监测、产品保鲜、物流供应等方面都有相关的科研单位、协会、组织机构等进行指导。这些国家的科研服务机构以国际市场为导向，多单位、多部门协同合作，形成了科学研究、农业生产、食品工业、市场营销为一体的社会化服务体系。先进的科研服务体系和健全的推广体系使新的科研成果快速应用于生产领域，为食品安全提供了科技保障。欧美等发达国家和地区以“消费者至上”、“科学的风险评估”和“从农田到餐桌”全程监控的理念为出发点，已经形成了完善的食品安全控制技术体系。这些体系涵盖了所有食品类别以及从农场到餐桌的种植和养殖、生产加工、存储运输与销售服务等食物链的各个环节，是食品安全管理的主要依据。欧美等西方发达国家和地区已逐步进入食品安全网络监控管理时代。防控网络涵盖食源性疾病报告、监测、溯源、信息共享平台、预测及预警网络等，为政府实施有效管理提供必要手段，同时也为专业人员和普通民众提供动态情况和信息资源。包含食品追溯在内的物联网技术和体系得到快速发展。利用 RFID 数据采集技术，结合标识体系，对食品供应链生产、加工、运输、销售等环节的管理对象进行有效标识，借助互联网实现食品物流各个环节信息的传递和交换。食品出现问题时，监管部门能够迅速对问题食品进行追溯，准确地缩小问题食品的范围，减少食品安全问题带来的损失。澳大利亚的新鲜食品生产公司 Moraitis Fresh 一直是行业中率先采用新技术作为推动力来提高产品质量的典范。公司使用计算机网络控制新鲜食品的生产、处理、包装和零售过程，这套网络延伸到了澳大利亚所有的主要生产地和零售市场。发达国家和地区还重视国际标准制修订话语权。欧盟、美国和日本等一直将很多精力和时间放在国际食品法典等国际标准化活动上，并依赖其风险评估研究起步早的研究优势主导食品安全国际标准的制定不遗余力地试图将具有限制发展中国家食品贸易的本国标准变成国际标准。为此，发达国家投入巨大，如美国标准科学技术研究院，每年从政府得到的标准研究经费多达 7 亿美元。1999 年 6 月至 2001 年 9 月日本投资数亿日元，历时两年三个月完成了日本标准化发展战略的制定任务。

3.6.3　全面、详尽的食物资源数据库

发达国家和国际组织已经在掌握全球食物产量、食品贸易量、消费量等方面走在前列，

构建了相应的数据库。美国农业部网站的数据库中包含世界各个国家和地区蔬菜、水果、畜禽、乳品、油料、粮食等食用农产品的产量、消费量、进出口量等相关数据信息，并定期发布世界各地小麦、玉米、大豆等农产品的生产、销售、价格等情况，按照月/季/年等规律发布各类展望报告。这些农业数据除了由美国农业部自身预测获得，还结合了美国多个部门的数据。例如美国的经济研究局提供农产品耕作方式、农户数据、自然资源、农村经济和环境数据；海外农业局提供国际农产品的生产和贸易信息、气象数据、作物探测、世界贸易组织关税减让表等信息；国家农业统计服务局依靠五年一次的农业普查，提供农场土地数量、生产成本、种植面积、农产品产量、粮食库存、畜禽存栏量和农产品售价等信息；世界农业展望委员会提供美国和世界农业的经济情报和农产品前景展望。

联合国粮食及农业组织(FAO)数据库包含全球 210 多个国家和地区的 100 多万份时间序列记录，涵盖农业、渔业、营养、经济、土地利用、人口统计和粮食援助等统计信息，能够查询各国主要粮食供应量、土壤和灌溉信息、水产养殖和捕捞量、家畜疫病信息等。

世界贸易组织(WTO)构建的世界贸易数据库是国际海关组织汇总所有成员上报的各自的进出口六位码商品的贸易情况的综合信息数据库，联合国商品贸易统计数据库是涵盖食品在内的世界各国商品进出口贸易量和贸易额的数据库，这些数据库都是掌握国际食品贸易信息的重要数据来源，能够根据国际海关组织的多种商品分类标准进行数据查询。国际统计数据库具有系统性、连续性和可靠性等特点，能够为掌握世界食品产业信息提供最基础的数据。

第4章 我国食品安全保障的战略构想

4.1 未来我国食品安全风险研判

4.1.1 食品产业不断转型升级，食品安全面临新问题

1. 食品产业向低碳、环保、绿色和可持续方向发展

面对资源、能源与生态环境约束的严峻挑战，食品产业更加亟待向低碳、环保、绿色和可持续的方向发展。食品消费需求的快速增长和消费结构的不断变化、公众健康意识的不断增强推动着食品产业结构调整与技术升级，饮食安全与营养健康成为产业发展的新需求和新挑战。智能化、信息化已成为食品产业科技竞争的制高点和重要支柱，加速产业快速转型升级；全产业链品质质量与营养安全过程控制和综合保障，已成为食品产业科技高度关注的热点和焦点；不断提升自主创新能力，是增强我国食品产业国际竞争力和持续发展能力的核心与关键，依靠科技创新驱动，是我国食品产业实现可持续健康发展的根本途径。

2. 互联网技术助力食品电商，新商业模式势不可挡

随着互联网技术的不断发展，传统食品行业与互联网不断融合、重构，形成“互联网食品”模式。食品行业在电子商务领域拥有广阔的发展空间，食品电商经过几年的积累，已进入快速发展期。然而，我国食品电商在境内外交易迅速发展的同时，电商食品的安全问题逐渐显露出来，电商食品的消费投诉逐年在提升，电商食品安全主要存在以下问题：假冒伪劣等欺诈行为层出不穷；标签标示违规；法律法规滞后；监管及维权困难；储运过程存在安全隐患。互联网+、云计算、大数据分析等现代技术的发展和应用，为食品安全高效监管提供了前所未有的技术支撑，同时也使食品的生产、销售、物流模式等发生了翻天覆地的变革，给传统食品安全监管提出了新挑战。在新形势下，对电商食品安全的监管需要各方面的参与，政府监管是后盾，落实企业主体责任是前提，消费者的参与是关键。为保障电商食品安全，建议进一步完善农产品食品电商法律法规；建立健全电商食品可追溯制度；建立信息互通机制；建立诚信档案，推进社会共治。

3. 营养健康和非传统食品安全将持续成为研究热点

2010年以来，我国城镇居民和农村居民恩格尔系数不断下降，2016年分别达到0.293和0.322，表明居民对食品营养和安全的要求更为迫切。在全面建成小康社会、基本实现社会主义现代化的时代背景下，我国居民食品消费正不断由关注食品质量安全的阶段跨越到关注食品营养安全的阶段，食品消费从生存型消费加速向健康型、享受型消费转变，从“吃饱、吃好”向“吃得安全，吃得健康”转变，食品消费支出明显增加，消费能力加强，迫切需要积极开展食品制造与营养研究，开发营养、方便、健康和多样化的食品产品，满足

不断增长的消费需求。同时，当前我国居民面临营养过剩和营养不足的双重压力，粮谷摄入过多，蔬菜水果和奶类较膳食指南推荐量仍有较大差距，脂肪摄入量比推荐量高 13%，过量营养素摄入导致高血压、高血脂等“富裕病”患病率升高，居民对食品营养不足或失衡所造成的慢性危害会更加关注。

4. 科技和标准将继续成为保障食品安全的重要支撑

专利和技术标准将成为食品安全科技创新发展的战略支撑。我国经济发展进入速度变化、结构优化、动力转换的新常态，经济发展从要素驱动、投资驱动转向创新驱动，科技创新正成为推动国家发展的核心动力。“十二五”以来，我国科技进步贡献率已由 50.9%增加到 55.1%，科技创新能力显著增强，正步入跟跑、并跑、领跑“三跑并存”的历史新阶段。知识产权作为科技成果向现实生产力转化的重要桥梁和纽带，激励创新的基本保障作用更加突出，成为衡量国际竞争能力高低的重要指标。标准是经济活动和社会发展的技术支撑，是国家治理体系和治理能力现代化的基础性制度。国际经验表明，只有掌握某一领域核心专利和技术标准，才能在激烈的竞争中占据有利地位，才能不断提升国际竞争力，形成技术垄断优势。“十三五”时期是我国由知识产权大国向知识产权强国迈进的战略机遇期，食品安全与营养科技创新要想取得突破，实现由跟跑、并跑向领跑的转变，就必须拥有核心专利和技术标准做支撑。

4.1.2　食品环境基准安全阈值不明，食品安全任重道远

食品安全和环境有着密切的关联，环境基准是“从农田到餐桌”无缝链接的食品安全标准体系的重要支撑。最终餐桌食品的安全一方面取决于食品的加工、包装、储运等过程的安全性，但归根结底还是要从保障食物源头开始。农产品中有毒有害污染物的限值，取决于其生长环境的大气质量、土壤质量、灌溉水的质量，以及农药和化肥使用等，而合理的大气、水、土壤基准是保障食品安全的关键所在。淡水产品和海产品的安全的第一道防线也是其生长的环境，即水质的安全。因此，科学合理的环境基准是保障食品安全的重要屏障。

通过对既往研究资料的搜集和分析，发现我国的铅、镉等重金属的污染水平突出，食品中的镉污染主要集中在东部和南部地区，东部和北部食品中铅污染问题较为突出，对于有机污染物 PCBs 来说，东部和中部地区的一些农村点有较高的 PCBs 浓度。此类污染的直接原因是人为造成的环境重金属、有机物污染进一步转移到了食品当中，从而导致了食品中的重金属、有机物等污染问题突出。以持久性有机污染物 PCBs 为例，由于它的难降解特性，土壤一旦受到污染，就很难消失，并且进入植物体内，通过食物链逐级放大，最终危害人类和动物的生命安全。

4.1.3　致病微生物耐药性加强，食品微生物危害加大

我国是抗生素使用大国，这一现状导致了多重耐药细菌的激增，其潜在的环境和健康风险引起了科学家、公众和政府的广泛注意。例如副溶血性弧菌被认为对大多数的抗生素是敏感的，一些抗生素例如四环素、氯霉素被用于治疗此菌的严重感染[37]。然而，在过去

的几十年中，由于在人体医疗、农业与水产系统中大量使用抗生素，出现了大量的具有抗生素抗性的细菌菌株[38]。美国、欧洲各国、巴西、印度、泰国、马来西亚等都报道了副溶血性弧菌抗性菌株及多重抗性菌株。我国副溶血性弧菌的抗性菌株也普遍存在。沙门菌在进化过程中可以产生严重的耐药以及多重耐药（multidrug resistance，MDR）现象，引起全球的广泛关注。沙门菌对传统抗菌药物，如氨苄西林（ampicillin，A）、磺胺类（sulfamethoxazole，Su）、四环素（tetracycline，T）、氯霉素（chloramphenicol，C）、链霉素（streptomycin，S）、甲氧苄啶（trimethoprim，Tm）、庆大霉素（gentamicin，G）等表现不同的敏感性，产生泛耐药和多重耐药。由于抗菌药物的广泛使用，全球细菌耐药性日益严重，副溶血性弧菌的耐药性也越来越普遍。针对我国食源性致病微生物耐药趋势逐年上升的态势，相关菌株耐药的分子机制有待加强，特别是遗传多样性、分子微进化与耐药特征之间的关联研究工作亟待加强。

4.1.4　动物产品需求刚性增长，兽药安全治理难度大

未来 20 年，随着我国经济社会全面发展，在人口持续增长、居民收入快速增加和城镇化进程加快等因素影响下，我国居民对食源性动物产品的需求将呈刚性增长。根据日韩欧美等发达国家的养殖产品消费趋势，预测我国膳食结构将呈肉类、奶类、水产类、蛋类与植物源食品均衡消费的格局，其中肉类最高人均消费量可达 70～80 kg，超出目前人均消费量 30%；奶类最高人均消费量可达 90～100 kg，是目前水平的 4 倍；而水产品最高人均消费量可达 60 kg，需比目前消费量提高 60%。消费刚性需求的增加，要求动物养殖量必须增加，而随着动物养殖量的增加，兽药投入量也会随之加大。据统计，近几年平均每年我国兽药投入总成本约为 360 亿元，2012 年，我国兽药及兽用生物制品产值达到 436.08 亿元，而有资料表明，至 2015 年，全国兽药总产值就将超过 2000 亿元。必要的兽药投入是养殖业可持续发展的重要保障，然而巨量的兽药投入给兽药残留和耐药性防控带来沉重压力。

目前我国动物疫病防控形势依然严峻，这表现为新发再发传染病和外来疫病双重威胁，重大动物疫病与人畜共患病危害严重，动物疫病复杂化，野生动物疫病监控困难等。为应对这种局面，目前使用的兽药种类繁多，从中国兽药 114 网上查询的结果，国家农业部批准的有正式生产文号的兽药多达近十万种，而且各种新型兽药不断出现与更新。例如所知的喹诺酮类抗菌药，五十年间，已由第一代的萘啶酸、吡咯酸更新到第四代的吉米沙星；而氨基糖苷类抗生素已由第一代的卡那霉素更新为第三代的丁胺卡那、阿贝卡星和依替米星。每一类兽药都有其独特的化学结构，而目前已有的兽药检测方法，都是以其化学结构为基础设计的。换言之，针对每一类兽药甚至每一种兽药都需要建立一个特异的检测方法，而要实现兽药残留防控计划的全覆盖，就必须对每类甚或每种兽药建立检验方法。因此，兽药残留和耐药性防控所面临的任务是何等繁重与困难。

4.1.5　食品产业国际竞争激烈，进口食品安全面临新挑战

经济一体化全球化进程的加剧促进食品进出口贸易的快速发展，保障进口食品安全与推动国际贸易便利化间的双赢局面日益迫切。互联网技术与贸易的深度融合，也极大地丰富了贸易渠道和方式。食品进口贸易不再受到地域所限，而是紧跟市场需求，目前贸易已

遍及几乎全国所有口岸。信息整合、科学决策，推动各方共治将成为保障进口食品安全的重要支撑。在融合了大数据、云计算等综合信息技术的“互联网+”时代，信息的全面收集、综合研判是保障决策科学有效的前提。目前仅国家层面的进口食品安全风险信息网络每天收集到的相关信息就达到较大数量。构建全国层面的进口食品安全监管“大数据”平台，实现系统内外、上下间信息未能互联互通，串联检验和检测、企业和产品之间信息，构建科学、权威的进口食品安全信息决策平台，不断实现决策的科学性和有效性。

4.2 总 目 标

我国食品安全来源复杂，问题较多，防控难度大，建议在今后较长时间里，我国应当把全面建立“食品安全保障体系”和“食品安全可持续发展体系”作为食品安全工作重点和战略目标来实现。

力争到 2035 年，食品安全状况达到中等发达国家水平；食品安全风险监测与食源性疾病报告网络实现全覆盖，化学污染物、农兽药、食源性微生物风险评估基础数据库建立完善；标准国际化水平大幅提升，参与国际标准化活动能力进一步增强，有效抑制食品掺假行为；科技成果标准转化率持续提高，科技保障食品安全与营养健康的能力不断提升；食品安全“国际共治”取得实质性推进，食品安全治理水平不断提升，食品国际贸易日趋便利化，全球食品安全命运共同体构建完成并稳步运行。

到 2050 年，实现食品安全治理现代化，达到国际一流食品安全水平，为食品产业健康发展和居民健康水平提升奠定基本物质基础。

4.3 战 略 重 点

4.3.1 建立和完善经济新形势下食品安全主动保障体系

1. 推进供给侧结构性改革

实施食品绿色制造升级战略。人口增加、能源危机、环境恶化、全球化及城市化等给全球食品产业的未来发展提出新的要求。针对我国食品加工制造业在资源利用、高效转化、清洁生产、技术标准、系统化工程等方面存在的问题，特别是食品加工制造过程中过度加工、能耗、水耗、物耗、排放及环境污染、食品装备系统化不足、集成度不高、智能化程度较低等问题突出，开展食品绿色加工、低碳制造和品质控制等核心技术，攻克连续化、自动化、智能化和工程化成套加工装备，解决涉及我国食品绿色优质加工制造、资源高效利用、提质减损、节能减排降耗以及食品产业升级的深层次问题，提升传统食品产业的标准化、连续化和工程化技术水平。

实施食品营养与健康战略。食品与营养健康密不可分。未来 20 年，是我国由食品大国跨越到食品强国的关键，需要为国民提供营养与健康的食品。针对国民营养健康需求与慢病预防控制诉求，开展食品营养健康基础理论、功能食品制造、传统食品功能化以及新食品原料开发等关键技术集成与产业化示范，创制营养健康高附加值食品，实现精准营养供给及智能健康管理，引领并支撑中国食品产业向营养与健康化方向发展。

实施价值链高端化延伸战略。针对目前我国食品加工副产物的综合利用率低，综合利用产品的科技含量不高，高纯度、功能性、专用型等高附加值产品缺乏等问题，应用生物技术及食品加工新技术实现资源的梯度增值利用，提高食品资源的综合利用率和对食品资源的全利用技术，实现资源的可持续利用。

实施从农田到餐桌的全产业链条一体化发展战略。现代食品产业涵盖了原料控制、食品加工、质量安全控制、装备制造、物流配送和消费等多个环节。针对我国目前食品领域因缺乏全产业链系统化布局及各链条之间的有效衔接，而导致的食品原料浪费严重、产后加工环节可控性差、产品质量难以保证、可追溯性和解决能力较弱等问题，推行从农田到餐桌的全产业链条的一体化建设，打通生产、流通、销售等环节的隔阂，避免食品原料到食品产品的产业链条脱节，形成从食品原料生产、食品加工、储存与运输过程的主动控制技术体系。

2. 建立我国食品安全资源数据库

明确全球食物资源数据库的主要内容和数据来源。我国已有的食用农产品统计数据局限在国内的数据，对于国外食用农产品数据较少涉及，建议构建我国的全球食物资源数据库，数据库涵盖世界大多数国家的蔬菜、水果、畜禽、乳品、油料、粮食等主要食用农产品的产量、消费量、进出口量、进出口额等信息，数据一方面来自国际统计数据库和各个国家的统计数据，另一方面通过各行业专家运用天文、地理、农业、统计、经济等多学科信息进行科学计算得出。

建立全球重要食物资源预测模型。作为世界重要的食用农产品进口大国，我国以进口粮食、油料、乳品、水产和肉类等几大类产品为主，这些食用农产品在国际市场的产量、进出口量和价格的波动都会给我国的进口带来影响，进而给国内市场带来冲击。例如受中美贸易战影响，我国进口美国大豆、猪肉等产品的关税大幅增加，给我国的食品进口市场的稳定带来不利影响。建议结合政治、经济、贸易、气候、农业等多方面的信息，构建大豆、畜禽肉、乳品等全球重要食物资源的产量、进出口量和价格的预测模型，实现食品进口的“被动应对”到“主动保障”。

提升我国统计信息搜集能力和管理能力。全球食物资源数据库的构建离不开统计技术的支撑，建议加强统计技术的研发，确保数据的精准和快速。规范我国数据统计范围、分类标准、统计方法、指标体系和统计原则，制定完整的统计数据获取系统。完善管理组织机构，数据库的管理和信息发布由统一的部门负责，协调与其他部门的分工合作，制定统一的数据发布时间和发布程序，保持上下级数据发布的统一性。

在我国主导的国际战略框架下逐步推进食物产地布局。加强与世界食品生产和出口国家的交流与合作，尤其是“一带一路”沿线国家。在经济和贸易全球化的今天，中国作为世界重要的食品进口国和“一带一路”的主导国家，在要充分利用他国的有利资源，掌握其耕地、水利、草场等自然资源禀赋，气候条件、农业政策以及其他食用农产品生产相关情况，寻找最有利于农业种养殖的地域，打造互利共赢的食品产业伙伴关系。

3. 完善食品安全科技支撑与保障体系

加强食品安全与营养健康基础研究。加大食品安全标准基础研究，重点开展毒理学安全性评价技术体系研究，构建基于食品新原料、新食品添加剂和新接触材料的安全性评价技术体系和方法，建立基于污染物、食源性致病微生物、过敏原的风险评估和膳食暴露基础数据库，为食品安全标准制修订提供数据和技术支撑。通过针对食品安全的风险剖析、机理形成、迁移转化、全链条基础性评估等方面的研究，加强相关食品安全基础研究的投入和关注，并形成良好的基础研究成果的实用化、可及化，实现基础研究的落地转化。

强化共性关键技术开发和装备创制。基于食品安全检测领域紧扣监管需求，发现潜在的系统性的风险隐患，对非法添加物质综合筛查技术、食品农兽药残留筛查确证技术、食品质量追溯及真实性分析技术、食品快速检测方法、食品质量控制体系及标准样品研制、生物学检验方法及溯源技术，以及多组分检测技术、食品组学研究、智能标签技术、食品微生物检测用试剂评价平台、单克隆抗体的免疫学检验技术等食品安全检验前沿技术和方法构建，推动食品安全由“被动检测”向“主动保障”的转变。开发既能保证食品营养品质、质量安全和货架期，又能缩短加工时间、提高生产连续性的加工技术和装备，如超声波技术、微波技术、高频电场技术、冻干技术、真空干燥技术、超高温/超短时杀菌技术、臭氧杀菌技术、辐照技术、紫外线处理技术、脉冲强光处理技术、蓝绿激光处理技术、加工酶技术（如蛋白酶、硝酸还原酶、谷氨酰胺转氨酶、溶菌酶等）和生物保藏技术等，建立食品营养品质保持技术体系。加强自主创新与集成，创新营养安全食品的分子设计与绿色制造技术。

加强国际合作和技术输出。积极参与食品国际标准制修订工作，增强我国食品安全标准制修订能力，实现主要标准与国际的接轨；增加我国政府、高等院校、科研院所在国际组织任职比重，掌握标准制修订主动权，提升我国在国际标准制定中的话语权，积极争取成为国际规则、标准制订者，提升食品贸易的国际竞争力，逐步实现从被动跟随到主动引领的转变。密切同 FAO、CAC、ISO、AOAC 等国际组织联系，及时把握国际食品检验检测技术发展趋势；开展国际能力验证，不断提升技术人员检测能力。鼓励科技人员加强国际交流合作，积极引进过程控制、风险监测与预警、风险分析等领域的先进技术，引进、消化、吸收、再创新，推动我国食品安全水平全面提升。积极吸收国际食品安全领域知名专家，参与我国食品安全专家顾问活动，吸纳全球才智，推动我国在全球食品安全共性特征方面的治理。参与“一带一路”沿线国家国际互通标准的制定。培育较强实力食品安全第三方检测主持或参与“一带一路”沿线国家国际通用农产品、食品贸易标准制定，对外输出我国食品安全标准和检测技术，尤其是农兽药多残留检测技术、食品真实性鉴别技术等，推动我国通行标准向更多国家和地区推广。

实施知识产权战略，鼓励科技成果转化应用。实施专利质量提升工程，培育高价值核心专利，提高专利授权和转移比重，加大食品安全与营养健康领域核心专利技术在重要国家和市场的专利布局和技术输出，增强对潜在市场的努力实现知识产权创造由多向优、有大到强的转变，更好支撑食品安全与营养健康发展。创新科技成果宣传推广模式，融合在线技术成果对接、网络直播、在线问答等互联网元素，创新食品加工科企合作新空间、新途径，推动科研陈果转化可能性。鼓励研究开发机构、高等院校、企业等创新主体及科技人员转移转化科技成果，推进经济提质增效升级。

4. 完善食品安全信息化建设

打通食品安全信息化与智能化平台互联互通制度障碍。在国务院食品安全委员会统一领导下，建立统一、协调、权威、高效的信息共享机制，将分散在国家市场监管总局、卫生、农业和海关等主管部门的食品安全监测系统进行资源整合和信息共享。制定数据和接口等相关标准，实现各系统的兼容和对接以及数据的融合和拓展，彻底打破跨领域、跨部门的“信息孤岛”。

强化以风险信息为内容、支撑风险管理的食品安全信息化建设。明确食品安全信息化建设内涵，强化食品安全风险信息采集、统计、挖掘与应用，进一步完善食品抽检监测、食源性疾病监测、进出口食品风险预警与快速反应、农兽药监测等信息化建设，并构建国家级食品真实性(掺假物和欺诈成分)监测平台，使食品安全信息化建设为风险管理服务。

推动食品安全信息化平台向智能化分析预警平台升级。依托现有食品抽检监测、食源性疾病监测、进出口食品风险预警与快速反应、农兽药监测等国家级信息化平台及食品真实性(掺假物和欺诈成分)监测平台，加快大数据、云计算、人工智能等现代化信息技术在平台中的应用，推动现有“信息化监测平台”向“智能化监测与预警平台”升级，实现机器换人、机器助人，为食品安全监管提供良好的信息化和智能化支持。

强化食品安全信息化平台可信保障能力。习近平总书记指出“没有网络安全，就没有国家安全”。网络安全是食品安全信息化平台可靠运行的基础。在食品安全信息化平台建设过程中，应将保障食品安全信息化平台的安全可信放在首要位置，持续强化食品安全信息化平台的安全可信运行，推动可信网络连接、恶意代码主动免疫等可信计算3.0技术在食品安全信息化平台中的应用，提升信息化系统安全性能，确保食品安全信息化平台的安全可信。

鼓励引导企业生产链食品安全风险信息智能化管理。一方面鼓励引导大型生产企业发展食品安全风险信息化管理系统，实现食品安全风险的有效采集与分析。另一方面推动食品种类风险分级管理，在高风险等级食品种类中探索企业风险信息与监管信息化平台的互联，丰富风险信息采集来源，加强监管和生产两个层面风险信息的交流。

加强食品安全信息化国际交流与合作。密切关注世界食品安全信息化发展动向，建立和完善食品安全信息化国际交流合作机制。坚持平等合作、互利共赢的原则，积极参与多边组织，大力促进双边合作，切实加强信息技术、信息资源、人才培养等领域的交流与合作。

4.3.2 建立和完善新常态下食品安全可持续发展体系

1. 完善食品安全环境基准建设

积极开展食品原产地的环境健康风险评估工作。食物从农田到餐桌的整个过程，影响其安全性的关键因素是其原生环境，从源头控制食物的原生环境质量，是保障食品安全的第一道防线，因此，开展食品原产地的环境健康风险评估工作是保障原生环境质量的关键措施，也是防范人体暴露健康风险的关键所在。具体来说，第一，积极开展污染普查和健康风险评估工作，通过风险识别和风险评估的途径和手段，识别原产地的污染水平以及潜在的健康风险，为下一步政策提出提供科学依据；第二，定期梳理和更新环境污染物毒理学、暴露评价及健康效应研究基础和数据储备库，并及时对暴露途径、健康结局、健康危险度水平及相关步骤和方法构建科学的方法体系；第三，推动并更新环境污染特征，人体摄入量、人体暴露方式、人体寿命体重参数等环境暴露行为和健康数据的收集和研究，为原产地的健康风险评估提供重要依据和必要的数据支撑；第四，随着工农业生产的快速发展，农业生态环境急剧恶化。“三废”的恶意排放以及农用化学物质的长期大量投入已经对我国农业生态环境构成了严重的威胁。因此，要积极推动建立无公害的农业安全生产产地，从根本上解决农业生态环境的污染问题，保护和改善农业生态环境，从环境问题着手解决食品安全问题，是解决食品安全问题的必然选择。

推动建立基于健康风险全程管控的环境与食品基准/标准体系的建设。科学合理的环境基准是食品安全的重要保障，也是食品安全管理体系的重要组成部分。面对现有环境标准与食品标准不衔接的问题，要主动结合当前国情和环境健康管理的方法及趋势，建立基于“健康风险、风险管理”原则下的相关基准体系的建设。具体来说，第一，在制定相关标准或基准时，要因地制因，做到分类和分级，在国家层面管理的同时做到区域限制优先；第二，在相关基准和标准的制定过程中需统一、规范环境重金属健康风险评价方法、程序和技术要求，建立风险评估模型、决策支持系统；第三，基准和标准项目限值的制修订需跟随化学物质健康效应研究最新进展进行，对于缺乏科研数据或研究技术的指标，应暂时不制定基准或标准限值或者只制订限值暂时值；对于已有限值的指标，应充分调动研究方法、获取足够的基础性支撑数据的前期下，定期更新基准及标准的指标及限值；第四，着力培养从事环境与健康科学研究及风险评价专业技术支撑机构和人才队伍，促进方法学及科研技术的增高增强，推动相关基准和标准的制修订。

建立“从农田到餐桌”整个链条上全面且长期的监控网络。要建立食品综合环境监测体系以及风险管控监测体系，加强“从农田到餐桌”整个链条上全面且长期的监控。具体来说，第一，要实施不同环境介质的长期、动态重金属污染监测和预警，选择有代表性的重金属污染健康风险地区，建立环境重金属与人群生物监测网络；第二，设立多个产地风险评估站点和产地监测员，加强产地风险评估的监测力度，形成产地风险评估网络，提高“不安全产地”的检出率；第三，要形成基于健康风险评估的统一的监测方法、监测指标、监测限值，确保整个链条上监测网络的协调统一。

加大公众对于环境健康风险评估的普及教育，促进“全民防范健康风险，共同保障食品安全”。现阶段，由于公众宣传教育工作不足，公众缺乏环境健康风险评估的基本素养，导致公众在原产地以及食品的选择方面缺少科学手段作为支撑，农户选择安全的种植产地缺少积极主动性，消费者在选择安全的食材方面存在不少困难。因此，应该积极推进“全民防范健康风险”的运动，提高公众“环境健康风险素养”，是保障公众食品安全的关键手段。具体来说，第一，政府应当把提高公民“环境健康风险素养”纳入议事日程，鼓励保障相关公益性的科普事业，制定优惠政策支持营利性的科普文化产业等，从国家政策出发，大力推进全民“环境健康风险素养”的提高；第二，推动公民科学素养的提高不同层次的人群的“环境健康风险素养”存在差异，根据不同地区、不同水平进行全方位、多层次的教育宣传工作，学术交流、学术报告等形式都是提高“环境健康风险素养”的有效途径；第三，有效利用大众媒介进行推广，通过不同性质地媒介的手段进行分层次、分年龄、分对象地传播，电视、广播、报纸、杂志、画报等都是可取的有效途径。

2. 实施食品欺诈脆弱性评估

建设食品诚信体系。诚信体系对食品行业更为重要。在食品生产与供应过程中，信用体系的主要作用是促使供应者加强食品生产过程中各个环节的控制，以保障食品安全。在我国目前现阶段，部分供应者为了趋利，不惜以信用为代价而进行欺诈行为，且得逞机会大，从而使我国食品欺诈事件频发，是中国食品安全风险的重大隐患问题。加快食品供应者信用体系建设，是解决我国社会转型期食品生产经营者信用缺失问题的深远之略，是促进我国食品行业持续、快速、健康发展的长效之举。

开展食品欺诈脆弱性评估。食品欺诈的复杂性在于其手段的隐蔽性、可变性和不可预知性。为减少食品欺诈的发生，食品生产者本身根据产品特点进行食品产业链的脆弱性评估，找出可能发生欺诈的环节和关键点，并实施相关预防措施是减少食品欺诈机、预防食品欺诈发生的有效手段。针对食品欺诈，开展脆弱性评估，将食品欺诈从监督管理转向以积极预防为主，加强识别和防范食品欺诈的能力，为减少食品欺诈的发生、降低食品欺诈对消费者健康和经济造成的损失提供有效支撑。

建立食品欺诈数据库。食品欺诈数据库是对已发生的食品欺诈事件的归纳、整理，有助于政府、企业和消费者获得更多更有效更及时的信息，有助于减少食品欺诈机会。我国目前暂无专门针对食品欺诈的数据库。2013 年 12 月国家食品药品监督管理总局发布《食品药品安全“黑名单”管理规定(征求意见稿)》，征求意见稿指出，县级以上食品药品监督管理部门应当按照规定的要求，建立食品药品安全“黑名单”，食药监总局将建立“黑名单”数据库，实现相关信息共享；同时规定，受到行政处罚的生产经营者及其直接负责的主管人员和其他直接责任人员等的有关信息，要通过政务网站公布，接受社会监督，二次违法将重罚。但该“黑名单”制度至今未在国家层面正式实施。建立食品欺诈数据库，通过对以往发生的食品欺诈事件进行收集、归类、汇总，通过对事件、检测技术、法律法规规定的透彻分析，明确事件的性质、事件中掺假物、造假者的动机，根据得到的各种信息推导出减少食品欺诈机会的措施，以期最终减少食品欺诈的发生，保障公众的经济利益和大众健康。

3. 建立食品微生物安全风险防控

食源性致病菌科学大数据库构建。以重要食源性致病微生物为研究对象，针对全国代表性地区食品样品和食品产业链的各个环节开展系统性调查研究，揭示食源性致病微生物污染率、污染水平和分布规律，明确食品产业链的主要污染源，结合基因组、代谢组等组学技术研究，构建食源性致病微生物菌种资源库、风险识别数据库、特征性代谢产物库、全基因组序列库、耐药性危害数据库和分子溯源数据库，为国家食品微生物/兽药安全定性和定量标准修订，分子溯源和预警提供基础数据。

危害因子监测检测技术。为满足我国产品技术标准、主要贸易伙伴法规限量，开展食品及包装材料中风险因子高通量定向检测技术和非定向筛查技术。研究致病菌、病毒等风险因子样品前处理和检测技术。研究不同极性、不同酸碱性化合物的样品前处理技术，多源质谱大数据的解析技术，病毒高回收率样品前处理技术，代谢标志物和同位素内标的合成技术。研制食品基体参考物质、代谢标示物、食品定量检测用稳定性同位素标准等。

食品溯源和预警信息化平台。基于我国不同来源和表型的致病微生物全基因组信息，开发生物信息数据分析软件，构建我国基于全基因组序列的分子溯源数据库，结合风险识别数据库基础数据，实现食源性致病微生物风险预警。建立我国常见导致中毒的动植物和真菌资源库，表征其毒性代谢产物产生的分子基础和遗传基础，建立DNA条形码数据库。建立一批食品或原料的真实性鉴别分析方法，构建我国典型数据库，实现相关产品的真实性溯源。开展食品安全监管数据和公共卫生监测数据的大数据融合研究，研发风险预警模型和可视化决策支持的云服务平台。

4. 建立食品农兽药化学污染物安全风险防控

兽药残留的控制与避免。兽药残留是现代养殖业中普遍存在的问题，但是残留的发生并非不可控制与避免。需要在养殖生产中严格按照标签说明书规定的用法与用量使用，不随意加大剂量，不随意延长用药时间，不使用未批准的药物等，兽药残留的超标是可以避免的。然而，就目前我国养殖条件下，要完全避免兽药残留的发生还难以做到，把兽药残留降低到最低限度也需要下很大力气。保证动物性产品的食品安全是一项长期而艰巨的任务，关系到各方面的工作。

建立市场准入制度。水产品质量良莠不齐，农业部质监部门一般对大型养殖场进行抽查，而对小型养殖场主的监管力度较弱。但在水产品市场中存在“小户”“散户”现象，造成水产品质量参差不齐。消费者在购买过程中缺乏专业的辨别能力，导致其权益受到损害。因此，建立市场准入制度可以有效地规范“小户”“散户”养殖行为，提高水产品质量，让消费者放心购买。

积极开展水生动物源细菌耐药性监测国际合作工作。主动参与世界卫生组织（WHO）、世界动物卫生组织（OIE）、联合国粮食及农业组织（FAO）等相关国际组织开展的耐药性防控策略与美国临床实验室标准化协会（CLSI）、欧洲药敏试验委员会（EUCAST）标准制修订等相关工作，与其他国家和地区开展水生动物源细菌耐药性监测协作，控制耐药菌跨地区跨国界传播。加强与发达国家抗菌药物残留控制机构及重要国际组织合作，参与国际规则和标准制定，主动应对国际水产品抗菌药物残留问题突发事件。

4.4 战略措施

4.4.1 推进食品产业供给侧改革

1. 构建食品产业精准加工模式

精准加工作为一种全新的加工理念，在食品领域中具备一定的研究与技术成果基础，尤其在粮油食品加工领域更为突出。粮油食品加工现场检测控制技术突破、加工工艺参数与营养成分留存关系研究以及加工设备的更新换代均有助于精准加工模式的实现。依据我国粮油食品产业现状，将其整合成一种以需求驱动供给的加工模式，对于我国粮油食品加工产业的供给侧结构性改革具有重要的创新意义。首先，粮油食品精准加工需要明确消费需求，有助于打破传统粮油食品的消费误区，干预慢病发生，能够有效引导产业发展方向；其次，将原料特点与终端产品要求相结合，有效减少不必要的资源浪费和能源耗损；第三，区域原料优势与特点和消费需求相结合，有助于优化供给结构的优化，实现区域产品的高效供给；最后，消费需求作为技术发展与革新的驱动力，让更多的企业参与技术革新中来，成为创新主体，使创新主体多元化，提升我国粮油食品产业整体水平及自主研发能力。

2. 建立食品绿色低碳加工体系

在寻求食品产业科学高效的发展过程中，寻求良性、绿色、环境友好型的加工体系尤为重要，坚持“青山绿水就是金山银山”。推动食品产业结构性调整，除了增强产业效益，更要推进生态文明，建立绿色低碳加工体系要节约集约利用资源，推动资源利用方式根本转变，大幅降低能源、水、土地消耗强度，提高利用效率和效益，同时也是对于“建设美丽乡村”的重要实践。在食品产业相关工程设施建立之前，除了要算经济账，更要算环境账，突破把保护生态与发展生产力对立起来的过时思维，改善不合理的产业结构、资源利用方式、能源结构、空间布局，有效推动绿色、循环、低碳发展，搭建食品绿色加工体系。

3. 打造食品链全信息交互平台

产业链各个环节的健康发展除了要合理搭建顶层产业结构之外，各环节间的信息流通和反馈也是保证产业链健康、有序、科学发展的前提，是保障需求与供给匹配的基础。我国食品产业目前缺乏有效的产业链信息打通机制与体系，因而存在前端产能与后端需求的错配，造成行业资源的巨大浪费以及对于环境的巨大压力。打造从农田到餐桌的全产业链信息交互平台，有助于帮助上游的生产者依据下游的需求环节准确、高效、经济的提供所需原料，全信息交互平台也能够细致地追踪到各个产业环节需求的细微变化，让产业环节的参与者有效地了解到产业发展的趋势，降低盲目决策带来的资源消耗。与此同时，及时、通畅的信息传递平台能够让农民种什么有依据、卖什么有方向，切实保障农户在产业链中的经济利益。

4. 建立创新区域共享机制

深入研究产能配置与资本所有权关系，创新的建立市场化的区域“共享”机制，如粮机的租赁、专业农业服务输出，生产线租赁等，能有效地通过市场机制的接入，实现“1+1＞2”的效果，加速低效、低质、低收益的产能的淘汰，盘活符合市场需求的产能。

5. 开展智能化、信息化等前沿技术在食品领域的全面应用

从食品原料种植养殖环节到流通储藏环节，再到加工过程中的精准控制和多元化、个性化、定制化生产，通过前沿技术的应用，突破食品产业对于人工的依赖，提升我国食品产业的生产效率、降低人工成本投入，优化产业人力结构，同时通过智能化的系统对市场需求、气候趋势、土地状况、区域市场需求等的综合判断向生产者建议种植或加工的产品种类，有效地实现市场供需匹配。以前沿技术赋能食品产业升级。

6. 打造产业链、价值链、产品链和供应链四链融合的系统化产业体系

产业链、价值链、产品链和供应链是食品产业发展中的重要框架组成，建立起符合我国食品产业特点的系统化产业体系。把“四链”相互协调地“链接”甚至有机地融合起来。最终实现把“6R”管理方式深入到“四链融合体系”的各个环节，即将所需正确的数量(Right Quantity)的正确产品(Right Product)在正确的时间(Right Time)，以正确的质量(Right Quality)和正确的状态(Right Status)送到正确的地点(Right Place)。“四链融合”体系的搭建有助于提升我国食品产业的系统性、科学性，产业体系的搭建有助于提升产业的整体水平以及产业地位，对于食品产业的发展起着至关重要的作用。

4.4.2 重视食品监管及预防

1. 完善食品安全配套法律，扩大食品监管覆盖范围

在《食品安全法》的基础上，分类构建食品在生产、加工、包装、储藏、运输、销售和消费等环节上的针对性法律。形成以《食品安全法》为主线，脉络清晰、多个分支并行，囊括从农田到餐桌各个环节的制度体系。

2. 构建食品风险分析机制，有效预防食品安全问题

食品安全有效监管的前提是从风险评估，监管和沟通角度，创建食品风险分析机制。在危害识别、危害描述和危险性描述方面进行风险评估。并以风险评估结果为根据，权衡和规定相应政策，对食品安全进行风险监管。具体而言，从食品风险交流角度，监管部门应该依据相关观点或信息，及时有效沟通。确切制定食品安全中各添加物监管标准，针对无法防止食品污染或有害添加成分，政府部门需要进行适当的干预。并且，通过风险沟通，降低食品安全风险，将有效信息公布于众，有效保护消费者的基本合法权益。食品安全监管部门的分析步骤也需要公开于社会大众，发挥群策群力效用，接受群众意见，有效防止食品安全问题产生。

3. 建立食品安全信用制度，加快信息追溯制度与国际接轨

加快创建食品安全信用制度与体系。食品安全信用制度的实施对象应该包含大中食品生产商、食品经营商、小型作坊式食品经销商等。加快食品安全信息追溯制度的建立与应用步伐，促使信息追溯制度与国际接轨。

4.4.3 加强食品风险评估诚信建设

1. 加强食品掺假防控区域联动协作与信息共享

当前我国食品产业的产业链不断延伸，日益复杂，许多食品 EMA 事件对全国多地造成影响，如“地沟油”“三聚氰胺”“造假调料”事件等，因此要进一步深化全国食品安全区域联动协作机制建设，着重从食品和食用农产品生产经营、储存运输、餐饮服务等食品

全产业链环节，健全全程控制技术体系和信息化支撑平台，构建全国食品 EMA 防控区域合作、协查联动环境。加大对全国地区监管和抽查中食品 EMA 信息的共享和公开，建立统一高效的食品 EMA 动态记录监测机制。

2. 构建全国重点食品 EMA 信息库

结合肉制品、调味品、饮料工业、蜂产品、焙烤食品等行业的行业协会和典型企业以及科研机构的经验，共同制定涵盖肉制品、调味品、饮料、蜂产品、焙烤食品等食品大类的 EMA 信息库，将食品种类、掺假手段、掺假环节等信息分类详细记录，协助基层执法掌握食品掺假的重点产品品种与风险环节。

3. 加大对食品掺假重点产品、重点环节和重点项目的执法力度

从食品 EMA 事件发生的产品类别看，监管部门应针对肉制品、水产品、饮料、粮食加工品、蜂产品等重点产品类别掺假高发易发情况，制定重点产品的专项整治计划。从食品 EMA 事件发生环节来看，监管部门应进一步督促食品企业严把源头关，强化对问题企业的问责和惩处，并严控种养殖业源头滥用违禁药物问题的发生。应继续加强对生产、流通环节的食品质量安全监督检查力度，集中加大对黑作坊违法行为，农贸、批发市场可能存在的掺假行为的执法打击力度，强化产销秩序的监督与管理。从食品 EMA 事件的检测项目看，应强化日常风险监测，加强畜禽肉掺假、添加非食用物质、滥用食品添加剂等重点项目风险监测。

4. 提升食品掺假检测技术水平

针对食品 EMA 事件多发生在小企业、小作坊、农贸市场等特点，应提升对低价肉冒充高价肉、水产制品注入明胶、糖浆调配蜂蜜等重点品类食品常见掺假手段的检测能力，着重加强对高通量快速鉴别技术、方法的研发，加大对食品物种鉴别、原产地鉴定等技术的开发力度，通过技术手段解决主观食品掺假与食品带入的判定问题，提高我国对食品掺假的监测水平，也为监管部门提供执法依据。

5. 加大食品安全知识的科普工作

建议食品科研工作者通过讲座、培训、事件解析等形式宣传食品安全基础知识，从而提升消费者食品安全意识，也有助于提高媒体从业者的科学素养。建议撰写专门针对基层执法人员执法的食品安全科普书籍，提升执法人员科学执法水平。

4.4.4　加大食品微生物/兽药安全风险防控力度

1. 规范抗生素/兽药使用规范

在养殖规范使用兽药方面，严格禁用违禁物质。为了保证动物件食品的安全，我国兽医行政管理部门制定发布了《食品动物禁用的兽药及其他化合物清单》，兽医师和食品动物饲养场均应严格执行这些规定。出口企业，还应当熟知进口国对食品动物禁用药物的规定，

并遵照执行；严格执行处方药管理制度。未经兽医开具处方，任何人不得销售、购买和使用处方药。通过兽医开具处方后购买和使用兽药，可防止滥用兽药尤其抗菌药，避免或减少动物产品中发生兽药残留等问题；严格依病用药。在动物发生疾病并诊断准确的前提下才使用药物。目前我国养殖业与过去相比，在养殖规模、养殖条件、管理水平、人员素质方面都有很大的进步。但是规模小、条件差、管理落后的小型养殖场户仍然占较大的比例。这些养殖场依靠使用药物来维持动物的健康，存在过度用药，滥用药物严重问题，发生兽药残留的风险极大。

2. 加强动物源细菌耐药防控

成立动物源细菌耐药防控指导委员会，研究制定动物源细菌耐药防控中长期规划；协调各部门建立联防联控机制，保障遏制细菌耐药行动计划的实施；健全法律规章，规范食品动物使用抗菌药物；逐步取消抗菌促生长剂；积极推行兽用抗菌药物处方管理制度，尽快执行食品动物使用抗菌药物分级管理办法与分级使用目录/指南，开展相关规范/指南培训，实现合理谨慎使用抗菌药物；提高规模化养殖比例和养殖水平，通过管理和技术革新改善动物健康，提高动物疾病诊疗水平，消除不当使用抗菌药物的经济诱因，降低需求，减少抗菌药物使用；建立与国际接轨的监测体系，加强食品动物抗菌药物使用和动物源细菌耐药性监测，为耐药性风险评估、风险预警与风险控制提供基础数据；积极开展动物源细菌耐药风险评估，重点评估人兽共用抗菌药物和饲料添加使用抗菌药物，淘汰危害较大的抗菌药物品种；设立专项经费，加强动物源细菌耐药性相关基础和应用研究，大力开发新型动物专用抗菌药物及替代治疗方法/产品，提升细菌耐药防控理论和技术水平。

3. 完善产品追溯制度

建立标签制度，政府加大对可追溯参与企业的资金支持，政策扶持，对于实施可追溯水产品的企业进行经济奖励或补贴。由权威部门建立健全水产品质量安全追溯体系，明确追溯管理职责，界定相关主体的义务和责任，加强追溯信息的核查，保障追溯信息的准确信和可靠性。政府应当继续加强水产品食用安全保障体系的健全与完善工作，保障水产品的食用安全。执法部门应当加大执法力度，做到“有法必依、执法必严”，坚决查处违规的渔药生产企业，严厉处理渔药违规销售与使用案件。

4.4.5 实施食品安全信息化战略

1. 完善食品安全法律体系

借鉴国外先进的食品安全法律体系构建经验，结合我国具体国情，广泛听取社会各个群体的意见，加快我国食品安全法律体系的完善，真正做到从法律层次规范食品安全信息化进程。

2. 建立食品产品标准体系

借鉴发达国家先进经验，建立统一的食品产品标准体系。考虑到地方性食品安全监管法规、规章，存在严重不完善、不配套以及从中央到地方，各个级别、各个部门的法律、法规和规章整体综合协调性较差的问题，要从整体出发，建立起食品安全监管法规体系和标准体系。

3. 完善食品安全信息披露体系

食品安全信息披露体系是政府与公众之间沟通食品安全信息的桥梁。建立和完善食品安全信息披露体系，及时公布全面、准确、科学的食品安全信息，有利于转变政府职能和食品安全管理方式，让食品的生产、经营者学会透明化生存。这不仅能够充分保障消费者权益，而且有利于调动广大人民群众参与食品安全监督的积极性，最终形成全社会主动关注食品安全和公众舆论长效监督机制。主要措施包括：实施透明的食品质量安全信息发布制度，确保公众的知情权；搭建统一的食品安全信息整合与交换平台，形成权威、高效的信息披露主体；建立健全信息发布的规范和标准，确保信息质量；保持快速、畅通的食品安全信息公开渠道；建立食品安全信息的交流与反馈机制。

4. 完善食品安全信息追溯制度

建立食品信息可追溯系统是在食品生产、流通和消费环节实行信息化管理的主要手段。食品追溯就是指在食品产销各个环节(包括种养殖、生产、流通以及销售等)中，食品及其相关信息能够被顺向追踪(生产源头—消费终端)和逆向回溯(消费终端—生产源头)，使食品的整个生产经营活动始终处于有效地监控之中。食品质量安全追溯系统是一个能够连接生产、检验、监管和消费各环节，让消费者了解符合卫生安全的生产和流通过程，提高消费者放心程度的信息管理系统。

5. 建立健全食品安全信用体系

诚信缺失是造成食品安全事故的根本原因，因此，建立健全食品安全信用体系非常重要。食品安全信用体系主要包括以下几方面的内容：建立有效的食品安全信息公开系统；及时发布食品企业的信用记录；建立完善的食品包装标识体系；建立安全信用评价体系和奖惩机制。

6. 建立健全食品安全信息预警系统

构建完善而高效的食品安全预警机制，对预防食品安全危机事件的发生和发展至关重要。食品安全危机的预警机制是指在常态下对可能引起食品安全危机的各种因素及其所呈现出来的危机信号和危机征兆进行科学监测，对其发展趋势、可能发生的食品安全危机类型及其危害程度做出合理科学的评估，并向社会或政府职能部门发出危机警报的一套运行体系。主要措施包括：建立电子网络的食品安全信息支撑平台；建立食品安全信息数据库的共享平台；保证预警机制的协同联动运行。

第5章　构建我国食品安全保障体系的对策与建议

5.1　关于“完善我国食品安全中长期战略规划”的建议

食品安全是全球共同面临的重大挑战。“中国食品安全现状、问题及对策战略研究（一期）”在分析国内外食品安全现状，剖析、借鉴发达国家食品安全管理先进经验的基础上，基于对食品安全阶段性特征的判断，提出了制定“国家食品安全中长期战略规划（2016—2030 年）”的建议。提出要持续更新“从农田到餐桌”的食品安全法律和监管体系，完善食品安全风险分析框架，制定“国家食品安全风险监测与预警计划”，制定“食品违法生产经营治理行动计划”，进一步确立食品安全的战略地位，明确食品安全法律法规和监管体系的改革方向、战略目标和工作重点，推动我国食品安全治理的常态化和科学化，提升我国食品安全水平。

随着经济社会的快速发展，我国食品安全呈现新特征。主要表现为我国在世界食品进出口贸易中的地位不断提升。我国食品进出口贸易规模稳步扩大，占世界贸易比重稳步增加。“出口全世界，进口五大洲”正逐步成为我国食品产业的常态。贸易保护主义加剧贸易环境恶化。技术性贸易措施的通报量不断攀升。全球食品贸易成本日益提高。联合国粮食及农业组织报告显示，2017 年食品进口成本增至 1.413 万亿美元，较上一年同期增加 6%，并将创下历史第二高的纪录。近期，中美贸易战使得食品全球贸易严重受挫，部分对外依赖度高的食用农产品、食品供应也面临极大挑战。

面对经济新形势，我国食品安全状况整体良好。食品生产监管新举措取得新成效；食品安全检测数据稳中向好，主要食用农产品质量安全总体保持较高水平，居民日常消费的粮、油、菜、肉、蛋、奶、水产品等食品合格率整体保持较高水平，一大批不合格进口食品和走私食品得到有效控制。进口食品安全风险控制和治理体系不断完善，确立“预防为主、风险评估、全程控制、国际共治”的风险治理理念，重点提出食品安全“国际共治”方案。其关键在于：第一，不断推动全球范围内食品安全领域更为广泛的政府间协作，构建食品安全国际共治规则；第二，立足全球食品供应链，构建多元主体、责任共担的食品安全治理模式；第三，遵循 WTO/TBT-SPS 协定的原则及相关国际标准/指南，积极推动进出口方治理体系的等效互认；第四，加强食品安全共治领域关键技术的合作研发与技术沟通，推进关键治理技术在国际食品供应链各方的应用，逐步实现关键技术的协调一致；第五，建立国际共治原则下的便利通关机制，优化进口食品口岸查验方式，缩短口岸通关时长，降低通关成本；第六，构建国际食品安全大数据共享平台，建立国际贸易下食品安全风险预警与应急机制，实现互联网+国际共治；第七，构建进出口食品生产、贸易、物流等企业的信用体系，联合打击欺诈、非法转口、走私等严重妨害国际贸易食品安全行为；第八，适应食品跨境贸易新业态发展需求，开展大数据甄别分析和产业发展动态跟踪，共研新业态下跨境食品安全风险，共建新业态下跨境食品安全治理体系。

5.1.1　构建食品安全国际共治规则

在世界贸易组织（WTO）、联合国粮食及农业组织（FAO）及其下属的国际食品法典委员会（CAC）等组织或亚太经合组织（APEC）、上海合作组织等区域性组织中设立专门协调机构，负责食品安全国际共治的协调、推动和落实。通过签订国际条约、国际协议等正式的国际法文件，或者制订国际共治有关标准、指南等国际软法文件，形成约束机制。通过设立国际共治专项基金，重点支持国际食品安全合作论坛、食品安全信息平台建设、食品安全共治关键技术的合作开发以及不发达国家/地区食品安全治理能力提升等，推动全球范围内食品安全领域更为广泛的政府间协调合作。

5.1.2　建立出口方责任落实机制

立足全球食品供应链，构建多元主体、责任共担的食品安全治理模式。突出出口国（地区）政府对出口食品安全的总体责任，建立/完善出口食品安全管理体系，确保出口食品在政府的有效管控下。夯实出口食品生产运营单位主体责任，督促食品生产加工企业、出口商等自觉落实食品安全保证的法律责任、诚信经营的社会责任和全过程控制的管理责任。健全食品行业自律机制，建立诚实守信的市场运行环境。

5.1.3　推进进出口方治理体系的等效互认

进出口国政府应遵循 WTO/TBT-SPS 协定的原则及相关国际标准/指南，积极推进进出口方治理体系的等效互认。通过等效性评估、回顾性审查等手段，认可可达到进口方同等保护水平的出口方国家层面的治理体系、区域层面的治理体系和（或）行业企业层面的自控体系。

5.1.4　加强治理关键技术的协调一致

加强食品安全共治领域风险评估技术、检验监测技术、危害控制技术、安全防护技术等的合作研发，加强技术沟通，推进关键治理技术在国际食品供应链各方的应用，逐步实现关键技术的协调一致。

5.1.5　建立国际共治原则下的便利通关机制

通过国与国之间通关管理体系的衔接与配合，实现管理制度、管理流程和管理作业上的有机协调，推动国际海关通关监管互认，建立食品跨国过境直通道。通过认可出口国官方出具的证书等方式，优化进口食品口岸查验方式，推动单一窗口建设，实现“一次申报、一次查验、一次放行”，缩短口岸通关时长，降低企业通关成本。

5.1.6　建立食品安全信息国际共享机制

构建国际食品安全大数据共享平台，分享法律法规、标准、治理技术、进出口食品信息等，构建“互联网+国际共治”。密切进出口双方食品信息交流，互通生产经营企业、官方证书、不合格食品等信息。健全进出口食品追溯体系，构建国际贸易食品安全风险预警与应急机制，发布食品安全风险信息和处置措施，及时消除食品安全风险。

5.1.7 建立诚信体系与联合惩戒机制

构建进出口食品生产、贸易、物流等企业的信用体系。建立跨国(境)进出口食品相关企业信用状况数据库，实现信息共享、协调监管。通过签署协议，建立联合打击有关食品安全跨国(境)违法行为机制，实施协助调查、联合专项行动、协同处罚等措施，共同打击欺诈、非法转口、走私等严重妨害国际贸易食品安全行为。

5.1.8 共同开展新业态食品安全治理探索

适应食品跨境贸易新业态发展需求，开展大数据甄别分析和产业发展动态跟踪，共研新业态下跨境食品安全风险。共建新业态下跨境食品安全治理体系，落实新业态下各方食品安全责任，加强互联网溯源技术应用，提高监管效能，促进新业态下食品跨境贸易健康有序发展。

5.2 关于“加强防范环境健康风险，保障居民食品安全”的建议

食品安全是重要的民生问题，是推进生态文明建设、实现美丽中国梦的重要抓手。保障食品安全是全面建成小康社会的迫切要求和重要标志。《“十三五”国家食品安全规划》指出，我国食品安全形势依然严峻，源头污染问题突出是食品安全的最大风险。

5.2.1 环境污染导致的食品安全问题后果严重

1. 水污染影响食品的安全

我国的水污染的情况较为严重，绝大部分污水未经处理就用于农业灌溉，作物中污染物超标，已达到影响食用品质、危害人体健康的程度。污水灌溉中最常见的污染物是酚类污染物、氰化物、石油、苯及其同系物以及重金属，这些物质可以在作物中蓄积，影响农作物产品中的品质，甚至会引起作物死亡；水体污染物对鱼类等水生动物的生存也有重要影响，低浓度时能影响鱼类繁殖，并使其产生异味，从而降低食用价值。据报道，污水灌溉的农田面积已达 330 多万公顷，利用污水灌溉农田，使得农产品也受到污染。2012 年山西汾阳 26 个村庄的农作物因河水污染颗粒无收。

2. 大气污染影响食品安全

大气污染物主要通过三条途径危害人体：人体表面接触后受到伤害；食用含有大气污染物的食物和水中毒；吸入污染的空气后增加患病风险。大气污染引起的食品安全问题主要来自煤、石油、天然气等的燃烧和工业生产。动植物生长在被污染的空气中，不但生长发育受到影响，其产品作为人类的食物，安全性也没有保障。长期暴露在污染空气中的动植物由于其体内外污染物增多而造成了生长发育不良或受阻，甚至发病或死亡，从而影响了食品资源的安全性。受氟污染的农作物除会使污染区域的粮菜的食用安全性受到影响外，

氟化物还通过食用牧草进入食物链，对食品造成污染。

3. 土壤污染影响食品安全

土壤污染的发生途径首先是化肥、农药的使用和污灌，污染物质进入土壤，并随之积累；其次，土壤作为废物(垃圾、废渣和污水等)的处理场所，使大量的有机和无机的污染物质进入土壤；再次，土壤作为环境要素之一，因大气或水体中的污染物质的迁移和转化，而进入土壤。据统计，中国耕地面积不足全世界一成，却使用了全世界近四成的化肥，中国单位面积农药使用量是世界平均水平的 2.5 倍，过量施用农药化肥严重地污染了水体和土壤。据统计，中国每年有 1200 万吨粮食受土壤重金属污染，我国工业“三废”污染耕地 1000 万公顷。耕地土壤环境质量堪忧，全国土地总面积、总超标率达到 16%以上，中度和重度污染占 2.9%，且污染灌区不断增加；第一次全国污染普查显示，我国农业面源污染物已经超过工业的 7.5 倍。

4. 资源约束趋紧影响食品安全

人口众多、资源相对不足、环境承载能力较弱，是中国的基本国情。我国地域辽阔，资源丰富，是世界上少数几个资源大国，但是我国人口众多，人均资源占有量少，资源分配不平衡，潜伏着巨大的资源危机。随着工业化、城镇化快速发展，资源对发展的约束越来越明显。资源的浪费和不合理的利用，使得有利的资源变成废物进入环境，造成人均资源量少；分布与生产需求不均，时空分布不均、与生产力布局不相匹配，发展需求与资源条件之间的矛盾较为突出，使得我国城市面临危机；资源缺乏威胁粮食安全。而不断使用资源带来的环境污染，导致生态功能退化的现象对食品安全、对农作物的生产也有很大的影响。

5.2.2　食品安全问题依然严峻

1. 食品中重金属、有机物等污染突出

我国的主要食品安全问题主要包括微生物引起的食源性疾病、农药残留、重金属和有机污染物等造成的化学性污染以及非法使用的食品添加剂等，重金属污染是其中的一个重要方面。食品中的有毒重金属元素，一部分来自于农作物对重金属元素的富集，另一部分则来自于食品生产加工、储藏运输过程中出现的污染。重金属元素可通过食物链经生物浓缩，浓度提高千万倍，最后进入人体造成危害。进入人体的重金属要经过一段时间的积累才显示出毒性，往往不易被人们所察觉，具有很大的潜在危害性。通过对既往研究资料的搜集和分析，我们发现我国的铅、镉等重金属的污染水平突出，食品中的镉污染主要集中在东部和南部地区，东部和北部食品中铅污染问题较为突出，对于有机污染物 PCBs 来说，东部和中部地区的一些农村点有较高的 PCBs 浓度。此类污染的直接原因是人为造成的环境重金属、有机物污染进一步转移到了食品当中，从而导致了食品中的重金属、有机物等污染问题突出。

2. 环境成为食品安全的重要影响因素

食品安全和环境有着密切的关联，从原材料到加工工艺，干净卫生的环境是保障食品安全的前提。食品安全受到整个链条的影响，包括生长环境、加工运输等中间环节，以及烹饪等末端影响，每一个环节出现问题都会最终导致食品安全受到威胁。研究表明，食品包装的塑料袋等介质中有机物、重金属等污染物质的检出率较高，但是基本在我国相关的行业标准规定的范围内。然而某些持久性有机污染物 PCBs 来说，由于它的难降解特性，土壤一旦受到污染，就很难消失，并且进入植物体内，通过食物链逐级放大，最终危害人类和动物的生命安全。众多研究表明，叶片和果实可通过吸收空气吸收大量的污染物质。空气中的有机和无机污染物可通过干、湿沉降富集并被叶片吸收。因此，在某些方面来说，原生环境对于食品安全有着不可忽视的影响，加强从田地到餐桌的中间环节（运输、储存、加工、烹饪）的监管（标准和基准）至关重要。

3. 经饮食暴露途径的健康风险分担率处于较高水平

开展人体经食物、土壤、水体等多途径多介质暴露健康风险的研究，明确各环境对人体暴露健康风险的分担率，是设定科学合理的环境基准的根本依据。经过调查研究与系统梳理，通过对不同暴露情境下食品暴露途径贡献的分析，可以发现，食品暴露是人体环境污染物暴露健康风险的主要途径和来源。阻断或者控制食品污染物来源，是保证食品安全的有效手段，也是有效减小食品暴露健康风险的关键。

5.2.3 我国现行相关环境标准的协调性及健康保护能力

假设我国环境污染水平尚可接受，现行各相关环境标准制定合理的前提下，我国成人经土壤、水体、空气和食品等多介质，经呼吸、经皮肤和经口等多途径对铅的日均暴露量为 4.17 μg/(kg·d)，已超过 WHO/FAO 设定的日均可接受摄入量推荐水平 3.5 μg/(kg·d)，说明在此情景下我国成人对铅的暴露量超过人体耐受剂量，可能会给其带来一定的健康风险；并此从不同环境质量标准的科学性来看，说明我国现行的不同环境质量标准之间的综合协调性较差，即不同的环境质量标准制定时，并未充分考虑其他环境质量标准制定结果对该环境质量标准，或对人体健康的综合影响。因此，加强不同环境标准的协调性，加强环境标准与食品标准的一致性迫在眉睫。

5.2.4 环境健康风险评估在保障居民食品安全方面的重要作用

1. 环境健康风险评估是设立环境基准的根本方法

科学合理的环境基准是食品安全的重要保障，也是保障食品安全的第一道防线，而环境基准的设立需要以环境健康风险评估为基础，结合我国居民暴露参数等特点，通过计算不同介质风险贡献率，从风险防控的角度出发倒推以降低人体暴露的风险，保护人体健康为目的的相关环境基准值。合理的大气、水体、土壤等环境基准是保障食品安全的关键所在。

2. 环境基准是保障食品安全的重要支撑

环境基准是“从农田到餐桌”无缝链接的食品安全标准体系的重要支撑。最终餐桌食品的安全一方面取决于食品的加工、包装、储运等过程的安全性，但归根结底还是要从保障食物源头开始。比如农产品中有毒有害污染物的限值，取决于其生长环境的大气质量、土壤质量、灌溉水的质量，以及农药和化肥使用等，而合理的大气、水、土壤基准是保障食品安全的关键所在。淡水产品和海产品的安全的第一道防线也是其生长的环境，即水质的安全。因此，科学合理的环境基准是保障食品安全的重要保障。

3. 环境健康风险评估是保障食品安全的科学手段

食物是生物链中连接环境(空气、水体、大气等)及人体摄入的重要环节。环境健康风险评估作为连接外暴露环境、人体暴露的途径和方式，可定性或定量的识别暴露的主要途径和健康风险的主要来源，建立食品与环境的有效连接，从健康风险的角度切实保障食品安全。

5.2.5　加强防范环境健康风险，保障居民食品安全的建议

1. 统一食品安全的监管工作

食品行业是一个交叉行业，需要多方共同努力保障食品安全，结合我国当前食品安全的现状和相关管理，因此，职能整合、统一管理是解决食品安全问题的重要举措。具体来说，第一，食品安全的应该积极推动将食品安全的监管集中到一个部门，或者几个部门，加大部门间的协调力度，以期提高食品安全监管的效率。形成全国范围内的食品安全的统一管理机构；第二，加强部门与消费者的直接对话，建立消费者和管理者之间的合作网络，加强从消费者层面的监督平台和职能；第三，要建立专职机构进行风险评估工作，为制定法规、标准以及其他的管理政策提供信息依据。

2. 积极开展食品源产地的环境健康风险评估工作

开展食品源产地的环境健康风险评估工作是保障原生环境质量的关键措施，也是防范人体暴露健康风险的关键所在。具体来说，第一，积极开展污染普查和健康风险评估工作，通过风险识别和风险评估的途径和手段，识别源产地的污染水平以及潜在的健康风险，为下一步政策提出提供科学依据；第二，定期梳理和更新环境污染物毒理学、暴露评价及健康效应研究基础和数据储备库，并及时对暴露途径、健康结果、健康危险度水平及相关步骤和方法构建科学的方法体系；第三，推动并更新环境污染特征，人体摄入量、人体暴露方式、人体寿命体重参数等环境暴露行为和健康数据的收集和研究，为源产地的健康风险评估提供重要依据和必要的数据支撑；第四，随着工农业生产的快速发展，农业生态环境急剧恶化。

3. 推动建立基于健康风险全程管控的环境与食品基准/标准体系的建设

面对现有环境标准与食品标准不衔接的问题，要主动结合当前国情和环境健康管理的

方法及趋势，建立基于“健康风险、风险管理”原则下的相关基准体系的建设。具体来说，第一，在制定相关标准或基准时，要因地制因，做到分类和分级，在国家层面管理的同时做到区域限制优先；第二，在相关基准和标准的制定过程中需统一、规范环境重金属健康风险评价方法、程序和技术要求，建立风险评估模型、决策支持系统；第三，基准和标准项目限值的制修订需跟随化学物质健康效应研究最新进展进行，对于缺乏科研数据或研究技术的指标，应暂时不制定基准或标准限值或者只制订限值暂时值；对于已有限值的指标，应充分调动研究方法、获取足够的基础性支撑数据的前期下，定期更新基准及标准的指标及限值；第四，着力培养从事环境与健康科学研究及风险评价专业技术支撑机构和人才队伍，促进方法学及科研技术的增高增强，推动相关基准和标准的制修订。

4. 建立“从农田到餐桌”整个链条上全面且长期的监控网络

要建立食品综合环境监测体系以及风险管控监测体系，加强“从农田到餐桌”整个链条上全面且长期的监控。具体来说，第一，要实施不同环境介质的长期、动态重金属污染监测和预警，选择有代表性的重金属污染健康风险地区，建立环境重金属与人群生物监测网络；第二，设立多个产地风险评估站点和产地监测员，加强产地风险评估的监测力度，形成产地风险评估网络，提高“不安全产地”的检出率；第三，要形成基于健康风险评估的统一的监测方法、监测指标、监测限值，确保整个链条上监测网络的协调统一。

5. 加大公众对于环境健康风险评估的普及教育

现阶段，由于公众宣传教育工作不足，公众缺乏环境健康风险评估的基本素养。因此，应该积极推进“全民防范健康风险”的运动，提高公众“环境健康风险素养”，是保障公众食品安全的关键手段。具体来说，第一，政府应当把提高公民“环境健康风险素养”纳入议事日程，鼓励保障相关公益性的科普事业，制定优惠政策支持营利性的科普文化产业等，从国家政策出发，大力推进全民“环境健康风险素养”的提高；第二，推动公民科学素养的提高不同层次的人群的“环境健康风险素养”存在差异，根据不同地区、不同水平进行全方位、多层次的教育宣传工作，通过学术交流、学术报告等形式都是提高“环境健康风险素养”的有效途径；第三，有效利用大众媒介进行推广，通过不同性质地媒介的手段进行分层次、分年龄、分对象地传播，电视、广播、报纸、杂志、画报等都是可取的有效途径。

5.3　关于“加强粮油食品精准加工，提高食品质量安全”的建议

粮油食品是指以粮食、油料(脂)或粮油加工厂副产品为主要原料，经物理、化学、生物加工而制成的食品，其主基体必须是粮油原料。粮油食品是国民日常饮食所必需的食品，也是关乎国计民生的重要品类。其中，粮谷食品是我国居民膳食宝塔的基石，是人体碳水化合物、植物蛋白和维生素 B_1 等营养素的主要来源，同时也提供膳食纤维等功能成分；油脂食品是健康膳食的重要元素，是脂类成分的来源，也是脂溶性营养素的重要载体。自20世纪80年代粮食供应逐渐得到满足之后，国民开始追求“吃得好”，最后演变为过度追求粮油产品精细的感官品质。近年来，随着电子技术和移动互联网技术的快速发展，个性

化营养健康主食也朝着智能化方向发展。展望未来，以精准营养为目标，以工业化、自动化、智能化为发展方向的个性化营养健康食品智造产业将有无限广阔的前景。

5.3.1　精准加工的内涵

分析了过度加工在消费端、产品端、加工端产生的系列问题后，专题组提出“精准加工”的理念。精准加工是一种建立在人群营养需求以及针对他们的目标产品设计基础上，依据不同区域、不同品种的粮食油料作物的营养特性、加工特性、危害物迁移变化规律而实现的差异化、特定化、精确化的加工模式。精准加工的“精准”应体现在如下四个方面：

1. 为不同目标人群而实现的“精准”

居民对营养的需求受性别、年龄、地域、健康状况等多种因素影响。在慢病发病率的问题上，60 岁及以上人群高血压发病率是 18～44 岁人群的 5～6 倍，随着年龄的增加，糖尿病患病率也呈上升趋势，妇女、婴幼儿童和老年人是缺铁性贫血的敏感人群。精准加工就是要能够实现为不同营养需求的人群进行量身定制，为特定人群实现其所需的营养素的最大保留。

2. 为不同原料而实现的“精准”

我国地大物博，粮食和油料作物品种繁杂，各类原料都有不同的营养特性和加工特性，与之对应的加工工艺也应有所区隔。精准加工就是要能准确把握每一种原料的特点，针对其所对应的不同终端产品的要求，设计和实施合理的加工工艺。

3. 为不同区域而实现的“精准”

我国幅员辽阔，不同地区的土壤、水质、气候都有其特点，因此即使是同一品种的粮食和油料，产自不同区域，也可能出现营养特性、加工特性、危害物含量等方面的不同。精准加工就是要能够在全面掌握不同地区粮食油料作物特点的基础上，实现差异化的加工方式，避免因“过度”产生的营养素流失或者因“不足”或“不当”带来的食品安全风险。

4. 为不同产品形式而实现的“精准”

随着生活水平的不断提升，消费者食用粮油食品的场所和时间日益多样，这对于粮油食品的产品形式提出了更多的要求。不同的产品形式所需要的加工方式有所差异。精准加工要求在了解不同产品形式的基础上，采用不同的工艺，对于产品原料的进行精准加工，以使其满足特定消费场景下的食用需求。

5.3.2　精准加工的意义

精准加工作为一种全新的加工理念，在粮油食品领域中具备一定的研究与技术成果基础。粮油食品加工现场检测控制技术突破、加工工艺参数与营养成分留存关系研究以及加工设备的更新换代均有助于精准加工模式的实现。依据我国粮油食品产业现状，将其整合成一种以需求驱动供给的加工模式，对于我国粮油食品加工产业具有一定创新意义。

首先，精准加工的推广有助于打破传统粮油食品的消费误区，改变消费者一味地追求“亮、白、精、清”的消费观念，有助于降低糖尿病等慢性病的发病率和死亡率，提升国民健康水平。

其次，将原料特点与终端产品要求相结合，将区域原料优势与特点和消费需求相结合，有助于优化供给结构，避免盲目生产，有效减少不必要的资源浪费和能源耗损，实现粮油食品的高效供给。

再次，有助于促进营养组学、分子营养学、代谢组学等方面的研究，推动食品营养评价体系的建立、食品营养均衡与慢性营养代谢疾病的生物标志及其评价体系的研究，可以有效加强慢性病的预防，改善国民健康水平。

最后，消费需求作为技术发展与革新的驱动力，让更多的企业参与技术革新中来，成为创新主体，使创新主体多元化，提升我国粮油食品产业整体水平及自主研发能力。

5.3.3　国外相关经验借鉴

1. 积极开发多样化产品以满足多元需求

发达国家在粮油食品开发针对不同年龄、不同性别的消费者开发具有不同营养特征的多样化产品。例如日本市场上有针对中老年人、男性、女性和儿童的包装主食产品，功能宣称和包装样式也比中国市场丰富很多。美国市场上的全谷物食品涉及 20 多个品类，包括主食和零食，且产品成分和口味都更加多元。一些跨国公司也在不断调整产品结构，向发展中国家拓展市场，如美国通用面粉公司旗下的家乐氏、瑞士雀巢公司、益海嘉里集团、瑞士布勒公司等食品企业积极推进产业链的延伸，开始发展以稻米为原料的婴儿营养米粉、谷物营养早餐食品、营养再造米和休闲食品等米制品，实行规模化生产和集约化经营。

2. 重视全谷物产品的研发与推广

发达国家从 20 世纪 80 年代起，在精加工粮油食品产品的基础上，开始对全谷物食品进行研究，其政府、学术团体和工商界对全谷物食品的营养价值、加工工艺、市场、消费、教育与宣传给予高度重视。国际上第一个全谷物的专题会议于 1993 年由美国农业部、General Mills 及美国膳食协会等机构联合发起在华盛顿召开。随着研究的深入，全谷物的健康重要性日益得到重视，越来越多的国家和地区发起与全谷物有关的国际会议。

1997 年欧洲第一个全谷物会议在巴黎召开。2005～2010 年，欧盟启动了“健康谷物”(Health Grain)综合研究计划项目。来自 17 个国家的 43 个研究机构参与了该项目，旨在通过增加全谷物及其组分中的保护性化合物的摄入，以改善人们的健康状况，减少代谢综合征相关疾病的危险。2010 年 6 月正式成立欧盟健康谷物协会。澳大利亚和加拿大等国家也召开过全谷物专题会议或是成立组织进行宣传。统计数据显示，2007 年，世界各国全谷物制品已高达 2368 种，然而在 2000 年，仅有 164 种，可见全谷物产品数量增长速度十分迅猛。可见在国外部分发达国家，过精过细的饮食已经不再是被追捧的潮流。

3. 重视居民的营养监测和饮食教育

发达国家十分重视营养健康知识的普及和营养健康人才的培养。例如，日本在二战后全面规划了提高国民素质的营养政策与制度，包括通过家政学教育普及营养知识、加强居民营养状况监测、建立和完善营养士制度、建立针对学生的营养干预制度等；美国从 20 世纪 30 年代起，开始对居民膳食情况进行调查，1977 年开始建立营养监测系统并发布饮食目标，内容涉及如何获得足够的营养，且避免营养摄入过多造成慢性病，1992 年，美国组建了涉及多部门的国家营养监测顾问委员会，1994 年成立营养政策促进中心，负责不断完善膳食营养指南，评估居民膳食质量，强化消费者在食物营养方面的理念和知识；2009 年，德国政府发起"健康走进年轻家庭生活"活动，全德国范围的专家学者、团体协会和机构第一次共同为妊娠期和哺乳期妇女制定了饮食健康和营养建议手册并大力宣传推广。这些举措对于提高发达国家居民寿命、推广营养健康食品等产生了积极效果。

5.3.4　实现粮油食品精准加工的对策及建议

1. 以居民营养健康需求为导向，加强人群需求研究

我国居民已经开始逐步进入以健康作为饮食衡量标准的新阶段，单一的按照产品加工等级来标注产品质量已经不能够满足居民对于食品健康性的需求，需要在粮油食品研发的过程中加大对于居民健康与粮油食品间关系的基础研究，主要包括两个方面：一是基于不同消费人群生理及体质特性，在不同地区针对不同特征的人群开展全面的居民健康状况及健康需求研究；二是从消费心理及行为差异等方面长期对消费者进行监测，深入洞察居民对粮油食品的消费认知、习惯、饮食偏好以及变化趋势，实现以健康为导向，符合消费者需求的粮油食品开发、生产及服务。综合两方面的研究，总结归纳出一套科学系统并适合我国不同人群的健康需求与消费需求的分析体系，并定期更新，为粮油食品精准加工技术的基础与创新研发方向的确定提供理论依据与数据支持。

2. 建立健全粮油食品标准体系及规范

精准加工需要在深入研究粮油食品特征特性和居民营养健康需求的基础之上，系统的建立粮油食品加工操作规程、营养素保留及感官标准体系，摆脱现有以加工精度为标准的单一评价维度，提高粮油食品相关企业准入及运营标准，采取严格的企业准入机制，针对粮油食品产业链中各个环节，研究制定相关原料、工艺、过程管控、产品等各环节的标准体系和规程。能够实现"好产品"有标准，消费者选择有依据。

3. 对粮油加工企业实现精准加工实施有效的政策引导和激励

在实现充分基础研究和需求调研的基础上，提出有针对性的引导政策，实现政策制定有数据，企业发展有依据，优化区域化粮油食品加工效率及供给结构，缓解粮油食品产品同质化问题，促进我国粮油食品市场多元化发展。同时，加大对粮油食品相关产业政策及标准的推广力度及咨询服务，引导企业有效执行标准，对粮油食品加工企业综合加工利用制定激励政策(财税、法律、技术等方面)。

4. 加大科研支持力度，鼓励和支持粮油食品基础研究

深入研究我国不同品种、不同区域粮油食品的营养特性、加工特性、危害物迁移规律等以及与人体营养健康之间的关系，在深入调研我国不同人口结构特征的人群的粮油食品消费习惯的基础上，建立粮油食品精准加工的理论基础、加工过程中营养素变化及对产品品质的影响、粮油食品精准加工关键技术与重大产品的开发、质量评价与标准体系建设等内容。

5. 建立粮油食品资源数据库

建立健全粮食产业数据统计及科技信息体系，完善全面、准确的国家粮食流通统计信息报告制度和发布平台，建立具备权威性、多渠道联通的科学知识与科技信息平台。建立加工企业统计信息及科技信息的权威性，加强粮油加工业统计信息公共服务。依法开展粮食供需平衡情况调查，加强重点企业生产运行形势分析以及行业发展趋势研判。此外，基于对不同地域、不同品种、不同用途的粮油原料的基础研究，建立集营养特性、加工特性、下游应用方式等信息于一体的线上动态数据库，实现年度补充、信息滚动，为粮油食品行业发展有效的、全面的数据资源支持，实现资源共享。

6. 鼓励行业搭建粮油食品数字化、智能化加工体系

当下人工智能、大数据、物联网、虚拟现实、卫星遥感等前沿技术快速发展，对粮油食品加工产业链进行数字化、智能化升级，全面实现加工过程数字化控制，有效把控加工过程中造成损失的环节，为加工流程的优化及工艺的改进提供有效支持并提升生产加工效率。加工过程中的精准控制和多元化、个性化、定制化生产，通过前沿技术的应用，突破传统粮油食品产业对于人工的依赖，提升我国粮油食品的生产效率、降低人工成本投入，优化产业人力结构，同时通过智能化的系统对市场需求、气候趋势、土地状况、区域市场需求等的综合判断向生产者建议种植或加工的产品种类，有效地实现市场供需匹配。以前沿技术赋能粮油食品产业升级。

5.4 关于“促进营养与健康食品产业发展”的建议

营养与健康食品是指经先进生产工艺加工，发挥其丰富的功效成分调节人体机能，适用于有特定功能需求人群食用的特殊食品，包括膳食补充剂、功能食品、特殊用途食品、强化食品等。然而，由于概念受到各国文化传统的影响，目前国际上尚没有明确营养与健康食品的定义与范畴。

5.4.1 问题与挑战

1. 生产规模小、低水平、缺乏市场竞争力

绝大多数企业的投资规模与生产规模小，产品中科研开发投入和成果转化率不高，生

产的产品低质重复、科技含量不高，企业创新思路和方式难以脱开惯性继承模式，未形成高附加值的拳头产品，企业难以长期保持竞争优势，同时缺乏国际竞争力。

2. 基础研究薄弱

营养与健康食品产业是一个涵盖食品科学、生物、医药、化学等多学科的综合交叉性领域，需要从人体的营养代谢、病理与健康状况、基因组学和个性化营养等全方面进行基础研究。扎实而深入的基础研究需要花费大量人力物力，但是短时间内无法体现其经济效益。因此，我国营养与健康食品的中小型企业在基础研究方面投入较低，研发投入占总销售收入的比例不足1.5%。同时，国家对营养健康基础研究的科研投入较少，没有引导各学科交叉形成综合研究力，无法促进行业体系深化。

3. 人才缺乏

营养与健康食品制造业领域内不同层次人力资源相对短缺，目前行业人才缺口约40万人。特别是在专业技术人才梯队方面，初中级人才较多，但技术领军人物、学科带头人等高级技术人才严重不足，同时缺乏高级技术人才的专业晋级通道和相应的待遇水平和激励机制，导致绝大多数较高水平的专业技术人才转向管理岗位，限制了研发整体的力度和深度。

4. 部分产品标准及评价体系不完善

营养与健康食品中的保健食品现有标准体系不完善，检测标准或不统一或缺失或滞后，以致监管执法时缺少法定依据，给不法分子可乘之机，同时引起了媒体和公众对保健食品质量安全的质疑。2013年后，特殊用途食品虽然已经出台了《特殊医学用途配方食品通则》等相关标准，但无明确的指南性质资料，很多内容需要细化，以便为企业生产和市场监管、临床应用、产品创新鼓励等提供更详细的参考。

5. 缺乏行业自律组织的监管

目前缺乏行业自律组织对营养与健康食品的监管，备案、审批与行业认证相结合的分类管理制度不完善，导致政府监管力不足时，营养与健康食品的质量安全无法得到相应的保障。

6. 未充分利用我国传统食品资源

我国营养与健康食品没能够充分发掘我国丰富的传统食品资源，产品特色不够鲜明，无法形成独具的竞争力。

7. 进口依存度高

我国研发的产品种类单一，某些品类的产品缺乏，不能满足各消费人群的需求；产品原料、设备依赖进口；消费者对本土品牌产品质量不信任，青睐国外品牌；出境游游客数量的快速增长加强了我国消费者对国际品牌的认知度；我国跨境购市场规模快速膨胀，也促进了进口营养与健康食品的消费。

8. 消费者健康意识仍待提高

我国消费者对健康的需求虽日益增强，但国民健康意识的培养仍任重道远。世界卫生组织明确提出，影响健康长寿的因素中，医疗条件只占 7%，60%在于个人健康管理。然而，医疗产业是我国健康产业的支柱，我国消费者长期处于被动防病治病状态，而通过主动选择营养与健康食品等“治未病”的健康管理意识严重不足。也是基于这个原因，我国的营养与健康食品产业始终处于具有“巨大的消费潜力”的状态，一直未真正形成庞大的市场规模。

5.4.2 发达国家营养与健康食品产业发展经验借鉴

1. 国家层面对产业的推动力十分强劲

发达国家政府在营养健康知识的普及、营养健康人才的培养上推动力度大，对相关法律法规的制定也较为完善。美国食品药品管理局(Food and Drug Administration，FDA)专门制定了两个管理法规，对健康食品和膳食补充剂进行分类管理。一个是《营养标签与教育法》(Nutrition Labelling and Education Act，NLEA)，要求上市的所有食品必须附上合格的标签。它也适用于健康食品的管理。另一项法规是《膳食补充剂健康与教育法》(Dietary Supplement Health and Education，DSHEA)。它是针对膳食补充剂的一个专门法规。为了鼓励产业发展，也为了给消费者提供正确的营养与健康食品资讯，日本政府自 2003 年起就开始重新研讨保健功能食品的管理制度，于 2005 年 5 月实施健康增进法、食品卫生法以及营养标识标准等的修订规则，此外，日本也建立了相应的功能食品资源库和功能因子数据库。

2. 透明、开放的监管机制

在保障产品质量的同时大力支持产业的创新发展。美国、欧盟等国家一直对营养与健康食品实行按品类区分，执行不同的法规分类监管。2013 年，日本颁布了“功能性食品标示制度”，放宽了食品功能声称的市场准入标准，大大加速了健康产业的发展。美国、日本等发达国家对健康产品声称的要求比较灵活。日本、欧盟及澳大利亚的管理机构对“降低疾病危险性”的功能声称之外的健康声称如营养素功能声称等仅需普通审批程序。

3. 企业重视基础研究，研发能力强

由于监管制度完善，企业可以根据制度完善经营，科研以产品为导向，系统设置科研与工程化应用系统研究，投入新品研发，使制造商和分销商都能够利用研究成果引入新产品。此外，在营养与健康食品产业飞速发展的发达国家，开发预防慢性病的营养健康食品已成为一种潮流，欧盟等发达国家和地区在功能性食品降低疾病风险方面研究比较深入，不仅运用基本理论作为支撑，还将其作用机理的研究深入到分子营养学的水平，为营养健康食品的研发提供理论支持和临床实践指导。

4. 消费群体的受教育程度和信任度高

自 20 世纪 50 年代末起，美国、德国等发达国家提出健康管理的概念，通过半个多世纪的教育与实施，这些国家的消费者个人健康意识极强，大多将健康消费作为预防疾病的主要手段。消费者定期自觉地消费营养与健康食品，已形成同日常食品消费无异的消费文化与习惯。美国的孩童自幼儿园起就接受专门的食品营养课程，学习健康饮食的知识。

5.4.3　营养与健康食品产业供给侧改革对策建议

1. 实施有效的政策引导和激励，鼓励产业发展

对企业生产营养与健康食品提供科技、税收、用地、资金等引导和鼓励政策，促进我国营养与健康食品产业的发展。以市场为导向，以完善产业链为目标，通过跨国、跨区域、跨行业、跨所有制的资源整合，通过联合、兼并、收购等资本运作方式，对中小型企业进行兼并、重组、培育与扶持，促进企业的转型升级。加强产业链的整合，促进集聚集约化发展，形成优质的配套型企业、专一特色型企业、航母型龙头企业的产业格局。

2. 完善产业布局，形成企业集群和原料基地

在长三角、珠三角、环渤海等地区，建设营养与健康食品的研发生产基地；在中西部地区，重点扶持培育大产值的营养与健康食品原料品种，建设营养与健康食品原材料基地，推动原料资源优势向产业优势转化；组织、培育大型企业集团，促进中西部原材料基地和东部营养健康食品生产企业之间的融合，统筹国内区域间资源，构建国内外贸易平台，促进营养和健康食品原料产业健康有序地快速发展。

3. 健全营养与健康食品法规、标准体系

建立健全的体检与健康咨询服务，为有效转化产品市场提供帮助；进一步完善审批和备案双规并行的保障体系。健全原辅料、研发、生产、流通过程安全性评价及监管法规。制修订原材料及辅料质量、生产设备、产品配方、工艺流程、产品质量、功能评价、安全性评价、生物利用度等关键环节的国家标准。由重视审批转向重视监管，构建新型监管体系，督促行业自律。

4. 加强科技投入，鼓励自主知识产权产品的开发

加强科研经费投入，突破营养与健康食品行业系列瓶颈技术难题，在国家层面上从“全食物链”的角度进行营养与健康食品产业的顶层设计。确保科研投入比例，重视营养健康临床研究，产品质量稳定研究。强化企业科技创新能力建设与积极性，加强科研机构与企业合作，提高转化率。强化自主创新意识与知识产权保护工作，在保障产品质量安全的前提下，支持自有品牌开拓境外市场，促进国内品牌跨国经营或拓展国际业务。完善国外产品准入后的管理制度，提高进口产品违法成本。充分利用我国特有动植物、药食同源、海

洋生物和菌种资源优势，开发适合我国不同人群和具有民族特色的营养与健康食品，鼓励自主知识产权产品的创新研发。

5. 加强人才培养，完善产学研协同创新体系

以建设创新型科技人才、急需专业人才和高技能人才队伍为先导，统筹营养与健康食品相关专业技术人才和经管人才队伍建设。加大海外高层次人才和国外智力引进工作力度，加速产业人才国际化进程。鼓励高等院校、重点科研院所、大型企业共同开展营养与健康食品的协同创新。

5.5　建立“我国食品 EMA 脆弱性评估数据库”的建议

5.5.1　食品 EMA 概念及在食品安全治理中的重要性

美国是最早提出食品经济利益驱动型掺假(Economically Motivated Adulteration，EMA)概念的国家。2009 年，美国食品药品管理局(Food and Drug Administration，FDA)在“关于提高对 FDA 管理的产品的经济利益驱动型的掺假认识和征求公共投入”的会议中通过经济利益驱动型掺假的一个工作定义，通过这次会议 FDA 正式认可这个新兴的风险并将经济利益驱动型食品掺假作为一个独立的概念。FDA 将经济利益驱动型食品掺假定义为：欺骗性的、有意的在一种产品中故意替换或添加某种物质，目的是增加产品的表观价值或降低其生产成本；经济利益驱动型食品掺假包括对产品的稀释，即将产品中已经存在的组分的数量的提高(如果汁的加水稀释)，在某种程度上这类稀释甚至会对消费者产生一种已知的或者可能的健康风险，经济利益驱动型食品掺假还包括用于掩饰稀释的添加或替代食品组分的行为。

近年来，我国食品安全事件频发，研究发现 EMA 事件占我国食品安全事件的较大比重，从 2009 年到 2013 年“每周质量报告”报道中有 52 期涉及食品安全，其中涉及食品欺诈的就达 39 项，占到 75%。2001～2013 年央视曝光的重大食品安全事件中 25.35%由非法添加物造成，假冒伪劣和掺杂使假也分别占 5.63%和 4.23%，其他还包括非食用原料(11.27%)、化学污染物(9.86%)、理化成分(8.45%)、非法使用违禁药物(7.04%)等，由此看出，非法添加、使用非食用原料、假冒伪劣和掺杂使假等违法生产经营行为，是导致食品安全事件发生的主要原因。从我国出口食品的角度看，2009～2013 年欧盟食品和饲料快速预警系统通报中，我国出口到欧洲、美国、日本、韩国等的食品，食品掺假也是主要问题之一。

5.5.2　国内外食品 EMA 防控体系现状

1. 经济利益驱动型食品掺假数据库的构建

为系统地搜集和汇编 EMA 和食品欺诈的历史数据，从而预防和 EMA 和食品欺诈事件的发生，美国 NCFPD 创建了 EMA 数据库(Economically Motivated Adulteration Incidents Database)，该数据库当前仅允许授权用户访问。此外，USP 还创建了食品欺诈数据库(Food

Fraud Database），数据库中包含事件编号、事件来源、事件产品涉及的食品分类、事件产品的具体名称、掺假物质、欺诈类型、事件发生时间等。

欧盟委员会(The European Commission，EC)一致致力应对食品完整性问题，一方面，欧盟成立了政府机构共享事件信息和情报的食品欺诈网络(Food Fraud Network of Government Agencies)，由于这些信息被视为机密，该网络的有效性还难以评估。另一方面，RASFF 系统中将包含掺假和欺诈这个新类别。

我国还没有关于食品安全事件和食品掺假事件方面的官方数据库，2011 年复旦大学研究生吴恒等在校学生建立“中国食品安全问题新闻资料库”，并于 2012 年创办名为“掷出窗外”的网站。当前较为全面的关于中国食品安全的数据库是由香港中文大学陈山泉等建立的大中华食品安全数据库，该数据库能够持续高效地搜集中国食品安全事件和相关文献资料，并能将搜索结果根据地区、发生年份、来源和食品相关关键词进行自动分类，目前该数据库已经收集超过 130 万份的信息。

2. EMA 事件特征研究与预警

国内外开展了许多关于 EMA 事件的特征研究，并认为此类研究有助于更好地评估和减少 EMA 风险。美国国会研究服务局(Congressional Research Service)对 EMA 数据库中 1980 年至 2013 年 11 月期间搜集的 302 个食品掺假事件进行分类，发现涉及 EMA 事件最多的食品类别分别是鱼和海产品(31%)、食用油和油脂(11%)、酒精饮料(8%)、肉及肉制品(7%)、乳制品(6%)、谷物和谷物产品(约 5%)、蜂蜜等天然甜味剂(5%)；事件按掺假类型分类，由于替代或稀释占 65%，含有未经批准的食品添加剂占 13%，假冒商品占 9%，标签错误占 7%，产地冒充占 5%，含潜在危害物质约 1%，含其他未知类型掺假约 1%；从事件发生的地点来看，有 30%的事件发生在美国，且其中大部分事件是鱼和海产品标签错误，15%的事件发生在欧盟，中国和印度分别占 14%和 13%，其余亚洲国家占 5%。

EMA 事件涉及的产品类别广泛，包括水产品、乳制品、肉制品、饮料、调味品等，事件的掺假类型包括替代、稀释、添加未经批准物质、假冒产品、标签错误、产地冒充等。事件地点涉及世界上大多数国家和地区。我国当前初步构建起食品安全预警系统，但是，我国还没有专门针对食品掺假的预警系统。

3. 脆弱性评估和关键控制点体系

针对食品蓄意掺假问题，美国 USP 专家小组在食品化学法典(Food Chemicals Codex)中提出了新的附录：《食品欺诈控制指南》(Guidance on Food Fraud Mitigation)，以协助制造商和监管机构识别供应链中最脆弱的环节，并如何采取有效的措施打击 EMA。《食品欺诈控制指南》涵盖的范围是有意的、经济利益驱动型的食品掺假，不包含其他形式的食品欺诈。《食品欺诈控制指南》体系的构建是一个动态的和连续的过程，涉及脆弱性的表征、贡献因素，脆弱性产生的影响评估，以及脆弱性控制策略及实施，并定期(如一个季度、半年)或发生新的情况时(如发现新的非法添加物、新的掺假方法)对评估指标进行更新。2014 年世界食品安全倡议(Global Food Safety Initiative，GFSI)提出了脆弱性评估和关键控制点体系(Vulnerability Assessment and Critical Control Point System，VACCP)，该体系侧重点从风险转移到脆弱性，并在第七版 GFSI 指导手册中增加了企业如何最大限度减少食品欺诈和掺假原材料风险的内容。

4. 颁布应对食品掺假的法律法规

美国FDA在2011年1月4日颁布的《食品安全现代化法案》(Food Safety Modernization Act，FSMA)中提出要加强食品故意掺假行为的预防，该法第 106 节内容是关于防范蓄意掺假，该部分要求FDA应对食品系统开展脆弱性评估，确定必要的防范食品蓄意掺假的科学缓解策略或措施的类型，并且要在本法案颁布18个月内颁布关于防范蓄意掺假的法规。2013 年 12 月 24 日，FDA 延期发布 FSMA 要求的防范蓄意掺假的法规《防范蓄意掺假的集中缓解策略》草案(Focused Mitigation Strategies To Protect Food Against Intentional Adulteration)美国法院裁决该法规必须在2016年5月31日前实施。

当前，我国《食品安全法》《刑法》《消费者权益保护法》《进出口商品检验法》《产品质量法》均针对生产、销售及经营环节中经济利益驱动型掺假行为做出了相应的处罚规定，食药监管部门、工商管理部门以及商检机构皆可按照相应法律对违反者做罚款处罚。

5.5.3 建立我国食品 EMA 脆弱性评估数据库的建议

1. 构建我国食品 EMA 数据库

我国已有的一些食品安全事件数据库对在食品安全事件和 EMA 事件的判断和分类方面还缺乏专业性和科学性，建议构建由专业人员负责和参与的我国 EMA 数据库，梳理我国食品安全事件，创建我国经济利益驱动型掺假数据库。数据库数据来源一方面来自国家和地方食品监督抽检、风险监测中发现的 EMA 问题批次，另一方面来自媒体报道和文献中出现的 EMA 事件。利用关系数据库的理论，构建我国食品 EMA 数据库。建议数据库的指标涵盖信息来源、产品名称、食品类别、发现日期、发生地点、涉事主体、掺假类型、掺入物质、掺假环节、检测方法、事件概述、带来的影响等指标，并结合可视化分析工具，方便对数据的分析和应用。

2. 建立我国食品 EMA 脆弱性评估体系和预警模型

对比我国食品和食品添加剂黑名单制度与国外脆弱性评估体系，针对我国食品欺诈中非法非食用物质以及有毒有害物质的特点，研究构建我国的食品脆弱性评估体系，通过对我国食品供应链的数据的搜集和分析，找出容易发生食品掺假的关键环节，并制定指导食品企业在易受食品掺假的关键环节如何预防和控制食品掺假的程序和方法。建议从脆弱性特征指标的确定、脆弱性特征产生的影响、消除/降低食品脆弱性的战略措施三个方面构建食品脆弱性评估体系。通过采用数据挖掘技术、人工智能分析模型等技术对数据开展深入挖掘和分析，找出不同类别食品容易发生的 EMA 问题关键环节，并运用神经网络、决策树和关联分析等技术对 EMA 事件进行预警。

3. 加大对食品掺假检测技术的开发

EMA 事件的监测与防控离不开食品掺假检测技术的支持，我国已开发和掌握了一些鉴定食品掺假的技术，但是随着食品品种的丰富和不法分子掺假手段的提高，对食品掺假的鉴定技术提出了更高的要求，尤其是快速、高通量鉴别技术。建议结合食品 EMA 脆弱性评估数据库中容易发生掺假的食品及其掺假方式，加大对肉、奶、油、酒和蜂蜜等大宗食品的真实性鉴别和原产地鉴定等技术方法的开发，完善食品 EMA 脆弱性评估数据库，提升我国对食品掺假的监测水平，并为监管部门提供执法依据。

4. 加强 EMA 防控国际交流与合作

食品掺假已成为全球性的问题，在食品贸易全球化的背景下，建议积极参与国际食品掺假防控，参与构建全球性食品掺假防控网络，共同研究反掺假检测技术，加入食品真实性标准的制定工作，学习和借鉴国际经验，在国际 EMA 问题防控领域做出中国贡献。

5.6 关于“加强电商(含跨境电商)食品安全保障与监管”的建议

5.6.1 食品电商的起源与发展

电商即电子商务，是指利用互联网及现代通信技术进行任何形式的商务运作、管理或信息交换。食品电商即食品电子商务，是在开放的网络平台上进行的食品交易，也是一种在电子商务环境下进行食品零售的模式、业态或活动。

早在 1995 年，我国开始了食品电子商务的探索，郑州商品交易所集诚现货网成立，粮食产品率先在网上流通。2005 年易果网成立，2008 年沱沱工社成立，开始了果品和有机食品等小众食品的电子商务探索。在这期间，国内频发食品安全事件，特别是“三聚氰胺”奶粉事件的发生，导致消费者对品质高、安全性高食材的需求，一大批生鲜电商开始涌现。食品行业竞争激烈、利润低，电子商务发展给食品行业发展来了新机遇和新动能。据中国电子商务报告 2017 年数据显示，农产品电子商务从 2012 年到 2017 年交易额从 200 亿增长至 2436.6 亿元。电子商务对推动农业供给侧结构性改革，助力精准扶贫，打造农产品从生产到销售的完整产业链条，全面提升我国农产品流通的信息化、标准化、集约化水平等方面起到了巨大推动作用。

5.6.2 存在的问题与挑战

1. 假冒伪劣等欺诈行为层出不穷

电子商务的经营模式决定了消费者和食品销售者无法面对面交易，消费者无法对食品进行真实性鉴别，无论是品牌、厂家还是生产日期、保质期等信息，消费者都只能得到卖家的口头承诺，食品质量无法得到切实保障。另外就是欺诈、售假比较严重，网络食品经营者通常会利用消费者对商品信息的不了解，在网上发布虚假的食品介绍及宣传广告，有的经营上会销售假冒伪劣、“三无”、有瑕疵、质价不符的食品。

2. 标签标识违规现象频发

目前，关于食品中无标识或者是标识异常的情况，主要表现在一些零售散装食品与一些自制食品上。自制食品标签标识不规范的问题由来已久，线下超市自制食品的管理，既没有一个统一的管理规章，也没有一个管理部门统一负责，超市在质量等方面的控制标准也不尽相同，超市自制食品一般没有固定包装，同一种食品的重量也不相同，大多没有标注厂名厂址。《食品安全法》中规定“食品经营者销售散装食品，应当在散装食品的容器、外包装上标明食品的名称、生产日期、保质期、生产经营者名称及联系方式等内容”，对于标签上应该标明的事项，在第四十二条中也有具体规定。除此之外，我国也出台了《食品标识管理规定》，以对食品标签做了详细而具体的规定。但电商销售的自制食品也存在标签标识不规范的问题。有消费者网上购买农家自制糯米血肠，但是收到之后却发现已经发霉变质，并且包装、标签不符合规定，生产地址、厂家、联系电话均没有。

3. 储运过程存在安全隐患

在传统的食品经营当中，食品运输常常发生在生产者与销售者之间，普遍都是运用整车大宗运输的模式实现。但是，随着现今食品电商的诞生以及快速发展，运输模式也发生了变化，拥有了更多的电商商家与消费者之间的小额运输，其主要模式是通过快递公司来完成运输工作。但是，大多数的快递企业在获得电商订单之后，并不会特意地对食品类货物使用另外隔离的方式进行储存，而是简单地与其他商品一起进行混装运输，食品的储存环境得不到有效保证，致使食品容易受到污染。

4. 标准化、品牌化产品缺乏，质量难以保障

电商体系最早主要服务工业体系，农产品如果借助工业品电商的通道就应具备类似工业品的标准，需要实现农业标准化生产、商品化处理、品牌化销售、产业化经营。应对整个农业供应链进行重塑再造，这是一个系统工程，需要各产业链各环节统筹推进、各方参与、协调配合。目前我国没有网络餐饮服务的食品及加工、储藏、配送等环节的食品安全强制性标准，现行的《食品经营过程卫生规范》明确规定不适用于网络餐饮服务食品，现行的《餐饮服务食品安全操作规范》是对操作过程进行规定的规范性文件。

5. 监管及维权困难

相较于书籍、信息家电等类型商品，食品品质敏感度高、时效性强、与消费者生命健康密切相关。然而，由于当下网络监管存在一定空白，如《网络购买商品七日无理由退货暂行办法》中鲜活易腐的商品不适用七日无理由退货规定。这使得部分电商为追求短期效益而忽视商品品质，侵害消费者权益，食品内杂有异物、过期变质、破损变形时有发生，食品网购“丑闻”频频爆发。由于网络销售的特点，卖家都分散在全国甚至世界各地，并且网络上的销售者相比实体店更难受到监管和处罚，一旦出现问题逃避法律的处罚也更加容易。食品电商除了存在监管困难外，当出现食品安全问题时，维权也存在诸多障碍。网

络食品交易多是通过一些综合性的网络平台或者是手机客户端等手段实现交易，交易具有虚拟性、隐蔽性、不确定性。网上食品销售不出具购物发票，一旦发生食品安全事故，消费者因为没有消费凭证很难得到赔偿。同时，网络交易多涉及异地维权，有的甚至涉及境外经营者，消费者所在地监管部门不具有管辖权，异地维权难度加大。

5.6.3 电商食品安全保障与监管措施及建议

1. 完善相关法律法规，建立健全电商食品生态圈的诚信体系

应进一步制定保障网络食品信息安全、信息真实性的法律法规，并加强市场监管，加大网络犯罪侦查，严厉打击电子商务领域犯罪，营造良好的竞争环境，保障食品电子商务交易在各个环节有序运行。其次，构建电商食品生态圈的信用评价指标体系、信用评价模型、评价标准及相关管理制度，完善信用监管机制。利用大数据、人工智能等先进技术，开展信用评价，如建立诚信档案、完善诚信名单、定期发表信用评价报告等。尽快制定适用于网络餐饮服务食品的加工、储藏、配送、成品等的食品安全标准，针对食物成品(半成品)及其在常温配送过程中可能的污染及污染发展变化设立安全阈值，依据标准可实施在互联网线上购买网络餐饮服务食品用于抽样检验，对网络食品(半成品、成品)及配送过程的安全性进行可定量、可定性的实验室检验和判定。

2. 建立健全电商食品可追溯体系，并快速推进“以网管网”的监管体系

《食品安全法》《网络食品安全违法行为查处办法》《网络餐饮服务食品安全监督管理办法》等对第三方平台或者自建的网站进行交易的食品生产经营者基本信息备案、台账记录、食品追溯等均有明确规定。监管部门应严格执法，按照法律法规和管理办法中的要求，严格检查平台每个环节实名登记和备案情况，线上线下监管结合，监督和推进企业、平台利用电商食品得天独厚的网络信息资源、大数据、人工智能、区块链技术等构建“来源可追溯、去向可查证、风险可控制、责任可追究”的全流程追溯体系，创建“以网管网”的监管体系。

3. 加快推进农产品及食品产业链标准体系建设和品牌建设

农产品电子商务从 2012 年到 2017 年交易额从 200 亿增长至 2436.6 亿元，但仅占全国实物商品网上零售额的 4.4%，农产品电子商务仍处于初级阶段。农产品生产粗放分散，标准化、品牌化程度低是制约食品电子商务发展的重要因素之一。要做好农产品电商，保障电商农产品和食品的有效监管，必须实现农产品产业链的标准化，既农产品标准化生产、商品化处理、品牌化销售及产业化经营。

4. 建立高效的食品物流配送体系

电子商务的最终环节要靠配送来实现，建立高效的食品物流配送体系十分必要。首先，要加快食品物流配送体系的基础条件建设。政府主导建立和完善资金融入机制，运用财政补贴等手段完善交通运输网络。其次，选择适合位置建立仓储及配送中心，建立起集仓储、

冷藏、加工、配送以及长短途运输功能为一体的食品配送体系。最后，大力发展第三方物流与合作物流，鼓励运输企业发展现代物流，开展面向同行业其他企业的物流运输服务，分担成本，实现资源共享。

5. 培养与开发食品电子商务专业人才

网络经济是以人为本的经济，传统的管理、营销方式已经很难适应电子商务发展的要求。食品电子商务作为一种全新的商业运作方式，需要既懂得食品技术、又懂得网络管理和营销等的人才。而目前很多食品电商从业者比较缺乏食品行业的专业经验，在甄别产品、仓储物流等部分做得不够，要在未来食品电子商务的市场竞争中获胜，企业须有一支食品电子商务高素质人才队伍。

5.7　关于“构建中国食品微生物安全科学大数据库”的建议

5.7.1　微生物安全是影响食品安全最主要的因素

食源性疾病不仅使感染者发病和造成死亡，而且导致经济上的损失也较大，同时，还影响旅游业和商业贸易。1991 年秘鲁爆发霍乱，致使鱼类及海洋产品出口损失超过 7 亿美元，食源性疾病流行 3 个月，使食品服务业和旅游业下降，损失 7000 万美元。据 WHO 引用美国的统计资料，每年 7 种食源性病原体造成美国 330 万～1230 万人患病和 3900 人死亡，经济损失约 65 亿～349 亿美元。

我国近年食品安全问题也引发过重大的经济和社会问题。1988 年，上海因食用被甲肝病毒污染的毛蚶引起 30 万人食源性甲型肝炎爆发流行。2000 年 8 月，广州珠江新城某建筑工地食用污染副溶血性弧菌的烤鸭导致 104 人食物中毒；2006 年 7 月，四川省发生的人感染Ⅱ猪链球菌病，累计 204 例病例中，死亡 38 例；2016 年 9 月，广州市荔湾区某知名餐厅食物混合污染沙门菌污染食物、可疑副溶血性弧菌混合污染，造成食源性细菌性食物中毒暴发事件；2017 年 1 月，广州一公司年会晚宴上，多名员工食用由某星级酒店提供的食物后导致 200 余人沙门菌中毒，2 名孕妇流产；据统计，1992～2015 年我国共发生食源性疾病暴发事件 9696 起，累计发病 299443 人，其中微生物和生物毒素引起的食源性疾病暴发事件数、患者分别占 37.7%和 54.2%。由此可见，病原微生物污染是我国食品安全的主要威胁。

5.7.2　我国食品微生物安全存在的主要问题

1. 我国市售食品中食源性致病微生物污染率高

2011～2016 年我们对全国 45 个城市或者地区七大类市售食品（水产品、肉与肉制品、速冻食品、熟食制品、食用菌、蔬菜和奶制品）中 10 种食源性致病微生物的污染率和污染水平进行了全面的调研，其中采样点 482 个，收集样品 5000 份，获取具体检测数据 132988 条。其中大肠杆菌污染率最高（41.1%），其次蜡样芽孢杆菌和副溶血性弧菌，污染率低于 10%

的有小肠结肠炎耶尔森菌(4.5%)，大肠杆菌O157为(3.7%)，空肠弯曲菌(2.99%)。

此外，食源性致病菌在不同食品类型中的污染情况也不尽相同，速冻食品、肉与肉制品和熟食为食源性致病菌主要污染的三类食品。其中熟食的主要污染菌为大肠杆菌(39.15%)、蜡样芽孢杆菌(40.00%)和克罗诺杆菌(26.34%)；奶与奶制品的主要污染菌为蜡样芽孢杆菌(26.00%)和大肠杆菌(6.20%)。此外，蜡样芽孢杆菌在各类食品中的污染率均高于25%，单增李斯特菌主要分布在速冻食品、食用菌和肉与肉制品；而金黄色葡萄球菌主要分布在肉与肉制品、速冻食品和水产品；大肠杆菌在各类食品中分布情况为6.2%～72.2%。

2. 我国食源性致病微生物的遗传背景不清晰

目前，导致我国致病微生物性食物中毒的主要病原菌分别是沙门菌、副溶血性弧菌、金黄色葡萄球菌及其毒素、蜡样芽孢杆菌、大肠埃希氏菌、变形杆菌、志贺菌等。不同致病微生物致病性也不尽相同，如沙门菌致病过程复杂，涉及的毒力因子众多，主要有黏附因子、毒力岛、毒力质粒、鞭毛、毒素等；而大肠杆菌O157的致病性与其毒力因子密切相关，已知的致病因子主要有志贺毒素、肠细胞脱落位点毒力岛和溶血素等。目前，虽然相关食源性致病微生物的研究很多，但在我国大部分食品工业领域，食品微生物安全仅限于检测和监控，对于其内在的遗传背景并不清晰，这对于发生相关食品安全事故时采取应急措施也带来困难和不便。

3. 食源性致病微生物耐药性问题突出

伴随着抗生素的大量使用，细菌耐药性问题日趋严重，成为全球公共卫生体系面临的一个严峻挑战。目前，WHO已将细菌耐药性问题列为21世纪威胁人类健康的最重要因素之一。近年来，许多研究报道表明食品中的耐药菌/耐药基因可以通过食物链传播到人，从而对食品安全和人类健康造成严重危害。我国是抗生素使用大国，这一现状导致了多重耐药细菌的激增，其潜在的环境和健康风险引起了科学家、公众和政府的广泛注意。从我们调研中分离到的食源性致病菌的情况来看，目前食源性致病菌的耐药问题日趋严峻，如我们对食品中分离的金黄色葡萄球菌进行了耐药性实验，发现仅1.5%的分离株对所选的24种抗生素全部敏感，93.4%的分离株对三种以上的抗生素耐药或中度耐药(多重耐药)，其中33.2%的菌株甚至对10种以上的抗生素耐药或中度耐药。

4. 基于组学平台的食源性致病微生物的数据库尚未建立

近年来，国内外对微生物食品安全问题的益加重视，世界各国已经展开了针对食源性病原微生物的监控和溯源工作。在欧美国家，由食源性致病微生物造成的食品安全事故反应迅速，如德国2011年因污染出血性大肠杆菌的毒黄瓜事件和美国市售香瓜因污染单核细胞增生李斯特菌而导致的严重食品安全事故，都在短时间内成功进行污染溯源，有效控制了食源性安全事故的发展势头。各种分型技术，如脉冲场凝胶电泳、多位点序列分型、扩增片段长度多态性技术以及随机扩增多态性技术等都在这个过程中发挥了重要作用。由美国CDC建立的PulseNet(病原菌分子分型检测网络)通过PFGE分子分型技术，也大大提高了病原菌的检测和预防，我国在2004年也启动了这一网络监测体系。然而，在食源性致病微生物的研究水平上，我国还远远落后于欧美国家，缺乏整体性的食源性致病微生物溯源体系，给食品安全事故的追踪溯源造成很大的困难，迫切需要建立符合中国国情的食源性致病微生物溯源体系。

5.7.3 对策与建议

1. 重要食源性致病微生物的遗传多态性和溯源分析

针对我国不同地区不同类型的食品，系统调查食源性致病微生物在不同季节及其产业链中的分布情况，在分子分型技术和基因组学研究的基础上进行菌株遗传多样性研究，联合菌株血清型和耐药性等特征状况分析，确定我国食品中的优势株和产业链中的主要污染源，为我国食品安全的风险识别提供更为全面的思路。

2. 全基因组测序和新基因靶点及代谢产物的挖掘

基于食源性致病菌菌种数据库，基于食源性致病微生物菌种数据库，在基因组学和代谢组学相关技术的基础上，通过建立食源性致病菌的全基因组序列库和全面的代谢产物指纹图谱库，挖掘不同种属间的食源性致病微生物的基因检测靶点和特征性代谢产物，为食源性致病微生物的快速检测提供新策略。

3. 建立高通量高灵敏度的检测技术及体系

基于全基因组序列数据库和挖掘出的特异性分子靶标，研制分子杂交、LAMP、微流体等多种高通量快速检测芯片，制定相关芯片检测技术规程，构建快速检测技术体系。

4. 致病菌相关毒力因子表达调控机制的研究

选择和定量分析逆境胁迫相关毒力因子在温度、酸碱度、干燥、消毒剂和渗透压等各种环境条件下的表达情况；对发现的新毒力基因进行基因敲除和过表达研究，分析相关致病菌在稳定期存活和复苏的影响。构建各信号分子合成酶基因突变株，利用蛋白组学技术和分子免疫组学技术研究毒力因子在不同信号通路下的表达差异和各通路对不同毒力因子的调控作用，为探索食源性致病微生物危害机制的形成提供理论和基础。

5. 构建食源性致病菌新型防控预警平台

通过对分离菌株和临床菌株的相关性研究，建立我国食源性致病微生物的风险防控机制，对我国潜在的食品安全风险及时预警，实现食源性致病菌的早期预防。开展抗性基因的分子生态毒理学研究，尤其针对细菌耐药性的产生机理进行深入研究，减少细菌耐药性的产生，建立抗生素和抗性基因环境风险评估体系，研究相应的控制和去除环境中抗生素和抗性基因污染的方法，同时开发新型食品生物防腐剂，研制出具于群体感应和相关信号分子调控的食源性致病微生物控制技术和产品，从而实现致病微生物从预防到控制的新型预警体系的构建。

参 考 文 献

[1] 李英华, 毛群安, 石琦, 等. 2012 年中国居民健康素养监测结果[J]. 中国健康教育, 2015(2): 99-103.
[2] 中国营养学会. 国民营养计划(2017—2030 年)[J]. 营养学报, 2017, 39(4): 315-320.
[3] 中华人民共和国民政部. 2016 年社会服务发展统计公报[J]. 社会与公益, 2016.
[4] 杨萍, 牛春艳. 浅谈环境污染对食品安全的影响[J]. 世界农业, 2009(12): 43-46.
[5] 谢兵. 环境污染对食品安全的影响[J]. 重庆科技学院学报(自然科学版), 2005, 7(2): 63-66.
[6] 梁海燕, 张谦元. 我国土壤污染与食品安全问题探讨[J]. 山东农业工程学院学报, 2012, 29(5): 42-43.
[7] 王素芳, 胡传来. 水系污染对食品安全性的影响: 食品安全的理论与实践[C]. 安徽食品安全博士科技论坛论文集, 2005.
[8] 张士功. 耕地资源与粮食安全[D]. 北京: 中国农业科学院, 2005.
[9] 张素勤. 基于食品安全的农业资源与环境要素的效用分析[J]. 中国农业资源与区划, 2016, 37(6): 95-98.
[10] 孙宝国, 王静. 中国食品产业现状与发展战略[J]. 中国食品学报, 2018, 18(8): 1-7.
[11] 曹梦思, 王君, 张立实, 等. 我国食用油脂中欧盟优控 15+1 种多环芳烃的污染状况分析[J]. 中国食品学报, 2016, 16(12): 198-205.
[12] 李海玲. 中国表层土壤中多氯联苯、多溴联苯醚的污染现状研究[D]. 哈尔滨: 哈尔滨工程大学, 2013.
[13] 冯精兰, 刘相甫, 李怡帆, 等. 多氯联苯在我国环境介质中的分布[J]. 人民黄河, 2011, 33(2): 86-89.
[14] 薛海全. 典型农作物中多环芳烃和多氯联苯的分布、累积规律[D]. 济南: 山东大学, 2011.
[15] 时松凯, 陈倩, 穆建华, 等. 美国农产品质量安全管理分析与启示[J]. 中国食物与营养, 2012, 18(6): 8-10.
[16] Zhang P, Shen Z, Zhang C, et al. Surveillance of antimicrobial resistance among *Escherichia coli* from chicken and swine, China, 2008-2015[J]. Veterinary Microbiology, 2017, 203: 49-55.
[17] 贾爱霞. 小麦加工过程中营养组分的变化和富集工艺的研究[D]. 郑州: 河南工业大学, 2011.
[18] 吴聪明. 我国动物源病原菌的耐药现状与防控对策[C]. 中国畜牧兽医学会 2013 年学术年会论文集, 2013.
[19] 吴恒. 掷出窗外中国食品安全问题深度观察[M]. 北京: 经济日报出版社, 2014: 321.
[20] 同春芬, 夏飞. 供给侧改革背景下我国海洋渔业面临的问题及对策[J]. 中国海洋大学学报(社会科学版), 2017(5): 26-29.
[21] 苗建萍. 借鉴发达国家安全监管模式完善我国相关体系[N]. 中国食品报. 2012-09-03(003).
[22] 丛琳堂. 我国与发达国家食品安全监管体系对比研究[D]. 济南: 齐鲁工业大学, 2016.
[23] 彭华, 王爱梅. 美国、欧盟、日本食品安全监管体系的特点及对中国的启示[J]. 粮食科技与经济, 2018,43(8): 44-48.
[24] 王殿华, 王蕊. 国际食品安全监管问题与全球体系构建[J]. 科技管理研究, 2015(11): 169-173.
[25] 国务院办公厅印发《2017 年食品安全重点工作安排》严把从农田到餐桌的每一道防线[J]. 中国食品药品监管, 2017(4): 10.
[26] 孙颖. 食品欺诈的概念、类型与多元规制[J]. 中国市场监管研究, 2017(11): 19-24.
[27] 梁文文. 分析食品欺诈形势, 寻求解决应对方案[J]. 食品安全导刊, 2018(z1): 30-31.
[28] Van Boeckel T P, Brower C, Gilbert M, et al. Global trends in antimicrobial use in food animals[J]. Proceedings of the National Academy of Sciences, 2015, 112(18): 5649-5654.
[29] Qin S, Wang Y, Zhang Q, et al. Identification of a novel genomic island conferring resistance to multiple aminoglycoside antibiotics in Campylobacter coli[J]. Antimicrobial Agents and Chemotherapy, 2012, 56(10): 5332-5339.
[30] Liu Y, Wang Y, Walsh T R, et al. Emergence of plasmid-mediated colistin resistance mechanism MCR-1 in animals and human beings in China: A microbiological and molecular biological study[J]. The Lancet Infectious Diseases, 2016, 16(2): 161-168.
[31] Liu X, Steele J C, Meng X Z. Usage, residue, and human health risk of antibiotics in Chinese aquaculture: A review[J]. Environmental Pollution, 2017, 223: 161-169.
[32] Gilbert J M, White D G, Mcdermott P F. The US national antimicrobial resistance monitoring system[J]. Future Microbiology, 2007, 2(5): 493-500.
[33] Wang Y, Zhang R, Li J, et al. Comprehensive resistome analysis reveals the prevalence of NDM and MCR-1 in Chinese poultry production[J]. Nature Microbiology, 2017, 2(4): 16260.
[34] 徐士新. 重视抗菌药物耐药性风险　加强抗菌药物使用监管[J]. 中国兽药杂志, 2012, 46(b07): 1-6.

[35] Li J, Jiang N, Ke Y, et al. Characterization of pig-associated methicillin-resistant *Staphylococcus aureus*[J]. Veterinary Microbiology, 2017, 201: 183.

[36] 张苗苗, 戴梦红, 黄玲利, 等. 欧盟兽用抗菌药耐药性管理概述[J]. 中国兽药杂志, 2013, 47(2): 38-42.

[37] Elmahdi S, Dasilva L V, Parveen S. Antibiotic resistance of *Vibrio parahaemolyticus* and *Vibrio vulnificus* in various countries: A review[J]. Food Microbiology, 2016, 57: 128-134.

[38] Cabello F C. Heavy use of prophylactic antibiotics in aquaculture: A growing problem for human and animal health and for the environment[J]. Environmental Microbiology, 2010, 8(7): 1137-1144.

第二部分　各课题研究报告

第 1 章　食品产业供给侧改革发展战略研究

摘　要

2016 年 1 月 18 日，习近平总书记在省部级主要领导干部学习贯彻党的十八届五中全会精神专题研讨班中提出“一个国家发展从根本上要靠供给侧推动”。“推进供给侧结构性改革，是综合研判世界经济形势和我国经济发展新常态作出的重大决策”。本课题针对营养与健康食品产业、果蔬食品产业、食品添加剂产业、水产食品产业、肉类食品产业、粮油食品产业等重点行业开展供给侧结构性改革发展战略研究，旨在明确食品产业结构、产品结构和科技创新的战略方向和重点，促进我国食品产业整体水平的提升。

本课题首先从政治、经济、社会和科技层面对我国食品产业供给侧结构性改革的重要战略意义进行论述。随后重点分析了我国食品产业供给侧的现状。主要从产业发展历程和现状，产业结构与产品结构发展现状，需求侧现状，供给侧现状以及营养安全现状进行了分析。重点阐述了食品产业在产业结构、产品结构、消费结构以及营养与安全层面存在的问题与挑战。同时本课题研究了部分发达国家食品产业的发展经验。基于以上研究，提出了食品产业供给侧改革发展的战略建议，为促进食品产业结构转型和技术升级、实现食品产业健康可持续发展提供支撑。

1.1　食品产业供给侧改革的战略意义

1.1.1　基本概念和主要特征

食品产业是一个与农业、工业和服务业密切关联的现代制造业，已成为“三产”高度融合和“从农田到餐桌”全产业链整体发展的“第六产业”。

我国作为全球第一大食品工业国，食品产业已成为我国最大的“民生产业”和发展现代农业的“新空间”；是国民经济中最具活力的“新产业”和“现代餐桌子工程”；是一个“惠民生、利‘三农’、快增长、新优势、高科技、助健康、大潜力、可持续”的“大产业”。

营养与健康食品产业、果蔬食品产业、食品添加剂产业、水产食品产业、肉类食品产业、粮油食品产业等是关系国计民生的重点行业，课题一主要针对这些重点行业开展供给侧结构性改革发展战略研究。

1. 营养与健康食品产业

营养与健康食品，从广义上来说，食品都具备营养与健康功能。从狭义上来说，营养与健康食品是指：发挥特定明确功效成分，适用于有特定需求人群，调节人体健康机能的特殊食品，包括保健食品、特殊用途食品、膳食补充剂、添加功能性成分的食品等。由此，营养与健康食品产业可界定为：以食品主导的，以满足人类营养均衡和健康需求为主要目标的具有连续而有组织的经济活动体系。具体来说，营养与健康食品产业是以营养健康需求为导向，以食品形态为基础，以营养健康科学为指导，以高新技术为支撑，以先进设备为实现条件，包括营养与健康食品原料养殖和种植，到食品加工、仓储物流、销售渠道及相关的技术研发、生产和设备的设计与制造、咨询认证服务、消费者服务等产业或产业集群[1]。

营养与健康食品产业是多产业交叉的新兴产业，发展呈现四大特征：①衍生融合，营养与健康食品产业是从食品、生物、化工等行业衍生结合和渗透而成的新兴产业，既不属于传统的食品业，也不属于传统的医药业。同时，该产业又是在融合、改造传统的农业、食品、保健品、医疗、机械制造行业的基础上创新而出的新兴产业，具备改善国民营养健康状况的特殊功能。②动态变化，对营养与健康食品的需求将随着社会发展、国民年龄和健康状况、饮食及消费习惯、地域特点等变化而变化，因此该产业存在动态性，不可完全沿用或照搬历史及国外产业的发展经验。③高技术性，营养与健康食品产业是建立在突破传统技术、多学科整合及高新技术创新之上的新兴产业，需要高强度的投入及专用设备的建立。④高附加值，由于高技术含量、高加工度、独特的功能及高需求性，营养健康食品较传统食品的附加值大幅提升[2,3]。

2. 果蔬食品产业

果蔬食品产业供给侧结构性改革，应从宏观政策与制度层面推进果蔬食品产业整体结构的优化调整，增强产业供给整体效能与质量，以充分满足消费者对果蔬食品营养、安全和种类等方面的要求，形成供需平衡、结构合理和保障有力的现代化果蔬食品产业发展体系，化解产业的结构性矛盾，增强我国果蔬食品产业的整体竞争力。

果蔬食品产业供给侧结构性改革与农业和工业制造业的供给侧结构性改革息息相关，但其自身也具有区别于其他结构性改革的特殊性。体现在：①果蔬食品产业供给侧结构性改革不是全面性改革，而是重要或关键性领域的改革；②果蔬食品产业供给侧管理不是对需求侧管理的简单代替，而是有所侧重、相互促进；③果蔬食品产业供给侧结构性改革仍需要发挥顶层的作用，但并不是新的“计划经济”[4]。

3. 食品添加剂产业

我国的《食品安全国家标准　食品添加剂使用标准》(GB 2760) 中按功能不同将食品添加剂分为 22 类，主要包括酸度调节剂、抗结剂、消泡剂、抗氧化剂、漂白剂、膨松剂、胶基糖果中基础剂物质、着色剂、护色剂、乳化剂、酶制剂、增味剂、面粉处理剂、被膜剂、水分保持剂、防腐剂、稳定剂和凝固剂、甜味剂、增稠剂、食品用香料、食品工业用加工助剂及其他。

食品添加剂在食品中发挥着重要作用：①保持和提高食品的营养价值；②作为某些特殊膳食用食品的必要配料或成分；③提高食品的质量和稳定性，改进其感官特性；④有利于食品的生产、加工、包装、运输或者储藏。随着食品工业的快速发展、居民饮食方式改变和营养健康意识的增强，人们对食品添加剂品种、数量、安全、健康等提出了更多更高要求，促使食品添加剂向着天然、高效、安全、复合型发展。

4. 水产食品及肉类产业

纵观整个水产食品及肉类产业，目前的发展态势整体良好，此次改革主要呈现以下几个特征：①由“点面式”发展转向“链条式”发展。此次改革的核心之一就是打破第一、二、三产业之间的隔阂，强调全产业链的融合，由下游的消费市场需求引导上游的育种和养殖、中游的加工和产品开发。通过市场杠杆和政府引导，实现优胜劣汰，消化过剩的产能，提升产业的集中度。让龙头企业引领产业发展，同时承担更多的社会责任。②由“粗放式”发展转向“精耕细作式”发展。我国居民生活水平已由“温饱”转向“小康”，正向“富裕”迈进，随之而来的是消费者对生活质量、食品安全和服务质量要求的提升。供给侧改革的核心之一就是要求企业大浪淘沙，找准市场定位、产品定位和服务定位，通过产品质量和服务抢占先机、赢得市场，满足消费者对美好生活的追求，实现供需双赢。③由“劳动密集型”发展转向“科技主导型”发展。供给侧改革的核心还在于科技创新引领产业发展。随着劳动力成本的不断上涨，劳动密集型的食品制造业盈利空间越来越小，以机械化自动化为核心的规模化生产经营已成为发展趋势。规模化生产经营不仅是对机械装备的需求，更是对科技人才的需求。

5. 粮油食品产业

粮油食品是以粮食、油料(脂)或粮油加工厂副产品为主要原料，经科学加工而制成的食品，是关系国计民生的特殊商品。主要包括粮食初加工产品、粮食深加工产品、油料加工及油脂产品。需要说明的是，在我国，粮食的统计口径主要包括小麦、稻谷、玉米、豆类、薯类五大类，而谷物主要是指小麦、稻谷和玉米。

粮油食品产业是横跨第一、二、三产业的综合性产业，是多学科、多行业衍生、融合而成的传统食品产业，涉及育种、种植、初加工、深加工、流通、营销、服务等多个环节。粮油加工业作为粮油食品产业的重要环节，其发展状况对于供给侧结构性改革有至关重要的影响。包括稻谷加工业、小麦加工业、食用植物油加工业、玉米加工业、粮食食品加工业、杂粮及薯类加工业、饲料加工业和粮机设备制造业八个行业分类。粮油食品产业输出的不仅是食品品类，还包括与粮油食品相关的技术、咨询、检验、认证等服务。从产业输出的角度可分为产品和服务两个部分。

1.1.2　战略意义

1. 响应国家战略要求

健康是促进人的全面发展的必然要求，是经济社会发展的基础条件，是民族昌盛和国家富强的重要标志，也是广大人民群众的共同追求。党的十八届五中全会明确提出推进健康中国建设，从“五位一体”总体布局和“四个全面”战略布局出发，对当前和今后一个时期更好保障人民健康作出了制度性安排。习近平总书记在中国共产党第十九次全国代表大会上要求“必须坚持质量第一、效益优先，以供给侧结构性改革为主线，推动经济发展质量变革、效率变革、动力变革”。“十三五”期间，围绕提升食品质量和安全水平，以满足人民群众日益增长和不断升级的安全、多样、健康、营养、方便食品消费需求为目标，以供给侧结构性改革为主线，以创新驱动为引领，着力提高供给质量和效率，推动食品工业转型升级、膳食消费结构改善，满足小康社会城乡居民更高层次的食品需求。《“健康中国 2030”规划纲要》将“健康中国”上升为国家战略。2017 年 6 月国务院发布的《国民营养计划(2017—2030 年)》中特别指出，发展营养健康产业是建设营养健康环境的一大重点。营养与健康食品产业不再仅仅是满足人们对食物温饱和品类多样化需求的产业，更是集第一、二、三产业于一体的战略性新兴产业，并担负着人类健康、民生保障、经济发展转型、资源环境保护、社会可持续发展等新的历史使命。因此，全面推进我国食品产业供给侧改革符合国家战略要求[5,6]。

2. 激发经济增长活力

消费已经成为我国经济增长的首要动力，消费驱动型发展模式初步形成。消费对经济增长的贡献率稳步提升，充分发挥了“稳定器”和“压舱石”的作用。2017 年，我国最终消费支出占国内生产总值的比重为 51.6%，最终消费支出对经济增长的贡献率为 58.8%，高出同期资本形成总额贡献率 26.7 个百分点[7]。消费本身是需求侧的具体表现，供给侧改革的效用最终是要落实到满足需求侧。因此，从消费端切入，扎实剖析目前食品产业不满足需求侧的具体问题并开展供给侧改革将能够满足行业需要，有助于激发经济增长活力[8]。

3. 适应现代社会发展需求

新中国成立以后，经济的快速发展带来了人民生活水平的日益提升。国民对食品的需求已经从温饱型消费加速向营养健康型消费转变，从“吃饱、吃好”向“吃得安全、吃得营养、吃得健康”转变。社会对食品的要求在“充饥、可口”的基础上，追求“安全、营养、健康、方便、个性和多样”[9,10]。环境问题突出以及人工成本的上升，也促使社会向全行业提出“绿色”和“节能”的要求。食品产业是集农业、制造业、服务业于一体的产业，因此，更加亟待向“智能、低碳、环保、绿色和可持续”的目标迈进。

4. 推进科技创新发展

科技创新是增加绿色优质食品供给，提高食品工业供给质量效益，满足人民群众日益增长和不断升级的安全优质营养健康食品消费需求的保障。一大批新技术(如先进制造、智能化技术和云技术)的开发、新业态(如电商、物联网和健康配送)的出现、新模式(如控制全产业链和建立可追溯体系)的形成、新产业(如现代调理食品和营养保健功能食品)的发展，已经成为引领、带动乃至决定我国现代食品产业发展的“新动力”和“新优势”。同时，食品消费需求快速增长和消费结构不断变化，“方便、美味、可口、营养、安全、实惠、健康、个性化、多样性”的产品新需求，以及“智能、节能、低碳、环保、绿色、可持续”的产业新要求，综合保障营养安全与饮食健康成为产业发展的新常态，也对产业科技提出了新挑战。着力提升我国食品产业的自主创新能力，是增强我国食品产业国际竞争力和持续发展能力的核心与关键，依靠科技创新驱动，是我国食品产业实现可持续健康发展的根本途径。

1.2　我国食品产业供给侧现状分析

1.2.1　产业发展现状

2006年以来规模以上食品工业企业主营业务收入增长速度均高于全国工业平均水平。2010年我国的食品产业总产值约为9400亿美元，首次超过美国8019亿美元，成为全球第一大食品产业。2016年是“十三五”规划开局之年，食品工业主动适应经济发展新常态，加强供给侧结构性改革，加大创新力度，加快转型升级，着力提高供给质量和效率，在刚性需求和消费升级的推动下，保持了健康平稳发展，食品工业总产值达到11.1万亿元，高于中国工业经济平均增速3.6个百分点(图2-1-1)。2017年我国42830家规模以上食品工业企业(不含烟草)主营业务收入占全国GDP(82.71万亿)的12.7%[11-13]。

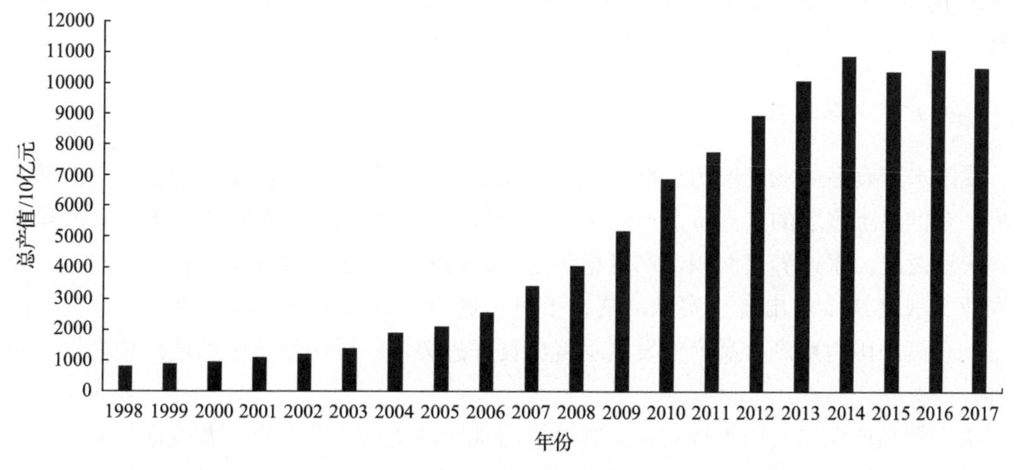

图2-1-1　1998～2017年中国食品工业生产总产值

1. 营养与健康食品产业

随着经济的飞速发展以及消费水平的提高，人们对食品的需求不只满足于温饱状态，而是向营养健康型转变，这也带动了营养与健康食品产业的飞速发展。我国营养与健康食品产业虽然起步晚、基数小，但成长速度快，总体发展态势良好，已形成一批有竞争力的大型企业，市场品牌的认同度有所提高。2017年，我国食品工业规模以上企业主营业务收入10.5万亿元，其中营养与健康食品产业产值超过1万亿元，年均复合增长率大约为20%[14]。其中，特殊食品(保健食品、特殊医学用途配方食品、婴幼儿配方食品)的产值约6000亿元，并保持持续增长态势。同时，营养与健康食品产业中的子行业同步保持了较好较快的增长。截至2016年，我国保健食品生产企业2500多家，共批准保健食品16000多个，产值4000亿元[15]；特医食品平均年增速超过37%，市场总产值已从2004年的1.2亿元增加到2015年的20亿元[16]；膳食补充剂类产品市场规模超过1300亿元，并以每年10%的速度增长。预计到2020年我国将成为全球第二大营养与健康食品消费市场[17]。

2. 果蔬食品产业

我国是农业大国，是世界上最大的果蔬生产国和果蔬制品加工基地，水果产量与蔬菜产量均居世界第一。据国家统计局数据显示，截至2017年，我国果园面积达到1.82亿亩，总产量2.71亿吨，加工总产值1.27亿元；全国蔬菜播种面积达到3.05亿亩，总产量7.09亿吨，加工总产值已达2.56万亿元，分别占当年食品工业总产值的14.19%与28.60%[18]。由此可见，果蔬食品产业有机衔接了工业、农业与服务业，是我国具有显著竞争优势的产业。

3. 食品添加剂产业

食品添加剂在推动现代食品工业发展进程中起着重要的作用。随着我国食品工业的高速发展，食品添加剂作为食品工业飞速发展不可或缺的部分也保持了快速发展的势头。我国食品添加剂年产量从2011年的760万吨增长至2017年的1032万吨，年均复合增长率5.2%。

4. 水产食品及肉类产业

我国水产食品产业发展历史悠久，拥有发展水产食品产业经济丰富的资源与地理区位优势，是世界上著名的水产食品产业生产、贸易大国。我国自改革开放以来，水产养殖业得到快速发展，水产养殖面积、产量稳步增长。随着国家全面开发水产食品产业、发展现代农业等战略决策的出台与实施，依托于科技进步、良好市场环境以及各项惠农惠渔等的有利政策，国内水产食品产业发展呈现出良好态势，在国民经济中的地位和贡献率稳步提升。

水产食品产业是我国不少省份尤其是沿海地区的支柱产业，更是数量众多的渔民以及从业者的主要经济来源。但是，相当一段时期内施行的粗放式养殖、捕捞、加工方式，导致天然水产食品产业资源日渐减少。经济“掠夺式”发展对水体环境造成的破坏以及由此引发的生态冲突，使得国内水产食品产业发展面临着资源与环境的双重束缚。此外，目前国内水产食品企业尚为普遍的“小规模、分散化”水产食品产业运作模式，难以在同组织完善的国际水产食品产业集团竞争中获得优势，处于全球产业价值链的末端。因此，我国水产食品产业若想在新形势下实现新一轮的升级与突破，就必须创新水产食品产业发展模式，摆脱结构功能单一、以初级生产为主的产业发展模式，在充分发挥当地特色水产食品产业资源优势的基础上，引导、整合水产食品产业企业、中介、政府、金融等利益相关者构成分工协作机制完善、组织协调能力强的经济聚集体，以实现我国水产食品产业向集群式、集约型、环境友好型的模式转变。在我国大力倡导发展“蓝色经济”的背景下，水产食品产业的经济地位与拉动作用进一步凸显，只有加以合适的发展模式引导，才能释放我国水产食品产业的发展潜力。

我国肉类工业在世界占有重要地位，肉类总产量已经连续20年占据世界首位。肉类人均占有量逐年递增，肉类产量的稳步增长为肉类加工业的发展奠定了良好基础。肉制品产量逐年提高，产品结构日益丰富，质量安全水平稳步提升，为我国居民日常消费提供了大量优质蛋白，有效提高了国民营养健康水平。同时，我国肉类产业对促进农牧业生产、发展农村经济、增加农民收入、繁荣城乡市场和扩大外贸出口增长发挥着日益重要的作用，成为关系国计民生的重要产业。总体来看，我国肉类总产量稳中略降，生产结构逐步优化。但随着我国人口总量尤其是城市人口的持续增加、非农产业的发展和城乡居民收入的增长，消费者对肉类的需求正在加速上升。但目前我国畜禽养殖业的发展除受饲料资源制约外，在动物疫病、质量安全、生态环境、科技服务体系和组织管理体制等方面存在着不少亟待解决的突出问题，加上工业化、城镇化和新农村建设的加快推进，农村散养户快速退出养殖业，导致养殖总量下降，肉类贸易逆差加大，供应仍处于紧平衡状态。因此，在供给侧结构性改革的背景下，肉类产业必须大大提高肉类及工业规模化、集约化和标准化程度，加快向新兴工业化道路转型，保障肉类加工业内需市场和参与国际竞争创造条件，满足消费者对食品安全和营养健康的需求[19]。

5. 粮油食品产业

粮油加工产业总产值及利润稳步上升。2016年，全国纳入粮食产业经济统计的企业达到1.8万家，加工转化粮食4.8亿吨，实现工业总产值2.8万亿元，利润1321亿元[20]。总产值从2008年的9733亿元增加至2016年的2.8万亿，年均增速为14.04%，利润也由2008年的213亿元增至2016年的1321亿元，年均增速为25.60%，我国粮油加工业的经济效益呈现总体向好势头[21]。

各细分行业发展有所差异。2011～2014年，食用植物油加工业总产值均排名第一，杂粮及薯类加工业以及粮机设备制造业总产值较低。在这期间，粮食食品加工业的年均增长率最高，达到32.2%，玉米加工业最低，为–1.8%。

1.2.2　产业结构和产品结构现状

1. 营养与健康食品产业

营养与健康食品产业是以农业产业为基础的营养与健康食品原料产业，与食品加工业、食品装备制造业、食品物流服务业以及支撑全产业链的营养与健康食品质量安全监控体系，共同构建成了现代营养与健康食品产业体系（图2-1-2）。

我国营养与健康食品尚无明确分类标准，其界定范畴暂可从已出台的法律法规来界定。首先，2015年出台的《中华人民共和国食品安全法》首次提出特殊食品的概念，包括保健食品、特殊医学用途配方食品和婴幼儿配方食品等。其次，食品安全国家标准也界定了另外的营养健康产品的范畴，如营养强化食品（GB 14880）、运动营养食品（GB 24154）及辅食营养补充品（GB 22570）。另外，我国消费者可通过海淘等途径购买如益生菌、膳食补充剂、天然健康产品、食品补充剂、营养辅助食品及补充品等“特殊食品”。最后，传统食品营养健康改良、营养配餐、军用食品等产品由于其营养属性，也应纳入营养与健康食品的范畴。

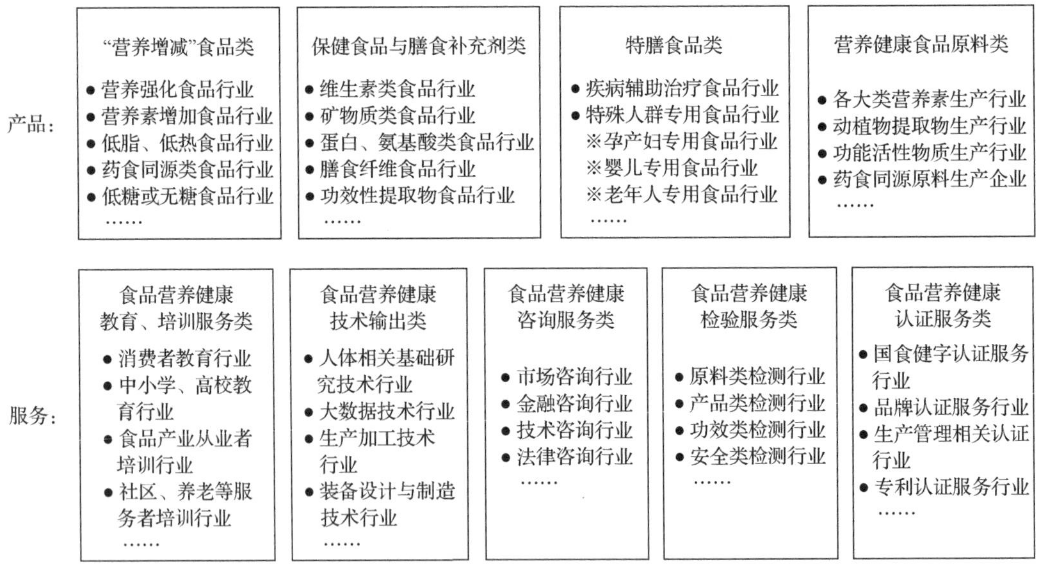

产品：

"营养增减"食品类	保健食品与膳食补充剂类	特膳食品类	营养健康食品原料类
● 营养强化食品行业 ● 营养素增加食品行业 ● 低脂、低热食品行业 ● 药食同源类食品行业 ● 低糖或无糖食品行业 ……	● 维生素类食品行业 ● 矿物质类食品行业 ● 蛋白、氨基酸类食品行业 ● 膳食纤维食品行业 ● 功效性提取物食品行业 ……	● 疾病辅助治疗食品行业 ● 特殊人群专用食品行业 ※孕产妇专用食品行业 ※婴儿专用食品行业 ※老年人专用食品行业 ……	● 各大类营养素生产行业 ● 动植物提取物生产行业 ● 功能活性物质生产行业 ● 药食同源原料生产企业 ……

服务：

食品营养健康教育、培训服务类	食品营养健康技术输出类	食品营养健康咨询服务类	食品营养健康检验服务类	食品营养健康认证服务类
● 消费者教育行业 ● 中小学、高校教育行业 ● 食品产业从业者培训行业 ● 社区、养老等服务者培训行业 ……	● 人体相关基础研究技术行业 ● 大数据技术行业 ● 生产加工技术行业 ● 装备设计与制造技术行业 ……	● 市场咨询行业 ● 金融咨询行业 ● 技术咨询行业 ● 法律咨询行业 ……	● 原料类检测行业 ● 产品类检测行业 ● 功效类检测行业 ● 安全类检测行业 ……	● 国食健字认证服务行业 ● 品牌认证服务行业 ● 生产管理相关认证行业 ● 专利认证服务行业 ……

图 2-1-2 营养与健康食品产业行业细分框架图

资料来源：中粮营养健康研究院《营养与健康食品产业内涵与创新发展模式研究》

2. 果蔬食品产业

我国各地区按照各自的种植情况与生产能力和国家产业政策，充分发挥区位优势，因地制宜地发展鲜切果蔬、速冻果蔬制品、脱水果蔬制品、果蔬汁、果蔬罐头、发酵果蔬制品、腌渍果蔬制品等果蔬产品的生产，初步构建起沿海地区与内陆地区梯度推进、高新技术与传统技术有机结合的果蔬食品产业的基本格局。其中，果蔬副产物综合利用产业具有极大的发展潜力，它与营养健康、清洁生产、绿色制造等产业密切联系，是果蔬食品产业供给侧结构性改革中最能够体现科技创新，改善供给质量，提升产品附加值的领域。

3. 食品添加剂产业

生物转化、高效分离提取、微生物发酵、电化学合成等新技术在食品添加剂领域的广泛应用，推动着食品添加剂产业的技术创新和发展。我国经过“十一五”和“十二五”期间的科研攻关，已拥有了一批在国内外市场具有较高市场占有率的名牌产品，建设了一批科技创新基地，储备了一批具有前瞻性和产业需求的技术，使我国食品添加剂产业在整体技术水平上缩小了与国际先进水平的差距。但是，我国食品添加剂产业技术水平低、集成度差、更新换代慢，产品低端化、同质化，功能单一，新产品开发缓慢等核心问题没有根本解决，食品添加剂产业整体水平落后的局面没有明显改变。据统计，我国目前有食品添加剂生产企业约 3000 家，规模以上企业 1000 多家，国内外上市企业 20 家左右。2016 年，全年食品添加剂的产量达 1056 万吨，比上一年产量增长约 6%，销售额达 1035 亿元，比上一年增长约 5.8%。主要食品添加剂种类包括食品香料香精、食品增稠剂、食品甜味剂、食品抗氧化剂、食品着色剂、食品防腐剂等[22]。

4. 水产食品产业

目前，我国水产食品产业已成长为了包含捕捞、育种养殖、运输、水产加工、渔船渔具、休闲渔业、生物科研等涵盖第一、二、三次产业的综合性产业，是世界上著名的水产食品产业生产、贸易大国。至 2017 年，水产品总量达到 6938 万吨，连续 27 年居世界第一，占世界水产品总量的三分之一，为世界第一水产品大国。2017 年我国水产品进出口总量 923.65 万吨，进出口总额 324.96 亿美元，同比分别增长 11.56%和 7.92%，均创历史新高。同时，水产食品产业是我国“蓝色经济”与大农业的重要组成部分，在增加农民收入、保证粮食安全、优化农业结构布局等方面发挥着重要的作用[23-25]。

在产品结构方面，整体呈现新产品形式不断涌现，主流产品单一的现象。水产养殖种类繁多，包含了鱼类、虾蟹类、贝类、藻类等多个类别，丰富多样的淡、海水渔业资源，为我国水产品加工业的发展奠定了坚实的物质基础。现已形成一大批包括鱼糜制品、紫菜、烤鳗、调味制品、干制品、冷冻制品和保鲜水产品加工、鱼粉、海藻食品、海鲜保健食品及罐装和软包装加工在内的现代化水产品加工企业。至 2016 年底，全国水产加工企业近万家，水产冷库 8595 座，水产加工品总量 2165.44 万吨，同比增长 3.50%，但加工能力相对薄弱，在国际市场上，我国水产品多以原料和半成品出口，售价低，缺乏市场竞争力，同时，加工设备研发应用总体比较落后，与渔业大国的地位不相称。另外，快节奏、多元化生活方式，促使生鲜调理食品、即食休闲食品、海洋保健品以及传统风味改良食品成为科研关注和市场投资热点。市场中出现深海鱼油胶囊、海洋胶原蛋白、海参胶囊及中餐特色海洋调理食品等多种新型水产食品形式。虽已开发出鱼糜制品、水产罐头、紫菜、烤鳗、调味制品、干制品、冷冻制品、鱼粉、海藻食品、海洋功能性食品、海洋仿生食品、海盐等多种的水产食品，但仍以初级加工产品为主，低值同质化严重，冷冻品、干腌制品及鱼糜制品仍然是水产品市场消费的主体。

5. 肉类食品产业

当前，我国养殖业和肉类工业迅猛发展，肉类总产量稳中略降，生产结构逐步优化，逐渐发展成为符合“坚持猪肉业稳定发展，禽业积极发展，牛羊业加快发展”政策的产业，同世界肉类品种总体结构的变化趋势也有一定契合度。畜禽生产带初步形成，区域布局渐趋合理，规模以上企业稳步发展但部分企业盈利能力下滑，进入集约化、规模化、标准化发展阶段。肉类生产逐渐向主产区和主销区集聚，区域化布局初步形成，规模化养殖持续增加，标准化生产力度加大。2016 年，全国规模以上屠宰及肉类加工企业 4046 家，比上年增加 106 家，增幅 2.69%。全国规模以上屠宰及肉类加工企业主营业务收入 14230.35 亿元，比上年增长 7.67%。

产品结构方面，肉品日趋多元化、优质化。肉品深加工产品比例上升，产品细分程度加深，极大满足了消费者对食品美味、营养、健康、安全、方便等方面的需求。长期主导我国肉品消费的热鲜肉和高温肉制品市场份额逐步缩减，逐步形成以冷鲜肉、低温肉制品、调理肉制品和中温肉制品为主体的肉品消费结构。从畜禽种类来看，牛羊肉消费比重逐步上升，由季节消费向全年消费、由区域性消费向全国消费转变。南方肉制品消费以腌腊肉制品、发酵肉制品为主，北方以酱卤肉制品为主，调理肉制品、熏烧烤肉制品消费具有全国普遍性。冷鲜肉和小包装分割肉市场发展缓慢；安全、健康、营养的肉制品供应不足，与城乡居民的消费需求不相适应；直接进入人们一日三餐的方便食品比重很低；肉品冷链流通比例约为 15%，冷链物流各环节运作缺乏系统化、规范化和连贯性；肉类产品同质化问题仍较为突出，产品创新能力不足；畜禽副产品综合利用产品种类较少、附加值低(表 2-1-1)。

表 2-1-1　2011～2015 年全国肉类产品结构分析

肉类产品结构	2011 年	2012 年	2013 年	2014 年	2015 年
肉类总产量/万吨	7957	8384	8536	8707	8625
生鲜肉/万吨	6740	7059	7162	7262	7090
生鲜肉占比/%	84.7	84.2	83.9	83.4	82.2
肉制品/万吨	1217	1325	1374	1445	1535
肉制品占比/%	15.3	15.8	16.1	16.6	17.8

6. 粮油食品产业

我国粮油食品产业规模化、集约化水平不断提高，龙头企业不断壮大。从日生产能力分布看，中小规模企业占比逐步下降，大规模企业占比逐步升高，但中小规模企业仍占有较高比重[26]。其中，食用植物油、玉米深加工业前十位的企业市场份额占比超过 45%，稻谷、小麦加工业前十位企业市场份额占比仅为 10%左右。我国粮油加工企业中，16 家企业集团主营业务收入达到 100 亿元以上，其中 2 家企业达千亿元以上，跨区域龙头企业融合发展趋势加快，竞争力显著提升。湖北、山东、江苏、安徽、广东、河南、湖南、四川八省粮油加工业主营业务收入超过千亿元[27,28]。

我国粮食库存量处于高位。自 2012 年起，我国三大主要粮食作物供给出现结构性不均衡，粮食库存处于持续增长状态，到 2016 年，三大主要作物的期末库存共计达到 2.3 亿吨，其中玉米期末库存约为 1.53 亿吨，稻谷期末库存约为 6900 万吨，小麦期末库存也达到 1800 万吨[22]。从 2012 年到 2016 年的进口量变化来看，稻谷和大米以及大豆进口量均在逐年增加，小麦进口量在 2013 年达到峰值，随后有所下降，谷物及谷物粉进口量总体在不断上升，2015 以后所有下降。由于国际市场粮价普遍低于国内，我国粮食出口继续维持较低水平。

粮油食品种类不断丰富，并向标准化、健康化、方便化和高端化方向发展。我国从 20 世纪 80 年代初，引进了主食面包、方便面生产线。此后，以主食食品为代表的粮油食品发展速度逐年加快。由于我国快速的城市化进程，居民生活节奏不断加快，粮油食品逐步实现了商品化，并向方便化、标准化、健康化和高端化方向发展[29]。方便化体现在即食食品和速冻食品不断增多，方便米饭、方便米粉、速冻水饺、速冻包子等供应愈加丰富。标准化体现在餐饮市场上悄然涌现出许多以主食为主的快餐店，如粥铺、饼屋、面馆、馄饨铺、饺子城、豆浆店、大包店等，这些快餐连锁店在生产加工上多采用工厂式、标准化和现代化的方式，其经营方式方便、快捷，也备受消费者青睐。健康化体现在具有营养健康特性的食品产量逐年增加，例如烘焙食品产量增长迅猛，而方便面市场却发展滞后，近年来总销量大幅下降，2014～2016 年间年均复合增长率为–1.3%。高端化体现在产品的营养和功能上更加丰富，包装上更加精致。例如：小包装油近些年在国内发展迅猛，出现了强化维生素 A 等营养更丰富的油，同时红花籽油、核桃油、山茶油、橄榄油、米糠油等满足不同需求的健康功能型食用油产品在不断丰富。

1.2.3　需求侧现状（投资、消费、进出口等）

1. 营养与健康食品产业

1）我国居民对营养健康的基本需求日益增长

尽管我国国民营养健康状况已取得明显改善，但仍面临居民健康城乡差异显著、营养不良与过剩并存、慢性病发病率逐年提升、老龄化加速等问题。据《中国居民营养与健康状况监测报告（2010—2013）》，城市儿童青少年生长迟缓率为 1.5%，消瘦率为 7.8%；农村 0～5 岁儿童的生长迟缓率和低体重率分别为 11.3%和 3.2%，而贫困农村则分别高达 19.0%和 5.1%。如图 2-1-3 所示，我国国民营养健康状况显著体现为营养不良与营养过剩并存，2012 年我国孕妇贫血率 17.2%、儿童贫血率 5.0%；同时，30.1%成年人超重、11.9%已经达到肥胖水平，儿童青少年的超重率和肥胖率也分别达到 9.6%和 6.4%。我国居民维生素 A、硫胺素、核黄素、钙、锌等微量营养素摄入不足。人均每日视黄醇当量的摄入量为 514.1 μg，人群中约有 71%的人存在摄入不足的风险；85%的人存在硫胺素和核黄素摄入不足的风险。钙的平均摄入量为 412.8 mg，仅达到推荐摄入量的 52%；锌的平均摄入量为 10.6 mg，低于推荐摄入量。18～44 岁女性体重过低比例为 8.4%，育龄妇女、孕妇和老年人贫血患病率分别为 15.0%、16.9%和 12.5%。2012 年全国居民慢性病死亡率为 533/10 万，占总死亡人数的 86.6%，导致疾病负担占总疾病负担的近 70%。其中，心脑血管病（死亡率为 271.8/10 万）、恶性肿瘤（144.3/10 万）和慢性呼吸系统疾病（68/10 万）为主要死因，占总死亡的 79.4%。此外，根据国家卫计委发布的《中国居民营养与慢性病状况报告（2015 年）》，2012 年全国 18 岁及以上成年人高血压患病率为 25.2%，糖尿病患病率为 9.7%，体重超重率为 30.1%，肥胖率为 11.9%。我国目前正处在一个快速老龄化的历史进程当中，民政部《2016 年社会服务

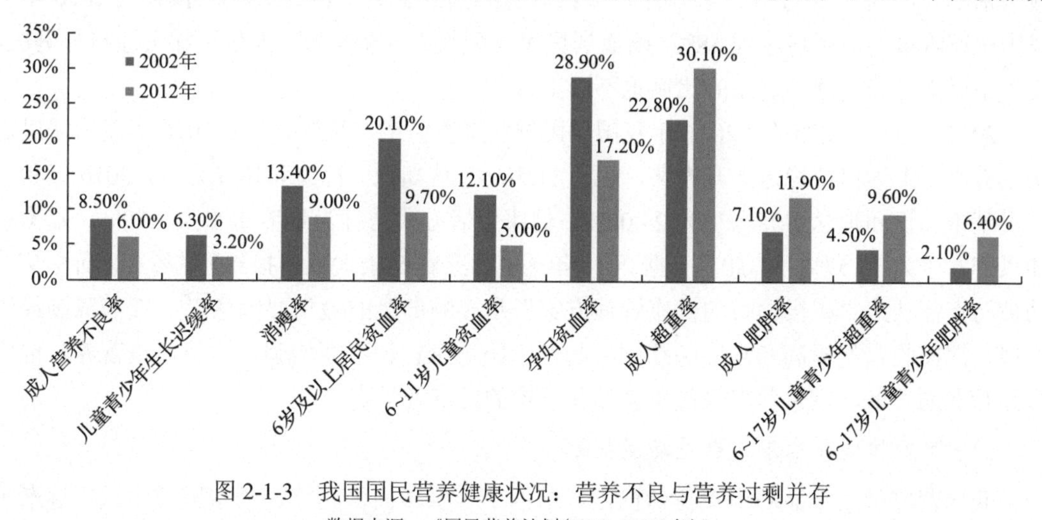

图 2-1-3　我国国民营养健康状况：营养不良与营养过剩并存

数据来源：《国民营养计划（2017—2030 年）》

发展统计公报》指出，截至 2016 年底，我国 60 岁及以上人口达到 2.31 亿，占总人口的 16.7%(图 2-1-4)。老年人由于生理方面的原因，对于营养健康的需求尤为突出，随着生活水平以及保健理念的提高，为了抵抗衰老，老年人对营养健康食品的消费需求也会逐步增加。因此，国民对营养与健康食品的需求空间巨大。

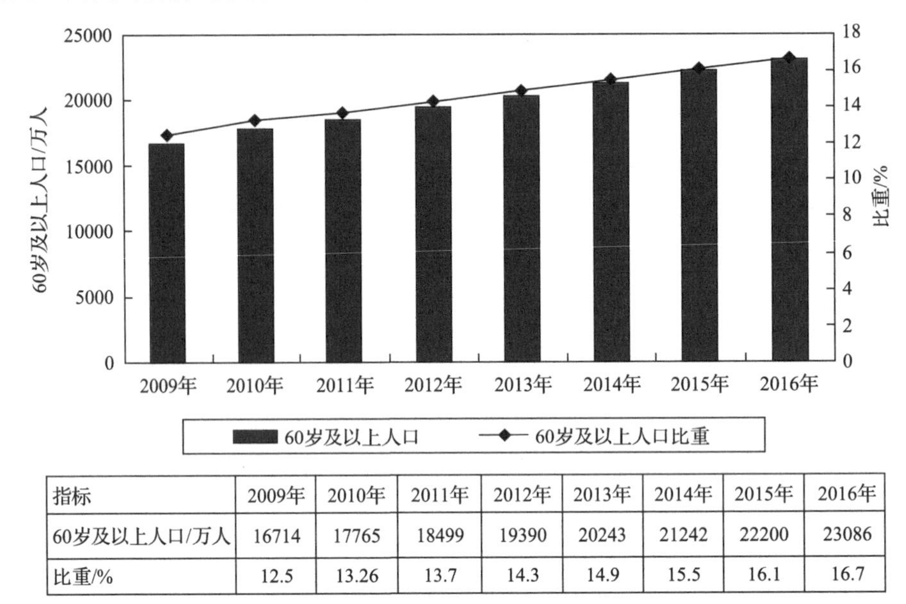

指标	2009年	2010年	2011年	2012年	2013年	2014年	2015年	2016年
60岁及以上人口/万人	16714	17765	18499	19390	20243	21242	22200	23086
比重/%	12.5	13.26	13.7	14.3	14.9	15.5	16.1	16.7

图 2-1-4　60 岁及以上人口占全国总人口比重

数据来源：民政部《2016 年社会服务发展统计公报》

与此同时，近年来我国人民生活水平不断提高，国民购买力快速增长，人均医疗保健支出也随之增长，对营养健康食品的需求也越来越高。一方面，我国人均可支配收入逐年增长，2016 年达到 2.38 万元，年复合增长率为 9.16%；另一方面，我国人均医疗保健支出也快速增长，2016 年增长到 1307 元，年复合增长率为 12.74%。同时，我国中产阶级的人数大幅上升。截至 2017 年，我国中产阶级人数约为 3 亿人，占比 23%；预计到 2020 年，我国中产阶级的比例将达到 48%。随着居民可支配收入大幅提高，人们更加关注自身健康，支出中用于营养与健康食品的比例也不断上升[30]。

2017 年 11 月发布的《2016 年我国居民健康素养监测结果》显示：2016 年我国居民健康素养水平继续保持稳定上升态势，达到 11.58%。从知识、行为和技能来看，2016 年我国居民基本知识和理念素养水平为 24.00%，健康生活方式与行为素养水平为 9.79%，基本技能素养水平为 15.57%[31]。此外，据 2017 年《中国家庭健康大数据报告》的数据显示，93%的被访者都认为“积极预防的健康管理方案”是影响健康的最重要因素[32]。随着我国经济发展、居民收入的提高和基层医疗的崛起，国民健康意识不断增强，这将促进营养与健康食品行业的发展，掀起营养与健康食品新一轮的经济增长点。

2) 营养健康食品需求人群及功能细分

我国营养健康食品的消费群体已由以前的单一型转向多元化，消费区域由城市逐渐扩大到农村；消费对象由过去的以老年、儿童和妇女为主，扩大到全年龄段人群；消费选择由过去着眼于病后康复，扩大到季节性和常年性的预防性消费；消费目的由防病治病扩大到抗衰老、调节免疫等。此外，我国有特殊营养需求的人群数量也十分庞大，随着“二孩政策”的开放，对婴幼儿配方食品的需求也与日俱增。

2016年我国保健食品市场中，老年人市场占55%左右，中年女性市场占25%左右，婴童市场占10%，其他占10%。市场上功能类食品约占保健食品的65%，营养补充剂类占35%，并形成了以几大板块市场为主的市场结构。根据2016年我国保健食品市场人群/功能性分析(图2-1-5)，提高免疫力类、抗疲劳/减压产品功能的市场需求较大，产品规模大且增速高；传统基础维生素/矿物质产品规模较大，增速减缓；运动营养、孕期健康及益智补脑产品虽然市场规模不大，但发展速度很快。

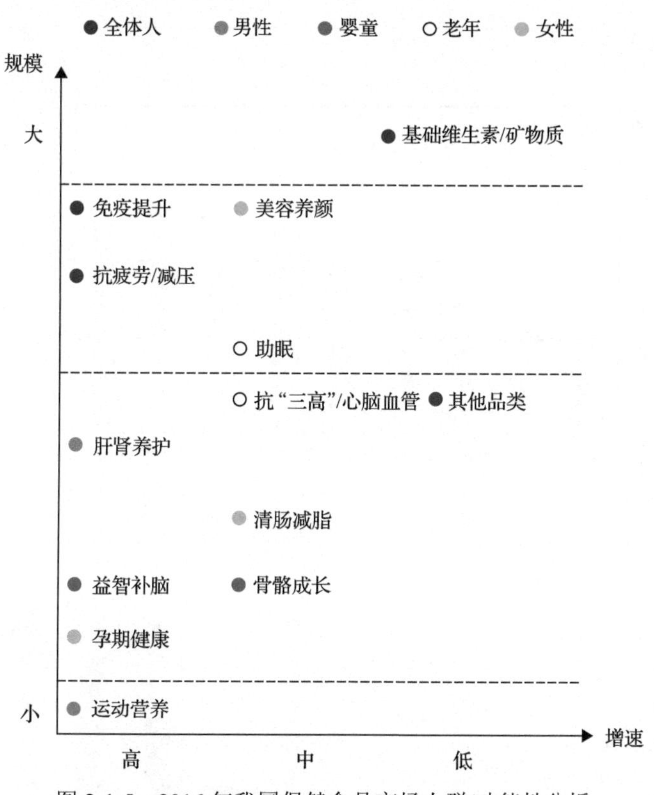

图2-1-5　2016年我国保健食品市场人群/功能性分析

资料来源：罗兰贝格2016年消费者问卷调研(样本800)，罗兰贝格分析

3) 营养健康食品消费与进口量日益增长

我国营养与健康食品产业消费量与进口量持续增长。数据显示，2005～2015年间我国保健食品市场增速13%，居世界首位。我国特医食品需求量自2011年至2017年增长近4.6倍(图2-1-6)。2017年，我国膳食补充剂市场规模为1673.3亿元，年均增长率达到12.4%。

随着我国消费市场的扩大，国外知名营养与健康食品企业也纷纷进入我国市场，我国保健食品与婴幼儿配方食品的进口量日益增加(图2-1-7)。

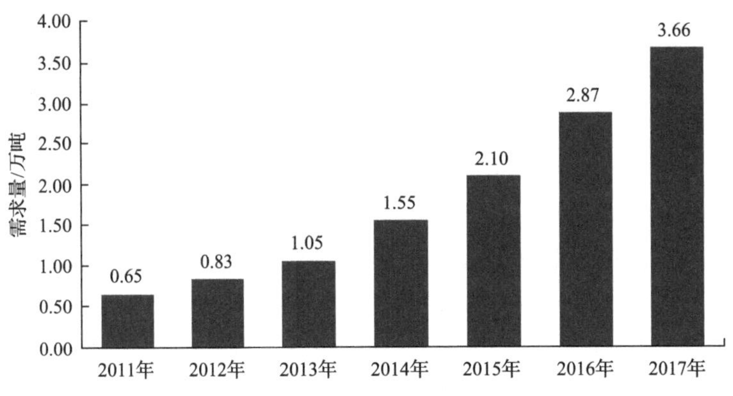

图 2-1-6　2011～2017 年我国特医食品需求量

数据来源：庶正康讯(北京)商务咨询

(a)

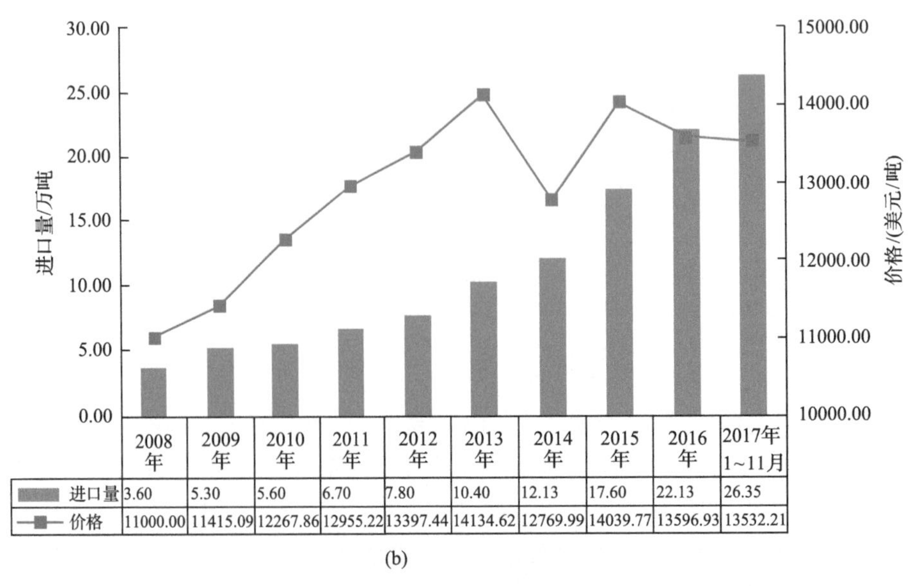

	2008年	2009年	2010年	2011年	2012年	2013年	2014年	2015年	2016年	2017年1~11月
进口量	3.60	5.30	5.60	6.70	7.80	10.40	12.13	17.60	22.13	26.35
价格	11000.00	11415.09	12267.86	12955.22	13397.44	14134.62	12769.99	14039.77	13596.93	13532.21

(b)

图 2-1-7　我国保健食品(a)与婴幼儿配方食品(b)进口规模

数据来源：公开资料整理

2. 果蔬食品产业

在当前的经济新常态下，我国果蔬食品的产业结构在需求侧仍存在很多问题。我国的主要矛盾已经发展为“人民日益增长的美好生活需要和不平衡不充分的发展之间的矛盾”，消费者对食品的安全性、营养性、多样性与便捷性也提出了新的要求。而目前我国的果蔬食品产业尚不能通过有效供给适应消费者需求的变化，产业开始呈现产量增加、进口量增加和库存量增加的“三量齐增”现象，加之低端加工产品偏多，具有较高附加值的高端深加工产品偏少，致使消费者更加青睐进口果蔬食品，而我国本土生产的产品却大量滞销或平销，生产的净利润极低。这就使得我国果蔬食品产业陷入了一个困境：一方面，果蔬原料价格的降低会导致农民生产利润的减少；反之，价格倒挂会更加严重(图 2-1-8、图 2-1-9)。

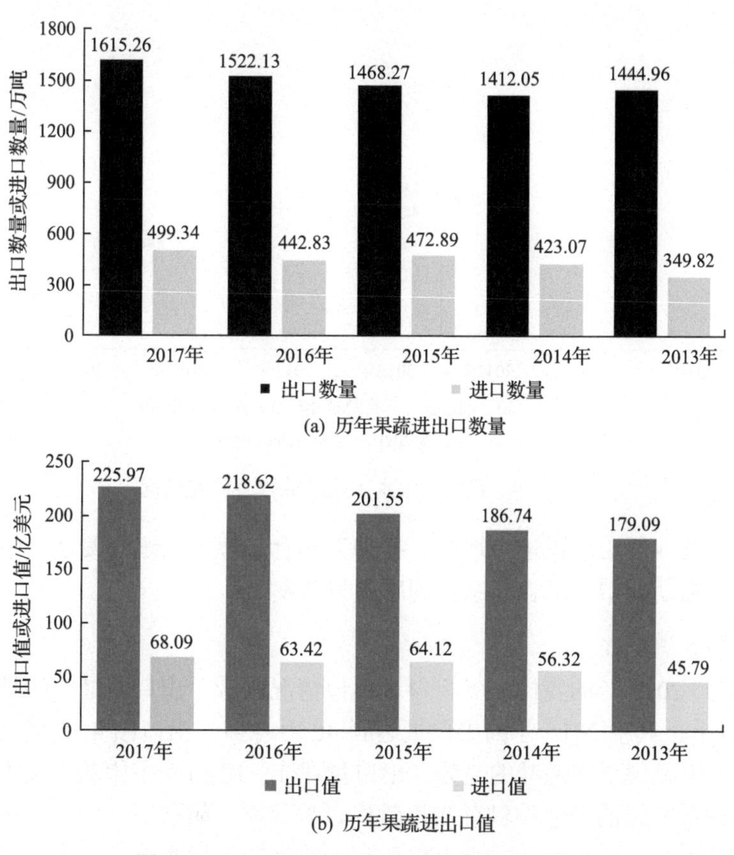

(a) 历年果蔬进出口数量

(b) 历年果蔬进出口值

图 2-1-8　2013～2017 年我国果蔬进出口情况

3. 食品添加剂产业

中国的食品工业已进入高速发展的轨道，食品添加剂作为食品工业飞速发展不可或缺的部分也保持了快速发展的势头。伴随着食品工业的发展，各类食品添加剂的需求呈逐步上升的趋势。随着我国居民饮食方式发生改变和消费水平提高，人们对食品添加剂的发展创新及安全性提出了新的要求，用量少、效果好的生物制剂和天然产物的生产与应用份额

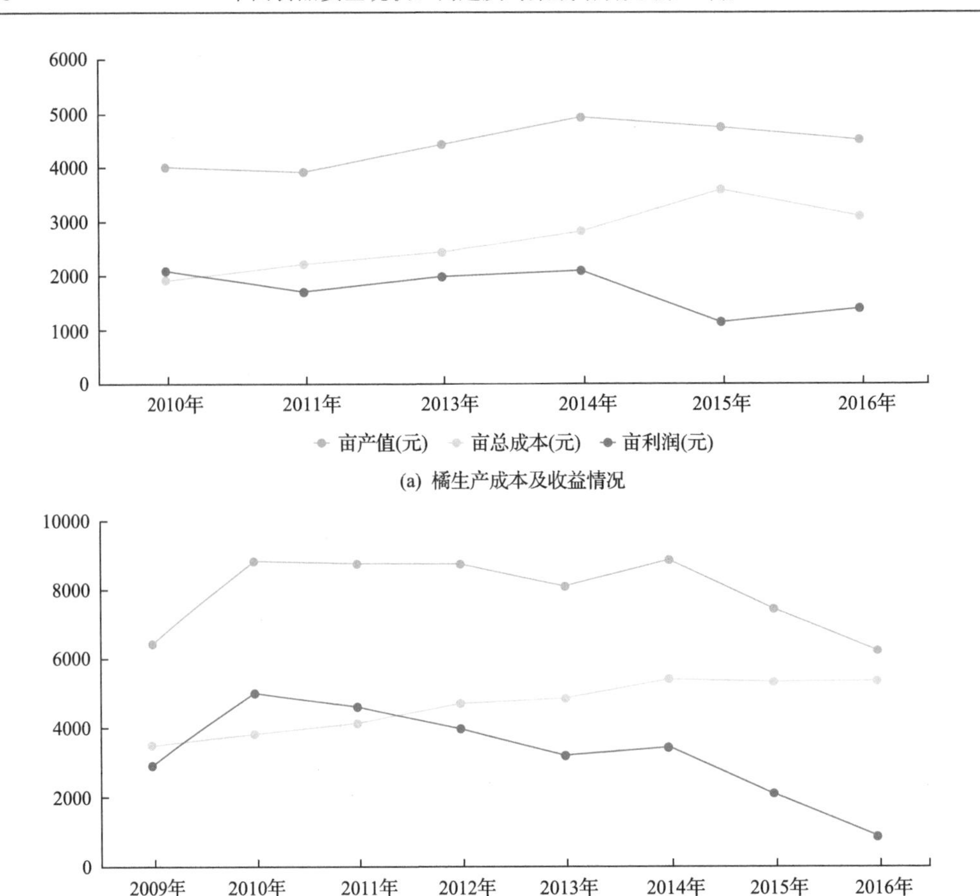

(a) 橘生产成本及收益情况

(b) 苹果生产成本及收益情况

图 2-1-9　我国大宗水果生产成本及收益情况

逐步加大。居民营养健康意识逐步增强，推动天然食品添加剂迅猛发展。中国传统食品工业化进程加快，推动新型专用食品添加剂研究与开发[32]。

1) 食品香料香精产业

从 2011 年到 2015 年的我国天然香料进出口情况来看，出口量最大的是姜，连续 5 年均在 20 万吨以上，其中 2015 年的出口量达到 40 万吨多，出口额 4.15 亿美元。出口量第二大的是松香，但呈现逐年递减的趋势。出口量在 1～10 万吨范围的天然香料有肉桂和桉叶油。出口量在千吨级的天然香料有八角茴香、小茴香、胡椒等。出口量在百吨级的天然香料有番红花、姜黄、山苍子油等。出口量在十吨级的天然香料有丁香、肉豆蔻等。从这 5 年我国天然香料进出口情况可以看出，大多数天然香料的出口量多于进口量，少数天然香料的出口量少于进口量，还有几种天然香料的出口量与进口量持平。从 2011 年到 2015 年的我国合成香料进出口情况来看，出口量最大的是乙酸乙酯，连续 5 年均在 40 万吨以上。出口量在万吨级的合成香料有环己酮及甲基环己酮、2-糠醛等。出口量在千吨级的合成香料有蒎烯、苯乙酮、苯甲醛等。出口量在百吨级的合成香料有覆盆子酮、铃兰醛等。大多数天然香料的出口量大于进口量，少数合成香料的出口量少于进口量，还有几种合成香料的出口量与进口量持平。天然香料和合成香料的出口量情况总结见表 2-1-2。

表 2-1-2　天然香料和合成香料的出口量情况总结

	出口量	种类数目	香料名称
天然香料	十万吨级	两种	姜、松香
	万吨级	两种	肉桂、桉叶油
	千吨级	10 种左右	八角茴香、小茴香、胡椒、柠檬油、白柠檬油、薄荷油、香茅油、茴香油、桂油和橙油等
	百吨级	10 种左右	枯茗子、番红花、姜黄、山苍子油、香叶油、芸香苷及其衍生物等
	十吨级	5 种左右	丁香、肉豆蔻、芫荽子、坚木浸膏和荆树皮浸膏
合成香料	十万吨级	一种	乙酸乙酯
	万吨级	10 种左右	环己酮及甲基环己酮、2-糠醛、苄醇、异丙醇、乙酸正丁酯、丁酸、戊酸及其盐和酯、其他内酯和其他仅含有氧杂原子的杂环化合物
	千吨级	20 多种	蒎烯、苯乙酮、苯甲醛、紫罗兰酮及甲基紫罗兰酮、十二醇、十六醇、十八醇、萜品醇、香兰素、乙基香兰素、洋茉莉醛、香豆素、甲基香豆素及乙基香豆素、2-苯基乙醇、薄荷醇、芳樟醇、其他环烷醇、环烯醇及环萜烯醇、其他芳香醇
	百吨级	5 种	覆盆子酮、铃兰醛、香叶醇、橙花醇和香茅醇

从 2015 年我国香精进出口情况来看(表 2-1-3)，食用香精的出口量远远低于日化香精的出口量，食用香精的出口量有 126 吨，出口额达到了 157.5 万美元，日化香精的出口量有 2 万吨，出口额达到了 2.3 亿美元。食用香精的进口量亦低于日化香精的进口量，食用香精的进口量有 1524 吨，进口额达到了 3566.8 万美元，日化香精的出口量有 8913 吨，进口额达到了 1.8 亿美元。

表 2-1-3　2015 全年我国香精进出口情况

品名	进口量/kg	进口额/美元	出口量/kg	出口额/美元
日化香精	8 912 638	175 853 562	20 252 402	229 920 821
食用香精	1 524 046	35 667 729	126 436	1 574 978
其他食用或饮料香精	10 979 205	225 531 323	9 140 041	76 283 611
香水及花露水	2 186 530	186 390 814	25 128 603	140 799 028

2) 食品增稠剂产业

2013～2017 年全球食品增稠剂产量统计分析如图 2-1-10 所示。2013 年全球食品增稠剂产量为 232.59 万吨，2017 年增长至 273.45 万吨，同比 2016 年增长了 4.18%。2013 年全球食品增稠剂需求量为 233.48 万吨，2017 年增长至 273.65 万吨，同比 2016 年增长了 4.15%(图 2-1-11)。

2013～2017 年我国食品增稠剂行业进出口分析如图 2-1-12 和图 2-1-13 所示。2013 年中国食品增稠剂进口量为 6.35 万吨，2017 年增长至 8.12 万吨，同比 2016 年增长了 5.73%。2013 年中国食品增稠剂出口量为 22.87 万吨，2017 年增长至 27.65 万吨，同比 2016 年增长了 2.53%。食品增稠剂作为一种重要的食品添加剂，被广泛应用于各类食品当中，而中国是全球最大的食品增稠剂生产国家，也是食品增稠剂消费量最大的国家。美国作为食品添加剂需求大国，在我国食品工业发展之前，一直把持着食品增稠剂的龙头位置。随着全球食品工业的不断发展，全球各国食品增稠剂需求量都在不断增长。不同的是，日本、欧美等发达国家和地区增速相对缓慢，而印尼、印度、马来西亚等发展中国家需求量增长速度较快。我国主要的食品增稠剂生产企业集中在华东地区，例如山东、浙江、江苏等省份。

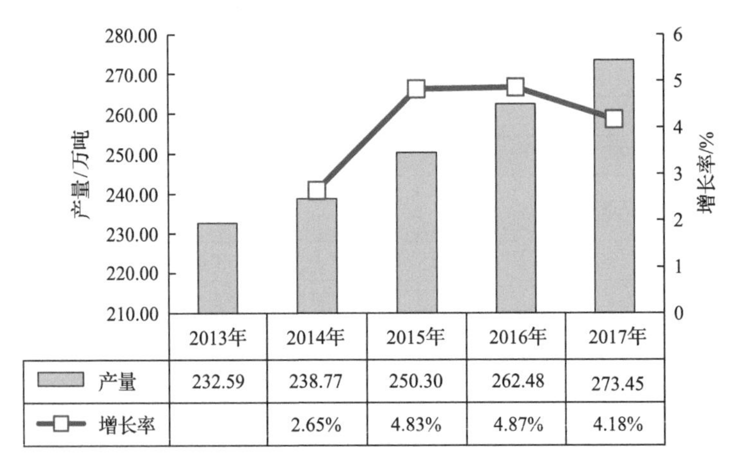

	2013年	2014年	2015年	2016年	2017年
产量	232.59	238.77	250.30	262.48	273.45
增长率		2.65%	4.83%	4.87%	4.18%

图 2-1-10　2013～2017 年全球食品增稠剂产量统计分析

数据来源：中国食品添加剂和配料协会增稠-乳化-品质改良剂专业委员会

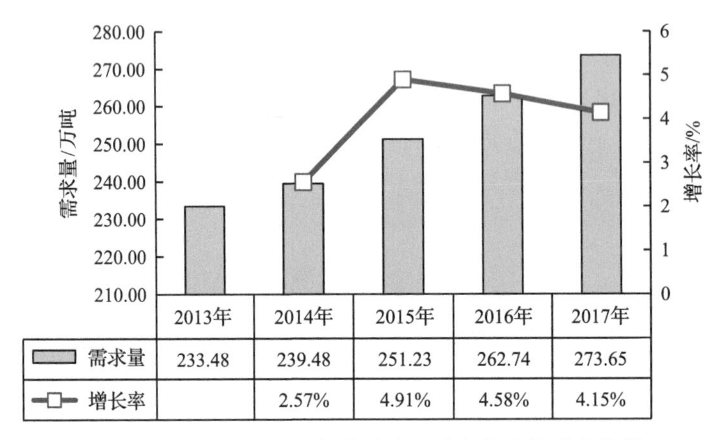

	2013年	2014年	2015年	2016年	2017年
需求量	233.48	239.48	251.23	262.74	273.65
增长率		2.57%	4.91%	4.58%	4.15%

图 2-1-11　2013～2017 年全球食品增稠剂市场需求分析

数据来源：中国食品添加剂和配料协会增稠-乳化-品质改良剂专业委员会

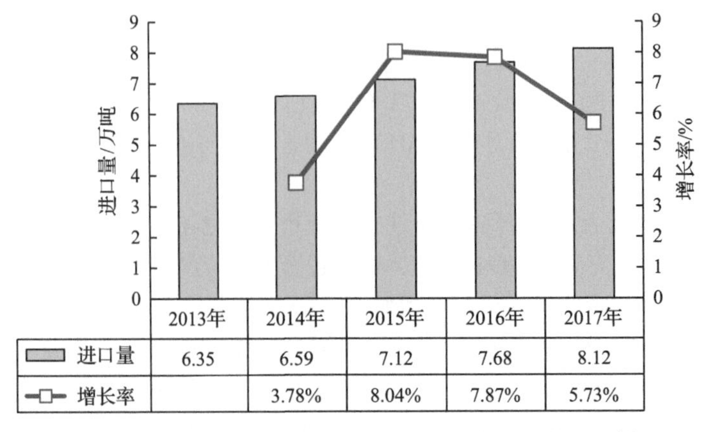

	2013年	2014年	2015年	2016年	2017年
进口量	6.35	6.59	7.12	7.68	8.12
增长率		3.78%	8.04%	7.87%	5.73%

图 2-1-12　2013～2017 年中国食品增稠剂行业进口分析

数据来源：中国海关总署

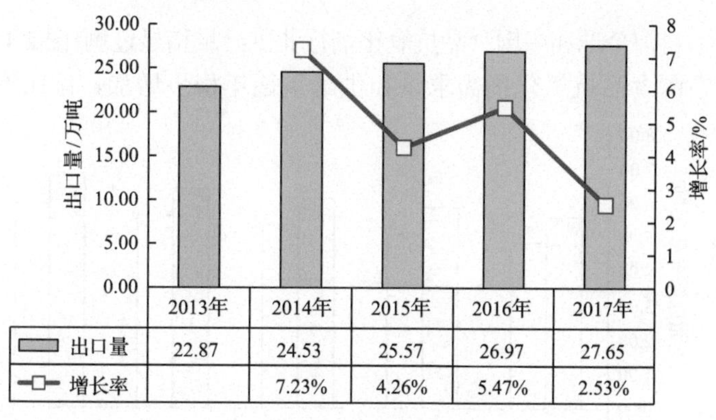

	2013年	2014年	2015年	2016年	2017年
出口量	22.87	24.53	25.57	26.97	27.65
增长率		7.23%	4.26%	5.47%	2.53%

图 2-1-13　2013～2017 年中国食品增稠剂行业出口分析

数据来源：中国海关总署

3）食品抗氧化剂产业

截至 2017 年，全球食品抗氧化剂市场容量已超过 7 万吨（图 2-1-14），北美、西欧和亚太地区约占全球抗氧剂消费量的 90%。近年来，食品抗氧化剂消费群体逐渐向亚太地区转移，中国和印度市场份额增长迅速，中国食品抗氧化剂市场容量已超过 2 万吨（图 2-1-15）。

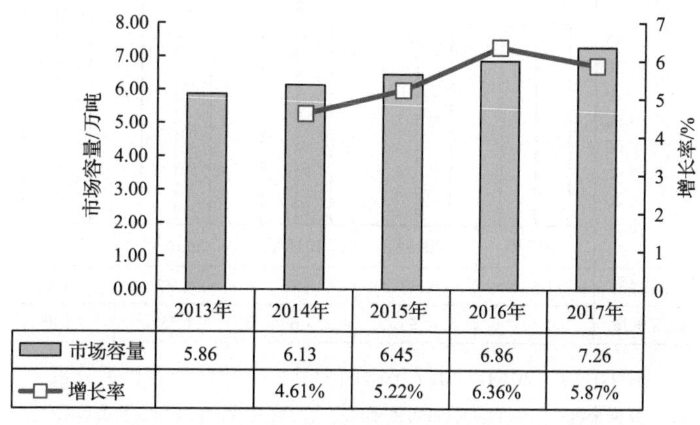

	2013年	2014年	2015年	2016年	2017年
市场容量	5.86	6.13	6.45	6.86	7.26
增长率		4.61%	5.22%	6.36%	5.87%

图 2-1-14　2013～2017 年全球食品抗氧化剂行业市场容量分析

数据来源：中国食品添加剂和配料协会防腐-抗氧-保鲜剂专业委员会

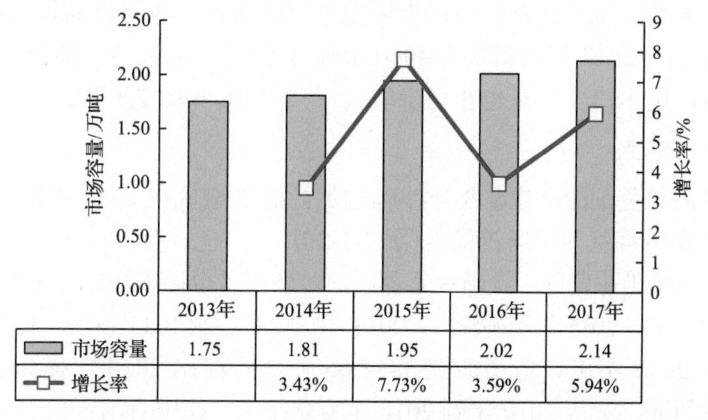

	2013年	2014年	2015年	2016年	2017年
市场容量	1.75	1.81	1.95	2.02	2.14
增长率		3.43%	7.73%	3.59%	5.94%

图 2-1-15　2013～2017 年中国食品抗氧化剂行业市场容量分析

数据来源：中国食品添加剂和配料协会防腐-抗氧-保鲜剂专业委员会

从供需关系看，目前全球和中国食品抗氧化剂行业供给量稍显过剩(图 2-1-16 和图 2-1-17)。2013～2017 年，中国食品抗氧化剂需求量和供给量逐年稳步增加，同比增长均超过 5%。

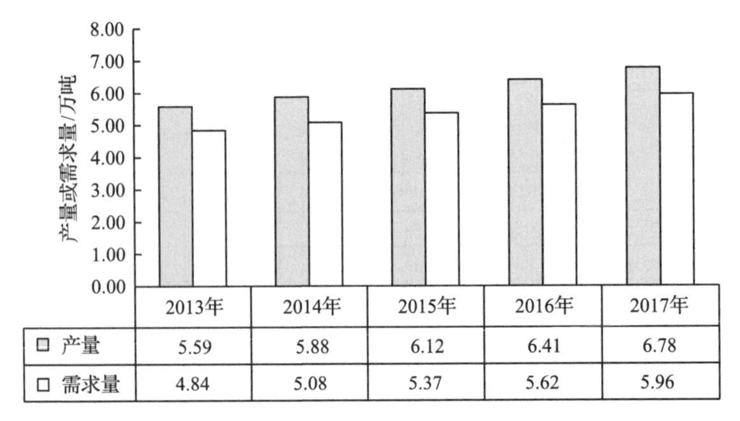

	2013年	2014年	2015年	2016年	2017年
产量	5.59	5.88	6.12	6.41	6.78
需求量	4.84	5.08	5.37	5.62	5.96

图 2-1-16　2013～2017 年全球食品抗氧化剂行业供需分析

数据来源：中国食品添加剂和配料协会防腐-抗氧-保鲜剂专业委员会

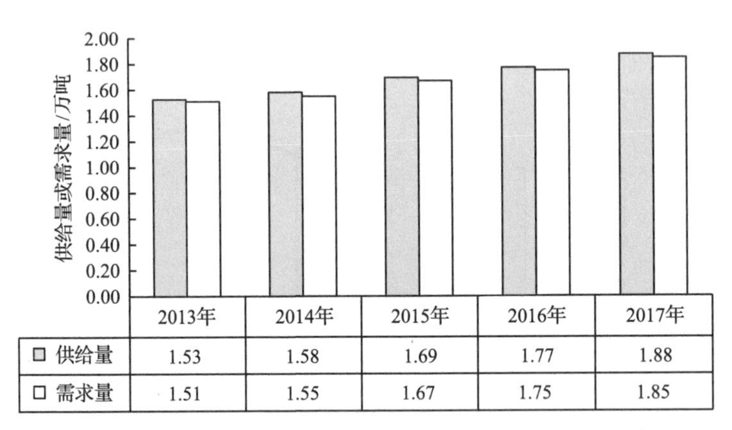

	2013年	2014年	2015年	2016年	2017年
供给量	1.53	1.58	1.69	1.77	1.88
需求量	1.51	1.55	1.67	1.75	1.85

图 2-1-17　2013～2017 年中国食品抗氧化剂行业供需分析

数据来源：中国食品添加剂和配料协会防腐-抗氧-保鲜剂专业委员会

随着我国食品工业的迅猛发展，食品抗氧化剂行业快速增长，已步入成熟期。越来越多制造企业将进入食品抗氧化剂行业，市场竞争日趋激烈。我国食品抗氧化剂产品以内销为主，部分产品出口(2017 年出口量为 4000 余吨)，同时还需进口一部分产品(2017 年进口量为 2000 余吨)，进出口贸易量也在稳步增长(图 2-1-18 和图 2-1-19)。

4) 食用着色剂产业

我国对于食品着色剂的需求量逐年小幅增加，而供给量在 2015 年到 2017 年基本保持不变，说明我国食品着色剂市场较稳定(图 2-1-20)。

由于食品行业的迅速发展，我国食品着色剂对外贸易也逐年增加，尤其是出口端近 8 年来稳定增长，2013 年与 2015 年增幅较大，2013 年出口量达到 1043.39 吨，比 2012 年 285.39 吨提高了 2 倍多，2015 年出口量增加到 3854.66 吨，同样比 2014 年提高 2 倍多。在进口方面，食品着色剂进口量从 2010 年到 2016 年变化不大，稳中有增，2017 年呈现较大增幅(图 2-1-21 和图 2-1-22)。

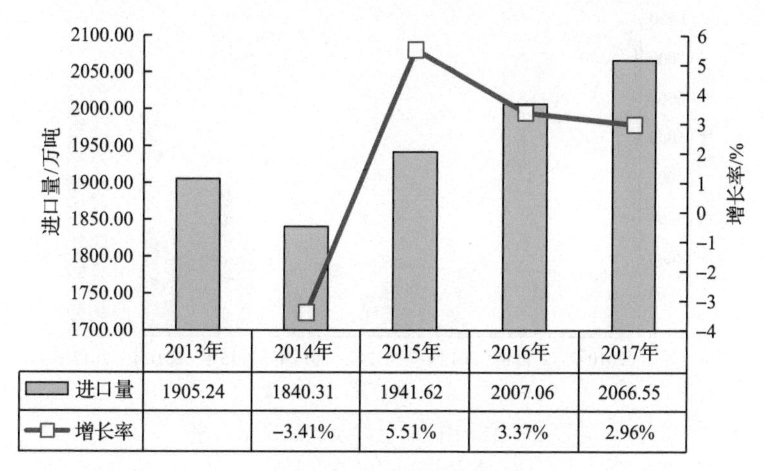

图 2-1-18　2013～2017 年中国食品抗氧化剂进口量统计分析

数据来源：中国海关总署

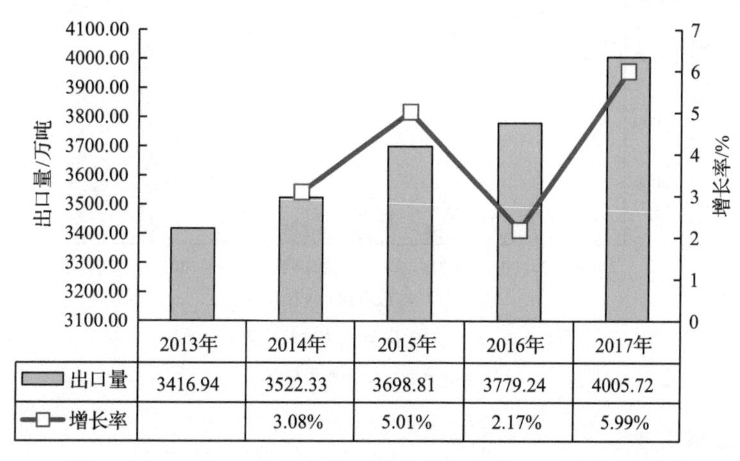

图 2-1-19　2013～2017 年中国食品抗氧化剂出口量统计分析

数据来源：中国海关总署

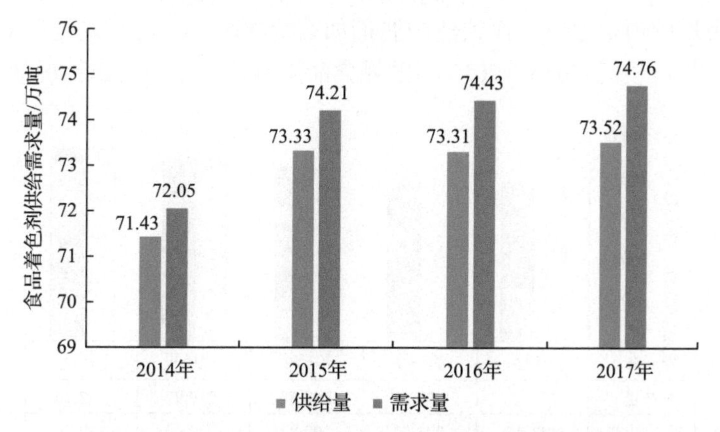

图 2-1-20　2014～2017 年中国食品着色剂供给需求量

数据来源：中国海关总署

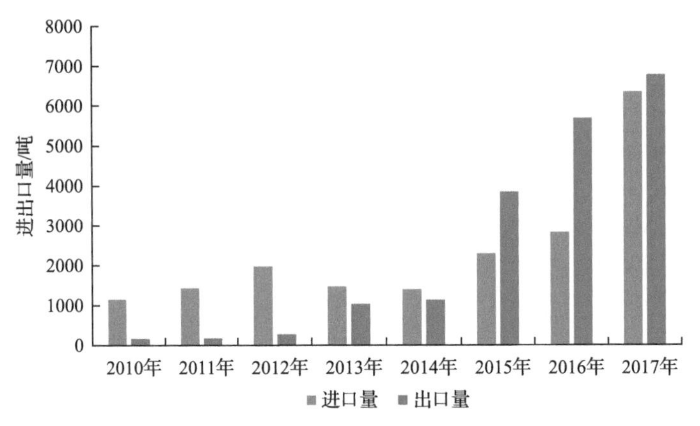

图 2-1-21 中国着色料及制品进出口量

数据来源：中国海关总署

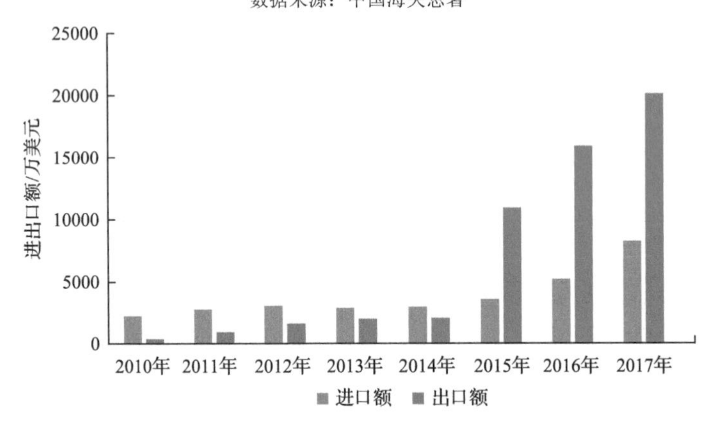

图 2-1-22　中国着色料及制品进出口额

数据来源：中国海关总署

5）食品防腐剂产业

世界各地允许使用的食品防腐剂种类很多但各有不同，其中美国约 50 种，日本约 40 种，中国约 25 种，欧洲约 30 种。其中化学防腐剂苯甲酸钠、山梨酸钾、丙酸钙等品种目前仍然是国际市场的消费主流，而天然防腐剂如葡萄糖酸-δ-内酯、纳他霉素、乳酸链球菌素等的使用比例相对较低。2013～2017 年世界食品防腐剂产量与需求情况如图 2-1-23 所示。

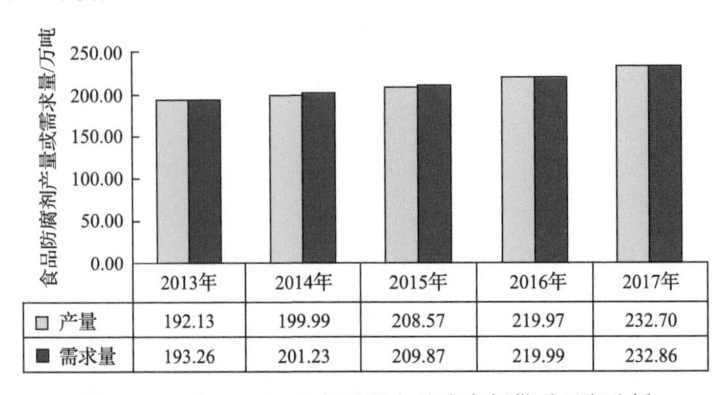

图 2-1-23　2013～2017 年世界食品防腐剂供需平衡分析

数据来源：中国食品添加剂和配料协会防腐-抗氧-保鲜剂专业委员会

2013 年我国食品防腐剂供给量为 32.98 万吨，2017 年为 46.12 万吨，同比 2016 年增长了 8.65%(图 2-1-24)。2017 年 1～7 月我国苯甲酸及其盐和酯进口量达 1175.70 吨，与上年同期相比下降了 18.57%。2016 年我国苯甲酸及其盐和酯进口数量为 2537.79 吨，与上年同期相比下降了 9.03%。2013～2016 年我国苯甲酸及其盐和酯进口量年复合增长率为 6.86%(图 2-1-25)。2017 年 1～7 月我国苯甲酸及其盐和酯出口量达 4.26 万吨，与上年同期相比下降了 0.70%。2016 年我国苯甲酸及其盐和酯出口数量为 7.40 万吨，与上年同期相比增长了 14.55%。2013～2016 年我国苯甲酸及其盐和酯出口量年复合增长率为 5.57%(图 2-1-26)。

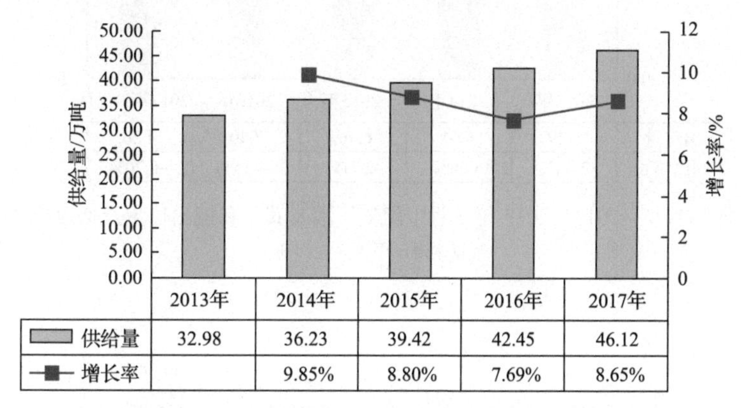

	2013年	2014年	2015年	2016年	2017年
供给量	32.98	36.23	39.42	42.45	46.12
增长率		9.85%	8.80%	7.69%	8.65%

图 2-1-24　2013～2017 年中国食品防腐剂供给情况分析

数据来源：中国食品添加剂和配料协会防腐-抗氧-保鲜剂专业委员会

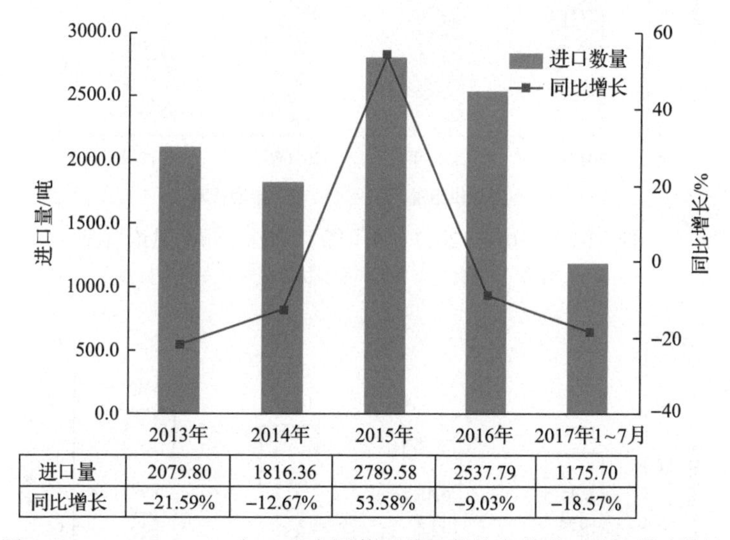

	2013年	2014年	2015年	2016年	2017年1~7月
进口量	2079.80	1816.36	2789.58	2537.79	1175.70
同比增长	−21.59%	−12.67%	53.58%	−9.03%	−18.57%

图 2-1-25　2013～2017 年 7 月中国苯甲酸及其盐和酯进口量及增速统计

数据来源：中国产业调研网

6) 食用甜味剂产业

我国食用甜味剂供给量于 2013～2017 年间逐年增长，由 2013 年的 11.79 万吨，2014 年的 12.50 万吨增加到 2017 年的 15.18 万吨(图 2-1-27)。2013～2017 年间，我国食用甜味剂的市场需求量由 2013 年的 11.94 万吨，2014 年的 12.71 万吨增加到 2017 年的 15.42 万吨(图 2-1-28)。

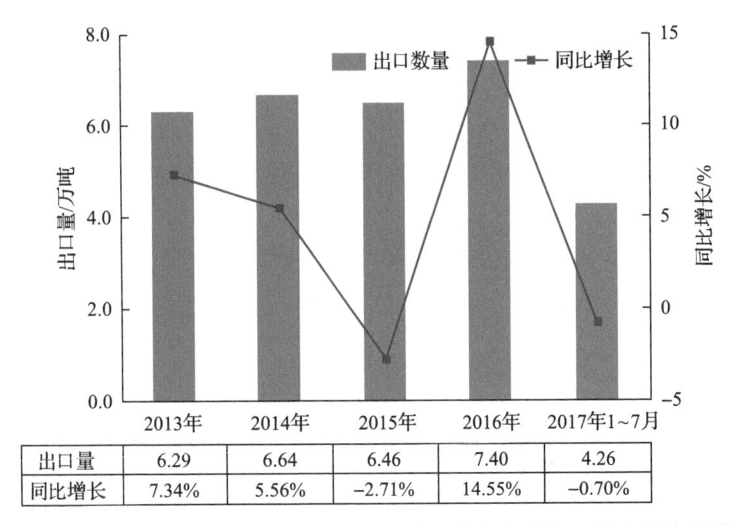

出口量	6.29	6.64	6.46	7.40	4.26
同比增长	7.34%	5.56%	−2.71%	14.55%	−0.70%

图 2-1-26　2013～2017 年 7 月中国苯甲酸及其盐和酯出口量及增速统计

数据来源：中国产业调研网

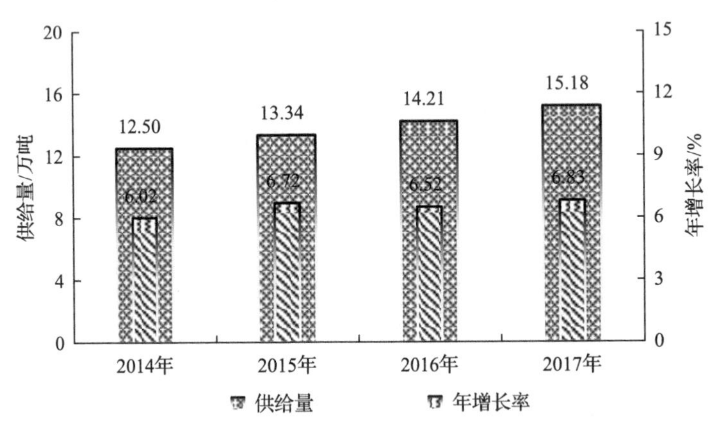

图 2-1-27　2014～2017 年中国食用甜味剂市场供给情况

数据来源：中国食品添加剂和配料协会甜味剂专业委员会

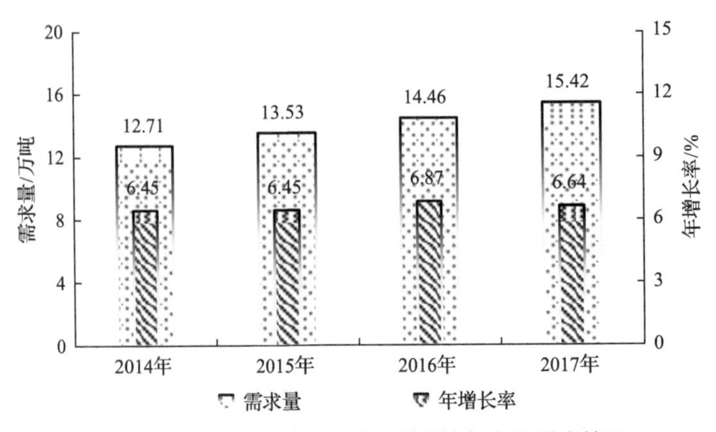

图 2-1-28　2014～2017 中国食用甜味剂市场需求情况

数据来源：中国食品添加剂和配料协会甜味剂专业委员会

4. 水产与肉类食品产业

1）消费结构升级

当前消费模式发生根本性的变革。近年来，电子商务发展较为快速，也正在改变着传统产业的发展，水产及肉类食品产业也受到其影响。各种电子商务模式，如垂直电商、平台电商、线下门店等均在水产食品及肉类产品销售领域崭露头角，为消费者提供更便捷、舒适的消费体验。但水产与肉类食品保质期相对较短、储运困难，这对产品的冷链物流保鲜技术提出了更高的要求。

“千禧一代”的消费习惯正在改变食品行业格局。根据第六次人口普查数据，中国 80 后人口 2.28 亿人、90 后人口 1.74 亿人、00 后人口为 1.26 亿人。80 后、90 后人群——中国的“千禧一代”，已经成为中国经济中消费潮流的引领者。根据 2016 年支付宝公布的数据，全国 80 后人均网上支付金额超过 12 万元，而 90 后移动支付占比近 92%。移动支付消费显示，46%的 90 后到店吃饭，61%的 90 后习惯外卖，他们对饮食注重特色和体验，偏好中低档消费。这对水产及肉类食品的产品开发与销售提出新的要求，但关注产品品质、重视包装设计及对便捷的诉求等消费需求也引领着水产及肉类食品产业向更健康、更规范化发展。

2）进出口贸易现状

目前我国是水产食品出口大国，2017 年我国水产品出口 211.5 亿美元，占全国农产品出口 28%，近年来我国水产品出口贸易量稳中有增，已连续 13 年成为全球第一大出口国。我国水产品的贸易伙伴主要是日本、美国和欧洲，近年来，我国对东盟国家水产品的出口量也在不断增加。福建、浙江、山东、辽宁等沿海省份是我国主要的水产品出口地，水产品加工企业也在水产品国际贸易中发挥重要作用，但受出口国技术性贸易壁垒、外部市场需求低迷、加征关税、劳动力成本提高等影响，我国水产食品在国际市场上的竞争力不足，水产品内销市场成为水产食品行业的重要开拓方向。

随着家庭收入提高和受“品质消费优先”消费理念的影响，国内居民对非国产品种的消费量也在不断增长，使我国水产食品市场成为全球最具潜力的水产品消费市场。自 2011 年以来，我国已经成为世界第三大进口国。水产食品贸易正变得更加复杂、更有活力，并呈现高度分段化特点，水产食品物种和产品类型更为多样化。

近年来，由于国内产品供给仍处于紧平衡状态，我国肉类贸易逆差逐年扩大。2011～2015 年，我国肉类贸易逆差从 101 万吨增加到 223 万吨，增加了 120.8%，呈现逐步扩大的态势。随着国内牛羊肉需求量的持续上升，牛羊肉进口量快速增加，其中 2015 年我国进口牛肉达到 47.4 万吨，是 2011 年的 24 倍之多，而进口羊肉也达到 22.3 万吨，约为 2011 年的 4 倍。2016 年鲜冷冻猪肉进口量达到 162.03 万吨，同比上升 108.4%，占国内猪肉消费量的 3%，鲜冷冻猪肉进口平均价格为 1.97 美元/kg，同比上升 5.7%。2017 年以来，由于中美贸易摩擦导致我国从美国进口的肉类大幅下降。但从长远看，国内消费需求的不断增长，贸易不确定性风险和疫情风险的增加，都将促进国外肉品的进口量的提升。

5. 粮油食品产业

1）投资提升产业集中度的同时加剧产能过剩，大型企业改善投资结构，助力产业升级

在当前产能过剩的大背景下，粮油食品行业面临诸多挑战。部分企业通过不断投资和

扩大企业规模提高了集中度，但却进一步加剧了产能过剩现象。加强企业产品创新，提高核心竞争力，不断淘汰落后产能成为企业摆脱经营困境的策略。在此过程中，大型企业开始增加科研投入，走内涵式发展道路，与中小企业拉开差距[33]。例如，中粮集团在 2011 年投资12 亿元建设中粮营养健康研究院，益海嘉里集团在 2009 年投资 8 亿元在上海建立全球研发中心，都是希望通过研发营养健康的新产品以保持甚至扩大各自的市场份额。此外，行业巨头还开始打造全产业链模式，进一步增强自身实力，助力粮食产业转型升级。例如，中粮集团正在积极探索农业产业化的创新模式，在上游、中游和下游加大投资力度，包括农业服务、种植、收储物流、贸易、加工、养殖屠宰、食品制造与营销等多个环节。而大量中小型企业由于技术、管理等方面的限制，投资力度有限，无法实现投资结构的转型升级，与大型企业的差距逐步拉开[34]。

2) 恩格尔系数不断下降，消费需求不断升级

近些年，农产品供求关系发生了深刻的变化，供给保障能力大幅提升。与此同时，消费需求加快升级。具体体现在分层次、多样化、个性化消费需求显著增加，优质、生态、安全的农产品成为受到追捧的商品。目前我国人口规模、消费结构、城镇化水平都还没达峰值。据预测，我国人口规模将在 2030 年左右达到 14.5 亿人的峰值，比现在还将增加约 7500 万人。我国现在距离城镇化的峰值水平还有约 15 个百分点的增长空间。从日本、韩国的经验来看，人均 GDP 达到 2 万美元以后，居民食物消费结构升级才会实现基本稳定，而我国仍具有较大发展空间[35]。目前随着居民消费收入的不断提高，食物消费比重不断下降，恩格尔系数逐年下降(图 2-1-29)。

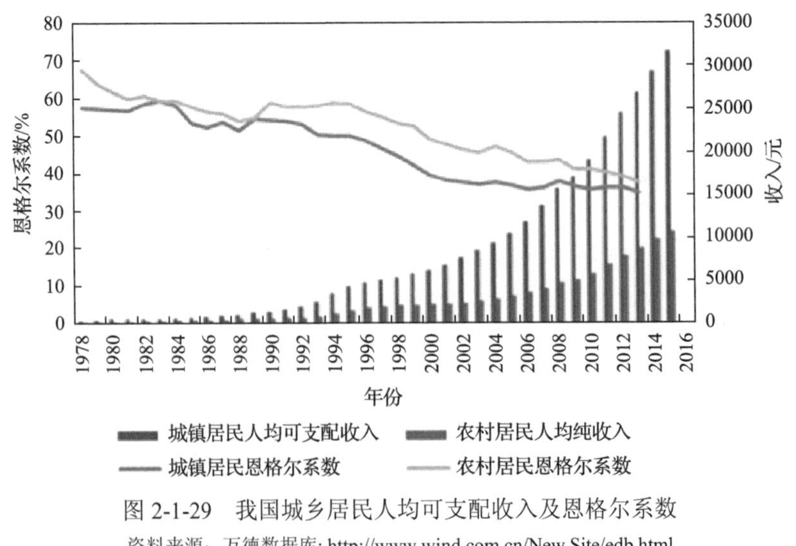

图 2-1-29　我国城乡居民人均可支配收入及恩格尔系数

资料来源：万德数据库: http://www.wind.com.cn/New Site/edb.html

从食物消费量上来看，我国居民粮食的消费量从 1981 年的年均 145.4 kg 持续减少至 2001 年的 79.69 kg，即在过去的 20 多年间城镇居民年人均消费量减少了将近一半，之后的几年虽有波动，但大体上保持在 80 kg 左右(图 2-1-30)。粮食消费量的减少意味着消费者开始选择其他食物来替代粮食。

为了了解消费者对于粮油食品的认知与消费行为，更好地掌握消费者的需求和市场的供给状况，课题组在全国范围内开展了广泛的调研，涉及东北地区、华北地区、华东地区、

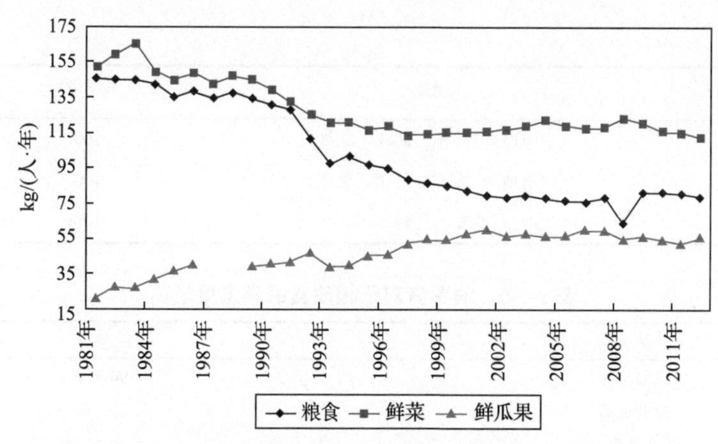

图 2-1-30　中国城镇居民粮食、蔬菜和鲜瓜果的人均年消费量

资料来源：李辉尚. 基于营养目标的中国城镇居民食物消费研究. 北京：中国农业科学院, 2015

华南地区、华中地区、西南地区和西北地区共 21 个城市。共发放了 716 份问卷，回收了 712 份问卷，其中有效问卷为 700 份，有效回收率为 98.3%（表 2-1-4）。本次调研对象为 20～54 岁的居民。调查显示，消费者对于粮油食品总体满意度较高（表 2-1-5）。在产品层面，营养价值仍然受到消费者的高度重视。消费者对于粮油食品已经建立了品牌意识并有一定的品牌忠诚度。大型超市仍是主流购买渠道，电商已经占据一定比重。消费者对于不同品类的产品创新诉求有所差异。

表 2-1-4　调研样本基本情况

	属性	样本数	比例
性别	男性	280	40%
	女性	420	60%
年龄	20～29 岁	210	30%
	30～49 岁	399	57%
	50～54 岁	91	13%
教育程度	初中	4	0.6%
	高中/中专	36	5.1%
	大学本科（包括大专/职大）	600	85.7%
	硕士生及以上	60	8.6%
收入情况	低收入	103	14.7%
	中等收入	268	38.3%
	中高收入	280	40%
	高收入	49	7%
地区	东北地区（哈尔滨、沈阳、长春）	100	14.3%
	华北地区（北京、太原、青岛）	100	14.3%
	华东地区（上海、南京、宁波）	100	14.3%
	华南地区（广州、厦门、东莞）	100	14.3%

续表

属性		样本数	比例
地区	华中地区（郑州、武汉、长沙）	100	14.3%
	西南地区（成都、昆明、绵阳）	100	14.3%
	西北地区（西安、乌鲁木齐、兰州）	100	14.3%

表 2-1-5　消费者对于粮油食品满意度较高

品类	满意度
包装大米	94.9%
包装面粉	92.5%
包装杂粮和杂豆	88.9%
包装玉米制品	83.5%
油茶籽油	94.7%
亚麻籽油	93.1%
米糠油	92.3%
花生油	91.6%
橄榄油	91.3%
葵花籽油	89.9%
玉米油	89.4%
大豆油	88.7%
菜籽油	86.0%
调和油	85.4%
芝麻油	84.9%
棉籽油	81.8%

数据来源：中粮营养健康研究院消费者与市场研究中心

总体看来，现阶段粮油食品安全仍然是消费者的基本需求。消费升级使得消费者对于粮油食品提出更多需求：一是追求健康是消费者对于粮油食品的首要需求；二是消费者要求粮油食品健康的同时，还追求口味口感；三是消费者愈加重视品牌，对中高端产品的需求不断增加；四是消费者对粮油食品的多样化需求日趋强烈；五是消费者对粮油食品的方便性需求与日俱增。

3）国际竞争压力日益凸显，农产品缺乏国际竞争力

目前，粮油食品原料市场环境发生了深刻变化，国内国际市场融合加深，国际竞争压力日益凸显。一家一户自给自足的生产模式正在结束，产业商品化、市场化、国际化程度明显加深，不仅是“买全国、卖全国”，而且是“买全球、卖全球”，同时国际竞争压力显著加大，农业效益偏低的问题更加凸显。近年来我国农业生产成本进入快速增长时期，成本上升抬高了食品价格，导致大部分农产品价格高于国际水平，有些产品出现生产量、库存量、进口量“三量齐增”的现象。因此，提高农业效益、增强市场竞争力的要求十分迫切。

从我国的粮油国际贸易布局来看，我国在小麦、玉米、稻谷、大豆的进出口贸易中与多个国家合作，具体如下所述①。

① 数据来源：FAO 数据库

我国主要进口国：

美国(小麦、玉米、大豆)；加拿大(小麦、大豆)；巴西(大豆)；阿根廷(玉米、大豆)；乌拉圭(大豆)；秘鲁(玉米)；澳大利亚(小麦)；俄罗斯(大豆)；哈萨克斯坦(小麦)；法国(小麦)；德国(玉米)；巴基斯坦(稻米)；印度(玉米)；缅甸(玉米、稻米)；泰国(玉米、稻米)；柬埔寨(稻米)；老挝(玉米、稻米)；越南(稻米)。

我国主要出口国：

朝鲜(小麦、玉米、稻米、大豆)；韩国(小麦、玉米、稻米、大豆)；日本(小麦、玉米、稻米、大豆)；菲律宾(小麦)；越南(小麦、玉米、大豆)；孟加拉国(小麦、玉米)；马来西亚(小麦、玉米、大豆)；印度尼西亚(小麦、玉米)；伊朗(玉米)；俄罗斯(稻米)；美国(大豆)；科特迪瓦(稻米)；尼日利亚(稻米)；利比里亚(稻米)；德国(大豆)。

我国的小麦主要从美国、澳大利亚、加拿大、哈萨克斯坦和法国等国家进口，主要是出口到亚洲的东亚和东南亚地区，但2008年以后，我国小麦出口近乎停止。稻谷主要从亚洲国家进口，包括周边的泰国、越南、巴基斯坦、老挝、缅甸等国家，主要出口到周边地区和部分非洲国家，包括日本、韩国、朝鲜和俄罗斯，以及科特迪瓦、利比里亚、巴布亚新几内亚、尼日利亚等国家。大豆主要进口国包括美国、巴西、阿根廷、乌拉圭、加拿大和俄罗斯，以美洲地区为主，玉米进口主要来自美国、老挝、缅甸以及其他几个国家，以亚洲国家居多。出口方面，我国大豆主要出口到亚洲国家和部分欧美国家，但对各国的出口量呈现减少的趋势，从这个侧面也说明了我国大豆的缺口较大。就食用油而言，自从加入 WTO 以来，我国取消了对于大豆、油菜籽等进口关税壁垒，大豆进口量便逐年上升。2015年我国大豆产量仅占世界总产量的5%，自给率仅为12%[36]，国内产量无法满足需求。其他农产品对外依存度也屡创历史新高，自中国加入WTO到2017年，植物食用油自给率从74%下降到36%，食糖自给率从91%下降到55%，棉花自给率从99%下降到63%[37]。农产品大量进口主要是由于国外产品在价格和质量上有显著优势。

1.2.4　供给侧现状(劳动力、土地、资本、制度、创新等)

1. 营养与健康食品产业

1) 政策法规保障

(1)《食品安全法》修订。

2015年修订的《中华人民共和国食品安全法》(以下简称《食品安全法》)实施，首次提出特殊食品的概念，并对特殊食品入市前的许可管理、生产管理、市场监督、广告管理、违法处罚都给予了规定，终结了过去特殊食品发展的无序状态。

(2)保健食品管理办法。

《食品安全国家标准　保健食品》(GB 16740—2014)于2015年5月修订实施，对保健食品的定义、产品分类及技术要求等做出了修订。2017年7月1日，国家食品药品监督管理总局颁布的《保健食品注册与备案管理办法》正式实施，保健食品管理办法将从此前的单一注册制转变为注册与备案相结合的双轨注册制，大大提升了注册制的实验标准及难度。备案制精简了审批文件，缩短了审批时间，大大降低了企业成本。随后，诸如《关于进一步加强保健食品监管工作的意见(征求意见稿)》等规定陆续出台，对保健食品行业内集中出现功能声称、标签标识等问题，提出了明确的指导意见。

(3)特殊医学用途配方食品管理办法。

2010 年《特殊医学用途婴儿配方食品通则》(GB 25596—2010)、2013 年《特殊医学用途配方食品通则》(GB 29922—2013)、2013 年《特殊医学用途配方食品良好生产规范》(GB 29923—2013)、2016 年《特殊医学用途配方食品注册管理办法》、2016 年《特殊医学用途配方食品注册申请材料项目与要求(试行)》、《特殊医学用途配方食品临床试验质量管理规范(试行)》及《食品安全法实施条例(修订草案送审稿)》这一系列的法规标准，为特殊医学用途配方食品制定了严格的管理标准。

(4)婴幼儿配方食品管理办法。

为提升我国婴幼儿配方食品的质量与安全，我国从 2008 年起密集出台了一系列迄今为止最严格的管理政策，对婴幼儿食品的生产、销售及进口等各方面作出规范。2010 年起，我国卫生部颁布了一系列包括《婴儿配方食品》和《较大婴儿和幼儿配方食品》在内的新的国家乳品标准，从宏量营养素到微量营养素都作出明确规定，达到与国际食品法典委员会或其他乳业发达国家的同一标准[38]。同时，标准对于微生物、黄曲霉毒素、重金属等安全指标也进行了严格规定。2015 年 10 月 1 日新修订的《食品安全法》正式实施，将婴幼儿配方食品列为特殊食品。2016 年 6 月《婴幼儿配方乳粉产品配方注册管理办法》正式发布，该办法对国内和进口婴幼儿配方乳粉产品实施统一的注册管理。

(5)其他食品营养相关标准的制定和修订。

2017 年 10 月，中国营养学会与中国疾病预防控制中心营养与健康所发布《预包装食品“健康选择”标识使用规范》(试行)标准规范。预包装食品包装正面标识，通过制定减少油、盐、糖的系列营养标准规则，统一衡量或判断食品是否符合或以此为目标调整食品配方，逐步满足“三减”的条件[39]。该规范一方面帮助消费者更轻松地选择健康的食品；另一方面鼓励食品制造商改良产品配方，降低食品加工过程中盐、脂肪和糖的使用量。

此外，《预包装食品营养标签通则》《食品营养强化剂使用标准》等法规标准的修订也将推动企业研发更多营养与健康食品，提高全人群的营养健康水平。

2)科技投入及基础研究

食品科学技术进步是营养与健康食品产业跨越发展的直接推动力。我国高度重视自主创新，先后修订了《中华人民共和国科学技术进步法》等法律，实施了《国家中长期科学和技术发展规划纲要(2006—2020 年)》《国家“十二五”科学和技术发展规划》等。2012 年 2 月，中共中央、国务院印发了《关于加快推进农业科技创新持续增强农产品供给保障能力的若干意见》中央一号文件，把农业科技创新摆在更加突出的位置。作为农产品科技延伸、农产品增值增效的食品产业科技创新也更加得到重视。

受国家政策的引领，目前我国营养与健康食品产业的研究处于一个快速发展时期。通过实施标准化战略，整体提升了营养与健康食品产业的发展水平，成为食品工业的“重点行业”。

此外，由于营养与健康食品产业技术与生物医药技术密切相关，而近年来我国生物医药技术又有了较快的发展，通过将生物医药技术应用到营养与健康食品行业，产品功效成分的稳定性得到大幅提升，为行业进一步发展壮大提供了基础。

3）产品开发

在专业技术领域不断创新及政府严格监管的基础上，我国营养与健康食品产业形成了一批具有自主知识产权的品牌和产品，产品品质逐渐优化，数量和种类上也呈现不断增多的发展趋势。自“十一五”以来，随着我国食品产业技术的不断提升，新产品不断涌现，培育了一批以绿色、营养为特色的功能食品、大城市现代营养配餐以及益生菌发酵剂和制剂等新兴营养与健康产品，增强了国民健康素质和产业的核心竞争力。

我国保健食品产品经历了三代变更后而逐步走向正轨，目前市场上的保健食品是功能明确的保健食品，即在审批时已经过人体及动物实验，证明该产品具有某项生理调节功能，具备真实性和科学性。贝因美特殊医学用途婴儿配方食品无乳糖配方通过注册，结束了该领域我国国内产品的空白。婴幼儿配方食品在严格管理下，质量安全水平也得到大幅提升。

4）人才培养

我国食品科学基础研究的人才队伍已初具规模。2016 年，我国食品工业用工从业人数达到 812 万。在高层次人才方面，截至 2017 年，我国共有 300 余所全日制本专科学校设有食品学科，每年能够为食品工业及相关行业输送近 15 万名毕业生。“十二五”期间，充分利用国家政策和科技支撑，依托行业协会、产学研联盟和产业科技服务平台，营养与健康食品产业聚拢了一大批专家和人才。然而，由于营养与健康食品属于跨学科交叉领域，涉及食品科学、生物、医药、化学等多学科的综合交叉性领域，该部分专才人员较为缺乏。

5）企业规模

随着营养与健康食品产业的发展，大型企业逐渐向规模化、集团化方向发展，形成了从“田头到餐桌”的跨越农业、工业、商业的新型全产业链经济模式。2017 年，我国食品工业总产值达 10.52 万亿元，占国内生产总值 12.7%，在整个国民经济中发挥着重要作用。“十二五”期间，营养与健康食品消费的倾向性不断提高，产品销售收入在 100 亿元以上的企业达到 10 家以上，百强企业的生产集中度超过 50%，形成了一定的国际竞争力。

6）国民健康意识的宣传教育

近年来，我国政府及行业协会持续开展国家基本公共卫生服务项目、全民营养周、全民健康素养促进行动、全国科普日和全民健康生活方式行动等一系列重大项目，有力促进了我国城乡居民健康素养水平的提升。要加快推进健康中国建设，坚持预防为主，推行健康文明的生活方式，营造绿色安全的健康环境，减少疾病发生。调整优化健康服务体系，强化早诊断、早治疗、早康复，坚持保基本、强基层、建机制，更好满足人民群众健康需求。坚持共建共享、全民健康，坚持政府主导，动员全社会参与，突出解决好妇女儿童、老年人、残疾人、流动人口、低收入人群等重点人群的健康问题。要强化组织实施，加大政府投入，深化体制机制改革，加快健康人力资源建设，推动健康科技创新，建设健康信息化服务体系，加强健康法治建设，扩大健康国际交流合作。

2. 果蔬食品产业

虽然经过多年的发展，我国果蔬食品产业已经取得了较大的成就，但产业供给侧的要素仍然被约束与抑制，影响了产业的持续健康发展。

1）人口红利下降，劳动力成本上升

从 2011 年开始，以数量为特征的劳动力转移对产业的贡献度颓势已现，包括果蔬食品生产企业在内的大部分企业皆出现了用工荒的困难。与此同时，我国人口结构已呈现明显的老龄化特征，而从事果蔬种植的也绝大部分是留守老人与妇女。因此，人口基数与结构的变化，对果蔬食品产业乃至全社会产业都造成了较大冲击，但由于我国果蔬种植与果蔬食品产业一直依靠巨大的劳动力市场走数量扩张的路径，质量扩张效应尚不明晰，其受到的影响更为强烈。

2）土地要素有限，产业之间资源配置扭曲

果蔬原料的种植与土地密不可分，而我国在土地要素分配与资源配置方面存在的供给抑制十分明显。一直以来，我国土地密集型农产品比较效益都较低。根据国家发改委数据，我国蔬菜平均每亩净利润为 2069.78 元，是小麦的 23.6 倍，玉米的 25.3 倍，水稻的 10.1 倍，苹果也有类似情况，而棉花、糖料、大豆等土地密集型农产品生产净利润都是负值。这充分说明我国粮食、棉花等土地密集型产业与果蔬等劳动密集型、技术密集型产业之间的资源配置不合理[40]。

3）金融抑制明显，对产业的资本投入不足

我国外汇储备与国内储蓄居全球首位，但从资本的使用效率上看，我国金融领域存在的供给抑制与供给约束也居全球首位。利率市场化不足、金融市场主体大小不均及资本市场结构不合理导致广大中小企业长期得不到合理的融资支持。我国目前的果蔬食品企业基本以中小企业为主，大型企业较少，即使是大型企业，其获得的金融支持仍然有限，实体经济升级的“天花板”难以突破。

4）支持产业发展手段陈旧，制度供给滞后

果蔬食品产业包含农业种植、精深加工、保鲜物流、安全控制及消费终端诸多环节，每个环节都有相应的管理机构或部门，而随着营养健康食品的走俏与休闲农业的推广，会有更多的机构与部门参与到果蔬食品产业的发展中。但我国目前没有类似乳制品的针对果蔬的战略性指导文件，果蔬也没有上升至肉类、粮油等战略储备层面，相关部门的指导意见仍仅仅局限于某种蔬菜或水果。此外，管理方式与手段落后，仍然习惯于以“补贴”或“优惠”的形式代替市场环境[41]。

3. 食品添加剂产业

高新技术在食品添加剂领域的广泛应用，推动着食品添加剂产业的技术创新和发展。食品添加剂基础研究和新技术开发越来越受到重视。一些食品添加剂制造关键技术取得突破。新型食品添加剂不断得到研究与开发。

4. 水产与肉类食品产业

科技创新的发展已经成为水产品养殖和水产品精深加工及肉类产业发展的核心支撑和引领力量。从 2013～2017 年水产品的专利申请数量来看，在这五年间，水产品专利申请累计达 3967 项专利，在 2013～2018 年的国家科学技术奖的评比中，有 6 项较为突出的国家科学技术进步奖(表 2-1-6)，由此可见，水产品养殖及加工产业得到了快速发展(国家知识产权局，2013～2018 年)。

表 2-1-6　我国现有水产食品产业相关的成果

序号	项目名称	奖励类别
1	建鲤健康养殖的系统营养技术及其在淡水鱼上的应用	2013 年度国家科学技术进步奖二等奖
2	东海区重要渔业资源持续利用关键技术与示范	2014 年度国家科学技术进步奖二等奖
3	鲤优良品种选育技术与产业化	2015 年度国家科学技术进步奖二等奖
4	金枪鱼质量保真与精深加工关键技术及产业化	2016 年度国家科学技术进步奖二等奖
5	鱿鱼储藏加工与质量安全控制关键技术及应用	2017 年度国家科学技术进步奖二等奖
6	特色海洋食品精深加工关键技术创新及产业化应用	2018 年度国家科学技术进步奖二等奖

目前我国肉品科技实力不断得到增强，相关基础研究和高新技术研发能力与世界先进水平的差距在不断地缩小。2007～2017 年，中国肉品科学领域研究的发文数量持续增长，发文量居世界第二，被引频次居世界第三。与此同时，近五年来，冷却肉、低温肉制品、中式肉制品、羊肉增值加工、传统肉制品加工以及无损检测技术的集成示范应用，取得了很好的效果，获得了一批国家级和部省级科研成果(表 2-1-7)。

表 2-1-7　我国现有肉类产业相关的成果

序号	成果名称	奖励类别
1	冷却肉品质控制关键技术及装备研发与应用	国家科学技术进步奖二等奖
2	生鲜肉品质无损实时检测新技术	国家技术发明奖二等奖
3	羊肉梯次加工关键技术及产业化	国家科学技术进步奖二等奖
4	冷却肉质量安全保障关键技术及装备研究与应用	江苏省科学技术进步奖二等奖
5	低温肉制品质量控制关键技术及装备研发与应用	中国食品科学技术学会科技创新奖-技术进步奖一等奖
6	中式肉制品加工新技术研发及应用	广东省科学技术进步奖二等奖
7	北方传统肉灌制品现代化生产及生产安全控制关键技术	黑龙江省科学技术进步奖一等奖

科技项目。通过产学研紧密合作，取得了系列成果，引领了行业科技发展，项目的实施带动了我国水产食品及肉类产业的技术进步和产业的升级。

科技平台。我国立项建设了多个国家级、部省级工程技术研究中心和实验室，为提高水产食品及肉类制造与质量安全控制技术研发，促进科技成果的转化等提供了重要平台。主要有：国家海洋食品工程技术研究中心、中国肉类食品综合研究中心暨国家肉类加工工程技术研究中心、国家肉品质量安全控制工程技术研究中心等，另有一批以企业研发为主的企业国家重点实验室、以学科群为基础的农业部重点实验室、教育部重点实验室等。

人才团队。经过近 20 年的发展，我国水产食品及肉类产业人才队伍建设取得显著成效。在水产食品领域，大连工业大学、上海海洋大学、江南大学、中国海洋大学等高校凸显出一批科研实力雄厚的人才团队；在肉品加工领域，南京农业大学、中国农业科学院农产品加工所、中国肉类食品综合研究中心、中国农业大学、山东农业大学、东北农业大学等 40 余所高校、科研院所建立了研究团队。

5. 粮油食品产业

1) 耕地面积减少，耕地负荷增大

从 2009 年到 2015 年间，我国耕地面积以平均 6500 公顷的速度逐年减少(图 2-1-31)，同期农作物总播种面积不断增加，其中粮食总播种面积以平均每年 726000 公顷的速度增长，耕地负荷不断增大(图 2-1-32)。

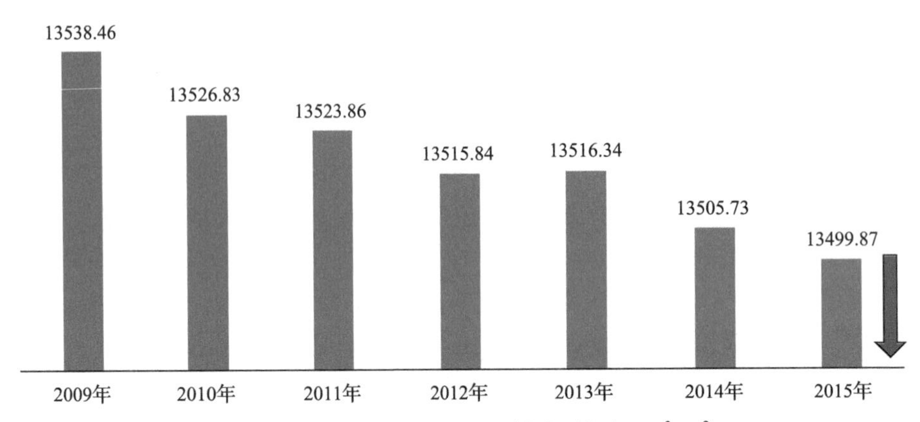

图 2-1-31　2009～2015 年我国耕地面积($\times 10^3 hm^2$)

资料来源：中国国土资源公报(2010～2015 年)(自然资源部，2015)

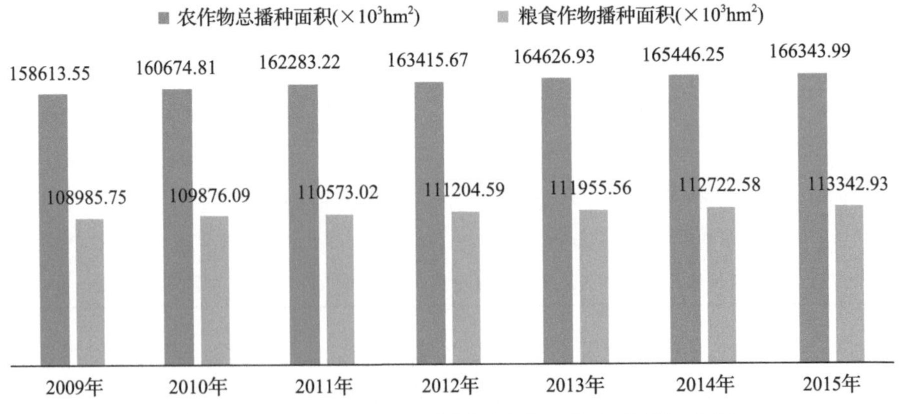

图 2-1-32　2009～2015 年我国农作物与粮食总播种面积

资料来源：国家统计局

2) 传统农户比重明显下降，新型经营主体蓬勃发展

2016 年农民工总数达到 2.8 亿，城市常住人口比重高于农村，农村人地关系、农业产业结构、生产经营方式发生了深刻变化。种养大户、家庭农场、合作社、农业企业等规模经营的新型经营主体大量涌现，新机具、新装备、新技术广泛应用。目前各类新型经营主体总数达到 280 万家，适度规模经营比重超过 40%[42]。加快农业转型升级，调整生产经营关系，既有迫切需要，又有实现条件。

3)资金投入和制度建设取得成就，释放了市场活力

针对农业发展的需求，国家给予了大量的资金以及制度支持。主要体现在四个方面，一是加快高标准农田建设，夯实粮食生产基础。国家不断加大投入，加强高标准农田建设，改善粮食生产条件，增强粮食生产抗灾减灾能力。按照《全国新增1000亿斤粮食生产能力规划(2009—2020年)》的要求，安排中央预算内投资140亿元，用于800个产粮大县以小型农田水利为基础的田间工程建设，通过新建和完善灌排沟渠、桥涵闸等渠系建筑、集蓄水设施、机井维修配套、土地平整以及机耕道建设等，预计建成集中连片、旱涝保收的高产稳产粮田1160万亩。二是安排中央财政资金440多亿元，继续实施农业综合开发中低产田改造和土地整治，预计建成高标准基本农田8800万亩。三是安排中央预算内投资约90亿元，用于大型灌区续建配套与节水改造、新建大型灌区工程、大型灌排泵站更新改造等项目建设，保障农业灌排水需要，改善灌排能力，提高农业用水效率，缓解水资源供需矛盾，转变农业发展方式。四是各地区、各部门不断加强工程建设管理，创新建管机制，一些地方出台相关政策探索建设资金整合试点，实现“多个渠道进水，一个池子蓄水，一个龙头出水”，共同推进高标准农田建设。部分地区开展了高标准农田上图入库工作，实行集中统一、动态监控。探索建后管护长效机制，将田间设施交由合作社。村民自治和种粮大户主体自建自管，确保长期发挥效益。吸引社会资本和市场主体参与高标准农田建设，拓宽投资渠道，妥善解决“最后一公里”问题。初步统计，在各地区、各部门的共同努力下，形成了一批田成方、渠相连、旱能灌、涝能排的粮食生产基地，项目区粮食平均产能提高10%～20%，亩均粮食产量增加100公斤左右，提高了粮食生产水平，促进了农民增收，为实现粮食连年增产、确保谷物基本自给、口粮绝对安全奠定了坚实基础[21]。

2013年，国务院研究了大宗农产品的价格和补贴问题。从2014年年初，国务院在新疆推进了棉花目标价格的改革，在东北推进了大豆目标价格的改革。2015年夏季，国务院在长江中下游推进了油菜籽的价格改革。2015年9月又在东北和内蒙古地区推进了玉米临时收储价格的改革，把东北和内蒙古四省区的玉米临储价格从2014年的每斤1.12元，降到了2015年的每斤1元钱。但进口玉米的到岸完税成本价每斤不超过0.8元。因此，2016年中央一号文件中明确提出，对东北和内蒙古地区的玉米实行重大的改革措施，要求市场定价、价补分离。

政策出台之后，很快收到了明显的效果，突出的表现是东北地区的玉米播种面积，2017年与2016年相比减少了2300万亩，减少了10.5%。市场定价有效调整了供求状况。2017年辽宁省的玉米收购价约在每斤0.75～0.8元之间，吉林省的玉米收购价约在每斤0.75元左右，黑龙江和内蒙古的约在每斤0.6～0.7元之间，按照这个价格再运到关内，基本上可以和到岸玉米完税成本价格相当。同时，国家又另行对生产玉米的农民进行补贴。推进农业供给侧结构性改革的关键环节在于制度创新，即让市场在价格形成机制中发挥决定性的作用。目前在玉米调控上取得了一定成就[43]。

4)科技创新意识明显提升，技术取得较快进步

粮油食品企业研发投入由2010年的26亿元，增加到2015年的81.1亿元，粮油机械制造水平取得新的提升，大米、小麦粉、食用油和饲料等加工成套装备已达到国际先进水平。粮食加工成套设备制造技术提升较快，日处理稻谷480吨、小麦1000吨，年产玉米淀

粉20万吨等成套设备达到国际先进水平。攻克了一批稻谷、小麦、玉米、大豆等深加工关键技术，稻壳、米糠、玉米胚芽、小麦胚芽等副产物综合利用技术取得新突破(表2-1-8)。

表2-1-8　“十二五”取得的重要科技成果

粮食加工	小麦加工——面制品加工关键技术与装备 稻米加工——稻米深加工和综合利用 玉米加工——淀粉改性及发酵产品应用 杂粮加工——薯类主食工业化关键技术
粮食储藏	储粮基础理论 绿色无公害储粮、“四合一”升级技术
粮食营养	粮食营养与人体健康关系 粮食加工中营养成分变化 推动粮食适度加工和营养强化粮食食品开发
粮食物流	粮食物流经济 物流运作管理 物流技术与装备
质量安全	完善粮食标准体系 原粮加工、储藏品质检测技术 真菌毒素快速检测技术
发酵面食	建立发酵面食品质评价标准体系 创新品质评价方法 完善冷链物流体系与技术、食品安全检测体系
油脂加工	油脂化学 油脂营养与安全 加工工艺 装备与工程和综合开发利用
饲料加工	原料成分与营养价值科学评价与数据库建设 饲料原料发酵处理增值技术
信息技术	智能化粮库技术集成与应用 农产品生产过程跟踪和溯源管理 粮食加工现代信息技术 粮食电子交易

5)产业发展内生动力增强，产品结构及质量安全水平明显提高

粮油食品产业形成了以民营企业为主体、多元化市场主体充分竞争发展的市场格局。民营企业所占比例为91%，外资企业为3%，国有企业为6%[44]。“十二五”期间制修订了一批粮油产品质量标准，建立了较为完善的质量保障技术标准体系。消费者对产品的需求从饱腹过渡到美味，且逐渐呈现出细分化的趋势。粮油食品的品种的丰富程度明显提升。以食用

油为例，除了大豆油、菜籽油、玉米油等大宗单一油种以及调和油，市场上还出现了亚麻籽油、山茶油等小品种油，也出现了添加植物甾醇、维生素等微量元素的食用油产品。

1.2.5　营养与安全现状

1. 营养与健康食品产业

营养与健康食品安全关系到广大人民群众的身体健康，原国家食品药品监督管理总局始终高度重视，严格按照“四个最严”的要求，把营养与健康食品的注册与监管摆在更加重要的位置。在营养与健康食品产值快速增长的同时，其质量安全水平也不断提升。据国家食品药品监督管理总局公布的 2017 年各品类食品监督抽检结果显示，保健食品的抽检合格率为 97.80%，婴幼儿配方食品抽检合格率为 99.40%，合格率高居大宗食品榜首，不合格项目主要集中在标签标识方面；特殊膳食食品和特殊医学用途配方食品的抽检合格率分别为 98.0%和 99.70%。

2. 果蔬食品产业

近年来，“膳食与健康”的相关性获得了世人前所未有的认同。但由于环境污染及农药残留造成果蔬中有害物质的积累及粗放式加工模式造成的营养成分损失，传统的果蔬食品(罐头、腌菜等)仅能满足消费者的基本需求，难以实现以营养均衡的目标。随着 NFC 果蔬汁(非浓缩还原汁)、发酵果蔬(益生菌制品)、鲜切果蔬、果蔬脆片等高端果蔬产品的出现，消费者对果蔬食品的关注逐渐转移到具有生理调节、健康促进作用的功能成分上，即在维持基本的营养功能的基础上，还可通过日常的摄入达到预防慢性疾病发生的目的，具有这样功能的“双赢”产品已成为当下果蔬食品产业发展的焦点，也是世界营养健康食品产业争夺的制高点。

另一方面，2008 年以来，我国食品安全逐渐得到控制。目前，以绿色储藏、智能物流和食品安全为基础的食品供应链保障体系建设逐渐成为关乎国计民生、社会稳定和国际声誉的社会热点问题。由于果蔬原料易腐烂，我国消费者仍习惯以鲜食为主，因此，保障“舌尖上的安全”和果蔬物流绿色低碳、高效、标准化、智能化和可溯化方向发展是保障消费者安全供给的重要内容，也预示着下一阶段果蔬食品的安全研究应逐步从被动控制向主动控制与预防转变。

3. 水产与肉类食品产业

水产食品具有“六高一低”(蛋白质含量高；蛋白质利用率高；微量元素高；不饱和脂肪酸含量高；不饱和脂肪酸利用率高；维生素 B_2、尼克酸、维生素 A、维生素 A 含量较高；脂肪含量低)，对人体提供充足的营养，为我国民众营养与健康做出了有力保障。水产食品在防止心血管疾病、协助胎儿和婴儿大脑和神经系统发育健康方面有好处，高水平消费水产食品的积极效果远大于与污染/安全风险有关的潜在消极作用。在国内，水产食品对营养摄入量的贡献在人均消费量和种类方面变化很大。这种消费量的不同取决于水产食品和替代食物的可获得性和成本，以及邻近水域渔业资源可利用性、可支配收入和社会－经济及文化因素，例如食物传统、饮食习惯、口味、需求、季节、价格、销售、基础设施和通信设施。沿海、沿河以及内陆水域区域通常消费更高。

水产品加工副产物的活性蛋白、活性糖、活性脂的深加工利用已经形成产业集群，丰富了功能性食品品类，为水产品加工产业创新发展带来新的支撑，但也暴露出部分产品质量科技含量不高、市场竞争不规范等问题。

目前水产食品安全整体水平不断提高，2018 年水产品市场监测合格率为 97.1%，各项质量控制技术、风险评估监测体系日趋完善。但质量安全问题依旧层出不穷，主要表现在药物残留超标、环境污染、有害微生物和重金属富集等方面。随着水产食品质量安全控制技术日益得到重视，冷杀菌技术、冷链物流技术等在水产食品行业已经实现广泛应用。2011 年我国成立国家食品安全风险评估中心，施行的国家水产品质量安全风险评估重大专项为水产品质量安全监管提供了技术保障。

肉类产品安全总体上有保障，但形势依旧严峻。根据国家监督抽检结果显示，肉与肉制品抽检合格率在 95%以上，但仍面临突出的食品安全风险。从 2014～2016 年监督抽检数据来看，畜禽肉及副产品不合格的主要原因是兽药残留（含禁用兽药）、金属元素污染物超标。瘦肉精问题持续存在，硝基呋喃类等禁用兽药检出率相对较高，恩诺沙星等兽药残留不合格率有所提升。不合格肉类产品存在的主要问题有如下三类：①微生物不合格：菌落总数超标、沙门菌、金黄色葡萄球菌、单增李斯特菌；②食品添加剂超标：山梨酸、胭脂红、亚硝酸盐；③药物和违禁物超标或检出：莱克多巴胺、克伦特罗、沙丁胺醇、氯霉素、呋喃唑酮、磺胺甲基嘧啶、土霉素、地塞米松、恩诺沙星、磺胺类、林可霉素。我国在肉品风险评估方面已经迈出步伐，为政府食品安全管理和消费者了解食品安全状况发挥了一定作用。此外，我国在肉品安全检测技术、跟踪与溯源技术等方面也取得了长足的进展。

4. 粮油食品产业

1）主要粮食作物自给率较高，同时对外依存度也在提高

粮食在总量上是否安全，反映了一个国家粮食生产能力以及本土的粮食供应能力，这对于一个国家的经济社会稳定、民生保障、进出口贸易政策甚至外交政策都起到了至关重要的作用。

我国粮食产量逐年增加。截至 2015 年，我国粮食实现“十二连增”，稻谷、小麦、玉米等主要粮食作物的自给率超过了 98%，依靠国内生产确保国家粮食安全的能力显著增强。但进口量也在逐年增加，近十年增长 20 倍，其中 2008 年到 2009 年增加 2.5 倍，2010 年到 2011 年增加 3.1 倍，目前维持每年进口谷物 1.2×10^7 t 左右（图 2-1-33，图 2-1-34）。可见我国农业产业的对外依存度在迅速提升，主要农产品的进口占国内产量的比重处于高位。对外依存度的提高对于我国粮食的数量安全提出了一定的挑战。

就油料而言，自从加入 WTO 以来，我国就取消对于大豆、油菜籽等进口关税壁垒，大豆进口量便逐年上升。目前我国大豆需求有 87%左右要依赖国际市场。国内食用油自给率便一降再降，刚加入 WTO 为 74%，2014 年为 36.8%，2015 年为 34.2%，2016 年为 32.3%。而我国的食用油消费量以及人均年食用油消费量却在逐年上升。《国家粮食安全中长期规划纲要（2008—2020 年）》中要求到 2020 年，我国食用植物油的自给率不低于 40%，根据目前的情况，达到这一目标任务较为艰巨。

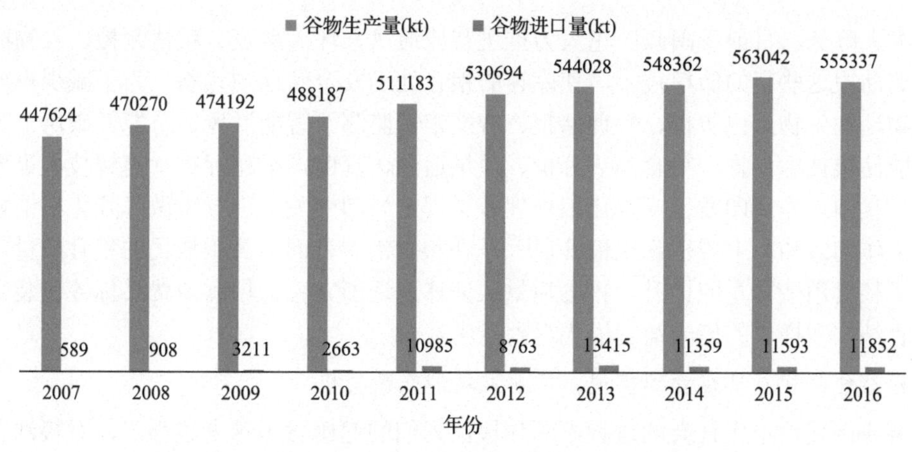

图 2-1-33　2007～2016 年我国谷物生产量与进口量

资料来源：食用谷物市场供需状况月报，第 85～213 期

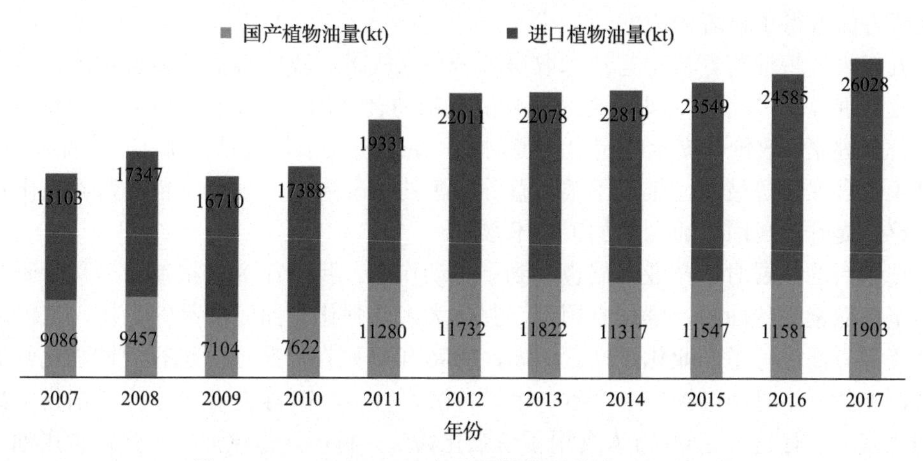

图 2-1-34　2007～2017 年我国植物油生产量与进口量

资料来源：油脂油料市场供需状况月报，第 82～211 期

其他农产品对外依存度也屡创历史新高，自我国加入 WTO 到 2017 年，食糖自给率从 91%下降到 55%，棉花自给率从 99%下降到 63%[35]。我国油菜亩均成本是加拿大的两倍，而单产只有加拿大的 70%，在国际市场竞争中处于明显劣势。对外依存度的提高对于我国粮食的数量安全提出了一定的挑战。

2) 粮食质量安全水平不断提高，整体质量良好

粮食的质量安全包括粮食生产质量安全、流通质量安全和消费质量安全。在粮食生产方面，中国粮食品种丰富，优质粮品种不断增加，各种档次的粮食很齐全，粮食质量安全水平逐年提高，整体质量良好。为了有效保障粮食生产质量安全，农业部和各地农业部门积极探索推进农产品质量安全追溯平台，生产经营主体责任进一步强化，取得了显著的成效。在粮食加工方面，我国粮食加工精细度较以往更高，粮食加工技术有了很大进步，粮食深加工正在得到推广。在粮食运输方面，我国粮食运输以原粮运输为主，采用铁路、公路和水路运输。近几年，我国集装箱运输发展很快，集装箱散粮运输的比重逐渐提高。在粮食存储质量管理方面，随着粮仓改造和储粮技术的进步，我国因虫害导致的粮食存储质

量隐患大大降低。目前我国政府正大力推进智能通风、环流熏蒸、粮情测控、谷物冷却、充氮气调储粮这些新的储粮技术，使库存的粮食处于安全储存的状态。为了减少霉变，全面推进物理和生物杀虫防霉、气调储粮、智能粮情监测、智能通风、节能低碳烘干等绿色生态智能储粮技术，推广粮食品质分析、质量追溯、真菌毒素超标粮食消解技术等质量监测技术。我国还先后印发了《陈化粮处理若干规定》和《关于进一步做好陈化粮销售处理和监管工作的通知》来规范陈化粮管理[37]。在粮食消费方面，我国居民的粮食质量需求增加促进了粮食消费质量的提升，粮食质量认证体系逐渐完善，粮食消费品标签包装得到升级，膳食结构多样化的健康消费模式得到推广。

3) 粮油食品营养日益受到重视，产业发展迎来新契机

随着我国建设小康社会的进程不断加快，人们的健康意识越来越强烈，对粮油食品的功能性要求越来越高。人们不仅关注吃好，而且要有营养。“粮油的营养与健康”成为当今的热点问题。我国粮油营养科学与技术近些年也取得了较快的发展，在推动和落实国家的营养战略方面取得了显著的成就。

近五年来，粮油营养科学与技术取得了一系列成果。我国粮油营养科学工作结合人群的“隐性饥饿”，即微量营养素缺乏，就功能性粮油食品加工、主食营养素组分重组、粮食营养与公众健康、效价与安全测定等关键问题，系统研发了粮食精深加工、产品质量控制、公众健康主食保障等技术，推进了粮油营养改善的标准建设，规范了粮油营养强化行业的发展，整体提升了我国粮油食品加工技术水平。

科技创新的发展对于产业发展也起到了推动作用。我国在多年粮油营养科学研究的基础上，坚持探索强化面粉、强化食用油、强化大米及强化米面制成品的工作，在粮油产业的主食资源方面进行了产业化推动。例如，2006 年开始在一些地区进行“铁强化酱油”推广活动，不到五年时间已经在十个省、市、自治区启动，16 家企业已生产和销售了数百万吨铁强化酱油，有超过 5000 万人食用了铁强化酱油。目前，强化面粉、强化食用油、强化大米等产品的产业化循序渐进，仅大型设备制造/包装产业引领的专利技术就达百项以上，充分体现了粮油营养科学所发挥的产业推动作用[45]。

1.3　问题与挑战

1.3.1　产业结构存在的问题

1. 营养与健康食品产业

1) 生产规模小、水平低、缺乏市场竞争力

绝大多数企业的投资规模与生产规模小，产品中科研开发投入和成果转化率不高，生产的产品低质重复、科技含量不高，企业创新思路和方式难以脱开惯性继承模式，未形成高附加值的拳头产品，企业难以长期保持竞争优势，同时缺乏国际竞争力[46]。

2) 基础研究薄弱

营养与健康食品产业是一个涵盖食品科学、生物、医药、化学等多学科的综合交叉性

领域，需要从人体的营养代谢、病理与健康状况、基因组学和个性化营养等全方面进行基础研究。扎实而深入的基础研究需要花费大量人力物力，但是短时间内无法体现其经济效益。因此，我国营养与健康食品相关的中小型企业在基础研究方面投入较低，研发投入占总销售收入的比例不足 1.5%，研发水平明显滞后西方国家。同时，目前各级政府和科研管理部门对营养健康基础研究的科研投入较少，没有引导各学科交叉形成综合研究力，无法促进行业体系深化。

3) 人才缺乏

营养与健康食品产业领域内不同层次人力资源相对短缺，目前行业人才缺口约 40 万人。特别是在专业技术人才梯队方面，初中级人才较多，但技术领军人物、学科带头人等高级技术人才严重不足，同时缺乏高级技术人才的专业晋级通道和相应的待遇水平和激励机制，导致绝大多数较高水平的专业技术人才转向管理岗位，限制了研发整体的力度和深度。

4) 部分产品标准及评价体系不完善

关于营养与健康食品产业中的保健食品的现有检测标准体系不完善，检测标准或不统一或缺失或滞后，以致监管执法时缺少法定依据，给不法分子可乘之机，同时引起了媒体和公众对保健食品质量安全的质疑。2013 年后，特殊用途食品虽然已经出台了《特殊医学用途配方食品通则》等相关标准，但无明确的指南性质资料，很多内容需要细化，以便为企业生产和市场监管、临床应用、产品创新鼓励等提供更详细的参考。

5) 缺乏行业自律组织的监管

目前缺乏行业自律组织对营养与健康食品的监管，备案、审批与行业认证相结合的分类管理制度不完善，导致政府监管力不足时，营养与健康食品的质量安全无法得到相应的保障。

6) 原料综合利用率低

营养与健康食品行业的原料综合利用率和废弃物直接资源化或能源化的比例较低，产业链条有待进一步完善。

2. 果蔬食品产业

1) 生产成本持续上升，果蔬原料价格处于劣势

为保护种植户利益，鼓励农业生产的积极性，国家及相关部门出台了一系列保护性收购政策，但也同样抬升了原料的成本，造成了原料价格的倒挂。首先，政府对果蔬原料执行的托市收购政策，保护性收购价格的增长幅度明显超过了国际上的市场价格，造成部分产品的价格倒挂现象；其次，在农业生产力大发展的背景下，国际市场大部分农产品价格持续下降，且降幅超过了我国同期部分果蔬原料价格的增幅；再次，人民币不断增值，加剧了我国果蔬在国际市场中的价格劣势；最后，全球能源价格的暴跌也极大地降低了果蔬物流的成本。

2) 原料基地建设落后，品种结构不合理

我国加工型果蔬品种原料集中度不够，大多数都是由散户种植，再由企业或合作社进行统一收购，导致质量标准化不足，且很多种植品种的结构不甚合理，鲜食品种居多，适于加工用的品种极少。此外，专业种植户比例偏低，种植户缺乏专业知识，致使产品品质参差不齐。以柑橘为例，产量5000吨以上的专用加工基地不足5%；另外，由于品种结构不合理导致的成熟期叠加，70%～75%的柑橘会在年底集中上市，继而进一步导致柑橘加工原料的供应期也集中在11月到下一年的1月(不耐储藏的宽皮柑橘占70%以上)，仅3个月左右，而国外供应期长达8个月左右。可见，原料的供应周期极大地影响了加工过程的连续性和稳定性。

3) 技术与装备水平偏低，加工能耗与物耗偏高

受技术与装备限制，我国果蔬采后加工率整体偏低，苹果加工率只有15%，而国际平均为25%，发达国家甚至达到75%；柑橘加工比例约为10%，远低于美国的70%和巴西的85%。且我国果蔬食品加工技术创新仍显不足，整体上来看，初级加工偏多、果蔬综合利用偏少，产品生产仍存在过度加工，能耗、水耗、物耗、排放及环境污染等问题突出。在装备制造领域，美国、日本和欧盟等发达国家和地区的装备技术水平居世界前列，而我国装备产业的技术水平远落后于发达国家。国产设备智能化程度不足、规模化程度不高、连续化能力不强，大部分精深加工装备在工业化设计、稳定性设计和安全化设计等方面与发达国家存在相当大的差距。

4) 基础设施相对落后，果蔬物流损耗严重

我国果蔬以鲜食为主，加工类产品占比重相对较小，而生鲜果蔬的储运又受到相关技术水平的限制，造成大量损耗。目前，我国新鲜果蔬采后损失高达20%～35%，柑橘产后损失率高达20%～30%，浆果类采后损失率则高达40%～50%，年损失约2000亿元人民币。我国水果和蔬菜的冷链流通率只有5%，果蔬冷链储运尚未形成完整的冷链体系，而欧、美、日等国家和地区70%以上的果蔬实现了冷链流通。长期以来，我国果蔬产业在采前给予了巨大的人力、物力和财力的投入，使果蔬增产10%实属不易，而损失20%～30%则是轻而易举的事情，使采前的努力前功尽弃。

3. 食品添加剂产业

我国食品添加剂在生产技术水平上已经取得了较大进步，但仍然存在差距。

产能过剩、同质化产品低价竞争现象依然存在。食品添加剂产品种类虽然较多，但成规模的大宗产品同样有产能过剩的情况。一些食品添加剂品种如辣椒红色素、甜菊糖苷、万寿菊浸膏、阿斯巴甜等产能过剩的状况没有得到改变，这种情况也直接导致了低价抢占市场份额的恶性竞争，企业利润被压缩，效益下降，长此以往甚至会危害行业的整体效益和健康发展。

环境保护压力也是食品添加剂产业面临的严重挑战。如食品防腐剂山梨酸及其盐毒性是苯甲酸盐的1/40，而防腐效果却高5～10倍；在国外市场具有较成熟的应用。2012～2015

年，国内山梨酸及其盐生产能力迅猛增长。但是由于生产所产生的废水等环保问题，2016 年，多家企业关停，生产能力大幅下降。

4. 水产与肉类食品产业

1）科技发展创新力度不足，发展方式粗放

我国传统养殖方式自动化水平低下，内陆养殖品种趋同性高，造成了产业的成本高、效率低以及产品的结构失衡。同样，国内水产品加工业研发或引进的生产设备无法满足机械化生产需求，前处理劳动力投入高，设备自动化程度低，导致劳动效率低；同时，加工转化率仅达 34%，远低于日本、美国等水产产业发达国家。与此同时，水产食品精深加工能力依旧有待提高，冷冻品、干制品、调味品以及休闲调理食品仍是主要的产品形式，而进一步研发生物保健制品、特殊膳食用食品的创新力不足，生产中产生的副产物的高值化深加工开发较少，整个水产品加工业产业链延长空间很大。

2）产业集中度低，国际竞争力弱

我国水产食品行业体量巨大，品牌较多，但能引领行业发展的强势品牌较少，产业集中度不高，导致同质化产品充斥市场，价格战多于品质战，内耗过大，而国际市场上的竞争力不足。同样，与国际先进水平相比，目前我国肉类加工业的集中程度仍然比较低，企业规模偏小，效益低。根据美国的低集中度标准（CR4≤35%，CR8≤45%）和日本的低集中度标准（CR10≤50%）衡量，2016 年我国肉品加工业销售额在百亿元以上的 4 家企业的 CR4 为 20%左右；而 2007 年，美国前 4 家肉品加工企业生猪屠宰总体市场份额已达 65.8%。

3）饲料粮供需矛盾将日渐突出

我国针对广泛养殖的经济鱼的水产饲料基本饱和，但特种水产饲料尚未满足市场，对高效、安全、环保型水产饲料的质量的需求较大。肉类生产耗粮量突破 1.6 亿吨，约占粮食总产量的 1/3。随着肉类生产对粮食的需求不断扩张，将给粮食安全带来巨大压力。肉类产业对饲料粮的巨大需求将导致我国粮食贸易依存度上升，未来中国的“粮食安全”可能主要表现为“饲料安全”。

4）环境污染问题更加突出

水产养殖业发展迅速，养殖规模不断扩大，养殖品种增多，产量迅猛增加。但是随着水产品养殖的发展和养殖集约化程度的提高，养殖环境、药残、病害发生率等问题日益突出，同时因粗放式发展也会给资源和生态环境带来较大的破坏和污染。近年来养殖动物的数量及粪便排泄量大幅度增加，大部分省区的单位面积畜禽粪便的氮素已经远远超出欧盟排放标准。此外，畜禽养殖过程中还存在重金属污染和抗生素污染。因此在水产食品行业方面，需要转变水产养殖业生产模式，发展绿色种养，提高产品品质，走出一条具有中国特色的、“绿色养殖（捕捞）、稳定发展、安全健康”的渔业可持续发展道路。在肉类产业中，亟须采取强有力的措施和手段来有效减少畜禽粪便资源化利用造成的面源污染问题。

5）肉品产业链各环节利润分配不均衡

正常情况下，种猪的纯利润在 10%左右，而饲养环节纯利润在 8%左右，屠宰环节纯利润在 1%左右，而深加工环节毛利润为 20%～30%，纯利润在 5%～10%左右。销售环节中毛利润：零售专卖渠道为 15%～20%、团购为 5%～10%、批发为 1%～2%，而综合纯利润为 1%～2%。中国的大多肉品企业未在产业链上进行延伸，打通上下游产业，以压缩成本，增加利润空间，平抑价格波动带来的冲击。此外，近年来，国内人工成本大幅增加，导致肉类制造加工的利润空间有所下滑。提升加工的智能化水平，降低人工成本已成为行业发展的必然趋势。

5. 粮油食品产业

1) 农业生态环境日益恶劣，农产品生产效率有待提高

我国粮油产业在发展过程中，为解决原料总量不足的矛盾，边际产能被过度开发，水、土壤等都存在不同程度的污染，种植生态环境遭到了破坏。目前农业已经超过工业，成为我国最大的面源污染产业。我国农业资源环境承载能力已经达到极限。农药的生产量和使用量是世界最多。环境的污染会导致粮油食品原料中的农药残留、重金属超标等问题的出现，对粮油食品产品的质量与品质产生潜在的威胁。

与 20 年前相比，2015 年我国粮食增产 23.2%，但化肥使用量增加 57.3%，农药使用量增加 56.3%(图 2-1-35)。我国化肥、农药用量相当大，生产和使用量都是世界第一。但化肥、农药的利用率比发达国家低 15%～20%。比如，2015 年我国水稻、玉米、小麦的化肥和农药利用率分别仅为 35.2%和 36.6%，平均比欧美发达国家相应品种的化肥、农药利用率低 15%～30%[47]。农膜回收率和养殖废弃物综合利用率均为 60%，均显著低于发达国家水平。此外，我国灌溉用水效率也较低，有效利用系数仅为 0.536，比发达国家平均水平

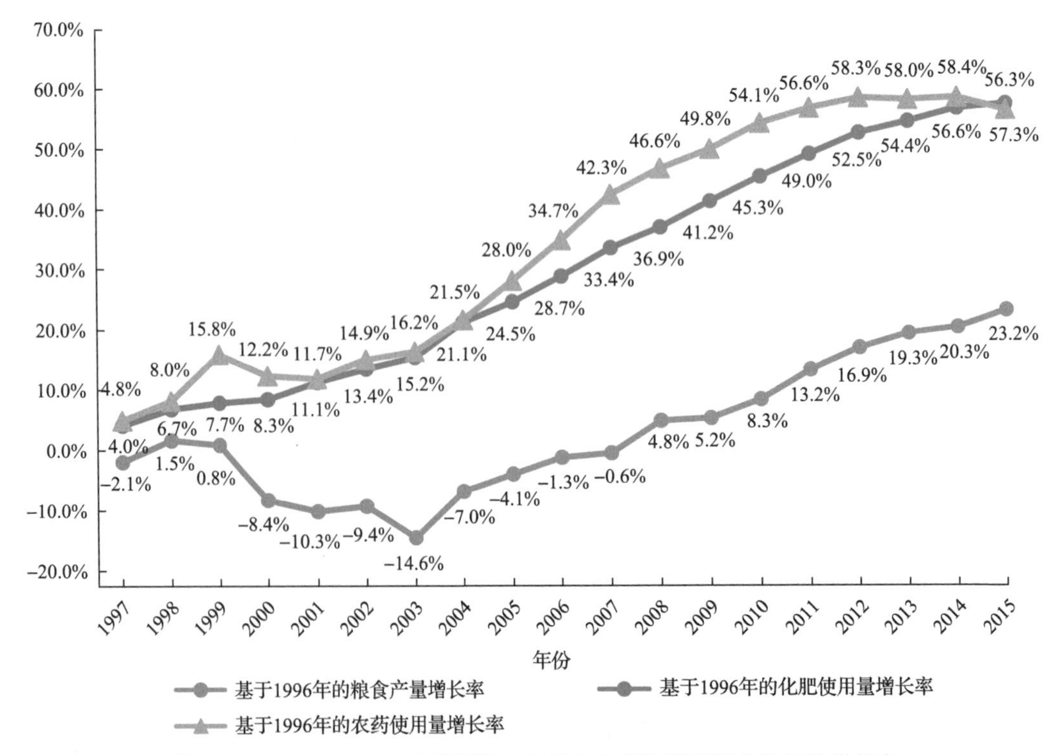

图 2-1-35　1997～2015 年我国粮食产量与农药化肥使用量的累计增长率

资料来源：国家统计局

低 20%～30%。华北、东北、西北等粮食主产区地下水超采严重。《全国农业现代化规划（2016—2020 年）》中提出：2020 年的目标值是我国主要农作物化肥和农药的利用率均为 40%，农膜回收率为 80%，养殖废弃物综合利用率为 75%，农田灌溉水有效利用系数大于 0.55。目前状况离目标值还有一定距离。

2）结构性、区域性产能过剩问题突出

我国粮油加工业年处理加工能力呈上升态势，但产能利用率较低。2014 年稻谷加工业平均产能利用率为 44.9%、小麦加工业产能利用率为 59.5%。利用率水平偏低，产能过剩问题主要是由于产品种类单一导致的结构性产能过剩及因布局不合理导致的区域性产能过剩。

分行业来看，2014 年稻谷加工业平均产能利用率为 44.9%，利用率水平偏低，在各行业中排名靠后（表 2-1-9）。分地区来看，粮食主产区的稻谷、小麦加工产能利用率明显高于主销区及产销平衡区（表 2-1-10）。

表 2-1-9　2008～2014 年稻谷、小麦及油料平均产能利用率情况

行业	2014 年	2013 年	2012 年	2011 年	2010 年	2009 年	2008 年
稻谷加工业/%	44.9	43.6	44.5	44.9	45.6	44.4	46.2
小麦加工业/%	59.5	61.1	64.0	64.7	70.3	67.1	67.6
油料处理/%	53.9	52.3	52.8	57.3	59.2	51.2	52.0

资料来源：2008～2014 年全国粮油加工业统计分析报告

表 2-1-10　2014 年不同地区稻谷、小麦、大豆、油菜籽平均产能利用率情况

项目	主产区			主销区			产销平衡区		
	年产能/万吨	原料消耗/万吨	产能利用率/%	年产能/万吨	原料消耗/万吨	产能利用率/%	年产能/万吨	原料消耗/万吨	产能利用率/%
稻谷加工业	29002	13266	45.7	2541	1071	42.1	2171	819	37.7
小麦加工业	17967	11074	61.6	1178	838	71.1	2513	978	38.9
大豆压榨	6328	4110	64.9	2089	1884	90.1	1045	889	85.1
油菜籽压榨	2642	1490	56.4	233	258	110.7	712	302	42.2

资料来源：2014 年全国粮油加工业统计分析报告

3）粮油深加工转化能力不足，副产物综合利用率不高

与发达国家相比，我国粮油食品加工程度仍然不足。2011 年，发达国家农产品加工比重达 80%，而我国仅为 17.6%，农产品的加工普及度仍有较大提升空间。而就加工的部分而言，由于我国深加工能力不足，发达国家加工增值为 3～4 倍，而我国加工增值仅为 1～2 倍。副产物利用率较低。2014 年稻谷加工业稻壳、米糠等副产物的综合利用率为 27.5%，相比于日本的 100%、泰国的 40%、印度的 30%的平均利用率有很大差距[48]。

4）主食工业化发展迅速，但与发达国家存在差距

近十几年来，我国主食工业化发展迅速。仅方便食品制造行业，2010 年规模以上企业现价总产值达到 2000 亿元，是 2005 年的 3 倍，实现利润比 2005 年提高 5 倍，利润年均增

长 42%。同期，产销率达到 98.5%。但是与发达国家相比仍然存在差距。发达国家主食产业化率平均水平在 70%左右，高的达 90%以上，而中国仅有 15%～20%。我国主食生产目前仍没有从根本上摆脱小作坊、摊贩式的生产经营模式，规模小，工业化、产业化程度整体偏低，龙头企业数量少，产品覆盖面窄，品牌知名度低，产品结构不合理。主食加工业发展存在不平衡现象，其原因有以下几个方面：一是区域发展不平衡，以安徽、湖北、河南、湖南、山东为代表的主产省主食产业化进程较快，五省粮食食品加工企业数量合计 583 家，占比 43.7%，产品产量 1265 万吨，占比 59.0%。二是品种发展不平衡，方便面、挂面、馒头等面制主食品产量合计 896 万吨，占比 41.8%，米饭、米粥、米线（米粉）产量合计 141 万吨，占比仅 6.6%。《粮油加工业“十三五”发展规划》预计到 2020 年，我国主食工业化率提高到 25%左右。目前与这一目标还存在一定差距[25,26]。

1.3.2　产品结构存在的问题

1. 营养与健康食品产业

1）产品低质重复，新产品和高端产品比例较低

我国目前的保健食品属于第二代保健食品类型，即经过人体及动物实验，证明该产品具有某项生理调节功能；而欧美国家市场上的保健食品基本属于第三代，第三代保健食品不仅需要经过人体及动物实验证明具有某项生理调节功能，还需确知具有功能因子的结构和含量，以及功能因子在食品中应有的稳定形态。目前我国第三代自主研发的保健食品产品较为缺乏。特医食品方面，我国涉足特医食品领域的企业已超过 30 家，但只有少数企业能做到产品特色研发，而且产品在冲调性、口味、口感等方面与外企仍有较大差距。此外，我国的婴幼儿配方奶粉的配方绝大多数照搬发达国家，目前国内虽已有几家研究所和企业研发机构开展我国婴幼儿营养需求的数据库的建立工作，但由于指标较多、数据量庞大，数据库仍待完善。膳食补充剂的产品之间也存在低质同质化严重的问题。

2）保健食品市场混乱

我国保健食品企业多、散、小，产品存在保健功能及评价统一标准缺失、方法不完善、科学依据不充足的问题。我国保健食品市场中存在个别保健食品企业在其生产的产品中违法添加药物的现象，如在声称有减肥功效的产品中非法添加盐酸西布曲明、酚酞等药物成分[49]。在市场销售过程中，夸大宣传的现象也时有发生，特别集中于以迷信保健食品的老年人群的宣传销售中。此外，少数媒体成为保健食品夸大宣传的平台，导致过度超范围宣传。

3）特医食品品类过少

2013 年前，由于缺乏国家标准，国内企业没有生产依据，故采取了按药品注册的做法。自《特殊医学用途配方食品注册申请材料项目与要求（试行）（2017 修订版）》颁布至 2018 年 2 月底，我国只有 5 个产品获准注册，其中仅 1 个来自国内企业。其中雅培公司与达能公司作为海外企业分别以两款特医新品领跑，我国企业贝因美拥有一款。

4）未充分利用我国传统食品资源

营养与健康食品产业尚未充分发掘我国丰富的传统食品资源，营养与健康食品产品特色不够鲜明，无法形成独具的竞争力。

5）产品昂贵

大多数营养与健康食品价格昂贵，主要面向高端消费人群，缺乏完整梯度化产品系列。

2. 果蔬食品产业

我国水果与蔬菜原料产量虽然全球居冠，但低端产品产能过剩，高端产品严重不足，产品结构亟须调整优化。

一方面，我国果蔬加工产品中初加工类产品很多，精深加工比例不足20%，果蔬加工企业大多规模小并缺乏科技实力，产品附加值较低，仍以速冻果蔬、脱水果蔬、果蔬罐头、果蔬汁饮料等产品为主。在高端果蔬产品，如NFC果蔬汁、发酵果蔬汁、鲜切即食果蔬、带有保健功能的果蔬食品等领域尚未形成规模与大品牌，不能满足消费者日常的消费需求，无法与国际知名品牌产品形成有效竞争。

另一方面，发达国家农产品加工企业从环保和经济效益两个角度对果蔬原料进行了综合利用，已实现完全清洁生产（无废弃开发）。而就我国目前情况来看，苹果、柑橘、浆果、热带水果等大宗及特色果蔬的加工副产物利用率极低，很多技术只停留在实验阶段，无法实现工业化放大，膳食纤维、果胶、酚类、类黄酮、辛弗林、香精油、柠檬苦素、类胡萝卜素、多酚等需求量较大的产品，仍全部需要从国外进口。

3. 食品添加剂产业

与国外同行业相比，我国食品添加剂行业在品种和质量上仍然存在一定的差距，主要体现在：①低端产品同质化严重，而高端产品仍需要依赖进口。由于生产技术和工艺设备原因，目前高档产品仍然需要大量进口。例如果胶产品，具体体现在生产原料由于未得到有效预处理，原料品质得不到保证，由于同行间的竞争关系，不能稳定供应，不能形成有效的竞争力与外资企业进行竞争；技术、设备不合理，由于部分工序的产能不足，不能满足全系列果胶产品（高酯速凝果胶、高酯中凝果胶、高酯慢凝果胶等）的连续化生产。②国内消费安全意识的提高，低毒产品市场的看好，对中国食品添加剂的产品结构提出了新的要求，这将推动中国食品添加剂行业的技术及产品进一步与国际接轨[50]。

4. 水产与肉类食品产业

1）深加工不足，产品结构不合理

我国水产品加工业以初加工为主，冷冻水产食品及生鲜及肉品比重过大，高附加值、高技术含量的精深加工产品少。水产品精深加工的比例更低，鱼油制造、水产保健品研发与生产等比重极低，这意味着我国水产品加工业产业链、价值链延长和提升的空间还很大。生鲜肉品中热鲜肉和冷冻肉比重高，符合未来消费方向的冷却肉却偏低，且国外生鲜肉也在向经过更加精细加工（如绞馅、调味、裹涂等）的调理肉制品方向发展；西式肉制品中高温制品（中低档次）比重偏高，低温制品（中高档次）偏低，而且目前发展比较快的调理肉制品更低。目前，我国肉品深加工率约为20%，而发达国家肉品深加工率可以达到50%以上。东部地区的食品加工程度分别是中、西部的2倍以上。

2)低端产能过剩、高端需求供给不足

我国虽然水产品供给总量充足，但结构不合理，水产品结构性过剩的问题凸现，低端产能过剩、高端需求供给不足，产品结构失衡。青鱼、草鱼等常规水产品供给充足，但随着国内生产水平的提高，人们对绿色生态水产品的需求与日俱增，高端产品供不应求，供需平衡矛盾日益显现。散户水产养殖依然是行业的主流，还未形成产业化、规模化，而且养殖区域相对落后，从业者往往信息化水平较低，本该掌握市场动态的养殖户却是信息最闭塞的群体。其次，从水产品养殖结构看，国内水产养殖品种单一，结构雷同，养殖方式落后，新的优良品种少，如在海水养殖方面，我国海洋养殖品种主要以贝藻类等较为低级的品类为主，而高端的如鲈鱼、青蟹、大黄鱼、中国对虾等名特优产品的养殖比例较低，从而导致了区域性、结构性的产品过剩和价格下跌等问题。最后，唯有以“质”取胜。

目前，我国水产品加工主要有鱼糜制品、干腌制品、藻类加工品、水产冷冻品、鱼油制品、灌制品等，但是渔业资源的加工利用仍然局限在初级低端产品层面上，而牡蛎、海藻等具有重要附加值的高端水产资源的精深加工，远远不足。从事加工的水产企业规模较小、技术粗放、设备自动化程度低，这些方面都限制了水产品的供给平衡，尤其是高端产品的供给严重不足。

目前，我国畜禽屠宰处于产能过剩状态，导致产销秩序出现一定混乱。部分地区的定点屠宰厂以更低的价格挤占市场，通过不正当竞争，限制了大企业的发展。中小规模的定点屠宰厂占据了我国肉类产业产能的60%以上。近年来，也出现了另外一个极端，部分地方政府为了地方财政，盲目招商引资，建设了一批现代化的肉类加工企业，产能规模超过过去的总和，导致产能出现新的过剩。由于这些现代化的肉类加工厂运行成本高，在生猪原料供应不足和产品市场价格低的双重压力下，新建加工厂开工不足，甚至停产歇业，造成严重的资源浪费。

5. 粮油食品产业

1)粮油食品供应存在不足，缺乏多样化与专用化产品

随着城镇化加快，我国居民消费水平得到显著提升，消费结构发生转变，消费者对于更加优质的粮油食品的需求日趋旺盛。在消费升级的趋势下，消费者不仅要求吃得饱，而且要求吃得好、吃得营养健康。虽然国内供应充足，但无法与终端消费市场相匹配，造成产能浪费。优质化、专用化、多元化粮油食品发展相对滞后。

以膳食和餐点产品为例，相比较于日本，中国近五年新上市的产品在数量、人群定位和功能性宣称上均有明显差距(图2-1-36)。

就近五年新品上市数量而言，日本每年新上市的产品数量是中国的2～3倍；就人群定位而言，中国近五年的产品没有明确的人群定位。而日本产品宣称中有针对中老年人(≥55岁)、女性、男性、儿童(5～12岁)等人群的产品；就功能性产品而言，更多的日本产品具有功能宣称，范围包括助消化、美容、纤体等。中国产品功能较为单一，只有一款产品是辅助降血脂。

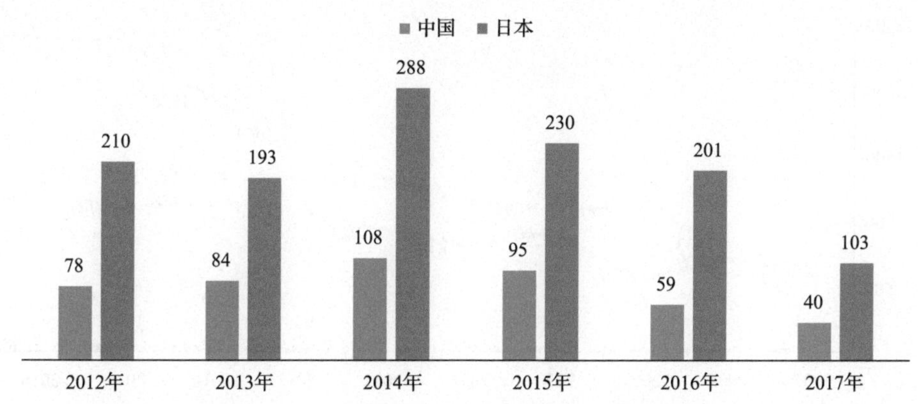

图 2-1-36　2012～2017 年中国和日本每年新上市的膳食和餐点的产品数量

注：膳食和餐点主要包括方便食品、方便面、速食饭、净菜方便盒、三明治/卷饼、披萨、素食意大利面和点心

资料来源：英敏特

2）精加工产品比重较高，适度加工产品供应不足

除了多样化与专用化产品不足以外，我国的精加工产品比重过高，适度加工产品供应不足。我国的粮食加工业一直以加工精度为标准制定产品等级，导致粮食加工过精、过细，且问题日渐突出。2013 年，我国稻谷平均出米率 63%，比日本等国的平均出米率 70%低 7 个百分点[51]。从加工精度看，9870 万吨大米产品中，一级和二级大米（相当于原国标《大米》GB 1354—86 中的特等米）的产量为 8988 万吨，比例过高，达 91.1%，三级（相当于原国标《大米》中的标一米）、四级大米的产量分别为 741 万吨和 71 万吨，分别占总量的 7.5%、0.8%。2014 年，小麦粉出粉率 75.1%，但特制一等粉和特制二等粉的产量合计 7129 万吨，比例仍达 73.7%。

就终端产品而言，根据市场调研公司英敏特的统计数据显示，在过去十年中，我国每年新上市的产品中含有“全麦”宣称的产品数量呈现逐年上涨态势，主要品类集中在烘焙、早餐谷物食品和零食中。不过与欧洲和美国的产品相比，在数量和品种上仍然存在巨大差距。就数量而言，美国和欧洲在过去十年每年新上市的产品数量保持在三位数至四位数，而中国市场明显处于缓慢起步阶段。就品类而言，根据过去十年的品类加和总数可以发现，我国的产品品类较少，欧洲和美国已经开发了多样化方便食品，并且休闲食品也非常丰富。除了全麦食品，国外还开发出糙米茶、糙米面条、糙米蛋糕、高蛋白糙米粉等一系列糙米营养食品（图 2-1-37）。

3）粮油食品行业标准与监管存在空白

我国粮油食品行业尚未建立起完善的行业标准体系。例如：我国关于全谷物的定义尚未得到统一，只有部分全谷物食品建立了相关标准。而在国外，全谷物食品概念清晰准确，种类丰富，成分含量标注规范。例如，美国市场上已经在使用“全谷物”标志。它是由美国全谷物委员会（WGC）管理的一个包装标签。这种全谷物的标志可以清楚表明每份食品的全谷物数量，便于消费者辨认全谷物食品。而我国全谷物食品由于行业整体起步较晚，仍存在概念模糊，品种少，产品中原料含量标注不清楚、不具体，甚至不标注，更有甚者打着全谷物的旗号浑水摸鱼。

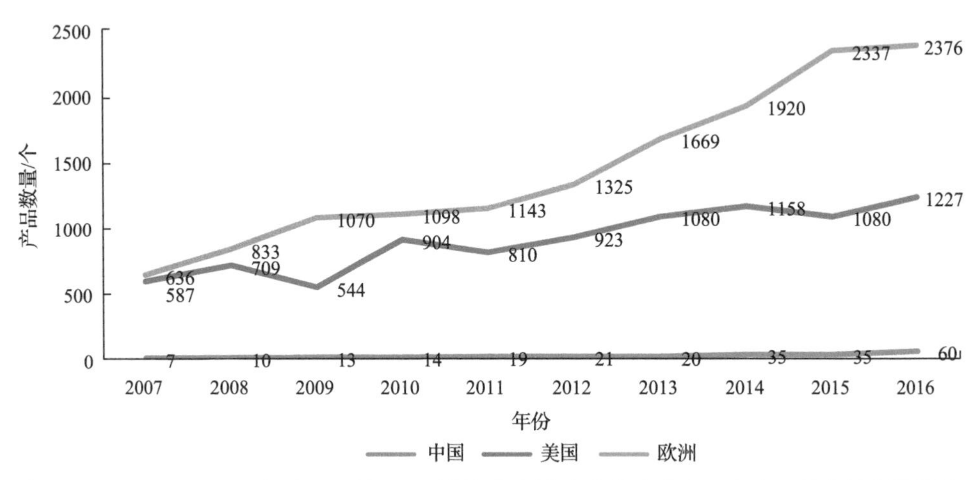

图 2-1-37　2007～2016 年中国、美国和欧洲每年新上市产品宣称有“全麦”的产品数量统计

资料来源：英敏特

4）要素成本影响企业营销意识，缺乏品牌建设

粮油企业发展面临资源环境约束加大、要素成本上升等挑战，融资难、用地难现象仍存在，人工、水电、流通、市场等运行成本上升较快，盈利空间不断压缩。因此，企业进行渠道开拓、品牌建设的投入和动力不足。加上传统体制和观念的影响，粮油企业的经营不够灵活，市场意识不强，营销观念保守，手段落后，由此造成了粮油食品产品品牌效应弱，市场占有率低。

1.3.3　消费结构存在的问题

1. 营养与健康食品产业

1）消费者健康意识仍待提高

我国消费者对健康的需求虽日益增强，但国民健康意识的培养仍任重道远。世界卫生组织明确提出，影响健康长寿的因素中，医疗条件只占 7%，60%在于个人健康管理。然而，医疗产业是我国健康产业的支柱，我国消费者长期处于被动防病治病状态，而通过主动选择营养与健康食品等“治未病”的健康管理意识严重不足。也是基于这个原因，我国的营养与健康食品产业始终处于具有“巨大的消费潜力”的状态，一直未真正形成庞大的市场规模。

我国保健食品增速居世界首位，但在保健品渗透率、黏性用户比例及人均消费金额等方面仍远低于美国。此外，虽然近年我国膳食营养补充剂发展较快，但由于发展历史尚短，居民消费意识尚未完全建立。在以美国为代表的发达国家，超过 2/3 的居民已经养成食用膳食营养补充剂的习惯，而我国的这一比例不足 20%。

2）进口依存度高

（1）我国研发的产品种类单一，某些品类的产品缺乏，不能满足各消费人群的需求。以特殊医学用途配方食品为例，特殊医学用途配方食品在国外已经有 50 多年的发展历史，产品多达数千种。2013 年前，由于缺乏此项国家标准，国内企业没有生产依据。国内特殊医学用途配方食品市场被外国食品占据，长期以来依赖进口，处于量少价高的局面。2013年后，尽管特医食品市场需求量迅速上升，但我国特医行业的发展只是刚刚起步。目前特医食品的社会认知度低，发展滞后，产品品种少，研发人员非常缺乏，基础研究薄弱，只能依赖进口。

(2)产品原料、设备依赖进口。以婴幼儿配方奶粉为例，婴幼儿配方奶粉的新原料的开发一直是该领域的研究热点，但是目前国内关于新原料的开发工作尚处起步阶段。生产配方乳粉的原料与装备大部分依赖进口，为行业和企业的产业安全带来隐患。

(3)消费者对本土品牌产品质量的不信任，更多青睐于国外品牌。

(4)出境游游客数量的快速增长也加强了我国消费者对国际品牌的认知度。根据我国旅游研究院和银联国际的统计，出境游人数在过去数年保持了较高的增长速度，2011～2015年的复合增速为13.6%。

(5)我国跨境购市场规模快速膨胀，也促进了进口营养与健康食品的消费。营养与健康食品是消费者跨境网购的重要品类之一。根据艾瑞数据的统计，38.6%的跨境购物消费者曾经购买过营养与健康食品，仅次于化妆个护品类的45.7%和母婴用品的39.3%。

3)消费者跟风意识强烈

由于我国营养与健康食品宣传教育程度不足，导致消费者健康素养不高，容易盲目、跟风消费营养与健康食品，影响了我国的营养与健康食品的有序发展。

2. 果蔬食品产业

居民消费结构升级是产业结构升级、经济增长和转型的强大动力。近年来，我国城乡居民的消费结构持续升级，食品消费支出所占比例逐渐降低。但仍需要看到，食品消费支出比，即生存型消费的支出，仍远远高于其他支出比，而享受型和发展型消费支出比重仍较低，居民消费结构升级成了新常态下我国经济转型的迫切需要。

我国居民仍以鲜食果蔬为主，尽管水果蔬菜有利于身体健康的理念已完全融入每个人的日常生活中，但受到饮食习惯、消费水平和产品种类的影响与限制，大部分居民对于果蔬食品的消费仍停留在生存型消费阶段，部分居民已进入到享受型阶段，开始尝试不同种类的果蔬食品(如在一日三餐或日常饮食中加入果蔬汁、直接购买鲜切蔬菜或即食果盘、加大果蔬类零食的购买等等)。而随着对果蔬农残的担忧及休闲农业与互联网的普及，还有部分消费者已开始尝试自己栽种水果蔬菜(或通过互联网定点采购)，甚至是自己加工制作果蔬食品，这些消费者着眼于自身未来更好地发展而进行的健康消费也就是发展型消费，这一部分人群占比尽管在上涨当中，但受各方条件所限，仍处于较低比例。

3. 食品添加剂产业

“瘦肉精”“苏丹红”“三聚氰胺”等食品非法添加物造成的食品安全问题，导致人们对食品添加剂产生严重误解，缺乏科学、准确、系统的认识，不能正确理解和认识食品添加剂与食品安全的关系，进而产生了缺乏科学根据的担心和恐慌。个别食品生产企业把是否添加了某种食品添加剂作为卖点，在食品包装上醒目标注“不含某某食品添加剂”字样，或者利用广告、媒体等手段，标榜其产品不含食品添加剂，更加误导了公众对食品添加剂的认识。

4. 水产与肉类食品产业

从水产品的消费结构考虑，据 Intrafish 报道，2016 年海产品在中国市场的销售稳增 4%。并且预计 2016～2021 年，海产品在中国的消费量年增长率在 3%，更多的消费者会受到食品健康学方面的影响，更多选择海产品，而降低肉类的消费。但由于国内食品安全事故的不断发生，如在 2011～2016 年间共发生了 7505 起水产品质量安全事件，约占此时段内所发生的全部食品安全事件(约 148320 起)总量的 5.06%，位居全部食品大类的第三位，广大消费者对国内市场的水产品信心不足，更偏向于购买进口海产品。

5. 粮油食品产业

1) 消费群体呈现多元化趋势，消费需求无法得到完全满足

随着经济和社会的发展，消费群体分化越加明显。如中产阶级的崛起，老龄化问题加剧以及慢性病患者人群的扩大，我国的消费群体在发生日新月异的变化，他们的需求在不断更新。目前，我国消费市场上不同的消费者在寻求与之需求相对应的商品时存在困难，甚至于不能很好地找到自己消费的平衡点。如对于中高收入人群来说，对现有的商品需求已经趋于饱和，更高层次的需求市场仍未出现，大量技术含量低、附加值低、处于生命周期衰退期的商品泛滥市场，而技术含量高、附加值高的商品供应不足；随着年龄的不断增长，身体的各个器官也在不断地衰退，此时饮食对中老年人来说就显得尤为重要。中老年人的主食宜粗不宜精，但是我国现在还较为缺少针对中老年人的主食产品；再以食用油为例，一些 80 后、90 后逐渐成为食用油脂的新消费群体，随着人均收入水平的提升以及健康消费理念的普及，消费者将更加偏好优质、品牌和特色的产品，包括现在的亚麻籽油，葵花籽油等小品种消费，占比也会呈增加趋势。在这种趋势下，消费升级会倒推产业升级。

2) 消费者对于粮油食品的价格、口感、营养成分等存在不满

调查显示，消费者在包装米面产品以及主食产品的消费过程中仍然存在消费痛点。口感是主食产品和基础米面油产品的主要消费痛点之一，消费者对于口感的追求仍然较为强烈。对于包装米面产品，消费者不满意的地方主要体现在价格和功效等方面(图 2-1-38)。对于包装主食，则主要体现在口感和营养价值上，并且“口感较差”排在了“不够营养健康”和“价格偏高”等因素之前，可见，进一步改良口感是主食产品需要突破的重要方面(图 2-1-39)。

值得关注的是，选择“食用后感到身体不适”“产品有异味”“超过保质期”“产品里面有虫或是其他异物”等与食品的安全有关的人数较少，但是仍然存在。

3) 消费者对于产品认知存在误区，商品选择上存在盲目性

调查显示(图 2-1-40)，大部分消费者缺乏关于谷物和食用油的饮食指导。93.4%的消费者对于个人健康状况比较清楚，但是 52.7%的受访者并不知道如何根据个人健康状况来调整谷物和油的摄入量。此外，有 65%的受访者会根据自己的喜好来决定谷物和食用油的摄

入量。消费者关于饮食方式的认知空白会导致其在选择食品种类、摄入量等方面存在误区，不能及时根据自身营养与健康需求进行调整，进而会加剧亚健康状态以及疾病的发生。以食用油的摄入量为例，每年人均油消费量高达 24 公斤，是中国营养学会推荐值的 3 倍。

与此同时，人们对于营养健康教育有十分旺盛的需求，市场发展空间巨大。高达 91%的受访者表示希望有营养健康教育，这表明消费者对于营养健康教育有强烈的需求（图 2-1-41）。就开展教育的主体来看，选择“政府”的人数比例最高，达到 67.7%，可见消费者对于政府的期待较高（图 2-1-42）。

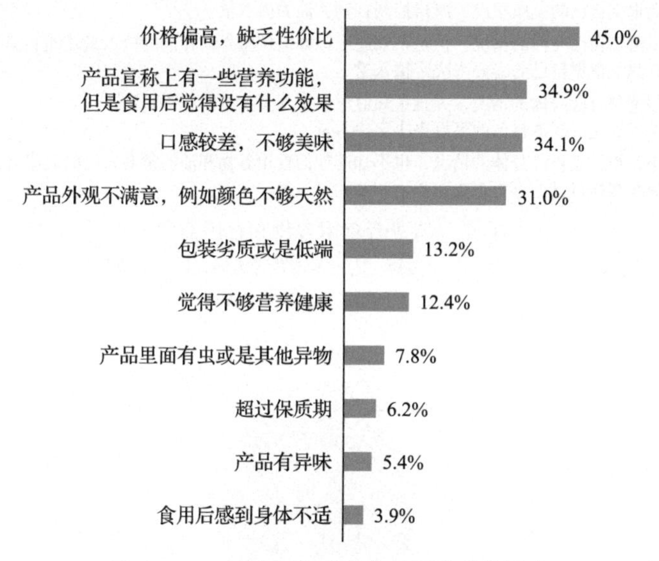

图 2-1-38　对于包装米面产品不满意的地方

资料来源：《我国居民对于粮油食品的认知、需求与消费行为调查》，中粮营养健康研究院消费者与市场研究中心未公开发表报告

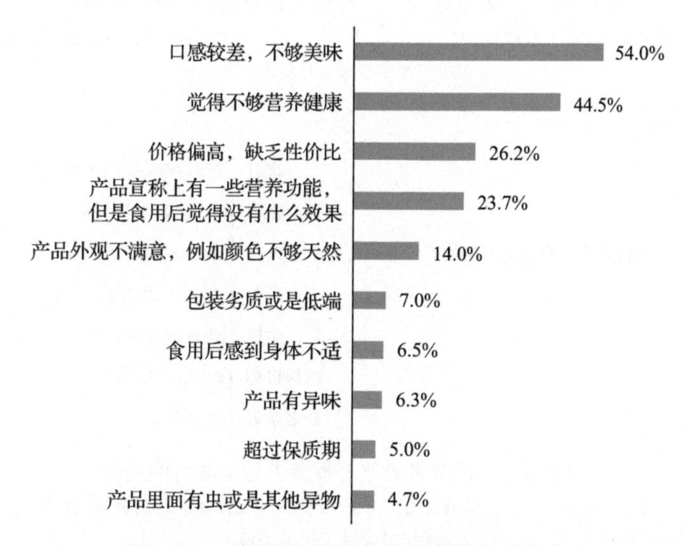

图 2-1-39　对于包装主食产品不满意的地方

资料来源：《我国居民对于粮油食品的认知、需求与消费行为调查》，中粮营养健康研究院消费者与市场研究中心未公开发表报告

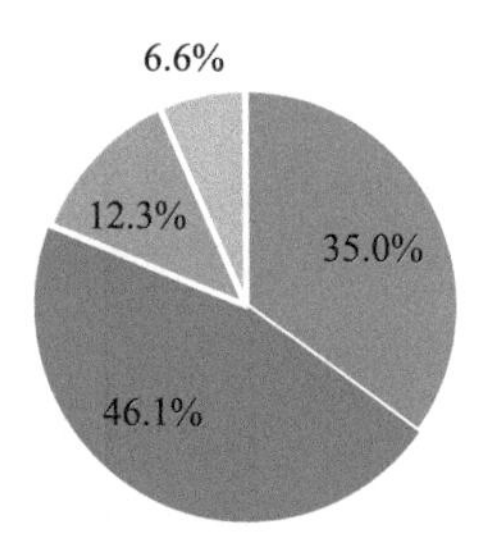

图 2-1-40　消费者食用谷物和食用油的方式

资料来源：《我国居民对于粮油食品的认知、需求与消费行为调查》，中粮营养健康研究院消费者与市场研究中心未公开发表报告

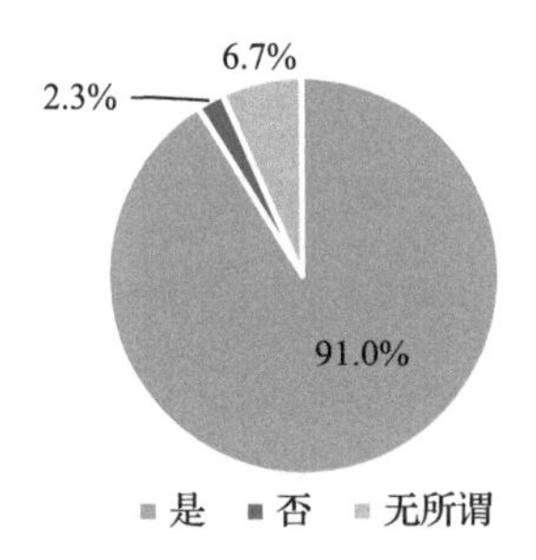

图 2-1-41　大多数消费者希望能够开展营养健康教育

资料来源：《我国居民对于粮油食品的认知、需求与消费行为调查》，中粮营养健康研究院消费者与市场研究中心未公开发表报告

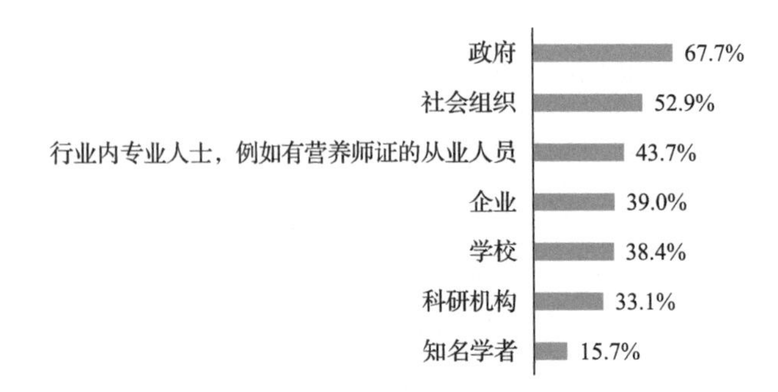

图 2-1-42　消费者希望开展营养健康教育的主体

资料来源：《我国居民对于粮油食品的认知、需求与消费行为调查》，中粮营养健康研究院消费者与市场研究中心未公开发表报告

1.3.4 营养与安全存在的问题

1. 营养与健康食品产业

1）营养与健康功能指标有待细化

现有法规对营养与健康食品做出了原则性的技术要求，但尚无针对营养与健康食品的产品类别和特点进一步规定每类营养与健康食品应符合的营养与健康功能性指标，部分产品中有效物质的安全限量标准模糊不清，加大了营养与健康食品的质量控制与检测的难度，从而无法科学、合理地对生产经营过程中的营养与健康食品进行功能质量的监督监测。

2）缺乏系统的安全评价体系

我国营养与健康食品缺乏系统的安全评价体系，加工品的质量安全检测技术以及生产过程中质量安全控制技术也亟待提高。同时，产品检测方法与手段也较为落后，因此，常常会出现不同地区产品标准不统一的现象，不利于营养与健康食品的安全管理与健康发展。

3）网络销售与海淘产品质量安全无法得到保障

目前越来越多的消费者选择通过网络、海淘等方式购买营养与健康食品，但目前法律法规对网络销售特别是跨境监管有一定的滞后性，且准入门槛低，没有建立完善的实名管理机制，给产品质量安全监管带来很大困难。一旦销售产品存在质量安全问题，将会对消费者的健康产生严重危害。

2. 果蔬食品产业

我国尚缺乏系统全面的果蔬食品成分、营养基因组学、人群健康等营养与健康基础数据库，缺乏有效的营养素强化技术以及精准营养控制技术，导致果蔬食品成分、功能因子之间的协同作用及其健康效应不清晰。而另一方面，市场上以果蔬为原料生产的功能食品或标榜保健功能的果蔬食品质量参差不齐，宣传噱头大于实际功效，部分产品有夸大或虚假宣传的嫌疑，严重影响了包含果蔬食品在内的大健康食品产业的发展。

我国果蔬食品生产的质量安全控制体系也尚不够完善，严重影响了产品的质量和竞争力：①果蔬原料质量安全难以保障；②加工过程难以控制，一方面，大量的化学试剂仍被使用在果蔬加工过程中，另一方面，添加剂的违法违规使用，也导致产品质量出现问题。

此外，我国大部分果蔬食品的已有标准存在混叠多、更新慢、空白多、操作难等问题。其中很多标准更新速度缓慢，有些标准更是在发布后未被修订过。

3. 水产与肉类食品产业

1）水产食品营养与安全问题

水产食品营养方面的问题集中在，水产品在运输、加工、储藏过程中的营养品质变化规律、调控方式与机制等基础研究相对薄弱，无法指导水产品精深加工与高值化利用。而水产养殖、水产食品加工、水产品流通等各环节存在的不规范使用渔药、添加剂等是水产品质量安全方面的主要问题。同时养殖种质退化，病害泛滥，养殖规模普遍较小，质量安全监管成本高等都是导致水产食品安全存在问题的原因。我国目前处于由“危机干预向危机预防”的转型期，危害因子由传统的农残兽残、违法添加物等化学危害向生物危害转变；食品安全监管方式由政府行政监督向企业自律为主转变，由从生产到消费、从田间到餐桌的全过程监管，向以环境问题为主的源头控制转变，水产食品安全问题将更加突出。

2) 肉类食品营养与安全问题

从养殖环节看，存在滥用药物的源头污染问题。从屠宰和加工环节看，屠宰病死畜禽、注水肉、加工过期肉、掺杂替换伪劣食品原辅料如鸭肉、狐狸肉，生产卫生环境差等问题依然存在。从流通和销售环节看，较为严重的包括制假售假、过期肉重新包装及更改生产日期等问题。

从风险种类来看，较严重的舆情事件为滥用兽药、病死肉、肉品掺杂、过期肉等经济利益驱动型食品掺假事件。这些事件的起因多为不法商贩和企业为谋取更高利润差价，在食品的生产、加工过程中采取掺假、制假等行为，如牛羊肉掺假、添加瘦肉精以增加猪肉瘦肉率等。此外，随消费水平的提高，消费者对进口食品及高档次食品消费需求进一步增强，随之以低质量等级产品、普通食品甚至不合格产品假冒和虚假声称营养丰富、优质安全的高端食品的事件发生呈上升态势。

(1) 谋取非法得利是肉品掺假问题发生的重要原因。

通过对相关企业调研及对肉品食品安全舆情事件的分析，可以发现生产经营者使用违禁药物、违法添加非食用物质、以次充好、超量超范围使用食品添加剂是肉品掺假的主要原因，而这些问题的背后是生产经营者为降低成本、谋求不当利益而为之。我国的经济利益驱动型掺假行为多出现在不规范的市场秩序下的恶性竞争，目前仍有许多小摊贩登记不完善，销售和贩卖无固定场所，监管范围受限，一些大企业依然存在源头把控不严的现状。此外，尽管我国监管体系经历了“九龙治水”格局向统一监管的转变，食品安全监管职责及部门已向集中化转变，但在一些监管难度大的环节依然存在约束机制和矫正机制欠缺的问题，生产经营者诚信缺失，违法经营的“潜规则”横行，导致治理困难。

(2) 食品产业产销秩序尚不规范。

我国大部分地区肉类产业产销秩序尚不规范，在食品养殖、屠宰、加工、流通、销售环节都存在食品安全隐患。在屠宰加工环节，以中小企业和小作坊为主的肉类企业，有时难以保证生产环境的清洁卫生和配料的安全性，也有为追求利润最大化，超量超范围使用食品添加剂，甚至违法添加非食用物质。产销秩序不规范，使产业形成“劣币驱逐良币”态势，严重影响产业健康发展。

(3) 生产者和消费者食品安全知识匮乏。

消费者从实惠角度购买来源不明、价格明显低于市场价的产品，为掺假者提供了机会。由于信息不对称及知识的欠缺，一些经济利益驱动型掺假事件是由于生产经营者、消费者对掺假物质和掺假因子不甚了解，如肉味香精的超范围使用，使得掺假难以发现。消费者对食品安全的认识尚存在误区，食品安全基本知识存在盲点，尤其是经济利益驱动型掺假等问题，导致对一些食品安全事件产生不必要的恐慌。树立正确、科学、不盲从的食品安全意识，提高消费者食品安全专业知识和对风险的认知仍任重道远。

(4) 缺乏食品真伪鉴别技术体系支撑。

现阶段我国新的国家食品产品安全标准体系初步形成，包括谷物及其制品、乳与乳制品、蛋与蛋制品、肉与肉制品、水产品及其制品、蔬菜及其制品和其他食品等 21 类约 80 项标准，涵盖限量标准、各类卫生操作规范、检验方法以及产品质量标准等，但扭转非法添加非食用物质、非法使用违禁药物、超量超范围使用添加剂、掺杂使假、假冒伪劣等现象，特别是针对肉类食品安全的防控，当前还缺乏食品真伪鉴别技术体系的支撑，使地方监管者缺少执法依据。

(5) 农兽药、污染物限量标准仍有提升空间。

肉品污染物限量标准与国际仍有差距。我国肉品污染物限量标准指标数量更为全面，但限量标准仍相对宽松。如国际法典委员会(CAC)、澳大利亚、新西兰仅对畜禽和内脏中的铅进行规定，欧盟规定了铅、镉的限量要求，而我国 GB 2762 规定了畜禽肉及副产品与肉制品中铅、镉、砷、汞、铬的限量要求，指标更为全面。但限量标准相对宽松，如对畜禽肉中铅含量的限量要求为≤0.2 mg/kg，相对于其他国家(≤0.1 mg/kg)较为宽松。

兽药残留方面。2002 年农业部发布的《动物性食品中兽药最高残留限量》(农业部 2002 年 235 号公告)是我国兽药残留标准的主要依据，尽管制定时采用了许多欧盟的指标限量，但多年来未更新。且与发达国家和地区相比较，我国畜禽兽药残留限量标准中兽残指标尚不全面。农业部 235 公告中仅规定了 18 种动物源性食品中兽药最高残留限量标准，而日本相应的限量标准达 53 种。

微生物方面。国外对于不同种类的畜禽肉类分别制定了不同的微生物限量标准。如欧盟分别制定熟制后食用的禽肉及预制肉、机械分割肉、生食肉类、预烹煮后食用的肉制品、胴体、肉末、肉馅、机械分割肉类产品以及预制肉的微生物标准。用于生食和熟食的肉制品、胴体和机械分割肉之间微生物指标存在较大差异。我国《食品安全国家限量　食品中致病菌限量》(GB 29921—2013)主要局限于熟肉制品和即食生肉制品，没有针对不同加工过程的肉品进行明确分类并制订有针对性的微生物限量标准。

(6) 缺少供应链掺假风险的有效应对措施。

针对层出不穷的食品掺假事件和掺假手段，发达国家及时制定食品掺假相关的法律法规及防范计划。2013 年 12 月 24 日，美国根据《食品安全现代化法案》的要求，制定和发布《防范蓄意掺假的集中缓解策略》草案，将大宗液体收货与装载、液体储藏与处理、次要原料处理、混合及其类似活动定为易掺假的关键环节，要求具有任何此类活动的大型食品企业都要出具书面的食品防范计划。2014 年全球食品安全倡议(GFSI)提出脆弱性评估和关键控制点(VACCP)体系，通过建立体系帮助企业最大限度减少食品欺诈和掺假原材料风险。与此同时，美国还建立了经济利益驱动型掺假(EMA)和食品欺诈监测与信息化数据平台，通过构建食品掺假数据库对食品掺假事件进行系统搜集、监测和预警。相比之下，我国针对供应链容易发生掺假的环节缺少具体防控规定和相关措施，在食品掺假预警方面缺乏有效的数据平台和技术手段。

总的来看，目前我国存在主要问题如下：①缺乏食品安全系统监测与评价的背景资料；②风险评估尚处于起步阶段，不具备主动进行风险监测、评估与预警的能力；③分散养殖与饲养规模制约了国家动物源性食品溯源体系的全面实施，分段建立的可追溯管理系统，还不能有效对接，无法实现“从农田到餐桌”的全程质量安全溯源管理。

4. 粮油食品产业

1)粮油生产、加工、运输、存储等环节仍然有质量安全隐患

在粮食和油料生产环节，耕地肥力透支，保养不足，农药化肥食用过量，导致我国粮食存在农残药残过量问题，影响粮食质量安全。虽然产量增加，粮食加工企业却不得不通过粮食进口来调节品质。在粮食加工方面，我国缺乏质量追溯体系，粮食质量安全检测能力薄弱。部分粮食加工企业法制和诚信意识淡薄，不按照标准进行加工，违规使用食品添加剂、掺杂使假、以次充好的现象依然存在。在粮食运输方面，我国粮食运输的质量安全没有受到足够重视，粮食运输管理低效，且相关规定都没有涉及粮食质量安全要求。包粮运输仍占较大比重，专业化运输工具短缺，长距离粮食运输的质量问题非常严重。在粮食存储质量管理方面，存在因存储设备落后、储量技术使用不当、滥用化学药剂、粮库交叉污染、陈粮和陈化粮的处理不当等而带来的粮食质量问题[41]。在粮食消费方面，目前仍然存在商家缺乏社会责任，粮食品牌鱼目混珠，标识不清，假劣伪冒产品横行于市，导致消费者对粮食制品真假难辨，损害消费权益，此外，不少消费者由于缺乏相关知识，粮食存放或使用不当导致产生质量安全问题。

受“地沟油”的影响，食用油的质量安全问题同样受到关注。食用油的质量安全问题主要来自油料作物的种植、收割、储藏、加工和使用各个环节。油料作物的生长受环境等因素影响，特别是污染、农民用药施肥不规范等，导致一些地区生产的粮食农药残留、真菌毒素、重金属污染超标问题比较突出，油料作物在种植、收割、 储藏过程中带入的黄曲霉毒素(花生油等)、硫苷、噁唑烷硫酮(菜籽油)，棉酚(棉籽油)等天然毒素；油料作物在种植过程中不可避免地要使用一些农药，残存在油料上的农药会随着加工带入成品。因此，如何合理正确使用农药和去除油料上的农药残留一直都是我国食品行业关注的重点。种植过程中，土壤和水体中的重金属也会在油料作物体内累积，并随着加工进入食用油中。食用植物油在加工过程中，生产设备中的重金属会迁移进入食用油；在加工过程中易出现苯并芘、反式脂肪酸和浸出毛油中的溶剂超标问题；另外，油脂加工过程中高温易形成杂环化合物、热氧化聚合物等有毒有害物质。此外，一些不法分子在加工过程中非法添加行为也是这一行业存在的严重问题。为方便存储，加工过程中过量添加抗氧化剂；为提高利用率，在产品中违法添加硅酮(消泡剂)；为了产品凝固点，在产品中违规羟基硬脂酸甘油三酯(结晶抑制剂)等。还有一些企业为降低成本，使用劣质包装，导致包装材料中单体向油中迁移。多年来，一些不法商贩将餐厅、 饭馆的废弃油脂(地沟油)收集起来，利用简单的设备，进行土法重炼，然后以低价卖出，致使废弃油脂(地沟油)重回餐桌[45]。

2)粮油食品与营养的科学研究投入不足，国民营养摄入不均

目前精加工导致实际生产中加工副产物比例超过 30%，这部分副产物集中了粮食 70%以上的必需活性营养成分(如维生素、矿物质、膳食纤维、植物化学物质等)。这部分营养物质对于预防慢性病等多个领域的健康功效得到了充分验证。而我国粮油营养基础研究还比较薄弱，从全球角度来看，粮油营养类的 SCI 论文中国外高校占到八成左右，而且影响因子和他引率都较高。我国粮油营养类研究论文的数量和质量都与国外有较大差距。我国

在粮油营养科学与技术学科中更偏重加工技术，而在营养组学、分子营养学、代谢组学等方面的研究刚刚起步。科学成果创新性有待加强，尤其是在食品营养评价体系的建立、食物营养均衡与慢性营养代谢疾病的生物标志及其评价体系的研究、食品及其组分对预防各种疾病的作用、食品营养素在加工中的变化及相互作用与健康的关系、食品营养的检测技术等几个方面需要加强基础研究。此外，国内设有粮食、油脂及植物蛋白工程专业的学校 34 所，但还没有一个粮油营养科学专业。兼备粮油加工与营养基础理论技术的人才极为短缺，严重缺乏一流的、尖端的、知识复合型人才[52]。

由于消费者对于粮油食品存在认知误区，一味地追求“亮、白、精、清”的粮油食品产品，对粮食消费质量安全的社会参与度不高，粮食质量和营养知识的推广效果不明显。“吃得精细”导致国民难以从粮油食品中获取充足的微量营养素，加上膳食结构中对高热量、高蛋白、高脂肪食品摄入量大大增加，忽略了膳食营养的均衡性，致使糖尿病、高血脂、高血压、肥胖症、脂肪肝等“文明病”增多，这已成为我国一个重大公共健康问题。2012 年我国成年居民超重率达到 30.1%，肥胖率达到 11.9%，分别比 2002 年上升了 7.3% 和 4.8%；糖尿病的患病率在近 10 年翻了近两倍，达 9.7%。我国已经成为世界第一糖尿病大国，高过世界平均水平的 6.4%。

1.4　发达国家食品产业发展经验借鉴

1.4.1　营养与健康食品产业

20 世纪 60 年代，日本首次提出功能食品的概念，随着时代的发展，各个国家开始重视保障人民健康的关键性，推动了营养与健康食品产业的快速发展。截至 2017 年，全球营养与健康食品市值达 1 万亿美元，复合年增长率 7.5%。在产业发展过程中，经济发展较好的国家从政府层面布置促进国民健康的工作，如美国实施的“健康人民（Healthy People）”规划；欧盟实施的“欧盟成员国公共健康行动规划”；日本实施的“健康日本 21”国家健康促进行动规划等[53]。各国形成了各具特色的营养与健康食品产业发展模式，为我国提供了可借鉴的经验。

1）国家层面对产业的推动力十分强劲

发达国家政府在营养健康知识的普及、营养健康人才的培养上推动力度大，对相关法律法规的制定也较为完善。美国 FDA 专门制定了两个管理法规，对健康食品和膳食补充剂进行分类管理。一个是《营养标签与教育法》（Nutrition Labelling and Education Act，NLEA），要求上市的所有食品必须附上合格的标签。它也适用于健康食品的管理。另一项法规是《膳食补充剂健康与教育法》（Dietary Supplement Health and Education，DSHEA）。它是针对膳食补充剂的一个专门法规。为了鼓励产业发展，也为了给消费者提供正确的营养与健康食品资讯，日本政府自 2003 年起就开始研讨保健功能食品的管理制度，于 2005 年 5 月实施《健康增进法》《食品卫生法》以及营养标识标准等的修订规则，此外，日本也建立了相应的功能食品资源库和功能因子数据库。

2) 透明、开放的监管机制

发达国家能较快地发展营养与健康食品产业，主要归根于其透明、开放并且完善的监管机制，在保障产品质量的同时大力支持产业的创新发展。美国、欧盟等国家和地区一直对营养与健康食品实行按品类区分，执行不同的法规分类监管。2013 年，日本颁布了《功能性食品标示制度》，放宽了食品功能声称的市场准入标准，大大加速了健康产业的发展。

从表 2-1-11 可以看出，美国、日本等发达国家对健康产品声称的要求比较灵活。仅仅在“降低疾病危险性”的功能声称中，日本、欧盟及澳大利亚的管理机构需要启动耗时长并且经过试验验证的特别审批流程，而其他的健康声称如营养素功能声称、强化功能声称及结构功能声称等仅需要通过普通审批程序。在美国及日本的部分功能声称食品和食品补充剂仅需要产品经营者向相关机关予以备案之后就可以上市销售了，这一类保健食品的管理方式主要是以政府备案制度及事后监管方式。

表 2-1-11 发达国家和地区对于健康声称的对比

法典	普通审批	特别审批	公告
营养功能声称	欧盟：通用功能声称 日本：营养素功能声称食品 澳大利亚：营养素含量声称和功能声称		
其他功能声称	日本：标准化的特殊保健食品	欧盟：新功能声称 日本：特殊保健用食品	美国：膳食补充剂健康与教育法 日本：有功能声称的食品
降低疾病风险声称	美国：营养标签与教育法	欧盟：降低风险声称 日本：降低风险声称 澳大利亚：降低疾病危险性声称	

3) 企业重视基础研究，研发能力强

由于监管制度完善，政府可以通过监管机制监督企业，企业可以根据监管制度完善经营，科研以产品为导向，系统设置科研与工程化应用系统研究，投入新品研发，使制造商和分销商都能够利用研究成果引入新产品，增加销售量，促进产业发展。美国是全球最大的膳食补充剂市场，产品上市前都有大量动物实验、人体实验和流行病学调查数据的支撑，保证了其产品的质量。2015 年美国共有膳食补充剂生产企业 530 家，每年超过 1000 个品种投放市场。

在营养与健康食品产业飞速发展的发达国家，开发预防慢性病的营养健康食品已成为一种潮流，欧盟等发达国家和地区在功能性食品降低疾病风险方面研究比较深入，不仅运用基本理论作为支撑，还将其作用机理的研究深入到分子营养学的水平，为营养与健康食品的研发提供理论支持和临床实践指导。

4) 企业与行业协会自律性高

较高的企业与行业协会的自律性是营养与健康食品行业健康顺利发展的必要条件。行业自律组织对营养与健康食品的监管，在营养与健康食品监管过程中发挥着重要的作用，同时也是避免“政府失灵”的应有之义，是对政府监管力不足的有利补充。尤其是日本，其行业自律组织对营养与健康食品的监管主要体现在其备案、审批与行业认证相结合的分类管理制度，由行业协会对部分营养与健康食品进行管理，体现了行业社会组织参与社会监督的管理方法，对营养与健康食品的质量安全也起到了重要的保障作用。

5）消费群体的受教育程度和信任度高

自 20 世纪 50 年代末起，美国、德国等发达国家提出健康管理的概念，通过五十多年的教育与实施，这些国家的消费者个人健康意识极强，大多将健康消费作为预防疾病的主要手段。消费者定期自觉地消费营养与健康食品，已形成与日常食品消费无异的消费文化与习惯。美国的孩童自幼儿园起就接受专门的食品营养课程，学习健康饮食的知识。

1.4.2　果蔬食品产业

1）资源有效利用率

我国果蔬产量虽已居于世界首位，但在制造总量和水平方面，与世界先进水平仍存在极大差距，发达国家原料加工程度已达 80%以上，而我国只有 45%。发达国家果蔬加工企业已实现副产物的高值化综合利用并进行工业化生产，如美国利用废弃的柑橘果籽可榨取 32%的油脂和 44%蛋白质，而我国在对于果蔬副产物综合利用方面挖掘仍有不足，以功能成分为主的深加工技术及高附加值产品少，因此，需吸取国外经验，自主研发精深制造产品，提高副产物综合利用率。

2）原料基地建设

果蔬食品制造要求品种的专用化和基地的规模化，这样才能保证产品的最终质量。欧美国家目前针对果蔬制品的生产，除了配备专用的种植基地，并根据生产的产品调整种植结构外，还会综合考虑土壤、气候、水文等生态环境条件，为原料的安全供应提供基础。而受限于国内对于鲜食果蔬的消费需求，加工品种与鲜食品种种植未加区分，导致适宜加工的优质和专用果蔬品种极其缺乏。

3）质量保障体系

在果蔬食品安全常规检测技术方面，我国与世界先进水平相比基本处于并跑、个别领域处于领跑，但是在高通量多目标未知物分析技术、农药等化学污染物组学分析、有害物形成机理与控制技术等主动防控技术领域还处于跟跑状态。食品安全及人体健康大数据的发掘与利用是欧美等发达国家食品安全研究及保障的一个重要支撑点，美国和欧洲在食品安全相关数据收集和发掘利用方面处于远领先地位，我国目前仅处于起步阶段。

4）营养健康研究

在黄酮、果胶、膳食纤维等果蔬营养研究领域，欧美及日本等发达国家和地区一直处于领跑地位，尤其在代谢组学、表观遗传学等食品分子营养研究领域研究深入，在食品营养的流行病学方面体系完善、数据全面，并充分体现了工学、农学、医学多学科交叉优势，推动了行业发展及全民健康保障体系建立。这些国家在此基础上发展起来的营养健康食品产业结构健康，产品具有品质可靠、功效明显、公众信任度高等特点。

5) 果蔬制造企业基础

发达国家的企业基本都会设立专门的研发机构进行新产品的研发，研发费用一般占企业总销售收入的 2%～3%，甚至以上。但目前国内的果蔬加工企业在原创性生产和科技投入方面相对不足，企业研发人员或技术人员占职工总数的比例过低，不足 10%。企业的研发与创新能力十分薄弱，核心竞争力的实质仍停留在“低价格优势”，缺乏核心技术，不能紧跟市场需求及时提供产品，所提供的产品难以满足市场需求，造成产能过剩。

6) 制造装备发展水平

无论是智能化原料管理、制造、配送、销售和消费系统建构，抑或是创新产品、服务开发及改善供应链，智能系统下的绿色智能科技都已成为发达国家果蔬食品产业发展的新力量。而我国在大型一体化高通量榨汁设备等先进装备制造方面还受制于发达国家，缺乏具有自主知识产权的核心关键技术，造成了我国果蔬加工装备的制造水平整体偏低。

7) 加工前沿新技术

近年来，以超高压技术为代表的前沿技术等已在果蔬加工领域得到了广泛的应用。先进的果蔬杀菌加工技术与装备、制汁制浆技术与装备等已在欧美等发达国家和地区果蔬加工领域被迅速应用，并得到不断提升，使发达国家果蔬制造增值能力得到明显提高。而我国果蔬加工受制于多项因素，仅能在部分领域小范围应用，仍无法满足产业发展的需要。

8) 果蔬制造新业态

消费结构的变化推动新业态的出现。在大数据与互联网的支撑下，食品、餐饮、互联网渠道都在不断创新，果蔬制造新业态也在不断涌现。发达国家公司为了适应新形势下的产品开发与市场推广，推出产品体验中心，让消费者自己设计想要的饮料，并选择市场销售状况良好的产品商业化，如选择将果蔬汁制造技术搭上“脑-肠轴”的新科技，推出功能精准的益生菌饮料，满足消费者对营养健康的需求。而我国在外卖行业迅速发展的形势下，为降低成本、产品质量控制，也出现了共享厨房。这些新的业态对果蔬原材料预处理、加工、烹饪与调理等技术都提出了新的需求。

1.4.3 食品添加剂产业

(1) 市场调研充分，能够及时了解消费者需求，为消费者提供专业的产品，解决消费者提出的技术难题。

(2) 研究能力很强：能够进行产品开发并获取相关管理部门许可；对食品添加剂及其复配产品的性质研究充分，了解复配产品的相互作用；能够通过临床试验对营养型食品添加剂进行验证。

(3) 产品质量有保障，能够为消费者提供稳定的产品供应。

1.4.4 水产与肉类食品产业

1) 水产品质量安全可追溯性强，风险评估制度完善

美国的水产品质量安全可追溯机制已趋于完善成熟，为保障水产品质量安全，美国有

《食品、药品与化妆品法案》《食品质量保护法》《消费者健康安全法》，以及水产品质量安全管理相关的政府机构必须严格遵守法律程序，以保证水产品质量安全；涉及水产品质量安全的法律法规的制定和发布有严格的程序，以保证法律制度的科学性。美国联邦法典中就有明确的章节规定水产品质量安全相关法律规范，在法律中明确规定政府和企业在保障本国食品安全中的重要作用。美国FDA制定的《食品法典》提供了一套防御系统和安全措施，最大限度减少食源性疾病，确保食品在安全、无毒、干净的设备和可接受的食品卫生条件下生产。

在食品安全机构设置上，欧盟成立欧盟食品安全管理局，其主要职责是为影响食品安全的因素提出自主及专业的建议。水产品质量安全管理也归属于食品安全管理局，该机构在全球范围内收集信息，关注食品和水产品科技新发展。欧盟食品安全法的政府规制主要采用禁令形式，禁令形式以法律为依据，它为一系列实际措施指导方向，来确保欧盟委员会的运作。

2）质量安全控制关键技术规范高效

（1）DNA条形码技术。DNA条形码技术是一种快速检测，性价比高，广泛适用的分子诊断技术。美国自2012年5月起，便启动了进口水产品DNA检测。

（2）冷链物流管理技术。德国在冷链物流管理方面的先进性已逐步为世人所属瞩目，为越来越多的人所认识，其对国内整个水产品产业链都采用冷链物流管理。几大水产品物流供货商主营不同的市场领域，如CCG主要负责餐饮店，Grossmar kt Muenchen为各地水产品批发市场提供服务，而像REWE、麦德隆等分别为食品超市和中餐馆供应新鲜水产食品。

3）完善的社会化水产品服务体系

美国已经建立了完善的物流社会化服务体系，无论在物流的哪个环节，只有有需要就会有人服务，连接水产品供需的物流主体主要包括水产品生成产者参加的销售合作社、政府的水产品信贷公司、渔商联合体、批发商、零售商、代理商、加工商、储运商和期货投机商等，它们一般规模较大，承担了全国水产品的运输、储运、装卸搬运、加工、包装和信息传递等功能。

4）合理的法律法规和标准体系，严格的监管监督体制

我国对水产品安全卫生质量及检验检疫标准，与发达国家差距较大，水产品安全卫生标准的国际标准采标率仍有差距。其中日本“肯定列表制度”涉及水产品中药品的标准达134种，且限量很低；美国也有四十多项，而我国只有对27种药品开展检测；有关水产品中添加剂限量标准与发达国家相比采标率更低，只对22种添加剂明确要求，远没有欧盟针对不同的水产品明确要求不同标准。

5）大力推广规范体系

泰国渔业局是泰国对其国内企业进行出口水产品质量检验和服务的主要部门。美国、加拿大、欧盟和日本等多个进口水产品的国家和地区都十分肯定该机构的水产品检验服务。早在20世纪90年代初，泰国渔业局便在国内要求企业实施HACCP水产品检验规范。美

国食品药品管理局同样规定，水产品企业必须建立 HACCP 体系，否则其产品不得进入美国市场。

6) 重视肉类基础研究

过量摄入肉类可能会带来系列健康问题。欧美及日本已着手研究吃肉与肠道微生物、大脑结构和行为的关系，其占领了该领域研究的制高点，为个性化膳食方案的实现提供了重要基础。此外，法国、西班牙、意大利等国家的科学家还研究了加工过程中肉制品蛋白质的分子结构变化及其对营养价值的影响，明确适度加工的重要性，指导肉类生产。动物脂肪被认为是引起众多代谢类疾病的罪魁祸首。直到最近，美国有新的研究结果为其正名。在正常摄入量条件下，动物脂肪的营养与健康问题，需要从新的视角加以重新认识和研究，其对肉类生产也具有重要指导意义。

7) 重视肉类加工技术和装备创新

欧美等发达国家的大学与研究机构、企业、政府在自动化屠宰加工技术、西式肉制品加工技术及装备、肉类标准化加工技术、传统肉制品现代化加工技术、肉类包装技术等方面都处于引领地位。

(1) 自动化屠宰加工技术方面。发达国家屠宰行业在自动化屠宰线、自动化分割与剔骨、信息通信技术系统、胴体分级在线测量系统、在线追溯体系及在线加工控制系统等领域发展已较为成熟。

(2) 西式肉制品加工技术及装备。德国在肉制品精深加工、保鲜和加工设备方面形成了特色鲜明、优势突出的工程化与集成模式。目前，德国在肉品精深加工及保鲜设备上的研发正向多品种、自动化的方向发展，主要成套设备包括盐水注射机、滚揉机、斩拌机、灌装包装机、烟熏炉等，这些设备可单体使用，也可配套成生产线，性能可靠、经久耐用、卫生安全、高效准确。

(3) 肉类标准化加工技术。美国从 2009 年开始在原有肉牛胴体人工分级的基础上逐渐推行智能化分级技术，并取得明显效果：牛肉分级率由初期的 0.5%发展到 95.0%；克服了肉牛遗传变异增大，品种由 5 个增加到 100 个等现实问题，使牛肉质量由遍布 8 级到集中在前 3 级，优质牛肉比重大大提高。通过标准化模式增强了产品的市场竞争力。

(4) 传统肉制品现代化加工技术。西班牙、意大利、法国等基于对干腌火腿的传统工艺和品质的系统研究，实现了传统干腌火腿的机械化、自动化生产，使其更加适应现代肉品卫生、低盐、美味、方便的消费理念，创造了肉品发展史上传统与现代完美结合的成功典范。在传统制品现代化改造模式的成功带动下，采用新技术结合新工艺、开发适合不同传统肉制品大规模自动化生产的智能化控制成套新装备和新产品已成为国际传统肉制品的发展方向。

(5) 肉类包装技术。美国希悦尔（Sealed Air）公司是全球专业生产肉品保护包装、储藏包装和新鲜包装等各类包装材料及系统装备的领先制造商，开创了以企业为主导的包装技术、材料、装备一体化成功模式。不断研制开发各种新型包装产品和系统，使生鲜与加工肉品能够更加安全地配送和保存。

1.4.5　粮油食品产业

发达国家粮油食品产业整体发展迄今为止，产业链结构成熟，从种植、流通、加工、终端市场各环节之间能够有效地打通，具有较多值得我国学习的先进经验，就本专题重点研究我国粮油食品产业发展及现存问题而言，重点对发达国家粮油食品产业的产业链中下游的发展经验进行讨论。

1）产业深加工程度高

发达国家对稻米的利用已由原来的仅作为口粮转化为深度加工和综合利用。另外，发达国家十分重视对于玉米深加工技术的研究，在传统的食品、工业领域中已成为应用龙头，产品品种达 3500 多种。发达国家对杂粮的研究转向多样化食品方面。美国、日本等发达国家和地区还十分重视提高粮食资源的综合利用率，粮食副产品综合利用价值大幅提升。

2）重视基础研究

美国、日本、加拿大、欧盟和澳大利亚等发达国家和地区十分重视稻米和小麦品种、安全性、营养性和食用品质的基础研究和新技术的研发。就油料加工而言，目前，国际上对优质化关注的重点已转移到油脂成分对人体的营养和功能的研究，如油脂脂肪酸种类、比例及甘三酯结构对人体健康的作用。国外也很重视以甘二酯、中碳链油脂为代表的低热量油脂的研发。国外对油料预处理不再只重视料坯结构性能对制油效果及后续工序影响的研究，而是更重视对油料中各种成分的品种保护[52]。

3）关注适度加工食品的研发与推广

发达国家从 20 世纪 80 年代起，在精加工粮油食品产品的基础上，开始对全谷物食品进行研究，其政府、学术团体和工商界对全谷物食品的营养价值、加工工艺、市场、消费、教育与宣传给予高度重视。国际上第一个全谷物的专题会议于 1993 年由美国农业部、美国通用磨坊（General Mills）公司及美国膳食协会等机构联合发起，并在华盛顿召开。随着研究的深入，全谷物的健康重要性日益得到重视，越来越多的国家和地区发起与全谷物有关的国际会议。

1997 年欧洲第一个全谷物会议在巴黎召开。2005～2010 年，欧盟启动了“健康谷物”（Health Grain）综合研究计划项目。来自 17 个国家的 43 个研究机构参与了该项目，旨在通过增加全谷物及其组分中的保护性化合物的摄入，以改善人们的健康状况，减少代谢综合征相关疾病的危险。2010 年 6 月正式成立欧盟健康谷物协会。澳大利亚和加拿大等国家也召开过全谷物专题会议或是成立组织进行宣传[54]。统计数据显示，世界全谷物食品从 2000 年开始逐年增加，每年增幅在 20%以上[55]。

4）积极开发多样化的粮油食品以满足消费者多元化的需求

发达国家在粮油食品开发上能够针对不同年龄、不用性别的消费者开发具有不同营养特征的多样化产品。例如日本市场上有针对中老年人、男性、女性和儿童的包装主食产品，功能宣称和包装样式也比中国市场丰富很多。美国市场上的全谷物食品涉及 20 多个品类，包括主食和零食，且产品成分和口味都更加多元。一些跨国公司也在不断调整产品结构，向发展中国家拓展市场，如美国通用面粉公司旗下的家乐氏、瑞士雀巢公司、新加坡益海嘉里集团、瑞士布勒公司等食品企业积极推进产业链的延伸，开始发展以稻米为原料的婴儿营养米粉、谷物营养早餐食品、营养再造米和休闲食品等米制品，实行规模化生产和集约化经营。

5）重视居民的营养监测与饮食教育

发达国家十分重视营养健康知识的普及和营养健康人才的培养。例如：日本在第二次世界大战后全面规划了提高国民素质的营养政策与制度，包括通过家政学教育普及营养知识、加强居民营养状况监测、建立和完善营养士制度、建立针对学生的营养干预制度等[56]；美国从 20 世纪 30 年代起，就开始对居民膳食情况进行调查；1977 年建立营养监测系统并发布饮食目标，内容涉及如何获得足够的营养，且避免营养摄入过多造成慢性病；1992 年，组建了涉及多部门的国家营养监测顾问委员会；1994 年成立营养政策促进中心，负责不断完善膳食营养指南，评估居民膳食质量，强化消费者在食物营养方面的理念和知识[57]。2008 年，德国政府启动“德国健康饮食及合理运动”国家行动计划，旨在对抗由于消费者营养失衡、运动缺乏和肥胖所导致的各种疾病[58]。这些举措在提高发达国家居民寿命、推广营养健康食品等方面产生了积极效果。

1.5 食品产业供给侧改革发展战略构想

1.5.1 未来发展趋势

（1）面对资源、能源与生态环境约束的严峻挑战，食品产业更加亟待向低碳、环保、绿色和可持续的方向发展。

（2）智能化、信息化已成为食品产业科技竞争的制高点和重要支柱，需加速产业快速转型升级。

（3）全产业链品质质量与营养安全过程控制和综合保障，已成为食品产业科技高度关注的热点和焦点。

（4）危害物主动控制与预防正成为食品安全的新保障。

（5）不断提升自主创新能力是增强我国食品产业国际竞争力和持续发展能力的核心与关键。

（6）食品消费需求的快速增长和消费结构的不断变化、公众健康意识的不断增强推动着食品产业结构调整与技术升级，饮食安全与营养健康成为产业发展的新需求和新挑战。

1.5.2 总目标

党的十九大报告中，明确指出：“深化供给侧结构性改革，加快建设创新型国家”，这就需要食品产业从传统的“需求侧”向“供给侧” 转变，通过供给方面进行产业结构调整，有效解决农业“大而不强，多而不优”的问题。食品产业供给侧改革需要以提高产品质量、丰富产品类型、破解人民日益增长的美好饮食需求和行业发展不平衡不充分之间的矛盾为目标，加快实现产业由低端向中高端迈进、我国由食品大国向食品强国迈进。

1.5.3　总体思路与基本原则

以满足我国居民对健康的需求为目标，坚持问题导向，需求引领，供给创新，促进供需匹配和放心消费，突出科学理念引领消费，消费引导，优化供给和需求两侧结构，实现体系化、科学化、高效化、经济化，助力我国实现健康中国的战略构想。

1.5.4　战略重点

1. 食品绿色制造升级战略

人口增加、能源危机、环境恶化、全球化及城市化等给全球食品产业的未来发展提出新的要求。针对我国食品加工制造业在资源利用、高效转化、清洁生产、技术标准、系统化工程等方面存在的问题，特别是食品加工制造过程中过度加工、能耗、水耗、物耗、排放及环境污染、食品装备系统化不足、集成度不高、智能化程度较等问题突出，开展食品绿色加工、低碳制造和品质控制等核心技术，攻克连续化、自动化、智能化和工程化成套加工装备，解决涉及我国食品绿色优质加工制造、资源高效利用、提质减损、节能减排降耗以及食品产业升级的深层次问题，提升传统食品产业的标准化、连续化和工程化技术水平。

2. 食品营养与健康战略

食品与营养健康密不可分。未来 20 年，是我国由食品大国跨越到食品强国的关键，是为国民提供营养与健康的食品的关键时期。针对国民营养健康需求与慢病预防控制诉求，开展食品营养健康基础理论、功能食品制造、传统食品功能化以及新食品原料开发等关键技术集成与产业化示范，创制营养健康高附加值食品，实现精准营养供给及智能健康管理，引领并支撑中国食品产业向营养与健康化方向发展。

3. 价值链高端化延伸战略

针对我国目前食品加工副产物的综合利用率低，综合利用产品的科技含量不高，高纯度、功能性、专用型等高附加值产品缺乏等问题，应利用生物技术及食品加工新技术以实现资源的梯度增值利用，提高食品资源的综合利用率和对食品资源的全利用技术，实现资源的可持续利用。

4. “从农田到餐桌”的全产业链条一体化发展战略

现代食品产业涵盖了原料控制、食品加工、质量安全控制、装备制造、物流配送和消费等多个环节。针对我国目前食品领域因缺乏全产业链系统化布局及各链条之间的有效衔接而导致的食品原料浪费严重、产后加工环节可控性差、产品质量难以保证、可追溯性和解决能力较弱等问题，推行从餐桌到田间的全产业链条的一体化建设，打通生产、流通、销售等环节的隔阂，避免食品原料到食品产品的产业链条脱节，形成从食品原料生产、食品加工、储存与运输过程的主动控制技术体系[59]。

1.6 食品产业供给侧改革对策和建议

1.6.1 构建食品产业精准加工模式

精准加工作为一种全新的加工理念，在食品领域中具备一定的研究与技术成果基础，尤其在粮油食品加工领域更为突出。粮油食品加工现场检测控制技术的突破、加工工艺参数与营养成分留存关系的研究以及加工设备的更新换代均有助于精准加工模式的实现。依据我国粮油食品产业现状，将其整合成一种以需求驱动供给的加工模式，对于我国粮油食品加工产业的供给侧结构性改革具有重要的创新意义。首先，粮油食品精准加工需要明确消费需求，有助于打破传统粮油食品的消费误区，干预慢病发生，能够有效引导产业发展方向；其次，将原料特点与终端产品要求相结合，有效减少不必要的资源浪费和能源耗损；再次，区域原料优势与特点和消费需求相结合，有助于优化供给结构的优化，实现区域产品的高效供给；最后，消费需求作为技术发展与革新的驱动力，让更多的企业参与到技术革新中来，成为创新主体，使创新主体多元化，提升我国粮油食品产业整体水平及自主研发能力。

1.6.2 建立食品绿色低碳加工体系

在寻求食品产业科学高效的发展过程中，寻求良性、绿色、环境友好型的加工体系尤为重要，坚持“青山绿水就是金山银山”。推动食品产业结构性调整，除了增强产业效益，更要推进生态文明，建立绿色低碳加工体系要节约集约利用资源，推动资源利用方式根本转变，大幅降低能源、水、土地消耗强度，提高利用效率和效益，同时也是对于“建设美丽乡村”的重要实践。在食品产业相关工程设施建立之前，除了要算经济账，更要算环境账，突破把保护生态与发展生产力对立起来的过时思维，改善不合理的产业结构、资源利用方式、能源结构、空间布局，有效推动绿色、循环、低碳发展，搭建食品绿色加工体系。

1.6.3 打造全信息交互平台

产业链各个环节的健康发展除了要合理搭建顶层产业结构之外，各环节间的信息流通和反馈也是保证产业链健康、有序、科学发展的前提，是保障需求与供给匹配的基础。我国食品产业目前缺乏有效的产业链信息打通机制与体系，因而存在前端产能与后端需求的错配，造成行业资源的巨大浪费以及对于环境的巨大压力。打造从农田到餐桌的全产业链信息交互平台，有助于帮助上游的生产者依据下游的需求环节准确、高效、经济地提供所需原料，全信息交互平台也能够细致地追踪到各个产业环节需求的细微变化，让产业环节的参与者有效地了解到产业发展的趋势，降低盲目决策带来的资源消耗。与此同时，及时、通畅的信息传递平台能够让农民种什么有依据，卖什么有方向，切实保障农户在产业链中的经济利益。

1.6.4　建立创新区域共享机制

深入研究产能配置与资本所有权关系，创新地建立市场化的区域“共享”机制，如：粮机的租赁、专业农业服务输出，生产线租赁等，能有效地通过市场机制的接入，实现“1+1>2”的效果，加速低效、低质、低收益的产能的淘汰，盘活符合市场需求的产能。

1.6.5　开展智能化、信息化等前沿技术在食品产业的全面应用

从食品原料种植养殖环节到流通储藏环节，再到加工过程中的精准控制和多元化、个性化、定制化生产，通过前沿技术的应用，突破食品产业对于人工的依赖，提升我国食品产业的生产效率、降低人工成本投入，优化产业人力结构，同时通过智能化的系统对市场需求、气候趋势、土地状况、区域市场需求等的综合判断向生产者建议种植或加工的产品种类，可有效地实现市场供需匹配。以前沿技术赋能食品产业升级。

1.6.6　打造产业链、价值链、产品链和供应链四链融合的系统化产业体系

产业链、价值链、产品链和供应链是食品产业发展中的重要框架组成，四链融合有利于建立起符合我国食品产业特点的系统化产业体系。把“四链”相互协调地“联结”甚至有机地融合起来，最终实现把“6R”管理方式深入到“四链融合体系”的各个环节，即将所需正确的数量(right quantity)的正确产品(right product)在正确的时间(right time)，以正确的质量(right quality)和正确的状态(right status)送到正确的地点(right place)。“四链融合”体系的搭建有助于提升我国食品产业的系统性、科学性，产业体系的搭建有助于提升产业的整体水平以及产业地位，对于食品产业的发展起着至关重要的作用。

参考文献

[1] 于明璐, 郭斐. 营养与健康食品产业内涵与创新发展模式研究[J]. 现代食品, 2017, 10(19): 1-5.
[2] 方豪, 戴丹丽. 浙江省营养与健康食品产业发展趋势及发展战略研究[J]. 安徽农业科学, 2015, 21: 266-268.
[3] 中粮营养健康研究院. 营养与健康食品产业创新发展战略研究[M]. 北京: 知识产权出版社, 2017.
[4] 李进. 基于标准化视角探讨如何推进食品产业供给侧改革[C]. 中国标准化论坛, 2016.
[5] 新华社. 中共中央国务院印发《“健康中国2030”规划纲要》[Z]. http: //www. gov. cn/xinwen/2016-10/25/content_5124174. html, 2016.
[6] 吴林海, 郭娟. 我国城乡居民食品消费结构的演化轨迹与未来需求趋势[J]. 湖湘论坛, 2010, 23(3): 66-71.
[7] 中国经济网. 国家统计局: 2017年最终消费支出对GDP贡献率58.8%[N]. http: //www. ce. cn/xwzx/gnsz/gdxw/201802/28/t20180228_28289333. shtml, 2018.
[8] 王恩胡, 李录堂. 中国食品消费结构的演进与农业发展战略[J]. 复印报刊资料: 农业经济导刊, 2007, 2: 156.
[9] 胡冰川, 周竹君. 城镇化背景下食品消费的演进路径: 中国经验[J]. 中国农村观察, 2015, 6: 2-14.
[10] 王守伟, 周清杰. 食品安全与经济发展关系研究[M]. 北京: 中国质检出版社, 中国标准出版社, 2016.
[11] 中华人民共和国国家统计局. 中国统计年鉴(2017)[M]. 北京: 中国统计出版社, 2017.
[12] 工业和信息化部消费品工业司. 食品工业发展报告(2017年度)[M]. 北京: 中国轻工业出版社, 2017.
[13] 刘治. 中国食品工业年鉴[M]. 北京: 中国统计出版社, 2017.

[14] 新华社. 如何守护千亿“舌尖产业”背后的大民生——透视保健食品行业发展前景[N]. 2017. http: //www. xinhuanet. com/legal/2017-07/28/c_1121393758. html.
[15] 侯隽. 乳企、药企抢滩“特医”新蓝海[J]. 中国经济周刊, 2018, 20: 64-65.
[16] 王翠竹. 特医食品迎发展蓝海, 食品包装得成长机遇[J]. 食品安全导刊, 2018, 3: 1.
[17] 法制网. 保健品市场乱象何时终结[N]. 法制日报. 2018-12-28.
[18] 国家统计局. 中国统计年鉴[DB/OL]. 2017. http: //www. stats. gov. cn/.
[19] 中华人民共和国农业部. 中国畜牧兽医年鉴 2016 [M]. 北京: 中国农业出版社, 2016.
[20] 杜海涛. 增加绿色优质粮食供给(政策解读)[EB/OL]. http://cpc.people.com.cn/bigs/n1/2017/0910/c64387-29525680.html.
[21] 国家粮食局. 中国粮食年鉴[M]. 北京: 中国社会出版社, 2016.
[22] 孙宝国, 王静. 食品原料安全控制技术发展战略研究[M]. 北京: 科学出版社, 2015.
[23] 同春芬, 夏飞. 供给侧改革背景下我国海洋渔业面临的问题及对策[J]. 中国海洋大学学报(社会科学版), 2017, 5: 26-29.
[24] 中国水产与加工协会. 2018 年全国渔业统计情况综述[N]. http://www.cappma.org/view.php?id=1544.
[25] 韩杨. 推进“一带一路”海洋与渔业国际合作共赢[N]. 农民日报. 2018-07-31.
[26] 王瑞元. 我国粮食生产、加工简况及发展趋势[J]. 粮食加工, 2015, 4: 1-3.
[27] 王瑞元. 现代油脂工业发展[M]. 北京: 中国轻工业出版社, 2015.
[28] 陆红梅. 我国杂粮加工制品的发展现状及趋势[J]. 中国食物与营养, 2012, 18(1): 20-21.
[29] 丁声俊. 创新主食工业化生产工程[J]. 粮食与食品工业, 2007, 14(2): 1-4.
[30] 中国政府网. 国务院办公厅关于印发国民营养计划(2017—2030 年)的通知[N]. 2017. http: //www. gov. cn/xinwen/2017-07/13/content_5210199. htm.
[31] 新华网. 2016 年我国居民健康素养监测结果发布[N]. 2017. http: //www. xinhuanet. com//health/2017-11/21/c_1121990193. htm.
[32] 贾敬敦, 王东阳, 张辉. 食物与营养健康科技创新研究报告[M]. 北京: 中国科学技术出版社, 2016.
[33] 丁华, 吴法振. 我国粮油加工企业发展之现状挑战与机遇研究[J]. 粮食加工, 2015, 6: 8.
[34] 郭君平, 曲颂. 转型升级期我国粮油加工业面临的机遇、挑战及对策[J]. 国家农业政策分析与决策支持系统开放实验室/中国农业科学院经济与发展研究所研究简报, 2017, 7: 4.
[35] 韩俊. 峰会丨韩俊: 农业供给侧结构性改革是乡村振兴战略的重要内容 [EB/OL]. 2017-11-21. http: //www. sohu. com/a/205637782_115495.
[36] 李禾. 大豆产业迎发展中国化道路怎么走? [J]. 食品界, 2017(2): 27-29.
[37] 佟爱华, 秦雯, 邢勇. “中国好粮油”产品质量追溯体系建设构想[J]. 中国粮食经济, 2018(1): 58-60.
[38] 任发政, 罗洁, 张明, 等. 我国婴幼儿配方乳粉产业政策与安全现状解析[J]. 食品科学技术学报, 2016, 34(4): 1-6.
[39] 思雨. 中国营养学会发布《预包装食品“健康选择”标识使用规范》(试行)[J]. 中国食品, 2017, (22): 172-172.
[40] 杨建利, 邢娇阳. 我国农业供给侧结构性改革研究[J]. 农业现代化研究, 2016, 37(4): 613-620.
[41] 朱湖英. 农业供给侧改革背景下的粮食质量安全研究[D]. 湘潭: 湘潭大学, 2017.
[42] 佚名. 在全国新型职业农民培育工作推进会上的讲话[EB/OL]. 2017-7-4. http: //www. gdnytgw. com/zcpd/ShowArticle. asp?ArticleID=1789.
[43] 佚名. 陈锡文: 推进农业供给侧结构改革的两大问题[EB/OL]. 2016-11-19. https: //baijiahao. baidu. com/s?id=1551340755253848&wfr=spider&for=pc.
[44] 佚名. 《粮油加工业“十三五”发展规划》出台, 食用油如何布局?[EB/OL]. 2016-12-30. http: //www. feedtrade. com. cn/oil/zonghe/news/2055251. html.
[45] 王栩林. 食用油的安全现状分析[J]. 食品安全导刊, 2017, 3: 38-38.
[46] 张瑞菊, 张洪坤. 豆制品的营养、生产现状及前景展望[J]. 山东商业职业技术学院学报, 2013, 13(5): 99-102.
[47] 佚名. 正确认识当前我国农业农村发展面临的六大问题[EB/OL]. 2017-9-13. https: //www. sohu. com/a/191752870_692015.
[48] 佚名. 农产品加工副产物损失惊人综合利用效益可期[EB/OL]. 2014-8-9. http: //finance. ifeng. com/a/20140809/12892386_0. shtml.
[49] 武阳阳. 保健食品的问题与治理[J]. 食品安全导刊, 2018, (10): 42-43.
[50] 张辉, 贾敬敦, 王文月, 等. 国内食品添加剂研究进展及发展趋势[J]. 食品与生物技术学报, 2016, 35(3): 225-233.

[51] 于宏威, 刘红芝, 石爱民, 等. 粮油加工过程损失现状及对策建议[J]. 农产品加工, 2016, (6): 60-65.

[52] 中国科学技术协会. 粮油科学与技术学科发展报告: 2014～2015[M]. 北京: 中国科学技术出版社, 2016.

[53] 邵刚, 徐爱军, 肖月, 等. 国外健康产业发展的研究进展[J]. 中国医药导报, 2015, （17）: 147-150.

[54] 安红周, 杨波涛, 李扬盛, 等. 糙米全谷物食品研究现状与发展[J]. 粮食与油脂, 2013, (2): 40-43.

[55] 谭斌, 谭洪卓, 刘明, 等. 全谷物食品的国内外发展现状与趋势[J]. 中国食物与营养, 2009, (9): 62-69.

[56] 国家营养规划研究课题组, 曾红颖. 美国、日本等国家营养工作政策演变及趋势[J]. 经济研究参考, 2005, (59): 24-29.

[57] 程广燕, 刘珊珊. 美国食物供求与居民膳食消费特征分析[J]. 世界农业, 2013, (12): 12-16.

[58] 周露露. 德国在食品方面的消费者保护政策研究[J]. 中国食物与营养, 2014, 20(8): 9-12.

[59] 孙宝国, 王静. 中国食品产业现状与发展战略[J]. 中国食品学报, 2018, 18(8): 1-7.

第 2 章 环境基准与食品安全发展战略研究

摘 要

近些年来，我国经济发展迅速，人民生活水平日益提高，公众对食品的需求从“吃得饱”转变为“吃得健康”，加上危害公众的食品安全事件频发，食品安全问题已经上升成为民众最关注的重要问题之一。

影响食品安全性的关键因素之一是其原生环境，如大气质量、土壤质量、灌溉水质量、地表水质量、渔业用水质量、海水质量，以及农药和化肥的使用等。因此，从源头控制食物的原生环境质量，是防范人体暴露健康风险的关键措施，也是保障食品安全的第一道防线，而制定合理的大气、水体、土壤等环境基准是保障原生环境质量的关键所在。

环境健康风险评估作为科学设定环境基准的根本方法和食品安全的管理依据和重要技术手段，连接外暴露环境、人体暴露的途径和方式，以及人体健康风险表征的重要技术手段和桥梁，可定性或定量地识别暴露的主要途径和健康风险的主要来源，可从风险防控的角度出发倒推以降低人体暴露的风险、保护人体健康为目的的相关环境基准值。

本研究综合了资料搜集、文献调研、实地考察等方法，借助健康风险评价手段对四种典型污染物开展研究。对国内外食品及相关介质的污染情况进行了收集整理，并针对典型地区居民进行了暴露和健康风险评估；分析了污染物的介质来源和贡献；对典型污染物的国内外环境基准和标准进行了梳理，系统总结了国际环境基准在保障食品安全中的先进经验，结合我国文献调研、实地考察评估结果，对我国环境标准的现状和不足进行了总结；深入剖析环境基准与食品安全的内在联系，结合我国环境质量的实际情况及相关国家环境管理政策，提出了我国环境基准与食品安全发展战略建议。

2.1 研究背景和目的

2.1.1 研究背景

当前经济快速发展，人民生活水平得到显著提高，生活方式也发生了转变，饮食暴露的风险已成为导致人群(全球及中国)死亡的第一危险因素。而近几年，我国更是成为食品安全事件高发地，食品安全问题已上升为关系民生和国家安全的重要问题。

食物作为生物链中连接环境(空气、水体、大气等)及人体的重要环节，可累积和富集大量的环境有毒有害污染物，如重金属、持久性有机污染物等，从而通过直接或间接的暴露途径给人体健康带来危害。食物从原产地到餐桌成为膳食，虽然受食物的运输、加工、储运及烹饪等过程的影响，但影响其安全性的最关键因素还是其原生环境。因此，科学合理的环境基准是食品安全的重要保障，也是食品安全管理体系的重要组成部分；而环境健康风险评估作为科学设定环境基准的根本方法，是食品安全的管理依据和重要技术手段。

然而，当前对相关环境的质量调查主要停留在对环境污染状况的调查，鲜有开展人体经食物途径暴露健康风险的系统研究，更缺少膳食途径对人体多介质多途径总暴露环境健康风险贡献率的研究。而开展人体经食物、土壤、水体等多途径暴露健康风险的研究，识别膳食途径对多介质多途径总暴露健康风险的贡献率，是科学制定相关环境基准、环境综合治理和管理的重要依据，也是采取有效措施保障食品安全的重要基础。

2.1.2 研究目的和意义

明确各环境因素对人体暴露健康风险的分担率，是设定科学合理的环境基准的根本依据。基于上述背景，本研究目的在于深入剖析环境基准与食品安全的内在联系，综合调查和对比研究国际环境基准与食品安全的对策和保障机制，系统总结国际环境基准在保障食品安全中的先进经验，结合我国环境质量的实际情况、“水十条”“土十条”“气十条”等国家环境管理政策，分析环境质量改善对我国食品安全的影响权重，提出我国环境基准与食品安全发展战略建议。探索开展食品安全与环境健康风险评估工作的方式和方法，探索形成环境健康评估报告制度，为开展环境与健康调查、监测、风险评估工作建立规范和程序提供对策建议，提出我国环境健康风险管理的战略建议，与食品安全保障相关的我国环境政策、法规、基准和标准战略建议等。通过研究形成有关暴露评价、预测模型和工具包及系列技术规范，推动国家及地区层面定期开展环境健康暴露调查、评价机制的形成，进而推动我国环境管理向风险管理转型。

2.2 研究内容与方法

2.2.1 研究内容

(1) 深入剖析环境基准与食品安全的内在联系和相互关系，综合调查和对比研究国际环境基准与食品安全的对策和保障机制，系统总结国际环境基准在保障食品安全中的先进经验，结合我国环境质量的实际情况，“水十条”“土十条”“气十条”等国家环境管理政策，分析环境质量改善对我国食品安全的影响权重，提出我国环境基准与食品安全发展战略建议。

(2) 探索开展食品安全与环境健康风险评估工作的方式和方法，形成环境健康评估报告制度。

2.2.2 研究方法

本研究将综合资料搜集、文献调研及实地考察等方法开展研究，如图 2-2-1 所示。

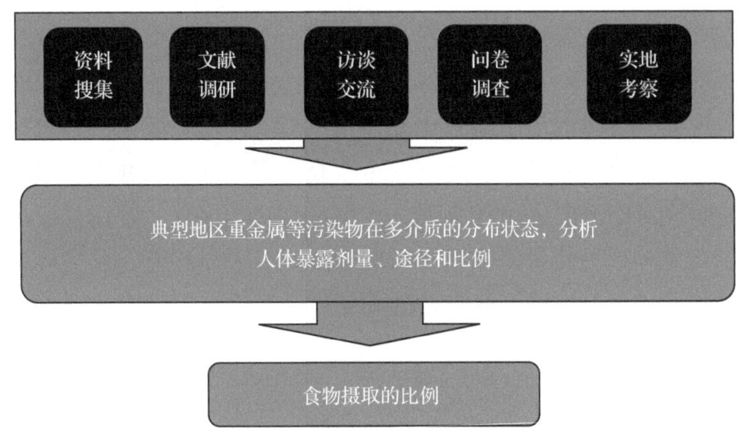

图 2-2-1　研究方法

1. 资料收集

根据我国重要的、突出性环境污染物的污染水平及人群暴露的健康风险水平，筛选出对健康损害严重、毒性大、环境中广泛存在、相关环境及健康标准中予以限制的重金属类、多环芳烃类、多氯联苯类等典型性污染物。通过国内外相关研究资料的收集，了解代表性污染物的理化性状、毒性特征、人体暴露的方式和途径、健康损害效应、人体健康效应、相关标准规范等，为进一步明确相关环境基准中污染物的限定奠定科学的理论基础。

根据当前国际标准，主要有两大类方法用于筛选环境有限污染物。第一大类是基于多介质环境目标值(multimedia environmental goal, MEG)、污染物毒性以及环境降解性等模式的定量评分系统，但由于涉及参数、数据难获得等，该方法难以普及。第二大类是基于得分阈值上的专家评判的半定量评分系统。定量评分系统仅对数量有限的污染物提出了暴露途径、暴露剂量水平和多介质目标值等数据，多数的污染物很难获得相关参数。而半定量评分系统是一种专家评判方法，注重从现实出发，在充分调查环境的基础上，结合毒性效应、产品的生产、进口及使用量和专家经验等确定筛选原则，最后计算得出各污染物的得分，以此得分为基础进行排序，最终确定优先污染物。该类方法是目前广为采用的方法。具体包括模糊综合评判法、密切值法、Hasse 图解法、综合评分法等类别。目前研究中，多应用单一方法对特征污染物进行筛选[1-3]。实际上多种方法的结合使用对特征污染物的筛选更具有准确性，但复杂度有所增加。考虑到时间经费等有限，本调查关注的是化学类环境污染物。通过前期既往资料研究调研，参照设定的一定筛选原则，将重金属类铅和镉、多环芳烃类(PAHs)、多氯联苯(PCBs)筛选为典型的污染物。

本研究设定的筛选原则如下所述。

1) 环境分布广

人群对污染物的暴露量大小一方面取决于其特定暴露情景下的时间-活动暴露行为模式，另一方面取决于暴露介质和暴露途径的数量。在相同暴露情景下，暴露的频率越高，暴露的持续时间越长，则该污染物经各介质多途径的暴露量越大；在相同时间-活动暴露行为模式条件下，暴露的介质越多，各介质的暴露途径越复杂，则人群对该污染物的暴露量越大。因此，对于人群固定的时间-活动暴露行为模式下，不同环境介质中广泛存在的污染物对人群暴露的概率越高，其带来的人群污染物暴露的健康风险也越高。本研究选择在环境介质中广泛分布的环境污染物。

(1) 重金属。

重金属是广泛存在于地壳上的一类化学物质，有些重金属元素甚至是地壳组成的重要元素。经过地球化学循环及人类的生产生活活动，地壳中的元素不断以直接或间接的方式进入人类的生活圈，广泛存在于人群生活接触的空气、饮用水、土壤、积尘甚至是食物等介质中，与人群日常生活紧密接触，无所不在。

(2) 半挥发性有机污染物。

近年来，半挥发性有机污染物（semi volatile organic compound，SVOC）屡次涉及食品及日用品安全问题，成为人们关注的焦点之一。从儿童玩具到女性化妆品，从装修建材到食品容器，来自塑化剂、阻燃剂、燃烧副产物、杀虫剂等中的 SVOC 已存在于现代生活的各个方面。由于 SVOC 具有半挥发性的特征，在环境介质中具有一定的流动性，通过迁移转化可广泛地存在于食物、饮水、空气颗粒物等介质中。

2) 污染严重

污染物在环境介质中的污染水平对人群暴露量和健康风险水平起着重要的决定性作用，因此将对环境介质造成严重污染的化学污染物作为筛选的原则之一。

(1) 重金属。

我国矿产资源丰富，分布范围广，重金属污染物产生和排放量大，污染途径多，造成环境重金属污染严重。

(2) 半挥发性有机污染物。

半挥发性有机污染物在环境介质中的浓度水平虽无重金属类高，但由于其性质稳定，可以随食物链生物富集和放大。以多环芳烃和多氯联苯等为代表的 SVOC 类污染物具有妨碍人类和动物脑部与中枢神经系统的正常发育[4]、环境致癌性等健康毒性特征，因此其分布在环境介质中对人类的健康损害不容小觑。

3) 健康危害大

许多化学物质均具有两面性，少量暴露可能是人体生长必需的或是有益的，但大量或过量暴露却会对人体健康带来损害。而有些化学物质，如重金属铅，对人体健康生长而言是非必需的，甚至被认为在人体内的安全水平为零[5]，任何暴露都可能增加患糖尿病、心脏疾病、免疫问题及癌症的风险。相比其他污染物而言，重金属类、半挥发性有机物类、挥发性有机物和颗粒物类因具有严重的健康损害效应而备受关注。

(1) 重金属。

当前国际上主要有两种化学物质分类方法：一种是国际癌症研究中心（IARC）的化学物质致癌性分类，另一种是 USEPA 综合风险信息系统（IRIS）的化学物质致癌性分类，如表 2-2-1 所示。对于目标污染物的致癌性和非致癌性的判定，优先采用 IARC 的致癌性的分类标准，其次考虑查询 USEPA 的 IRIS 数据库。

表 2-2-1　IARC 与 IRIS 环境致癌因子分类

IARC 致癌性分类			IRIS 致癌性分类		
类别		描述	类别		描述
1		具有充足的人类致癌性证据	A		人类致癌物
2	2A	人类可能致癌物质，流行病学资料有限，但有充分的动物实验资料	B	B1	根据有限的人体毒性资料与充分的动物实验资料，极可能为人类致癌物
	2B	也许是人类致癌物，流行病学资料不足，但动物资料充分，或流行病学资料有限		B2	根据充分的动物实验资料，极可能为人类致癌物
3		致癌证据不足	C		可能的人类致癌物
4		对人类无致癌性证据	D		不能划分为人类致癌物
			E		对人类无致癌性的物质

根据 IARC 和 IRIS 编制的分类系统，铅(Pb)、镉(Cd)、铬(Cr)、砷(As)和汞(Hg)均为损害人体健康的重金属元素，IARC 中重金属铅和镉的致癌性的分类结果如表 2-2-2 所示。

表 2-2-2　IARC 中重金属致癌性的分类结果

重金属	IARC 致癌性分类	
	物质	分类
Pb	无机铅化合物	2A
	有机铅化合物	3
	金属铅	2B
Cd	镉化合物	1
	金属镉	1

环境中的 Cd 主要以 Cd^{2+}的形式存在，自由 Cd^{2+}是与毒性相关性最大的因素。摄入或吸入过量的镉可引起肾、肝、骨、生殖效应及癌症[6,7]。Pb 与 Cd 等持久性有毒重金属一样，可损害细胞物质和改变细胞遗传学。铅暴露可对人体全身各系统和器官均带来毒性作用，特别是对中枢神经系统和肾脏血细胞的损害[8]，影响智能发育[9,10]，对消化系统[11]、生殖系统[12]、心血管系统[13]、免疫系统[14,15]等也会带来的损害。人体对铅暴露没有安全的阈值[16]，越来越多的研究表明，即使是低水平铅的暴露，也会对人体健康带来负面影响[17,18]。最近一项研究表明，影响全球疾病负担的 67 个风险因子中，铅是重要的因子之一[19]。

(2)半挥发性有机污染物。

以 PAHs、PCBs 等为代表的半挥发性有机污染物对人体健康有着严重的损害作用。PAHs 是数量最多、分布最广、危害最大、与人类关系最为密切的环境致癌类化合物之一，也是最早被发现的致癌类化合物。它具有致癌、致畸、致突变的“三致”毒性，且会损害中枢神经，破坏肝脏功能和 DNA 修复能力，干扰内分泌系统，对人类的生存和繁衍构成威胁[20]。PCBs 是环境中广泛存在的一类持久性有机污染物，具有长距离迁移性、生物蓄积性、半挥发性和环境持久性等特点，其污染的严重性和复杂性远远超过一般污染物，被列为《斯德哥尔摩公约》中优先控制的 12 类有机污染物之一。研究表明 PCBs 对神经系统、生殖系统、免疫系统等的病变及癌变具有诱导效应，对人类健康和生态环境带来了极大的威胁[21]。

4) 环境健康问题突出

随着不断发生的各种环境污染及健康损害事件，环境健康问题日益突显。目前，我国处于城市化和工业化快速发展的阶段，人类活动向环境中排放的“三废”增加，土壤、水和大气环境中重金属污染逐渐加重。环境介质中的重金属经直接或间接方式通过消化道、呼吸道、皮肤接触等多种途径进入人体后，会对人体健康造成严重伤害。自 2006 年以来，我国已连续发生了 40 多起特大重金属污染事件：湖南浏阳的镉污染事件、江西“镉米”事件、四川内江铅污染事件等，触目惊心。这些事件表现出重金属污染浓度高、暴露人数众多、暴露时间长、暴露途经复杂多样等特征。

以 PAHs 为代表的 SVOC 的环境健康问题也日益突显。随着对癌症病因学研究的逐步深入，人们发现与人类癌症有密切关系的化学物主要包括 PAHs 等。随着社会生活和现代化进程的不断发展，人们发现 SVOC 在某些环境健康问题中起着重要作用。

5) 具有相关规范标准

(1) 污染物限定规范标准。

环境健康/质量标准或基准是用以保护人体健康和生态环境、社会物质财富为目的，基于一定时期环境毒理、环境风险判断和社会经济承受能力，对给生态和人体健康带来较大危害的污染物的排放和相关介质中污染物的负荷量做出的限制性规定。因此，任何阶段的环境健康/质量标准均考虑了对人体健康的保护要求。我国制定的相关环境质量标准，如《地表水环境质量标准》（GB 3838—2002）、《环境空气质量标准》（GB 3095—2012）、《土壤环境质量标准》（GB 15618—1995）等，根据不同的环境功能区划等方式规定了不同污染物的标准限值，这些标准为评价环境中人群对环境污染物的暴露提供了参考依据。本研究在选定典型污染物时，将土壤、水体、食物等相关环境健康/质量标准或规范中予以限定的健康损害阈值作为重要的筛选原则。

①土壤环境质量标准。1995 年颁布的《土壤环境质量标准》（GB 15618—1995）对不同环境条件下不同性质土壤的铅、镉等重金属的含量予以限定；新修订的《土壤环境质量标准（修订）》涉及的污染物由原先的 10 种重金属元素增至 16 项重金属及其他无机物；新增苯并[*a*]蒽、苯并[*a*]芘等 16 项优控的多环芳烃类有机物；新增多氯联苯等持久性有机污染物。

②食品质量标准。为保护人体健康，我国食品相关质量标准中对铅、铬、汞等重金属类，PCBs 类等典型污染物在食物中的最大允许含量作了限定，如《食品中污染物限量》（GB 2762—2012），为本研究污染物的筛选提供了参考依据。

③水体质量标准。水是万物的生命之源，为保护生态、保障人体健康，我国针对不同水体类型制定了相关标准，对铅等重金属类、PCBs 类等污染物的含量进行了限定，如《地表水环境质量标准》（GB 3838—2002）和《生活饮用水卫生标准》（GB 5749—2006）。

(2) 分析规范标准。

半挥发性有机污染物。关于 PAHs 与 PCBs 的研究较多，可参考的相关标准技术规范也较多。不同基质中半挥发性有机污染物的相关标准/技术规范见表 2-2-3 所示。

表 2-2-3 不同基质中 PCBs、PAHs 和重金属的相关标准技术规范

标准名称	关注物质/介质
《含多氯联苯废物焚烧处置工程技术规范》（HJ 2037—2013）	PCBs
《饲料中二噁英及二噁英类多氯联苯的测定 同位素稀释-高分辨气相色谱/高分辨质谱法》（GB/T 28643—2012）	PCBs
《塑料制品中二噁英类多氯联苯的测定 气相色谱-高分辨磁质谱法》（SN/T 2691—2010）	PCBs
《气相色谱法测定水中有机氯农药和多氯联苯类化合物》（SL 497—2010）	PCBs
《纸、纸板和纸浆 7 种多氯联苯含量的测定》（GB/T 25001—2010）	PCBs
《纺织品中多氯联苯的测定方法气相色谱法》（SN/T 2463—2010）	PCBs
《染料产品中多氯联苯的测定》（GB/T 24165—2009）	PCBs
《食品接触材料纸浆、纸和纸板 7 种指定的多氯联苯的测定》（SN/T 2200—2008）	PCBs
《水产品中多氯联苯残留量的测定 气相色谱法》（GB/T 22331—2008）	PCBs
《乳与乳制品中多氯联苯的测定 气相色谱法》（NY/T 1661—2008）	PCBs
《食品中指标性多氯联苯含量的测定》（GB/T 5009.190—2006）	PCBs
《纺织品 多氯联苯的测定》（GB/T 20387—2006）	PCBs
《无公害食品 水产品中有毒有害物质限量》（NY 5073—2006）	PCBs
《饲料中多氯联苯的测定气相色谱法》（GB/T 8381.8—2005）	PCBs
《含多氯联苯废物污染控制标准》（GB 13015—1991）	PCBs
《环境空气和废气 气相和颗粒相中多环芳烃的测定 气相色谱-质谱法》（HJ 646—2013）	PAHs
《环境空气和废气 气相和颗粒物中多环芳烃的测定 高效液相色谱法》（HJ 647—2013）	PAHs
《植物油中多环芳烃的测定 气相色谱-质谱法》（GB/T 23213—2008）	PAHs
《动植物油脂 多环芳烃的测定》（GB/T 24893—2010）	PAHs
《水产品中 16 种多环芳烃的测定 气相色谱-质谱法》（SC/T 3042—2008）	PAHs
《水质 多环芳烃的测定 液液萃取和固相萃取高效液相色谱法》（HJ 478—2009 ）	PAHs
《土壤和沉积物 多环芳烃的测定 气相色谱-质谱法》（征求意见稿）	PAHs
《土壤和沉积物 挥发性芳香烃的测定 顶空气相色谱法》（HJ 742—2015）	PAHs
《环境空气 半挥发性有机物采样技术导则》（HJ 691—2014）	PAH, PCB
《空气和废气 颗粒物中铅等金属元素的测定 电感耦合等离子体质谱法》（HJ 657—2013）	Pb
《水质 采样技术指导》（HJ 494）	水体
《地表水和污水监测技术规范》（HJ/T 91）	水体
《生活饮用水标准检验方法 水样的采集与保存》（GB/T 5750.2）	水体
《水质采样 样品的保存和管理技术规定》（HJ 493）	水体
《地下水环境监测技术规范》（HJ/T 164）	水体
《水质 65 种元素的测定 电感耦合等离子体质谱法》（HJ 700）	Pb,Cd
《食品安全国家标准 食品中铅的测定》（GB 5009.12）	Pb
《食品安全国家标准 食品中镉的测定》（GB 5009.15）	Cd
《土壤环境监测技术规范》（HJ/T 166）	土壤
《土壤质量 铅、镉的测定 石墨炉原子吸收分光光度法》（GB/T 17141）	Pb, Cd

方便快捷的前处理方法是准确测定环境介质中污染物水平的关键。为准确测定不同环境介质中 PCBs 的污染水平，以准确评价人体暴露环境 PCBs 的暴露量和人群风险，美国等国家针对不同环境介质中 PCBs 的分析测定制定了相关技术标准或规范。如美国环境保护局(USEPA)制定的水体、土壤、沉积物、生物组织等介质中 PCBs 测定和分析规范(如 *Method 1668, Revision A: Chlorinated biphenyl congeners in water, soil, sediment, and tissue by HRGC/HRMS*、*Addendum to the method 1668A Interlaboratory validation study report*、*Method 1668B Chlorinated biphenyl congeners in water, soil, sediment, biosolids, and tissue by HRGC/HRMS*)。

2. 既往研究/文献资料

收集整理文献资料及既往研究，了解典型环境污染物在非环境介质中的存在和分布特征，以及不同地区和不同情景下的人群暴露量，以明确典型污染物经环境暴露对人群总暴露的贡献、各暴露途径对人群总暴露的贡献。同时，通过典型环境污染物的分布特征的总结分析，为筛选典型地区作为研究的案例区提供依据。

3. 访谈交流

本研究还通过访谈交流的方式，咨询相关领域的资深且关注前沿研究的学者和专家，学习并借鉴其成功的先进的研究经验和方法、研究视角及科学预测，结合自身的特长及经验累积开展相关研究。

4. 问卷调查

问卷调查是获取人群环境暴露相关信息的重要技术手段。本研究通过开展人体环境暴露行为模式调查，获取不同地区、不同职业类型等人群对不同食物的摄入频次、摄入量等信息；并了解人群对各环境介质中目标污染物暴露的时间-活动行为模式特征，如与环境空气、土壤/积尘、食物、饮用水暴露的摄入量和时间-活动特征等。

5. 试点地区现场调查

结合既往资料研究和区域污染物特征，本研究在筛选的典型案例区进行实地考察和调研。通过典型案例区人群环境外暴露水平、人体与环境污染物的暴露行为模式特征，结合暴露评价模型和健康风险评价模型对典型暴露情景下经食物、土壤、空气、水体等的暴露量及健康风险分析，了解典型暴露情景下环境污染物人体暴露的健康风险，并识别膳食途径对其总暴露健康风险的分担率。

6. 人体环境暴露评价方法

人体对环境污染物的暴露评价是进行健康风险评价的关键环节。环境介质污染物主要经过口腔(经口暴露途径)、鼻腔(经呼吸暴露途径)及皮肤接触的方式进入人体。

1) 经口暴露评价方法

饮用水、食物、土壤及积尘等经口暴露是人体吸收环境污染物的重要暴露途径[22]，包括有意和无意两种。根据 USEPA 推荐的污染物经口的暴露特征[23]，其评价模型如下：

$$\mathrm{ADD}=\frac{C\times \mathrm{IngR}\times \mathrm{EF}\times \mathrm{ED}}{\mathrm{BW}\times \mathrm{AT}} \tag{2-2-1}$$

式中，ADD 为日均暴露剂量，mg/(kg·d)；C 为污染物含量，mg/kg 或 μg/L；IngR 为日均摄入量，mg/d 或 mL/d；EF 为暴露频率，d/a；ED 为暴露持续时间，a；BW 为体重，kg；AT 为暴露累计时间，d。

根据人群日均食物、饮用水、土壤及积尘的摄入量信息，结合人群的基本特征如体重、暴露持续时间等参数，利用上述评价模型可评价食物、饮用水、土壤及积尘中污染物日均经口的暴露量。

2) 经呼吸暴露评价方法

(1) 空气暴露评价方法。

呼吸暴露是环境污染物进入人体的关键途径。这些污染物包括：大量的职业暴露物；周围环境空气污染物；室内空气污染物；某些特殊的情形，如淋浴时水中的挥发性物质等。USEPA 认为，空气是人群接触污染物的重要暴露途径和暴露介质[23]。此外，土壤和积尘也可经呼吸途径将污染物暴露于人体。根据 USEPA 推荐的污染物经呼吸道途径的暴露吸收特征[23]，其评价模型如下：

$$\mathrm{ADD}=\frac{C\times t\times \mathrm{InhR}\times \mathrm{EF}\times \mathrm{ED}}{\mathrm{BW}\times \mathrm{AT}} \tag{2-2-2}$$

式中，t 为活动持续时间，h/d；InhR 为呼吸量，m^3/d。

根据问卷调查获取的人群在各暴露微环境中的时间-活动行为模式特征，如每日室内活动时间、室外活动时间等，结合人群自身的基本暴露特征，利用上述评价模型可以进行污染物经呼吸途径暴露量的评价。由此可见，空气中污染物经呼吸道暴露评价过程中，呼吸速率(InhR)是一个影响暴露评价的至关重要的参数，但是空气中污染物的定量也直接决定了评价结果的准确性。空气样品的采集、前处理和分析也相对较复杂。

(2) 土壤/积尘暴露评价方法。

由于吸入的土壤/积尘颗粒较小，其容易到达肺深部被肺泡所吸收。土壤/积尘的吸收取决于颗粒大小和溶解度。如直径为 0.27 mm 的尘粒吸收率达 54%，吸入的尘粒 70%～75% 随呼气排出，仅 25%～30%被人体吸收，主要被吸入肺部，由肺泡微血管吸收；停留在上呼吸道的尘粒可随痰排至喉咙，再吞入食道。USEPA 推荐的土壤/积尘中污染物经呼吸途径的日平均暴露剂量公式为[24]

$$\mathrm{ADD}=\frac{C\times t\times \mathrm{InhR}\times \mathrm{EF}\times \mathrm{ED}}{\mathrm{PEF}\times \mathrm{BW}\times \mathrm{AT}} \tag{2-2-3}$$

式中，PEF 为可吸入颗粒物黏附系数，m^3/kg。

由此可见，在土壤/积尘的污染物经呼吸道暴露评价过程中，土壤/积尘中污染物的浓度、土壤/积尘的呼吸量对其暴露及健康风险评价至关重要。

3) 经皮肤暴露评价方法

人体对环境中的有毒有害污染物质的暴露除了通过摄食和吸入途径接触外，皮肤接触也是重要的暴露途径之一。皮肤暴露可能发生在不同的环境介质中，包括水、土壤、沉积物等。比如大气和水中的有毒有害污染物质可以通过涉水活动等多种皮肤暴露途径进入人体，进而对人体的健康产生不良影响。相关领域学者很早就对经由呼吸和饮食途径的暴露获得了认识并且进行了研究，而皮肤途径的暴露是最近十年才得到认识进而展开研究的，尤其是对特定的人群、特定类别的污染物。但是 USEPA 认为，人们接触污染物虽然有许多不同的暴露途径，但主要以经口和经呼吸的暴露途径为主，经皮肤的暴露量相比经口和经呼吸少[23]。

(1) 生活用水暴露评价方法。

USEPA 在计算水经皮肤的暴露剂量时，采用如下模型[23]：

$$\text{ADD} = \frac{C \times \text{SA} \times \text{PC} \times \text{ET} \times \text{EF} \times \text{ED} \times \text{CF}}{\text{BW} \times \text{AT}} \quad (2\text{-}2\text{-}4)$$

式中，SA 为与污染介质接触的皮肤表面积，cm^2；PC 为污染物皮肤渗透常数，cm/h；ET 为暴露时间，h/d；CF 为体积转换因子，1 L/1000 cm^3。

(2) 土壤/积尘。

土壤/积尘接触是人群皮肤暴露的一个重要途径。目前常用的暴露评价模型为[23]

$$\text{ADD} = \frac{C \times \text{SA} \times \text{AF} \times \text{ABS} \times \text{EF} \times \text{ED}}{\text{BW} \times \text{AT}} \quad (2\text{-}2\text{-}5)$$

式中，AF 为土壤皮肤黏附系数，mg/cm^2；ABS 为化学物质吸附系数，取决于化学物质种类，不同化学物质其吸附系数不同。

根据问卷调查获取人群在洗澡、游泳暴露情景下的摄水暴露特征，日均饮水类型和饮水量等暴露参数，人群土壤场地活动、务农等暴露情景下的土壤/尘摄入特征等，结合人群自身的基本暴露特征、污染物的吸附系数等参数，利用上述评价模型可分别评价饮水和土壤/积尘中污染物经皮肤接触途径的暴露量。

综合污染物通过土壤/积尘经口、经呼吸和经皮肤的暴露评价，饮水经口和经皮肤的暴露评价，食物经口的暴露评价，空气经呼吸的暴露评价，在不考虑不同途径的拮抗或协同作用的情况下，加和累计污染物经不同介质各途径的暴露量，即为污染物的人群总暴露评价。

2.3　研究开展的主要工作

2.3.1　当前我国食品及环境污染现状

结合现行相关环境质量标准的限定指标、环境污染物的毒性、环境分析检测技术等因素，本研究以重金属（如铅和镉）和持久性有机污染物（PAHs、PCBs）等典型环境污染物为例，开展相关研究。

项目搜集了近十年来我国不同地区食品中重金属（铅、镉等）、有毒有害污染物（PAHs、PCBs）的污染水平和分布特征。整理近十年来空气、水体、土壤等环境介质中四种典型环境污染物的污染水平和分布特征。通过环境污染物的空间分布特征，结合现行相关环境标准，分析我国食品及环境污染现状。

2.3.2 当前我国食品污染的来源

为系统研究我国食品安全的影响因素和来源，本研究梳理了食品的生长环境和制作过程、食品加工、运输、包装和烹饪等过程的影响因素。从食品生长的土壤、接触的空气和水体；食品“从农田到餐桌”的加工、运输、包装和烹饪等中间环节进行深入的梳理和分析。探索不同接触介质、不同中间处理过程对食品安全的影响，剖析食品污染的来源。

2.3.3 我国居民对食品污染物的暴露特征

通过国内外文献搜集、整理和分析，梳理我国居民经膳食暴露途径对典型环境污染物的暴露特征。

项目组先后前往湖南、甘肃、山西等重点关注的案例区进行预调查，采用“复盘法”采集了300份样品进行重金属和有机污染物的含量分析，累计分析样品2500个。结合典型案例区人群食品暴露的行为模式特征，评价人群经膳食途径的污染物暴露水平。

2.3.4 我国居民经膳食途径暴露的健康风险

通过国内外文献搜集、整理和分析，梳理我国居民经膳食暴露途径对典型环境污染物暴露的健康风险水平。

项目组于2016年先后前往湖南、甘肃、山西等重点关注的案例区进行预调查，于各案例区随机分别抽选140人、90人和72人作为研究对象，采用“复盘法”采集了300份样品进行重金属和有机污染物的含量分析，累计分析样品2500个。结合典型案例区人群食品暴露的行为模式特征，典型环境污染物的毒性特征，探索人群经膳食途径暴露的健康风险水平。

2.3.5 我国居民经膳食途径暴露风险的相对源贡献

通过国内外文献搜集、整理和分析，梳理我国居民经膳食暴露途径对典型环境污染物暴露健康风险的相对源贡献。

同时，在前期初步筛选湖南的铅酸蓄电池区和对照区、甘肃省的一般城市和农村地区为案例区及代表性研究对象的基础上，系统采集各研究对象外暴露的个体食物、饮用水、个体呼吸空气、土壤和积尘等样品，共采集样品1200个并对其重金属和有机污染物的含量进行分析，累计分析样品7425份。结合典型案例区人群的环境外暴露行为模式特征，典型环境污染物的毒性特征，基于USEPA推荐的多介质多途径的暴露评价模型，深入分析人群经各环境介质、各暴露途径的污染物暴露健康风险水平，进而探讨居民经膳食暴露途径对其多介质多途径总暴露健康风险的贡献。

2.3.6 我国现行相关环境标准和基准现状

系统梳理和分析我国现行空气、水体、土壤和食品环境质量标准。分析我国相关标准制修订的依据、相关环境质量标准的分类和分级依据、限定的污染物种类和指标，并探究环境基准对环境标准制修订的影响和机制。

2.3.7　我国现行环境标准之间的协调性

为探索现行环境标准中环境质量和对人体健康风险的管理能力，本研究在调查和梳理我国当前各环境介质(土壤、水体、空气、食品)中典型环境污染物(重金属和有机污染物)污染现状及特征的基础上，假设我国当前环境质量均达标且未超过其相关环境质量标准的限值水平时，结合我国人群环境暴露行为模式特征，分析我国人群在现行环境质量标准的约束下对环境污染物的暴露水平和健康风险水平，深入剖析现行环境质量标准的人体健康风险防范的能力，以及不同环境质量标准之间的协调性。

2.3.8　我国现行环境标准与健康基准之间的内在关联和机制

结合人体对环境污染物多介质、多途径的暴露特征及其健康风险来源的深入分析，探讨环境标准、食品安全在人体环境污染物暴露健康风险防范的内在机制和保障。进一步探究在“健康优先、风险管理、分类制定”原则下，从保护人体健康及健康风险防范的角度出发，结合食品安全的内在影响因素，不同环境基准制修订在保障食品安全中的影响和作用机制。

2.3.9　发达国家环境基准与标准制修订的机制及经验分析

剖析美国、日本、欧洲等相关环境标准、水质等环境基准及体系的建立、发展和完善过程以及经验，结合我国当前环境标准和基准制修订工作的基础和现状，从我国国情出发，基于现有数据积累、人体环境污染物的暴露特征及环境污染物的分析检测手段，总结我国当前环境基准与标准制修订工作的不足，并结合食品安全的内在需求，提出我国食品安全的环境基准制定发展战略建议。

2.4　研究结果和主要结论

2.4.1　重金属铅

1. 铅的来源与污染

1) 铅的理化性质及来源

铅是一种广泛分布于地壳中的重金属，密度高、硬度低、延性强，易与其他金属形成合金[24]。环境中的铅是指酸溶性铅及铅的氧化物，且大部分以无机物的形式存在。自然界中，铅有 4 种稳定同位素，分别是 ^{204}Pb、^{206}Pb、^{207}Pb、^{208}Pb，在相当长一段时间内，自然界天然物质中的铅同位素组成非常稳定，一般不会发生变化。

环境中的铅主要有自然来源和非自然来源。自然来源包括火山爆发、森林火灾等自然现象释放到环境中的铅。非自然来源是指铅矿采选、冶炼；蓄电池的生产与加工等人类活动排放的铅[25]；含铅汽油的交通排放[26,27]；燃煤排放[28-30]等。

2) 环境铅的污染分布特征

基于相关研究报告及文献调查，总结分析我国不同环境介质中铅的污染特征。不同环境介质铅的污染特征如表 2-2-4 和表 2-2-5 所示。

表 2-2-4　农田土壤铅污染水平(单位：mg/kg)

地区	平均水平	范围	来源
山东农田棕壤	99.05	50.10～272.6	[31]
广西农田	48.7	0.77～456	[32]
杭州农田	21.18	5.69～54.25	[33]
临安雷竹林	87.98	25.40～498.00	[34]
北京市	24.36		[35]
沈阳市农田	22.00	8.6～84.1	[36]
安徽黄褐土	37.41	22.90～136.99	[37]

表 2-2-5　水体铅污染水平(单位：μg/L)

地区	平均水平	范围	来源
宁波	82		
洛阳	0.70		
三峡	1.082		[38]
丹江水库	10.59		[39]
云南	4.4		
洞庭湖	ND		
太湖	5.20		[40]
青海	11.17		[41]
九龙江流域	4.467	0.033～24.820	[42]
广东农村饮用水	3.07	0～13	[43]

基于大量文献的整理分析，对我国 12 省市不同食物中的铅含量进行分析，结果如表 2-2-6 所示。

表 2-2-6　我国部分地区食品中铅污染水平(单位：mg/kg)

地区	范围	地区	范围
哈尔滨	0.047～0.238	河南	0.017～0.434
沈阳	0.033～0.601	湖北	0.027～0.0627
河北	0.009～0.104	上海	0.005～0.789
山西	0.036～0.180	江西	0.009～0.252
宁夏	0.012～0.059	福建	0.009～0.139
四川	0.054～0.214	广西	0.016～3.084

经过对现有文献的总结，发现在不同环境介质中铅均表现出一定积累。主食中铅含量较高，且南方高于北方，东部高于西部。此外，北方土壤较南方土壤含铅量高，水体中铅含量由西向东含量升高。但不同环境介质中铅污染水平如何，需结合当地的环境本底以及相关环境质量标准来评价。但是食物中铅污染对人体暴露的健康危害是否可接受，需结合相关食品基准来判定。

2. 铅的人体暴露及健康危害

人体暴露的铅主要有两方面的来源：母源性来源和外源性来源[44]。母源性来源就是从母体的脐带血或乳汁中获得的铅。外源性来源就是从外界环境中直接摄入的铅，如通过呼吸的大气，接触或摄入环境媒介(土壤和尘埃、水等)、日用品、油漆、涂料和不合格玩具等。根据不同的暴露方式，主要包括经呼吸、经口和经皮肤的暴露。

众多的研究表明，铅对人体的影响是全身性的，可对人体全身各系统和器官产生毒性作用。暴露于高浓度铅环境会损害人体的器官和组织，特别是对中枢神经系统和肾脏血细胞的损害[45]，对智能发育的影响[9,10,46-48]，对消化系统[11]、生殖系统[12]、心血管系统[13,49,50]、免疫系统[10,14,51,52]等带来的损害。人体对铅暴露没有安全的阈值[16,53,54]，越来越多的研究表明，即使低水平的铅暴露，也会给人体健康带负面的影响[17,18,55-57]。

3. 铅的环境、食物及健康标准

1) 铅的环境质量标准

我国铅的相关环境质量标准如表 2-2-7 所示。

表 2-2-7　铅的环境质量标准

环境类型	项目		浓度限制	标准名称
空气/(μg/m³)	年平均	一级&二级	0. 5	环境空气质量标准(GB 3095—2012)
	季平均	一级&二级	1	
生活用水/(mg/L)	0.01			生活饮用水卫生标准(GB 5749—2006)
地表水/(mg/L)	Ⅰ类		0.01	地表水环境质量标准(GB 3838—2002)
	Ⅱ类		0.01	
	Ⅲ类		0.05	
	Ⅳ类		0.05	
	Ⅴ类		0.1	
地下水/(mg/L)	Ⅰ类		0.005	地下水环境质量标准(GB/T 14848—1993)
	Ⅱ类		0.01	
	Ⅲ类		0.05	
	Ⅳ类		0. 1	
	Ⅴ类		＞0.1	
海水/(mg/L)	第一类		0.001	海水水质标准(GB 3097—1997)
	第二类		0.005	
	第三类		0.010	
	第四类		0.050	
渔水/(mg/L)	≤0.05			渔业水质标准(GB 11607—1989)
土壤/(mg/kg)	一级(自然背景)		35	土壤环境质量标准(GB 15618—1995)
	二级	pH＜6.5	250	
		6.5～7.5	300	
		pH＞7.5	350	
	三级	pH＞6.5	500	

我国铅的食品限量标准如表 2-2-8 所示。

表 2-2-8　食品铅的限量标准(单位：mg/kg)

食物类型	限值	食物类型	限值
(1)蔬菜及其制品		坚果及籽类(咖啡豆除外)	0.2
新鲜蔬菜(芸类、叶类、豆类、薯类蔬菜除外)	0.1	咖啡豆	0.5
芸类蔬菜、叶类蔬菜	0.3	(5)肉及肉制品	
豆类、薯类蔬菜	0.2	肉类(畜禽肉脏除外)	0.2
蔬菜制品	1.0	畜禽肉脏	0.5
(2)水果及其制品		肉制品	0.5
新鲜水果(柴果和其他小粒水果除外)	0.1	(6)水产动物及其制品	
紫果和其他小粒水果	0.2	鲜、冻水产动物(鱼类、甲壳类、双壳类除外)	1.0(去除内脏)
水果制品	1.0	鱼类、甲壳类	0.5
食用菌及其制品	1.0	双壳类	1.5
(3)豆类及其制品		水产制品(海蜇制品除外)	1.0
豆类	0.2	海蜇制品	2.0
豆类制品(豆浆除外)	0.5	(7)特殊膳食用品	
豆浆	0.05	婴幼儿配方食品(液态产品除外)	0.15
藻类及其制品(螺旋藻及其制品除外)(干重计)	1.0	液态产品	0.02 (以即食状态计)
螺旋藻及其制品(干重计)	2.0	(8)婴幼儿辅助食品	
蛋及蛋制品(皮蛋、皮蛋肠除外)	0.2	婴幼儿谷类辅食(添加鱼类、肝类、蔬菜类的产品除外)	0.2
皮蛋、皮蛋肠	0.5	添加鱼类、肝类、蔬菜类的产品	0.3
油脂及其制品	0.1	婴幼儿罐装辅食(水产及动物肝脏为原料的产品除外)	0.25
调味品(食用盐、香辛料类除外)	1.0	以水产及动物肝脏料原料的产品	0.3
食用盐	2.0	(9)特殊医学用途配方食品(特殊医学用途婴儿配方食品涉及的品种除外)	
香辛料类	3.0	10 岁以上人群的产品	0.5(以固态产品计)
食糖及淀粉糖	0.5	乳及乳制品(生乳等除外)	0.3
(4)淀粉及淀粉制品		生乳、巴氏杀菌乳、灭菌乳、发酵乳、调制乳	0.05
食用淀粉	0.2	乳粉、非脱盐乳清粉	0.5
淀粉制品	0.5	可可制品、巧克力和巧克力制品	0.5
焙烤食品	0.5	冷冻饮品	0.3
饮料类(包装、果蔬汁、固体饮料除外)	0.3 mg/L	1～10 岁人群的产品	0.15
包装饮用水	0.01 mg/L	辅食营养补充品	0.5
果蔬汁类及其饮料	0.05 mg/L	(10)运动营养食品	
浓缩果蔬汁(浆)	0.5 mg/L	固态、半固态或粉状	0.5
固体饮料	1.0	液态	0.05
酒类(蒸馏酒、黄酒除外)	0.2	孕妇及乳母营养补充食品	0.5
蒸馏酒、黄酒	0.5	苦丁茶	2.0
果冻	0.5	茶叶	5.0
膨化食品	0.5	干菊花	5.0
蜂蜜(蜂产品)	1.0	花粉(蜂产品)	0.5

2）铅的健康标准

目前，我国主要采用 JECFA 制定的人体铅每周可耐受摄入量(provisional tolerable weekly intake，PTWI)标准限值 25 μg/kg BW。依据国际标准，铅的毒性作用没有阈值，因此，“零血铅”已成为临床控制儿童铅中毒的标准。但考虑到当前环境铅浓度控制技术及儿童血铅对健康影响的可接受程度，各国均制定了儿童血铅相对安全值范围。根据我国卫生部颁发的《儿童高铅血症和铅中毒分级和处理原则(试行)》，连续两次静脉血铅水平为 100～199 μg/L 为高铅血症，连续两次静脉血铅水平≥200 μg/L 为铅中毒。1991 年美国疾病控制与预防中心将儿童铅中毒定义为儿童血铅水平≥100 μg/L，不管是否存在临床症状和其他生理生化改变。我国当前仍用 100 μg/L 作为诊断儿童铅中毒的标准，而日本、加拿大等发达国家已将 60 μg/L 作为诊断儿童铅中毒的标准；目前美国这一限值已降为 50 μg/L。

4. 我国居民膳食铅的暴露特征

由于铅对儿童的成长发育影响尤其大，此处针对不同年龄组、不同地区的铅摄入量进行了总结，如表 2-2-9 所示。结果表明，中国各性别年龄组至少有半数以上人铅暴露量已经超过 PTWI。而湖北省 10 个性别年龄组人群的铅暴露量都在 PTWI 的 90%以上，明显地高于其他省(区、市)。12 个省(区、市)人群膳食铅摄入量的总体趋势是南方地区中湖北、广西和四川 3 省份各性别年龄组人群的铅摄入量总体高于南方其他地区。其次是北方地区中黑龙江、辽宁和山西，比较突出的是黑龙江省。其他六个省市人群铅的摄入量较低。

5. 典型案例分析

本次调查地点选择我国甘肃省兰州市的三个典型区域(城关区、西固区和榆中县)，调查时间为 2016 年 1～2 月及 9 月，分别代表采暖期和非采暖期。采用“双份饭法”收集 24 h 内调查对象所摄入的全部食物，每个调查对象调查 3 天。根据调查期间调查对象每日所有食物混合样本的重量及其重金属铅的含量，计算得到每人每日膳食铅的暴露量。兰州市不同地区居民非采暖期和采暖期 24 h 所摄入食物中铅的含量水平见图 2-2-2 所示。

结果表明，总体上个体食物中重金属的含量：城市地区(工业区和一般城市地区)非采暖期＞采暖期；农村地区为采暖期＞非采暖期。非采暖期，个体食物中 Pb 的含量：榆中＞西固＞城关；在采暖期，个体食物中 Pb 的含量：榆中＞西固＞城关。与我国食品中污染物的限量相比，各地区不同时期食物中重金属含量均低于其标准限值。结合居民食物的摄入量特征，采用“双份饭法”收集到的兰州市不同地区居民膳食中铅的日均暴露量如图 2-2-3 所示。

结果表明，榆中县 Pb 的暴露量：非采暖期＜采暖期，西固和城关区 Pb 的暴露量：非采暖期＞采暖期。

结合居民膳食途径的铅日均暴露总量及日均摄入量推荐阈值，利用 USEPA 的暴露评价模型开展兰州市不同地区居民食物暴露的非致癌风险。

兰州市不同地区居民经膳食暴露铅的非致癌风险如图 2-2-4 所示。

表 2-2-9 我国 12 省(区、市)10 个性别年龄组人群铅摄入量

年龄组(岁)	黑龙江		辽宁		河北		河南		陕西		宁夏	
	摄入量/(μg/d)	占 PTWI/%	摄入量/(μg/d)	占 PTWI/%	摄入量/(μg/d)	占 PTWI/%	摄入量/(μg/d)	占 PTWI/%	摄入量/(μg/d)	占 PTWI/%	摄入量/(μg/d)	占 PTWI/%
2～7	69.4	108.7	44.1	69.1	47.5	74.4	36.7	57.5	43.7	68.5	22.5	35.2
8～12	90.8	76.8	83.9	71	62.3	52.7	56.6	47.9	62.7	53	35.9	30.4
13～19 男	132.7	65.9	84.3	41.9	75.7	37.6	83.7	41.6	97.6	48.5	49.4	24.5
13～19 女	144.3	80.8	74.8	41.9	71.7	40.2	77.3	43.3	84.7	47.4	43.3	24.2
20～50 男	114.9	51.1	100.2	44.5	129.2	57.4	89.6	39.8	88.6	39.4	50.9	22.6
20～50 女	105.2	52.6	86.1	43.1	117.2	58.6	74.8	37.4	77.3	38.7	45.5	22.8
51～65 男	111.9	48.2	101.4	43.7	83.8	36.1	85	36.6	96.3	41.5	51.9	22.4
51～65 女	103.7	50.1	84	40.6	75.8	36.6	81	39.1	81.1	39.2	47.6	23
>65 男	118	55.5	95.4	44.9	81.4	38.3	51.5	38.4	71.4	33.6	34	16
>65 女	92.6	49.9	74.9	40.3	64	34.5	65.4	35.2	61.7	33.2	41.4	22.3

年龄组(岁)	上海		江西		福建		湖北		四川		广西	
	摄入量/(μg/d)	占 PTWI/%	摄入量/(μg/d)	占 PTWI/%	摄入量/(μg/d)	占 PTWI/%	摄入量/(μg/d)	占 PTWI/%	摄入量/(μg/d)	占 PTWI/%	摄入量/(μg/d)	占 PTWI/%
2～7	60.2	94.3	31.1	48.7	44.3	69.4	117	183.3	62.4	97.7	80.1	125.5
8～12	79.2	67	36.4	30.8	64.8	54.8	170.5	144.2	81.5	68.9	111.2	94.1
13～19 男	104.4	51.9	37.4	18.6	83.8	41.6	187.2	93	111.9	55.6	140.4	69.8
13～19 女	77.7	43.5	33.7	18.9	71.6	40.1	190	106.4	104.3	58.4	132.2	74
20～50 男	102.4	45.5	39.7	17.6	92.9	41.3	232.9	103.5	137.2	61	174	77.3
20～50 女	89.3	44.7	40.6	20.3	85.8	42.9	238.7	119.4	109.6	54.8	143.8	71.9
51～65 男	109.7	47.3	51.4	22.1	80.3	34.6	208.7	89.9	112.7	48.5	141.4	60.9
51～65 女	98.5	47.6	46.9	22.6	61.7	29.8	215.6	104.1	97.7	47.3	119.3	57.6
>65 男	103.8	48.8	36.9	17.4	80.6	37.9	289.5	136.2	110.2	51.9	121.1	57
>65 女	86.2	46.4	31.7	17.1	71.9	38.7	171.5	92.3	79.2	42.6	112	60.3

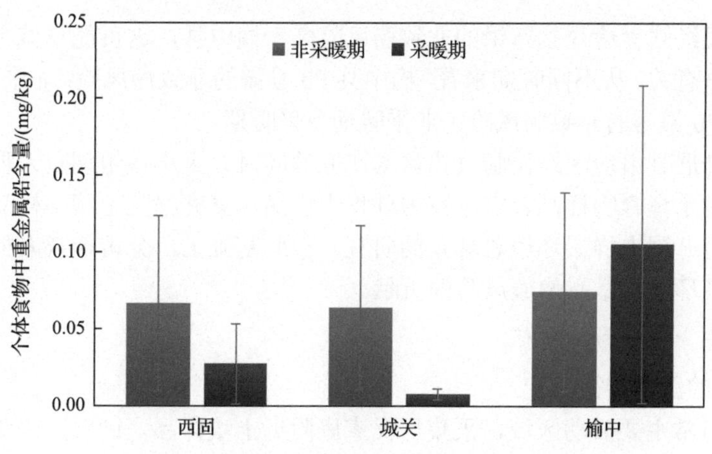

图 2-2-2　采暖期和非采暖期个体食物中铅浓度特征

西固、城关和榆中分别为工业区、城市地区和农村地区，下同

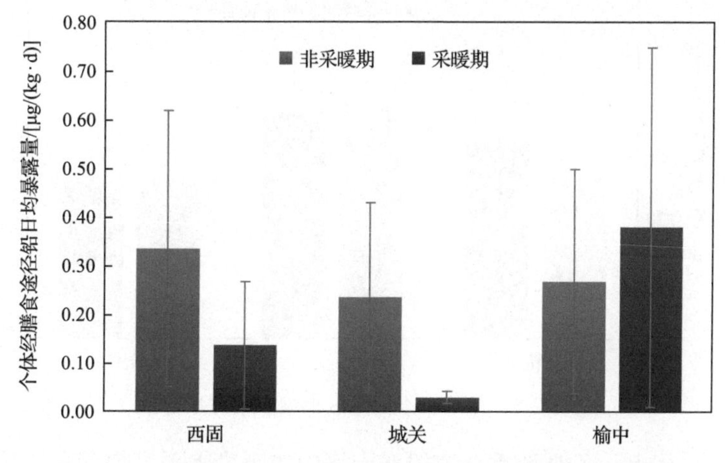

图 2-2-3　采暖期和丰采暖期不同地区食物铅的日均总暴露量

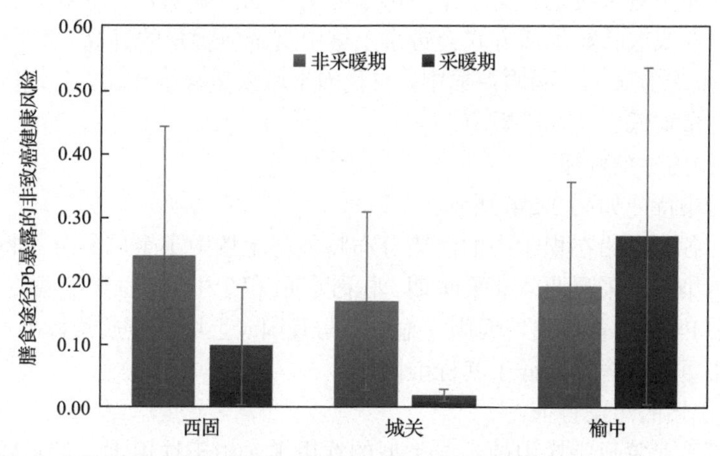

图 2-2-4　兰州市不同地区居民膳食途径铅暴露非致癌风险

结果表明，各地区居民膳食途径暴露铅的非致癌健康风险均未超过安全风险水平，说明从单一膳食途径来看，居民对食物暴露铅的风险尚可接受。从不同地区来看，西固区和

城关区城市居民经膳食途径暴露铅的非致癌风险高于榆中县，这可能与城市地区食物中较高的铅污染水平有关。从不同时期来看，榆中县 Pb 暴露的非致癌风险：非采暖期＜采暖期，西固和城关区 Pb 暴露的非致癌风险：非采暖期＞采暖期。

本研究在开展甘肃地区居民膳食铅暴露研究的同时，采集该组调查人群直接饮用水样品、个体空气及个体食物样品、家庭室内外积尘样品、家庭庭院土壤等样品，结合个体行为模式问卷调查开展人群铅环境总暴露的研究。在此基础上，分析调查人群经膳食途径暴露铅的风险对其环境总暴露健康风险的贡献。

1) 不同环境介质的污染特征

(1) 土壤铅的污染特征。

根据居民日常主要活动区域，采集居民家庭附近土壤样品。同时，采集居民主要活动区域的家庭室内积尘和室外积尘样品。土壤中铅污染特征如图 2-2-5 所示。

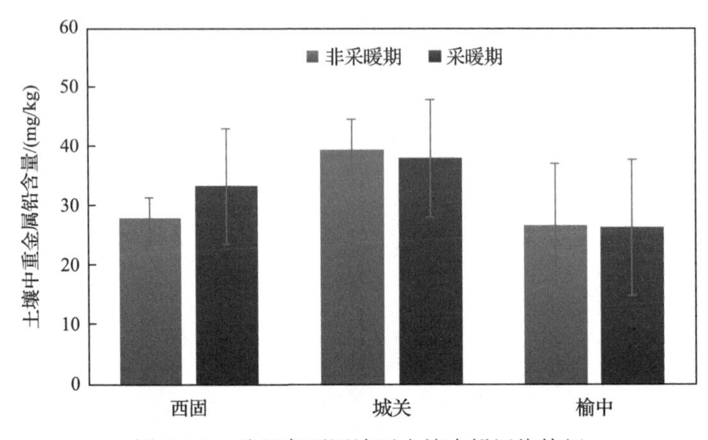

图 2-2-5　兰州市不同地区土壤中铅污染特征

结果表明，总体上，各时期重金属铅在土壤中的污染水平采暖期和非采暖期无统计学差异。西固区和榆中县采暖期污染水平略高于非采暖期，表明在工业和农村地区，采暖期居民家庭燃煤烹饪或取暖等生活方式会带来土壤中重金属含量的升高。非采暖期和采暖期，土壤中 Pb 的含量均为城关＞西固＞榆中。与我国土壤质量标准相比，各地区不同时期其土壤中重金属铅含量均低于其标准限值。

(2) 积尘中铅的污染特征。

积尘中铅污染特征如图 2-2-6 所示。

结果表明，各时期铅在积尘中的污染分布特征与土壤中重金属的分布特征相似，总体上重金属铅的污染水平采暖期＞非采暖期。非采暖期，积尘中 Pb 的含量城关＞西固＞榆中；采暖期，积尘中 Pb 的含量城关＞西固＞榆中。与我国《土壤环境质量标准》相比，各地区不同时期积尘中重金属含量均低于其标准限值。

(3) 饮用水中铅的污染特征。

采集每个调查对象日常饮用的主要类型的饮用水。由于饮用水沉淀后较洁净，为避免过多前处理过程中人为带入干扰和污染，取一定水样过 0.45 μm 微孔滤膜后，冷藏待分析，用 ICP-MS 测定铅。

饮用水中铅污染特征如图 2-2-7 所示。

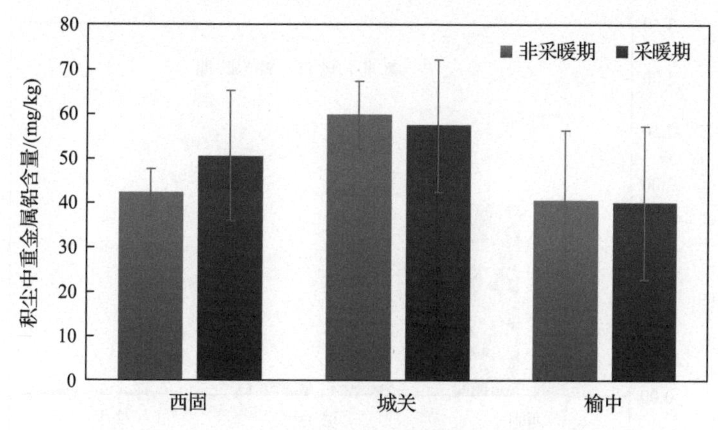

图 2-2-6　兰州市不同地区积尘中铅污染特征

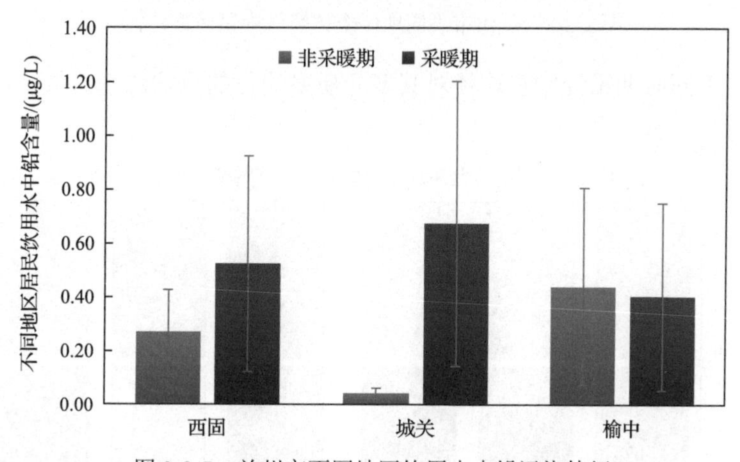

图 2-2-7　兰州市不同地区饮用水中铅污染特征

结果表明，非采暖期，铅的含量在榆中县最高。采暖期，铅的含量在城关区最高，榆中区最低。总体上，西固区和城关区采暖期饮用水中铅含量高于非采暖期。与我国《生活饮用水卫生标准》相比，各地区不同时期其饮用水中重金属铅含量均低于其标准限值。

(4) 个体空气中铅的污染特征。

调查期间，令研究对象佩戴低流量个体空气采样器，采集研究对象个体实际的 $PM_{2.5}$ 样品，每个样品连续采集 3 天。人体空气中铅污染特征如图 2-2-8 所示。

结果表明，总体上个体空气颗粒物中重金属铅的含量：非采暖期＜采暖期。非采暖期和采暖期，个体空气颗粒物中 Pb 的含量均为西固＞城关＞榆中。与我国《环境空气质量标准》相比，非采暖期和采暖期西固区空气颗粒物中 Pb 的含量均超过我国《环境空气质量标准》的二级季平均和年平均水平，表明西固区空气颗粒物中 Pb 的暴露可能会对当地人群带来一定的健康危害；而城关区和榆中县居民个体空气中 Pb 的含量均低于我国《环境空气质量标准》的年平均水平。

2) 膳食暴露途径占铅多介质多途径总暴露的贡献

本部分在对饮用水、食物、土壤/积尘和空气颗粒物各环境介质中铅的污染特征分析、居民对不同环境介质中铅多途径日均总暴露评估的基础上，分析铅经膳食途径对其多介质多途径总暴露量的贡献，以分析其日常铅暴露的主要来源。

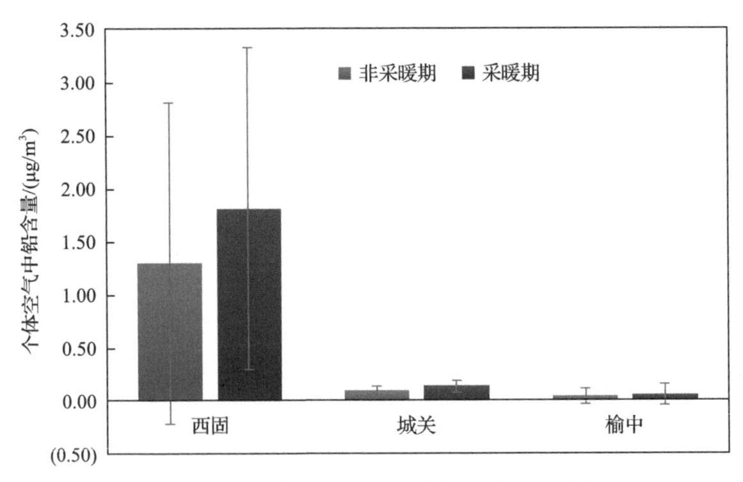

图 2-2-8　兰州市不同地区个体空气中铅污染特征

不同地区、不同时期铅经膳食途径对其多介质多途径的日均总暴露量的贡献如图 2-2-9 所示。

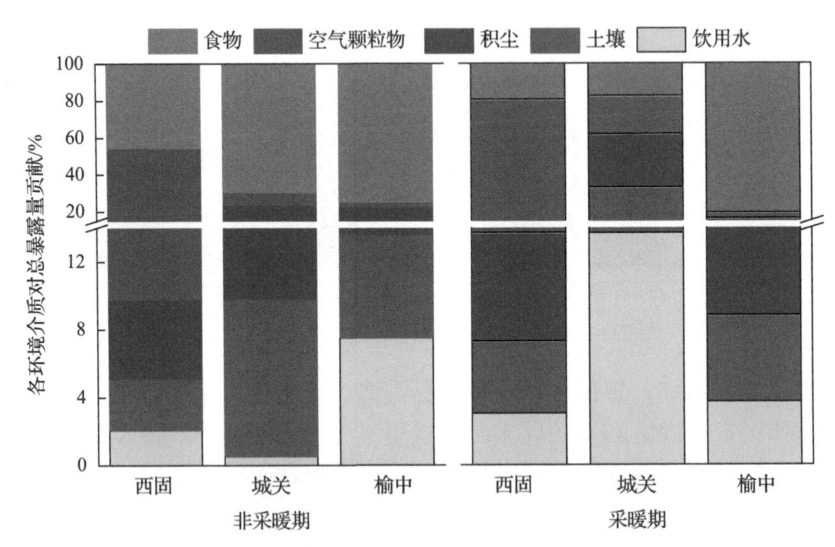

图 2-2-9　膳食途径铅暴露量对其日均总暴露量的贡献

总体上，铅经膳食途径对其日均总暴露量的贡献非采暖期>采暖期，且各时期均是榆中县>西固区>城关区。在非采暖期，膳食途径 Pb 暴露对其多介质多途径总暴露的贡献为 45%～74%；采暖期，膳食途径的贡献不同地区差异明显，为 19%～81%。

3) 膳食暴露途径占铅多介质多途径总暴露健康风险的贡献

本部分在对饮用水、食物、土壤/积尘和空气颗粒物各环境介质中铅的多途径日均总暴露评估的基础上，结合铅的毒性特征分析各环境介质暴露铅的总健康风险。以铅暴露的非致癌健康风险为例，以此分析铅经膳食途径对其多介质多途径总暴露健康风险的贡献。

不同地区、不同时期铅经膳食途径对其多介质多途径的日均总暴露的非致癌健康风险的贡献如图 2-2-10 所示。

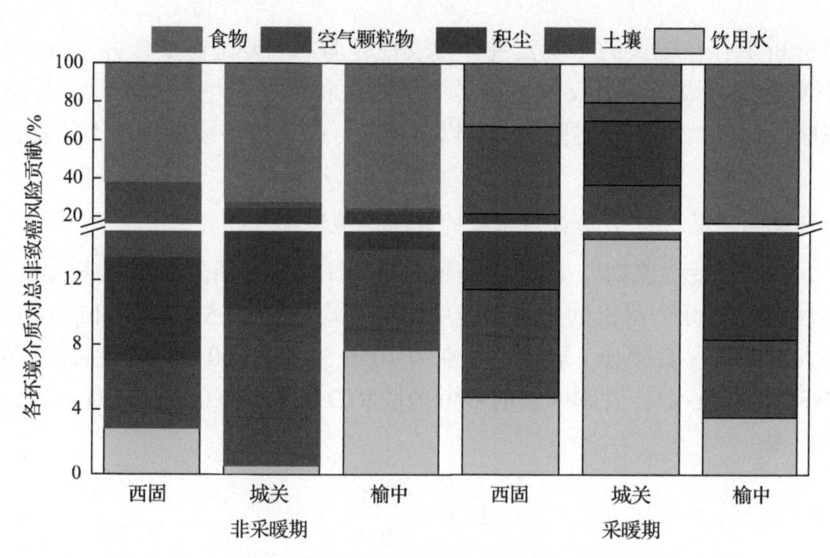

图 2-2-10　膳食途径铅暴露对其日均总暴露非致癌风险的贡献

总体上，铅经膳食途径对其日均总暴露非致癌健康风险的贡献为非采暖期＞采暖期，且各时期均是榆中县＞西固区＞城关区。对于各地区而言，在非采暖期食物是铅日均总暴露非致癌健康风险的最大贡献者，其贡献为 61%～76%；采暖期，膳食途径对铅日均总暴露非致癌健康风险的贡献为 20%～83%。

4）不确定性分析

本研究在开展重金属经多介质多途径的非致癌健康风险评价时，由于目标重金属暴露经皮肤、经口和经呼吸的非致癌参考暴露剂量的信息尚不完整或缺少相关研究，故在考虑不同环境的不同暴露途径时，均使用已有的其他途径的 RfD 值代替，因此，其非致癌健康风险的评价存在一定的不确定性。

6. 现行环境铅标准评价及建议

1）现行环境铅质量标准下食物铅富集浓度评价

目前，我国现行相关环境铅质量标准如表 2-2-10 所示。

表 2-2-10　现行相关环境铅质量标准限值

空气年平均	饮用水	土壤	食物（谷类及制品）
0.5 μg/m^3	0.01 mg/L	250～350 mg/kg	0.2 mg/kg

根据赵多勇[58]对小麦籽粒的研究结果，大气降尘和耕层土壤的贡献率分别约为 95.5% 和 4.5%，计算铅的环境标准下的浓度，得到各自对小麦籽粒的贡献值分别为 3.7245×10^{-4} mg/kg 和 11.25～15.75 mg/kg。由计算结果可以看出，大气降尘和耕层土壤对环境标准下食物中铅浓度的贡献值相差较大，达到 3.0×10^4～4.2×10^4 倍，因此在铅的环境标准下，大气降尘的贡献值可以忽略不计，此时铅的浓度为 11.25～15.75 mg/kg，取平均值为 13.5 mg/kg，此值远远超过铅的国家限值，小麦籽粒超标系数为 67.5。故在此研究中只有将土壤中的环境标准限值限定在 3.7～5.1 mg/kg，才能保证小麦籽粒中的铅含量达到国家标准。

此计算分析中存在较大的不确定性，代表性较弱，主要是源于研究本身的不确定性。如研究中小麦籽粒的铅暴露源仅仅考虑了大气降尘和耕层土壤，但实际上其他途径的暴露也不可忽略。但此结果在一定程度上可以说明现行的铅的环境标准并不能真正满足健康需求。

2) 现行环境铅质量标准下膳食铅暴露的健康风险评价

铅被认定为“可疑致癌物”，因此按非致癌风险计算膳食铅暴露的健康风险。其中，膳食中铅的浓度取赵多勇[58]得出的小麦籽粒中铅的平均浓度 13.5 mg/kg，Ing 与 BW 的值均按照《中国人群暴露参数手册》取值，分别为 1056.5 g/d 和 60.6 kg，最后计算得到 ADD 的值为 0.2354 mg/(kg·d)。食物中铅的参考剂量 RfD 的值为 0.0035 mg/(kg·d)，根据非致癌风险评估模型：

$$HQ = \frac{ADD}{RfD} \tag{2-2-6}$$

计算得出铅的环境标准下，非致癌风险值为 67.26，远远大于 1，因此得出在此研究中膳食途经的铅暴露中的铅存在较高的非致癌风险。

此非致癌风险值存在较大的不确定性，一是参数的选取存在不确定性，研究地区为典型矿区，因此其中的参数较国家水平的暴露参数存在一定的差异性；二是非致癌风险计算模型选取的不确定性；三是此研究本身存在的不确定性，如天气等客观因素；四是此值仅是关于该地区研究的量化值，并不具有地区或者国家代表性。

关于土壤中重金属的来源解析及相对源贡献的研究相对比较丰富，但关于膳食中铅暴露的相对源贡献的研究却较为缺乏，因此需要更多深入的研究，来验证膳食中铅的相对源贡献及其现行标准是否满足健康要求。

7. 小结

总体而言，我国各类环境介质中均呈现不同程度的铅污染，食物中主食类铅污染较为突出；从不同地区来看，南方环境污染形势较北方严重，东部较西部严重。虽然我国目前针对不同环境介质制定了相关环境铅标准和人体健康标准，但随着当前经济发展及环境污染形势的变异，相关环境标准和健康标准已无法从健康风险防范的角度保护人体健康，且缺乏以人体暴露健康风险防范角度制定的相关健康标准及环境基准。典型案例分析表明，食物是人体暴露环境铅健康风险的主要途径，其对一般人体铅暴露的环境分担率超过 90%。因此，制定铅的相关食物基准，制修订土壤、水体、空气等食物上游污染源环境介质的铅标准及基准限值是保障食物铅安全摄入的有效措施。

2.4.2 重金属镉

1. 镉的来源与污染

1) 镉的理化性质及来源

镉是一种蓝白色的过渡金属，性质柔软，是一种普遍存在的有毒有害重金属类污染物。镉广泛应用于电镀工业、化工业、电子业和核工业等领域。环境中的 Cd 主要以 Cd^{2+}的形式存在，总 Cd 不能说明潜在危险性和近期的生物有效性，而自由 Cd^{2+}才是与毒性相关性最大的因素。镉是重要的工业和环境污染物，环境中的镉主要来自金属矿的冶炼，电镀、蓄电池、合金、油漆和塑料等工业生产过程中的排放。

2）食物中镉的污染分布特征

对各省份食物中镉的含量进行分析表明，总体而言，南方各省份食物中的镉含量明显高于北方各省份。其中，动物内脏、花生和水产类食品含有较高的镉。但是绝大多数食品中的镉含量均低于食品安全国家标准中的镉限量卫生标准。由于镉大米事件的发生，大米镉污染的情况受到了越来越多的研究关注。经过大量文献调研，我国大多数地区大米中镉的含量均在国家范围之内，江西污染区大米镉污染情况较严重，是我国标准限值的 2.95 倍。其次是厦门，其大米中镉含量是标准的 56.4%。

2. 镉的暴露与健康危害

人体对环境中镉的暴露主要通过土壤/积尘、食物、饮用水和气溶胶这 4 种环境介质[22]，经口和经呼吸道暴露进入人体[59]。摄入或吸入过量的镉可引起肾、肺、肝、骨、生殖效应及癌症[60]。但最近的研究表明，对于一般人群，低剂量镉暴露即可引起肾功能损伤、骨矿物密度降低、钙排泄增加及生殖毒性。

3. 镉的环境、食品与健康标准

1）镉的环境标准

关于食物中镉的限量标准见表 2-2-11。

表 2-2-11　食物中镉的限量标准（GB 2762—2012）

食物类型	限值/（mg/kg）	食物类型	限值/（mg/kg）
米及米制品	0.2	畜肉肝脏	0.5
其他粮食	0.1	禽肉肝脏	0.5
贝类	2.0	畜肉肾脏	1.0
头足类	2.0	禽肉肾脏	1.0
虾	2.0	叶菜及芹菜	0.2
蟹	0.5	豆类	0.1
淡水鱼	0.1	块根和块茎蔬菜	0.1
海鱼	0.1	其他蔬菜	0.05
藻类	—	食用菌	0.2
水产制品	0.2	豆制品	0.2
畜肉	0.2	水果	0.05
禽肉	0.1	蛋及蛋制品	0.05

2）我国标准与国外的比较

联合国粮食及农业组织/世界卫生组织（FAO/WHO）食品安全标准规划部门，即国际食品法典委员会（CAC）将稻米镉限量确定为 0.4 mg/kg，这一标准也被日本采纳；而澳大利亚限量为 0.1 mg/kg，欧盟、韩国、新加坡为 0.2 mg/kg。我国在 1994 年颁布实施的 GB 15201—1994 食品中镉限量卫生标准确定的稻米镉限量为 0.2 mg/kg；2005 年颁布的食品污染物限量确定的稻米镉限量仍维持 0.2 mg/kg，与欧盟、韩国、新加坡一致，在通过世界贸易组织卫生与植物卫生措施（WTO/SPS）协定通报后于 2006 年实施。

FAO/WHO 食品添加剂联合专家委员会（JECFA）第 61 次会议确定镉的暂定每周可耐受摄入量为每周 7 μg/kg BW，2010 年 JECFA 第 73 次会议取消了之前镉的 PTWI，认为镉的长期终生暴露对人群健康的危害更值得关注，因此改为镉的 PTMI（暂定每月耐受摄入量），并降低为每月 25 μg/kg BW。

4. 我国居民膳食镉暴露特征

我国不同年龄组人群膳食途径对镉的暴露特征如表 2-2-12 所示。

表 2-2-12　我国居民膳食途径镉暴露量[61]

性别年龄组	均数/[μg/(kg BW·月)]	PTMI/%	P50	PTMI/%
2～7 岁	36.9	147.5	13.04	52.16
8～12 岁	33.5	134.0	12.39	49.56
13～19 岁男	25.7	102.7	11.47	45.88
13～19 岁女	27.3	109.1	10.86	43.44
20～50 岁男	22.6	90.2	8.50	34.00
20～50 岁女	21.1	84.4	8.87	35.48
51～65 岁男	17.6	70.3	6.81	27.24
51～65 岁女	16.3	65.2	5.16	20.64
>65 岁男	16.8	67.3	4.30	17.20
>65 岁女	18.4	73.8	7.61	30.44

由表 2-2-12 全国总膳食研究可知，2～7 岁、8～12 岁、13～19 岁的四组人群的镉膳食摄入均值均超过每月允许摄入量，可见镉暴露在少儿和青少年中风险较大，需要引起更多重视。

5. 典型案例分析

1）兰州

（1）膳食中镉的含量水平。

采用“双份饭法”收集到的兰州市不同地区居民非采暖期和采暖期 24 h 所摄入食物中镉的含量见图 2-2-11 所示。采暖期和非采暖期分别为 2016 年 1～2 月和 9 月。

结果表明，总体上个体食物中重金属镉的含量在西固区和榆中县为采暖期>非采暖期；城关区为非采暖期>采暖期。非采暖期，个体食物中 Cd 的含量为城关区>榆中县>西固区；在采暖期，个体食物中 Cd 的含量为榆中县>西固区>城关区。与我国食品中污染物的限量相比，各地区不同时期食物中重金属镉的含量均低于其标准限值。

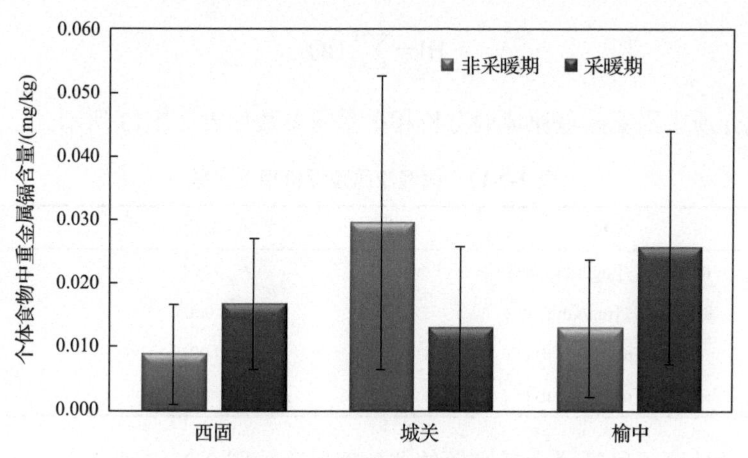

图 2-2-11　采暖期和非采暖期个体食物中镉浓度特征

西固区为工业区，城关区为城市地区，榆中为农村地区，下同

(2)居民镉膳食暴露水平。

结合居民膳食的摄入量特征，采用“双份饭法”收集到的兰州市不同地区居民膳食中镉的日均暴露量如图 2-2-12 所示。

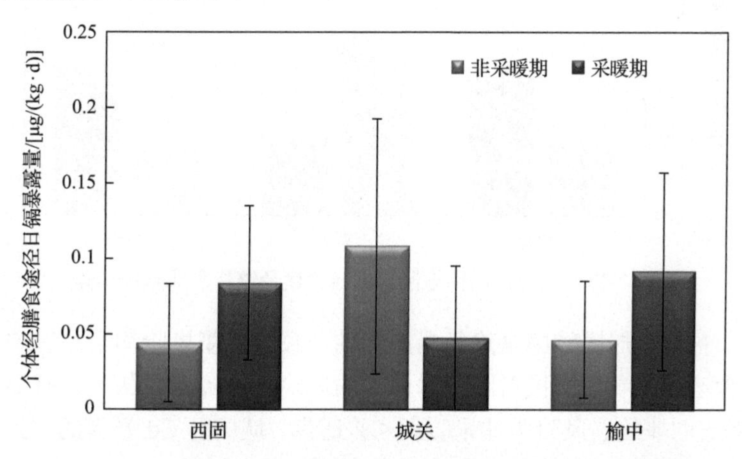

图 2-2-12　采暖期和丰采暖期不同地区膳食镉的日均总暴露量

结果表明，西固区和榆中县 Cd 的暴露量非采暖期＜采暖期，城关区 Cd 的暴露量非采暖期＞采暖期。

(3)膳食镉暴露的健康风险。

结合居民膳食途径的镉日均暴露总量及日均摄入量推荐阈值，利用 USEPA 的暴露评价模型开展兰州市不同地区居民膳食暴露的非致癌风险。膳食摄入途径非致癌健康风险评价模型如下所示：

$$HQ = \frac{ADD}{RfD} \tag{2-2-7}$$

经多种暴露途径的综合非致癌风险为

$$HI = \sum_{I}^{i} HQ \tag{2-2-8}$$

不同环境介质中镉暴露健康风险分析相关暴露参数如表 2-2-13 所示。

表 2-2-13　镉健康风险评价相关参数

参数	取值	数据来源
$RfD_{food-Oral}$/[mg/(mg · d)]	0.001	[62]
$RfD_{water-Oral}$/[mg/(mg · d)]	0.0005	
RfD_{inh}/[mg/(mg · d)]	0.001	
RfD_{der}/[mg/(mg · d)]	0.000025	

兰州市不同地区居民经膳食暴露镉的非致癌风险如图 2-2-13 所示。

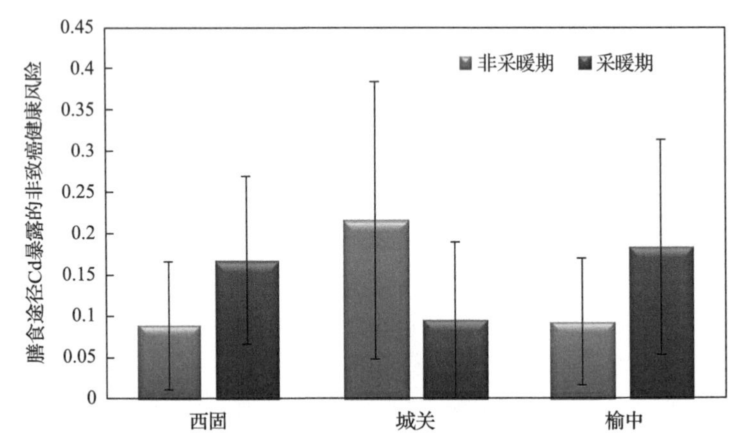

图 2-2-13　兰州市不同地区居民膳食途径镉暴露非致癌风险

结果表明，各地区居民经膳食途径暴露镉的非致癌健康风险均未超过安全风险水平，说明从单一膳食途径来看，居民对膳食暴露镉的风险尚可接受。从不同时期来看，西固区和榆中县 Cd 暴露的非致癌风险为非采暖期＜采暖期，城关区 Cd 暴露的非致癌风险为非采暖期＞采暖期。

本研究在开展甘肃地区居民膳食镉暴露研究的同时，采集该组调查人群直接饮用水样品、个体空气及个体食物样品、家庭室内外积尘样品、家庭庭院土壤等样品，结合个体行为模式问卷调查开展人群镉环境总暴露的研究。在此基础上，分析调查人群经膳食途径暴露镉的风险对其环境总暴露健康风险的贡献。

(4) 膳食暴露途径占镉多介质多途径总暴露的贡献。

本部分在对饮用水、食物、土壤/积尘和空气颗粒物各环境介质中镉的污染特征分析、居民对不同环境介质中镉多途径日均总暴露评估的基础上，分析镉经膳食途径对其多介质多途径总暴露量的贡献，以分析其日常镉暴露的主要来源。

(5) 多介质多途径镉总暴露量。

不同时期、不同地区镉经多介质多途径的日均总暴露量如图 2-2-14 所示。

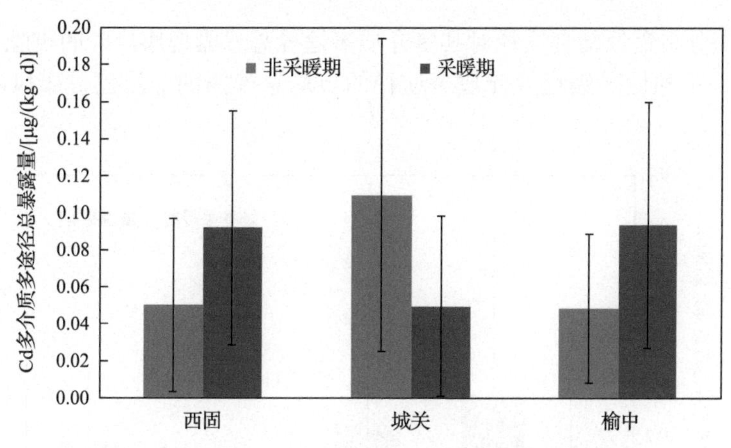

图 2-2-14　不同地区镉多介质多途径的日均总暴露量

结果表明，镉经多介质多途径的日均总暴露量在西固区和榆中县均为采暖期＞非采暖期，城关区相反。

(6) 膳食途径对其镉总暴露量贡献。

不同地区、不同时期镉经膳食途径对其多介质多途径的日均总暴露量的贡献如图 2-2-15 所示。

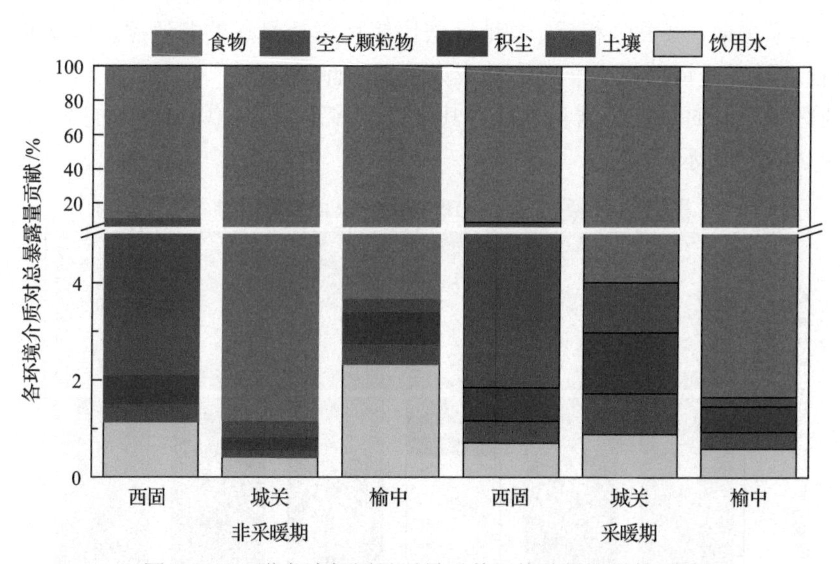

图 2-2-15　膳食途径镉暴露量对其日均总暴露量的贡献

总体上，镉经膳食途径对其日均总暴露量的贡献在不同地区、不同时期存在明显差异。非采暖期，膳食途径镉暴露对其多介质多途径总暴露量的贡献为 88%～98%，城关区贡献最高，西固区相对较低；采暖期，膳食途径镉暴露对其多介质多途径总暴露量的贡献为 91%～98%，榆中县贡献最高，西固区相对较低。不同时期，不同地区膳食途径较高的贡献率，说明膳食暴露是居民镉摄入的主要途径。

(7) 膳食暴露途径占镉多介质多途径总暴露健康风险的贡献。

本部分在对饮用水、食物、土壤/积尘和空气颗粒物各介质中镉的多途径日均总暴露评估的基础上，结合镉的毒性特征分析各环境介质暴露镉的总健康风险。以镉暴露的非致癌健康风险为例，分析镉经膳食途径对其多介质多途径总暴露健康风险的贡献。

不同时期、不同地区镉经多介质多途径的日均总暴露的非致癌健康风险如图 2-2-16 所示。

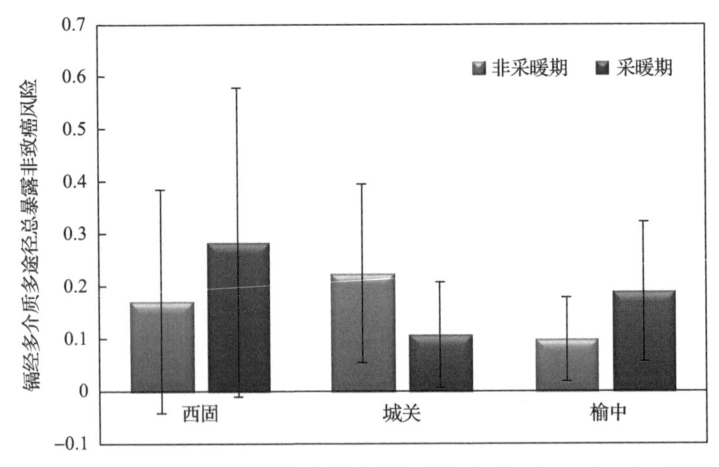

图 2-2-16　不同地区镉多介质多途径日均总暴露非致癌风险

结果表明，镉经多介质多途径的日均总暴露的非致癌健康风险水平在西固区和榆中县为采暖期＞非采暖期，城关区相反；各地区居民镉环境总暴露的非致癌风险水平均可接受。

(8) 膳食途径对其镉总暴露非致癌健康风险的贡献。

不同地区、不同时期镉经膳食途径对其多介质多途径的日均总暴露的非致癌健康风险的贡献如图 2-2-17 所示。

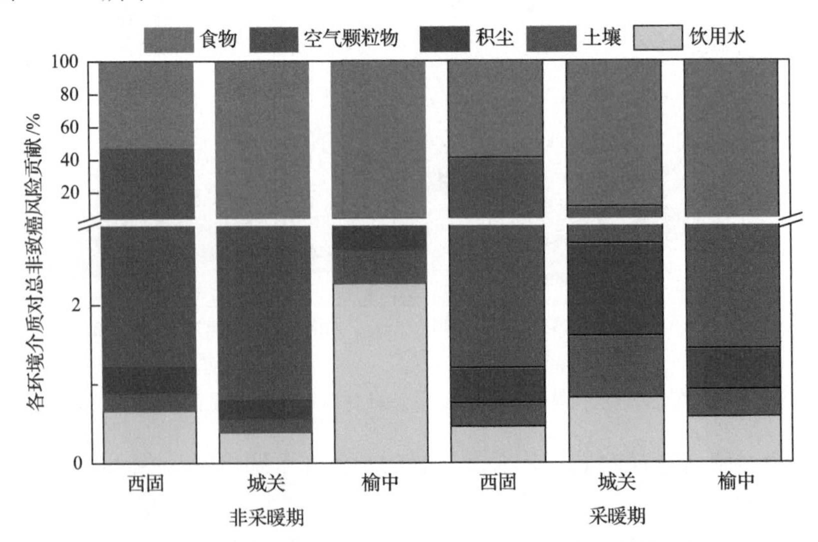

图 2-2-17　膳食途径镉暴露对其总暴露非致癌风险的贡献

总体上，镉经膳食途径对其日均总暴露非致癌健康风险的贡献为非采暖期＞采暖期。对于各地区而言，食物是镉日均总暴露非致癌健康风险的最大贡献者。非采暖期，其贡献为 52%～96%，城关区最高，西固区最低；采暖期，其贡献为 59%～97%，榆中县最高，西固区最低。

(9) 不确定性分析。

本研究在开展重金属经多介质多途径的非致癌健康风险评价时，由于目标重金属暴露经皮肤、经口和经呼吸的非致癌参考暴露剂量的信息尚不完整或缺少相关研究，故在考虑不同环境的不同暴露途径时，均使用已有的其他途径的 RfD 值代替，因此，其非致癌和致癌健康风险的评价存在一定的不确定性。

2) 典型镉污染区

稻米市场上，虽然镉超标现象普遍存在，但整体上南方市场上的污染情况更为严重。比如江西、湖南的一些县市，稻米镉超标的问题相对突出。

株洲、湘潭以及受株洲污染的湘江下游是湖南镉污染的主要集中地。2006 年 1 月，在湖南省株洲市马家河镇新马村曾发生震动全国的镉污染事件，造成 2 人死亡，150 名村民慢性轻度镉中毒。新马村上游数公里的霞湾工业区是湘江重金属污染的主要源头之一，使得湘江成为我国重金属污染最严重的河流。在有色金属冶炼厂和化工厂的长期影响下，株洲市新霞湾下游形成了一个明显的高浓度镉污染带。国土资源部的调研数据显示，其底泥重金属镉含量最高值达 359.8 g/kg，是《土壤环境质量标准》一级标准限定值的 1800 倍。

株洲市国土资源局数据显示，株洲市镉污染超标 5 倍以上的土地面积达 160 平方公里以上，被重度污染土地(核心污染区)面积达 34.41 平方公里。该范围内的农用地早已不适宜继续作为农用耕作地。其中，核心污染区土地面积 3441 公顷，可大致划分为四个片区：清水塘片(石峰区)、新马、响塘片(天元区)、曲尺枫溪片(芦淞区)。分别包括耕地 1204.46 公顷，林地 1066.84 公顷，牧草地 7.61 公顷，园地 16.24 公顷。

6. 现行相关镉环境质量标准评价及建议

1) 现行相关镉的环境标准下，推测食物的富集浓度

现行环境质量标准中镉的限值见表 2-2-14。

表 2-2-14 现行环境质量标准中镉的限值

空气/(μg/m³)	饮用水/(mg/L)	土壤/(mg/kg)	食物/(mg/kg)	
			谷物及制品	蔬菜
0.005	0.005	0.3～0.6	0.1～0.2	0.05～0.2

为了计算在镉的环境标准下食物中 Cd 的含量，同时为了计算的简便性，忽略农药的贡献率，分别取大气降尘的贡献率为 15%，土壤的贡献率取 85%，计算得大气降尘对环境标准下食物中的 Cd 的贡献值为 5.81×10^{-6} mg/kg，土壤的贡献值为 0.255～0.85 mg/kg，大气降尘与农药的贡献值远远小于土壤的贡献值，因此在 Cd 的环境标准下可以忽略大气降尘和农药的贡献值。在 Cd 的环境标准下，食物中的 Cd 的浓度为 0.255～0.85 mg/kg，平均值为 0.553 mg/kg，此值大于食物中 Cd 的国家标准限值。例如，对于谷物及其制品高出 2.76～5.52 倍，对于蔬菜高出 2.76～11.05 倍，说明环境标准下，食物中 Cd 的浓度超标，需要进一步研究。若使食物中的 Cd 达到国家标准，则需要相应地将土壤中 Cd 的含量降低相应的倍数。

不确定性分析：此计算过程中所使用到的相对源贡献率由于研究较少，所以数据相对

匮乏，计算出的结果并非精确的结果，因此存在很大的不确定性，不具有区域或者全国代表性。另外，计算过程中为了数据的简便性，将某些数据省略，也存在一定的不确定性。

2）镉的环境标准下，估算食物的健康风险

根据国际对致癌物质划分，Cd 属于一类致癌物，计算其健康风险，应该参考致癌风险相关计算进行。相关 Cd 风险评价参数如表 2-2-15 所示。

表 2-2-15　Cd 风险评价相关参数

食物参考剂量 RfD	每月允许摄入量
1×10^{-3} mg/（kg · d）	25 μg/（kg BW · 月）

其食物中 Cd 的浓度 C 取值为 0.553 mg/kg，IngR 与 BW 的取值均参考《中国人群暴露参数手册》，分别为 1056.6 g/d 和 60.6 kg，计算得到的日均摄入剂量 ADD 为 9.6×10^{-3} mg/（kg · d）。

Cd 由于不存在斜率因子 SF 的值，因此计算风险时，需将其按照非致癌风险进行计算，计算模型见式（2-2-6）。

计算得到 Cd 的非致癌风险为 9.6，远远大于 1，说明 Cd 的环境标准下，食物中的 Cd 对人体存在较大的非致癌风险。由此说明，当前相关现行环境标准虽然可以满足每种环境介质下重金属的环境质量标准。但从人体 Cd 暴露的健康风险防范出发，即使各环境介质中 Cd 均符合相关标准限值，人体在多介质多途径的综合暴露情景下，仍存在较大的健康风险。故此推测，现行相关环境质量标准之间的兼容性有待进一步提升，也说明现行环境质量标准不足以保护人体健康，亟须基于相关环境基准来优化制修订环境质量标准。

该评价是基于所有环境介质中 Cd 均低于相关环境质量标准限值下预测推算，存在一定的不确定性。第一，模型选取的不确定性；第二，计算过程存在的不确定，包括为了计算的简便性，直接将大气降尘和农药的相对贡献合二为一等；第三，此研究本身的不确定性，如研究的天气等客观条件等；第四，关于人体健康暴露的选择的不确定等。

关于食物中 Cd 的相对源贡献的研究相对较少，但此研究的结果分析表明关于环境标准下食物重金属 Cd 的浓度超过国家标准，对人体健康存在较大的健康风险，因此需要进一步的调查研究，来证明现行标准的可行性及兼容性等问题。

7. 小结

总体而言，我国各类环境介质中均呈现不同程度的镉污染，食物中大米及海产品中镉污染较为突出；从不同地区来看，南方环境污染形势较北方严重，东部较西部严重。虽然我国目前针对不同环境介质制定了相关镉标准限值，但随着当前经济发展及环境污染形势的变异，相关环境标准限值表现出陈旧、不完整等特征，缺乏以从人体暴露健康风险防范角度制定的相关健康标准及环境基准。典型案例分析表明，膳食是人体暴露环境镉健康风险的主要途径，其对一般人体镉暴露的环境分担率超过 80%。因此，制定镉的相关膳食基准，制修订土壤、水体、空气等食物上游污染源环境介质的镉标准及基准限值是保障膳食镉安全摄入的关键措施。

2.4.3　多环芳烃

1. 多环芳烃的来源与污染

1）多环芳烃的理化性质及来源

多环芳烃（polycyclic aromatic hydrocarbons，PAHs）是指两个或两个以上苯环或环戊二烯稠合而成的化合物。

2）多环芳烃的污染来源

多环芳烃来源复杂，可以分为自然源与人为源。自然源包括森林大火、草原大火、火山爆发等过程。人为源包括机动车、飞机等流动源的燃油排放，垃圾焚烧、工业和民用的燃煤排放等。人为源是当前多环芳烃的主要来源，主要是由各种矿物燃料（如煤、石油、天然气等）、木柴以及其他碳氢化合物的不完全燃烧或在还原气氛下热解形成的。

（1）工业来源。

在开采与利用化石燃料过程中，由生物残骸形成的化石燃料，诸如石油、煤、泥炭等都含有大量的多环芳烃。在它们被开采与利用的过程中，多环芳烃被释放出来进入环境，并以不同的方式迁移入水体。这部分多环芳烃是自然界中固有的，经过人为活动释放进入环境，是环境中较为重要的来源。

（2）交通运输来源。

机动车造成的多环芳烃污染也日趋严重，机动车尾气排放是多环芳烃重要污染源之一。

我国机动车保有量增长迅速，可以预见随着我国能源结构的改善和经济的进一步发展，机动车尾气排放的多环芳烃将占有越来越大的比重。

（3）生活污染源。

大气环境中的多环芳烃大部分来自煤炭、石油等化石燃料的不完全燃烧。作为产煤大国，2004 年我国能源结构的 67.6%以上以煤炭作为原料，而属于生活能源的煤炭消费量就达 1.9×10^{8} t。长期以来，我国的大气污染一直以煤烟型为主，特别是在冬季，北方广大地区（尤以偏远农村和中小城镇）的居民通常通过煤炉取暖和做饭。

学者们研究了食用油及油烟烟雾中的多环芳烃。研究显示在食品烹饪过程中，当油炸时温度超过 200℃以上时会分解放出含有大量多环芳烃的致癌物。经过烟熏达数周之久的羊肉，苯并[*a*]芘（BaP）含量可高达 46 μg/kg。

（4）其他人为污染源。

为了解决日益严重的垃圾污染问题，许多城市把垃圾运往填埋场进行卫生填埋。但这样的处理方式会使垃圾产生大量渗透液，垃圾经水浸泡后，产生含有大量多环芳烃的高浓度有机废水。焚烧炉处理垃圾的方法也会产生多环芳烃。据测定，每小时处理 90 t 的垃圾焚烧炉每日排放致癌性多环芳烃总量超过 20 kg。

另外，吸烟所引起的居室环境的污染，也已引起国内外的关注。研究显示，香烟的焦油中存在 150 种以上的多环芳烃。雪茄烟的烟雾中多环芳烃浓度为 8～122 μg/支。

3) 多环芳烃的环境污染特征

(1) 空气。

全世界每年约有几十万吨的 PAHs 通过大气排放，主要以吸附于颗粒物和气相的形式存在。四个苯环以下的 PAHs(如菲、蒽、荧蒽、芘)主要集中在气相部分，五个苯环以上的 PAHs 则大部分集中在颗粒物上或散布在大气飘尘中。在大气飘尘中，几乎所有的 PAHs 都附在粒径小于 7 μm 的可吸入颗粒物上，直接威胁人类的健康。

另外，PAHs 在大气中的含量分布随季节发生变化。据北京市环境保护科学研究院研究，北京市采暖期大气中 PAHs 含量远高于非采暖期，城区前者为后者的 3.8 倍，郊区则为 5.0 倍。

我国 1996 年修订的《环境空气质量标准》(GB 3095—1996) 中规定 BaP 的浓度限值为 10 ng/m^3，国外城市全部低于这一标准，而我国北方城市基本上都超标，而且超标数倍，南方城市也接近或超过标准限值(广州芳村：9.95 ng/m^3，南充：1990 年 1 月 43.2 ng/m^3，1990 年 7 月 19.8 ng/m^3，平均为 31.5 ng/m^3)。由此不难看出，与国际城市相比，我国城市 BaP 污染十分严重。

大港地区不同功能区大气颗粒物中 PAHs 浓度调查结果见表 2-2-16。

表 2-2-16　大港地区不同功能区 PAHs 浓度

PAHs	石化居民区	石化厂区	油田居民区	油田生产区	市区	平均
TSP/(mg/m^3)	0.381	0.297	0.444	0.337	0.669	0.365
菲/(ng/m^3)	16.0	10.1	26.0	20.8	39.3	18.2
蒽/(ng/m^3)	1.70	1.00	2.30	2.30	5.95	1.8
荧蒽/(ng/m^3)	67.3	17.1	42.8	43.0	139	42.6
芘/(ng/m^3)	34.8	7.80	16.7	18.6	59.8	19.5
苯并[*a*]蒽/(ng/m^3)	28.9	6.00	11.1	13.4	42.1	14.9
䓛/(ng/m^3)	36.1	10.3	22.6	25.1	58.8	23.5
苯并[*e*]芘/(ng/m^3)	18.7	6.60	15.1	15.0	25.5	13.9
苯并[*a*]芘/(ng/m^3)	22.9	5.80	11.2	14.6	41.1	13.6
苯并[*g,h,i*]苝/(ng/m^3)	19.2	7.30	18.3	22.5	37.0	16.8
晕苯/(ng/m^3)	4.5	1.90	10.0	16.9	16.9	8.3
合计/(ng/m^3)	250.1	73.9	176.1	175.3	465.4	169.0

近年来国内外部分地区空气中 BaP 浓度如表 2-2-17 和表 2-2-18 所示。图们市和天津市的空气中 BaP 浓度超过了现行的《环境空气质量标准》中规定的 BaP 浓度限值 10 ng/m^3，天津市 2003～2007 年的监测数据表明，天津市空气中 BaP 浓度有逐渐升高趋势。青海、重庆、广州、深圳空气中 BaP 浓度低于现行空气质量标准(表 2-2-18)。

表 2-2-17　近年国外各国和地区空气中 BaP 浓度

国家和地区	监测年份	采集样品	浓度/(ng/m^3)（均数±标准差）
宗古尔达克（土耳其）	2007	$PM_{2.5}$	15.7±11.7(中位数 11.5)（冬季） 0.4±0.4(中位数 0.2)（夏季）
		$PM_{2.5}$～PM_{10}	0.7±0.5(中位数 0.7)（冬季） 0.2±0.2(中位数 0.1)（夏季）
亚特兰大(美国)	2003.12 至 2004.6	$PM_{2.5}$	6 月<ND；12 月 0.234 3(农村) 6 月 0.048 8；12 月 0.415 5(郊外高速路) 6 月 0.029 1；12 月 0.275 1(市内)
新德里(印度)	2002	总悬浮颗粒物	21.76
	2003		19.56
日本	2002	颗粒物	11(交通道路)

表 2-2-18　近年中国各地方空气中 BaP 浓度

地区	监测年份	浓度/(ng/m^3)	地区	监测年份	浓度/(ng/m^3)
北京	2009	4	哈尔滨	2008	0.35
	2007	5.9	广州	2004～2005	3.35
	2006	6.6	深圳	2004～2005	3.67
天津	2007	18.4	淮南	2008	3.01
	2006	14.5	香港	1998～2005	4(中西部) 0.377(荃湾)
	2005	12.4			
	2004	12.9	西宁	2007	3.054 53(日均值)
	2003	2.4	图们	2006	30(日均值)
重庆	2008	3	瓦里关(青海)	2007	0.041 51(日均值)
西安	2008～2009	8.31			

(2)水体。

水中 PAHs 主要来源于大气沉降、工业污水及农业污水排放等。已有的研究表明，我国水体已普遍受到 PAHs 的污染，水中 PAHs 的含量大部分高于国外(表 2-2-19)。河口、海湾和港口污染较严重，而河流与湖泊污染相对较轻。

表 2-2-19　国内外部分水体中 PAHs 的污染水平

国内水域	浓度/(ng/L)	国外水域	浓度/(ng/L)
厦门港	106～945	北切萨皮克湾	8 710～14 050
闽江口	9 900～474 000	北希腊	184～856
钱塘江	2 436～9 663	哥伦比亚	5 590
西湖	989～4 869		
海河	115		
永定新河	117		
澳门港	944.0～6 654.6		
珠江(广州段)	987.1～2 878.5		
珠江虎门	11 360～34 338		
北京通惠河	192.9～2 651		
九龙河口	6 960～26 900		
大亚湾	4 228～29 325		

表 2-2-20 为我国和世界上一些国家和城市主要地表水体中 PAHs 的分布。从表中对比可见，我国水体中 PAHs 污染非常严重，其中辽河污染最为严重，而珠江和西江污染较轻。

表 2-2-20　地表水中 PAHs 的浓度分布

地点	PAHs 种数	水中浓度/(ng/L)	颗粒物中浓度/(ng/g)	沉积物中浓度/(ng/g)	年份
大辽河水系	16	94 611～1 344 815	31 715～2 3851 817	28～1 479	2005
黄河兰州段	16	2 920～6 680	4145～29 090	960～2 940	2007
珠江口	15	2.6～39.1	12.9～182.4	192～622	2002～2003
西江	15	21.7～138	0.17～58.2	—	2006*
杭州河	10	989～9 663(浑水浓度)		—	2004*
岷江成都段	8	88 256(浑水浓度)		—	2005*
闽江口	16	9 900～474 000(浑水浓度)		—	2004*
密西西比河	18	12～480	27.3～166.6	—	2003*
墨西哥湾	18	0.07～85	2.1～5.04	—	2003*
Susqushanna 河	36	12～130	22±11	—	2004*
多瑙河口	14	0.183～0.214	0.13～1.25	—	1999*
爱琴海	14	0.113～0.489	0.08～0.303	—	1999*
波罗的海	14	0.3～0.594	0.049～0.258	—	1999*
塞纳河及河口	16	4～36	2～687	—	1997*

注：“—”表示未监测。

* 为论文发表年份，其余为采样年份。

(3) 土壤。

土壤中 PAHs 污染主要来自于大气中 PAHs 的干湿沉降和污水灌溉。土壤中 PAHs 的含量在一定程度上反映了周边环境的污染状况。其中，污水灌溉是我国土壤 PAHs 污染的最主要方式。

2. 多环芳烃的暴露与健康危害

1) 多环芳烃的人体暴露

高浓度多环芳烃暴露的焦炉工人肺癌死亡率高；我国云南宣威地区由于室内燃烧烟煤，当地妇女肺癌死亡率居全国之首。定量评价人体对 PAHs 的暴露程度及风险水平具有非常重要的意义。人们在日常生活中，通过呼吸、饮食、饮水、吸烟甚至皮肤接触均有可能不同程度的暴露 PAHs[63]，研究表明，一个人一生中(按 70 年计)最多可以承受的 BaP 当量暴露量为 80 mg[63,64]。

室内外空气、汽车尾气、香烟烟气、烹调油烟等是人体呼吸暴露 PAHs 的来源。印度的 Raiyani 等的研究表明[65]，若按呼吸量 15 m^3/d 来计，当地清洁区居民日呼吸暴露 BaP 约 0.05 μg/d，而工业区居民日呼吸暴露 BaP 为 0.19 μg/d，是清洁区居民日暴露量的近 4 倍。对于某些职业工作者如焦炉、铝厂等的工人，呼吸暴露 PAHs 主要来自工作场所的空气污染，由于工人在实际工作中是不断运动的，不同岗位的工人 PAHs 的日呼吸暴露量有很大差异[63,66]。

饮食是人体暴露 PAHs 的主要途径之一。研究表明，人们在日常生活中通过饮食暴露 BaP 约为 0.1～10 μg/d[63]。饮水也是人体暴露 PAHs 的途径之一，但由于 PAHs 是脂溶性，在水中的浓度很低，相对于呼吸和饮食暴露而言，饮水暴露(0.0002 μg/d)几乎可以忽略不计[63]。人体还可能会通过皮肤接触到 PAHs。

2) 多环芳烃的健康危害

多环芳烃具有致癌、致畸、致突变的“三致”毒性，并可损害中枢神经，破坏淋巴细胞微核率、肝脏功能和 DNA 修复能力，对内分泌系统也有一定干扰作用。关于多环芳烃的毒性研究已经涉及遗传毒性、肝脏毒性和生长发育毒性等。

(1) 致癌毒性。

致癌性多环芳烃是最早被发现的环境致癌类化合物。在 20 世纪 70 年代前发现的 1000 多种致癌物中，多环芳烃就占了三分之一以上。

(2) 遗传毒性。

多环芳烃可通过胎盘诱导 DNA 损伤，进而引发胎儿肝脏、肺、淋巴组织和神经系统的肿瘤。Wang 等[67]对怀孕期母亲进行个体空气监测，发现母亲的多环芳烃暴露水平与新生儿体内多环芳烃浓度明显相关。母体暴露于高水平多环芳烃会使胚胎组织中 DNA 加合物水平增高，可诱导胚胎着床失败，甚至发生流产。

(3) 生殖毒性。

多环芳烃对男(雄)性生殖内分泌系统可产生一定程度的损害作用，表现为生殖激素的紊乱，致生殖系统肿瘤、阴囊癌、乳腺癌等。国外近年来也有少量研究关注非职业暴露人群中多环芳烃暴露水平与男性生殖内分泌系统之间的相关关系，结果发现某些多环芳烃(苯并[*a*]芘)可在低剂量接触水平影响男性生殖内分泌功能，特别是内分泌激素，并可造成精子 DNA 的损伤、PAHs-DNA 加合物的形成。

3. 多环芳烃的环境、食品与健康标准

1) 多环芳烃的环境标准

我国多环芳烃的相关环境标准如表 2-2-21 所示。

表 2-2-21　多环芳烃(苯并[*a*]芘)相关环境质量标准

环境类型	项目	浓度限值	标准名称
空气/($\mu g/m^3$)	年平均	0.001	环境空气质量标准(GB 3095—2012)
	24 h 平均	0.0025	
地表水/(mg/L)	2.8×10^{-6}		地表水环境质量标准(GB 3838—2002)
海水/(μg/L)	0.0025		海水水质标准(GB 3097—1997)

我国食品中多环芳烃的限值如表 2-2-22 所示。

表 2-2-22　食品中多环芳烃（苯并[*a*]芘）的限量标准

食品类别（名称）	限量/（μg/kg）
谷物及其制品稻谷*、糙米、大米、小麦、小麦粉、玉米、玉米面（渣、片）	5.0
肉及肉制品熏、烧、烤肉类	5.0
水产动物及其制品熏、烤水产品	5.0
油脂及其制品	10

＊稻谷以糙米计。

2）我国标准与国外标准的比较

FAO/WHO 尚未规定食品中 PAHs 限量水平，但已存在饮用水中 6 种代表性的 PAHs[BaP、BkF、IN、BbF、Flur、BP]的最高浓度限值（0.02 μg/L），且 CAC 建议为减少 PAHs 的摄入量，应采取以下措施：避免食物与火焰接触，远距离烧烤；减少干燥和烟熏过程中 PAHs 的产生；食用水果和蔬菜时清洗或去皮；少食烧烤制品或去除表皮后再食用等。欧盟针对食物中 PAHs 限量水平做出了较为详细的规定，日常食用动植物油脂（不含可可油和椰子油）BaP＜2.0 μg/kg、PAH4＜10.0 μg/kg，熏烤肉及熏烤肉制品暂为 BaP＜5.0 μg/kg、PAH4＜30.0 μg/kg，加工谷类及婴幼儿食品 BaP＜1.0 μg/kg、PAH4＜1.0 μg/kg。美国、澳大利亚和新加坡对食品中 PAHs 限量均尚未规定，但 USEPA 对环境中 PAHs 污染有较严格的控制措施，如 USEPA 规定饮用水中 BaP 最大污染限值目标为 0 ppm；最大污染限值/处理技术指标为 0.0002 ppm。

4. 典型案例分析

1）调查地点和调查对象选择

本次调查地点选择在我国山西省的太原市和辽宁省的鞍山市，开展时间为 2016 年 9 月、11 月。对共计 125 名成人利用“双份饭法”进行膳食样品的采集。根据调查期间调查对象每日所有食物混合样本的重量及其多环芳烃含量，计算得到每人每日膳食多环芳烃暴露量。

太原居民 24 h 所摄入食物中 7 种多环芳烃以及 PAH2、PAH4 的含量水平见表 2-2-23，鞍山地区冬季和秋季食物的含量水平分别见表 2-2-24 和表 2-2-25。从 2-2-25 表中可以看出，太原地区成年居民膳食中 7 种 PAHs（苯并[*a*]蒽、䓛、苯并[*b*]荧蒽、苯并[*k*]荧蒽、苯并[*a*]芘、二苯并[*a*, *h*]蒽和苯并[*g*, *h*, *i*]苝）以及 PAH2、PAH4 的含量水平（中位数的 MB）分别为 0.90 μg/kg、1.00 μg/kg、0.41 μg/kg、0.17 μg/kg、0.51 μg/kg、0.11 μg/kg、1.04 μg/kg、1.02 μg/kg 和 3.10 μg/kg；鞍山地区成年居民冬季膳食中分别为 0.92 μg/kg、1.00 μg/kg、0.53 μg/kg、0.23 μg/kg、0.56 μg/kg、0.01 μg/kg、0.58 μg/kg、1.02 μg/kg 和 3.09 μg/ kg；秋季膳食中 7 种 PAHs 以及 PAH2、PAH4 的浓度分别为 0.65 μg/kg、1.00 μg/kg、0.41 μg/kg、0.19 μg/kg、0.38 μg/kg、0.01 μg/kg、0.51 μg/kg、1.02 μg/kg 和 1.18 μg/kg。

从检出率来看，两地区成人膳食的 7 种多环芳烃中苯并[*b*]荧蒽、苯并[*a*]芘和苯并[*g*, *h*, *i*]苝的检出率较高，均为 90.0%以上；两地区䓛的检出率较低，特别是在鞍山地区成人秋季膳食中，所有样品均未检出。太原地区成人膳食中二苯并[*a*, *h*]蒽的检出率远高于鞍山地区，苯并[*k*]荧蒽的检出率低于鞍山地区。对于鞍山地区，冬季䓛的检出率高于秋季，但苯并[*a*]蒽和二苯并[*a*, *h*]蒽的检出率却低于秋季。

从多环芳烃的浓度水平来看，两地区成人膳食中苯并[*a*]蒽、苯并[*b*]荧蒽、苯并[*a*]

芘和苯并[g, h, i]苝的浓度水平较其他三种高(䓛的 MB 浓度高是由于其检出率低，大部分由其二分之一检出限值即 0.995 μg/kg 替代导致的)。太原地区居民膳食中各多环芳烃含量的水平高于鞍山地区，特别是二苯并[a, h]蒽，是鞍山地区浓度的 5～11 倍。鞍山地区居民冬季膳食中各多环芳烃的含量水平高于秋季膳食。

表 2-2-23　太原地区居民膳食中多环芳烃的含量水平

PAHs	N	检出率/%	PAHs 浓度水平/(μg/kg)											
			中位数			均数			P95			最大值		
			LB	MB	UB	LB	MB	UB	LB	MB	UB	LB	MB	UB
苯并[a]蒽	25	84.0	0.90	0.90	0.90	1.82	1.83	1.85	4.71	4.71	4.71	19.45	19.45	19.45
䓛	25	24.0	0.00	1.00	1.99	1.57	2.36	3.14	3.57	3.57	3.57	24.05	24.05	24.05
苯并[b]荧蒽	25	96.0	0.41	0.41	0.41	1.01	1.01	1.01	3.53	3.53	3.53	6.83	6.83	6.83
苯并[k]荧蒽	25	76.0	0.17	0.17	0.17	0.33	0.34	0.35	0.52	0.52	0.52	3.74	3.74	3.74
苯并[a]芘	25	92.0	0.51	0.51	0.51	1.44	1.44	1.44	4.85	4.85	4.85	16.76	16.76	16.76
二苯并[a, h]蒽	25	72.0	0.11	0.11	0.11	0.22	0.22	0.22	0.75	0.75	0.75	2.10	2.10	2.10
苯并[g, h, i]苝	25	92.0	1.04	1.04	1.04	1.91	1.91	1.92	5.03	5.03	5.03	11.78	11.78	11.78
PAH2	25	48.0	0.00	1.02	2.03	3.31	3.86	4.41	8.42	8.42	8.42	40.81	40.81	40.81
PAH4	25	64.0	3.10	3.10	3.10	6.22	6.66	7.10	15.21	15.21	15.21	67.09	67.09	67.09

表 2-2-24　鞍山地区居民冬季膳食中多环芳烃的含量水平

PAHs	N	检出率/%	PAHs 浓度水平/(μg/kg)											
			中位数			均数			P95			最大值		
			LB	MB	UB	LB	MB	UB	LB	MB	UB	LB	MB	UB
苯并[a]蒽	100	69.0	0.92	0.92	0.92	1.31	1.34	1.38	4.25	4.25	4.25	14.26	14.26	14.26
䓛	100	23.0	0	1.00	1.99	1.35	2.12	2.89	8.70	8.70	8.70	20.46	20.46	20.46
苯并[b]荧蒽	100	100.0	0.53	0.53	0.53	0.80	0.80	0.80	1.88	1.88	1.88	8.50	8.50	8.50
苯并[k]荧蒽	100	92.0	0.23	0.23	0.23	0.36	0.36	0.37	0.87	0.87	0.87	5.09	5.09	5.09
苯并[a]芘	100	100.0	0.56	0.56	0.56	0.85	0.85	0.85	1.96	1.96	1.96	11.73	11.73	11.73
二苯并[a, h]蒽	100	10.0	0	0.01	0.02	0.03	0.04	0.05	0.11	0.11	0.11	1.97	1.97	1.97
苯并[g, h, i]苝	100	93.0	0.58	0.58	0.58	0.92	0.92	0.93	2.59	2.59	2.59	8.11	8.11	8.11
PAH2	100	36.0	0	1.02	2.03	2.02	2.67	3.32	9.89	9.89	9.89	32.19	32.19	32.19
PAH4	100	63.0	3.09	3.09	3.09	4.28	4.71	5.15	13.81	13.81	13.81	54.95	54.95	54.95

表 2-2-25　鞍山地区居民秋季膳食中多环芳烃的含量水平

PAHs	N	检出率/%	PAHs 浓度水平/(μg/kg)											
			中位数			均数			P95			最大值		
			LB	MB	UB	LB	MB	UB	LB	MB	UB	LB	MB	UB
苯并[a]蒽	61	86.9	0.65	0.65	0.65	0.72	0.74	0.75	1.53	1.53	1.53	2.42	2.42	2.42
䓛	61	0.0	0	1.00	1.99	0	1.00	1.99	0	1.00	1.99	0	1.00	1.99
苯并[b]荧蒽	61	96.7	0.41	0.41	0.41	2.65	2.65	2.65	23.60	23.60	23.60	41.37	41.37	41.37
苯并[k]荧蒽	61	93.4	0.19	0.19	0.19	0.21	0.21	0.21	0.43	0.43	0.43	0.61	0.61	0.61
苯并[a]芘	61	96.7	0.38	0.38	0.38	1.94	1.94	1.94	17.17	17.17	17.17	24.35	24.35	24.35
二苯并[a, h]蒽	61	47.5	0	0.01	0.02	0.23	0.24	0.24	0.51	0.51	0.51	3.91	3.91	3.91
苯并[g, h, i]苝	61	98.4	0.51	0.51	0.51	0.57	0.57	0.57	0.88	0.88	0.88	3.42	3.42	3.42
PAH2	61	8.2	0	1.02	2.03	1.54	2.47	3.40	17.17	17.17	17.17	24.35	24.35	24.35
PAH4	61	36.1	0	1.18	2.35	4.55	5.31	6.06	24.89	24.89	24.89	66.43	66.43	66.43

2）多环芳烃膳食消费量水平

鞍山地区成年居民的平均每日食物消耗量为 1152.66 g/d，其中冬季为 1213.54 g/d、秋季为 1052.87 g/d，两季节食物的消耗量存在显著的差异（p=0.009）。太原地区成年居民的平均每日食物消耗量为 1241.99 g/d，其中大米 66.25 g/d、面粉 371.25 g/d、蔬菜 430 g/d、水果 129.64 g/d、肉类 56.63 g/d、鱼类 9.71 g/d、蛋类 35 g/d、牛奶 41.47 g/d、食用油 102.04 g/d。鞍山和太原地区居民的每日食物消耗量存在着显著的差异（p=0.018）。

3）多环芳烃膳食暴露水平

采用“双份饭法”收集到的太原和鞍山地区居民膳食 BaP 及 PAH2、PAH4 的暴露量见表 2-2-26。太原地区成年居民每日膳食 BaP、PAH2 和 PAH4 多环芳烃的平均暴露量分别为 1.72 μg/d、4.67 μg/d 和 8.06 μg/d，高消费暴露量（P97.5）分别为 5.51 μg/d、9.56 μg/d 和 17.27 μg/d。鞍山地区成年居民冬季每日膳食 BaP、PAH2 和 PAH4 多环芳烃的平均暴露量分别为 1.00 μg/d、3.20 μg/d 和 5.65 μg/d，高消费暴露量（P97.5）分别为 5.98 μg/d、16.54 μg/d 和 27.79 μg/d；秋季每日膳食 BaP、PAH2 和 PAH4 多环芳烃的平均暴露量分别为 2.22 μg/d、2.79 μg/d 和 5.68 μg/d，高消费暴露量（P97.5）分别为 29.50 μg/d、29.51 μg/d 和 81.08 μg/d。

表 2-2-26　调查点成年居民多环芳烃的膳食暴露量（单位：μg/d）

调查点		平均暴露			高暴露（P97.5）		
		苯并[a]芘	PAH2	PAH4	苯并[a]芘	PAH2	PAH4
太原		1.72	4.67	8.06	5.51	9.56	17.27
鞍山	冬季	1.00	3.20	5.65	5.98	16.54	27.79
	秋季	2.22	2.79	5.68	29.50	29.51	81.08

太原地区成年居民的每日膳食 BaP、PAH2 和 PAH4 多环芳烃的平均暴露量高于鞍山地区居民；鞍山地区居民冬季 PAH2 的平均暴露量比秋季膳食高 0.41 μg/d，但 BaP 的平均暴露量比秋季低 1.22 μg/d，PAH4 的平均暴露量两个季节相差不大。居民每日膳食 BaP、PAH2 和 PAH4 多环芳烃高暴露量从高到低依次均为鞍山秋季＞鞍山冬季＞太原。

太原地区成年居民通过体重矫正后的 BaP、PAH2 和 PAH4 的膳食多环芳烃平均暴露量分别为 25.99 ng/(kg · d)、69.83 ng/(kg · d) 和 120.90 ng/(kg · d)，高消费暴露量（P97.5）分别为 84.73 ng/(kg · d)、147.10 ng/(kg · d) 和 265.73 ng/(kg · d)；鞍山地区成年居民通过体重矫正后的冬季 BaP、PAH2 和 PAH4 膳食多环芳烃平均暴露量分别为 15.07 ng/(kg · d)、49.16 ng/(kg · d) 和 86.44 ng/(kg · d)，高消费暴露量（P97.5）分别为 87.40 ng/(kg · d)、295.22 ng/(kg · d) 和 441.93 ng/(kg · d)；秋季分别为 37.42 ng/(kg · d)、46.40 ng/(kg · d) 和 96.72 ng/(kg · d)，高消费暴露量（P97.5）分别为 531.77 ng/(kg · d)、531.80 ng/(kg · d) 和 1462.06 ng/(kg · d)。

两地区通过体重矫正后的 BaP、PAH2 和 PAH4 的膳食多环芳烃平均暴露量和高暴露量的分布情况与体重矫正前的分布规律相同。

4）多环芳烃暴露健康风险

采用替代法来描述 PAHs 混合物的总毒效，采用暴露边界（MOE）方法进行评估，即计算有害效应观察终点［如基准剂量下限（BMDL）］与人群 PAHs 暴露量的比值，并进行综合判断。通常认为 MOE 的值越大，暴露风险就越小，并具有较低的公共卫生关注度。

采用“双份饭法”收集到的太原和鞍山地区居民膳食 BaP、PAH2 和 PAH4 的平均暴露及高端暴露量的 MOE 值见表 2-2-27。对于平均暴露量，太原地区和鞍山地区冬季居民膳食中 BaP 的 MOE 值最高，鞍山地区秋季居民膳食中 PAH2 的 MOE 值最高。对于高端暴露量，太原地区居民膳食中的 PAH4 的 MOE 值最高，鞍山地区冬季为 BaP，秋季为 PAH2 最高。无论是平均暴露还是高端暴露量，两地区的 MOE 值均小于 10000，具有一定的公共卫生关注度。

表 2-2-27　平均暴露及高端暴露量的 MOE 值

调查点		指示物	平均暴露量	高端暴露量(P97.5)	BMDL10/［mg/(kg BW·d)］
太原		BaP	2693	826	0.07
		PAH2	2434	1156	0.17
		PAH4	2812	1279	0.34
鞍山	冬季	BaP	4645	801	0.07
		PAH2	3458	576	0.17
		PAH4	3933	769	0.34
	秋季	BaP	1871	132	0.07
		PAH2	3664	320	0.17
		PAH4	3515	233	0.34

5）不确定性分析

在使用风险模型对多环芳烃膳食暴露风险进行评价时，使用了实际测量的膳食暴露样品的浓度，在对样品进行前处理、分析的过程中，前处理方法的回收率、分析方法的检出限受到仪器、实验室条件的限制，将导致一定的误差产生，并将会对最终的结论产生不确定性。

5. 食物中多环芳烃的富集及来源

1）不同食物及部分的累积差异

不同种植区域不同作物中 PAHs 的平均富集水平如表 2-2-28 所示。

表 2-2-28　不同种植区域不同作物及部位中 PAHs 的富集水平

	作物种类	土壤/(ng/g)	作物根/(ng/g)	作物果实/(ng/g)	作物叶子/(ng/g)	参考文献
中原油田周边土壤和玉米	玉米	246.6～1994.8	117.38～605.76		124.43～1025.43	[68]
		238.5～2047.5	112.32～637.93		128.43～1121.43	
		215.1～1543.2	103.14～465.13		121.43～1069.43	
南京市工业区周边污染农田	蔬菜	517.99～2085.5	111.91～909.06		64.23～270.37	[69]
河南农田	小麦	6.91～72.4	26.7～174	4.43～30.7	15.4～79.5	[70]
南宁市菜地	辣椒	3351.3±1110.72		251.48～916.73		[71]
	苦瓜			462.9～629.02		
	豆角			462.9～948.38		
	萝卜		85.04～230.7			
	菜心				84.20～330.95	

龙彪[71]在南宁市菜地的研究中发现，多环芳烃的总含量随蔬菜种类不同表现出差异，PAHs 总量在不同蔬菜中的分布规律是果菜类＞叶菜类＞根菜类。吴敏敏等[72]研究发现，不同蔬菜可食用部位的含量为叶菜类＞果菜类＞根菜类，研究基本都认同，PAHs 在蔬菜的地上部分累计大于地下部分。对于不同品种来说，青菜富集能力明显大于苋菜、生菜和空心菜，其次为苋菜[73]。通过棚内棚外的对比，青菜对干湿沉降中 PAHs 的含量有较高敏感性[73]。

2）不同 PAHs 累积特点

多数蔬菜对低环 PAHs（LMW-PAHs）的富集能力明显高于高环 PAHs（HMW-PAHs）[73]。Kipopoulou 等[74]提出低环 PAHs 在土壤中移动性更强，更容易吸附在根表面而被吸收。Simonich 等[75]指出部分 PAHs 到达根表皮后很难到达内部的木质部，就很难从根部向上茎叶运输。另外，蔬菜茎叶中的 HMW-PAHs 浓度要显著低于 LMW-PAHs 的浓度（$p<0.05$），也说明 LMW-PAHs 较 HMW-PAHs 更易被茎叶组织吸收[76]。Wild 等[77]提出 LMW-PAHs 较 HMW-PAHs 有更大水溶性和挥发性，因此植物对 LMW-PAHs 的吸收较高。

3）食物中多环芳烃的来源分析

Wild 等[77]指出 90%以上的 PAHs 排放到环境中后通过大气干湿沉降传输到土壤，PAHs 具有半挥发性，可以通过土壤中植物根系吸收，或大气沉降作用经植物叶片进入植物体内，在植物体内迁移积累，最后进入食物链危害人体健康。

蔬菜中 PAHs 含量与土壤含量相关性不明显，青菜在棚内外差异明显，表明蔬菜中的 PAHs 除了通过根系吸收外，大气沉降也是来源之一[73]。通过大棚内外土壤的不同结构对 PAHs 含量进行分析，发现棚外土壤中 PAHs 含量明显高于棚内，说明大气中的 PAHs 部分以干湿沉降的形式进入土壤，相关研究认为环境中 90%的 PAHs 通过干湿沉降转移土壤中，大气沉降对土壤和蔬菜中 PAHs 含量具有较大影响[73]。

对比大棚内外蔬菜发现，棚外蔬菜中致癌性较强的高环 PAHs 含量显著高于棚内蔬菜，颗粒态中总 PAHs 和高环 PAHs 含量显著高于土壤和蔬菜样品，推测大气沉降可能是土壤和蔬菜中这类 PAHs 的主要来源。湿沉降中 PAHs 以低环为主，与土壤和蔬菜中低环 PAHs 的含量显示了很好的相关性[73]。

PAHs 来源分析有主成分分析法、正交矩阵分析法和比值法，其中比值法是一种比较成熟，可对 PAHs 进行定性分析的源解析方法[78]。比值法是利用不同单体的特征比值判定来源的方法，单体菲相比蒽具有更高的热力学稳定性，菲/蒽比值较高（＞10）时表明 PAHs 来源于石油污染，菲/蒽比值较低（＜10）时表明 PAHs 来源于燃烧。对于荧蒽和芘来说，芘比荧蒽更稳定，因此，荧蒽/芘＜1，指示石油源；荧蒽/芘＞1，指示燃烧源。高红霞等[79]还提出了通过 PAHs 环数比值分析来源的方法，通常认为 PAHs 环数相对丰度可以反映来自热解或石油类污染，当低环（2 环和 3 环）与高环（4 环以上）PAHs 含量比值（LMW-PAHs/HMW-PAHs）小于 1，表明多环芳烃主要源于化石燃料高温燃烧，当低环与高环 PAHs 含量比值大于 1 时，则表明多环芳烃主要源于石油类污染。用特征比值法分析，可以看出蔬菜中 PAHs 大部分来自草、木和煤的燃烧以及汽油排放。吴敏敏等[72]研究叶菜类、果菜类和根茎类蔬菜，认为蔬菜来源地中 PAHs 主要来自燃煤、石油或者其他生物质的不完全燃烧。

对不同来源的介质中 PAHs 的单体分配特征进行总结，结果如表 2-2-29 所示。

表 2-2-29　不同来源中 PAHs 的单体分配比值

PAHs 特征比值	范围	来源	文献
Fla / (Fla + Pyr)	＜0.4	成土母质	[80]
	0.4～0.5	化石燃料的燃烧	
	＞0.5	草、木、煤燃烧	
Flu / (Flu + Pyr)	＜0.5	油类排放	
	＞0.5	柴油排放	
IcdP / (IcdP + BghiP)	＜0.2	石油排放	
	0.2～0.5	石油燃烧	
	＞0.5	草、木和煤燃烧	

Xiong 等[81]根据土壤、大气和卷心菜食用部分多环芳烃浓度建立了多元线性回归模型，如式(2-2-9)所示。

$$\ln C=0.417\times\ln A+0.289\times\ln \mathrm{RS}-1.840 \quad (r^2=0.35, p<0.01) \tag{2-2-9}$$

式中，C(ng/g)、A(ng/m^3)和 RS(ng/g)分别是卷心菜食用部分、空气和根际土壤中多环芳烃的浓度。研究表明，卷心菜和小麦中多环芳烃浓度与周边大气中污染浓度相关，其次与根际土壤相关，与表面土壤没有显著相关性。

6. 多环芳烃现行标准评价及建议

1) 现行多环芳烃的环境标准下，推测食物的富集浓度

现行空气、土壤、水和食物中苯并[a]芘的环境质量标准限值如表 2-2-30 所示。

表 2-2-30　现行相关环境质量标准中 PAHs 的限值

空气	土壤	食物	地表水
0.001 μg/m^3	0.55 mg/kg	5.0 μg/kg	2.8×10^{-6} mg/L

将空气、土壤质量标准值带入上述回归模型，估算可得在该标准浓度的土壤和空气环境下，生长的植物 PAHs 含量约为 0.98 ng/g，低于我国食物标准中关于谷类 PAHs 浓度的要求。

2) 现行多环芳烃的环境标准下，估算膳食暴露途径的健康风险

多环芳烃致癌风险评价模型如公式(2-2-10)所示。

$$\mathrm{ILCR}=\frac{C\times \mathrm{InR}\times \mathrm{EF}\times \mathrm{ET}\times \mathrm{ED}}{\mathrm{BW}\times \mathrm{AT}}\times \mathrm{OSF} \tag{2-2-10}$$

其中多环芳烃经口致癌斜率因子 OSF 取几何平均值 7.27 mg/(kg·d)，每日膳食摄入 InR 和体重 BW 均来自《中国人群暴露参数手册》，分别为 1056.6 g/d 和 60.6 kg。得到的致癌风险为 1.29×10^{-4}。通过这种方法评估显示，在空气和土壤 PAHs 均达标的条件下，长期食用该条件下生长的作物，仍然存在较高的致癌风险。但这种方法还存在很多不足：①线性回归

模型存在误差；②模型仅仅是通过卷心菜得到，相比其他果菜类、根菜类蔬菜和谷物，它可能更容易吸收大气中的 PAHs，用它代表所有食物也存在不准确性；③每日膳食摄入量和体重均为全国平均值；④PAHs 经口致癌斜率因子由其他斜率因子平均求得；⑤研究表明，烹饪过程对食物 PAHs 含量有很大影响，这里未考虑烹饪过程。虽然存在诸多影响结果准确性的因素，但是仍可以从结果看出，即使介质中 PAHs 符合质量标准，但经过土地到餐桌到人体的过程，人体仍存在 PAHs 经口致癌风险。由于大量研究表明，植物主要通过大气富集多环芳烃，通过根际在土壤吸收并传输到地上部分的较少，因此要保证人体经口暴露 PAHs 处于安全剂量，应重点控制大气中多环芳烃浓度。此外，考虑到根菜类（土豆、胡萝卜）主要通过根际土壤富集 PAHs，对土壤的质量标准也应该更加严格。计算得，在大气 PAHs 浓度为 0.5 ng/m^3，土壤 PAHs 浓度为 400 ng/g 的条件下，作物中 PAHs 的浓度将会下降为 0.67 ng/g，人均终生增量致癌风险下降为 8.5×10^{-5}。

由于同时探究水、土、气三个介质的 PAHs 在植物中的富集的研究较少，未能科学识别出不同环境介质对食物中 PAHs 的贡献率，今后还需要对这方面进行深入的研究。

7. 小结

总体而言，多环芳烃仍是环境介质中需重点关注的持久性有机污染物，各环境介质中检出率均很高。但由于缺乏相关环境基准及标准的参考，对于人体暴露的健康风险无法直接通过环境的污染特征予以评价。典型案例分析表明，对于一般人群而言，食物是人体暴露环境中多环芳烃暴露健康风险的主要途径，其对一般人体多环芳烃暴露的环境分担超过 80%。因此，制定相关食品中多环芳烃的基准可为直接通过环境污染特征评价人体暴露的风险提供参考依据，也是从人体健康风险防范角度保护人体健康的根本防线。

2.4.4　多氯联苯

1. 多氯联苯的来源与污染

1）多氯联苯的理化性质及来源

多氯联苯（polychlorinated biphenyls，PCBs）是联苯上氢被氯取代而形成的一类化合物。PCBs 是 2001 年 5 月《斯德哥尔摩公约》中，首批被列入禁止或限制使用的 12 种持久性有机污染物之一，是最具有代表性的典型持久性有机污染物。它具有持久性有机污染物的全部特征，半挥发性、远距离迁移、高毒性、生物蓄积性、长期残留性、环境持久性以及难生物降解，易在环境中富集和残留，如沉积物、大气、土壤表层、水、水生生物等。并通过食物链逐渐被富集于人体，从而对人体健康带来危害。

2）多氯联苯的污染来源

由于多氯联苯耐高温、不易燃、易溶于油、具有良好的绝缘性、传热性好等性质，曾被广泛地应用于生活及工业生产中，如变压器、空调、润滑剂、表面涂层、绝缘材料等。研究表明在所有环境介质都能检测到多氯联苯，环境中的 PCBs 主要来自 PCBs 制品泄漏以及焚烧炉的工艺过程（如造纸漂白、塑化剂挥发或脱油墨工艺）。

张志[82]研究并绘制了我国 PCBs 使用量省级分布图。按 PCBs 的使用情况可分为 5 类：第一类：山东、江苏、河南、湖南、广东和四川，此类 PCBs 使用量最大，累计使用量为

1000～1640 t；第二类：黑龙江、辽宁、河北、安徽、浙江、江西、湖北和广西等地区，此类 PCBs 累计使用量为 600～1000 t；第三类：吉林、山西、内蒙古、福建、贵州、云南和陕西，此类 PCBs 累计使用量为 400～600 t；第四类：北京、天津、甘肃、新疆，此类 PCBs 累计使用量为 200～400 t；第五类：海南、重庆、西藏、宁夏和青海，此类 PCBs 累计使用量为 20～200 t。

3) 多氯联苯的环境污染特征

PCBs 具有亲脂性、高富集性和难降解的特点，能长期存在于环境中，尽管 PCBs 已停产，但是其在环境中仍广泛存在。PCBs 的生产、使用及不合理的处置造成了局部地区环境污染，如对已废弃含 PCBs 设备(如变压器)的不正确处置是造成局部地区严重污染的主要因素。由于 PCBs 的低溶解性、高稳定性和半挥发性等使其能够参与气团运动及生物累积，从而扩大污染范围，造成全球性污染，成为人类关注的环境问题。

(1) 土壤。

土壤中 PCBs 来源主要有污染物的排放、泄漏、空气降尘等过程。由于 PCBs 的生物难降解特性，土壤一旦受到污染，就很难修复，并进入植物体，通过食物链逐级放大，威胁人类和动物的生命健康。

李海玲[83]对我国表层土壤中 PCBs 研究表明，我国部分省、区、市表层土壤中∑PCBs 的平均浓度最高的 10 个省、区、市依次为：北京、广东、辽宁、云南、四川、山西、黑龙江、湖北、贵州和广西。其中，有 2 个省属于第一类；4 个省、自治区属于第二类；3 个省属于第三类；1 个市属于第四类。我国 26 个省、区、市的 ∑PCBs 的平均浓度见表 2-2-31 所示[83]。

表 2-2-31　中国部分省区市表层土壤中∑PCBs 的平均浓度水平

省份	∑PCBs 的平均浓度/(pg/g 干重)	省份	∑PCBs 的平均浓度/(pg/g 干重)
黑龙江	1616.65	河南	300.31
吉林	576.45	湖北	1300.39
辽宁	2118.97	湖南	836.03
北京	2427.71	广东	2198.40
天津	299.97	广西	1145.31
河北	587.94	海南	156.59
山西	1700.74	重庆	436.80
内蒙古	219.26	四川	1902.53
山东	323.69	贵州	1275.27
江苏	621.63	云南	2057.60
浙江	670.20	甘肃	460.10
江西	515.05	青海	446.82
福建	349.84	新疆	723.31

该结果表明[83]，我国∑PCBs 的浓度分布总体与各省、区、市的使用量关系密切。另外，虽然北京市的 PCBs 使用量相对较低，但∑PCBs 平均浓度却最高，其原因可能与北京市经

济发达、工业化程度高、人口密度大有一定的关系。

土壤中∑PCBs总体呈现城市表层浓度最高，农村点其次，偏远地区背景点最低。这与城市经济发达、人口密度较高、城市化程度高、工业发展较快有关，PCBs的生产和使用主要集中在20世纪60～80年代，当时中国城市正在快速发展经济，工业生产的PCBs比重较大，相对来说PCBs的使用量较多，导致土壤中PCBs的富集较多；而农村及偏远地区，人口密度小、经济相对落后、工业化程度相对较低，PCBs的使用量也相对较少，因此，土壤中PCBs的富集较少。

(2) 水体。

水体中PCBs是多途径综合污染的结果，其污染途径包括大气沉降、污水排放等。但研究表明，我国水体已经普遍受到PCBs污染，其含量大部分高于国外（见表2-2-32）[84]。根据USEPA评价标准（＜14 ng/L）的要求，我国一些水体受到PCBs的污染已经相当严重。河口、海湾和港口污染较严重，而河流与湖泊污染相对较轻。张祖麟等[85]在研究九龙江口水体中PCBs时发现，间隙水中PCBs浓度（209～3869 ng/L）普遍比表层水中（0.36～150 ng/L）高。自然水体一旦受到PCBs污染，就很难消除。

表2-2-32　我国部分水体中∑PCBs的污染水平[84]

水域	浓度/(ng/L)	水域	浓度/(ng/L)
九龙江	0.36～1505.00	厦门港	0.12～1.69
武汉东湖	2.70	九段沙	23.00～95.00
第二松花江排污口	3.00～85.00	大亚湾	91.00～1355.30
闽江口	204.00～2473.00	莱州湾	4.50～27.70
海河	120.00～5290.00	珠江入海口	1.00～2.70
椒江口	57.50～519.30	珠江广州段	0.70～3.96

(3) 空气。

大气中的PCBs主要来源于含PCBs废物排放、挥发和扩散等，主要以气态和吸附态两种形式存在。我国大气中的PCBs以低氯代PCBs为主[86,87]，占大气中PCBs含量的80%以上，其原因可能是国内用于电容器的介质油主要是低氯代PCBs和高氯代PCBs的混合物[88]。

张志[82]于2005年8月在全国范围内采集97个大气样品（其中包括4个偏远地区的背景采样点，69个农村采样点，28个城市采样点），开展了全国范围内空气PCBs的污染状况研究，该研究共检出60种PCBs同系物，97个采样点大气中PCBs平均浓度为250 pg/m^3，其浓度范围为29～1050 pg/m^3。PCBs浓度值排在第二、三位的监测点是城市采样点，分别为东北（870 pg/m^3）和东南沿海城市（710 pg/m^3）[82]。我国大气中PCBs浓度分布的总体趋势是东高西低；高PCBs浓度的监测点主要集中在经济发达、人口密集的中部和东部地区[82]。

(4) 食物。

PCBs在机体内有很强的蓄积性，并通过食物链逐渐被富集。生物体内PCBs含量的高低可反映其所处环境中PCBs的污染水平，是环境中PCBs污染的直接证据，也是生态风险的直接表征。近年来，关于水生生物体内PCBs的研究已成为国际热点，我国在此方面[89]，在珠江口、宁波、闽江口、太湖、厦门岛、香港等地贝类调查表明[85,90-92]，珠江口翡翠贻贝体内 PCBs 含量为 82.8～615.1 ng/g 干重，香港为 38.6～303.0 ng/g 干重，厦门岛东部为 ND～234 ng/g 干重(ND 表示低于检测限)，闽江口、宁波和太湖为低于 58.09 ng/g 湿重。与波罗的海西南沿岸(4.7～97 ng/g 湿重)、格陵兰岛(0.59～1.4 ng/g 湿重)以及菲律宾海岸(0.69～36 ng/g 湿重)等地相比[91]，我国部分地区贝类 PCBs 含量相对较高，这与当地 PCBs 的污染水平和贝类对 PCBs 的富集时间有一定的关系。储少岗等[93]对我国某典型污染地区鱼类体内的 PCBs 含量进行了研究，结果表明：鱼体肌肉中 PCBs 总含量为 22.6 ng/g，鱼体内高氯代 PCBs 含量相对较高，其原因可能是高氯代 PCBs 具有较高的脂溶性和稳定性，不容易被水生生物代谢和排泄出体内。孙振中等[94]对长江口九段沙水域生物体的研究也表明水生生物对高氯代 PCBs 的富集高于低氯代 PCBs。刘四光等[95]对诏安湾海洋生物体中的 PCBs 污染水平调查表明，PCBs 在贝类体内含量变化范围在 ND～7.32 ng/g，平均水平(算数平均值，下同)为 1.32 ng/g；在虾类体内含量为 ND～234 ng/g，平均水平为 0.026 ng/g；在鱼类体内含量为 ND～6.58 ng/g，平均水平为 1.10 ng/g，如表 2-2-33 所示。部分地区 7 种指示性 PCBs 的污染特征如表 2-2-33 所示[96,97]。

表 2-2-33　不同沿海区海洋生物体内 PCBs 的污染水平

研究区域	年份	样品类型	PCBs 含量范围/(ng/g)	PCBs 平均值/(ng/g)
青岛近海	2007	鱼类	116.4～846.6	481.5
	2007	虾类	47.9～215.3	131.6
	2007	软体类	72.9～386.7	229.8
厦门岛东部	2001	贝类	ND～23.4	3.71
闽江口	2001	贝类	ND～0.678	0.282
大连湾	1996	贝类	2.8～82.0	4.6
渤海湾	1996	贝类	1.6～8.7	5.4
胶州湾	1996	贝类	4.3～11.6	6.6
诏安湾	2010	贝类	ND～7.32	1.32
	2010	虾类	ND～0.10	0.026
	2010	鱼类	ND～6.58	1.10

2. 多氯联苯的暴露与健康危害

1) 多氯联苯的人体暴露

一般来说，PCBs 主要通过以下几个暴露途径进入人体：①呼吸吸入；②皮肤接触；③饮用水摄入；④膳食暴露。对于普通人群而言，经口摄入 PCBs 是最主要的暴露途径。对 PCBs 贡献值较大的食物主要有鱼类、肉类、动物脂肪类和奶制品类。由于世界各地饮食习惯的差异，PCBs 的日摄入量及主要来源也存在较大区别。

2) 多氯联苯的健康危害

PCBs 对人体健康的影响主要有以下几方面。

(1) 神经发育影响：Schantz 等[98]研究表明 PCBs 可通过胎盘和乳汁进入胎儿或婴儿体内，导致儿童的神经系统发育受到一定的影响。黄云燕等[99]研究表明 PCBs 可降低甲基转移酶活性，从而可能影响基因甲基化状态，进而导致胎儿神经系统的发育损伤。

(2)肝脏毒性：1968年的日本米糠油事件中一些患者出现肝功能紊乱，急性重型肝炎、肝昏迷等现象，这表明摄入高剂量的PCBs会对肝功能造成不同程度的损伤。

(3)致癌性：PCBs具有癌症性，如肝癌和胆管癌等，可致使免疫力低下。

(4)生殖系统影响：Bush等[100]研究表明在不育男性中，PCB118、PCB137和PCB153含量增加与精子的活跃度下降的相关性为0.99。

(5)内分泌干扰作用：有学者研究发现甲状腺体积、促甲状腺激素浓度与PCBs呈现正相关关系[101-103]，表明PCBs对人体内分泌具有一定的干扰作用。

3)多氯联苯的环境、食品与健康标准

(1)多氯联苯的环境标准。

我国多氯联苯的相关环境标准如表2-2-34所示。

表2-2-34　我国多氯联苯相关环境标准

环境介质	分类	限值	标准名称
地表水/(mg/L)		2.0×10^{-5}	地表水环境质量标准(GB 3838—2002)
海洋沉积物($\times10^{-6}$)/(mg/L)	第一类	≤0.02	海洋沉积物质量(GB 18668—2002)
	第二类	≤0.20	
	第三类	≤0.60	
无公害食品水产品/(mg/kg)	(以PCB28、PCB52、PCB101、PCB118、PCB138、PCB153、PCB180总和计)	≤2.0(海产品)	
	PCB138	≤0.5	
	PCB153	≤0.5	

(2)健康标准。

PCBs毒性大小存在较大差异，致毒机理复杂，迄今为止，世界卫生组织尚未制定统一的食品中PCBs的浓度限制标准。国外对不同二噁英类PCBs物质的容许摄入量如表2-2-35所示。

表2-2-35　二噁英类物质的容许摄入值

制定组织	年份	限量标准
WHO	1998	1～4 pg TEQ/(kg·d)
WHO	2002	1 pg TEQ/(kg·d)
SCF	2000	14 pg TEQ/(kg·d)
JECFA	2001	70 pg TEQ/(kg·d)

3. 典型案例分析

本次调查地点选择在我国甘肃省兰州市的三个典型区域(城关区、西固区和榆中县)，调查时间为2016年1～2月及9月，分别代表采暖期和非采暖期。采用“双份饭法”收集24 h内调查对象所摄入的全部食物，每个调查对象调查3天。计算PCB28、PCB52、PCB101、PCB118、PCB138、PCB153、PCB180为代表的7种特征污染物替代指标物PCBs暴露量。

根据调查期间调查对象每日所有食物混合样本的重量及其多氯联苯的含量，计算得到每人每日膳食多氯联苯暴露量。

不同时期个体食物中 PCBs 污染的分布特征如图 2-2-18 所示。

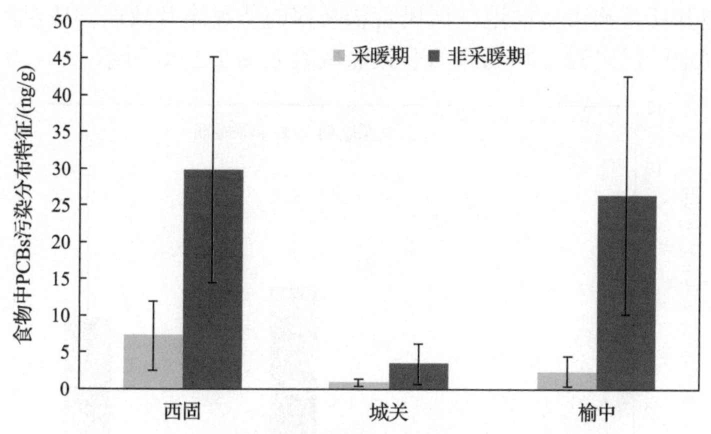

图 2-2-18　采暖期和非采暖期个体食物中 PCBs 浓度特征

西固区为工业区，城关为城市地区，榆中为农村地区，下同

结果表明，个体食物中 PCBs 的含量非采暖期＞采暖期，西固区＞榆中县＞城关区。在采集的食物样品中 PCBs 的检出率为 100%，PCBs 的浓度范围为 0.261～51.990 ng/g（干重，下同），平均水平为 11.706 ng/g。目前有关食物中 PCBs 污染水平的研究较少，且多集中于海洋生物的研究。储少岗等[93]对我国某典型污染地区鱼类体内的 PCBs 含量进行了研究，结果表明：鱼体肌肉中 PCBs 总含量为 22.6 ng/g，是本研究结果的 2 倍。刘四光等[95]对诏安湾海洋生物体中的 PCBs 污染水平调查表明，PCBs 在贝类体内含量为 1.32 ng/g；在虾类体内含量为 0.026 ng/g；在鱼类体内含量为 1.10 ng/g，均远低于本研究结果。这可能由于本研究采集食物样品的方法为“复盘法”，该食物样品不是单一的某一种食物，而是研究对象实际每餐所摄入的所有食物，如蔬菜和肉类等的混合物，导致评价的结果更具综合性。

结合居民食物的摄入量特征，采用“双份饭法”收集到的兰州市不同地区居民膳食中 PCBs 的日均暴露量如图 2-2-19 所示。

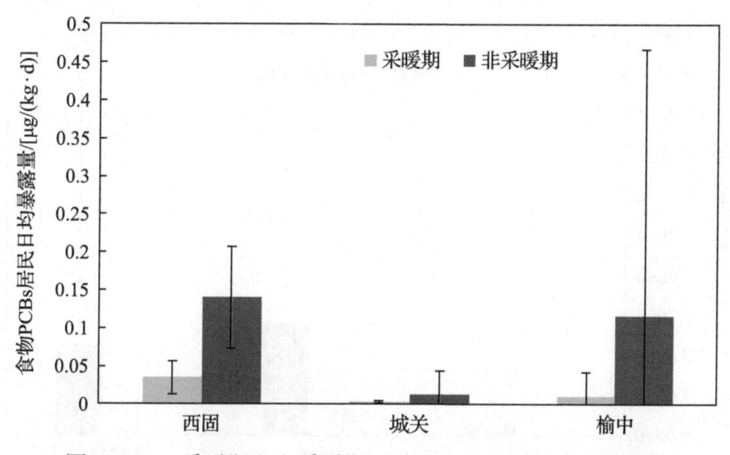

图 2-2-19　采暖期和丰采暖期不同地区食物的日均总暴露量

结果表明，不同地区 PCBs 经食物的日均暴露量为非采暖期>采暖期，且其暴露量为西固区>榆中县>城关区。

结合居民膳食途径的 PCBs 日均暴露总量及不同单体的摄入量推荐阈值，利用 USEPA 的暴露评价模型开展兰州市不同地区居民食物暴露的非致癌及致癌健康风险。

兰州市不同地区居民经食物暴露的非致癌风险如图 2-2-20 所示。

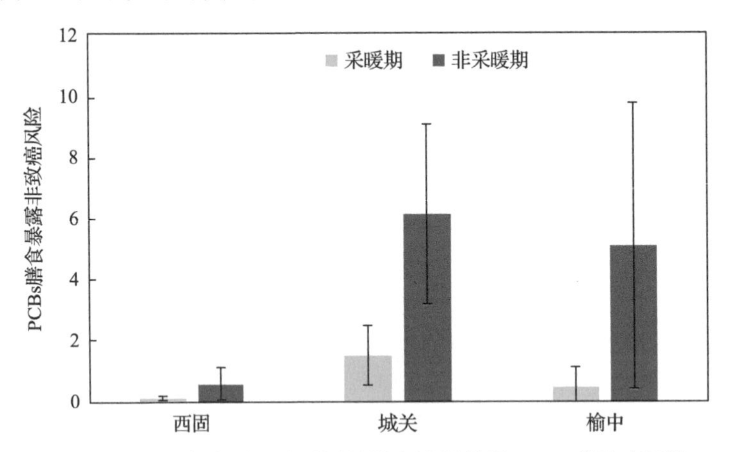

图 2-2-20　兰州市不同地区居民膳食途径暴露 PCBs 非致癌风险

结果表明，整体上各地区非采暖期的风险显著高于采暖期风险，这可能是非采暖期食物中 PCBs 的污染含量较高所致。从不同地区来看，属于城市区域的城关区居民在采暖期和非采暖期经食物暴露 PCBs 的非致癌风险均低于可接受的风险水平，说明该地区居民经膳食途径暴露 PCBs 可能不会带来明显的健康危害；而对于工业区，采暖期和非采暖期居民膳食暴露的 PCBs 非致癌风险明显高于可接受水平，特别是在非采暖期的风险，该地区居民较高的非致癌风险水平可能与当地较强的工业活动及居民的膳食摄入特征有关；对于榆中县居民，其采暖期膳食暴露 PCBs 的非致癌风险可接受，但是非采暖期膳食暴露 PCBs 的平均非致癌风险是可接受水平的 5 倍，说明当地居民膳食暴露 PCBs 的健康风险可能会给人体健康带来一定的危害。

兰州市不同地区居民经膳食途径暴露的致癌风险如图 2-2-21 所示。

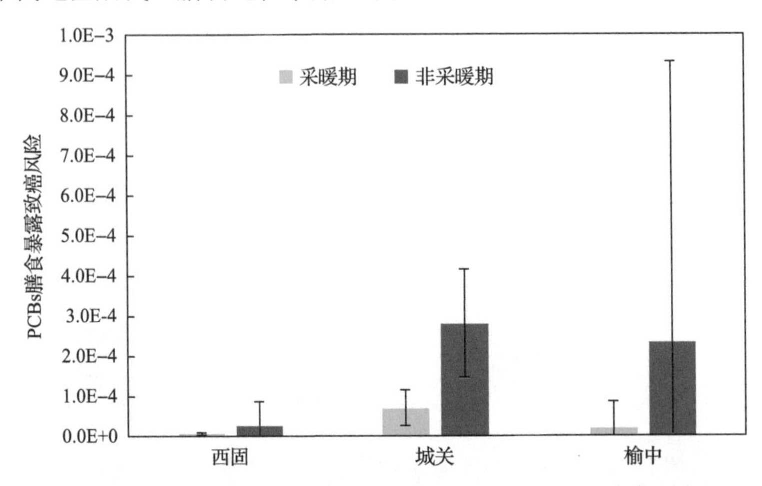

图 2-2-21　兰州市不同地区居民膳食途径暴露 PCBs 致癌风险

本研究在开展甘肃地区居民膳食 PCBs 暴露研究的同时，采集该组调查人群直接饮用水样品、个体空气及个体食物样品、家庭室内外积尘样品、家庭庭院土壤等样品，结合个体行为模式问卷调查开展人群 PCBs 环境总暴露的研究。在此基础上，分析调查人群经膳食途径暴露 PCBs 的风险对其环境总暴露健康风险的贡献。

在对饮用水、食物、土壤/积尘和空气颗粒物各环境介质中 PCBs 的污染特征分析、居民对不同环境介质中 PCBs 多途径日均总暴露评估的基础上，分析 PCBs 经膳食途径对其多介质多途径总暴露量的贡献，以分析其日常 PCBs 暴露的主要来源。

不同时期、不同地区 PCBs 经多介质多途径的日均总暴露量如图 2-2-22 所示。

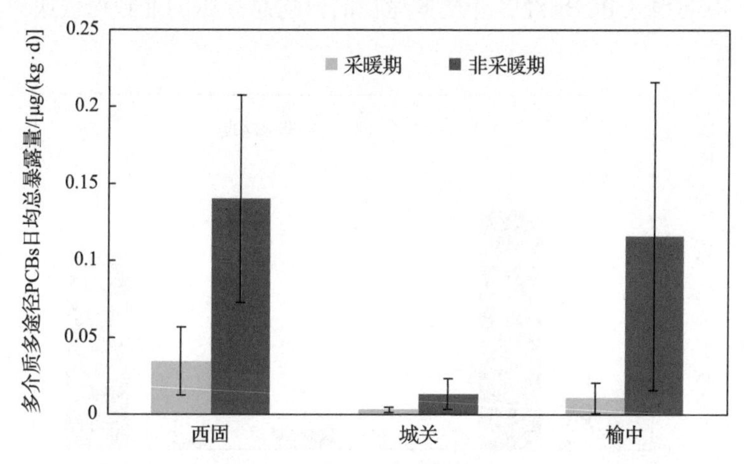

图 2-2-22　不同地区 PCBs 多介质多途径的日均总暴露量

结果表明，PCBs 经多介质多途径的日均总暴露量为非采暖期＞采暖期，西固区＞榆中县＞城关区。不同地区、不同时期 PCBs 经膳食途径对其多介质多途径的日均总暴露量的贡献如图 2-2-23 所示。

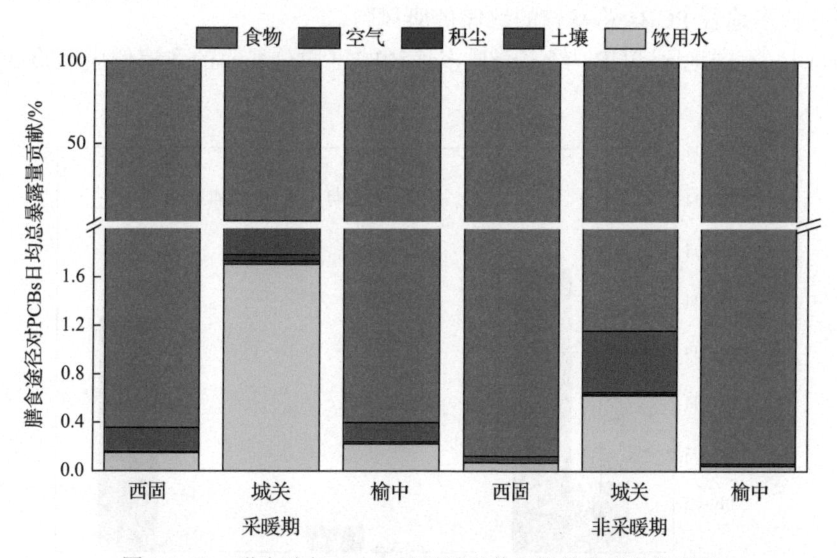

图 2-2-23　膳食途径 PCBs 暴露量对其日均总暴露量的贡献

总体上，PCBs 经膳食途径对其日均总暴露量的贡献为非采暖期>采暖期，且各时期均是榆中县>西固区>城关区。对于各地区、不同时期而言，食物均是 PCBs 日均总暴露量的最大贡献者，其贡献高达 98%～99%。

本部分在对饮用水、食物、土壤/积尘和空气颗粒物各环境介质中 PCBs 的多途径日均总暴露评估的基础上，结合 PCBs 的毒性特征分析各环境介质暴露 PCBs 的总健康风险。以 PCBs 暴露的非致癌健康风险和致癌健康风险为例，分析 PCBs 经膳食途径对其多介质多途径总暴露健康风险的贡献。

(1) 多介质多途径 PCBs 总暴露的非致癌健康风险。

不同时期、不同地区 PCBs 经多介质多途径的日均总暴露的非致癌健康风险如图 2-2-24 所示。

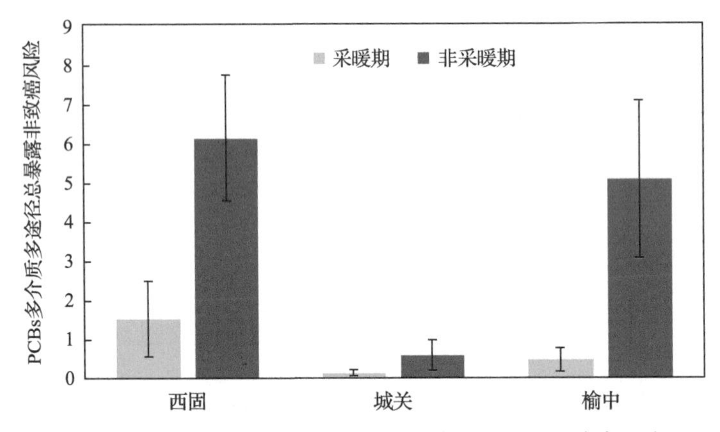

图 2-2-24　不同地区 PCBs 多介质多途径总暴露非致癌风险

结果表明，PCBs 经多介质多途径的日均总暴露的非致癌健康风险水平为非采暖期>采暖期，西固区>榆中县>城关区。

(2) 多介质多途径 PCBs 总暴露的致癌健康风险。

不同时期、不同地区 PCBs 经多介质多途径的日均总暴露的致癌健康风险如图 2-2-25 所示。

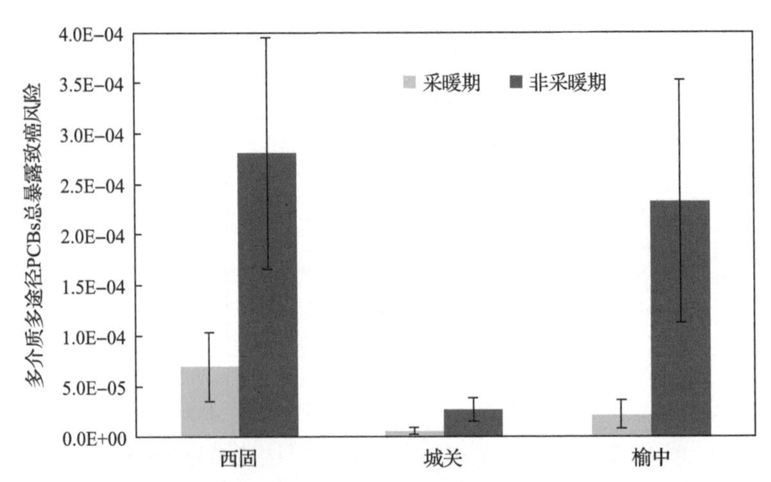

图 2-2-25　不同地区 PCBs 多介质多途径日均总暴露致癌风险

结果表明，PCBs 经多介质多途径的日均总暴露的致癌健康风险水平为非采暖期＞采暖期，西固区＞榆中县＞城关区。

(3) 膳食途径对其 PCBs 总暴露非致癌健康风险的贡献。

不同地区、不同时期 PCBs 经膳食途径对其多介质多途径的日均总暴露的非致癌健康风险的贡献如图 2-2-26 所示。

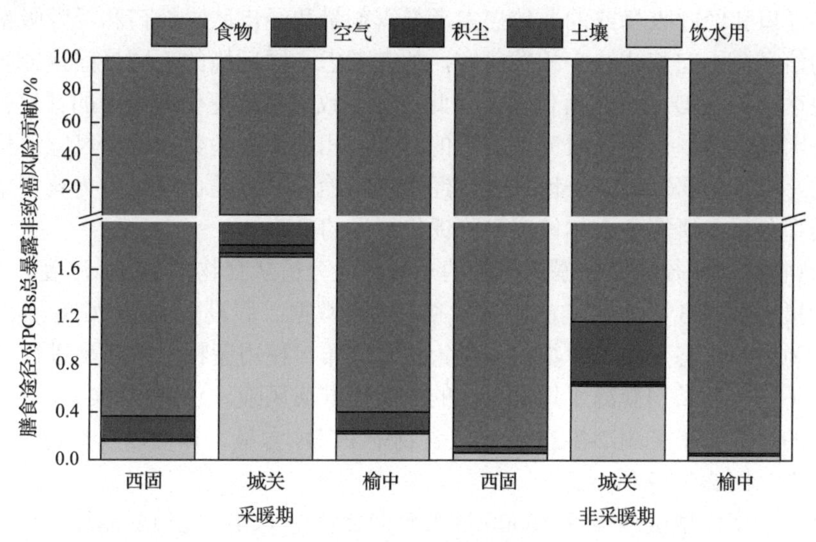

图 2-2-26　膳食途径 PCBs 暴露对其总暴露非致癌风险的贡献

总体上，PCBs 经膳食途径对其日均总暴露非致癌健康风险的贡献为非采暖期＞采暖期，且各时期均是榆中县＞西固区＞城关区。对于各地区、不同时期而言，食物均是 PCBs 日均总暴露量的最大贡献者，其贡献最高达 99%。

(4) 膳食途径对其 PCBs 总暴露致癌健康风险的贡献。

不同地区、不同时期 PCBs 经膳食途径对其多介质多途径的日均总暴露的致癌健康风险的贡献如图 2-2-27 所示。

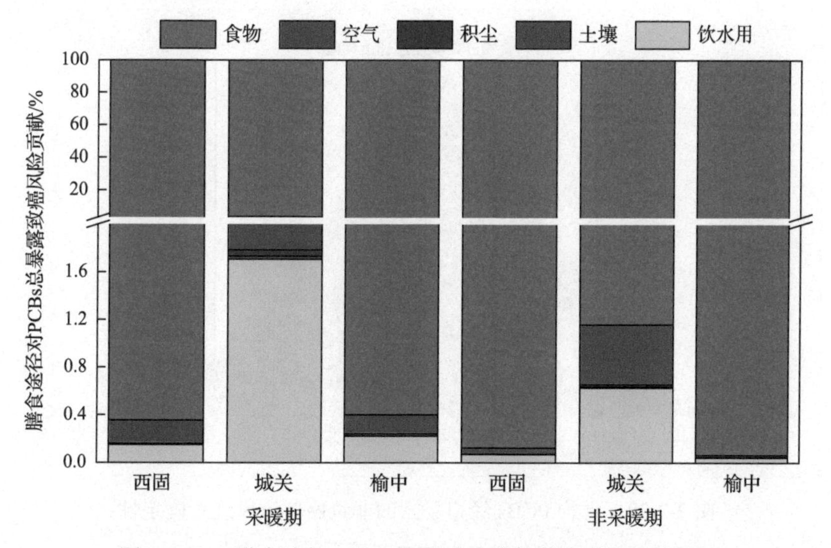

图 2-2-27　膳食途径 PCBs 暴露对其总暴露致癌风险的贡献

总体上，PCBs 经膳食途径对其日均总暴露致癌健康风险的贡献为非采暖期>采暖期，且各时期均是榆中县>西固区>城关区。对于各地区、不同时期而言，食物均是 PCBs 日均总暴露量的最大贡献者，其贡献均在 98%以上。

(5) 不确定性分析。

研究在开展 PCBs 经多介质多途径的非致癌及致癌健康风险评价时，由于 7 种目标单体经皮肤、经口和经呼吸暴露的非致癌参考暴露剂量和经皮肤、经口和经呼吸暴露的致癌斜率因子的信息尚不完整或缺少相关研究，故在考虑不同环境的不同暴露途径时，均使用已有的其他途径的 RfD 和 SF 值代替，因此，其非致癌和致癌健康风险的评价存在一定的不确定性。因此，为了分析该研究中使用的样本、相关暴露参数及健康风险评价模型的不确定性及敏感性，本研究以三个地区食物经口暴露途径非致癌健康风险为典型案例，采用蒙特卡罗模型分析本研究中个体健康风险评价结果的准确性。

PCBs 食物经口途径非致癌暴露风险的不确定性分析从食物中 PCBs 浓度、人体体重以及人体食物摄入量这 3 个不确定的因素中独立抽取数据。假设食物中 PCBs 的含量为正态分布、体重为对数正态分布、食物摄入量为正态分布，使用蒙特卡罗模型进行 10000 次试验，来表征不同个体长期暴露于日常食物的非致癌健康风险。食物中 PCBs 经口途径非致癌健康风险的运算结果见图 2-2-28 所示，食物中 PCBs 含量、体重以及食物摄入量对运算结果的敏感性见图 2-2-29 所示。

使用蒙特卡罗模型试验运行 10000 次得到的食物中 PCBs 经口暴露途径的非致癌健康风险水平均值为 3.19，中位数为 3.16，这与本研究使用的健康风险评价模型得到的 3.17 的结果接近。这表明本研究基于实际的浓度水平以及系列相关暴露参数，利用 USEPA 推荐的暴露评价模型对研究对象多介质多途径的非致癌健康风险评价结果具有较高的可靠性，可以真实地反映研究对象 PCBs 暴露的非致癌健康风险水平。从图 2-2-29 中可以看出，食物中 PCBs 浓度、体重以及饮食摄入量对评价结果的影响相当，因此在进行 PCBs 人体健康风险评价时，不仅要关注环境介质中污染物浓度水平，个体行为模式相关的一些暴露参数也要充分关注，从而使其健康风险评价的结果更加准确。

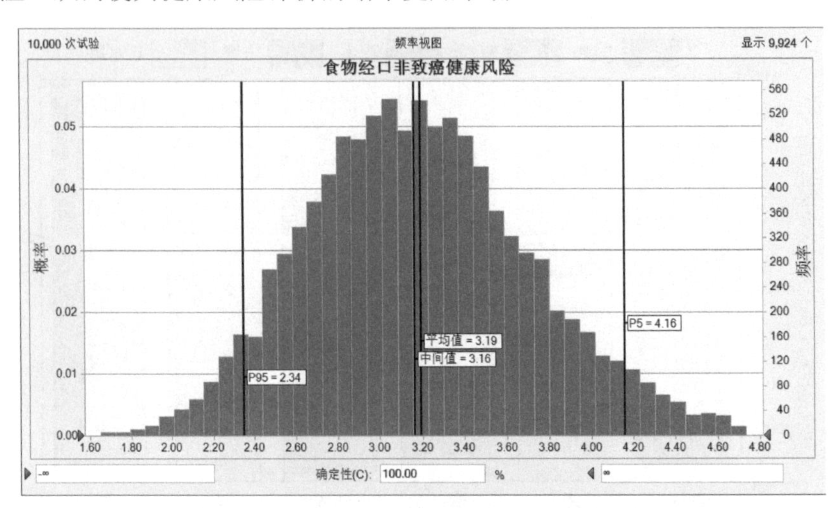

图 2-2-28　食物 PCBs 经口暴露的非致癌健康风险不确定性

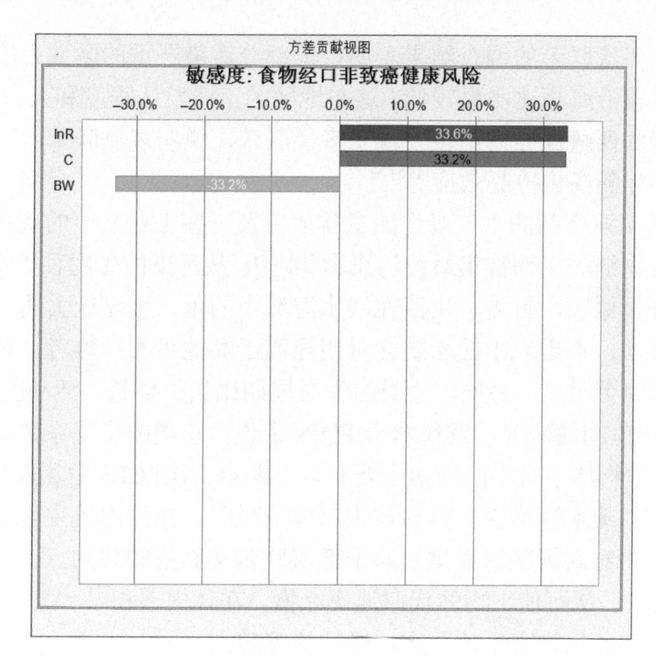

图 2-2-29　食物 PCBs 经口暴露非致癌健康风险的敏感性分析

纵坐标表示影响健康风险评价的敏感性指标；横坐标表示各指标对评价结果不确定性的贡献，

正值表示敏感指标对评价结果变异性的正影响，负值表示负影响

4. 食物中多氯联苯富集特征和来源

1) 作物中多氯联苯的累积特点

孟亚黎等[104]发现在国产三氯联苯和五氯联苯污染的土壤上生长的青椒和西红柿，污染程度为根＞叶＞茎＞果皮；毕新慧等[105]对浙江东南某 PCBs 污染的水稻种植地区开展研究，发现水稻各器官对 PCBs 的吸收呈现：糙米＜稻秆＜稻壳＜稻叶的明显趋势，污染程度与暴露大气的程度一致。

2) 水生生物对多氯联苯的富集特点

不同流域水体中 PCBs 的富集特征如表 2-2-36 所示。

表 2-2-36　部分流域水体中 PCBs 的累积特征

水系	浓度范围/(ng/L)	平均浓度/(ng/L)	参考文献
福建闽江口	200～2470	985	[106]
华北海河	310～3110	760	[108]
广东大亚湾	91.1～1355.3	313.6	[109]
渤海湾	60～710	210	[107]
上海郊区河流	143.4～201.8	159.1	[109]
长江口	23～95	58.8	[94]
长江中游直流/干流	3.77～61.79	20.71	[110]
重庆地下河	0.34～52.99	9.97	[111]
山东莱州湾	4.5～27.7	5.4	[112]
黄河内蒙古段	0.64～2.25	1.51	[113]
珠江入海口	0.02～2.55	0.73	[114]

对中国水体中多氯联苯的调查结果表明，大部分污染严重的区域为沿海水系，内陆河流中多氯联苯含量较沿海相比明显较低，这与地区的工业发达程度和人口密度有关。此外，有研究表明在南极和西藏高原雪山也发现了多氯联苯，说明多氯联苯可以随水气地球循环到达任何区域，并伴随高山冷凝效应[115]。

含有 PCBs 的工业产品的“三废”随意排放以及一些工业品中的液体渗漏均可直接或通过环境介质由食物链的生物富集最终污染食物[115]。从污染的生物种类来看，鱼类产品的污染含量较高，分析原因，首先，生活在浅水海域中的鱼，更靠近大陆，相对受多氯联苯污染机会较多；其次，鱼组织中的脂肪含量明显高于其他贝类；再者，鱼类处于生物食物链较高级，富集作用更明显；另外，鱼类的生命周期比贝类要长，活动区域也更大[115]。根据王晓蓉[116]太湖中生物的研究，发现对于 POPs 来说，鱼类的富集系数最高为 1.24×10^4。

影响 PCBs 在生物体中富集的因素主要有以下两点：①PCBs 中氯取代的位置和数量。随着氯取代的增加，疏水性增强，容易被生物体所吸附，在体内发生富集。孙振中研究也表明水生生物表现出对高氯联苯富集量高于低氯联苯富集量的共同点。对位、邻位有氯取代的 PCBs 毒性较大，从而使生物体代谢速率减慢，在体内蓄积[117,118]。②生物在食物链中的位置。营养级越高的生物富集越严重，受的损害越大。

3) 作物中多氯联苯

李艳等[119]观察不同 PCBs 污染程度灌溉水下的玉米 PCBs 含量，发现多数同一品种玉米在不同灌溉水质条件下籽粒的 PCBs 含量无显著差异($p>0.05$)，这说明不同灌溉水质总体上并未显著影响玉米籽粒 PCBs 含量。

薛海全[120]对小麦展开研究(表 2-2-37)，发现作物生长在土壤、大气和灌溉水都存在 PCBs 污染的环境下，小麦中 PCBs 浓度与根际土壤中 PCBs 浓度没有显著相关性，与污染浓度较小的井水和河沟水也未显示相关性，但与 PCBs 浓度较高的井水显著相关。

表 2-2-37　不同污灌下作物中 PCBs 的含量

污染物种类	作物	土壤污染浓度/(ng/g)	灌溉水污染浓度/(ng/L)	作物浓度/(ng/g)	参考文献
∑PCBs(7 种)	小麦	23.98	285.22	0.066～0.6	[120]

Miyazaki 等[121]在 PCBs 污染土壤中生长的水稻和芝麻中未检测到 PCBs 残留，但水稻秸秆 PCBs 的累积水平为 0.02～0.08 mg/kg，与无 PCBs 污染土壤中的植物累积含量相同。大量的控制暴露实验和区域实验发现疏水性的 PCBs 在植物中的富集，由根吸入的很少。PCBs 是一类非离子性化合物，K_{ow} 值很大，通过植物根系吸收及输送系统进入植物的可能性不大，尤其是叶片很大的植物，其表面一般包覆有一层蜡质类物质，非常有利于脂溶性化合物的积累，因此大气沉降是它们主要的累积途径，结合以上分析，推测大气沉降可能是植物中 PCBs 污染的主要原因。

研究表明也存在能从土壤中吸收 PCBs 的作物。Iwata 等[122]发现低氯代 PCBs 容易被胡萝卜从土壤中吸收，且 97%的污染物集中在表皮，证明 PCBs 在植物中的迁移能力很低。Suzuki 等[123]发现低氯代污染物因为其相对较高的水溶性而具有更大的生物可利用性。Sawhney 和 Hawkin[124]在研究甜菜萝卜和豌豆对 PCBs 的吸收时，得到了和胡萝卜相同的结论。Azza[125]研究发现胡萝卜中 PCBs 含量与土壤中 PCBs 含量成正比，但是对于同样是根系蔬菜的马铃薯来说没有发现这类规律，推测 PCBs 在作物中的积累与该作物的脂肪含量有关。

薛海全[120]发现，小麦中 PCBs 浓度与井水中 PCBs 浓度显著相关，与根际土壤中 PCBs 浓度不相关；Pier 等[126]对加拿大北极地区植物体的 PCBs 来源进行了研究，发现在土壤没有严重污染的情况下，植物中 PCBs 来源于土壤的作用可以忽略；毕新慧等[105]对浙江东南某水稻种植地区的水稻和土壤中 PCBs 的研究表明，PCBs 在土壤中迁移很慢，不容易被作物通过根吸收。

5. 多氯联苯现行标准评价及建议

对我国部分城市大气、土壤环境介质中 PCBs 的污染特征进行总结，如表 2-2-38 和表 2-2-39 所示。

表 2-2-38　我国部分城市大气中 PCBs 污染特征

性质	区域	基质	浓度范围/(pg/m^3)	平均浓度/(pg/m^3)	参考文献
城区	北京石景山	气相	—	785.59	[127]
		颗粒相	—	518.9	[127]
	广东深圳	气相	25.70～66.65	44.97	[128]
	山东青岛	颗粒相	5.22～8.58	7.32	[129]
综合	广州市夏季	颗粒相+气相	172～2720	935	[86]
	福建厦门	气相+颗粒相	66.94～689.59	220.56	[130]
高山地区	湖南衡山	气相	0.78～364.52	92.3	[131]
		颗粒相	2.80～481.1	88.21	[131]

表 2-2-39　我国部分地区土壤中 PCBs 污染特征

性质	区域	我国部分土壤中 PCBs 浓度/(ng/g)		参考文献
		浓度范围	平均浓度	
农田土壤	广东贵屿	0.65～1443	458	[132]
	浙江台州路桥	0.779～937	75.7	[133]
	南京白马镇	10.01～54.63	33.92	[134]
	北京	2.6～19.56	11.01	[135]
	江苏	ND～32.83	4.13	[136]
	北京通州	0.256～2.14	1.48	[137]
	上海	0.0717～2.53	0.534	[138]
高山土壤	吉林长白山	7.3～31.9	17.2	[139]
	广东岭南	1.15～2.49	—	[140]
	广东罗浮山	1.85～4.06	—	[140]
城区土壤	上海新江湾城	1.83～8.46	3.99	[141]
	天津城区	0.82～8.88	3.56	[142]
	浙江金华城区	0.111～2.688	0.858	[143]

研究结果表明，作物中 PCBs 的主要介质来源为大气。而且大气中的 PCBs 是地表水污染和土壤污染的主要来源，还会通过污染地表水而富集到水生生物中。由于大气中的多氯联苯具有浓度低、影响周期长、来源因素复杂等特点，未能像水体和土壤的污染一样引起人们的高度重视。空气中污染物的来源非常广泛，可以来源于水体、土壤、沉积物或地表植被等各种环境介质中污染物的挥发、释放和扩散，因此一个地区的大气污染状况能够直接反映该地区环境污染的整体状况。大气 PCBs 污染普遍，包括基本没有工业品使用的高山地区，房倩等[131]在衡山上的大气中检测到比较高含量的多氯联苯，平均值分别达到了 92.3 pg/m^3 和 88.21 pg/m^3。城市大气中普遍检测到 PCBs，主要与当地工业区污染有关。从研究结果来看，我国土壤也受到不同程度的 PCBs 污染。因此，很有必要尽早制定 PCBs 在空气和土壤中的标准限制。对现行不同环境介质中 PCBs 的限值进行总结，如表 2-2-40 所示。

表 2-2-40 现行环境质量标准中 PCBs 的限值

土壤/(μg/kg)		水/(mg/L)	水产品/(mg/kg)(指示性 PCBs)	人体日均最高摄入量(美国)/(μg/kg BW)
加拿大	荷兰			
500	1000	2.0×10^{-5}	≤2.0	0.02

我国海产品中的限量标准(GB 2762—2005)和无公害食品农业行业标准(NY 5073—2006)规定：海产品中 PCBs 的含量不得超过 2 mg/kg。

6. 小结

通过既往研究及典型案例研究分析表明，虽然 PCBs 已禁产，但工业生产及生活过程仍不断向环境释放 PCBs 类污染物，且各环境介质中均呈现不同程度的积累。总体而言，海产品是 PCBs 富集的典型食物类型，东部及沿海地区是食物 PCBs 污染的重点关注和防控区。对典型案例区人群经食物及经其他环境介质多途径暴露的健康风险研究表明，居民对 PCBs 暴露的健康风险主要来源于食物，其贡献达 90%以上。说明制定食物 PCBs 的相关基准、从人体食物暴露的上游(暴露源)进行控制，是有效降低人体 PCBs 暴露健康风险的关键手段。

2.4.5 我国相关环境标准现状

梳理我国当前食品安全相关环境标准体系的构成、指标分类和分级制定的依据和现状。同时，系统整理大气、土壤、水体等相关环境质量标准及行业标准如灌溉用水标准、渔业用水标准等，深入分析我国当前相关环境标准的科学性、有效性和管理能力，并研究其对食品安全的保障力。

深入分析发现，我国已初步建立起了以国家标准为主体，行业标准、地方标准、企业标准相互补充，与我国食品产业发展、人民健康水平提高基本相适应的食品安全标准体系。该标准体系内不同标准间既存在相互交叉，又紧密相扣。但是单从某一标准来看，如食品质量标准，目前现行的标准中一些重要的标准仍短缺，且相关指标的制定总体上直接引用国外数据，缺乏基于我国实际国情和情景的科学研究作为依据，而不同标准或同类标准中的不同指标与国际标准接轨度较差。

总体来看，我国在水体、土壤和大气等影响食品安全的环境标准制定方面，目前已基于保护公众健康、保护生态系统及其使用功能等角度，从环境质量标准、排放标准、总量与容量控制标准、相关技术规范与导则、环境影响评价及风险管理等方面制定的相关标准达 1800 多个，逐渐形成了日益完善的环境管理体系（表 2-2-41）。但是纵观各环境质量或排放等标准，多数指标的制定均是在借鉴和参照国外发达国家的基准和标准数值的基础上制定的。一定程度上，表明其在保护公众健康、保护生态系统及使用功能层面可能因缺乏科学性而降低了保障力，也不利于食品安全的保障。

表 2-2-41　我国相关环境管理体系

介质/项数	质量标准	排放标准	方法与规范	其他
水体	5	43	150+	10+
土壤	5	—	13	—
大气	4	38	120+	10+

以重金属镉为例，我国及美国部分环境质量标准中镉的标准限值分类及限值如表 2-2-42 所示。总体上发现：①我国部分标准过于陈旧，如渔业水质标准、农田灌溉水质标准和土壤环境质量标准，特别是在土壤污染形势严峻的当前，依据 26 年前的标准进行环境质量和生态功能的保护显然已大大失效；②虽然对现行部分标准的限值进行了分类，但其一般是基于用途如水质的水源地、农业使用等使用用途进行分类，依据生态及人体健康风险的概念进行分类。在“健康优先、风险管理、分级制定”的原则下，现行的相关环境质量标准很难做到人体健康风险的管控；③与 WHO 相比，我国当前的空气质量标准中仅对部分气态污染物如 NO_x，颗粒物如 $PM_{2.5}$，铅和苯并[*a*]芘进行限定，而对需重点关注的典型环境有毒有害物如镉、汞等污染物质的限定标准值却仍然缺失，由此可见，我国在制定相关基准和标准时，针对重要标准缺失的问题需重点补充相关标准值。

表 2-2-42　我国及美国部分环境质量标准中镉指标

环境介质	标准限值		我国	美国
	类别	限值		
地表水/(mg/L)	五类	0.001～0.01	地表水环境质量标准(GB 3838—2002)	
地下水/(mg/L)	五类	0.0001～0.01	地下水环境质量标准(GB/T 14848—1993)	
海水/(mg/L)	四类	0.001～0.01	海水水质标准(GB 3097—1997)	
渔业水/(mg/L)	一类	≤0.005	渔业水质标准(GB 11607—1989)	
灌溉水/(mg/L)	一类	0.005	农田灌溉水质标准(GB 5084—1992)	0.005
饮用水/(mg/L)	一类	0.005	生活饮用水卫生标准(GB 5749—2006)	0.005
土壤/(mg/kg)	三类四用	0.25～1.0	土壤环境质量标准(GB 15618—1995)	
温室菜地/(mg/kg)	三类	0.3～0.4	温室蔬菜产地环境质量评价标准(HJ 333—2006)	通用值：3.56 生态筛选值：32
农产品产地/(mg/kg)	三类两用	0.3～0.6	食用农产品产地环境质量评价标准(HJ 332—2006)	
食品/(mg/kg)	一类	0.05～2.0	食品安全国家标准 GB 2762—2012	
空气/(ng/m^3)	一类	5	无	WHO

2.4.6 我国现行相关环境标准的协调性及健康保护能力

在分析我国现行环境质量标准制定依据和限值现状的基础上，进一步分析现行相关环境标准的环境管理能力，及其在当前“健康优先、风险管理、分级制定”的需求下对人体健康的保护能力。因此，本研究在系统整理、调查既往研究资料、文献和研究报告并分析当前典型环境污染物的污染及分布特征的前提下，鉴于我国土壤污染形势严峻而且农业源污染超过工业污染的 7.5 倍，大气污染和水体污染仍处于攻坚治理的情形，以重金属铅为例，假设我国当前的环境污染水平均可接受且处于阈值最大限度，即假设水体、大气、食品和土壤中污染物铅的最高污染水平为相应环境标准的限值水平（分别为 10 μg/L、0.5 μg/m^3、0.2 mg/kg 和 300 mg/kg），结合当前我国人群的环境暴露行为模式特征如日均饮水摄入量、呼吸速率、日均食品摄入量等，以此分析现行各环境质量标准对人体健康的保护能力，现行环境质量标准与健康基准的衔接性，并探讨现行各环境质量标准的科学性和综合协调性。2.4.1～2.4.4 节分析结果表明，虽然我国目前针对不同环境介质制定了相关环境标准和人体健康标准，但随着当前经济发展及环境污染形势的变化，相关环境标准已无法从健康风险防范的角度保护人体健康，且缺乏以从人体暴露健康风险防范角度制定的相关健康标准及环境基准。而且，现行环境质量标准与健康基准的衔接性较差，且现行环境质量标准制定过程中对其他标准的考虑较少，不同标准之间的协调性较差，无法达到真正保护人体健康的要求。典型案例分析表明，食物是人体暴露环境污染物健康风险的主要途径，其对一般人体暴露的环境分担率超过 80%。因此，制定相关食物基准，制修订土壤、水体、空气等食物上游污染源环境介质的标准及基准限值是保障食物安全摄入的有效措施。

2.4.7 发达国家相关基准标准制定经验剖析

国外食品安全监管具备以下可借鉴之处：①食品监管法规比较完善；②食品监管模式较为健全；③食品安全检测较为严苛；④食品安全召回与追溯系统较为完备；⑤食品安全监管链条可实现无缝对接。相比之下，我国食品安全监管存在的主要问题如下。

食品监管法规不健全，不能全面覆盖食品“从农田到餐桌”的全过程。目前已出台了《食品安全法》和《产品质量法》，形成了一套法律体系，但监管立法方面不够系统，存在较多含糊的规定。食品安全包括食品从农田种植到餐桌食用的全过程的监管与安全，这个过程涉及种植养殖、加工包装、储藏运输、销售消费等一系列环环相扣的阶段，任何一个环节出现问题，都会使食品安全成为空谈。然而当前我国食品安全方面的法律保障体系采取的是分段立法的原则，且相关法律都是随着政府机构改革而逐步形成的，法律之间缺乏连贯性和系统性，因此在监管上还有较大盲区。目前我国还未拥有一部覆盖“从农田到餐桌”整个过程的食品安全基本法，不能行之有效地监管食品链从种植饲养到餐桌食用的各个环节。我国食品安全法律保障体系还急需进一步的修改与完善。

我国食品监管对象分散，全覆盖难度较大。国家食品药品监督管理总局 2016 年统计数据显示，我国食品经营小企业、小作坊的比例超过 70%，而其中超过 45%没有相关许可证件。如何将规模庞大的这类企业作坊列入监管系统、便于及时进行食品质量监督和管理，是当前需要解决的问题。

食品追溯体系不统一，追溯效果差。与发达国家相比，我国的食品追溯体系仍处于起步阶段，实施过程困难重重。最大的问题是追溯体系没有统一；当前国外较好的追溯体系一般由单一部门独立负责，如瑞士的联邦卫生局负责食品安全的整体追溯工作，其对食品生产和流通各环节实施系统管理，将所有信息在网上详细登记，并对消费者提供网上查询服务。这种举措实现了政府、媒体和消费者的有效监督，取得良好追溯效果。而反观我国，各职能部门如国家食品药品监督管理总局、卫生部和农业部等部委各自建立食品安全追溯体系，造成各追溯体系之间融合效果非常不理想，追溯效果较差。综上所述，国外食品安全监管经验对我国的启示如下：

(1) 健全食品安全法规，努力实现监管全覆盖。我国应该在《产品质量法》《食品安全法》的基础上，分类构建食品在生产、加工、包装、储藏、运输、销售和消费等各个环节的针对性法律，保证各法律之间的协调性和系统性。形成以《食品安全法》《产品质量法》为主线，多个分支并行，覆盖从农田到餐桌各个环节的制度体系。

(2) 设立食品安全信息系统，提高信息透明度。学习发达国家的做法，建立全国范围内的信息收集、评估及反馈方面的基础设施。借鉴美国从联邦到地方的食品安全监管信息网络，对食品信息进行全方位的公开披露经验。我国应建立食品安全追溯机制、食品可追溯体系，对食品从生产、加工到流通等各环节实行可追溯。

(3) 建立食品安全信用制度，加快信息追溯制度与国际接轨。加快创建食品安全信用制度与体系，实现责任可追溯，能够有效降低食品安全问题的发生。覆盖全面的食品安全信用制度实施对象，包含大中型食品生产商、食品经营商、小型作坊式食品经销商等。同时，创建食品安全信息追溯制度。规范食品外包装与标签粘贴工作，要求生产厂家将所有食品安全信息标注于标签上，促使信息追溯制度与国际接轨。

(4) 完善食品健康风险评估体系，有效预防食品安全问题发生。食品安全有效监管的前提是从风险评估、监管和沟通角度，创建食品健康风险评估体系。在危害识别、危害描述和危险性描述方面进行风险评估。并以风险评估结果为根据，权衡和规定相应政策，对食品安全进行有效的风险管理。

2.5　对策与建议

食品安全是重要的民生问题，是推进生态文明建设、实现美丽中国梦的重要抓手。保障食品安全是全面建成小康社会的迫切要求和重要标志。食品安全问题涉及原产地、加工、运输、储存、包装以及消费等各环节，全链条监管和风险防范是确保“从农田到餐桌”和“舌尖上的安全”的根本。我国的食品安全当前呈现稳中向好的整体趋势，但是由于“分段管理”等相关制度，食品安全的整个链条仍未打通，因此，我们建议要尽快加强对“环境健康风险评估”的研究工作，立足科学前沿，有效建立环境与食品之间的纽带关系，推动建立信息共享平台、上下联动促进形成良好的环境健康风险防范氛围，以保护人体健康为目的切实保障居民“舌尖上的安全”。

2.5.1　我国环境健康风险评估在食品安全方面应用的主要瓶颈

1. 不同部门之间存在信息孤岛

食品安全是一个多部门、多环节、综合管控下方能实现的全民愿景。首先，环境污染与食品安全问题在法律层面缺乏衔接。目前虽然我国虽已出台多项政策指出，要加强环境健康风险评估管理工作，2015 年也修订了“史上最严”《食品安全法》，但是，环境健康风险评估工作主要侧重于对水、大气、土壤等介质中污染物的监测和风险的防控工作，而食品方面的法规主要侧重于对农药、添加剂等的限制和规范工作，环境污染与食品安全问题在法律层面缺乏衔接。其次，部门管理机制不健全也是一个重要瓶颈。环境污染问题主要由生态环境部负责，而食品安全则主要由农业部、药监局、质监局等负责，不同部门之间虽分工明确，但是工作的交叉地带存在缺乏明确分工，信息难以共享的问题，造成环境健康风险评估工作对于食品安全的保障工作难以推进。第三，当前我国对于农产品“从农田到餐桌”的各个环节也进行“分段管理”的方法。在农田阶段，主要由农业农村部进行管理，生态环境部在其中主要负责原产地环境的保障和修复。农产品质量安全与土壤质量息息相关，而土地过度利用又会严重破坏土质，目前在农产品生产端还存在着许多问题。治理农田土壤、解决农产品生产环节的问题既是食品安全的第一要务，也是实施国家乡村振兴战略的措施。在食品加工销售与消费方面，由国家食品药品监督管理总局负责。而卫生部门主要是建立应对食品安全事故的运行机制。“分段管理”的模式造成监管无法联动，溯源难以实现的现象。不同的负责部门根据自身需求和目的开展追溯和评估工作，各部门虽分工明确，但是仍然存在由于重复建设且评价标准不统一的问题，致使不同环节的过程和结果在不同部门间无法有效衔接，信息的交流和共享不足，难以实现全链条的风险监控。

2. 环境与食品的综合暴露健康风险底数不清

当前我国尚未形成关于环境和食品的综合暴露风险调查和评估机制，人体经各介质暴露的风险分担率底数仍不清，在制定相关标准或限值时缺乏科学依据，导致环境质量标准与食品标准的制修订无法相互协调和有效衔接。以铅为例，假设我国当前环境中铅污染水平处于相应质量标准规定的限值(即水体、大气、土壤的水平分别为 10 μg/L、0.5 $\mu g/m^3$ 和 300 mg/kg)，我国成人的铅日均综合暴露量为每天每千克体重 4.2 μg，即使按照 FAO/WHO 食品添加剂联合专家委员会(JECFA)因为不能保护健康已在2010年撤销的暂定每周耐受量(PTWI) 25 μg/(kg BW·周)计算，我国铅暴露水平也远远超过可耐受剂量。这说明即使在现行环境和食品标准约束下，各环境介质和食品都达标的情况下，我国成人铅的日均暴露量也超过人体可耐受剂量，仍可能对我国成人构成较大的健康风险。环境与食品的综合暴露健康风险底数不清这一现状最终使得环境治理时难以制定有效的风险防控措施，无法真正防范人体健康的风险。

3. 不同群体风险认识不统一

当前由于我国缺乏贯穿全链条的信息交互和沟通交流机制，缺乏环境健康综合风险防范机制，使得各部门内部和部门之间、风险评估和管理相关人员之间的风险认识不全面、不系统、不统一，直接导致了不同部门和群体对风险的相关认识存在偏差，也由此影响了政府与社会各界的有效风险交流和沟通，甚至由此引发了社会的不安和不稳定，影响了群众对政府部门的理解和信任。由于对风险认识不足，也导致了现有法律法规无法有效协同推进，食品安全的源头风险监管不足，无法将“安全”意识贯穿于食品安全的全链条。

2.5.2 加强防范环境健康风险，保障居民食品安全的建议

1. 构建信息交互的数据共享体系

食品行业是一个交叉行业，需要多方共同努力保障食品安全。要强化系统梳理和顶层设计，协调各部门间的协作关系，同时也要善于借助“互联网+”等先进的科学技术构建环境污染物毒性和健康效应等与食品安全相关的数据库共享平台；推广环境健康风险评估的新技术、新方法和新手段，研发并优化数字智能评价体系和平台，实现原产地环境风险的数字化协调管控；融合遥感、无线传感、人工智能、大数据等技术手段在“农田到餐桌”全链条食品安全监测预警和溯源的应用，加强数据信息的交互和共享体系建设，以期全面实现信息化的环境健康风险防控。数据的共享使用有利于推动实现食品安全的共建共治，食品产业信息化是现代食品发展的重要标志，而以新一代人工智能技术为代表的新技术发展迅速，正在加速向食品质量安全领域渗透和应用，促进各部门之间的良好交流，有利于推动政策之间的相互协调，促进社会的发展。

2. 建立环境和食品综合暴露风险调查和评价机制

食物从“农田到餐桌”的整个过程，影响其安全性的关键因素是其原生环境，从源头控制食物的原生环境质量，是保障食品安全的第一道防线，因此，开展食品原产地的环境健康风险评估工作是保障原生环境质量的关键措施，也是防范人体暴露健康风险的关键所在。要多部门联动、因地制宜、因时施策地开展人体对环境暴露行为模式和精准的个体食品消费量调查，以及人体经环境和食品暴露的健康风险评估，建立人体经环境和食品综合暴露的健康风险普查和详查机制，探清环境与食品暴露的健康风险分担率底数，以期为相关标准及政策的科学制定提供依据，促进环境、食品和健康基准标准的科学性和协调性。具体来说，第一，积极开展污染普查和健康风险评估工作，通过风险识别和风险评估的途径和手段，识别原产地的污染水平以及潜在的健康风险，为下一步政策提出提供科学依据；第二，定期梳理和更新环境污染物毒理学、暴露评价及健康效应研究基础和数据储备库，并及时对暴露途径、健康结局、健康危险度水平及相关步骤和方法构建科学的方法体系；第三，推动并更新环境污染特征，人体摄入量、人体暴露方式、人体寿命体重参数等环境暴露行为和健康数据的收集和研究，为原产地的健康风险评估提供重要依据和必要的数据支撑；第四，要进行“食品消费量”的精准调查，了解不同个体之间食品消费量的差异，才能够更加准确地掌握食品产生的健康风险。

3. 增强全民健康风险意识

现阶段，由于公众宣传教育工作不足，公众缺乏环境健康风险评估的基本素养，导致公众在原产地以及食品的选择方面没有更多的科学手段作为支撑。促进农户积极主动选择

安全的种植产地，消费者在选择安全的食材时也有了科学依据。因此，应该积极推进“全民防范健康风险”的运动，提高公众“环境健康风险素养”，是保障公众食品安全的关键手段。

要积极推动建立稳定的风险交流机制，各部门间定期开展健康风险交流，保证各相关政策的协调性，以保护人体健康为出发点；推进管理部门与消费者的直接对话和合作网络，保证政府和公众对风险认知的统一；在高等院校开设环境健康风险评估与管理相关课程，推动环境健康学科发展，加强风险管理人才培养；进行全方位、多层次的教育宣传工作，提高公众的“环境健康素养”水平。通过国家、社会和公众层面之间的风险交流，上下联动，共同努力建设“健康中国”，更有效推动小康社会和生态文明的建设。

2.5.3 总结

食品安全和环境安全是保障人民群众健康最重要的两个方面，两者互为因果，密不可分。环境治理的长期性、综合性和反复性的特点迫使环境污染是长期影响食品安全的重要问题。环境是食品安全的基本保证，因此，建立环境与食品之间联系的桥梁和纽带至关重要，推动数据共享、摸清底数、增强全民风险意识，才能从真正意义上保护公众的食品安全，促进社会的长治久安。

参 考 文 献

[1] 于云江, 付益伟, 孙朋, 等. 松花江吉林市江段水体特征污染物筛选研究[J]. 环境卫生学杂志, 2013, 3(3): 175-181+185.

[2] 刘存, 韩寒, 周雯, 等. 应用 Hasse 图解法筛选优先污染物[J]. 环境化学, 2003, (5): 499-502.

[3] 黄震. 综合评分指标体系在环境优先污染物筛选中的应用[J]. 上海环境科学, 1997, (6): 19-21.

[4] WHO. Environmental Health Criteria: Brominated Diphenyl Ethers [J]. World Health Organization, 1994. 162.

[5] Schmidt C W. Low-dose arsenic in search of a risk threshold[J]. Environ Health Persp, 2014, 122(3): A130-A1340.

[6] Nordberg G, China Cad Group. Cadmium and human health: A perspective based on recent studies in China[J]. J Trace Elem Exp Med, 2003, 16: 307-319.

[7] He P, Lu Y, Liang Y, et al. Exposure assessment of dietary cadmium: Findings from Shanghainese over 40 years, China [J]. BMC Public Health, 2013, 13: 590.

[8] Cheremisinoff N P R. Public Health Assessment Guidance Manu [J]. Agency for Toxic Substances and Disease Registry, Atlanta, GA, 2001.

[9] Tatsuta N, Nakai K, Murata K, et al. Impacts of prenatal exposures to polychlorinated biphenyls, methylmercury, and lead on intellectual ability of 42-month-old children in Japan [J]. Environ Res, 2014, 133: 321-326.

[10] Liu J A, Chen Y J, Gao D G, et al. Prenatal and postnatal lead exposure and cognitive development of infants followed over the first three years of life: A prospective birth study in the Pearl River Delta region, China [J]. NeuroToxicol, 2014, 44: 326-334.

[11] Mobarak Y M, Sharaf M M. Lead acetate-induced histopathological changes in the gills and digestive system of silver sailfin molly (*Poecilia latipinna*) [J]. Int J Zoological Res, 2011, 7(1): 1-18.

[12] De Rosa M, Zarrilli S, Paesano L, et al. Traffic pollutants affect fertility in men [J]. Hum Reprod, 2003, 18(5): 1055-1061.

[13] Poreba R, Gac P, Poreba M, et al. Relationship between chronic exposure to lead, cadmium and manganese, blood pressure values and incidence of arterial hypertension [J]. Med Pracy, 2010, 61 (1): 5-14.

[14] Paul N, Chakraborty S, Sengupta M. Lead toxicity on non-specific immune mechanisms of freshwater fish *Channa punctatus*[J]. Aquatic Toxicol, 2014, 152: 105-112.

[15] Liu W J, Qiao Q, Chen Y Y, et al. Microcystin-LR exposure to adult zebrafish (*Danio rerio*) leads to growth inhibition and immune dysfunction in F1 offspring, a parental transmission effect of toxicity [J]. Aquatic Toxicol, 2014, 155: 360-367.

[16] Sun H, Chen W, Wang D Y, et al. The effects of prenatal exposure to low-level cadmium, lead and selenium on birth outcomes [J]. Chemosphere, 2014, 108: 31-39.

[17] Grandjean P. Even low-dose lead exposure is hazardous [J]. The Lancet, 2010, 376, 855-856.

[18] Mcfarlane A C, Searle A K, Hooff M V, et al. Prospective associations between childhood low-level lead exposure and adult mental health problems: The Port Pirie cohort study [J]. Neuro Toxicol, 2013, 39: 11-17.

[19] Lim S S, Vos T, Flaxman A D, et al. A comparative risk assessment of burden of disease and injury attributable to 67 risk factors and risk factor clusters in 21 regions, 1990～2010: A systematic analysis for the Global Burden of Disease Study 2010 [J]. The Lancet , 2012, 380: 2224-2260.

[20] 段小丽, 陶澍, 徐东群, 等. 多环芳烃污染的人体暴露和健康风险评价方法[M]. 北京: 中国环境科学出版社, 2011.

[21] Tryphonas H, Luster M I, Schiffman G, et al. Effect of chronic exposure of PCB（Aroclor 1254）on specific and nonspecific immune parameters in the rhesus（*Macaca mulatta*）monkey [J]. Fundamental and Applied Toxicology, 1991, 16(4): 773-786.

[22] USEPA. Environmental Protective Agency: Special report on lead pollution[S]. 2006.

[23] USEPA. Exposure factors handbook[M]. Washington: Office of Research and Development, 1997.

[24] Cilliers L, Retief F. Lead poisoning and downfall of Rome: Reality or myth[J]. Hist Toxicol Environ Heal, 2014, 26: 118-126.

[25] Safi J, Fischbein A, Haj S E, et al. Childhood lead exposure in the Palestinian Authority, Lsrael and Jordan, results from the Middle Eastern Regional Cooperation Projects, 1996～2000 [J]. Environ Health Persp, 2006, 114: 917-922.

[26] Mielke H W, Laidlaw M A S, Gonzales C R. Estimation of leaded（Pb）gasoline's continuing material and health impacts on 90 US urbanized areas [J]. Environ Int, 2011, 37: 248-257.

[27] 刘咸德, 李显芳, 李冰. 我国城市大气颗粒物的铅同位素丰度比[J]. 质谱学报, 2004, 25: 171-172.

[28] Li Q, Cheng H G, Zhou T, et al. The estimated atmospheric lead emissions in China 1990～2009 [J]. Atmos Environ, 2012, 60: 1-8.

[29] Liang F, Zhang G L, Tan M G, et al. Lead in children's blood is mainly caused by coal-fired ash after phasing out of leaded gasoline in Shanghai [J]. Environ Sci Technol, 2010; 44: 4760-4765.

[30] Cao S Z, Duan X L, Zhao X G, et al. Health risks from the exposure of children to As, Se, Pb and other heavy metals near the largest coking plant in China [J]. Sci Total Environ, 2014（472）, 1001.

[31] 于蕾. 山东省土壤重金属环境基准及标准体系研究[D]. 济南: 山东师范大学, 2015.

[32] 吴洋, 杨军, 周小勇, 等. 广西都安县耕地土壤重金属污染风险评价[J]. 环境科学, 2015, 36(8): 2964-2971.

[33] 倪中应, 石一珺, 谢国雄, 等. 杭州市典型农田土壤镉铜铅汞的化学形态及其污染风险评价[J]. 浙江农业科学, 2017, (10): 1785-1788.

[34] 方晓波, 史坚, 廖欣峰, 等. 临安市雷竹林土壤重金属污染特征及生态风险评价[J]. 应用生态学报, 2015, 26(6): 1883-1891.

[35] 韩玉丽, 邱尔发, 王亚飞, 等. 北京市土壤和 TSP 中重金属分布特征及相关性研究[J]. 生态环境学报, 2015, 24(1): 146-155.

[36] 李春颖. 沈阳市区域农田土壤重金属污染状况研究[J]. 环境保护与循环经济, 2010, 30(9): 56-58.

[37] 徐鸿志. 安徽省主要土壤重金属污染评价及其评价方法研究[D]. 合肥: 安徽农业大学, 2007.

[38] 余葱葱, 赵委托, 高小峰, 等. 陆浑水库饮用水源地水体中金属元素布特征及健康风险评价[J]. 环境科学, 2018, (1): 1-16.

[39] 郭晶, 李利强, 黄代中, 等. 洞庭湖表层水和底泥中重金属污染状况及其变化趋势[J]. 环境科学研究, 2016, 29(1): 44-51.

[40] 刘兆德, 虞孝感, 王志宪. 太湖流域水环境污染现状与治理的新建议[J]. 自然资源学报, 2003, (4): 467-474.

[41] 李少华, 王学全, 高琪, 等. 青海湖流域河流生态系统重金属污染特征与风险评价[J]. 环境科学研究, 2016, 29(9): 1288-1296.

[42] 张莉, 祁士华, 瞿程凯, 等. 福建九龙江流域重金属分布来源及健康风险评价[J]. 中国环境科学, 2014, 34(8): 2133-2139.

[43] 黄锦叙, 余胜兵, 张建鹏, 等. 农村集中式供水中 4 种金属元素暴露水平及风险评价[J]. 环境卫生学杂志, 2014, 4(3): 218-222.

[44] Oulhoe Y, Le Bot B, Poupon J, et al. Identification of sources of lead exposure in French children by lead isotope analysis: A cross-sectional study [J]. Environ Res, 2011, 101(2006): 1-10.

[45] ATSDR（Agency for Toxic Substances and Disease Registry）. Public health assessment guidance manu[EB/OL]. Agency for Toxic Substances and Disease Registry, Atlanta, GA, 2001.

[46] Belson M G, Schier J G, Patel M M. Case definitions for chemical poisoning [J]. MMWR Recomm Rep, 2005, 54: 1-24.

[47] Huang P C, Su P H, Chen H Y, et al. Childhood blood lead levels and intellectual development after ban of leaded gasoline in Taiwan: A 9-year prospective study [J]. Environ Int, 2012, 40: 88-96.

[48] Koller K, Brown T, Spurgeon A, et al. Recent developments in low-level lead exposure and intellectual impairment in children [J]. Environ Health Persp, 2004, 112(9): 987-994.

[49] Al-Saleh I, Al-Enazi S, Shinwari N. Assessment of lead in cosmetic products[J]. Regal Toxical Pharm, 2009, 54(2): 105-113.

[50] Matthews R J, Jagger C, Hancock R M. Does socio-economic advantage lead to a longer, healthier old age[J]. Social Science and Medicine, 2006, 62(10): 2489-2499.

[51] Mishra K. P. Lead exposure and its impact on immune system: A review [J]. Toxicol in Vitro, 2009, 23(6): 969-972.

[52] Onore C E, Schwartzer J J, Careage M, et al. Lead toxicity on non-specific immune mechanisms of freshwater fish *Channa punctatus*[J]. Brain Behav Immun, 2014, 38: 220-226.

[53] ATSDR (Agency for Toxic Substances and Disease Registry). Toxicological profile for lead[EB/OL]. US Department of Health and Human Services, Public Health Service, Agency for Toxic Substances and Disease Registry, US, 2007.

[54] Lanphear B P, Hornung R, Khoury J, et al. Low-level environmental lead exposure and children's intellectual function: an international pooled analysis [J]. Environ Health Persp, 2005, 113: 894-899.

[55] Jusko T A, Henderson C R, Lanphear B P, et al. Blood lead concentrations ＜10 μg/dL and child intelligence at 6 years of age [J]. Environ Health Persp, 2008, 116: 241-248.

[56] Basgen J M, Sobin C. Early chronic low-level lead exposure produces glomerular hypertrophy in young C57BL/6J mice [J]. Toxicol Lett, 2014, 225(1): 65-71.

[57] Xin X, Ding G D, Cui C, et al. The effects of low-level prenatal lead exposure on birth outcomes [J]. Environ Pollut, 2013, 175: 30-34.

[58] 赵多勇. 工业区典型重金属来源及迁移途经研究[D]. 北京: 中国农业科学院, 2012.

[59] Cao S Z, Duan X L, Zhao X G, et al. , 2014. Health risks from the exposure of children to As, Se, Pb and other heavy metals near the largest coking plant in China[J]. Sci Total Environ, 472: 1003.

[60] Nordberg G, China Cad Group. Cadmium and human health: A perspective based on recent studies in China [J]. J Trace Elem Exp Med, 2003, 16: 307-319.

[61] 李筱薇. 中国总膳食研究应用于膳食元素暴露评估[D]. 北京: 中国疾病预防控制中心, 2012.

[62] USEPA (United States Environmental Protection Agency). Risk Assessment Guidance for Superfund, Volume I (Part A: Human Health Evaluation Manual; Part E, Supplemental Guidance for Dermal Risk Assessment; Part F, Supplemental Guidance for Inhalation Risk Assessment) [EB/OL]. http: //www. epa. gov/ oswer/ riskassessment/ human_health_exposure. htm. 1999.

[63] WHO. 2008. The problem of environment contamination by cadmium, lead and mercury in Russia and Ukraine: A survey[EB/OL]. Available from: http: // www. Who. int/ ifcs/ documents/ forums/ forum6/ eco_accord_en. pdf. WHO. IPCS Environmental Health Criteria 202. Selected non-heterocyclic polycyclic aromatic hydrocarbons. Geneva: WHO. 1998.

[64] Lutz S. Pteam: Monitoring of phthalates and PAHs in indoor and outdoor air samples in Riverside, California. Volume 2. Final report[R]. Modern Healthcare, 1992.

[65] Raiyani C V, Shah S H, Desai N M, et al. Characterization and problems of indoor pollution due to cooking stove smoke [J]. Atmos Environ, 1993, 27A (11): 1643-1655.

[66] 段小丽, 魏复盛, 杨洪彪, 等. 不同工作环境人群多环芳烃的日暴露总量[J]. 中国环境科学, 2004, 24(5): 515-518.

[67] Wang S, L i Z G, Tang D L, et al. Assessment of interactions between PAH exposure and genetic polymor phisms on PAH-DNA adducts in African American, Dominican, and Caucasian mothers and newborns[J]. Cancer Epidemiol Biomarkers Prev, 2008, 17(2): 405-413.

[68] 匡少平. 中原油田周边土壤及玉米中 PAHs 的分布[J]. 环境化学, 2008(6): 845-846.

[69] 尹春芹, 蒋新, 杨兴伦, 等. 多环芳烃在土壤-蔬菜界面上的迁移与积累特征[J]. 环境科学, 2008, (11): 3240-3245.

[70] Feng J L, Li X Y, Zhao J H, et al. Distribution, transfer, and health risks of polycyclic aromatic hydrocarbons（PAHs）in soil-wheat systems of Henan Province, a typical agriculture province of China[J]. Environ Sci Pollut Res Int, 2017, 24（22）: 18195-18203. DOI: 10. 1007/s11356-017-9473-8.

[71] 龙彪. 南宁市菜地土壤及蔬菜中多环芳烃的含量及来源分析[D]. 南宁: 广西大学, 2017.

[72] 吴敏敏, 夏忠欢, 张倩倩, 等. 南京市蔬菜中多环芳烃污染特征及健康风险分析[J]. 地球与环境, 2017,（4）: 447-454.

[73] 金晓佩, 贾晋璞, 毕春娟, 等. 设施栽培对土壤与蔬菜中 PAHs 污染特征及其健康风险评价[J]. 环境科学, 2017,（9）: 3907-3914.

[74] Kipopoulou A M, Manoli E, Samara C. Bioconcentration of polycyclic aromatic hydrocarbons in vegetables grown in an industrial area [J]. Environ Pollut, 1999, 106（3）: 369-380.

[75] Simonich S L, Hites R A. Organic pollutant accumulation in vegetation [J]. Environ Sci Technol, 1995, 29（12）: 2905-2914.

[76] Sardar K, Lin A—J, Zhang S—Z, et al. Accumulation of polycyclic aromatic hydrocarbons and heavy metals in lettuce grown in the soils contaminated with long-term wastewater irrigation[J]. J Hazard Mater, 2007, 152（2）: 506-515.

[77] Wild S R, Jones K C. Polynuclear aromatic hydrocarbons in the United Kingdom environment: A preliminary source inventory and budget [J]. Environ Pollut, 1995, 88（1）: 91-108.

[78] 李珊英, 陶玉强, 姚书春, 等. 我国湖泊沉积物多环芳烃的分布特征及来源分析[J]. 第四纪研究, 2015, 35（1）;118-130.

[79] 高红霞, 刘英莉, 关维俊, 等. 污灌土壤中多环芳烃的残留水平及其种类分析[J]. 环境与职业医学, 2014,（1）: 33-35.

[80] De La Torre-roche R J, Lee W Y, Campos-Díaz S I. Soil-borne polycyclic aromatic hydrocarbons in El Paso, Texas: Analysis of a potential problem in the United States /Mexico border region[J]. J Hazard Mater, 2009, 163（2-3）: 946-958.

[81] Xiong G N, Zhang Y H, Duan Y H, et al. Uptake of PAHs by cabbage root and leaf in vegetable plots near a large coking manufacturer and associations with PAHs in cabbage core [J]. Environ Sci Pollut Res, 2017, 24（23）: 18953-18965.

[82] 张志. 中国大气和土壤中多氯联苯空间分布特征及规律研究[D]. 哈尔滨: 哈尔滨工业大学, 2010.

[83] 李海玲. 中国表层土壤中多氯联苯、多溴联苯醚的污染现状研究[D]. 哈尔滨: 哈尔滨工程大学, 2013.

[84] 冯精兰, 刘相甫, 李怡帆, 等. 多氯联苯在我国环境介质中的分布[J]. 人民黄河, 2011, 33（2）: 86-89.

[85] 张祖麟, 陈伟琪, 哈里德, 等. 九龙江口水体中多氯联苯的研究[J]. 云南环境科学, 2000,（S1）: 124-126.

[86] 陈来国, 麦碧娴, 许振成, 等. 广州市夏季大气中多氯联苯和多溴联苯醚的含量及组成对比[J]. 环境科学学报, 2008,（1）: 150-159.

[87] 李春雷. 广州市及附近地区大气中多氯联苯和多环芳烃时空分布的初步研究[D]. 广州: 中国科学院研究生院（广州地球化学研究所）, 2004.

[88] 王俊, 张干, 李向东, 等. 利用 PUF 被动采样技术监测珠江三角洲地区大气中多氯联苯分布[J]. 环境科学, 2007, 28（3）: 478-481.

[89] 程家丽, 黄启飞, 魏世强, 等. 我国环境介质中多环芳烃的分布及其生态风险[J]. 环境工程学报, 2007, 1（4）: 138-144.

[90] 任敏, 叶仙森, 项有堂. 象山港经济贝类中有机氯农药和多氯联苯的残留水平及其变化趋势[J]. 海洋环境科学, 2006, 25（2）: 48-50.

[91] 孙成, 许士奋, 姚书春, 等. 香港海域翡翠贻贝（*Perna viridis* L.）中多氯联苯的研究[J]. 环境化学, 2003, 22（2）: 182-188.

[92] 边学森, 刘洪波, 甘居利, 等. 太湖背角无齿蚌中多氯联苯的残留[J]. 农业环境科学报, 2008, 27（2）: 767-772.

[93] 储少岗, 徐晓白, 童逸平. 多氯联苯在典型污染地区环境中的分布及其环境行为[J]. 环境科学学报, 1995（4）: 43-46.

[94] 孙振中, 戚隽渊, 曾智超, 等, 长江口九段沙水域环境及生物体内多氯联苯分布[J]. 环境科学研究, 2008, 21（3）: 92-97.

[95] 刘四光, 陈岚, 王键, 等. 诏安湾海洋生物体中多氯联苯（PCBs）和有机氯农药（OCPs）污染特征及对人体健康影响评价[J]. 福建水产, 2014, 36（1）: 62-70.

[96] 韩见龙. 浙江省二恶英、多氯联苯污染水平及其对人体健康危害的风险评价研究[D]. 杭州: 浙江大学, 2011.

[97] 张瑞, 刘潇, 闻胜, 等. 湖北省 9 类总膳食样品中指示性多氯联苯的浓度水平和暴露评估[J]. 中国卫生检验杂志, 2015, 25（16）: 2772-2776.

[98] Schantz S L. Developmental neurotoxicity of PCBs in humans: what do we know and where do we go from here[J]. Neurotoxicol Teratol, 1996, 18（3）: 217-227, 229-276.

[99] 黄云燕, 康颖. 多氯联苯对神经干细胞 DNA 甲基转移酶活性的影响[J]. 广东药学院学报, 2014, 30（1）: 92-95.

[100] Bush B, Bennett A H, Snow J T. Polychlorobiphenyl congeners, *p*, *p'*-DDE, and sperm function in humans[J]. Arch Environ Contam Toxicol, 1986, 15(4): 333-341.

[101] Emmett E A, Maroni M, Schmith J M, et al. Studies of transformer repair workers exposed to PCBs: I. Study design, PCB concentrations, questionnaire, and clinical examination results [J]. Am J Ind Medi, 1988, 13(4): 415-427.

[102] Langer P, Tajtakova M, Fodor G, et al. Increased thyroid volume and prevalence of thyroid disorders in an area heavily polluted by polychlorinated biphenyls [J]. Eur J Endocrinol, 1998, 139(4): 402-409.

[103] Osius N, Karmaus W, Kruse H, et al. Exposure to polychlorinated biphenyls and levels of thyroid hormones in children [J]. Environ Health Persp, 1999, 107 (10): 843-849.

[104] 孟亚黎, 赵明宪, 赵晓松, 等. 青椒、西红柿对多氯联苯的吸收及在各部位中的分布[J]. 吉林农业大学学报, 1993, (1): 38-41, 101-102.

[105] 毕新慧, 储少岗, 徐晓白. 多氯联苯在水稻田中的迁移行为[J]. 环境科学学报, 2001, (4), 454-458.

[106] 张祖麟, 洪华生, 余刚, 等. 闽江口持久性有机污染物——多氯联苯的研究[J]. 环境科学学报, 2002, 22(6): 788-791.

[107] 王泰, 张祖麟, 黄俊, 等. 海河与渤海湾水体中溶解态多氯联苯和有机氯农药污染状况调查[J]. 环境科学, 2007, 28(4): 730-735.

[108] 丘耀文, 周俊良, Maskaoui K, 等. 大亚湾海域多氯联苯及有机氯农药研究[J]. 海洋环境科学, 2002, (1): 46-51.

[109] 葛元新, 喻文熙, 潘健民, 等. 上海市西南郊区表层水体中多氯联苯分布特征与毒性评价[J]. 环境监测管理与技术, 2011, 23(S1): 44-48.

[110] 李昆, 赵高峰, 周怀东, 等. 长江中游干流及 22 条支流表层水中多氯联苯的分布特征及其潜在风险[J]. 环境科学, 2012, 33(5): 1676-1681.

[111] 胡英, 祁士华, 张俊鹏, 等. 重庆地下河中多氯联苯的分布特征及健康风险评价[J]. 环境科学学报, 2011, 31(8): 1685-1690.

[112] 谭培功, 赵仕兰, 曾宪杰, 等. 莱州湾海域水体中有机氯农药和多氯联苯的浓度水平和分布特征[J]. 中国海洋大学学报, 2006, 36(3): 439-446.

[113] 裴国霞, 张岩, 马太玲, 等. 黄河内蒙古段水体中六六六和多氯联苯的分布特征[J]. 水资源与水工程学报, 2010, 21(4): 25-27.

[114] 管玉峰, 涂秀云, 吴宏海, 等. 珠江入海口水体中多氯联苯及其归趋分析[J]. 华南师范大学学报(自然科学版), 2011, 3: 87-91.

[115] 林咸真. 多氯联苯污染现状、管控政策和检测方法研究[D]. 杭州: 浙江大学, 2014.

[116] 王晓蓉. POPs 在太湖水生生物体内的分布特征及健康风险研究[A]. 清华大学持久性有机污染物研究中心、环境保护部斯德哥尔摩公约履约办公室、中国环境科学学会持久性有机污染物专业委员会、中国化学会环境化学专业委员会. 持久性有机污染物论坛 2011 暨第六届持久性有机污染物全国学术研讨会论文集. 2011: 2.

[117] 袁伦强. 多氯联苯 PCB126 对南方鲇的生理生态学影响[D]. 重庆: 西南大学, 2009.

[118] 苏丽敏, 袁星. 持久性有机污染物 (POPs) 及其生态毒性的研究现状与展望[J]. 重庆环境科学, 2003, 25(9): 25-29.

[119] 李艳, 顾华, 楼春华, 等. 灌溉水质对土壤和夏玉米多氯联苯含量影响的试验研究[J]. 北京水务, 2017, (6): 22-26.

[120] 薛海全. 典型农作物中多环芳烃和多氯联苯的分布、累积规律[D]. 济南: 山东大学, 2011.

[121] Miyazaki A, Hotta T, Katayama J, et al. Absorption and translocation of PCB into crops[J]. Bull OsakaAgric Res Cent, 1975, 12: 135-142.

[122] Iwata Y, Gunther F A, Westlake W E. Uptake of a PCB (Aroclor 1254) from soil by carrots under field conditions [J]. Bull Environ Contain Toxicol, 1974, 11: 523-528.

[123] Suzuki M, Aizawa G'Okano G, et al. Translocation of polychlorinated biphenyls in soil into plants: A study by a method of culture of soybean sprouts [J]. Arch Environ Con Tox, 1977, 5: 343352.

[124] Sawhney B L, Hawkin L. Plant contamination by PCBs from amended soils [J]. Journal of Food Protection, 1984, 47: 232-23.

[125] Azza Z, Abou-Bakr S, Adeola A. Residues of polycyclic aromatic hydrocarbons (PAHs), polychlorinated biphenyls (PCBs) and organochlorine pesticides in organically-farmed vegetables[J]. Chemosphere, 2006, 63: 541-553.

[126] Pier M D, Zeeb B A, Reimer K J. Patterns of contamination among vascular plants exposed to local sources of polychlorinated biphenyls in the Canadian Arctic and Subarctic [J]. Sci Total Environ, 2002, 297(1-3): 215-227.
[127] 李淑珍, 徐殿斗, 许国飞, 等. 北京石景山区大气中多氯联苯的研究[J]. 安徽理工大学学报(自然科学版), 2009, 29(2): 9-12.
[128] 王春雷, 张建清, 杨大成, 等. 深圳市大气中多氯联苯污染水平[J]. 环境化学, 2010, 29(5): 892-897.
[129] 耿存珍, 李明伦, 楼迎华, 等. 青岛市大气颗粒物中多氯联苯的污染特征研究环境保护科学[J]. 2009, 35(4): 1-4.
[130] 赵金平, 张福旺, 陈进生, 等. 滨海城市大气中多氯联苯的污染特征[J]. 环境科学与技术, 2011, 34(7): 59-65.
[131] 房倩, 王艳, 李玉华, 等. 衡山大气中 PCBs 的浓度水平及来源分析[J]. 中国环境科学, 2012, 32(9): 1559-1564.
[132] Wong M H, Wu S C, Deng W J, et al. Export of toxic chemicals: A review of the case of uncontrolled electronic-waste recycling[J]. Environ Pollut, 2007, 149(2): 131-140.
[133] 王学彤, 李元成, 张媛, 等. 电子废物拆解区农业土壤中多氯联苯的污染特征[J]. 环境科学, 2012, 33(2): 587-591.
[134] 刘娟, 赵振华, 江莹, 等. 典型灌区稻田多氯联苯残留特征及生态风险评估[J]. 生态环境学报, 2010, 19(8): 1979-1982.
[135] Wu S, Xia X H, Zhang S W, et al. Levels and congener patterns of polychlorinated biphenyls (PCBs) in rural soils of Beijing, China[J]. Procedia Environ Sci, 2010, (2): 1955-1959.
[136] Zhang J Y, Q. L. , He J, et al. Occurrence and congeners specific of polychlorinated biphenyls in agricultural soils from Southern Jiangsu, China[J]. J Environ Sci, 2007, 19(3) : 338-342.
[137] Wang T W Y, Fu J J, et al. Characteristic accumulation and soil penetration of polychlorinated biphenyls and polybrominated diphenyl ethers in wastewater irrigated farmlands[J]. Chemosphere, 2010, 81(8): 1045-1051.
[138] 蒋煜峰, 王学彤, 吴明红, 等. 上海农村及郊区土壤中 PCBs 污染特征及来源研究[J]. 农业环境科学学报, 2010, 29(5): 899-903.
[139] 万奎元, 杨永亮, 薛源, 等. 长白山表层土壤中有机氯农药和多氯联苯的海拔高度分布特征[J]. 岩矿测试, 2011, 30(2): 150-154.
[140] 朱晓华, 杨永亮, 路国慧, 等. 广东省部分高海拔地区表层土壤中有机氯农药和多氯联苯的高山冷凝结效应[J]. 环境科学研究, 2012, 25(7): 778-784.
[141] 武振艳, 杨永亮, 安丽华, 等. 新江湾城开发区表层土壤中有机氯农药和多氯联苯的分布特征[J]. 岩矿测试, 2010, 29(3): 231-235.
[142] 李志勇, 刘金巍, 孔少飞, 等. 天津市区表层土壤中多氯联苯的污染特征[J]. 环境科学研究, 2012, 25(6): 685-690.
[143] 王祥云, 邓勋飞, 杨洪达, 等. 金华城区土壤中 7 种指示性多氯联苯(PCBs)的分布特征和来源分析[J]. 农业环境科学学报, 2012, 31(8): 1512-1518.

第 3 章　食品风险评估诚信体系建设战略研究

摘　要

随着经济全球化，食品安全问题成为全球关注热点。食品欺诈的根本原因在于人性的贪婪和欲望，即谋求获得更高经济利益的欲望。因此食品欺诈的目的性、历史性和全球性决定了各国均需提出合理的策略并采取有力的措施预防和控制食品欺诈的发生，将其带来的食品安全风险降到最低。减少食品欺诈机会的有效途径包括：正视食品欺诈，加强社会诚信体系建设；企业进行食品欺诈脆弱性评估；建立食品欺诈数据库。食品具有两种安全，客观安全和主观安全。客观安全是食品的实际安全，是食品安全的基础；主观安全是民众心里感受到的安全，是食品安全的归宿。客观安全的提升难以转化为主观安全，消费者信心和信任不足的问题已成为当今食品安全保障的“新痛点”。提升食品安全信心和信任，需要改变理念，改变战略，改变模式。

食品掺杂使假、假冒伪劣等行为一律被称为食品欺诈，也被称为经济利益型掺假、经济利益驱动型掺假、故意掺假或食品造假。近年来，国内外均发生了影响广泛的食品欺诈事件，对食品安全和食品贸易造成严重危害。目前国际上对食品欺诈尚无明确统一的定义。在课题一期的研究中，将食品欺诈定义为：用于包括食品、食品配料或食品包装中故意和有目的性地替代、添加、篡改或虚假陈述行为的总称，或为了经济利益做出有关产品的虚假或误导性陈述。掺杂使假、假冒伪劣等带来的食品安全风险具有不确定性和潜在性，如我国发生的“阜阳奶粉”事件、“三聚氰胺”奶粉事件，对消费者健康造成了严重损害。目前，经济利益驱动型食品掺假引起了世界各国的重视，并已成为国内外研究的重点。

随着互联网技术的不断发展，传统食品行业与互联网不断融合、重构，形成“互联网食品”模式。食品行业在电子商务领域拥有广阔的发展空间，食品电商经过几年的积累，已进入快速发展期。然而，我国食品电商在境内外交易迅速发展的同时，电商食品的安全问题也逐渐显露出来，电商食品的消费投诉也逐年在提升，电商食品安全主要存在以下主要问题：假冒伪劣等欺诈行为层出不穷；标签标示违规；法律法规滞后；监管及维权困难；储运过程存在安全隐患。互联网+、云计算、大数据分析等现代技术的发展和应用，为食品安全高效监管提供了前所未有的技术支撑，同时使食品的生产、销售、物流模式等发生了翻天覆地的变革，也给传统食品安全监管提出了新挑战。在新形势下，对电商食品安全的监管需要各方面的参与，政府监管是后盾，落实企业主体责任是前提，消费者的参与是关键。为保障电商食品安全，建议进一步完善农产品食品电商法律法规；建立健全电商食品可追溯制度；建立信息互通机制；建立诚信档案，推进社会共治。

《中华人民共和国食品安全法》(以下简称《食品安全法》)规定食品安全工作实行“预防为主、风险管理、全程控制、社会共治，建立科学、严格的监督管理制度”，为此食品安全监测与评估成为国家制度。因此，国家食品安全风险评估中心按照国家设立所要求的“科学公信力与国际影响力”的权威，需要“采取措施来识别和描述新兴风险”。“三聚氰胺”奶粉事件对于我国奶业和婴儿配方粉的打击是巨大的，尽管政府和产业的能力、质量安全指标国内外没有差别，合格率国内高于国外进口，但消费者仍倾向于购买国外品牌产品，超市扫货和海淘的“用脚投票”反映了食品诚信(food integrity)成为食品安全内涵之一的重要变化，国际会议也从传统食品安全大会向食品诚信大会过渡。国际上食品安全最新进展是从传统的针对有毒有害物质的健康风险扩大到以非法添加和掺假为主的食品欺诈、与反恐相关的食品防护，针对食品质量的以次充好和经济利益驱动型掺假(economically motivated adulteration，EMA)也成为食品安全监督管理部门的监管职责。随着互联网技术的不断发展，传统食品行业与互联网不断融合、重构，形成“互联网食品”模式，需要从国家战略层面提出电商食品安全保障及监管措施。

3.1　食品安全形势分析

3.1.1　从食品安全到食品诚信——脆弱性评估

1. 国内外食物掺假的形势分析

在全球经济发展的当代，食品欺诈行为世界各国时有发生[1]。欧盟 RASFF(食品和饲料快速预警系统)在 2008～2012 年期间一共搜录了食品掺假信息 376 条，包括 24 个食品类别[2]。基于美国食品保障和防护研究所建立的 EMA 数据库中搜集的英文主流媒体报道的食品掺假事件，对发生食品掺假的地区进行统计，排名前列的国家和地区为美国(占比 29.8%)、欧盟(占比 18.2%)、中国(占比 13.6%)、印度(占比 12.6%)、中东(占比 7.3%)、亚洲其他国家(占比 5.0%)、澳大利亚(占比 3.0%)[3]。随着各国食品安全立法对食品掺假行为的打击，食品掺假事件有所减少，但其形式和内容也随着科学知识和技术的更新发生着变化，并且随着经济全球化，食品掺假行为也趋于全球化[4-6]。食品欺诈所具有的天然的目的性、历史性和全球性决定了世界各国均需根据各国情况寻求合理的策略并采取行之有效的措施预防，从而控制及降低食品欺诈的发生，将其有可能带来的食品安全风险降至最低[7,8]。

我国在 21 世纪初瘦肉精事件频发，使消费者、食品安全工作者初步认识到食品欺诈问题，其导致的食品安全问题也受到了政府和监管部门的重视，采取了“三绿工程”等多种打击手段。但是，食品欺诈是伴随经济快速发展的一个不良副产物，是世界各国在发展过程中均会遇到的问题之一，关键在于如何解决该问题。2003 年发生的阜阳劣质奶粉事件导致 229 名儿童营养不良，12 名儿童死亡[9]。犯罪分子用淀粉、蔗糖等价格低廉的食品原料全部或部分替代乳粉，再用奶香精等食品添加剂进行调香调味，制造出劣质奶粉。长期食用这种劣质奶粉必将导致婴幼儿营养不良、生长缓慢或停滞，甚至免疫力下降，进而并发多种疾病甚至死亡。该事件震惊中外，亦被称之为“空壳奶粉”事件。2008 年的“三聚氰胺”奶粉事件造成了 29.4 万婴幼儿染病，6 例死亡[10]。这些食品欺诈事件，极大地降低了消费者对食品、食品安全甚至是监管部门的信任度。

2008 年“三聚氰胺”奶粉事件后，为了遏制我国在食品生产、流通、餐饮服务环节中违法添加非食用物质和滥用食品添加剂的行为，国务院食品安全委员会开展了食品安全专项整顿工作，集中整顿和打击在食品中违法添加非食用物质的行为。通过该项工作，我国也发布了 6 批《食品中可能违法添加的非食用物质和易滥用的食品添加剂品种名单》，共包括非食用物质 48 种(64 个)、易滥用食品添加剂条目共 22 条[11,12]。该名单的发布对食品欺诈的管理和应对具有重要的意义和作用，尽管它不能涵盖食品生产加工过程中可能存在的所有违法添加非食用物质的问题，但为相关部门打击食品掺假行为提供了明确的目标和线索。

随着国家打击食品假冒伪劣工作的加强、在国家法律法规方面措施的完善、食品安全风险监测等方面工作的加强，近年来，我国食品欺诈事件的发生频率有所降低，但在我国目前诚信体系和法律监管不是十分健全的状况下，就仍然有可能发生食品欺诈事件，因此预防食品欺诈仍是我国食品安全工作重点[13]。

2. 参比实验室体系形势分析

参比实验室作为评价检验检测或监测数据准确性和一致性的技术机构，对于消费者的健康保护以及促进国际国内贸易至关重要。参比实验室一般由政府或权威机构指定技术能力强、具有评价其他检验机构技术能力的机构。参比实验室在制定监测或检测实验室技术标准方面；在开发和验证新的分析方法，不断改进对有害物质和微生物监测或检测技术和方法，提高食品安全保障安全和质量方面；在结果有争议时充当仲裁员，结果有可能作为法庭判决的证据方面；在新技术推广应用，解决热点难点问题方面；在全社会检验检测机构能力提升方面等均发挥积极及不可替代的作用。建立参比实验室体系是国际上通用的做法。

1) 设立参比实验室体系的理由

检测活动属于高技术活动，由于检测影响因素较多，对同一样品的几次重复检测也可能得出不同的数据结果。参比实验室组织盲样比对或结果验证成为判断参与监测活动的实验室数据是否可以纳入汇总分析的重要方式和手段。

参比实验室功能：提供分析方法(包括参考方法)、研制质控样品、组织参比测试、组织相关培训、仲裁检验、解决检验难点等。

2) 国际参比实验室体系

国际上将参比实验室体系列入法律的首推欧盟。通用食品法(第 178/2002-EC 号条例)、欧盟官方监管条例[第 882/2004 号条例(第 32 条)]、关于制定授予欧盟参比实验室在饲料、食品及动物健康领域共同体财政援助具体规则(第 1754/2006-EC 号条例)、资格认可和市场监督要求(第 765/2008-EC 号条例)、建立参比实验室要求(第 776/2006-EC 号条例)使欧盟参比实验室体系依法依规建立，并依法依规开展参比活动。欧盟参比实验室(European Union Reference Laboratories，EURLs)旨在确保欧盟内的高质量、统一的测试，并在实验室分析领域支持委员会的风险管理和风险评估活动。欧盟第 882/2004 号法令规定了所有欧盟参比实验室的任务、职责和要求。欧盟委员会可以设立新的欧盟参比实验室或改变现有欧盟参比实验室依托机构的指派。目前欧盟在食品和饲料方面设立了 28 个参比实验室，所涉及的领域包括动物营养素添加剂，饲料中动物蛋白，抗生素抗性，弯曲菌，革兰氏阳性葡萄球菌，食物和饲料中的二噁英和多氯联苯，大肠埃希菌，食源性病毒，转基因生物，卤代持久性有机污染物，单核细胞增生李斯特菌，食品接触材料，金属和含氮化合物，海洋生物毒素监测，双壳类软体动物病毒和细菌污染监测，真菌毒素和植物毒素，寄生虫，过程污染物，各种食品中的农药残留，兽药残留，人畜共患病（沙门菌）分析与检测和传染性海绵状脑病。

欧盟参比实验室的主要职责和任务包括：

(1) 为欧盟国家的国家参比实验室（National Reference Laboratories，NRLs）提供分析方法和诊断技术，并协调它们的应用；

(2) 为欧盟国家的国家参比实验室培训员工；

(3) 向委员会提供与实验室分析有关的科学和技术支持；

(4) 与相应的非欧盟国家实验室开展技术合作。

根据第 882/2004 号法令，欧盟每年为欧盟参比实验室提供履行其任务和职能所需的资金，并支付其运营成本。欧盟委员会对欧盟参比实验室为了完成相关政策领域的目标所开展的活动进行统计。这些目标是在 EURLs 的特定委员会工作方案中提出的。根据欧盟法规第 652/2004 号的规定，提出目标的同时应该提供相应的资金来源。每年欧盟参比实验室提交他们的工作计划，表明他们对委员会的目标和优先事项的贡献，并提出每年对欧盟的资金需求用于履行其任务和职能，以及支付其运营成本。

除了欧盟参比实验室，欧盟各国还各自设立了国家参比实验室。国家参比实验室的建立确保在欧洲各个地区应用统一的标准。国家参比实验室与各自领域的欧盟参比实验室保持密切合作，通过确保经过验证的分析方法、提供参考物质和进行比对试验，使欧盟内的测试结果具有可比性。国家参比实验室的主要职责包括：

(1) 进一步开发和验证相关的化学、分子生物学和微生物学检测方法；

(2) 不明及争议案例的高级专家咨询；

(3) 食品安全管控机构专家的初始和持续培训；

(4) 在缺乏相应质量的商业参考物质时，为比对实验提供参考物质和专家信息；

(5) 协调国家监管机构实验室的活动；

(6) 在质量保证的框架内，与监管机构实验室进行实验室间测试和实验室比对，以保证分析质量的统一标准；

(7) 除了提供有效的检测方法之外，涉及微生物方面的国家参比实验室对所提交的病原体通过精细鉴别和表征将其应用扩展到食品的流行病学。

参比实验室对于消费者的健康保护起至关重要的作用。他们与政府的公共机构一起，制定了参与食品监测的实验室的工作标准。参比实验室在结果有争议时充当仲裁员，他们开发和验证新的分析方法用于可靠地检测食品中的有害物质和微生物，这些结果有可能作为法庭判决的证据。因此，高水平的专业知识和科学标准是任命一个实验室作为一个参比实验室的基本前提。以德国联邦风险评估研究所为例，该机构有 14 个来自食品安全和食品卫生的国家参比实验室。在食品安全领域，国家参比实验室是由食品、农业和消费者保护联邦部长根据欧洲法律规定任命的，然后通知欧盟委员会。任命之前有一个申请程序，在这个过程中，最有资格参加者的参比领域是由专家选择的。2006 年 11 月初，德国通知了欧盟委员会将作为德国国家参比实验室的机构。国家参比实验室的资格是可以取消的，因此有定期检查以确定某一实验室是否可以一直高水平的完成所承担的相关任务。

目前，公认的是，由多家实验室提供监测数据的监测活动，前提是通过参比实验室组织的相关质量控制考核(盲样考核或结果验证)的数据方可汇总分析。在疾病监测系统，有世界卫生组织(World Health Organization，WHO)麻疹、脊灰、流感、艾滋病、结核病等参比实验室，我国也有相对应的国家参比体系。在产品方面，我国有 WHO 食品污染物监测合作中心、生物制品标准化和评价合作中心等，都是履行参比实验室功能的实验室。

3. 消费者食品安全信心形势分析

客观食品安全和主观食品安全是食品安全的两个维度。客观安全是食品的实际安全，没有客观食品安全，主观安全就是无水之源；主观安全是民众心里感受到的安全，是食品安全保障的归宿，没有主观食品安全，民众将惶惶不可终日[14]。

在食品安全领域，客观安全的提升能否直接转化为消费者的主观安全感？答案往往是否定的，客观安全和主观安全之间经常存在着难以逾越的认知鸿沟。以国产婴幼儿奶粉为例，一方面是监管力度持续加大，法规标准的进一步健全，抽检合格率的逐年增高。原国家食品药品监督管理总局监督抽检客观数据显示“2017 年婴幼儿配方乳粉抽检合格率高达 99.5%，质量安全处于历史最好水平，合格率在所有大宗食品中居首，质量安全指标和营养指标与国际水平相当”。另一方面，消费者的主观感受怎么样呢？2018 年课题组在全国 20 省市幼儿园，针对 3000 余名妈妈群体(幼儿园儿童家长)开展“婴幼儿奶粉认知调查”(以下简称“奶粉认知调查”)。调查数据显示，进口品牌奶粉仍为众多妈妈们的首选，六成以上的妈妈群体选择了进口奶粉，七成受访者担心国产婴幼儿奶粉的安全性。消费者对婴幼儿奶粉信心的恢复程度远落后于质量安全的提高程度，客观食品安全的提升并未能相应转化为消费者的主观感受[14]。

十年前的“三聚氰胺”奶粉事件为客观安全敲响警钟；十年后进口奶粉的疯狂抢购再次为主观安全敲响警钟。婴幼儿奶粉是目前我国食品安全状况的一个缩影，在一定程度上客观安全与主观安全呈现两极化：一方面是官方一致评价我国食品安全形势总体稳定向好，人民群众的饮食安全得到切实保障；另一方面是民众持续的担忧我们还能吃什么[14]。《中国食品安全现状、问题及对策战略研究》结果显示，2014 年消费者对食品安全高度关注，但满意度低至 13%[15]。中国发展信心调查(2015)结果显示：“在消费者‘最担心的问题’中，食品安全排名第一。”2016 年调查数据显示，消费者对食品安全的满意度指数仅在 50%左右[16]。2018 年课题组开展的全国五省份公众认知调查数据(以下简称“综合认知调查”)显示，不到四成的受访者认为与十年前相比较，当前的食品更安全；“奶粉认知调查”数据显示，七成妈妈群体认为国产食品对健康有一定的危害，其中包括中等危害(40.2%)、较大危害(22.1%)、严重危害(7.6%)。消费者已经对国产食品形成较为负面的刻板印象，见图 2-3-1。

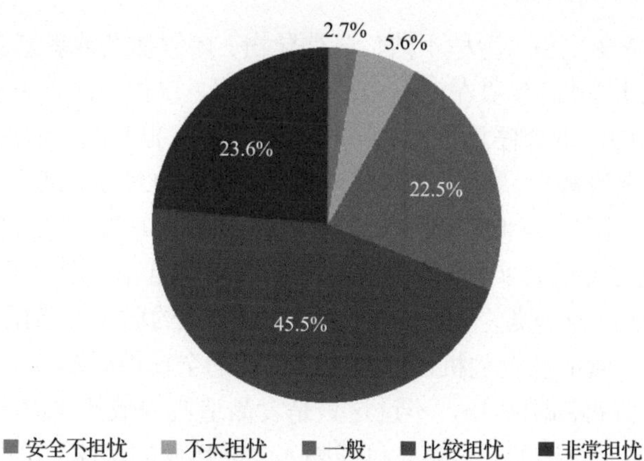

图 2-3-1　妈妈群体对中国食品安全的担忧程度

4. 食品欺诈掺假事件形势分析

当前，我国食品安全问题仍比较严峻，主要表现在食源性病原菌污染、农药残留、兽药残留等方面[15]。随着生活水平的日益提高，未来的食品安全问题更多地表现为食品的质量、品质、营养性等；食品原料、生产过程中、经营中的掺假使假等不法行为也越来越凸显出来。一些不法食品生产经营者，为了牟取暴利，以次充好，以假乱真，对食品进行掺假、掺杂、伪造，假冒名牌，标注混乱，浑水摸鱼，大发不义之财。目前，食品的主要掺假手段包括：假冒物种及品种，如燕窝中掺入银耳、猪皮、蛋清、琼脂、鱼鳔，阿胶中掺入猪皮、马皮、牛皮、骡皮胶，牛肉中掺入猪肉、鸭肉等；冒充或虚标原产地，如西湖龙井、阳澄湖等大闸蟹地理标志产品的假冒等；原料品质以次充好，如有机食品的冒充、冷冻海产品解冻后冒充冰鲜海产品等；掺入劣杂质及违禁原料，如保健食品中掺入西药成分等。这些违法行为不仅直接损害了消费者的经济利益，非法谋取利益，而且极有可能因为某些过敏原或有害成分的引入危害消费者健康，也可能因为不同宗教、不同民族甚至不同生活习惯对食物来源的禁忌侵犯了消费者的权利，同时也侵犯了商标持有企业的合法权益，最终破坏我国市场经济秩序，导致严重的社会负效应，扰乱社会诚信体系，影响我国在国际市场的形象，损害我国的进出口贸易利益。因此，食品制假贩假已经成为一个社会痼疾。食品打假已成为解决一个关乎亿万民众生命和健康安全的重大问题。

目前，不法分子在食品中的掺假方式越来越多、范围越来越广、内容越来越复杂，主要包括掺兑、混入、抽取、假冒、粉饰等手段。根据国务院办公厅《关于严厉惩处经销伪劣商品责任者的意见》的规定，假冒伪劣商品主要包括以下14种商品：①危及安全和人身健康的；②失效、变质的；③掺杂使假、以假充真或以旧充新的；④所标明的指标与实际不符的；⑤限时使用而未加标明失效时间的；⑥冒用优质或认证标志和伪造生产许可证的；⑦国家有关法律、法规明令禁止生产、销售的；⑧无检验合格证的；⑨未用中文标明商品名称、生产者和产地(重要工业品未标明厂址)的；⑩实施生产制造许可证管理而未标明许可证编号和有效期的；⑪按有关规定应用中文标明规格、等级、主要技术指标或成分、含量而未标明的；⑫高档耐用消费品无中文使用说明的；⑬属处理品(含次品、等外品)而未在商品或包装的显著部位标明“处理品”字样的；⑭剧毒、易燃、易爆危险品而未标明有关标识和使用说明的。《中华人民共和国食品安全法》第二十八条规定，禁止生产经营“腐败变质、油脂酸败、霉变生虫、污秽不洁、混有异物、掺假掺杂或者感官性状异常的食品”。《产品质量法》第五十条规定：“在产品中掺杂、掺假，以假充真，以次充好，或者以不合格产品冒充合格产品的，责令停止生产、销售，……构成犯罪的，依法追究刑事责任。”国标 GB 7718—2004《预包装食品标签通则》、GB 13432—2004《预包装特殊膳食用食品标签通则》以及《食品标签国家标准实施指南》，使我国食品标签管理全面纳入法制化轨道，其最大特点是强化食品标签的真实性，不允许利用产品名称混淆食品的真实属性欺骗消费者。

不只国人面临食品安全问题，2013 年 7 月 27 日《纽约时报》指出“食品造假在西方也日益严重，屡见不鲜。食品安全危机已成为无法避免的全球性问题”[3,17,18]。2013 年上半年的欧洲“马肉”风波闹得沸沸扬扬，不过这只是食品造假领域的冰山一角。“马肉”风波显示，除了犯罪团伙，甚至合法的公司都有可能陷入食品造假的泥淖。2013 年 7 月 29 日《参考消息》报道，自 2013 年 12 月至 2014 年 1 月，国际刑警组织和欧盟刑警组织共同在 31 个国家展开了打击盈利性食品欺诈犯罪行为的第三次“国际食品行动”，在 31 个国家没收了 5600 吨非法或劣质食品、68 万升劣质饮品。2013 年 11 月 8 日《环球时报》消息称，日本多家百货店被曝光最长达九年半、涉及 18 万件商品的虚假标识问题。2013 年，美国明尼苏达大学和密歇根大学联合发表的一篇论文对美国 1980 年以来发生的食品掺假事件进行综述，资料来自于文献和媒体报道，涉及 137 个独立的食品掺假事件，包括 11 个大类的食品：鱼类和水产品、乳制品、果汁、油脂、谷物制品、蜂蜜和其他甜味剂、调味品和提取物、葡萄酒和其他酒精饮料、婴儿配方食品、植物性蛋白、其他食品。结果表明，几大类食品中普遍存在着品种掺假、品种替换、人为增重、营养缺失、歪曲产地和超量超范围使用食品添加剂、使用违禁药品等现象[19,20]。同时，密歇根大学发表在另一篇期刊上的研究报告通过对美国 1305 份食品掺假案例进行总结，披露了 7 种最常见的掺假食物：橄榄油、牛奶、蜂蜜、藏红花、橙汁、咖啡、苹果汁，这 7 种食品占到所有掺假食品的 50%以上[21]。据估计，在发达国家，消费者购买的食品中有 10%都涉及掺假[22]。美国食品生产协会的一份报告指出，全球食品和消费品造假给产业每年带来高达 100 亿～150 亿美元的损失[23]。相对而言，国内缺乏对相关食品掺假事件的总结性报告，但上述提到的 11 类食品国内均有掺假事件的报道，如橄榄油中掺入玉米油、大豆油等，牛奶中掺入尿素、奶粉等，蜂蜜中掺入玉米糖浆、葡萄糖等。

从国际发展态势来看，食品安全和打假的内涵已从狭隘的食品卫生方面向食品卫生、食品质量、食品营养等“质”和“量”全方面发展[24,25]。欧美等国非常重视食品的防伪监测工作，而且相关的法规、标准体系往往更为严格。欧盟食品和饲料法中的一个重要内容是保护消费者利益，预防食品掺假行为，同时保护消费者的知情权。欧盟理事会近日批准了委员会关于修订食品标签法规的有关建议，新法规要求食品在标签上明确标明所有食品成分及含量，使消费者了解食品的所有成分。与这些法律法规相配套的是完善的检测体系和强大的技术储备。英国的中心科学研究室（CSL）正在进行范围很广的食品动植物真伪鉴定研究，包括大米、花生、禽畜肉类、鱼虾类等，其中鱼肉包括鳕鱼、鳟鱼等几十个品种。英国 RSSL 公司在利用 DNA 技术鉴别肉制品加工过程中的鱼类品种方面取得了重大突破，不仅可以准确确定鱼片、沙丁鱼罐头或鱼酱里面所含有的鱼类品种，甚至在某些时候可以确定鱼是在世界上哪个地方捕捞的。对于鱼子酱中含有濒危品种的鱼籽，该方法可以从个体品种中追溯鱼子酱来源，查出偷渔行为和非法贸易等等。

近年来，我国政府、各地区、各部门开展了多次针对假冒伪劣食品的专项整治打击活动，在一些法规和许多标准中做出了相关规定，并开始实行食品溯源制度。由于食品领域种类繁多，而且随着食品生产加工技术的发展和流通渠道的国际化，食品涉及的种类和成分只会更加复杂。随着科学技术的进步，新材料、新技术的不断涌现，为食品真伪鉴别检测体系的完善提供了强有力的保障，同时也对食品的检测鉴别工作提出了更高的要求。快速、可靠的食品真伪检测鉴别技术及其标准体系的完善，是食品打假的治本之策。如何应用快速、准确的现代检测技术的新理论、新技术和新发展来鉴别鱼目混珠、掺假制假现象，建设快速准确的食品及原料检测鉴别平台和建立相应的检测及标准体系，为我国食品安全工作提供强有力的科技后盾，具有重要而深远的意义。同时，这将是我国相关法律法规及标准得以执行和实施的关键保障，将为打假扶优、原产地保护和食品安全以及保护和谐的市场经济秩序和进出口贸易健康发展等方面的发挥强有力的支撑作用。

自从食品以商品形式进入流通领域以来，食品掺伪造假现象成为全世界食品生产和消费者都十分关心的重大问题。近些年，随着我国市场食品品种的丰富，加工手段的多样化，食品添加剂的广泛使用，食品真实性、品质鉴定和质量安全等问题也逐渐凸现。如何快速鉴别食品真、伪、优、劣和品质成为食品市场管理的重点，但同时也成为重要难点。这主要是由于食品中所含化学成分易受产地、气候和采收时间等因素的影响，食品化学成分非常复杂，大多数食品经过了破碎、搅拌、高温、高压和化学以及生物反应等多种多样的加工过程，并且用于掺杂到食品中的物质又多是与其组成比较接近或某些性状比较接近的物质，通常难以用一般化学方法直接鉴别物质真伪；尤其是现在的食品掺伪水平和手段越来越高明，使许多传统的检测鉴别掺伪方法已无法测定，仿真度极高的劣质产品给检验工作带来了巨大的困难。这也促使检测检验工作者需要用更先进的仪器和方法来研究当前认为不可掺假的成分。严格的法律法规固然是管理者行使职责的依据，有效的检测方法却是监管正常运行的保证。

3.1.2　国内外经济利益驱动型食品掺假防控机制的比较

食品掺假的目的虽然不是为了造成公共健康危害，但是仍然可能带来很严重的后果，如重大的经济负面影响、消费信心的丧失、贸易中断和公众的健康受到影响甚至死亡[26,27]。国内外为应对 EMA 问题采取了不同的防控机制，从法律法规、脆弱性评估体系、信息化数据平台、食品掺假检测技术体系构建、EMA 事件特征研究与预警等几个方面进行对比。

1. 颁布应对食品掺假的法律法规

2011 年美国食品药品监督管理局（FDA）颁布的《食品安全现代化法案》（Food Safety Modernization Act，FSMA）中明确提出要加强对食品中蓄意掺假行为的防控。《食品安全现代化法案》第 106 节为防范蓄意掺假，规定 FDA 应对食品系统进行脆弱性评估，制定必要的防范食品蓄意掺假的策略，FDA 要求一年半以内制定出关于防范蓄意掺假的法规。FDA 于 2013 年 12 月颁布《防范蓄意掺假的集中缓解策略》草案（Focused Mitigation Strategies to Protect Food Against Intentional Adulteration）[24]，法规适用范围包括依据美国《食品、药品与化妆品法案》第 415 条规定登记为食品生产的国内外食品企业，在其食品制造、加工、包装和储存等环节。该法规的制定没有针对特定食物或危害，而是针对企业具有脆弱性（即容易被掺假的环节）的环节，将大宗液体收货与装载、液体储藏与处理、辅料处理、混合或类似活动规定为容易被掺假的关键环节，要求具有任何此类加工环节的大型食品企业（以食品总销售额在 1000 万美元以上为标准）都要制定一个书面的食品防范计划，明确食品生产中主要的食品安全威胁，制定和实施防控蓄意掺假风险的办法，包括作业点、作业步骤和程序。

当前，我国《食品安全法》《刑法》《消费者权益保护法》《进出口商品检验法》《产品质量法》均针对生产、销售及经营环节中经济利益驱动型掺假行为做出了相应的处罚规定（参见表 2-3-1 和表 2-3-2），食药监管部门、工商管理部门以及商检机构皆可按照相应法律对违反者做罚款处罚。2015 年我国新修订的《食品安全法》第三十四条明确禁止了生产经营掺杂掺假食品和食品添加剂的行为，第一百二十四条规定了生产经营掺假掺杂或者感官性状异常的食品、食品添加剂的惩处措施。2015 年修订的《刑法》明确指出，对破坏社会主义市场经济秩序的两类犯罪："生产、销售伪劣商品罪"，即生产、销售的食品中掺杂、掺假，以假充真，以次充好或者以不合格产品冒充合格产品，以及"生产、销售有毒、有害食品罪"，即生产、销售的食品中掺入有毒、有害的非食品原料的，或者销售明知掺有有毒、有害的非食品原料的食品的罪责处以五年以下、五年以上十年以下有期徒刑及更高刑罚，并处罚金。为加强食品安全欺诈行为查处工作，2017 年 2 月食药监总局发布了《食品安全欺诈行为查处办法》（征求意见稿），办法中界定了各类食品安全欺诈行为及其法律责任，如产品欺诈、食品生产经营行为欺诈、标签说明书欺诈、食品宣传欺诈等，目前该办法还未正式出台。

表 2-3-1　我国经济利益驱动型食品掺假相关法律

法律名称	出台时间	条款	相关内容
《中华人民共和国食品安全法》	2015 年 4 月 24 日第十二届全国人民代表大会常务委员会第十四次会议修订	第四章 第三十四条	禁止生产经营下列食品、食品添加剂、食品相关产品：（一）用非食品原料生产的食品或者添加食品添加剂以外的化学物质和其他可能危害人体健康物质的食品，或者用回收食品作为原料生产的食品。
《中华人民共和国刑法》	2015 年 8 月 29 日第十二届全国人民代表大会常务委员会第十六次会议修正	第三章第一百四十条、第一百四十四条	对破坏社会主义市场经济秩序，一是生产者、销售者在产品中掺杂、掺假，以假充真，以次充好或者以不合格产品冒充合格产品，二是在生产、销售的食品中掺入有毒、有害的非食品原料的，或者销售明知掺有有毒、有害的非食品原料的食品，分别违反"生产、销售伪劣商品罪"和"生产、销售有毒、有害食品罪"。明确规定处以有期徒刑，并处罚金。
《中华人民共和国消费者权益保护法》	2013 年 10 月 25 日第十二届全国人民代表大会常务委员会第五次会议修订通过	第七章 第五十六条	对经营者在商品中掺杂、掺假行为，由工商行政管理部门或者其他有关行政部门责令改正、做罚款处罚。
《中华人民共和国进出口商品检验法》	2013 年 6 月 29 日第十二届全国人民代表大会常务委员会第三次会议修正	第五章 第三十五条	对经营者在商品中掺杂、掺假行为，由商检机构责令停止进口或者出口、没收违法所得、做罚款处罚。
《中华人民共和国产品质量法》	2009 年 8 月 27 日第十一届全国人民代表大会常务委员会第十次会议通过修改	第一章 第五条 第三章 第三十二条及第三十九条 第五章 第五十条	第一章"总则"第五条明确"禁止伪造或者冒用认证标志等质量标志；禁止伪造产品的产地，伪造或者冒用他人的厂名、厂址；禁止在生产、销售的产品中掺杂、掺假，以假充真，以次充好。" 第三章"生产者、销售者的产品质量责任和义务"中第三十二条及第三十九条分别明确规定"生产者生产产品，不得掺杂、掺假，不得以假充真、以次充好，不得以不合格产品冒充合格产品。"与"销售者销售产品，不得掺杂、掺假，不得以假充真、以次充好，不得以不合格产品冒充合格产品。" 第五章"罚则"中第五十条规定"在产品中掺杂、掺假，以假充真，以次充好，或者以不合格产品冒充合格产品的，责令停止生产、销售，没收违法生产、销售的产品，并处违法生产、销售产品货值金额百分之五十以上三倍以下的罚款；有违法所得的，并处没收违法所得；情节严重的，吊销营业执照；构成犯罪的，依法追究刑事责任。"

表 2-3-2 我国经济利益驱动型食品掺假监管举措

名称	发布机构和时间	主要内容
《国务院关于印发“十三五”国家食品安全规划和“十三五”国家药品安全规划的通知》	国务院 2017 年 2 月 21 日发布	(七)严厉处罚违法违规行为。 整治食品安全突出隐患及行业共性问题。重点治理超范围超限量使用食品添加剂、使用工业明胶生产食品、使用工业酒精生产酒类食品、使用工业硫磺熏蒸食物、违法使用瘦肉精、食品制作过程违法添加罂粟壳等物质、水产品违法添加孔雀石绿等禁用物质、生产经营企业虚假标注生产日期和保质期、用回收食品作为原料生产食品、保健食品标签宣传欺诈等危害食品安全的“潜规则”和相关违法行为。完善食品中可能违法添加的非食用物质名单、国家禁用和限用农药名录、食用动物禁用的兽药及其他化合物清单，研究破解“潜规则”的检验方法。
《国务院办公厅关于印发2016年食品安全重点工作安排的通知》	国务院办公厅 2016 年 5 月 11 日发布	要求加快完善食品安全法规制度，需要“推动加大食品掺假造假行为刑事责任追究力度。(中央政法委、食品药品监管总局负责)”。
《国务院办公厅关于印发贯彻实施质量发展纲要 2016 年行动计划的通知》	国务院办公厅 2016 年 4 月 19 日发布	加强对重点食品、重点区域、重点问题和大型食品企业的监管，切实抓好食品安全日常监管、专项整治和综合治理工作，深入排查安全隐患，全面规范生产经营行为，全力保障人民群众“舌尖上的安全”。
《关于严厉打击假劣食品进一步提高农村食品安全保障水平的通知》	国务院食品安全委员会 2011 年 9 月 18 日发布	要求严厉打击农村市场假劣食品，严厉打击销售假劣食品违法行为。严厉打击生产假劣食品违法行为。严防假劣食品进入餐饮消费环节。
《关于畜禽水产品抗生素、禁用化合物及兽药残留超标专项整治行动方案的通知》	国务院食品安全委员会 2016 年 7 月 27 日发布	整治利用互联网发布兽药信息及销售兽药的违法行为，提高兽药市场规范水平。调查、收集、整理、汇总假冒兽药企业、发布假兽药信息、无证经营等违法违规形式的网站或第三方交易平台。打击利用网络违法宣传、销售兽药行为和利用网络发布假劣兽药信息、销售假劣兽药的违法违规行为。
《关于食用农产品市场销售质量安全监督管理有关问题的通知》	国家食品药品监督管理总局 2016 年 6 月 13 日	规定不属于腐败变质、霉变生虫、污秽不洁、混有异物、掺假掺杂或者感官性状异常等情形。
《食用农产品市场销售质量安全监督管理办法》	国家食品药品监督管理总局令第 20 号	第二十五条要求禁止销售下列食用农产品：腐败变质、油脂酸败、霉变生虫、污秽不洁、混有异物、掺假掺杂或者感官性状异常的。
《国务院办公厅关于印发 2013 年全国打击侵犯知识产权和制售假冒伪劣商品工作要点的通知》	国务院办公厅 2013 年 5 月 24 日发布	要求打击制售假冒伪劣商品违法行为：整治假冒伪劣食品药品。严厉打击非法添加或使用非食品原料、饲喂不合格饲料、滥用农兽药、超范围超限量使用食品添加剂、肉类掺假售假等违法行为。坚决取缔生产假冒伪劣食品药品的“黑窝点”，打击通过互联网、邮寄快递等渠道销售假药的违法行为，查处药品生产经营企业恶意制假售假、偷工减料、非法接受委托加工等违法行为。建设中药材追溯体系，治理中药材和中药饮片制假售假、掺杂使假、增重染色、以劣充好等问题。
《餐饮服务食品安全监督管理办法》	卫生部部务会议 2010 年 5 月 1 日审议通过	第五章 法律责任 第三十八条 餐饮服务提供者有下列情形之一的，由食品药品监督管理部门根据《食品安全法》第八十五条的规定予以处罚： (一)用非食品原料制作加工食品或者添加食品添加剂以外的化学物质和其他可能危害人体健康的物质，或者用回收食品作为原料制作加工食品。
《流通环节食品安全监督管理办法》	国家工商行政管理总局(2009 年 7 月 30 日公布)	第二章 食品经营 第九条 禁止食品经营者经营下列食品： (四)腐败变质、油脂酸败、霉变生虫、污秽不洁、混有异物、掺假掺杂或者感官性状异常的食品。
《食品生产加工企业质量安全监督管理实施细则(试行)》	国家质量监督检验检疫总局 2005 年 9 月 1 日公布	第二十条 食品生产加工企业在生产加工过程中严禁下列行为： (四)在食品中掺杂、掺假，以假充真，以次充好，以不合格食品冒充合格食品； 第六章 食品质量安全监督 第五十四条 食品生产加工企业应当持续地具备保证食品质量安全的必备条件，保证持续稳定地生产合格的食品。 食品生产加工企业应当对其所生产加工食品的质量安全负责，并应当明

续表

名称	发布机构和时间	主要内容
《食品生产加工企业质量安全监督管理实施细则（试行）》	国家质量监督检验检疫总局 2005 年 9 月 1 日公布	确承诺不滥用食品添加剂、不使用非食品原料生产加工食品、不用有毒有害物质生产加工食品、不生产假冒伪劣食品。 第七十二条　国家质检总局和省级质量技术监督部门应当建立严重违法行为企业公布制度，定期公布生产假冒伪劣食品的企业名单。 第九十一条　在食品生产中掺杂、掺假，以假充真，以次充好，或者以不合格产品冒充合格产品的，按照《中华人民共和国产品质量法》第五十条的规定处罚。取得食品生产许可证的企业有此行为的，吊销食品生产许可证。
《成品油市场管理暂行办法》	2004 年 11 月 15 日商务部审议通过	第二十九条 成品油经营企业应当依法经营，禁止下列行为：掺杂掺假、以假充真、以次充好； 第三十四条 成品油经营企业有下列行为之一的，商务行政主管部门应当依法给予行政处罚；情节严重的，吊销其成品油经营批准证书：采取掺杂掺假、以假充真、以次充好或者以不合格产品冒充合格产品等手段销售成品油，或者销售国家明令淘汰并禁止销售的成品油的。
《国务院办公厅关于印发 2010 年食品安全整顿工作安排的通知》	国务院办公厅 2010 年 3 月 2 日	（二）加强农产品质量安全整顿。 打击在饲料原料和产品中添加有毒有害化学物质及养殖过程中使用“瘦肉精”等违禁药物行为。 打击制售假劣兽药违法行为。深入开展水产苗种专项整治，打击水产养殖环节违法使用硝基呋喃类、孔雀石绿等禁用药物和有毒有害化学物质行为。 （三）加强食品生产加工环节整顿。 打击制售假冒伪劣食品、使用非食品原料和回收食品生产加工食品的行为。取缔无生产许可证、无营业执照的非法食品生产加工企业。 （五）加强食品流通环节整顿。 完善食品市场监管和巡查制度，突出重点地区、重点场所和重点品种，深入开展专项执法检查，加大食品市场分类监管和食品市场日常巡查力度，打击销售过期变质、假冒伪劣和不合格食品的违法行为。
《国务院关于加强食品安全工作的决定》	国务院 2012 年 7 月 3 日	深入开展食品安全治理整顿。深化食用农产品和食品生产经营各环节的整治，重点排查和治理带有行业共性的隐患和“潜规则”问题，坚决查处食品非法添加等各类违法违规行为，防范系统性风险。

近年来我国不断提高对食品掺假的整顿力度，加大对食品掺假刑事责任追究力度。2008 年全国成立打击违法添加非食用物质和滥用食品添加剂专项整治领导小组，建立违法添加“黑名单”制度。国务院食品安全办先后发布 6 批非食用物质和易滥用食品添加剂的名单[11,12]，并重点开展乳及乳制品、米面及淀粉制品、肉类产品、酒类、水产制品、调味品和餐饮类食品掺假售假等违法违规行为的专项整治。此外，公安部门也与各级食品监管部门紧密配合，加强对食品安全违法事件的重拳打击，2013 年公安部门曝光多起食品犯罪典型案例，其中包括生猪注射沙丁胺醇、生产销售假牛肉等案件。此外，国务院办公厅、国务院食品安全委员会在 2016 年针对国家食品安全工作、国家质量发展纲要的工作部署，以及食药监总局对食用农产品市场销售质量安全的监管规定中，都明确对食品掺假和非法添加等行为的整治与防控。

我国各省市还开展了一系列打击食品掺假的整治活动，制定相应的管控办法。天津市自 2008 年起开展严打滥用添加剂、彻查“注胶虾”掺杂掺假，严查农村市场饮料、冷冻饮品等食品制假制劣等 10 余项专项行动，并陆续出台严打食品违法犯罪行为的管理办法，鼓励市民举报违法案件，制定不合格食品监督退市制度，加强对保健食品掺假制假的监督管理。北京市质监局出台食品掺杂使假犯罪案件移送标准，对食品中掺入有毒有害的非食品原料、瘦肉精等禁用药品，要求直接移送公安机关，及时追究违法者的刑事责任。

2. 制定食品掺假脆弱性评估体系

为应对食品蓄意掺假问题，美国 USP 专家小组在《食品化学法典》(Food Chemicals Codex)中增加了新的附录：《食品欺诈控制指南》(Guidance on Food Fraud Mitigation)，以帮助食品企业和监管部门识别供应链中最脆弱的环节(即最容易被掺假的环节)，并如何采取有效的措施应对 EMA。《食品欺诈控制指南》涵盖的范围是有意的、经济利益驱动型的食品掺假，不包含其他形式的食品欺诈。《食品欺诈控制指南》体系的构建是一个动态的和连续的过程，涉及脆弱性的表征、贡献因素，脆弱性产生的影响评估，以及脆弱性控制策略及实施，并定期(如一个季度、半年)或发生新的情况时(如发现新的非法添加物、新的掺假方法)对评估指标进行更新。

2014 年世界食品安全倡议(Global Food Safety Initiative，GFSI)提出了脆弱性评估和关键控制点体系(Vulnerability Assessment and Critical Control Point System，VACCP)[28,29]，该体系侧重点从风险转移到脆弱性，并在第七版 GFSI 指导手册中增加了企业如何最大限度减少食品欺诈和掺假原材料风险的内容[30,31]。

3. 建立 EMA 和食品欺诈监测与信息化数据平台

为系统梳理食品 EMA 事件，预防此类事件的发生，美国创建了 EMA 数据库和食品欺诈数据库(Food Fraud Database)，这两个数据库提供了一个系统化的方法来确定食物是否处于较大的 EMA 风险，以帮助机构和行业降低该风险。其中食品欺诈数据库将搜集的事件按照事件来源、产品分类、产品名称、使用掺假物质、掺假类型、发生时间等进行分类[32]。欧盟“马肉掺假”事件发生后，成立了各国共享事件信息和情报的食品欺诈网络(Food Fraud Network of Government Agencies)，还在 RASFF 中增加掺假和欺诈这个新的类别。我国还未建立食品掺假事件方面的权威数据库。“掷出窗外”网站搜集了 2004 年以后全国各地食品安全相关新闻资料，并提供了按照地区、食品名称以及关键词进行查询的功能。香港中文大学陈山泉等建立的大中华食品安全数据库是目前较为完善的食品安全数据库[33]。该数据库能够持续高效地搜集中国食品安全事件，并能自动将事件发生地点、时间、来源等相关关键词进行自动分类，目前该数据库已经收集超过 130 万份的信息。

4. EMA 事件特征研究与预警

为更好地掌握和防控食品掺假问题，国内外学者开展了 EMA 事件的特征研究[34,35]。Moore 等对美国食品欺诈数据库的第一个版本中的 1305 起食品掺假事件进行了统计[21]，其中，来自文献的事件中，橄榄油(占比 16%)、牛奶(占比 14%)、蜂蜜(占比 7%)、藏红花(占比 5%)和橙汁(4%)等是掺假最多的产品类别，从食品大类来看食用油(占比 24%)、乳及乳制品(占比 14%)以及调味品(占比 11%)占文献报道 EMA 事件的 50%以上；来自媒体报道的事件中，鱼(占比 9%)、蜂蜜(占比 6%)、橄榄油(占比 4%)、辣椒粉(占比 4%)、牛奶(占比 3%)、黑胡椒(占比 3%)和鱼子酱(占比 2%)等是掺假最多的产品类别，从食品大类看，天然调味料复合物(占比 30%)和香料(占比 19%)占来自媒体报道的事件的一半左右。2013

年该数据库增加了 792 起食品掺假事件，这些数据凸显的食品掺假新问题包括中国“地沟油”，印度液态奶掺水和尿素、“塑化剂”等[32]。对 1980 年～2013 年 11 月间 EMA 数据库搜集的 302 起食品掺假事件进行分析，美国（占比 30%）、欧盟（占比 15%）、印度（占比 15%）和中国（占比 14%）是事件的主要发生地，掺假手段主要包括替代或稀释（占比 65%）、含有未经批准的食品添加剂（占比 13%）、假冒商品（占比 9%）、标签错误（占比 7%）、产地冒充（占比 5%）[3]。

Tähkäpää 研究发现 2008～2012 年欧盟 RASFF 中通报的 376 起芬兰掺假事件中，动物源性产品占据掺假事件的较大比重[2]。Zhang 等研究来自中国媒体报道的 1553 起食品安全事件，发现这些事件基本都涉及 EMA，大多发生在广东、北京、山东、浙江、江苏等工业化和城市化水平较高的地区，动物源性食品（占比 37.78%）、植物源性食品（占比 22.65%）、饮料（占比 12.76%）、调味品（占比 5.42%）是掺假最多的食品类别，使用非法添加物（22.23%）、滥用食品添加剂（12.64%）、添加替代物（11.21%）、假冒产品（11.14%）、使用回收或废弃的食品（7.16%）是掺假的主要手段，掺假食品的销售地点主要为黑作坊（25.69%）、食品公司/加工企业（25.56%）[36]。唐晓纯等总结发现“掷出窗外”网站中的食品安全事件有 92%属于食品欺诈[37]。可以看出，国内外大多数国家和地区都有 EMA 事件的发生，被掺假的食品种类繁多，尤其集中在肉制品、水产品、饮料、乳制品和调味品等。

国内外还开展了食品掺假预警模型的研究。Spink 等[38]创建的食品欺诈初步筛选模型（Food Fraud Initial Screening model，FFIS）能够简单和快速地评估食品欺诈发生的风险，该模型通过对企业内部、相关数据库和报道的食品欺诈事件进行回顾，确定食品掺假的评价指标及其对健康的危害，评估食品掺假问题在企业发生的可能性和造成的影响[38]。Bouzembrak 等创建了一个贝叶斯网络（BN）模型，对 RASSF 数据库中食品掺假通报进行预警，准确率超过 50%[39]。我国当前初步构建起食品安全预警系统。原国家质检总局建立的全国食品安全风险快速预警与快速反应体系（RARSFS）于 2007 年正式推广应用，初步实现国家和省级监督数据信息的资源共享，构建质检部门的动态监测和趋势预测网络。商务部构建了酒类流通管理信息系统、酒类流通统计监测系统。这些系统通过发现食品安全隐患进行风险预警，提升了我国应对食品安全系统性风险的能力。但是，我国目前还没有专门针对食品掺假的预警系统。

5. 食品掺假检测技术体系的构建

食品掺假问题的防控离不开食品掺假检测技术体系的构建。目前色谱法、光谱法、DNA 法、同位素分析法等检测方法在国内外已经得到广泛的使用[40]。例如，利用高效液相色谱法鉴定蜂蜜中糖浆掺假、玉米馒头中柠檬黄色素掺假和牛奶中甲醛掺假[41-43]，利用气相色谱法鉴定花生油、棕榈油、山茶油等食用油掺假[44-47]。红外光谱法基于不同化合物在 0.78～1000 μm 的电磁波范围内具有不同的红外吸收光谱对化合物进行鉴定[48]，已用在肉类、油脂、调味品和牛奶等掺假检测中[18,49]。核磁共振波谱法，根据强磁场中原子核对射频辐射的吸收不同，已用在肉品分级、乳品和食用油的掺假鉴定中[50,51]。DNA 指纹技术已在牛羊肉等动物源性产品以及水稻、橙汁等植物源性产品的鉴定和溯源中[52-54]。DNA 条形码技术已在多国鱼类产品掺假鉴定中应用[55-57]。同位素法依据根据不同产地的产品中碳、氢、氧、氮、锶、镁、铅等同位素丰度的差异进行溯源[58]，已在肉品、乳品、果汁、饮料等产品中应用[59-61]。

3.1.3　食品电商的发展现状及趋势

1. 食品电商的起源与发展

电商即电子商务，是指利用互联网及现代通信技术进行任何形式的商务运作、管理或信息交换[62]。食品电商即食品电子商务，是在开放的网络平台上进行的食品交易，也是一种在电子商务环境下进行食品零售的模式、业态或活动[63]。

早在 1995 年，我国开始了食品电子商务的探索，郑州商品交易所集诚现货网成立，粮食产品率先在网上流通。2005 年易果网成立，2008 年和乐康及沱沱工社成立，开始了果品和有机食品等小众食品的电子商务探索[64]。在这期间，国内频发食品安全事件，特别是“三聚氰胺奶粉”事件的发生，导致消费者对品质高、安全性高食材的需求越来越迫切，一大批生鲜电商开始涌现。2012 年，本来生活网凭借褚橙营销迅速走红，随后又挑起“京城荔枝大战”，让生鲜电商竞争走向高潮[65]。2013 年，美味七七成立；2014 年，每日优鲜、许鲜网、青年菜君成立；2015 年，一号生鲜、京东到家成立；2017 年，盒马鲜生成立。一大批生鲜电商获得了强大的资本注入，生鲜电商间的竞争进入白热化。据不完全统计，食品电商在最高峰的时候，零售网站达到 1000 多个，淘宝注册地在农村的网店达到 200 多万个，交易额超过 500 万元，京东生鲜农产品网络零售额超过 100 亿元[66,67]。食品已经成为继图书、服装和“3C”电子产品之后的第四大类电商热销产品。在这期间，B2C、C2C、C2B、O2O 等各种模式竞相推出，各种营销补贴层出不穷，由于资金原因，一些小的生鲜电商陆续退出了竞争圈，青年菜君、许鲜网等一些缺乏雄厚资金背景的电商公司陆续出现经营困难，直至倒闭。目前活跃在食品电商领域的企业均有强大的资金背景支持，如阿里系的“天猫超市”、京东的“京东超市”和“一号生鲜”、中粮集团的“我买网”、顺丰集团的“顺丰优选”仍然在食品电商领域继续争夺[68]。

食品行业竞争激烈、利润低，电子商务发展给食品行业发展带来了新机遇和新动能。据《中国电子商务报告(2017)》数据显示，农产品电子商务从 2012 年到 2017 年交易额从 200 亿增长至 2436.6 亿元，预计 2018 年达到 3000 亿元(图 2-3-2)[69,70]。“双 11”“双 12”也促进了农产品电商的发展，据统计，2018 年“双 11”全国农村电商销售额达 275.9 亿元，其中农产品电商达 93.5 亿元；拼多多“双 12”9 个小时卖出 1 亿斤农货，淘宝“双 12”一天销售额超过 30 亿元[71]。截止到 2018 年，电商进农村已经五年，商务部、财政部、国务院扶贫办联合推出的“电商进农村示范县”达到 1016 个，其中 2018 年推出 260 个，做到贫困县全覆盖，同时考核评定试点县也进入新的阶段。电商扶贫特别是电商消费扶贫进入新的发展阶段，也探索了多种模式。2018 年“淘宝村”达 3202 个，“淘宝镇”达 363 个，“淘宝村”5 年增长 1500 倍[69]。电子商务对推动农业供给侧结构性改革，助力精准扶贫，打造农产品从生产到销售的完整产业链条，全面提升我国农产品流通的信息化、标准化、集约化水平等方面起到了巨大推动作用[72,73]。

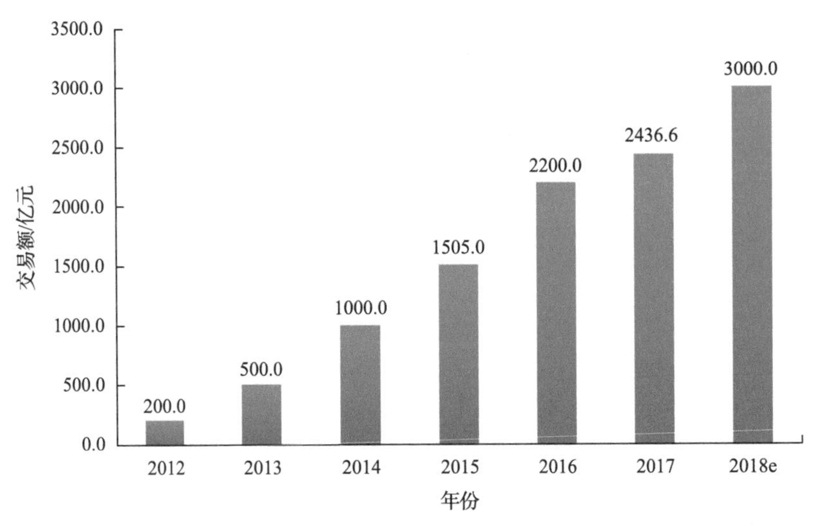

图 2-3-2　2012～2018 年我国农产品电商交易额[69,70]

2. 食品电商的模式

食品电商发展迅速，其模式也越来越丰富。目前，食品电商的经营模式主要分为七类[62]。

第一类是综合电商平台，其代表为“淘宝网”“京东”“1 号店”“当当网”等综合电商平台开放的非自营品类销售商家，特点是在传统的 B2C 综合类电商平台上，卖家入住并销售食品类产品。

第二类是垂直类电商自营平台，其代表为“我买网”“顺丰优选”“本来生活网”以及综合平台中的自营部分如“天猫超市”“京东超市”“1 号店”“三只松鼠”等，其特征是电商通过自有平台销售自营食品，具有更专业、更安全、更新鲜的特点。

第三类是生鲜类宅配平台，其代表为“爱鲜蜂”等，其特征是专营生鲜类产品。据中国产业信息网数据分析，2017 年我国生鲜农产品电商达到 1391 亿元，依每年 50%的速度增长，2018 年超过 1500 亿元(图 2-3-3)。2017 年中国生鲜电商市场发展迅速，自 2013 年以来连续 5 年保持 50%以上的增长速度，但呈现趋缓的态势[74]。

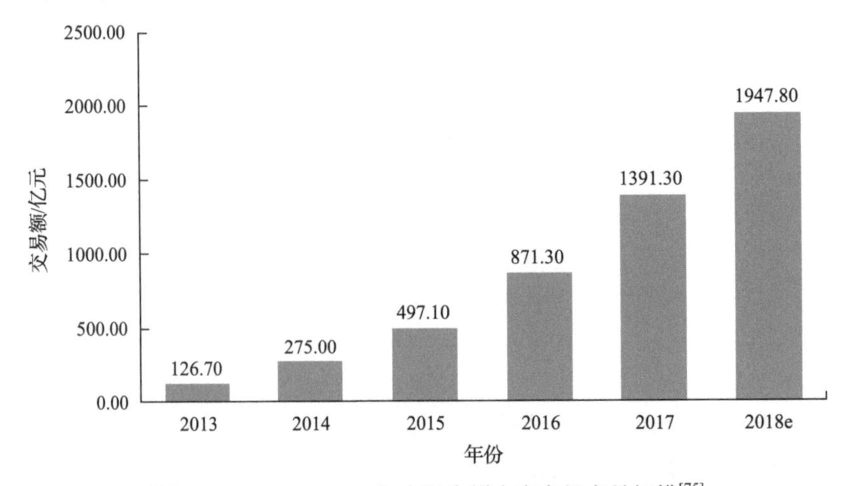

图 2-3-3　2013～2018 年中国生鲜电商市场交易规模[75]

第四类是餐饮类宅配平台，其代表为“饿了么”“美团外卖”“百度外卖”，近年来发展十分迅速。据相关数据分析，2017 年我国外卖市场规模突破 2000 亿元大关，在 2018 年底预估达到 2430 亿元(图 2-3-4)[74]。

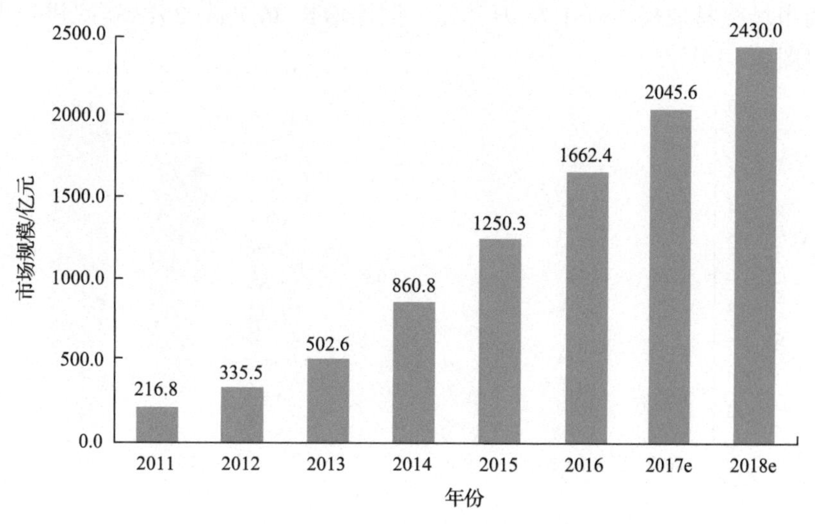

图 2-3-4　2011～2018 年中国在线订餐市场规模

数据来源：艾媒北极星

第五类是网络代购平台，其代表是“京东到家”“多点”等，其特点是采用外卖配送员送货的方式，进行超市、蛋糕房、水果店等周边线下实体店代购，通常消费者在下单后 1 小时左右就可以拿到订单商品。

第六类是微商平台，随着微信的广泛普及，商家或个人通过“微信公众号”、“朋友圈”或者“微店”等途径进行食品销售，其代表的微商为阿里巴巴等，其经营范围不但涉及国内食品，也大量涉及进口产品。据艾瑞咨询数据分析，2017 年中国微商行业市场交易规模为 5225.5 亿元，预计 2019 年微商规模将近 1 万亿，未来微商市场仍有较大的发展空间(图 2-3-5)[76]。

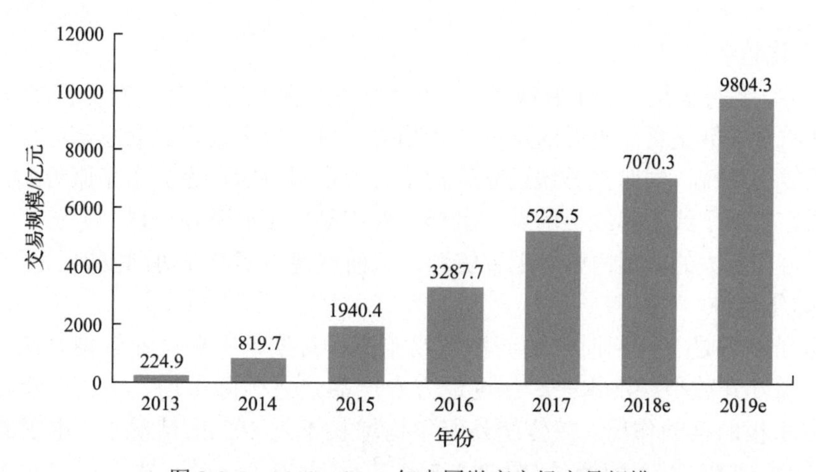

图 2-3-5　2013～2019 年中国微商市场交易规模

第七类是跨境电商平台中的进口食品销售，其代表为“考拉海购”“洋码头”“天猫国际”“亚马逊”“京东全球购”“苏宁易购”等，主要经营进口食品及食品原料，其产品需要经历海关，消费者需要支付产品进口所产生的关税。据有关数据表明，2017 年全年进口跨境电商市场交易规模达到 1.76 万亿元，同比增长 46.7%，2018 年底进口电商规模达 1.9 万亿元(图 2-3-6)[76]。

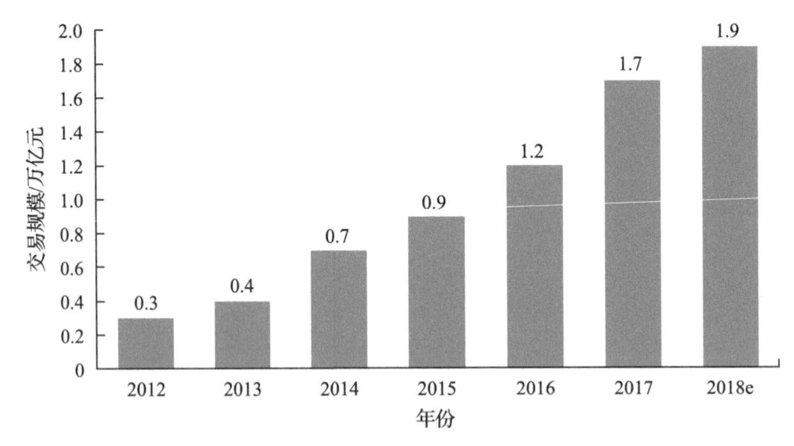

图 2-3-6　2012～2018 年中国进口电商市场交易规模

数据来源：综合企业财报及专家访谈

3. 食品电商发展的新趋势

在我国经济迅速发展下，人们对生活质量的要求也不断提高，食品安全逐渐成为社会重点关注的问题。已往的食品采购方式已经不能满足人们生活质量越来越高的需求，食品电商平台以独特的互联网销售模式，为消费者提供安全、放心、优质的电商食品。我国食品电商市场发展空间巨大，2012 年国内主要电商平台开始了食品电商争霸的局面。随着大量 B2C(Business-to-Customer)型食品购物网站的发展，消费者有了食品购买渠道的多样选择，食品电商市场呈现更加激烈的竞争态势。近几年，食品电商发展出现了新趋势。

(1)综合化趋势。

全部种类、各种渠道、线上和线下、产前和产后、售前和售后、安全和监管等多方面、多维度相互结合发展是食品电商的发展全新趋势。目前很多公司建立总部电商平台和区域电商平台的线上系统，同时在县城设立运营中心和在村(社区)设立电子服务站，形成线下的运作体系，实现了线下和线上的真正融合；农产品电子商务还可以与旅游产业相结合，借助电商平台在更大的范围内整合配置资源，从而实现不同产业协同发展[77]。

(2)国际化趋势。

跨境电子商务是互联网时代的新型贸易形态，对推动农业产业转型升级、扶持实体经济发展、提升开放型经济水平、促进地方农产品走进国际市场、实现农业经济发展方式转变具有积极的推动作用。在传统外贸年均增长不足 10%的情况下，中国跨境电商连年保持着 20%～30%以上的增长(图 2-3-7)[77-79]。我国“一带一路”倡议实施几年来，已经在“一带一路”沿途各国具有较大的影响并且效果显著，农产品中欧班列以及中欧冷链班列相继推出，农产品跨境交易快速发展，农产品食品电商国际化将呈现常态化趋势[64,78,80,81]。

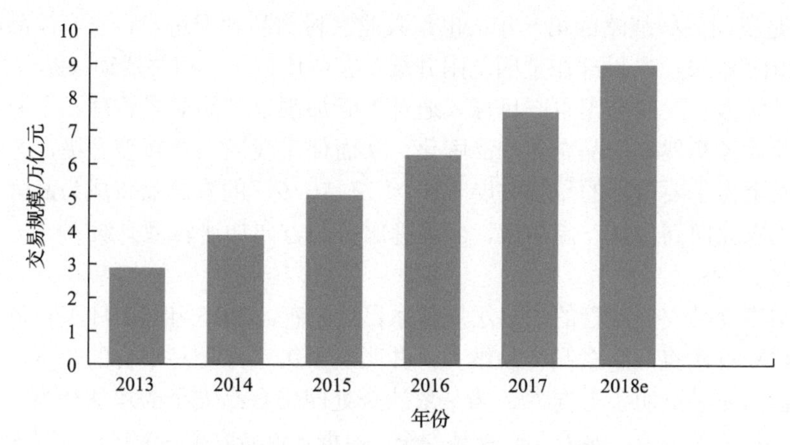

图 2-3-7　2013～2018 年中国跨境电商交易规模及预测[77]

数据来源：艾媒咨询

(3) 标准化趋势。

食品行业由于涉及的细分品类很多，如预包装食品、饮料、粮油、方便食品、水果、蔬菜、海产、河鲜等，这些细分的品类涉及的地域广泛，从地上、山上到河里、海洋，南方到北方，东部到西部，国内到国外，仅单纯一个简单的产品名称就无法标准化。京东、天猫、我买网等大型食品电商企业建立高度标准化的思路正在一步步落地实现。同时，不少农产品国际标准进入我国，我国也积极参与农产品国际标准的制定，我国的部分农产品标准也成为国际标准，促进现代农产品标准化建设的进程[67]。

(4) 智能化趋势。

近几年随着“物联网+大数据+云计算”等技术的逐步推广应用，手机移动商务形式在电商销售中发挥越来越大的作用，以微信、微博、微店、手机 APP 等营销方式，促使食品电商进入一个精准营销的全新时期，如云计算、网络技术、移动支付、新兴物流、智能快递柜和智能仓储等，新技术也给食品电商的发展带来新的机遇[82]。在食品电商平台实施应用的过程中，根据用户的已往购物习惯、年龄、地区、兴趣等特点通过智能分析，从海量商品库存信息等中对信息进行匹配，展现出用户满意率最高的商品。智能化已经为食品电商发展方向之一[83]。

(5) 绿色化趋势。

农产品电商行业将形成绿色生产加工、绿色储运、绿色配送、绿色消费等产业链绿色化，促进农产品电商的健康化发展。2016 年，商务部流通司发布《绿色仓储配送与包装绿色发展指引》，大力推进电商物流绿色包装等工作纳入到商贸物流标准化行动计划中，通过商贸物流标准化的示范项目实施，让绿色物流包装顺利落地。以物流为例，在电子商务物流中，编织袋的使用场合较多，使用量较大，根据调查快递企业电商物流编织袋使用量占业务量的 45%，不考虑循环使用因素应消耗编织袋 107 亿条，但是目前为推进绿色包装发展，减少包装垃圾，一些电子商务物流公司利用周转箱循环共用的方式替代编织袋。考虑各种因素，据有关分析，2016 年电商物流全年使用塑料编织袋约为 37 亿条，帆布袋 13 亿条左右。减少了 57 亿条编织袋的使用量[84]。

(6) 品牌化趋势。

2017 年是我国品牌战略的第一年，也是农业农村部品牌促进年，农产品品牌促销引起高度重视。2018 年农业农村部在全国范围开展“农业质量年”相关活动，提出“质量兴农、绿色兴农、品牌强农”的全国生产目标。通过不断加强农产品质量管理、不断推动农业生产技术创新等途径实现农产品企业的品牌化，从而促进我国农业转型升级，并快速进入以农产品质量安全为主要内容的品牌发展时期，“三品一标”的农产品将成为品牌发展主要内容，促进我国农业向高质量、高品质、名品牌服务的方向加速转型升级[67]。

(7) 法制化趋势。

我国对网络食品安全监管的法律法规体系日趋完善。2015 年 10 月 1 日颁布实施的新《食品安全法》首次将网络食品交易纳入，并明确了第三方交易平台的职责，该法的实施为规范网络食品交易指明了方向[85]。为了依法查处网络食品安全的违法行为，加强网络食品质量安全监督管理力度，保障人们食品安全，根据《食品安全法》等法律法规要求，2016 年 10 月 1 日，颁布实施了《网络食品安全违法行为查处办法》，在一定程度上缓解了电商食品监管法规薄弱的问题。为了使我国人民的食品质量安全得到保障，促进食品电商健康发展，依据《消费者权益保护法》等相关法律、法规，制定了《网络购买商品七日无理由退货暂行办法》，于 2017 年 3 月 15 日起实施。针对外卖等网络餐饮服务，2017 年 9 月 5 日经国家食品药品监督管理总局局务会议审议通过了《网络餐饮服务食品安全监督管理办法》，自 2018 年 1 月 1 日起施行。2018 年 8 月 31 日第十三届全国人民代表大会常务委员会第五次会议审议通过了《中华人民共和国电子商务法》(以下简称《电子商务法》)，为保障电商行业迅速发展提供法律依据，自 2019 年 1 月 1 日起施行。

《电子商务法》要求对第三方平台、通过第三方平台或者自建的网站进行食品销售、生产经营者基本信息备案，违反食品安全法律、法规、规章或者食品安全标准行为的查处均作出了明确规定。《电子商务法》的出台为电商食品的规范、有序发展以及安全监管提供了有力保障。《电子商务法》第二十七条、第三十一条中明确提出对经营主体、商品、服务、交易信息进行核验、登记，建立登记档案，并定期核验更新；要求商品和服务信息、交易信息保存时间自交易完成之日起不少于三年。《电子商务法》第七十条指出国家支持各网站平台提供者依法设立的信用评价体系并开展电子商务信用评价，并向社会提供电子商务信用评价服务。这些对建立电商食品追溯体系，以及安全监管起到重大推动作用。

3.2 食品安全问题现状

3.2.1 从食品安全到食品诚信——脆弱性评估

1. 食物掺假问题的现状

国家质量监督检验检疫总局统计了 2007～2013 年间媒体报道的较为典型食品安全事件 694 起，其中非食用物质掺假事件 266 起，具有篡改生产日期、以假充真、以次充好等问题事件 128 起[86]。民间网站“掷出窗外”统计的 2004 年以来近 4000 起食品安全相关的报道中也有半数以上属于食品欺诈[87]。尽管与致病微生物导致的食源性疾病相比，食品欺诈的危害相对较低，但在公众意识中，后者是中国食品的首要问题。

在我国，从媒体报道和社会对事件的反应程度来看，食品掺假是食品欺诈最主要的形式，该类型的食品欺诈也是消费者和政府最关注的一类，也是对食品安全、政府公信力、社会和谐稳定影响最大的一类[88]。食品掺假的类型主要分为添加、替代、剔除等，但其形式手段多样且复杂。一般情况下，除实施食品掺假的犯罪者能够明确具体的掺假物和掺假方式外，其他人很难了解或掌握，因此犯罪者的道德水平和知识水平决定了掺假物对食品安全和人体健康的危害程度[21]。正是由于违法添加物的不确定性，该类事件极易引发消费者的恐慌，如果违法添加物毒性较大，还可能会引起重大公共卫生事件，如 2003 年发生的阜阳劣质奶粉事件导致 229 名儿童营养不良，12 名儿童死亡[9]。该事件震惊中外，亦被称为“空壳奶粉事件”。该事件是典型的食品掺假事件，其掺假手段是替代。很多文献报道该事件严重影响了人体健康，降低了消费者对食品安全的信心，也影响了政府及食品安全监管部门的公信力。

在我国纸媒、网络及科技文献报道中常出现的非法添加和滥用食品添加剂均属于食品欺诈行为。但是很多网络报道、文献研究中将“三鹿奶粉事件”中非法添加的非食用物质三聚氰胺描述为添加剂，使消费者及读者，包括一些食品领域的工作者和专家，将三聚氰胺误认为是食品添加剂。按照食品欺诈分类，非法添加和超范围使用食品添加剂属于食品欺诈中的掺假，超量使用食品添加剂是不符合国家食品安全标准的行为。非法添加和滥用食品添加剂是否会引发食品安全问题或食品安全事故，即是否会影响公众健康，则要根据所添加的物质和添加量而定。但无论是否引发食品安全问题，食品欺诈事件的发生会使消费者、企业或国家在经济方法受到一定的损失。正因如此，欧盟委员会确定食品欺诈不仅是食品工业的第五大问题，也是欧洲的第五大经济问题[89]。

调查显示，消费者普遍认为食品添加剂滥用为最严重且发生最多的食品安全问题，其原因之一与各种报道和研究中混淆上述概念有关。而根据原国家食品药品监督管理总局发布的信息显示滥用食品添加剂占问题食品的 24.8%[90]。另外，为有针对性地对非法添加和食品添加剂超范围和超量使用进行有效监督管理，全国打击违法添加非食用物质和滥用食品添加剂专项整治领导小组，自 2008 年 9 月至 2011 年 6 月，先后发布了 6 批《食品中可能违法添加的非食用物质和易滥用的食品添加剂名单》[11,12]。总结食品中易滥用的食品添加剂名单可以发现，着色剂、甜味剂、防腐剂是最易滥用的 3 类食品添加剂，而最易被滥用食品添加剂的食品品种分别包括面及面制品、果冻、腌(渍)菜、肉及肉制品等。

食品欺诈可能会造成不同程度的危害。首先，食品欺诈使消费者或企业蒙受经济损失，如虫草、橄榄油的以次充好等。其次，由于采用不同的欺诈手段，如掺假等，则有可能对身体健康造成潜在的不良影响，引发公共卫生事件[8,20,21]，如红心鸭蛋事件。一般来说，大多数食品欺诈事件不会造成公共卫生危害，但是由于食品掺假物的不确定性，有可能引发大规模危险性事件的发生，如 2008 年的“三聚氰胺奶粉”事件造成了 29.4 万婴幼儿染病，6 例死亡[10]。再次，食品欺诈事件也会对食品企业甚至整个行业带来严重的影响，大幅降低内销和出口产品的价值[1]。最后，由于食品是人类赖以生存的最基础物质资料，因此与其他产品相比，食品欺诈危害的波及面更广，频发的食品欺诈事件会严重影响消费者对食品安全的信心、降低政府公信力、影响社会和谐，甚至造成社会动荡。因此，积极应对食品欺诈问题是世界各国面临的重要食品问题。

2. 我国参比实验室体系现状

在我国，随着实验室认可体系的推广，评价实验室是否具有出具准确数据的能力，采用的方式方法，与国际接轨，即能力验证方法。一般是由各部门根据工作目的建立起来的。如卫生部门的食品安全风险监测的参比实验室、各种疾病鉴定诊断的参比实验室、临检参比体系等。国家认证认可部门认可各部门的参比体系，当然也有自愿申请的能力验证提供者单位(中国合格评定国家认可中心组织的)。我国计量体系，也应具有参比功能。

农业部也建立了兽残基准实验室(详细内容见农业部于 2004 年发布的第 420 号公告——《关于确认首批国家兽药残留基准实验室公告》)。按照《中华人民共和国动物及动物源食品中残留物质监控计划》，上述实验室主要承担有关药物残留检测方法(筛选法、定量法、确证法)的研究和标准的制定、组织比对试验及相关药物残留检测结果的技术仲裁等工作。中国兽医药品监察所兽药安全评价室负责氟喹诺酮类、四环素类和 β-受体兴奋剂类药物。中国农业大学动物医学院药理研究室负责阿维菌素类、磺胺类、硝基咪唑类、氯霉素类和玉米赤霉醇类药物。华南农业大学兽医药理研究室负责有机磷类、除虫菊酯类、β-内酰胺类、胂制剂和己烯雌酚类药物。华中农业大学畜牧兽医学院负责喹啉类、硝基呋喃类、苯并咪唑类药物。

1) 国家食品安全风险监测参比实验室设立依据

(1)《国家食品安全监管体系“十二五”规划》(国办发〔2012〕36 号)重点建设项目中规定的要重点加强的工作。

四、重点建设项目的(二)监测评估能力建设中要求：“逐步增设食品和食用农产品风险监测网点，扩大监测范围、监测指标和样本量，使风险监测逐步从省、市、县延伸到社区、乡村，覆盖从农田到餐桌全过程……，重点加强食品安全风险监测参比实验室、监测质量控制、风险监测数据采集与分析、评估预警技术研究与应用、信息技术应用、国际交流与合作等领域的能力建设。”

(2)《食品安全法》和国务院“三定”规定赋予国家卫计委组织开展食品安全风险监测工作职责。

《食品安全法》第二章第十四条规定“国家建立食品安全风险监测制度，对食源性疾病、食品污染以及食品中的有害因素进行监测。国务院卫生行政部门会同国务院有关部门制定、实施国家食品安全风险监测计划。省、自治区、直辖市人民政府卫生行政部门根据国家食品安全风险监测计划，结合本行政区域的具体情况，组织制定、实施本行政区域的食品安全风险监测方案”。

(3)《食品安全风险监测管理规定(试行)》(卫监督发〔2010〕17 号)规定卫生部制定和实施监测能力建设规划。

第四条规定：“卫生部会同国务院有关部门在综合利用现有监测机构能力的基础上，根据国家食品安全风险监测工作的需要，制定和实施加强国家食品安全风险监测能力的建设规划，建立覆盖全国各省、自治区、直辖市的国家食品安全风险监测网络。”

(4)《食品安全风险监测能力(设备配置)建设方案》(发改社会〔2013〕422 号)具体规定了“十二五”期间监测参比实验室能力建设方案。

该方案明确了省、市(地)两级疾病控制预防机构食品安全风险监测的主要工作任务，以及食品安全风险监测设备配置参考品目，提出到 2015 年完成 400 所左右省、市(地)级疾病控制预防机构购置食品安全检验检测设备约 2.2 万台(套)、估算总投资 44.52 亿元建设任务。参比实验室和食源性疾病病因学鉴定实验室建设经费。依托省级疾病预防控制机构，完善兽药、有害元素、非法添加物、农药残留、有机污染物、真菌毒素、二噁英、重金属等 8 个试点建设的化学污染物参比实验室和新增的食品添加剂、食品接触包装材料、生物毒素、放射性物质、标准物质制备及沙门菌、副溶血性弧菌、椰毒假单胞菌、肉毒杆菌、病毒、寄生虫等 12 个参比实验室设备 78 台(套)，测算投资 1.0725 亿元，为 5 个食源性疾病病因学鉴定实验室配备设备 12 台(套)，测算投资 0.1940 亿元。

(5)《关于进一步做好食品安全相关工作的通知》(卫计生发〔2013〕25 号)强调了落实“十二五”监测能力建设。

七、加强食品安全相关工作体系。能力建设中要求“地方各级卫生(卫生计生)行政部门要按照《决定》和《规划》要求，全面加强卫生计生系统食品安全标准、风险监测评估、食品安全事故应急处置和流行病学调查、检验检测等体系建设，要积极向当地政府汇报，争取发展改革、财政等部门支持。要按照《食品安全风险监测能力(设备配置)建设方案》(发改社会〔2013〕422 号)要求，配合当地发展改革部门制订本地区具体实施方案，争取配套经费，加快省、地市两级疾控机构风险监测设备条件建设，特别要安排好 2013 年的建设任务。各地要按照国家相关要求建设好食品安全标准、风险监测评估等信息系统，实现国家与省级食品安全数据实时对接。要着力培养高水平的食品安全标准、监测评估人才，完善专业人员待遇保障机制和奖励制度”。

(6)《关于省级疾病预防控制机构加挂国家食品安全风险监测(省级)中心及参比实验室牌子的通知》(国卫食品发〔2013〕36 号)正式指定了六家机构为监测参比实验室，挂了国家食品安全风险监测的牌子。

2013 年 12 月，国家卫计委发布了《关于省级疾病预防控制机构加挂国家食品安全风险监测(省级)中心及参比实验室牌子的通知》(国卫食品发〔2013〕36 号)。该通知明确了首批 8 个国家食品安全风险监测参比实验室，涉及 6 家机构，见表 2-3-3。

表 2-3-3　国家食品安全风险监测参比实验室

机构名称	参比实验室
北京市疾病预防控制中心	非法添加物国家食品安全风险监测参比实验室 兽药残留国家食品安全风险监测参比实验室 有害元素国家食品安全风险监测参比实验室
上海市疾病预防控制中心	农药残留国家食品安全风险监测参比实验室
广东省疾病预防控制中心	重金属国家食品安全风险监测参比实验室
浙江省疾病预防控制中心	真菌毒素国家食品安全风险监测参比实验室
江苏省疾病预防控制中心	有机污染物国家食品安全风险监测参比实验室
湖北省疾病预防控制中心	二噁英国家食品安全风险监测参比实验室

国家卫计委于 2016 年 6 月 29 日，通过《食品司关于报送国家食品安全风险监测参比实验室和食源性疾病病因学鉴定实验室名单的函》(国卫食品监便函〔2016〕119 号)，明确了第二批参比实验室及其领域范围，补充扩大了首批参比实验室的领域和范围，见表 2-3-4。

表 2-3-4　第二批国家食品安全风险监测参比实验室

参比实验室	机构名称
食品添加剂参比实验室	河北省疾病预防控制中心
食品接触包装材料参比实验室	吉林省疾病预防控制中心
生物毒素参比实验室	深圳市疾病预防控制中心
外源性激素参比实验室	山东省疾病预防控制中心
标准物质制备参比实验室	湖南省疾病预防控制中心
放射性物质参比实验室	广西壮族自治区疾病预防控制中心
沙门菌参比实验室	江西省疾病预防控制中心
副溶血性弧菌参比实验室	上海市疾病预防控制中心
椰毒假单胞菌参比实验室	重庆市疾病预防控制中心
肉毒梭杆菌参比实验室	安徽省疾病预防控制中心
病毒参比实验室	江苏省疾病预防控制中心
寄生虫参比实验室	福建省疾病预防控制中心

2) 国家食品安全风险监测参比实验室已经开始发挥作用

2014～2017 年，国家食品安全风险监测参比实验室在相应领域投入了人、财、物，并根据原国家卫计委规定的职责、监测计划和国家食品安全风险评估中心统一安排，开展了监测方法的制修订、监测方法验证、质控品研制、质控考核、技术培训、结果验证及结果复核等质量保证工作，为国家食品安全风险监测数据质量保驾护航。

3) 委托参比实验室进行新方法验证及方法培训

第一批的 8 个参比实验室进行了多个监测工作新项目的方法验证及培训推广工作。在参比实验室履职的同时，进一步扩大了风险监测参比实验室的影响范围。

(1) 研制质控品及组织质控考核。

从 2014 年起，第一批的 8 个参比实验室进行了监测质控样品的研制和全国风险监测质控考核工作。到 2018 年，已组织了近 20 个项目的考核工作，从 2017 年起，该考核项目不仅已列入国家认监委 B 类/C 类能力验证项目，而且还将其他部门(如粮食部门)的机构一并纳入参加考核中，在参比实验室履职的同时，进一步扩大了风险监测参比实验室的影响范围。

(2) 对风险监测结果进行复核。

对于在风险监测上报结果中的可疑数据，由第一批的 8 个参比实验室进行复核工作，为风险监测工作数据可靠性提供了技术支撑。另外从 2018 年起，在国家级监测现场质量监督工作中，现场抽取监测机构已检样品，由 8 个参比实验室(第一批)在各自负责的领域内进行结果验证工作。

(3)监测技术机构内部质控规范性评价。

从 2018 年起，由第一批的 8 个参比实验室进行了全国的风险监测内部质控规范性评价工作。每个监测项目拟抽查 10 个省的 3 个承担该项目 2018 年监测检验任务的技术机构(地市级)，被抽取的监测技术机构选取针对抽查项目的实验室内部质量控制记录复印件(或扫描件、照片)，如标准物质测试、加标回收、留样再测、平行样、空白、设备检定和校准及期间核查、设备(多台)和人员(多人)比对、质控图等，在规定时间邮寄到该领域的参比实验室。参比实验室按照抽查方案要求对其进行审核、分析、评价。

3. 食品安全保障新痛点问题

“消费者信心与信任不足，客观安全的提升难以转化为主观安全感的问题已成为当今食品安全保障的新痛点。低风险问题引发高度恐慌，高风险问题却被严重忽视，造成显性和潜在的危机，极大地消解政府公信力和国产食品的声誉，让食品安全治理事倍功半”[14]。

1)不理性认知，消费者忧心伤身

目前，我国仍处于食品安全及舆情事件集中发生期，食品安全形势依然严峻，民众对食品安全的不满与忧虑具有一定的合理性。但是，同时我们也看到另外一些不合理的现象，消费者不理性的认知，不理性的行为等等。

不理性的认知食品添加剂，高估食品添加剂风险。国家食品安全风险评估中心(CFSA)消费者风险认知调查数据显示，七成的民众将三聚氰胺、苏丹红等违法添加物视为食品添加剂。八成(80.5%)受访者明确认为食品添加剂有可能或非常可能危害公众健康。认为食品添加剂危害较小或无危害的人群仅为 7.5%。然而，事实上，我国至今未发生一起因合法使用食品添加剂而造成的食品安全事件。国家法律法规标准明确允许使用的合法物质多年持续遭受“污名”，民众忧心伤身，食品生产加工体系、监管体系公信力受损。

不理性的认知食源性疾病。我国每年收到重大食物中毒报告 600～800 起，发病 2 万～3 万人，死亡 200～300 人，而这仅仅是实际发病人数的冰山一角。据 WHO 估计，发展中国家的漏报率高达 95%以上。据原国家卫计委统计数据，近十年来食源性致病微生物是引起食源性中毒的主要原因，2008～2015 年，由微生物引起的食物中毒比例占 62%，同时也是全球食品安全的核心问题[91]。但是，与客观风险情况相悖的是，CFSA 调查数据显示在九种食品安全风险中，公众对于食源性疾病的担忧程度排名倒数第一。相对微生物因素导致的食源性疾病，人们更担心化学因素的健康影响。

忽视家庭食品安全处理。消费者调查数据显示，公众认为生产加工环节是食品链中容易出问题的环节。相对工业化的严格控制，还是“妈妈的饺子”最安全。然而，客观情况与之相反，家庭是食源性疾病暴发事件报告的重灾区，暴发起数和患病人数常居前列。而且消费者调查数据显示消费者家庭食品处理安全意识不足，近三成受访者认为做饭前洗不洗手没有差别，并不会更容易生病，甚至还有 4.9%的受访者认为不干不净吃了没病，不洗手更少生病；有近三成的受访者认为菜板分不分生熟也没什么差异，甚至不分更好，更少生病。

不理性消费行为——偏好无添加的生鲜奶。“三聚氰胺奶粉”事件后，抱着对食品添加剂的深深误解，有些消费者彻底放弃了奶企，选择从农户或养殖场直接购买所谓纯天然，未经任何处理，零添加的生鲜牛奶。消费者调查数据显示，两成的受访者食用过未经任何加工的生牛奶，其中多数是偶尔吃，2%的受访者经常吃或天天吃。然而，这些来源不明，未经过加工的生鲜奶是常见致病微生物的温床(大肠埃希菌、布鲁氏杆菌、结核杆菌等)，具有很高的风险隐患[92]。

不信任大企业，偏好农家、古法、小作坊压榨花生油。由于对食品工业的不信任，消费者越来越偏好当面做出的食物，总觉得和企业生产的食用油相比，眼见为实的小作坊无添加更安全。但实际情况恰恰相反，以小作坊压榨的花生油最为典型，花生油中的黄曲霉毒素 B_1 是人类已知最强致癌物，小作坊往往因缺乏脱黄曲霉素的设备和工艺程序，散装油问题特别突出，曾被监管部门多次曝光[93]。然而，就是因为错误的认知，高风险的小作坊花生油成为我国一些居民餐桌上的常客，消费者调查数据显示，近六成的受访者购买过土法小作坊压榨花生油，近两成消费者经常或每天都食用，见图 2-3-8。

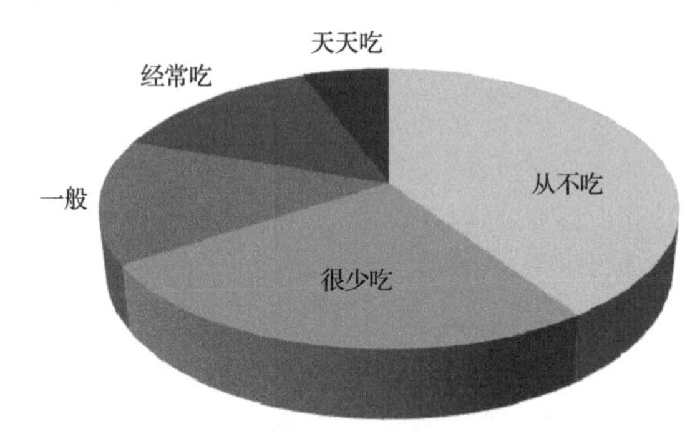

图 2-3-8　高风险食品消费行为——食用土法/小作坊压榨花生油

2)消解政府公信力和国产食品声誉，对食品行业造成巨大打击

我国已成为全球排名首位的婴幼儿奶粉消费市场，2018 年我国婴幼儿奶粉的需求量稳定上升至 1297 亿元。然而，课题组调查数据显示，六成以上的妈妈群体选择进口奶粉。国产食品安全事件频发，严重消解政府公信力和国产食品声誉；食品安全谣言在网络中不断滋生，进一步催化信任危机的恶化。

4. 食品真实性鉴别技术现状

1)时间趋势分析

全球关于食品真伪鉴别的研究可以追溯到 20 世纪初期，自 1984 年呈现出 3 个发展阶段：其中 1984～1994 年期间为第一阶段，技术逐渐起步，发展缓慢，10 年间发文 468 篇，年均发文量不到 50 篇；1995～2004 年期间为第二阶段，为快速发展期，年发文量突破 300 篇，10 年间翻了 6 倍以上；第三个阶段是 2005 年至今，是飞速发展期，发文量呈直线上升的态势，年发文量在 10 年间连续迈过 500 篇、1000 篇、1500 篇三大台阶，2017 年发文量接近 1800 篇(图 2-3-9)。可见食品真伪鉴别技术越来越受到世人的关注，日益成为食品质量安全研究领域的新兴热点。1995 年随着 WTO 的成立，涉及食品贸易的《实施卫生与植物卫生措施协定》(SPS 协定)和《贸易技术壁垒协定》(TBT 协定)作为马拉加士协定的附件随之生效，极大地促进了世界各国对食品掺假使假和鉴伪打假的关注，使其得到快速发展。2005 年以来，科学技术取得了长足的进步，与此同时食品掺假使假手段也不断翻新，造假花样越来越多，“科技”含量越来越高；掺假使假辨识的需求也越来越深入和多样化，已从简单的辨别食品真假，拓展到对成分、品牌、产地、纯度、品质等的多种鉴别，并呈现高通量、多维度和精准化态势。现代色谱技术、分子生物技术等新技术的应用，又使食品真伪鉴别技术的研究和应用水平得到了飞速发展。

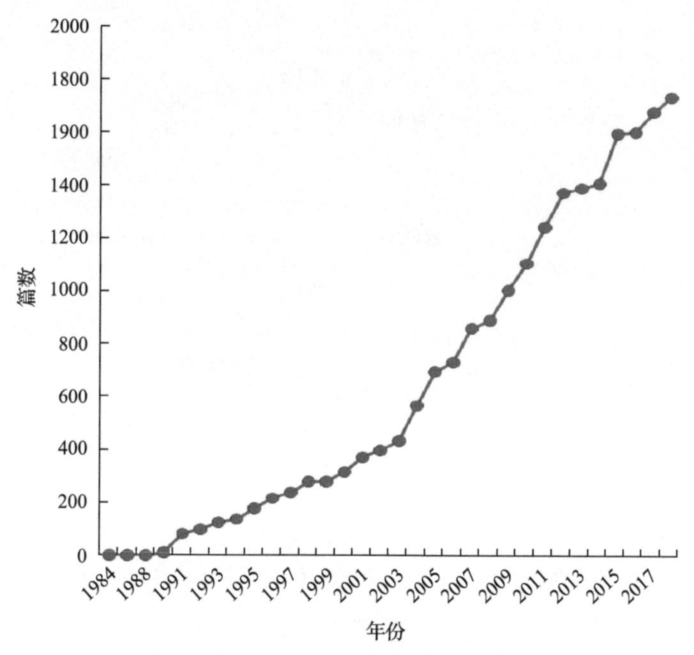

图 2-3-9　食品真伪鉴别与食品检测技术研究论文年代分布（1984～2018 年）

2）国家/地区分析

根据科学网（Web of Science, WOS）的 SCI-EXPANDED 数据库筛选，在全世界范围内从事食品真伪领域研究的国家/地区共有 105 个，其中发文量排名前 10 位国家/地区依次为中国（14.6%）、西班牙（13.6%）、意大利（12.4%）、美国（8.6%）、德国（5.1%）、印度（4%）、巴西（3.9%）、英国（3.8%）、法国（3.8%）、韩国（3.7%）。上述 10 个国家/地区在食品真伪鉴别研究中的 SCI 论文发文量占总量的 66.8%，排名前三的中国、西班牙和意大利在发文总量上较为接近，占世界发文量的 39.8%，表明三国在食品真伪鉴别研究中具有举足轻重的地位（图 2-3-10）。

3）技术分析

本研究主要针对食品真伪鉴别技术的 4 大类：理化分析技术、分子生物学技术、蛋白质技术、人工智能进行分析，发现以 PCR、DNA 指纹图谱等为代表的分子生物学技术文献量最多，占总量的 52%。其次，以光谱、色谱和质谱等为代表的理化分析技术文献量排名第二，占 28%。排在第 3 位的是以双向电泳、ELISA 和蛋白质分析为代表的蛋白质技术（17%）。以电子鼻、电子舌等各类传感器为代表的人工智能技术排在第 4 位，占比 3%。各大类技术中，理化分析技术是最早应用的一类技术，也是最成熟和应用最广的技术之一，其次为蛋白质技术，其应用历史也十分久远，但其发展速度远不及理化分析技术。相对来看，人工智能技术的发展较晚，2000 年后才呈现出一定的规模，发展速度也较缓慢（图 2-3-11）。

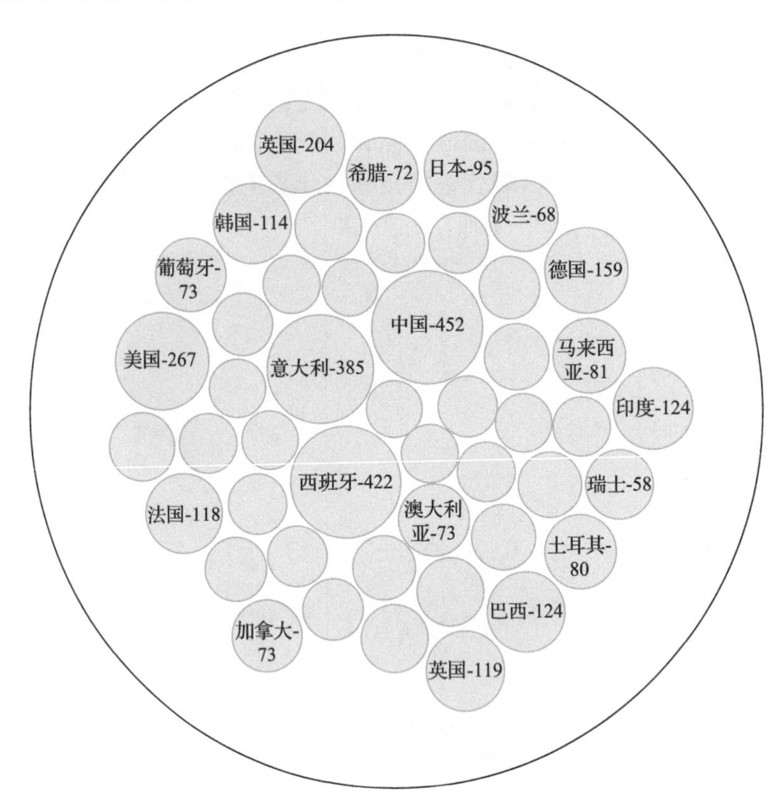

图 2-3-10　食品真伪鉴别研究论文国家(地区)分布(1984～2018 年)

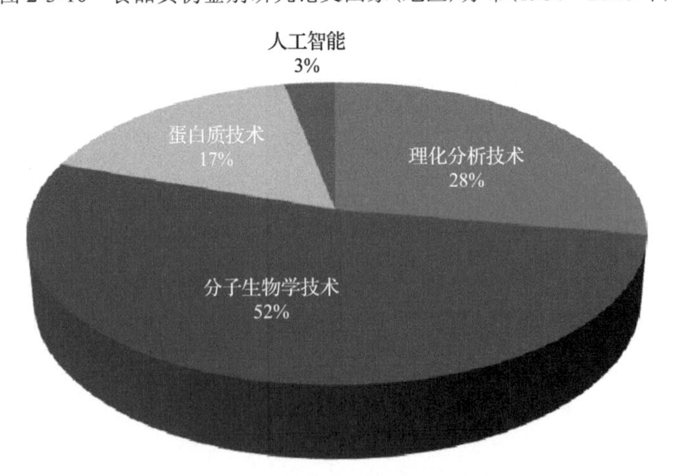

图 2-3-11　真伪鉴别大类技术分布

4)食品种类分析

通过对 30 年真伪鉴别文献记载的食品研究对象分析发现：最早食品真伪鉴别多针对乳及乳制品、食用油，随后扩展到对酒类、果品、果汁及饮料等食品，但呈规模化研究是在 20 世纪 90 年代之后。其中，肉及动物制品、水(海)产品、谷物及植物类、乳及乳制品和果品、果汁及饮料分别以 30%、19%、17%、13%和 8%的占比排在前 5 位。排在第 6～10 位的食品种类分别是酒类(4%)、蜂产品(4%)、食用油(2%)、调味品(2%)和保健食品及高附加值食品(1%)(图 2-3-12)。

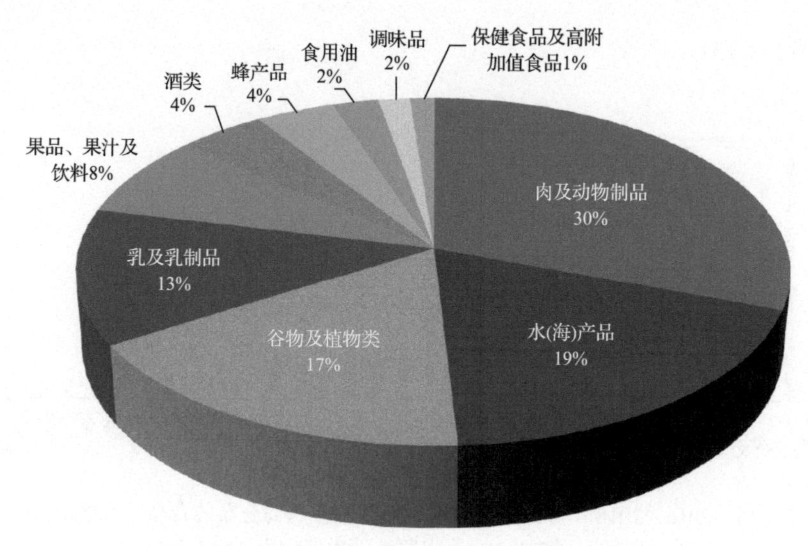

图 2-3-12　食品大类分布(1984～2018 年)

3.2.2　经济利益驱动型食品掺假与风险防控战略研究

1. 我国经济利益驱动型食品掺假问题现状——以 2016～2018 年国家监督抽检中的 EMA 问题为例

1) 国家监督抽检中的 EMA 问题分析

事件搜集与分析：搜集 2016～2018 年原国家食品药品监督管理总局公布的食品监督抽检公告中不合格情况，对超范围使用食品添加剂/超范围使用农兽药/违法添加非食用物质/特殊食品营养指标不合格①等 EMA 问题的批次进行分析。

(1) 时间分布。

经整理 2016～2018 年原国家食品药品监督管理总局公布的食品监督抽检公告中共有 322 批次不合格食品涉及 EMA，其中 2016 年 124 批次，2017 年增加到 189 批次，2018 年截至 2 月份共有 9 批次(表 2-3-5)。

表 2-3-5　2016～2018 年原国家食品药品监督管理总局公布的食品监督抽检公告中不合格批次中涉及 EMA 问题的批次

时间	批次
2016 年	124
2017 年	189
2018 年	9
共计	322

(2) 地域分布。

抽检产品标称生产企业所在地：福建/山东/广东/江苏/辽宁是排名前五的标称生产企业

① 由于考虑到“大头娃娃”等食品安全事件是由于奶粉营养指标不合格导致的，所以将特殊食品中营养指标不合格纳入 EMA 问题。

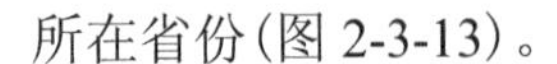
所在省份(图 2-3-13)。

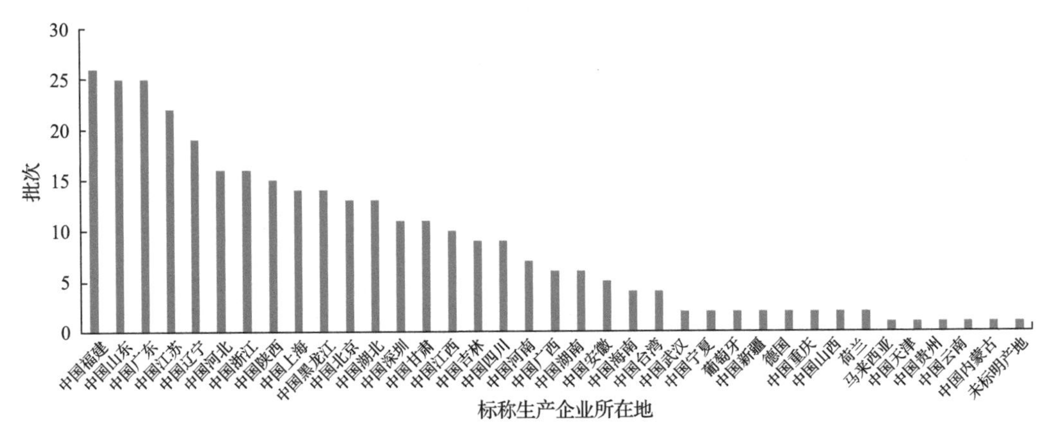

图 2-3-13　2016～2018 年原国家食品药品监督管理总局公布的食品监督抽检公告中不合格批次中涉及 EMA 问题的批次标称生产企业所在地

抽检产品来自的省区市(共 268 批次)/电商平台(共 54 批次)：广东/江苏/辽宁/黑龙江/山东是排名前五的抽检产品来自的省份,这与产品标称生产企业所在省份基本一致(图 2-3-14)；淘宝是通过电商平台抽检的产品最主要的涉及 EMA 问题的平台(图 2-3-15)。

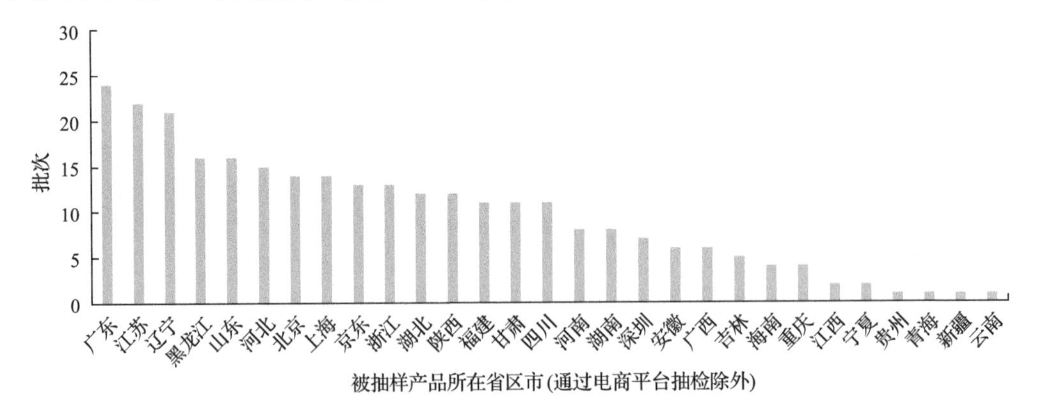

图 2-3-14　2016～2018 年原国家食品药品监督管理总局公布的食品监督抽检公告中不合格批次中涉及 EMA 问题的批次被抽样产品所在省区市(通过电商平台抽检除外)

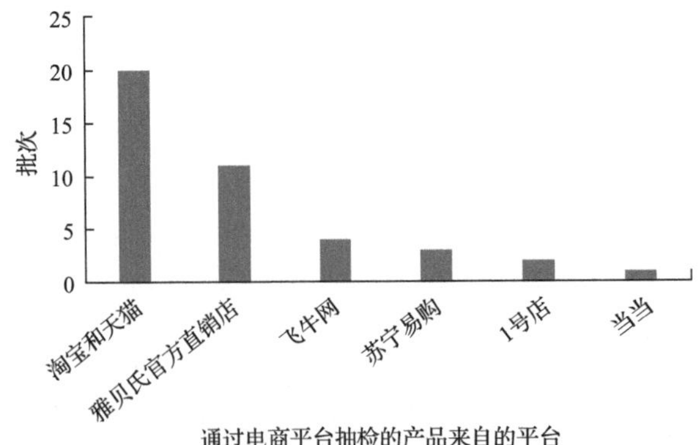

图 2-3-15　2016～2018 年原国家食品药品监督管理总局公布的食品监督抽检公告中不合格批次中涉及 EMA 问题的批次中通过电商平台抽检的产品来自的平台

(3)食品种类分布。

涉及 EMA 问题最主要的食品类别是：食用农产品中的水产(占比高达 42%)，主要问题是水产中检出禁用兽药孔雀石绿和呋喃类药物；婴幼儿配方食品(占 11%)，主要问题是营养声称不合格和营养指标不合格；水果制品(占 6%)，主要问题是超范围使用乙二胺四乙酸二钠/甜蜜素等食品添加剂(图 2-3-16)。

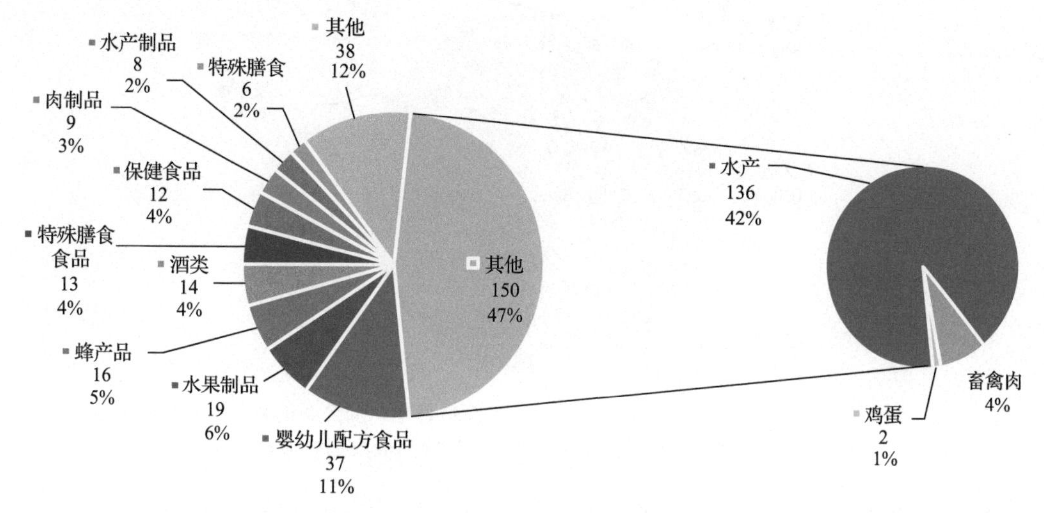

图 2-3-16　2016～2018 年原国家食品药品监督管理总局公布的食品监督抽检公告中不合格批次中涉及 EMA 问题的批次涉及的食品种类

(4)掺假手段。

涉及的主要掺假手段以使用禁用兽药/超范围使用食品添加剂为主(图 2-3-17)。

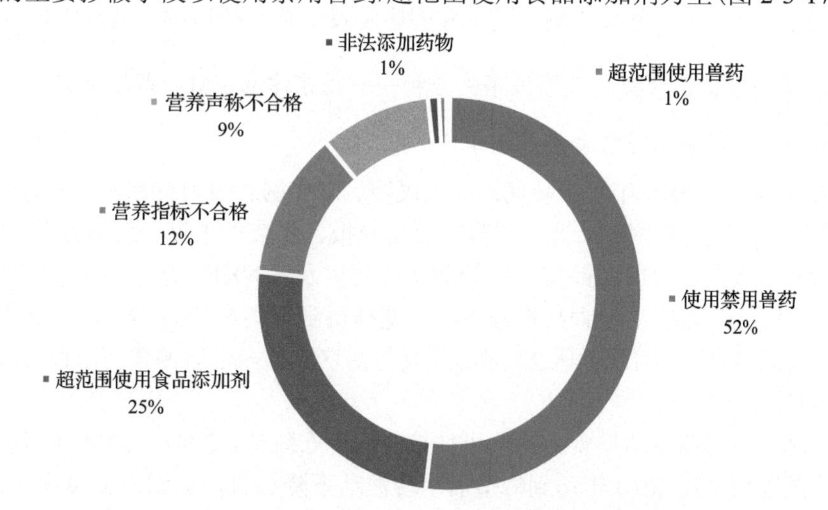

图 2-3-17　2016～2018 年原国家食品药品监督管理总局公布的食品监督抽检公告中不合格批次中涉及 EMA 问题的批次掺假手段

(5)掺假风险因子。

涉及的主要掺假风险因子：①使用的禁用兽药主要包括：孔雀石绿/呋喃类/氯霉素/瘦肉精等；②超范围使用食品添加剂主要包括：着色剂/甜味剂/防腐剂等。

(6) 发生的地点。

抽检发生地点：批发市场（31%）、超市（19%）、网店（17%）、专卖店（16%）、饭店（9%）（图 2-3-18）。

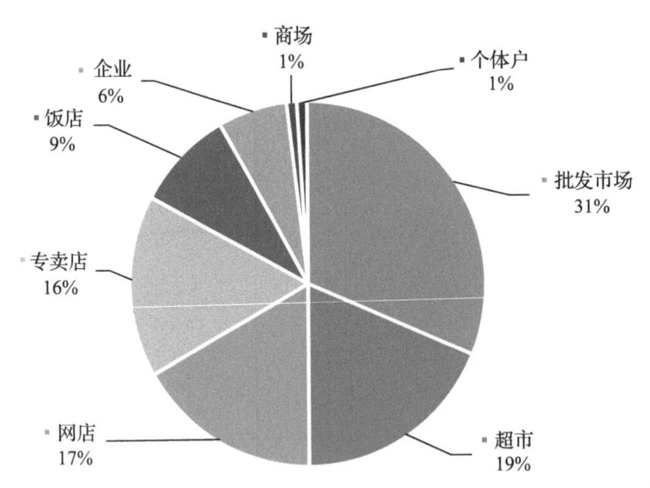

图 2-3-18　2016～2018 年原国家食品药品监督管理总局公布的食品监督抽检公告中不合格批次中涉及 EMA 问题的批次抽检地点

2) 国家监督抽检中的 EMA 问题小结

从掺假手段来看：使用违禁药物和超范围使用食品添加剂是国家监督抽检不合格食品中涉及 EMA 问题的主要掺假手段。

从掺假的主要环节看：养殖环节和加工环节是容易发生食品掺假的主要环节。

从掺假的地点来看：批发市场、超市和网店是发生食品掺假的主要抽检地点。

2. 我国经济利益驱动型食品掺假事件分析——以京津冀 EMA 事件为例

1) 京津冀经济利益驱动型食品掺假事件分析

通过搜集 2007～2016 年中国新闻网、人民网、新华网、中国首都网、北方网、河北新闻网、食品伙伴网等门户网站，北京日报、北京晚报、北京青年报、京华时报、中原商报、邯郸日报、法制晚报、中国食品安全报等数字报刊以及 CNKI、万方等数据库学术文献上曝光的京津冀经济利益驱动型食品掺假事件，整理得到该类事件共 100 起，其中北京地区 49 起，天津地区 11 起，河北地区 12 起，涉及包括京津冀多地区的掺假事件 28 起。

(1) 时间分布。

将京津冀经济利益驱动型食品掺假事件按时间分布统计，2007～2016 年年度曝光的食品掺假事件报道数量在 2010 年达到峰值后呈现波动下降趋势，如图 2-3-19 所示。

2008 年“三聚氰胺”婴幼儿配方奶粉事件，推动了《食品安全法》(2009 年 6 月实施) 制定的法治进程，使得食品安全问题的关注度明显提升。2011～2013 年，国家集中开展了多次食品安全专项检查工作，这也推动了媒体对京津冀食品 EMA 事件的关注与监督。此后，随着对食品掺假打击力度的不断加大，该类事件的发生有所减少。

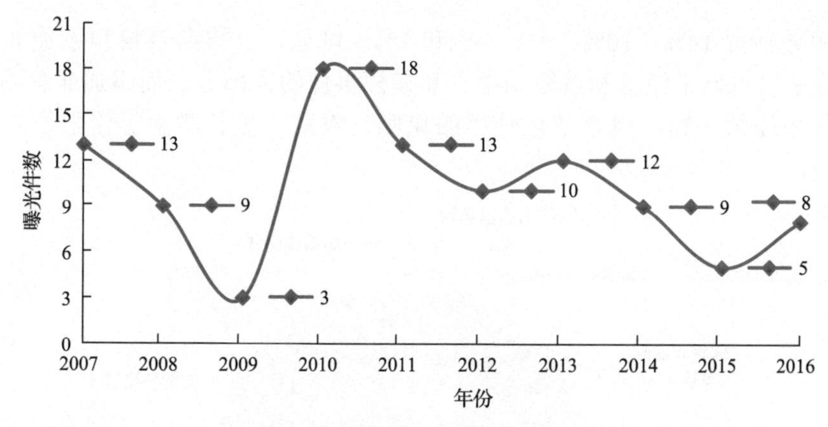

图 2-3-19 2007～2016 年媒体曝光的京津冀典型食品 EMA 事件时间分布

(2) 食品种类分布。

依据食品生产许可 28 大类食品分类对京津冀经济利益驱动型食品掺假事件涉及的食品种类进行分类，2007～2016 年京津冀经济利益驱动型食品掺假事件中，肉制品掺假事件的比重最高，占比达到 16%，水产制品与饮料分别占到 10%的比重，粮食加工品、糕点经济利益驱动型食品掺假占比分别为 7%与 6%（图 2-3-20）。

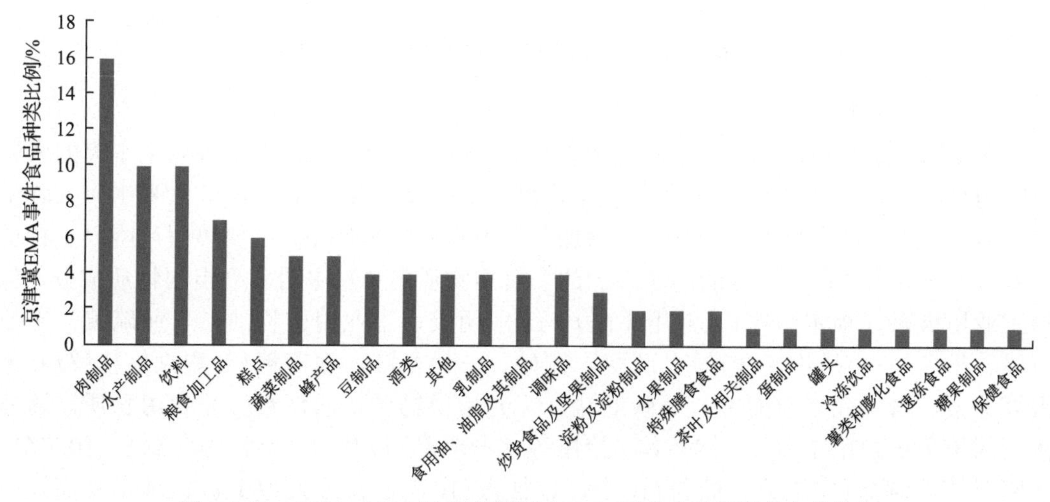

图 2-3-20 2007～2016 年京津冀地区 EMA 事件食品及相关产品分布

北京经济利益驱动型食品掺假事件中，肉制品、水产制品和糕点这三大细分种类占比分别为 23%、11%、10%，共同构成北京掺假事件涉及的主要食品种类。天津食品掺假事件涉及的主要食品种类是食用油、油脂及其制品（19%），水产制品（18%）。河北食品掺假事件涉及的主要食品种类是肉制品（18%）、饮料（18%）、淀粉及淀粉制品（9%）、炒货食品及坚果制品（9%）。

(3) 掺假手段。

2007～2016 年京津冀经济利益驱动型食品掺假事件中涉及的主要掺假手段包括掺杂替换、添加非食用物质、滥用食品添加剂等。其中，掺杂替换占比最高为 37%，其次为添加非食用物质，占比 31%，滥用食品添加剂、假冒和虚假声称、造假、使用违禁药物及虚假说明分别占14%、10%、4%、3%和1%。可见，以掺杂替换和添加非食用物质为主要掺假手段占据了经济利益驱动型食品掺假事件的大部分，而添加非食用物质，又可以囊括使用违禁药物，包括禁止使用的化肥、农药、生长激素等化学投入品的使用(图2-3-21)。

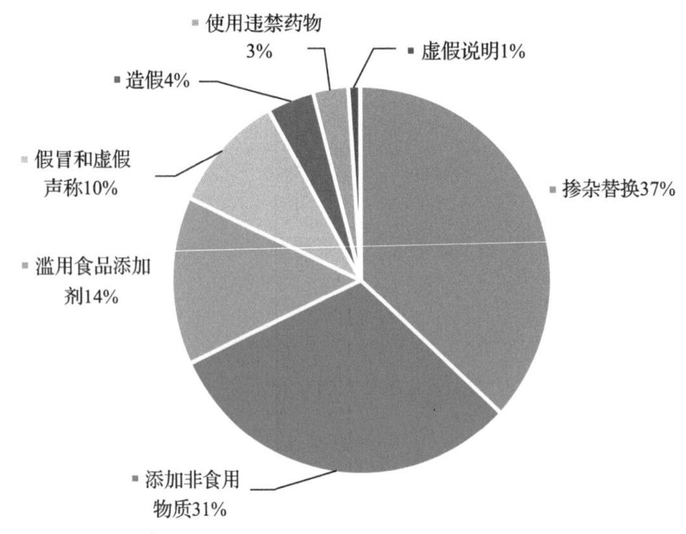

图2-3-21　2007～2016年京津冀地区EMA事件的主要掺假手段

(4)掺假风险因子。

在使用掺杂替换这一掺假手段的事件中，主要风险因子包括用来冒充牛羊肉的来源不明的鸡肉、鸭肉(23.7%)，用自来水勾兑饮料和替换饮用水(13.2%)，大米中掺入陈米(7.9%)，淀粉和糖替代蜂蜜(7.9%)。添加非食用物质的事件中，主要掺假风险因子种类繁多，大部分为《食品中可能违法添加的非食用物质名单》中明确列出的物质成分，包括工业用火碱、福尔马林(工业用甲醛)、工业明胶、工业用矿物油、工业硫黄、工业石蜡、吊白块(甲醛次硫酸钠)、硫酸、硼砂、三聚氰胺、瘦肉精(盐酸克伦特罗)、无根豆芽素、罂粟壳、溴酸钾、环磺酸盐、荧光增白物质、活性炭等非食用物质。这些掺假因子主要被用于鱼片、鱿鱼丝、蛤蜊等水产制品(17.9%)、奶粉等乳制品(10.7%)、火腿肠等肉制品(10.7%)、面粉(10.7%)、糕点(10.7%)、蔬菜(7.1%)、炒货食品及坚果制品(7.1%)、调味品(3.6%)及其他食品加工及储运过程中的防腐、保鲜、促生长以及性状改变等。

在滥用食品添加剂的事件中，主要涉及防腐剂(苯甲酸及钠盐、山梨酸)、着色剂(日落黄)、甜味剂(糖精钠、甜蜜素)以及面粉处理剂、乳化剂、抗结剂等的超量和超范围使用问题，问题食品主要包括果汁饮料、水果罐头、水果制品、糖果制品、酱料调味品、糕点及肉制品。

使用造假手段(不含真实成分)的事件中，价格高昂的水产制品及特殊膳食食品造假率较高，阿胶、人参、鱼翅等是不法商贩造假的主要食物种类。在假冒伪劣和虚假声称事件中，一些低档产品被冒充为高端橄榄油、品牌烤鸭、进口海鱼并进行销售。使用违禁药物的事件主要是在水产制品及肉制品中检出禁用兽药，茶叶及制品中使用灭多威等违禁农药。

(5)掺假事件发生的地点。

从掺假来源及掺假事件发生的地点看，2007～2016年京津冀经济利益驱动型食品掺假事件大部分发生在流通环节，如批发和农贸市场、超市、小作坊占比分别达到28%、16%和12%；其次，发生在加工环节，食品生产加工企业占比达19%(图2-3-22)。

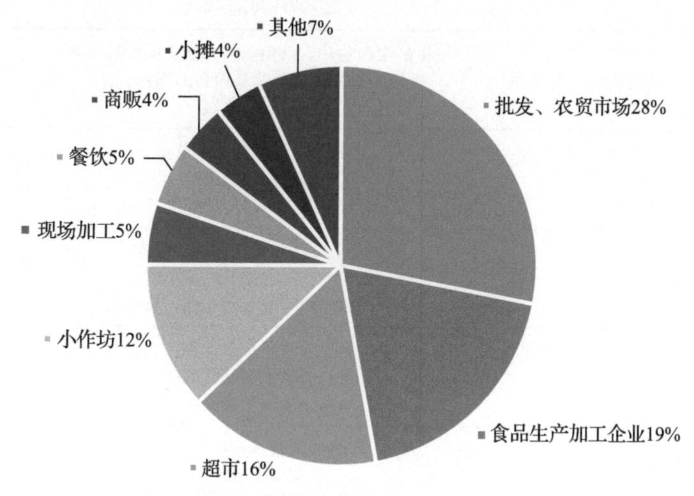

图2-3-22　2007～2016年京津冀EMA事件发生的地点

2)京津冀经济利益驱动型食品掺假问题探讨

京津冀经济利益驱动型食品掺假事件中，主要涉及的食品种类为肉制品、水产制品、饮料、粮食加工品和糕点、蜂产品和蔬菜制品等。针对不同食品种类，京津冀地区存在多种经济利益驱动型食品掺假问题和隐患。

以肉制品为例：一是存在肉类源头污染，包括滥用兽药、饲养环节非法使用违禁药物、违法喂食非食用物质如瘦肉精等问题；二是肉制品加工环节超量、超范围使用食品添加剂，如日落黄；三是添加非食用物质，如工业火碱；四是掺杂替换伪劣食品原辅料，如鸭肉、狐狸肉等。以水产制品为例：一是在生产环节存在超量、超范围使用食品添加剂，如抗生素、非食用物质如硫酸及工业甲醛和火碱等问题；二是水产品市场存在如海参、鱼翅的造假；三是虚假声称，如普通鱼类声称海鱼。从饮料加工各环节看：一是存在超量、超范围使用食品添加剂如奶茶添加香精、乳化剂，果汁中掺杂大量糖、水等问题；二是凉茶等饮料非法添加药物成分；三是自来水声称桶装水等。

从粮食加工各环节看：一是存在添加非食用物质，如面粉中添加硼砂、小麦粉添加增白剂等问题；二是掺杂替换，如大米掺入陈米；三是超量、超范围使用食品添加剂，如面制品添加过量甜味剂、防腐剂、着色剂、增稠剂。糕点制品中存在滥用食品添加剂及虚假声称问题，如包子添加大量猪肉香精、假冒品牌月饼。蜂产品主要存在掺杂替换问题，包括掺入淀粉、糊精和白糖等。蔬菜制品则存在源头污染，包括滥用农药、非法使用违禁药物如无根素、生长素、漂白剂，以及掺杂替换，如木耳火锅配料掺加淀粉和糖等问题(表2-3-6)。

表 2-3-6 京津冀各种类食品经济利益驱动型掺假情况

食品种类	饲养环节	加工环节	流通环节
肉制品	猪肉饲养违法喂食瘦肉精	超量添加日落黄； 使用工业火碱漂白鸡肉、羊蹄； 猪肉火腿掺入鸡肉； 羊肉掺入猪肉与鸭肉； 超量香精调配鸭肉	猪肉冒充羊肉销售；虚假声称品牌烤鸭
水产制品	大闸蟹喂食激素、海水晶	使用甲醛增白鱼片、鱿鱼丝；添加火碱保鲜海参； 海藻粉和胶类物质假冒海参； 明胶假冒鱼翅	假冒进口海鱼；虾中注入明胶保鲜
饮料		凉茶中非法添加夏枯草； 大量添加剂勾兑果汁； 饮料中大量掺加糖和水	自来水假冒矿泉水；饮料商标假冒
粮食加工品		面粉加工非法添加吊白块、硼砂； 小麦粉非法添加过氧化苯甲酰； 面制品滥用甜味剂、防腐剂、着色剂	大米中掺加陈米；使用增稠剂煮早点粥
糕点制品		月饼非法添加中草药； 糕点非法添加活性炭； 糕点过量添加面粉增筋剂、香精	假冒名牌月饼
蜂产品		蜂蜜大量掺水掺糖； 糖浆调配蜂蜜； 淀粉、糊精和白糖假冒蜂蜜	
蔬菜制品	豆芽非法添加无根素、生长素	木耳制品等超量超范围使用甜味剂； 黄瓜非法添加膨大剂、超量使用防腐剂	超市柜台酱菜掺假

从事件的数量来看，北京市经济利益驱动型食品掺假事件占全部事件的 49%，将发生在包括京津冀多地的食品掺假事件包含在内，占全部事件的比例会更高，由此可以看出，媒体和学者对北京食品安全问题关注度高于天津、河北，也暴露出天津、河北食品安全信息公开力度较小、社会共治中媒体和相关利益者参与度较低的现状。从事件涉及食品的产地来看，北京 85%以上的食品来自全国各省区市供应，因此北京地区经济利益驱动型食品掺假事件涉及产品来源，具有更高的复杂性。

在京津冀经济利益驱动型食品掺假事件中，大部分事件的起因是不法商贩和企业为谋取更高利润差价，在食品的生产、加工过程中采取掺假、制假等行为以不断降低成本，如北京糕点食品掺假、牛羊肉掺假，河北五得利面粉掺硼砂、三鹿奶粉掺三聚氰胺等，且掺假涉及的产品随着消费升级不断变化。此外，随消费水平的提高，消费者对进口食品及高档次食品消费需求的进一步增强，以低质量等级产品、普通食品、甚至不合格产品假冒和虚假声称营养丰富、优质安全的高端食品的事件发生呈现上升态势，如品牌产品假冒和虚假声称，大闸蟹、高端橄榄油、香油产品假冒和虚假声称，以及“奢食品”如“灌糖海参”“人造鱼翅”等的掺假与造假等。

3.2.3 电商食品存在的问题

在我国快速发展电商时期，由于电商经营者受利益驱使、电商法规缺失、网络信息虚拟化、广域性等问题，使食品在电商交易过程中更加隐蔽，导致电商食品质量监管困难、电商食品安全监管落后、网络市场不规范，同时部分电商食品经营者以利益最大化为主，缺少诚信，造成部分商家和企业利用互联网的维权难的特点，危害食品安全、伤害消费者的权益、给国家及社会造成了损失[94,95]。

3.3　食品安全问题剖析

3.3.1　从食品安全到食品诚信——脆弱性评估

1. 食物掺假的脆弱性剖析

食品欺诈(或食品造假)，即利用食品为获取经济收益而进行的非法欺骗，是消费者、企业和政府最关注的食品热点问题之一。近年来我国频繁发生的阜阳劣质乳粉事件、乳粉“三聚氰胺”事件、地沟油事件、双汇瘦肉精事件、橄榄油掺假事件、甲醛泡发食品、保健食品中添加西药成分等事件，均属于食品欺诈事件。食品欺诈并不是我国所特有的，世界各国时常有食品欺诈事件发生，如美国花生酱沙门菌事件、英国辣椒苏丹红事件、欧洲马肉事件、美国鱼肉掺假等事件。

自人类有了剩余产品并开始物物交换活动后，人类食品欺诈的历史就伴随人类社会的发展而发展，到近现代社会，随着科学技术的发展，掺假的方式和手段也越来越高明。美国作家 Wilson 所著《美味欺诈》一书详细描述了欧洲和美国食品欺诈和打假的历史[7]，早至古罗马时期，人们即在葡萄酒中加入铅，让酒变得更甜。此后，形形色色的食品欺诈手段屡见不鲜。中国的《礼记》记载，周代对食品交易规定：“五谷不时，果实未熟，不鬻于市。”这说明在周代之前就已经出现了食品欺诈。所以，在某种意义上来说，人类发展进程中食品欺诈一直如影随形；而且，只要有经济利益存在，就会有食品欺诈的发生。

食品欺诈(food fraud)指以经济获益为目的的食品造假行为，涵盖在食品、食品成分或食品包装中蓄意使用非真实性物质、替代品、添加物以及去除真实成分，或进行篡改、虚报以及做出虚假或误导性的食品声明[89]。食品欺诈不仅是食品工业的第五大问题，欧盟委员会确定食品欺诈也是欧洲的第五大经济问题[89]。

WHO 认为，食品安全问题(food safety issue)是指“食物中有毒、有害物质对人体健康影响的公共卫生问题”[96]。我国《食品安全法》将食品安全定义为“食品无毒、无害，符合应当有的营养要求，对人体健康不造成任何急性、亚急性或者慢性危害”[97]。Ritson 等认为广义的食品安全还包括民众对食品营养质量和特性不明确食品的关注[17]。由食品安全和食品安全问题的定义可以看出，不是所有的食品欺诈都是食品安全问题，只有那些能够引起人体健康影响的食品欺诈才能成为食品安全问题。国际上食品安全也从传统的针对有毒有害物质的健康风险扩大到以非法添加和掺假为主的食品欺诈、与反恐相关的食品防护，而针对食品质量的以次充好和以经济利益为驱动的食品掺假也成为食品安全监督管理部门的责任。因此，产生了新的食品安全风险框架，如图 2-3-23 所示，其中，食品保障，即健康的、安全的、营养的食品的充足供应；食品质量，即食品满足消费者明确的或隐含的需要的特性[96]；食品安全，即食品无毒、无害，符合应当有的营养要求，对人体健康不造成任何急性、亚急性或者慢性危害[97]，食品安全反映的是食品系统的可靠性和可信赖性；食品防护是指减少食品系统受外界攻击，食品防护反映的是食品系统的弹性；食品欺诈，即利用食品为获取经济收益而进行的非法欺骗。食品质量、食品安全、食品欺诈、食品防护均有可能引发食品安全问题，但从行为动机的角度来说，食品质量和食品安全是非故意的行为，而食品欺诈和食品防护是故意行为。虽然食品欺诈和食品防护都是故意行为，但二者的动机和实施的主体是不同的。食品欺诈是食品生产者为获得更高的经济收益而进行的欺骗行为，而食品防护的实施者有可能是食品生产者本身（食品生产企业或企业不满员工），也有可能是某些非食品生产者，以故意造成恐怖、经济收益、公共健康危害而进行的欺骗行为[20]。

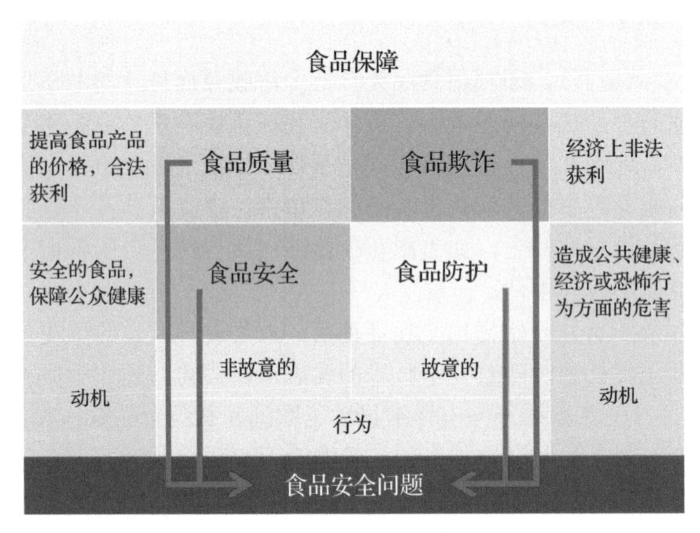

图 2-3-23　食品安全风险框架

从食品欺诈和食品安全的定义和界定来看，食品欺诈和食品安全不是等同的概念。不是所有的食品欺诈都会导致食品安全问题，只有少数的食品欺诈才会导致食品不安全，尤其是食品欺诈类型中的食品掺假，根据掺假物的物理化学性质及毒性的不同，则有可能会导致食品安全问题，或危害公众健康，如在我国曾发生的阜阳劣质乳粉事件、乳粉“三聚氰胺”事件等。更确切地说，食品欺诈是一种食品安全隐患。

明晰了食品欺诈对与食品安全的关系及动机，即可深入剖析食品欺诈产生的原因：首先是企业和食品生产者的自律和自治的缺失，其次是社会诚信体系及法制惩处及监管的不健全，最后是检测技术的不足。总之，食品欺诈发生的原因是多方面的，食品欺诈的治理也需要社会各界多方合作，共同努力推进。

2. 参比实验室体系存在问题的分析

参比体系作为检验检测和监测体系的“司法机构”，其重要性不言而喻。但由于目前各层面对参比实验室体系重要性认识不足，在立法时，没有考虑检验体系与参比体系相辅相成。我们曾经在《食品安全法》修订和《食品安全法实施条例》修订时，建议将参比实验室体系纳入依法管理，但遗憾未被考虑和采纳。另一方面，参比实验室定位不清、积极性调动不够。

3. 食品安全信心低迷问题成因分析

食品安全信心与信任低迷问题有两类原因，一是客观食品安全水平不足而导致的食品信心低迷问题，解题的关键在于加强客观安全保障；二是客观食品安全的提升没能相应转化为消费者的主观感受的问题，即新痛点问题。

围绕我国食品安全保障中紧迫而又棘手的新痛点问题，联合北京大学、中国农业大学、中国人民大学、北京师范大学、都柏林大学、英国女王大学等国内外六所知名高校的专家学者，综合认知心理学、传播学、食品安全学、经济学等多学科的相关研究理论，融合质性和定量研究的方法，以有效交流为着力点，以国产婴幼儿奶粉的信任与信心为案例，开展消费者食品安全信心与信任的综合及专项调查研究。访问北京、山东、广州、湖北、宁夏、内蒙古等全国二十余省区市消费者，进一步探索“客观食品安全提升不能相应被消费者认可，消费者信心与信任低迷问题”的现状，提出提振食品安全信心和信任的交流策略体系。

为什么客观食品安全的提升未能相应增进消费者的主观安全感？问题的根源在于什么？特别是在食品安全治理战略上是否出现了什么问题？

1) 内在因素决定难以自然增进

“食品安全具有信任品的属性，食用后也难以判断，对于公众来说，如果进行风险的判断，往往会依据与专家不同的认知因素。专家基于科学的风险评估模式判断风险，而公众基于风险认知特征，例如风险是人为导致的还是天然存在的，是否存在公平性的问题，是熟悉还是陌生，是否存在相关的记忆和经历等都会影响公众的风险感知，具有很强的主观建构性。公众会受到这些特征性激惹因素的影响，激惹因素越多风险感知越强”[98-100]。但科学家在进行风险判断时不会考量这些风险特征因素，不会因为是陌生风险就增加所评估风险的级别。

公众与专家之间的认知鸿沟除了判断依据的差异，更深层的原因在于不同的认知系统。诺贝尔奖获得者丹尼尔·卡尼曼研究指出，大脑中存在两套系统，分别是系统1基于启发式的直觉性系统和系统2基于思维的分析式系统。系统1以感性的，直觉的，自动化的方式运行。速度快，节省脑力，提高效率，但易于受到情绪的影响。系统2以深思熟虑的方式运行，往往学习时才会使用，更多的基于证据和逻辑，耗费脑力，运行速度慢。系统2能够修正系统1受情绪影响导致的认知偏差[101]。对于消费者来说，食品是最熟悉的事物，而且新媒体时代海量信息资源下，公众缺乏时间，没精力也不愿意耗费大量脑力像专家学者那样，动用系统2深思熟虑的去判断食品安全风险，主要使用系统1感性地、直觉性地判断风险。只有当危害很严重时，专家才会认为风险很高，但是当公众感到非常害怕或者愤怒时，就会认为风险很高。在不经干预的情况下，双方的认知差异天然存在，不仅难以自然转化，而且非常顽固，即使干预也很难改变[14]。

2) 促进转化的外力不足

食品安全风险交流是食品安全风险分析框架的三大组成成分之一，其核心作用就是弥合客观食品安全和主观食品安全之间的认知差异，促进民众科学、理性的认知食品安全风险。

近年来我国在食品安全风险交流方面开展了不少工作，但交流体系与交流需求不协调的问题仍十分突出。国家级机构中，仅十人左右专职从事食品安全风险交流，专业人才十分匮乏，科学家的兼职交流成为交流的主力。但科学家往往对受众认知心理、认知模式缺乏深入了解。特别是新媒体时代海量碎片化信息的充斥下，人们的信息口味发生了巨大的改变，传统以专家为主的交流模式，忽视了专家与普通公众之间的巨大差异(知识素养、信息偏好、认知影响因素、脑认知系统差异等)，经常与受众不在同一频道，越交流越愤怒，越辟谣越信谣，交流内容被受众对抗性解读。

为提升食品安全链及机构的信任和信心，欧盟自 2002 年起即设立了欧盟食品安全局(EFSA)的风险交流部门。致力于通过食品安全风险交流，促进利益相关方知情决策，科学认知食品安全风险。EFSA 风险交流部共有五个部门，员工 30 余名。为提升交流的有效性，EFSA 深入了解交流受众，开展消费者认知调查研究和交流效果评估，探寻知识盲区和健康干预重点，以精准交流策略方法。并利用新媒体为不同的受众定制化信息，更好地满足受众的信息需求。同时开展员工社交媒体培训，充分地调动员工的积极性，致力于将 EFSA 的科学家们培养成 EFSA 交流大使，提升交流影响力。为促进民众科学认知，提升食品安全信心与信任，人口数仅为五百万的爱尔兰建立了专门的食品信息交流机构——SAFE FOOD。跨学科集众智汇聚了食品交流所需的多学科人才 30 余人，策划设计了内容丰富的科普产品，用公众喜欢的方式传播科学声音。在爱尔兰，SAFE FOOD 只是国内多个承担食品安全风险交流相关职责机构之一。按照人口比例测算，做好食品安全风险交流，我国各级食品安全风险交流专职人员至少有百人的缺口[14]。

4. 食品欺诈掺假的代表性问题

食品掺伪是掺假、掺杂和伪造的总称。“食品掺假”是指向食品中非法掺入外观、物理性状或形态相似的非同种类物质的行为。食品掺假大多添加了廉价的或营养较少的成分，或从食品中抽去了营养物质或替换进次等物质，从而降低了质量，如奶粉中加入三聚氰胺、蜂蜜中加入糖浆、巧克力饼干加入色素、全脂奶粉中抽掉脂肪等。“食品掺杂”是指在食品中非法掺入一些杂物，大多为非同一种类或同种类劣质物质，如虫草制品中加入虫草花、草石蚕，辣椒粉中加入红砖沫，大米中掺入沙石等。“食品伪造”是指人为地用一种或几种物质进行加工仿造，而冒充某种食品在市场销售的违法行为。主要表现在包装标签标识与内容物不符，如用普通食品冒充有机食品，工业酒精兑制白酒，用黄色素、糖精及小麦粉仿制蛋糕等。

食品的鉴伪和掺伪就像是“道”与“魔”的关系，都在不断地发展和变化着。为保障人体健康、维护消费者的权益、确保食品安全及产品质量标准的实施，国内外食品安全科技工作者和管理者在食品掺伪检验检测方面做了大量工作。食品真伪鉴别技术的研究可以追溯至 20 世纪初，但真正的规模性研究始于 20 世纪 90 年代。近 10 年该领域受到的关注度持续增加，特别是近 5 年发展较为快速。全球关于食品真伪鉴别技术的研究已涉及 120 多个国家(地区)。随着科技进步和我国食品工业的快速发展，越来越多的人关注并投身到了食品鉴伪工作，使得食品掺伪的违法行为越来越难有容身之地。目前，食品欺诈掺假的代表性问题举例如下。

1) 食用油掺假

食用油作为关系国计民生的大宗食品，质量监管始终受到社会普遍关注。随着各类高端小品种食用油的快速发展，一方面满足了现代消费的需求，另一方面也受到掺假造假等市场乱象的困扰。如常以相对廉价植物油冒充或勾兑高端植物油，降低成本，如花生油中掺入大豆油或菜籽油，甚至有的花生油中并无花生油，而是直接用花生香精勾兑其他廉价油而成。尤以橄榄油掺假情况严重，我国现在市场上的橄榄油主要以进口为主，平均每年进口增加 60%。橄榄油价格是普通食用油的 8～10 倍，每吨在 3000～3300 美元之间。高端的价位和日益增长的需求，给全球的橄榄油市场带来巨大的利润空间，而珍贵的油料资源使得国内外橄榄油市场的掺假掺杂现象十分普遍，包括使用相对低廉的其他作物来源的食用油冒充或勾兑橄榄油，例如 2011 年，据意大利农牧协会报道，大约 80%产自意大利的橄榄油都掺兑了来自地中海地区其他国家的劣质油。意大利最著名的品牌曾经多年使用从土耳其进口的便宜的精练榛子油勾兑，涉案榛子油至少 1 万吨。一般橄榄油中可勾兑 20%的精练榛子油而不会被消费者察觉。另外，美国 FDA 也曾经发现在随机选取的标有 100%特级初榨的橄榄油中，高达 96%的橄榄油掺杂了便宜的劣质油类，并且添加了化学物及食用色素，再勾兑些上等橄榄油提升口味，其中榛子油的比例可高达 50%。另外大豆油和棉籽油也经常被大量添加到橄榄油中，我国就报道了用大豆油勾兑橄榄油的案例。其他掺假案例包括在芝麻油中掺入菜油、棉籽油、大豆油、葵花油；在花生油中掺入棕榈油、棉籽油等。此外，目前调和油市场发展蓬勃，虽然标识中显示调和油中包含的油品种类 3～5 种不等，且多为高质量的油品，但据业内人士透露，许多调和油标签上标注的成分和比例往往与实际不符，调和油中掺杂的油类品种可达数十种，且多为廉价的油品[102,103]。

2）果蔬汁及饮料掺假

果蔬汁及饮料的鉴伪及评估是目前各国科学家关注的重要课题。在金钱利益的诱惑下，某些不法厂商对果汁进行掺假，使一些名不副实甚至以假充真的果汁充斥市场，严重危害了消费者的健康。常见的果汁的掺假方式有三种。第一种是完全配制型，即糖精、糖类、色素和水等调配而成，此种掺假比较容易检出。例如 2012 年，央视在《向幸福出发》栏目中揭示添加剂勾兑“鲜榨”饮料的黑幕。第二种是在高价果汁中掺入一些价格更廉价的果汁，比如往苹果汁掺入白葡萄汁或者梨汁，此类掺假比较难以测出。第三种是向果汁中加入水和糖等其他成分，增加其体积，如当把一高酸浓缩苹果汁体积增加 10%～30%时，这种掺假是难以检测的。此外，在果汁和果汁饮料中，虚假标注原果汁含量、腐烂果榨汁、假冒产地、灭菌或还原果汁冒称鲜榨果汁、不标注添加的物质（如防腐剂和色素）等也都成为掺假果汁或果汁饮料。如 2013 年 9 月的“瞎果门”事件，报道指出多家果汁企业均从果农处收购瞎果（即由于各种原因腐烂变质或未成熟之前就跌落的水果）用以榨取果汁。最初的果汁掺假仅是加水及蔗糖和糖浆等甜味剂，现在已经发展到根据各种果汁的组成而进行非常精细的添加，甚至将食品鉴伪专家建立的果汁组成数据库作为掺假的“配方”，使果汁的鉴伪检测变得越来越困难[104,105]。

3）乳品掺假

在我国，人们对乳品的消费由数量型向质量型转变，不仅要求乳品数量充足，而且更关心其品种、安全及质量。21 世纪以来，我国乳品安全事件频发，出现了三次重大安全事件，乳品行业也陷入了三次危机。2001 年阜阳劣质奶粉事件使得中国乳品企业集体遭遇诚信危机。在巨大的经济利益驱使下，乳品掺假现象也越来越严重，其中最常见的是将用奶粉加工的复原乳掺入到生乳中用来生产巴氏杀菌乳、UHT 灭菌乳。2005 年“复原乳禁鲜令”

事件的出现，使得原料奶收购市场秩序混乱，一些企业哄抢奶源，乳品价格大起大落，此时中国乳业陷入了混乱时期。2008年“三聚氰胺”事件的出现对婴幼儿奶粉及中国乳业产生了深远的影响，是中国乳业有史以来发生的最严重的危机。近年来，掺假带来的高额利润使得掺假物质越来越多样化，目前从原料乳中能够检测出来的掺假物质种类繁多，从传统的掺水、淀粉、尿素等发展到掺水解动物蛋白、水解植物蛋白、植脂末等，甚至还有亚硝酸盐等有毒物质。严重扰乱了乳品产业的市场秩序，危害了人民群众的身体健康[106,107]。

4)功能食品掺假

近年来，随着功能性食品产业的大力发展，在巨大经济利益的驱动下，功能性食品的掺伪现象很严重。由于功能性食品具有膳食补充、保健等功能，不同产地原料制成的功能性食品的功效往往也有差异；一些传统功能性食品具有地域文化的特定意义(如印尼的燕窝、我国青海西藏等地的冬虫夏草等)，不同品种、产地、原料来源产品的市场价值往往有较大差异(如宁夏枸杞)；另外，某些功能性食品的功效会随着新鲜度的降低而降低(如蜂王浆)，这类功能性食品的新鲜度的冒充也属于造假行为。所以功能性食品的掺伪情况较普通食品更加复杂，除了掺假、掺杂和伪造外，还应包括品种、产地和原料来源的冒充等。功能性食品掺伪除了具有复杂性的特点，还因为功能性食品的发展较为迅速，行业法规和规范的不完善、有力监管的缺失、检测技术手段的滞后，导致功能性食品的掺伪更为隐蔽和难以检测，导致功能性食品掺伪问题的解决往往“无从入手”[108]。

5)其他

食品的掺伪已渗透到食品的各个领域，掺伪物质千奇百怪、千变万化。因此食品的鉴伪工作还有许许多多，如动物食品种类的鉴别，是牛肉、猪肉、鸡肉还是马肉？是绵羊肉还是山羊肉？特别是为防止疯牛病的传播对进出口食品中牛羊源性成分检测等。蜂蜜造假的手段主要有以下两种：一种是以低价蜜冒充或掺入高价蜜中，包括用价格低廉的杂花蜜充当价格相对较高的单一花种蜂蜜；另一种是在真蜂蜜中掺入果葡糖浆、淀粉糖浆、大米糖浆等糖浆，有些不法厂家为了改善掺假蜂蜜的外观品质，甚至还掺入焦糖色素、合成色素等。是否是用水、酒精、香精、酒石酸、柠檬酸、色素调制出来的假红酒？红酒年份的鉴定、品牌的鉴定、产地的鉴定；海产品中所含有的品种的鉴定、原料鱼捕捞地的确定、鱼子酱中是否含有濒危品种的鱼籽的检测、新鲜度的鉴定等。

综上所述，食品真伪鉴别工作主要集中在物种及鉴别、产地溯源、品质判别、掺假掺杂鉴定等四大方面。

3.3.2 经济利益驱动型食品掺假防控制约因素研究

1. 谋取非法得利是EMA问题发生的重要原因

通过对京津冀食品掺假事件的研究，可以发现生产经营者使用违禁药物、添加非食用物质、超量超范围使用食品添加剂是京津冀食品掺假问题的主要威胁，而这些问题的背后是生产经营者为降低成本，谋求不当利益。我国的经济利益驱动掺假行为多出现在不规范的市场秩序下的恶性竞争，目前我国仍有许多小摊贩登记不完善，销售和贩卖无固定场所，监管范围受限，一些大企业依然存在源头把控不严的现状。此外，尽管我国监管体系经历了“九龙治水”格局向统一监管的转变，食品安全监管职责及部门已向集中化转变，但在一些监管难度大的环节依然存在约束机制和矫正机制欠缺的问题，生产经营者诚信缺失，违法经营的“潜规则”横行，导致治理困难。

2. 食品产业产销秩序尚不规范

京津冀地区食品产业产销秩序尚不规范，在食品加工、流通、销售环节都存在食品安全隐患。在加工环节，以中小企业和小作坊为主的食品企业，难以保证生产环境的清洁卫生和配料的安全性，也有为追求利润最大化，超量超范围使用食品添加剂，甚至添加非食用物质的事件的发生。大量存在的“黑作坊”不仅扰乱市场秩序，形成“劣币驱逐良币”态势，而且会成为掺杂使假、违法添加非食用物质等非法技术的来源地。在食品流通环节，由于产销分离和生产链的延长，食品安全隐患不断增加。食品在运输、储存和销售的过程中，由于冷链物流落后、运输条件差、销售终端储藏条件不能满足产品要求、卫生条件差等原因，也为非法使用违禁化学品提高保质期带来隐患。

3. 生产者和消费者食品安全知识匮乏

消费者为省钱购买来源不明、价格明显低于市场价的产品，为掺假者提供了机会。由于信息不对称及知识的欠缺，一些经济利益驱动型掺假事件是由于生产经营者、消费者对掺假物质和掺假因子不甚了解，如肉味香精的超范围使用，使得掺假难以发现。随着大众的食品安全意识显著的提升，食品生产者和普通消费者的认知能力有增强，但从京津冀经济利益驱动型掺假事件现状和问题来看，消费者对食品安全的认识还存在误区，食品安全基本知识存在盲点，尤其是经济利益驱动型掺假等问题，导致对一些食品安全事件产生不必要的恐慌。树立正确、科学、不盲从的食品安全意识，提高消费者食品安全专业知识和对风险的认知仍任重道远。

4. 缺乏食品真伪鉴别技术体系支撑

现阶段我国新的国家食品产品安全标准体系初步形成，包括谷物及其制品、乳与乳制品、蛋与蛋制品、肉与肉制品、水产品及其制品、蔬菜及其制品和其他食品等 21 类约 80 项标准，涵盖限量标准、各类卫生操作规范、检验方法以及产品质量标准等。但扭转非法添加非食用物质、非法使用违禁药物、超量超范围使用添加剂、掺杂使假、假冒伪劣等食品安全现象，当前还缺乏食品真伪鉴别技术体系的支撑，使地方监管者缺少执法依据。

3.3.3　电商食品问题剖析

1. 假冒伪劣等欺诈行为层出不穷

电子商务的经营模式决定了大部分消费者和食品销售者无法面对面交易，消费者无法对食品进行质量情况鉴别，无论是商标、品牌、生产地址、生产日期、保质期、配方等信息，消费者都只能通过电商展示图片及文字叙述了解食品情况。往往购买到的食品与卖家介绍有一定差异，食品质量无法得到切实有效保障[109]。另外网电商食品经营者常常会利用消费者对商品信息的不了解，在食品介绍上发布虚假的食品介绍，部分经营者经常会销售假冒伪劣、“三无”、安全隐患的食品[109,110]。

食品掺假造假的辨别难度大，非专业人士的消费者很难通过自身知识与生活阅历来辨别出食品的真假。且电商平台及政府主管部门面对千千万万的入网商家，资质审查难度较大，网店信息的真实性及经营资质核实存在一定困难，无证、套证、假证经营现象还在个别平台的一定范围内存在。此外，网店没有实体产业及财产供执法执行，且缺乏后续追罚措施，一些不法商家被查处后换个名称、换个平台继续经营，违法所得远高于违法成本，造成部分不法商家甘愿冒险造假，以牟取暴利[109,111]。

据全国消协组织受理投诉情况统计发现，从2012年以来，全国消协组织受理消费者投诉案件数不断增加，2017年受理的投诉案件数目达到726840件，其中含有假冒、虚假宣传问题的产品从2012年受理18102件增加到2017年受理49894件。网络购物投诉案件从2014年的18581件增加到2017年的29076件。2018年上半年中国消费者协会共受理消费者投诉案件354588件，其中远程购物29543件，相比较2017年上半年的22804件，同比增长29.6%(图2-3-24，图2-3-25，图2-3-26)。

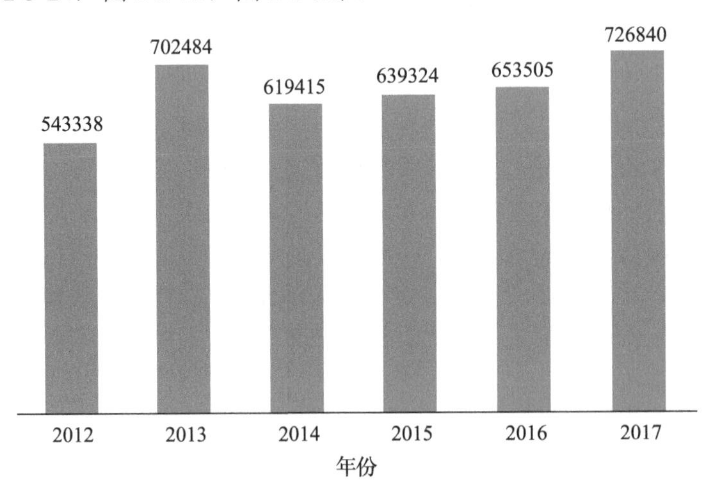

图2-3-24　2012～2017年中国消费者协会受理消费者投诉案件总数

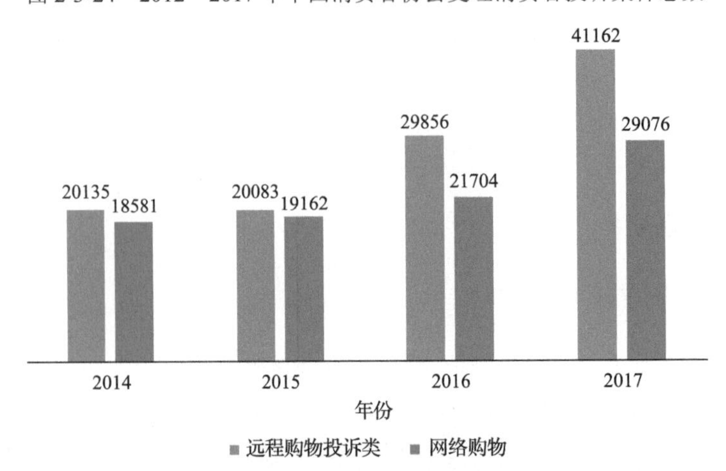

图2-3-25　2015～2017年中国消费者协会受理消费者投诉案件数

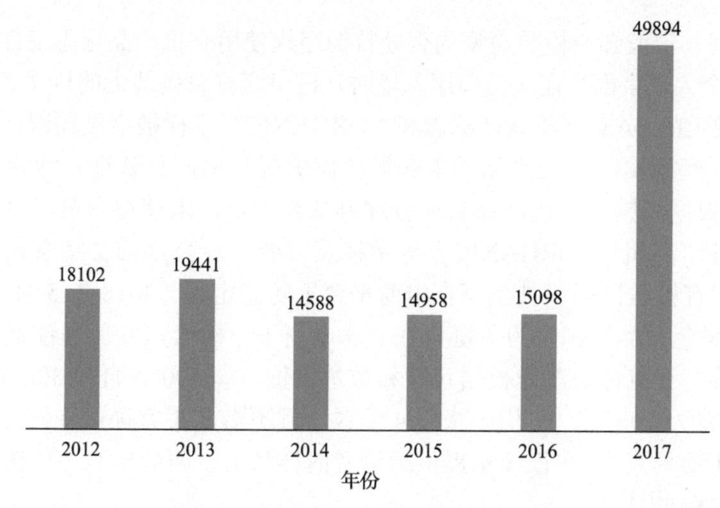

图 2-3-26　2012～2017 年中国消费者协会受理假冒、虚假宣传问题产品案件数

典型假冒伪劣产品案件如下：2017 年 3 月，山东省潍坊市出入境检验检疫局销毁了一批来自马来西亚的“有机奇亚籽饼干”，原因是未获得我国机构认证，为不合格有机食品。2017 年 8 月，消费者投诉常州烁众电子商务有限公司销售的“香盟黑芝麻核桃黑豆粉五谷杂粮代餐粉营养早餐粉(500g/罐)”标注为有机食品，但该公司无法出具该款产品是有机食品的认证文件，涉嫌虚假宣传。2017 年 9 月，江苏省工商局抽取 200 个农产品网络经营主体作为检测对象，发现 57 个主体涉嫌违法，包括“有机”“绿色”“无公害”等虚假宣传。

2. 标签标识违规现象严重

目前，关于电商食品中没有标签、标签不符合要求或者是标识异常的情况，这些问题主要出在散装食品、家庭作坊食品以及一些故意销售的劣质食品[112]。自制食品标签标识不规范的问题由来已久，线下超市自制食品的管理，既没有一个统一的管理规章，也没有一个管理部门统一负责，超市在质量等方面的控制标准也不尽相同，超市自制食品一般没有固定包装，同一种食品的重量也不相同，大多没有标注厂名厂址。《食品安全法》中规定“食品经营者销售散装食品，应当在散装食品的容器、外包装上标明食品的名称、生产日期、保质期、生产经营者名称及联系方式等内容”，标签内容在第四十二条中也有具体规定。我国也出台了《食品标识管理规定》，以对食品标签内容做了详细的规定。电商销售的自制食品普遍存在标签标识不规范的问题。例如，有消费者在网上购买农家自制血肠，快递配送到货后发现已经发霉变质，并且标签、包装、生产地址、厂家、联系电话等信息没有或不规范[109]。

除了自制食品存在标签标识不规范的问题外，现在境外购、代购盛行，部分的境外购买的食品产品没有标签，其中大部分没有中文标签，更不符合我国相关法规。根据《中华人民共和国产品质量法》第二十七条和《中华人民共和国食品安全法》第六十六条规定，商品应有中文标签，根据要求标注相关内容。因此，一切进口的商品都必须加贴中文标签，符合我国相关法规，否则不得进口及销售。现在部分网络代购跨境食品以行邮的进境方式进入保税区，贸易方式为个人物品的，是无须提供食品标签，规避了进口食品标签标识的管理规定，我国应当对相应的法律、法规进行完善。

2018 年 3 月，宁波鄞州检验检疫局查处首例违规使用有机产品标志案件。产地为日本的 9600 袋“黄金大地素面”在义乌口岸入境时，进口商对原包装上的日文“有机”作了覆盖处理，而包装上的 JAS 有机认证标志和“ORGANIC”字样被继续保留，之后直接将产品在线上销售。经核实，该批产品并未获得任何中国有机产品认证，涉嫌违规使用有机产品标志[113]。根据我国《有机产品认证管理办法》规定，未获得有机产品认证，不得在产品标签上标注“有机”“ORGANIC”等字样及可能误导公众的文字表述和图案。而新京报记者发现，有机认证标识甚至可在电商平台上随意定做。2018 年 5 月 12 日，新京报记者以“有机/绿色食品标识”为关键词在一家电商平台检索，发现 3 家制作有机标识的店铺。一卖家称，有机标识制作根据尺寸和数量定价，如 500 张直径 30mm 有机标签(包邮包覆亮膜)价格为 200 元，平均一张仅 4 毛钱，且不需要买家提供任何有机认证资料，保证“不会被工商局查”。在该卖家提供给记者的样品上，明显印有“中国有机产品”和“ORGANIC”字样[114]。

3. 储运过程存在安全隐患

在传统食品经营中，特别是农产品，储运多发生在生产者和销售者(批发、零售)之间，大多是运用大型货车或农用车运输的模式进行运输。随着电商行业兴起，以 B2C 为主的销售方式、运输方式和模式占到主流。现在电商运输主要是在电商平台和消费者之间的运输，其主要是由快递公司完成。快递公司作为第三方，在获得电商订单业务后，在运输、储存过程中并不会特意地对食品类物品进行特殊管理，所以食品的运输、储存环境得不到保障，很容易致使食品容易受到污染、破坏。

另外，对于生鲜类食品而言，冷链物流是必不可少的选择。据相关统计，我国消费市场每年要消费易腐食品约超过 10 亿吨，其中有超 50%需要冷链运输，但目前我国冷链流通率较低仅为 19%，而欧美等西方国家的冷链流通率达到 95%以上。所以，农产品的腐损率相对较高，据有关数据表明，果蔬等生鲜农产品流通损耗率高达 20%～30%，而发达国家仅为 1.7%～5%(图 2-3-27)[75,115]。目前，很多生鲜食品在运输、储存的过程中都经历了反复的解冻和冷冻过程，普通消费者从外观上很难看出食品质量问题，但品质上已经遭受了严重的损害。目前，建立冷库的成本较高，农产品附加值低，所以食品经营者不愿为建立冷库而增加成本，造成了我国冷库总量少，发展不平衡的情况。

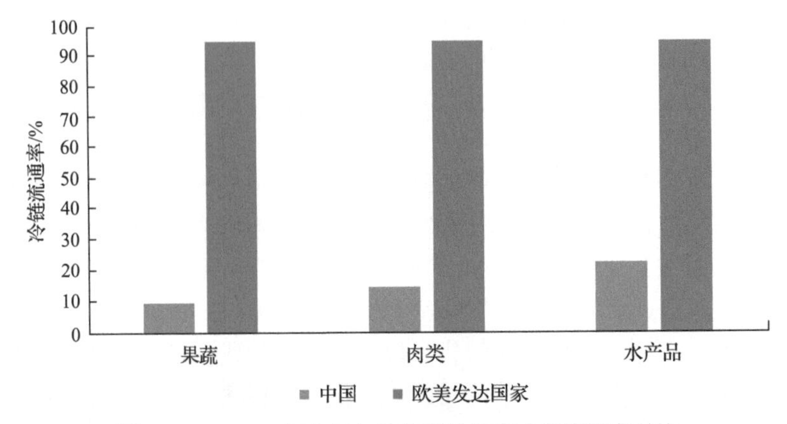

图 2-3-27　2015 年中国与欧美发达国家冷链流通率对比

食品企业为了利益更加愿意建立肉类冷库、经营性大中型冷库，不愿意建立生鲜冷库、果蔬冷库、原产地冷库、批发零售冷库。冷库在整个冷链中是最重要基础设施，忽略了冷库的建设就无法有效保证从原产地到农产品销售的湿度、温度的控制，降低了农产品的有效利用率及农产品质量和品质[116,117]。

4. 标准化、品牌化产品缺乏，质量难以保障

电商体系最早主要服务工业体系，农产品如果借助工业品电商的通道就应具备类似工业品的标准，需要实现农业标准化生产、商品化处理、品牌化销售、产业化经营。应对整个农业供应链进行重塑再造，这是一个系统工程，需要各产业链各环节统筹推进、各方参与、协调配合[118]。

农产品属于非标品，因其自身的生产特点和产品属性，不同产区出产的同类农产品品质本身就有差异，加上生产过程各产区不同，栽培和大田的管理水平、农户与农户之间存在差异，这些都导致了不同生产主体的产品在生产过程中容易出现产品质量参差不齐的情况。加上缺乏统一的产品分选标准，从而导致在当前阶段我国农产品线上销售的时候，出现产品品质不一致的情况。而且在很多贫困地区，由于受地理环境的影响，农产品达不到规模化。加上地方农产品深加工能力的缺乏，影响农产品的商品化率，同时，对于品牌的培育与推广意识不足，很多传统企业的电商化处于起步阶段，导致农产品上行有诸多瓶颈[116,118-120]。

5. 监管及维权困难

相较于书籍、“3C”等类型商品，食品品质敏感度高、时效性强、与消费者生命健康密切相关[121]。然而，由于当下网络监管存在一定空白，如《网络购买商品七日无理由退货暂行办法》中鲜活易腐的商品不适用七日无理由退货规定，这使得部分电商为追求短期效益而忽视商品品质，侵害消费者权益，食品内杂有异物、过期变质、破损变形时有发生，食品网购“丑闻”频频爆发。由于网络销售的特点，卖家分散在全国甚至世界各地，并且网络上的销售者相比实体店更难受到监管和处罚，一旦出现问题逃避法律的处罚也更加容易。食品电商除了存在监管困难外，当出现食品安全问题时，维权也存在诸多障碍。网络食品交易多是通过一些综合性的网络平台或者是手机客户端等手段实现交易，交易具有虚拟性、隐蔽性、不确定性，并且网店大多数没有实体店，许多没有取得工商、食品等相关部门的许可，网上食品销售无法出具购物发票，一旦发生食品安全事故，消费者因为没有消费凭证很难得到赔偿。同时，网络交易多涉及异地维权，有的甚至涉及境外经营者，消费者所在地监管部门不具有管辖权，异地维权难度加大[110,113]。

3.4　食品安全措施建议

3.4.1　从食品安全到食品诚信——脆弱性评估

1. 预防食物掺假的建议

应对食品欺诈最有效的措施就是预防食品欺诈的发生，减少食品欺诈的机会（或动

机)[1]。总结目前有关食品欺诈的相关研究显示，减少食品欺诈机会的有效途径包括：政府部门将食品欺诈作为一个食品问题正式对待，并加强社会诚信体系建设；企业进行食品欺诈脆弱性评估；建立食品欺诈数据库。

1) 正视食品欺诈问题，加强诚信体系建设

(1) 正视食品欺诈。

随着食品科技的发展和食品全球化程度的深入，世界各国消费者对食品及食品安全的关注度日益增强。由于欧洲马肉事件、美国花生酱沙门菌污染事件、中国乳粉“三聚氰胺”事件等国内外一些重大食品欺诈事件的影响，世界各国均比较重视食品欺诈问题及其预防。

美国《食品安全现代化法案》(Food Safety Modernization Act，FSMA) 的预防控制准则 (PC 准则) 中强调“经济利益驱动掺假”(EMA) 或“经济利益驱动行为”，并明确指出应覆盖所有的食品欺诈。美国政府问责办公室 (GAO) 和美国国会研究服务部 (CRS) 报告强调：国会和消费者认为不管法律、法规、标准和认证的相关规定如何，联邦政府和联邦食品机构对预防食品欺诈负有责任。

欧盟委员会 (EC) 对食品欺诈进行了定义，并为各成员国创建了食品欺诈网络工作体系。2013 年初，欧洲各国发生的马肉事件再次使食品欺诈问题在欧洲得到普遍关注。2014 年英国环境、食品、农村事务部 (DEFRA) 主导形成的一个食品欺诈评估报告《艾略特关于食品供应网络完整性及保障性的评论——最终稿》，英文全称为 *Elliott Review into the Integrity and Assurance of Food Supply Networks—Final Report*，简称为《艾略特评论》(*Elliott Review*)，该报告是英国贝尔法斯特女王大学 (Queen's University Belfast) 的 Chris Elliott 教授受英国环境、食品、农村事务部委托而牵头撰写的一个评估报告。该报告强调保护消费者的利益是第一位的。

2015 年中国修订了《食品安全法》，突出强调食品安全以预防为主，对食品安全风险提前防范，重在消除隐患和防患于未然。尽管《食品安全法》中未明确表述食品欺诈的概念，但在食品生产和经营的各个环节均强调源头管理及建立食品产品的可追溯体系，并明确规定了禁止生产经营的食品、食品添加剂和食品相关产品。

(2) 诚信体系建设。

诚信体系对食品行业更为重要。食品供应者诚信体系是指在市场经济条件下，针对食品供应者群体，为形成和维护良好的食品安全诚信秩序，由一系列相关的法律法规、规则、制度规范、组织形式、运作工具、技术手段和运作方式而构成的综合系统[122]。

在食品生产与供应过程中，信用体系的主要作用是促使供应者加强食品生产过程中各个环节的控制，以保障食品安全。在我国目前现阶段，部分供应者为了趋利，不惜以信用为代价而进行欺诈行为，且得逞机会大，从而使我国食品欺诈事件频发，是中国食品安全风险的重大隐患问题。有研究者指出加快食品供应者信用体系建设，是解决我国社会转型期食品生产经营者信用缺失问题的深远之略，是促进我国食品行业持续、快速、健康发展的长效之举[123]。

在我国现行体制下，食品供应者信用体系建设是一项复杂的社会工程，需要从我国实际情况出发，在充分借鉴国际上征信国家的成功经验的基础上，针对我国信用体系未能有效发挥作用的关键问题，提出有效可行的食品供应者信用体系构建策略。

2）食品欺诈脆弱性评估

食品欺诈的复杂性在于其手段的隐蔽性、可变性和不可预知性。食品掺假的规避性在于实施欺诈的犯罪者寻找食品法律法规及检验标准的漏洞和盲点，即相关法律法规中未涉及或无法涉及的方面，在规避现有质量保障和质量控制体系下进行犯罪[124]。因此，为减少食品欺诈事件的发生，食品生产者本身根据产品特点进行食品产业链的脆弱性评估，找出可能发生欺诈的环节和关键点，并实施相关预防措施是减少食品欺诈、预防食品欺诈发生的有效手段。

当前，随着食品的丰富和食品全球化的趋势日益增强，食品的供应链日益复杂，因此保证食品成分在整个供应链上的真实性和安全性也变得越来越重要，这样才能确保产品品牌和消费者不受食品欺诈的危害。针对食品欺诈，开展脆弱性评估，将食品欺诈从监督管理转向以积极预防为主，加强识别和防范食品欺诈的能力，为减少食品欺诈的发生、降低食品欺诈对消费者健康和经济造成的损失提供有效支撑。

3）食品欺诈数据库

虽然食品欺诈数据库不是预防食品欺诈的最重要的或最直接的手段，但对已发生的食品欺诈事件的归纳、整理，有助于政府、企业和消费者获得更多更有效且及时的信息，有助于减少食品欺诈机会。

美国目前有两个食品欺诈相关的数据库，一个是美国药典委员会（USP）建立的食品欺诈数据库（简称 USP 食品欺诈数据库），网址为http://www.usp.org/food-ingredients/food-fraud-database；另一个是美国明尼苏达大学的食品保障和防护研究所（Food Protection and Defense Institute，FPDI）建立的经济利益驱动的食品掺假事件数据库（简称 FPDI EMA 事件数据库），网址为 https://foodprotection.umn.edu/innovations/food-fraudema/incidents-database。FPDI 的前身是国家食品保障和防护中心（National Center for Food Prevention and Defence，NCFPD）。NCFPD 是美国的一个国土安全卓越中心，成立于 2004 年 7 月，2015 年改名为FPDI，作为一个多学科的以实际成果应用研究为导向的大学联盟协定研究机构，FPDI 着重于全美食品体系脆弱性研究，以包括从对食品的初级生产到食品运输、零售加工和食品服务的农场到餐桌食品体系的全方位视角进行研究工作。

欧盟没有专门针对食品欺诈的数据库。欧盟主要依靠欧盟食品和饲料快速预警系统（RASFF）进行相关食品欺诈信息的记载及预警。RASFF 是一个当检测到食品链中存在的风险时可以确保对跨境信息作出迅速反应的关键工具，欧盟各成员国通过该系统获知欧盟各成员国之间以及与其他各国进行贸易往来时需要得到的各种食品安全及食品欺诈的相关信息。RASFF 创立于 1979 年，可以支持其成员国之间食品安全信息的有效共享，并提供 24 小时服务，以确保紧急通知集中而有效地发送、接受与反馈。通过 RASFF 的重要信息交流可以使不合格产品从市场中快速召回。自 2014 年 6 月以来，消费者还可以使用“RASFF 消费者门户网站”查询所有欧盟国家有关食品召回与公共健康警告的最新信息。

英国是通过其食品标准局构建的食物成分（营养成分）银行对食品欺诈进行管理，也就是利用真正的食品中应有的成分来界定是否进行了掺假。

我国目前暂无专门针对食品欺诈的数据库。

2013 年 12 月，原国家食品药品监督管理总局发布《食品药品安全“黑名单”管理规定（征求意见稿）》[125]，征求意见稿还指出，县级以上食品药品监督管理部门应当按照本规定的要求，建立食品药品安全“黑名单”，食药监总局将建立“黑名单”数据库，实现相关信息共享；同时规定，受到行政处罚的生产经营者及其直接负责的主管人员和其他直接责任人员等的有关信息，要通过政务网站公布，接受社会监督，二次违法将重罚[125]。但该“黑名单”制度至今未在国家层面正式实施。

各国家及机构针对食品欺诈建立的相关数据库的目标是不完全相同的，没有哪个数据库能够全方位地囊括食品欺诈的各个方面，但是食品欺诈数据库的作用就是通过对以往发生的食品欺诈事件进行收集、归类、汇总，通过对事件、检测技术、法律法规规定的透彻分析，明确事件的性质、事件中掺假物、造假者的动机，根据得到的各种信息推导出减少食品欺诈机会的措施，以期最终减少食品欺诈的发生，保障公众的经济利益和大众健康。

2. 发展国家参比实验室体系建议

第一，明确参比实验室的法律地位，完善检验体系的质量保证，在食品安全法或食品安全法实施条例中明确参比实验室的政府管理职责和技术职责，明确政府责任部门，增加参比实验室在方法的制修订、方法验证、质控品研制、组织质控考核、组织技术培训、结果验证及结果复核等工作中的职责，增加参比实验室准入条件要求，增加参比实验室能力建设和经费保障。第二，建立参比实验室建设规划及参比实验室管理规章制度。第三，建立参比质控品库。第四，将参比实验室新技术研究和新方法研制纳入标准方法研制系列，实现产学研一体化，缩短新技术标准化时间，使新技术更好地服务于政府监管，提高食品安全和质量。

3. 食品安全信心与信任建设思路

社交媒体时代，食品安全信心和信任低迷，客观安全的提升难以转化为主观安全已经成为我国食品安全保障的新痛点。正确认识和把握我国食品安全的主要问题，是制定正确的食品安全治理路线和战略策略的重要前提，同时也对食品安全保障工作提出了新的要求。

(1) 建立专业的食品安全风险交流机构和部门。食品安全风险交流是国际公认食品安全保障体系风险分析框架的三大组成部分之一，是弥合主客观食品安全认知鸿沟的核心力量。一方面，加大资源方面的投入和保障；另一方面，加强风险交流的基础研究，深入分析社交媒体时代、受众的认知特点，建立以实证研究为基础的理论框架和系统性的路径模型，为有效交流提升信心与信任提供中国方案。

(2) 拓展食品安全风险交流的内容，向更为宽泛的食品信息交流转变。以政府为主导，以提升食品安全信心与信任为目标，向公众呈现更全面的食品信息，避免单一风险信息导致的认知偏差，引起不必要的恐慌和焦虑。具体包括政府为改善食品监管体系做出的努力以及监管措施；食品行业在提升食品质量和安全方面的努力；食品带来哪些健康益处；如何健康饮食，避免不合理膳食带来的健康危害和疾病；如何在家正确处理和烹调食物，避免食源性疾病；食品中可能存在的危害和风险；以及危机中及时传递信息等。以建立各利益相关方互相信任，缓解政府承受的舆论压力，重塑消费者信心[126]。

(3)改变模式。

针对消费者与专家在认知系统、认知心理等方面巨大差异，创建暖交流模式。加强对受众的感性认知系统的交流策略设计，进而启动理性认知系统的运转，促进民众科学理性的认知食品安全风险。暖交流主要包含三个步骤：倾听，认识受众；焦点交流，顺应受众；科学思维培育，引导受众[14]。

(4)新交流模式助力国产婴幼儿奶粉突围，提升信任和信心。

以乳制品(婴幼儿奶粉和液体乳)为例开展系列消费者调查，简介如何采用暖交流的方法，提出促进婴幼儿奶粉客观安全提升向主观安全感转化，提升信任和信心的系列策略建议。其中婴幼儿奶粉消费信心及购买意愿影响因素调查主要针对负责婴幼儿奶粉购买的妈妈群体开展，涉及全国 20 省市，有效问卷 3000 余份。国产乳制品 2017 年微博文本分析研究，采用内容分析法对微博用户围绕“国产牛奶”这一话题主动生产和传播的内容进行分析，有效文本 400 余份。

a.认识受众——茫然而又焦虑的中国妈妈。

研究显示，对于受众来说国产奶粉可信度不足，进口奶粉也开始问题频发，妈妈们对婴幼儿奶粉的态度发生改变，不再一边倒向进口奶粉，而是无论进口还是国产，都不太放心，对婴幼儿奶粉问题更为茫然和焦虑，见图 2-3-28。

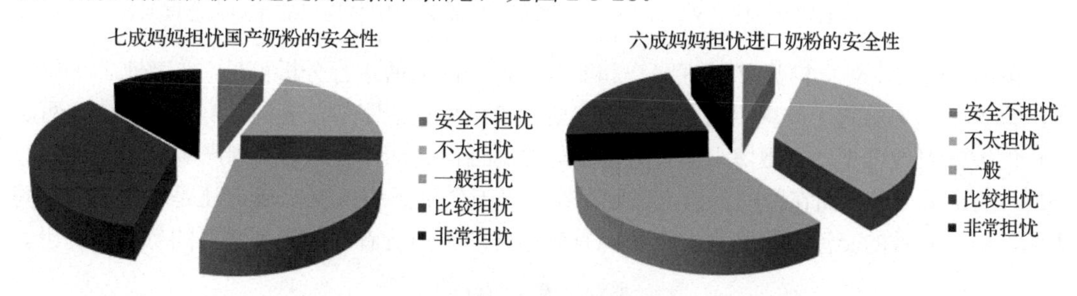

图 2-3-28　对比妈妈们对国产奶粉和进口奶粉的看法

无论买的是进口奶粉还是国产奶粉，妈妈们对过去的奶粉购买经历都不那么满意。国产和进口奶粉的满意度有差异，但是差异程度不大，满意度得分只差 5.018%，见表 2-3-7。

表 2-3-7　奶粉购买经历整体满意程度

国产/进口	平均数	标准差
进口	3.826	0.786
国产	3.634	0.843
合计	3.756	0.813

在新媒体中普通网民高度争议争辩国产牛奶安全性：普通账户(不加 V)发表对国产牛奶看法的内容中表达消极态度的内容(43%)略高于积极态度内容(41%)，但二者差异不大，见图 2-3-29。无论是对于进口还是国产，妈妈们在态度上都存在较大的疑惑和不确定，国产奶粉和进口奶粉是差还是好，安不安全，是否性价比高，是不是明智，是否物有所值等等，充满了争议。

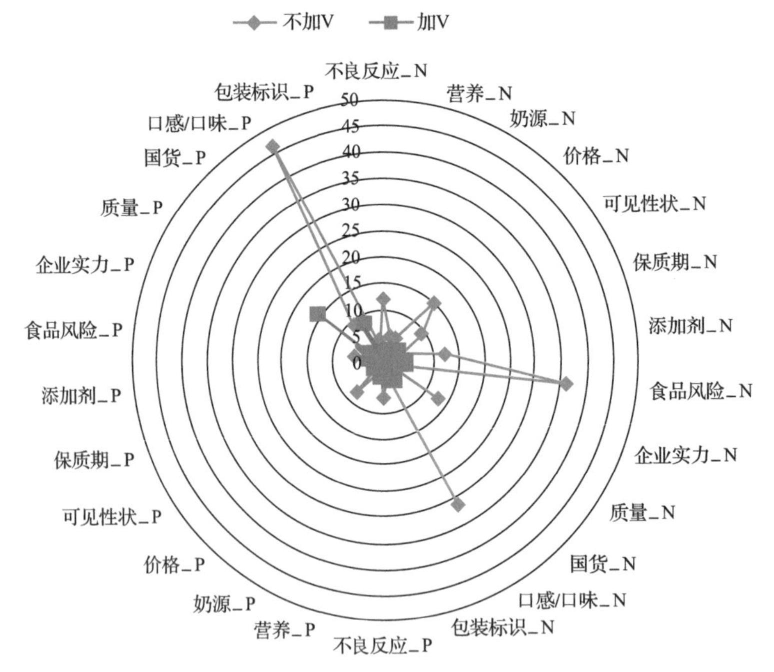

图 2-3-29　普通账户(不加 V)与加 V 认证账户的微博内容中体现出的感知与态度对比

随后，进一步对机构蓝 V 认证账户和非机构账户的微博进行分析可见，在微博上从积极角度来谈国产牛奶的“质量”问题内容的主要发自机构认证账号，见图 2-3-30。综合这两次分析的数据表现可见，在微博上的官方话语与民间话语之间，存在着“国产牛奶质量到底好不好”的意见分歧；而在民间话语内部则存在着“国产牛奶的口感/口味好还是不好”的不同主张。亟须有效的交流，将客观安全情况有效地传递给消费者，减少不必要的恐慌和忧虑。

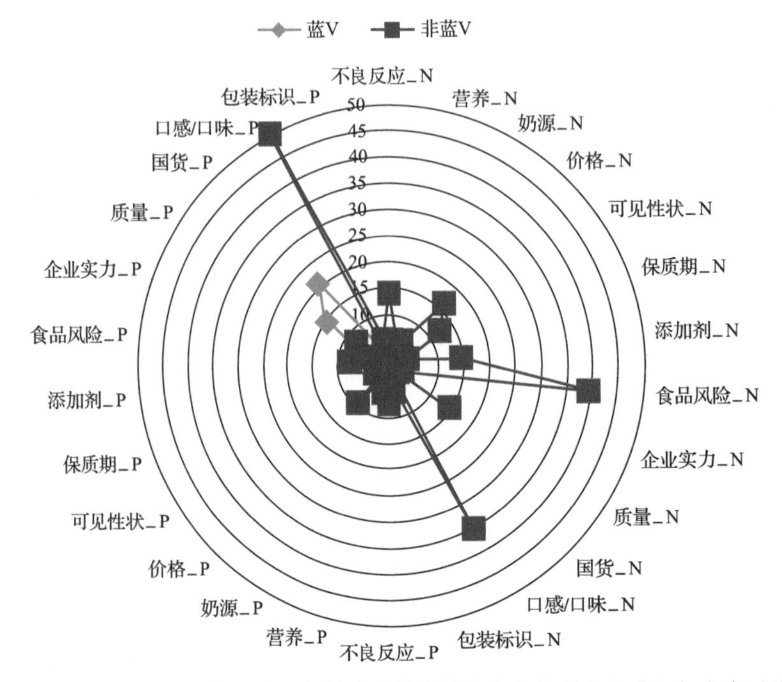

图 2-3-30　机构认证账户与非机构账户的微博内容中体现出的感知与态度对比

b.焦点内容。

提升国产婴幼儿奶粉客观安全向主观感受的转化，提升消费者对国产婴幼儿奶粉的信心与信任，需要精准交流策略，首先需要焦点内容。

基于 Allum 五维度信任模型的分析结果显示，国产奶粉企业信任和政府监管信任的提升均能够有效增强人们对国产婴幼儿奶粉的信心和购买意愿。政府监管信任的提升，从展示监管科学性入手最为有效，即仅数据结果好还不足以让消费者信服，妈妈们还想要了解过程情况，确认监管措施依据科学，实施的是科学监管。而国产奶粉企业信任提升，从展示诚实守信，不遮掩、不隐瞒问题的企业形象最为有效。

c.焦点渠道。

调查数据显示，国内社交媒体公信力排名与覆盖率排名一致，微信公信力最高。中国社会人际信任的差序格局下，微信朋友圈凭借渠道覆盖面和影响力等方面的绝对优势，成为影响妈妈们国产奶粉购买行为的最佳渠道。这一研究结果也在访谈研究中得到证实。选取 206 位有过购买奶粉经历的父母进行访谈，采用关键事件技术（CIT）访谈法探索奶粉购买的影响因素。参考现象学资料的分析法和合众法，对数据进一步编码和提取要素。数据结果显示，在信息渠道中用户提及最多的是他人推荐，见图 2-3-31。通过对编码本类别的进一步分析发现，在他人推荐中受访者提及最多的是朋友推荐。在中国，亲朋好友在个体购买奶粉过程中扮演着重要的角色。微信朋友圈应成为国产奶业婴幼儿奶粉营销的重要战场，亲朋好友口口相传更有影响力。

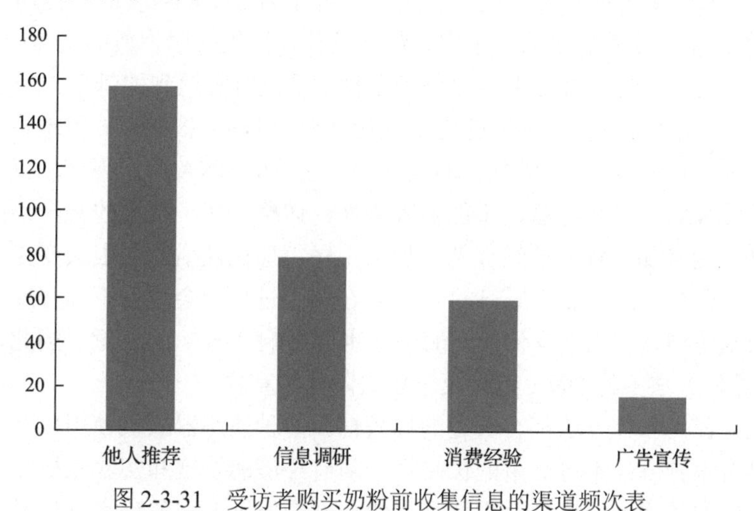

图 2-3-31　受访者购买奶粉前收集信息的渠道频次表

4. 食品真实性鉴别技术体系的未来构建思路

国内外关于食品鉴伪的研究经历了从单一性状、单一组分、常规分析到多性状、全组组分、专门分析及多元变量统计方法运用的过程。

现代食品鉴伪技术体系应涵盖原料—加工过程—产品的全过程，具有快速、精准、简便、特异、高效和可追溯性的特点。从鉴伪目的来看，鉴伪技术体系的建立主要是为了打假鉴伪、鉴别原料和产品种类，形成产品质量标准，从而实现扶优扶强和原产地保护；从鉴伪目标来看，鉴伪技术体系应达到种类真伪鉴别、品牌真伪鉴别、产地真伪鉴别、目标物真实性鉴定、目标物纯度鉴定、掺假物检测、杂质检测、指纹图谱库建立等；从鉴伪方法来看，有感官评定法、化学计量法、仪器检测法、流变学法、数学模型法、同位素法、免疫法、分子生物学法等；从鉴伪手段来看，可概括为基因表达的结果(表现型)和DNA水平(基因型)两方面，以表现型为基础的检测鉴别技术，包括色谱技术、电泳技术、人工神经网络技术、质谱技术、微流控技术等，以基因型为基础的分子检测鉴别技术，包括PCR技术、基因条码技术、RFLP技术、RAPD技术、AFLP技术、SSR和ISSR技术、多位点小卫星DNA指纹技术和微卫星标记技术、基因芯片技术以及DNA序列分析技术等[127]。

近年来，检测方法的不断完善和新型仪器的逐渐投入使用，各种光谱、色谱、质谱、神经网络技术、智能分析仪的开发应用，对不法厂商的监督与管理确实有效可行。但是，这些技术很大程度上会受到品种、产地、收获季节、原料环境、加工条件、储运包装方式等很多因素的影响，而且食品品种林林总总，掺假方式变化多端，这些技术或多或少具有一定的局限性。例如，以定性能力最强的色谱-质谱联用技术来说，由于有机化合物中存在大量的质谱谱图相似的同分异构体，因此鉴定同分异构体十分困难，这就需要其他分析方法配合进行定性。而且，影响理化或仪器鉴伪技术取样代表性的因素非常多，要保证其方法的可靠性，就需要大量的检测样本和科学的数理模型分析技术。

现代生物技术以其方便、准确、迅速、简洁的特点，从基因水平分析食品原料和产品的特性及来源，其结果为证明食品的真伪提供了可靠的依据，给食品鉴伪研究注入了新鲜血液[128,129]。但从富含多糖、多酚、单宁、色素及其他次生代谢物质的食品中提取DNA的方法难度相对较大，也是在食品中应用分子生物学手段时常遇到的棘手的问题。如多酚等物质会使DNA氧化成棕褐色，多糖的许多理化性质与DNA很相似，很难将它们分开，多糖、单宁等物质与DNA会结合成黏稠的胶状物，获得的DNA常出现产量低、质量差、易降解，影响了DNA质量和纯度，不能被限制性内切酶酶切，严重的甚至不能作为模板进行DNA扩增。而且加工食品要经过若干加工工序，理化性质发生很大变化，营养成分重新搭配并且分割很细。由于加工原料的DNA在加工过程中会遭受不同程度的破坏，而且加工中出现的某些物理、化学变化或者酶因子也会影响DNA的质量。因此，分子生物鉴伪技术DNA提取方法中的DNA纯化及杂质去除尤为重要。

由此可见，任何一种方法都有一定的局限性。多种检测器联机使用以及多种检测方法联合使用，具有单种方式不可比拟的优越性。随着经济的发展和实验室检测的自动化，检测食品掺伪方法的准确度、精确度将取得更快更好的发展。将色谱良好的分离能力与光谱或波谱特有的结构鉴别能力以及现代分子生物技术便捷、准确的分子标识能力相结合，并借助计算机模式识别技术或模糊数学方法进行处理，将是未来现代食品分子检测鉴别技术体系的发展趋势。

3.4.2 完善我国食品EMA风险防控机制的对策建议

1. 加强食品掺假防控区域联动协作与信息共享

当前我国食品产业的产业链不断延伸，日益复杂，许多食品EMA事件对全国多地造成影响，如“地沟油”“三聚氰胺”“造假调料”事件等。因此要进一步深化全国食品安全区域联动协作机制建设，着重从食品和食用农产品生产经营、储存运输、餐饮服务等食品全产业链环节，健全全程控制技术体系和信息化支撑平台，构建全国食品 EMA 防控区域合作、协查联动环境。加大对全国地区监管和抽查中食品 EMA 信息的共享和公开，建立统一高效的食品 EMA 动态记录监测机制。

2. 构建全国重点食品 EMA 信息库

结合肉制品、调味品、饮料工业、蜂产品、焙烤食品等行业的行业协会和典型企业以及科研机构的经验，共同制定涵盖肉制品、调味品、饮料、蜂产品、焙烤食品等食品大类的 EMA 信息库。将食品种类、掺假手段、掺假环节等信息分类详细记录，协助基层执法掌握食品掺假的重点产品品种与风险环节。

3. 加大对食品掺假重点产品、重点环节和重点项目的执法力度

从食品 EMA 事件发生的产品类别看，监管部门应针对肉制品、水产品、饮料、粮食加工品、蜂产品等重点产品类别掺假高发易发情况，制订重点产品的专项整治计划。从食品 EMA 事件发生环节来看，监管部门应进一步督促食品企业严把源头关，强化对问题企业的问责和惩处，并严控种养殖业源头滥用违禁药物问题的发生。应继续加强对生产、流通环节的食品质量安全监督检查力度，集中加大对黑作坊违法行为打击力度，农贸、批发市场可能存在的掺假行为的执法打击力度，强化产销秩序的监督与管理。从食品 EMA 事件的检测项目看，应强化日常风险监测，加强畜禽肉掺假、添加非食用物质、滥用食品添加剂等重点项目风险监测。

4. 提升食品掺假检测技术水平

针对食品 EMA 事件多发生在小企业、小作坊、农贸市场等特点，应提升对低价肉冒充高价肉、水产制品注入明胶、糖浆调配蜂蜜等重点品类食品常见掺假手段的检测能力。着重加强对高通量快速鉴别技术、方法的研发，加大对食品物种鉴别、原产地鉴定等技术的开发力度，通过技术手段解决主观食品掺假与食品带入的判定问题，提高我国对食品掺假的监测水平，也为监管部门提供执法依据。

5. 加大对食品安全知识的科普工作

建议食品科研工作者通过讲座、培训、事件解析等形式宣传食品安全基础知识，从而提升消费者食品安全意识，也有助于提高媒体从业者的科学素养。建议撰写专门针对基层执法人员执法的食品安全科普书籍，提升执法人员科学执法水平。

3.4.3　电商食品安全保障与监管措施及建议

电子商务高速发展催生的大量新模式、新业态，使得现有政策制度难以适应，过度监管和监管不当都将会束缚市场主体的创造性和活力，传统监管方式也难以有效查处新的违

法违规行为。需要坚持发展和规范并重的原则，既对新业态、新模式持鼓励发展和审慎监管，也要针对假冒伪劣、侵害消费者健康和权益等问题，明确电商平台及农产品产业链各环节生产经营主体的责任，保障农产品电商长期健康、稳定、可持续发展。

1. 充分利用电商食品的网络信息资源，建立健全电商食品可追溯体系，并快速推进“以网管网”的监管体系

《食品安全法》《网络食品安全违法行为查处办法》《网络餐饮服务食品安全监督管理办法》《电子商务法》已经对第三方平台或者自建的网站，以及进入平台销售商品或者提供服务的生产经营者的基本信息备案、台账记录、食品追溯等均有明确规定。监管部门应严格执法，按照法律法规和管理办法中的要求，严格检查平台每个环节实名登记和备案情况，线上线下监管结合，监督和推进企业、平台利用电商食品得天独厚的网络信息资源、大数据、人工智能、区块链技术等构建“来源可追溯、去向可查证、风险可控制、责任可追究”的全流程追溯体系，创建“以网管网”的监管体系。

2. 加快推进农产品及食品产业链标准体系建设和品牌建设

农产品电子商务从 2012 年到 2017 年交易额从 200 亿增长至 2436.6 亿元，但仅占全国实物商品网上零售额的 4.4%，农产品电子商务仍处于初级阶段。农产品生产粗放分散，标准化、品牌化程度低是制约食品电子商务发展的重要因素之一。要做好农产品电商，保障电商农产品和食品的有效监管，必须实现农产品产业链的标准化，即农产品标准化生产、商品化处理、品牌化销售及产业化经营。

3. 建立高效的食品物流配送体系

电子商务的最终环节要靠配送来实现，建立高效的食品物流配送体系十分必要。首先，要加快食品物流配送体系的基础条件建设。政府主导建立和完善资金融入机制，运用财政补贴等手段完善交通运输网络。其次，选择适合位置建立仓储及配送中心，建立起集仓储、冷藏、加工、配送以及长短途运输功能为一体的食品配送体系。最后，大力发展第三方物流与合作物流，鼓励运输企业发展现代物流，开展面向同行业其他企业的物流运输服务，分担成本，实现资源共享。

自 2009 年国务院印发《物流业调整和振兴计划》之后，我国社会物流总额实现高速增长。2010～2017 年，全国社会物流总额由 125.4 万亿元增至 252.8 万亿元，年均复合增长率达到 10.61%，反映了我国物流总需求的强劲增长趋势，预计到 2018 年底全国物流总额预计可达到 260 万亿元(图 2-3-32)。近年来我国冷链物流市场正处于快速发展阶段，据预测，2018 年中国冷链物流市场规模将近 3000 亿元，到 2020 年市场规模有望达到 4700 亿元，但是冷链物流的基础设施建设水平仍有待提高(图 2-3-33)。目前，我国冷链物流仓储规模虽也有增长，但相对于庞大的市场需求仍然有限。据统计数据显示，2017 年中国冷链物流仓储市场规模约近 4800 万吨。随着冷链物流市场的快速增长，2018 年冷链物流仓储市场规模超过 5200 万吨(图 2-3-34)[77]。

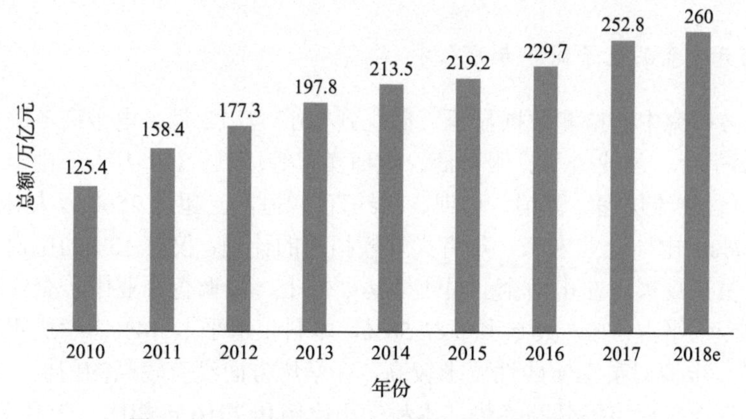

图 2-3-32　2010～2018 年中国全国社会物流总额

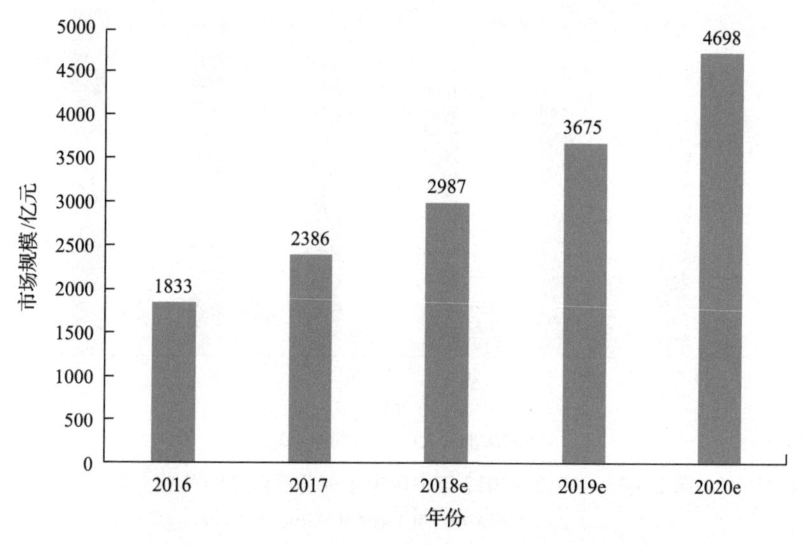

图 2-3-33　2016～2020 年中国冷链物流市场规模预测

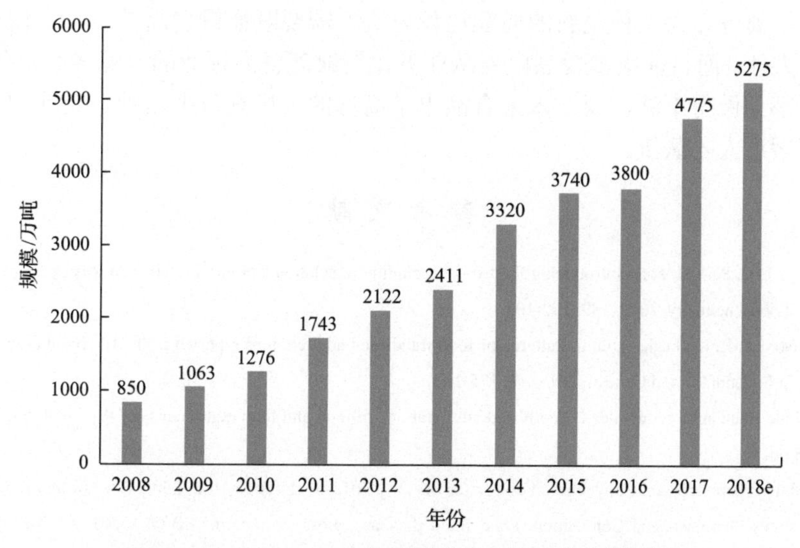

图 2-3-34　2008～2018 年我国冷链物流仓储规模预测

4. 培养与开发食品电子商务专业人才

据电子商务研究中心检测数据显示，截止到2017年12月，电子商务服务企业直接从业人员(含电商平台、创业公司、服务商、电商卖家等)超过330万人，由电子商务间接带动的就业人数(含物流快递、营销、培训、网红直播等)，已超过2500万人(图2-3-35)。此外，2017年57%的电商企业未来一年有大规模招聘的计划，仅有13%的电商企业暂无招聘或者缩减企业员工规模。在电商企业员工学历要求上，被调查企业中，企业对员工的基本学历要求，中专水平占3%，大专水平占56%，本科生水平占14%；学历不重要，关键看能力占27%[67]。电商对员工实践性要求较高，在学历方面没有较高的门槛。但是随着电商的纵深发展，学历有逐步提升的趋势，本科学历比例和2016年相比，上升了10%[130]。

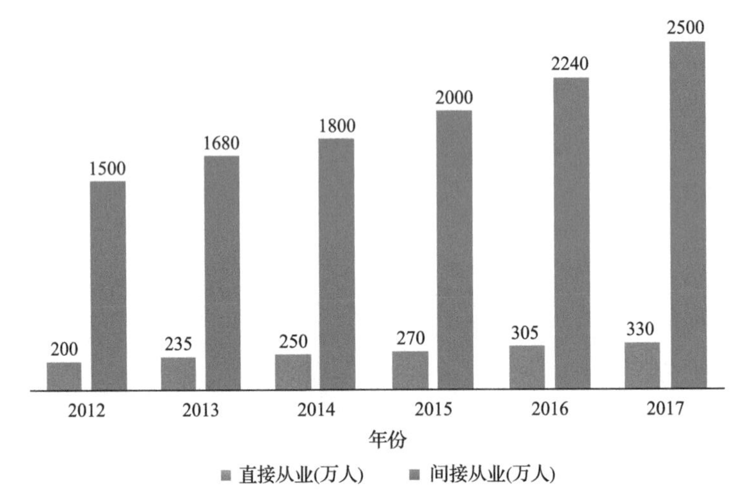

图2-3-35　2012～2017年中国电子商务服务企业从业人员

数据来源：电子商务研究中心

网络经济是以人为本的经济，传统的管理、营销方式已经很难适应电子商务发展的要求。食品电子商务作为一种全新的商业运作方式，需要既懂得食品技术、又懂得网络管理和营销等的人才。而目前很多食品电商从业者比较缺乏食品行业的专业经验，在甄别产品、仓储物流等部分做得不够，要在未来食品电子商务的市场竞争中获胜，企业须有一支食品电子商务高素质人才队伍。

参 考 文 献

[1] Spink J, Moyer D C, Park H, et al. Introducing food fraud including translation and interpretation to Russian, Korean, and Chinese languages[J]. Food Chemistry, 2015, 189: 102-107.

[2] Tähkäpää S, Maijala R, Korkeala H, et al. Patterns of food frauds and adulterations reported in the EU rapid alarm system for food and feed and in Finland[J].Food Control, 2015, 47: 175-184.

[3] Johnson R. Food fraud and “economically motivated adulteration” of food and food ingredients[R/OL]. 2014. http://fas.org/sgp/crs/misc/R43358.pdf.

[4] The United States Pharmacopeial Convention. Food fraud[EB/OL]. 2015-01-24[2015-10-29]. https://www.foodfraud.org/node.

[5] The United States Pharmacopeial Convention. Food fraud database, glossary of terms[EB/OL]. 2015-01-24[2015-10-29]. http://www.foodfraud.org/glossary-terms.

[6] U.S. Code 342. Adulterated food[EB/OL]. 2015-10-19[2015-10-29]. https://www.law.cornell.edu/uscode/text/21/342.

[7] Wilson B. Swindled: The dark history of food fraud, from poisoned candy to counterfeit coffee[M]. New Jersey: Princeton University Press, 2008.

[8] Wheatley V, Spink J. Defining the public health threat of dietary supplement fraud[J]. Comprehensive Reviews in Food Science and Food Safety, 2013, 12: 599-613.

[9] 新浪网. 安徽阜阳劣质奶粉事件查清事实揪出造假源头[EB/OL]. 2004-05-17[2019-02-24]. http://news.sina.com.cn/s/2004-05-17/03492545696s.shtml.

[10] Chen J S. A worldwide food safety concern in 2008 melamine-contaminated infant formula in China caused urinary tract stone in 290000 children in China[J]. Chinese Medical Journal, 2009, 122(3): 243-244.

[11] 国务院食安办. 关于公布食品中可能违法添加的非食用物质和易滥用的食品添加剂名单（第六批）的公告[EB/OL]. 2011-06-01[2019-02-24]. http://www.nhfpc.gov.cn/sps/s7891/201106/39bee4fe171b4ec4b82df40b61dcea6e.shtml.

[12] 国务院食安办. 食品中可能违法添加的非食用物质和易滥用的食品添加剂名单（第 1-5 批汇总）[EB/OL]. 2011-04-19[2019-02-24]. http://www.nhfpc.gov.cn/sps/s7892/201406/38e5c8a53615486888d93ed05ac9731a.shtml.

[13] 罗季阳, 王欣, 李慧芳, 等. 食品企业经济利益驱动型掺假动机和原因分析[J]. 食品工业科技, 2016, 37(5): 281-282+286.

[14] 陈思,罗云波,李宁, 等. 我国食品安全保障体系的新痛点及治理策略[J]. 行政管理改革, 2019, 1: 68-72.

[15] 旭日干, 庞国芳, 魏复盛, 等. 中国食品安全现状、问题及对策战略研究[M]. 北京: 科学出版社, 2015.

[16] 张守莉, 王启魁, 王志刚. 国产液态奶质量安全消费者满意度研究——基于北京、长沙、成都三地城市消费者的问卷调查[J]. 中国畜牧杂志, 2017, 53(2): 157-163.

[17] Ritson C, Mai L W. The economics of food safety[J]. Nutrition & Food Science, 1998, 98(5): 253-259.

[18] Al-Jowder O, Defernez M, Kemsley E K, et al. Mid-infrared spectroscopy and chemometrics for the authentication of meat products[J]. Journal of Agricultural and Food Chemistry, 1999, 47(8): 3210-3218.

[19] Everstine K, Kircher A, Cunningham E. The implications of food fraud[EB/OL]. 2013-06-05[2015-10-28]. http://www.food-qualityandsafety.com/article/the-implications-of-food-fraud/.

[20] Everstine K, Spink J, Kennedy S. Economically motivated adulteration (EMA) of food: Common characteristics of EMA incidents[J]. Journal of Food Protection. 2013, 76(4): 723-735.

[21] Moore J C, Spink J, Lipp M. Development and application of a database of food ingredient fraud and economically motivated adulteration from 1980 to 2010[J]. Journal of Food Science, 2012, 77(4): 118-126.

[22] Moyer D C, DeVries J W, Spink J. The economics of a food fraud incident: Case studies and examples including Melamine in Wheat Gluten[J]. Food Control, 2017, 71: 358-364.

[23] The Grocery Manufacturers Association. Consumer product fraud, deterrence and detection[EB/OL]. 2010-01-01[2015-9-23]. http://www.gmaonline.org/downloads/research-and-reports/consumerproductfraud.pdf.

[24] Food and Drug Administration. Federal Register Vol. 74, No.(64): 15497-15499[EB/OL]. 2009-04-06[2015-10-29]. http://www.gpo.gov/fdsys/pkg/FR-2009-04-06/pdf/E9-7843.pdf.

[25] Food Protection and Defense Institute. Food for thought: A guide to food terminology [EB/OL]. 2015-10-19[2015-10-29]. http://foodprotection.umn.edu/news/post/food-thought-guide-food-terminology.

[26] 厉曙光, 陈莉莉, 陈波. 我国 2004～2012 年媒体曝光食品安全事件分析[J]. 中国食品学报, 2014, 3: 1-8.

[27] 李丹, 王守伟, 臧明伍, 等. 美国应对经济利益驱动型掺假和食品欺诈的经验及对我国的启示[J]. 食品科学, 2016, 37(7): 259-263.

[28] Spink J. GFSI direction on food fraud and vulnerability assessment(VACCP)[EB/OL]. 2014-05-08[2016-08-11]. http://foodfraud.msu.edu/2014/05/08/gfsi-direction-on-food-fraud-and-vulnerability-assessment-vaccp/.

[29] VACCP. HACCP for vulnerability assessments[EB/OL]. 2016-02-17[2016-08-11]. http://foodfraud.msu.edu/2014/05/08/gfsi-direction-on-food-fraud-and-vulnerability-assessment-vaccp/.

[30] Global Food Safety Initiative. GFSI position on mitigating the public health risk of Food Fraud. [S/OL]. [2019-02-24]. http://www.mygfsi.com/files/Technical_Documents/Food_Fraud_Position_Paper.pdf.

[31] British Retail Consortium. Global Standard for Food Safety Issue 7, Global Food Safety Initiative [S/OL]. [2016-07-28]. https://www.brcbookshop.com/p/1656/brc-global-standard-for-food-safety-issue-7-us-free-pd.

[32] Tickner J A, Schettler T, Guidotti T, et al.. Health risks posed by use of di-2-ethylhexyl phthalate (DEHP) in PVC medical devices: A critical review[J]. American Journal of Industrial Medicine, 2001, 39(1): 100-111.

[33] Chen S, Huang D, Nong W et al. Development of a food safety information database for Greater China[J]. Food Control, 2016, 65: 54-62.

[34] Manning L, Soon J M. Developing systems to control food adulteration[J]. Food Policy, 2014, 49: 23-32.

[35] Tanga C S, Babichb V. Using social and economic incentives to discourage Chinese suppliers from product adulteration[J]. Business Horizons, 2014, 57(4): 497-508.

[36] Zhang W, Xue J. Economically motivated food fraud and adulteration in China: An analysis based on 1553 media reports[J]. Food Control, 2016, 67: 192-198.

[37] 唐晓纯, 李笑曼, 张冰妍. 关于食品欺诈的国内外比较研究[J]. 食品科学, 2015, 36(15): 221-227.

[38] Spink J, Moyer D C, Speier-Pero C. Introducing the Food Fraud Initial Screening model (FFIS)[J]. Food Control, 2016, 69: 306-314.

[39] Bouzembrak Y, Marvin H J P. Prediction of food fraud type using data from Rapid Alert System for Food and Feed (RASFF) and Bayesian network modelling[J]. Food Control, 2016, 61: 180-187.

[40] 李丹, 王守伟, 臧明伍, 等. 国内外经济利益驱动型食品掺假防控体系研究进展[J]. 食品科学, 2018, 39(1): 320-325.

[41] 陈静, 张彦辉, 王玉英, 等. HPLC 法与三氯化铁-盐酸法检测生鲜牛乳中甲醛掺假[J]. 中国乳品工业, 2010, 38(8): 46-48.

[42] 汪芳芳, 呙亮, 康翠欣, 等. HPLC 法测定掺假玉米馒头中的柠檬黄含量[J]. 现代商贸工业, 2015, 10: 227-228.

[43] 李莹莹, 张颖颖, 丁小军, 等. 液相色谱-串联质谱法对羊肉中鸭肉掺假的鉴别[J]. 食品科学, 2016, 37(6): 204-209.

[44] 陈幸莺. 气相色谱法鉴别掺假花生油[J]. 科技风, 2013, 1: 11+14.

[45] 何流, 肖焕新. 气相色谱法鉴定掺有棕榈油的花生油[J]. 现代商检科技, 1996, 6(3): 40-42.

[46] 严晓丽, 徐昕. 气相色谱法鉴别掺假山茶油定性及定量研究[J]. 食品工程. 2011, 2: 47-49.

[47] 张其安, 杨少波, 王坤, 等. 高效液相色谱法检测蜂蜜中大米糖浆掺假[J]. 中国蜂业, 2016, 67(1): 47-50.

[48] 刘娅, 赵国华, 陈宗道, 等. 中红外光谱在食品掺假检测中的应用[J]. 广州食品工业科技, 2002, 18(4): 43-45.

[49] Kasemsumran S, Thanapase W, Kiatsoonhon A. Feasibility of near-infrared spectroscopy to detect and to quantify adulteryants in cow milk [J]. Analytical Sciences, 2007, 23(7): 907-911.

[50] 陈卫江, 张锦胜, 阮榕生, 等. 磁共振成像之 IR 序列在猪肉质量评估中的应用初探[J]. 肉类工业, 2006, 1: 10-13.

[51] 常云彩, 孙晓莎, 巩蔼, 等. 光谱法在食品掺假检测中的应用研究进展[J]. 粮油食品科技, 2015, 23(2): 65-67.

[52] 林建新, 成志恒, 张曼芳, 等. AFLP 指纹图谱技术在动物物种鉴定中的应用[J]. 南京林业大学学报: 自然科学版, 2008, 32(2): 142-144.

[53] 宋君, 雷绍荣, 郭灵安, 等. DNA 指纹技术在食品掺假、产地溯源检验中的应用[J]. 安徽农业科学, 2012, 40(6): 3226-3228+3233.

[54] 郭凤柳, 熊蕊, 刘晓慧, 等. 应用 PCR 技术检测掺假肉类[J]. 食品安全质量检测学报, 2014, 2: 541-545.

[55] Wong E H K, Hanner R H. DNA barcoding detects market substitution in North American seafood[J]. Food Research International, 2008, 41(8): 828-837.

[56] Maralit B A, Aguila R D, Ventolero M F H, et al. Detection of mislabeled commercial fishery by-products in the Philippines using DNA barcodes and its implications to food traceability and safety[J]. Food Control, 2013, 33(1): 119-125.

[57] 李新光, 王璐, 赵峰, 等. DNA 条形码技术在鱼肉及其制品鉴别中的应用[J]. 食品科学, 2013, 34(18): 337-342.

[58] 逯海. 食品打假中具有“指纹特性”的同位素分析技术[J]. 中国计量, 2013, 11: 20-21.

[59] Almeida C M R, Vasconcelo M T S D. Detemination of lead isotope rations in port wine by inductively coupled plasma mass spectrometry after pre-treatment by UV-irradiation[J]. Analytica Chimica Acta, 1999, 396(1): 45-53.

[60] Schmidt O, Quilter J M, Bahar B, et al. Inferring the origin and dietary history of beef from C, N and S stable ration analysis[J]. Food Chemistry, 2005, 91: 545-549.

[61] 项锦欣. 有机食品稳定同位素溯源技术研究进展[J]. 食品科学, 2014, 35(15): 345-348.

[62] 谢建华, 孙云曼. 中国食品行业电子商务的发展现状与推进策略研究[J]. 世界农业, 2013, 10: 168-171.

[63] 张文霞. 论电子商务对企业运营成本的节约[J]. 中国商贸, 2010, 15: 60-61.

[64] 张签名. 我国农产品电子商务现状及发展模式探讨[J]. 农产品市场周刊, 2014, 13: 38-41.

[65] 王吉伟. 生鲜电商历史回顾: 生鲜时代, 不慢则死[J]. 商场现代, 2014, 6: 12-14.

[66] 思雨. 农村电商走进十字路口数量虽多但同质化严重[J]. 中国食品, 2017, 1: 86-87.

[67] 搜狐网. 2018 年中国农村电商上行发展现状及趋势研究报告[EB/OL]. 2018-06-21[2018-06-21]. https://www.sohu.com/a/237104673_799855.

[68] 郭俐. 基于电子商务的生鲜物流发展探析[J]. 当代教育实践与教学研究, 2016, 12: 225-227.

[69] 中国电子商务协会. 中国电子商务发展报告 2017—2018[EB/OL]. 2018-09-22[2019-02-24]. http://www.199it.com/archives/775307.html.

[70] 邸江雪. “一带一路”背景下我国跨境电商物流发展现状与对策分析[J]. 当代经济, 2018, 21: 98-99.

[71] 亿邦动力网. 双 11 大战再次刷新了双 11 的历史最高销售额记录[EB/OL]. 2018-11-14[2019-02-24]. http://www.ebrun.com/20181114/307788.shtml.

[72] 杜峰. 电商食品安全监管存在盲区[N]. 国际商报, 2013-06-7, (3).

[73] 雷显凯, 闫林楠, 杜重洋. 发展农产品电子商务深化农业供给侧结构性改革[J]. 北京农业职业学院学报, 2016, 30(5): 31-35.

[74] 艾媒咨询. 2018 上半年中国在线外卖市场监测报告[R]. 2018-08-21[2019-02-24]. http://www.iimedia.cn/62229.html.

[75] 中国产业信息网. 2016 年中国冷链物流市场现状分析及发展趋势预测[EB/OL]. 2016-09-09[2019-02-24]. http://www.chyxx.com/research/201609/447143.html.

[76] 艾瑞咨询. 2018 年中国跨境进口零售电商行业发展研究报告[EB/OL]. 2018-06-09[2019-02-24]. http://www.100ec.cn/detail--6453894.html.

[77] 电子商务研究中心. 2017 年度中国跨境电商政策研究报告[EB/OL]. 2018-03-19[2019-02-24]. http://www.100ec.cn/detail--6441350.html.

[78] 中国产业信息网. 2017 年中国跨境电商行业发展概况及未来发展趋势分析[EB/OL]. 2018-01-02[2019-02-24]. http://www.chyxx.com/industry/201801/599070.html.

[79] 李金叶, 谷明娜. 中国与“一带一路”沿线国家农产品贸易规模、结构及发展潜力研究[J]. 干旱区地理, 2018, 41(5): 1097-1105.

[80] 许英明. “一带一路”战略视角下中欧班列综合效益发挥路径探讨[J]. 前沿, 2015, 11: 45-48.

[81] 司智陟. 我国与“一带一路”沿线国家农产品贸易现状与合作前景[J]. 中国食物与营养, 2017, 23(9): 45-49.

[82] 成都市电子商务协会. “三网融合”, 农业电商打开了农业信息化突破口[EB/OL]. 2016-10-09[2019-02-24]. http://www.sohu.com/a/115654221_471161.

[83] 国家信息中心. “一带一路”大数据中心. 一带一路大数据报告[M]. 北京: 商务印书馆, 2018.

[84] 搜狐网. 中国电商物流绿色包装发展报告(2017 年)[EB/OL]. 2017-05-09[2017-05-09]. https://www.sohu.com/a/139390143_757817.

[85] 肖平辉, 罗杰. 中国网络食品监管最新立法亮点解读[J]. 中国食物与营养, 2017, 23(3): 10-14.

[86] 国家科技支撑计划课题. 食品安全隐患信息收集及化学性污染预警评估模型研究及示范(2012BAK17B01)执行情况验收报告[R]. 2015, 32-33.

[87] 吴恒. 掷出窗外——中国食品安全问题深度观察[M]. 北京: 经济日报出版社, 2014.

[88] 食品科技网. 非法添加是食品安全最突出问题[EB/OL]. 2012-03-20[2019-02-24]. http://www.lawtime.cn/info/shipin/zhiliang/20111129215267_2.html.

[89] Anklam E. A joint effort to ensure the safety and integrity of our food, Conference on Food Fraud, European Commission, October 2014, Rome[EB/OL]. 2014-10-23[2015-05-06] http://ec.europa.eu/dgs/health_food-safety/information_sources/events/20141023-24_food-fraud-conference_en.htm.

[90] 新华网, 2016. 国家食药监总局: 滥用食品添加剂占问题食品 24.8%[EB/OL]. 2016-02-02[2019-2-23]. http://www.legaldaily.com.cn/Food_Safety/content/2016-02/02/content_6474205.htm.

[91] 陈小敏, 杨华, 桂国弘, 戴宝玲, 王佩佩, 肖英平. 2008～2015 年全国食物中毒情况分析[J]. 食品安全导刊, 2017, (25): 69-73.

[92] 钟凯. 喝生奶新鲜又营养吗？钟凯: 未杀菌无法保证安全[EB/OL]. 2015-08-21[2019-02-24]. http://www.ce.cn/cysc/sp/info/201508/21/t20150821_6281101.shtml.

[93] 贝青. 该给作坊油几何信任度[N]. 中国食品报, 2015-05-14, (3).

[94] 史晓英. 跨境电商背景下中小型农产品外贸企业转型升级策略探析[J]. 农业经济, 2016, 11: 138-139.

[95] 黄世钊. 通过立法强化网络食品监管[N]. 广西法治日报, 2016-03-08, (A02).

[96] World Health Organization. Five keys to safer food manual[R/OL]. [2019-2-23]. https://apps.who.int/iris/bitstream/handle/10665/43546/9789241594639_eng.pdf?sequence=1.

[97] 中国法制出版社. 中华人民共和国食品安全法[M]. 北京: 中国法制出版社, 2015.

[98] 保罗 斯洛维奇. 风险的感知[M]. 赵延东, 林垚, 冯欣等译. 北京: 北京出版社, 2007.

[99] 刘岩. 风险的社会建构: 过程机制与放大效应[J]. 天津社会科学, 2010, 5: 76-78.

[100] 刘飞. 风险交流与食品安全软治理[J]. 学术研究, 2014, 11: 60-65.

[101] 丹尼尔·卡尼曼. 思考快与慢[M]. 胡晓姣, 李爱民, 何梦莹译. 北京: 中信出版社, 2012.

[102] 张文德. 国内食品掺伪检测方法研究进展[J]. 食品科学, 1997, 18(7): 51-55.

[103] 李昌, 单良, 王兴国. 食用油掺假检测方法概述[J]. 农产品加工, 2007, 5: 30-35.

[104] 陈爱华, 焦必宁. 常见果汁掺假检测技术的研究进展[J]. 中国食品添加剂, 2007, 5: 153-156.

[105] 沈夏艳, 陈颖, 黄文胜, 等. 果汁鉴伪技术及其研究进展[J]. 检验检疫科学, 2007, 17(4): 63-65.

[106] 韩起文, 秦立虎, 孙武斌. 鲜奶掺假的快速检验技术[J]. 包装与食品机械, 2005, 23(3): 19-24.

[107] 赵光华, 胡京枝, 金明奎. 乳品中常见掺假手段及其鉴别[J]. 农业质量标准, 2007, 4: 30-31.

[108] 乌日罕, 陈颖, 吴亚君, 等. 燕窝真伪鉴别方法及国内外研究进展[J]. 检验检疫科学, 2007, 17(4): 60-63.

[109] 新浪网. 网络食品安全监管问题探究[EB/OL]. 2012-01-13[2019-02-24]. http://blog.sina.com.cn/s/blog_6be6f5dd0100ylmq.html.

[110] 第一财经日报. 农产品电商究竟存在哪些问题？[EB/OL]. 2016-04-14[2019-02-24]. http://www.ebrun.com/20160414/172298.shtml.

[111] 光明网. “有机食品”乱象何时休[EB/OL]. 2017-04-18 [2019-02-24]. https://www.sohu.com/a/134756240_162758.

[112] 法制日报. 网络食品存在监管真空食品安全须推行集约化监管[EB/OL]. 2015-12-11[2019-02-24]. http://www.cnfoodsafety.com/2015/1211/16186.html.

[113] 浙江新闻. 宁波查处有机食品违规使用有机产品认证标志案件[EB/OL]. 2018-03-29[2019-02-24]. http://nb.sina.com.cn/news/2018-03-29/detail-ifysqfni1487780.shtml.

[114] 新京报. 有机食品揭底: 虚假标注+认证违规[EB/OL]. 2018-05-17[2019-02-24]. http://www.foodmate.net/zhiliang/youji/166349.html.

[115] 电子商务研究中心. 洪涛: 食品(农产品)电商环境存三大问题[EB/OL]. 2015-07-20[2019-02-24]. http://www.100ec.cn/detail--6265110.html.

[116] 王继祥. 中国电商物流绿色包装发展报告[EB/OL]. 2017-05-09[2019-02-24]. http://www.sohu.com/a/139390143_757817.

[117] 班娟娟. 冷链物流发展亟待补齐多重短板[N]. 经济参考报, 2018-08-07, (7).

[118] 齐鲁晚报. 占全国近四分之一山东农产品出口总值连续十九年领跑全国[EB/OL]. 2018-06-28[2019-02-24]. http://www.qlwb.com.cn/2018/0628/1296826.shtml.

[119] 高聪硕. 浅析我国中小物流企业发展[J]. 现代经济信息, 2016, 04-05: 71.

[120] 山东省电子商务促进会. 中国农村电商上行发展现状及趋势研究报告[EB/OL]. 2018-06-21[2019-02-24]. https://baijiahao.baidu.com/s?id=1603895184991136054&wfr=spider&for=pc.

[121] 宋春璐, 胡文忠, 姜爱丽, 等. 网购食品安全现状分析与监管探究[C]. 中国食品科学技术学会第十二届年会暨第八届中美食品业高层论坛. 2016: 447-448.

[122] 张炜达. 论我国食品安全信用体系的构建[J]. 中国产业, 2011, 23(1): 31-32.

[123] 徐景和. 信用体系建设: 食品安全的根本保障[J]. 团结, 2007, 58(1): 35-37.

[124] Spink J, Moyer D C, Park H, et al. Defining the types of counterfeiters, counterfeiting, and offender organization[J]. Crime Science, 2013, 2: 8.

[125] 国家食品药品监督管理总局. 关于《食品药品安全“黑名单”管理规定(征求意见稿)》公开征求意见的通知[EB/OL]. [2013-12-12]. http://www.sda.gov.cn/WS01/CL0783/95076.html.

[126] Wall P G, Chen J. Moving from risk communication to food information communication and consumer engagement[J]. npj Science of Food, 2018, 2: 21

[127] Reid L M, O'Donnell C P, Downey G. Recent technological advances for the determination of food authenticity[J]. Trends in Food Science & Technology, 2006, 17(7): 344-353.

[128] Lockley A K, Bardsley R G. DNA-based methods for food authentication[J]. Trends in Food Science & Technology, 2000, 11(2): 67-77.

[129] Cordella C, Moussa I, Martel A C, et al. Recent developments in food characterization and adulteration detection: Technique-oriented perspectives[J]. Journal of Agricultural and Food Chemistry, 2002, 50(7): 1751-1764.

[130] 电子商务研究中心. 2017 年度中国电子商务人才状况调查报告[EB/OL]. 2018-04-09[2019-02-24]. http://www.100ec.cn/zt/17rcbg/.

第 4 章　食品微生物/兽药安全风险控制发展战略研究

4.1　食品微生物安全风险控制的重要意义

食品工业在整个国民经济中占有举足轻重的地位。2017 年，我国食品工业已接近 13 万亿。随着人民物质生活水平的不断提高，食品安全问题已成为全人类关注的焦点。物理因素、化学因素、生物因素是引发食品安全问题的三大因素，其中生物(微生物)因素是最主要的因素。美国疾病控制与预防中心(CDC)发布数据表明，1998～2008 年间，95%食源性中毒事件由食源性致病微生物引起；而中国疾病预防控制中心的统计数据也表明，2008～2015 年间，由微生物引起的食物中毒比例占 74%。因此，食源性致病微生物的防控是食品安全的刚性需求。据世界卫生组织(WHO)估计，发展中国家食源性疾病漏报率高达 85%以上。因此，在我国全面开展“一带一路”的有利合作契机下，进一步开展针对我国食品微生物安全现状、问题及对策战略研究，将食源性致病微生物安全风险识别、风险分析、风险评估、风险控制、风险管理与交流贯穿全食品产业链的过程中，对提升我国食品安全水平，促进我国进出口贸易和社会协调发展具有重大意义。

4.1.1　食品微生物可引发多种食源性疾病

一般来说，食品微生物是与食品有关的微生物的总称。除醋酸杆菌、酵母菌等生产型食品微生物外，还有一大类食品微生物会导致食物变质，通过摄食而进入人体，引发各类具有感染性或中毒性质的食源性疾病，我们将这一类食品微生物称之为食源性病原微生物。

目前，世界卫生组织(WHO)将食源性疾病分为五种类型：生物性食物中毒、细菌性肠道感染症、病毒性肠道感染症、食源性寄生虫病、人畜共患感染症。食源性病原微生物与这五种类型的食源性疾病均有关联。由此可见，食源性病原微生物在食源性疾病中起到了非常重要的作用。近年来，由食源性病原微生物引发的沙门菌、霍乱、肠出血性大肠杆菌感染、甲型肝炎等食源性疾病在发达国家和发展中国家不断暴发和流行，流行病学检测数据表明，食源性病原微生物引发的食源性疾病的发病率持续上升，国际相关组织和各国政府已充分认识到食源性病原微生物对食品安全的影响，并已在全球范围内采取多种方式加以严格控制。

食源性病原微生物通常分为两大类：一类为感染型，如沙门菌、空肠弯曲菌、致病性大肠杆菌；另一类为毒素型，如蜡样芽孢杆菌、金黄色葡萄球菌、肉毒梭菌等。感染型微生物可以在人类肠道中增殖；毒素型微生物则是产生芽孢或毒素，即使通过热杀菌也不能消除其危害。国际食品微生物标准委员会(ICMSF)依据微生物致病力强弱(即危害程度)将食源性病原微生物分成了四类，见表 2-4-1。

表 2-4-1　国际食品微生物标准委员会对病原体的危害程度分类

危害程度	病原体
Ⅰ级：病症温和，无生命危险、无后遗症、病程短、能自我恢复	蜡样芽孢杆菌(包括呕吐毒素)，A 型产气荚膜梭菌，诺如病毒，大肠杆菌(EPEC 型、ETEC 型)，金黄色葡萄球菌，非 O1 型和 O139 型霍乱弧菌，副溶血性弧菌
Ⅱ级：危害严重、致残但不危及生命、少有后遗症、病程中等	空肠弯曲菌，大肠杆菌，肠炎沙门菌，鼠伤寒沙门菌，志贺菌，甲型肝炎病毒，单核细胞增生李斯特菌，微小隐孢子虫，致病性小肠结肠炎耶尔森菌，卡晏环孢子虫
Ⅲ级：对大众有严重危害、有生命危险、有慢性后遗症、病程长	布鲁氏菌病，肉毒素，大肠杆菌(EHEC 型)，伤寒沙门菌，副伤寒沙门菌，结核杆菌，痢疾志贺菌，黄曲霉毒素，O1 型和 O139 型霍乱弧菌
Ⅳ级：对特殊人群有严重危害、有生命危害、有慢性后遗症、病程长	O19(GBS)型空肠弯曲菌，C 型产气荚膜梭菌，甲型肝炎病毒，微小隐孢子虫，创伤弧菌，单核细胞增生李斯特菌，大肠杆菌 EPEC 型(婴儿致死)，阪崎肠杆菌

4.1.2　食源性疾病的现状不容小觑

根据 WHO 最新统计报告，全世界因食物污染而致病者已达数亿。全世界 5 岁以下儿童每年发生腹泻的病例约为 15 亿例，其中 300 多万死亡，食物因素占很大比例。近年来，许多发达国家食源性疾病的发病率呈上升趋势。据美国 CDC 的研究报告估计，美国每年有 7600 万人次食物中毒，其中约有 5000 人死于食物中毒。在我国，1992～2015 年共发生 9696 起食源性疾病暴发事件，累计发病 299443 人，其中微生物和生物毒素引起的食源性疾病暴发事件数、患者分别占 37.7%和 54.2%。

全球范围监测表明，食源性疾病的发病率不断上升。在发达国家和发展中国家，由沙门菌、霍乱弧菌、肠出血性大肠杆菌等引起的感染以及甲型肝炎和其他食源性疾病均有暴发流行且危害严重。根据国家食源性疾病监测网个案报告的资料分析结果，我国因病原微生物造成的食源性疾病占到了 46.4%，其次是化学物(24.1%)和有毒动植物(14.7%)。在微生物性食源性疾病暴发中，由副溶血性弧菌导致的占 40.1%，变形杆菌占 11.3%，葡萄球菌肠毒素占 9.4%，蜡样芽孢杆菌占 8.6%，沙门菌占 8.1%，致病性大肠杆菌占 4%。近年来，我国时常暴发食物中毒事件，范围涉及公共餐饮单位、食堂和酒店等，涉及对象以少年儿童、青壮年为主。如 2000 年 8 月，广州珠江新城某建筑工地食用污染副溶血性弧菌的烤鸭导致 104 人食物中毒；2006 年 7 月，四川省发生人感染Ⅱ猪链球菌病，累计 204 例病例，死亡 38 例；2016 年 9 月，广州市荔湾区某知名餐厅沙门菌、可疑副溶血性弧菌混合污染食物，造成食源性细菌性食物中毒暴发事件；2017 年 1 月，广州一公司年会晚宴上，员工食用由某星级酒店提供的食物后，200 余人沙门菌中毒，2 名孕妇流产。

此外，肠道性食源性病毒可通过水源、土壤及食物等传播，造成群体性感染事件。1988 年，上海 30 万人因食用被甲肝病毒污染的毛蚶，引起食源性甲型肝炎暴发流行，导致 13 人死亡；至 90 年代，我国人群甲型肝炎病毒感染率为 80.9%；到 2009 年，对北京、上海、武汉的调查结果显示人群中甲肝抗体阳性率为 45.6%～64.6%，表明该病毒一直在我国人群中流行。目前已知经粪口途径传播给人类的主要食源性病毒包括诺如病毒、甲肝病毒、戊肝病毒、轮状病毒、腺病毒 41 型、柯萨奇病毒 A16 型和肠道病毒 71 型(EV71)(手足口病的主要病原)等肠道性食源性病毒，以及以畜产品为载体传播给人类的人畜共患食源性病毒，如 H5N1/H7N9 禽流感病毒、SARS 病毒等。2013 年 3 月底我国开始发现人感染 H7N9 禽流感病例，已报告人感染 131 例，死亡 36 例；2013 年 3 月，广州大学城部分高校出现诺如病毒感染集中病例，感染人数 200 人左右；2014 年 2 月，浙江嘉兴多所学校学生喝桶装水感染诺如病毒，累积报告发病人数 511 人；2017 年 2 月，湖南长沙某区一小学同班 12 名同学集体呕吐，疑似感染诺如病毒。

食源性疾病不仅使感染者发病和造成死亡，还会导致较大经济损失，影响旅游业和商业贸易。1991 年秘鲁暴发霍乱，致使鱼类及海洋产品出口损失超过 7 亿美元，食源性疾病流行 3 个月，影响食品服务业和旅游业，损失 7000 万美元。据 WHO 引用的美国统计资料，每年 7 种食源性病原体造成美国 330 万～1230 万人患病和 3900 人死亡，经济损失约 65 亿～349 亿美元。食品安全问题还引发国际贸易纠纷，影响国家声誉及国际形象。北美与欧盟的激素牛肉案，使美国、加拿大遭受重大经济损失；不仅影响了英国的国际形象，加深了英法之间的隔阂，也导致英国与许多国家之间产生新的矛盾。在经济全球化的今天，这些食品安全事件，使世界各国陷入极度的恐慌之中，各国纷纷采取措施，阻止相关国家的该类食品进入本国市场，贸易战因此而爆发。我国食品安全问题也引发过重大的经济和社会问题。例如近年来在我国中东南部大面积流行的禽流感，使我国养禽业直接经济损失高达 500 亿。2014 年，H7N9 禽流感在我国部分地区的致死率高达 24%，在危害了人类健康的同时，也造成了社会恐慌。

发展中国家食品生产系统面临人口增长和城市化、饮食习惯的改变、食品和农产品工业产业化进程加快等一系列挑战，存在着卫生状况和公共基础设施落后等难题。许多发展中国家食品安全法不完善或者已经过时，没有与国际接轨，负责食品安全与控制的责任部门分散，实验室缺少必备的设备。许多发达国家也有类似的情况，如零散的食品安全体系经常不能覆盖源头上出现问题的初级产品，导致近年来禽源性产品中出现的新的沙门菌通过贸易形式向全国传播。

4.1.3 食源性疾病面临的挑战日益增多

近年来，耐药性问题成为全球公共卫生体系面临的一个严峻挑战，细菌、病毒、真菌和寄生虫等均可以对其原有针对性的治疗药物产生耐药。目前，WHO 已将细菌耐药性问题列为 21 世纪威胁人类健康的最重要因素之一。根据英国相关研究报告指出，目前全球每年死于耐药菌感染的人数为 70 万，如果抗生素耐药性得不到有效控制，至 2050 年全球每年由耐药菌感染致死的人数可达 1000 万，远远超出癌症所导致的死亡数，由此造成的经济损失高达 100 万亿美元。近年来，许多研究报道表明食品中的耐药菌/耐药基因可以通过食物链传播到人，全球多地都出现了多种超级耐药菌，给生态环境带来了不利影响，从而对食品安全和人类健康造成严重危害。

4.2 国内外常见食源性病原微生物安全现状与形势分析

目前，食源性病原微生物主要包括食源性病原细菌、病毒、真菌、寄生虫等。不同食源性病原微生物的宿主范围广泛、传播速度快且难以控制，对社会稳定造成严重影响。目前我国食源性疾病监测网主要对食品中副溶血性弧菌、沙门菌、单核细胞增生李斯特菌、金黄色葡萄球菌、弯曲菌及大肠杆菌 O157:H7 等细菌进行监测。

下面将以我国常见的食源性病原微生物在国内外食品中的污染现状、致病性及耐药性情况为例进行阐述和分析。

4.2.1　我国食源性病原微生物污染现状调查

1. 副溶血性弧菌

副溶血性弧菌(*Vibrio parahaemolyticus*)又称肠炎弧菌，是一种重要而常见的食源性致病菌。由副溶血性弧菌引起的食源性疾病已成为世界范围内严重的公共卫生问题之一，国内外由副溶血性弧菌污染导致的食物中毒事件时有发生[1]。在美国，有研究表明副溶血性弧菌是消费海产品人群发生胃肠炎的首要致病因子[2]。在日本，据统计由副溶血性弧菌引起的食物中毒占总食物中毒事件的 20%～30%[3]。在智利，仅 2006 年夏某地就报道了 900 多例由副溶血性弧菌引起的腹泻病例[4]。据国家卫计委(现国家卫健委)发布的《2008～2015 年我国食物中毒情况的通报》显示，在 2008～2015 年间，我国由致病微生物引发的食物中毒事件共 621 起，其中由副溶血性弧菌导致的食物中毒占 21%，高居第二位[5]。尤其在沿海地区，副溶血性弧菌已成为引起食物中毒的首要食源性病原微生物。2007 年我国厦门市连续发生两起由副溶血性弧菌引起的食物中毒事件，中毒人数达 2000 余人[6]。

副溶血性弧菌主要在海产品中检出，因此，沿海城市中副溶血性弧菌的污染情况一般较内陆城市更严重。广东省微生物研究所食品微生物安全与监测研究团队对中国主要的 43 个城市中的 2531 份(夏季 1285 份，冬季 1246 份)食物样品进行副溶血性弧菌污染研究调查，发现除了拉萨外，其余各个城市的市售食品中均检出有副溶血性弧菌，污染率为 1.60%～45.00%(图 2-4-1)。大多数沿海城市的污染率达到 30%～45%，远远高于内陆城市，其中福州的污染率最高，60 份样品检出 27 份阳性(图 2-4-1)。从污染程度来看，广州污染最为严重，平均 MPN 值达到了 69.67MPN/g。福州、广州、海口、杭州、三亚、深圳、厦门等沿海城市中，副溶血性弧菌都拥有较高的污染率和污染水平(图 2-4-1)。这些污染情况与之前报道相符合，例如，2012～2013 年间，沿海城市上海市水产品销售市场采样检测显示，257 份水产品样品中检出 119 份含副溶血性弧菌[7]。毕馨阳以连云港市水产市场作为采样点，共采集贝类样本 210 份，副溶血性弧菌检出率为 48.10%[8]。在内陆城市中，河北唐山市海产品中副溶血性弧菌检出率仅为 20.7%[9]。西部地区宁夏银川市在冰冻海产品中检出了副溶血性弧菌，检出率为 8.57%[10]。这表明我国副溶血性弧菌污染地区范围已经突破了沿海城市，正随着海产品在我国消费范围的变化而有所扩大。

除海水产品外，研究人员对淡水产品中的副溶血性弧菌也进行了分析。杨娟等对泰州市 123 份淡水产品，包括淡水鱼和甲壳类(虾、河蚌、河蚬、蟹、蛳蛄)中的副溶血性弧菌进行定性检测，根据国标方法进行生理生化鉴定，结果表明，淡水产品中副溶血性弧菌的总检出率为 39.83%[11]。甲壳类副溶血性弧菌的检出率高于淡水鱼类。淡水产品中也含有副溶血性弧菌这一现象表明，在进行细菌性食物中毒的流行病学调查以及风险评估时，应当考虑食用淡水产品而引发健康风险的可能性。

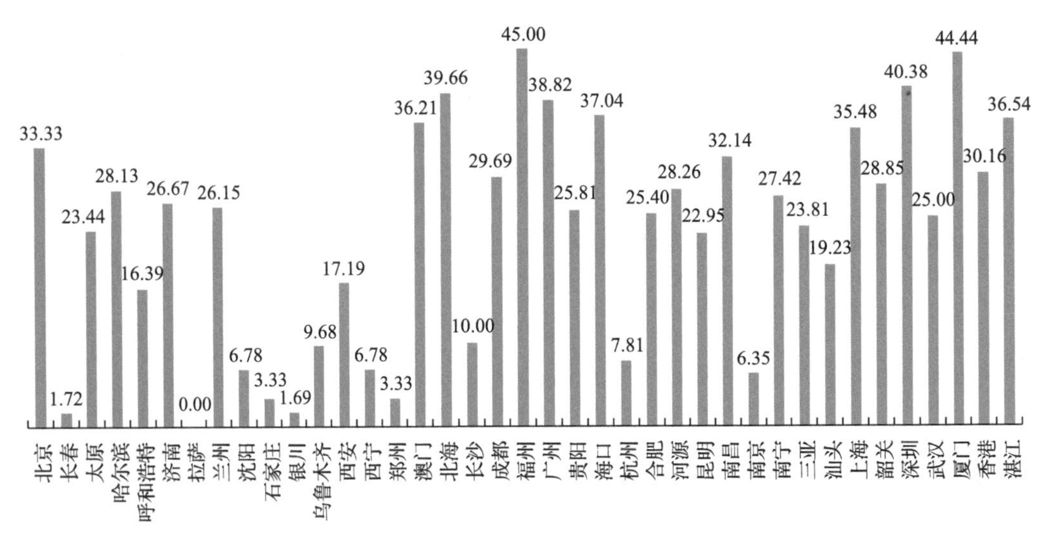

图 2-4-1　我国部分城市副溶血性弧菌的污染情况(污染率：%)

一般来说，集贸市场为开放式的售卖方式，且在海产品捕捞后储存、运输和销售期间是否能始终保持冷藏冷冻状态等因素，将影响食品中出现细菌交叉污染的概率，我们的污染调查统计结果也进一步证实了这种情况。在福建、上海等地，都发现批发市场、集贸市场采集的海产品副溶血性弧菌浓度显著高于超市、餐饮店等其他场所。然而，我们检测到管理规范的超市样品污染率也达到了 17.82%，这表明副溶血性弧菌的污染现状十分严峻。我国地处亚热带，地域广阔，季节变化突出，且温度差异明显，这对副溶血性弧菌污染情况有较大影响。吴青对北京地区 7、8、9 月份水产品的副溶血性弧菌污染调查发现，9 月份污染菌量浓度明显高于 7、8 月份，污染水平较高[12]。福建省各个季度的副溶血性弧菌阳性检出率的统计学差异分析也得出夏季污染程度最为严重。在上海、连云港也发现相同的趋势。调查研究也发现有些城市例如西安、长春和呼和浩特，冬季的污染率高于夏季。而且南方城市的夏冬季节污染差异较北方城市明显，这可能与夏天水产品种类及数量增加有关。

2. 沙门菌

沙门菌(*Salmonella* spp.)是另一类非常重要的食源性致病菌，它是一大群形态、生化性状及抗原构造相似，寄生于人和动物肠道内的革兰氏阴性杆菌，属肠杆菌科。沙门菌是公共卫生学上具有重要意义的人畜共患病原菌。受污染的动物肉类和蛋类食品是人沙门菌病的主要感染源。感染沙门菌后，可引起伤寒、副伤寒、胃肠炎、败血症和局部感染等许多疾病。由沙门菌引起的食源性疾病严重危害人类健康，使全球遭受巨大的经济损失。因此，对食品中沙门菌的监测研究十分重要。严纪文等[13]于 2000～2005 年对在广东省的广州、汕头、韶关、湛江和深圳 5 个地区 9 个县、市的 48 个市场、115 个餐饮店采集的 10 类食品进行沙门菌监测，这些采样点在地理分布上分别位于广东省的东、南、西、北部，有山区、平原和沿海地区，既有工业和经济发达的地区，也有经济相对落后的农业地区，是广东省食品的主要生产加工地。结果显示，不同类食品的沙门菌污染率分别为猪肉 6.99%(20/286)、鸡肉 7.34%(34/463)、牛肉 2.59%(5/193)；熟肉 0.34%(1/296)、水产品 2.7%(14/517)、蔬菜 1.16%(2/173)和生奶 0.00%(0/180)。Yan 等[14]2005 年对中国北方 9 个城市的零售肉(255

份）、海产品(96 份)和奶粉(36 份)等食品样品进行沙门菌监测，结果显示羊肉和牛肉的污染率最高，均为 33.3%(15/45)，猪肉为 26.7%(12/45)，鸡肉为 15.8%(19/120)，海产品中的污染率为 20.8%(20/96)，奶粉中没有检出沙门菌。2007～2008 年，石颖等[15]收集了陕西省西安、杨凌和宝鸡等地超市和农贸市场的零售肉和凉拌菜食品样品，结果发现 5 大类食品中，鸡肉被沙门菌污染的状况最为严重(69.9%，137/196)，其他食品污染率由高到低依次为羊肉(55.3%，42/76)、牛肉(30.1%，22/73)、猪肉(19.4%，19/98)和凉拌菜(9.6%，20/209)。Yang 等[16]2007～2008 年对陕西省西安、杨凌和宝鸡等地的零售肉食品的监测显示，沙门菌污染率高低分别为鸡肉(54%，276/515)、猪肉(31%，28/91)、羊肉(20%，16/80)和牛肉(17%，13/78)。罗燕等[17]2010～2012 年对邵阳市沙门菌污染状况监测分析结果显示，生禽肉 36.00%(9/25)、生畜肉 11.54%(3/26)、熟肉制品 2.07%(3/145)、动物性水产品 6.25%(4/64)、蔬菜 0%(0/56)。陈炯等[18]2011～2012 年对上海市食品中沙门菌污染率监测结果显示，禽畜类 9.0%(1152 份)、非生食水产品 1.3%(720 份)、熟食类 0%(96 份)。薛成玉等[19]在 2010 年对黑龙江省 6 个市 7 大类 12 种食品共 1594 份样品进行监测，结果显示沙门菌的检出率为 5.14%，其中生鲜畜肉、生鲜禽肉的污染率最为严重，检出率分别为 19.82%和 19.00%；其次为熟肉制品，检出率为 5.26%。Yang 等[20]2010 年对 6 个省/自治区(陕西、四川、河南、广东、广西和福建)和 2 个市(北京和上海)零售鸡肉的沙门菌污染状况调查显示，1152 份鸡肉样品沙门菌污染率为 52.2%，广西的污染率最高 65.3%，其次为广东 64.6%，北京 63.9%，陕西 50.7%，河南 47.9%，上海 44.4%，福建 42.4%，最低的是四川 38.9%。Wang 等[21]2010～2012 年对北京零售鸡肉的沙门菌污染状况调查显示，49.9%(197/395)鸡肉样品污染沙门菌，MPN 值显示污染率为 1.5～550 MPN/100g，50%样品的 MPN 值为 7.5 MPN/100g。Zhu 等[22]2011～2012 年对北京、长春、呼和浩特、杨凌、扬州和广州的 1595 份零售鸡肉食品调查结果显示沙门菌污染率为 41.6%。Li 等[23]2010～2012 年对江苏省淮安、扬州、泰州和南京的 1096 份零售猪肉食品调查结果显示，154 份猪肉样品沙门菌阳性，污染率为 14.1%。

国内的这些调查研究采样地点多是限于一个城市或几个城市的较小的范围，由于不同地区的物质水平差异，以及不同地区的饮食文化和饮食习惯差异，这些研究结果存在较大的不同。广东省微生物研究所食品微生物安全与监测研究团队于 2011～2015 年对全国 39 个主要城市和地区(包括澳门和香港)的七大类零售食品(肉与肉制品、速冻食品、熟食、水产品、乳制品、蔬菜和食用菌)开展了食源性病原微生物污染专项调查。前期的部分研究结果显示，水产品中沙门菌的污染率达到 15.5%(86/554)，熟食中沙门菌的污染率达到 3.5%(19/539)。

国际上对沙门菌在食品中污染情况的研究报道比较多。Thai 等[24]2007～2009 年对越南零售肉类食品的调查显示，沙门菌在鸡肉中的污染率为 42.9%(115/268)，猪肉中的污染率为 39.6%(126/318)。在泰国，Minami 等[25]报道 2006～2007 年采集于 Bangkok 和 Pathum Thani 的零售食品中沙门菌污染率为鸡肉 50%(17/34)、猪肉 7%(2/30)、牛肉 20%(6/29)和虾 21%(9/43)；Woodring 等[26]报道 2008 年采集于 Bangkok 的海产品中沙门菌的污染率达到 21%；Lertworapreecha 等[27]报道 2010 年采集于 Phatthalung 的零售食品中沙门菌污染率分别为：猪肉 82%(34/41)、鸡肉 67.5%(27/40)和蔬菜 46%(37/80)。Boonmar 等[28]2011 年对老挝零售肉类食品的调查显示，牛肉(17 份)和猪肉(27 份)样品中沙门菌的污染率分别是 82%和 93%。Aslam 等[29]于 2007～2008 年对加拿大零售肉类食品(鸡肉 206 份、火鸡 91 份、牛肉 134 份、猪肉 133 份)调查显示，沙门菌的污染率分别为鸡肉 40%、火鸡 27%、牛肉

0%、猪肉 2%。Fearnley 等[30]2008 年的调查研究显示，澳大利亚零售鸡肉食品的沙门菌污染率达到 38.8%(138/356)。Kramarenko 等[31]2008～2012 年对爱沙尼亚零售食品进行沙门菌监测，沙门菌的总污染率为 0.54%(260/47927)，其中生肉制品 0.95%(207/21723)、生肉 0.89%(38/4252)。在土耳其，Gurler 等[32]2011～2012 年对即食食品的污染调查研究显示沙门菌的污染率为 8%(21/261)；Gunel 等[33]2012 年对水果和蔬菜等农产品的研究显示沙门菌的污染率为 0.8%(4/503)。

3. 大肠杆菌 O157

在我国，大肠杆菌 O157 一直是食品中重点监测的病原菌。由于 O157 对人具有很大的危害性，我国已将其列为 21 世纪可能对国人卫生健康有重大影响的 12 种病原微生物之一。大肠杆菌 O157:H7 是肠出血性大肠杆菌(EHEC)的主要血清型之一，也是近年来凸显的一种重要的食源性致病菌，可引起人腹泻、出血性肠炎、溶血性尿毒综合征和血栓形成性血小板减少性紫癜等疾病，严重时会导致死亡[34]。该菌自 1982 年首次在美国发现以来，在世界上多个国家如加拿大、法国、德国、英国、日本出现暴发流行[35-37]。我国自 1986 年首次报告大肠杆菌 O157:H7 感染的病例以来，已先后在北京、安徽、江苏、山东、河南等十几个省市发现大肠杆菌 O157:H7 感染的病例报告，局部暴发流行和散发病例时有发生[38-41]。大肠杆菌 O157 的感染剂量极低，摄取 10～100 个活菌就可致病。常见禽畜肉(如牛、羊、猪、鸡、鸭)等动物食品、乳制品、蔬菜和水果等是人类的主要感染源[42]。在食品生产、加工、包装、运输和储存等各个环节，污染都可发生。食物引起传播的主要原因是加工时间不充分或温度不够高。大肠杆菌 O157 在食品中的污染分布状况在不同国家和不同地区差异较大。Khan 等对中国湖北省猪肉生产和供应链中的 O157 污染情况进行分析。结果发现 O157:H7 在猪肉生产和供应链中的总污染率为 41.3%(134/325)。屠宰场的污染率最高(86.25%，69/80)，其次是街市(53.3%，32/60)和超市(28.3%，17/60)。MPN 值介于 3～1100 MPN/g 之间，在屠宰场中最高，其次是街市和超市。结果显示大肠杆菌 O157:H7 普遍存在于湖北人流量较大的供应链和市场[43]。Abdissa 等对埃塞俄比亚屠宰场工厂的肉牛和零售店中的牛肉进行了 O157:H7 污染调查。结果表明 O157:H7 在肠溶拭子中检出率为 0.81%，皮肤拭子为 0.54%，胴体拭子为 0.54%。在零售商店，胴体和切割板拭子检出率均在 0.8%，表示 O157:H7 在埃塞俄比亚屠宰场工厂肉牛中的流行率较低[44]。New 等从马来西亚街市和两个大型超市收集了 99 份牛肉样品，进行了 O157 检测。结果发现街市市场 O157:H7 污染率较高(89.50%)，而超市 A 和 B 污染率较低(分别为 35.35%和 20%)。超市 A(1100 MPN/g)的牛肉样品中微生物数量最高，O157:H7 数量在超市 B 和街市分别为 3～93 MPN/g 和 3～240 MPN/g。研究者基于家庭存储、烹饪和消费模式的流行研究，并使用定量微生物风险评估(QMRA)的方法估计风险和预测的结果。结果显示污染牛肉的消费可能导致马来西亚每年多起大肠杆菌 O157:H7 病例的发生[45]。

广东省微生物研究所食品微生物安全与监测研究团队于 2011～2015 年在全国 35 个省市开展了大肠杆菌 O157 污染调查。874 份肉制品、513 份速冻食品和 378 份蔬菜，污染率分别为 11.90%、7.21%和 0.79%(图 2-4-2)。本次调查共检出 147 个阳性样品，总污染率达 7.53%。本次调查的污染率大大高于国内平均污染率。肉类食品(包括生鲜肉类及冷冻肉类)是大肠杆菌 O157 污染的高危食品，符合国内外的文献报道的情况，而蔬菜中检出率较低，说明国内的蔬菜类食品目前卫生情况较好。鉴于大肠杆菌 O157:H7 具有极低感染剂量和高毒性，加强肉类食品监测非常必要。

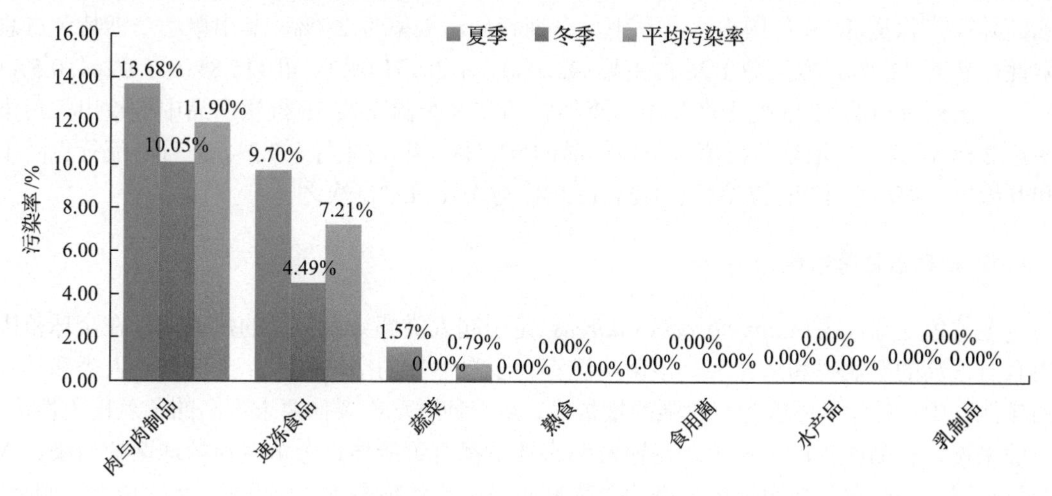

图 2-4-2　我国不同食品中大肠杆菌 O157:H7 污染现状

4. 单核细胞增生李斯特菌

除副溶血性弧菌、沙门菌和大肠杆菌 O157:H7 外，单核细胞增生李斯特菌（单增李斯特菌，*Listeria monocytogenes*）是另一类重要的革兰氏阳性食源性致病菌，被归为全球四大食源性致病菌之一。单增李斯特菌在食品及其加工过程中广泛存在，主要感染免疫力低下者、老年人、孕妇、新生儿等易感人群，可引起脑膜炎、败血症、流产和死胎等严重李斯特菌病，死亡率可达 20%～30%。单增李斯特菌可存在于食品加工处理的各个环节中，并在低温下仍能生长存活，使得该菌的控制具有一定的难度。国际上多起暴发和散发的单增李斯特菌病病例被证实与香瓜、奶酪、生食蔬菜、巴氏杀菌牛奶、熏鱼、沙拉、热狗、冰激凌、意大利香肠、未煮熟的鱼等众多食品相关。因此，食品中单增李斯特菌污染监测对防控单增李斯特菌感染提供了非常必要的基础数据。张淑红等[46]对 2005～2013 年河北省市售熟肉制品、即食非发酵豆制品、凉拌菜及沙拉、盒饭及米粉、冷冻饮品、生食水产品、焙烤食品、鲜榨果汁共 8 类 10129 份即食食品中单增李斯特菌污染状况进行分析，发现单增李斯特菌总污染率为 1.34%，凉拌菜及沙拉（2.62%）、生食水产品（2.51%）的检出率均高于所测其他食品。吕均等[47]2011 年～2015 年对湖北十堰市超市、便利店和农贸市场随机采集的熟肉制品等 10 大类 694 份食品样品进行单增李斯特菌污染调查，总检出率为 3.75%。2011～2015 年检出率分别为 2.75%、5.56%、6.48%、0.90%、0.76%。有研究人员 2008～2011 年共采集广东 8 个地级市酱卤类、烧烤类和腌腊类熟肉制品 740 份进行检测，其中酱卤类 362 份，烧烤类 346 份，腌腊类 32 份，单增李斯特菌污染率为 0.9%，主要集中在夏秋季节检出，可能与地处南方的广东夏秋季气温较高有关，有利于微生物的快速生长繁殖[48]。

宋筱瑜等[49]利用全国污染物监测网 2010～2013 年食品中单增李斯特菌污染水平监测数据、2002 年中国居民营养与健康状况调查中的膳食消费量数据以及 2011 年中国统计年鉴资料，评估和分级易感人群对 5 大类 17 小类食品感染单增李斯特菌的风险。结果表明生食水产品是单增李斯特菌污染水平最高的食品类别，其次是散装熟肉制品；豆腐皮/丝是导致李斯特菌病每年发病风险最高的食品，散装熟肉食品导致的单增李斯特菌健康风险是定型包装的 4～10 倍。生食水产品和散装熟肉制品导致的每餐单增李斯特菌病发病风险较高。陈健舜等[50]报道 3170 份国内水产品中，李斯特菌污染率为 2.7%，其中单增李斯特菌占总阳性样品的 22.2%，血清型 1/2a 占主导(42.1%)，1/2b(31.6%)、4b(15.8%)与 1/2c(10.5%)次之。国外进口的 1275 批水产品中，李斯特菌在 8 个国家共 36 批次产品中被检出，污染率达 2.8%，其中单增李斯特菌占阳性样品的 91.7%，4b 占主导(65.2%)，且有流行克隆 Ⅰ 和 Ⅱ 检出；血清型 1/2b(17.4%)、1/2a(13.0%)与 1/2c(4.4%)次之。

5. 金黄色葡萄球菌

金黄色葡萄球菌(*Staphylococcus aureus*)是引起人类感染最常见的病原菌，在全球范围内具有很高的发病率和病死率。该菌广泛存在于自然界的空气、水、土壤以及人类和动物的排泄物中，对外界环境有着较强的抵抗力，是一种对营养条件要求不高的革兰氏阳性菌。一般来说，食品的生产、加工、运输及销售环节都有可能导致金黄色葡萄球菌的污染。人一旦食用了被金黄色葡萄球菌污染的食物后极易引起食物中毒，会出现恶心、呕吐、腹痛、腹泻等急性胃肠炎症状，严重的会导致死亡。近年来，世界各国均有报道因金黄色葡萄球菌引发的食物中毒事件，在我国，细菌性食物中毒事件中有 1/4 的食物中毒事件是由金黄色葡萄球菌引起的。在美国，每年有超过 18 万的人由于食用了被金黄色葡萄球菌污染的食物而中毒，其中约百分之一需要住院，造成严重的经济损失。根据美国 CDC 的调查报告显示，金黄色葡萄球菌引起的食物中毒占细菌性食物中毒的三分之一，仅次于大肠埃希菌，位居第二位。而加拿大的金黄色葡萄球菌引起的食物中毒占细菌性食物中毒的 45%[51]。另外，有研究显示，日本 32.5%的食物被金黄色葡萄球菌所污染[52]。

2011～2016 年，广东省微生物研究所食品微生物安全与监测研究团队对全国 39 个城市(包括香港和澳门)食品中食源性致病菌污染调查的结果显示，我国食品中金黄色葡萄球菌的污染率高达 23.69%。所有城市均有检出，且存在季节差异；不同食品类型样品中均有检出金黄色葡萄球菌，肉与肉制品的平均污染率高达 53.31%，水产品和速冻食品的平均污染率次之，也高达 45.09%和 40.58%；熟食为 13.74%，蔬菜、食用菌和乳制品的平均污染率较低，分别为 5.97%、5.29%和 4.26%(图 2-4-3)，其中超过 5%的阳性样品污染水平≥110 MPN/g。

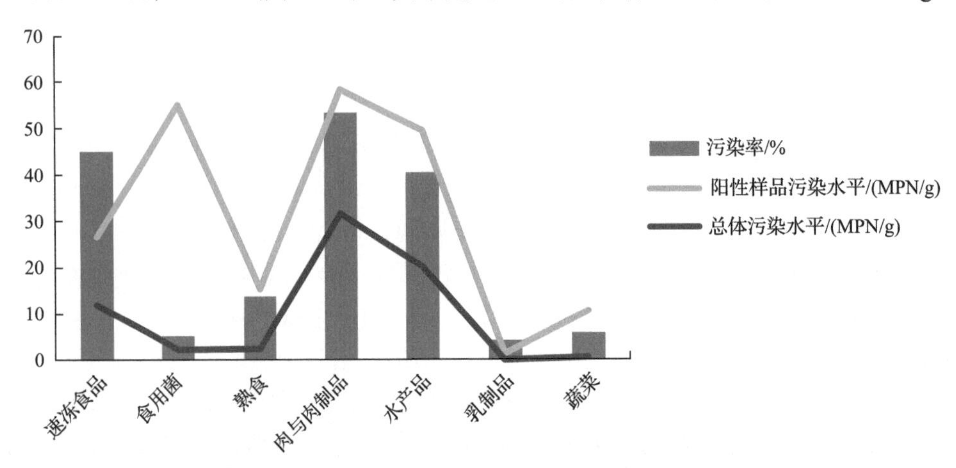

图 2-4-3　我国不同食品类型中金黄色葡萄球菌污染情况

6. 空肠弯曲菌

近年来我国对于食品中空肠弯曲菌的污染极为重视，该菌能够引起胃肠炎，也能引起头痛、发热，还可能引起严重的后遗症格林-巴利综合征[53]。有些菌通过肠黏膜进入血液，引起败血症和其他脏器感染，孕妇感染后，可能会导致流产。根据美国 CDC 报告的一些研究估计，5%～20%的感染弯曲菌的人在有限的时间内发生肠易激综合征，1%～5%发展为关节炎，每 1000 例报告的弯曲菌病中约 1 例导致格林-巴利综合征。

空肠弯曲菌在临床病人中占有很大比例，李彩金等[54]于 2008～2011 年在广州市妇女儿童医疗中心的 4423 例病人中检出 345 株空肠弯曲菌；2008～2011 年，检出率分别为 8.0%、7.8%、7.9%和 7.5%。谢永强等[55]于 2011～2014 年在广州市妇女儿童医疗中心对 2088 例腹泻病人取样，检测出 154 株空肠弯曲菌。在南通市，许海燕等[56]在 2013～2016 年间，从 1257 例腹泻病人粪便中检测出 42 例阳性样品，阳性率为 3.34%。在中国，由于饮食习惯等问题，感染弯曲菌的人群主要是免疫力低下的婴幼儿，医院的样品采集也主要集中在婴幼儿。

在国外，弯曲菌的污染率更高，其形势也不容乐观。根据欧盟食品安全局和欧洲疾病控制与预防中心 2017 年人畜共患病及食源性疾病暴发的报告[57,58]，对欧洲 37 个国家的人畜共患病检测，结果显示弯曲菌病是最常见的人畜共患病，具体数据见图 2-4-4。2016 年被确诊的病例为 246307 例，每十万人中约 66.3 人被感染，比沙门菌感染率高得多，但由于弯曲菌属的自限性，其致死率只有 0.03%。

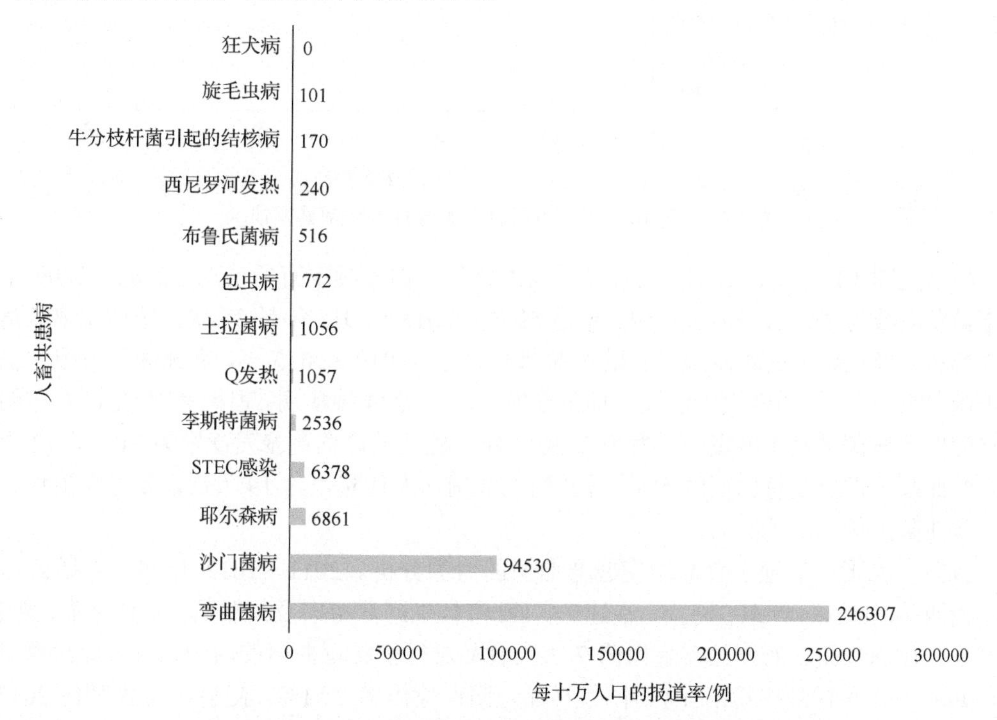

图 2-4-4　2016 年欧盟确认的人畜共患病报告数量和通报率

在欧洲[58]，空肠弯曲菌在鲜肉制品中污染率较高，火鸡和肉鸡的污染率分别为 11.0%、

36.7%，猪肉等其他产品污染率较低；在即食肉制品中，污染率都比较低，各种食品的污染率都处于 0～1.6%；奶与奶制品的污染率也相对较低，污染率处于 1.2%左右。而在食品来源的动物中调查发现，火鸡的污染率达到了 65.3%，猪的污染率为 0.7%，其他动物的污染率在 3%左右。由此可见，弯曲菌的污染主要来自于鸡肉，尤其是未烹饪的鸡肉，可能导致人类感染弯曲菌病。而弯曲菌也会发生暴发性污染，在 2016 年报道的食源性和水源性暴发事件中，已知致病因子与细菌有关的占比为 33.9%，沙门菌被确定为欧盟最常见报道的暴发性病原体，占所有细菌性暴发的 65.8%，并且经常与弯曲菌一起暴发，占比达 94.1%，具体数据见图 2-4-5。

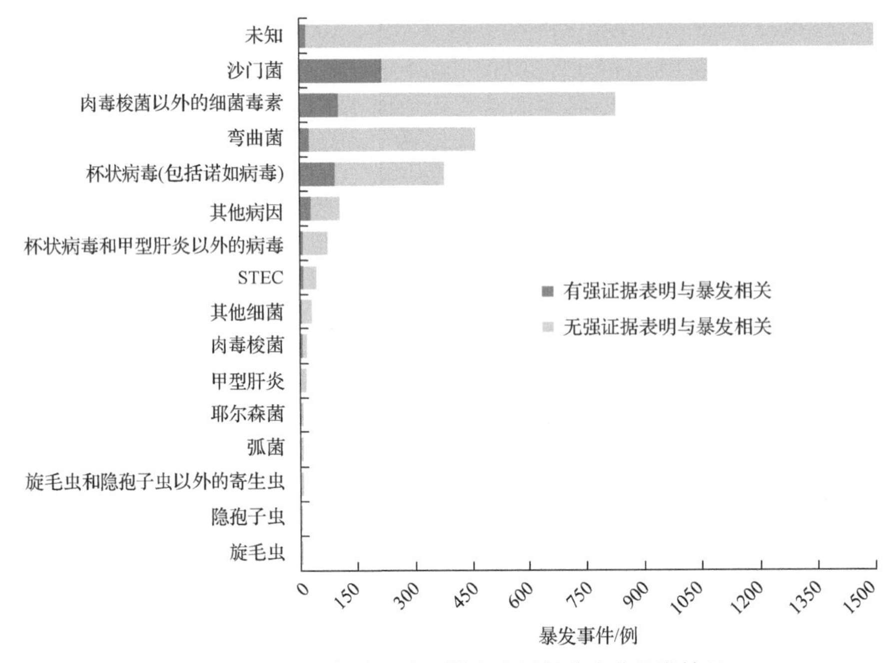

图 2-4-5　2016 年欧盟食源性和水源性致病菌暴发情况

根据美国 CDC 统计数据，弯曲菌暴发不常见，但是频率有所增加。2004～2009 年，每年暴发次数为 28 次，2010～2012 年是 59 次，2013～2015 年是 35 次。统计发现家禽、生牛奶和未经过处理的水是最常见的弯曲菌暴发源。2010～2015 年，各州和地方卫生机构向美国 CDC 报告了 209 次食源性弯曲菌暴发，共计 2234 种疾病。根据美国 CDC 发布的美国食源性致病菌暴发年度报告，发现在 2015 年，确认的弯曲菌暴发次数为 21 次，12 次怀疑是弯曲菌，占暴发总比例的 5%，导致约 258 例病人住院，约 19 人次需要住院治疗。美国的弯曲菌污染率低于欧盟。

目前，我国也加强了食品中空肠弯曲菌的监测分析。2011～2012 年间，郑扬云等[59]对华南四省/自治区(广东、海南、福建、广西)市售生鲜禽畜肉及其制品、生食蔬菜、熟食、水产品、速冻食品、奶制品、食用菌 7 大类食品进行空肠弯曲菌的污染调查。此次调研发现，共从 558 份样品中检出 19 份阳性样品，阳性检出率 2.51%。随后，马慧[60]在 2015～2016 年对天津市 227 份鸡肉样品进行调查分析，检出空肠弯曲菌阳性 31 份，检出率为 13.7%。为了调查食品中污染的源头，薛峰等[61]对 2006～2008 年华东地区不同宿主来源的家禽和家畜中空肠弯曲菌携带情况进行调查，从 1250 份棉拭样品中分离出 112 株空肠弯曲菌，检出率为 8.96%，在 630 份家禽样品中分离出 79 株空肠弯曲菌，检测率为 12.54%。陈尚林等[62]在宿迁采集鸡肉屠宰场和配送分销过程中 9 类样品，空肠弯曲菌检出率为 73.3%，发现在配送环节污染较为严重。许紫建等[63]对北京郊区的养鸡场和屠宰场的粪便等样品进行采集，241 个样品中，阳性样品为 5 例，检出率为 2.1%。翟海华[64]于青岛的农贸市场和养鸡场采取 720 份样品，检出 311 份阳性样品，检出率为 43.2%，同时发现大规模养鸡场的污染率较中型养鸡场污染率要高很多。由此可见，在中国不同区域，家畜的空肠弯曲菌携带率是不同的，并且，在食品的源头和运输过程中，其污染情况比较严重。

7. 小肠结肠炎耶尔森菌

20 世纪 80 年代中国曾有过两次耶尔森菌病的暴发，造成 500 多人感染[65]。欧盟食品安全局 2016 年的报告[66]显示，2015 年全年，26 个欧盟成员国共报告了 7202 例确诊的耶尔森菌病病例，比 2014 年增加了 8.7%。但这一增加可能是由于各国监测系统的改进，以及一些欧盟成员国加强对耶尔森菌病的监测导致。例如在西班牙，由于监测系统的改进，2015 年的耶尔森菌病确诊病例较 2013 年增加了 77.8%；同时，欧盟通告的耶尔森菌病的发病率为 2.2 例/10 万人，较 2014 年增加了 6.8%。报告数据显示，在欧盟国家中芬兰和丹麦的发病率最高，分别为 10.64 例/10 万人和 9.54 例/10 万人。在欧盟报告的病例中，大多数为国内感染病例(53.8%)，另外还有许多为未知来源(40.9%)。

实际上，引起耶尔森菌病的是一种重要的食源性致病菌——小肠结肠炎耶尔森菌。小肠结肠炎耶尔森菌广泛存在于与人类关系密切的家畜中，如猪、羊、牛、狗等。同时水源也被认为是小肠结肠炎耶尔森菌的传播途径之一。欧洲耶尔森菌病的主要致病菌为小肠结肠炎耶尔森菌(38.9%)，而其血清型主要为 O:3(82.2%)、O:9(11.07%)和 O:5(1.6%)。主要生物型为 4(45.5%)、1A(42.2%)和 2(11.2%)。5 个欧盟成员国(奥地利、比利时、德国、意大利、西班牙)报告了来自不同采样阶段的 22 项关于猪肉和猪肉产品的调查数据。这些报告一共检测了 952 份样品，有 11.3%的样品检出了耶尔森菌，其中 98 份检出了小肠结肠炎耶尔森菌(10.3%)。大多数阳性样品在零售食品中发现，同时碎肉是大多数阳性样品的来源。3 个欧盟成员国(比利时、德国、意大利)报告了 7 项对牛肉制品的耶尔森菌的调查结果，主要针对加工厂和零售，76 个样品中 4 个(5.3%)发现存在耶尔森菌，两个来自零售，一个来自肉糜，一个来自不明基质。三个欧盟成员国(奥地利、德国、意大利)报告了 12 项关于牛奶和乳制品的耶尔森菌的调查数据，在 34 个样本中，有 5.9%检测到耶尔森菌。除肉类和乳制品外，其他样品中只有零售的 RTE 沙拉中检出了一份阳性样品。分离到的这些阳性样品中，74.6%的所分离的小肠结肠炎耶尔森菌中提供了生物型信息。共报告了三种生物型 1A、1B 和 4。其中 1A 是最主要的生物型(83 株，71.04%)，只有极少数报告提供了血清型信息，其中 O:3 血清型为主要血清型。

因为公共卫生条件的不足，肠道病是发展中国家的重要公共卫生问题。2017 年，有研究者报道了关于西非阿比让地区养猪场中小肠结肠炎耶尔森菌污染情况的调查[67]。该项调查从 2012 年 6 月开始到 2013 年 12 月结束，研究者从 3 个养猪场取得了 781 份猪肉样品。从这些样品中分离到了 19 株耶尔森菌，其中 12 株为小肠结肠炎耶尔森菌。该项研究还采集了 426 份患有消化系统疾病病人的粪便样品，并从中分离到了 2 株小肠结肠炎耶尔森菌。

该项研究分离到的 19 株小肠结肠炎耶尔森菌均为 O:3 血清型/生物型 4。从这项调查来看，西非阿比让地区的食品中存在的小肠结肠炎耶尔森菌的血清型与欧洲分离到的小肠结肠炎耶尔森菌的主要血清型相同。

在中国，猪是该菌主要的污染源。有报道显示，2008～2010 三年间对宁夏地区猪、牛、羊、鸡、狗、家鼠、野鼠、腹泻病人的取样调查显示，只有猪中有阳性结果检出，其中 2008 年猪中检出率为 3.4%；2009 年猪中检出率为 4.5%；2010 年猪中检出率为 1.5%。三年共检出小肠结肠炎耶尔森菌 56 株，其血清型主要为 O:3 和 O:5[65]。胡惠娟等[68]2014 年对中国 17 个城市 7 大类食品的调查结果显示，小肠结肠炎耶尔森菌总污染率为 5.29%，其中污染率较高的城市有济南（18.18%）、西安（10.91%）、兰州（8.77%）、昆明（8.20%）、哈尔滨（7.55%）和北京（6.00%）。该项调查还显示肉与肉制品污染最为严重，其中检出率较高的为肉糜（33.33%）、猪肉（26.32%）、鸡肉（25.55%）。其中肉糜为加工后的猪肉，表现出了比未经加工的猪肉更高的污染率。2015 年对中国食品中小肠结肠炎耶尔森菌污染情况的调查结果[69]显示，小肠结肠炎耶尔森菌在食品中的污染具有明显的季节性，相较于夏季而言，冬季食品中小肠结肠炎耶尔森菌的检出率明显增高，并且在生肉产品（夏季 6.1%，冬季 15.3%）、鸡肉（夏季 6.7%，冬季 31.0%）、鸭肉（夏季 0.0%，冬季 4.4%）、猪肉（夏季 6.1%，冬季 11.8%）、牛肉（夏季 10.6%，冬季 17.2%）、羊肉（夏季 0.0%，冬季 33.3%）、水产品（夏季 0.4%，冬季 0.0%）及蘑菇（夏季 0.0%，冬季 1.6%）中均有检出。此项研究共检出小肠结肠炎耶尔森菌 47 株，其生物型均为 1A。血清型主要为 O:8（31.04%）、O:9（12.07%）和 O:3（8.62%）。

总的来说，小肠结肠炎耶尔森菌在世界范围内的分布较为广泛，在食品、家畜、野生动物、水源中均可存在。但对人类而言，主要的问题在于食品中小肠结肠炎耶尔森菌的污染。在中国，猪及猪肉制品是小肠结肠炎耶尔森菌重要的污染源[65,68]。并且小肠结肠炎耶尔森菌会随着猪的屠宰、猪肉产品的加工逐渐扩散传播，造成较大的食品安全隐患。在欧洲，猪肉也是小肠结肠炎耶尔森菌主要的污染源[66]。同时，欧盟对于耶尔森菌的监控数据显示耶尔森菌病的发病人数在欧洲一直居高不下。部分国家的感染率还有上升趋势。这些都表明目前各国对于小肠结肠炎耶尔森菌的防控还存在一定问题。

8. 克罗诺杆菌

克罗诺杆菌（*Cronobacter* spp.）是近年来发现的一种新的食源性致病菌，该菌主要危害新生儿、婴幼儿以及老年人等免疫力低下的人群[70]，被感染的新生儿会出现脑膜炎、坏死性小肠结肠炎和菌血症等严重疾病，且死亡率高达 40%～80%，已引起全球的广泛关注[71]。许多报告表明婴幼儿配方奶粉（powdered milk infant formula，PIF）是新生儿感染的主要渠道[72,73]，但在成人感染报告中，致病菌的来源还不确切[74]。克罗诺杆菌广泛存在于自然界中，国内外研究不仅从临床样品中分离出该菌，同时在婴幼儿配方食品、蔬菜、肉制品、水果、熟食以及相关副产品的污染调查中也检测到该菌[72,75,76]。因此，清楚了解国内外克罗诺杆菌的污染状况，对于后续制定适合我国的预防措施来降低克罗诺杆菌的危害有着重要意义。

1958 年首次报道出现克罗诺杆菌引起的病例后[77]，世界各国时有出现克罗诺杆菌感染案例。近些年，我国感染克罗诺杆菌的病例也有报道。2013 年在温州市 256 例婴幼儿感染腹泻病例中，有 3 例由克罗诺杆菌引起[78]。同年，上海市 2 名婴幼儿也出现疑似感染克罗诺杆菌的临床症状[79]。而在 2014 年，四川省出现 1 例 4 月龄婴儿克罗诺杆菌感染的腹泻病例[80]。而近年，武汉市妇女儿童医疗保健中心也有收治 2 例该菌感染婴幼儿的报告[81]。

不仅仅在婴幼儿中出现感染病例，在成人中的感染病例也有所报道。上海瑞金医院卢湾分院呼吸内科在 1999～2005 年共收治 60 多例克罗诺杆菌肺炎患者，其中绝大部分是超过 60 岁的患者[82]。由于该菌引起的感染相对不多，容易导致人们对其危害性不够重视，但是一旦感染，死亡率可高达 40%～80%，所以有必要进一步加强对该菌的流行性检测及制定更高标准的防控措施。

克罗诺杆菌是食源性致病菌，而婴幼儿食品中奶粉被认为是克罗诺杆菌感染的主要渠道，近年来我国也加大了对婴幼儿配方食品的监管力度，但该类食品被检出克罗诺杆菌的报道仍屡屡可见。2009 年，李秀娟等[83]对河北石家庄 122 份市售国产配方奶粉和婴幼儿食品的污染调查中，共检出 18 株阪崎克罗诺杆菌，其中国产配方奶粉检出率为 7.25%，而婴幼儿食品，包括奶片跟婴幼儿饼干，检出率高达 22.5%。几乎同一年，李秀桂等[84]从广西市售 30 份婴幼儿食品样品中检出 7 株阪崎克罗诺杆菌，检出率高达 23.33%。其中婴儿谷物食品 20 份，检出 6 株，检出率为 30.00%；另外婴儿配方粉 10 份，检出 1 株，检出率是 10.00%。而随后几年有多地陆续开展对当地婴幼儿食品的调查，结果显示各地的婴幼儿食品存在着不同程度的污染，例如在山西有关配方奶粉与四川婴幼儿谷类辅助食品的调查中，结果显示克罗诺杆菌检出率分别为 1.11%和 13.8%。北京婴幼儿食品中克罗诺杆菌检出率为 20.00%，但是配方奶粉中并没有检出到相应致病菌[85]，广东婴幼儿配方食品中也出现 0.4%的污染率[86]。除了地方性的食品检测报告之外，还有对全国范围的调查。董晓晖等[72]开展对全国范围的市售奶粉样品进行克罗诺杆菌污染调查工作，从 300 份奶粉样品中检出 18 份阳性样品，检出率为 6.00%。

婴幼儿食品被检出污染克罗诺杆菌的案例不仅在我国时有发生，在国外，婴幼儿食品由于被检出阪崎克罗诺杆菌而被通报或召回的案例也屡见不鲜。2018 年 3 月，荷兰通过欧盟食品和饲料快速预警系统（RASFF）通报一批次婴儿配方奶粉受阪崎肠杆菌污染事件，该批次产品已销往中国、沙特阿拉伯、瑞士、英国及越南等国。继一批荷兰奶粉被通报后，RASFF 通报德国一婴幼儿配方乳粉生产企业在自检中发现，使用了来自法国原料的一批婴幼儿配方奶粉疑似受到阪崎克罗诺杆菌污染，而有关产品已经分销到欧盟数个成员国市场，包括奥地利、丹麦、瑞士、意大利。阪崎克罗诺杆菌对 0～6 月龄婴儿，尤其是早产儿、出生低体重儿以及免疫力缺陷婴儿存在较高健康风险，而屡次出现婴幼儿食品被检出该致病菌的事件，值得相关部门进一步完善相应监控系统。

除了重点关注婴幼儿食品的安全问题，其他非婴幼儿食品中克罗诺杆菌的污染情况一直也是关注的热点。由于克罗诺杆菌具有较强的抗逆性，具有耐热耐酸耐干燥的特点，所以其能广泛存在于各种食品中。陈万义等[75]抽查上海 102 份蔬菜，发现其污染率达 12.70%，污染率较高的主要是生菜、茼蒿和白菜等。而作者实验室在全国范围内采集了 403 个蔬菜样品。其中，122 个样品受克罗诺杆菌污染（30.27%），并且 16.39%（20/122）的阳性样品的污染水平＞110 MPN/g。值得注意的是，香菜的污染率最高，52.81%的香菜样品都检出克罗诺杆菌，且 19.15%的香菜污染样品的污染水平>110 MPN/g。除了以上食品外，其他可直接食用的食品调查工作也有所开展。多个研究表明饼干、巧克力、方便面以及寿司制品都受到一定污染[87]。在新疆和广东，市售饼干、巧克力等食品中克罗诺杆菌污染率高达22.00%～24.54%[76,88]。广东省微生物研究所食品微生物安全与监测研究团队在全国范围内对280份熟食进行克罗诺杆菌污染调查，发现52份为阳性样品，检出率为18.6%[89]。同时有研究表明果葡糖浆等食品原料中也存在较高污染率，有些污染率高达50.00%[90]，一旦这些受污染的原料进入其他食品生产线，会使污染范围进一步扩大。

除了关注克罗诺杆菌在食品中的污染外，有研究表明该菌与其他肠杆菌一样，广泛存在于土壤和水等自然环境中。在乳品、面粉加工厂等食品生产环境中也多次检出该致病菌[91,92]，Reich等从食品处理环境中采集867个样品，包括来自真空吸尘器和过滤器的粉末，还有来自排水管的流体和接触表面的拭子，发现上述环境样品都存在不同程度的污染[93]。而家庭室内环境与人有密切关系同样受到较多关注，例如各种家庭常见害虫以及厨房环境等。有学者从厩螫蝇肠道中分离出该致病菌，且研究表明蝇与克罗诺杆菌的分布有着一定联系[94]。江苏昆山检验检疫局在2013年从美洲的德国小蠊、淡色库蚊、大头金蝇等32种常见医学媒介生物中检出克罗诺杆菌，推测这些克罗诺杆菌来源于水和土壤等自然环境，而这些媒介生物是家庭常见害虫，有可能将本身携带的致病菌扩散到食品中。杨小蓉等报道了从4月龄患儿的粪便样本以及从患儿奶瓶、奶粉罐和药勺的桌面涂抹样品中分离出克罗诺杆菌[80]。而在国外，Kilonzonthenge等对78个厨房环境品进行克罗诺杆菌调查，发现阪崎克罗诺杆菌污染率高达26.9%，这可能是在食品处理过程中带入的[95]。所以，有必要加强对环境中克罗诺杆菌的消杀。

9. 蜡样芽孢杆菌

蜡样芽孢杆菌（*Bacillus cereus*）也是一种常见的食源性致病菌，食物暴露空气中24 h以上极易被蜡样芽孢杆菌污染。目前，对于蜡样芽孢杆菌在食品中的污染情况，国内外都有大量研究，本节对此进行简要介绍。

1）国外污染情况

（1）欧洲地区污染情况。蜡样芽孢杆菌于1950年在挪威首次报告为食物中毒的病原菌后，其引起的食物中毒事件逐渐引起人们关注[96]。欧盟食品安全局（EFSA）在关于食源性疾病报告中指出，2007～2014年欧盟成员国和非欧盟成员国共有413例关于蜡样芽孢杆菌致病的案例发生，其中混合食品或自助餐是最常见的，其次是谷物产品和红肉及其产品[97]。2014年，土耳其首都安卡拉的三个乳品加工厂采集的150份生奶及奶制品中，发现在生奶中蜡样芽孢杆菌的污染比例最高，占90%[98]。

（2）美洲地区污染情况。在美国1998～2008年的一项调查中，确诊的食源性病例中（共13405起）有1.75%是蜡样芽孢杆菌引起的[99]。2014年，墨西哥首次从蔬菜中分离蜡样芽孢杆菌。研究共分析了100个蔬菜样本，包括从墨西哥城和其他主要城市获得的各种蔬菜（西兰花、胡萝卜、莴苣和香菜）25种，分别在32%、44%、84%和68%的西兰花、胡萝卜、莴苣和香菜样品中分离出蜡样芽孢杆菌[100]。

（3）非洲地区污染情况。摩洛哥从2008～2010年共收集了402种不同的食物样本，其中有64份（15.9%）蜡样芽孢杆菌阳性样品。其中，牛奶和奶制品所占蜡样芽孢杆菌阳性样品的比例最大（33/64、51.6%），其次是香料（22/64、34.4%）和米饭沙拉（9/64、14.1%）[101]。

2018 年突尼斯采集 687 份不同食品样本，检出受蜡样芽孢杆菌污染的样品 191 份(27.8%)，具体污染样品为谷物(67.6%)，糕点制品(46.2%)，熟食(40.8%)，熟禽肉(32.7%)，海产品(32.3%)，香料(28.8%)，罐头产品(16.7%)，生禽肉(9.4%)，鲜切蔬菜(5.0%)和乳制品(4.8%)[102]。

(4)亚洲地区污染情况。在 2002～2015 年，蜡样芽孢杆菌在韩国污染及感染的情况屡次发生。韩国调查当地市售婴幼儿配方食品及自动售卖机的即食食品样品共 687 份，从中分离出 347 株蜡样芽孢杆菌；在临床与食品鉴定中发现 120 株蜡样芽孢杆菌；调查韩国互联网销售食品致病菌污染情况中发现，有 8.3%的样品中检测出蜡样芽孢杆菌；关于即食蔬菜的蜡样芽孢杆菌污染率的调查结果指出，在 145 份的零售蔬菜沙拉和苗芽样品中有 70(48%)种阳性；在调查蜡样芽孢杆菌感染情况时，分离出 667(6.9%)株蜡样芽孢杆菌，全部来源于 57050 份感染患者的粪便样品[103-106]。2013 年，伊朗首次发布了关于蜡样芽孢杆菌的检测报告，在 200 份婴幼儿食品样品中发现 84 个蜡样芽孢杆菌阳性样品[107]。2014～2015 年，印度调查了 230 种乳品和 94 份生肉及肉制品，蜡样芽孢杆菌在奶酪、冰淇淋、奶粉和牛奶中检出率较高(33%～55%)，而黄油和奶油中相对较低(分别为 20%和 4%)，且各种奶制品的污染程度达到了 108 $cfu \cdot g^{-1}$ 或 mL^{-1}；从 94 份生肉及肉制品样品中分离的 29 个蜡样芽孢杆菌阳性样品，检出率为 30.9%。其中生肉和肉制品样品中蜡样芽孢杆菌的检出率分别为 27.8%和 35%[108,109]。在 2016 年马来西亚调查了 20 种本土稻米和 20 种进口稻米，除了三种当地本土稻米样品外，所有样品都被蜡样芽孢杆菌污染，样品中蜡样芽孢杆菌的最可能数大于 1100 MPN/g[110]。

2) 国内污染情况

据国家卫计委公开发布的《2008～2015 年我国食物中毒情况的通报》，2008～2015 年，由蜡样芽孢杆菌引起的食物中毒排在由食源性致病菌导致的食物中毒事件的前三位，危害性强[5]。

(1)南方地区污染情况。2010～2016 年，我国南方地区 7 大类食品(糕点类、烘焙食品、盒饭类、乳制品、婴幼儿食品、流动早餐、熟制米面制品)蜡样芽孢杆菌的污染状况调查结果显示，广州市在糕点类食品的检出率为 9.37%～13.89%、烘焙食品为 9.38%～5.54%、散装盒饭为 4.67%、预包装冷藏盒饭为 5.00%、乳制品为 5.13%[111-115]。重庆市市售的熟制米面制品(米饭、米粉、米线、凉皮)的蜡样芽孢杆菌的检出率最高(12.67%)，婴幼儿食品中的检出率相对较低(1.43%～4.76%)[116-119]。南京市在 11 个区(县)采集 1318 份食品样品，其中蜡样芽孢杆菌在盒饭和熟制米面制品中污染较严重，污染率分别为 13.9%和 9.8%[120]。杭州市在采集市售的婴幼儿食品和即食米粉中分离蜡样菌株，587 份样品分离出 40 份阳性样品，污染率为 3.5%[121]。福建省采集 409 份奶粉样品，蜡样芽孢杆菌的检出率为 13.20%[122]。四川省采集 2217 份样品，检出蜡样芽孢杆菌 44 株，检出率 9.88%，其中蜡样芽孢杆菌在巴氏消毒乳的检出率为 13.73%、婴幼儿配方食品为 9.88%[123]。广西市售的熟制米面制品中蜡样芽孢杆菌污染率为 36.88%，盒饭检出率最高达 57.50%[124]。云南省外卖配送餐中的细菌污染情况显示，435 份样品中蜡样芽孢杆菌检出率为 10.53%，检出最高的为焙烤及油炸食品(25.00%)，其次为米面制品(18.18%)、盒饭(8.22%)[125]。

(2)北方地区污染情况。2009～2015 年我国北方地区盒饭类、乳制品、婴幼儿食品、餐饮食品、肉制食品、地方特色食品（凉皮、凉面、凉拌菜）6 大类食品的蜡样芽孢杆菌的污染状况结果显示，北京市婴幼儿配方乳粉检出率为 5.9%，婴幼儿食品检出率为 5.71%。太原市对市售的食品进行食源性致病菌检测，其中蜡样芽孢杆菌的检出率较高，为 20.49%，在肉制品中蜡样芽孢杆菌检出率为 3.27%，婴幼儿食品中蜡样芽孢杆菌检出率最高的为 13.91%[126,127]。辽宁省检测婴幼儿食品、奶制品、熟制米面制品蜡样芽孢杆菌污染情况发现，婴幼儿食品的检出率为 4.65%，熟制米面制品检出率为 10.04%[128,129]。呼和浩特市在零售与餐饮环节主要消费场所采集食品样品进行蜡样芽孢杆菌检测，在 469 份食品样品中检出蜡样芽孢杆菌共 31 株，检出率为 6.61%，其中熟制米面制品的检出率最高（19.12%），其次是乳粉制品（16.00%）[130]。长春市采集 433 件食品样品，其中 124 件样品检测出蜡样芽孢杆菌，检出蜡样芽孢杆菌 42 株，检出率为 33.87%，婴幼儿食品检出率为 30.61%，乳制品 73.33%，餐饮食品 50.00%[131]。青海省采集食品样品 2698 份，蜡样芽孢杆菌的检出率为 5.4%。其中在婴幼儿食品中检出率为 4.3%，乳粉中的检出率为 6.8%[132]。新疆采集 4461 份样品，其中有 29 份样品检出蜡样芽孢杆菌，检出率为 0.65%，主要检出的样品类型是餐饮食品（1.60%）和地方特色食品（1.23%）[133]。

根据我国南北方各省、自治区、市调查数据结果显示，蜡样芽孢杆菌在各种样品类型中均有检出，但不同食品类型蜡样芽孢杆菌检出率差异较大。同时，米面制品与婴幼儿食品是各省市蜡样芽孢杆菌污染调查重点监测对象，熟制米面制品的检出率均在 10%以上。除了新疆检测结果外，熟制米面制品在各省的污染情况差异性小；在我国各省市婴幼儿食品蜡样芽孢杆菌均有检出，其中长春市的污染率最高。

10. 诺如病毒

世界卫生组织（WHO）于 2015 年 12 月 3 日完成了对全球食源性疾病负担的首次评估（以基于细菌、病毒、寄生虫、毒素等 31 种病原体造成的食源性疾病进行估算），该报告是迄今为止评估被污染的食物对健康和福祉影响的最全面报告。在此次评估中，诺如病毒被定位为食源性腹泻疾病及死亡的最常见原因，并且处于失能调整生命年（DALY）方面的第四大负担。然而，WHO 估计发达国家中食源性疾病的漏报率为 90%，发展中国家为 95%以上，目前掌握的食源性疾病数据仅为实际的“冰山一角”。

诺如病毒是一种食源性和水源性病毒。极低的感染剂量、多样化的食源/水源性等传播途径以及环境中的稳定性，均为诺如病毒的流行提供了便利。欧盟食品和饲料快速预警系统的 2014 年报告表明，系统中 85%的食源性预警来自双壳贝类，而其他的 15%均来自于水果。其中双壳贝类中，蛤类（尤其冷冻进口）引起了 57%的预警，其次为牡蛎（15%）、扇贝（11%）；在水果中，冷冻草莓、覆盆子引起了 5%的食源性预警，而冷冻的浆果混合物引起了 3%的预警。从农田到餐桌，各个环节都存在污染食源性病毒的风险，然而目前食源性病毒检测技术还难以满足食品监控和监管要求。

水源性传播是诺如病毒流行的重要途径，是连接病毒携带者和食品污染的重要环节。水源性诺如病毒污染状况的复杂性增加了其防控难度，接触受病毒污染的水体是引发诺如病毒疫情的常见原因，包括饮用受污染的饮用水、井水或者江河水等，社区、学校或其他场所的二次供水系统被污染，或者在海滩、江河、泳池等场所游泳、戏水甚至沐浴而接触污染等。宋灿磊等对我国 2003～2012 年 83 起诺如病毒疫情统计发现，水源是其主要传播途径之一，尤其在学校(41.38%)、乡村/社区(41.67%)等场所更为严重[134]。宋晓佳等在对我国 2000～2013 年报道的 72 起疫情统计发现，受污染的水是诺如病毒的主要传播途径(37.50%)，尤以桶装水污染占比最多(48.15%)[135]。在针对受污染井水导致我国学校腹泻疫情的统计中，诺如病毒与致泻性大肠杆菌、志贺菌被证明是最重要的病原[8]。此外，对全球娱乐用水污染源疫情的统计中，诺如病毒被发现是最主要病原(45%)，其次为人源腺病毒(24%)、埃可病毒(18%)、甲型肝炎病毒(7%)和柯萨奇病毒(5%)；泳池是最主要发生地点(48%)，其次为湖泊、池塘(40%)，而喷泉、温泉及江河也有报道。饮用水污染是诺如病毒疫情中最受关注的领域，Moreira 等证实诺如病毒是造成饮用水源疫情数量最多的和仅次于隐孢子虫的导致染病人数第二多的病原[136]。诺如病毒在不同水体污染中的普遍性和危害性对广大病毒研究者提出了挑战。目前的水处理工艺还不足以完全去除病毒，而环境影响也将进一步促进病毒在不同水系中的循环与传播。

滤食性贝类也是诺如病毒传播的重要载体之一。患者粪便中的病毒排泄到污水中被迅速地稀释，而滤食性贝类(牡蛎、扇贝、贻贝等)滤食水中微藻和有机碎屑获取食物的同时，也将水体中的病毒进行了富集，这些贝类大都养殖、收获于近海岸，而近海岸的海水往往易受到城市污水的污染，另外牡蛎养殖区水污染主要是由强降雨和污水排放造成的。病毒被富集于贝类体内并且可能在贝类体内存在较长时间，富集的病毒浓度可以达到其周围养殖水体中病毒浓度的 100～1000 倍，并且牡蛎的消化腺细胞存在着类似于诺如病毒受体的结构，使诺如病毒可以被高效地特异性富集于牡蛎等贝类体内。牡蛎中诺如病毒的污染情况十分普遍，欧美主要临海的国家如美国、加拿大、法国、英国、意大利、挪威、荷兰以及亚洲的日本、韩国等均都有因不当食用了受诺如病毒污染的牡蛎而引起急性胃肠炎的报道。

草莓等浆果与莴笋等叶菜也是诺如病毒传播的重要媒介。有研究报道从收获前的树莓中检出了诺如病毒，在法国、比利时、加拿大等国家的监测中叶菜阳性率能够达到 50%，而软质水果的诺如病毒阳性率最高能够达到 35%。然而，目前水果和蔬菜中病毒的检测难度仍然很大，一般认为在低于 10^4 拷贝/10～15g 的时候，由于抑制物难以有效去除而检不出。食品中病毒含量与造成疫情风险的相关性还需要深入研究。

此外，食品在收获、处理、加工、包装等环节中也可能被污染，例如汉堡、三明治等也是主要引起疫情的食品。不过这类食品由于成分更加复杂，含有大量脂肪和蛋白质等，所以检出阳性率相应更低。同时，食品从业人员也是食品加工中污染诺如病毒的重要因素，一方面带病工作的不良习惯极易引起疫情，且会污染工作环境留下隐患，此外无症状的诺如病毒携带从业者以及病愈者仍会持续排毒。有报道由于患病的面包师在水槽呕吐，从而造成三明治污染引起的疫情。而国内在凉拌蟹肉等食品中检出过诺如病毒，表明国内食品也存在类似的污染。

4.2.2　我国食源性病原微生物致病因素分析

研究表明，不同致病微生物致病性也不尽相同，如沙门菌致病过程复杂，涉及的毒力因子众多，主要有黏附因子、毒力岛、毒力质粒、鞭毛、毒素等[137]。菌毛是存在于细菌表面的丝状结构，具有使细菌黏附到宿主靶细胞的作用，含有菌毛的细菌的致病能力和活力要强于先天无菌毛或菌毛缺失的菌株。沙门菌还具有一些非菌毛型的黏附因子，如 MisL、RatB、ShdA 和 SinH，它们分别参与细菌在肠道内的定植和耐受。除黏附因子外，毒力岛是染色体上成簇出现的毒力基因。毒力岛附近的序列通常为噬菌体或者转座子插入序列的片段，表明它们是通过水平基因转移的方式整合进入到基因组中。到目前为止，沙门菌已经有 23 种 SPIs 被发现，这些 SPIs 中有的分布于沙门菌属中所有的种，而有些则分布于特定的血清型，如 SPI-7，SPI-15，SPI-17 和 SPI-18 只存在于伤寒沙门菌中，而 SPI-14 只存在于鼠伤寒沙门菌中。沙门菌的鞭毛不仅可以运动，而且参与致病过程，有超过 50 个基因表达的产物参与鞭毛的功能，这些基因组成至少 17 个操纵子（*flh*、*flg*、*fli*、*flj*、*mot*、*che*、*tar*、*tsr*、*aer* 等）[138]。还有一类毒力因子就是毒素基因，比如 *cdt* 基因，它编码的细胞膨胀毒素能使真核细胞缓慢膨胀死亡。在沙门菌属中 *cdtB* 最先发现于伤寒沙门菌和甲型副伤寒沙门菌中，与 *pltA*、*pltB* 一起发挥作用，引起细胞的凋亡和坏死，它们可能与伤寒沙门菌的感染有关。

单增李斯特菌进入宿主后的致病能力主要取决于三个因素：摄菌量、宿主敏感性和细菌的致病能力。目前发现 LM 染色体基因有 3 个毒力岛，分别为李斯特菌毒力岛 1（LIPI-1）、李斯特菌毒力岛 2（LIPI-2）和李斯特菌毒力岛 3（LIPI-3）[139]。LIPI-1 有 6 个基因，分别为 *prfA*、*plcA*、*hly*、*mpl*、*actA*、*plcB*，LIPI-2 为内化素小岛，有 *inlAB* 基因和 *inlC* 基因，分别编码不同的毒力因子。毒力相关蛋白 PI-PLC、LLO、Mpl、ActA 和 PC-PLC 的编码基因位于 9.6kb 毒力基因簇，主要由 *prfA* 基因编码的分子量为 27kDa 的多效性毒力调节子 PrfA 调节。*prfA* 基因位于 *plcA* 基因下游，有时与 *plcA* 基因共转录。PrfA 具有激活许多单增李斯特菌毒力基因转录的功能。InlA 和 InlB 的编码基因位于 LIPI-2 毒力岛，*inlA* 和 *inlB* 基因也拥有类似于 *prfA* 识别的结合位点，有可能由 *prfA* 局部调节。毒力岛-3 主要包括 *llsA*、*llsG*、*llsH*、*llsX*、*llsB*、*llsY*、*llsD* 和 *llsP* 等八个基因，其中 *llsX* 基因编码单增李斯特菌的第二种溶血素 S，主要存在于谱系型 I 中。另外，如 Iap（invasion-associated protein，Iap）、Bsh、GadD1/T1、Ami 等一些毒力蛋白也参与单增李斯特菌的致病过程。2016 年，发现新型毒力岛 LIPI-4 为纤维二糖家族磷酸转移酶系统（PTS），主要由 6 个基因组成，参与神经和胎盘感染，主要存在于克隆复合体（clonal complexes，CCs）CC4 分离株[140]。基于 MLST 分析，目前单增李斯特菌感染人类的克隆复合体为 CC1、CC6、CC2、CC4、CC8 和 CC16 等分离株，而在食品中的优势 CCs 为 CC121 和 CC9[140]。因此，单增李斯特菌分离株的致病能力有较为显著的差异。

金黄色葡萄球菌是引起人类感染最常见的病原菌，在全球范围内具有很高的发病率和病死率。一般来说，金黄色葡萄球菌能分泌多种毒素，包括肠毒素、杀白细胞毒素、表皮剥脱毒素、中毒休克综合征毒素-1、血浆凝固酶等，这些毒素可引起肺炎、伪膜性肠炎、心包炎等疾病，甚至会导致败血症、脓毒症等全身性感染，严重者可造成多器官功能障碍甚至死亡。其中，引起高温耐受性、超抗原活性及其能抵抗胃肠道中蛋白酶的水解作用能力，金黄色葡萄球菌肠毒素成为引起细菌性食物中毒的主要原因。根据等电点和抗原性的不同，经典的肠毒素可分成 SEA、SEB、SEC、SED、SEE 等 5 种类型，而随着分子检测技术的发展与应用，一些新的肠毒素也相继被发现，如 SEG、SHE、SEU、SEI、SEP、SEQ 等，这些肠毒素中，以 SEA 的毒力最强，是引起食物中毒最为常见的一种。此外，同一株菌可同时产多种肠毒素，而细菌的耐药性也与肠毒素产生关联，几乎所有的耐甲氧西林金黄色葡萄球菌都会产生一种或多种肠毒素，而对甲氧西林敏感的金黄色葡萄球菌中，仅30%产肠毒素。除产肠毒素金黄色葡萄球菌外，产杀白细胞毒素（PVL）的金黄色葡萄球菌毒力非常强，它可通过细胞凋亡和细胞坏死变性等方式对人的多形核细胞产生特异性的杀伤作用，从而导致人体皮肤软组织反复感染，产生慢性骨髓炎和坏死性肺炎[141]。罹患坏死性肺炎的患者一般病情进展非常迅速，死亡率高，患者入院48 h死亡率为37%，最终死亡率达75%，而PVL阴性的金黄色葡萄球菌感染患者入院48 h死亡率仅为6%。可见，PVL阳性的金黄色葡萄球菌感染患者死亡率较高。此外，SasX蛋白、酚溶性调控蛋白（PSM）以及精氨酸分解代谢移动元件（ACME）等致病因子也随着金黄色葡萄球菌株的深入研究被挖掘。同时，对金黄色葡萄球菌分子分型后发现，CC398及CC5型金黄色葡萄球菌在食品中较为常见，不仅在各类食品中有发现，而且呈现全球蔓延趋势，并具有一定的致病性。

大肠杆菌O157的致病性与其毒力因子密切相关，已知的致病因子主要有志贺毒素（Shiga toxin，Stx）、肠细胞脱落位点（locus of enterocyte effacement，LEE）毒力岛和溶血素（hemolysin）等。Stx毒素在O157感染过程中导致出血性肠炎、溶血性尿毒综合征等严重的临床症状，由*stx*基因调控表达。LEE岛的主要部分是五个由多顺反子组成的操纵子，分别是LEE 1（*ler*、*escRSTU*）、LEE 2（*escCJ*、*sepZ*、*cesD*）、LEE 3（*escVN*）、LEE4（*espABD*、*escF*）和Tir（*tir*、*eae*、*cesT*）。LEE毒力岛编码的蛋白（*eae*基因编码）负责黏附上皮细胞，激活寄主信号转导通路，引起肠道病变和炎症反应。LEE岛可对实验动物的肠黏膜细胞产生黏附-抹去损伤（attaching and effacing lesion，A/E lesion）。A/E lesion是指细菌黏附于黏膜细胞刷状缘而引发跨膜和细胞内信号的级联反应，导致细胞骨架重排而形成的特异性损害。该损害以刷状缘微绒毛的损坏及细胞对肠杯状细胞膜的紧密黏附为特征。此外，几乎所有O157:H7菌株都含有一个约92kb的大质粒（pO157），该质粒上的*hly*、*katP*、*espP*、*toxB*、*stcE*等已被确认与细菌致病机制密切相关。另外，部分O157菌株还可产生溶血素（质粒携带基因*hlyA*编码），引起肠道出血。因此，对O157分离株进行毒力基因分析和分型研究有重要意义，可以追溯O157疾病暴发的源头。

国内外的研究表明，O157存在多样的毒力谱。Dong等对中国四川牛肉屠宰厂分离的O157菌株进行遗传多样性和毒力基因检测。从510个样品中分离到的6株菌株均存在*stx2*、*eaeA*和*hlyA*基因，不存在*stx1*基因。利用荧光扩增片段长度多态性技术对大肠杆菌O157:H7的遗传多样性进行分析，发现粪便中分离的菌株与肉类分离的菌株具有高度的相似性，且所有菌株都含有三种主要的毒力基因，对人类健康具有重要威胁[142]。张书萧在2009年1月～2011年12月期间采集了上海及周边地区猪场、牛场、鸡场的粪便样品以及菜市场和超市的肉类食品等，分离到32株O157菌株，对菌株进行了毒力基因检测。结果发现有12株为O157:H7，而其余10株为O157:NM。6株菌株含有4种毒力基因，2株含有3种毒力基因，5株含有两种毒力基因，7株含一种毒力基因[143]。广东省微生物研究所食品微生物安全与监测研究团队前期对肉类及蔬菜中O157的污染分布规律和遗传多样性进行了研究。随机采集全国18个城市的食品样品，采用PCR技术对菌株进行毒力基因（*eae*、*hlyA*、*stx1*和*stx2*）检测。结果表明，414份样品中分离出52株O157，其中包括29株O157:H7，3株O157:NM（fliCH7+，无动力），2株O157:NM（fliCH7–，无动力）和18株O157:hund（未确定H型）。毒力基因检测结果发现，52株菌株中有50株携带毒力基因，其中40株（76.92%）

携带 *eae*，31 株(59.62%)携带 *hlyA*，20 株(38.46%)携带 *stx1*，24 株(46.15%)携带 *stx2*。这些结果表明大部分分离株具有高致病性。

近年来，一些新的毒力岛和基因被发现与 O157 的致病性相关。其中包括 O-I 36(*nleB2, nleC, nleH1-1, nleD*)，O-I 57(*nleG2-3, nleG5-2, nleG6-2*)，O-I 71(*nleA, nleF, nleG, nleG2-1, nleG9, nleH1-2*)和 O-I 122 (*ent/espL2, nleB, nleE*)毒力岛及相关基因。González 等对阿根廷地区分离的 O157 菌株进行毒力基因检测，结果发现 46%的菌株含有 *nle* 基因，剩余大部分菌株具有不完整的 O-I 71 毒力岛，但缺乏 *nelf* 基因。而且，大部分菌株均具有质粒 *ehxA*，*espp*，*katP* 和 *ecsp* 基因。细胞毒性实验表明，携带 *nle* 和假定毒力因子基因的菌株具有高致病性，提示这些 O157:H7 菌株对公共健康具有高风险[144]。毒力岛是病原菌的重要元件，具有较大异质性，与菌株适应外部环境变化密切相关。随着研究的深入，将来可能还会有新的毒力岛和毒力因子被发现。

弯曲菌是一种重要的人兽共患病原菌和食源性病原菌。就目前国内外对弯曲菌的潜在致病因素的研究来看，弯曲菌主要是通过黏附、定植、侵入、产毒素等机制感染机体导致疾病，多种毒力基因在这一过程中参与表达毒力因子并发挥作用[145]。弯曲杆菌的特征之一是由极性鞭毛介导的快速的运动性，运动性是空肠弯曲菌在动物和人体肠道定植以及体外侵入肠上皮细胞所必需的[146-149]，并且鞭毛结构长期以来被认为是致病性的关键[150]，因此鞭毛相关基因被认为是空肠弯曲菌的毒力基因。常见的与运动相关的基因有：*flaA, flaB, flgR, flgS* 等。鞭毛由主要的鞭毛蛋白 FlaA 和少量 FlaB 组成，其大小约为 59 kDa，且具有高度同源性[151,152]。*flaA* 的突变导致由 FlaB 组成的鞭毛丝截短并且动力严重降低[151]。相反，*flaB* 突变体在运动性方面没有显著变化并且产生结构正常的鞭毛丝[151-154]。最近的研究表明，对空肠弯曲菌中鞭毛表达的主要调节控制似乎处于传感器激酶 FlgS 和 FlgR[152]的基因水平。据早期的研究总结，鞭毛在弯曲菌发病机理中的作用比原本想象的更复杂和多功能。因为，鞭毛不仅涉及运动性和趋化性，还涉及毒力蛋白的分泌、自凝集、小菌落形成和避免先天性免疫反应[155]。常见的黏附相关基因有 *cadF，jlpA* 等，已有实验证明，纤连蛋白结合外膜蛋白 CadF 具有黏附的作用，该基因在所有空肠弯曲菌和大肠杆菌菌株中表达，并通过与细胞基质蛋白纤连蛋白结合而介导细胞黏附[156]。同时，CadF 还可以激活 GTP 酶 Rac1 和 Cdc42，促进空肠弯曲菌侵入细胞[150,157]。JlpA 是大小为 42.3 kDa 的空肠弯曲菌表面暴露的脂蛋白，Jin 等通过实验验证了 JlpA 为空肠弯曲菌黏附素[158]。空肠弯曲菌对宿主细胞的侵袭是造成组织损伤的主要原因之一，该过程可能依赖于空肠弯曲菌对宿主的黏附，但是黏附过程对入侵的重要性仍不清楚[159]。常见的侵袭相关基因有 *ciaB，iamA，ceuE* 等，*ciaB* 编码的 CiaB 蛋白大小为 73 kDa，具有控制弯曲菌入侵抗原(Cia)分泌的功能。常见的毒素相关基因 *cdtA, cdtB, cdtC, wlaN*，与其他引起腹泻的细菌相反，尚未在空肠弯曲菌中鉴定出其他经典毒力因子，因此细胞致密扩张毒素(CdtA, CdtB, CdtC)被认为是空肠弯曲菌的唯一毒素[160]。该毒素在各种哺乳动物细胞中可以诱导细胞膨胀，导致细胞死亡[161]。Cdt 毒素需要 *cdtA，cdtB，cdtC* 三种基因共同表达，CdtB 是 CdtABC 复合物的活性部分，三种蛋白质大小分别为约 30、29 和 21 kDa[162]。CdtA 和 CdtC 具有与蓖麻毒素的受体结合组分相似的凝集素样区域。它们保留在宿主细胞膜上，而 CdtB 被转移到宿主细胞的细胞质中，并通过高尔基体转运到内质网，并从那里通过逆行转运机制最终到达细胞核[163]。CdtB 显示出与脱氧核糖核酸酶(DNA 酶 I)相似的活性，并通过阻断参与有丝分裂的 CDC2 激酶而引起 G2/M 转换期的细胞周期停滞[162]。空肠弯曲菌 81-176 突变体产生的 Cdt 水平显著降低[164]。还观察到缺乏 Cdt 的空肠弯曲菌具有定植 NF-kB 缺陷小鼠的能力，但不能像野生型所观察到的那样引起肠胃炎[163]。研究还发现，Cdt 毒素具有宿主特异性识别的特性，Cdt 引起人体中白细胞介素(IL-8)的产生，其又将树突细胞、巨噬细胞和中性粒细胞附集到感染部位，从而诱发肠道炎症。相反，鸡中的宿主反应不会促进肠上皮的炎症[162]。

此外，格林-巴利综合征是感染空肠弯曲菌后最常见和最严重的急性麻痹性神经病变，全世界每年约有10万人患这种疾病[165]，而目前研究认为这一病症是由于 *wlaN* 基因的缘故。*wlaN* 基因在空肠弯曲菌中负责空肠弯曲菌低聚糖(LOS)生物合成簇[166,167]，而 LOS 与神经节苷脂的结构类似，会引起人类的免疫系统攻击自身神经系统，从而被认为是引发格林-巴利综合征的关键因素[167]。因此 *wlaN* 是空肠弯曲菌中潜在的、危险性最高的毒力基因。

目前，小肠结肠炎耶尔森菌的致病潜力还未得到充分研究[[168]，但已发现的证据表明，小肠结肠炎耶尔森菌的毒力因子基因存在于一个 70 kb 的质粒 pYV(耶尔森菌毒力质粒)和染色体中[169]。由于 1A 生物型的小肠结肠炎耶尔森菌缺乏 pYV 质粒，一般认为其为非致病性菌株，但是最近一些研究表明该生物型菌株在食源性疾病中也具有一定作用[169]。目前，常检测的小肠结肠炎耶尔森菌的毒力基因有：*hreP*、*rfbC*、*fes*、*sat*、*fepD*、*ymoA*、*tccC*、*fepA*、*ystB*、*inv*、*ail*、*ystA*、*myfA*、*virF*、*yadA*。其中涉及建立胃肠道感染的经典毒力基因是 *inv*、*ail*、*ystA*、*myfA*、*virF* 和 *yadA*。其中 *yadA*、*inv* 和 *ail*(*yadA* 位于 pYV 质粒上，*inv* 和 *ail* 位于染色体上)所编码的蛋白负责小肠结肠炎耶尔森菌对宿主细胞的黏附和入侵[170,171]。*yst* 是编码小肠结肠炎耶尔森菌热稳定毒素的基因，存在于染色体上，已发现的 Yst 蛋白有三种，分别为 YstA，YstB，YstC。其中 YstA 多存在于较强致病性的菌株中；而生物型 1A 的菌株则多含有 YstB，并且可能在 37℃时进行分泌。小肠结肠炎耶尔森菌的热稳定毒素可以在 100℃加热时保持 20 min 不变性，因此高温不易清除此毒素。

除毒力基因外，小肠结肠炎耶尔森菌的致病性还由多种因素影响，比如Ⅲ型分泌系统、细菌细胞的运动能力、细菌细胞膜上的脂多糖等。Ⅲ型分泌系统是在革兰氏阴性菌及其共生体中发现的蛋白分泌途径[172]。Ⅲ型分泌系统在细菌细胞膜表面形成了一种针状结构[173]，恰如一个分子注射器，在细菌和宿主细胞之间形成通道，使细菌能够将大量效应蛋白注射入宿主细胞中。作用物的选择和导出是由一组可溶蛋白控制的，在膜的胞质界面上，生成了Ⅲ型分泌物。这些可溶性蛋白在注入物和细胞溶胶中形成复合物。与注入物的结合使这些胞质复合物稳定，而包括Ⅲ型分泌 ATP 酶的游离胞质复合物构成了一个高度动态和自适应的网络[174]。Ⅲ型分泌系统(TTSS)不仅是小肠结肠炎耶尔森菌毒力的重要组成部分[175]。同时还是许多重要的人类病原体包括沙门菌、志贺菌和致病性大肠杆菌致病能力的关键因素，每年造成数百万人死亡[176]。该系统在医院院内感染中也起到重要作用，最显著的是在假单胞菌中，Ⅲ型分泌系统的存在与动物模型的高死亡率有关，增强了假单胞菌的抗生素耐药性，同时使患者感染更严重的疾病[177]。

克罗诺杆菌根据其临床现象可分为 3 类，第一类是阪崎克罗诺杆菌和丙二酸盐克罗诺杆菌，这两个菌种是临床分离株中最为常见的菌种；第二类是苏黎世克罗诺杆菌和尤里沃斯克罗诺杆菌，这两种菌种的相关报道很少；第三类是都柏林克罗诺杆菌、莫金斯克罗诺杆菌和康帝蒙提克罗诺杆菌，它们主要存在于环境共生物等物质中，没有临床感染的风险[178]。研究发现，克罗诺杆菌可入侵人体肠道细胞，在巨噬细胞中复制，侵入血脑屏障[179-181]。

Richardson 等[182]分别使用 3 株阪崎肠杆菌分离株经口注入新生 CD-1 小鼠（出生后 3.5 d，$10^{2.8}$～$10^{10.5}$cfu/鼠），结果发现各菌株在实验小鼠脑、肝脏和盲肠三种组织中均可分离到该菌，并对实验小鼠均具有致死性。Caubilla-Barron 等[183]在对奶粉中分离的克罗诺杆菌进行基因型和表型进行分析时也发现菌株间的毒力差异。近几年随着科技的发展，高通量测序研究手段有了长足的发展，为深入研究微生物致病性的调控机制提供了全新的理论和有效的手段。研究者们根据克罗诺杆菌的全基因组序列已预测了一系列黏附素、外膜蛋白、外排系统、铁摄取系统和溶血素等可能会影响克罗诺杆菌毒力的相关因子，其中，部分毒力因子的功能已经过相关实验得到验证[184-187]。

当前，克罗诺杆菌的相关研究主要集中在外膜蛋白 A（OmpA）和外膜蛋白 X（OmpX）。Mittal 等[188]经动物体内实验确证了克罗诺杆菌的 OmpA 表达对其引起的侵袭性脑膜炎发生是必需的，携 OmpA（+）克罗诺杆菌可穿过实验动物肠膜屏障在血液中增殖，然后穿过血脑屏障。受 OmpA（+）克罗诺杆菌感染的新生小鼠死亡率达 100%；而受 OmpA（–）克罗诺杆菌感染的小鼠都存活，无任何病理症状。且在 OmpA（–）克罗诺杆菌中导入 OmpA 完整基因后其致病能力得到恢复。Kim 等[189]发现 OmpX 也在克罗诺杆菌入侵宿主细胞的过程中起到重要的作用，这种入侵方式不仅发生在细胞顶端，还发生在细胞的基底侧，并且这种入侵可以转移至脾脏和肝脏等器官中。

Pagotto 等[190]将阪崎克罗诺杆菌注射入乳鼠体内，并进行了阪崎克罗诺杆菌剂量效应研究。结果显示，最小致死剂量为 10^8 cfu，作者猜想在阪崎克罗诺杆菌感染乳鼠的过程中是否有肠毒素类似物的存在。这种肠毒素的功能类似于脂多糖，可以刺激宿主的炎症应答反应。Raghav 等[191]分离、纯化了阪崎肠杆菌的 LPS，该毒素分子质量为 66 ku，pH6 时活泼，其具有高活性（LD_{50}=56 pg）且在 90℃时 30 min 内很稳定。所以，如果在奶粉的加工过程存在这种内毒素的残留，其强稳定性与强毒性会加重克罗诺杆菌污染 PIF 引起的致病风险。然而，编码假定的毒素的基因及其蛋白本身并没有被很好地识别，所以肠毒素的定义仍然模糊不清。

血纤维蛋白溶酶原激活剂（cpa）是与克罗诺杆菌高侵袭力相关的丝氨酸蛋白酶。阪崎克罗诺杆菌 BAA-894 的质粒（pESA3）中发现编码血纤维蛋白溶酶原激活剂 cpa 的存在，该蛋白酶可以缓慢地裂解血纤维蛋白溶酶原，从而提高其在血清中的存活率[192]。而这种低蛋白水解活性可能是由于 BAA-894 的脂多糖导致的 cpa 抑制。此外，Franco 和 Cruz 等对 231 株克罗诺杆菌菌株 cpa、T6SS、丝状血凝素/黏附素（FHA）基因的分布进行了研究，发现 cpa 广泛存在于克罗诺杆菌各菌株中[192,193]。铁是细菌生长和代谢的重要微量元素，也是细菌发病的关键因子。Franco 等[194]发现在克罗诺杆菌中质粒 pESA3 包含 2 个铁获取体系同源物的基因簇（eitCBAD 和 iucABCD/iutA 操纵子）。Grim 等[184]鉴定到 feo 和 efe 两个亚铁获取系统，且 98%含有质粒的克罗诺杆菌菌株都有嗜铁素，以促进其亚铁的转运。而后，Cruz 等[195]发现阪崎克罗诺杆菌菌株含有由 *sip* 基因编码的嗜铁素互作蛋白，该基因含有 FAD 和 NAD（P）结合位点的铁氧化还原蛋白-还原酶结构域，能够从还原型铁氧化还原蛋白转运一个电子到 FAD，并且此过程伴随着 $NADP^+$到 NADPH 的改变。母乳、黏蛋白和神经节苷脂中含有唾液酸，且很多厂家也在婴幼儿配方奶粉中添加唾液酸以提高智力发育，而唾液酸的利用往往被认为是致病性的一种标志。有趣的是，在克罗诺杆菌中只有阪崎克罗诺杆菌和一些苏黎世克罗诺杆菌菌株可以利用外源的唾液酸作为其生长所需的碳源物质，所以克罗诺杆菌这种特性的形成可能是由于其适应宿主从而进化的一种需要，同时，这种生物学特性具有很重要的临床意义[196]。Grim 等[197]根据阪崎克罗诺杆菌 BAA-894 基因组序列发现于唾液酸利用相关的基因编码区（GR127 和 GR129），但是其唾液酸利用的作用机制仍不清楚。

主动外排系统是有助于肠杆菌科在宿主胃肠道存活的公认的毒理机制[198]。研究表明，阪崎克罗诺杆菌中存在编码铜、银离子外排系统的基因 *ibeB*，该基因往往与入侵脑微血管内皮细胞的能力有关[199]。有趣的是，与新生儿感染相关的阪崎克罗诺杆菌 ATCC 29544T、696、701、767，丙二酸盐克罗诺杆菌和苏黎世克罗诺杆菌都可以检出阳离子外排系统操纵子（*cusA*、*cusB* 和 *cusC*）及其调节基因 *cusR*，然而，阪崎克罗诺杆菌 B894、ATCC 12868、20，都柏林克罗诺杆菌和莫金斯克罗诺杆菌菌株却没有检测到这些离子外排编码基因[186]。

Cruz 等[195]在克罗诺杆菌分离株中鉴定到Ⅲ溶血素（*hly* 基因编码），这种溶血素是具有溶血活性的外膜蛋白，并且在很多病菌致病过程中都作为一个毒力因子[200]。

广东省微生物研究所食品微生物安全与监测研究团队利用双向电泳对强毒力菌株阪崎克罗诺杆菌 G362 和弱毒力菌株 L3101 进行比较差异蛋白组研究，预测了一些潜在的毒力因子。结果显示，DNA 饥饿/稳定期保护蛋白 Dps、OmpA、LuxS、ATP 依赖 Clp 蛋白酶 ClpC 和 ABC 转运底物结合蛋白可能为阪崎克罗诺杆菌潜在的毒力因子。此外，阪崎克罗诺杆菌还可以产生致宿主细胞病变的外膜囊泡组织[201]，而这种外膜囊泡与其致病性的相关性仍然知之甚少，需要更加深入的研究[202]。

目前关于克罗诺杆菌的致病机制的研究尚处于探索阶段，真正的致病原因及毒力基因尚未确定，因此从与致病性相关的不同角度揭示一些重要基因的功能并在分子水平上阐明其毒力基因代谢调控途径，将可能成为今后克罗诺杆菌致病机制研究的一个关键点，对于预防和治疗该菌感染具有重要意义。

蜡样芽孢杆菌的致病性主要是与胃肠道疾病有关，它能够产生不同类型毒素，引起人体急性的腹痛、腹泻及呕吐等症状。此外，蜡样芽孢杆菌可以直接感染机体，如眼部感染、脑膜炎、心内膜炎和骨髓炎、肝炎等炎症。感染蜡样芽孢杆菌的症状一般都比较温和，人体通常可以自愈，但有些由蜡样芽孢杆菌引起的中毒是严重的，甚至是致命的。

根据不同类型蜡样芽孢杆菌引起的致病症状，可以将蜡样芽孢杆菌分为致泻型蜡样芽孢杆菌和致呕型蜡样芽孢杆菌。致泻型蜡样芽孢杆菌可以产生多类致泻型肠毒素，包括非溶血性肠毒素（Nhe）、溶血性肠毒素（Hbl）、细胞毒素 K（Cyt K）、肠毒素 FM（enterotoxin FM, Ent FM）等[203]。其中对蜡样芽孢杆菌的毒力起主要作用的是非溶血性肠毒素（Nhe）、溶血性肠毒素（Hbl）和细胞毒素 K（Cyt K）。非溶血性肠毒素和溶血性肠毒素是造成人体腹泻的主要原因。细胞毒素（CytK）分为两类，其中 CytK1 可表现出高度毒性[204]，是从一株高致病型蜡样芽孢杆菌中分离得到的，与金黄色葡萄球菌 α-溶血素结构相似，可引起坏死性肠炎的肠毒素[205]。致泻型肠毒素不耐高温酸碱，进入胃中会被破坏，由此推断引起致泻型食物中毒是食物中残留蜡样芽孢杆菌进入人体内增殖产生毒素所致。一般当食品中蜡样芽孢杆菌的数量在 10^5～10^8cfu/g 就有可能引起食物中毒[206-208]，欧美国家多见。蜡样芽孢杆菌引起的呕吐型中毒是由呕吐毒素 cereulide 导致的。cereulide 是由十二个氨基酸组成的环状多肽[209]，其致病性在于对各类细胞具有损伤作用，例如肝细胞、人的自然杀伤细胞、胰腺 beta 细胞等。cereulide 危害性不仅在其毒性强，而且它的结构稳定，在高温强酸碱条件下仍不易分解[210]。所以即使食物中残留的蜡样芽孢杆菌活菌很少或者无残留，但如果呕吐毒素残留达到一定浓度，也会引起食物中毒。加拿大曾有一位17岁男孩因食用含有cereulide的食物引发急性肝衰和横纹肌溶解而死亡的案例[211]。呕吐型中毒在亚洲特别是中国、韩国和日本等地较为常见。蜡样芽孢杆菌产毒的具体致病情况总结如表2-4-2。

表2-4-2　两类致病性蜡样芽孢杆菌的特征比较

特征	致泻型蜡样芽孢杆菌	致呕型蜡样芽孢杆菌
毒素类型	蛋白质；肠毒素，包括Hbl，Nhe，CytK等	环状多肽，呕吐毒素(cereulide)
致病剂量	＞10^5 cfu	＞8 μg/kg
作用时间	8～16 h	0.5～6 h
发病症状	腹痛、腹泻，偶尔恶心	恶心呕吐。偶尔有因为肝损伤而致命的病例
毒素产生部位	一般在宿主的胃肠道中	在菌株生长的食品基质中
引起中毒的食品类型	即食性食品、牛奶、肉制品和蔬菜等	富含淀粉类食品，米饭、马铃薯、意大利面等

因能产生耐受性芽孢，蜡样芽孢杆菌可以存在于各类环境中。致病性蜡样芽孢杆菌污染各类食品，包括肉类、米饭、面类、蔬菜和奶制品等[212-217]。一般的杀菌方式很难将其芽孢彻底杀死，一旦条件适合，芽孢复苏并大量繁殖，很可能导致食品中毒事件的暴发。蜡样芽孢杆菌引起的两类食源性疾病呕吐型和腹泻型有着不同的食物类型分布特征：呕吐型疾病常与面食、米饭等富含淀粉的食品有关[218-220]；腹泻型疾病通常与蛋白质丰富的食物有关，如肉产品、奶制品，在蔬菜、沙拉酱等即食性食品中也常见致泻型蜡样芽孢杆菌。由于蜡样芽孢杆菌通常广泛分布于土壤及各类环境，推测这些致病菌污染途径通常是从土壤引入，经过一系列不同的加工环境，被富集在不同类型的食品中。

蜡样芽孢杆菌致病风险性在于其检测及监测的困难性。蜡样芽孢杆菌且同苏云金芽孢杆菌(*Bacillus thuringiensis*)、炭疽芽孢杆菌(*Bacillus anthracis*)、蕈状芽孢杆菌(*Bacillus mycoides*)、假蕈状芽孢杆菌(*Bacillus pseudomycoides*)和韦氏芽孢杆菌(*Bacillus weihenstephanensis*)等有着非常相似遗传基因特征的一组菌群组成蜡样芽孢杆菌组(*Bacillus cereus* group)。这些菌遗传基因相似型可达到97%以上[221,222]，而其致病性却有着很大的区别。如炭疽芽孢杆菌是毒性很大的人畜共患病原菌；苏云金芽孢杆菌是常见的生物杀虫剂；蕈状和假蕈状芽孢杆菌则未见有毒性报道；韦氏芽孢杆菌为某些菌株产毒素的耐低温菌[223]。这些菌种的遗传及生理特性十分相似，常造成混检，无法准确了解蜡样芽孢杆菌在食品中的污染状况，增加了蜡样芽孢杆菌致病风险。对于由蜡样芽孢杆菌引发的食品中毒事件的监测也有一定困难。首先是蜡样芽孢杆菌引起的病症发作时间短，人体的自愈性强，许多中毒事件没有被报道。其次，蜡样芽孢杆菌引起的食物中毒的症状与金黄色葡萄球菌及产气荚膜梭菌类似[224,225]，造成监控数据可能远低于实际发生食品中毒的人数。这些情况都使蜡样芽孢杆菌的致病风险被远远低估。

蜡样芽孢杆菌的致病潜力可以通过其生长环境进行评估和控制。环境因子，如含氧量、温度、pH等对蜡样芽孢杆菌生长及产毒具有重要的影响。有研究表明，含氧量高对蜡样芽孢杆菌的呕吐毒素cereulide的产量有提升作用[226]，真空包装是抑制其产毒的一个有效策略。温度对不同类型的蜡样芽孢杆菌的影响不同，一般致泻型菌株产肠毒素的最适温度在

30～37℃，在一定范围内的温度提高可以增加其毒素产量[227]。而致呕型菌株的产毒温度较致泻型菌株的低，多数菌株产毒量最高时的温度范围在 23～28℃，在 12～15℃间毒素的产生水平明显高于在 30℃的产毒量，且在 37℃产毒量很少[228]。所以低温保存可以有效抑制大多数菌株的产毒。食品基质是致病性蜡样芽孢杆菌主要的生存环境。研究表明，肠毒素在酸性食品基质中仍能产生，但产生水平下降，可能是酸环境下菌株的生长受到抑制而间接影响菌株产毒[229,230]。在研究蜡样芽孢杆菌酸应激反应中，测定菌株不同 pH 肠毒素的合成情况，发现溶血性 Hbl 和非溶血性 Nhe 肠毒素的生产都是在一定 pH 范围内发生的，Hbl 的产生在 pH5.5～9.0 间，而 Nhe 产生的最适 pH 为 6.0[231]。探究这些外在因素在控制蜡样芽孢杆菌毒力中的作用，可以为防止在食品生产和加工链中蜡样芽孢杆菌毒素产生提供新的有效的策略。

实际上，不同亚型的致病菌其致病力也不尽相同，如在沙门菌中，伤寒沙门菌和甲、乙、丙型副伤寒沙门菌主要通过水传播，引起伤寒、副伤寒疾病，而其他血清型的沙门菌，主要通过食物传播，引起胃肠炎、败血症和局部感染等非伤寒类疾病，最常见的是鼠伤寒沙门菌和肠炎沙门菌。此外，4b 血清型的单增李斯特菌是导致食物中毒类型李斯特菌病的主要类型；O3:K6 型副溶血性弧菌被认为是引起食物中毒的第一流行标记，在欧洲、莫桑比克、美国、墨西哥和美洲南部等地区的临床菌株中都有所发现。

4.2.3　我国食源性病原微生物耐药性分析

我国是抗生素使用大国，这一现状导致了多重耐药细菌的激增，其潜在的环境和健康风险引起了科学家、公众和政府的广泛注意。因此，我们也对上述的食源性病原微生物的耐药性问题进行了调研分析。

副溶血性弧菌被认为对大多数的抗生素是敏感的，一些抗生素例如四环素、氯霉素被用于治疗此菌的严重感染[232]。然而，在过去的几十年中，由于在人体医疗、农业与水产系统中大量使用抗生素，出现了大量的具有抗生素抗性的细菌菌株[233]。例如，四环素被用来治疗严重的弧菌感染，第三代头孢菌素、强力霉素或者氟喹诺酮也可以单独用于弧菌感染。抗生素也普遍在渔业生产中用于治疗鱼类细菌感染[234,235]。由于抗菌药物的广泛使用，全球细菌耐药性日益严重，副溶血性弧菌的耐药性也越来越普遍。相比于霍乱弧菌，对于副溶血性弧菌的抗药性没有明确记录[233]。在以往的报道中，越来越多的副溶血性弧菌被检测出对氨苄青霉素、氨基糖苷类(链霉素和庆大霉素)、环丙沙星、氯霉素等的抗生素产生抗性。Zanetti 等最早于 2001 年报道在意大利发现了 80 株氨苄青霉素抗性的副溶血性弧菌菌株。到目前为止，抗药性副溶血性弧菌在全球都有检出，并随着抗药能力的提高，研究者从临床和食品中分离到越来越多的副溶血性弧菌的多重耐药株。在美国、欧洲、巴西、印度、泰国、马来西亚等国家和地区[234,236-241]，都报道了副溶血性弧菌抗性菌株及多重抗性菌株。

在我国，副溶血性弧菌的抗性菌株也普遍存在。黄锐敏等研究了深圳引起食物中毒的副溶血性弧菌菌株的抗药性，监测到其对氨卞青霉素、头孢噻吩、头孢西丁耐药性菌株占 83.9%以上[242]。在内陆地区，菌株的抗药谱也相似[243]，Liu 等[244]对从河北省分离的抗性副溶血性弧菌菌株进行 PFGE 分型，结果显示同一簇的菌株具有较近的亲缘性和相同的抗性类型，这暗示了菌株抗性与地域的关联性。在水生动物养殖中，抗菌副溶血性弧菌病普遍存在，且呈现出地区性差异。马聪等[245]发现，中国海域分离的弧菌对氯霉素、头孢类、四环素的敏感率高达85%以上，对氨苄西林耐药率为20%左右；南海海域所分离弧菌的抗生素耐药率最低，渤海海域最高。

沙门菌在进化过程中可以产生严重的耐药以及多重耐药(multidrug resistance，MDR)现象，引起全球的广泛关注。沙门菌对传统抗菌药物，如氨苄西林、磺胺类、四环素、氯霉素、链霉素、甲氧苄啶、庆大霉素等表现不同的敏感性，产生泛耐药和多重耐药性。Yang等[246]2007～2008年对陕西省西安、杨凌和宝鸡等地的零售肉食品的监测显示，283株沙门菌分离株中，80%的菌株对1种抗生素耐药，53%的菌株对3种以上抗生素耐药，沙门菌分离株对磺胺甲噁唑耐药最为普遍(67%)，其次为复方新诺明(58%)、四环素(56%)、萘啶酮酸(35%)、环丙沙星(21%)和头孢曲松(16%)。Yang等[247]对2008年分离自河南省的152株食品来源沙门菌株的药敏实验结果显示28%的菌株对1～3种抗生素耐药，37%的菌株对4～6种抗生素耐药，12%的菌株对10种以上的抗生素耐药。Yang等[248]2010年对6个省/自治区(陕西、四川、河南、广东、广西和福建)和2个市(北京和上海)1152份零售鸡肉样品进行了沙门菌污染调查，所分离的699株沙门菌菌株中，8.58%是产超广谱β-内酰胺酶(ESBLs)的菌株。Yang等[249]于2011～2014年对全国24个主要城市和地区的水产品开展了沙门菌污染调查研究，对分离获得的103株沙门菌分离菌株的药敏实验结果显示，66.0%的菌株对1种抗生素耐药，34.0%的菌株对3种以上抗生素耐药。

沙门菌多重耐药菌株在全球多个国家被报道，包括染色体介导的ASSuT耐药菌株、以质粒介导的ACSuGSTTm耐药菌株，以及ACSSuT耐药菌株等流行株系。具ASSuT耐药特性的沙门菌菌株在西班牙、意大利、丹麦、英国、法国、捷克都曾分离到，多携带*blaTEM*、*strA-strB*、*tet (B)*、*sul2*抗性基因[250]。另外，德国沙门菌多重耐药菌株中发现了由质粒介导的ESBLs。8株分离自猪(6株)、羊、牛的沙门菌株表达ESBL CTX-M-1酶，都具有位于35-100 kb IncI1(7株)或IncN(1株)质粒上的*blaCTX-M-1*基因。最近，*mcr-1*(mobile colistin resistance)基因引起的多黏菌素耐药性问题引起研究者的广泛关注。*mcr-1*基因也在葡萄牙的临床分离株和猪肉食品分离株中发现，分别位于IncX4和IncHI2质粒上。

单增李斯特菌是重要的革兰氏阳性食源性致病菌，青霉素、氨苄青霉素和复方新诺明是治疗人类李斯特菌病的首选抗生素。监测食源性单增李斯特菌的耐药情况，不仅可以掌握食源性单增李斯特菌耐药趋势，而且可为李斯特菌病的临床治疗提供数据参考。张亚兰等[251]采用E-test法对2003年和2004年全国食品污染物监测网11省(市)分离的142株单增李斯特菌进行13种抗生素药物敏感性试验，结果发现菌株的平均耐药率为14.1%，主要耐受四环素、强力霉素、红霉素和链霉素。其中，对四环素耐受最严重，耐药率达13.4%。7类食品中自生鸡肉中分离的菌株耐药率最高，达28.3%。来自河南、北京和吉林的菌株耐药率居前三位，分别为37.5%，26.3%，25.0%，分离自不同食品、不同省份的单增李斯特菌耐药性存在差异。杨洋等[252]研究2005年467株中国食源性单增李斯特菌对15种抗生素的药敏情况。467株单增李斯特菌耐药率为4.5%，主要耐受四环素和环丙沙星，四环素耐受最严重，耐药率达4.07%。在7类食品中，分离自蔬菜的单增李斯特菌的耐药率最高，为10%。闫韶飞等[253]研究2012年中国23个省市自治区635株食源性单增李斯特菌对8种抗生素及多位点序列分型(multilocus sequence typing，MLST)测定。结果表明635株单增李斯特菌检测出 66 株耐药菌，平均耐药率为 10.39%。耐四环素菌株最多为 49 株，其次为耐环丙沙星 20 株、红霉素 10 株、氯霉素 7 株、复方新诺明 3 株。耐受 2 种抗生素有 8 株，耐受 3 种及以上抗生素有 7 株。另外 75 株菌对环丙沙星耐药性介于中介度。耐药株 MLST 分型表明，ST155、ST9、ST705 和 ST87 为我国单增李斯特菌耐药株常见型别。四环素和四环素-红霉素-氯霉素耐药谱在 MLST 聚类分析中有集中趋势，耐药菌株主要来源于熟肉制品和中式凉拌荤菜。张淑红等[46]研究 2005～2013 年河北省即食食品中分离的 136 株单增李斯特菌对 15 种抗生素的耐药性，耐药率为 13.97%，以氯霉素耐药率最高(7.35%)，其次是四环素和复方新诺明(均为 4.41%)，强力霉素和环丙沙星的耐药率均为 2.94%，所有菌株对青霉素、亚胺培南、头孢噻吩、利福平、氨苄西林-舒巴坦酸敏感。北京市西城区 2012～2015 年对 50 株食源性和人源性单增李斯特菌分离株进行 14 种抗生素的药物敏感性试验，耐药率为 22.00%，结果提示人源性单增李斯特菌的耐药率(37.50%，3/8)明显高于食源性单增李斯特菌的耐药率(19.05%，8/42)[254]。Chen 等[255]对华南四省 177 株分离株进行 15 种抗生素耐受性分析表明，分离株对青霉素、氨苄青霉素和环丙沙星三种抗生素的抗性比例较高，分别达到 23.1%、20.9%和 24.3%，对其他 12 种抗生素的敏感性处于 89.3%～100%之间，其中对万古霉素、强力霉素、舒巴坦酸/氨苄青霉素和头孢菌素均敏感，但出现少量菌株对万古霉素、万古霉素、强力霉素和头孢菌素具有中度抗性。综上，我国各个地区食源性单增李斯特菌分离株主要对氯霉素、四环素和环丙沙星等常用抗生素耐药。

大肠杆菌 O157 菌株的耐药性问题在世界上多个国家已有报道。在我国，白莉等对食品中分离的 110 株 O157 进行了耐药性检测。结果发现 110 株菌中有 43 株菌至少对一种抗生素有抗性。耐药率最多的前三种抗生素分别为四环素(30.0%，33/110)，磺胺甲噁唑(29.1%，32/110)和萘啶酸(26.4%，29/110)。共有 24 个耐药谱出现，耐两种以上抗生素的菌株有 34 株，耐 3 种以上抗生素的多重耐药菌株有 32 株。最常见的三种耐药谱为 SMX-AMP-NAL-SMX-SXT-TET、AMP-CHL-NAL-SMX-SXT-TET 和 AMP-SMX-SXT-TET/TET。O157:hund 对所测试的抗生素的耐药率明显高于大肠杆菌 O157:H7。通过不同种类食品中大肠杆菌 O157 菌株耐药率比较发现，从生猪肉、生禽肉中分离的菌株耐药率相对高于其他食品种类。表明我国食品中分离的大肠埃希菌 O157 耐药现象严重，应加强养殖环节和零售环节食源性致病菌药敏特征的监测[256]。广东省微生物研究所食品安全研究团队前期的研究也表明，所有分离株都抗青霉素，对氨苄西林、氯霉素、四环素、卡那霉素和链霉素等抗生素的抗性也非常普遍(39.29%～64.29%)[257]。

对于大肠杆菌菌株导致的感染，是否使用抗生素一直存有争议。研究认为，某些情况下，抗生素的治疗不能改善其引起的感染状况，且还会加重引发溶血性尿毒综合征的风险。原因是抗生素裂解了细菌的细胞膜，加速毒素的释放。但某些抗生素，若是在感染早期使用，可能会降低疾病发展成为溶血性尿毒综合征的风险。2011 年德国暴发的大肠杆菌 O104:H4 疫情，该菌株联合携带了产志贺毒素大肠埃希菌的基因(*stx2*、*iha*、*lpfO26*、*lpfO113*)和聚集性黏附大肠埃希菌的基因(*aggA*、*agg*、*set1*、*pic*、*aap*)，并表现出以上基因赋予的特性，同时该菌株具有产生 β-内酰胺酶的基因，并表现出对多种青霉素类和头孢类药物耐药[53]。对 2011 年德国产志贺毒素暴发事件溶血性尿毒综合征病人分离的 O104:H4 菌株，添加某种抗生素进行培养，没有出现志贺毒素合成和释放的增加。

近年来，大肠杆菌 O157 的耐药性一直在增加，这与某类抗生素在养殖业的预防性用药和作为生长剂的使用有关。在养殖业，抗生素不仅作为预防性用药，也作为一种促生长剂，必然对经济动物肠道内的菌株造成一定的耐药选择性压力。经济型动物，特别是牛羊等牲畜，是 O157 的天然宿主。当动物生存的环境使用抗生素时，就成为耐药细菌的耐药库。经济型动物在饲养、生产、加工过程中，动物的排泄物等物质势必携带耐药菌株、可移动的耐药基因，对外在的环境也造成耐药的选择性压力。因此，加强养殖业和环境中抗生素的合理使用非常必要。

对于金黄色葡萄球菌，甲氧西林的耐药给全世界带来了巨大的影响。1960 年，甲氧西林作为青霉素的替代抗生素被首次应用于临床中，仅仅一年，在英国就发现了首例耐甲氧西林金黄色葡萄球菌(methicillin-resistance *Staphylococcus aureus*，MRSA)。MRSA 被发现以后，它可以对几乎所有 β-内酰胺类抗生素耐药。最初，MRSA 仅发现于临床病人体内，呈现医院/院内感染模式，经过近半个世纪的发展，几乎蔓延至全球大部分的医疗机构；近年来，世界各地的社区健康人群中陆续出现社区相关 MRSA 的暴发，且呈逐年递增趋势[258]。值得关注的是，越来越多的报道显示包括食物、动物也开始成为 MRSA 散播的一种新型途径，人们通过食用、接触和排泄(物)引发感染。现如今，MRSA 不仅是一种重要的医院获得型流行株，而且是以我们想象不到的速度，迅速蔓延，成为对公共安全极具威胁的一种致病菌。

目前，MRSA 的分离率在世界范围内呈逐年增加的趋势。在美国，MRSA 临床分离率从 1975 年的 2.4%增长到了 1991 年的 29%，到 2002 年，临床分离率高达 30%～50%。在欧洲，MRSA 的分离率差别较大，在荷兰、丹麦、瑞典等少数国家，感染率较低(约 10%)；但在其他国家，如在葡萄牙和意大利，MRSA 在临床分离出的金黄色葡萄球菌中可达到 50%。近年来，我国各个地区和医院 MRSA 检出率都明显呈逐年增加的趋势，分离率在 40%～70%之间。2000～2003 年，广州地区 12 家医院的 MRSA 的检出率分别为 50.8%、65.0%、61.1%和 70.8%，呈递增趋势。2005 年，深圳市医院 MRSA 的分离率为 67.6%。20 世纪 80 年代，上海地区 MRSA 的分离率约为 24%，近年来则升至了 60%～65%，湖北地区 MRSA 的分离率从 1996 年的 16.9%升至 2002 年的 31.0%。在我国的住院患者中，每年约有 5%～10%发生 MRSA 院内感染，总体呈上升的趋势；这些患者因感染 MRSA 而不得不延长住院时间，从而支付更多的医疗费用。MRSA 以其多重耐药性不但增加了治疗的复杂性和难度，而且增加了抗生素的消耗量和医疗费用。

一般来说，MRSA 除了对 β-内酰胺类抗生素耐药外，还呈现出对多种抗生素的耐药表型，其耐药性主要来源包括两类：获得性耐药和固有型耐药。其中，获得性耐药由质粒介导，通过耐药基因转导、转化或其他类型的重组插入，导致各种耐药表型；而由一种具有移动能力的新型基因元件——葡萄球菌染色体盒(staphylococcal cassette chromosome *mec*，SCC*mec*)携带 *mecA* 或各种耐药基因，通过特异性重组作用插入金黄色葡萄球菌的染色体中，并由此引起的耐药称之为固有型耐药，该机制为 MRSA 耐药的主要机制。*mecA* 基因是导致 MRSA 对 β-内酰胺类抗生素耐药的原因所在，它编码的一种新型的青霉素结合蛋白(penicillin binding protein，PBP) PBP2a(78KD)可替代 PBP，使细菌失去与 β-内酰胺类抗生素结合的能力，因而无法结合并发挥活性。另外，也发现 *mecC* 基因同样可编码相关蛋白，抑制抗生素发挥作用。

当然，无论是耐药性、致病性还是宿主适应性，都与金黄色葡萄球菌的可移动遗传元件(mobile genetic elements，MGEs)有着密切的联系。MGEs 位于金黄色葡萄球菌的附属基因组上，约占金黄色葡萄球菌全基因组的 15%～20%，通常包含噬菌体、质粒、插入序列、转座子、毒力岛(SaPI)和葡萄球菌染色体盒等组分[259]。目前，除噬菌体外，其他 MGEs 都有耐药基因(ARGs)携带的发现[260-262]。因此，耐药基因是导致金黄色葡萄球菌出现耐药的主要原因，如 *vanA* 耐药基因的水平转移，导致 MRSA 出现万古霉素耐药[263]。

作为全球细菌性食源疾病的主要原因之一，空肠弯曲菌一直是重大食品安全和公共卫生的挑战。在发达国家和发展中国家，弯曲菌感染的发病率都显著增加，更重要的是，耐抗生素的弯曲菌菌株也迅速出现，有证据表明使用抗生素，特别是氟喹诺酮类抗生素作为生长促进剂在畜牧业中也会加速这一趋势。而细菌耐药性的发展限制了人类及动物的治疗效果，使得近年来抗生素耐药性成为发达国家和发展中国家关注健康的焦点。在拉丁美洲进行的研究显示，分离到的弯曲菌菌株几乎对所有抗菌药物(红霉素和链霉素除外)的耐药率都很高；从大洋洲分离的菌株耐药结果显示对环丙沙星、四环素和萘啶酸耐药率最低，但对红霉素、链霉素、庆大霉素及氨苄西林显示高度耐药[264]。从人类中分离且对四环素耐药的弯曲菌分离株的检出率在亚洲国家最高，在非洲国家最低；对于欧洲地区，从人类分离到的分离株对红霉素耐药的检出率与其他地区相似；在非洲和拉丁美洲国家，从肉鸡中分离出来的弯曲菌对氨苄西林显示出较高的耐药率，而在北美国家检出的弯曲菌则对氨苄西林耐药率较低[264]。在 Signorini 等[264]的研究中，一般来说，从肉鸡、公鸡、其他家禽(特别是火鸡)以及猪中分离的弯曲菌菌株对大多数抗生素的耐药率都是最高的。目前，抗生素的耐药率增加，推测可能与在动物饲养过程中加入了这些抗生素有关[264]。

最近对从南非私人保健部门分离的弯曲菌进行的一项研究发现，这些分离株对氟喹诺酮类、大环内酯类和四环素的耐药率很高，而这几类抗生素是空肠弯曲菌病和结肠弯曲菌病主要治疗的药物[265]，因而这将会影响到弯曲菌的治疗效果。近年来，从发展中国家和发达国家分离出的弯曲菌对多种抗菌药物都表现出耐药性，包括治疗弯曲菌病最常用的抗菌药物氟喹诺酮类、四环素类、β-内酰胺类、氨基糖苷类和大环内酯类[55,265-267]，这使得世界卫生组织在 2017 年将弯曲菌列为六种高度耐药病原体之一。动物、农业和人体医学中抗菌药物的使用都影响着弯曲菌耐药性的发展[55]。

2010～2014 年，在广州地区 2088 例腹泻患儿粪便标本中共检出 154 株空肠弯曲菌，该地区儿童感染的空肠弯曲菌对氨基糖苷类药物敏感[268]。2015 年，杨婉娜等[269]对成人腹泻患者分离到的 193 株空肠弯曲菌进行耐药性实验，空肠弯曲菌对喹诺酮类的耐药率变化最为显著，对环丙沙星的耐药率呈显著上升；对红霉素的耐药率基本稳定；对庆大霉素的耐药率有所上升但不显著。2018 年，许海燕等[270]从南通市婴幼儿腹泻者中分离到了 32 株空肠弯曲菌，且用临床常用的 19 种抗生素对这些分离株进行药敏性试验，均为多重耐药菌株。其中，弯曲菌对三种抗生素敏感率超过 80%，分别为庆大霉素 81.25%、红霉素 84.38%、阿奇红霉素 90.63%，但耐药率超过 80%的却有 9 种，分别为阿莫西林 90.63%、头孢拉定 100%、头孢哌酮 100%、头孢克洛 96.88%、诺氟沙星 84.38%、环丙沙星 87.5%、左旋氧氟沙星 84.38%、萘啶酸 84.38%、复方新诺明 100%[9]。

相较于人源株，动物源株耐药率更高，多重耐药现象更严重。2016 年，曲萍等[268]对我国 5 个省份的屠宰场鸡胴体分离的空肠弯曲菌耐药状况进行了分析，8 种抗生素中，72 株菌对喹诺酮类(环丙沙星 98.6%、萘啶酸 93.1%)，四环素类(四环素 94.4%、多西环素 90.3%)和头孢菌素类(头孢拉定 87.5%)的耐药率较高；对青霉素类中的阿莫西林克拉维酸及磺胺类药物显示为中等耐药(阿莫西林克拉维酸 45.8%，甲氧苄啶/磺胺噁唑 44.4%)；对大环内酯类、氨基糖苷类、林可酰胺类显示为低度耐药。空肠弯曲菌对青霉素类、大多数的头孢菌素类、甲氧苄氨嘧啶、磺胺甲噁唑等表现为天然耐药。而近几年的研究表明，空肠弯曲菌对氟喹诺酮类、大环内酯类、氨基糖苷类和β-内酰胺类表现出不同程度的耐药。2017 年，对乌鲁木齐牛源肛拭子和昌吉牛场分离到的空肠弯曲菌进行耐药实验，结果显示分离到的空肠弯曲菌对单环β内酰胺类、氨基糖苷类抗生素高度敏感，但对喹诺酮类抗菌药物、大环内酯类、大部分头孢菌素类抗生素产生了耐药[271]。曾杭等[272]对鸭源弯曲菌的研究中，显示对抗生素耐药状况比较严重，多重耐药现象也较为普遍。其研究中弯曲菌对四环素产生很高的耐药性，这与近年来我国大量使用四环素类药物治疗家禽的腹泻等疾病有关。在动物中滥用抗生素会导致耐药株的产生，并且会加剧耐药情况。

食品中弯曲菌的耐药情况也不容乐观。2010 年，袁丹茅等[273]对龙岩市的 5 类食品包括市售生畜禽肉类、生牛奶、生食蔬菜、鸡蛋、水产品进行了检测，检出 11 株弯曲菌，且这些分离株对 1 种抗生素的耐药性为 54.5%，对 2 种抗生素的耐药性为 36.4%，对 3 种抗生素的耐药性为 18.2%。2014 年，林兰等[274]调查了北京市 9 个城区超市及农贸市场零售整鸡中弯曲菌的耐药性情况，结果显示空肠弯曲菌的多重耐药率高达 55%。2017 年，马慧[275]采集了来自天津市各个区具有典型代表的超市及菜市场的 227 份鸡肉样品，其中检出 42 份样品是弯曲菌阳性，同时对空肠弯曲菌分离株进行抗生素药敏试验，结果表明，所有的菌株均耐环丙沙星和萘啶酮酸，即耐药率为 100%，其次是对四环素和强力霉素存在较高的耐药性。空肠弯曲菌的耐药谱呈现出多样化和复杂化的趋势，细菌耐药性的产生，会使一些抗生素失去治疗的效果，甚至影响一些疾病的治疗。多重耐药株的不断出现已成为现代社会所面临的公共健康问题之一。

世界范围内，小肠结肠炎耶尔森菌总体的耐药情况并不严重，这可能与欧美国家对于小肠结肠炎耶尔森菌通常建议不采取抗生素治疗有关[276]。大多数小肠结肠炎耶尔森菌产生耐药性的抗生素主要为氨苄青霉素、红霉素。同时，不同地区分离到的小肠结肠炎耶尔森菌的耐药谱又有所差异。2013 年，中国研究人员针对高密市 2006～2011 年分离到的 163 株小肠结肠炎耶尔森菌的耐药性进行了研究[277]。结果显示，该地分离到的小肠结肠炎耶尔森菌对哌拉西林/他唑巴坦、头孢曲松、头孢吡肟、氨曲南、厄他培南、亚胺培南、阿米卡星、庆大霉素、妥布霉素、左氧氟沙星和替加环素的敏感率均达到或接近 100%，氨苄西林和头孢唑啉的耐药率超过 90%；94.5%(154/163)的菌株对 2 种及 2 种以上的抗菌药物耐药，且对 4 种及 4 种以上的抗菌药物耐药的菌株达到 71.2%(116/163)。经过统计计算后，研究者认为高密市小肠结肠炎耶尔森菌在不同年份、不同宿主间的抗菌药物敏感性变化不大，但耐受多种抗菌药物的现象严重。2015 年一项关于中国食品的调查[278]共测定了小肠结肠炎耶尔森菌对 16 种抗生素的耐药性(图 2-4-6)，其中大部分小肠结肠炎耶尔森菌均产生耐药性的抗生素有三种，分别为氨苄青霉素(91.4%)，先锋霉素(91.4%)，复方新诺明(79.3%)；对其他 13 种抗生素则大多数小肠结肠炎耶尔森菌都表现为敏感。

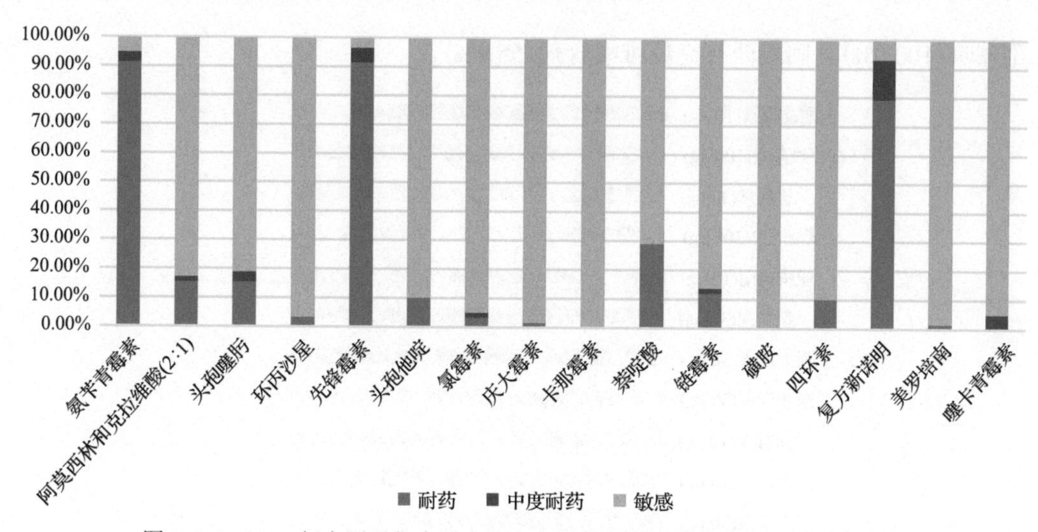

图 2-4-6　2015 年中国零售食品中检出小肠结肠炎耶尔森菌的抗生素耐药性

2007 年希腊食用动物的调查[279]采集了 835 份来自猪、鸡、羊、牛的样品，并从中分离到了 83 株耶尔森菌，其中 76 株为小肠结肠炎耶尔森菌。76 株小肠结肠炎耶尔森菌中 58 株为 O:3 血清型/4 生物型株，其余 18 株为非 O:3 或非 O:9 血清型。作者按此分类统计了耐药性(表 2-4-3)。两种类型的小肠结肠炎耶尔森菌对氨苄青霉素、头孢噻吩和红霉素的耐药性相似，而对替卡西林、阿莫西林克拉维酸合剂、氨苄西林、头孢西丁和链霉素的耐药性则差异较大，这说明小肠结肠炎耶尔森菌的耐药性与其生物型和血清型可能有一定关系。

表 2-4-3　2007 年希腊食用动物中分离到的小肠结肠炎耶尔森菌的耐药性

抗生素	O:3 血清型/4 生物型菌株	非 O:3 或 O:9 血清型菌株
氨苄青霉素	98.3%(57)	77.8%(14)
头孢噻吩	100%(58)	88.9%(16)
红霉素	100%(58)	100%(18)
替卡西林	98.3%(57)	38.9%(7)
阿莫西林克拉维酸合剂	15.5%(9)	44.4%(8)
氨苄西林/舒巴坦	17.2%(10)	33.3%(6)
头孢西丁	1.7%(1)	50%(9)
链霉素	27.6%(16)	0.6%(1)

2010～2011 年马来西亚生猪和猪食的调查[280]共测定了小肠结肠炎耶尔森菌对 29 种抗生素的耐药性(图 2-4-7)。其中小肠结肠炎耶尔森菌耐药性较为严重的抗生素有：克林霉素(87.5%)，氨苄青霉素(87.5%)，阿莫西林(84.4%)，替卡西林(78.1%)，萘啶酸(62.5%)，四环素(62.5%)。同时该调查显示，马来西亚猪肉中存在的小肠结肠炎耶尔森菌对大部分的抗生素都很敏感。巴西一份小肠结肠炎耶尔森菌的报告[281]总结了 30 多年(1979～2012 年)巴西耶尔森菌属参考中心分离到的 34 株小肠结肠炎耶尔森菌。这 34 株小肠结肠炎耶尔森菌耐药性较普遍的抗生素有：氨苄青霉素(100.0%)，替卡西林(100.0%)，头孢唑啉(100.0%)，

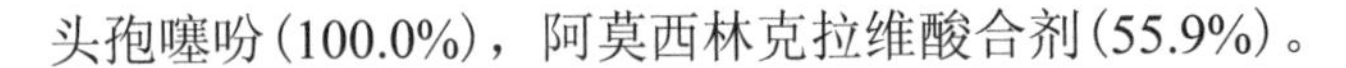
头孢噻吩（100.0%），阿莫西林克拉维酸合剂（55.9%）。

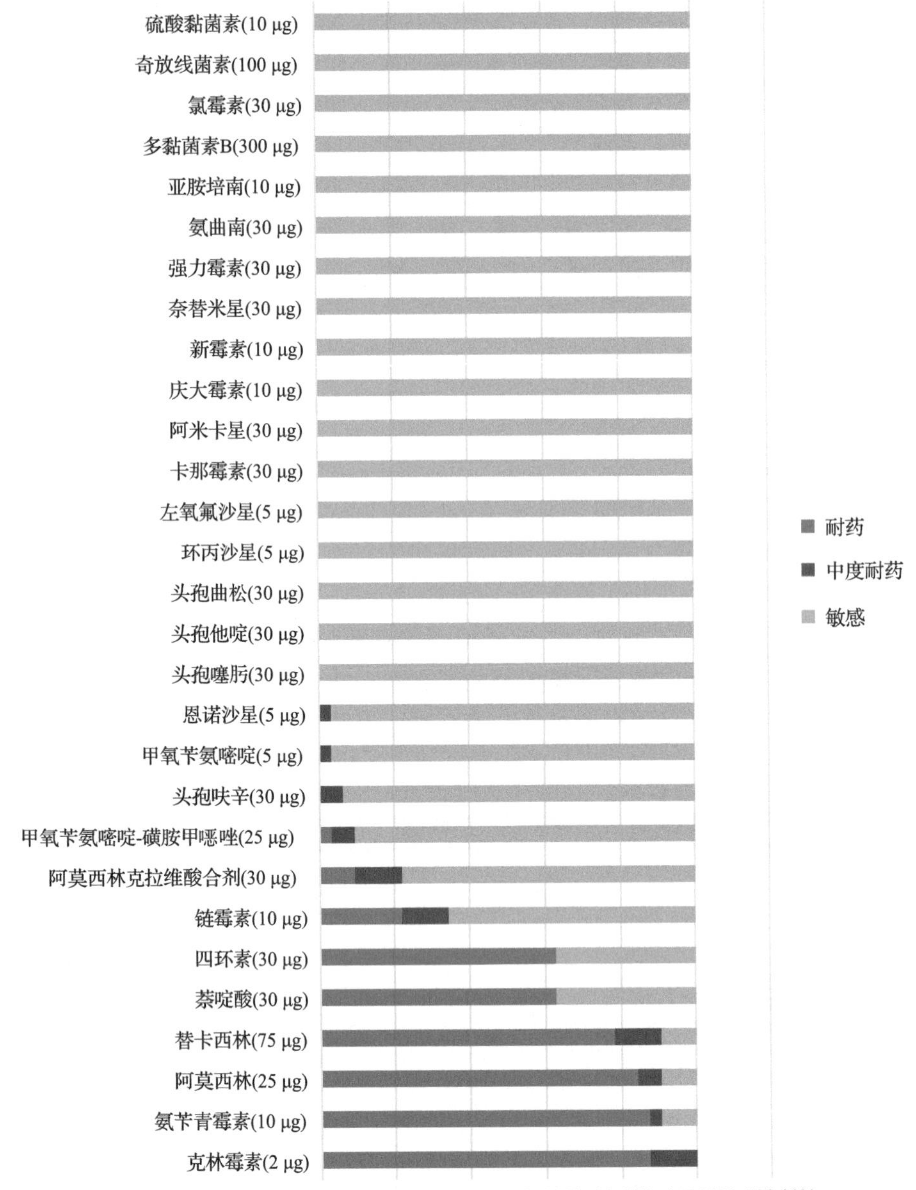

图 2-4-7　2010～2011 年马来西亚生猪及猪食中检出小肠结肠炎耶尔森菌的抗生素耐药性

2018 年报道的关于欧盟 312 份水果蔬菜中耶尔森菌的调查[282]中分离到了 18 株小肠结肠炎耶尔森菌，并测定了它们对 20 种抗生素的耐药性，其中分离到的小肠结肠炎耶尔森菌产生较普遍耐药性的抗生素有：阿莫西林克拉维酸合剂（88.9%），氨苄青霉素（100%），头孢西丁（44.4%），哌拉西林/三唑巴坦（33.3%），头孢呋辛酯（22.2%）。

在国外，耶尔森菌病的治疗方法比较多样，这主要取决于患者的临床表现，许多医生和研究者认为使用抗生素治疗耶尔森菌病是非必要的，因为现在该病在大部分情况下都可自愈，并且抗生素也不能缩短自愈所需的这一段时间。只有一些罕见的严重症状的耶尔森菌病患者需要进行手术，比如胃肠道阻塞或穿孔，严重的消化道出血或肠套叠[283]。但在我国，因为医院一般不会进行微生物学诊断，所以常常将耶尔森菌患者当作其他疾病患者，同时使用抗生素的情况比较普遍。针对于此，我们有必要重新审视耶尔森菌病的治疗方法，减少抗生素的使用，避免小肠结肠炎耶尔森菌耐药性逐渐增强情况的出现。

目前婴幼儿配方奶粉中污染克罗诺杆菌与婴幼儿感染已被证实有流行病学联系，因此奶粉中克罗诺杆菌的耐药情况研究十分重要。裴晓燕等[284]测定了 16 株婴幼儿配方奶粉阪崎克罗诺杆菌分离株对 β-内酰胺类、氨基糖苷类、多肽类抗生素、氟喹诺酮类、四环类抗生素、氯霉素类等 6 大类 28 种抗生素的药敏试验。结果显示，所有试验菌株均对苯唑西林和青霉素 G 耐药；除 1 株菌株之外，其他菌株同时也对头孢唑啉和头孢泊肟耐药；试验菌株对其他抗生素的敏感率分别为头孢噻肟 87.5%、头孢曲松 81.25%、四环素 81.25%；另外，试验菌株对抗生素的中介率较高的有头孢哌酮 68.75%、头孢呋辛 56.25%、美洛西林 43.75%、氨曲南 31.25%。除 1 株菌株对阿莫西林、阿莫西林克拉维酸、替卡西林、头孢西丁耐药外，其他菌株均敏感；所有菌株对头孢他啶、亚胺培南、环丙沙星等 12 种抗生素敏感。郑金华等[285]对泰安市 4 类婴幼儿食品（包括奶粉、米粉、营养饼干、面制品）中分离到的 7 株阪崎肠杆菌进行 8 种抗生素试验，结果显示，试验菌株对头孢西丁的耐药率为 100%；除四环素敏感率为 85.7%(6/7) 外，头孢噻肟、庆大霉素、氯霉素、环丙沙星、萘啶酸、甲氧苄啶-磺胺甲噁唑全部敏感。姜琛璐等[286]对来自重庆市市售配方奶粉、米粉、面条等婴幼儿食品中分离的 8 株阪崎肠杆菌进行 19 种抗生素耐药试验，结果显示，青霉素和苯唑西林耐药率 100%、头孢噻吩 88.89%。所有菌株均对阿莫西林克拉维酸在内的其他 14 种抗生素敏感；张翼等[287]对 43 株主要来源于我国婴幼儿食品克罗诺杆菌分离株进行 11 种抗生素药敏试验，结果显示，83.7%对四环素耐药、23.3%对磺胺耐药；试验菌株对氨苄西林、奈替米星、庆大霉素敏感率为 97.7%；对其他抗生素的敏感率分别为头孢唑啉 86.1%、氯霉素 93.0%、头孢噻肟 81.4%、环丙沙星 74.4%、卡那霉素 74.4%。张西萌等[288]对 99 株进口乳制品中分离的阪崎克罗诺杆菌和 1 株标准菌株进行 20 种抗生素耐药试验，结果显示，试验菌株苯唑西林、头孢噻吩的耐药率分别为 100%和 65%；其他抗生素的耐药率分别为头孢曲松 1%、四环素 4%、氨苄西林 23%、头孢唑啉 26%。全部试验菌株对亚胺培南等 14 种抗生素敏感。从上述研究中可以发现奶粉中克罗诺杆菌普遍对青霉素、头孢噻吩、头孢西丁及苯唑西林耐药，对其他类抗生素耐药率低。

广东省微生物研究所食品微生物安全与监测研究团队徐晓可等[289]和凌娜分别对 71 株非包装即食食品中和 174 株新鲜蔬菜中分离到的克罗诺杆菌进行了多种抗生素药敏试验，结果显示，即食食品分离株对青霉素 G 耐药率最高，耐药率和中介率分别为 84.5%和 15.5%；对头孢噻吩的耐药率和中介率分别为 46.5%和 52.1%；所有的试验菌株对头孢噻肟、环丙沙星、四环素和萘啶酸敏感；在剩下的测试抗生素中，其敏感率分别为氯霉素（93.0%）、庆大霉素（93.0%）。蔬菜分离株（未做青霉素）对头孢噻吩耐药率最高，耐药率和中介率分别为 58.6%和 39.7%；所有的试验菌株对氨苄西林舒巴坦、阿莫西林克拉维酸、头孢吡肟、庆大霉素、阿米卡星、环丙沙星、亚胺培南、氨曲南、氯霉素 9 种试验抗生素敏感；在剩下的抗生素测试中，其敏感率分别为氨苄西林（99.43%）、头孢曲松（97.70%）、头孢唑啉（71.84%）、妥布霉素（98.28%）、甲氧苄啶-磺胺甲噁唑（SXT25）（98.85%）、四环素（TE30）（98.28%）。王硕等[290]对 19 株食品来源的阪崎肠杆菌进行 16 种常规抗生素药敏检测。结果显示，19株阪崎肠杆菌对苯唑西林和头孢噻吩的耐药率分别为100%和78.95%，且均对其余种类抗生素敏感。Brandão等[291]对巴西零售食品样品中分离到的45株克罗诺杆菌进行氨苄西林-舒巴坦、阿莫西林克拉维酸、哌拉西林/三唑巴坦、头孢曲松、头孢呋辛、美罗培南、庆大霉素、四环素、环丙沙星和甲氧苄啶-磺胺甲噁唑共10种抗生素进行药敏试验，结果显示，所有菌株均对所有测试的抗生素敏感。Vasconcellos等[292]对巴西市场购买到的30种即食沙拉和30种日本料理中分离的29株克罗诺杆菌进行氨苄青霉素、氨苄西林舒巴坦、阿莫西林克拉维酸、头孢曲松、四环素、环丙沙星、甲氧苄啶-磺胺甲噁唑、美罗培南、庆大霉素、萘啶酮酸、氨曲南、呋喃妥因共12种抗生素的耐药性试验，结果显示，25株(86.2%)对所有测试的抗生素敏感，仅两株菌株对萘啶酮酸、四环素抗性或中度抗性；一株菌株对氨曲南抗性；一株对氨苄西林-舒巴坦中等抗性。Bertholdpluta等[293]对波兰即食食品分离的21株克罗诺杆菌进行氨苄青霉素、庆大霉素、氯霉素、环丙沙星、四环素、链霉素、头孢吡肟、复方新诺明和头孢噻肟共9种抗生素的耐药试验，结果显示，所有分离的阪崎克罗诺杆菌、莫金斯克罗诺杆菌、苏黎世克罗诺杆菌和丙二酸盐克罗诺杆菌对氨苄青霉素、头孢吡肟、氯霉素、庆大霉素、链霉素、四环素、环丙沙星和复方新诺明敏感，而康帝蒙提克罗诺杆菌分离株对链霉素和复方新诺明敏感；61.9%的克罗诺杆菌分离株对头孢噻肟耐药。综上所述，与肠杆菌科其他细菌相比，克罗诺杆菌的耐药率低。环境和食品中分离出的克罗诺杆菌除了对青霉素、头孢噻吩、苯唑西林等初代抗生素耐药外，对其他抗生素均敏感。

近期Liu等[294]从一只腹泻的病鸡中分离出一株对碳青霉烯类药物耐药的阪崎克罗诺杆菌，并在其质粒中检测到*mcr-1*耐药基因，对多黏菌素耐药。Cui等[295]从武汉市妇女儿童医疗保健中心的两名患儿的脑脊液和血液中分别分离出丙二酸盐克罗诺杆菌和阪崎克罗诺杆菌，前者对氨苄西林、阿奇霉素、头孢曲松、氯霉素、多西环素、庆大霉素、四环素、氨苄西林舒巴坦和磺酰胺九种抗生素耐药；后者对氨苄西林、头孢西丁、头孢曲松、头孢吡肟、氯霉素和磺胺六种抗生素耐药，并在这两株菌中发现了大量耐药基因。Shi等[296]从一名患有重症肺炎的女婴的痰标本中分离出一株碳青霉烯类药物耐药的阪崎克罗诺杆菌，该菌株含有3个耐药质粒并检测到大量耐药基因。质粒介导的耐药传播速度快，危害大，尽管食品和环境中分离到的克罗诺杆菌耐药率低，临床和家禽分离株出现的多重耐药尤其是质粒介导耐药现象亦需要引起足够的重视。由于婴幼儿临床用药有许多的限制，一旦出现耐药菌株的感染，危害极大，因此常规的耐药监测意义重大。

蜡样芽孢杆菌除了作为一种条件性致病菌外，还可作为益生菌广泛地应用于医疗、畜牧和农业生产等多个领域，如用于治疗婴幼儿的腹泻和肠功能紊乱、促植物生长以及净化水体等[297-300]。益生蜡样芽孢杆菌的大规模使用，加之作为条件致病菌广泛分布流行的特点，增加了蜡样芽孢杆菌的耐药性传播转移和毒性扩散的潜在风险。目前，治疗蜡样芽孢杆菌感染的首要手段仍是使用抗生素。但在抗生素的选择压力下，蜡样芽孢杆菌耐药菌株被选择或诱导生成而成为优势菌株，进而形成新的危害。耐药菌株不仅可以在某些特定场所(如医院)内通过耐药基因在细菌间传播而产生，还可以在医院之间传播进而扩散到全国各地乃至世界，严重威胁着人类健康[301,302]。

已有大量的研究表明，蜡样芽孢杆菌可产生β-内酰胺酶，因而对β-内酰胺类抗生素表现出高度耐药[303-305]。此外，蜡样芽孢杆菌已然对多种抗生素逐步显示出耐药性。蜡样芽孢杆菌抗生素耐药性的重要性已经引起了世界范围内的广泛重视。总体而言，对蜡样芽孢杆菌药敏性检测的研究较多，而机制方面的研究相对较少。Savić 等[306]2013 年从塞尔维亚临床、食品和环境样品中各分离了 30 株蜡样芽孢杆菌，针对不同组菌株的耐药性及 β-内酰胺酶代谢活性的差异进行检测。结果显示，三组样品均对亚胺培南、万古霉素和红霉素敏感。环境分离株对环丙沙星有耐药性，而另外两组样品则显示敏感。食品样本中有 28 株(93.33%)、环境样本中有 25 株(83.33%)对四环素敏感，而临床样品中只有 10 株(33.33%)对四环素敏感。相反的是，粪便样本 100%对复方新诺明敏感，而食品(63.33%)和环境(70%)样品的敏感率则相对较低。此外，所有样品均能够代谢产生 β-内酰胺酶。Kıvanç 等[307]2011 年 3 月至 12 月从土耳其伊斯坦布尔 Uludag 大学附属医院眼科白内障患者的眼部样品分离出 10 株蜡样芽孢杆菌，耐药性检测结果显示这些菌株均对头孢呋辛、头孢他啶和甲氧西林耐药，同时部分菌株同时对 4 种以上的抗生素具有耐药性。Yibar 等[308]2013 年 7 月至 12 月从土耳其布尔萨省全脂牛奶(鲜奶、巴氏奶和超高温瞬时灭菌奶)和奶酪的样本中鉴定出 19 株蜡样芽孢杆菌，耐药性检测结果显示所有的菌株都对青霉素 G 耐药，但对竹桃霉素、红霉素和链霉素敏感，有 84.2%(n=16)的蜡样芽孢杆菌同时对多种抗生素耐药。Lee 等[309]从韩国发酵豆瓣酱样品中分离出 35 株蜡样芽孢杆菌，2017 年发表的耐药性检测结果显示，分离株对 β-内酰胺类抗生素，包括氨苄西林、头孢吡肟、青霉素和苯唑西林等具有很强的耐药性。Jang 等[310]从韩国农场的奶酪中分离出 18 株蜡样芽孢杆菌，2018 年发表的耐药性检测结果显示，其中 17 株(94.7%)对苯唑西林和青霉素 G 有耐药性，少数菌株对氨苄西林(26.3%)、红霉素(5.3%)、四环素(10.5%)和万古霉素(5.3%)有耐药性。Ali 等[311]2015 年从马来西亚雪兰莪州和吉隆坡不同地区的食用咖喱中分离出 24 株蜡样芽孢杆菌，抗生素耐药性分析表明，这些菌株对头孢曲松钠(100%)、万古霉素(87.5%)、克林霉素(91.6%)和萘啶酸(100%)具有很高的耐药性，而对环丙沙星(100%)、链霉素(91.6%)和氯霉素(83.4%)则比较敏感。Ranjbar 等[312]2015 年从伊朗的 300 份婴儿乳制品中分离出 9 株蜡样芽孢杆菌，耐药性检测结果显示，分离株对青霉素(100%)、四环素(77.7%)和苯唑西林(66.6%)的耐药性较高，而对阿莫西林(55.5%)、头孢曲松(55.5%)、阿奇霉素(44.4%)、复方新诺明(44.4%)、氨苄西林(44.4%)、恩诺沙星(44.4%)的耐药率则相对较低。所有的菌株至少对两种以上的抗生素耐药，而同时对 8 种以上的抗生素耐药的菌株已经达到了 11.1%的比例。说明在伊朗，婴儿乳制品中蜡样芽孢杆菌的耐药性已经成为一个重要的公共卫生问题，应该考虑采取进一步的防控措施。

从上述各地区的结果来看，所有分离株均能产生 β-内酰胺酶，但分离株也表现出一定的地区特异性。欧洲(塞尔维亚)蜡样芽孢杆菌对环丙沙星的耐药性最强，其次是四环素；而亚洲地区蜡样芽孢杆菌对青霉素的耐药率较高；此外，土耳其、伊朗和韩国的分离株对苯唑西林耐药情况较为严重，马来西亚的分离株对万古霉素的耐药性很高(87.5%)。出现差异的原因可能是由于各个国家临床使用的抗生素种类的差异，同时也导致不同国家出现了一些高度耐药菌株。

研究发现，不同类型的蜡样芽孢杆菌均表现出一定的耐药谱，且耐药程度不同。广西壮族自治区疾病预防控制中心诸葛石养等 2013 年从广西不同地区不同食品中分离出蜡样芽孢杆菌 59 株，分离株对青霉素、苯唑西林、头孢唑啉耐药情况较为严重(耐药率＞50%)，而阿莫西林克拉维酸、头孢噻肟、头孢吡肟、环丙沙星、克林霉素的耐药率则均＜16%[124]。

婴幼儿配方奶粉是婴幼儿的主要辅食，一旦被蜡样芽孢杆菌污染，将会对婴幼儿构成严重的感染威胁。南京农业大学张亚红等在 2014 年 6 月至 7 月间，从北京不同地区的来自国内外共 51 份婴幼儿配方奶粉中分离出 88 株蜡样芽孢杆菌，耐药性检测显示分离株仅对利福平的耐药性较高，为 43.2%，对其他 8 种抗生素的耐药率均<22%，但是有 7 株菌株表现出双重耐药[313]。东北农业大学曹飞扬[314]从北京选取不同品牌、产地等来源的 112 份腐乳样品，分离出蜡样芽孢杆菌 204 株。分离株对青霉素、苯唑西林的耐药率达到 100.00%，而对其他检测抗生素的耐药率均低于 12%。Gao 等[315]从全国各地区的巴氏奶样品中分离出 103 株蜡样芽孢杆菌，2018 年发表的耐药性检测结果显示大部分菌株对利福平(97%)以及β-内酰胺类抗生素，如氨苄西林(99%)、青霉素(99%)、头孢西丁(95%)、阿莫西林(65%)和头孢噻吩(69%)等耐药情况比较严重，只有第三代头孢替坦对蜡样芽孢杆菌效用明显。同时，部分菌株(13%)对万古霉素不敏感，而且同时对 3 种以上抗生素耐药的菌株比例达到了 34%。从国内上述各地区的检测结果来看，除婴幼儿奶粉分离株仅对利福平耐药外，食品源蜡样芽孢杆菌分离株普遍对青霉素、苯唑西林耐药。总体而言，蜡样芽孢杆菌对利福平及β-内酰胺类抗生素的耐药情况比较严重。由此可见，蜡样芽孢杆菌对青霉素、苯唑西林、复方新诺明和利福平已呈现出普遍耐药的状况，尤其临床株还对头孢他啶、头孢唑啉、氨苄西林等高度耐药，情况更加严峻。

除上述几种食源性致病微生物外，其他食源性细菌如食源性寄生虫及产毒真菌等食源性致病微生物也均有非常多的食品安全事故及污染调查等相关报道，虽然污染现状、致病机制和耐药现状不尽相同，但相关报道无一例外地表明食源性病原微生物是影响食品安全的重要因素，而由于这些食源性致病微生物所带来的影响，也严重制约了食品微生物安全。

4.3　我国食品微生物安全风险控制存在的问题

引起食品安全问题的原因是多方面的，包括因人为操作不当或蓄意的行为引起的食品安全问题、因违法直接造成食品安全问题以及因自然污染或技术原因引起的食品安全问题。食源性病原微生物引起的食源性疾病是全球食品安全的核心问题。病原微生物引发的食品安全问题不因社会变更、历史阶段、人为和环境因素等改变而消失，只要有生物存在就会永远存在食品安全问题。食源性病原微生物防控涉及“从农场到餐桌”的食品生产全过程，环节多，技术原因复杂，涉及领域宽泛，在监管和实施过程中又涉及众多行政和不同领域技术部门的协调工作。针对目前我国食品微生物安全研究状况，应重视以下几个食品微生物安全风险控制存在的问题：

(1)我国幅员辽阔，目前尚未系统监测我国各地区的食源性致病微生物的污染情况，不同种类食品在不同季节的分布规律和污染水平等基础数据较为缺乏，从而造成国家食品微生物安全标准制定难以反映/适应我国食品微生物的基本情况，缺乏我国食源性致病微生物风险识别数据库。

(2)我国食源性致病菌中毒事件统计数据不够系统，暂时仅有部分重要食源性致病菌列为监测对象，造成全国年度每种致病菌的致病/中毒情况的基本数据较为缺乏，难以真实反映我国食源性致病菌的中毒情况，造成我国居民对食源性致病菌的风险评估工作仅停留在借鉴外国经验的基础上，风险评估工作任重道远。另外，我国环境源、动物源、食品源、人源致病微生物的菌种资源尚未系统形成菌种资源库，不仅难以评估我国食源性致病微生物的潜在致病能力，而且分子溯源系统也有待建立。

(3)针对食源性致病微生物耐药性现状日趋严峻，虽然 2002 年我国农业部实施《食品动物禁用的兽药及其化合物清单》规定，但违规使用抗生素作为促生长剂的情况仍然存在，监测工作有待加强。

(4)针对我国食源性致病微生物耐药性逐年上升的态势，相关菌株耐药的分子机制研究有待加强，特别是遗传多样性、分子微进化与耐药特征之间的关联研究工作亟待加强。

(5)我国食品生产/加工企业具有分布广、大小并存、管理难度大等特点，根据市售食品的食源性致病菌污染基础数据，在风险系数较高的重点行业的食源性致病菌监测工作有待加强，从源头上防控食源性致病微生物可以更为有效地保障食品微生物安全。

4.4　我国食品微生物安全对策和建议

4.4.1　食源性致病微生物科学大数据库构建

以重要食源性致病微生物为研究对象，针对全国代表性地区食品样品和食品产业链的各个环节开展系统性调查研究，揭示食源性致病微生物污染率、污染水平和分布规律，明确食品产业链的主要污染源，结合基因组、代谢组等组学技术研究，构建食源性致病微生物菌种资源库、风险识别数据库、特征性代谢产物库、全基因组序列库、耐药性危害数据库和分子溯源数据库，为国家食品微生物安全定性和定量标准修订、食源性致病菌分子溯源和预警提供基础数据。

4.4.2　危害因子监测检测技术

为满足我国产品技术标准、主要贸易伙伴法规限量指标，开展食品及包装材料中风险因子高通量定向检测技术和非定向筛查技术研究及应用。研究致病菌、病毒等生物风险因子样品前处理和检测技术。研究不同极性、不同酸碱性化合物的样品前处理技术，多源质谱大数据的解析技术，病毒高回收率样品前处理技术，代谢标志物和同位素内标的合成技术。研制食品基体参考物质、代谢标示物、食品定量检测用稳定性同位素标准等。

4.4.3　食品风险因子现场快速检验技术

基于食源性致病微生物资源库，采用基因组学、蛋白组学和代谢组学技术，挖掘出具有自主知识产权的新基因和检测靶标，研制高通量芯片检测技术和试剂盒，构建具有自主知识产权的新型数值化微生物生理生化鉴定系统，搭建具有国际先进水平的食源性致病微生物快速检测技术平台，为及时发现隐患和风险提供技术支撑；开发稳定高效的抗体规模化制备技术、快速检测手段及装备小型化和在线技术，研究新型抗体分子识别的作用机制，发展抗体的筛选理论，提升筛选效率，构建具有高效率、高亲和力、高广谱特征的食品风险因子筛选技术平台，以此为基础，重点研发生物毒素、环境污染物、接触材料迁移物、违禁添加物、致病生物因子的高通量快速检测试剂，构建具有高效率、高亲和力、高广谱特征的食品风险因子筛选技术平台；基于微阵列、微流控、倏逝波传感器、近红外、激光拉曼、上转换发光等技术，发展高灵敏、高通量、高选择性的食品安全风险因子小型化智能离线和在线快速检测技术和装备，同时建立多指标、多来源、多类别的集成数据库和判别模型。

4.4.4 食品风险评估及安全性评价

基于人源性细胞研发新一代毒性测试方法和细胞模型，开展食源性风险因子的危害识别与毒性作用机制研究。研究复合污染累积效应和相互作用机制，建立体内、体外毒性评价方法及风险评估模型。建立食品生产新技术、新工艺和新原料（“三新”）安全评价技术体系。开展食品污染物暴露组和总膳食、暴露标志物及效应标志物研究；研究我国人群的过敏流行规律和表型；研究食源性致病菌及耐药菌株传播的机制与规律；开展致病菌的特征性代谢组学研究及其对肠道分子生态学的影响，阐明致病菌与宿主肠道微生物群落的相互作用关系，揭示其致病作用的分子机制。

4.4.5 食品溯源和预警

基于我国不同来源和表型的致病微生物全基因组信息，开发生物信息数据分析软件，构建我国基于全基因组序列的分子溯源数据库，结合风险识别数据库基础数据，实现食源性致病微生物风险预警。建立我国常见导致中毒的动植物和真菌资源库，表征其毒性代谢产物产生的分子基础和遗传基础，建立 DNA 条形码数据库。建立一批食品或原料的真实性鉴别分析方法，构建我国典型数据库，实现相关产品的真实性溯源。开展食品安全监管数据和公共卫生监测数据的大数据融合研究，研发风险预警模型和可视化决策支持的云服务平台。

4.4.6 食品生命周期安全控制与示范

开展食品生命周期的脆弱性评估，提出国家重点监管食品全链条风险控制点。以粮油、果蔬、茶叶、畜禽、食药用菌、水产品等食品原料为主要研究对象，开展环境污染物、主要农兽药及助剂迁移代谢规律；开展新型生物毒素生成机理和控制新技术研究；解析加工过程中特征组分—加工过程—危害产生的相互作用规律，探索危害干预、阻断、控制与消除的关键分子机制，提出相应控制规范，研发控制新工艺和新设备并进行生产线示范。开展基于致病菌信号通路阻断的新型安全控制技术和食品加工消毒过程中有害物质的形成机理研究，研制新型消毒制剂，开展消毒剂消毒效果和消毒副产物危害性评价。

4.5 畜禽及水产养殖业兽药科学使用与控制战略研究的意义

4.5.1 兽药使用与控制战略是全面建成小康社会的根本需求

建设现代农业、发展农村经济、增加农民收入、缩小城乡差距，是全面建成小康社会的重大任务[316]。“十三五”期间，我国畜牧业继续健康快速成长，为我国全面建成小康社会提供了物质基础。畜牧业已经成为中国农村经济的支柱产业[317]。目前发达国家畜牧养殖业占农业的比重都在 50%以上，有的甚至达到了 80%以上，我国要实现农业大国向强国的转变，必须从植物蛋白为主向动物蛋白为主的方向转变，把粮食转变为畜产品，同时由畜牧业反过来刺激粮食的发展。这就需要畜牧业持续、健康并向现代畜牧业转变。现代畜牧业的发展离不开兽药，特别是兽用抗菌药和抗寄生虫药物的使用，其在降低动物的病死率、提高饲料转化效率和改善动物源产品质量等方面发挥了巨大的作用，也是我国畜牧业取得辉煌成绩的主要保障手段之一。然而，由于兽药和抗菌药物饲料添加剂的滥用甚至禁用药物的违禁使用，动物源耐药病原菌大量产生并广泛流行，不仅增加了动物的患病死亡率和治疗成本，而且提高了动物性产品中兽药残留和耐药病原菌污染的风险，危及动物性产品安全和人体健康。我国每年因病原菌耐药性造成的疫病防治损失、兽药和违禁添加物残留导致的不合格动物性产品损失以千亿元计，但由于我国畜产品生产的规模化和市场化水平依然较低、生产者的法治与诚信意识依然淡薄、从业人员素质普遍较低和监管体系依然不健全等原因，造成兽药和饲料药物添加剂滥用问题近期依然是影响我国动物性产品安全的主要问题之一，也是我国食品安全防控总体战略亟待解决的主要问题之一。在保证畜产品数量有效增长的同时，严格规范兽药及饲料药物添加剂的合理使用、阻止禁用兽药的使用并及时检测其在动物性产品及饲料中的残留，开展耐药性防控，提高产品质量，发展品牌战略是全面建成小康社会的根本要求。

4.5.2　兽药使用与控制战略是增强国际竞争力的基本条件

我国已成为世界上畜牧业生产大国，由于价格因素，畜牧业历来是我国农产品出口的优势产品，但由于质量安全问题，畜产品出口屡屡受阻，形成一种我国虽是生产大国，却是出口小国的局面；而且由于美国和欧盟等国家和地区对中国畜产品设置出口的技术壁垒和绿色壁垒，我国畜产品主要销往日本等国家或地区。畜产品质量安全问题是目前我国产品出口受阻的最大制约因素，也是造成我国国际竞争力不强的主要原因之一。畜产品中的兽药残留是其质量安全问题中最直接也是短期可以实现巨大进步的领域。正是由于我国畜产品国际竞争力较低、没有品牌效应，造成我国出口的畜产品主要为初级产品如肉品和活畜禽的局面，两者占畜产品出口总金额的一半以上。因此，为了促进我国畜产品国际贸易，畜产品国际竞争力，对兽药使用与控制进行战略研究，是提高畜产品质量安全、促进我国畜产品国际贸易、提高畜产品国际竞争力的一项非常迫切的任务。

4.5.3　兽药使用与控制战略是提高人民美好生活水平的根本保障

食品安全是保护人民健康、提高人类生活质量的基础。随着经济的发展，我国居民的膳食结构也在发生改变。兽药残留对人体的直接毒害作用表现为变态反应、过敏反应与急性毒性反应，长期的效应包括“三致”作用、激素样作用以及由于细菌耐药性产生的公共卫生安全。众所周知，由于兽药的不合理应用导致其在畜禽产品中残留的事件时有发生，高水平的残留药物往往导致公众或者某些特定人群容易发生癌症、畸形、早熟、心血管疾病及食物中毒等问题[318]。机体长期暴露于高水平残留兽药，并且存在药物蓄积现象时，则药物会导致人体产生毒性病理学损伤。兽药的长期不合理应用不仅严重制约着畜牧业的健康和可持续发展：如抗生素的不合理应用容易导致动物免疫力下降，降低疫苗的保护率；引起畜禽内源性感染和肠道非优势菌群过度生长；促使条件性病原菌快速转变为致病菌并导致疾病暴发和传播。此外，诱导出的细菌耐药株的增加，对疾病的防控造成更大的障碍和困难。

4.5.4　兽药残留防控是养殖业健康发展、农民增加收入的迫切需求

增加农民收入一直受到党中央、国务院的高度关注和重视。农业是“安天下、稳民心”的基础性产业，是促进经济发展、保证国家安全的战略性产业。由于动物性产品中的兽药及饲料药物添加剂的滥用以及禁用药物的违禁使用，不仅使行业健康发展受到沉重打击，还使养殖户的利益蒙受直接损失。三十多年来我国养殖业的高速增长一直依赖于畜禽养殖规模的扩大和养殖数量的增长，相关科学研究主要以解决支撑养殖业数量增长技术需求而展开，因此使我国养殖业面临诸多问题，其中由于兽药和饲料药物添加剂的滥用以及禁用药物的违禁使用造成的畜禽病原菌耐药性问题已给畜牧业的健康发展带来了严重威胁。对兽药使用与控制进行战略研究，可使农业增效、农民增收、农村变貌，为建设社会主义新农村做出贡献，消除公众的不安定心态，促进和谐社会的建设。

4.6　我国畜禽及水产养殖业兽药使用和产品安全现状

我国是畜禽及水产品生产和消费大国，畜禽和水产品的生产加工在国民经济中占有重要地位[319]，而在畜禽和水产养殖过程中，兽药的选择与使用又直接关系到养殖生产的安全和养殖产品的质量安全水平，进而关系到养殖生产的经济效益和广大消费者的身体健康[320,321]。

4.6.1　我国畜禽和水产品安全的整体情况现状

1. 畜禽产品和水产品安全形势总体向趋好发展

根据近年来抽样检测以及统计数据结果表明，我国畜禽产品和水产品安全整体形势发展呈现越来越好、质量越来越优的趋势，禁用药的检出率逐步下降，限用药用量逐步下降。

畜禽非法定药物使用的种类主要是违禁药物(抗病毒类药物和喹乙醇)以及未批准兽用的抗炎药、头孢类、大环内酯类、氟喹诺酮类，呈现以未批准兽药为主的趋势；猪产品非法定药物残留水平较低，残留风险可控；禽产品非法定药物残留水平相对较高，存在一定安全隐患。

畜禽产品中金刚烷胺的检出率呈现显著下降的趋势，说明专项整治的效果明显，养殖环节的违法使用是其主要来源，而限用兽药或可用兽药中的隐性添加是另外一个重要来源；硝基呋喃呈现下降和零星检出的趋势，氯霉素呈现零星检出趋势，限用兽药或可用兽药中的违规隐性添加是其主要来源。

水产品中诸如孔雀石绿、硝基呋喃等禁用兽药的检出率低于1%，市售水产品的整体合格率超过90%。统计监测结果表明我国水产品质量整体合格率呈上升趋势。

2. 畜禽产品和水产品不同养殖方式及其品种影响合格率

畜禽产品质量受养殖规模的影响较大。目前通过对大型规模化养殖的猪场、牛场、羊场和鸡场调研，发现上述养殖场均配有执业兽医、兽药使用记录规范完整、严格遵守休药期，同时配备有药敏检测分析实验室开展科学的耐药性监测，保证了抗菌药物的合理应用。但对于中小规模的企业，这方面还很不完善，亟须加强兽药使用的监控。

水产品安全是个较大的概念，具有整体合格率的概念。因此样品取样地点、样品种类等对于合格率都有一定影响。对于养殖大宗水产品的药物残留检测结果显示，越高档的水产品其药物残留检出率越高；养殖方式对于药物残留检出率影响较大，深海网箱养殖检出率更低。取样地点对于样品合格率也有很大影响，如河流涨潮及退潮；样品种类以及富集特性差异性也较为明显，这种品种间的差异性造成的合格率差异非常明显。因此对于取样点的选择需要宏观性、稳定性，对样品的差异性也需要仔细考虑。

3. 畜禽产品和水产品中禁用药偶有检出

对于畜禽产品中禁用兽药使用现状的现场调查涉及山东、江苏、内蒙古等14个省、自治区126个市(县、区)500余个畜禽养殖场。调查结果显示，我国畜禽养殖中使用的禁用兽药主要有金刚烷胺、金刚乙胺、吗啉胍、利巴韦林、硝基呋喃类药物、喹乙醇、氯霉素、β-受体激动剂、咔唑心安、头孢喹啉、头孢曲松、头孢哌酮、萘夫西林、依诺沙星、麻保沙星、氟罗沙星、加替沙星、阿奇霉素、罗红霉素、美他环素、布地奈德、6-甲强的松龙、曲安西龙、丙酸氯倍他索。

畜禽产品和水产品农药残留问题暂时不是非常突出，其残留量要远比蔬菜中的少，并且针对持久性农药暂时还没有更好的限量标准，这就限制了检测筛查的应用性。此外对于农药残留的检测量与危害性的正比例关系还需要进一步验证。

对于水产品而言，水体富营养化(N、P、K)带来的问题更加严重，而重金属还不是普遍性的；根据海洋环境公报，水体富营养化带来的水质问题对于水产品质量具有很大的影响。

4. 农贸市场需要水产品快速检测技术作为技术支撑和监管威慑

农贸市场经济在我国占有很大的一部分比例，这就导致我国水产品养殖体系存在大型企业养殖和农户养殖两种方式。现在大型企业的养殖已经逐步趋于规范化，但是散户的养殖与监管仍旧成为一个问题。水产品快速检测技术在农贸市场现场可以作为随机抽检的技术支撑，更是可以起到威慑的作用，这就突出了快速检测的优势以及必要性。

4.6.2　我国畜禽及水产养殖业兽药使用现状

目前，大部分渔药生产企业具备中等规模，没有自己的研发团队，技术较为落后，生产装备简单，以来料原料分装为主。只有个别企业能够采购先进的生产设备和检测仪器，我国渔药生产研发整体水平比兽药的低，还没有形成完整的研发体系，标准化程度更低。

1. 畜禽用兽药和渔药滥用威胁动物源食品质量安全

兽药残留的来源主要有不正确使用兽药，用药剂量、给药途径、用药部位等方面不符合用药规定，不遵守休药期的有关规定，用药方法错误，发生疾病后乱用药、乱投药，污染物残留等。不当的投药方式在一定程度上不仅不能有效地控制疾病，而且还会给畜禽和水产品质量和水环境安全带来不利的影响[322,323]。

2. 畜禽用兽药和渔药使用方式存在误区

在畜禽养殖上，超范围、超剂量使用兽用抗生素问题较普遍。抗菌药物“超范围”使用主要包括以下现象：

用于靶动物 A 的抗菌药物制剂用于靶动物 B。例如，国家批准盐酸头孢噻呋混悬注射液仅用于猪，但兽医临床上广泛用于牛羊。批准用于鸡的抗菌药物制剂用于鸭和鹅，严格来讲也属于超范围使用。但由于鸭鹅均为次要种属动物，从国际上发达国家经验来看，开发相应的制剂实无必要（如欧美大量食用火鸡，但并没有专门开发火鸡专用的抗菌药物制剂），因此鸭鹅的“标签外用药”更应该由执业兽医师严格执行。

用于靶动物 A 亚类的抗菌药物制剂用于 B 亚类。例如，奶牛分为肉用奶牛和泌乳奶牛。替米考星注射液仅用于非泌乳牛（肉牛）的呼吸道疾病的治疗，但兽医临床常有用于泌乳期奶牛呼吸道疾病治疗的现象。鸡分为肉鸡和蛋鸡，土霉素预混剂可以用于饲养的肉鸡（仔鸡），但不能用于蛋鸡（产蛋期）。

用于靶动物饲养或生理 A 阶段的抗菌药物制剂用于 B 阶段。例如，奶牛分为泌乳期和干乳期。泌乳期使用的盐酸吡利霉素乳房注入剂则不能用于干乳期治疗，而干乳期治疗使用的氯唑西林乳房注入剂则不能用于泌乳期。批准用于鸡的产蛋期禁用药物，往往用于产蛋期蛋鸡的疾病治疗。

用于靶动物的 A 适应证的抗菌药物制剂用于 B 适应证。例如，牛呼吸道疾病可由肺炎链球菌、溶血曼海姆菌、多杀性巴氏杆菌、睡眠嗜组织菌和牛支原体感染所致，但由于诊断不准确，将牛支原体感染误诊为肺炎链球菌感染，采用青霉素治疗牛支原体感染。

对靶动物的 A 给药途径改变为 B 给药途径。例如，非甾体类抗炎药氟尼辛葡甲胺注射液在牛上仅能静脉给药，如果改为皮下或肌注给药，则由于体内的药物处置过程的改变，休药期明显延长，如不遵守休药期，则很容易导致残留问题。

抗菌药物的超剂量使用主要包括以下现象：

随意（有意）增大推荐剂量：例如，恩诺沙星注射液按照推荐剂量治疗猪呼吸道感染性疾病，应为 2.5 mg/kg 体重给药，但临床实际上应用到 7.5～10 mg/kg 体重给药才能有较好疗效。这主要是由于细菌耐药性问题严重，因此这种增加剂量的给药方式必然导致休药期的延长。

随意增加给药次数和疗程：例如氨基糖苷类药物硫酸链霉素，使用原则为每日给药最好 1 次，但由于经常与青霉素配伍，使用上经常每日 2 次给药，导致在靶动物肾脏组织残留浓度较高，休药期较长。

在水产养殖方面，预防治疗鱼病的过程中，大多数养殖户存在“治病先杀虫”“猛药能治病”等有悖常理的认知误区，具体表现在对渔药的合理应用剂量认识不充分和对渔药作用机理和中毒机制的不了解。在水产实践中因饲喂水生动物大量内服型渔药造成其死亡的现象时常发生。此外，为了保障水生动物的健康，长时间给动物低剂量喂食同一种或同一类渔药，致使病原菌产生耐药性，严重影响了后续疾病的防治工作。

3. 渔药外包装标识不规范

很多养殖户遇到鱼病都很紧张，抱着“病急乱投医”的态度，普遍认为只要投上药就会有效果。存在“治病先杀虫”“猛药能治病”等错误观念，对渔药品种及其剂量的科学使用缺乏知识，导致某些养殖户对水产动物使用大量的渔药，既造成经济损失，又造成环境污染，破坏了原有的水系生态。多次大量使用同一种类型渔药提高其抗病性的行为，会导致致病菌产生耐药性，对后期病害防治和环境恢复带来很大的麻烦。有时候渔药是多种药品的复合物，不一定在外包装上一一注明其药物成分，这属于管理上的缺位，养殖户对此无能为力。

4. 渔药基础研究的人员与平台严重不足

目前，我国渔药基础研究比较薄弱，需要在药代动力学、药理学和毒理学方面加强研究。此外，在实际应用方面，存在某些药物的疗效并不显著，渔药剂量使用不准确，药物残留超标等现象。

渔业部门对渔药使用监管不严也造成了渔药使用不规范的现象。此外，渔药管理过程中责任主体不明确，造成要么都管，要么都不管的现象，致使渔药监管机制遇到重大障碍。此外，由于渔业部门对养殖户开展渔药使用相关的科普知识培训不足、宣传不够，使得很多养殖户缺乏安全使用渔药的知识和经验，当然疗效好价格低的渔药没有及时地出现在市场上，造成禁用药还时常有检出[324]。

因此，渔业部门需要大力开展渔药安全使用、科学使用的宣传，普及更多的养殖户；同时加快水产动物药代学和渔药残留转轨的基础研究，研发新型高效渔业专用药剂和疫苗；建立科学的水产养殖安全用药体系，加强执法力度，依法处理违法用药案件，严格执行休药期规定[325]。

4.6.3　我国畜禽及水产养殖业兽药滥用造成的耐药现象较为严重

世界各国养殖业广泛使用抗菌药物，造成了动物源细菌耐药性不断增强。

目前，欧美等发达国家和地区动物源大肠杆菌、沙门菌对常用抗菌药物如氨苄西林、四环素、复方新诺明的耐药率在 40%～60%，对阿莫西林克拉维酸复方制剂的耐药率略低，约在 20%～35%，对非优先选择使用的抗菌药物庆大霉素、头孢噻呋、环丙沙星的耐药率均低于 10%，对黏菌素的耐药率极低；畜禽源弯曲菌对环丙沙星的耐药率在 15%～25%，对四环素的耐药率在 35%～50%，对红霉素的耐药率极低[324]。

我国是动物源细菌耐药性较严重的国家之一。目前分离的动物源大肠杆菌对常用抗菌药物如氨苄西林、四环素、复方新诺明耐药率很高，接近 100%耐药，对复方制剂阿莫西林克拉维酸和环丙沙星的耐药率也较高，超过 80%，对氯霉素、庆大霉素、头孢噻呋的耐药率在中低等水平，但也超过 40%，对黏菌素的耐药率超过 20%[325]；对常用抗菌药物，临床上分离菌株对其均不敏感，多数菌株存在多重耐药现象，最多对15种以上的抗菌药物耐药，在动物疾病有效防治方面，可以选择应用的抗菌药物越来越少。目前，由于相对严重的动物源细菌耐药性，我国兽药使用陷入“耐药菌↑—用药量/种类↑↑—耐药菌↑↑↑”的恶性循环[326]，不仅极大影响了畜禽疾病的有效防控，而且进一步加剧了养殖生产中抗菌药物的过度使用甚至滥用，提高了抗菌药物在动物源食品中的残留风险。此外，具有重要公共卫生意义的人兽共患病原菌、食源性致病菌耐药株(如耐甲氧西林金黄色葡萄球菌、多重耐药沙门菌和弯曲菌)和耐药基因(如 *mcr-1*、*blaNDM*、*cfr*、*optrA*)已开始出现并流行[327-335]，给食品安全和公共卫生安全造成了严重威胁。如多黏菌素耐药基因 *mcr-1* 在畜禽源大肠杆菌中逐年升高，耐碳青霉烯类“超级菌株”在我国养殖畜禽中呈快速发展趋势。

4.7 畜禽及水产养殖业问题与挑战

4.7.1 畜禽及水产养殖业产品安全保障面临的问题与挑战

1. 兽药残留检测技术创新势在必行

目前我国所用的兽药残留检测方法大体上分为3类：第一类是化学分析法，这类方法成本低、用时短、操作简便，但灵敏度低、定量不准确，易受样品中其他物质的干扰，只适用于少数样品的初步检测；第二类是免疫分析法，如胶体金试纸条法、酶联免疫吸附法、生物传感器法等，这类方法检测灵敏度较高、特异性较好，适用于快速筛选，但技术较复杂，针对每一类药品甚至每一种药品都需准备专门的检测试剂，且试剂的保存期和有效期有限；第三类是仪器分析法，包括气相色谱法、液相色谱法以及气相色谱-质谱联用法、液相色谱-质谱联用法等，这类方法特异性好、灵敏度高、准确度高，但仪器设备昂贵，需要专业技术人员操作和庞大的数据库支持，样品前处理相对复杂、检测时间长、检测成本高，无法对样品在现场进行第一时间检测。上述所用方法，各有利弊。单独一类方法难以胜任兽药残留的检测任务，联合应用，会互相取长补短，产生互补效应甚至是相乘效应，但仍难以达到理想目标的要求。解决的出路在于技术革新。期待一种简便快捷、成本低廉、检测谱广、灵敏度高、特异性强、精准可信的全新检测方法问世。

2. 亟待建立兽药渔药残留本底信息数据库

我国现有近10万种兽药在生产、销售和应用，这些药品究竟销往何处，用于何家？在各个区域的分布如何，在各个动物品种上的分布如何，在动物脏器上的分布如何，常见的残留兽药是哪些，在哪些动物品种中易于出现，每年的分布趋势有哪些变化、哪些特点？如果能细化到每个农场，每户散养户，每批养殖动物，建立这样一个本底信息数据库，就会对兽药残留防控做到心中有数，防控关口提前，变被动为主动，也为兽药残留追踪溯源制度的执行奠定了基础。

3. 国际贸易中“绿色技术壁垒”对产品安全提出更高要求

在国际市场上，我国加入WTO以后，遇到了发达国家各种“绿色技术壁垒”，畜产品出口压级、压价和退货现象时有发生，一些国家还以此为由对我国封闭市场，使我国动物性产品在国际贸易中损失惨重，并对国内市场造成严重冲击。如我国的鳗鱼及其产品主要向日本销售，日本在调查出口鳗鱼的过程中，发现鳗鱼体内抗生素的使用率较高，检测出较高的药物残留。至 2011 年 4 月 10 日起，日本检测每批进口的鳗鱼及其产品中土霉素残留的情况，这对中国来说是机遇与挑战共存，需要及时采取有效的方法，才能使鳗鱼养殖、饲料、加工产业的从业者度过危机。近年来，美国和欧盟在残留检测中都形成了一个“快速筛选+准确确认”的高效检测模式。这种检测模式使得欧盟能够以相对较低的检测成本，在一年内完成 70 万个兽药残留的检测数据。

4.7.2　畜禽及水产养殖业兽药的使用问题与挑战

1. 兽药渔药减量增效压力巨大

未来 20 年，随着我国经济社会全面发展，在人口持续增长、居民收入快速增加和城镇化进程加快等因素影响下，我国居民对食源性动物产品的需求将呈刚性增长。根据日韩欧美等发达国家和地区的养殖产品消费趋势，预测我国膳食结构将呈肉类、奶类、水产类、蛋类与植物源食品均衡消费的格局，其中肉类最高人均消费量可达 70～80 kg，超出目前人均消费量 30%；奶类最高人均消费量可达 90～100 kg，是目前水平的 4 倍；而水产品最高人均消费量可达 60 kg，需比目前消费量提高 60%。消费刚性需求的增加，要求动物养殖量必须增加，而随着动物养殖量的增加，兽药投入量也会随之加大。据统计，近几年平均每年我国兽药投入总成本约为 360 亿元，2012 年，我国兽药及兽用生物制品产值达到 436.08 亿元。必要的兽药投入是养殖业可持续发展的重要保障，然而巨量的兽药投入给兽药残留和耐药性防控带来沉重压力。

2. 养殖人员业务素质不高是兽药科学使用面对的现实问题

现代养殖业已成为技术和资本密集型产业，养殖环节涉及饲料配方、育种、疫病防控、繁殖、产品加工、检测检疫、机械、信息、经济等科学技术，对从业人员科技素质的要求越来越高。在我国农业从业人员中，初中及以下文化程度的比重高达 94.1%；而据《第二次全国农业普查公报》，农业技术人员仅占农业从业人员的 0.6%。这表明目前我国养殖业从业人员总体文化和科技素质还难以满足未来养殖业可持续发展的要求。我国现有养殖业从业人口约为 1.65 亿，预计到 2030 年，仍需要 8000 万养殖业从业人员，从食品安全和兽药防控的角度，对这些从业人员的教育培训势在必行。如果从业人员的法律意识、思想素质、道德素质和科技素质得到全面提升，掌握健康养殖、绿色养殖的科学技术，尽量少用或不用兽药，坚守休药期规定，就会从源头上控制兽药残留的发生。

3. 新兽药渔药给药物使用带来新问题

目前我国动物疫病防控形势依然严峻，这表现为新发再发传染病和外来疫病双重威胁，重大动物疫病与人兽共患病危害严重，动物疫病复杂化，野生动物疫病监控困难等。为应对这种局面，目前使用的兽药种类繁多，从中国兽药 114 网上查询的结果，国家农业农村部批准的有正式生产文号的兽药多达近十万种，而且各种新型兽药不断出现与更新。如所知的喹诺酮类抗菌药，五十年间，已由第一代的萘啶酸、吡咯酸更新到第四代的吉米沙星等；而氨基糖苷类抗生素已由第一代的卡那霉素更新为第三代的丁胺卡那、阿贝卡星和依替米星。每一类兽药都有其独特的化学结构，而目前已有的兽药检测方法，都是以其化学结构为基础设计的。换言之，针对每一类兽药甚至每一种兽药都需要建立一个特异的检测方法，而要实现兽药残留防控计划的全覆盖，就必须要对每类甚或每种兽药建立检验方法。这就不难想象，兽药残留和耐药性防控所面临的任务是何等繁重。

4.7.3 动物源细菌耐药性防控面临的问题与挑战

与发达国家相比，我国动物源细菌耐药性的研究与防控水平还存在较大差距。

1. 耐药性监测缺少规范

动物用抗生素和人用抗生素分别由国家农业农村部和卫健委管理，没有统一有效的上报细菌耐药性的网络体系，造成不清楚耐药性的总体情况；药物使用数量庞大，没有完善的体系监测，药物使用数量的数据不清楚、不准确，微生物耐药的检测上报体系不统一；检测技术体系尚不完善，数据质量难以保障；由于人力、物力和财力投入较少，造成监测面窄、采样量有限，加之缺少养殖动物抗菌药物使用数据，导致检测结果代表性不够、难以确定抗菌药物使用与耐药性发展之间的关联性；另外，目前我国动物源细菌耐药性监测工作仅针对养殖动物，尚未覆盖“养殖动物—食品/环境—人群”全链条。

2. 耐药性研究缺少平台

对动物和环境中耐药菌/耐药基因的现况调查较多，缺乏系统的前瞻性和回顾性研究，分子流行病学研究也较匮乏；有关耐药性的形成机制，多集中于耐药基因及其遗传环境分析，较少涉及耐药基因的表达调控以及耐药蛋白的结构功能研究；另外，对耐药菌/耐药基因的检测技术、控制技术研究也明显不足。

3. 耐药性防控缺少政策

尚未建立动物源细菌耐药性风险评估规程与风险预警系统，也未研究制定出完整的动物源细菌耐药性防控技术体系。

4.8 我国畜禽及水产养殖业科学用药措施与建议

4.8.1 兽药残留的控制

兽药残留是现代养殖业中普遍存在的问题，但是残留的发生并非不可控制与避免。实际上，只要在养殖生产中严格按照标签说明书规定的用法与用量使用，不随意加大剂量，不随意延长用药时间，不使用未批准的药物等，兽药残留的超标是可以避免的。然而，就目前我国养殖条件下，要完全避免兽药残留的发生还难以做到，把兽药残留降低到最低限度也需要下很大力气。保证动物性产品的食品安全，是一项长期而艰巨的任务，涉及各方面的工作。

1. 规范兽药使用

在养殖规范使用兽药方面，需要注意以下主要问题：

(1) 严格禁用违禁物质。为了保证动物性食品的安全，我国兽医行政管理部门制定发布了食品动物禁用的兽药及其化合物清单，兽医师和食品动物饲养场均应严格执行这些规定。出口企业，还应当熟知进口国对食品动物禁用药物的规定，并遵照执行。

(2) 严格执行处方药管理制度。所谓兽用处方药，是指凭兽医师开写处方方可购买和使用的兽药。处方药管理的一个最基本的原则就是兽药要凭兽医的处方方可购买和使用。因此，未经兽医开具处方，任何人不得销售、购买和使用处方药。通过兽医开具处方后购买和使用兽药，可防止滥用兽药尤其抗菌药，避免或减少动物产品中发生兽药残留等问题。

(3) 严格依病用药。就是要在动物发生疾病并诊断准确的前提下才使用药物。目前我国养殖业与过去相比，在养殖规模、养殖条件、管理水平、人员素质方面都有很大的进步。但是规模小、条件差、管理落后的小型养殖场仍然占较大的比例。这些养殖场依靠使用药物来维持动物的健康，存在过度用药，滥用药物严重问题，发生兽药残留的风险极大，也带来较大的药物费用，应当摒弃这种思维和做法。

(4) 严格用药记录制度。要避免兽药残留必须从源头抓起，严格执行兽药使用的记录制度。兽医及养殖人员必须对使用的兽药品种、剂型、剂量、给药途径、疗程或给药时间等进行登记，以备检查与溯源。

2. 减少兽药残留

兽药残留是动物用药后普遍存在的问题，要想避免动物性产品中发生兽药残留，需要注意以下几个方面：

(1) 加强对饲料加药的管控。现代养殖业的动物养殖数量都比较大，因此用药途径多为群体给药，饲料和饮水给药是最为方便、简捷、实用、有效的方法。然而，通过饲料添加方式给药的兽药品种需要经过政府主管部门的审批，饲料厂和养殖场都不得私自在饲料中添加未经批准的兽药。再就是饲料生产厂生产的商品饲料多不标明添加的药物，因而可能导致养殖场的重复用药，从而带来兽药残留超标的风险。

(2) 加强对非法添加的检测。目前兽药行业仍然存在良莠不齐、同质化严重的现象，兽药产品在销售竞争中仍然以价格低而取胜，因此兽药产品中处方外添加药物的现象仍然较为多见。此外，一些兽药企业非法生产未经批准的复方产品也属于非法添加物。这些产品因为没有经过临床疗效、残留消除试验获得正式批准，所以其休药期是不确定的，增加了发生残留的风险。

(3) 严格执行休药期规定。兽药残留产生的主要原因是没有遵守休药期规定，因此严格执行休药期规定是减少兽药残留发生的关键措施。药物的休药期受剂型、剂量和给药途径的影响，此外，联合用药由于药动学的相互作用会影响药物在体内的消除时间，兽医师和其他用药者对此要有足够的认识，必要时要适当延长休药期，以保证动物性食品的安全。

(4) 杜绝不合理用药。不合理用药的情形包括不按标签说明书规定用药、盲目超剂量、超疗程用药等，这种用药极易导致兽药残留超标的发生。因为动物代谢药物的能力受限，加大剂量可能会延长药物在动物体内的消除时间，出现残留超标。

3. 加强残留监控

为保障动物性食品安全，我国农业部 1999 年启动动物及动物性产品兽药残留监控计划，自 2004 年起建立了残留超标样品追溯制度，建立了 4 个国家兽药残留基准实验室。至今，我国残留监控计划逐步完善，检测能力和检测水平不断提高，残留监控工作取得长足进步。实践证明，全面实施残留监控计划是提高我国动物性食品质量，保证消费者安全的重要手段和有效措施。

做好我国的兽药残留监控工作，一是要强化兽药使用监管，严格执行处方药制度，执业兽医师要正确使用兽药；二是要加强兽药残留检测实验室的能力建设，完善实验室质量保证体系；三是要以风险分析结果为依据，准确掌握兽药使用动态和残留趋势，确定合理的抽检范围和数量，科学制定残留监控年度计划；四是要系统开展残留标准制定和修订工作，为残留监控提供有力的技术支撑。

4.8.2 加强动物源细菌耐药防控

遏制动物源细菌耐药的必要性和迫切性已显而易见。目前我国正在履行联合国关于细菌耐药的政治宣言，积极响应 WHO 制定的遏制细菌耐药全球战略，启动了《遏制细菌耐药国家行动计划(2016～2020 年)》和《全国遏制动物源细菌耐药行动计划(2017～2020 年)》。依据 WHO/FAO/OIE 制定的相关指南或原则，借鉴发达国家经验，对我国动物源细菌耐药提出如下防控策略与建议：①成立动物源细菌耐药防控指导委员会，研究制定动物源细菌耐药防控中长期规划；协调各部门建立联防联控机制，保障遏制细菌耐药行动计划的实施。②健全法律规章制度，规范食品动物使用抗菌药物；逐步取消抗菌促生长剂；积极推行兽用抗菌药物处方管理制度，尽快执行食品动物使用抗菌药物分级管理办法与分级使用目录/指南，开展相关规范/指南培训，实现合理谨慎使用抗菌药物。③提高规模化养殖比例和养殖水平，通过管理和技术革新改善动物健康，提高动物疾病诊疗水平，消除不当使用抗菌药物的经济诱因，降低需求，减少抗菌药物使用。④建立与国际接轨的监测体系，加强食品动物抗菌药物使用和动物源细菌耐药性监测，为耐药性风险评估、风险预警与风险控制提供基础数据。⑤积极开展动物源细菌耐药风险评估，重点评估人兽共用抗菌药物和饲料添加使用抗菌药物，淘汰危害较大的抗菌药物品种。⑥设立专项经费，加强动物源细菌耐药性相关基础和应用研究，大力开发新型动物专用抗菌药物及替代治疗方法/产品，提升细菌耐药防控理论和技术水平。⑦做好动物源细菌耐药宣传和教育活动，提高相关从业人员和公众的认识水平，以便调动全社会力量共同做好防控工作。⑧加强动物源细菌耐药防控方面的国际合作与交流，以便获得国际认可、参与和协助，指导和支持国家行动。

参 考 文 献

[1] Xuan G, et al. Strain-level visualized analysis of cold-stressed *Vibrio parahaemolyticus* based on MALDI-TOF mass fingerprinting[J]. Microbial Pathogenesis, 2015, 88: 16-21.

[2] Newton A, et al. Increasing Rates of Vibriosis in the United States, 1996-2010: Review of Surveillance Data From 2 Systems[J]. Clinical Infectious Diseases, 2012, 54 Suppl 5 (suppl_5): S391.

[3] Alam M J, et al. Environmental investigation of potentially pathogenic *Vibrio parahaemolyticus* in the Seto-Inland Sea, Japan[J]. Fems Microbiology Letters, 2002, 208 (1): 83.

[4] Fuenzalida L, et al. *Vibrio parahaemolyticus* strains isolated during investigation of the summer 2006 seafood related diarrhea outbreaks in two regions of Chile[J]. International Journal of Food Microbiology, 2007, 117 (3): 270-275.

[5] 陈小敏, 杨华, 桂国弘, 等. 2008～2015年全国食物中毒情况分析[J]. 食品安全导刊, 2017, (25): 69-73.

[6] 李晓艳, 吕碧锋, 潘海晖, 等. 529例副溶血弧菌食物中毒分析[J]. 现代医药卫生, 2008, 24 (5): 778-778.

[7] 陈志芸. 上海市售海产品中副溶血性弧菌的监测及其溶血毒素基因的筛查[D]. 上海: 上海交通大学, 2014.

[8] 毕馨阳. 连云港市售贝类副溶血性弧菌相关研究[D]. 苏州: 苏州大学, 2015.

[9] 秦磊, 王建红, 高静, 等. 2015年河北省唐山市海产品中副溶血性弧菌监测结果分析[J]. 医学动物防制, 2017, (05): 55-57.

[10] 秦迎旭, 田涛, 谢明英, 等. 2006年银川市鲜冻水产品副溶血性弧菌污染的调查[J]. 宁夏医学杂志, 2009, 31 (3): 282-283.

[11] 杨娟, 杨海玉, 周静. 泰州市淡水产品中副溶血性弧菌污染状况调查[J]. 现代预防医学, 2009, 36 (4): 639-640.

[12] 吴青. 北京市水产品污染及腹泻病例副溶血性弧菌关联性分析[D]. 北京: 中国疾病预防控制中心, 2015.

[13] 严纪文, 朱海明, 王海燕, 等. 2000～2005年广东省食品中食源性致病菌的监测与分析[J]. 中国食品卫生杂志, 2006, 18 (6): 528-531.

[14] Yan H, Li L, Alam M J, et al. Prevalence and antimicrobial resistance of *Salmonella* in retail foods in northern China[J]. International Journal of Food Microbiology, 2010, 143 (3): 230-234.

[15] 石颖, 杨保伟, 师俊玲, 等. 陕西关中畜禽肉及凉拌菜中沙门氏菌污染分析[J]. 西北农业学报, 2011, 20 (7): 22-27.

[16] Yang B, Qu D, Zhang X, et al. Prevalence and characterization of *Salmonella serovars* in retail meats of marketplace in Shaanxi, China[J]. International Journal of Food Microbiology, 2010, 141 (1): 63-72.

[17] 罗燕, 肖善良, 李广兵, 等. 2010～2012年邵阳市食源性致病菌污染状况监测分析[J]. 河南预防医学杂志, 2014, (3): 195-198.

[18] 陈炯, 顾其芳, 刘诚, 等. 2011～2012年上海市食品中食源性致病菌的监测结果分析[J]. 上海预防医学, 2014, 26 (4): 169-172.

[19] 薛成玉, 遇晓杰, 谢平会, 等. 食品中沙门氏菌污染状况分析及VITEK微生物鉴定系统的应用[J]. 中国初级卫生保健, 2011, 25 (5): 75-76.

[20] Yang B, Xi M, Wang X, et al. Prevalence of *Salmonella* on raw poultry at retail markets in China.[J]. J Food Prot, 2011, 74 (10): 1724-1728.

[21] Wang Y, Chen Q, Cui S, et al. Enumeration and characterization of *Salmonella* isolates from retail chicken carcasses in Beijing, China[J]. Foodborne Pathogens & Disease, 2014, 11 (2): 126.

[22] Zhu J, Wang Y, Song X, et al. Prevalence and quantification of *Salmonella* contamination in raw chicken carcasses at the retail in China[J]. Food Control, 2014, 44: 198-202.

[23] Li Y C, Pan Z M, Kang X L, et al. Prevalence, Characteristics, and Antimicrobial Resistance Patterns of *Salmonella* in Retail Pork in Jiangsu Province, Eastern China[J]. J Food Prot, 2014, 77 (2): 236-245.

[24] Thai T H, Hirai T, Lan N T, et al. Antibiotic resistance profiles of *Salmonella serovars* isolated from retail pork and chicken meat in North Vietnam[J]. International Journal of Food Microbiology, 2012, 156 (2): 147-151.

[25] Minami A, Chaicumpab W, Chongsanguanc M, et al. Prevalence of foodborne pathogens in open markets and supermarkets in Thailand[J]. Food Control, 2010, 21 (3): 221-226.

[26] Woodring J, Srijan A, Puripunyakom P, et al. Prevalence and antimicrobial susceptibilities of *Vibrio*, *Salmonella*, and *Aeromonas* isolates from various uncooked seafoods in Thailand[J]. J Food Prot, 2012, 75 (1): 41-47.

[27] Lertworapreecha M, Sutthimusik S,Tontikapong K. Antimicrobial Resistance in *Salmonella* enterica Isolated From Pork, Chicken, and Vegetables in Southern Thailand[J]. Jundishapur Journal of Microbiology, 2013, 6 (1): 36-41.

[28] Boonmar S, Morita Y, Pulsrikarn C, et al. *Salmonella* prevalence in meat at retail markets in Pakse, Champasak Province, Laos, and antimicrobial susceptibility of isolates[J]. Journal of Global Antimicrobial Resistance, 2013, 1 (3): 157-161.

[29] Aslam M, Checkley S, Avery B, et al. Phenotypic and genetic characterization of antimicrobial resistance in *Salmonella serovars* isolated from retail meats in Alberta, Canada[J]. Food Microbiology, 2012, 32(1): 110-117.

[30] Fearnley E, Raupach J, Lagala F, et al. *Salmonella* in chicken meat, eggs and humans; Adelaide, South Australia, 2008[J]. International Journal of Food Microbiology, 2011, 146(3): 219-227.

[31] Kramarenko T, Nurmoja I, Kärssin A, et al. The prevalence and serovar diversity of *Salmonella* in various food products in Estonia[J]. Food Control, 2014, 42(2): 43-47.

[32] Gurler Z, Pamuk S, Yildirim Y, et al. The microbiological quality of ready-to-eat salads in Turkey: A focus on *Salmonella* spp. and *Listeria monocytogenes*[J]. International Journal of Food Microbiology, 2015, 196: 79-83.

[33] Gunel E, Polat K G, Bulut E, et al. *Salmonella* surveillance on fresh produce in retail in Turkey.[J]. International Journal of Food Microbiology, 2015, 199: 72-77.

[34] Rangel J M, Sparling P H, Crowe C, et al. Epidemiology of *Escherichia coli* O157: H7 outbreaks, United States, 1982-2002[J]. Emerging Infectious Diseases, 2005, 11(4): 603-609.

[35] Orskov F, Orskov I. *Escherichia coli* serotyping and disease in man and animals[J]. Canadian Journal of Microbiology, 1992. 38(7): 699-704.

[36] Bopp D J, Sauders B D, Waring A L, et al. Detection, isolation, and molecular subtyping of *Escherichia coli* O157: H7 and *Campylobacter jejuni* associated with a large waterborne outbreak[J]. Journal of Clinical Microbiology, 2003, 41(1): 174-180.

[37] Saxena T, Kaushik P, Krishna M M. Prevalence of *E. coli* O157: H7 in water sources: an overview on associated diseases, outbreaks and detection methods[J]. Diagnostic Microbiology & Infectious Disease, 2015, 82(3): 249-264.

[38] Xiong Y, Wang P, Lan R, et al. A Novel *Escherichia coli* O157: H7 Clone Causing a Major Hemolytic Uremic Syndrome Outbreak in China[J]. Plos One, 2012, 7(4): e36144.

[39] 刘华. 肠出血性大肠杆菌 0157: H7 病原学及流行病学特征[J]. 职业与健康, 2011, 27(14): 1661-1663.

[40] 刘加彬, 杨晋川, 景怀琦, 等. 1999～2006 年江苏省徐州市肠出血性大肠埃希菌 O157: H7 感染状况的流行病学研究[J]. 疾病监测, 2007, 22(8): 516-518.

[41] 王燕, 谢贵林, 杜琳. 大肠杆菌 O157：H7 感染流行概况[J]. 微生物学免疫学进展, 2008, 36(1): 51-58.

[42] Ferens W A, Hovde C J. *Escherichia coli* O157: H7: Animal Reservoir and Sources of Human Infection[J]. Foodborne Pathogens & Disease, 2011, 8(4): 465.

[43] Khan S B, Zou G, Xiao R, et al. Prevalence, quantification and isolation of pathogenic shiga toxin *Escherichia coli* O157: H7 along the production and supply chain of pork around Hubei Province of China.[J]. Microb Pathog, 2017, 115(1): 93-99.

[44] Abdissa R, Haile W, Fite A T, et al. Prevalence of *Escherichia coli* O157: H7 in beef cattle at slaughter and beef carcasses at retail shops in Ethiopia[J]. Bmc Infectious Diseases, 2017, 17(1): 277.

[45] New C Y, And M, Son R. Risk of *Escherichia coli* O157: H7 infection linked to the consumption of beef[J]. Food Research, 2017, 1(3): 67-76.

[46] 张淑红, 侯凤伶, 关文英, 等. 2005～2013 年河北省即食食品中单增李斯特菌污染及耐药特征研究[J]. 中国食品卫生杂志, 2014, 26(6): 596-599.

[47] 吕均, 刘兰芳, 李姗. 2011 年～2015 年十堰市食品中单核细胞增生李斯特菌的监测分析[J]. 中国卫生检验杂志, 2017(01): 110-111+114.

[48] 闻剑, 等. 2008～2011 年广东省熟肉制品中常见食源性致病菌污染状况分析[J]. 中国食品卫生杂志, 2013. 25(1): 68-70.

[49] 宋筱瑜, 裴晓燕, 徐海滨, 等. 我国零售食品单增李斯特菌污染的健康风险分级研究[J]. 中国食品卫生杂志, 2015, 27(4): 447-450.

[50] 陈健舜, 等. 水产品中单增李斯特菌的分子流行病学特征与致病力研究[J]. 中国食品学报, 2013. 13(9): 182-189.

[51] Martín M C, et al. Genetic procedures for identification of enterotoxigenic strains of *Staphylococcus aureus* from three food poisoning outbreaks[J]. International Journal of Food Microbiology, 2004. 94(3): 279-286.

[52] Le L Y, Baron F, Gautier M. *Staphylococcus aureus* and food poisoning[J]. Genetics & Molecular Research, 2003. 2(1): 63-76.

[53] 任妮. 临床鸡源致病性耐药空肠弯曲杆菌的基因组学研究[D]. 武汉: 华中农业大学, 2014.

[54] 李彩金, 谢永强, 周珍文, 等. 2008～2011 年广州地区腹泻儿童空肠弯曲菌感染情况及耐药性变迁[J]. 热带医学杂志, 2012, 12(6): 730-732.

[55] 谢永强, 钟华敏, 虢艳, 等. 广州地区儿童空肠弯曲菌感染的检测与分析[J]. 国际检验医学杂志, 2016, 37(17): 2448-2450.

[56] 苏婧, 许海燕, 熊海平. 2012～2014 年南通市感染性腹泻病病毒学监测结果[J]. 职业与健康, 2016. 32(22): 3080-3082.

[57] EFSA, ECDC. The European Union Summary Report on Trends and Sources of Zoonoses, Zoonotic Agents and Food-borne Outbreaks in 2013[J]. EFSA Journal, 2015, 13(1): 3991.

[58] EFSA, ECDC. The European Union summary report on trends and sources of zoonoses, zoonotic agents and food-borne outbreaks in 2016[J]. EFSA Journal, 2017. 15(12): 5077.

[59] 郑扬云, 等. 华南四省食品中空肠弯曲菌分离株的毒力相关基因分析和 ERIC-PCR 分型[J]. 微生物学报, 2014. 54(1): 14-23.

[60] 马慧. 天津市零售鸡肉中空肠弯曲菌分布及特征分析[M]. 天津: 天津科技大学, 2017.

[61] 薛峰, 徐飞, 陈颖, 等. 2006～2008 年华东地区空肠弯曲菌动物源分离株分子分型研究[C]//动物检疫学分会学术年会. 2010.

[62] 陈尚林, 李娜, 葛莉, 等. 宿迁市肉鸡沙门菌和空肠弯曲菌污染状况调查[J]. 江苏预防医学, 2014, 25(1): 75-76.

[63] 许紫建, 等. 猪源弯曲菌的分离鉴定及耐药性分析[J]. 中国人兽共患病学报, 2013, 29(3): 237-241.

[64] 翟海华. 青岛地区鸡源空肠弯曲菌流行病学、ERIC-PCR 分型及毒力基因研究[D]. 泰安: 山东农业大学, 2014.

[65] 郭邦成, 刘翔, 郝琼, 等. 宁夏地区小肠结肠炎耶尔氏森菌监测分析[J]. 现代医药卫生, 2011, 27(18): 2724-2726.

[66] EFSA, ECDC. The European Union summary report on trends and sources of zoonoses, zoonotic agents and food-borne outbreaks in 2015[J]. EFSA Journal, 2016, 14(12): 4634.

[67] Saraka D, et al. *Yersinia enterocolitica*, a Neglected Cause of Human Enteric Infections in Cote d'Ivoire[J]. PLoS Negl Trop Dis, 2017, 11(1): e0005216.

[68] 胡惠娟, 吴清平, 张菊梅, 等. 食品中小肠结肠炎耶尔森氏菌污染调查和 ERIC-PCR 分型研究[J]. 现代食品科技, 2014, (6): 294-300.

[69] Ye Q, et al. Prevalence and characterization of *Yersinia enterocolitica* isolated from retail foods in China[J]. Food Control, 2016, 61: 20-27.

[70] Hui L, Jing H C, Zhi G C, et al. *Cronobacter* Carriage in Neonate and Adult Intestinal Tracts[J]. 生物医学与环境科学(英文版), 2013, 26(10): 861-864.

[71] Friedemann, M. Epidemiology of invasive neonatal *Cronobacter* (*Enterobacter sakazakii*) infections. European Journal of Clinical Microbiology & Infectious Diseases[J], 2009, 28(11): 1297-1304.

[72] 董晓晖, 等. 食品污染克罗诺杆菌(阪崎肠杆菌)的分离及鉴定[J]. 微生物学报, 2013, 53(5): 429-436.

[73] Barron J C, Forsythe S J. Dry stress and survival time of *Enterobacter sakazakii* and other Enterobacteriaceae in dehydrated powdered infant formula[J]. Journal of Food Protection, 2007, 70(9): 2111-2117.

[74] Joseph S, Forsythe S J. Insights into the Emergent Bacterial Pathogen *Cronobacter* spp., Generated by Multilocus Sequence Typing and Analysis[J]. Frontiers in Microbiology, 2012, 3: 397.

[75] 陈万义, 任婧, 吴正钧, 等. 生鲜蔬菜中阪崎克罗诺杆菌的分离与鉴定[J]. 食品科技, 2014, (1): 304-308.

[76] 陆幸儿, 郑悦康, 吴灿权. 10 类食品污染阪崎肠杆菌状况的调查研究[J]. 中国医学创新, 2011, 08(18): 3-5.

[77] Urmenyi A M C, Franklin A W. Neonatal Death from Pigmented Coliform Infection[J]. Lancet, 1961, 1(7172): 313-315.

[78] 洪程基, 李毅, 上官智慧. 温州市婴幼儿感染性腹泻疾病中阪崎肠杆菌的检测研究[J]. 中国卫生检验杂志, 2015, (2). 193-195.

[79] 崔志刚, 王爱敏, 许学斌, 等. 不同年龄人群粪便样本中克罗诺杆菌分离情况的研究[J]. 中国预防医学杂志, 2014, 15(3): 215.

[80] 杨小蓉, 黄伟峰, 谢晓丽,等. 一例由阪崎肠杆菌感染引起腹泻患儿的溯源分析[J]. 疾病监测, 2014, 29(10): 794-796.

[81] Hua C J, et al. Two Cases of Multi-antibiotic Resistant *Cronobacter* spp. Infections of Infants in China[J]. 生物医学与环境科学, 2017, 30(8): 601-605.

[82] 龚燕, 顾学章. 阪崎肠杆菌肺炎 64 例临床及药敏分析[J]. 上海医学, 2005, 28(12): 1047-1048.

[83] 李秀娟, 李丽婕, 高伟利, 等. 石家庄市售国产配方奶粉和婴幼儿食品中阪崎肠杆菌污染调查[J]. 中国卫生检验杂志, 2010, (4): 886-887.

[84] 李秀桂, 王红, 唐振柱, 等. 广西首次从婴儿配方食品中检出阪崎肠杆菌[J]. 应用预防医学, 2009, 15(5): 301-302.

[85] 吕秋艳, 王志越, 宋景红. 2010～2012 年北京市门头沟区食源性致病菌监测结果[J]. 职业与健康, 2014. 30(5): 633-635.

[86] 吕秋艳, 王志越, 宋景红, 等. 北京市门头沟区2011年食源性致病菌监测结果分析[J]. 实用预防医学, 2014, 30(5): 633-635.

[87] 陈佳璇, 邓志爱, 李孝权, 等. 寿司制品中阪崎肠杆菌污染情况调查[J]. 中国卫生检验杂志, 2011, (8): 2053-2054.

[88] 黄忠梅, 王翀, 田延河, 等. 新疆部分进出口食品中阪崎肠杆菌的污染调查[J]. 中国食品卫生杂志, 2007, 19(6): 543-544.

[89] Xu X, et al. Prevalence, molecular characterization, and antibiotic susceptibility of *Cronobacter* spp. in Chinese ready-to-eat foods[J]. International Journal of Food Microbiology, 2015, 204: 17-23.

[90] 陈雅蘅, 赵炜, 王洋, 等. 部分茶饮料原辅料中优势菌-克罗诺杆菌(原阪崎肠杆菌)的分离和鉴定[J]. 中国酿造, 2013, 32(5): 59-61.

[91] Kandhai M C, et al., A study into the occurrence of *Cronobacter* spp. in The Netherlands between 2001 and 2005[J]. Food Control, 2010, 21(8): 1127-1136.

[92] Mcauley C M, et al. Prevalence and characterization of foodborne pathogens from Australian dairy farm environments[J]. Journal of Dairy Science, 2014, 97(12): 7402-7412.

[93] Reich F, et al. Prevalence of *Cronobacter* spp. in a powdered infant formula processing environment[J]. International Journal of Food Microbiology, 2010, 140(2-3): 214.

[94] Furukawa S, Kuchma S, O'Toole G A. Keeping their options open: acute versus persistent infections[J]. Journal of Bacteriology, 2006, 188(4): 1211-1217.

[95] Kilonzonthenge A, et al. Prevalence and antimicrobial resistance of *Cronobacter sakazakii* isolated from domestic kitchens in middle Tennessee, United States[J]. Journal of Food Protection, 2012, 75(8): 1512.

[96] Hauge S. Food poisoning caused by aerobic spore forming bacillil[J]. J Appl Microbio, 1955, 18: 591-595.

[97] Hazards E P B. Risks for public health related to the presence of *Bacillus cereus* and other *Bacillus* spp. including *Bacillus thuringiensis* in foodstuffs[J]. EFSA Journal, 2016, 14(7).

[98] Gundogan N, Avci E. Occurrence and antibiotic resistance of *Escherichia coli*, *Staphylococcus aureus* and *Bacillus cereus* in raw milk and dairy products in Turkey[J]. International Journal of Dairy Technology, 2015, 67(4): 562-569.

[99] Bennett S D, Walsh K A , Gould L H. Foodborne disease outbreaks caused by *Bacillus cereus*, Clostridium perfringens, and *Staphylococcus aureus* United States, 1998-2008[J]. Clin Infect Dis, 2013, 57(3): 425-433.

[100] Flores-UrbÃn K A, et al., Detection of toxigenic *Bacillus cereus* strains isolated from vegetables in Mexico City[J]. Journal of Food Protection, 2014, 77(12): 2144-2147.

[101] Merzougui S , Lkhider M , Grosset N , et al. Prevalence, PFGE Typing, and Antibiotic Resistance of *Bacillus cereus* Group Isolated from Food in Morocco[J]. Foodborne Pathogens & Disease, 2014, 11(2): 145.

[102] Maroua G B A , Mariam S , Mariem Z , et al. Isolation, Identification, Prevalence, and Genetic Diversity of *Bacillus cereus* Group Bacteria From Different Foodstuffs in Tunisia[J]. Frontiers in Microbiology, 2018, 9: 447.

[103] Hwang J Y, Park J H. Characteristics of enterotoxin distribution, hemolysis, lecithinase, and starch hydrolysis of *Bacillus cereus* isolated from infant formulas and ready-to-eat foods[J]. Journal of Dairy Science, 2015, 98(3): 1652-1660.

[104] Bilung L M, et al. Enumeration and molecular detection of *Bacillus cereus* in local indigenous and imported rice grains[J]. Agriculture & Food Security, 2016, 5(1): 25.

[105] Chon J W, Yim J H, Kim H S, et al. Quantitative Prevalence and Toxin Gene Profile of *Bacillus cereus* from Ready-to-Eat Vegetables in South Korea[J]. Foodborne Pathogens and Disease, 2015, 12(9): 795-799.

[106] Jung S M , Kim N O , Cha I , et al. Surveillance of *Bacillus cereus* Isolates in Korea from 2012 to 2014[J]. Osong Public Health & Research Perspectives, 2017, 8(1): 71-77.

[107] Rahimi E , Abdos F , Momtaz H , et al. *Bacillus cereus* in Infant Foods: Prevalence Study and Distribution of Enterotoxigenic Virulence Factors in Isfahan Province, Iran[J]. The Scientific World Journal, 2013, 2013(1): 292571.

[108] Kumari S, Sarkar P K. Prevalence and characterization of *Bacillus cereus* group from various marketed dairy products in India[J]. Dairy Science & Technology, 2014, 94(5): 483-497.

[109] Tewari A, Singh S P, Singh R. Incidence and enterotoxigenic profile of *Bacillus cereus* in meat and meat products of Uttarakhand, India[J]. Journal of Food Science & Technology, 2015, 52(3): 1796.

[110] Bilung L M , Tahar A S , Shze T P, et al. Enumeration and molecular detection of *Bacillus cereus* in local indigenous and imported rice grains[J]. Agriculture & Food Security, 2016, 5(1): 25.

[111] 张秋丽, 谭志熹, 付丽, 等. 广州市荔湾区 2010～2015 年食品中食源性致病菌监测分析[J]. 实用预防医学, 2017, 24(1): 95-97.

[112] 伍业健, 邓志爱, 吴继彬, 等. 2013 年广州市食品中食源性致病菌监测分析[J]. 华南预防医学, 2015, (2): 192-1944.

[113] 李海麟, 等. 2013～2015 年广州市市售食品中食源性致病菌监测结果分析[J]. 医学动物防制, 2016, (11): 1190-1192.

[114] 张健, 邓志爱, 伍业健, 等. 2015 年-2016 年广州市食品中食源性致病菌监测结果分析[J]. 中国卫生检验杂志, 2017, (11): 97-98, 101.

[115] 柳勤, 叶新, 黄燕, 等. 2015 年天河区食品安全风险监测微生物结果与分析[J]. 中国卫生检验杂志, 2016, (10): 1415-1416.

[116] 李志峰, 王红, 王文斟, 等. 2011 年重庆市食品风险监测食源性致病菌监测分析[J]. 中国卫生检验杂志, 2013, (5): 1252-1254.

[117] 周莹冰, 罗昱玥, 刘义萍, 等. 重庆市渝中区 2011～2013 年食源性致病菌监测结果分析[J]. 疾病监测与控制, 2014, 8(7): 405-407.

[118] 熊鹰, 罗书全, 向新志, 等. 2013～2014 年重庆市食品中细菌污染状况分析[J]. 公共卫生与预防医学, 2016, 27(3): 109-111.

[119] 熊鹰, 罗书全, 向新志, 等. 2013～2014 年重庆市食品中细菌污染状况分析[J]. 公共卫生与预防医学, 2016, 27(3): 109-111.

[120] 李小成, 马连凯, 陈洋, 等. 2010-2015 年南京市食品中微生物污染监测分析[J]. 现代预防医学, 2017, 44(6): 53-56+73.

[121] Zhang Y, et al. Quantitative Prevalence, Phenotypic and Genotypic Characteristics of *Bacillus cereus* Isolated from Retail Infant Foods in China[J]. Foodborne Pathogens & Disease, 2017, 42(10): 43-51.

[122] 叶玲清, 陈伟伟, 李闽真, 等. 2013 年福建省市售奶粉蜡样芽孢杆菌污染状况调查[J]. 预防医学论坛, 2015, (8): 599-600.

[123] 林黎, 陈文, 张誉, 等. 2014 年四川省食源性致病菌监测现状分析[J]. 预防医学情报杂志, 2016, (12): 1311-1314.

[124] 诸葛石养, 苏爱荣, 李秀桂. 广西米面制品蜡样芽孢杆菌污染分布及耐药性研究[J]. 中国卫生检验杂志, 2014, (18): 2661-2662.

[125] 杨庆文, 杨萍, 杨祖顺, 等. 云南省 8 类外卖配送餐中细菌性污染情况监测分析[J]. 中国卫生检验杂志, 2016, (17): 2536-2539.

[126] 王波, 高瑞红, 张晓华, 等. 太原市食品安全风险监测结果分析[J]. 中国卫生检验杂志, 2016, (12): 1767-1770.

[127] 张国红, 郭建萍, 李云云, 等. 太原市 2011～2015 年六大类食品中食源性致病菌监测结果分析[J]. 中国药物与临床, 2016, 16(12): 1751-1753.

[128] 马景宏, 魏彤竹, 李雪, 等. 辽宁省 2012～2015 年食源性蜡样芽孢杆菌污染检测结果分析[J]. 中国微生态学杂志, 2017, 29(1): 42-45.

[129] 李雪, 文涛, 马景宏, 等. 辽宁省 2012 年食源性致病菌监测结果分析[J]. 中国微生态学杂志, 2014, 26(2): 174-177.

[130] 解希帝, 周媇, 杨海荣, 等. 2011～2015 年呼和浩特市售食品中蜡样芽孢杆菌污染监测与分析[J]. 疾病监测与控制, 2017, (1): 47.

[131] 朱静鸿, 龚云伟, 李月婷, 等. 2013～2014 年长春市食品中食源性致病菌检测及分析[J]. 食品安全质量检测学报, 2016, 7(1): 27-32.

[132] 郭学斌, 郭晚花, 刘大晶. 2013 年青海省市售食品中食源性致病菌监测分析[J]. 医学动物防制, 2017, (2): 189-191.

[133] 王建平, 罗建忠. 2013～2015 年新疆兵团食品中食源性致病菌监测结果分析[J]. 现代预防医学, 2016, 43(12): 2167-2170.

[134] 宋灿磊, 刘燕. 国内诺如病毒胃肠炎疫情分子流行病学分析[J]. 实用预防医学, 2013, 20(11): 1294-1296.

[135] 宋晓佳, 张静, 施国庆. 2000～2013 年我国诺如病毒感染性胃肠炎暴发流行病学特征分析[J]. 疾病监测, 2017, 32(2): 127-131.

[136] Moreira N A, Bondelind M. Safe drinking water and waterborne outbreaks.[J]. Journal of Water & Health, 2017, 15(1): 83-96.

[137] Stenfors Arnesen L P, Fagerlund A, Granum P E. From soil to gut: *Bacillus cereus* and its food poisoning toxins[J]. Fems Microbiology Reviews, 2010, 32(4): 579-606.

[138] Fàbrega A, Vila J. *Salmonella enterica* Serovar Typhimurium Skills To Succeed in the Host: Virulence and Regulation[J]. Clinical Microbiology Reviews, 2013, 26(2): 308-341.

[139] Clayton E M. Real-time PCR assay to differentiate Listeriolysin S-positive and -negative strains of *Listeria monocytogenes*[J]. Appl Environ Microbiol, 2011, 77(1): 163-171.

[140] Maury M M, Tsai Y H, Charlier C, et al. Uncovering *Listeria monocytogenes* hypervirulence by harnessing its biodiversity[J]. Nature Genetics, 2016, 48(3): 308-313.

[141] Morgan M S. Diagnosis and treatment of Panton-Valentine leukocidin (PVL)-associated staphylococcal pneumonia[J]. International Journal of Antimicrobial Agents, 2007, 30(4): 289-296.

[142] Dong P, Zhu L, Mao Y, et al. Prevalence and characterization of *Escherichia coli* O157: H7 from samples along the production line in Chinese beef-processing plants[J]. Food Control, 2015, 54(1): 39-46.

[143] 张书萧. 大肠杆菌 O157 的分子流行病学调查和毒力因子研究[D]. 长春: 吉林农业大学, 2012.

[144] González J, Sanso A M, Cadona J S, et al. Virulence traits and different *nle* profiles in cattle and human verotoxin-producing *Escherichia coli* O157: H7 strains from Argentina[J]. Microbial Pathogenesis, 2017, 102: 102-108.

[145] Guerry P. *Campylobacter* flagella: not just for motility[J]. Trends in Microbiology, 2007, 15(10): 456-461.

[146] Nachamkin I, Yang X H, Stern N J. Role of *Campylobacter jejuni* flagella as colonization factors for three-day-old chicks: analysis with flagellar mutants[J]. Applied & Environmental Microbiology, 1993, 59(5): 1269-1273.

[147] Guerry P, Alm R A, Power M E, et al. Role of two flagellin genes in *Campylobacter motility*[J]. Journal of Bacteriology, 1991, 173(15): 4757.

[148] Pavlovskis O R, Rollins D M, Jr H R, et al. Significance of flagella in colonization resistance of rabbits immunized with *Campylobacter* spp [J]. Infection & Immunity, 1991, 59(7): 2259.

[149] Nuijten P J, Asten F J V, Gaastra W, et al. Structural and functional analysis of two *Campylobacter jejuni* flagellin genes[J]. Journal of Biological Chemistry, 1990, 265(29): 17798-17804.

[150] Poly F, Read T, Tribble D R, et al. Genome Sequence of a Clinical Isolate of *Campylobacter jejuni* from Thailand[J]. Infection & Immunity, 2007, 75(7): 3425-3433.

[151] Wassenaar T M, Bleuminkpluym N M, Ba V D Z. Inactivation of *Campylobacter jejuni* flagellin genes by homologous recombination demonstrates that *flaA* but not *flaB* is required for invasion[J]. Embo Journal, 1991, 10(8): 2055-2061.

[152] Takata T, Fujimoto S, Amako K. Isolation of nonchemotactic mutants of *Campylobacter jejuni* and their colonization of the mouse intestinal tract[J]. Infection & Immunity, 1992, 60(9): 3596-3600.

[153] Müller J, Schulze F, Müller W, et al. PCR detection of virulence-associated genes in *Campylobacter jejuni* strains with differential ability to invade Caco-2 cells and to colonize the chick gut[J]. Veterinary Microbiology, 2006, 113(1): 123-129.

[154] Morooka T, Umeda A, Amako K. Motility as an intestinal colonization factor for *Campylobacter jejuni*[J]. Journal of General Microbiology, 1985, 131(8): 1973-1980.

[155] Hendrixson D R, Dirita V J. Transcription of sigma54-dependent but not sigma28-dependent flagellar genes in *Campylobacter jejuni* is associated with formation of the flagellar secretory apparatus.[J]. Molecular Microbiology, 2010, 50(2): 687-702.

[156] Jin S, Joe A, Lynett J, et al. JlpA, a novel surface-exposed lipoprotein specific to *Campylobacter jejuni*, mediates adherence to host epithelial cells[J]. Molecular Microbiology, 2010, 39(5): 1225-1236.

[157] Whitehouse C A, Balbo P B, Pesci E C, et al. *Campylobacter jejuni* cytolethal distending toxin causes a G2-phase cell cycle block[J]. Infection & Immunity, 1998, 66(5): 1934-1940.

[158] Dasti J I, Tareen A M, Lugert R, et al. *Campylobacter jejuni*: a brief overview on pathogenicity-associated factors and disease-mediating mechanisms[J]. International Journal of Medical Microbiology, 2010, 300(4): 205-211.

[159] Boehm M, Krause-Gruszczynska M, Rohde M, et al. Major Host Factors Involved in Epithelial Cell Invasion of *Campylobacter jejuni*: Role of Fibronectin, Integrin Beta1, FAK, Tiam-1, and DOCK180 in Activating Rho GTPase Rac1[J]. Frontiers in Cellular & Infection Microbiology, 2011, 1 (12): 17.

[160] Pickett C L, Whitehouse C A. The cytolethal distending toxin family[J]. Trends in Microbiology, 1999, 7 (7): 292-297.

[161] Heywood W, Henderson B, Nair S P. Cytolethal distending toxin: creating a gap in the cell cycle[J]. Journal of Medical Microbiology, 2005, 54 (3): 207-216.

[162] Purdy D, Buswell C M, Hodgson A E, et al. Characterisation of cytolethal distending toxin (CDT) mutants of *Campylobacter jejuni*[J]. Journal of Medical Microbiology, 2000, 49 (5): 473-479.

[163] Fox J G, Rogers A B, Whary M T, et al. Gastroenteritis in NF-kappaB-deficient mice is produced with wild-type *Camplyobacter jejuni* but not with *C. jejuni* lacking cytolethal distending toxin despite persistent colonization with both strains[J]. Infection & Immunity, 2004, 72 (2): 1116-1125.

[164] Young K T, Davis L M, Dirita V J. *Campylobacter jejuni*: molecular biology and pathogenesis[J]. Nature Reviews Microbiology, 2007, 5 (9): 665-679.

[165] Willison H J, Jacobs B C, van Doorn P A. Guillain-Barré syndrome[J]. Lancet, 2016, 388 (10045): 717-727.

[166] Xian Z, Wu Q, Zhang J, et al. Prevalence, genetic diversity and antimicrobial susceptibility of *Campylobacter jejuni* isolated from retail food in China[J]. Food Control, 2016, 62: 10-15.

[167] Koolman L, Whyte P, Burgess C, et al. Distribution of virulence-associated genes in a selection of *Campylobacter* isolates[J]. Foodborne Pathogens & Disease, 2015, 12 (5): 424-432.

[168] Imori P F M , Passaglia J , Souza R A , et al. Virulence-related genes, adhesion and invasion of some *Yersinia enterocolitica*-like strains suggests its pathogenic potential[J]. Microbial Pathogenesis, 2017, 104: 72-77

[169] Dhar M S, Virdi J S. Strategies used by *Yersinia enterocolitica* to evade killing by the host: thinking beyond Yops[J]. Microbes & Infection, 2014, 16 (2): 87-95.

[170] Atkinson S, Williams P. *Yersinia* virulence factors - a sophisticated arsenal for combating host defences[J]. F1000research, 2016, 5 (F1000 Faculty Rev): 1370.

[171] Chauhan N, Wrobel A, Skurnik M, et al. *Yersinia* adhesins: An arsenal for infection[J]. Proteomics Clin Appl, 2016, 10 (9-10): 949-963.

[172] Deng W , Marshall N C , Rowland J L , et al. Assembly, structure, function and regulation of type III secretion systems[J]. Nature Reviews Microbiology, 2017, 15 (6): 323-337.

[173] Mueller C A, Broz P, Müller S A, et al. The V-antigen of *Yersinia* forms a distinct structure at the tip of injectisome needles[J]. Science, 2005, 310 (5748): 674-676.

[174] Diepold A, Sezgin E, Huseyin M, et al. A dynamic and adaptive network of cytosolic interactions governs protein export by the T3SS injectisome[J]. Nature Communications, 2017, 8: 15940.

[175] Tardy F, Homblé F, Neyt C, et al. *Yersinia enterocolitica* type III secretion-translocation system: channel formation by secreted Yops[M]. The EMBO Journal, 1999, 6793-6799.

[176] Charro N, Mota L J. Approaches targeting the type III secretion system to treat or prevent bacterial infections[J]. Expert Opin Drug Discov, 2015, 10 (4): 373-387.

[177] Sawa T, Shimizu M, Moriyama K, et al. Association between *Pseudomonas aeruginosa* type III secretion, antibiotic resistance, and clinical outcome: a review[J]. Critical Care, 2014, 18 (6): 668.

[178] Joseph S, Sonbol H, Hariri S, et al. Diversity of the *Cronobacter* genus as revealed by multilocus sequence typing[J]. Journal of Clinical Microbiology, 2012, 50 (9): 3031.

[179] Almajed F S, Forsythe S J. *Cronobacter sakazakii* clinical isolates overcome host barriers and evade the immune response[J]. Microbial Pathogenesis, 2016, 90: 55-63.

[180] Townsend S M , Hurrell E , Gonzalez-Gomez I , et al. *Enterobacter sakazakii* invades brain capillary endothelial cells, persists in human macrophages influencing cytokine secretion and induces severe brain pathology in the neonatal rat[J]. Microbiology, 2007, 153 (10): 3538-3547.

[181] Townsend S M, Hurrell E, Gonzalezgomez I, et al. *Enterobacter sakazakii* invades brain capillary endothelial cells, persists in human macrophages influencing cytokine secretion and induces severe brain pathology in the neonatal rat[J]. Microbiology, 2007, 153(10): 3538-3547.

[182] Richardson A N, Beuchat L R, Lambert S, et al. Comparison of virulence of three strains of *Cronobacter sakazakii* in neonatal CD-1 mice[J]. J Food Prot, 2010, 73(5): 849-854.

[183] Caubilla-Barron J, Hurrell E, Townsend S, et al. Genotypic and phenotypic analysis of *Enterobacter sakazakii* strains from an outbreak resulting in fatalities in a neonatal intensive care unit in France[J]. Journal of Clinical Microbiology, 2007, 45(12): 3979-3985.

[184] Grim C J, Kothary M H, Gopinath G, et al. Identification and characterization of *Cronobacter* iron acquisition systems[J]. Applied & Environmental Microbiology, 2012, 78(17): 6035-6050.

[185] Joseph S, Desai P, Ji Y, et al. Comparative analysis of genome sequences covering the seven *cronobacter* species[J]. Plos One, 2012, 7(11): e49455.

[186] Kucerova E, Clifton S W, Xia X Q, et al. Genome Sequence of *Cronobacter sakazakii* BAA-894 and Comparative Genomic Hybridization Analysis with Other *Cronobacter* Species[J]. 2010.

[187] Kucerova E, Joseph S, Forsythe S. The *Cronobacter* genus: ubiquity and diversity[J]. Quality Assurance & Safety of Crops & Foods, 2011, 3(3): 104-122.

[188] Mittal R, Ying W, Hunter C J, et al. Brain damage in newborn rat model of meningitis by *Enterobacter sakazakii*: a role for outer membrane protein A[J]. Laboratory Investigation; a Journal of Technical Methods and Pathology, 2009, 89(3): 263-277.

[189] Kim K , Kim K P , Choi J , et al. Outer Membrane Proteins A (OmpA) and X (OmpX) Are Essential for Basolateral Invasion of *Cronobacter sakazakii*[J]. Applied and Environmental Microbiology, 2010, 76(15): 5188-5198.

[190] Pagotto F J, Nazarowec-White M, Bidawid S, et al. *Enterobacter sakazakii*: infectivity and enterotoxin production in vitro and in vivo[J]. J Food Prot, 2003, 66(3): 370.

[191] Raghav M R, Aggarwal P K A K. Purification and characterization of *Enterobacter sakazakii* enterotoxin[J]. Canadian Journal of Microbiology, 2007, 53(6): 750.

[192] Franco A A, Kothary M H, Gopinath G, et al. Cpa, the Outer Membrane Protease of *Cronobacter sakazakii*, Activates Plasminogen and Mediates Resistance to Serum Bactericidal Activity[J]. Infection & Immunity, 2011, 79(4): 1578.

[193] CruzAriadnna, XicohtencatlCortesJuan, GonzálezPedrajoBertha, et al. Virulence traits in *Cronobacter* species isolated from different sources[J]. Canadian Journal of Microbiology, 2011, 57(9): 735-744.

[194] Franco A A, Hu L, Grim C J, et al. Characterization of putative virulence genes on the related RepFIB plasmids harbored by *Cronobacter* spp.[J]. Applied & Environmental Microbiology, 2011, 77(10): 3255-3267.

[195] Cruz A, Xicohtencatl C J, González P B, et al. Virulence traits in *Cronobacter* species isolated from different sources[J]. Canadian Journal of Microbiology, 2011, 57(9): 735-744.

[196] Joseph S, Hariri S, Masood N, et al. Sialic acid utilization by *Cronobacter sakazakii*[J]. Microbial Informatics & Experimentation, 2013, 3(1): 1-11.

[197] Grim C J, Kotewicz M L, Power K A, et al. Pan-genome analysis of the emerging foodborne pathogen *Cronobacter* spp. suggests a species-level bidirectional divergence driven by niche adaptation[J]. Bmc Genomics, 2013, 14(1): 366-366.

[198] Touzã© T, Eswaran J, Bokma E, et al. Interactions underlying assembly of the *Escherichia coli* AcrAB-TolC multidrug efflux system[J]. Molecular Microbiology, 2010, 53(2): 697-706.

[199] Franke S, Grass G, Rensing C, et al. Molecular Analysis of the Copper-Transporting Efflux System CusCFBA of *Escherichia coli*[J]. Journal of Bacteriology, 2003, 185(13): 3804.

[200] Chen Y C, Chang M C, Chuang Y C, et al. Characterization and virulence of hemolysin III from *Vibrio vulnificus*[J]. Current Microbiology, 2004, 49(3): 175-179.

[201] Alzahrani H, Winter J, Boocock D, et al. Characterisation of outer membrane vesicles from a neonatal meningitic strain of *Cronobacter sakazakii*[J]. Fems Microbiology Letters, 2015, 362(12): fnv085-fnv085.

[202] Ye Y, Li H, Ling N, et al. Identification of potential virulence factors of *Cronobacter sakazakii* isolates by comparative proteomic analysis[J]. International Journal of Food Microbiology, 2016, 217: 182-188.

[203] Monika E S , Marie-Hélène G, Amanda M, et al. Toxin gene profiling of enterotoxic and emetic *Bacillus cereus*[J]. FEMS Microbiology Letters, 2006, 260(2): 232-240.

[204] Hardy S P, Lund T, Granum P E. CytK toxin of *Bacillus cereus* forms pores in planar lipid bilayers and is cytotoxic to intestinal epithelia[J]. Fems Microbiology Letters, 2001, 197(1): 47-51.

[205] Lund T, De Buyser M L, Granum P E. A new cytotoxin from *Bacillus cereus* that may cause necrotic enteritis[J]. Molecular Microbiology, 2010, 38(2): 254-261.

[206] Clavel T, Carlin F, Lairon D, et al. Survival of *Bacillus cereus* spores and vegetative cells in acid media simulating human stomach[J]. Journal of Applied Microbiology, 2010, 97(1): 214-219.

[207] Bamnia M, Kaul G. Cereulide and diarrheal toxin contamination in milk and milk products: a systematic review[J]. Toxin Reviews, 2015, 34(3): 119-124.

[208] Jensen G B. The hidden lifestyles of *Bacillus cereus* and relatives.[J]. Environmental Microbiology, 2010, 5(8): 631-640.

[209] Ehling-Schulz M, Vukov N, Schulz A, et al. Identification and partial characterization of the nonribosomal peptide synthetase gene responsible for cereulide production in emetic *Bacillus cereus*[J]. Applied & Environmental Microbiology, 2005, 71(1): 105-113.

[210] Ehlingschulz M, Fricker M, Scherer S. *Bacillus cereus*, the causative agent of an emetic type of food-borne illness[J]. Molecular Nutrition & Food Research, 2010, 48(7): 479-487.

[211] Mahler H, Pasi A, Kramer J M, et al. Fulminant liver failure in association with the emetic toxin of *Bacillus cereus*[J]. N Engl J Med, 1997, 336(16): 1142-1148.

[212] Tewari A, Singh S P, Singh R. Incidence and enterotoxigenic profile of *Bacillus cereus* in meat and meat products of Uttarakhand, India[J]. Journal of Food Science & Technology, 2015, 52(3): 1796-1801.

[213] Perera M L, Ranasinghe G R. Prevalence of *Bacillus cereus* and associated risk factors in Chinese-style fried rice available in the city of Colombo, Sri Lanka[J]. Foodborne Pathog Dis, 2012, 9(2): 125-131.

[214] Thorsen L, Abdelgadir W S, Rønsbo M H, et al. Identification and safety evaluation of *Bacillus* species occurring in high numbers during spontaneous fermentations to produce Gergoush, a traditional Sudanese bread snack[J]. International Journal of Food Microbiology, 2011, 146(3): 244-252.

[215] Delbrassinne L, Andjelkovic M, Rajkovic A, et al. Follow-up of the *Bacillus cereus* emetic toxin production in penne pasta under household conditions using liquid chromatography coupled with mass spectrometry[J]. Food Microbiology, 2011, 28(5): 1105-1109.

[216] Kim Y J, Kim H S, Kim K Y, et al. High Occurrence Rate and Contamination Level of *Bacillus cereus* in Organic Vegetables on Sale in Retail Markets[J]. Foodborne Pathogens & Disease, 2016, 13(12): 656.

[217] Bartoszewicz M, Kroten M A, Swiecicka I. Germination and proliferation of emetic *Bacillus cereus* sensu lato strains in milk[J]. Folia Microbiologica, 2013, 58(6): 529-535.

[218] Jääskeläinen E L, Häggblom M M, Andersson M A, et al. Potential of *Bacillus cereus* for producing an emetic toxin, cereulide, in bakery products: quantitative analysis by chemical and biological methods[J]. J Food Prot, 2003, 66(6): 1047-1054.

[219] Agata N, Ohta M, Yokoyama K. Production of *Bacillus cereus* emetic toxin (cereulide) in various foods[J]. International Journal of Food Microbiology, 2002, 73(1): 23-27.

[220] Kim H S, Choi S J, Yoon K S. Efficacy Evaluation of Control Measures on the Reduction of *Staphylococcus aureus* in Salad and *Bacillus cereus* in Fried Rice Served at Restaurants[J]. Foodborne Pathogens & Disease, 2017, 15(4): 2017-2334.

[221] Drobniewski F A. *Bacillus cereus* and related species[J]. Clinical Microbiology Reviews, 1993, 6(4): 324-338.

[222] Ash C, Farrow J A E, Dorsch M, et al. Comparative analysis of *Bacillus anthracis*, *Bacillus cereus*, and related species on the basis of reverse transcriptase sequencing of 16S rRNA[J]. International Journal of Systematic Bacteriology, 1991, 41(3): 343-346.

[223] Hamdache A. et al. Comparative genome analysis of *Bacillus* spp. and its relationship with bioactive nonribosomal peptide production[J]. Phytochemistry Reviews, 2013, 12(4): 685-716.

[224] Hennekinne J A, De Buyser M L, Dragacci S. *Staphylococcus aureus* and its food poisoning toxins: characterization and outbreak investigation[J]. Fems Microbiology Reviews, 2012, 36(4): 815-836.

[225] Granum P E. *Clostridium perfringens* toxins involved in food poisoning[J]. International Journal of Food Microbiology, 1990, 10(2): 101-111.

[226] Jääskeläinen E L, Häggblom M M, Andersson M A, et al. Atmospheric oxygen and other conditions affecting the production of cereulide by *Bacillus cereus* in food[J]. International Journal of Food Microbiology, 2004, 96(1): 75-83.

[227] Ding T , Wang J , Park M S , et al. A Probability Model for Enterotoxin Production of *Bacillus cereus* as a Function of pH and Temperature[J]. Journal of food protection, 2013, 76(2): 343-347.

[228] Finlay W J J, Logan N A, Sutherland A D. *Bacillus cereus* produces most emetic toxin at lower temperatures[J]. Letters in Applied Microbiology, 2010, 31(5): 385-389.

[229] Beattie S H, Williams A G. Growth and diarrhoeagenic enterotoxin formation by strains of *Bacillus cereus* in vitro in controlled fermentations and in situ in food products and a model food system[J]. Food Microbiology, 2002, 19(4): 329-340.

[230] Chen J L, Chiang M L, Chou C C. The effect of acid adaptation on the susceptibility of *Bacillus cereus* to the stresses of temperature and H_2O_2 as well as enterotoxin production[J]. Foodborne Pathogens & Disease, 2009, 6(1): 71-79.

[231] Thomassin S, Jobin M P, Schmitt P. The acid tolerance response of *Bacillus cereus* ATCC14579 is dependent on culture pH, growth rate and intracellular pH[J]. Archives of Microbiology, 2006, 186(3): 229-239.

[232] Elmahdi S, Dasilva L V, Parveen S. Antibiotic resistance of *Vibrio parahaemolyticus* and *Vibrio vulnificus* in various countries: A review[J]. Food Microbiology, 2016, 57: 128-134.

[233] Cabello F C. Heavy use of prophylactic antibiotics in aquaculture: a growing problem for human and animal health and for the environment[J]. Environmental Microbiology, 2010, 8(7): 1137-1144.

[234] Han F, Walker R D, Janes M E, et al. Antimicrobial Susceptibilities of *Vibrio parahaemolyticus* and *Vibrio vulnificus* Isolates from Louisiana Gulf and Retail Raw Oysters[J]. Applied & Environmental Microbiology, 2007, 73(21): 7096.

[235] Devi R, Surendran P K, Chakraborty K. Antibiotic resistance and plasmid profiling of *Vibrio parahaemolyticus* isolated from shrimp farms along the southwest coast of India[J]. World Journal of Microbiology & Biotechnology, 2009, 25(11): 2005-2012.

[236] Ottaviani D, Leoni F, Talevi G, et al. Extensive investigation of antimicrobial resistance in *Vibrio parahaemolyticus* from shellfish and clinical sources, Italy[J]. International Journal of Antimicrobial Agents, 2013, 42(2): 191-193.

[237] Kang C H , Shin Y J , Kim W R , et al. Prevalence and antimicrobial susceptibility of *Vibrio parahaemolyticus* isolated from oysters in Korea[J]. Environmental Science and Pollution Research, 2016, 23(1): 918-926.

[238] Rodrigues D M L M, Dulce A, Ernesto H, et al. Antibiotic resistance of *Vibrio parahaemolyticus* isolated from pond-reared *Litopenaeus vannamei* marketed in Natal, Brazil[J]. Brazilian Journal of Microbiology, 2011, 42(4): 1463-1469.

[239] Reshma, Silvester, C, et al.Prevalence and antibiotic resistance of pathogenic *Vibrios* in shellfishes from Cochin market[J]. Indian Journal of Geo-Marine Sciences, 2014, 43(5): 815-824.

[240] Yano Y, Hamano K, Satomi M, et al. Prevalence and antimicrobial susceptibility of *Vibrio* species related to food safety isolated from shrimp cultured at inland ponds in Thailand[J]. Food Control, 2014, 38(4): 30-36.

[241] Alothrubi S M. Antibiotic Resistance of *Vibrio parahaemolyticus* Isolated from Cockles and Shrimp Sea Food Marketed in Selangor, Malaysia[J]. Clinical Microbiology Open Access, 2014, 03: 3.

[242] 黄锐敏, 陈辉, 袁月明. 2004～2006 年深圳南山区副溶血性弧菌菌群菌型分布及耐药分析[J]. 中国卫生检验杂志, 2007, 17(7): 1275-1276.

[243] 侯立杰. 重庆地区水产品中副溶血性弧菌的污染情况调查和分离株的毒力因素及药物敏感性研究[D]. 重庆: 西南大学, 2013.

[244] Liu F, Guan W, Alam M , et al. Pulsed-field Gel Electrophoresis Typing of Multidrug-resistant *Vibrio parahaemolyticus* Isolated from Various Sources of Seafood[J]. Journal Of Health Science, 2009, 55(5): 783-789.

[245] 马聪, 郝秀红, 马学斌, 等. 中国海域海洋细菌抗生素敏感性分析[J]. 中国抗生素杂志, 2013, 38(1): 53-58.

[246] Yang B , Qu D , Zhang X , et al. Prevalence and characterization of *Salmonella serovars* in retail meats of marketplace in Shaanxi, China[J]. International Journal of Food Microbiology, 2010, 141(1-2): 63-72.

[247] Yang B , Qiao L , Zhang X , et al. Serotyping, antimicrobial susceptibility, pulse field gel electrophoresis analysis of *Salmonella* isolates from retail foods in Henan Province, China[J]. Food Control, 2013, 32(1): 228-235.

[248] Yang B, Xi M, Wang X, et al. Prevalence of *Salmonella* on raw poultry at retail markets in China[J]. J Food Prot, 2011, 74(10): 1724-1728.

[249] Yang X, Wu Q, Zhang J, et al. Prevalence, enumeration, and characterization of *Salmonella* isolated from aquatic food products from retail markets in China[J]. Food Control, 2015, 57: 308-313.

[250] Hopkins K L, Kirchner M, Guerra B, et al. Multiresistant *Salmonella enterica* serovar 4,[5],12: i: - in Europe: a new pandemic strain?[J]. Euro Surveill, 2010, 15(22): 19580.

[251] 张亚兰，冉陆，李迎惠，等. 2003～2004 年中国食品中单核细胞增生李斯特菌耐药监测[J]. 中国食品卫生杂志，2006, 18(5): 398-400.

[252] 杨洋，付萍，郭云昌，等. 2005 年中国食源性单核细胞增生李斯特菌耐药性趋势分析[J]. 卫生研究, 2008, 37(2): 183-186.

[253] 闫韶飞，裴晓燕，杨大进，等. 2012 年中国食源性单核细胞增生李斯特菌耐药特征及多位点序列分型研究[J]. 中国食品卫生杂志, 2014, 26(6): 537-542.

[254] 霍哲，王晨，徐俊，等. 2012～2015 年北京市西城区单核细胞增生李斯特菌多位点序列分型及耐药研究[J]. 中国食品卫生杂志, 2017, 29(3): 289-293.

[255] Moutong C , Qingping W , Jumei Z , et al. Prevalence, enumeration, and pheno- and genotypic characteristics of *Listeria monocytogenes* isolated from raw foods in South China[J]. Frontiers in Microbiology, 2015, 6.

[256] 白莉，郭云昌，董银苹，等. 我国食品中大肠埃希菌 O157 耐药及 PFGE 分子分型特征分析[J]. 中国食品卫生杂志，2014, 26(5).

[257] Zhang S, Zhu X, Wu Q, et al. Prevalence and characterization of *Escherichia coli* O157 and O157: H7 in retail fresh raw meat in South China[J]. Annals of Microbiology, 2015, 65(4): 1993-1999.

[258] Goldstein E J C. Methicillin-resistant *staphylococcus aureus*[J]. Current Infectious Disease Reports, 2000, 2(5): 431-432.

[259] Malachowa N, Deleo F R. Mobile genetic elements of *Staphylococcus aureus*[J]. Cellular and Molecular Life Sciences, 2010, 67(18): 3057-3071.

[260] Lindsay J A. Genomic variation and evolution of *Staphylococcus aureus*[J]. International Journal of Medical Microbiology Ijmm, 2010, 300(2–3): 98-103.

[261] Planet P J, Narechania A, Chen L, et al. Architecture of a Species: Phylogenomics of *Staphylococcus aureus*[J]. Trends in Microbiology, 2016, 25(2): 153-166.

[262] Alibayov B, Baba-Moussa L, Sina H, et al. *Staphylococcus aureus* mobile genetic elements[J]. Molecular Biology Reports, 2014, 41(8): 5005-5018.

[263] Chang S, Sievert D M, Hageman J C, et al. Infection with vancomycin-resistant *Staphylococcus aureus* containing the vanA resistance gene.[J]. New England Journal of Medicine, 2003, 348(14): 1342-1347.

[264] Microbiology F. Antibiotic resistance in *Campylobacter*: emergence, transmission and persistence[J]. Future Microbiology, 2009, 4(2): 189-200.

[265] Shobo C O, Bester L A, Baijnath S, et al. Antibiotic resistance profiles of *Campylobacter* species in the South Africa private health care sector[J]. Journal of Infection in Developing Countries, 2016, 10(11): 1214.

[266] Reddy S, Zishiri O T. Detection and prevalence of antimicrobial resistance genes in *Campylobacter* spp. isolated from chickens and humans[J]. Onderstepoort Journal of Veterinary Research, 2017, 84(1): e1.

[267] Ruiz-Palacios G. M. The Health Burden of *Campylobacter* Infection and the Impact of Antimicrobial Resistance: Playing Chicken[J]. Clinical Infectious Diseases, 2007, 44(5): 701-703.

[268] 曲萍，王明忠，宋晓晖，等. 鸡胴体空肠弯曲菌分离株的耐药性分析[J]. 畜牧与兽医, 2016, (12): 95-98.

[269] 杨婉娜，周继远，逄丽丽，等. 人源空肠弯曲菌的耐药性及耐药机制[J]. 中华传染病杂志, 2016, 34(11): 670-674.

[270] 许海燕，熊海平，苏婧，等. 南通市婴幼儿腹泻患者空肠弯曲菌监测结果和耐药性分析[J]. 交通医学, 2018, 1: 88-90.

[271] 代婧，彭斌，雷程红，等. 新疆部分地区牛源空肠弯曲菌分离鉴定及耐药性分析[J]. 新疆农业科学，2017，54(9)：1730-1736.

[272] 曾杭，彭峻烽，黄静，等. 鸭源弯曲菌的分离鉴定及其耐药性、毒力基因分析[J]. 中国人兽共患病学报，2017, 33(1)：15-21.

[273] 袁丹茅，金建潮，刘素意. 龙岩市 5 类食品中空肠和结肠弯曲菌监测[J]. 预防医学情报杂志，2010, 26(3)：182-184.

[274] 林兰，林兰，白瑶，等. 北京市九城区超市及农贸市场零售整鸡中弯曲菌含量与耐药性分析[J]. 中华预防医学杂志，2014，48(10).

[275] 马慧. 天津市零售鸡肉中空肠弯曲菌分布及特征分析[D]. 天津：天津科技大学，2017.

[276] Franczak P, Witzling M, Siczewski W. Yersiniosis or Lesniowski-Crohn's disease[J]. Polski Przeglad Chirurgiczny, 2018. 90(1): 52-54.

[277] 孙文魁，毕振旺，寇增强，等. 163 株小肠结肠炎耶尔森菌的抗菌药物敏感性分析[J]. 中国人兽共患病学报，2013，29(4)：339-342.

[278] Ye Q, Wu Q, Hu H, et al. Prevalence and characterization of *Yersinia enterocolitica* isolated from retail foods in China[J]. Food Control, 2016, 61: 20-27.

[279] Baumgartner A, Küffer M, Suter D, et al. Antimicrobial resistance of *Yersinia enterocolitica* strains from human patients, pigs and retail pork in Switzerland[J]. International Journal of Food Microbiology, 2007, 115(1): 110-114.

[280] Thong K L, Tan L K, Ooi P T. Genetic diversity, virulotyping and antimicrobial resistance susceptibility of *Yersinia enterocolitica* isolated from pigs and porcine products in Malaysia[J]. Journal of the Science of Food & Agriculture, 2017, 98(1): 87-95.

[281] Frazao M R, Andrade L N, Darini A L C, et al. Antimicrobial resistance and plasmid replicons in *Yersinia enterocolitica* strains isolated in Brazil in 30 years[J]. Brazilian Journal of Infectious Diseases, 2017, 21(4): S1413867016307061.

[282] Verbikova V, Borilova G, Babak V, et al. Prevalence, characterization and antimicrobial susceptibility of *Yersinia enterocolitica* and other *Yersinia* species found in fruits and vegetables from the European Union[J]. Food Control, 2018, 85: 161-167.

[283] Imoto A, Murano M, Hara A, et al. Adult intussusception caused by *Yersinia enterocolitica* enterocolitis[J]. Internal Medicine, 2012, 51(18): 2545.

[284] 裴晓燕，郭云昌，徐进，等. 婴幼儿配方粉中阪崎肠杆菌分离株的药敏分析[J]. 卫生研究，2007, 36(1)：63-65.

[285] 郑金华，张新峰，陆娟娟，等. 2011 年-2014 年泰安市婴幼儿食品中阪崎肠杆菌的检测及耐药性和毒力基因研究[J]. 中国卫生检验杂志，2016, (5)：670-672.

[286] 姜琛璐，舒畅，李林. 阪崎肠杆菌食品分离株的耐受性研究[J]. 食品工业科技，2013, 34(19)：122-126.

[287] 张翼，陈雅蘅，周帼萍，等. 克罗诺杆菌的生物膜检测和药敏性分析[J]. 食品科学，2015, 36(21)：129-134.

[288] 张西萌，曾静，魏海燕，等. 进口乳制品中克罗诺阪崎肠杆菌分离株耐药性研究[J]. 中国食品卫生杂志，2013，(4)：320-323.

[289] Xu X, Li C, Wu Q, et al. Prevalence, molecular characterization, and antibiotic susceptibility of *Cronobacter* spp. in Chinese ready-to-eat foods[J]. International Journal of Food Microbiology, 2015, 204: 17-23.

[290] 王硕，朱超，杜欣军，等. 食源性阪崎肠杆菌耐药性分析及超广谱 β-内酰胺酶检测[J]. 食品科技，2011, (9)：330-334.

[291] Brandão M L, Umeda N S, Jackson E, et al. Isolation, molecular and phenotypic characterization, and antibiotic susceptibility of *Cronobacter* spp. from Brazilian retail foods[J]. Food Microbiology, 2017, 63(Complete): 129-138.

[292] Vasconcellos L , Carvalho C T , Tavares R O , et al. Isolation, molecular and phenotypic characterization of *Cronobacter* spp. in ready-to-eat salads and foods from Japanese cuisine commercialized in Brazil[J]. Food Research International, 2018, 107: 353.

[293] Bertholdpluta A, Garbowska M, Stefańska I, et al. Microbiological quality of selected ready-to-eat leaf vegetables, sprouts and non-pasteurized fresh fruit-vegetable juices including the presence of *Cronobacter* spp.[J]. Food Microbiology, 2017, 65(Complete): 221-230.

[294] Liu B T, Song F J, Zou M, et al. Emergence of Colistin Resistance Gene *mcr-1* in *Cronobacter sakazakii* Producing NDM-9 and in *Escherichia coli* from the same animal[J]. Antimicrobial Agents & Chemotherapy, 2017, 61(2): AAC.01444-16.

[295] Cui J H, Bo Y U, Xiang Y, et al. Two Cases of Multi-antibiotic Resistant *Cronobacter* spp. Infections of Infants in China[J]. Biomedical & Environmental Sciences, 2017, 30(8): 601-605.

[296] Shi L, Liang Q, Zhan Z, et al. Co-occurrence of 3 different resistance plasmids in a multi-drug resistant *Cronobacter sakazakii* isolate causing neonatal infections[J]. Virulence, 2018, 9 (1) : 110-120.

[297] 蔡元呈. 植物微生态学与植物微生态制剂的应用[J]. 中国生态农业学报, 2002, 10 (2) : 106-108.

[298] 尹清强. 如何利用微生态制剂来替代抗生素?[J]. 中国动物保健, 2007, (9) : 105-106.

[299] 郭贵海, 王崇文. 肠道菌群调节剂的研究进展[J]. 临床内科杂志, 2002, 19 (2) : 88-90.

[300] 王冬梅, 耿晓娜, 赵宝华. 饲用微生态制剂的应用研究进展[J]. 畜牧与饲料科学, 2010, 31 (2) : 54-57.

[301] 丁元廷. 细菌耐药机制的国内外最新研究进展[J]. 现代预防医学, 2013, 40 (6) : 1109-1111.

[302] Courvalin P. Transfer of antibiotic resistance genes between gram-positive and gram-negative bacteria[J]. Antimicrobial Agents & Chemotherapy, 1994, 38 (7) : 1447-1451.

[303] Chon J W, Kim J H, Lee S J, et al. Toxin profile, antibiotic resistance, and phenotypic and molecular characterization of *Bacillus cereus* in Sunsik[J]. Food Microbiology, 2012, 32 (1) : 217-222.

[304] Merzougui S, Lkhider M, Grosset N, et al. Prevalence, PFGE typing, and antibiotic resistance of *Bacillus cereus* group isolated from food in Morocco[J]. Foodborne Pathogens & Disease, 2014, 11 (2) : 145.

[305] Roy A , Moktan B , Sarkar P K . Characteristics of *Bacillus cereus* isolates from legume-based Indian fermented foods[J]. Food Control, 2007, 18 (12) : 0-1564.

[306] Savić D, Miljkovićselimović B, Lepšanović Z, et al. Antimicrobial susceptibility and β-lactamase production in *Bacillus cereus* isolates from stool of patients, food and environment samples[J]. Vojnosanitetski Pregled, 2016, 73: 904-909.

[307] Kıvanç S A, Kıvanç M, Bayramlar H. Microbiology of corneal wounds after cataract surgery: biofilm formation and antibiotic resistance patterns[J]. Journal of Wound Care, 2016, 25 (1) : 12, 14.

[308] Yibar A, Cetinkaya F, Soyutemiz E, et al. Prevalence, enterotoxin production and antibiotic resistance of *Bacillus cereus* isolated from milk and cheese[J]. Kafkas Univ Vet Fak Der, 2017, 23: 635-642.

[309] Lee N, Kim M, Chang H, et al. Genetic diversity, antimicrobial resistance, toxin gene profiles, and toxin production ability of *Bacillus cereus* isolates from doenjang, a Korean fermented soybean paste[J]. Journal of Food Safety, 2017, 37 (4) : e12363.

[310] Jang K, Lee J, Lee H, et al. Pathogenic Characteristics and Antibiotic Resistance of Bacterial Isolates from Farmstead Cheeses[J]. Korean Journal for Food Science of Animal Resources, 2018, 38 (1) : 203-208.

[311] Ali A E, Msarah M J, and Sahilah A M. Environment contaminant of *Bacillus cereus* isolated from ready to eat meat curry collected at various locations in Malaysia[J]. International Food Research Journal, 2017, 24 (6) : 2640-2644.

[312] Ranjbar R, Dehkordi F S, Shahreza M H S, et al. Prevalence, identification of virulence factors, O-serogroups and antibiotic resistance properties of Shiga-toxin producing *Escherichia coli* strains isolated from raw milk and traditional dairy products[J]. Antimicrobial Resistance & Infection Control, 2018, 7 (1) : 53.

[313] 张亚红. 蜡样芽孢杆菌在婴幼儿配方奶粉储存期及复水后消长规律的研究[D]. 南京：南京农业大学, 2015.

[314] 曹飞扬. 北京市腐乳中蜡样芽孢杆菌检测及毒力基因和耐药性研究[D]. 哈尔滨：东北农业大学, 2017.

[315] Gao T, Ding Y, Wu Q, et al. Prevalence, Virulence Genes, Antimicrobial Susceptibility, and Genetic Diversity of *Bacillus cereus* Isolated From Pasteurized Milk in China[J]. Frontiers in Microbiology, 2018, 9: 533.

[316] Wang Y, Zhang R , Li J, et al. Comprehensive resistome analysis reveals the prevalence of NDM and MCR-1 in Chinese poultry production[J]. Nature Microbiology, 2017, 2: 16260.

[317] Shen J, Wang Y, Schwarz S . Presence and dissemination of the multiresistance gene *cfr* in Gram-positive and Gram-negative bacteria[J]. Journal of Antimicrobial Chemotherapy, 2013, 68 (8) : 1697-1706.

[318] World Health Organization. Global action plan on antimicrobial resistance [EB/OL]. [2016-05-06].Draft Political Declaration of the High-level Meeting of the General Assembly on Antimicrobial Resistance. New York：United Nations, 2016. https://www.un.org/pga/71/wp-content/uploads/sites/40/2016/09/Draft-AMR-Declaration.pdf.

[319] World Health Organization. Antimicrobial resistance: global report on surveillance [EB/OL]. [2017-05-06].http://www.who.int/drugresistance/documents/surveillancereport/en/.

[320] Boeckel T P V , Brower C , Gilbert M , et al. From the Cover: Global trends in antimicrobial use in food animals[J]. Proceedings of the National Academy of Sciences of the United States of America, 2015, 112 (18) : 5649.

[321] Liu X, Steele J C, Meng X Z. Usage, residue, and human health risk of antibiotics in Chinese aquaculture: A review[J]. Environmental Pollution, 2017, 223: 161-169.

[322] World Health Organization. The medical impact of the use of antimicrobials in food animals [EB/OL]. Berlin: World Health Organization, 1997. http: //www.who.int/foodsafety/publications/antimicrobials-food-animals/en/.

[323] Lammie S L, Hughes J M. Antimicrobial Resistance, Food Safety, and One Health: The Need for Convergence[J]. Review of Food Science and Technology, 2016, 7(1): 287-312.

[324] Zhang P, Shen Z, Zhang C, et al. Surveillance of antimicrobial resistance among *Escherichia coli* from chicken and swine, China, 2008-2015[J]. Veterinary Microbiology, 2017, 203: 49.

[325] 吴聪明. 我国动物源病原菌的耐药现状与防控对策[C]. 中国畜牧兽医学会 2013 年学术年会论文集. 2013.

[326] Lai J, Wu C, Wu C, et al. Serotype distribution and antibiotic resistance of *Salmonella* in food-producing animals in Shandong province of China, 2009 and 2012[J]. International Journal of Food Microbiology, 2014, 180(3): 30-38.

[327] Qin S S, Wang Y, Jeon B, et al. Antimicrobial resistance in *Campylobacter coli* isolated from pigs in two provinces of China[J]. International Journal of Food Microbiology, 2011, 146(1): 94-98.

[328] Qin S, Wang Y, Zhang Q, et al. Identification of a Novel Genomic Island Conferring Resistance to Multiple Aminoglycoside Antibiotics in *Campylobacter coli*[J]. Antimicrobial Agents & Chemotherapy, 2012, 56(10): 5332.

[329] Li J, Jiang N, Ke Y, et al. Characterization of pig-associated methicillin-resistant, *Staphylococcus aureus*[J]. Veterinary Microbiology, 2017, 201: 183-187.

[330] Liu Y Y, Wang Y, Walsh T R, et al. Emergence of plasmid-mediated colistin resistance mechanism MCR-1 in animals and human beings in China: a microbiological and molecular biological study[J]. Lancet Infectious Diseases, 2016, 16(2): 161-168.

[331] Yao H, Shen Z, Wang Y, et al. Emergence of a Potent Multidrug Efflux Pump Variant That Enhances *Campylobacter* Resistance to Multiple Antibiotics[J]. Mbio, 2016, 7(5).

[332] Wang Y, Lv Y, Cai J, et al. A novel gene, *optrA*, that confers transferable resistance to oxazolidinones and phenicols and its presence in *Enterococcus faecalis* and *Enterococcus faecium* of human and animal origin[J]. J Antimicrob Chemother, 2015, 70(8): 2182.

[333] Wang Y, Li D, Song L, et al. First report of the multiresistance gene *cfr* in *Streptococcus suis*[J]. Antimicrob Agents Chemother, 2013, 57(8): 4061-4063.

[334] Shen Z, Wang Y, Shen Y, et al. Early emergence of *mcr-1* in *Escherichia coli* from food-producing animals[J]. Lancet Infectious Diseases, 2016, 16(3): 293-293.

[335] Walsh T R, Wu Y. China bans colistin as a feed additive for animals[J]. Lancet Infectious Diseases, 2016, 16(10): 1102-1103.

第5章 食品安全与信息化发展战略研究

摘 要

信息化是食品安全管理的重要手段。随着大数据、“云计算”等现代信息技术的发展与运用，信息化正逐步向智能化升级。食品安全信息化与智能化管理不仅可以提高管理效率，更能实现风险信息的分析与挖掘，为食品安全管理提供更多维度的决策参考，从而有助于实现“预防为主”的管理格局。食品安全信息化应以食品安全风险信息的监测、采集、分析、挖掘为核心，服务于食品安全风险评估和风险预警，为风险管理提供高效的技术支撑及决策依据。

5.1 我国食品安全信息化发展现状

5.1.1 我国食品安全信息化发展概况

1. 我国食品安全信息化相关法律法规现状

食品安全是全球共同面临的重大挑战，食品安全技术是其重要保障。《中华人民共和国食品安全法》（以下简称《食品安全法》）和《中华人民共和国农产品质量安全法》（以下简称《农产品质量安全法》）等法律和法规当中对食品安全风险监测制度、食品安全全程追溯制度有相应的规定，这些制度实际都离不开信息化技术的支撑。目前，由于食品安全管理信息化尚处于起步阶段，我国相关的法律法规并不健全，仅在《食品安全法》、发展规划以及部门规章、规范性文件中形成了初步的法律法规框架[1, 2]。

食品安全风险监测方面。我国2015年修订的《食品安全法》规定：“国家建立食品安全风险监测制度，对食源性疾病、食品污染以及食品中的有害因素进行监测。国务院卫生行政部门会同国务院食品药品监督管理、质量监督等部门，制定、实施国家食品安全风险监测计划。”在具体实施过程中，结合卫生、食药、质检和粮食部门的“三定”方案，各部门分别在各自领域开展食品安全风险监测。其中，卫生部门监测工作以流通环节的产品为主，主要监测原料类、加工食品和食品相关产品等27类中的农兽药残留、重金属、有机污染物、微生物及其致病因子等。食药部门风险监测的重点是加工食品、餐饮食品和保健食品。质检部门风险监测的重点是食品相关产品成品及其生产过程成品[3]。粮食部门风险监测的重点是大米、玉米和小麦等原粮。我国《农产品质量安全法》规定农产品质量安全监测计划的组织实施由农业部门负责[4, 5]。

食品安全监管的信息化、智能化方面。国务院于2017年发布《“十三五”国家食品安全规划》，国家食品药品监督管理总局(以下简称国家食药监总局)于2016年发布《关于“十三五”时期加强食品药品监管网络安全和信息化建设的指导意见》[6]，明确了“十三五”

期间，要提高食品安全的监管能力，实施“互联网+”的食品安全监管项目，以全面推进食品药品的智慧监管[7]。为落实十九大提出的“食品安全战略”，完善我国食品安全体系，国家食药监总局不断积极探索，并推出了“机器换人、机器助人”的新型智能监管新机制[8-10]。

食品安全可追溯方面。《食品安全法》规定：“国家建立食品安全全程追溯制度。食品生产经营者应当依照本法的规定，建立食品安全追溯体系，保证食品可追溯。”针对食品安全全程追溯制度的具体实施，国家鼓励采用信息化手段采集、留存生产经营信息，建立食品安全追溯体系[11]。此外，为促进部门间的信息共享，《食品安全法》要求食药和农业等部门之间要建立食品安全全程追溯协作机制。为加快应用现代信息技术建设重要产品追溯体系[12-14]，国务院发布《国务院办公厅关于加快推进重要产品追溯体系建设的意见》（国办发〔2015〕95号）[15]。

工信部发布的《信息化和工业化深度融合专项行动计划（2013～2018年）》提出规划期间“要加快食品、农药等行业智能监测监管体系建设[16]，实现食品质量安全信息全程可追溯”的目标，具体行动内容是搭建食品质量安全信息可追溯公共服务平台，在婴幼儿配方乳粉、白酒、肉制品等领域开展食品质量安全信息追溯体系建设试点，面向消费者提供企业公开法定信息实时追溯服务，强化企业质量安全主体责任。加强农药行业信息化监管。对农药的智能监管方面，提出要建立农药产品生产批准证书查询库和换证信息共享平台，促进农药行业信息交流；建立农药生产信息数据库，加强农药生产企业监管[17]；搭建违法案件群众举报信息平台，完善农药打假机制，提升农药监管能力。

食品生产过程信息化方面。早在2011年工信部发布的《关于加快推进信息化与工业化深度融合的若干意见》（工信部联信〔2011〕160 号）中就提出要推动食品行业建立完善的产品质量保障系统[18]。2017年国家发改委、工信部发布的《关于促进食品工业健康发展的指导意见》[19]，提出加快大数据、云计算等新型技术与食品安全的结合，以建立智慧食品保障系统。2016年工信部发布的《信息化和工业化融合发展规划（2016～2020）》提出深化物联网标识解析、工业云服务、工业大数据分析等在重点行业应用，支持食品等行业发展基于产品全生命周期管理的追溯监管、质量控制等服务新模式，构建智能监测监管体系[20]。工信部《2014年食品工业企业诚信体系建设工作实施方案》的通知中指出要加强地方、行业诚信信息平台网络建设，促进诚信建设宣传交流。将推动企业建立并运行诚信管理体系，指导5000家以上食品工业企业建立并运行诚信管理体系[21]。

食品安全预警方面。完善的食品安全预警机制可以实现对食品安全隐患早发现、早研判、早处置。《食品安全法》要求食药部门及有关部门共同对食品安全状况进行综合分析，对“经综合分析表明可能具有较高程度安全风险的食品，食药部门应当及时提出食品安全风险警示，并向社会公布”[22, 23]。国家质量监督检验检疫总局（以下简称国家质检总局）2001年发布的《出入境检验检疫风险预警及快速反应管理规定》中，要求国家质检总局建立“信息化搜集网络”，以实现对出入境食品安全的有效监管。

2. 我国食品安全信息化相关标准现状

目前，我国已经制定一系列可追溯、风险监测和预警等食品安全信息化相关的标准（表2-5-1）。从标准的内容上看，食品安全信息化相关标准主要集中在可追溯领域，其中可追溯领域国家标准涵盖了水果、蔬菜、茶叶的追溯要求，冷链物流的管理要求，农产品市场信息采集，饲料和食品链的可追溯性等；可追溯领域的农业标准集中在畜肉、水果、蔬菜、茶叶、谷物等农产品的质量安全追溯操作规程；可追溯领域的商业标准主要包括肉类蔬菜流通追溯领域的终端通用规范，基于射频识别的瓶装酒追溯中设备、标签、防伪技术等规范，以及肉类蔬菜流通追溯体系信息处理技术要求[24, 25]。食品安全信息化中关于风险监测和预警的标准主要是近两年制定的，包括产品质量安全风险信息监测技术通则和风险预警分级导则，进口商品进出口商品质量安全风险预警管理技术规范，以及产品质量安全风险预警分级导则。

为加强食品安全网络安全和信息化建设，原国家食药监总局不断完善信息化标准，2014 年和 2018 年共发布了多个与食品安全监管相关的信息化标准，这些标准涵盖了食品药品监管信息化标准体系多个方面，重点制定了食品生产许可、食品经营日常监督检查管理等方面的标准。此外，随着各行各业对信息化的需求不断上升，为推动信息化和软件服务业平稳健康发展，2018 年工信部信息化和软件服务业司大力推进信息化和软件服务业标准化工作。

表 2-5-1　我国食品安全信息化相关标准

	标准号	标准名称
可追溯	GB/T 36088—2018	冷链物流信息管理要求
	GB/T 35873—2018	农产品市场信息采集与质量控制规范
	GB/T 35130—2017	面向食品制造业的射频识别系统　射频标签信息与编码规范
	GB/T 33915—2017	农产品追溯要求　茶叶
	GB/T 31575—2015	马铃薯商品薯质量追溯体系的建立与实施规程
	GB/T 29568—2013	农产品追溯要求　水产品
	GB/T 29373—2012	农产品追溯要求　果蔬
	GB/T 28843—2012	食品冷链物流追溯管理要求
	GB/Z 25008—2010	饲料和食品链的可追溯性　体系设计与实施指南
	GB/T 26327—2010	企业信息化系统集成实施指南
	GB/T 22005—2009	饲料和食品链的可追溯性　体系设计与实施的通用原则和基本要求
	GB/T 22118—2008	企业信用信息采集、处理和提供规范
	GB/T 20282—2006	信息安全技术　信息系统安全工程管理要求
	NY/T 2958—2016	生猪及产品追溯关键指标规范
	NY/T 2531—2013	农产品质量追溯信息交换接口规范
	NY/T 1994—2011	农产品质量安全追溯操作规程　小麦粉及面条
	NY/T 1993—2011	农产品质量安全追溯操作规程　蔬菜
	NY/T 1765—2009	农产品质量安全追溯操作规程　谷物
	NY/T 1764—2009	农产品质量安全追溯操作规程　畜肉
	NY/T 1763—2009	农产品质量安全追溯操作规程　茶叶
	NY/T 1762—2009	农产品质量安全追溯操作规程　水果
	NY/T 1761—2009	农产品质量安全追溯操作规程　通则
	NY/T 1431—2007	农产品追溯编码导则
	SB/T 11126—2015	肉类蔬菜流通追溯批发自助交易终端通用规范

续表

	标准号	标准名称
	SB/T 11125—2015	肉类蔬菜流通追溯手持读写终端通用规范
	SB/T 11124—2015	肉类蔬菜流通追溯零售电子秤通用规范
	SB/T 11003—2013	基于射频识别的瓶装酒追溯与防伪设备互操作测试规范
	SB/T 11002—2013	基于射频识别的瓶装酒追溯与防伪读写器测试规范
	SB/T 11001—2013	基于射频识别的瓶装酒追溯与防伪标签测试规范
	SB/T 10824—2012	速冻食品二维条码识别追溯技术规范
	SB/T 10771—2012	基于射频识别的瓶装酒追溯与防伪数据编码
	SB/T 10770—2012	基于射频识别的瓶装酒追溯与防伪读写器技术要求
	SB/T 10768—2012	基于射频识别的瓶装酒追溯与防伪标签技术要求
	SB/T 10684—2012	肉类蔬菜流通追溯体系信息处理技术要求
	SB/T 10683—2012	肉类蔬菜流通追溯体系管理平台技术要求
	SB/T 10682—2012	肉类蔬菜流通追溯体系信息感知技术要求
	SB/T 10681—2012	肉类蔬菜流通追溯体系信息传输技术要求
	SB/T 10680—2012	肉类蔬菜流通追溯体系编码规则
	SB/T 10679—2012	基于射频识别的瓶装酒追溯与防伪查询服务流程
风险监测	GB/T 35247—2017	产品质量安全风险信息监测技术通则
食品安全预警	GB/T 35253—2017	产品质量安全风险预警分级导则
	SN/T 4838—2017	进出口商品质量安全风险预警管理技术规范
	SB/T 10961—2013	流通企业食品安全预警体系
食品安全监管相关信息化标准	CFDAB/T 0101—2014	食品药品监管信息化标准体系
	CFDAB/T 0102.2—2014	食品药品监管信息化基础术语　第 2 部分：药品
	CFDAB/T 0102.3—2014	食品药品监管信息化基础术语　第 3 部分：医疗器械
	CFDAB/T 0301—2014	食品药品监管信息基础数据元
	CFDAB/T 0302—2014	食品药品监管信息分类与编码规范
	CFDAB/T 0402—2014	食品药品监管应用支撑平台通用技术规范
	CFDAB/T 0501—2014	食品药品监管数据库设计规范
	CFDAB/T 0102.4—2018	食品药品监管信息化基础术语　第 1 部分：信息技术
	CFDAB/T 0305—2018	食品生产许可证编号编制规则
	CFDAB/T 502—2018	食品生产许可证格式
	CFDAB/T 504—2018	食品生产许可管理参考业务流程
	CFDAB/T 307—2018	食品生产许可管理基本数据集
	CFDAB/T 308—2018	食品生产许可管理交换数据集
	CFDAB/T 505—2018	食品生产日常监督检查管理参考业务流程
	CFDAB/T 309—2018	食品生产日常监督检查管理基本数据集
	CFDAB/T 310—2018	食品生产日常监督检查管理交换数据集
	CFDAB/T 306—2018	食品经营许可证编号编制规则
	CFDAB/T 503—2018	食品经营许可证格式

续表

标准号	标准名称
CFDAB/T 506—2018	食品经营许可管理参考业务流程
CFDAB/T 311—2018	食品经营许可管理基本数据集
CFDAB/T 312—2018	食品经营许可管理交换数据集
CFDAB/T 507—2018	食品经营日常监督检查管理参考业务流程
CFDAB/T 313—2018	食品经营日常监督检查管理基本数据集
CFDAB/T 314—2018	食品经营日常监督检查管理交换数据集
CFDAB/T 301.5—2018	食品药品监管信息基础数据元　第 5 部分：食品（许可和日常监督检查部分）
CFDAB/T 301.2—2018	食品药品监管信息基础数据元　第 2 部分　机构/人员
CFDAB/T 303.2—2018	食品药品监管信息基础数据元值域代码　第 2 部分　机构/人员

3. 我国食品安全智能化应用现状

目前，我国食品安全智能化应用技术研究正在加速推进[26]。现在已建成覆盖多个城市的食品安全监测系统、预警系统及追溯系统等；建成基于数据库和 3D 技术的乳品、果汁、粮食制品等虚拟教学系统，实现食品生产全程仿真实训和人机交互；初步形成我国食品评价技术体系。

5.1.2　我国食品安全监管信息化发展现状

1. 风险监测信息化平台

1）卫生部门的全国食品污染物监测

为系统掌握我国的食品污染物的污染状况，我国于 1981 年加入由世界卫生组织（World Health Organization，WHO）、联合国粮食及农业组织（UN Food and Agriculture Organization，FAO）与联合国环境规划署（United Nations Environment Programme，UNEP）共同成立的全球污染物监测规划/食品项目（Global Environmental Monitoring System/Food，GEMS/Food），并于 2000 年在卫生部门的主持下，正式启动全国食品污染物监测网工作。2009 年，根据《食品安全法》的规定，在原有食品化学污染物监测网的基础上做了相应调整，发展为全国食品安全风险监测－化学污染物和有害因素监测网。

随着时间的推移，污染物监测的范围由初期的 10 个省，扩展到全国 32 个省、直辖市和自治区，并进一步延伸到县一级，监测的污染物指标也大量增加，监测数据不断增多。为更好地收集污染物监测数据，2003 年我国建立了国家食品监测信息系统，但由于存在系统设计的录入形式烦琐、脱离实际工作等问题，未能推广和运行[27]。2009 年 5 月 11 日，我国食品污染物监测网络平台正式运行。至 2010 年，全国有 30 个省份、288 个监测点通过该系统（图 2-5-1）上报数据，全年上报数据高达 70 余万条。该平台监测的污染物类别包括金属污染物、食品添加剂、真菌毒素和农药残留等，监测的食品类别包括粮食类、蔬菜、肉类、酒类、乳制品、调味品等[28, 29]。

图 2-5-1　全国食品污染物填报系统

2）卫生部门的食源性监测报告系统

食源性疾病报告是《食品安全法》赋予卫生部门的重要法定职责。国家及省级卫生部门负责制定国家监测计划和地方监测方案，对食源性疾病进行监测。国家食品安全风险评估中心制定食源性疾病报告相关技术规范，汇总分析全国食源性疾病信息[30, 31]。中国疾病预防控制中心制定食品安全事故流行病学调查和卫生处理相关技术规范，在传染病或其他突发公共卫生事件调查处置中发现与食品安全相关的信息，报告国家卫生部门。

2001 年我国开始建立食源性疾病监测网，2010 年全面启动食源性疾病监测工作，对食品中的大肠杆菌、空肠弯曲菌等致病菌进行监测。已完成构建和部署多个监测系统，如食源性疾病监测系统、追溯系统[32-36]（图 2-5-2）。国家卫计委每个季度发布食物中毒情况通报，具体的食源性疾病信息没有公开。

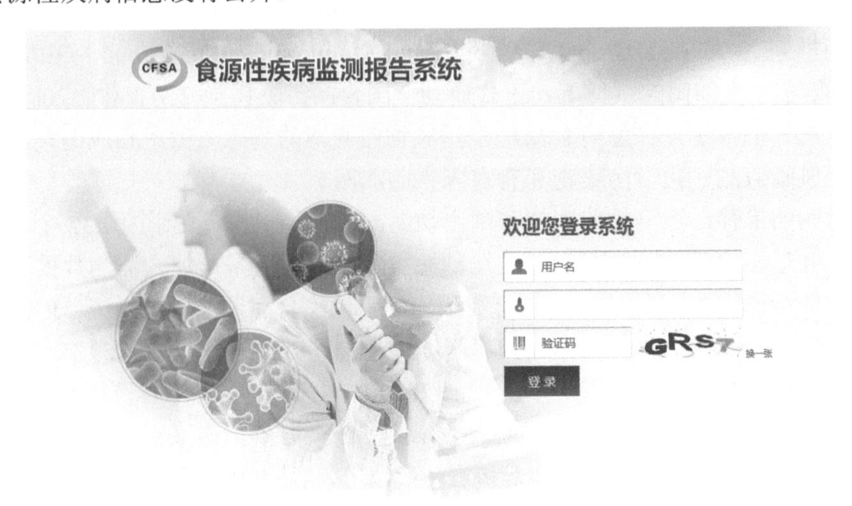

图 2-5-2　食源性疾病监测报告系统

3）食药部门的国家食品安全抽检监测信息系统

2013 年初，随着国务院机构调整步伐的开始，国家食品药品监督管理总局（食药监总局）诞生，原来的国家食品安全委员会办公室、国家食品药品监督管理局以及国家工商总局、国家质检总局承担的食品安全监管职能被整合在一起。2013 年后，原国家食药监总局负责食品抽检监测，为更好地对数以万计的抽检数据进行搜集、整理和分析，研发了食品安全监测信息系统，该系统覆盖全国 3264 家监管部门和 782 家检测机构，是国家权威食品安全动态监管信息化系统。

为落实国家食药监总局《关于食品安全监督抽检及信息发布工作的意见》，方便社会各界查询了解具体产品信息，建立了食品安全监督平台（图 2-5-3），可以搜索查询产品抽检是否合格，并获得产品标称的生产企业名称及地址、被抽样单位名称及地址、产品名称、规格型号、生产日期/批号、不合格样品的不合格项目、检验结果和标准值等信息。

图 2-5-3　食品安全监督抽检信息查询平台

2. 我国食品安全预警体系

我国质检部门建立了出入境食品检验检疫风险预警和快速反应系统（RARSFS）[37]。质检部门建立了进出口食品风险预警制度，要求对进出口食品中发现严重食品安全问题或者疫情的，以及境内外发生食品安全事件或者疫情可能影响到进出口食品安全的，相关机构应当及时采取风险预警或者控制措施。此外，相关部门根据食品安全风险信息的级别发布风险预警通报或者风险预警通告。通过积极构建国内质监系统动态监测和趋势预测网络，并在全国开展了多部门、全过程风险监测，初步建立了覆盖全国的食品安全风险监测体系[38-41]，在食品预警方面积累了丰富经验。

3. 过程管理信息化平台

1）农业部门兽药数据平台

中国兽医药品监察所负责农业部重大信息平台构建及运维、国家兽药基础数据平台构建及运维，建立国家兽药基础信息查询平台、兽药产品数据库、国家兽药产品追溯系统、兽药耐药性监测数据库系统、国家兽药许可证信息管理系统等多个信息系统。目前这些信息系统在部分企业实现应用[42, 43]。

国家兽药基础数据库（图 2-5-4）中可查询兽药生产企业、兽药审批等相关数据，具体数据包括兽药生产企业数据、兽药产品批准文号数据、进口兽用生物制品批签发数据、国产兽用生物制品批签发数据、化药监督抽检结果数据、生药监督抽检结果数据、临床试验审批数据、国内新兽药注册数据、进口兽药注册数据、兽药国家标准数据、耐药性检测数据、菌（毒）种数据、兽药抽检统计数据、标准物质数据和企业诚信记录等。

图 2-5-4　国家兽药基础数据库

国家兽药产品追溯系统（图 2-5-5），能够通过产品上的追溯二维码对兽药产品的生产企业、通用名、药品类型、规格、有效期、批准文号信息进行追溯，并提供了 5 种不同数据查询方法和 3 种不同统计数据方式。

图 2-5-5　国家兽药产品追溯系统

动物源细菌耐药性监测网络组建于 2008 年，由中国兽医药品监察所、中国动物卫生与流行病学中心、中国动物疾病预防控制中心等 10 家单位的国家兽药安全评价（耐药性监测）实验室组成，这 10 家耐药性监测机构分别负责不同地区的抗菌药物的耐药性监测工作，中国兽医药品监察所负责全国动物源细菌耐药性监测的技术指导和数据库建设维护等工作[44-46]。2008 年至今，该网络一直连续监测的细菌有大肠杆菌、沙门菌和金黄色葡萄球菌。2011～2013 年，增加了对弯曲菌（分为空肠弯曲菌和结肠弯曲菌）和肠球菌（分为屎肠球菌和粪肠球菌）的耐药性监测。此外，还开展了动物致病菌（包括猪链球菌、副猪嗜血杆菌和巴氏杆菌等）的耐药性监测工作。

根据《农产品质量安全法》以及《农药管理条例》，我国农业农村部正在推进农药监管信息化的建设，不断建立完善以“农药基础数据子平台、行政许可审批子平台、全面农药质量追溯系统、监督执法服务系统、行业监测系统、大数据分析系统”为基本构架的中国农药数字监督管理平台（图 2-5-6）[47]。

图 2-5-6　中国农药数字监督管理平台

2）食药部门特殊食品信息化数据库

国家中药品种保护审评委员会是全国食品许可指导、特殊食品审评研究技术机构，前期承担国家“863”计划“基于保健食品安全性的有关质量标准关键技术”、国家市场监督管理总局食品许可技术规范制定等项目，建有国内外食品安全信息采集分析系统，全国食品许可信息化数据库，以及全国婴幼儿配方乳粉、特医配方食品、保健食品 3 大特殊食品信息化数据库（图 2-5-7），为食品质量安全控制与评价研究应用奠定良好基础[48]。

3）食药部门的食品生产许可管理系统

《食品生产许可审查通则（2016 版）》于 2016 年 10 月 1 日实施，为落实审查通则中提出的新要求、新程序、新规定，我国多地食药部门大力推进食品生产许可电子化管理系统建设，启用了国家食品生产许可电子化管理系统，实现了食品（食品添加剂）生产许可业务

图 2-5-7　国家中药品种保护审评委员会保健食品信息化数据库

的网上申报、网上受理、网上审批。该系统启用后，各地的许可数据将自动上传至国家市场监督管理总局数据库。食品生产许可电子化管理系统的应用能够让食品生产企业直接在网上进行申请和自助查询，也便于审批部门加强和规范食品生产许可数据管理[49]。

4. 其他信息化平台/平台

1) 贵州省食品安全云平台

“食品安全云”即“食品安全”、“云计算”、“物联网”和“大数据”的交集，是云计算和大数据技术在食品安全领域的具体应用[50-60]。食品安全云构建了三体系(智慧监管、追溯认证、互联网+检验检测)一平台(食品安全大数据平台)。“食品安全云”由贵州省分析测试研究院牵头，联合贵州技泰信息科技有限公司、北京市营养源研究所、广州分析测试中心科力技术开发公司和运行营销团队联合出资组建(图 2-5-8)。这是国内首个食品安全云，

图 2-5-8　贵州食品安全云网站

在食品安全大数据领域处于国内领先。该“食品安全云”构建的“互联网+”食品安全的社会共治模式入选国家发改委组织的《中国“互联网+”行动百佳实践》案例。

“食品安全云”积极开展数据资源池建设，已集聚了 22960 家食品企业 41803 件食品信息，积累了 2.72 亿条数据。其中，企业信息 1465.2 万条，检测报告 18.1 万份,合计 14428.3 万条，标准 405.2 万条，舆情数据 7516.1 万条，初步形成跨领域的大数据基础，数据存储量已达到 PB 级。“食品安全云”已在北京、广东、山西、新疆等地检测检验机构和企业应用，并为贵州省食品药品监督管理局、贵州省农业委员会等政府部门及大型食品企业提供舆情服务。

2) 中国农业大学的虚拟仿真教学系统

中国农业大学食品科学与工程国家级虚拟仿真实验教学中心于 2014 年获教育部批准成立，已建成了液态食品(乳品和果汁)虚拟仿真生产线和主食(面条、馒头、水饺、面包、面粉等)虚拟仿真生产线 5 条并配套建设了虚拟仿真教学实验室。通过数据库建设和 3D 技术实现人机互动，形成虚拟仿真教学系统，学生可自行设计搭建食品工厂和车间，自行装配设备和生产线，在学习或考核模式下进行生产工艺赋值和产品加工，从而实现食品生产的全过程虚拟仿真实训。

5.1.3　我国食品安全供应链信息化发展现状

1. 温氏集团智慧农业的信息化建设

智慧农业的信息化建设是温氏食品集团股份有限公司(温氏集团)重要优势之一[61]。早在 2005 年温氏集团就启动企业资源管理系统(ERP)，通过该系统对公司饲料、养鸡、养猪、药品、销售、财务和人力资源实施信息化管理。全面覆盖生产经营各环节、实时监测各地的市场动态与经营情况，农业大数据实行集中式管理，及时为管理层决策提供有效信息，实现“即时决策”，大幅提升管理效率[62]。2011 年温氏集团成立物联网研究院，充分利用“物联网”“互联网+”技术，构建“生产现场+物联网”“生产设备+物联网”“流通体系+物联网”“产业链+物联网”等多个场景物联应用。

温氏集团的“生产设备+物联网”让家庭农场技术管理员只需使用移动端 APP，即可实现对家庭农场养殖流程实时信息化管理。温氏合作农户可以通过视频、传感器等对畜禽栏舍环境、饲喂、清粪等情况进行智能化识别与控制，温度、湿度、喂食、采光、通风、喷雾等都可以实现即时监控、指挥，一旦养殖栏舍偏离了适宜的养殖环境，可通过远程操作及时调整。除了远程控制以外，系统还可以预设自动处理方案，系统根据数据指标自动控制设备运行，不需要人工干预。农场的每一批畜禽产品都建立了完整的电子数据档案，每一批畜禽产品的饲料领取时间、喂养食量、出栏时间、疫苗时间等这些信息全部上传至总部数据中心，为家庭农场的养殖管理提供了强大的数据支持和跟踪服务。2015 年温氏集团还开始建设现代化养猪场，每一栋猪舍配备自动喂料系统、自动环控系统、自动刮粪系统等先进设备，所有系统由温氏物联网控制器控制。控制器通过变送器对猪舍温度、湿度、光照、氨气、窗帘位置等进行实时智能跟踪识别，根据作业流程，通过电控和电流感应对灯光、窗帘、风扇、自动化设备进行相对应的操控，从而实现精准化养殖。在流通环节，温氏通过“农场—配送中心—门店”的流通模式，整合温氏内部鸡、猪、奶、蛋等产品资源，实现去除中间环节，做到“从农场到餐桌”的全程监管、无缝对接。透过物联网体系，管理者能够实时跟踪门店运营、产品销售、业务发展等详细情况。

2. 双汇集团信息化建设

双汇集团作为一个千亿级集团，信息化是企业发展重要的加速器[63]。双汇集团创建了覆盖各产业的集团级协同应用平台。双汇集团在食品安全方面构建了涵盖生产过程控制、检测和可追溯的全程信息化系统。其对于屠宰每头生猪来源的省市及养殖户，生猪的数量、品种、重量、价格等都可通过信息系统进行监控。此外，每天产品的销售订单、生产调度、产品的配送等全部通过信息化实现。整个生产销售系统的信息化缩短了双汇的市场反应时间，提升了企业的市场竞争力，有助于更好地服务上游养殖户和下游客户。双汇集团还构建了 ERP 平台系统，实现了采购自动分级、自动结算、自动出入库等系统全面承接 ERP 生产销售等数据，完成了自动化、信息化的生产。

3. 娃哈哈集团信息化建设

娃哈哈集团是中国饮料行业的龙头企业，在自身发展壮大的同时，积极将智能制造应用在饮料生产加工的各个环节。首先，娃哈哈集团构建了 ERP 平台系统。娃哈哈 ERP 平台以 SAP 为核心，建立了综合化企业信息的管理系统。然后，娃哈哈集团构建了工厂和车间的智能化监控系统。运用传感与自动化技术，对全国所有车间及设备进行数字化升级，实现了从车间生产线到 ERP 的数字化。最后，娃哈哈集团开展了智能化数字化样板工厂建设。为进一步数字化，娃哈哈集团建立了一个高度自动化、数字化的样板工厂。对企业各个模块进行数字化设计，如生产模块、管理模块等，进一步打造高度智能化的“数字工厂”。

5.1.4 可信计算发展现状

1. 可信计算的发展

可信计算是指计算机将以可预测的方式运行，并提供一个系统内数据（软件和信息）经过验证和保护的环境[64]。计算机安全依赖于信任，这种信任由几个基本原则组成，包括对目标系统按预期配置、按预期运行以及尚未受到损害或利用的信心。应使用具有适当方法的验证策略来验证这种信任。验证可以结合硬件认证和软件完整性验证来完成。计算机安全通常侧重于保护数据的机密性、完整性和可用性，以抵御外部威胁。计算机必须建立的信任级别基于预期的环境和对系统的攻击风险。通过执行基于风险的评估，可以建立计算机系统的信任要求[65]。根据风险评估，可以建立所需的信任级别，并且可以设计系统硬件和软件以满足与受保护数据相称的保护要求，从而创建可信的计算环境[66, 67]。

早期的可信计算是为了确保各大型机的计算可靠性。可信计算从信任根开始，根据系统中所需的信任级别，信任根可能是软件、硬件或这两个元素的组合。信任根的硬件示例是受信任的平台模块（TPM），早在 1980 年，麻省理工学院 Stenphen Ken 采用防篡改模块（Temper Resistant Module，TRM），实现了大型机软件可靠运行[68]。随后美国国防部发布了

《可信计算机系统评价准则》，该准则以可信基(Trusted Computing Base，TCB)为基础，首次提出可信计算的概念[69-72]。1999 年，可信计算组(Trusted Computing Group，TCG)的确定，标志着可信计算进入了 2.0 时代[73]。

TCG 定义和规范通常与可信计算同义。但其对创建可信计算环境所需的保护机制的定义并没有被普遍接受为 TC 需求的唯一来源。例如，TPM 确实为建立网络计算机系统中的信任锚提供了坚实的基础，其中攻击主要是基于网络的。TPM 在穿越任何未受保护的网络或存储时为关键数据提供机密性和完整性，但仅在处理数据时提供完整性。TPM 的标准实现是一个物理上与 CPU 分离的独立设备，因此它不允许保护用户是攻击者且对计算机具有自由访问权限的系统。对于在使用数据或存储数据时必须确保数据完整性和机密性的环境，安全处理器是建立信任的更好选择，以维护所需的数据完整性和机密性。TCG 已识别出以下基本的可信平台功能：①受保护的功能；②证明；③完整性测量；④报告和记录。根据对数据的预期风险，可以建立系统软件和硬件所需的信任级别。而随着科技与信息技术的快速发展，可信计算慢慢转变为一系列计算机系统安全防护技术。我国可信计算在沈昌祥院士的带领下进入可信计算 3.0 时代[74-79]。

2. 可信计算 3.0 体系架构

我国全新的可信计算 3.0 体系架构[80-87]，如图 2-5-9 所示。其主要特征是实现主动系统免疫，构成了以保护对象为中心的动态网络，形成“宿主”+“可信”的双节点可信主动免疫体系架构。我国可信计算 3.0 的基础为密码的计算复杂性和可信验证，其是传统 TPM 的创新发展，采用主动识别、主动度量、主动保密等方式，实现了主动免疫，具有以下特性：①适应面广，适用于各类服务器及终端、嵌入式系统等；②安全强度高，可有效抵抗多种病毒、漏洞等攻击；③成本低，可以在多核处理器内部实现可信；④实施难度低，不仅易于在新系统中搭建，对旧系统也可以轻松实现可信升级。此外，主动免疫系统对现有业务影响小，无需修改现有应用，通过制定相关策略即可实现有效实时防护。

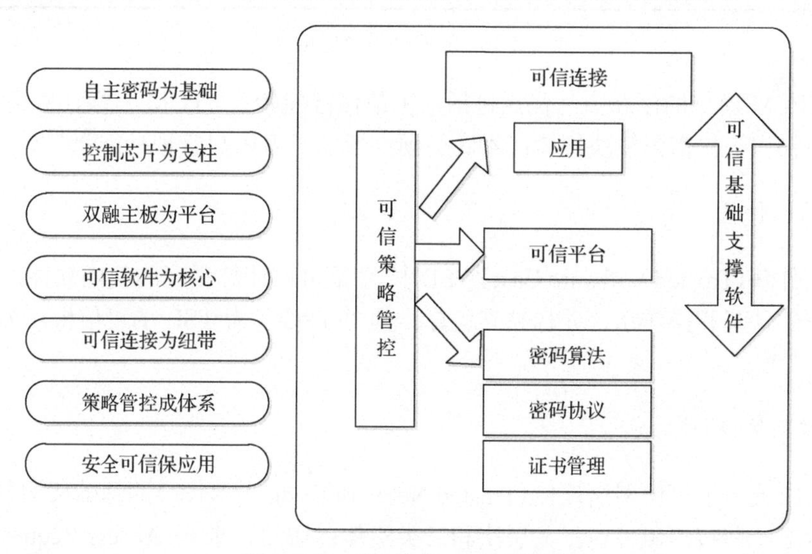

图 2-5-9　可信计算 3.0 体系架构

3. 可信平台控制模块

我国可信计算平台首次指出基于我国自主密码的可信平台控制模块（Trusted Platform Control Module，TPCM）的设计方案，在保证可信起点度量代码自身安全性的情况下，对于目前不被国内所掌握的 BIOS 核心技术也保证了一定的客观监控能力；定义了主动控制概念，以真正完成在源头可信基础上的信任链传递。

如图 2-5-10 所示，在 TPCM 内部应包括如下单元：各种输入输出桥接单元，输入输出控制器模块，易失性存储单元，定时器，随机数发生器，非易失性存储单元，TCM 以及微处理器。TPCM 针对命令包的接收和应答包的发送可以分为六种状态：Init、Idle、Ready、Command Reception、Command Execution、Command Completion。这六种状态彼此之间进行转换的方式主要有两种，一种是通过可信平台控制模块的内部命令对执行过程进行解析和分化，另一种是使用外部实体对该模块内部的寄存器执行写操作[88-91]。

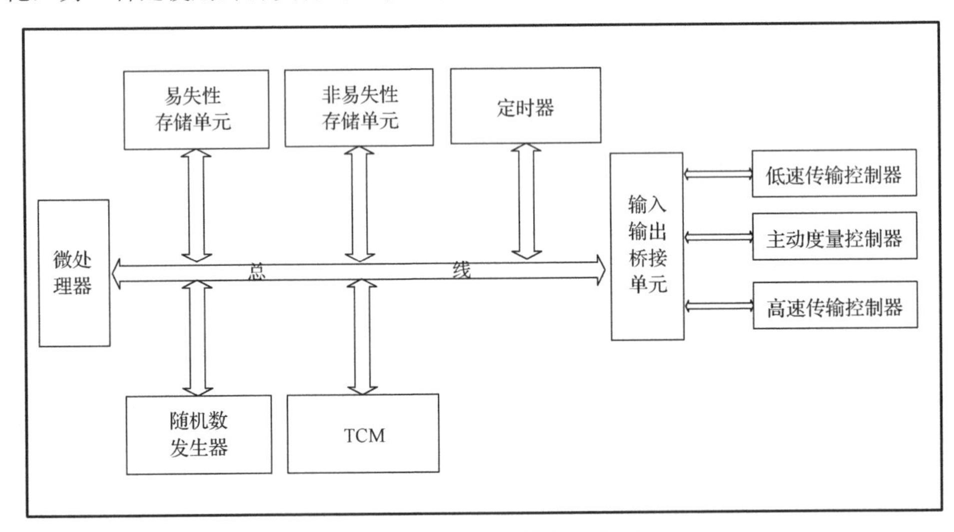

图 2-5-10　TPCM 系统组成结构

我国 TPCM 模块的创新点与优点包括：①信任链起始于 TPCM；②实现了主动度量；③集成自主知识产权密码模块接口；④底层硬件增加了多用户管理功能[92, 93]。

4. 可信软件基

可信软件基（Trusted Software Base，TSB）[94-96]是可信计算平台的基础软件，如图 2-5-11 所示。可信软件基和操作系统并行独立运算。其中 TPCM 为 TSB 的可信根，为 TSB 提供可信支撑[97, 98]。

5. 可信网络连接

图 2-5-12 展示了可信网络连接（Trusted Network Connect，TNC）的基础架构（图 2-5-12），该架构包含了一些接口组件，三大层次和三类实体：访问请求者（Access Requester，AR）、策略执行点（Policy Enforcement Point，PEP）和策略决定点（Policy Decision Point，PDP）。

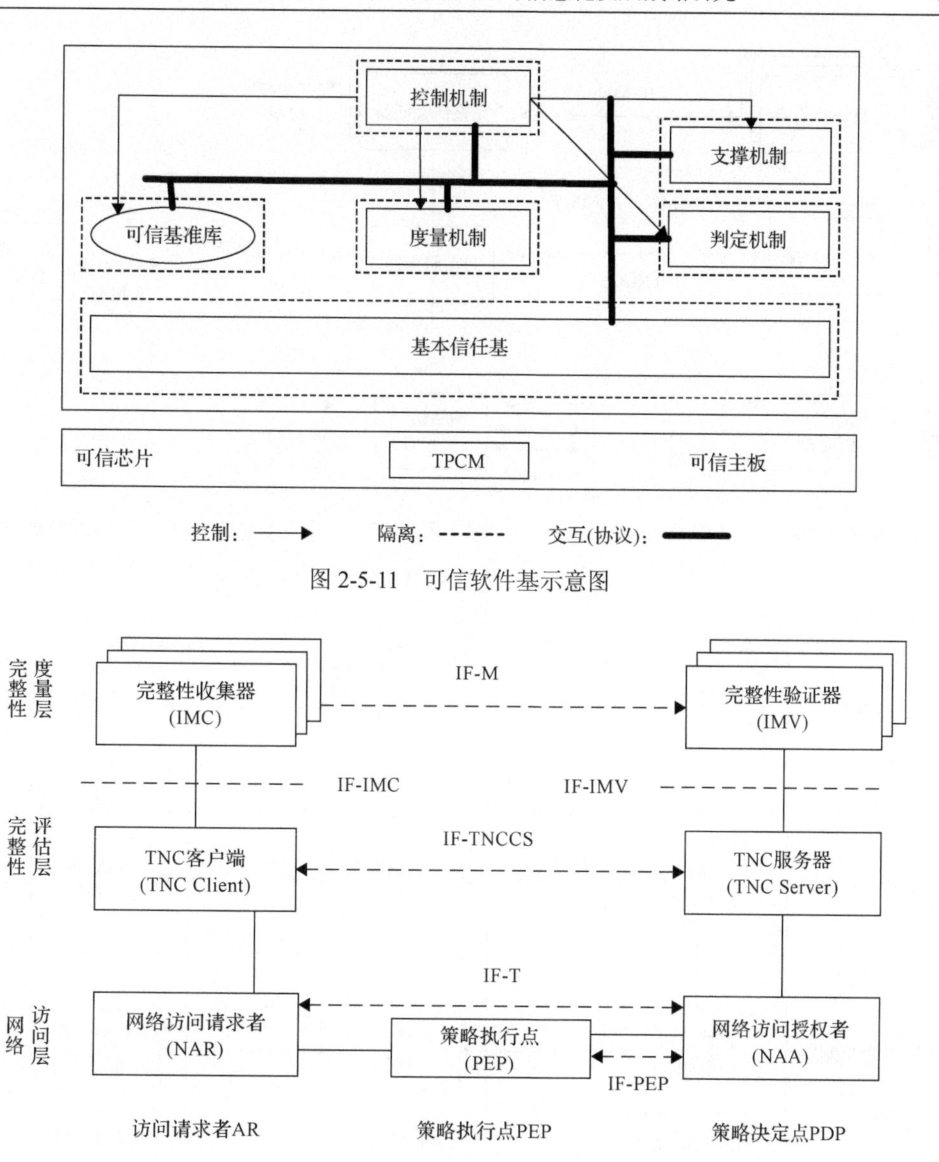

图 2-5-11　可信软件基示意图

图 2-5-12　TNC 基础架构图

可信网络连接架构 1.3（TNC1.3）版本在 TNC1.3 标准中添加了两个可选组件：元数据访问点服务器（Metadata Access Point，MAP）和数据流控制器和传感器（Flow Controller and Sensor）[99-106]，其架构如图 2-5-13 所示。

我国可信网络连接架构是一种三元三层可信网络连接架构[107-113]，如图 2-5-14 所示。

5.1.5　可信计算在食品安全监测系统保障现状

随着计算机技术与网络通信技术日新月异的发展，利用信息系统进行情报采集和攻击破坏行为的组织性越来越强，攻击水平、攻击强度也不断提升。根据国家信息安全共享平台公布的数据，近年来，网络病毒实施复杂 APT 攻击的恶意程序大量涌现，其功能以窃取信息和收集情报为主，且被发现前已隐蔽工作了数年[114]。据 CNCERT 的监测信息，我国境内大量的主机感染了具有 APT 特征的木马程序，涉及多个政府机构、重要信息系统及关

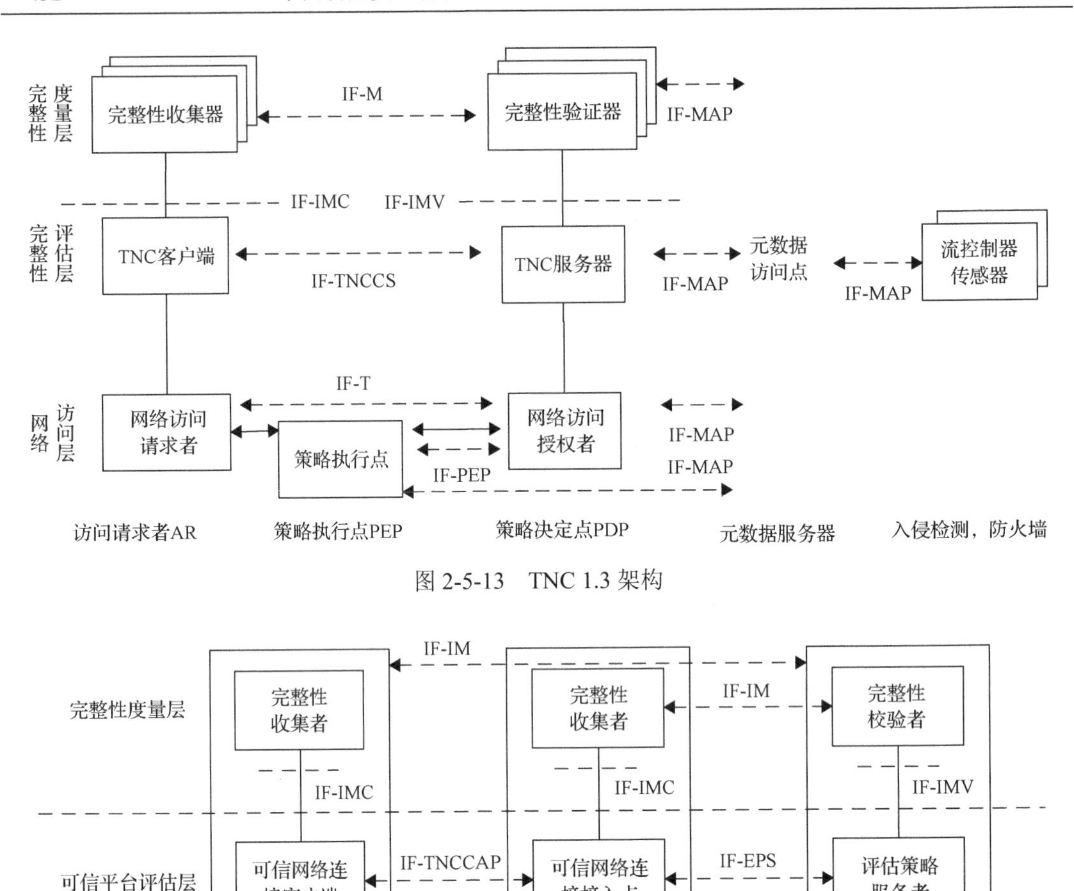

图 2-5-13　TNC 1.3 架构

图 2-5-14　可信网络连接架构（TNCA）

键企事业单位。并且，由于这些服务器的重要性，对其进行漏洞修复需要非常谨慎，漏洞补丁的开发及使用流程耗时很长，而新漏洞的出现速度远大于补丁的开发速度，导致漏洞积累得越来越多，严重威胁系统安全。

食品安全监测系统是食品安全信息化过程中的重要实现系统，现阶段食品安全防护体系主要采用被动防御手段，存在安全滞后性的缺点。此外，在食品安全监测系统的可靠性方面，尽管采取了访问控制、入侵监测等手段，但是仍然存在篡改、窃取、重放等类型的网络威胁，严重影响了食品安全信息的采集、监测、传输、审查等过程，严重威胁了食品安全信息的完整性、真实性和一致性。

总之，我国可信计算相关技术在食品安全监测系统中的应用目前尚处于起步阶段[115, 116]。我国食品安全监测系统安全强度直接影响了食品安全信息化的进度。因此，要着重保护实时监控系统，以及食品安全风险信息采集终端的安全，使其达到国家信息安全等级保护制度要求的基础设施的保障要求。

5.1.6　大数据发展现状

1. 大数据的定义

一般来讲，大数据是一个抽象概念(图 2-5-15)，其指“在一定时间范围内无法用现有的软件工具提取、存储、搜索、共享、分析和处理的海量的、复杂的数据集合”[117, 118]。2010 年，Apache Hadoop 将大数据定义为“在可接受的范围内，普通计算机无法捕获、管理和处理的数据集”。根据这一定义，2011 年 5 月，全球咨询机构麦肯锡公司宣布，大数据是创新、竞争和生产力的下一个前沿领域。大数据是指经典数据库软件无法获取、存储和管理的数据集[119]。事实上，大数据早在 2001 年就被定义了。META(目前为 Gartner)分析师 Doug Laney 定义了“3Vs”模型，即体积、速度和多样性[120]。虽然这种模型最初不是用来定义大数据的，但 Gartner 和许多其他企业，包括 IBM、微软、亚马逊等的一些研究部门，在接下来的十年里仍然使用此模型来描述大数据[121, 122]。

图 2-5-15　大数据的概念

2. 大数据的特征

2011 年，IDC 的一份报告将大数据定义为“大数据技术描述了新一代技术和体系结构，旨在通过实现高速捕获、发现和分析，从海量的各种数据中经济地获取价值”[123]，根据这一定义，大数据的特征可总结为四个，又称 4V 特征：数据量大(Volume)、类型繁多(Variety)、价值密度低(Value)、速度快时效强(Velocity)[124]，如图 2-5-16 所示。

数据量大，随着大量数据的产生和收集，数据规模越来越大；速度意味着大数据的及时性，具体来说，数据的收集和分析等必须迅速、及时地进行，以最大限度地利用大数据的商业价值；多样性意味着各种数据类型，包括半结构化和非结构化数据，如音频、视频、网页和文本，以及传统的结构化数据。

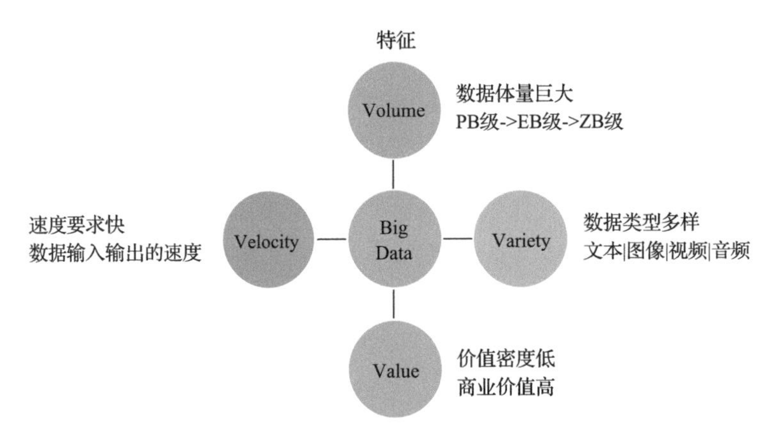

图 2-5-16　大数据的主要特征

海量数据(Volume)：给采集、存储和计算带来挑战。数据类型多种多样(Variety)：包括大量结构化、半结构化和非结构化的数据[125-129]。价值密度低(Value)：价值密度较低，如何挖掘海量数据的价值是大数据时代最需要解决的问题[130-133]。时效强(Velocity)：数据增长快，时效性要求高[134]。这种 4V 的定义被广泛认可，因为它强调了大数据的意义和必要性，即探索巨大的隐藏价值。这一定义指出了大数据中最关键的问题，即如何从具有巨大规模、各种类型和快速生成的数据集中发现价值。

3. 大数据的用途

目前大数据应用于医疗、科学、商业等各个领域，用途差异巨大，可以大致归纳为：①挖掘知识与趋势推测；②群体特征与个体特征分析；③虚假信息分辨等[135-142]。麦肯锡公司在对美国医疗保健、欧盟公共部门管理局、美国零售业、全球制造业和全球个人定位数据进行深入研究后，观察到大数据创造了很大价值。报告总结了大数据可能产生的价值：如果大数据能够被创造性和有效地用于提高效率和质量，那么通过数据获得的美国医疗行业潜在价值可能会超过 3000 亿美元，从而使美国医疗保健支出减少 8%以上；充分利用数据的零售商大数据可以使其利润提高 60%以上；大数据还可以用于提高政府运营效率，从而使欧洲发达经济体节省超过 1000 亿欧元。

在 2009 年流感大流行期间，谷歌通过分析大数据获得了及时的信息，这甚至比疾病预防中心提供的信息更有价值。几乎所有国家都要求医院向疾病预防中心等机构通报新型流感病例。然而，患者感染后通常不会立即就医。从医院向疾病预防中心发送信息需要一些时间，疾病预防中心也需要一些时间来分析和总结这些信息。因此，当公众意识到新型流感大流行时，这种疾病可能已经传播了一到两周。谷歌发现，在流感传播过程中，其搜索引擎经常搜索的条目与平时不同，条目的使用频率与流感在时间和地点的传播相关。谷歌发现了 45 个与流感暴发密切相关的搜索条目组，并将其纳入特定的数学模型中，以预测流感的传播，甚至预测流感的传播地点[143]。

目前，数据已成为一个重要的生产要素，可以与实物资产和人力资本相媲美。随着多媒体、社交媒体和物联网的发展，企业将收集更多的信息，导致数据量呈指数级增长。大数据将在为企业和消费者创造价值方面具有巨大和不断增长的潜力。

5.1.7　云计算发展现状

1. 云计算的定义

云计算(图 2-5-17)是一种新的思想方法、模型，用于实现对可配置计算资源(如网络、服务器、存储、应用程序和服务)的共享池的方便、按需网络访问，这些资源可以通过最小的管理工作或服务提供商交互快速提供和释放，它也是各种技术趋势的代名词[144-148]。云计算最近已成为互联网上托管和交付服务的新范例，因为它消除了用户提前计划资源调配的需求，并且允许企业仅在服务需求增加时从较小的资源开始并增加资源[149-153]。

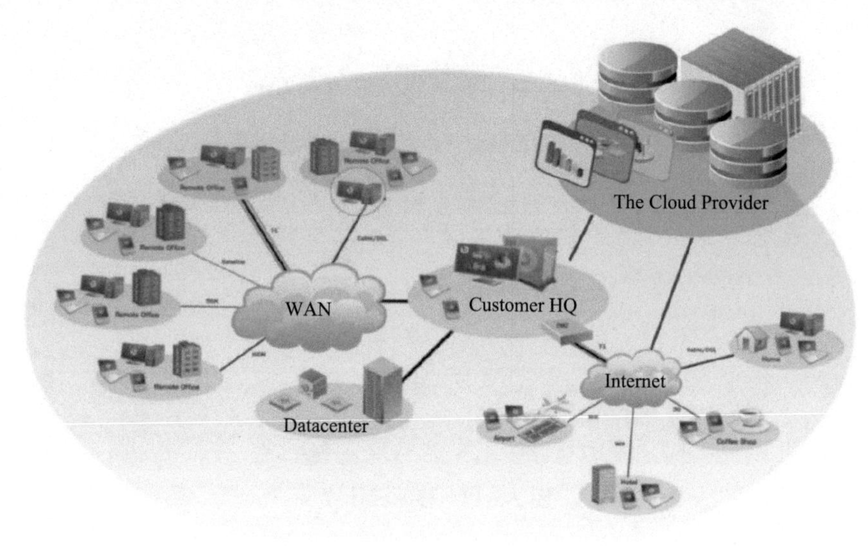

图 2-5-17　云计算

2. 移动云计算

近年来，针对移动设备的应用程序开始变得丰富起来，应用程序涉及娱乐、健康、游戏、商业、社交网络、旅游和新闻等多个类别。这是因为移动计算能够在需要的时间和地点为用户提供工具，而不考虑用户的移动，因此支持位置独立性。实际上，“移动性”是普及计算环境的一个特点，在这种环境中，用户可以无缝地继续他/她的工作，而不管他/她的移动如何。

然而，随着移动性的出现，其固有的问题如资源短缺、有限的能量和低连通性，就造成了执行许多程序的问题，事实上，这不仅是暂时的技术缺陷，而且是移动性的内在缺陷，这是一个需要克服的障碍，以便充分发挥移动计算的潜力。近年来，通过云计算，研究人员已经解决了这个问题。

云计算可以定义为将计算作为实用程序和软件作为服务进行聚合，其中应用程序作为服务通过互联网交付，数据中心的硬件和系统软件提供这些服务。云计算背后的概念是将计算卸载到远程资源提供商。在云计算中卸载数据和计算的概念，是通过使用移动设备本身以外的资源提供者来承载移动应用程序的执行来解决移动计算中的固有问题。这种在移动设备外部进行数据存储和处理的基础设施可以称为“移动云”。通过利用移动云的计算和存储能力，可以在低资源移动设备上执行计算机密集型应用程序。移动云计算(图 2-5-18)可以看作为云计算相关技术在移动互联网中的应用[154, 155]，其优势有：①突破终端硬件限制；②便捷的数据存取；③智能均衡负载；④降低管理成本；⑤按需服务降低成本。

图 2-5-18　移动云计算

3. 云计算平台的服务层次

云计算的主要优势可以用云服务提供商提供的服务来描述：软件即服务(SaaS)、平台即服务(PaaS)和基础设施即服务(IaaS)。在计算机网络中每个层次都实现一定的功能，层与层之间有一定关联。依照所提供的服务类型，可划分成应用层、平台层、基础设施层和虚拟化层(图 2-5-19)[156]。应用层对应 SaaS 软件即服务，如：Google APPS[157, 158]、SoftWare+Services[159]；平台层对应 PaaS 平台即服务，如：IBM IT Factory[160]、Google APPEngine[161]；基础设施层对应 IaaS 基础设施即服务，如：Amazo EC2[162]、IBM Blue Cloud[163]、Sun Grid[164]；虚拟化层包括服务器集群和硬件检测等服务。

4. 国内外云计算发展现状

近年来，云计算正在成为 IT 产业发展的战略重点，各大 IT 公司，包括亚马逊、微软、谷歌等纷纷向云计算方向转型[165]。在《国务院关于促进云计算创新发展培育信息产业新业态的意见》《云计算综合标准化体系建设指南》等利好政策作用下[166-169]，我国云计算发展迅速，在 IaaS 运营维护方面，有中国电信、中国联通、中国移动等；PaaS 云平台方面，有阿里云、腾讯云、华为和华胜天成等。目前, 国内服务商可以大致分为四大阵营：互联网阵营、传统 IT 阵营、运营商阵营和自主研发阵营(图 2-5-20)。

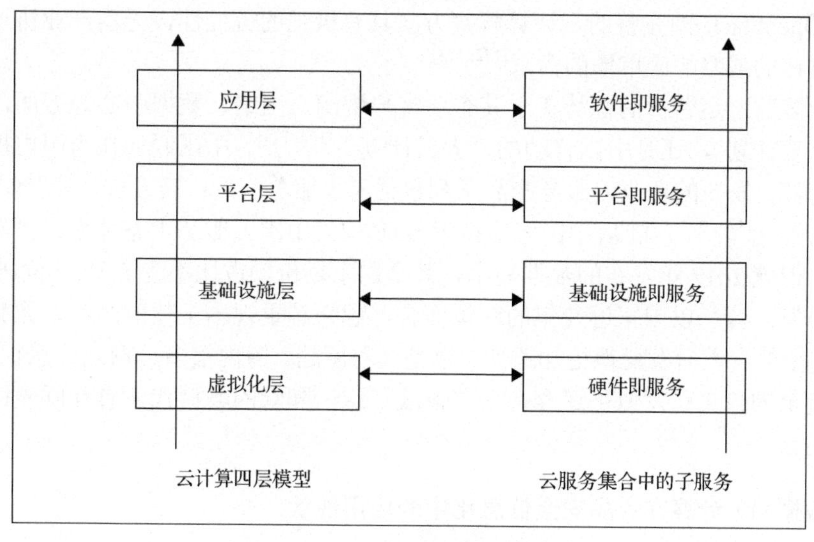

图 2-5-19　云计算平台的服务层次

图 2-5-20　国内云服务商的四大阵营

互联网阵营：这一类的互联网公司属于开拓新的业务或进行资源再利用，主要针对小型企业及初级用户市场，据权威研究机构发布的数据显示，无论是从 IaaS 层来看，还是总体趋势来看，阿里云都是稳步占有全国近半的市场[170, 171]，阿里云一枝独秀。腾讯作为互联网另一巨头位居第二。

阿里云对其云产品的定义一直处于模糊的状态，没有一个很明显的界定。另外，阿里云目前获取客户的主要手段是通过 BGP 带宽和价格，虽然有一定优势，但与传统 IDC 服务商相比，给用户带来的价值并不很突出。腾讯在云计算的发展方向上依然秉承着微创新的精神，放弃自主研发，以代理 IBM、甲骨文的云产品为主。可以说，腾讯在技术与研发的投入方面还是很欠缺的。

传统 IT 阵营：这类服务商主要以主流的 IT、软件、网络设备和系统服务商为主，优势在于其丰富的传统资源，通常将目标锁定为企业级用户，值得注意的是传统 IT 软件商转型云服务商意味着他们从过去提供资源变成提供服务，这个转型并非一朝一夕的事，除了意识上的转变，更应该提高技术，包括计算、存储、网络安全和运维等方面。例如华为云推出的基于 OpenStack 的完整的云计算解决方案具有极强的可控性，无需产业协调，可以快速地按照自己的战略响应市场的需求[172, 173]。

运营商阵营：运营商的优势在于其企业客户资源、网络、数据中心等方面，不论中国电信的“星云计划”，还是中国移动的“大云计划”[174, 175]。中国联通作为国内提供企业云服务的运营商，发布的企业云服务产品系列包括五大服务方向：云主机、云存储、专享云、云集成和云孵化[176, 177]。随后中国电信携手 SAP 构建中国云服务生态体系，虽然起步比中国联通晚，但就 2017 年发布的数据显示，其全国市场份额占比率为 8.7%，位居第二。

自主研发阵营：以国家近几年的政策而言，越来越重视本土化的产品，尤其是中兴事件之后，完全的自主研发变得更加迫切，也是大势所趋。国内很多厂商已经意识到此问题，但要做到完全的自主研发似乎还存在一些挑战。这一阵营的典型代表有互联先锋旗下的先锋云和品高云。

5.1.8 大数据和云计算在食品安全信息化中的应用现状

1. 食品安全信息化中的大数据

食品安全是个复杂的系统性问题，各个环节都影响食品安全，只有通过有效、实时地收集、分析各环节的应用数据，才能够让我们分析出有价值的风险信息，从而正确地应对食品安全问题[178, 179]。

食品供应链环的各个环节均会产生海量的数据[180]。食品生产加工中，需要对食品进行数字化，以保障食品的数字化基础。食品运输过程的数据为食品安全追溯机制提供数据基础[181-188]；食品销售环节中也会产生大量信息化数据，通过对这些数据分析，可为企业合理规划销售布局(图 2-5-21)[189-193]。

此外，随着网络技术的快速发展，食品安全行业的数据还能从多种非传统渠道获取各类多源食品安全数据[194-196]。

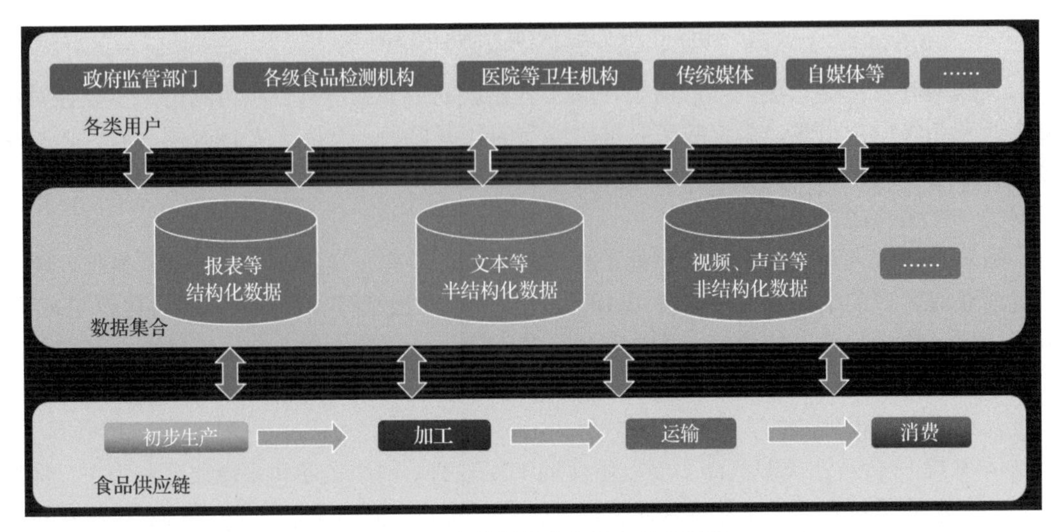

图 2-5-21 食品行业中各类食品大数据

2. 大数据挖掘方式原理概况及其在食品安全行业中的应用现状

大数据挖掘，即“从大数据中挖掘知识”，是将潜在隐含的信息从数据中提取，通过开发计算机程序在数据库中进行自动挖掘，以发现规律或模式的一种有效手段(图 2-5-22)。如果能从对海量数据的挖掘中发现明显的模式，这些模式就可以被人们总结、理解和设计，并可以用来对未来大规模的数据做出准确的预测。大数据挖掘方式基于传统的数据挖掘，而数据挖掘技术是众多学科领域技术的集成，比较常见的包括机器学习、统计学、模式识别、高性能计算等。常见的机器学习数据挖掘技术有贝叶斯网络[197]、决策树[198]、人工神经网络[199]等三种。

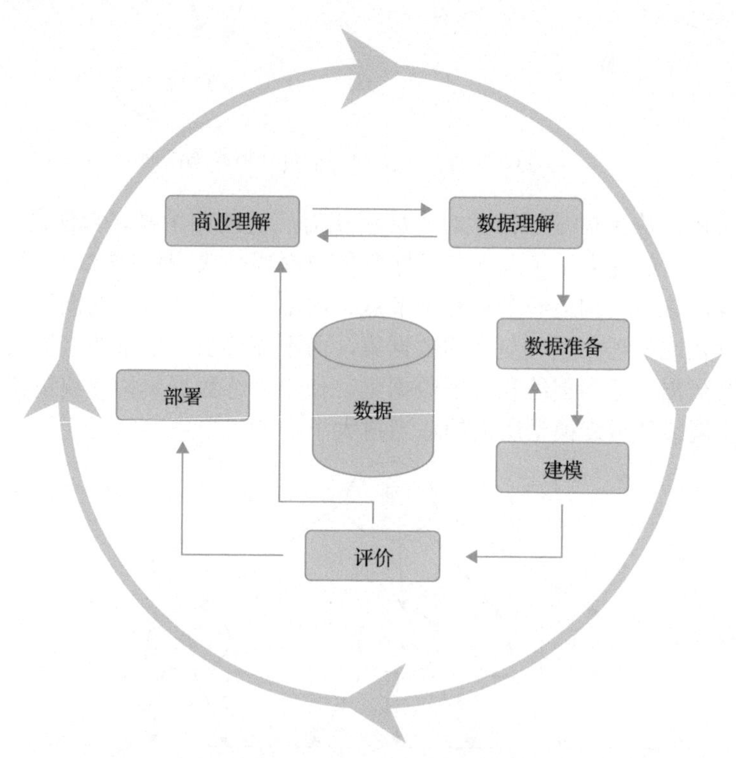

图 2-5-22　大数据挖掘

第一，贝叶斯网络为不确定性的建模和评估提供了一种灵活的结构。它利用概率论的技术在不确定性下进行推理，并已成为决策支持系统的一种有力工具。贝叶斯网络是一种概率专家系统，所有参数都是由概率分布建模的。它们基于由节点和弧组成的有向无环图进行图形表示。节点表示数据集中的变量，弧表示变量之间的直接关系。

贝叶斯网络在食品行业中的运用，比较有代表性的是用于食品产品设计。例如，在食品贝叶斯网络建模中，如果知道人们普遍喜欢甜的食品，在样本中也存在既甜又受欢迎的食品，那么贝叶斯网络推理出这个食品的颜色将会影响其受欢迎程度。而传统基于规则的专家推荐系统由于系统是模块化的，其中的一些规则与其他规则或数据源的内容无关，则不能处理类似情况的问题，而贝叶斯网络中的条件概率则解决了这一问题。图 2-5-23 为某食品风险的局部贝叶斯网络模型。

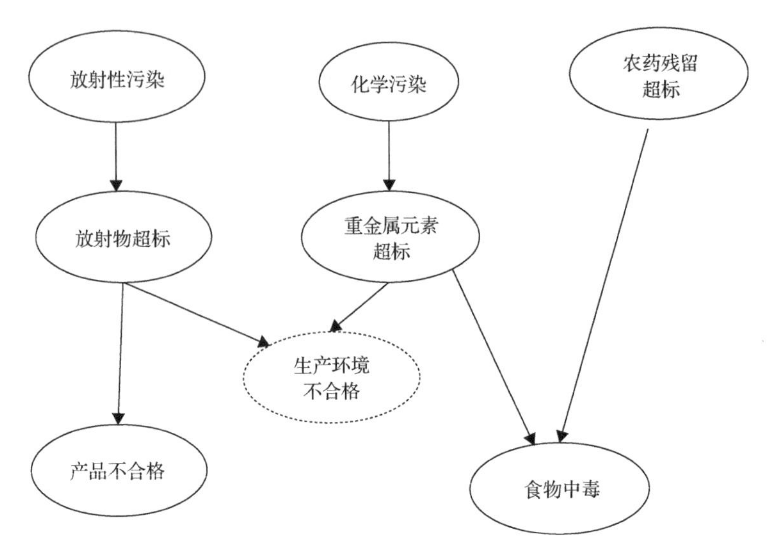

图 2-5-23　某食品风险的局部贝叶斯网络模型

第二，决策树。决策树是机器学习中应用相对广泛的归纳推理算法之一[200-204]，用于建立基于多重协变量的分类系统或开发目标变量的预测算法(图 2-5-24)。该方法将种群分类为树枝状的段，这些段构造一个具有根节点、内部节点和叶节点的倒树。该算法是非参数化的，可以有效地处理大型、复杂的数据集，而不需要引入复杂的参数结构。当样本量足够大时，研究数据可分为训练和验证数据集。使用训练数据集构建决策树模型和验证数据集，以确定实现最佳最终模型所需的适当树大小。

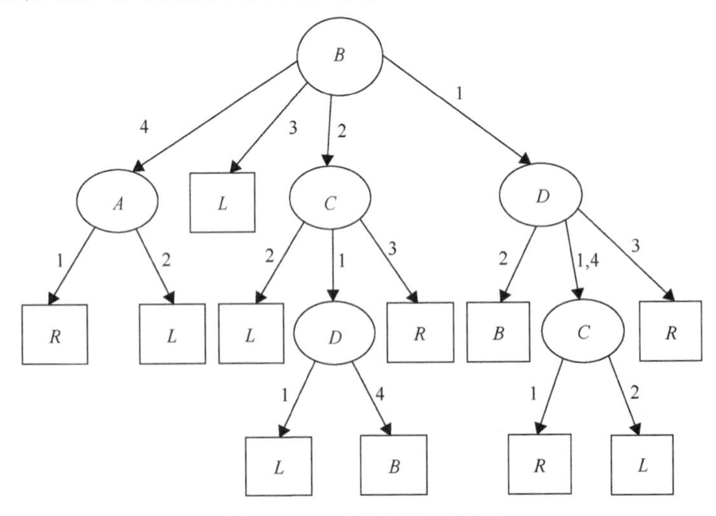

图 2-5-24　决策树图示示例

决策树分析法通过树状的逻辑思维方式解决复杂决策问题，是以风险分析为依据的决策方法。决策树在食品行业的运用有基于农产品的食品安全评估研究[205]，其针对影响农产品质量安全的数据特点，结合降维方式进行数据预处理，找出影响质量安全的主要特征值，并构建基于组合优化决策树的农产品质量安全判别模型，选取如地下水重金属含量、土壤 pH 值、种植规模等不同的农产品影响因素作为决策树的属性。决策树还被运用于具体检测指标来评价油炸型方便面的品质等[206]。

第三，人工神经网络。人工神经网络最初是为了模仿基本的生物神经系统而开发的，它由许多相互连接的简单处理元件组成，这些元件被称为神经元或节点[207-210]。每个节点接收来自其他节点或外部刺激的总“信息”输入信号，通过激活或传输功能对其进行本地处理，并将转换后的输出信号生成到其他节点或外部输出。尽管每个神经元执行其功能相当缓慢且不完美，但一个网络可以非常有效地执行惊人数量的任务。这种信息处理特性使人工神经网络成为一种强大的计算工具，能够从实例中学习，然后归纳为前所未见的实例。

自 20 世纪 80 年代以来，人们提出了许多不同的人工神经网络模型，其中最有影响的模型有多层感知器(MLP)、霍普菲尔德网络(Hopfield Networks)、自组织网络(Self-Organization Networks)，反向传播(BP)神经网络(图 2-5-25)等[211-213]。

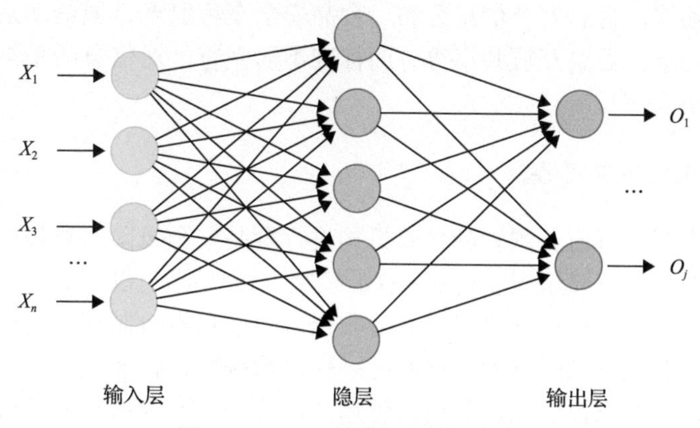

图 2-5-25　BP 神经网络模型结构

BP 神经网络是人工智能中对不确定性问题处理具有高度解决能力的方法，其曾与主成分分析结合被用于近红外光谱苹果品种鉴别方法研究，该研究首先使用主成分分析对苹果进行聚类并获取苹果的近红外指纹图谱，即对于苹果品种敏感的特征波段，用特征波段图谱作为神经网络的输入，品种作为输出，建立模型，进行训练，之后对未知的样品进行预测。此外，BP 神经网络还被用于冬小麦耗水预测、大米直链淀粉含量预测等[214]。

5.2　我国食品安全信息化发展问题剖析

5.2.1　我国食品安全信息化发展法律法规和标准中存在的问题

1. 保障食品安全智能化应用的法律法规不够完善

在实施食品安全信息化管理及风险预警的过程中，缺乏可操作性的法规和标准，未建立保障食品安全智能化应用的完整的管理体系，与食品安全信息化管理相关的政策、法规、标准仍需继续完善。针对我国食品安全预警信息化较为薄弱的现状，需要加强相关法律法规建设，为食品安全提供强有力的保障。

2. 约束性法律法规体系不够完善

食品安全信息化建设的过程中，有监管部门、检验机构、食品企业、信息技术支持机构等多方的参与，如何保障信息的真实性、防止信息被篡改，对不宜公开的数据做到严格保密，至关重要[215]。以 2017 年 5 月份暴发的勒索病毒为例，国内有近 3 万家机构受影响。食品安全关系国计民生，因此对食品安全信息进行智能化应用的同时，强化对信息安全的监管，是食品安全监管的必要手段。强化监管，保证数据的真实性和安全性，才能使食品安全信息化应用更有效地服务于我国食品安全治理。就目前我国的法律法规体系而言，在这方面还存在欠缺。

3. 食品安全信息化标准不够完善

当前我国与食品安全智能化应用的标准总量少，已发布的标准多集中在食品追溯领域和食品安全监管领域，食品安全信息公布、食品安全全程追溯、诚信体系建设、信息安全数据质量、数据安全、数据开放共享等方面标准不够完善，对信息的采集、存储、处理、整合、共享缺乏规范[216]。

4. 风险报告机制不够完善

以食品检测为例，目前我国食品检验机构进行食品安全风险信息报告的主要依据是原国家食品药品监督管理总局组织制定的《食品检验工作规范》(以下简称《规范》)。《规范》中第二十四条规定，检验机构应当建立食品安全风险信息报告制度，在检验工作中发现食品存在严重安全问题或高风险问题，以及区域性、系统性、行业性食品安全风险隐患时，应当及时向所在地县级以上食品药品监督管理部门报告，并保留书面报告复印件、检验报告和原始记录[217-219]。但是在实际执行过程中很多地区并未形成有效的食品安全的风险预警、报告体系，其根本原因在于相关的管理机制、制度的不健全。对于食品安全信息化建设工作在管理层面存在不足，导致海量的食品安全相关数据无法得到有效利用，大量的数据分散在不同部门的多家机构，得不到有效的汇总和分析，导致我国食品安全风险预警能力不能有效提高。

5.2.2 我国食品安全信息化监管中存在的问题

1. 食品安全信息范围界定不清晰

我国已建立了食品安全信息共享的机制，但是目前我国食品安全信息标准分类仍不明确，农业、卫生、质检、食药、工商等部门间的通报机制不协调，食品安全管理的协调机构信息协调缺乏法律依据。我国《食品安全法》未对“食品安全信息”范围作出明确界定，而 2009 年制定的《食品安全信息公布管理办法》中食品安全信息较狭窄，如对相关食品安全中的生产者、消费者、网络食品交易者、集中交易市场等主体报告的食品安全信息是否属于可以公开的食品安全信息没有明确[220]。食品安全信息定义的不明确，不利于食品安全信息的开放与共享。

2. 部门间食品安全信息缺少公开和互联互通

我国农业、食药、卫生、质检部门都做了大量监测、追溯工作，构建了多个监测、追溯数据库，但是数据库之间处于封闭和分散的状态，没有相互关联，共享程度低，没有形成统一的信息发布渠道，应急联动能力薄弱。食药、工商、质监、出入境检验检疫等部门已经建成的其他信息化系统一般局限于本部门，无法开展信息的集成和资源的共享。虽然《食品安全法》要求食药和农业等部门之间要建立食品安全全程追溯协作机制，但是未强制要求部门间建设数据共享平台等信息化管理系统。对于各部门如何建立数据共享平台缺乏具体的执行标准和规范性文件，不同部门数据无法实现共享和互联互通等。

3. 部门间数据信息标准不统一，信息孤岛问题严重

我国现有食品安全领域的信息系统建设中由于缺乏顶层设计，各部门各自为政，标准、软件、接口都未统一，信息系统之间缺少关联桥接，缺少业务协作和信息共享机制，信息孤岛问题严重[221]。随着我国食品安全信息化涉及的食品类别和涉及的指标不断地增加，各个信息化平台所收集的数据格式不同，影响数据质量。不同数据库录入格式不统一，形成跨部门的食品安全信息统一收集分析体系，难以对数据库信息进行共享、升级和改造，发现食品安全潜在风险的能力尚待提高，未能让各部门食品安全信息在食品安全监管中的作用最大化[222]。

4. 信息系统安全性存在隐患

伴随着我国检测机构信息化建设的逐步推进，硬件系统及软件系统在安全性能方面也埋下了一定的隐患[223]。由于缺乏专门的技术人员，检测机构在信息化的建设过程中，对于服务器的安全性重视不足，很多设备没有安装防火墙和杀毒软件，甚至连操作系统的补丁都没有及时安装，导致保密数据基本处于不设防的状态。而在日常工作时，检测检验数据在录入完成之后也没有及时备份，一旦设备出现故障，数据直接损失，无法恢复[224]。

5. 数据准确性和时效性有待提升

部分数据库数据来源渠道不统一，未经过严格审查，权威性不足。一些重要字段缺失，完整性不足。数据库的数据未能实现“动态更新”，从而数据的提供、审查、录入不能做到无缝对接，难以保障数据的时效性。对于已经失去有效性的历史数据未能进一步管理，与现有数据加以区分。很多数据库缺少统计和信息采集功能，不能让管理者及相关方对数据库进行分类统计。

5.2.3　我国食品安全信息化系统或平台推广应用存在的问题

1. 信息化技术支撑不足

部分关键领域的研究仍薄弱。我国食品安全智能化应用虽形成一批创新成果和创新团队[225, 226]，但在农药及其他化学投入品管理与追溯、全程双向追溯分析、食品大数据智能分析预警、食品安全风险处置智能化培训以及基于我国居民营养状况的特膳食品健康评价体系等方面仍较为薄弱，亟待深入研究[227, 228]。

信息可靠性有待提高。生产链中所采集信息的真实性和有效性是食品安全信息化系统的关键。当前阶段，我国的食品安全信息化系统缺乏统一性，覆盖范围不够全面，部分环节信息采集操作复杂，人员素质参差不齐，可靠性差。

信息采集的自动化和信息化程度低。实验室信息系统的应用不广泛，除了北京、上海、广东等发达地区外，我国其他地区的食品检测机构信息化程度依然较低。如实验室管理系统（Laboratory Information Management System，LIMS）[229]，发达国家的检测机构在20世纪90年代就已经普及，被广泛用于实验室业务受理、样品管理、检测任务分配、实验结果报告以及检测报告出具和管理。目前国内实验室信息化管理体系依然较为落后，其主要原因就是该系统的建设费用相对较高，约200万～300万元，且对于提升实际检测能力并不直观。一些信息平台的信息仅可逐条录入，过程烦琐复杂，消耗大量的人力和时间。

种养殖环节分散化对信息的搜集带来挑战。我国畜禽养殖和果蔬种植以小规模种养殖为主[230]，小散户种植/养殖方式所固有的生产粗放、标准化程度低等问题，对源头信息的采集工作带来了巨大的挑战，其严重制约了食品安全信息化系统或平台的构建和推广应用。

2. 信息化能力建设有待提升

模块建设不够完善。部分平台仅能对信息进行搜寻，不能够对数据进行在线统计分析和可视化分析。同时，各部门网站建设初期，未考虑到部门间数据的整合，没有对数据挖掘做前期工作，未能充分利用数据的应用价值。

对信息化建设的思想认识有待提高。由于信息化建设需要配备相应的软件和硬件设施，对数据信息进行统一规范，并对相关人员进行培训，需要投入大量的时间和资金，影响了企业开展食品安全信息化建设的积极性。出于对公司经营信息泄露或者是公开的担忧，企业不愿意进行信息化建设。此外，由于带来工作量的增加，以及对食品安全数据上报的重视程度不够，许多相关工作人员对数据库的构建积极性不高。对消费者而言，虽然对食品安全的关注不断提升，但是他们对信息化技术及其带来的成本提升接受度不高，如对可追溯食品的支付意愿仍不高，这些因素不利于信息化技术在食品行业的应用[231-233]。

相关从业人员结构不尽合理。高素质的从业人员对于食品安全数据的采集、分析具有重要影响，同时，从业人员还需要有网络平台的系统维护和数据管理方面的知识。但是当前很多食品企业、检测机构规模小、业务量不大，难以吸引到高素质的专业人才，不利于食品安全信息化系统或平台的构建和推广。

3. 管理和配套措施不完善

相关推广和培训工作不到位。食品安全信息化系统或平台的推广和培训工作跟不上，部分平台宣传工作不到位，访问率不高；操作人员不能熟练掌握信息化平台的操作应用，未能及时通过平台报送信息。

经费投入不足。食品安全信息化建设是一项长期的工程，无论是数据的搜集、整理分析，软件和硬件设备的购买，网络信息系统的建立和维护，还是人才的引进和培养都需要资金的投入。但是目前来看，各市级以下的食品安全信息化建设未能满足需求。

5.2.4　我国食品安全监测系统可信保障技术存在的问题

1. 食品安全监测系统主动防御问题

食品安全监测系统缺乏完整的可信保护。现有的安全检测系统多为被动防御，而被动防御具有严重滞后性，因此如何实现监测系统的主动防御对于食品安全具有重要的意义。

2. 食品安全监测系统可信接入问题

现有食品安全监测系统接入网络信息中心时，多采用传统的接入认证方式，如采用基于 PKI 证书进行身份认证[234]，访问控制列表认证[235]，这些认证方式无法有效地进行完整性认证，造成了食品安全监测系统存在隐患。

3. 复杂恶意行为的有效检测问题

当前食品安全监测系统对网络端行为的检测，主要是分析对象行为的特征，进而建立异常行为识别模型，然而现有的网络攻击越来越复杂，且其行为特征不断变化，现有监测系统难以对复杂网络的恶意行为进行有效检测。

4. 缺乏有效的安全保护体系

由于食品安全监测系统的复杂性和多样性，现有的监测系统多针对某一方面，各个系统间无法实现信息的互通。信息孤岛问题使得信息交换变得困难，这也使得防护工作力度变得不一致，容易受到黑客攻击。因此急需有效的一站式安全保护体系。

5.3　国外食品安全信息化发展先进经验借鉴

5.3.1　国外食品安全信息化发展现状

1. 国外食品安全风险监测体系现状

1) 国际组织食品安全风险监测体系现状

全球环境监测系统(Global Environment Monitoring Service，GEMS)即联合国环境规划署下属的全球和地区环境监测协调中心，总部设在肯尼亚内罗毕，于 1975 年根据联合国人类环境会议的宗旨而成立。全球环境监测系统食品项目(GEMS/Food)[236]，其设立目的是掌握食品安全状况，进而保护人体健康，保障各国的贸易发展(图 2-5-26)。

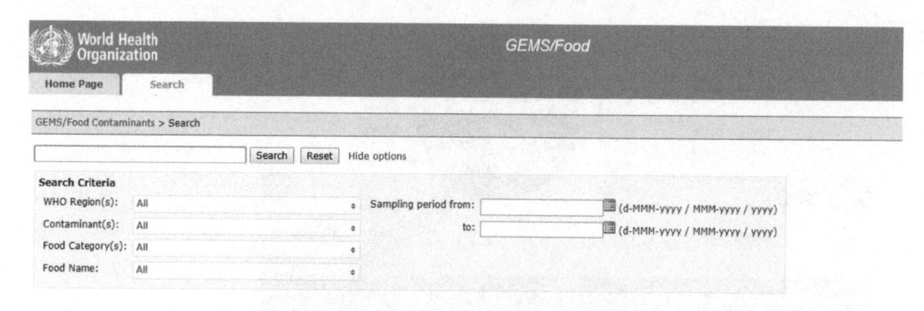

图 2-5-26　全球环境监测系统中的食品项目网站

GEMS/Food 体系建立了一般食品污染物数据库和总膳食数据库，收集食品相关的污染水平数据和膳食数据，每个会员国依据国情进行监测工作，并通过分析实验室操作程序将数据上报[237]。此外，GEMS/Food 体系对各国食品污染物监测工作进行了指导和安排，提升了成员国实验室检测能力，并为成员国之间数据交流和共享提供了平台。

2) 美国食品安全风险监测体系现状

(1) 美国污染物监测体系。美国污染物监测体系是由两部分构成：美国食品药品管理局(FDA)和美国农业部(USDA)。FDA 于 1963 年起，负责农副产品中的农药残留量监测工作，监测的农药种类 360 多种，监测的重点为国内生产和国外进口的初级农产品，也涵盖一些加工食品。1987 年开始，FDA 每年发布农药残留监测数据的年度报告，实现监测资源的共享。除了农药残留外，FDA 也对砷、硒、钼、镉、汞、铅等元素以及丙烯酰胺、二噁英、多氯联苯、硝基呋喃等化学污染物进行长期的监测。

USDA 的食品安全和检查局(FSIS)于 1967 年开展了国家残留监测计划(National Residue Program, NRP)，旨在掌握畜、禽、蛋中污染物的情况，监测的项目包括兽药残留、农药残留和环境污染物等，监测结果也能够为暴露评估提供依据[238]。

(2) 美国细菌分子分型国家电子网络(PulseNet)。食品安全涉及食品供应链的每一个环节，包括农民、制造商、经销商、消费者、监管者等，即使在全世界食品供应非常安全的美国，每年依然有 4800 万人，或者是 6 人中的 1 人，患食源性疾病。在这个背景下，美国细菌分子分型国家电子网络(PulseNet)(图 2-5-27)诞生了[239]，这是一个由美国疾病控制与预防中心(CDC)运行的网络系统，它汇集了公共健康和食品监管机构的实验室，总部位于佐治亚州亚特兰大。通过 PulseNet 网络，科学家采用脉冲场凝胶电泳(PFGE)、全基因组测序等手段对引发食源性疾病的细菌进行 DNA 指纹分析，即“指纹识别”，检测的细菌涵盖 *E. coli* O157、沙门菌、空肠弯曲菌、志贺菌属、霍乱弧菌、副溶血性弧菌等。DNA 指纹的匹配能够让调查人员快速找到疫病暴发的源头。全基因组测序等新技术的出现，让 PulseNet 网络更加强大，能够更有效地发现和分析食源性疾病。假设美国两个距离较远的地区都暴发了大肠杆菌疫情，PulseNet 可以通过“指纹识别”证明两者之间的联系[240]。

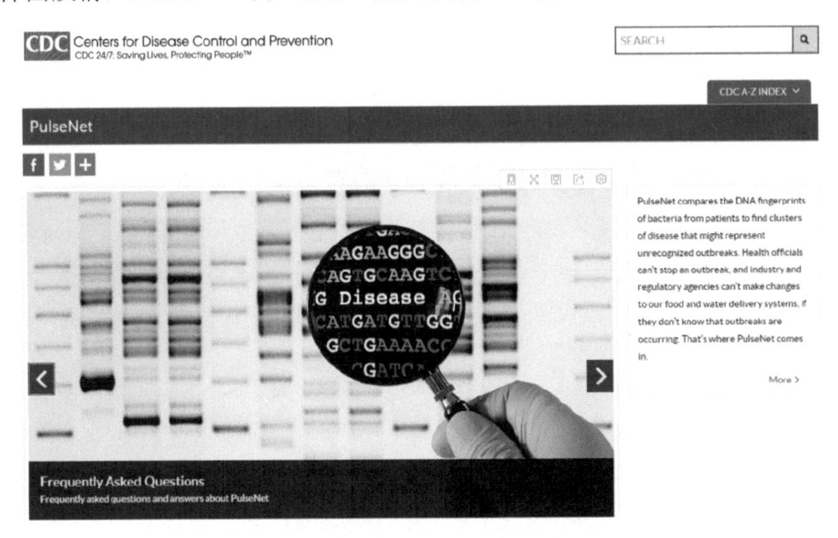

图 2-5-27　美国细菌分子分型国家电子网络

PulseNet 的工作程序如下：①采用 DNA 指纹技术识别导致食源性疾病的细菌；②数据

库管理员检查国家数据库，以从美国的任何地方获取超过预期数量的匹配DNA指纹或集群；③对可能暴发的州和地方卫生部门进行预警；④PulseNet的科学家与FDA、USDA、FSIS的官员、流行病学家、环境卫生专家共同鉴定受污染的食品；⑤向公众预警疫情；⑥制造商自愿召回受污染的食品。

1996年起，PulseNet开始建立数据库，该数据库收录从食物、环境和人类食源性疾病中提取的近250万菌系。通过对食源性疾病案例进行分析和监测，不断加强美国的食品安全系统。如今，PulseNet已成立20余年，每年成功阻止约27万次由沙门菌、*E. coli* O157、李斯特菌这三大常见细菌引起的食源性疾病。

PulseNet的成功案例非常多(表2-5-2)[241]，如帮助华盛顿公共卫生部门解决近年来最大规模的沙门菌事件。2015年，美国多地发生了沙门菌感染的事件，在PulseNet的帮助下，美国州和地方的公共卫生研究人员发现20余种沙门菌间的联系，并发现污染源头是来自华盛顿猪肉，最终，召回了超过116000磅的全猪和523000多斤猪肉产品。

借鉴美国PulseNet成功建立的经验，加拿大(2000年)、亚太地区(2002年)、欧洲(2003年)、拉丁美洲(2003年)也成立了类似的网络。这些网络在PulseNet国际网旗下，采用BioNumerics软件进行数据库维护，TIFF图像归一化，开展相互间比较分析。

表2-5-2　PulseNet的一些成功案例

序号	案例
1	2010年，PulseNet网络帮助确定密歇根、俄亥俄和纽约州暴发的生菜*E. coli* O145事件的源头
2	2012年，密歇根州微生物学家通过PulseNet网络发现美国21个州和加拿大2个省的53人感染沙门菌，而起因是一个“不太可能”的来源——狗粮
3	2014年，犹他州卫生部门采用PulseNet网络发现空肠弯曲菌菌株感染原奶
4	2014年，俄亥俄州和密歇根州有12人感染*E. coli* O157：H7，通过PulseNet网络最终锁定他们都在一家餐馆吃了汉堡，并召回180万磅牛肉
5	2015年，PulseNet网络帮助华盛顿州应对近年来最大规模的沙门菌事件，并发现污染源头是来自华盛顿猪肉
6	2015年维吉尼亚州，通过PFGE和全基因组测序的方法，以及PulseNet网络中的数据找到沙门菌暴发的原因
7	2016年，PulseNet网络帮助马里兰州和维吉尼亚州应对单增李斯特菌感染事件，并提示消费者软奶酪是李斯特菌的常见来源，建议孕妇不要食用

(3)经济利益驱动型掺假(EMA)监测与信息化数据平台。为系统地搜集食品欺诈的历史数据，明尼苏达大学的食品保护与防御国家中心创建了EMA数据库(Economically Motivated Adulteration Incidents Database)[242, 243]。这个数据库可系统地分析食物是否处于较大的EMA风险[244-249]。

3)欧盟食品安全风险监测体系现状

欧盟于1996年实施了动物源和植物源残留物质的监测方案，包括欧盟内部合作农药监测和国家农药残留监测，便于欧盟统一的食品安全预警[250]。欧盟一些成员国根据自身情况建立了本国的食品安全监控体系，如德国建立食品安全数据信息系统，用于收集食品监控和食品监测所获得的数据[251]。

4)加拿大和澳大利亚食品安全风险监测体系现状

加拿大食品检验局负责该国食品污染物的监测计划[252-254]。目的是监测食品供应中可能存在的污染物水平，监测的食物种类包括肉制品、乳制品、蛋制品、蜂蜜制品、果蔬制品及新鲜果蔬，监测的污染物包括农业化学物、兽药残留、环境污染物和放射性元素等。澳大利亚的食品监测是由澳新食品标准局(FSANZ)负责实施的[255]。

2. 国外食品安全风险预警体系现状

主要有国际食品安全当局网络(INFOSAN)、欧盟食品和饲料快速预警系统(RASFF)[256, 257]、日本食品预警系统等[258]。

1) 国际组织食品安全风险预警体系现状

国际食品安全当局网络。2000 年世界卫生组织(WHO)通过了一项决议，当成员国的食品受到自然、意外或蓄意污染所造成的卫生紧急情况，WHO 将为其提供相应帮助和支持。2004 年 WHO 开始建立国际食品安全当局网络(International Food Safety Authorities Network，INFOSAN)，随后进行了系统的开发和优化(图 2-5-28)[259]。截至 2009 年 4 月，INFOSAN 与 INFOSAN 应急网共有注册成员国 177 个。

图 2-5-28　国际食品安全当局网络

INFOSAN 作为一个食品安全信息交流网络，重点是为了应对可能导致多个国家产生微生物、化学和物理危害的重大食品安全事件，它通过让成员国之间共享全球关注的重大食品安全问题的信息，促进食品安全事件期间相关信息在国家层面之间的快速交换；推动不同国家之间与不同食品安全网络之间的合作与交流，同时帮助一些国家提升食品安全风险管理的能力。INFOSAN 在各国设立联络点，评估成员国上报的信息并判断是否采取行动，在面对重大食品安全事件和紧急状况时将通过 INFOSAN 应急网向成员国发出警报，如 2007 年向 70 个国家发布花生酱中含沙门菌警告，在国际食品安全事件应对和预警中发挥了重要作用。

2) 美国食品安全风险预警体系现状

明尼苏达大学的食品保护与防御国家中心正在构建一些工具，用来描绘食品供应链的地图，进而识别食品系统中的潜在风险。2003 年 5 月美国食品药品管理局公布了《食品安全跟踪条例》[260]。

3) 欧盟食品安全风险预警体系现状

欧盟食品和饲料快速预警系统(RASFF)(图2-5-29)是根据欧共体条例第178/2002号建立的。该预警系统只有在确认有特定风险的食品可能流入其他国家的情况下才有义务告知欧盟委员会。随着欧盟一体化的发展，越来越难以确认不安全产品是否会流入其他成员国，该预警系统已经不能满足需求[261]。

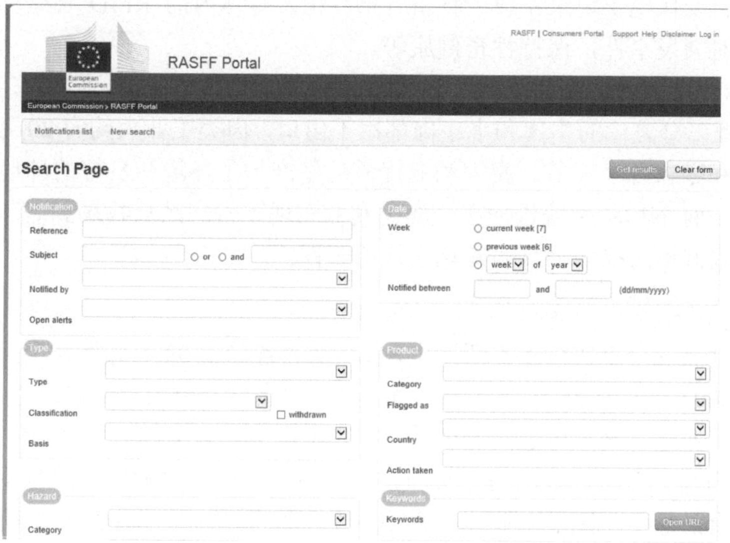

图2-5-29　欧盟食品和饲料快速预警系统

3. 国外食品安全可追溯体系现状

1) 澳大利亚食品安全可追溯体系

国家牲畜标识系统(National Livestock Identification System，NLIS)(图2-5-30)是澳大利亚对牛、绵羊和山羊进行识别和可追溯的系统(受法律强制)[262]。澳大利亚1999年引入NLIS项目，从而提高澳大利亚在牛的动物疫病和食品安全事件中的可追溯能力，到2009年，该系统扩展到山羊和绵羊。NLIS不但保障了澳大利亚的畜产品安全，还提升了澳大利亚在全球市场上的竞争力。

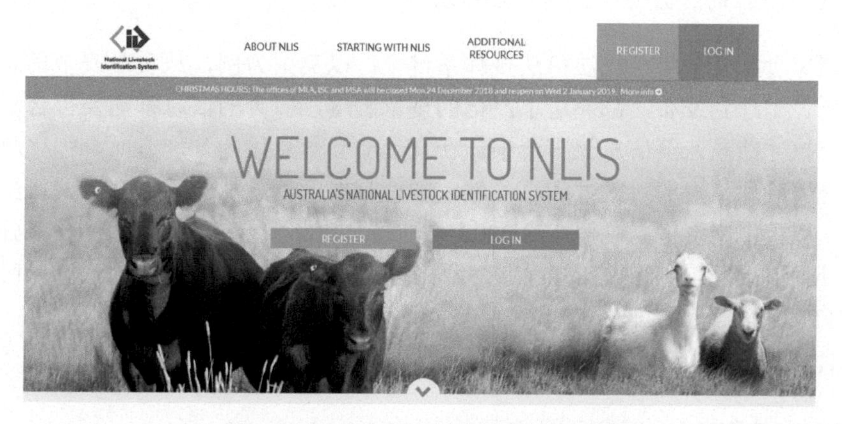

图2-5-30　澳大利亚国家牲畜标识系统

NLIS 包含三个主要部分：一是动物标识(可视或者电子耳标记设备)；二是通过物体识别码(Property Identification Code，PIC)确定物理位置；三是运用 Web-可访问数据库来存储和关联这些移动数据和相关细节。NLIS 数据库实施效果十分显著，一旦疾病或者疫情暴发，澳大利亚农民可以及时发现并采取积极措施，将损失降低到最少。射频识别(RFID)还能够帮助牧场实时追踪牧群，掌握牲畜动向；提供自动化的最佳喂养方式；疫苗及畜药管理与补充；牧群的自动化电子记录，放于牲畜耳槽或植入身体内的 RFID 传感标签还可以记录体温变化，应对突发事件，保持牲畜健康等。

NLIS 数据库属于国家级别数据库，对录入的信息有统一的标准，由国家对其进行管理、分析。澳大利亚三分之二的牛肉和小牛肉都用于出口，肉类工业大约有 20 万人就业，包含种养殖、加工和零售各个环节。澳大利亚优质的生产加工环境和良好的环境给肉类出口带来了贸易优势，而 NLIS 系统进一步使澳大利亚实现了畜产品从牧场到屠宰场的全程跟踪监测，并能够很好地防控动物疫病和化学残留事件。

2) 日本食品安全可追溯体系现状

由于日本食品安全事故接连不断发生，农林水产省自 2003 年开始在全国推行食品安全可追溯制度。2003 年 4 月 25 日农林水产省发布了《食品安全可追溯制度指南》，用于指导食品生产经营企业建立食品可追溯制度[263, 264]，该指南后来又经过 2007 年和 2010 年 2 次修改和完善，明确了食品可追溯的定义和建立不同产品的可追溯系统的基本要求，规定了农产品生产和食品加工、流通企业建立食品安全可追溯系统应当注意的事项。

农林水产省还根据该指南制定了不同产品如蔬菜、水果、鸡蛋、贝类、养殖鱼、海苔、鸡肉、猪肉等的可追溯系统以及生产、加工、流通不同阶段的操作指南。根据这些产品指南，全国各地的农产品生产和食品加工、流通企业纷纷建立了适合自身特点的食品可追溯系统。

日本的食品安全可追溯制度涵盖所有生鲜农产品和加工食品。对于安全性问题严重或事关国民生命健康的重要产品，在法律约束下建立相应产品的可追溯系统。实行强制性可追溯制度的产品包括牛肉和大米[265]。

5.3.2　国外食品安全信息化先进经验

1. 制定强制性的食品安全信息化法律法规

发达国家食品安全信息化法律法规体系健全。以美国为例，从食品安全信息的采集、总结、分析、整理到发布，都制定了严格的规章制度，所有的信息都需要符合管理规定并经过专业审核才能录入至信息化平台中。在食品安全信息化的管理方面，强化政府的保护和监督职能，确保信息的时效性和真实性。即使是农业信息从业人员都需要接受全方位的专业培训，取得上岗资格。欧盟 178/2002 号法规《食品安全基本法》第 18 条强制要求可追溯[266]，凡是在欧盟国家销售的食品必须具备可追溯性，否则不允许上市，同时还确立了欧盟 RASFF 系统，此外，欧盟的多个法规对动物饲养信息的记录，以及蔬菜、水果、鱼、禽和蛋等食品提出了可追溯性要求。

2. 具备完善的食品安全信息化支撑平台

美国、欧盟、加拿大和澳大利亚等发达国家和地区已逐步进入食品安全网络监控管理时代[267, 268]。他们通过建立环境监测体系、农药残留检测体系、兽药检测体系、污染物监测体系、食源性疾病监测体系、食品掺假监控体系、食品安全风险预警体系、食品可追溯体系、快速反应网络、食品成分数据库、食品安全过程管控系统等食品安全信息化平台，为政府实施有效管理提供有效的技术支撑，同时也为专业人员和普通民众提供动态情况和信息资源。当监测中发现食品风险，监管部门能够迅速对问题进行判定，准确地缩小问题食品的范围，并对问题食品进行追溯和召回，减少食品安全问题带来的损失。

3. 具备完善的信息化技术支撑体系

以美国、欧盟、日本为代表的发达国家和地区信息技术的研发能力和应用水平居世界前列，已经构建了完善的食品安全检测、预警和应急反应系统[269-271]。同时，还结合食品安全专家咨询机构和信息化平台，实现对食品安全信息的高效整合，帮助食品安全宏观决策的制定。发达国家在个体识别技术、数据信息结构和格式标准化、追溯系统模型、数据库信息管理、数据统计分析、可视化等关键技术方面配套完善，为食品安全信息系统的构建提供了有力的技术支撑。

4. 信息化系统应用广泛

发达国家食品安全信息化和智能化应用非常普遍，以食品安全检测领域为例，发达国家国际知名检测实验室都不同程度地使用了实验室信息管理系统（LIMS）来规范实验室内部的业务流程，对人员、资产、设备进行有效管理，而随着信息技术的提升，系统的功能也开始逐渐扩展到业务结算、客户服务、数据共享、大数据分析等领域。另外，利用新一代互联网技术，采用“云计算”的思路和方法，建立“云检测”服务平台，实现检测报告的溯源管理，有效保障检测报告的真实性，还可以实现产品检测数据的大集中。

5. 建立多元化的食品安全信息发布和共享机制

美国、欧盟等发达国家和地区在立法与监管过程中高度重视食品安全信息的透明化与公开化。这些国家和地区将食品行业协会、食品安全专家等拥有的除“国家机密”以外的信息，均明确为公开的“食品安全信息”，建立了一套从国家到地方的食品安全监管信息网络，并建立覆盖全国的信息搜集、评估及反馈方面的基础设施，对信息进行全方位披露。此外，美国的各级行政机关都会通过网络、出版物等形式对食品安全信息进行公开，并鼓励个人和社会团体对食品安全风险进行判断并发表见解。

6. 资金保障到位

发达国家非常注重农业信息技术的开发、应用和推广，投入大量资金和人力致力于研发先进的食品安全信息技术，每年投入专项经费保证信息系统的建设、维护、更新和升级，并进行集成和推广应用。美国从 20 世纪 90 年代以来，每年投入大量资金用于兴建农业信息网络，建设信息化平台并推广应用。

5.3.3 国外食品安全信息化可信保障技术

发达国家大都将网络安全看作国家当前和未来面临的一项急迫而严峻的挑战，且将其上升为国家安全战略对待，如 2011 年 5 月美国发布《网络空间国际战略》[272-278]。随后发布了《联邦信息系统供应链安全风险管理指南》[279, 280]，指导政府机构有效应对供应链风险。在当今网络安全环境下，各国都已认识到法律法规对网络安全的重要作用，相继调整相关的法律法规[281-284]。

5.4 我国食品安全信息化发展战略构想

5.4.1 我国食品安全信息化未来趋势研判

食品安全监管形势。根据 2018 年新的国务院机构改革方案，国家市场监督管理总局组建，将传统的工商、质检、食药监的职能合并，今后的市场监管将会更加趋于统一和协调，但是监管工作的繁重与监管力量形成反差，监管队伍特别是专业技术人员仍面临短缺，未来对监管效率、时效性和预见性要求也会相应提升。为提升监管效率，未来对食品生产、流通、风险监测、安全溯源等多管理体系的信息化融合要求提升。

食品安全信息化和智能化发展趋势。信息化、智能化已经是食品产业的必然发展趋势，伴随着国家食品安全信息平台的建立，企业食品生产经营数据的采集和政府部门的食源性疾病、污染物监测和溯源等数据的采集存储的信息化程度不断提升，对监测数据质量控制、数据共享、食品安全大数据处理要求提高，监测信息化和智能化、预警智能化，大数据安全保障要求提升，食品安全与互联网、物联网、云计算等信息技术的融合将不断推进[285]。在信息化技术的支撑下，监管部门的监管重心将向前转移，更加注重事前的预测预警和事中的过程监控，同时通过信息手段开展预测预警，防控大规模食品安全事件的暴发。

5.4.2 总目标

力争到 2021 年，建设功能完善、标准统一、信息共享、互联互通的食品安全信息平台，逐步构建国家食品安全信息平台及相关应用系统[286]。到 2035 年，建成完善的食品安全信息化应用系统，形成国家农兽药残留监测平台、重金属污染物监测平台、营养健康监测平台、食源性疾病监测平台、进出口食品监测与风险预警平台、食品掺假风险监测与预警平台、社会诚信体系平台、食品安全风险预警平台、高风险食品可追溯中央数据库平台，实现各平台间信息共享，为食品安全监管提供良好的信息支持。

5.4.3 总思路与基本原则

1. 总思路

实施食品安全信息化“两步走”战略。

第一步(2018～2021 年)：整合食品安全数据库。以国家市场监督管理总局成立为契机，逐步整合过去分布在质检、食药、卫生等部门的食品安全相关数据信息，健全食品安全监管信息共享机制，以此为基础形成国家级、省级数据中心，逐步构建国家食品安全信息平台及相关应用系统。

第二步（2020～2030 年）：构建完善的食品安全信息化和智能化应用系统。到 2035 年，建成完善的食品安全信息化应用系统，形成国家农兽药残留监测平台、重金属污染物监测平台、营养健康监测平台、食源性疾病监测平台、进出口食品监测与风险预警平台、食品掺假风险监测与预警平台、社会诚信体系平台、食品安全监测与预警平台、高风险食品可追溯中央数据库平台，实现各平台间信息共享，为食品安全监管提供良好的信息支持。

2. 基本原则

坚持信息化规划与食品安全战略的有机统一。充分考虑到我国食品安全未来发展趋势，只有与我国食品安全发展战略目标一致，才能有效地保障食品安全。

坚持先进性与实用性的统一。信息化的建设规划需要有前瞻性，避免信息化技术跟不上经济发展和管理需求的局面。同时要考虑到现有的信息技术，尽量选择技术成熟、经济可行的解决方案。

坚持信息共享与数据安全的统一。信息共享的前提下，保障信息的安全，对涉密食品安全信息做到严格保密。实现数据共享与数据安全的有效平衡。

坚持统筹规划和协调发展的统一。信息化规划和建设必须以政府为主导，通过统筹规划，经费扶持等有力措施加快信息化建设进程，理顺部门间关系，减少不必要的重复建设，避免信息孤岛出现。

5.4.4　战略重点

1. 完善食品安全信息化法律法规和标准体系

法律法规方面。基于我国现有食品安全信息化建设情况，进一步引导规范信息安全标准制修订，加快信息安全防护能力等重点领域标准研制，进而推动食品安全信息化的发展[287-290]。开展工业互联网安全标准研究。持续推进云计算和区块链等领域标准研制工作。整合食品产业、信息技术、通信领域的标准化资源，加快建立适应食品制造业与互联网融合发展的标准体系[291-295]。

2. 推进我国食品安全信息系统的标准化建设

标准化是食品安全信息化的重要基础，要建成国家级、省级食品安全数据中心，需要统一各系统的技术规范、编码体系、指标体系、应用平台、信息代码和运行制度等，在数据的采集、传输、交换、储存、处理和共享等环节进行标准化，形成统一的技术标准和应用体系，建立系统内和跨平台跨系统的数据共享和交流机制。同时，在信息采集的过程当中，也要做到采集信息数据标准的统一，进而通过对数据化处理，形成易于分析和交流的标准化数据。

3. 加快食品安全智能化应用体系的构建

完善全国抽检监测与预警系统、完善进出口监测与预警系统，逐步构建我国重金属污染物监测平台、营养健康监测平台、食源性疾病监测平台、社会诚信体系平台、高风险食品可追溯中央数据库平台，为食品安全监管提供良好的信息支持。

4. 建设食品信息安全保障体系

加强信息安全风险评估工作，建设和完善信息安全监控体系，重点保护涉及食品污染物、农兽药等重要信息系统[296, 297]，提高对网络安全事件应对和防范能力，不断完善信息安全应急处置预案。积极跟踪、研究和掌握国际食品安全信息化领域的先进理论、前沿技术和发展动态，掌握核心技术，提高信息化关键设备装备能力，促进我国信息技术的自主发展。加快信息化人才培养，增强国民对食品安全信息化的意识。不断提高食品安全信息化的基础支撑能力和我国在国际食品安全信息化领域的影响力，建立和完善维护食品安全信息化的长效机制。

5. 加大食品安全大数据信息化和智能化应用研究

加强对食品安全信息化关键技术的引进和开发，引入不同模型理论、神经网络算法、计算机资源等建立起完善的预测和检测模型，进而实现模型的高效使用和食品安全快速评估功能[298, 299]；开发功能完善且安全的云服务平台；提升信息在不同载体间转换的便捷性和有效性；加强个体编码统一性。通过信息化技术、数据挖掘技术、互联网平台等引领食品安全大数据信息化和智能化应用创新，转变产业发展模式，实现食品安全智能化监管[300]。

6. 基于大数据和云计算的食品安全风险评价与预警体系

目前，我国已有许多风险预警预报技术在诸多领域广泛应用，但实际使用起来仍存在很大的局限性，尚未形成一套公认的科学有效的食品安全风险评价与预警体系。现有监管体制存在的缺陷，主要体现在以下几个方面：

一是缺少风险信息的交流与共享。我国食品安全监管由多部门分段管理，没有一套贯穿全国质检系统的风险监测与预警体系，只有实现风险信息的无缝隙传递与交流，才能在最大范围内有效防控风险，实现实时预警，减少由危害导致的各项损失。

二是风险预警预报技术不完善。风险预警发展的重点是“超前预测”。针对不同类型的食品安全风险危害，选择合适的风险预测技术和方法，才能建立合理的风险预警指标体系，这是做好食品安全风险有效预警预报的关键。

三是食品安全风险的监测与预警之间缺少联动查处机制，未形成一个有机整体，难以做到与食品安全监测信息系统的连接，往往都是事后处理。

四是食品安全信息公开交流平台建设不完善，不能有效发挥其监督管理的作用。国家缺少对新媒体信息的传播监管，缺乏具有官方公信力的信息公开交流平台。

当前，大数据由于其更好的预测性分析能力等，已使许多行业获得成功，数据挖掘风险预警技术相比传统的典型案例分析和数理统计方法，更适于对食品安全检测数据中多因素的分析，是一种高效的大容量数据分析的有效手段。基于大数据、云计算相关技术构建监管平台，可在最大范围内有效防控风险，减少由危害导致的各项损失，已成为当前降低食品安全风险程度、解决食品安全问题的一条有效途径。

大数据平台通过信息化手段可对食品安全的全过程进行监管，主要过程包括安全风险评估(预警)、安全风险管理(查处)、安全风险交流(警示教育)。其中预警是上策，查处是中策，警示教育是下策(图 2-5-31)。

图 2-5-31　大数据平台

综上所述，建立一套贯穿全国质检系统的风险监测预警体系，充分利用大数据技术、统计分析技术、云计算技术、数据库技术等，完成食品风险监测预警机制。

5.4.5　战略措施

1. 加大食品安全信息化投入力度

建立健全食品安全信息化建设资金财政投入保障机制。科学测算信息化建设所需的资金，积极向国家申请项目资金，争取给予食品安全信息化建设更多支持。

2. 培养食品安全信息化人才

构建以学校教育为基础，在职培训为重点，基础教育与职业教育相互结合，公益培训与商业培训相互补充的信息化人才培养体系。鼓励食品安全专业人才掌握信息技术，培养复合型人才。强化监管部门的信息化知识培训，普及监管人员的信息技术技能培训。开展形式多样的食品安全信息化知识和技能普及活动，提高国民受教育水平和信息化能力。

3. 加快制定应用规范和技术标准

加强政府引导，依托重大信息化应用工程，以企业和行业协会为主体，加快产业技术标准体系建设。完善信息技术应用的技术体制和产业、产品等技术规范和标准，促进网络互联互通、系统互为操作和信息共享。加快制定人口、法人单位、地理空间、物品编码等基础信息的标准。加强知识产权保护。加强国际合作，积极参与国际标准制定。

4. 建立我国的食品安全信息化专家咨询体系

食品安全信息化体系的构建，是综合食品安全、统计学、计算机学等多学科的系统性工程，为提升系统构建和决策制定的专业性，就需要建立和完善相应的食品安全专家体系，为食品安全信息化战略和法律法规标准的制定提供技术支撑。与此同时，建议开发基于专家系统的辅助或替代管理决策和生产指导系统，进而加快企业食品安全信息化技术的推广和应用。

5. 加快完善食品安全信息化网络组织管理架构

应尽快完善食品安全网络安全组织管理架构，对各部门的职责进行细化。明确食品安全信息化中领导的职能，进一步明确各个部门的网络安全管理职责，并建立部门间的高效配合机制，进而构建中央决策统一、各部门分工明确的管理架构。

6. 全面构建网络安全积极防御体系

建立食品安全网络防御体系，首先为应对食品安全网络战威胁，加快网络空间防御战略的研究及相关体系的构建。然后，建设食品安全信息化网络空间预警和防御平台，实现对网络攻击威胁的全局感知、精确预警、快速溯源、有效反制。

5.5　我国食品安全信息化发展对策与建议

5.5.1　打通食品安全信息化与智能化平台互联互通制度障碍

在国务院食品安全委员会统一领导下，建立统一、协调、权威、高效的信息共享机制，将分散在市场监管、卫生、农业和海关等主管部门的食品安全监测系统进行资源整合和信息共享。制定数据和接口等相关标准，充分考虑各监管部门、食品生产经营企业现有系统的兼容和对接，以及数据的融合和拓展，为现有系统留有接口，彻底打破跨领域、跨部门的“信息孤岛”。

5.5.2　强化以风险信息为内容、支撑风险管理的食品安全信息化建设

明确食品安全信息化建设内涵，强化食品安全风险信息采集、统计、挖掘与应用，进一步完善食品抽检监测、食源性疾病监测、进出口食品风险预警与快速反应、农兽药监测等信息化建设，并构建国家级食品真实性(掺假物和欺诈成分)监测平台，使食品安全信息化建设为风险管理服务。

1. 食品安全监测与预警系统平台的构建

食品安全预警系统对于食品安全事件的预判和提前防控具有重要意义。然而，从整体上看，我国食品安全信息化建设中，食品安全预警系统仍是空白。建议在我国现有的污染物监测、食品安全监督抽检、食品安全风险监测平台上，运用神经网络、大数据等信息化技术，构建涵盖食品安全风险防控指挥平台、谣言识别平台、网络舆情监测平台、实时数据汇聚平台、智慧抽检监测等的食品安全监测与预警系统，为我国食品安全监管提供新的手段和技术支撑[301]。

2. 完善我国进出口食品监测与风险预警平台

随着我国从食品出口大国到食品进出口大国的转变，未来对进口食品安全的监管需求随之提升。建议完善我国的进出口食品安全监测与风险预警系统[302]，充分利用大数据、物联网、云计算等相关技术，建立完善的进出口食品安全检测系统，从而更好地应对进出口食品引起的食品安全问题。

3. 完善食源性疾病监测系统

病原微生物污染造成的食源性疾病是食品安全治理的刚性需求，食源性病原微生物和生物毒素种类多、来源广、危害大，建议进一步完善我国的食源性疾病监测系统，完善致病菌沙门菌、大肠杆菌 O157: H7、单增李斯特菌和空肠弯曲菌等监测信息在部门内和部门间的共享，从而更好地识别食源性疾病的大规模暴发。加强对食源性疾病的分析和监测，并逐步加大对食品中毒情况的公布和公开。

4. 食品掺假风险监测与预警平台

添加非食用物质、滥用食品添加剂等食品掺杂使假行为是我国重要的食品安全隐患之一，由于掺入的物质具有不可预见性，传统的实验室抽检方法已经难以应对。建议构建我国的食品掺假风险监测与预警平台，通过搜集国内外食品掺假监督抽检数据和食品掺假事件，对掺假食品种类、掺假物质、掺假环节、发生的地点以及波及的范围等特征进行掌握，并通过大数据分析、神经网络模型等统计学方法构建预警模型，对食品掺假问题防患于未然，并为食品掺假技术的监测与预警提供方向。

5.5.3　推动食品安全信息化平台向智能化分析预警平台升级

依托现有食品抽检监测、食源性疾病监测、进出口食品风险预警与快速反应、农兽药监测等国家级信息化平台及食品真实性(掺假物和欺诈成分)监测平台，加快大数据、云计算、人工智能等现代化信息技术在平台中的应用，推动现有“信息化监测平台”向“智能化监测与预警平台”升级，实现机器换人、机器助人，为食品安全监管提供良好的信息化和智能化支持。

5.5.4　强化食品安全信息化平台网络与信息安全

坚持“以公开为常态、不公开为例外”为原则，明确食品安全风险信息公开的范围和内容。将食品安全信息化平台网络与信息安全摆在优先位置，持续强化可信安全管理、恶意代码免疫、可信网络连接等技术在食品安全信息化平台中的应用，提升信息化系统安全性能，确保食品安全信息化平台的网络与信息安全。

5.5.5　鼓励引导企业生产链食品安全风险信息智能化管理

一是鼓励引导大型生产企业发展食品安全风险信息化管理系统，实现食品安全风险的有效采集与分析；二是推动食品种类风险分级管理，在高风险等级食品种类中探索企业风险信息与监管信息化平台的互联，丰富风险信息采集来源，加强监管和生产两个层面风险信息的交流。

5.5.6 加强信息化国际交流与合作

密切关注世界食品安全信息化发展动向，建立和完善食品安全信息化国际交流合作机制。坚持平等合作、互利共赢的原则，积极参与多边组织，大力促进双边合作，结合“一带一路”倡议等，统筹国内发展与对外开放，加快食品制造企业联合互联网等企业“走出去”。

5.5.7 建立食品安全监测系统安全保护体系

以可信计算为核心技术，研究食品安全监测系统安全保护体系，如图 2-5-32 所示。

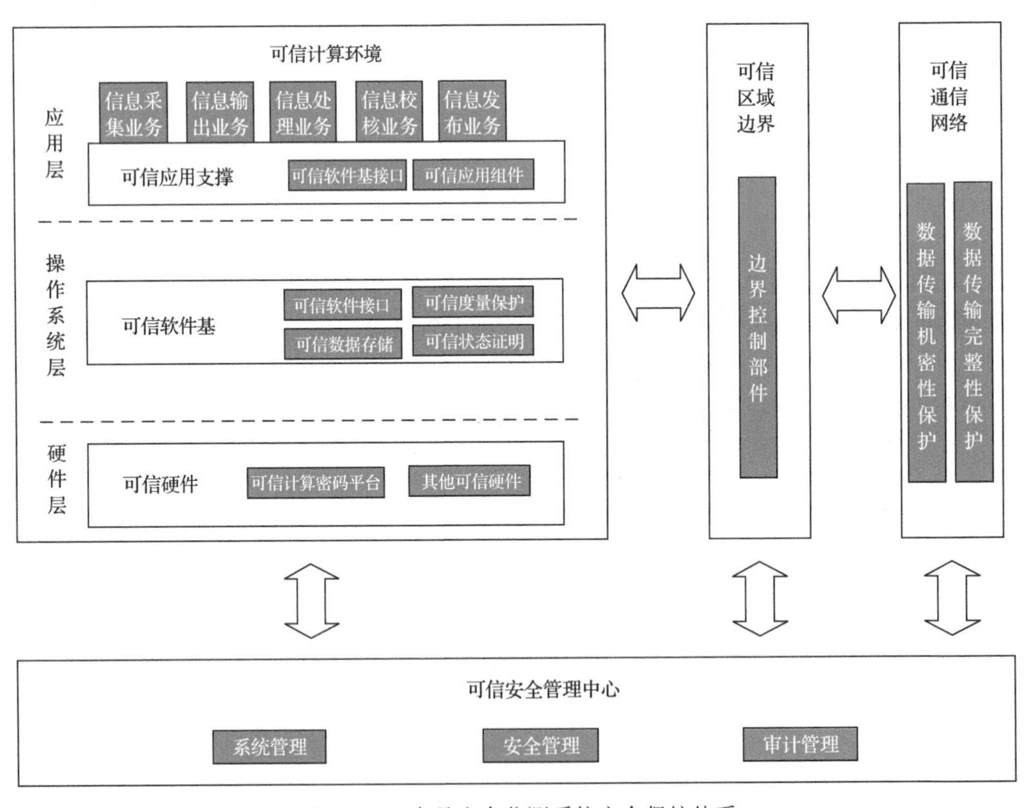

图 2-5-32　食品安全监测系统安全保护体系

5.5.8 建立食品安全预警监管平台

第一，建议构建一个由政府部门主导的覆盖全面、定位准确、反应快速、远程指挥、科学调度的食品安全监管、预警信息化系统——“国家食品安全预警与监管信息平台”，建立成为相对统一的信息接受和处理平台。

第二，建议首先以中央、省、市三级主干网络平台为主，实现食品安全信息预警报送、联合查处和警示教育，后期再逐渐扩展到县区，逐步建立面向全国的统一的食品安全信息曝光台。

第三，建议搭建食品安全监管大数据平台，利用云计算、云存储的大数据技术，将所有食品安全平台数据进行集中存放、综合利用、深度挖掘分析，形成各类数据的参数，并以报表统计方式从各级汇总，由国家进行统计分析。国家中央平台也可以对省市区到商户的数据调取分析，并进一步通过信息化手段对食品安全的全过程进行监管，包括追溯、预警、监管、查处、警示教育等。

参考文献

[1] 涂永前. 食品安全的国际规制与法律保障[J]. 中国法学, 2013, (4): 135-148.

[2] 连晔涛, 赵英皓, 李辉明. 食品安全的国际规制与法律保障探讨[J]. 食品安全导刊, 2017, (18): 45.

[3] 陈俏嫦. 食品安全风险监测及监督抽检的相关问题[J]. 食品安全导刊, 2017, (27): 79-80.

[4] 李佳洁, 李楠, 任雅楠, 陈松. 新《食品安全法》对《农产品质量安全法》修订的启示[J]. 食品科学, 2016, 37(15): 283-288.

[5] 邹强, 郭健, 刘芳, 郭玲. 新《食品安全法》下抓好基层农产品质量安全监管工作探讨[J]. 现代农业科技, 2016, (6): 287-288.

[6] 齐芳. 国务院印发《"十三五"国家食品安全规划》[J]. 中国食品学报, 2017, (2): 74-75.

[7] 陈锋. "十三五"时期推进食品药品智慧监管建设的思考[J]. 中国医药导刊, 2017, 19(2): 212-214.

[8] 沈志凌. 食品安全监管迎来"互联网+"智能时代[J]. 中国食品药品监管, 2015, (4): 12-16.

[9] 罗杰, 密忠祥, 宫殿荣, 闫志刚. 我国食品安全战略解析与建议[J]. 食品科学, 2018, (11): 263-268.

[10] 闫志刚. 制定国家食品安全战略应关注的三个问题[J]. 中国食物与营养, 2018, (2): 5-9.

[11] 徐子涵, 徐加卫, 郑世来, 茅林春. 我国食品安全可追溯体系探析[J]. 食品研究与开发, 2015, (19): 184-187.

[12] 崔春晓, 王凯, 邹松岐. 食品安全可追溯体系的研究评述[J]. 世界农业, 2013, (5): 27-32.

[13] 张宁. 论我国食品安全可追溯系统中存在的问题及解决方案[J]. 食品安全导刊, 2015, (33): 29.

[14] 王克. 确立监管主体完善食品安全可追溯制度的法律思考[J]. 食品安全导刊, 2016, (6): 31-32.

[15] 肖国勇, 迟海军, 董岩, 胡知之, 王同华. 国务院办公厅出台意见加快推进重要产品追溯体系建设[J]. 中国农资, 2016, (4): 1-5.

[16] 苗圩. 信息化和工业化深度融合专项行动计划[J]. 中国信息化, 2013, (7): 12-15.

[17] 彭姣. 我国农药产品绿色营销发展策略研究[D]. 南宁: 广西大学, 2018.

[18] 金江军. 推动两化深度融合的六大方向[J]. 信息化建设, 2011, (7): 23-24.

[19] 辛文. 两部门:推动食品添加剂等标准与国际标准接轨[J]. 中国标准化, 2017, (2): 27.

[20] 工信部网站. 《信息化和工业化融合发展规划(2016-2020 年)》解读[J]. 福建轻纺, 2016, (12): 1-3.

[21] 白慧卿, 孙敏杰, 文静. GB/T33300-2016《食品工业企业诚信管理体系》国家标准解读[J]. 中国标准化, 2017, (3): 97-101.

[22] 龙红, 梅灿辉. 我国食品安全预警体系和溯源体系发展现状及建议[J]. 现代食品科技, 2012, (9): 1256-1261.

[23] 边红彪. 中国食品安全预警机制分析[J]. 标准科学, 2015, (12): 75-78.

[24] 王力坚, 孙成明, 陈瑛瑛, 田婷, 刘涛. 我国农产品质量可追溯系统的应用研究进展[J]. 食品科学, 2015, (11): 267-271.

[25] 叶云. 农产品质量追溯系统优化技术研究[D]. 广州: 华南农业大学, 2016.

[26] 李圣军. 互联网时代农产品质量安全智能化监管模式研究[J]. 农产品质量与安全, 2016, (4): 9-13.

[27] 杨杰, 杨大进, 樊永祥, 蒋定国, 王竹天. 全国食品污染物监测网络平台系统简介[J]. 中国食品卫生杂志, 2011, (4): 341-346.

[28] 杨丽. 食品污染物检测技术研究进展与食品安全检测方法标准研究[J]. 中国食物与营养, 2005, (3): 31-33.

[29] 唐建凤. 探析食品质量检测技术现状与创新开发[J]. 现代食品, 2018, (17): 101-103.

[30] 朱姝. 解读新《中华人民共和国食品安全法》——《〈中华人民共和国食品安全法〉(2015)解读》出版[J]. 中国标准导报, 2015, (6): 67.

[31] 王永强, 管金平. 精准规制:大数据时代市场规制法的新发展——兼论《中华人民共和国食品安全法(修订草案)》的完善[J]. 法商研究, 2014, 31(6): 55-62.

[32] 王立贵, 张霞, 褚宸一, 郝荣章, 邱少富, 王勇, 蒲卫, 袁正泉, 宋宏彬. 食源性疾病监测网络现状与展望[J]. 华南国防医学杂志, 2012, (1): 89-90.

[33] 申海鹏. 我国食源性疾病监测现状[J]. 食品安全导刊, 2015, (13): 46-48.

[34] 宁巧玲. 食源性疾病监测管理与分析[J]. 中国卫生产业, 2016, (26): 65-67.

[35] 王妍. 基于云计算的食源性疾病预测分析方法的研究[D]. 杭州: 浙江工业大学, 2017.

[36] 袁蒲, 杨丽, 李杉, 张书芳, 付鹏钰. 我国食源性疾病监测研究现状与管理建议[J]. 中国卫生产业, 2018, (6): 136-137.

[37] 林伟, 蒲民, 孟冬. 进出境商品检验检疫风险预警与快速反应系统的初步建立[J]. 中国标准化, 2006, (3): 25-29.

[38] 沈进昌, 杜树新, 罗祎, 罗季阳, 杨倩, 陈志锋. 进出口食品风险综合评价模型[J]. 科技通报, 2012, (5): 180-186.

[39] 闫志军. 进出口食品安全监管中风险建模与决策支持的研究[D]. 太原: 太原科技大学, 2016.

[40] 黄志平, 文晓巍. 食品安全背景下农业企业物流外包决策的案例研究[J]. 南方农村, 2014, (1): 61-65.

[41] 徐娇, 张妮娜. 浅析国内外食品安全风险监测体系建设[J]. 卫生研究, 2011, 40(4): 531-534.

[42] 郝毫刚, 刘业兵, 徐肖君, 李晓平, 高录军, 张积慧, 唐军, 刘玲. 基于物联网的国家兽药追溯系统的建设与应用[J]. 中国兽药杂志, 2015, (8): 55-58.

[43] 郭楠, 贾超. 信息物理系统国内外研究和应用综述[J]. 信息技术与标准化, 2017, (6): 49-52.

[44] 张纯萍, 宋立, 吴辰斌, 徐士新. 我国动物源细菌耐药性监测系统简介[J]. 中国动物检疫, 2017, (3): 34-38.

[45] 宋立, 范学政, 张纯萍, 商军, 岳秀英, 李欣南, 曲志娜, 吴荔琴, 吴惠明, 宁宜宝.我国动物源细菌耐药性数据库的建立与应用[J]. 中国兽药杂志, 2015, (8): 64-69.

[46] 程古月, 李俊, 谷宇锋, 贾思凡, 郝海红, 王旭, 刘振利, 戴梦红, 袁宗辉. 世界卫生组织、欧盟和中国抗生素耐药性监测现状[J]. 中国抗生素杂志, 2018, (6): 665-674.

[47] 周喜应. 狠抓落实确保农业生产人畜健康生态环境安全——全面有效实施新修订《农药管理条例》的 6 个关键方面[J]. 中国农业信息, 2017, (11): 8-12.

[48] 中华人民共和国国家卫生和计划生育委员会. 国家卫生计生委政务公开办关于新食品原料、普通食品和保健食品有关问题的说明[J]. 饮料工业, 2014, (4): 5.

[49] 孙文. 社会转型期公共政策执行力的系统分析[D]. 武汉: 武汉大学, 2014.

[50] 潘月华. 浅谈大数据时代下的食品安全管理[J]. 微量元素与健康研究, 2016, (5): 75-76.

[51] 沈泽刚, 张龙昌. 物联网融合环境食品安全云终端架构[J]. 信息技术, 2016, (9): 34-37.

[52] 刘朝红. 新时期完善健全食品安全溯源体系的几点思考[J]. 现代食品, 2016, (1): 36-37.

[53] 宋宇峰. 运用大数据实现云监管 探索建立食品安全监管新模式[J]. 中国食品药品监管, 2016, (1): 18.

[54] 王晓明, 张龙昌, 栾斯乔, 林朗, 穆丽珠. 物联网和融合环境区域食品安全云服务框架[J]. 计算机技术与发展, 2016, (4): 123-126.

[55] 王晓明, 张龙昌. 物联网融合环境食品安全云平台用户模型[J]. 计算机技术与发展, 2016, (6): 158-162.

[56] 张龙昌, 杨艳红, 王晓明. 物联网环境下食品安全云计算平台模型[J]. 计算机技术与发展, 2017, (1): 107-111.

[57] 陶光灿, 谭红, 宋宇峰, 林丹. 基于大数据的食品安全社会共治模式探索与实践[J]. 食品科学, 2018, (9): 272-279.

[58] Chen K, Tan H, Gao J, Lu Y. Big Data Based Design of Food Safety Cloud Platform[J]. Applied Mechanics and Materials, 2014, 536-537: 583-587.

[59] Wang Y, Yang B, Luo Y, Jinlin H E, Tan H. The Application of Big data Mining in Risk Warning for Food Safety[J]. Asian Agricultural Research, 2015, (8): 83-86.

[60] Marvin H J P, Janssen E M, Bouzembrak Y, Hendriksen P J M, Staats M. Big data in food safety: An overview[J]. CRC Critical Reviews in Food Technology, 2016, 57(11): 2286-2295.

[61] 陶志, 罗琦. 加快培育新型农业经营主体——以温氏集团为例[J]. 农村经济与科技, 2016, (15): 67-69.

[62] 袁跃. 温氏股份:迈向智慧运营的畜牧龙头[J]. 首席财务官, 2018, (1): 44-48.

[63] 卜庆婧. 双汇软件: 绿色、专注、灵活——访双汇软件公司总裁刘小兵[J]. 食品安全导刊, 2009, (7): 76-78.

[64] Smith S W. Trusted computing platforms: design and applications[M]. Berlin: Springer, 2013.

[65] Balfe S, Gallery E, Mitchell C J, Paterson K G. Challenges for trusted computing[J]. IEEE Security & Privacy, 2008, 6(6): 60-66.

[66] Bouazzouni M A, Conchon E, Peyrard F. Trusted mobile computing: An overview of existing solutions[J]. Future Generation Computer Systems, 2018, 80: 596-612.

[67] Gallery E, Mitchell C J. Trusted computing: Security and applications[J]. Cryptologia, 2009, 33(3): 217-245.

[68] White S R. ABYSS: A trusted architecture for software protection[C]. IEEE Symposium on Security & Privacy, 1987.
[69] Clark P C, Hoffman L J. BITS: a smartcard protected operating system[J]. Communications of the ACM, 1994, 37(11): 66-70.
[70] Abrams M D, Joyce M V. Trusted computing update[J]. Computers & Security, 1995, 14(1): 57-68.
[71] 王歧，卢毓海，刘洋，刘燕兵，谭建龙，孙波. 支持模式串动态更新的多模式匹配 Karp-Rabin 算法[J]. 计算机工程与应用, 2017, (4): 39-44.
[72] 周明天，谭良. 可信计算及其进展[J]. 电子科技大学学报, 2006, (S1): 686-697.
[73] Rotondo S A. Trusted Computing Group[EB/OL]. [2020-05-04]. http://trustedcomputinggroup.org/.
[74] 张焕国，罗捷，金刚，朱智强. 可信计算机技术与应用综述[J]. 计算机安全, 2006, (6): 8-12.
[75] 沈昌祥. 基于积极防御的安全保障框架[J]. 中国信息导报, 2003, (10): 50-51.
[76] Zhang H, Jie L, Gang J, Zhu Z, Yu F, Fei Y. Development of trusted computing research[J]. Wuhan University Journal of Natural Sciences, 2006, 11(6): 1407-1413.
[77] Shen C X, Zhang H G, Wang H M, Ji W, Bo Z, Fei Y, Yu F J, Zhang L Q, Xu M D. Research on trusted computing and its development[J]. Science China Information Sciences, 2010, 53(3): 405-433.
[78] Gai X, Yong L, Chen Y, Shen C. Formal definitions for trust in trusted computing[C]. International Conference on Ubiquitous Intelligence & Computing & International Conference on Autonomic & Trusted Computing, 2010,
[79] Gong B, Jiang W, Lin L, Li Y, Zhang X. Threshold Ring Signature Scheme Based on TPM[J]. China Communications, 2012, 9(1): 80-85.
[80] 王昱波. 物联网感知层节点可信运行关键技术研究[D]. 北京：北京工业大学, 2017.
[81] 胡俊，沈昌祥，公备. 可信计算 3.0　工程初步[J]. 网络与信息安全学报, 2017, (8): 83.
[82] 陈卫平. 可信计算 3.0 在等级保护 2.0 标准体系中的作用研究[J]. 信息安全研究, 2018, (7): 633-638.
[83] 沈昌祥. 用主动免疫可信计算 3.0 筑牢网络安全防线营造清朗的网络空间[J]. 信息安全研究, 2018, (4): 282-302.
[84] 沈昌祥. 网络强国系列 用可信计算 3.0 筑牢网络安全防线[J]. 信息安全研究, 2017, (4): 290-298.
[85] 沈昌祥. 用可信计算 3.0 筑牢网络安全防线[J]. 信息通信技术, 2017, (3): 4-6.
[86] 沈昌祥. 用可信计算构筑网络安全[J]. 中国信息化, 2015, (11): 12-13.
[87] 沈昌祥. 网络信任与公钥认证[J]. 电子商务, 2006, (3): 58-64.
[88] 张兴，沈昌祥. 一种新的可信平台控制模块设计方案[J]. 武汉大学学报(信息科学版), 2008, (10): 1011-1014.
[89] 王丹，周涛，武毅，赵文兵. 基于贝叶斯网络的可信平台控制模块风险评估模型[J]. 计算机应用, 2011, (3): 767-770.
[90] 郭颖，毛军捷，张翀斌，张宝峰，林莉，谢仕华. 基于可信平台控制模块的主动度量方法[J]. 清华大学学报(自然科学版), 2012, (10): 1465-1473.
[91] 刘毅，公备. 一种基于 TPCM 的门限群签名方案[J]. 信息网络安全, 2013, (7): 7-9.
[92] 辛思远. 操作系统可信证明体系结构与模型研究[D]. 郑州：解放军信息工程大学, 2012.
[93] 田健生，詹静. 基于 TPCM 的主动动态度量机制的研究与实现[J]. 信息网络安全, 2016, (6): 22-27.
[94] 孙瑜，王溢，洪宇，宁振虎. 可信软件基技术研究及应用[J]. 信息安全研究, 2017, (4): 316-322.
[95] Weinhold C, Härtig H. VPFS: building a virtual private file system with a small trusted computing base[J]. ACM SIGOPS: Operating Systems Review, 2008, 42(4): 81-93.
[96] Noorman J, Agten P, Daniels W, Strackx R, van Herrewege A, Huygens C, Preneel B, Verbauwhede I, Piessens F. Sancus: low-cost trustworthy extensible networked devices with a zero-software trusted computing base[C]. USENIX Conference on Security, 2013.
[97] 张景桢. 基于 LINUX 的可信软件基的设计与实现[D]. 北京：北京工业大学, 2017.
[98] 张家伟，张冬梅，黄琪. 一种抗 APT 攻击的可信软件基设计与实现[J]. 信息网络安全, 2017, (6): 49-55.
[99] 李晓明，刘芳，侯刚. 基于可信网络连接(TNC)的电子政务网络安全接入架构研究[J]. 计算机安全, 2013, (7): 81-85.
[100] 叶茂，罗万伯. TNC 架构的应用研究[J]. 信息安全与通信保密, 2006, (1): 58-60.
[101] 李国琴. TNC 在等级保护中的应用研究[J]. 信息网络安全, 2012, (4): 89-93.
[102] 何欣全. 新一代网络安全接入技术　TNC[J]. 信息网络安全, 2007, (3): 71-73.
[103] 庞飞，冷冰，谭平嶂，周楝淞. 基于 TNC 的可信接入控制技术研究[J]. 信息安全与通信保密, 2013, (9): 84-86.
[104] 郑磊. 基于 TNC 的可信云计算平台设计[D]. 郑州：郑州大学, 2013.

[105] 姚崎. IF-MAP 协议在可信网络中的应用研究[J]. 计算机安全, 2009, (6): 4-7.

[106] Wang D, Zhou T, Yi W U, Zhao W B. Risk assessment model for trusted platform control module based on Bayesian network[J]. Journal of Computer Applications, 2011, 31(3): 767-770.

[107] 曹慧渊, 郑辉, 胡浩. 基于 Openrisc 的 TPCM 架构设计[J]. 信息工程大学学报, 2011, (2): 246-250.

[108] 王冠. TPCM 及可信平台主板标准[J]. 中国信息安全, 2015, (2): 66-68.

[109] 刘建利. 面向云环境的可信连接技术的研究[D]. 北京: 中国地质大学(北京), 2017.

[110] 张建标, 杨石松, 涂山山, 王晓. 面向云计算环境的 vTPCM 可信管理方案[J]. 信息网络安全, 2018, (4): 9-14.

[111] 黄坚会, 沈昌祥, 谢文录. TPCM 三阶三路安全可信平台防护架构[J]. 武汉大学学报(理学版), 2018, (2): 109-114.

[112] 黄坚会. TPCM 可信平台度量及控制设计[J]. 信息安全研究, 2017, (4): 310-315.

[113] 黄坚会, 石文昌. 基于 ATX 主板的 TPCM 主动度量及电源控制设计[J]. 信息网络安全, 2016, (11): 1-5.

[114] 曹明静. 基于网络异常行为的智能终端恶意软件检测技术研究[D]. 北京: 华北电力大学, 2015.

[115] 曹霆, 王燕兴. 基于可信计算的食品安全可追溯系统软件体系结构的研究[J]. 电脑知识与技术, 2010, (10): 2398-2400.

[116] 梁鹏, 王燕兴. 肉类食品安全追溯系统的可信体系结构[J]. 网络安全技术与应用, 2010, (8): 85-87.

[117] 孟小峰, 慈祥. 大数据管理:概念、技术与挑战[J]. 计算机研究与发展, 2013, (1): 146-169.

[118] 李建中, 杜小勇. 大数据可用性理论、方法和技术专题前言[J]. 软件学报, 2016, (7): 1603-1604.

[119] Manyika J, Chui M, Brown B, Bughin J, Dobbs R, Roxburgh C, Byers A H. Big data: The next frontier for innovation, competition, and productivity[J]. Mc Kinsey Global Institute, 2011, (1): 1-143.

[120] Laney D. 3D data management: Controlling data volume, velocity and variety[J]. META Group Research Note, 2001, 6(70): 1.

[121] Zikopoulos P, Eaton C. Understanding big data: Analytics for enterprise class hadoop and streaming data[M]. New York: McGraw-Hill Osborne Media, 2011.

[122] Matturdi B, Zhou X, Li S, Lin F. Big Data security and privacy: A review[J]. China Communications, 2014, 11(14): 135-145.

[123] Gantz J, Reinsel D. Extracting value from chaos[J]. IDC Iview, 2011, 1142(2011): 1-12.

[124] Min C, Mao S, Liu Y. Big Data: A Survey[J]. Mobile Networks & Applications, 2014, 19(2): 171-209.

[125] 万里鹏. 非结构化到结构化数据转换的研究与实现[D]. 成都: 西南交通大学, 2013.

[126] 张蕾. 基于云计算的大数据处理技术[J]. 信息系统工程, 2014, (4): 121.

[127] 李学龙, 龚海刚. 大数据系统综述[J]. 中国科学:信息科学, 2015, (1): 1-44.

[128] 龚旭. 基于云计算的大数据处理技术探讨[J]. 电子技术与软件工程, 2015, (10): 198.

[129] 顾荣. 大数据处理技术与系统研究[D]. 南京: 南京大学, 2016.

[130] 钱贺斌. 数据挖掘—大数据时代的重要工具[J]. 中国科技信息, 2013, (16): 78.

[131] 徐述. 基于大数据的数据挖掘研究[J]. 科技视界, 2014, (32): 86.

[132] 高志鹏, 牛琨, 刘杰. 面向大数据的分析技术[J]. 北京邮电大学学报, 2015, (3): 1-12.

[133] Wu X, Zhu X, Wu G Q, Wei D. Data Mining with Big Data[J]. IEEE Transactions On Knowledge & Data Engineering, 2013, 26(1): 97-107.

[134] 黎建辉, 沈志宏, 孟小峰. 科学大数据管理:概念、技术与系统[J]. 计算机研究与发展, 2017, (2): 235-247.

[135] 王元卓, 靳小龙, 程学旗. 网络大数据:现状与展望[J]. 计算机学报, 2013, (6): 1125-1138.

[136] 李建中, 刘显敏. 大数据的一个重要方面:数据可用性[J]. 计算机研究与发展, 2013, (6): 1147-1162.

[137] 陈池, 王宇鹏, 李超, 张勇, 邢春晓. 面向在线教育领域的大数据研究及应用[J]. 计算机研究与发展, 2014, (S1): 67-74.

[138] 张振, 周毅, 杜守洪, 罗雪琼, 梅甜. 医疗大数据及其面临的机遇与挑战[J]. 医学信息学杂志, 2014, (6): 2-8.

[139] 尚雅楠, 孙斌. 大数据背景下的智慧医疗应用现状研究[J]. 科技和产业, 2016, (10): 19-27.

[140] 田海平. 大数据时代的健康革命与伦理挑战[J]. 深圳大学学报(人文社会科学版), 2017, (2): 5-16.

[141] Buyya R, Yeo C S, Venugopal S, Broberg J, Brandic I. Cloud computing and emerging IT platforms: Vision, hype, and reality for delivering computing as the 5th utility[J]. Future Generation Computer Systems, 2009, 25(6): 599-616.

[142] Luo J, Wu M, Gopukumar D, Zhao Y. Big Data Application in Biomedical Research and Health Care: A Literature Review[J]. Biomedical Informatics Insights, 2016, 8(8): 1-10.

[143] Ginsberg J, Mohebbi M H, Patel R S, Brammer L, Smolinski M S, Brilliant L. Detecting influenza epidemics using search engine query data[J]. Nature, 2009, 457(7232): 1012.
[144] 刘正伟, 文中领, 张海涛. 云计算和云数据管理技术[J]. 计算机研究与发展, 2012, (S1): 26-31.
[145] 林闯,苏文博, 孟坤, 刘渠, 刘卫东. 云计算安全:架构、机制与模型评价[J]. 计算机学报, 2013, (9): 1765-1784.
[146] 丁滟, 王怀民, 史佩昌, 吴庆波, 戴华东, 富弘毅. 可信云服务[J]. 计算机学报, 2015, (1): 133-149.
[147] Qian L, Luo Z, Du Y, Guo L. Cloud computing: An overview[M]//Jaatun M G, Zhao G, Rong C. Cloud Computing. Berlin: Springer, 2009.
[148] Qi Z, Lu C, Boutaba R. Cloud computing: state-of-the-art and research challenges[J]. Journal of Internet Services & Applications, 2010, 1(1): 7-18.
[149] 刘川意, 林杰, 唐博. 面向云计算模式运行环境可信性动态验证机制[J]. 软件学报, 2014, (3): 662-674.
[150] 王佳慧, 刘川意, 王国峰, 方滨兴. 基于可验证计算的可信云计算研究[J]. 计算机学报, 2016, (2): 286-304.
[151] 王斌锋, 苏金树, 陈琳. 云计算数据中心网络设计综述[J]. 计算机研究与发展, 2016, (9): 2085-2106.
[152] 崔勇, 宋健, 缪葱葱, 唐俊. 移动云计算研究进展与趋势[J]. 计算机学报, 2017, (2): 273-295.
[153] 石勇. 面向云计算的可信虚拟环境关键技术研究[D]. 北京: 北京交通大学, 2017.
[154] Fernando N, Loke S W, Rahayu W. Mobile cloud computing: A survey[J]. Future Generation Computer Systems, 2013, 29(1): 84-106.
[155] Khan A U R, Othman M, Madani S A, Member I, Khan S U, Member I S. A Survey of Mobile Cloud Computing Application Models[J]. IEEE Communications Surveys & Tutorials, 2014, 16(1): 393-413.
[156] 郭煜. 可信云体系结构与关键技术研究[D]. 北京: 北京交通大学, 2017.
[157] 宋伟杰, 霍智勇. SaaS 模式下的网络协作学习技术支持策略——以 Google Apps 为例[J]. 南京邮电大学学报(社会科学版), 2011, (2): 117-120.
[158] 张志强, 龙芸. Google Apps 支持下的目标驱动个性化学习模式研究[J]. 软件导刊, 2013, (10): 184-187.
[159] Hou Z, Zhou X, Gu J, Wang Y, Zhao T. ASAAS: Application software as a service for high performance cloud computing[C]. IEEE International Conference on High Performance Computing & Communications, 2010.
[160] Lynch M, Cerqueus T, Thorpe C. Testing a cloud application: IBM SmartCloud inotes: methodologies and tools[M]. New York: Association for Computing Machinery, 2013.
[161] Krishnan S P T, Gonzalez J L U. Building Your Next Big Thing with Google Cloud Platform[M]. New York: Apress, 2015.
[162] Juve G, Deelman E, Berriman G B, Berman B P, Maechling P. An Evaluation of the Cost and Performance of Scientific Workflows on Amazon EC2[J]. Journal of Grid Computing, 2012, 10(1): 5-21.
[163] Das N S, Usmani M, Jain S. Implementation and performance evaluation of sentiment analysis web application in cloud computing using IBM Blue mix[C]. International Conference on Computing, 2015.
[164] Gentzsch W. Sun Grid Engine: Towards Creating a Compute Power Grid[J]. CCGrid, 2001, 35-36.
[165] 戚博硕. 云计算研究与国内发展综述[J]. 电子技术与软件工程, 2014, (5): 51.
[166] 龚信. 工信部加快云计算标准化建设[J]. 工程建设标准化, 2014, (9): 20.
[167] 李毅中. 国务院关于促进云计算创新发展培育信息产业新业态的意见[J]. 中国有色建设, 2015, (1): 5-8.
[168] 国务院. 国务院关于积极推进“互联网＋”行动的指导意见[J]. 实验室科学, 2015, 28(4): 9.
[169] Bei G, Yu Z, Wang Y. A remote attestation mechanism for the sensing layer nodes of the internet of things[J]. Future Generation Computer Systems, 2017, 78: S167739X-S17315352X.
[170] 牛禄青. 阿里云:创新云计算[J]. 新经济导刊, 2013, (3): 66-68.
[171] 刘江. 阿里云:布局全球云计算[J]. 中国品牌, 2015, (7): 26-27.
[172] 启言. 华为的云计算[J]. 互联网周刊, 2011, (22): 22-24.
[173] 张大震. 标准化与华为云计算发展之路[J]. 信息技术与标准化, 2015, (12): 9.
[174] 黄海峰. 云计算市场增势迅猛移动“大云”明年出新版[J]. 通信世界, 2009, (47): 14.
[175] 张鹏. 中国移动“大云 1.0 版本”5 月底登场 先发阵容: IDC、经分系统[J]. 通信世界, 2010, (10): 7.
[176] 王熙. 运营商实践分享:“云+大数据”已成企业转型战略常态[J]. 通信世界, 2017, (27): 20.

[177] 耿鹏飞. 重磅发布七款新产品联通"云网一体"战略更上层楼[J]. 通信世界, 2018, (7): 10-11.
[178] 张曼, 唐晓纯, 普冀喆, 张璟, 郑风田. 食品安全社会共治:企业、政府与第三方监管力量[J]. 食品科学, 2014, (13): 286-292.
[179] 谢康, 赖金天, 肖静华. 食品安全社会共治下供应链质量协同特征与制度需求[J]. 管理评论, 2015, (2): 158-167.
[180] 陈洪根. 食品供应链安全监管研究综述[J]. 食品工业科技, 2013, (2): 49-53.
[181] 许福才, 蒙少东. 食品供应链安全规制研究[J]. 科技与经济, 2009, (3): 69-71.
[182] 王亚坤, 朱泽奇. 供应链环境下食品安全风险分析及管控[J]. 物流技术, 2015, (15): 219-221.
[183] 慕静, 贾文欣. 食品供应链安全等级可拓评价模型及应用[J]. 科技管理研究, 2015, (1): 207-211.
[184] 刘晓丽, 李建标, 刘彦平. 食品供应链管理、可追溯性与食品安全管理绩效[J]. 经济与管理研究, 2016, (8): 102-109.
[185] 王冀宁, 陈淼. 基于层次分析法的食品供应链安全监管研究[J]. 食品研究与开发, 2016, (5): 162-166.
[186] 李宗亮. 基于大数据挖掘的食品安全风险预警系统研究[D]. 长沙: 湖南大学, 2016.
[187] 玄冠华, 屈雪丽, 林洪, 王静雪. 中国食品质量安全风险预警预报技术研究进展[J]. 中国渔业质量与标准, 2016, 6(3): 1-5.
[188] 余学军. 食品供应链管理机制下的食品安全问题处理对策[J]. 食品安全质量检测学报, 2017, (1): 308-311.
[189] 方湖柳,李圣军. 大数据时代食品安全智能化监管机制[J]. 杭州师范大学学报(社会科学版), 2014, (6): 99-104.
[190] 刘彤, 谭红, 张经华. 基于大数据的食品安全与营养云平台服务模式研究[J]. 食品安全质量检测学报, 2015, (1): 366-371.
[191] 杨建亮, 侯汉平. 冷链物流大数据实时监控优化研究[J]. 科技管理研究, 2017, (6): 198-203.
[192] 刘春立. 大数据下计算机信息技术在食品企业食品安全管理中的应用[J]. 中国战略新兴产业, 2017, (16): 3.
[193] 郑剑, 周豪, 巫丹. 食品安全风险预警领域大数据挖掘的应用[J]. 食品安全导刊, 2017, (24): 29.
[194] 熊绍东. 食品安全生产监管数据元管理系统设计与实现[D]. 济南: 山东大学, 2008.
[195] 曹进, 张庆生, 李晓瑜. 浅析食品监测中数据的信息管理和建议[J]. 中国药师, 2015, (12): 2135-2137.
[196] 王博远, 肖革新, 郭丽霞, 岑应健, 刘杨, 陈夏威, 李笑. 基于多源数据的食品安全时空预警信息化体系设计研究[J]. 食品安全质量检测学报, 2018, (24): 6551-6556.
[197] 司冠南, 任宇涵, 许静, 杨巨峰. 基于贝叶斯网络的网构软件可信性评估模型[J]. 计算机研究与发展, 2012, (5): 1028-1038.
[198] Quinlan J R. Induction on decision tree[J]. Machine Learning, 1986, 1(1): 81-106.
[199] Zhang G, Patuwo B E, Hu M Y. Forecasting with artificial neural networks: : The state of the art[J]. International Journal of Forecasting, 1998, 14(1): 35-62.
[200] 冯少荣. 决策树算法的研究与改进[J]. 厦门大学学报(自然科学版), 2007, (4): 496-500.
[201] 杨学兵, 张俊. 决策树算法及其核心技术[J]. 计算机技术与发展, 2007, (1): 43-45.
[202] 孟祥福, 马宗民, 张霄雁, 王星. 基于改进决策树算法的 Web 数据库查询结果自动分类方法[J]. 计算机研究与发展, 2012, (12): 2656-2670.
[203] 许行, 梁吉业, 王宝丽. 基于双向有序互信息的单调分类决策树算法[J]. 南京大学学报(自然科学版), 2013, (5): 628-636.
[204] 谢妞妞. 决策树算法综述[J]. 软件导刊, 2015, (11): 63-65.
[205] 鄂旭, 任骏原, 毕嘉娜, 沈德海. 基于粗糙变精度的食品安全决策树研究[J]. 计算机技术与发展, 2014, (1): 242-245.
[206] 王雅洁, 杨冰, 罗艳, 何锦林, 谭红. 大数据挖掘在食品安全风险预警领域的应用[J]. 安徽农业科学, 2015, (8): 332-334.
[207] 焦李成, 杨淑媛, 刘芳, 王士刚, 冯志玺. 神经网络七十年: 回顾与展望[J]. 计算机学报, 2016, (8): 1697-1716.
[208] Jain A K, Mao J, Mohiuddin K M. Artificial neural networks: A tutorial[J]. Computer, 1996, 29(3): 31-44.
[209] Yao X. Evolving artificial neural networks[J]. Proceedings of the IEEE, 1999, 87(9): 1423-1447.
[210] Basheer I A, Hajmeer M. Artificial neural networks: fundamentals, computing, design, and application[J]. Journal of Microbiological Methods, 2000, 43(1): 3-31.
[211] 张锋, 常会友. 使用 BP 神经网络缓解协同过滤推荐算法的稀疏性问题[J]. 计算机研究与发展, 2006, (4): 667-672.
[212] Zhang L, Wu K, Zhong Y, Li P. A new sub-pixel mapping algorithm based on a BP neural network with an observation model[J]. Neurocomputing, 2008, 71(10-12): 2046-2054.
[213] 刘智斌, 曾晓勤, 刘惠义, 储荣. 基于 BP 神经网络的双层启发式强化学习方法[J]. 计算机研究与发展, 2015, (3): 579-587.
[214] 陈博, 欧阳竹. 基于 BP 神经网络的冬小麦耗水预测[J]. 农业工程学报, 2010, 26(4): 81-86.

[215] 陶莉. 信息化技术在食品安全管理中的作用探究[J]. 中国管理信息化, 2012, 15(19): 77.
[216] 门玉峰. 北京市食品安全信息化管理体系构建研究[J]. 对外经贸, 2013, (8): 73-76.
[217] 高新龙, 徐能智, 刘秀枝, 徐玉霞. 浅析食品检验机构资质认定的法制化[J]. 中国卫生检验杂志, 2012, (3): 619-620.
[218] 刘爽. 食品安全检验检测和风险监测体系研究[D]. 天津: 天津大学, 2012.
[219] 韩军, 程敏. 食品检验技术问题及对策探究[J]. 食品安全导刊, 2015, (24): 50.
[220] 王卫东, 赵世琪. 从《食品安全法》看我国食品安全监管体制的完善[J]. 中国调味品, 2010, 35(6): 22-24.
[221] 李红. 食品安全信息披露问题研究[D]. 武汉: 华中农业大学, 2006.
[222] 刘鹏飞, 张立涛. 我国食品安全监管信息化应用体系研究[J]. 中国管理信息化, 2014, (6): 30-33.
[223] 郭振民, 胡学龙, 姜会亮. 网络与信息系统安全性评估及其指标体系的研究[J]. 现代电子技术, 2003, (9): 9-11.
[224] 赵书慧. 计算机数据信息系统安全与防护性的探究[J]. 电子技术与软件工程, 2016, (2): 211.
[225] 刘韵凤. 关于建设食品安全信息化平台的探究[J]. 情报科学, 2012, (6): 899-902.
[226] 姜大鑫. 基于云计算的食品安全监管信息化建设研究[J]. 食品安全导刊, 2017, (33): 18.
[227] 王曲蒙. 基于食品安全的食品企业信息化建设模式研究[D]. 南京: 南京农业大学, 2014.
[228] 霍文辉. 食品安全信息化建设[J]. 食品安全导刊, 2016, (24): 49.
[229] Xiong B B, Ding J, Liang T W, Lin Y K, Qiao B. Research on current application status and development of laboratory information management system.[J]. Journal of Food Safety & Quality, 2014.
[230] 任道柱, 程海. 农村地区养殖业现状及改善策略[J]. 当代畜禽养殖业, 2017, (6): 44.
[231] 高原, 王怀明. 消费者食品安全信任机制研究:一个理论分析框架[J]. 宏观经济研究, 2014, (11): 107-113.
[232] 王二朋, 卢凌霄. 消费者食品安全风险的认知偏差研究[J]. 中国食物与营养, 2015, (12): 40-44.
[233] 王二朋. 消费者食品安全风险认知与信任构建研究[J]. 农产品质量与安全, 2012, (3): 56-58.
[234] 刘知贵, 杨立春, 蒲洁, 张霜. 基于 PKI 技术的数字签名身份认证系统[J]. 计算机应用研究, 2004, 21(9): 158-160.
[235] 黄力. 基于分布式群身份认证的传感器网络设计与实现[J]. 计算机工程, 2007, 33(10): 161-163.
[236] Weigert P, Gilbert J, Patey A L, Key P E, Wood R, BarylkoPikielna N. Analytical quality assurance for the WHO GEMS/Food-EURO programme—results of 1993/94 laboratory proficiency testing[J]. Food Additives & Contaminants, 1997, 14(4): 399-410.
[237] 杨杰, 樊永祥, 杨大进, 王竹天. 国际食品污染物监测体系理化指标监测介绍及思考[J]. 中国食品卫生杂志, 2009, 21(2): 161-168.
[238] Almanza A V. New Analytic Methods and Sampling Procedures for the United States National Residue Program for Meat, Poultry, and Egg Products[J]. Federal Register, 2012.
[239] Swaminathan B, Barrett T J, Hunter S B, Tauxe R V, Force P N T. PulseNet: the molecular subtyping network for foodborne bacterial disease surveillance, United States.[J]. Emerging Infectious Diseases, 2001, 7(3): 382-389.
[240] 唐琳琳. PulseNet 与美国食源性疾病的监测[J]. 解放军预防医学杂志, 2013, 31(5): 479-480.
[241] Scharff R L, Besser J, Sharp D J, Jones T F, Peter G S, Hedberg C W. An economic evaluation of PulseNet : A network for foodborne disease surveillance[J]. American Journal of Preventive Medicine, 2016, 50(5): S66-S73.
[242] Everstine K. Economically motivated adulteration: implications for food protection and alternate approaches to detection[J]. Western Historical Quarterly, 2013, (2): 214-215.
[243] Everstine K, Spink J, Kennedy S. Economically motivated adulteration (EMA) of food: common characteristics of EMA incidents.[J]. J Food Prot, 2013, 76(4): 723-735.
[244] 唐晓纯, 李笑曼, 张冰妍. 关于食品欺诈的国内外比较研究进展[J]. 食品科学, 2015, 36(15): 221-227.
[245] 孙颖. 食品欺诈的概念、类型与多元规制[J]. 中国市场监管研究, 2017, (11): 19-24.
[246] Charlebois S, Schwab A, Henn R, Huck C W. Food fraud: An exploratory study for measuring consumer perception towards mislabeled food products and influence on self-authentication intentions[J]. Trends in Food Science & Technology, 2016, 50: 211-218.
[247] 桑立伟, 刘新华, 孙彤. 浅析《美国食品药品管理局食品安全现代化法案》对中国食品出口的影响与对策[J]. 食品工业科技, 2011, (4): 59-61.

[248] 陈荣溢，蔡纯，王伟. 浅析美国《食品安全现代化法案》[J]. 中国检验检疫, 2011,（7）: 39-40.
[249] 李腾飞，王志刚. 美国食品安全现代化法案的修改及其对我国的启示[J]. 国家行政学院学报, 2012,（4）: 118-121.
[250] 任建超，韩青. 欧盟食品安全应急管理体系及其借鉴[J]. 管理现代化, 2016, 36（1）: 29-31.
[251] 张璐. 欧盟怎样防范食品安全风险[J]. 人民论坛, 2016,（36）: 86-87.
[252] 边红彪. 加拿大食品安全监管体系分析[J]. 中国标准化, 2017,（15）: 129-132.
[253] 安然. 加拿大为何能成为全球食品安全 No.1[J]. 中国食品, 2017（8）: 32-34.
[254] Murray R, Glass-Kaastra S, Gardhouse C, Marshall B, Ciampa N, Franklin K, Hurst M, Thomas M K, Nesbitt A. Canadian Consumer Food Safety Practices and Knowledge: Foodbook Study[J]. Journal of Food Protection, 2017, 80（10）: 1711-1718.
[255] Hussain M A, Saputra T, Szabo E A, Nelan B. An Overview of Seafood Supply, Food Safety and Regulation in New South Wales, Australia.[J]. Foods, 2017, 6（7）: 52.
[256] 袁芳，任盈盈，吴耀忠，等. 欧盟食品和饲料快速预警系统中涉及蜂产品的通报数据分析[J]. 中国动物检疫, 2016, 33（10）: 34-37.
[257] Alda L M, Bordean D M, Gogoaşă I, Cristea T, Alda S. Aspects regarding the EU Rapid Alert System for Food and Feed（RASFF）.[J]. Agricultural Management, 2016.
[258] 戴宴清. 美国、日本都市农业信息化实践与比较[J]. 世界农业, 2014,（5）: 24-28.
[259] 姚国章，袁敏. 国际食品安全当局网络的运行与发展[J]. 中国应急管理, 2010,（4）: 51-54.
[260] Lundeen T，高枫，黄鹤. 美国国家动物健康监测系统（NAHMS）有关猪健康管理活动的报道[J]. 国外畜牧学-猪与禽, 2009, 29（2）: 24-26.
[261] 焦阳，郭力生，凌文涛. 欧盟食品安全的保障——食品、饲料快速预警系统[J]. 中国标准化, 2006,（3）: 20-21.
[262] 孔洪亮，李建辉. 全球统一标识系统在食品安全跟踪与追溯体系中的应用[J]. 食品科学, 2004, 25（6）: 188-194.
[263] 林学贵. 日本食品可追溯制度[J]. 农村工作通讯, 2012,（8）: 63-64.
[264] 林学贵. 日本的食品可追溯制度及启示[J]. 世界农业, 2012,（2）: 38-42.
[265] 李英，张越杰，聂英. 日本大米可追溯系统建立对中国的启示[J]. 世界农业, 2017,（11）: 40-46.
[266] 孙娟娟. 欧盟食品安全法律监管的协调统一[D]. 汕头：汕头大学, 2009.
[267] 方海. 国外食品安全信息化管理体系研究及对我国的借鉴意义[D]. 上海：华东师范大学, 2006.
[268] 王璜，苏师怡. 欧美日食品安全可追溯体系对中国的启示[J]. 山西农业大学学报（社会科学版）, 2016, 15（12）: 875-881.
[269] 林炳秀，鄂旭. 基于物联网的食品安全信息化应用研究[J]. 软件, 2014,（2）: 79-81.
[270] 尚雷雪. 基于物联网技术的食品安全监管体系研究[D]. 南京：南京邮电大学, 2015.
[271] 刘淑珊. 依托“互联网+”构建食品安全信息化管理模式[J]. 饮食科学, 2017,（22）: 13.
[272] 刘勃然，黄凤志. 美国《网络空间国际战略》评析[J]. 东北亚论坛, 2012,（3）: 54-61.
[273] 李欣. 美国制定《网络空间国际战略》[J]. 决策与信息, 2012,（5）: 6.
[274] 陈侠. 美国对华网络空间战略研究[D]. 北京：外交学院, 2015.
[275] 方滨兴，杜阿宁，张熙，王忠儒. 国家网络空间安全国际战略研究[J]. 中国工程科学, 2016, 18（6）: 13-16.
[276] 王明进. 全球网络空间治理的未来:主权、竞争与共识[J]. 人民论坛·学术前沿, 2016,（4）: 15-23.
[277] 赤东阳，刘权. 从《网络空间国际合作战略》看我国维护网络空间主权的思路[J]. 网络空间安全, 2017, 8（z1）: 11-16.
[278] 崔传桢. 助力“互联网+”行动:解读北信源的信息网络安全——基于“互联网+”行动背景下的北信源信息安全及战略布局[J]. 信息安全研究, 2016, 2（3）: 192-200.
[279] 张华. 《联邦信息系统供应链安全风险管理指南》摘要[J]. 中国信息安全, 2011,（3）: 37-41.
[280] 张伟丽. 美国《联邦信息系统供应链风险管理指南》研究[J]. 中国信息安全, 2016,（5）: 89-93.
[281] 刘晓，郝宜家. 国外网络安全立法经验及启示[J]. 保密科学技术, 2015,（7）: 17-24.
[282] 张睿. 印度《信息技术法案》研究及对我国信息技术立法的启示[D]. 上海：华东政法大学, 2013.
[283] 闫晓丽. 美国《联邦信息安全管理法》修订思路及启示[J]. 保密科学技术, 2014,（2）: 46-49.
[284] 宋文龙. 欧盟网络安全治理研究[D]. 北京：外交学院, 2017.
[285] 任亚妮，陈少杰，张斌. “智慧天津”食品安全管理体系构建研究[J]. 食品研究与开发, 2014,（18）: 264-268.
[286] 资料室中国信息界. 中国信息化趋势报告（四十七）2006-2020 年国家信息化发展战略[J]. 中国信息界, 2006,（9）: 8-17.

[287] 魏奎. 我国食品安全标准法律制度研究[D]. 保定: 河北大学, 2013.
[288] 洪涛. 我国食品法律法规标准体系的建设与完善对策[J]. 食品科学技术学报, 2013, (6): 76-82.
[289] 徐曼. 我国政府食品安全管理体系建设研究[D]. 长沙: 湖南大学, 2013.
[290] 陈佳维, 李保忠. 中国食品安全标准体系的问题及对策[J]. 食品科学, 2014, (9): 334-338.
[291] 李江华, 赵苏. 对中国食品安全标准体系的探讨[J]. 食品科学, 2004, (11): 382-385.
[292] 王竹天, 樊永祥. 清理完善食品安全标准体系研究[J]. 中国卫生标准管理, 2014, (10): 84-88.
[293] 王竹天. 科学构建我国食品安全标准体系[J]. 中国卫生标准管理, 2012, (6): 5-7.
[294] 雷健, 李晓明, 梁宇斌, 李江, 吴炜亮, 赵明桥. 我国食品安全及风险分析的现状与探讨[J]. 食品研究与开发, 2014, (2): 125-127.
[295] 钱富珍, 霍哲珺. 国外先进食品安全标准体系借鉴——崇明实证研究[J]. 中国标准化, 2015, (12): 135-139.
[296] 王常伟, 顾海英. 我国食品安全保障体系的沿革、现实与趋向[J]. 社会科学, 2014, (5): 44-56.
[297] 任天慈. 基于供应链的食品安全保障体系研究[J]. 中国商论, 2018, (9): 1-2.
[298] 肖辉, 任鹏程, 肖革新, 王博远, 卢丹丹, 万劼. 食品安全健康大数据平台构建[J]. 医学信息学杂志, 2016, (5): 28-31.
[299] 康乐. 大数据背景下营养健康管理及食品安全研究[J]. 食品安全导刊, 2018, (6): 33.
[300] 陈少杰, 张亮, 王浩. 大数据背景下食品风险管理的问题与对策[J]. 食品研究与开发, 2014, (18): 224-227.
[301] 刘晓毅, 石维妮, 刘小力, 蒋可心. 浅谈构建我国食品安全风险监测与预警体系的认识[J]. 食品工程, 2009, (2): 3-5.
[302] 王怡, 吴卫军. 论我国进出口食品安全危机管理机制之完善——基于比较视角的分析[J]. 电子科技大学学报(社会科学版), 2016, 18(4): 107-112.

第6章　经济新形势与食品安全发展战略研究

摘　要

当前，我国经济已步入增速换挡、结构调整和动力转换的新常态。我国食品工业总产值增速逐步下降，进入提质增效的转型阶段。消费超过投资和出口成为国民经济发展的重要支撑，而食品消费成为扩大内需的主要推动力之一。随着我国城镇化进程的加快以及城乡居民收入的不断增加，食品消费需求在较长时间内将持续保持高增长势头，“一带一路”倡议、自由贸易区建设为我国食品进出口贸易提供更大的发展空间。

我国在世界食品进出口贸易中的地位不断提升。我国食品进出口贸易规模稳步扩大，占世界贸易比重稳步增加。“出口全世界、进口五大洲”正逐步成为我国食品产业的常态。贸易保护主义加剧贸易环境恶化。技术性贸易措施的通报量不断攀升。全球食品贸易成本日益提高。联合国粮食及农业组织(简称联合国粮农组织)报告显示，2017年食品进口成本增至1.413万亿美元，同比增加6%，列历史第二高位。近期，中美贸易战使得食品全球贸易严重受挫，部分对外依赖度高的食用农产品、食品供应也面临极大挑战。

面对经济新形势，我国食品安全状况整体良好。食品生产监管新举措取得新成效；食品安全检测数据稳中向好，主要食用农产品质量安全总体保持较高水平，居民日常消费的粮、油、菜、肉、蛋、奶、水产品等食品合格率整体保持较高水平；不合格进口食品和走私食品得到有效控制。进口食品安全风险控制和治理体系不断完善，确立“预防为主、风险评估、全程控制、国际共治”的进口食品安全风险治理理念，进口食品安全法规体系基本建立，初步构建进口食品风险治理制度框架，监管队伍和检验检测能力进一步提高，进口食品安全治理国际合作逐步推进。

食品科技支撑能力不断提升。我国食品企业专利数量不断提升，规模以上食品工业企业专利申请量逐年增加。新的国家食品安全标准体系初步形成。“十二五”以来，我国对食品安全科技研发的支持力度明显增强，“863”计划和国家科技支撑计划中投入经费超过17亿元，食品安全与营养、食用农产品/食品品质控制共性关键技术与装备创新、全产业链食品质量安全控制体系构建等关键领域创新成果丰硕，先后获国家科技进步奖/技术发明奖20余项，食品安全基础研究硕果累累，共性关键技术与装备开发实现新突破，食品安全全链条控制体系不断完善，食品安全保障技术支撑作用不断强化。

当前，我国食品安全形势稳中向好，新经济形势下食品安全面临新的挑战。城镇化加速发展，社会化分工日趋细化。随着食品供应链的复杂化和全球化，食品生产链不断延长、产销分离加剧，食品供应链各环节出现漏洞的可能性增加。食品消费结构持续升级，食品产业供给侧结构性改革催生新产品、新业态、新模式，食品电子商务市场及交易规模逐年扩大，由此带来的食品安全问题如跨境电商食品安全等成为监管新课题。非传统食品安全问题日渐增多，向食品中故意甚至恶意加入非食用或有害物质的食品掺假、食品供应链脆弱性和与反恐有关的食品安全问题成为食品安全新兴风险。国际贸易的全球化增加输入型食品安全风险。全球经济持续低迷增加了进口食品安全风险。随着我国“一带一路”倡议的推进，部分国家动物疫情不透明，许多亚洲、非洲国家尚未建立较为完善的食品安全管理体系，也在无形中增加食品安全风险。

当前，监管模式仍待完善，食品安全严管与跨境电商零售进口监管过渡政策难以衔接，新兴业态推陈出新，监管政策、监管机制尚不适应。进口食品治理机制尚不健全，治理依据不够充分，治理链条存在薄弱环节。进口食品微观监管支撑较为薄弱。监管信息化水平尚待提升，监管人员业务培训机制建设不足，检验检测技术支撑能力不能满足新形势需要，风险评估、监控和预警体系基础略显薄弱，资源保障不够。关键领域食品专利仍跟跑，专利国际化布局弱化、专利布局相对零散单一。国际标准制定参与度较低。国内标准制定数据有待完善，论文影响力有待提升。科技投入占比仍需提高，科技成果转化率不高。风险分析与暴露评估能力、溯源与预警能力与国际水平存在差距。食品安全危害识别能力亟待加强。

发达国家和地区在进口食品监管、食品安全科技支撑和构建食物资源数据库方面走在前列。进口食品安全监管与治理体系健全完备，强化风险评估，开展分类管理，注重全球性合作策略，强化入境前、入境及入境后食品安全风险控制。食品安全科技支撑强大。食品安全与营养健康研发投入力度强。营养健康研究基础扎实，研究深入。风险评估技术体系构建完善。食品安全检测技术推陈出新。分子营养学推动营养健康食品精准制造。构建全面、详尽的食物资源数据库。发达国家和国际组织已经在掌握全球食物产量、食品贸易量、消费量等方面走在前列，构建了相应的数据库。美国农业部网站数据库、联合国粮食及农业组织(FAO)数据库、世界贸易组织(WTO)世界贸易数据库提供食品在内的国际贸易信息。

未来，各种贸易保护主义的盛行使得掌握全球食物资源保障进口食品安全与推动国际贸易便利化间的双赢局面日益迫切；信息整合、科学决策，推动各方共治将成为保障进口食品安全的重要支撑；营养健康和非传统食品安全将持续成为食品安全研究热点；专利和技术标准将成为食品安全与营养科技创新发展的战略支撑。

建议构建我国全球食物资源数据库，明确全球食物资源数据库的主要内容和数据来源，建立全球重要食物资源预测模型，提升我国统计信息搜集能力和管理能力，在我国主导的国际战略框架内逐步推进食物产地布局。建议构建食品安全“国际共治”中国方案：构建食品安全国际共治规则，建立出口方责任落实机制，推进进出口方治理体系的等效互认，加强治理关键技术的协调一致，建立国际共治原则下的便利通关机制，建立食品安全信息国际共享机制，共同开展新业态食品安全治理探索，以提升全球食品安全治理水平，促进食品国际贸易便利化，构建全球食品安全命运共同体。建议强化食品安全科技支撑，明确食品安全科技支撑发展方向，建立基于风险分析与食品全产业链安全控制为安全评价手段的食品安全科技支撑框架；加强食品安全与营养健康基础研究；强化食品安全检测与营养健康食品制造关键技术开发和装备创制；建立食品安全信息化、智能化监测和预警体系，加强国际合作和技术输出，掌握国际标准制修订话语权，推动我国通行标准向更多国家和地区推广；实施知识产权战略和专利质量提升工程，培育高价值核心专利；鼓励科技成果转化应用，创新科技成果宣传推广模式，创新食品加工科企合作新空间、新途径。

6.1 经济新形势下我国食品安全现状

6.1.1 经济新形势与食品产业

1. 经济从高速增长转为中高速增长，食品工业进入提质增效新阶段

我国进入经济新常态，国内生产总值(GDP)增速从高速增长转为中高速增长(图 2-6-1)。2017 年我国一、二、三产业增速较 2014 年分别降低了 0.2%、1.2%、0.1%，我国经济已进入增速换挡、结构调整和动力转换的新常态。与之相对应，2011 年以来我国规模以上食品工业企业主营业务收入稳步增长，2017 年出现缓降(图 2-6-2)，主营业务收入仅 10.8 万亿，

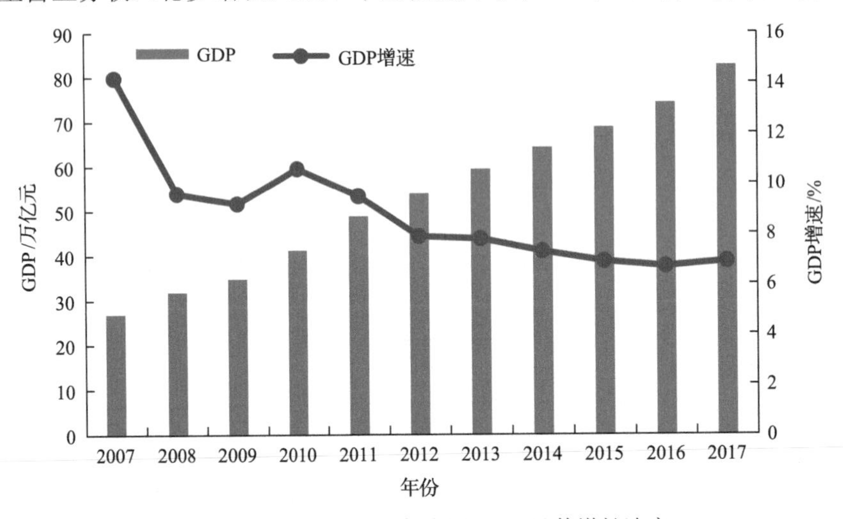

图 2-6-1 2007～2017 年中国 GDP 及其增长速度

(数据来源：国家统计局[1])

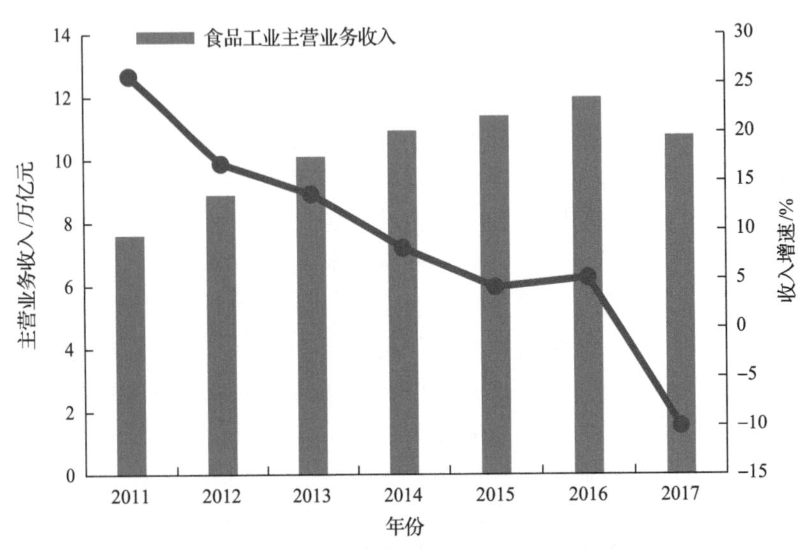

图 2-6-2 2011～2017 年规模以上食品工业企业主营业务收入及其增速

(数据来源：国家统计局)

同比降低 10%，但在 2013 年以前的十年时间都保持近两位数高速增长。我国食品工业进入提质增效的转型阶段。

2. 消费成为经济增长的主要推动力，食品消费推动力日益凸显

消费超过投资和出口成为国民经济发展的重要支撑。自 2010 年后消费支出对国内生产总值增长的贡献开始占据主导作用，如图 2-6-3 所示，2017 年消费对经济增长的贡献率达 58.8%。食品消费已经成为拉动内需的主要推动力之一。

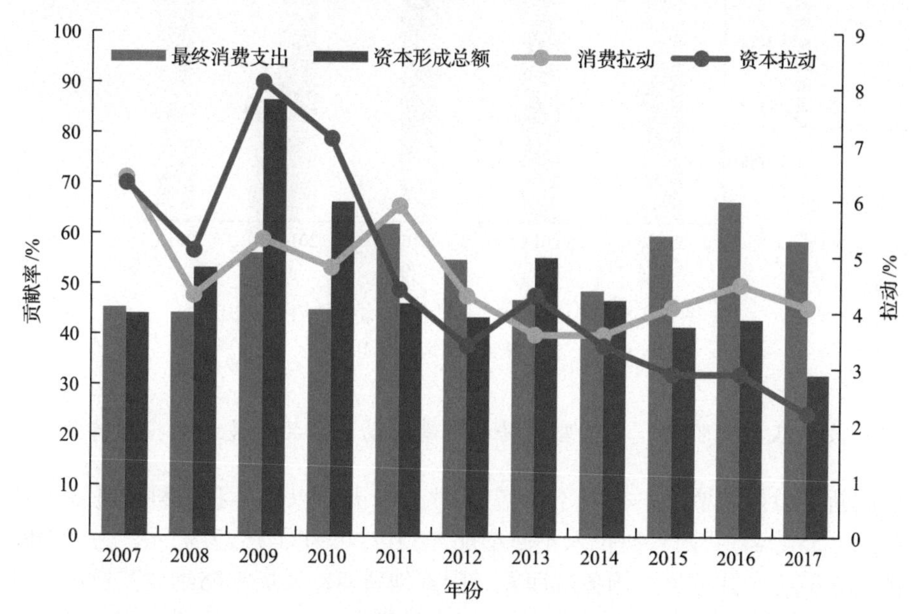

图 2-6-3　消费和投资对国内生产总值增长的贡献率和拉动
（数据来源：国家统计局）

随着我国城镇化进程的加快，以及城乡居民收入的不断增加，食品消费需求在较长时间内仍将保持高增长。2017 年，全国城镇化率（即城镇常住人口比例）为 58.5%（图 2-6-4），

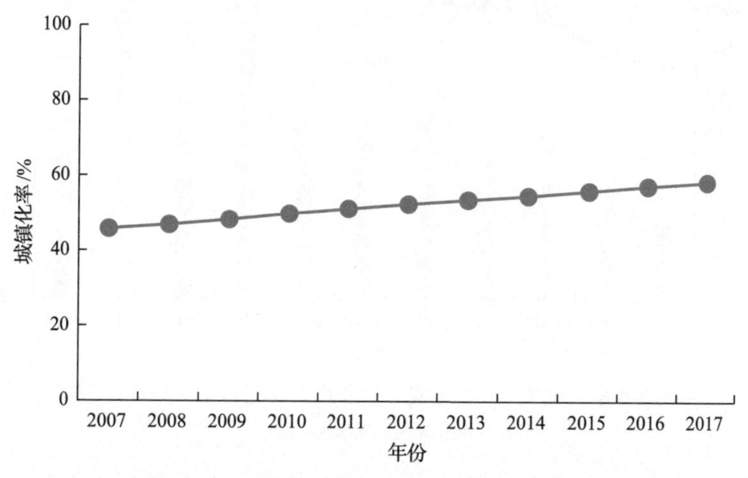

图 2-6-4　2007～2017 年我国城镇化率变化趋势
（数据来源：国家统计局）

2030 年该比例将达 70%，随着 2 亿左右农民工“入城”，食品消费规模将不断扩大。近年来我国城乡居民人均可支配收入稳步增加，食品消费需求将在较长时间内保持高增长。2017 年，我国人均食品消费支出达 5374 元，同比增长 4.3%(图 2-6-5)。

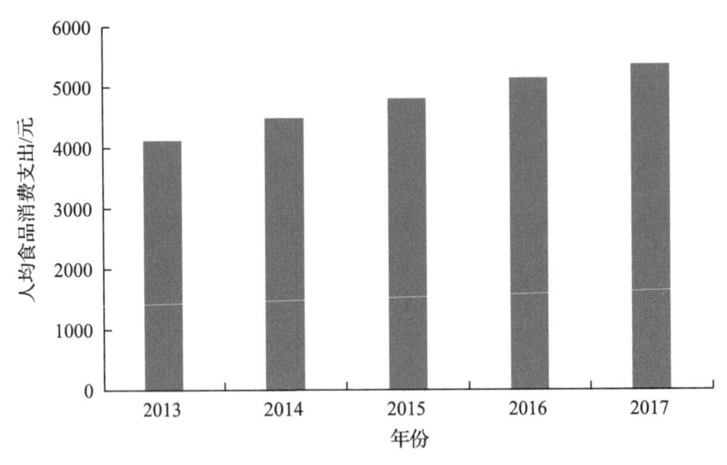

图 2-6-5　2013～2017 年我国人均食品消费支出
(数据来源：国家统计局)

3. 经济发展从要素驱动、投资驱动转向创新驱动，食品科技创新投入持续加大

科技创新能力显著增强，投入不断增加。“十二五”以来，我国科技进步贡献率已由 50.9%增加到 55.1%。我国科研投入不断增加，2017 年为 1.75 万亿元，占 GDP 比重为 2.12%(图 2-6-6)。中共中央、国务院印发《国家创新驱动发展战略纲要》提出要进一步加大科研投入，到 2020 年研究与试验发展(R&D)经费支出占 GDP 比例达到 2.5%。

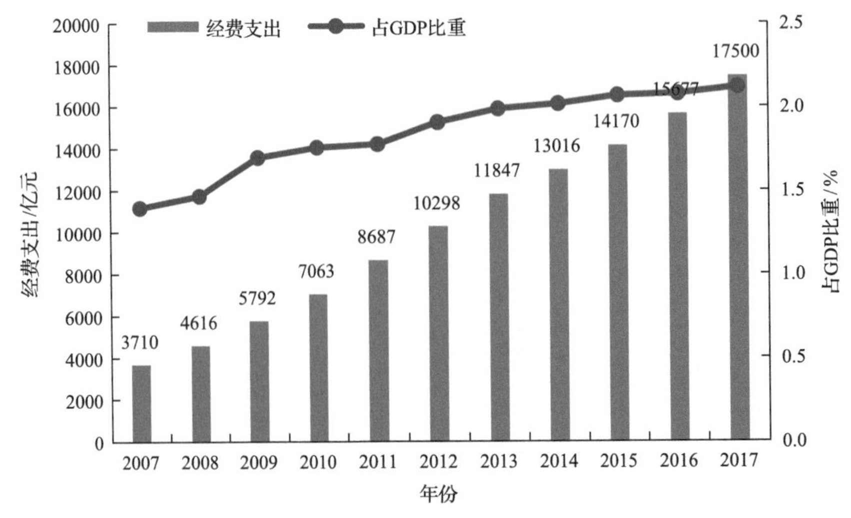

图 2-6-6　2007～2017 年我国科研投入及在 GDP 中所占比重
(数据来源：国家统计局)

我国食品企业积极开展科技创新活动。2017 年规模以上食品工业企业 R&D 经费 542.3 亿元，新产品研发项目共计 2.4 万项，新产品开发经费支出 599.2 亿元。根据《中国科技统

计年鉴 2016》[1]数据显示，2016 年，我国规模以上食品工业企业共有 42015 家，其中 4081 家(占 9.7%)拥有研发机构，6137 家(占 14.6%)有 R&D 活动；食品规模以上工业企业开发的新产品主营业务收入 6068.9 亿元，占食品工业主营业务收入的 5.5%。

4. 我国对外开放不断深化，食品国际贸易发展空间广阔

我国在世界食品贸易中的地位不断提升。我国食品进出口贸易规模稳步扩大，占世界贸易比重稳步增加(图 2-6-7、图 2-6-8)，出口贸易额由 2013 年的 557 亿美元增至 2016 年的 636 亿美元，占世界出口贸易总额的比例由 5.1%增至 6.1%；进口贸易额整体呈上升态势，由 2013 年的 417 亿美元增至 2017 年的 544 亿美元，其中 2016 年贸易额略降，占世界进口贸易总额的占比由 2013 年的 4.0%增至 2017 年的 5.2%。

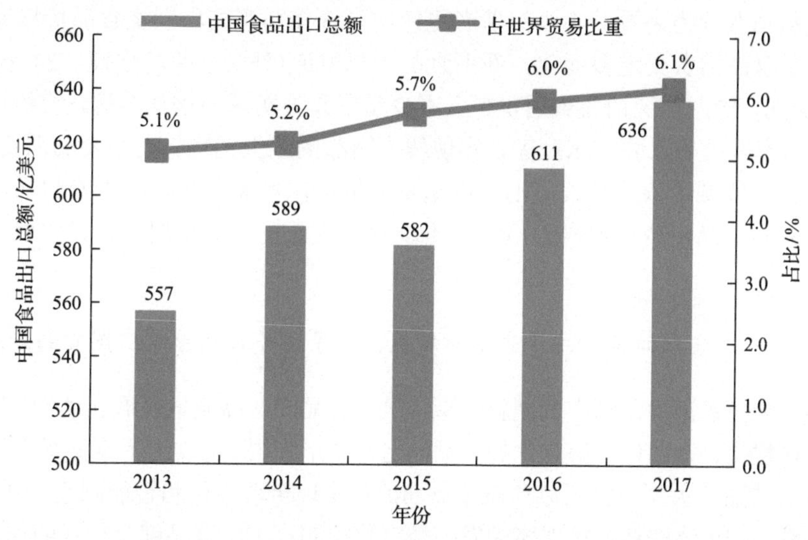

图 2-6-7　我国食品出口总额及占世界食品贸易的比重

(数据来源：UN Comtrade)

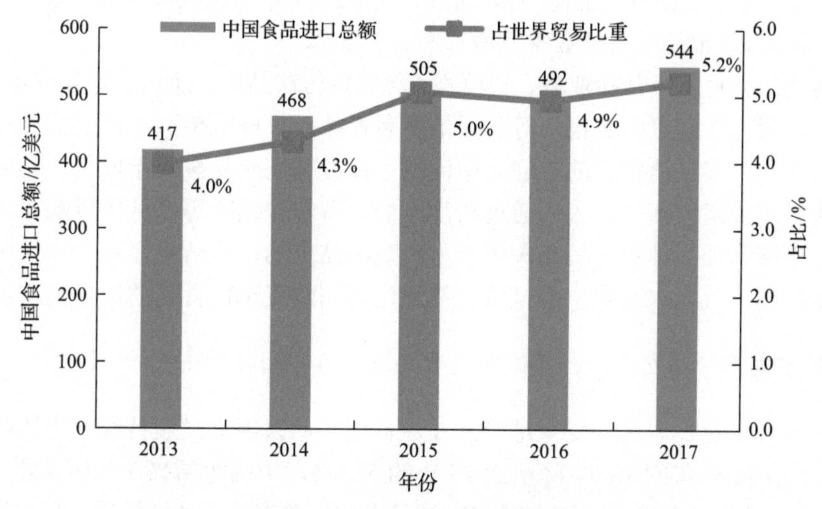

图 2-6-8　我国食品进口总额及占世界食品贸易的比重

(数据来源：UN Comtrade)

我国进口食品品种日益丰富，来源更为广泛。我国已经成为全球第一大食品农产品进口市场，来源国和地区超过 200 个，几乎涵盖所有食品种类。当前，我国已与东盟、澳大利亚、新西兰、智利、瑞士、韩国等国家和组织签订了自由贸易协议，现有自由贸易试验区 11 个。海南、广东等地自由贸易港建设稳步推进。“出口全世界、进口五大洲”正逐步成为我国食品产业发展的常态。

5. 食品消费升级逐步走向成熟，食品消费呈现明显分化

一是食品消费品类不断升级。随着我国经济水平的提升，消费者消费理念已经逐步由“吃饱”转变为“吃好和吃得健康”，大众消费产品，如碳酸饮料等，价格增幅明显低于通胀率；越来越多的消费者开始追求与营养健康相关的高品质食品，其平均价格增幅超过通货膨胀率。从消费行为来看，不少消费者更倾向于选择购买高出同类食品价格近 20%的高端产品。二是食品消费渠道多元化。新型食品零售渠道(外卖、跨境电商、24 小时便利店、微商)不断涌现，抢占传统销售渠道份额，不少超市和大卖场为增加客源，纷纷加入电商平台，如永辉、家乐福等入驻京东到家，实现线下商品的线上销售。三是食品消费区域分化。北京、上海等一线城市依然是食品消费的重要阵地，但增速放缓，随着农村居民可支配收入的增加，农村食品消费市场潜力巨大。不少食品企业正重新布局，将销售资源转向中小城市和乡村。

6. 新思维、新技术加速食品产业创新发展，电子商务正在重构中国食品产业链

新思维、新技术推动食品产业创新转型，赋予食品产业高质量发展新动能。以食品制造装备为例，模块化、智能化、信息化的食品制造装备不断出现：如替代传统酱油酿造的发酵池/缸以及手工制曲，大型圆盘式制曲机使制曲流程实现全数字化和智能制造；引入等温控发酵罐发酵系统、CIP 清洗技术实现酱油发酵数字化控制；不同食品细分行业的加工制造装备的跨界融合大幅提升酱油智能化酿造水平，提升产品品质和生产效率。近年来自动化、智能化的粮食处理和酿造装备增长迅速，据不完全统计，2017 年该领域机械装备增长率约 20%～30%，超过食品加工制造装备行业整体增长率的 3 倍[2]。

网络传播造就食品经营新业态、新模式。现制现售饮品店、面包店等发展迅速，“网红奶茶”、“网红果汁”和“脏脏包”等备受消费者青睐。每日坚果、小白奶等“爆款”食品广受消费者尤其是年轻消费者的欢迎。中国电子商务市场交易额逐年增长，食品电商正逐渐发展成为其重要组成部分。人们通过跨境电商、海淘和代购等多种渠道购买进口食品的数量和频次不断增加。针对手机海淘用户主要购买品类的调查结果显示，用于购买进口食品的海淘用户约 15%，未来愿意尝试或打算通过海淘购买进口食品的用户则超过 20%。

7. 国际贸易形势越发严峻，高依赖度食品进口市场面临冲击

国际贸易环境更加恶劣。受全球经济发展低迷和新兴国家发展持续发力影响，发达国家 GDP 比重由 1990 年的 78.7%降至 2015 年的 56.8%，中国等新兴市场国家由 19.0%升至 39.2%。因此，以美国为代表的西方国家实施反全球化政策，通过反倾销、筑高绿色壁垒等贸易保护主义措施来维护自身既得利益。在全球贸易处于低位增长的状态下，中国贸易地

位继续提升。据世界贸易组织(WTO)2018 年 4 月公布的 2017 年贸易统计数据显示，仅限货物的中国贸易总额(进出口合计)为 4.105 万亿美元，从上年排第一的美国手中夺回了首位；2017 年中国出口总额增长 7.9%，以 2.263 万亿美元位列第一，远远超过美国，进口总额以 1.842 万亿美元排名第二，仅次于美国。这反而使中国处于更加恶劣的贸易环境，针对中国的反倾销、反补贴、单方贸易调查将不断增加，中国已经连续 10 年成为全球遭遇反倾销和反补贴调查最多的国家，今后中国面临的贸易摩擦状况将愈演愈烈。

反映强国意志的歧视性条款和国际贸易规则问题凸显。一些国际规则的制定被发达国家所左右，如多年来让我国备受困扰的“市场经济地位”，体现的是以美英为代表的一些国家的利益。2016 年底，欧盟和日本宣布，未来将继续不承认中国是市场经济国家。2017 年 12 月，美国政府正式通知 WTO，反对给予中国市场经济地位。近 10 年来，美国对其他国家采取的歧视性措施超过 600 项，仅 2015 年就有 90 项。全球贸易预警组织资料显示，各国实施的歧视性贸易措施逐年增加，中国是全球受贸易保护措施伤害最重的国家。同时，一旦贸易组织或者贸易协定对自己无益，强国往往会单方面退出或者撕毁协议。如 2017 年 1 月美国宣布永久退出跨太平洋伙伴关系协定(TPP)。2018 年 7 月 1 日，白宫起草了一份法案，该法案允许政府无视 WTO 的准则，单方面地提高关税而不需要经过国会的批准。

技术性贸易措施的通报量不断攀升。技术性贸易措施具有名义合理性、技术先进性、形式复杂性和手段隐蔽性等特点，已经成为不少国家和地区，包括“一带一路”沿线国家贸易保护的主要工具。近两年国际上技术性贸易措施数量逐年递增，2017 年，82 个 WTO 成员提交技术性贸易壁垒通报 2587 件，同比增加 10.7%；“一带一路”沿线国家中，33 个国家提交通报 734 件。2016 年海湾阿拉伯国家合作委员会联合发布通报 55 件，约 80%集中在食品及食品相关产品。日趋严格甚至苛刻的相关措施正在阻碍国际食品贸易的发展，已成为国际贸易中非关税壁垒的主要手段。

全球食品贸易成本日益提高，进口高依赖度食品面临一定冲击。联合国粮食及农业组织日前发布的《粮食展望》报告显示，2017 年食品进口成本 1.4 万亿美元，同比增加 6%，并创下历史第二高的纪录。同时，以食品安全为名义的技术性贸易措施日趋严格甚至苛刻，正在阻碍国际食品贸易的发展，严格的食品安全法规增加了出口商的成本，限制了国际贸易。食品贸易成本不断增加，但在经济不景气的背景下，各国民众还是希望“价廉物美”，问题是“价廉”有了，但牺牲了“物美”，因此食品造假现象遍及全球。

中美贸易战使得食品全球贸易严重受挫，部分对外依赖度高的食用农产品、食品供应也面临极大挑战。我国肉类对外依赖度较低。2017 年，我国猪肉产量 5340 万吨，牛肉 726 万吨，羊肉产量 468 万吨，禽肉 1897 万吨，杂畜肉 180 万吨，美国、巴西、新西兰等主要进口国家进口量远远低于我国肉类产量，对我国肉类食品进口供应的冲击较小(表 2-6-1～表 2-6-4)。以对外依赖度超过 80%的大豆为例，2017 年我国进口大豆主要来自巴西和美国，两者占比超过 87%(表 2-6-5)，进口来源国较为单一，中美贸易战中我国对美国大豆征税可能增加国内相关企业经营成本，或造成无原料可用、生产中断。

表 2-6-1　2017 年中国牛肉及其副产品进口市场情况

排名	国家	进口量/万吨	进口金额/亿美元	进口量占比/%
1	巴西	19.8	8.7	28.49
2	乌拉圭	19.6	6.4	28.20
3	澳大利亚	11.6	6.6	16.69
	其他国家	18.5	9.0	26.62
	总计	69.5	30.7	100.0

数据来源：UN Comtrade

表 2-6-2　2017 年中国鸡肉及其副产品进口市场情况

排名	国家	进口量/万吨	进口金额/亿美元	进口量占比/%
1	巴西	38.2	8.8	84.51
2	阿根廷	5.3	1.1	11.73
3	智利	1.5	0.4	3.32
	其他国家	0.2	0	0.44
	总计	45.2	10.3	100.0

数据来源：UN Comtrade

表 2-6-3　2017 年中国羊肉及其副产品进口市场情况

排名	国家	进口量/万吨	进口金额/亿美元	进口量占比/%
1	新西兰	14.2	5.4	57.03
2	澳大利亚	10.2	3.2	40.96
	其他国家	0.5	0.2	2.01
	总计	24.9	8.8	100.0

数据来源：UN Comtrade

表 2-6-4　2017 年中国猪肉及其副产品进口市场情况

排名	国家	进口量/万吨	进口金额/亿美元	进口量占比/%
1	西班牙	23.8	44	19.56
2	德国	21.2	39.3	17.42
3	加拿大	16.7	27.4	13.72
	其他国家	60	111.4	49.30
	总计	29.70	56.5	100.0

数据来源：UN Comtrade

表 2-6-5　2017 年中国大豆进口市场情况

排名	国家	进口量/万吨	进口金额/亿美元	进口量占比/%
1	巴西	5092.7	209.2	53.31
2	美国	3285.3	139.4	34.39
3	阿根廷	658.1	26.8	6.89
	其他国家	517.3	21.0	5.41
	总计	9553.4	396.4	100.0

数据来源：UN Comtrade

6.1.2　经济新形势下我国食品安全现状及风险

1. 食品安全监管新举措、新进展

机构改革实现新突破。在 2013 年机构改革基础上，2018 年持续推进食品相关监管机构改革，整合原工商、质检和食药部门监管资源，组建国家市场监督管理总局(以下称市场监管总局)，负责进口食品监管的出入境检验检疫部门并入海关，食品安全监管格局持续向统一、协调迈进。

制度标准建设取得新进展。2017 年，组建食品生产许可专业技术委员会，先后发布《婴幼儿辅助食品生产许可审查细则》(2017 版)、《饮料生产许可审查细则》(2017 版)、《特殊医学用途配方食品生产许可审查细则》，提升食品生产许可监管效率。出台《地方党政领导干部食品安全责任制规定》，形成各级党政领导保障食品安全的监管合力。食品安全标准清理工作全面完成，1200 余项食品安全国家标准守护食品安全。此外，市场监管总局先后出台食品补充检验方法 29 项，与现行食品安全检验标准相互补充，此类检验方法作为定罪量刑参考，将对食品违法生产者形成有效震慑。

监督检查取得新成效。以许可检查、日常检查、飞行检查、体系检查为重点，形成食品生产经营监督检查体系，有效保障食品生产经营行为的规范化。仅在食品生产环节，2017 年全国共检查食品生产主体 48.8 万家次，发现问题企业 7.1 万个，查处案件 3.3 万件[3]。

风险防范实施新举措。基于风险管理原则，选取白酒、肉制品、乳制品等高风险食品种类，开展大型食品生产企业风险交流活动，切实防范食品安全风险隐患。全国食品生产企业风险等级评定完成率超过 93%。严格茶叶农药残留、动物源性食品兽药残留、小麦粉质量安全监管，重点整治“一非两超”、掺假使假等突出问题，积极开展食品和保健食品欺诈和虚假宣传整治。继续开展食品生产加工小作坊监管制度建设及日常监管工作。积极回应社会关切，风险交流更加主动、从容，逐步由“以危机应对为特征的热点解读”向“以风险预防为特征的预警提示”转变。

信息化建设不断深化。围绕信息化建设，建立食品生产许可、食品生产监督检查、食品监督抽检数据平台等多个电子化管理系统和数据库，推进食品监管数据互联互通、共建共享[3]；做好食品安全监督抽检数据公开工作，倒逼食品生产经营企业积极落实主体责任。

2. 食品安全检测数据稳中向好

1) 主要食用农产品安全现状——基于农业农村部例行监测结果的分析

我国食用农产品质量安全稳中向好。农业农村部例行监测数据(图 2-6-9～图 2-6-13)显示，2013～2017 年我国蔬菜质量安全例行监测合格率一直保持在 96%以上，水果维持在 95%以上，畜禽产品维持在 99%以上，水产品从 2014 年的 93.6%增至 2017 年的 96.3%，茶叶合格率基本保持在 97%以上，仅 2014 年略低，为 94.8%，可见主要食用农产品质量安全总体保持较高水平。

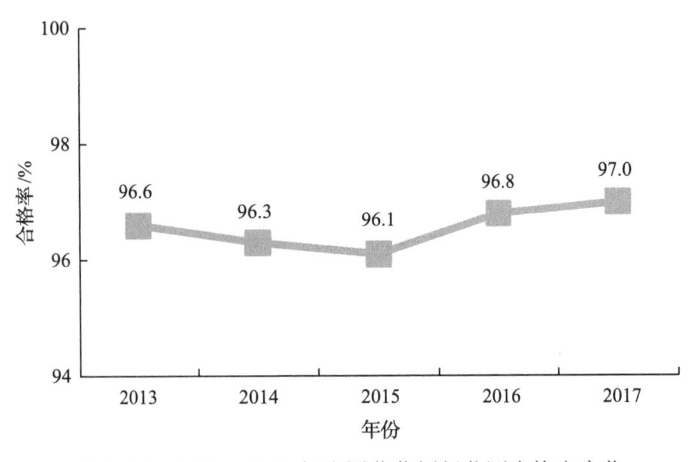

图 2-6-9　2013～2017 年我国蔬菜例行监测合格率变化

（数据来源：农业农村部网站）

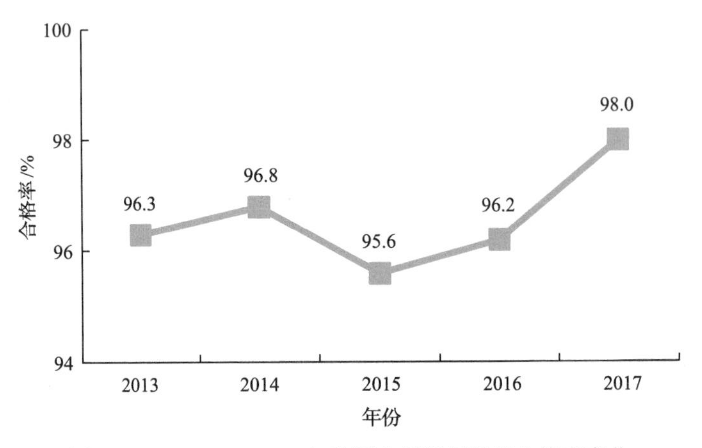

图 2-6-10　2013～2017 年我国水果例行监测合格率变化

（数据来源：农业农村部网站）

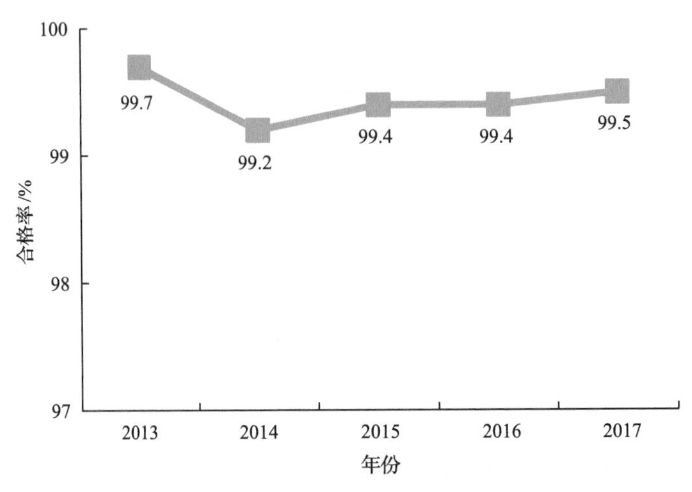

图 2-6-11　2013～2017 年我国畜禽产品例行监测合格率变化

（数据来源：农业农村部网站）

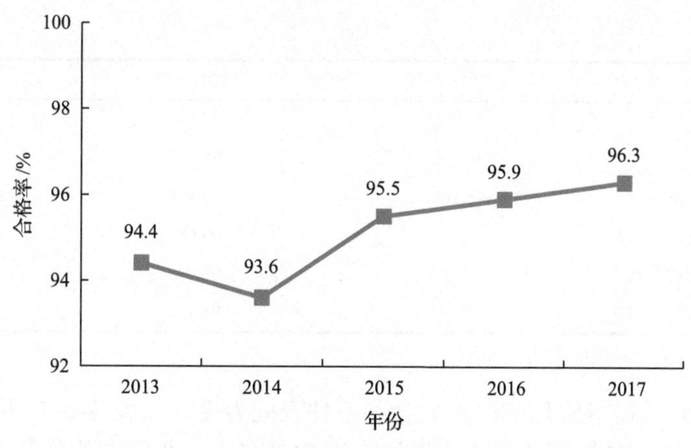

图 2-6-12　2013～2017 年我国水产品例行监测合格率变化

(数据来源：农业农村部网站)

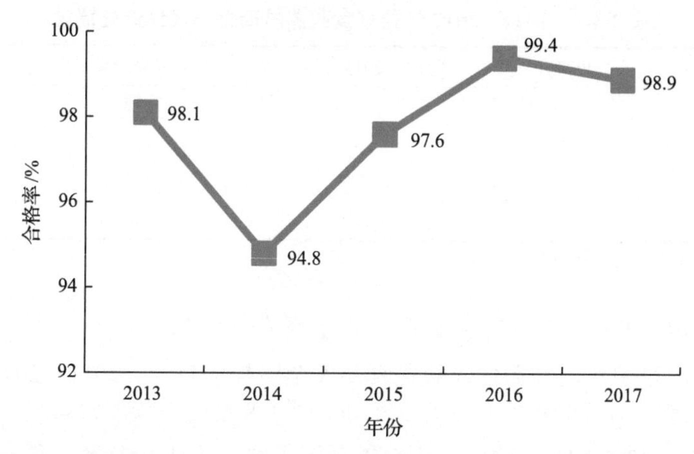

图 2-6-13　2013～2017 年我国茶叶例行监测合格率变化

(数据来源：农业农村部网站)

2) 食品和进入销售环节的食用农产品安全现状

基于国家食品安全监督抽检数据(表 2-6-6)可知，2015～2017 年，我国食品共抽检 66.23 万批次，总体合格率一直保持在 96%以上，其中 2017 年最高，为 97.6%；居民日常消费的粮、油、菜、肉、蛋、奶、水产品、水果等合格率整体保持较高水平，乳制品合格率超过 99%，水产品和蔬菜最低合格率也在 95%以上。大型生产经营企业食品安全管理较为良好，其抽检合格率保持在 98%以上。

表 2-6-6　2015～2017 年国家食品安全监督抽检情况

	2015 年	2016 年	2017 年
抽检批次/万批次	17.2	25.7	23.33
食品总体抽检合格率	96.80%	96.8%	97.6%
蛋制品	98.0%	99.6%	99.3%
乳制品	99.5%	99.5%	99.2%
粮食加工品	97.3%	98.2%	98.8%

续表

	2015 年	2016 年	2017 年
水产制品	95.3%	95.7%	98.1%
蔬菜制品	95.6%	95.9%	98.0%
食用油及其制品	98.10%	97.8%	97.7%
肉、蛋、菜、果等食用农产品	—	98.0%	97.9%
大型生产企业样品抽检合格率	99.4%	99.0%	99.6%
大型经营企业样品抽检合格率	98.1%	98.1%	98.7%

数据来源：原国家食品药品监督管理总局网站

同时，国家食品监督管理部门加大食品案件查处力度，如表 2-6-7 所示，2014～2017 年累计查获食品案件 93.6 万件，涉及物品总值 21.8 亿元，捣毁制假售假窝点 2818 个，吊销许可证 1204 张，有力保障了食品规范安全生产。

表 2-6-7　2014～2017 年国家食药监总局食品案件查处情况

	2014 年	2015 年	2016 年	2017 年
查处食品案件/万件	25.6	24.8	17.5	25.7
涉及物品总值/亿元	4.1	4.8	6.1	6.8
捣毁制假售价窝点/个	1106	779	365	568
吊销许可证/个	637	235	146	186

数据来源：原国家食品药品监督管理总局网站

3) 食源性疾病现状——基于卫生部门直报系统的分析

病原微生物污染引起的食源性疾病是食品安全防控的重点。2011～2017 年通过网络直报系统统计的全国食物中毒类突发公共卫生事件(以下简称食物中毒事件)报告起数呈先下降后上升的趋势(图 2-6-14)：2013～2015 年全国食物中毒报告起数均低于 6000 起，中毒

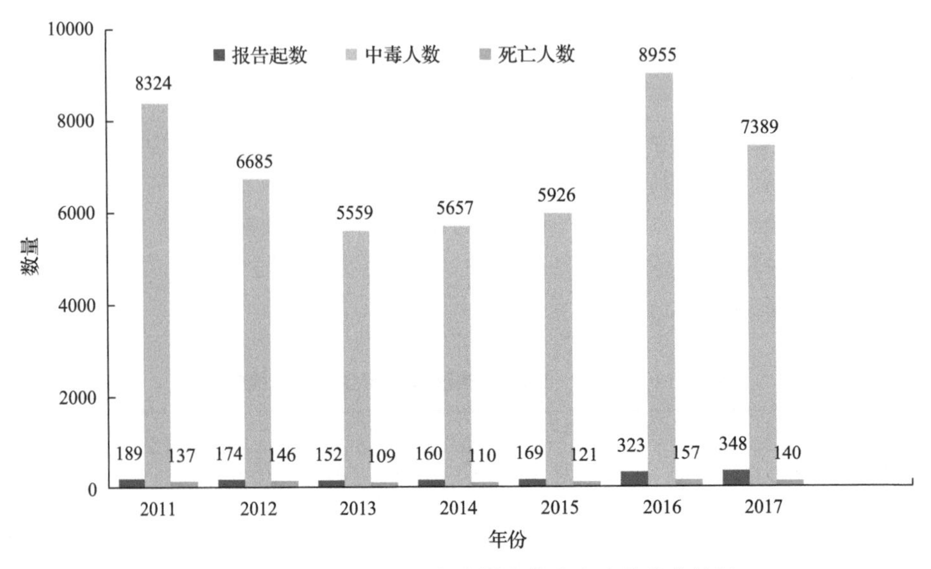

图 2-6-14　2011～2017 年我国食物中毒事件发生情况

(数据来源：中华人民共和国国家卫生健康委员会网站)

人数和死亡人数呈现缓降态势，2013 年为最低水平，分别为 152 起和 109 起；2016 年和 2017 年事件报告起数、中毒人数和死亡人数又有所上升，说明我国食源性疾病防控依然任重道远。

4）进口食品安全现状——基于进出口食品安全局数据分析

进口食品安全处于较高水平。我国尚未发生重大进口食品安全问题，因不符合我国法律法规和标准而未准入境食品从 2011 年的 1875 批次和 2949 万美元增加到 2017 年的 6631 批次和 6953.7 万美元，较好地保证了我国进口食品安全(图 2-6-15)。未准入的进口食品种类(排前十的种类)变动不大，主要集中在饮料类、糕点饼干类、粮谷及制品类、乳制品类、酒类、糖类等(图 2-6-16)。产品品质不合格、超量超范围使用食品添加剂、产品标签/证书不合格、货证不符、微生物污染为主要的不合格原因(图 2-6-17)。2017 年，按批次排列前

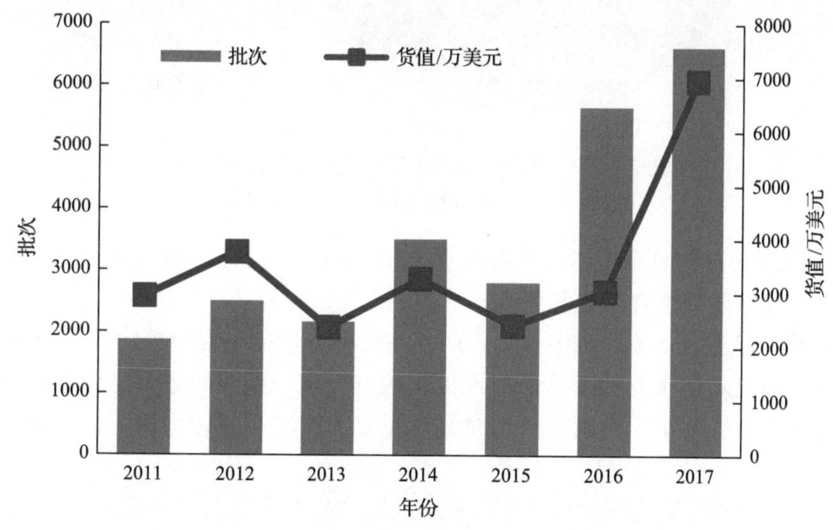

图 2-6-15　我国进口不合格批次及货值变化

（数据来源：原国家质量监督检验检疫总局网站）

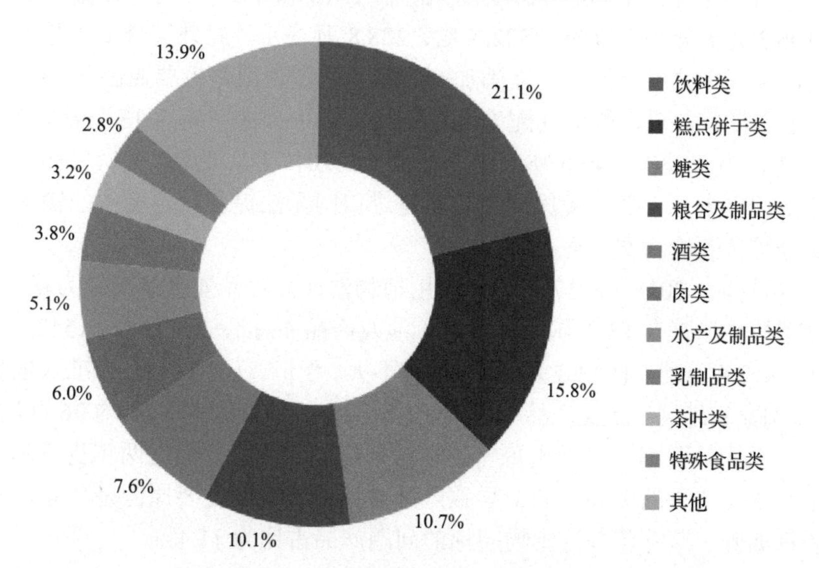

图 2-6-16　2017 年我国未准入境食品种类

（数据来源：原国家质量监督检验检疫总局网站）

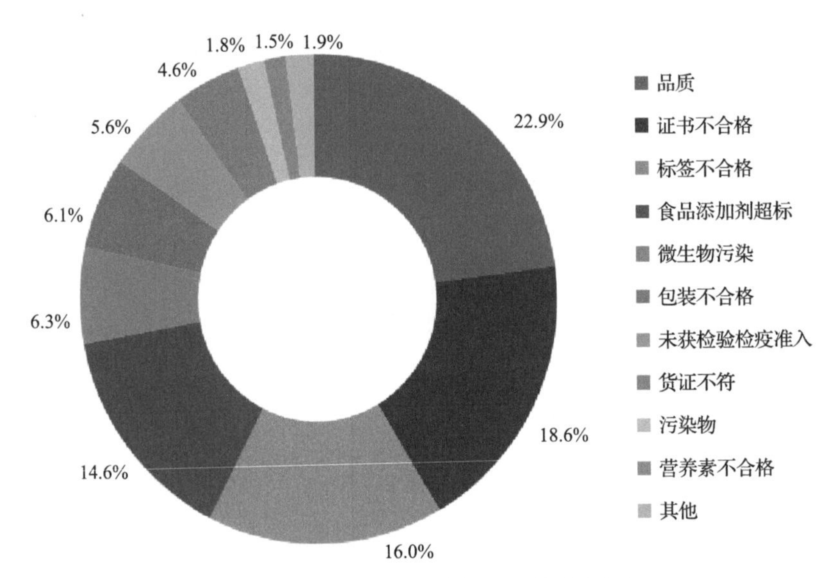

图 2-6-17 2017 年我国未准入境食品不合格原因

(数据来源:原国家质量监督检验检疫总局网站)

10 位的不合格原因占到总未准入境食品总批次的 98.1%。此外,海关持续开展打击食品走私专项行动,有力遏制了食品走私势头。

目前我国所有进口食品种类中,大宗产品主要有乳制品、食用植物油、肉类、水产品,这四类产品的未准入批次占到了总未准入批次的五分之一到四分之一。依据我国政府相关部门公布的数据,近七年四类大宗进口食品质量安全情况相对较为稳定,主要食品安全风险整体可控。

(1)乳制品。近年来,进口乳制品的未准入境产品各指标均有所降低。数据显示:“十二五”期间,进口乳制品中检出不合格产品共计 1167 批、3596 吨、1884 万美元,平均每年不合格产品约 233 批、718 吨、369 万美元;而 2016 和 2017 年这一数据分别为:154 批、329.3 吨、106.3 万美元和 250 批、522.5 吨、288.8 万美元。此外综合多年数据,品质不合格、微生物污染、标签不合格、食品添加剂超量超范围使用是主要原因。

“十二五”期间,进口婴幼儿配方乳粉年均检出不合格产品约 13 批次、27 吨、44 万美元;2016 年,为 9 批次、46.6 吨、50.3 万美元;2017 年,为 17 批次、35.7 吨、41.7 万美元;总体变化不大。未准入境原因主要是是进口国无法提供符合要求的输华乳品卫生证书及营养成分符合性检测不合格。

(2)食用植物油。2011~2017 年进口食用植物油产品食品安全状况较为稳定,2017 年,未准入境食用植物油来自 15 个国家和地区,涉及产品 44 批、2.6 万吨、1548.1 万美元。与 2016 年(42 批、2.6 万吨、1532.8 万美元)相差不大。“十二五”期间,未准入境食用植物油则来自 29 个国家和地区,涉及产品 168 批、2.7 万吨、3347 万美元(年均 36 批次、4140 吨、669.4 万元)。从上述数据可以看出每年不合格批次较为接近,而近两年货量和货值的增加可能是由于单次运货量的提高。其中导致产品被拒绝入境的主要原因是包装、标签问题,食品安全指标如砷、苯并芘等污染物超标的问题产品占比为 11.4%。

(3)肉类。随着我国肉类进口的开放,肉类的未准入境产品在 2017 年出现了大幅提升,肉类中检出未准入境产品共计 395 批、5129.5 吨、1165.1 万美元,与 2016 年(128 批、902.7

吨、161.8万美元)相比分别提高了209%、468%和620%；而2016年与“十二五”期间(73批、918吨、179万美元)则相差不大。其中2017年，因菌落总数、大肠菌群超标等微生物污染而未准入境的肉制品占不合格肉制品总批次的7.3%。

(4)水产品。2011～2017年我国水产品未准入境情况基本稳定，2017年，未准入境的水产品来自34个国家和地区，涉及产品338批、921.9吨、447.3万美元。在“十二五”期间年均138批、1645.4吨、469.8万美元，从货值来看总体变化不大。而在2016年，由于水产品整体进口量降低，未准入境产品量有显著降低，分别为91批、607.3吨、164.7万美元。

与其他产品相比，水产品的食品安全问题较为严重，2017年，因大肠菌群、菌落总数等微生物污染，镉等污染物超标问题水产品占进口不合格水产品批次的18.6%，高于其他大宗食品。

3. 进口食品安全风险控制和治理体系不断完善

1)进口食品安全治理理念基本确立

经过多年探索，基于我国进口食品安全风险特点、治理需求及食品国际贸易规则，按照“事先预防、事中控制、事后反应”的全程治理要求，我国确立了“预防为主、风险评估、全程控制、国际共治”的进口食品安全风险治理理念。

2)进口食品安全法规框架基本确立

目前，我国已完成进口食品安全法规体系顶层规划，形成《食品安全法》《进出境动植物检疫法》《进出口商品检验法》《农产品质量安全法》等法律法规为核心，《进出口食品安全管理办法》等部门规章为主体，若干规范性文件为补充的进口食品安全法规体系框架。

3)进口食品安全监管体系进一步完善

我国依据《食品安全法》《进出境动植物检疫法》等法律法规，通过对进口食品供应链各相关方责任的科学配置，构建覆盖“进口前、进口时、进口后”三个环节的21项进口食品安全风险治理制度框架。进口前包括输华食品国家或地区食品安全管理体系审查制度、输华食品生产企业注册管理制度、输华食品境外出口商备案管理制度、输华食品进口商备案管理制度、输华食品进口商对境外食品生产企业审核制度、进境动植物源性食品检疫审批制度、输华食品官方证书制度、输华食品预先检验检疫制度、自愿优良食品进口商认定制度等9项制度；进口时包括输华食品检验检疫申报制度、输华食品入境检疫指定口岸制度、进口商随附合格证明材料制度、输华食品口岸检验检疫监管制度、输华食品安全风险监测制度、输华食品检验检疫风险预警及快速反应制度、输华食品合格第三方检验认证机构认定制度等7项制度；进口后包括输华食品国家或地区及生产企业食品安全管理体系回顾性审查制度、输华食品进出口商和生产企业不良记录制度、输华食品进口商或代理商约谈制度、输华食品进口和销售记录制度、输华食品召回制度等5项制度。

4)进口食品安全监管队伍和检验检测能力进一步提高

建立进出口食品安全专家委员会及多个专业技术协作组，充分发挥专家队伍在进出口食品安全监管中的决策咨询作用。注重专业知识、专业能力、专业作风、专业精神，实施人才培养“繁星计划”，造就了一支具有专业思维、专业素养、专业能力的高素质监管队伍。

建立了进口食品安全风险分析专家队伍，加大风险因素的收集、分析、研判力度，投建现代化的进口食品安全风险监测网络。统筹建设包括 250 多家实验室互联、互通、互补的进口食品检测网络，打造快速、准确、全面的技术支撑平台。

5)进口食品安全监管信息化水平进一步提升

构建中国进出口食品安全风险评估模型，组织研发中国进口食品准入、抽检监测、追溯信息和风险预警等四大系统，形成了“一个模型、四个系统”为主的进口食品安全监管“大数据”平台，有力促进了进口食品安全风险控制的科学化、智能化和规范化。

6)进口食品安全治理国际合作逐步推进

自 2005 年起，我国通过担任 APEC 食品安全合作论坛主席国的有利地位，以及通过积极参与 WTO、CAC、OIE、IPPC 等国际组织活动，推动食品安全多边合作，提升食品安全治理国际规则的话语权。同时，积极加强政府间合作。“十二五”期间，我国与全球主要贸易伙伴共签署了 99 个食品安全合作协议。2016 年，我国又新签了 24 个食品安全国际合作协议，有效解决了系列进出口食品检验检疫问题。

2012 年以来，共完成 141 种食品的境外体系评估审查，针对 175 类进口食品化妆品的 401 个项目，抽检样品 43.3 万个，未准入境食品累计达 1.8 万批。累计创建国家级出口食品农产品示范区 359 个。山东省建立全国首个出口食品农产品质量安全示范省，全省年出口食品农产品超 1000 亿元人民币。妥善处置新西兰乳制品肉毒杆菌污染等多起食品安全突发事件，有效防范日本福岛核事故造成的输华食品安全风险。

4. 经济新形势下食品安全新风险

1)区域发展不平衡加大产销分离带来的食品安全风险

食品行业主要包括食品原料供应企业、食品原料加工企业以及食品销售流通企业三个主要参与主体，在每一个主体中又包含若干个参与单位。随着城镇化的推进，食品生产到消费环节的物理流程增加，食品供应链更加复杂多元，三个参与主体受到地理、政治等因素影响，存在较为严重的物理隔绝，加剧了各主体之间的信息不对称；同时原料供应、生产加工甚至销售流通主体面对的下一级对象数量大幅提升这些因素共同导致食品安全面临的风险上升、危害范围扩大。农产品供应主体为经济相对落后地区，加上物流运输条件、较长的运输周期和食品安全控制技术的落后，一定程度上增加食品安全风险。受成本限制，生产制造企业对上游原材料和下游流通消费领域安全管控力缺失，批批检验增加生产经营成本，供应商提供质量保证承诺书和检测报告也可能存在造假问题。

进口食品较为漫长的运输周期以及储存条件不当也易增加食品安全风险。通常国际食品贸易会导致产品运输周期延长，食品入境申报、检验放行占用较长时间，在获得海关部门出具的检验检疫证明前，进口食品应放置于海关部门指定或认可的监管场所，对于保质期有限以及储存条件严苛的产品来说，均会增加其安全风险。受国内外食品安全标准不一致影响，境外生产企业不了解相关法规标准，进口商审核不严，不少进口不合格食品因标准差异未准入境。

随着“一带一路”倡议的推进，部分国家不是世界动物卫生组织成员或通报系统不规范、动物疫情不透明，许多亚洲、非洲国家尚未建立较为完善的食品安全管理体系。在推进国际贸易便利化的大背景下，这些都对我国现行风险预警和监管体系、监管机构和监管能力提出了重大挑战，一定程度上增加了食品安全风险。

2）食品国际贸易增加进口食品输入性风险

全球化供应链管理能够有效降低库存成本，使企业将更多的资源投向产品研发和技术升级环节。全球化供应链管理能够有效提高产品质量，确保产品的设计、生产工艺、质量处于国际领先水平。当前我国国内粮食谷物等食用农产品生产成本高于国外，国内对食用农产品和食品的需求仍不断增长，使得我国进口贸易渠道和方式多样化。在供应链全球化的大环境下，食品工业发展迅猛，但同时也面临着生产力提升、经济效益、加工效率和环境压力等种种挑战。全球食品资源需求不断增加，食品供应链涉及多环节、日趋复杂化，食品的全球供应让消费者受益的同时，也让食品安全问题变得更加棘手。食品供应链条越长、越复杂，食品受到污染和腐坏变质的风险也越高。国际贸易中欠发达地区往往是食品产地和来源地，经济利益驱动和监管、技术水平的落后导致各种潜在风险，如掺假隐患。“出口全世界、进口五大洲”的大背景下，食品供应链国际化将导致食品安全风险随国际供应链扩散，“一国感冒、多国吃药”正不断成为全球食品安全应急的常态化特征。当前，世界经济复苏明显减速、经济持续低迷，面对较高的食品生产和安全保障成本压力，企业对食品安全管理重视度降低，更是出现马肉替代牛肉等假冒伪劣、掺假使假手段，欧美等知名食品企业也不断被曝光食品安全问题。2017 年巴西劣质肉事件暴发后，中国、欧盟、加拿大、墨西哥、日本、韩国、瑞士、智利等超过 20 个国家和地区纷纷对巴西肉类食品实施进口限制。

除了正当国际贸易外，非正当的食品走私由于存在较高的利润导致不法分子铤而走险，食品走私屡禁不止，对我国食品安全造成了巨大的威胁。非法渠道无法保证应有的运输、储存条件，会导致产品质量问题；走私产品来源不明，没有经过正规的检验检疫，本身存在较为严重的质量问题；走私产品消费渠道通常集中在小作坊、小餐馆，较低的卫生水平进一步加剧了食品安全风险。据广东省水产流通与加工协会估算，当地市场上约两成三文鱼是走私入境的，而龙虾、东星斑等高档水产品走私入境比例更高。从海关总署所公布的数据来看，2014 年查获走私冻肉 12.2 万吨；2015 年 6 月，海关总署开展打击冻品走私专项查缉抓捕行动，查获涉及走私冻品 10 万余吨，货值估计超过 30 亿元人民币；2017 年云南省查获涉案冻品 266.87 吨，查获走私活体生猪 979 头。随着打击肉品走私力度的加大，肉品走私规模有所收敛，但走私手段不断翻新，“蚂蚁搬家”式走私频现。

3）渠道创新催生新风险，非传统食品安全风险日趋多样

食品新技术、新产品、新业态/模式推陈出新，国际食品贸易日益个性化、碎片化，转基因食品安全以及外卖、跨境电商、区域经济一体化等领域不断出现食品安全新问题、新挑战。

食品电子商务经营碎片化，呈现批次多、数量少、面向个体消费者、交易频次高等特点。主要参与、监管主体无法实现对产品供应链的有效控制。目前跨境食品电商销售的产品主要以短期内爆红的产品为主，短期内销量快速提升，并在之后迅速降低，无法形成稳定的消费需求。这就导致经销商很难建立稳定的供货渠道，更无从实现对于渠道的风险控制。目前各平台为了保证供货通常采用复合渠道，极大地增加了食品安全风险；同时多批

量、多批次、不稳定、时效高的需求又反过来导致上游供应链的不稳定度。

模式责任主体模糊。目前我国进口食品常采用保税备货模式，其主体包括国内代理商、境外供应商、商家、物流等，但目前我国相关法律法规对于跨境电商平台的主体责任并未做出明确规定。顺丰、京东等平台同时具备商品采购与物流仓储两种角色，其在报关时，货物所有权归属模糊，给保税备货模式的进口食品执法监管造成一定困扰。进口食品监管部门在对保税备货模式试点区域进口食品查验过程中，面临问题商品追责权属不明问题，造成新的食品安全风险。

渠道特殊的监管缺失也带来新风险。目前除跨境电商外，还有一定量的进口食品是通过国际快递、邮件方式进入国内。这一过程中消费者个人直接与境外的食品供应商或者是代购个人或团体进行点对点的联系，这种模式产品风险控制主要依靠于供货方的信誉，缺乏有效的管理，同时其量小、批次多、产品种类复杂、个人隐私保护等因素也导致我国进出口管理部门无法对货物进行基本的检验检疫，食品安全风险完全由个人承担。一旦供货方出现失误或出于经济利益驱动进行食品欺诈，很可能会导致较大的食品安全风险。2017年3月15日，时任国家质检总局副局长的李元平在接受《消费主张》采访指出：2016年跨境电商食品、化妆品风险监测26273批，不合格1210批，不合格率是4.6%，比正常贸易渠道高5倍多。网红点心糖水店“一笼小确幸”因食品卫生问题被监管部门叫停，网红面包店使用过期面粉，刷遍“朋友圈”的网红蛋糕“蜂窝煤”宣称竹炭粉具有排毒养颜功效。诸如此类的食品安全问题不断出现，一定程度上增加了食品安全风险。

此外，微生物污染、农兽药残留、添加剂超量超范围使用等传统食品安全问题出现较少，经济利益驱动型食品掺假等非传统食品安全问题花样频出，部分风险因素还未纳入食品风险监测项目或还不具备高精准的检测手段，食品安全监管机制和手段仍需不断完善。

6.1.3　食品安全技术支撑

1. 专利

食品企业专利数量不断提升，质量仍有待强化。“十二五”以来，我国规模以上食品工业企业专利申请量逐年增加(图2-6-18)，2017年达到23699件，较2011年增加1.28倍；

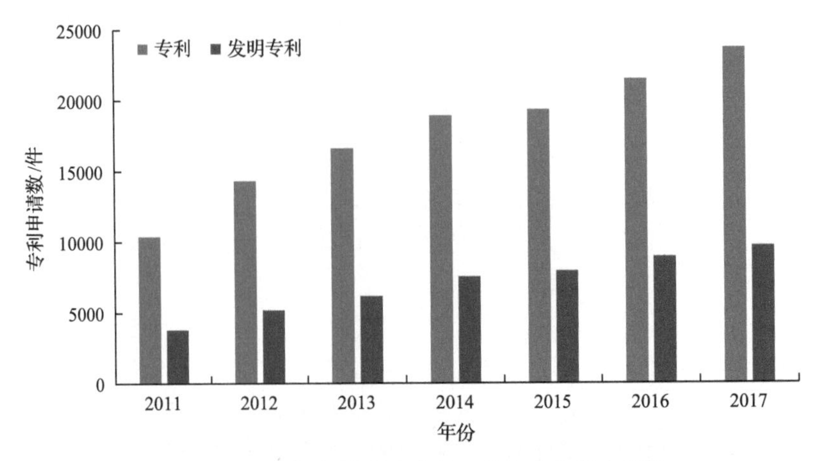

图2-6-18　我国规模以上食品工业企业专利申请数

(数据来源：中国统计年鉴，不含烟草)

发明专利申请量和占比逐年增加，2017 年达 9705 件，占专利申请量的比例从 2011 年的 36.6%提升到 2017 年的 41.0%。有效发明专利数量由 2011 年的 4287 件增加到 2017 年的 21892 件，但相较历年庞大的专利申请数量，我国有效专利数量仍无法满足食品产业发展需要，专利质量和专利成果转化率仍有待提升。

食品专利申请迈入提质新阶段。从表 2-6-8 数据可知，2011 年以来，我国食品相关专利数量持续增长，2016 年专利申请数量达到最高值，为 127606 件，其中发明专利 101210 件，占比近 80%，2017 年申请量出现大幅下跌，申请量仅为 66611 件，较 2016 年减少 47.80%，从一定程度体现出我国专利申请由“重数量”向“重质量”的转变。规模以上食品工业企业专利申请量在专利申请总量中的占比从 40%降到不足 20%，高校、科研院所仍是食品专利申请的主体，企业在科技创新中的主体地位仍有待提升。

表 2-6-8　我国 2011～2017 年食品专利申请数量分析（A21、A22 和 A23）

年份	发明专利			实用新型专利			合计
	A21	A22	A23	A21	A22	A23	
2011	1106	260	21440	606	400	3169	26981
2012	1748	406	27513	815	506	4129	35117
2013	2875	481	46354	918	501	4893	56022
2014	4042	634	60424	1293	631	6413	73437
2015	5791	1009	79097	1719	973	10448	99037
2016	6114	1131	93965	3537	2059	20800	127606
2017	3077	1010	53961	1222	783	6558	66611

数据来源：国家知识产权局

食品专利转化能力和水平不断提升。中华人民共和国国家知识产权局设立中国专利奖，以奖励发明创造水平高、通过专利保护取得较大经济效益的专利项目。自 1989 年设置中国专利奖以来，食品领域获奖 119 项，其中，专利奖金奖 10 项，专利优秀奖 96 项，外观设计优秀奖 13 项(图 2-6-19)。从年度看，1993、1995、2007、2012、2014、2015 和 2016 年度先后获专利奖金奖，专利优秀奖自 2001 年设置以来，除第八届未获得外，每届均有所斩获，第十九届数量最多，为 23 项。从获奖单位性质看，企业获奖最多，为 70 项，其次是高校和科研院所，分别为 21 项和 18 项，企业和高校或科研院所联合获奖 4 项，个人获奖 6 项，可见，企业在推动专利转化实施方面贡献较大。科研院所中，中国农业科学院农产品加工研究所和油料作物研究所获奖居多，分别为 6 项和 4 项；高校以江南大学和华南理工大学居多，分别为 8 项和 5 项；企业以海南椰果食品有限公司、内蒙古蒙牛乳业(集团)股份有限公司、内蒙古伊利实业集团股份有限公司和山东龙力生物科技股份有限公司居多，均为 3 项。从获奖细分领域看(表 2-6-9)，专利奖金奖以工艺和功能性低聚糖/提取物(如阿胶、壳寡糖、灵芝孢子粉、植物乳杆菌、花生肽、银杏提取物、保健油等)为主，分别为 26 项和 23 项，微生物发酵相关专利 12 项，安全检测技术装备相关专利 10 项，食品加工装备 10 项，还有针对奶、酒、饮料、杂粮等食品的专利共 22 项。外观设计优秀奖主要为酒盒(瓶)和乳品/饮料盒。

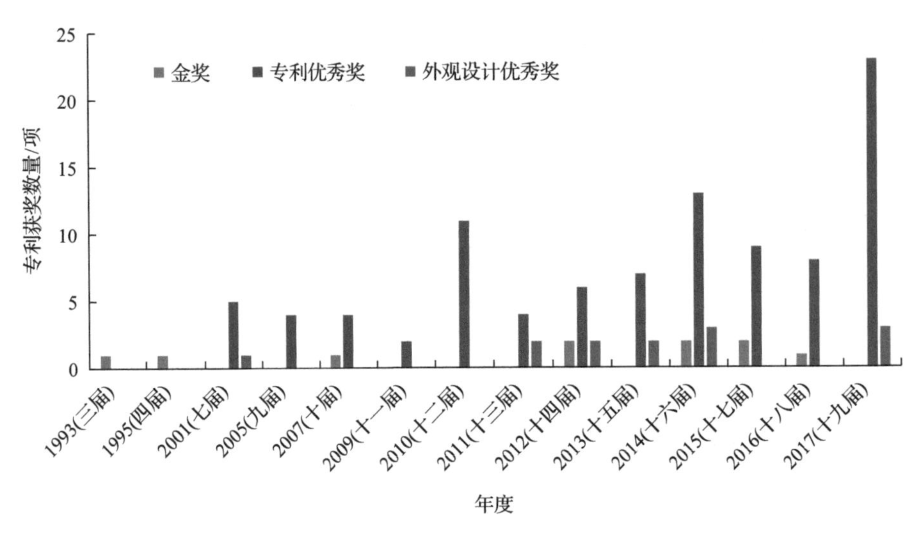

图 2-6-19 我国食品领域专利获中国专利奖概况

(数据来源：中华人民共和国知识产权局网站，部分年度无食品专利获奖故未在图中体现)

表 2-6-9 我国食品专利获中国专利奖的细分领域概况

分类		数量
专利奖	工艺	26
	功能性低聚糖/提取物	23
	微生物发酵	12
	安全检测技术和设备	10
	装备	10
	奶(含婴配粉)	8
	酒	6
	饮料	5
	杂粮食品	3
	酶	3
外观设计奖	酒瓶	7
	酒盒	3
	包装盒/饮料容器/瓶贴	3

数据来源：中华人民共和国知识产权局网站

2. 标准

《食品安全法》颁布实施前，我国已存在的近 5000 项食品标准缺乏系统性、科学性和可操作性，标准的矛盾、交叉、重复与缺失并存。2013 年 1 月，国家卫生行政部门根据《食品安全法》和《食品安全国家标准“十二五”规划》要求，制定了《食品标准清理工作实施方案》，正式启动食品标准清理工作。截至目前，我国完成了对 5000 项食品标准的清理整合，发布 1260 项食品安全国家标准。经过清理，新的国家食品安全标准体系初步形成，包括通用标准、产品标准、生产经营规范标准、检验方法标准四大类食品安全国家标准。

我国通用标准主要包括《食品安全国家标准　食品添加剂使用标准》(GB 2760)、《食品安全国家标准　食品中真菌毒素限量》(GB2761)、《食品安全国家标准　食品中污染物限量》(GB2762)、《食品安全国家标准　食品中农药最大残留限量》(GB2763)、《食品安全国家标准　预包装食品标签通则》(GB7718)、《食品安全国家标准　食品营养强化剂使用标准》(GB14880)、《食品安全国家标准　食品中致病菌限量》(GB29921)、《食品安全国家标准　预包装食品营养标签通则》(GB28050)等11项在内的通用标准。

食品产品标准包括《食品安全国家标准　发酵乳》(GB19302)、《食品安全国家标准　蜂蜜》(GB14963)等71项标准。特殊膳食食品标准包括《食品安全国家标准　婴儿配方食品》(GB10765)、《食品安全国家标准　辅食营养补充品》(GB22570)、《食品安全国家标准　特殊医学用途配方食品通则》(GB29922)等9项标准。食品添加剂质量规格及相关标准包括《食品安全国家标准　食品用香精》(GB30616)、《食品安全国家标准　食品用香料通则》(GB29938)、《食品安全国家标准　复配食品添加剂通则》(GB26687)等591项标准，食品营养强化剂质量规格标准包括《食品安全国家标准　食品营养强化剂氧化锌》(GB1903.4)、《食品安全国家标准　食品营养强化剂骨粉》(GB1903.19)、《食品安全国家标准　食品营养强化剂D-生物素》(GB1903.25)等40项标准。

食品相关产品标准如《食品安全国家标准　洗涤剂》(GB14930.1)、《食品安全国家标准　食品接触材料及制品迁移试验通则》(GB31604.1)、《食品安全国家标准　消毒餐(饮)具》(GB14934)等15项标准，生产经营规范标准如《食品安全国家标准　食品生产通用卫生规范》(GB14881)、《食品安全国家标准　食品经营过程卫生规范》(GB31621)、《食品安全国家标准　乳制品良好生产规范》(GB12693)等29项标准。

理化检验方法标准包括《食品安全国家标准　食品中水分的测定》(GB5009.3)、《食品安全国家标准　食品中砷的测定》(GB5009.76)、《食品安全国家标准　食品中多环芳烃的测定》(GB5009.265)等227项标准。微生物检验方法标准包括《食品安全国家标准　食品微生物学检验 菌落总数的测定》(GB4789.2)、《食品安全国家标准　食品微生物学检验 沙门氏菌检验》(GB4789.4)、《食品安全国家标准　食品微生物学检验　单核细胞增生李斯特氏菌检验》(GB4789.30)等30项标准。毒理学检验方法与规程标准主要包括《食品安全国家标准　食品安全性毒理学评价程序》(GB15193.1)、《食品安全国家标准　致畸试验》(GB15193.14)、《食品安全国家标准　致癌试验》(GB15193.27)等26项标准。

兽药残留检测方法标准包括《食品安全国家标准　牛奶中氯霉素残留量的测定 液相色谱-串联质谱法》(GB29688)、《食品安全国家标准　牛奶中甲砜霉素残留量的测定 高效液相色谱法》(GB29689)、《食品安全国家标准　动物性食品中五氯酚酸钠残留量的测定 气相色谱-质谱法》(GB29688)等30项标准。农药残留标准包括《食品安全国家标准　蜂蜜、果汁和果酒中497种农药及相关化学品残留量的测定 气相色谱-质谱法》(GB23200.7)、《食品安全国家标准　茶叶中448种农药及相关化学品残留量的测定 液相色谱-质谱法》(GB23200.13)、《食品安全国家标准　可乐饮料中有机磷、有机氯农药残留量的测定 气相色谱法》(GB23200.40)等114项标准。

3. 食品安全重点领域专利和技术标准现状

近年来，我国加大了对食品科技研发的支持力度。国家重点基础研究发展计划(973计划)、国家高技术研究发展计划(863 计划)、国家科技支撑计划、国家自然科学基金以及国家重点研发计划专项等科研项目，相继在食品加工制造、质量安全控制、物流、食品营养与健康等领域加大投入，在食品质量安全控制体系构建，食品安全专业人才队伍建设，食品检测、监测与控制技术体系研究，以及实验条件、仪器设备组建方面，取得了突破性进展与创新性科技成果。

特别是“十一五”期间，国家科学技术部首次将“食品安全关键技术”列为重大科技专项之一，瞄准国际食品安全科技前沿，强化中国优势特色传统食品安全科技与生物、信息等高新技术的交叉融合，突破风险评估、食品安全检验检测、溯源与预警以及安全控制等一批关键技术“瓶颈”。“十二五”期间，科学技术部围绕食品领域“863”计划和国家科技支撑计划累计投入超过 17 亿元的科研经费，国家自然科学基金委员会自设立“食品科学”申报方向以来，累计投入 7.9 亿元用于食品科学基础研究。“十三五”期间，据不完全统计，“现代食品加工及粮食收储运技术与装备”与“食品安全关键技术”两个重点专项，中央财政经费超过 10 亿元，为实现食品产业创新转型和可持续发展提供科技支撑[4,5]。

与此同时，我国食品科技研发实力不断增强，基础研究水平显著提高。2011 年以来，围绕食品安全危害因子检测与防控技术、农产品/食品品质控制关键技术与装备、食品营养健康产品开发关键技术创新等食品领域，先后获国家科技进步奖二等奖 29 项、国家技术发明奖二等奖 11 项，如食品安全危害因子可视化快速检测技术，冷却肉品质控制关键技术及装备创新与应用，苹果储藏保鲜与综合加工关键技术研究及应用，基于高性能生物识别材料的动物性产品中小分子化合物快速检测技术，动物源食品中主要兽药残留高效检测关键技术，生鲜肉品质无损高通量实时光学检测关键技术及应用，优质蜂产品生产加工及质量控制技术，食品和饮水安全快速检测、评估和控制技术创新及应用，鱿鱼储藏加工与质量安全控制关键技术及应用，两百种重要危害因子单克隆抗体制备及食品安全快速检测技术与应用等。高新技术领域的研究开发能力与世界先进水平的整体差距明显缩小；在超高压杀菌、无菌灌装、在线品质监控和可降解食品包装材料等方面研究取得重大突破，开发了一批具有自主知识产权的核心技术与先进装备，食品科技支撑产业发展能力明显增强；食品物流从“静态保鲜”向“动态保鲜”转变，在快速预冷保鲜、气调包装保藏、适温冷链配送等方面取得显著成效，有效支撑新兴物流产业的快速发展[4]。

1) 加工有害物生成机理及减控技术

食品加工过程危害物产生机理和代谢机制是食品安全与控制的科学基础，目前国际上有害物产生和代谢机理正从宏观向分子层面转变。依托食品科学与技术国家重点实验室，江南大学陈坚教授成功获批食品领域首个 973 项目“食品加工过程安全控制理论与技术的基础研究”：从分子水平揭示食品加工过程中多源危害物形成与干预、阻断与控制机制，建立食品发酵过程中关键生物危害物形成的分子基础、调控及消减策略，阐明以发酵食品、高蛋白质、高油脂加工食品为代表的加工过程中危害物生成及调控机制；突破中近红外光谱、拉曼光谱、传感器及生物分析谱等加工过程危害物结构信息实时在线检测技术，开发基于微纳效应的危害物在线检测设备，建立主要食品组分加工过程危害因子分型数据库，建立杂环胺、丙烯酰胺、反式脂肪酸、氨基甲酸乙酯等典型危害物同时阻断、抑制、控制和消除新途径[6]，建立高蛋白食品、高油脂食品和发酵食品三类典型食品的安全加工新体系。在复杂食品体系中，典型的食品成分如碳水化合物、脂肪酸、蛋白质等物质在加工过程会产生导致食品安全问题的危害物。不少学者围绕热加工食品中有害物形成机理开展深入研究，通过模拟实验和动力学分析，揭示热加工肉制品中杂环胺的形成机理、油脂加热过程中反式脂肪酸的形成机理，并在模拟和实际物料体系下系统研究了呋喃的形成机制，在全面揭示这些加工过程有害物的同时，研究探索了有害物形成机制与控制途径[7]。

食品中亚硝酸盐的使用极易形成亚硝基化合物，如亚硝胺。植物果蔬的提取物富含 VC、VE、黄酮等还原性物质，能有效阻断亚硝化反应，柚皮浸提液效果最佳[8]。此外，香辛料也有很好的抑制作用，丁香和八角抑制效果随提取液加入量的增加而增强。目前，采用辐照技术降低亚硝胺含量在国外已成为主流技术，国内对于已形成的亚硝胺的危害控制和降解技术研究还有待深入。另外，利用天然提取物或者微生物发酵技术来抑制或降解亚硝基化合物在安全保证、微生物安全保证等方面的研究也有待重视，在加强硝酸盐还原系统、规范天然替代物使用量和提高抑菌剂效果、减低用量等方面还有待深入研究。

肉制品加工过程中常常产生有毒有害物质，如经热处理的高蛋白肉制品产生杂环胺化合物，腌腊肉制品为达到发色、抑菌、抗老化和增加风味而在腌制中添加的亚硝酸盐会形成致癌物质亚硝基化合物(多为亚硝胺)，烟熏肉制品由于烟熏可能会产生致癌物质多环芳烃类化合物，如苯并芘。国外对杂环胺各方面开展了深入而细致的研究，包括杂环胺的分离富集和定性定量分析、影响因素和控制方法、形成机理和控制手段[9]。原料肉种类、加工方式、加工时间和温度、关键前体物等对杂环胺形成会产生影响，由于加工方法的差异，肉制品中产生的杂环胺的种类、数量以及形成机理可能存在很大不同。国外抑制杂环胺的香辛料在我国并不常见，而目前我国对肉制品中杂环胺形成和影响因素研究较少，多为提取检测方法的研究，结合我国常见的香辛料和天然抗氧化剂来研究其对杂环胺的抑制效果还有待进一步深化。

2) 生物毒素、食源性病原微生物检测及防控

华中农业大学袁宗辉教授开展了“畜禽产品中有害物质形成原理与控制途径研究”，发现和鉴定出喹噁啉类(乙酰甲喹、喹烯酮、喹赛多)和单端孢霉烯族毒素(脱氧雪腐镰刀菌烯醇、T-2 毒素等)在猪和鸡体内 40 种有害物质的组成和结构，筛选出参与有害物质生产的 10 种关键代谢酶；两类物质毒作用靶器官为肝脏和肾脏，氧化应激是其产毒的作用机制；建立 5 种受试物及其主要代谢产物(残留物)在畜禽产品中的吸收、分布、代谢和排泄途径，系统评价乙酰甲喹、喹烯酮、喹赛多、脱氧雪腐镰刀菌烯醇等在猪、鸡等畜禽产品中的安全性，为国家制定相关食品安全标准提供数据支撑；获得高效一致镰刀菌及产毒性的拮抗菌 1 个，脱毒菌 2 个，建立生物及物理技术消除毒素的畜禽食品加工技术，为畜禽产品中目标化合物的有效控制提供了全面的技术保障。依托农业部农产品加工重点实验室，以中国农业科学院农产品加工研究所刘阳研究员为首席科学家，开展了“主要粮油产品储藏过程中真菌毒素形成机理及防控基础”研究，揭示花生和小麦储藏过程中真菌菌群的演变规律；解析黄曲霉不产毒的分子机理，阐明水分通过 HOG(高渗透甘油)信号途径、温度通过 TOR(雷帕霉素靶标)信号途径调控真菌生长和毒素产生的分子机制，海藻糖合成基因 TPS1 和 TPS2 可以作为控制禾谷镰刀菌的新靶点；揭示花生白藜芦醇、乙烯抑制黄曲霉毒素合成的分子机理；建立真菌生长活动早期监测预警体系和黄曲霉毒素产生预警模型；解析真

菌毒素的微生物降解和酶解机理，评价真菌毒素降解产物和解毒制剂的安全性，研发的真菌毒素解毒菌制剂和酶制剂应用到企业，提升解毒效率。围绕生鲜肉、肉制品、水产制品等，明确特定腐败菌种、动力学生长模型及腐败代谢产物，探究群体感应信号、环境条件(pH、水分活度、温度、包装形式等)对腐败菌生长变化的影响机理机制[10,11]。

3) 大数据、智能化和信息化技术

(1) 食品安全可追溯系统应用。国内部分企业基于射频识别(RFID)技术和运输过程中的 GPS 定位系统建立起可追溯系统[12,13]，用于追溯产品信息及产品营销宣传，但基于网络技术、软件技术的生产链信息溯源体系与后台监管数据库的食品安全的可追溯系统构建仍不完善[14]，应用推广尚处于初级阶段，无法使食品可追溯系统有效通过生产信息跟踪进行溯源与监管。我国在后台监管数据库建设层面尚存在明显不足。

(2) 食品安全管理体系。HACCP 体系、SSOP 程序、GMP 规范等能够较好地实现对食品生产、流通的安全控制，在国际上普遍推行。近年来发展起来的肉类 PACCP 技术，通过研究肉类食品生产、加工和烹制方法，在加工业建立一系列指导文件，最终提高和保障肉类食品的风味、多汁性和嫩度等食用品质。南京农业大学基于 PACCP 原理，通过对冷却牛肉生产、加工、储运和消费过程的品质分析，研发了集冷却肉质量设计、控制和优化的全产业链管理技术。脆弱性评估和关键控制点(vulnerability assessment and critical control point，VACCP)体系的侧重点从食品风险转移到脆弱性。食品欺诈脆弱性是指对于被认为是如果不处理将会使消费者健康处于风险的一个漏洞或缺陷的食品欺诈风险具有易感性或者暴露性[15]。针对生产链暴露出的食品掺假漏洞，国内部分企业通过建立 VACCP 体系，对食品供应链掺假行为进行有效防控。

(3) 食品安全管理信息化与智能化。近年来，数字化、信息化和智能化食品加工制造装备助推食品产业创新转型，信息化与智能化风险管理技术与平台快速发展。智能控制技术、自动检测技术、传感器与机器人及智能互联技术的开发及应用有效提升食品加工制造装备的智能化水平。柔性制造、激光切割和数控加工等先进工业制造技术在食品加工制造装备领域的应用，不断提升装备制造精度。成套化、自动化、智能化食品加工制造装备正不断成为推动我国食品产业现代化和创新转型的重要保障。我国食品安全智能化应用技术研究也在加速推进：研发基于物联网技术的农药产品追溯系统、中国农药数字监督管理平台、国家兽药产品追溯系统等，初步实现农兽药产品信息化管理；建成国家食品安全监督抽检监测信息系统、进口食品风险预警系统、乳制品风险预警系统以及覆盖 58 个大中城市的肉菜流通追溯系统等，实现食品从农田到餐桌多环节信息的信息化监控、预警与追溯；“贵州云”建成集监管、测试信息、认证追溯及大数据平台的“三系统一平台”服务体系；建成基于数据库和 3D 技术的乳品、果汁、粮食制品等虚拟教学系统，实现食品生产全程仿真实训和人机交互。

4) 食品真实性鉴别技术

经济利益驱动型食品掺假，其方式的日益多元化、复杂化对食品真实性鉴定技术提出更高要求。随着检测技术的不断发展，国内外食品掺假检测技术体系涵盖了从食品原料、加工到最终产品的整个过程，能够较好实现对物种真伪、产地溯源、掺假物等的鉴定与检测等。当前，较常使用的食品掺假检测技术有 DNA 法、蛋白质组学法、同位素分析法、光谱法、色谱法[16]等。

中国肉类食品综合研究中心以差异蛋白质组学为理论研究基础，研究了常见的食用肉中相对种属特征性多肽，利用高效液相色谱-串联质谱（HPLC-MS/MS）实现对肉类掺假定性鉴别及定量分析[17,18]，构建的多肽识别技术可以快速、灵敏、准确地检测出羊肉中的鸭肉成分。DNA 法包含 DNA 指纹技术和 DNA 条形码技术等。应用于动/植物源产品物种真伪和产地溯源的 DNA 指纹技术可不受环境和组织类别、发育阶段等的影响。DNA 条形码技术具有简单、快速、准确、检测范围较广等优点，能够用于物种分类和食品鉴定。以猪、牛、绵羊、山羊、狗、狐狸、貉、鸡、鸭的线粒体 DNA 及 RNA 基因为靶位点，设计具有显著性差异的特异性引物，可快速鉴别肉或肉制品中肉种来源，特异性及灵敏度良好[19,20]。中国检验检疫科学研究院以羊和猪的单拷贝持家基因DNA复制蛋白A1为靶基因设计合成了适用于微滴式数字聚合酶链式反应的特异性引物和探针，通过理论推导获得了单位质量两种肉基因拷贝数之比的固定值，从而建立了羊肉中掺杂猪肉的精准定量检测方法[21]。

同位素检测技术主要根据不同产地动植物产品同位素丰度的差异对其进行溯源，具有可定位、准确、快速等优点，常用的同位素包括碳、氢、氧、氮、锶、镁、铅等，在果汁、饮料、酒、奶制品和肉制品等动/植物源性食品产地溯源方面，该方法均有一定应用[22,23]。随着联用仪器的相继开发，新的同位素分析技术还将被持续开发，不断拓宽同位素法鉴别应用范围。

光谱法具有特征性强、不受样品状态限制、易操作等优点，较常使用的方法有红外光谱法、高光谱法、拉曼光谱法、核磁共振波谱法等。红外光谱法是基于不同化合物在 0.78～1000 μm 的电磁波范围内具有不同的红外吸收光谱，从而实现对化合物的定性和定量分析，该法已经应用在调味品、牛奶、肉类和油脂掺假检测中。核磁共振波谱法基于处于强磁场中原子核对射频辐射的吸收，该法已经应用于肉制品定级以及油脂和乳制品的掺假鉴定。但是，光谱法会面临仪器频繁维护和改进模型等不足。

色谱法基于试样组分在固定相和流动相间的离子交换、吸附、溶解、分配或其他亲和作用的差异，实现对食品成分的分析鉴定，具有高灵敏度、重复性好、快速等优点，气相色谱法和高效液相色谱法应用最多。生鲜牛乳中甲醛掺假、蜂蜜中糖浆掺假、玉米馒头中柠檬黄色素掺假等鉴定多采用高效液相色谱法，而气相色谱法多应用在花生油、棕榈油、山茶油等食用油的掺假鉴定[24]。

5）人类健康与营养

依托省部共建（科学技术部和天津市人民政府）食品营养与安全国家重点实验室和北京食品营养与人类健康高精尖创新中心，围绕食品营养与功能评价、食品危害物识别与风险评估、加工制造过程营养与安全调控机理、食物营养与人类健康、健康食品加工技术研发与转化等方向，研究了食品组分（蛋白质、多酚、多糖、PUFAs 等）/特定功能因子（阿玛多瑞/罗汉果皂苷/葫芦素/绿原酸/美拉德反应产物等）构效/量效关系、生物利用度以及对人体健康（调节免疫、降血脂、降血糖、抑制肝细胞增殖、保护脑神经、调节肠道菌群等）作用机制[25]，明确不同加工方式（冷冻/喷雾干燥、超高压、动态高压微射流、微波等）对食品及关键组分（蛋白质、多糖等）理化特性和营养特性的影响。围绕乳酸菌资源发掘、益生菌生理代谢与功能解析优化等，依托乳业生物技术国家重点实验室，开发出我国首株具有自主知识产权并真正实现大规模产业化应用的益生菌菌株 ST-III；依托国家功能食品工程技术研究中心，从泡菜中筛选得到具有排镉功能的植物乳酸菌，为膳食干预和预防镉中毒提供有效支撑；依托乳品生物技术与工程教育部重点实验室，建成中国最大的具有自主知识产权的乳酸菌菌种库，基于宏基因组学技术阐明益生菌摄入对人体肠道菌群结构的影响及变化趋势。

从我国专利奖获奖专利也可以看出，我国在人类健康与营养方面具有一定的技术优势，如江南大学“一种具有排镉功能的植物乳杆菌及其用途”获第十七届中国专利奖金奖，黑龙江珍宝岛药业股份有限公司“一种银杏叶组合物及其制备方法”获第十八届中国专利奖金奖。

选取具有调节免疫力功能的保健食品，对该领域我国相关专利申请情况进行分析，自2008 年开始，该领域专利申请数量基本呈现逐年增加趋势，仅 2012 年略有降低(图 2-6-20)。从技术主题看，该领域专利主要关注具有免疫调节功能的营养成分及组合物，以及其在普通食品中添加以提供保健功能两方面。我国该领域专利有 648 项获得授权，处于有效状态的为 561 项，专利有效率高达 86.6%，企业申请专利数量超过 50%，可见该领域专利具有较高的技术价值，相较高校和科研院所，企业更重视通过专利来保护其核心技术以增强竞争力。

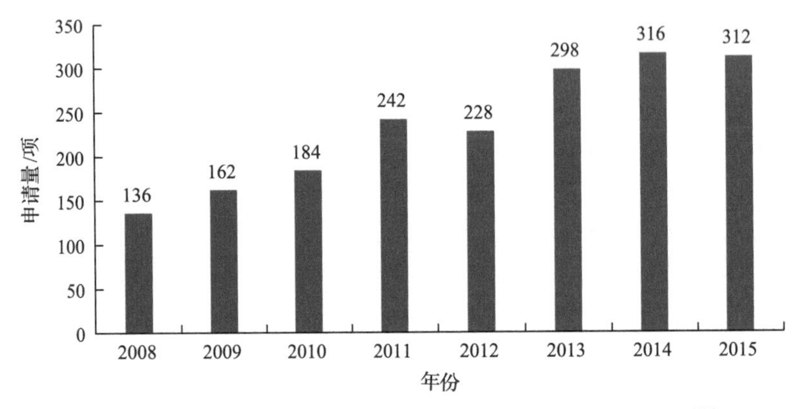

图 2-6-20　我国具有调节免疫力功能的保健食品专利申请量[26]

6)污染物、危害因子暴露评估

在“十一五”科技支撑计划中部署了化学污染物暴露评估、食品添加剂安全性评价、食品包装材料安全性评价等基础研究，初步建立膳食暴露评估用食物消费量数据库和全国食品污染物检测数据库，对重金属污染物、真菌毒素和农业残留物和新热点污染物(氯丙醇、丙烯酰胺、二噁英等)进行较系统的暴露评估[27]，填补膳食暴露评估空白，为《食品安全国家标准　食品中污染物限量》制定提供依据；建立 PFOA 和 PFOS 动物毒理学研究，针对食品包装材料中 20 种重要有毒有害物质提出安全限量值参考，为食品安全国家标准制定提供数据参考；建立食品添加剂食品安全风险评估指南和评价原则，构建食品添加剂毒理学数据库，为食品添加剂新品种审评及安全性评价提供基础资料；但在保健食品关键风险因子、过敏原等新型安全风险评估方面仍有待深化。

食品危害物毒理学基础研究。通过优化样品的捕集、前处理、纯化和富集方法，综合采用 GC-MS、HPLC-DAD、UPLC-MS/MS、HPLC-MS/MS 等分析技术建立了油炸薯类制品、油炸方便面等反应过程中产生的丙烯酰胺、糖基化终产物、杂环胺等危害物的定量分析方法体系以及高通量分析方法，构建了油炸方便面中丙烯酰胺，油炸方便面、油炸薯类制品中糖基化终产物的基础数据库，对实际消费者进行了人群研究，初步获得部分消费者对上述危害物的人群暴露数据，为风险评估提供了数据支持。

食品新原料、新食品添加剂和新接触材料安全性评价技术研究。参照国际认可的食物中食品添加剂清单，研究建立我国食品添加剂风险评估技术方法，建立食品添加剂毒理学数据库，为食品添加剂合理合规使用和风险评估提供技术和数据，并建立酶制剂及防腐剂的安全评价方法与原则，制定我国特有食品添加剂红曲红、栀子黄等的标准及检测方法，为我国食品添加剂安全性评价和科学管理提供技术依据。

风险评估信息化技术平台建设。风险评估技术手段上，风险评估还停留在人工浏览和统计的基础上，缺少自动或半自动化的风险评估分析处理工具。我国食品安全预警系统和风险预警模型大多停留在研究层面，基于致病菌生物特性、污染物特征、食源性疾病特征的食品安全风险定量评估工作开展不多。

基础数据库和指标体系。目前我国食品污染和食源性疾病的监测数据资料还很有限，只有静态数据而缺少动态数据，终端产品监测数据多，产品生命周期的前期危害物监测数据缺失，食品安全信息渠道不畅通，各方面的数据不能共享共用，现有人群食源性疾病症状监测网络尚不能达到科学预警的要求。目前，我国针对食源性致病菌，尚未建立完善的风险评估资料。在食物污染方面，尚缺乏长期、系统的有关食品中一些对健康危害大而在贸易中又十分敏感的生物性污染物、化学性污染物、物理性污染物的污染状况的监测资料。这些基础数据的缺乏使食品安全预警更多地停留在经验阶段。

7）耐药性

细菌耐药性正成为全球共同的挑战，动物源性食品中耐药菌可以通过食物链或周围环境将耐药基因转移给人类，因此其引发全球关注和研究。我国经报道的畜禽肉耐药致病菌类型有空肠弯曲菌、沙门菌、大肠埃希菌和肺炎克雷伯菌等；水产品中耐药致病菌以空肠弯曲菌为主[28]。多耐药菌在食品中频现，空肠弯曲菌可耐氨苄西林、四环素、环丙沙星、庆大霉素、红霉素、链霉素、克林霉素、萘啶酸和万古霉素，沙门菌耐药表型为新诺明、复方新诺明、四环素、萘啶酸、环丙沙星、头孢曲松和头孢哌酮，其中，陕西省市售畜禽肉中分离的沙门菌多耐药率高达 67%。除耐药表型外，耐药基因也被发现在动物源性食品中开始传播。中国农业大学沈建忠为首席科学家，在“畜禽重要病原菌抗生素耐药性形成、传播与控制的基础研究”课题研究中，首次发现大肠杆菌质粒介导的多黏菌素耐药基因 *MCR-1*，提示存在动物和人之间传播风险；首次揭示两种耐药基因 *blaNDM* 和 *MCR-1* 在鸡肉养殖链中的不同的传播模式，较大规模地分析了 *MCR-1* 阳性大肠杆菌在临床病人及社区人群中的分子流行特征，确定了引起 *MCR-1* 阳性大肠杆菌传播的因素及其所导致的临床风险，为耐药性的风险评估与预防控制提供了重要的理论基础[29]。

8）化学有害物识别

食品危害物非定向筛查和确证关键技术研究。目前我国在食品安全未知化学有害物的非定向筛查技术，包括研究样品全回收前处理材料和技术，建立食品生物性、化学性和放射性危害物质全谱高灵敏度、高通量双向识别技术方面取得进展，与主要贸易国和地区法规限量相衔接的确证技术研究逐步实现指标全覆盖。

通用型前处理技术。目前这类技术主要包括 QuEChERS 技术、分级提取净化技术、固相微萃取技术、在线固相萃取技术以及涡流色谱技术[30]。郭萌萌等[31]采用改进的 QuEChERS 技术，对水产样品进行提取、净化，建立了同时测定水产品中 16 种多环芳烃的高效液相色谱分析方法。赵延胜等[32]建立了 46 种禁限用合成色素的分级提取净化体系。李红等[33]采用顶空固相微萃取与气相色谱-质谱联用法分析了潲水油和正常食用植物油样品中的挥发性成分，主要差别成分是茴香脑、丁香酚及二氢大茴香脑。杨蕴嘉等[34]建立了测定饮用水中双酚 A 和壬基酚的在线固相萃取-液相色谱-质谱联用法(On-line SPE LC-MS/MS)，实现了样品的自动化前处理。基于涡流色谱净化原理的在线分析方法，可实现对牛奶中磺胺类、大环内酯类、喹诺酮类、β-内酰胺类、苯并咪唑类、四环素类、镇静剂类和激素类等 88 种药物残留的同时检测[30]。

高通量仪器筛查确证技术。张东雷等[35]建立了肉制品中 10 种碱性染料的超快速液相色谱-离子阱飞行时间质谱(LC-IT-TOF-MS)检测方法。吴斌等[36]利用高效液相色谱-Q-Exactive 四极杆/静电场轨道阱高分辨质谱实现了辣椒、青花菜、脱水土豆、大豆、绿茶和大蒜 6 种蔬菜中 96 种农药残留的高通量筛选和确认。

筛查确证数据库。目前，国内外未知化学物快速筛查确证，主要是通过质谱图谱等相关信息与化合物基础信息进行关联，建立基于高分辨质谱的可用性、可重复性的数据库，通过检测数据快速信息化检索来提升鉴定未知化合物的速度和准确性，主要包括以农兽药残留、药物、非法添加物、工业染料等高风险物质为筛查重点。郭娟[37]通过配有电喷雾离子源的四极杆-飞行时间质谱仪建立了包括农药、抗生物、精神药品、其他药品及兽药等 1196 种有毒有害化合物的 UPLC-Q-TOF 数据库。刘畅等[38]分别建立了食品中兽药残留高通量筛查与检测平台，涵盖 β-受体兴奋剂、镇静剂、磺胺等 100 种以上兽药。钱疆等[39]建立了涵盖食品中 36 种人工合成色素、基于液相色谱-飞行时间质谱的质谱筛查信息数据库。北京市食品安全监控和风险评估中心整合混合溶剂提取、基质固相分散萃取、凝胶净化色谱等多种前处理技术，集成串联质谱、高分辨质谱、核磁共振等前沿检验手段，形成通用快速前处理技术、食品中毒害物质同步识别谱库和食品中非目标成分鉴定技术，构建了食品中高风险化合物筛查鉴定技术平台，食品中高风险化合物筛查谱库涵盖食品中农药残留、兽药残留、食品添加剂、非食用添加物、重金属、稀土元素等主要理化危害指标近 3000 种。

我国在快速在线(无损)检测方面的研究相对较晚，目前在成分快速测定、腐败菌和致病菌快速鉴定等方面，取得了阶段性研究进展[40,41]。在我国小分子化合物抗体制备技术的基础上研发出一系列快速检测免疫分析技术及产品，有力地促进了残留监测工作的开展。但大部分还只停留在实验开发阶段，没有大规模用于工业生产，存在抗体检测目标较单一，缺少食品中致病微生物的免疫检测技术，难以及时应对突发食品安全事故和“非法添加物”等问题。在高通量检测技术领域，我国科研工作者在农兽药残留的高通量检测技术方面取得了长足进步，通过气相色谱、液相色谱、质谱等高端仪器的联用，实现了多种农兽药残留的同步检测。

农兽药残留的高通量检测技术。庞国芳院士在高灵敏度、高选择性、高分辨率的多残留快速检测新技术和新型萃取、分离、富集等样品制备新技术方面多有创新，先后主持建立了近 150 项农兽药残留等检测技术国家标准，打破了国外的技术和贸易壁垒，推动中国蜂蜜、鸡肉等产品打入国际市场；作为带头人，组织多个国家实验室开展农兽药残留 AOAC 方法的协同研究及验证，如同时测定农产品中拟除虫菊酯类多残留气相色谱法、监控鸡肉中的氯羟吡啶兽药残留液相色谱法和茶叶中 653 种农药多残留高通量分析技术，以及蜂蜜 300 多种农药残留的测定方法，以及基于稳定碳同位素方法鉴别中国蜂蜜来源等。

真菌毒素多残留检测技术。王俊平等开发了高灵敏度、高通量真菌毒素多残留快速和精准检测技术，建立黄曲霉毒素等 4 种真菌毒素的检测方法、12 种毒素同时检测的液相色谱-质谱联用检测技术、15 种生物素多残留同位素稀释液相色谱-质谱联用检测技术、贝类毒素和河豚毒素适配体标记检测技术、动物源食品中内生毒素的高通量精准检测技术等。裴世春等基于抗体特异性识别抗原表位的功能，探索了靶向分离未知的隐蔽型真菌毒素以及利用液相色谱-质谱联用技术进行鉴定的方法，为发现更多新的隐蔽型真菌毒素提供可行性方案。

快速检测试剂盒。张改平院士研制 β-肾上腺素受体激动剂-克伦特罗的快速检测 ELISA 试剂盒(CL-Kit)，成套免疫试纸快速检测技术体系的构建为我国重大动物疫病快速检测和动物源性食品安全提供强有力技术保障。江南大学以低成本、快速检测食品危害物为目标，开发生物识别结合新型纳米标记新材料，将化学有害物检测敏感度提高到单分子水平。

9) 物流储运保鲜

生鲜食品的供应链中，物流是一个重要环节。肉禽蛋、水产制品、果蔬的不耐储藏、对卫生要求高的特点决定了对物流过程有着特殊的要求。近年来我国食品物流在快速预冷保鲜、气调包装保藏、适温冷链配送等方面的研究取得进展。“十二五”期间，国家科技支撑计划“鲜活农产品安全低碳物流技术与配套装备”项目累计开发水果、蔬菜和水产品等农产品物流核心技术 43 项，开发了果蔬移动真空预冷技术、水果节能适温储运技术、水果适温物流辅助技术、水产品无水保活技术、冰温保鲜技术等新技术；研制 17 台(套)鲜活农产品低碳节能物流装备，如冰温保鲜库。曾凯芳等通过确定夏橙果实、龙安柚、西兰花等果蔬原料的物流和病害率、储藏期等货架参数，通过控制环境条件和应用生物源保鲜剂，代替传统化学杀菌剂，对传统果蔬物流保鲜技术进行技术改革，以实现物流果蔬的绿色防腐和安全保鲜。胡小松等开发了苹果 CO_2 高透性保鲜膜，构建了“低温+自发气调袋+保鲜剂”的简易气调储藏模式。徐昌杰等研究特色易腐果蔬物流损耗规律，研发了系列冷链物流技术，并完成了智能环保型移动式果蔬高湿变风量压差预冷装置、冷链物流专用周转容器等样机的研制试验。

目前，我国已逐步建立基于栅栏技术、冷链技术、超高压和脉冲等新型冷杀菌技术的低温食品安全保鲜技术体系。食品安全干预技术、在线检测技术、GPS 与 RFID 技术应用于流通过程食用农产品和食品的实时跟踪监控与溯源，以满足消费结构的多样化与销售超市连锁化对食品物流配送的要求，保障肉类食品的安全性和质量。励建荣等在水产品冷杀菌和生物保鲜技术、可预测货架期指示器、水产品多聚磷酸盐和甲醛检测及脱除技术、水产品致病菌和寄生虫检测技术、可溯源体系及风险分析研发等水产品质量安全控制关键技术方面有所突破，为大宗水产品的市场拓展和增值提供了技术支撑。

6.2　经济新形势下食品安全问题剖析

6.2.1　新兴业态监管模式仍待完善

食品安全严管与跨境电商零售进口监管过渡政策难衔接，食品安全保障仍存在问题。

财政部、海关总署、国家税务总局等发布的《关于跨境电子商务零售进口税收政策的通知》（财关税〔2016〕18号）及《关于公布跨境电子商务零售进口商品清单的公告》和《关于公布跨境电子商务零售进口商品清单（第二批）的公告》要求跨境电商零售进口食品按照个人物品监管，无需进行食品安全检验，该政策延长至2018年底。婴儿配方食品、特殊膳食食品是主要跨境海淘食品，国内对其进行严格监管，而进口食品安全检验检疫监管政策对跨境电商进口食品监管弱化，无法保障跨境电商食品的安全。基于贸易便利化与食品安全严管之间需要政策衔接，以确保跨境电商食品的安全性。

新兴业态推陈出新，监管政策、监管机制尚不适应。基于互联网的电商食品安全事件屡屡发生，网络订餐平台消费投诉居高不下。《网络餐饮服务食品安全监督管理办法》对规范网络餐饮服务提供者进行量贩、推动网络餐饮市场规范化发展发挥重要作用，但仍存在不少监管薄弱环节。依托微信平台的微店、微商，其食品经营行为难以界定，消费者往往无法获知经营者营业资质合规性、从业人员是否持健康证上岗、食品加工卫生条件、食品原料安全性等真实情况，朋友圈的私密性和隐秘性更增加了监管、查证和执法难度，当前针对微店、微商食品监管尚无明确部门，监管尚处于真空地带。

6.2.2 进口食品安全风险控制与治理体系仍待完善

1. 宏观治理机制尚不健全

治理依据不够充分。当前的进口食品法律法规尚不能完全满足科学治理需求，一些基本制度设计不够合理。监管配套规章不够健全，部分监管措施缺乏法律支撑，部分制度缺乏细则指导。一线监管的执法依据为大量的规范性文件，有效性和严肃性不够。

治理机制不够健全。目前，基于责任配置的进口食品安全治理机制尚未得到充分落实。进口食品输出国家或地区食品安全监管体系审查工作覆盖面不足，针对输出国政府的责任传导力度不够，导致进口食品安全“单兵作战”局面尚未根本改变；由于对进口食品违法违规行为处置力度不够，处置手段有限，导致“生产经营者”食品安全第一责任人角色未充分履行。

治理链条存在薄弱环节。在进口食品安全事前预防、事中控制、事发响应和事后改进四大环节中，我国在事中控制和事发响应方面做得较好，但在事前预防、事后改进方面存在重视度不够、投入资源不足等问题。

2. 微观监管支撑较为薄弱

监管信息化水平不够高，缺乏全国统一的检验检疫监管信息化平台，特别是很多监管检测数据尚未有效整合，信息孤岛局面没得到根本改变。

监管人员业务培训机制建设不足。进出口食品安全监管人员数量不足、业务能力不高问题仍比较突出，特别是一线监管人员专业化程度不够。

检验检测技术支撑能力不能满足新形势需要，特别是由于缺乏快速检测技术和方法，不能在安全基础上满足当前贸易便利化的要求，技术现代化程度不足。此外，不少检验检疫机构实验室专业技术人员不足，一些高精仪器设备利用率低，检测信息不能共享，难以为进出口食品安全提供全方位的技术支撑。对食品安全未知物鉴定技术、生物芯片高通量检测技术、同源复杂组分检测技术等进出口食品检验检测高端技术和设备研究有待提升。

风险评估、监控和预警体系研究基础较为薄弱，体系效能尚不能完全实现《食品安全法》“预防在先”要求。此外，应急处置协调联动不够，快速反应能力有待进一步提高。资源保障不够，特别是检验检测等技术支撑机构的体制改革，导致其面临市场创收压力，在一定程度上影响了执法服务质量。

6.2.3　食品安全技术支撑不足

1. 关键领域专利仍跟跑，国际化布局不多

与发达国家相比，我国授权专利占比较低，专利质量有待提升。全球食品安全快速检测技术相关 4615 项专利[42]中，授权 1548 项，授权比例为 33.54%。美国申请专利 468 项，授权 243 项，授权比例为 51.92%，而中国申请的 2423 项专利中，仅有 686 项获得授权，授权比例为 28.31%，低于全球平均水平。

关键技术领域研究较发达国家还处于跟跑阶段。以零反式脂肪酸[43]为例，我国从 2008 年开始关注并申请专利，至 2013 年达到最高峰，而全球该领域专利数量在 2004～2009 年呈现上升态势，2010 年以后专利数量逐步回落。可见，我国零反式脂肪酸技术研究较全球落后 4～5 年，基本处于跟跑状态。

专利国际化布局弱化、专利布局相对零散单一。从功能性食品益生菌[44]专利分布看，我国光明乳业和江南大学在 2005～2014 年仅有 4 项和 2 项专利，以雀巢、多美滋为代表的欧美企业和明治乳业、养乐多为代表的日本企业国际专利数量均超过 10 项，雀巢国际专利数量更是高达 205 项。对不同研究机构食品安全快速检测技术专利申请量进行排名[42]，我国 5 所研究机构在食品安全快速检测技术领域专利申请量排名前 10 位，但 5 家机构申请的专利均为国内专利，海外专利布局意识有待提升。

2. 国际标准制定参与度较低，国内标准制定数据有待完善

我国国际标准制定参与度较低。近年来，我国国际组织参与度不断提升，目前是 CAC 食品添加剂委员会和农药残留委员会主席国，ISO/TC34（食品专业技术委员会）下设 SC4（谷物和豆类）、SC6（肉禽蛋鱼及产品）和 SC19（蜂产品）分委员会秘书处单位，我国标准化专家委员会委员张晓刚首次当选 ISO 主席。但是，我国食品国际标准制修订参与度仍有待加强。据不完全统计，仅 CAC 标准《非发酵豆制品》、ISO《蜂王浆》以及 AOAC 农药残留、生物毒素检测方法标准等 6 项国际标准由我国主导制定（见表 2-6-10），CAC 使用我国农药残留数据制定国际限量标准数量仅 11 项。

我国食品标准建设数据有待完善。从膳食暴露评估看，我国暴露评估工作局限于平均暴露量的比较，对敏感人群（即高暴露和高风险人群）如针对婴幼儿的中国食物消费量（高百分位数，如 P97.5）等评估参数尚未建立。此外，我国生物性和化学性污染情况仍然“家底不清”。在致病微生物造成的食源性危害方面，我国食源性疾病全国性监测网络仍有不报、瞒报问题，对引起食物中毒的常见重要致病菌，缺乏完善的食品安全风险评估数据；化学污染物监测覆盖面、监测项目、监测技术、数据库建设仍有待完善；食品农兽药残留以及生物毒素污染缺乏全面、长期、系统性监测；二噁英及其类似物、氯丙醇酯和某些真菌毒素在食品及环境中的污染状况仍需重点监测。

表 2-6-10　我国主持制定的国际标准

国际组织机构	标准编号	标准名称	标准主要制定人/机构
CAC	/	非发酵豆制品	中国商业联合会
ISO	ISO 12824:2016	蜂王浆	南京老山药业
AOAC	AOAC 998.01	同时测定农产品中拟除虫菊酯类多残留气相色谱法	庞国芳
	AOAC 2003.04	监控鸡肉中的氯羟吡啶兽药残留液相色谱法	庞国芳
	AOAC 2013.05	橄榄油、花生油和芝麻油中黄曲霉毒素 B1、B2、G1 和 G2 的检测	山东出入境检验检疫局技术中心
	AOAC 2014.09	使用 GC-MS、GC-MS/MS 和 LC-MS/MS 检测和确证茶叶中 653 种农药多残留和化学污染物方法	庞国芳

数据来源：CAC 网站，ISO 网站，AOAC 网站

3. 论文影响力有待提升

中国食品科学领域的论文影响力和学术价值较欧美国家仍有一定差距。基于 2010～2014 年食品科学文献计量学分析[45,46]结果可知，美国以 150941 次引用明显领先于中国(78194 次)和西班牙；从篇均被引次数看，欧美国家均超过全球平均水平(5.2 次/篇)，西班牙和加拿大分别为 8.5 次/篇和 8.0 次/篇，亚洲和南美洲国家略低于全球平均水平，中国仅为 4.6 次/篇。基于 WEB OF SCIENCE 文献检索①可知，2007～2017 年我国在食品安全和营养健康领域发表 SCI 论文数量 6670 篇，高于西班牙、意大利、英国、德国、加拿大等，但较美国(15996 篇)仍有较大差距；从引用频次看，我国该领域 SCI 论文被引用总频次居第五位，低于美国、西班牙、英国、意大利，但单篇引用频次仅为 9.96，排名第 16 位(图 2-6-21)；从 H 指数看，我国仅为 70，与爱尔兰并列第 11 位，而排名前三的分别为美国(113)、英国(106)和西班牙(103)(图 2-6-22)。综合引用频次和 H 指数看，我国食品安全和营养健康领域论文影响力仍有待提升。

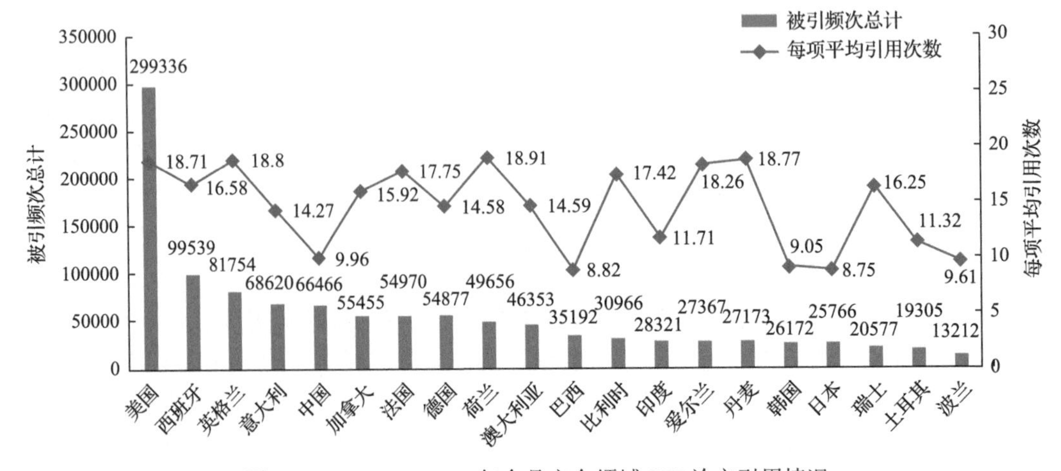

图 2-6-21　2007～2017 年食品安全领域 SCI 论文引用情况

① 检索字段为 TS=(food quality OR food process OR food safety OR food control OR food system OR food analysis OR food detect OR food alert OR food hazard OR food risk) AND SU=(Food Science & Technology OR Nutrition & Dietetics)

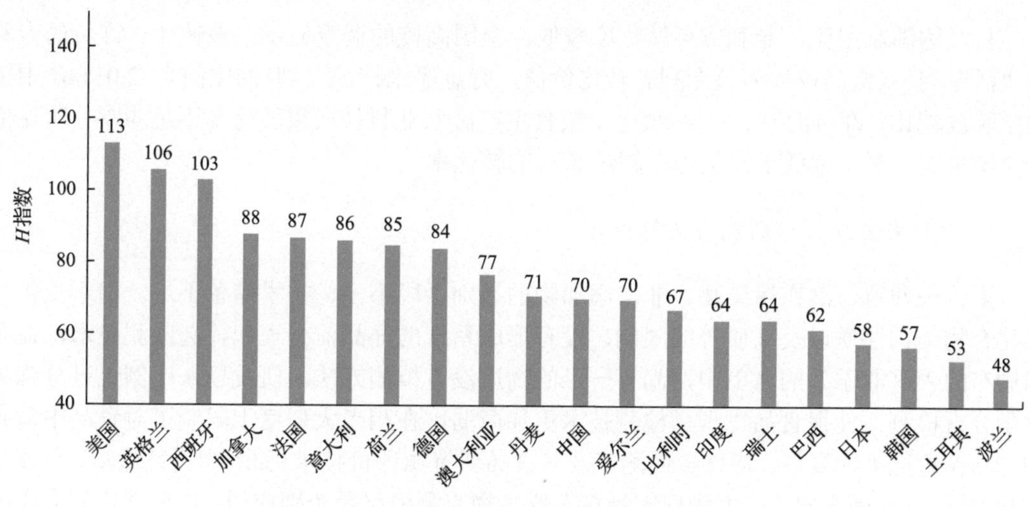

图 2-6-22　2007～2017 年食品安全领域 H 指数

4. 科技投入仍有待提升，科技成果转化率不高

规模以上食品工业科研经费不断提升，占比仍有待增加。2016 年我国研究与试验发展(R&D)经费支出 15676.7 亿元，比 2015 年增长 10.6%，占国内生产总值的 2.08%，相比发达国家(大多在 2.5%以上)仍有差距。“十二五”以来，我国规模以上食品工业 R&D 经费保持逐年增加态势(图 2-6-23)，由 2011 年的 224.02 亿元增加到 2017 年的 52.42 亿元，但占 R&D 总经费比例仅由 3.74%增加到 2016 年 4.60%，2017 年缓降，为 4.3%，与我国规模以上食品工业主营业务收入占国内生产总值比值(13%～17%)不相对应。2016 年我国规模以上食品工业企业申请专利合计为 21500 件，占专利总申请数的 3.0%。2016 年全国食品行业规模以上企业 R&D 人员全时当量仅为 105195 人年，占全国总数的 3.9%，该比值高于专利数占比说明，食品行业科研效率要低于其他行业。

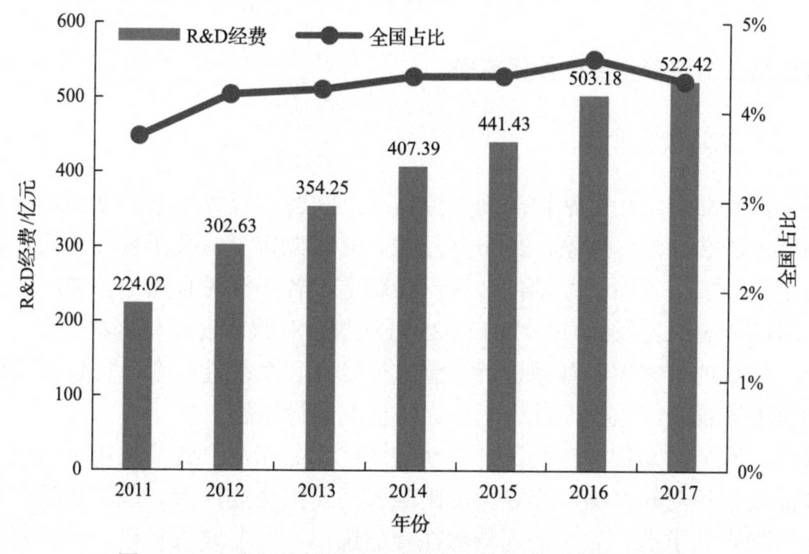

图 2-6-23　我国规模以上食品工业 R&D 经费及占比变化
(数据来源：中国统计年鉴，统计农副产品加工业、食品制造业和饮料精致茶三项)

与发达国家相比，专利成果转化度较低。全国高校的调查显示，被转让、许可的专利占“活专利”(指高校认为该专利有转化价值，有意愿维持该专利)的比例为 2.03%，中国科学院被转让、许可的专利占 8.7%[47]。粮食主产区农业科技成果转化率不足 40%，明显低于全国平均水平，远低于发达国家超过 80%的转化率。

5. 食品安全危害识别能力仍待提升

多兽药残留、潜在污染物、非法添加物的识别手段不多、技术储备不足。由于受不同类化合物结构性质以及基质等的限制，没有形成系统的样品前处理和筛选监测技术，在我国颁布的“打非添”的名单中，尚有一半的物质没有检测方法。研发投入比例上过分强调化学分析检测，使得食品毒理学检测技术更加薄弱，在相当大程度上限制了对食品中危害识别与溯源能力的发展；特殊毒性测试及其食品新资源评价技术(如动物代替试验、免疫毒性和致敏试验)尚未建立，生物标志物在人群生物监测中仅是个别应用；毒理学检测方法的标准化程度低，与国际良好实验室规范(GLP)要求有相当差距。此外，国际上已初步建立的食物中高分子量危害物的致敏潜力检测实验，在我国还没有引起足够重视。

抗体资源库尚未建立完善，实现多残留检测应用仍困难重重。基于基因工程技术的重组抗体是继多克隆抗体和单克隆抗体之后的第三代抗体，具有成本低、制备时间短、高度均一性等优点。重组抗体具有可操作性，通过 DNA 突变技术，可以对其亲和力和特异性进行定向改造，达到特定残留检测的要求，而且通过拼接几种特异性抗体的 DNA 可以制备识别几种不同种类药物的抗体，真正实现多残留检测。我国近年来在摸索小分子化合物抗体制备技术基础上研发出一系列快速检测免疫分析技术及产品，有力地促进了残留监测工作的开展。但目前缺少能够应对突发食品安全事故和针对国家整顿食品“非法添加物”的储备抗体，还没有形成具有实用价值的抗体资源库。

6.3 国际经验借鉴

6.3.1 进口食品安全监管与治理体系完备

1. 欧盟进口食品安全管理

建立健全的食品安全相关法律法规支撑体系。欧盟一直致力于建立涵盖所有食品类别和食品链各环节的法律法规体系，2000 年以来，陆续制定了《关于食品法的一般原则和要求》等十多部食品安全方面的基础性法规，还制定了若干针对食品中各类风险物质的系列专门规定。2017 年，欧盟发布(EU)2017/625 号法规，对欧盟食品与饲料安全、动物健康福利及植物保护领域的官方控制体系进行了全方位修订和系统性整合，构建了贯穿食品农产品全链条的官方监管统一框架，并进一步强化官方监管措施。

分类管理。欧盟对动物源性食品、非动物源性食品和混合食品采用不同的管理措施。动物源性食品要求相对较严格，需要输出国准入、输出企业注册、双壳贝类养殖要求、卫生证书和边境检查要求等。对于非动物源性食品进口，欧盟要求较松，未设置相关的许可条件，植物源性产品须符合有关植物保护措施的 2000/29/EC 指令(关于防止对植物或植物产品有害的生物进入共同体和防止其在共同体内蔓延的保护措施的欧盟理事会指令2000/29/EC）的要求。欧盟对进口的非动物源性食品不执行边境检查，也不做证书要求，但是会在市场抽查和监控，发现问题会采取相应的措施。在混合产品进口上，欧盟要求其中的动物性成分要符合动物源性食品卫生要求。

风险管理。欧盟非常重视风险评估和风险管理工作，为此，专门成立了独立的欧盟食品安全局，负责食品中安全风险评估工作。对于不同风险的产品，欧盟会采取不同严格程度的管理措施。如对于来自第三国的植物源性食品，其口岸查验频率会根据产品的不同类型、输出国及企业的合规史、输出国主管部门提供的保证等因素综合确定。同时，欧盟非常注重风险信息的收集，其建立了食品和饲料快速预警系统（RASFF）来收集成员国内部及所有输欧食品的安全风险信息。

全程控制和可追溯。以进口食品为例，欧盟通过在进口前实施“体系认可”“企业注册”“实地检查”“检验审批”等制度；进口时实施“提前通报”“指定口岸”“分级查验”等制度；进口后则实施“记录保留”“风险监控”“风险预警与快速反应”“不合格产品召回”等制度，构成覆盖进口食品整个生命历程的监管网络。同时，欧盟也非常强调产品的可追溯性，将其作为风险预防和快速反应的重要支撑。欧盟172/2002号法规要求，食品、食用动物及食品成分在生产、加工和分销的所有环节都必须具有可追溯性。产品必须被适当标识，便于追溯。欧盟法规还要求食品经营者能够分辨其所提供的商品从哪里来，卖到哪里去，并具备相应的系统或程序，在应要求时可为主管当局提供其供货方及货物购买方的相关信息。

预防为主。欧盟将“预防”作为食品安全管理的一项基本原则，其通过在种植环节普遍实施“良好农业规范”（GAP），在加工及运输阶段要求实施“危害分析及关键控制点”（HACCP），针对食品配料和投入品实施严格的许可制度，针对最终产品实施严格的安全限量指标，尽可能避免各类食品安全风险因子进入食品链，从而降低食品安全危害的发生。

2. 美国进口食品管理

1）注重全球性合作策略

美国食品药品管理局（FDA）采取了全球性的合作策略，以便更有效地控制来自世界各地的进口食品的安全。在该策略下，FDA在各主要出口国设立办事处，以加强该局与外地监管机关之间的协作。2017年4月，FDA决定在中国北上广三地设立三个办事处，以加强对中国输美食品的检查。这些办事处协助在当地进行的检查工作，提供有关出口美国的食品安全和质素的数据，以便FDA在食品真正开始进口之前，决定是否容许有关食品进口美国。此外，FDA与超过30个外地的对口监管机关签订有协议，与这些机关分享检查报告及其他非公开数据，以协助该局就进口食品的安全做出更准确的决定。

2）明确进口商职责

FDA要求进口商在向美国引入安全食品方面承担责任。大力推行外国供货商审核制度，用以加强进口商在进口食品安全方面的责任。制度规定进口商须核实其海外供应商是否已采取充分的预防控制措施，确保其食品符合美国的食品安全规定。有效震慑部分以谋利为主要目的，罔顾食品安全的进口商，同时还引入黑名单数据库。

此外，为了加快符合资格的优质进口商将食品输入美国的流程，FDA 有计划推出自愿性质的优质进口商计划，若要符合资格参与该计划，进口商必须从经由认可第三方认证的食品生产商进口食品。FDA 在决定有关进口商是否符合资格的时候，将优先参照对比已录入数据库，同时考虑有关进口食品的风险。

3) 强化风险评估

(1) 主动评估产品出口国的食品法律法规。食品安全和检查局(FSIS)有权决定哪些国家可向美国出口肉类、家禽及蛋类制品。该局采用同等效力评估的程序，评估出口国是否正在实行与美国具同等效力的食品监管制度以及法律法规，并按评估所得出的结果作出是否符合资格的决定。目前，有约 35 个国家通过 FSIS 的评估，符合资格可向美国出口肉类、家禽及/或蛋类制品。

FSIS 在评估过程之中，会通过文件审阅及实地审核，进一步评估出口国的食品监管制度。其中，通过进行文件文书的审阅，评估出口国的法律、规例及其他书面数据。审阅工作主要集中在 6 个高风险范畴：①政府监管；②法定权限及食品安全规例；③卫生设施；④危害分析及重点控制制度；⑤残余化学物；⑥微生物检测计划。

通过文件审阅程序证实该出口国在以上范围之内的各项要求达标，FSIS 将派遣专门的技术团队前往该国进行实地审核，目的是进一步审视该 6 个风险范畴及其食品监管制度的其他范畴，包括厂房设施和设备、化验室、人员培训计划及厂内检查的操作情况。防止任何能左右评估结果的项目仅存在于文书文件之中而未能切实有效地落地执行。

FSIS 在决定某个国家符合资格向美国输出肉类、家禽及蛋类制品后，将允许该出口国的对应食品安全监管部门进行下列自主操作：①检查由该出口国出口的食品；②核实以及认证该国对应食品安全法律办法及司法管辖区内符合美国进口规定的食品公司，方可容许有关食品公司向美国输出食品。

(2) 食品产品运抵美国口岸的再次检查。所有肉类、家禽及蛋类制品在付运美国之前，必须先经出口国的检查制度予以检查及批准。FSIS 下属与各口岸的常驻监察部门，会在食品抵达口岸后再次检查这些食品，特别是查验所进口的相关食品是否具有与该国出口监管所发放同行一致的适当证明文书，检视其到岸物品的一般状况，及所对应食品标签是否符合向美国进口要求。当口岸检查完成的时候，FSIS 会根据统计数据抽样制度，就选定批次的产品进行其他各类专项检查，例如对食品进行品质检验，以及就成分和微生物污染情况进行检验分析。FSIS 也会随机抽取食品样本，进行药物及残余化学物检验。

FSIS 具有庞大的“公共健康信息系统”(PHIS)资料数据库，该数据库存储了历年所有口岸对每个出口国及每个食品公司进行再次检查的检测报告结果。PHIS 系统按出口国、处理程序类别、食品类别及品种制订抽查安排，并根据每个出口国的风险高低为抽样方案做出调整。抽样方案根据比对上一年进口食品量及进口产品的风险类别进行制订。FSIS 通过查询系统，可对到岸食品产品进行有针对性的特殊类别专项抽检。

所有未能通过到岸再次检查的食品会被拒绝进口美国，FSIS 将就检测结果报告勒令其必须转运往其他地方、改变用途为非供人类食用或直接予以销毁。同时，PHIS 系统会同步记录再次检查的结果，并按再次检查结果决定同一进口食品公司日后所付运的食品须接受再次检查的次数与项目。例如若某食品公司的食品产品未能通过到岸再次检查程序中质量类别检查，那么该公司日后 10 批食品(无论品种)均须接受质量类别检查。

3. 国际食品法典委员会和联合国粮食及农业组织

1)进口食品入境前控制

(1)一是来自于出口国主管当局的保证。该保证允许进口国利用对其有利的出口国的食品控制体系，包括降低边境或者国内控制所需要的水平和资源。出口国主管当局应提供食品生产满足进口国要求的保证，这对于高风险食品特别重要，高风险食品危害的控制需要初级生产、收割和加工过程中的监管和监督。二是第三方验证。利用第三方来提供食品合规保证，对于要履行其进口食品满足监管要求责任的大型零售商和进口商，越来越具有吸引力。一些国家与第三方服务提供商签订了合约协定，在发货之前全面地检查所有的批次，作为边境控制的补充(有时是替代)。在这种情况下，主管当局可以考虑是否以及如何采用第三方服务提供商，作为政府控制的一部分，或者作为进口商要求的一部分，实施进口食品控制。三是进口商进行的控制。要求进口商执行控制，可以作为一种主要的入境前控制或者作为政府控制的补充来实施。入境前控制可能包括食品进口商评估其供应商和进口食品的要求(例如实施外国供应商验证，食品安全管理计划)，以便确保食品安全。由于控制会增加进口食品的成本，且可能阻碍某些企业进口食品，因此最严格的控制应当针对最高风险的食品。如果进口食品控制计划包括如上所述的入境前控制，进口国将需要一种机制来确认食品在运抵边境时已经接受了这些控制。这通常是通过出口国主管当局或者获得承认/授权的第三方提供的认证来管理。

入境前控制措施可通过对出口国食品安全管理体系进行评估与检查。

CAC《食品进出口检验与出证体系制定、实施、评估与认可导则》[48](CAC/GL 26—1997)规定，在征得出口国同意的情况下，进口国可以对出口国的检验与出证体系进行审核，并将其作为风险评估的一部分，在贸易活动开始后也可进行定期审查；当进口国食品管理机构要求时，出口国应赋予其检查与评价本国检验与出证制度的权利。从上述论述可以看出，进口国可以对出口国食品安全管理体系进行评估、检查，且评估与检查可在贸易开始前或贸易开始后进行，但评估检查应事先征得出口国的同意。

(2)进口食品生产经营企业的登记/注册。CAC《食品进出口检验与出证体系制定、实施、评估与认可导则》[48](CAC/GL 26—1997)规定，食品进出口检验与出证体系可要求对食品生产企业实施登记制或许可制，对加工设备实施批准制，对进出口商实施许可或登记制等。因此，进口国可以对进口食品生产经营企业提出登记/注册要求。

(3)进口食品随附证书。CAC《食品进出口检验与认证原则》[49](CAC/GL 20—1995)认为，“出证(certification)”是官方出证机构或官方认可的出证机构为符合要求的食品或食品管理系统提供书面或等同形式保证的过程；食品出证可酌情以一定范围的检验活动为依据，可包括对质量保证体系的持续跟踪检验、审核及成品检查。

CAC《通用官方证书格式和证书制作及签发指南》[50](CAC/GL 38—2001)指出，官方证书可以帮助进口国达到其与食品安全相关的保障目标，并促进公平贸易；进口国当局可以要求进口商出具由出口国当局颁发或授权颁发的官方证书作为放行进口货物的一个条件。官方证书可以对相应食品提供如下担保：产品符合进口国的食品安全要求；产品符合进口国有关食品公平贸易方面的要求。在制作、颁发和使用官方证书时，应遵循以下原则：

①只有当相关保证或信息对于保障食品安全和/或公平贸易非常必要时才能要求官方证书；②进口国要求的保证或信息应严格限定在与进口国食品检验和出证系统目标密切相关的重要信息范围；③进口国要求的保证和信息应具有透明性和一致性，且无歧视性；④适当时，出口国可采用非批批出证方式提供保证；⑤出口国主管当局对其签发或授权签发的证书负最终责任；⑥进口国要求的所有保证及信息应在一个证书中涵盖，避免多重证书要求；⑦主管机构应采取适当措施防止假证书的使用。该指南特别指出，如果出口国法律未授权主管机构出具官方证书，进口国应考虑允许出口国提供其他保证措施。综上所述，进口国在必要时，可以要求进口食品随附证书。

2)关于进口食品边境控制

FAO《基于风险的进口食品控制手册》[51]指出，边境控制为进口国提供了对进口食品以及出口国和进口国实施的控制进行监督、监控和验证的机会。它们主要是确定产品可容许性。边境控制，特别是产品检验，可以用于验证其他控制的效用(例如进口商、第三方或者其他政府的入境前控制)。边境控制措施可能包括：禁止或者限制特定类别食品入境；强制性的进口食品货物或者批次的预先通告和/或者通告；境外入境审查过程，特别是对于易腐烂变质食品；验证进口的文件检查，包括确认产品一致性和验证认证；进口食品以及运输条件的检验，可能包括对食品的抽样和分析；拒绝不可接受的进口产品入境或者将其销毁。

进口食品的主要措施如下：

(1)进口食品的预先通告或者通告。为了实施高效率和有效的边境控制，进口食品的每批货物都应当正式地预先通告或者通告，这样可以评估单独的食品货物来确定可能成为检验对象的高风险批次，并且建议拒绝不可接受的货物。预先通告应由进口商实施。

(2)文件审查。收到通告后应进行文件审查，提供清晰、准确和易读的文件，是进口商的责任。食品安全官员应当审查进口商提供的官方文件，如果这些文件不完整，应向进口商提出建议。没有适当官方文件的进口批次，在等待进口商提供文件期间可能被置留，或者可能被认为是非法进口并且被拒绝入境。

(3)决定是否检验。在文件审查完成时，必须做出是否应当对这个批次进行检验的决定。检验的决定通常是基于风险分类和与产品对进口国要求的合规性相关的标准的。检验可以由主管当局或者在得到立法授权的情况下由获得认可的服务提供商进行。检验的决定应是基于一种结构化的决策过程，而且检验的强度、类型和频率应当以文件记录。

主管当局应当制定一份书面的检验和抽样计划，确定要求的检验和/或者分析、数量和程序。应当与将负责抽样的人员(例如政府检验人员、第三方服务提供商、进口商、获得认可的实验室)进行清晰的沟通，说明要求进行哪些检测以及如何报告结果。

(4)检验要求。进口食品的检验、抽样和检测的性质和频率，应当是基于风险的，并且以文件形式明确记录(例如一个年度检验、抽样和检测计划)。对于来自于合规性未知或者存在合规性不良历史来源的产品，可以增加检验和抽样的频率。在某些情况下，每个批次(即100%)可能都要接受检验或者抽样，直至它们被认为是合规的。

CAC《食品进口控制体系指南》[52](CAC/GL 47—2003)进一步指出，进口食品抽样、检验类型和频率应基于产品的风险和安全性，并与之相匹配。检验类型可以包括文件审查和/或运输一般状况检查、文件检查+周期性取消检查（如 2.5%～5%的取样比例）、感观检查、根据取样计划对产品的随机或专门抽样检测、批批抽样检测等。在确定产品检验类型及频率时，应考虑下述因素：产品及其包装对人类健康的风险；产品违规的可能性；目标消费群体；产品再加工的工艺流程；出口国食品检验与出证系统情况以及相关等效、互认或其他贸易协议；生产商、加工商、制造商、出口商、进口商及分销商的守法史等。对于合规历史不佳或无合规数据的产品，可以提高抽样频率；对于合规史良好的产品，可降低抽样频率。同样，对于具有较差合格历史数据的供应商或进口者的产品可以设定较高的取样频率。在某些情况下，可能需要批批物理检测，直到连续合格批次达到一定确定数量。也可对具有较差历史记录的供应商的货物实施自动扣留，并要求进口商对每批货物提供官方认可实验室出具的报告，证明产品符合要求，直至达到满意的符合率为止。为保持检验项目、频率与食品风险相匹配，应定期评估食品相关风险，特别是当有影响食品风险的信息出现时，并根据评估结果调整检验项目及频率。如有食源性疾病暴发或流行病暴发，或者在口岸查验、监控检查中发现食品中存在致病菌、污染物、有害残留物，进口方可调整检验性质或频率，直至暂停进口，当有证据表明纠偏措施已被采纳并有效执行后可考虑恢复进口。因此，进口食品的查验性质、频率应与食品的风险相匹配，不同风险的食品应采用严格程度不同的查验方案。

对于决定检验的批次产品，可以有条件地放行，并且运输至另一个设施（例如保税仓库；进口商仓库）。在大部分情况下，这个批次将被扣留在存放设施中，直至获得检验结果。在做出关于接受或者拒绝批次或者货物的决定时，应当认真地考虑检验的结果，以及（如果进行了的）实验室分析。应当清晰地制定决策规则并且使所有进口商知晓，并且包括结果的正式通知和上诉的机会。

(5) 不合规产品的处理。一旦已经确定进口产品违反了进口国的要求，应当向进口商提出建议。此外，应当向出口国提供关于被拒绝批次的信息。此外，主管当局应当评估是否应当根据其他国际安排（例如 INFOSAN、国际卫生条例）报告这种信息。

对于不合规产品处理，根据不合规性质可采取不同措施：一是整改，如标签违规且可以通过重新粘贴标签整改，或者改用作动物饲料；二是退货，将产品退回给供应商，尤其是产品仍然属于出口商/供应商的财产时；三是寻求再出口（如果适当），如果产品被再出口，应当考虑将检验决定通知给贸易伙伴；四是销毁。

对于标签不合规问题，FAO《基于风险的进口食品控制手册》[51]进一步指出，大量进口产品的不合规与标签要求（例如语言、常用名、成分、大小、说明或者主张）相关，为减少这类问题的概率，可以实施进口前标签审批。预先审批要求食品的出口商或者进口商在进口之前向进口国主管当局提交一种进口食品的标签，以确定标签是否满足所有要求，但要避免预先审批标签的要求成为非关税壁垒。应当考虑由第三方审查标签，或者收取费用来确保标签审查的成本回收。

3) 关于进口食品的国内控制

FAO《基于风险的进口食品控制手册》[51]指出，国内进口食品控制计划在很多方面类似于对国产食品的控制，包括在进口商仓库中实施抽样检验、对放行流通的进口产品的抽样和检测、与进口商（包括使用进口配料的生产商）的沟通和对进口商的教育、检验或者审查进口商的控制措施，以及对进口食品的不合规做出响应(例如召回)。特别是低风险产品的监控，可以作为国内食品控制的一部分，这可以使得边境活动能关注更高风险的类别。国内控制的机构设置取决于每个国家具体行政安排，可以由不实际从事进口食品控制服务的单位(例如负责国内食品控制的主管当局、行政区域/地方政府)执行。

4)关于进口食品的检测机构及复检

CAC《从事食品进出口控制的测试实验室能力评估导则》[53](CAC/GL 27—1997)指出，与食品进出口控制有关的实验室应符合 ISO/IEC 17025—1999《校准和测试实验室能力的一般要求》；参加对食品分析熟练程度测试方案，方案应符合《测试(化学)分析实验室熟练程度的国际协议》中制定的要求；尽可能使用经 CAC 出证的分析方法；使用内部质量控制程序。对实验室进行评估的机构应遵照鉴定实验室合格水平的通用标准，如 ISO/IEC 58—1993 指南中制定的《校准和测试实验室合格水平的系统——对操作知识的一般要求》。关于检测结果，FAO《食品质量控制手册》第 15 分册《进口食品检验》[54]指出，当货物未能满足规范要求时，进口商通常都会质疑检测结果的有效性。在针对此问题制定政策时，进口食品检验计划必须意识到从重复分析中获得相同结果的难度，特别是微生物的检测。为了保护公共健康，进口食品检验计划必须坚持原始结果的立场，并通过立法反映这一政策。政策允许复检，但不允许对检测计划的本身提出质疑，如果能证明样品在抽样后与检验前被损坏，或是对试验方法与报告有怀疑时，才允许合法质疑。

5)关于第三方机构的使用

CAC《国家食品控制体系准则与指南》[55](GL 82—2013)指出，主管部门应使用在官方认证程序下被授权或认可的实验室以确保控制质量和有说服力的可信结果。主管部门若打算使用第三方来执行控制，在第三方被授权之前它应该被客观标准所衡量以确定其能力。主管部门也应当对正式授权机构的持续表现进行定期评估，并对其缺陷启动相关矫正程序，必要时取消对其授权，同时应确保授权或认可的实验室经常参加能力验证。针对进口食品，《食品进口控制体系指南》[52](CAC/GL 47—2003)要求，进口国主管机构认可的第三方检测机构的人员资质应至少与从事相同工作的政府人员一致。FAO《食品质量控制手册》第 15 分册《进口食品检验》[54]指出，在私人实验室代表政府实验室进行检验前，主管机构必须考虑私人实验室进行该工作的能力，包括出结果的时间。也要考虑腐败以及进口商“买通”私人实验室的可能性。FAO《食品质量控制手册》第 6 分册《出口食品》指出，如果私营检测机构承担了政府主管机构的出口食品检验任务，则需遵守原本适用于相应政府机构的法规和程序。

6)关于可追溯性要求

可追溯性/产品追踪是食品检验和出证系统的一系列工具之一，它本身并不能改善食品安全性的结果，但可以为突发事件提供一个实时更新的资源系统，可以改进相关食品安全措施的有效性或效能。可追溯性/产品追踪工具可以用于食物链的所有或特定阶段，在食品检验与出证系统中，应清晰描述可追溯性/产品追踪的宗旨、目标和规格。食品检验与出证系统在应用可追溯性/产品追踪工具时，应切合实际，在技术和经济上可行，对贸易的限制不能超过其实际需要，特别是应考虑到发展中国家的能力。同时，该指南还指出，可追溯性/产品追踪工具应以个案酌情处理。

7)关于进口食品风险信息交换的要求

由于食品贸易的全球性，食品安全应急情况的影响可能扩散到其他国家/地区。发现食品安全应急情况的主管当局应竭尽所能并与其他主管当局合作，来确定可能受影响的国家/地区，并快速交流食品安全应急情况相关信息，包括风险物及其特性、食品详细信息、受影响或可能受影响的人群、食品流通信息以及预防和控制措施等。当进口国食品管理部门拒绝进口食品时，应向该批货物的进口商提供信息，说明拒收原因。当拒收原因为如下三类时，进口国管理部门应立即通知出口国管理部门，并提供食品类别、进口细节、拒收决定、拒收原因及采取的后续行动等信息：①有证据表明出口国存在严重的食品安全和公共健康问题；②有证据表明存在严重的假冒或欺诈消费者行为；③有证据表明出口国检验或管理系统存在严重问题。如进口食品重复出现可以避免的错误(如标识错误)，或者有证据表明出口国当局完成检验/出证滞后，装卸、存储、运输过程中出现系统性错误，进口国主管当局应定期或根据要求酌情通知出口国食品管理部门。

8)关于紧急情况的处理

CAC《国家食品控制体系准则与指南》[55](GL 82—2013)指出，为了应对食品安全突发事件，国家食品安全应急计划应当考虑建立与公共卫生机构、法律执行机构、食品召回机构、风险评估专家组、食品企业经营者的联系配合。国家食品控制体系应当具有快速剔除不安全食品的程序。而设置这些程序是食品企业经营者的主要责任，他们应当确保他们认为不安全的产品能被及时召回并恰当处理，从而确保对消费者的保护。当问题产品流入市场时，主管部门要对消费者提供明确警示。对不合格产品的召回系统应当是食品企业经营者与主管部门间有效且是强制性的通力合作。如果主管部门需要召回，那么食品企业经营者有义务去建立适当程序，召回并销毁问题产品。国家也应建立法律对那些无法完成召回要求的公司予以惩处。针对进口食品，《食品进口控制体系指南》[52](CAC/GL 47—2003)进一步指出，进口国主管机构应建立紧急情况应对程序，包括对嫌疑货物到岸后立即实施扣留、对已清关产品进行召回、向国际组织快速通报情况、通报出口方等。

9)关于人员资质与培训

《食品进口控制体系指南》[52](CAC/GL 47—2003)指出，食品控制体系必须具有充足、适当和良好培训和组织的监管人员，以及足够的基础设施支持。进口国主管机构认可的第三方检测机构的人员资质应至少与从事相同工作的政府人员一致。执行出口国食品控制体系评估的人员应与从事国内食品评估人员相当的经验、资质和培训。

10)关于各利益相关方的食品安全责任

FAO《食品质量控制手册》第11分册《食品质量控制方案的管理》指出，国家食品质量控制策略是国家范围的策略，而不是某几个机构的策略，应当是全国的共同努力，而不是某一个机构或几个机构的努力。企业是实现食品质量控制策略的一个伙伴，分担政府机构的责任。消费者组织直接参与国家食品质量控制策略的制定和实施。对消费者增加有关食品卫生、食品危害、改善食品操作以及食品营养方面的教育，将增加食品工业改善食品质量的要求，并促使当局有效工作。强有力的消费者沟通活动对抵挡来自工业界的不当压力是一种强有力的手段，消费者对食品质量问题的意识，可增加政治家和决策人员对食品质量控制重要性的认识。CAC《国家食品控制体系准则与指南》[55]（GL 82—2013）进一步指出，食品企业经营者对管理其产品的质量安全和服从质量管理体系对于产品的要求负有首要职责；国家政府（某些情况下：主管部门）对于及时建立和维护法规要求负有首要职责，主管部门要确保国家食品控制体系有效执行。当有多于一个主管部门存在时，他们的各自职责应当明确，避免职责空缺或重叠；在国家食品控制体系之下，消费者也有管理食品安全风险的责任；作为食品控制体系科学基础的学术科研机构也应为国家食品控制体系贡献他们的力量。FAO《基于风险的进口食品控制手册》[51]（2016）进一步指出，对于进口食品而言，生产商、进出口商对食品安全均负有主要责任，特别是进口商，应承担首要责任，而进出口官方均有监管责任。

对于进口食品出口方监管部门的责任，FAO《食品质量控制手册》第 11 分册《食品质量控制方案的管理》特别指出，食品出口国应当意识到：所有人都有权期望得到安全卫生的食品；提供错误标签、掺假或欺诈的食品对全世界消费者的健康和财产安全产生最不良影响；食品出口商和出口国应不仅仅只考虑自己的利益，而且应考虑其产品消费者的利益（道德上的义务）。FAO《食品质量控制手册》第 6 分册《出口食品》指出，所有负责任的国家都致力于使其出口食品质量合格，并采取措施防止和打击出口食品贸易中的不当行为。为与其他食品出口国进行有效竞争，并获取外汇，每个国家必须保证其产品质量被国际市场接受，并保持竞争力。有效的出口食品质量控制和检验系统非常有助于确立作为合格食品可靠提供者的国家声誉，随之增加买主和进口国食品控制机构的信任，从而增加在国际贸易中的活动空间，获得较高价格，带来重复订货和进入新市场的良好前景。与此同时，出口食品质量控制和检验系统可提高食品企业质量意识，不仅使出口产业受益，而且使国内的消费者得到好处。另一方面，越来越多的食品进口国要求出口国承担更多的责任，保证他们的出口获利食品是安全的，并符合进口国的法定要求，而这需要出口国建立相应的出口食品质量控制和检验系统加以实现。该手册强调，无论经济多么困难，业务费用多高，都不应取消出口食品质量控制和检验系统。

6.3.2 强大的食品安全科技支撑

1. 重视科学研究及经费投入

政府重视食品安全与营养研究[5]。2013 年美国 FDA 食品安全与营养应用中心（CFSAN）公布了科学研究战略计划。欧盟制定了第 7 框架计划《2012～2016 年科学战略》和《2014～2016 年科学合作路线图》，从营养健康和食品制造两方面同时关注食品安全问题，旨在对新型危害控制与预防、开发快速有效的检测方法、研究消费者健康饮食选择行为、开发新技术用于数据分析、加强 CFSAN 的适应及响应能力。澳新食品标准局在成功实施《2006～2009 年科技战略》的基础上，制定了《2010～2015 年科技战略》，旨在进一步加强其科研能力和资源，以继续满足未来食品安全监管的需求和挑战。

国际知名企业在全球布局研发中心，集全球智慧开展科学研究。诺维信在美国、中国、日本和丹麦设有研发机构，每年投入营业额的 13%用于科学研究，雀巢在瑞士洛桑设有基础研究中心，在北京、上海、新加坡等地建有 29 个研发中心，联合利华在中国、英国、荷兰、美国和印度设有 6 大研发中心，以及 37 个地区性研究中心[56]。梅里埃非常重视研发创新，每年将销售额 12%用于研发创新，并与世界各地的学术和研究机构建立科学合作网络，在美国、加拿大、法国、巴西、意大利和中国设立了 6 家专业研发中心和食品科学中心，研发最新检测方法。

发达国家和地区重视国际标准制修订话语权。欧盟、美国和日本等一直将很多精力和时间放在国际食品法典等国际标准化活动上，并依赖其风险评估研究起步早的优势主导食品安全国际标准的制定，不遗余力地试图将具有限制发展中国家食品贸易的本国标准变成国际标准。为此，发达国家投入巨大，如美国政府每年向其标准科学技术研究院拨付研究经费超过 7 亿美元。为推动标准化发展进程，日本曾投资数亿日元，历时两年三个月制定日本标准化发展战略。

2. 持续引领食品科学研究话语权

营养健康研究基础扎实，研究深入。欧盟从疾病治疗转向营养干预，食品特定功能因子(多酚、类黄酮、花青素、蛋白质、多糖、生物活性多肽等)对营养干预及人类健康影响(抗氧化、抗癌、提升免疫、降血糖、降血脂等)基础科学研究成果丰硕。营养与脑科学、营养基因组学等研究不断成为研究热点。

检测技术方法多元，精准高效，推陈出新。农兽药残留等化学污染物快速检测技术发展迅速，成为食品安全控制中定性定量检测的重要手段。如采用色谱技术、免疫学技术，建立农药、兽药抗体高效制备技术平台和标准化的抗体库，研发农药、兽药与饲料添加剂残留检测试剂(盒)；采用分子生物学技术和免疫学技术，建立致病菌和腐败菌的快速检测技术；采用分子生物学、超声波、生物传感器、免疫学、高效毛细管电泳、近红外光谱、核磁共振、计算机视觉等技术及相关设备对食品质量和安全指标进行快速检测和掺假鉴别。美国、英国、澳大利亚、丹麦等发达国家基于微生物预报技术和预测软件开发，对食品中单增李斯特菌、沙门菌、金黄色葡萄球菌等致病菌开展预测模型研究，实现对食品货架期的有效预测及对致病菌的风险评估[14]。分子生物学技术、生物芯片技术、绿色荧光蛋白标记技术、系统生物学技术、生物光谱技术、替代毒理学技术等前沿技术不断应用到食品安全检测中，多元、高效、靶向的前处理技术和强大的数据库资源，有效提升食品中危害物筛选鉴别的精准性。

网络防控和信息化支撑技术体系完善。欧美等西方发达国家已经步入食品安全网络监控管理时代。食源性疾病报告、监测、溯源、信息共享平台，预测及预警网络为政府实施有效管理提供必要手段，同时也为专业人员和普通民众提供动态情况和信息资源。包含食品追溯在内的物联网技术和体系得到快速发展。利用 RFID 数据采集技术，对食品生产、加工、运输、销售等环节的管理对象进行有效标识，借助互联网实现食品物流各个环节信息的传递和交换。食品出现问题时，监管部门能够迅速对问题食品进行追溯，准确地缩小问题食品的范围，减少食品安全问题带来的损失。澳大利亚的新鲜食品生产公司 Moraitis Fresh 一直是行业中率先采用新技术作为推动力来提高产品质量的典范。公司使用计算机网络控制新鲜食品的生产、处理、包装和零售过程，这套网络延伸到了澳大利亚所有的主要生产地和零售市场。

3. 注重构建专利网

国外食品企业和科研机构注重构建专利网，核心技术得到专利保护后，迅速开展相关产品专利申请形成专利网，构建技术壁垒，降低竞争者围绕该核心专利进行专利布局的风险。雀巢公司以益生菌为核心功能成分，开发出针对婴幼儿、术后患者、运动员等特定人群的乳制品、早餐食品、糖果等多种保健食品，以点带面式的专利布局方式在有效保护自身技术的同时也阻止了竞争者进入。努特里奇亚有限公司自 2004 年起，以 EPA、DHA 和 ARA 三种不饱和脂肪酸为核心成分，配合寡糖、核苷酸、蛋白质和/或矿物质不断开发出营养复合物并积极申请专利[44]，2010 年后基本未见涉及 EPA、DHA 和 ARA 等不饱和脂肪酸的专利申请，基于保健功能的不饱和脂肪酸专利布局基本完成。

6.3.3 构建全面、详尽的食物资源数据库

发达国家和国际组织已经在掌握全球食物产量、食品贸易量、消费量等方面走在前列，构建了相应的数据库。美国农业部网站的数据库中包含世界各个国家和地区蔬菜、水果、畜禽、乳品、油料、粮食等食用农产品的产量、消费量、进出口量等相关数据信息，并定期发布世界各地小麦、玉米、大豆等农产品的生产、销售、价格等情况，按照月/季/年等规律发布各类展望报告。这些农业数据除了由美国农业部自身预测获得，还结合了美国多个部门的数据。如美国的经济研究局提供农产品耕作方式、农户数据、自然资源、农村经济和环境数据；海外农业局提供国际农产品的生产和贸易信息、气象数据、作物探测、世界贸易组织关税减让表等信息；国家农业统计服务局依靠五年一次的农业普查，提供农场土地数量、生产成本、种植面积、农产品产量、粮食库存、畜禽存栏量和农产品售价等信息；世界农业展望委员会提供美国和世界农业的经济情报和农产品前景展望。

联合国粮食及农业组织（FAO）数据库包含全球 210 多个国家和地区的 100 多万份时间序列记录，涵盖农业、渔业、营养、经济、土地利用、人口统计和粮食援助等统计信息，能够查询各国主要粮食供应量、土壤和灌溉信息、水产养殖和捕捞量、家畜疫病信息等。

世界贸易组织（WTO）构建的世界贸易数据库是国际海关组织汇总所有成员上报的各自的进出口六位码商品的贸易情况的综合信息数据库，联合国商品贸易统计数据库是涵盖食品在内的世界各国商品进出口贸易量和贸易额的数据库，这些数据库都是掌握国际食品贸易信息的重要数据来源，能够根据国际海关组织的多种商品分类标准进行数据查询。国际统计数据库具有系统性、连续性和可靠性等特点，能够为掌握世界食品产业信息提供最基础的数据。

6.4 建 议

6.4.1 未来形势研判

掌握全球食物资源数据及优质食用农产品资源分布尤为迫切。伴随我国居民生活水平的提升，未来对优质食品的需求还将进一步提升，尤其是对乳品、肉品的消费需求，而我国受资源、环境等多种因素制约，种植业和畜牧业发展后续乏力，肉类等供应能力不足，

满足居民日益增长的食品需求在很大程度上还需要依赖进口。贸易战、贸易保护主义充斥，充足的进口食物供应成为重中之重。以中美贸易战为例，美国是我国的重要农产品和食品进口国之一，是我国的重要大豆和肉类进口国，大豆、猪杂碎、鸡副产品对美国的进口依赖度较高。为减少贸易战对我国食品产业的冲击，我国也急需在全球更广阔的范围寻找这些产品的进口替代国。因此，急需加大对全球食物资源数据及优质食用农产品资源分布的掌握，更好布局食品全球化进口战略。

保障进口食品安全与国际贸易便利化间的双赢局面日益迫切。过去数十年的进口食品安全监管工作出于对安全的考虑，使监管工作对贸易便利化或多或少产生了负面影响。从 2017 年底开始的口岸监管放行方式改革，明显加快了进口食品滞留周期，但同时也出现了为片面追求缩短时长而“该检不检”等现象，给进口食品安全保障带来隐患。在保障安全和贸易便利化之间取得合理平衡，考验着所有进口食品安全监管人员的智慧，也是进口食品安全治理工作能否得到消费者认可、经营者认同的关键要素。

党中央、国务院关于深化改革的重要部署进一步发挥了市场对资源配置的决定作用，食品进口贸易更加自由。互联网技术与贸易的深度融合，也极大地丰富了贸易渠道和方式。食品进口贸易不再受到地域所限，而是紧跟市场需求，目前贸易已遍及几乎全国所有口岸。但各口岸在进口食品安全监管制度执行方面千差万别，执法尺度宽严不一问题普遍存在。各口岸监管措施差异在一定程度上推动企业在进口口岸选择时“趋宽避严”，给安全监管带来风险，阻碍了贸易自由开展，还在一定程度损害了监管部门形象。

信息整合、科学决策，推动各方共治将成为保障进口食品安全的重要支撑。在融合了大数据、云计算等综合信息技术的“互联网＋”时代，信息的全面收集、综合研判是保障决策科学有效的前提。目前仅国家层面的进口食品安全风险信息网络每天收集到的相关信息就达到较大数量。构建全国层面的进口食品安全监管“大数据”平台，实现系统内外、上下间信息互联互通，串联检验和检测、企业和产品之间信息，构建科学、权威的进口食品安全信息决策平台，不断实现决策的科学性和有效性。

保障进口食品安全是一项系统性工作，需要地方政府与职能部门、职能部门之间、国内外主管部门之间密切协作。“一带一路”倡议落实、区域协同发展等重要课题，更是将进口食品贸易各方串联为一个权益共同体。现阶段的进口食品安全工作还主要是检验检疫部门一家的独角戏，在国内与食药监部门、农业部门、地方政府的协作监管制度还未形成；在国际上，与相关国家的食品安全合作还亟须深化，尤其是在监管制度对接和责任传递方面。在发挥第三方检验机构的社会资源，共同保障进口食品的作用方面，各方共治将成为未来进口安全监管的重大议题。

营养健康和非传统食品安全将持续成为食品安全研究热点。2010 年以来，我国城镇居民和农村居民恩格尔系数不断下降，2016 年分别达到 0.293 和 0.322，表明居民对食品营养和安全的要求更为迫切[57]。在决胜全面建成小康社会、基本实现社会主义现代化的时代背景下，我国居民食品消费关注点正不断由食品质量安全向食品营养安全过渡，食品消费从生存型逐步转向健康型、享受型，从“吃饱、吃好”向“吃得安全，吃得健康”转变，食品消费支出明显增加，消费能力加强，迫切需要积极开展食品制造与营养研究，开发营养、方便、健康和多样化的食品产品，满足不断增长的消费需求。同时，当前我国居民面临营养过剩和营养不足的双重压力，粮谷摄入过多，蔬菜水果和奶类较膳食指南推荐量仍有较大差距(表 2-6-11)，脂肪摄入量比推荐量高 13%，过量营养素摄入导致高血压、高血脂等“富裕病”患病率升高，居民对食品营养不足或失衡所造成的慢性危害会更加关注，膳食因素对人类健康的作用仅次于遗传因素，因此营养健康正成为食品科学领域普遍开展的重点研究课题。

表 2-6-11 我国人均食物消费量与膳食推荐量比较[14]

	人均摄入量/(kg/人年)	膳食推荐摄入量/(kg/人年)	膳食平衡差距/(kg/人年)
粮谷	172.10	135	37.10
大豆及其制品	5.84	13	–7.16
食用油	15.33	12	3.33
蔬菜	104.21	140	–35.79
水果	25.55	60	–34.45
畜禽肉	29.05	29	0.05
禽蛋	8.61	16	–7.39
奶类	9.60	45	–35.40
鱼虾类	10.99	18	–7.01

随着食品安全监管的强化，传统食品安全问题如农兽药残留、重金属超标和微生物污染等通过强化生产经营过程监管来实现有效控制，而向食品中故意甚至恶意加入非食用或有害物质的食品掺假、食品供应链脆弱性和与反恐有关的食品安全问题成为食品新兴风险，葡萄酒、蜂蜜、畜禽肉、地理标志农产品、香辛料、河间驴肉等食品掺假手段和花样不断翻新，当前的技术手段和监管在面对该类非传统食品安全问题上，基本处于“被动应对”状态，建立非传统食品安全风险发现及预警机制、建立完善食品真实性鉴别技术正成为食品科学研究的热点。近些年来，在国外势力的支持下，恐怖活动出现数量增加、性质恶化的趋势，食品领域恐怖主义不可忽视。当前，我国正处于社会转型期，因报复心理的食物投毒等违法犯罪行为极有可能发生，食品防护工作任重而道远。

专利和技术标准将成为食品安全与营养科技创新发展的战略支撑。我国经济发展进入速度变化、结构优化、动能转换的新常态，经济发展从要素驱动、投资驱动转向依靠创新驱动，科技创新已经成为推动国家发展的核心动力。我国科技进步贡献率已由“十二五”初的 50.9%增加到 2017 年的 57.5%，科技创新能力显著增强，正步入跟跑、并跑、领跑“三跑并存”的历史新阶段。知识产权是推动科研成果向现实生产力转化的重要纽带，在激励创新环节发挥重要作用，成为衡量国际竞争能力高低的重要指标。标准是支撑一个国家经济和社会发展的重要基石，在推动国家治理体系和治理能力现代化方面发挥基础性作用。国际经验表明，只有掌握某一领域核心专利和技术标准，才能在激烈的竞争中占据有利地位，才能不断提升国际竞争力，形成技术垄断优势。“十三五”时期是我国由知识产权大国向知识产权强国迈进的战略机遇期，食品安全与营养科技创新要想取得突破，实现由跟跑、并跑向领跑的转变，就必须拥有核心专利和技术标准做支撑。

6.4.2 总目标和任务

力争到建党 100 周年，食品安全关键领域基本完成国际专利布局，与“一带一路”沿线主要贸易国家标准互认工作基本形成，在农药残留检测、真实性鉴别和耐药性领域实现新突破；到 2035 年，食品安全风险监测与食源性疾病报告网络实现全覆盖，化学污染物、农兽药、食源性微生物风险评估基础数据库建立并完善；标准国际化水平大幅提升，参与国际标准化活动能力进一步增强，参与和主导制定国际标准数量突破 10 项，关键性筛查技术和核心技术专利国际布局实现新突破，有效抑制食品掺假行为；科技成果标准转化率持续提高，科技保障食品安全与营养健康的能力不断提升。食品安全“国际共治”取得实质性推进，食品安全治理水平不断提升，食品国际贸易日趋便利化，全球食品安全命运共同体构建完成并稳步运行。

6.4.3　基本原则

互商互谅，夯实“国际共治”的法理基础。要通过国际组织、多双边平台平等协商，相互包容，将进出口食品安全“国际共治”纳入全球安全治理体系，制定“国际共治”规则，合理配置各利益相关方责任，特别要强化出口食品安全的官方监管责任，赋予食品安全“国际共治”各方更多法律约束力，促进各国/地区在法律基础、制度设计、资源保障等方面予以支持。

互联互通，搭建“国际共治”的信息平台。成立国际食品安全信息中心，搭建统一的“国际共治”信息平台，畅通多双边专用信息交换通道，让参与国家/地区共建共享食品安全“大数据”，构建“互联网+国际共治”，及时有效地防控食品安全风险，为联合惩戒违法违规企业提供支撑，为解决贸易争端推进自由贸易提供便利。

互帮互助，提升“国际共治”的治理能力。打造国际合作新平台，发达国家要主动实施食品安全国际援助和支持计划，帮助发展中国家和不发达国家完善食品安全治理体系，发展中国家和不发达国家要主动借鉴国际先进经验，完善自身食品安全治理体系。设立“国际共治”专项基金，用于帮助发展中国家和不发达国家培训食品安全管理人员，装备检验检测、监管设施设备，研发应用关键技术，缩小国家/地区间的治理能力差距。

互信互认，推动“国际共治”的成果共享。在保障进出口食品安全的前提下，逐步做到监管互认，普遍提高“国际共治”下的食品贸易通关便利化水平，提升抗风险能力和国际竞争力，保障市场供应的多元化，形成“国际共治”的比较优势。实践中，可以由点及面、由易到难，从合作意愿强烈的双边或多边“共治”国家/地区、特定“共治”产品、特定“共治”手段等入手，试点先行，持续改进，不断扩大“国际共治”的“朋友圈”，推进“国际共治”行稳致远。

坚持“以我为主”和合作共赢原则。在开展食品安全与营养健康科学研究过程中，要在吸收、借鉴国际先进经验和成果的同时，要结合我国国情和制约食品产业发展的关键科学问题和技术问题，保持研究的独特性和主动性，形成具有我国自主知识产权的科技成果。经济全球化不断深入，世界范围内创新资源加快涌动，各国经济和科技联系更加紧密，任何一个国家都不可能独立开展活动。因此，要充分利用两个市场、两种资源，主动布局和融入全球创新网络，在全球范围内选择与我国有良好合作基础和巨大合作潜力的科研机构开展国际合作，强强联合，实现科技成果效益的共赢。

坚持市场导向和协同创新原则。充分发挥市场配置科技资源的决定性作用，发挥企业技术创新与研发资金投入的主体作用，充分发挥企业主体与院校支撑的作用，推动面向市场的产业化应用和新产品新技术，提升科技成果专业应用效率。注重创新资源的整合共享，构建开放共享的科技创新平台，鼓励创新主体的开放协作，充分挖掘各类创新载体潜能，激发创新活力，提高创新效率。

坚持预防为主和长效持续原则。结合国内外食品安全形势，持续保持对食品安全新风险的关注，积极研发非定向筛查技术，以提高对新风险的防控和应对能力；创新过程控制方式和方法，集成现代生物技术和信息技术，构建基于大数据的食品安全国家追溯预警和智慧监管体系，实现食品安全由“被动应付”向“主动保障”的转变。针对源头污染、加工过程有害物和营养健康，开展持续性科学研究，形成基础研究、技术装备研究、产品开发创制的全链条，提升研究持续性和完整性。

坚持持续跟踪和自主引领原则。密切关注全球专利布局变迁和科学研究热点并开展持续跟踪，准确把握国际热点研究领域，尽早布局占据关键研究方向，保持科学研究的领先性。同时，在重点研究领域，培育一批能够引领国际研究潮流的关键方向和关键创新团队，提升原始创新能力和水平。

6.4.4 重点措施

1. 构建食品安全“国际共治”中国方案

1) 构建食品安全国际共治规则

在世界贸易组织(WTO)、联合国粮食及农业组织(FAO)及其下属的国际食品法典委员会(CAC)等组织或亚太经合组织(APEC)、上合组织等区域性组织中设立专门协调机构，负责食品安全国际共治的协调、推动和落实。通过签订国际条约、国际协议等正式的国际法文件，或者制订国际共治有关标准、指南等国际软法文件，形成约束机制。通过设立国际共治专项基金，重点支持国际食品安全合作论坛、食品安全信息平台建设、食品安全共治关键技术的合作开发以及不发达国家/地区食品安全治理能力提升等，推动全球范围内食品安全领域更为广泛的政府间协调合作。

2) 建立出口方责任落实机制

立足全球食品供应链，构建多元主体、责任共担的食品安全治理模式。突出出口国(地区)政府对出口食品安全的总体责任，建立/完善出口食品安全管理体系，确保出口食品在政府的有效管控下。夯实出口食品生产运营单位主体责任，督促食品生产加工企业、出口商等自觉落实食品安全保证的法律责任、诚信经营的社会责任和全过程控制的管理责任。健全食品行业自律机制，建立诚实守信的市场运行环境。

3) 推进进出口方治理体系的等效互认

进出口国政府应遵循 WTO/TBT-SPS 协定的原则及相关国际标准/指南，积极推进进出口方治理体系的等效互认。通过等效性评估、回顾性审查等手段，认可可达到进口方同等保护水平的出口方国家层面的治理体系、区域层面的治理体系和(或)行业企业层面的自控体系。

4）加强治理关键技术的协调一致

加强食品安全共治领域风险分析方法、检验检测方法、危害控制方法、安全防护手段等的合作研发，加强技术沟通，推进关键治理技术在国际食品供应链各方的应用，逐步实现关键技术的协调一致。

5）建立国际共治原则下的便利通关机制

通过国与国之间通关管理体系的衔接与配合，实现管理制度、管理流程和管理作业上的有机协调，推动国际海关通关监管互认，建立食品跨国过境直通道。通过认可出口国官方出具的证书等方式，优化进口食品口岸查验方式，推动单一窗口建设，实现“一次申报、一次查验、一次放行”，缩短口岸通关时长，降低企业通关成本。

6）建立食品安全信息国际共享机制

构建国际食品安全大数据共享平台，分享法律法规、标准、治理技术、进出口食品信息等，构建“互联网+国际共治”。密切进出口双方食品信息交流，互通生产经营企业、官方证书、不合格食品等信息。健全进出口食品追溯体系，构建国际贸易食品安全风险预警与应急机制，发布食品安全风险信息和处置措施，及时消除食品安全风险。

7）建立诚信体系与联合惩戒机制

构建进出口食品生产、贸易、物流等企业的信用体系。建立跨国（境）进出口食品相关企业信用状况数据库，实现信息共享、协调监管。通过签署协议，建立联合打击有关食品安全跨国（境）违法行为机制，实施协助调查、联合专项行动、协同处罚等措施，共同打击欺诈、非法转口、走私等严重妨害国际贸易食品安全行为。

8）共同开展新业态食品安全治理探索

适应食品跨境贸易新业态发展需求，开展大数据甄别分析和产业发展动态跟踪，共研新业态下跨境食品安全风险。共建新业态下跨境食品安全治理体系，落实新业态下各方食品安全责任，加强互联网溯源技术应用，提高监管效能，促进新业态下食品跨境贸易健康有序发展。

2. 强化食品安全技术支撑

加强食品安全与营养健康基础研究。持续开展食品安全标准制修订相关基础研究，重点开展重点风险因子和危害物毒理学安全性评价技术体系研究，构建基于新食品原料、新食品添加剂和新接触材料的安全性评价技术体系和方法，建立基于污染物、食源性致病微生物、过敏原的风险评估和膳食暴露基础数据库，为食品安全标准制修订提供基础数据和技术支撑。基于食品安全风险剖析、形成机制、迁移转化、全链条基础性评估等研究，推动相关基础研究成果的实用化、可及化，实现基础研究成果的落地转化。

强化共性关键技术开发和装备创制。基于食品安全检测领域监管需求，积极排查潜在的系统性的风险隐患，加速农兽药/非法添加物质综合筛查确证技术、食品质量安全追溯及真实性鉴别技术、食品快速检测技术、食品质量控制体系及标准样品研制、生物学检验检测及溯源技术，以及多组分高通量快速检测技术、食品组学技术、智能标签技术、单克隆抗体的免疫学检验技术等食品安全检验前沿技术和方法的研发和应用，提升食品安全“被动检测”向“主动保障”的转变。开发既能保证食品营养、安全和货架期，又能缩短加工时间、提高生产连续性的加工技术和装备，如超声波技术、微波技术、高频电场技术、冻干技术、真空干燥技术、超高温/超短时杀菌技术、臭氧杀菌技术、辐照技术、紫外线处理技术、脉冲强光处理技术、蓝绿激光处理技术、加工酶技术(如蛋白酶、硝酸还原酶、谷氨酰胺转氨酶、溶菌酶等)和生物保藏技术等，建立食品营养品质保持技术体系。加强自主创新与集成，创新营养安全食品的分子设计与绿色制造技术。

加强国际合作和技术输出。积极参与食品国际标准制修订工作，增强我国食品安全标准制修订能力，实现主要标准与国际的接轨；增加我国政府、高等院校、科研院所在国际组织任职比重，掌握标准制修订主动权，提升我国在国际标准制定中的话语权，积极争取成为国际规则、标准制订者，提升食品贸易的国际竞争力，逐步实现从被动跟随到主动引领的转变。密切同 FAO、CAC、ISO、AOAC 等国际组织联系，及时把握国际食品检验检测技术发展趋势；开展国际能力验证，不断提升技术人员检测能力。鼓励科技人员加强国际交流合作，积极引进过程控制、风险监测预警信息化等领域的先进技术，并在此基础上消化、吸收、再创新，推动我国食品安全水平全面提升。积极吸收国际食品安全领域知名专家，参与我国食品安全专家顾问活动，吸纳全球才智，推动我国在全球食品安全共性特征方面的治理。参与“一带一路”沿线国家国际互通标准的制定。培育较强实力食品安全第三方检测机构主持或参与“一带一路”沿线国家国际通用农产品、食品贸易标准制定，对外输出我国食品安全标准和检测技术，尤其是农兽药多残留检测技术、食品真实性鉴别技术等，推动我国通行标准向更多国家和地区推广。

实施知识产权战略，鼓励科技成果转化应用。实施专利质量提升工程，培育食品领域高价值核心专利，提高食品专利授权和转移比重，加大食品安全与营养健康领域核心专利技术在重要国家和市场的专利布局和技术输出，实现知识产权创造由多向优、由大到强的转变，更好支撑食品安全与营养健康发展。创新食品领域科技创新成果宣传推广模式，融合线上线下技术成果对接、网络直播、在线互动问答等互联网元素，拓展食品加工科企合作新空间、新途径，提升科研成果转化的可能性。鼓励研究食品相关研究开发机构、高等院校、企业等创新主体及科技人员积极转化科技成果，推动食品产业提质增效、创新转型。

3. 建立我国全球食物资源数据库

明确全球食物资源数据库的主要内容和数据来源。我国已有的食用农产品统计数据局限在国内的数据，对于国外食用农产品数据较少涉及，建议构建我国的全球食物资源数据库，数据库涵盖世界大多数国家的蔬菜、水果、畜禽、乳品、油料、粮食等主要食用农产品的产量、消费量、进出口量、进出口额等信息，数据一方面来自国际统计数据库和各个国家的统计数据，另一方面通过各行业专家运用天文、地理、农业、统计、经济等多学科信息进行科学计算得出。

建立全球重要食物资源预测模型。作为世界重要的食用农产品进口大国，我国以进口粮食、油料、乳品、水产和肉类等几大类产品为主，这些食用农产品在国际市场的产量、进出口量和价格的波动都会对我国的进口带来影响，进而对国内市场带来冲击。如受中美贸易战影响，我国进口美国大豆、猪肉等产品的关税大幅增加，对我国的食品进口市场的稳定带来不利影响。建议结合政治、经济、贸易、气候、农业等多方面的信息，构建大豆、畜禽肉、乳品等全球重要食物资源的产量、进出口量和价格的预测模型，实现食品进口的“被动应对”到“主动保障”。

提升我国统计信息搜集能力和管理能力。全球食物资源数据库的构建离不开统计技术的支撑，建议加强统计技术的研发，确保数据的精准和快速。规范我国数据统计范围、分类标准、统计方法、指标体系和统计原则，制定完整的统计数据获取系统。完善管理组织机构，数据库的管理和信息发布由统一的部门负责，协调与其他部门的分工合作，制定统一的数据发布时间和发布程序，保持上下级数据发布的统一性。

我国主导的国际战略框架逐步推进食物产地布局。加强与世界食品生产和出口国家的交流与合作，尤其是“一带一路”沿线国家。在经济和贸易全球化的今天，中国作为世界重要的食品进口国和“一带一路”的主导国家，要充分利用他国的有利资源，掌握其耕地、水利、草场等自然资源禀赋，气候条件、农业政策以及其他食用农产品生产相关情况，寻找最有利于农业种养殖的地域，打造互利共赢的食品产业伙伴关系，使我国主导的国际战略框架逐步推进食物产地布局。

参考文献

[1] 国家统计局社会科技和文化产业统计司，科学技术部创新发展司. 中国科技统计年鉴 2016[M]. 北京：中国统计出版社，2016.

[2] 工业和信息化部消费品工业司. 2017 年度食品工业发展报告[M]. 北京：中国轻工业出版社, 2018.

[3] 安慧娟. 食品生产监管“新”声夺人[N]. 中国医药报: 2018-01-31.

[4] 郭静原. “十三五”食品科技创新专项规划发布——科学打造舌尖上的产业[EB/OL]. (2017-06-26) [2018-03-20]. http://www.gov.cn/xinwen/2017-06/26/content_5205419.htm.

[5] 臧明伍，莫英杰，王硕，等. 中国食品安全科技创新现状及展望[J]. 食品与机械, 2018, (03): 1-5.

[6] 温超，王紫梦，石星波. 食品中丙烯酰胺与 5-羟甲基糠醛的研究进展[J]. 食品科学, 2015, 36(13): 257-264.

[7] 陈芳，陈伟娜，胡小松. 基于油脂氧化的食品加工伴生危害物形成研究进展[J]. 中国食品学报, 2015, 15(12): 9-15.

[8] 蔡鲁峰，李娜，杜莎，等. *N*-亚硝基化合物的危害及其在体内外合成和抑制的研究进展[J]. 食品科学, 2016, 37(5): 271-277.

[9] Fu Y, Zhao G, Wang S, et al. Simultaneous determination of fifteen heterocyclic aromatic amines in the urine of smokers and nonsmokers using ultra-high performance liquid chromatography-tandem mass spectrometry[J]. Journal of Chromatography A, 2014, 1 333(5): 45-53.

[10] 朱军莉，冯立芳，王彦波，等. 基于细菌群体感应的生鲜食品腐败[J]. 中国食品学报, 2017, 17(3): 225-234

[11] 刘爱芳，谢晶，钱韻芳. 冷藏金枪鱼优势腐败菌致腐败能力[J]. 食品科学, 2018, 39(3): 7-14.

[12] 傅泽田，邢少华，张小栓. 食品质量安全可追溯关键技术发展研究[J]. 农业机械学报, 2013, (7): 144-153.

[13] 杨信廷，钱建平，孙传恒，等. 农产品及食品质量安全追溯系统关键技术研究进展[J]. 农业机械学报, 2014, (11): 212-222.

[14] 旭日干，庞国芳. 中国食品安全现状、问题及对策战略研究[M]. 北京：科学出版社, 2015.

[15] 李丹，王守伟，臧明伍，等. 美国应对经济利益驱动型掺假和食品欺诈的经验及对我国的启示[J]. 食品科学, 2016, 37(07): 259-263.

[16] 李丹，王守伟，臧明伍，等. 国内外经济利益驱动型食品掺假防控体系研究进展[J]. 食品科学, 2018, 39(1): 320-325.

[17] 张颖颖，赵文涛，李慧晨，等. 液相色谱串联质谱对掺假牛肉的鉴别及定量研究[J]. 现代食品科技, 2017, 33(2): 230-237.

[18] Li Y, Zhang Y, Li H, et al. Simultaneous determination of heat stable peptides for eight animal and plant species in meat products using UPLC-MS/MS method[J]. Food Chemistry, 2018, 245: 125-131.

[19] 周彤, 李家鹏, 李金春, 等. 一种基于多重实时荧光聚合酶链式反应熔解曲线分析的肉及肉制品掺假鉴别方法[J]. 食品科学, 2017, 38(12): 217-222.

[20] 李金春, 李家鹏, 周彤, 等. 引物3'端不同碱基错配情况下实时荧光定量PCR非特异性扩增的发生规律[J]. 食品科学, 2017, 38(10): 277-283.

[21] 任君安, 黄文胜, 葛毅强, 等. 肉制品真伪鉴别技术研究进展[J]. 食品科学, 2016, 37(1): 247-257.

[22] 郭小溪, 刘源, 许长华, 等. 水产品产地溯源技术研究进展[J]. 食品科学, 2015, 36(13): 294-298.

[23] 马奕颜, 郭波莉, 魏益民, 等. 植物源性食品原产地溯源技术研究进展[J]. 食品科学, 2014, 35(5): 246-250.

[24] 刘怡君, 刘娜, 张雨萌. 食品鉴伪技术研究进展[J]. 食品工业科技, 2016, 37(22): 374-383, 393.

[25] Zhao L, Zhang F, Ding X, et al. Gut bacteria selectively promoted by dietary fibers alleviate type 2 diabetes[J]. Science, 2018, 359(6380): 1151-1156.

[26] 朱洪杰. 具有调节免疫力功能的保健食品专利分析[J]. 生物产业技术, 2016, (4): 63-67.

[27] 吴永宁. 我国食品安全科学研究现状及"十三五"发展方向[J]. 农产品质量与安全, 2015, (6): 3-6.

[28] 谈笑, 王娉, 李睿, 等. 动物源性食品中病原菌的耐药性研究进展[J]. 食品科学, 2017, 38(19): 285-293.

[29] Wang Y, Zhang R, Li J, et al. Comprehensive resistome analysis reveals the prevalence of NDM and MCR-1 in Chinese poultry production[J]. Nature Microbiology, 2017, 2: 16260.

[30] 毛婷, 路勇, 姜洁, 等. 食品安全未知化学性风险快速筛查确证技术研究进展[J]. 食品科学, 2016, 37(5): 245-253.

[31] 郭萌萌, 吴海燕, 杨帆, 等. 改进的QuEChERS-高效液相色谱法测定水产品中16种多环芳烃[J]. 环境化学, 2013, (6): 1025-1031.

[32] 赵延胜, 董英, 张峰, 等. 食品中46种禁限用合成色素的分级提取净化体系研究[J]. 分析化学, 2012, 40(2): 249-256.

[33] 李红, 屠大伟, 李根容, 等. 顶空固相微萃取-气相色谱-质谱联用技术鉴别潲水油[J]. 分析实验室, 2010, 29(6): 61-65.

[34] 杨蕴嘉, 牛宇敏, 杨奕, 等. 在线固相萃取-液相色谱串联质谱法测定饮用水中的双酚A和壬基酚[J]. 卫生研究, 2013, 42(01): 127-131.

[35] 张东雷, 汪丽娜, 陈小珍, 等. 超快速液相色谱_离子阱飞行时间质谱法测定肉制品中10种碱性染料[J]. 色谱, 2012, 30(8): 770-776.

[36] 吴斌, 丁涛, 柳菡, 等. 高效液相色谱-四极杆/静电场轨道阱高分辨质谱快速检测6种农产品中96种农药的残留量[J]. 色谱, 2012, 30(12): 1246-1252.

[37] 郭娟. 有毒有害物质液相色谱质谱数据库的构建及应用[D]. 南昌: 南昌大学, 2012.

[38] 刘畅. 食品中兽药残留高通量筛查与检测平台的建立及膳食暴露评估研究[D]. 上海: 第二军医大学, 2013.

[39] 钱疆, 杨方, 陈弛, 等. 超高效液相色谱飞行时间质谱测定食品中36种合成色素[J]. 食品科学, 2013, 34(6): 215-218.

[40] 张昭寰, 娄阳, 杜苏萍, 等. 分子生物学技术在预测微生物学中的应用与展望[J]. 食品科学, 2017, 38(9): 248-257.

[41] 吴清平, 李玉冬, 张菊梅. 常见食源性致病菌代谢组学研究进展[J]. 微生物学通报, 2016, 43(3): 609-618.

[42] 张南, 马春晖, 尚飞, 等. 食品安全快速检测技术的专利文献计量研究[J]. 食品科学, 2019, 40(1): 334-340.

[43] 张群, 张柏秋. 基于Innography的零反式脂肪酸食品专利情报研究[J]. 情报杂志, 2014, 33(4): 59-61.

[44] 陈大明, 毛开云, 江洪波. 功能性食品领域专利技术研发态势分析[J]. 生物产业技术, 2015, (4): 68-73.

[45] 张南, 马春晖, 周晓丽, 等. 食品科学研究现状、热点与交叉学科竞争力的文献计量学分析[J]. 食品科学, 2017, 38(3): 310-315.

[46] 刑颖, 董瑜, 元建霞, 等. 农药残留快速检测技术国际发展态势的文献计量分析[J]. 科学观察, 2016, 11(1): 01-17.

[47] 刘腾. 科技成果转化: 重赏下的系统配套改革[N]. 中国经营报, 2015-05-23.

[48] CAC/GL 26-1997, Guidelines for the design, operation, assessment and accreditation of food import and export inspection and certification systems[S]. 1997.

[49] CAC/GL 20-1995, Principles for food import and export inspection and certification[S]. 1995.

[50] CAC/GL 38-2001, Guidelines for design, production, issuatice and use of generic official[S]. 2001.

[51] FAO. Risk Based imported Food Control Manual [EB/OL]. (2018-02-23). http://www.doc88.com/p-0089111548958.html.

[52] CAC/GL 47-2003, Guidelines for food import control systems[S]. 2003.

[53] CAC/GL 27-1997, Guidelines for the assessment of the competence of testing laboratories involved in the import and export control of food[S]. 1997.

[54] FAO. Manual of food quality control 15. imported food inspection. Food and Agriculture organization of the united Nations Rome[J]. FAO Food Nutr Pap, 1993, 14: 1-92.

[55] CAC/GL 82-2013, Principles and guidelines for national food control systems[S]. 2013.

[56] 贾敬敦, 蒋丹平, 陈昆松. 食品产业科技创新发展战略[J]. 北京: 化学工业出版社, 2012.

[57] 王守伟, 周清杰, 臧明伍. 食品安全与经济发展关系研究[M]. 北京: 中国质检出版社/中国标准出版社, 2016.

第三部分　各专题研究报告

第1章　开启食品精准营养与智能制造新时代战略发展研究

摘　要

营养健康是一个国家或地区发达程度的重要标志，也是人类社会全体成员内在追求的永恒主题。但中国人现代的膳食结构存在营养搭配不均衡、荤素比例不合适等问题，超重肥胖、高血压、高血脂等现象日益凸显，慢性病人作为特殊群体的营养健康状况值得关注。不同年龄阶段、不同体质的人群对营养的需求不同，特别是对于孕妇、乳母、婴幼儿、老年人及“四高”等特殊人群的膳食膳配显得尤为重要。随着生活水平的提高，个性化的饮食越来越受到消费者的关注。根据不同群体或个体的营养需求，制定科学合理的个性化饮食指南，将有利于改善居民的营养状况。近年来，随着电子技术和移动互联网技术的快速发展，个性化营养健康主食也朝着智能化方向发展。展望未来，以精准营养为目标，以工业化、自动化、智能化为发展方向的个性化营养健康食品智造产业将有无限广阔的前景。

1.1　精准营养食品的个性化服务——健康大数据

健康是人类全面发展、生活幸福的基石，也是国家繁荣昌盛、社会文明进步的重要标志。习近平总书记在2016年8月19日至20日在北京召开的全国卫生与健康大会上强调：没有全民健康，就没有全面小康。加快推进健康中国建设是实现全民健康和全面小康的重大战略选择，是重大的民心工程，具有重要意义[1]。随着中国特色社会主义进入新时代，中国居民的主食供给也发生着重大变化：

一是传统主食向现代主食转变：根据国家农业部办公厅发布的《关于深入实施主食加工业提升行动的通知》（农办加〔2017〕7 号），主食加工业已成为重要的民生产业，开发多元产品是重点任务。传统米面主食要向功能化、营养化、便捷化转变，开发多元化产品，并针对不同人群开发营养均衡、药食同源等功能性主食产品，引导居民扩大玉米、杂粮、马铃薯、净菜和畜水产等食品的消费[2]，现代主食涵盖了传统米面主食和预制菜肴食品[3]。

二是主食消费从满足能量需求向满足多元营养需求转变：将人体比作一辆汽车，燃料汽油的能量供给作用等同于碳水化合物给人体提供热量，人体所需要的蛋白质、脂肪、维生素、矿物质和膳食纤维等则类似于汽车的润滑油、冷却水、电解液和轮胎空气等，是构成人体组织重要组成成分，维持正常生理功能，发挥着各种保健和调节机体的作用。虽然需要摄取的数量有限，但是缺乏时，人体的“动力系统”就会磨损、失灵或损坏。因此，单纯以谷物主食的单纯能量供给变为多种原料组成的多营养供给的主食形式。

三是主食制作方式从家庭自制向社会化供应转变：主食向社会化供应转变，呈现出方便化、营养化、安全化等新特点。据调查，我国城市和农村家庭分别约70%和40%的谷物类主食依赖于市场采购。当前，我国各类米面主食、预制菜肴销售十分旺盛，保障营养均衡的各种健康主食正引领消费潮流[3]。

1.1.1 我国居民的营养健康现状

《中国居民营养与慢性病状况报告（2015 年）》指出[4]，从 2002 年到 2012 年十年间居民膳食营养状况总体改善，膳食结构有所变化，超重肥胖问题凸显。我国城乡居民粮谷类食物摄入量保持稳定。总蛋白质摄入量基本持平，优质蛋白质摄入量有所增加，豆类和奶类消费量依然偏低；脂肪摄入量过多；蔬菜、水果摄入量略有下降，钙、铁、维生素 A 和 D 等部分营养素缺乏依然存在；平均每天烹调用盐 10.5 克，较 2002 年下降了 12.5%。全国 18 岁及以上成人超重率和肥胖率分别为 30.1%和 11.9%，6～17 岁儿童青少年超重率和肥胖率比 2002 年分别上升了 5.1 和 4.3 个百分点。与其他国家和地区比较，我国 18 岁及以上成人超重率分别比美国和俄罗斯低了 3.8 和 2.8 个百分点，但是超过韩国和日本 6.8 和 12.2 个百分点，而肥胖率分别比美国和俄罗斯低了 23 和 13 个百分点，仍然高于韩国和日本 4.6 和 7.4 个百分点。

1.1.2 健康中国 2030 的目标

根据 2017 年北京大学公共卫生学院、首都儿科研究所、农业部食物与营养发展研究所、中国营养学会等多家机构专家联合编写的《中国儿童肥胖报告》[5]，2030 年，我国 7 岁以上学龄儿童超重肥胖人数将增至 4948 万人，报告中还指出 1985～2005 年，我国主要大城市 0 至 7 岁儿童肥胖人数由 141 万人增至 404 万人，1985 年至 2014 年，我国 7 岁以上学龄儿童超重肥胖人数由 615 万人增至 3496 万人。肥胖儿童发生高血压和高血脂的风险是正常体重儿童的 3.9 倍和 4.4 倍。由 2016 年 10 月 25 日印发的《“健康中国 2030”规划纲要》中提出的到 2030 年要实现以下目标[6]：

(1) 人民健康水平持续提升：到 2030 年人均预期寿命达到 79 岁；

(2) 主要健康危险因素得到有效控制，消除一批重大疾病危害；

(3) 健康服务能力大幅提升，健康服务质量和水平明显提高；

(4) 健康产业规模显著扩大，形成一批具有较强创新能力和国际竞争力的大型企业；

(5) 促进健康的制度体系更加完善。

1992 年世界卫生组织（WHO）提出健康四大基石：合理膳食、适量运动、戒烟限酒和心理平衡[7]。而当今健康长寿的主要因素还包括遗传因素。在 20 多项长寿秘诀中，与饮食健康有关的占到 4～6 项，占到长寿因素权重的 1/4～1/5 之高。

资料显示，我国年产食用农产品 18 亿吨，80%以主食菜肴的形式消费，其中，水稻 2 亿吨，小麦 1.2 亿吨，玉米 2.3 亿吨，杂粮豆类 0.8 亿吨，畜禽肉 8600 万吨，乳品 2700 万吨，蛋品 2300 万吨，水产品 5500 万吨，蔬菜 5.0 亿吨，水果 2.5 亿吨，薯类 2 亿吨。以 14 亿中国总人口合计，每天消费主食菜肴食品所需的食用农产品原料高达 394 万吨。

根据《中国居民膳食指南（2016）》[8]中的中国居民平衡膳食宝塔，成人每天摄取推荐量按照食用形式分为两类：主食形式和菜肴形式，其中主食形式位于宝塔的最底部，包括谷物类（200～300 g）和薯类（50～100 g）；菜肴形式包含 7 类：食盐（<6 g），油脂（25～30 g），

畜禽肉(40～75 g)，水产品(40～75 g)，蛋类(40～50 g)，蔬菜类(300～500 g)和水果类(200～350 g)，这七类菜肴形式逐渐由宝塔的中底部向塔尖递减，食盐和油脂位于塔尖。对于一般人群而言，该膳食指南(2016)有六条核心推荐，分别是：食物多样，谷类为主；吃动平衡，健康体重；多吃蔬果、奶类、大豆；适量吃鱼、禽、蛋、瘦肉；少盐少油，控糖限酒；杜绝浪费，兴新食尚。

1.1.3　获取营养健康大数据途径和手段

大数据是推动人类进步的又一次新的信息技术革命，多组学技术的发展为营养健康大数据的获取提供了先进的技术手段。组学分析以及可穿戴设备的兴起，可针对不同人群和个人提出预测饮食建议，为精准营养学提供了可能[9]。通过基因检测、代谢组学和微生物组学等检测数据，获得健康大数据，对个人进行营养健康个性化咨询，对潜在的健康风险进行饮食干预并跟踪，建立个人健康档案，将健康档案录入电脑或手机并根据每个人的情况进行个性化营养预测和营养配餐，从而获得不同的主食配方，最终可通过加工代用餐或3D 打印将配餐生产出来。Zeevi 等[10]以 800 名志愿者为研究对象收集分析血糖和粪便等数据，制定了精准、个性化的膳食建议。由此可见，获取营养健康大数据途径和手段有以下两种方式：

(1)根据不同人群需要，创制新产品，开发不同人群营养解决方案；

(2)针对不同个体，创制新产品，开发不同个性化营养解决方案，包括基于基因测序血液等科技的人体量化检测，基于肠道微生物干预对人体疾病的靶向治疗和基于营养代谢基因组学的个性化差异测定人的身体成分和血液组成等。

例如检测与肥胖代谢相关基因解偶联蛋白(UCP)和 β3-肾上腺素能受体的变异[11,12]，与 2 型糖尿病代谢易感基因 *IRS-1* 和 *KCNQ1*[13]及与阿尔茨海默病(AD)早发患者的突变基因(*PSEN1*、*PSEN2* 和 *APP*)[14]，检测易感基因或突变基因可进行早期的基因诊断，从而从饮食等方面预防该疾病的发生。因此，可从生命体征、健康影响因素和主要健康指标三方面制订适用于不同人群健康测评的个性化量表，并进行相应的营养代谢个性化检测与分析。

1.2　精准营养食品的个性化服务——食物大数据

随着食品产业的快速发展，食品营养领域信息已逐步呈现大数据的特征。大数据给公共卫生领域带来了巨大变革机遇，作为公共卫生的分支营养学科也进入了大数据时代[15,16]。主食是指供应人们一日三餐、能够满足人体基本能量和均衡营养摄入需求的正餐食物。我国传统主食在营养组成上一般以碳水化合物为主，如米饭、馒头、面条或者其他谷物类食品。随着经济和社会的发展，主食的内涵正在发生着深刻的变迁，主食的概念也被赋予了新的时代特征。现代主食除了传统的谷物类食品外，还包括以畜禽、水产品、果蔬等含多种营养成分的原料加工而成的菜肴食品及混合类食品[17]。主食产业是农业和粮食产业发展的根本，主食产业直接关系国民健康和生活水平[18]。

建立食品与营养相关大数据库将有利于信息的整合，有利于搜索到高效和准确的信息，有利于针对不同人群制定科学合理的个性化饮食指南，同时随着各国食品贸易的交流与合作日渐频繁，世界各国的信息共享也成为一种趋势。

1.2.1　食品原料营养素数据库

谷物、薯类等主食原料主要是大米、面粉、杂粮和马铃薯等，是碳水化合物与热量的主要来源；主菜的主要来源有肉、蛋、乳、鱼及大豆等，是蛋白质和部分脂肪的主要来源；副菜的原料则主要是低热量的蔬菜、食用菌和海藻等，是维生素、矿物质和膳食纤维的主要来源。统计表明，食品原料的食材有2500多种，每种食材都有3～5种初加工形式，而每种不同初加工形式后的原料都有 42 项以上的营养素数据。正是在这些庞大的数据支撑下，形成了食品原料营养素数据库，体现了食品原料和营养素的相互转化关系。随着新的工艺、新资源食物品种的不断涌现，数据库中的主食原料种类、数据量也必将越来越多。另外，由于对食物成分分析检测手段的不断进步，一些新的营养成分，如植物化学物、抗营养成分等也逐渐被添加到数据库中，这也将有利于慢性病干预和膳食指导等[15]。

1.2.2　主食及菜肴产品的营养素数据库

传统主食产品是以淀粉(碳水化合物)为主的米面食品及薯类食品，包括米饭、馒头、面条或其他谷物类食物，主食品种超过2000种。我国幅员辽阔，各地居民主食消费存在明显的地域差异。从传统饮食习惯上看，最为典型的是“南米北面”的主食消费地域特征，即长江以南的南方居民多以精细大米制作的米制品例如米饭、米粉等为主食；黄河以北的北方居民以精白小麦粉制作的面制品例如馒头、面条等为主食；在秦岭、淮河中间过渡地带则米面兼食。传统菜肴产品是我国宝贵文化遗产中的一颗灿烂明珠，源远流长。中式传统菜肴经过漫长的发展历程，融合各民族的智慧与文化，形成了极具影响力的八大菜系(鲁菜、川菜、粤菜、苏菜、闽菜、浙菜、湘菜、徽菜)以及脍炙人口的中式菜肴品种近两万种，深受海内外消费者的青睐。通过检测记录不同主食及菜肴产品不同营养素含量，进而进行数据整理、汇总，形成不同主食及菜肴产品的营养素大数据库，对指导科学膳食，精准营养配膳有重要意义。

1.2.3　不同加工方式对营养素的影响

中华传统美食名誉天下，种类繁多，即便是同一种原料，也有许多种不同的加工方式，而不同的加工方式对营养素的影响不同。如何选用适宜的加工方式以最大限度地保留营养素，各营养素在加工过程中的变化及生物有效性等问题已成为食品加工及营养健康研究领域的重点[19,20]。研究表明菠菜煮制时间对维生素C残留率有重要的影响，新鲜菠菜中维生素C以100%计，煮制1 min后，菠菜中维生素C残留率降低至74%，进一步煮制，5 min后维生素C残留率只有40%。不同的杀菌方式对食品原料中维生素C也有显著影响，相对于高温高压杀菌，温和式双峰变温杀菌能更有效地保留维生素C[21]。扒鸡加工过程中，营养素含量发生了显著的变化：其中水分含量不断下降($p<0.05$)；蛋白质相对含量升高，绝对含量有所降低；脂肪含量油炸后最高，煮制之后又有所下降；游离氨基酸含量逐渐降低，精氨酸含量最高，鲜味氨基酸含量高于其阈值；不饱和脂肪酸占总脂肪酸的比例有所升高(表3-1-1)[22]。颇受欢迎的菜肴土豆烧牛肉的加工过程中，各营养素发生了复杂的变化，包括牛肉中脂肪的热氧化分解、蛋白质热降解及马铃薯中糖类的热降解等。各营养素分子间

进而通过交互作用形成土豆烧牛肉的独特风味[23]。通过检测各类菜肴加工过程及成品中营养素的含量，并综合不同加工方式下各营养素的变化，形成主食大数据库。这一数据库将包含 18000 余种菜肴，2000 余种主食，每种菜肴或主食都将有数百项的营养素数据。利用这一数据库，我们可轻松地明确每餐饭碗里的热量及营养素的含量，将为个性化饮食提供科学依据。

表 3-1-1　扒鸡加工过程中水分、蛋白质和脂肪的变化

项目	原料	腌制	油炸	煮制	杀菌
水分/%	77.90±0.12b	78.18±0.16a	73.81±0.21c	70.35±0.15d	68.14±0.13e
蛋白质/%	85.17±0.19c	84.34±0.25c	87.27±0.49b	88.75±0.02a	83.86±0.14c
脂肪/%	5.08±0.05c	4.77±0.25c	9.62±0.52a	8.19±0.02a	7.57±0.52b
出品率/%	100	101	91	72	68
折合蛋白质/%	85.17	85.18	78.98	63.81	57.28
折合脂肪/%	5.08	4.82	8.71	5.89	5.17

注：表中数据为干基含量，表中同行中字母不同表示差异显著（$p<0.05$），折合蛋白质 = 蛋白质相对含量×出品率，折合脂肪 = 脂肪相对含量×出品率

1.2.4　不同人群的精准营养与个性化饮食

随着生活水平的提高，个性化的饮食越来越受到消费者的关注，例如依照《中国上班族膳食营养指导》和《中国居民膳食指南》，可制定白领上班族每周食谱，保障上班族营养素摄入。根据不同群体或个性的营养需求，开发适合不同人群消费的主食产品，提供个性化饮食，特别是对于孕妇、乳母、婴幼儿、老人及慢性病患者等特殊人群的膳食[24,25]。例如可对产妇月子餐进行营养膳配，制定产妇月子期间的膳食食谱。通过营养食品大数据库我们也可轻松知道每餐、每天中产妇各种营养素的摄入量。老年人也是备受关注的一类特殊群体，随着年龄的增加，老年人的摄食与消化吸收功能下降，不合理的饮食会引发老年人各种慢性病[26]。考虑到老年人饮食需求的特殊性，在精准营养主食大数据库的支持下，根据老年人咀嚼特性、吞咽能力、消化特点研制营养配餐，保障老年人营养摄入，提高生活品质[27]。除此之外，我们还可以根据“四高”（高血压、高血脂、高血糖、高尿酸）人群和肥胖人群饮食特点，制定适合“四高”、肥胖症患者食用的饮食营养计划，期望通过饮食改善这类人群的健康状况[28]。研究表明个性化饮食指导在糖尿病患者中有很高的临床应用价值，建议在临床上进行推广[24]。饮食治疗作为糖尿病患者控制血糖的重要手段，可根据患者具体年龄、身高、体重及体力活动等方面计算其每日所需各种营养素含量，得出蛋白质、脂肪和碳水化合物等营养素最佳比例，制定针对性的配膳方案，并可利用食物交换法来帮助患者调整饮食方案，增加食物种类，提供丰富多样的患者饮食方案。

1.2.5　个性化营养健康主食产业发展未来——工业化、自动化、智能化制造

在数据爆炸的时代，营养学科面临巨大的机遇和挑战。全球化的数据共享为科研工作者带来新的视角，在第一时间掌握最新的营养和食品信息动态，能高效地针对不同人群提供膳食指导，对于慢性病防控、疾病预测、个性化健康管理等方面都有深远而积极的影响[15]。近

年来，随着电子技术和移动互联网技术的快速发展，个性化营养健康主食也朝着智能化方向发展。例如智能手机和移动医疗技术等，对人们健康行为的改善发挥着积极的作用。营养健康配餐相关的手机应用程序（APP）不断涌现，这些个性化智能饮食系统可以根据用户的身体状况、平时的饮食喜好，推荐适合用户的健康饮食菜单。并且系统可对每个菜品设置相关的健康属性，对用户关注的菜品进行跟踪[29]。居民利用这些简单方便的应用程序来科学合理搭配日常饮食，确保各营养素的每日摄入量，更好地维持个体健康状态。这些智能化的应用也已成为移动互联网塑造的全新社会生活形态[30]。

我国传统食品的制作从最初的手工制作，发展到了后来的机械化、自动化，而现在已向智能化迈进。营养食品智能化可提高生产效率、提高质量安全水平、指导科学配膳，引领健康，同时智能化可实现绿色制造，从而减少损耗。所有这些优势也将进一步有利于满足不同人群个性化供应需求、有利于传统工艺传承、有利于突破主食加工技术壁垒、有利于引领我国的传统产业的转型升级。今后，以精准营养为目标，以工业化、自动化、智能化为发展方向的个性化营养健康主食产业将有无限广阔的前景。

1.3　精准营养食品的智能制造

1.3.1　工业 4.0

“工业 4.0”是德国推出的概念，是以智能制造为主导的第四次工业革命。2013 年 4 月，全球国际工业博览会在德国汽车、机械、电子制造业中心汉诺威召开。会上，德国“工业 4.0 工作组”公布了研究成果报告《保障德国制造业的未来：关于实施“工业 4.0”战略的建议》，其目的是借助发挥德国制造业的传统优势，掀起新一轮制造技术的革命性创新与突破[31]。德国的“工业 4.0”战略详尽描绘了信息物理系统（cyber physical system, CPS）的概念，希望通过信息物理系统，开创新的制造方式，实现“智能工厂”。从而，在生产制造过程中，与设计、开发、生产有关的数据将通过传感器采集并进行分析，形成可自律操作的智能生产系统。“工业 4.0”所描绘的未来的制造业将建立在以互联网和信息技术为基础的互动平台之上，将更多的生产要素更为科学地整合，变得更加自动化、智能化，使生产制造个性化、定制化成为新常态[32]。“工业 4.0”美国叫“工业互联网”，我国叫“中国制造 2025”，这两者本质内容是一致的，都指向一个核心，就是智能制造。2014 年 12 月，“中国制造 2025”这一概念被首次提出。2015 年 3 月 5 日，《政府工作报告》首次提出“中国制造 2025”的宏大计划。2015 年 3 月 25 日，国务院召开常务会议，部署加快推进实施“中国制造 2025”，实现制造业升级。也正是这次国务院常务会议，审议通过了《中国制造 2025》。2015 年 5 月 8 日，国务院正式印发《中国制造 2025》。《中国制造 2025》提出，坚持“创新驱动、质量为先、绿色发展、结构优化、人才为本”的基本方针，坚持“市场主导、政府引导，立足当前、着眼长远，整体推进、重点突破，自主发展、开放合作”的基本原则，通过“三步走”实现制造强国的战略目标：第一步，到 2025 年迈入制造强国行列；第二步，到 2035 年中国制造业整体达到世界制造强国阵营中等水平；第三步，到新中国成立一百年时，综合实力进入世界制造强国前列。

1.3.2　工业 4.0 食品智能制造

在工业 4.0 的发展背景下，食品加工业也面临转型，打造食品行业的智能制造体系尤为重要。随着规模化、智能化、集约化、绿色化的深入发展，将工业 4.0 引入食品加工业中，食品加工业无论是创新能力还是食品安全保障水平都将稳步提升，资源利用和节能减排也将取得突出成效，新技术、新产品、新模式、新业态不断涌现，整个食品加工业都将在与互联网+的融合下，呈现出更繁荣的景象。

1. 工厂现有加工状况

目前，我国的乳制品、馒头、饺子、汤圆等食品加工领域正在向自动化、智能化方向迈进，但是大多数菜肴食品加工生产和管理状况仍然相对落后，销售信息和生产关联不紧密。很多工厂现在仍采取劳动密集型的生产模式，部分工序/工艺仍然依靠人工操作。在管理方面，现有食品工厂的质量管理系统多采用多体系管理模式，各个部门之间缺乏信息共享，认证工作重复开展，甚至存在不同体系管理部门发出的指令相互冲突的情况，使得受管理的部门无所适从，导致管理效率低、管理成本高、体系运行效果难以达到最佳[33]。

2. 工业 4.0 应用到食品工业生产中

针对目前食品加工企业中存在的问题，以及工业 4.0 的发展趋势，将工业 4.0 的经验应用于食品加工企业中，实现食品工厂的智能制造。食品工厂的智能制造主要包括四个方面：生产智能化、设备智能化、能源管理智能化和供应链管理智能化。食品工厂的生产智能化主要指通过基于信息化的机械、知识、管理和技能等多种要素的有机结合，自动制定出科学的生产计划；设备智能化指生产设备中配备的传感器，实时抓取数据，通过互联网传输数据，对生产本身进行实时监控；能源管理智能化通过最经济的方式，部署加工过程中的节能减排与综合利用的智能化系统架构，形成绿色产品生命周期管理的循环；供应链管理智能化指的是将食品加工企业的成品库存与供应商需求相结合，从而保证成品库存的最小化，降低库存带来的风险，降低生产成本。

食品加工中一个重要的环节就是要实现生产追溯性。生产的追溯性主要通过原料追溯、质量追溯和工艺追溯。通过对生产原材料的品类、产地、供应商等信息的记录，保证原料可追溯；记录和集成产品生产路径，所有产品加工信息通过一个界面发布，易查找、易追溯、易分析，保证及时查找发现不符合标准的产品和生产过程，实现质量和工艺追溯。为方便实现生产追溯性，尤其是质量和工艺追溯，要减小加工过程中操作人员的使用，提高加工设备的智能性，用智能设备代替人工，提高质量和工艺追溯的可行性和准确性。

食品智造的核心是生产环节集感知、分析、推理、决策和控制为一体，并与消费者需求的信息化有机耦合，可实现在线个性化定制。定制消费者需求的趋势预示着个性化消费的到来，这种新的消费现象将引发传统食品产业产销模式的重大变革。

1.3.3　食品 3D 打印智能技术与装备

3D 打印技术，是一种快速成型技术，也被称为增材制造技术。它是一种以数字三维

CAD 模型设计文件为基础，运用高能束源或其他方式，将液体、熔融体、粉末、丝、片、板、块等特殊材料进行逐层堆积黏结，最终叠加成型，直接构造出物体的技术。3D 打印被认为是“一项正在改变世界制造技术的新浪潮”。

随着越来越多的人开始关注营养、健康和注重私人个性化定制，为食品 3D 打印开辟了一个新纪元。食品 3D 打印具有广阔的应用前景，可以为人们提供绿色安全的食物来源、实现空间站的食物供给、实现每个家庭的个性化定制，而且可以作为一个高端玩具激发孩子们的创意。特别适合大豆、马铃薯、鱼糜制品加工，将各种营养食材通过配比要求，借助于食品 3D 打印智能技术开发全营养主食菜肴产品。将不同人群的膳食营养指南融入食品 3D 打印智能技术中，在满足视觉盛宴的同时，针对不同个体的营养和能量需求，将各种原料进行营养和能量分析并科学搭配，在满足 3D 打印条件的前提下，最大程度满足个性化营养健康需求。例如：多个国家为解决老年人群的吞咽和咀嚼困难等问题，利用食品 3D 打印智能技术制作出了柔软并具有特殊纹理、方便吞咽的老人年专用食品，此种食品的制作过程还加入了营养需求的特殊强化，保证满足老年人群的营养需求[34]。

食品 3D 打印装备主要分为挤出型、粉体凝结型、喷墨型等形式，每一种打印形式对原料的特性要求不同，制得的产品形式也不同。根据加工产品的要求选择相对应的食品 3D 打印装备，同时与营养健康相结合，实现食品的精准营养控制。为了打印出质量优越的食品，除了选择适合的 3D 打印形式之外，还需要选择能够满足该种 3D 打印形式的原料。3D 打印的食品原料需要满足三个特性：打印性、适用性和后加工性[35]。

在 3D 打印技术和装备同食品营养科学的结合下，实现营养主食的智能制造。这将有利于改善居民的膳食营养结构，提高居民生活质量，推动传统食品加工业向定制化智能制造的转变，加速我国食品加工业的发展。一项伟大发明所能带来的影响，在当时那个年代都是难以预测的，15 世纪的印刷术如此，18 世纪的蒸汽机如此，20 世纪的晶体管也是如此。而今的食品 3D 打印技术在未来的时光里将会如何改变舌尖上的世界，我们将拭目以待。

参 考 文 献

[1] 王克群. 加快推进健康中国建设的意义与对策——学习习近平总书记在全国卫生与健康大会上的讲话[J]. 前进, 2016, (10): 26-29.

[2] 乔金亮. 主食加工业提升行动实施　重点开发多元产品[J]. 中国食品, 2017, (7): 17-176.

[3] 宗锦耀. 深入开展提升行动大力推进我国主食加工业持续健康发展[J]. 农村工作通讯, 2014, (16): 29-31.

[4] 顾景范.《中国居民营养与慢性病状况报告(2015)》解读[J]. 营养学报, 2016, 38(6): 525-529.

[5] 沈美. 儿童肥胖防控刻不容缓[J]. 教育, 2017, (22): 10.

[6] 中国共产党中央委员会, 中华人民共和国国务院. “健康中国 2030”规划纲要[J]. 中国实用乡村医生杂志, 2017, 24(7): 1-12.

[7] 易绍国. 健康的四大基石[J]. 食品与健康, 2002, (7): 18-19.

[8] 中国营养学会. 中国居民膳食指南(2016)[M]. 北京: 人民卫生出版社, 2016.

[9] McDonald D, Glusman G, Price N D. Personalized nutrition through big data[J]. Nature Biotechnology, 2016, 34 (2): 152-154.

[10] Zeevi D, Korem T, Zmora N, et al. Personalized nutrition by prediction of glycemic responses[J]. Cell, 2015, 163 (5): 1079-1094.

[11] 于新凤. 人解偶联蛋白基因多态性与肥胖研究进展[J]. 环境卫生学杂志, 2002, 29 (6): 348-351.

[12] 高从容, 邹大进. β3 肾上腺素能受体变异与肥胖及胰岛素抵抗的关系[J]. 国际内科学杂志, 1998, (7): 294-296.

[13] 张丽杰, 裴智勇, 马跃, 陈禹保. 2 型糖尿病易感基因代谢通路生物信息学研究[J]. 国际检验医学杂志, 2016, 37 (21): 2996-2998.

[14] 沈露茜. 携带 PSEN1、PSEN2 和 APP 突变的早发性家族性阿尔茨海默病与早发性散发性阿尔茨海默病的临床特点比较[D]. 北京：首都医科大学, 2016.

[15] 任向楠，丁钢强，彭茂祥，程峰. 大数据与营养健康研究[J]. 营养学报, 2017, 39(1): 5-9.

[16] 刘智慧，张泉灵. 大数据技术研究综述[J]. 浙江大学学报, 2014, 48: 957-972.

[17] 张泓. 我国主食加工产品及加工技术装备综述[J]. 农业工程技术(农产品加工业), 2014, (3): 15-22.

[18] 李里特. 传统主食战略地位和发展研究[J]. 河南工业大学学报(社会科学版), 2012, 8(2): 9-15.

[19] 张春江，张良，黄峰，张泓. 中式肉类菜肴加工中营养品质变化研究进展[J]. 生物产业技术, 2017, (4): 76-81.

[20] 张立新. 试论食品加工方式对营养的影响[J]. 吉林农业, 2011, (12): 220.

[21] 张泓，黄峰. 肉类预制菜肴加工中的品质形成与保持[J]. 肉类研究, 2013, 27(7): 53-57.

[22] 彭婷婷，张春江，张泓，黄峰，胡宏海，张雪，刘倩楠，陈文波，纪丽莲. 扒鸡加工过程中主要营养成分的动态变化[J]. 食品工业科技, 2016, 37(6): 109-113.

[23] 张泓，黄峰，张春江，张雪，张良，胡宏海，刘倩楠，戴小枫. 马铃薯与肉类制作主餐菜肴的品质互补优势[J]. 食品科技, 2017, 42(10): 141-146.

[24] 熊燕华. 个性化饮食指导在糖尿病患者中的临床价值[J]. 糖尿病新世界, 2016, (3): 94-97.

[25] 于江荣，许现娣，孙伟宏，等. 个性化饮食处方对妊娠期糖尿病患者母婴的影响[J]. 现代中西医结合杂志, 2014, 23: 1203-1204.

[26] Laguna L, Sarkar A, Artigas G, Chen J S. A quantitative assessment of the eating capability in the elderly individuals[J]. Physiology & Behavior, 2015, 147: 274-281.

[27] Vandenberghe-Descamps M, Labouré H, Septier C, Feron G, Sulmont-Rossé C. Oral comfort: a new concept to understand elderly people's expectations in terms of food sensory characteristics[J]. Food Quality and Preference, 2018, 70: 57-67.

[28] Wang D D, Hu F B. Precision nutrition for prevention and management of type 2 diabetes[J]. The Lancet Diabetes & Endocrinology, 2018, 6(5): 416-426.

[29] 盛实旺. 个性化的智能饮食推荐系统开发[D]. 杭州：浙江理工大学, 2016.

[30] 刘爱玲，马冠生. 大数据在营养领域中的应用[J]. 中国食物与营养, 2015, 21(11): 5-7.

[31] 李金华. 德国“工业 4.0”与“中国制造 2025”的比较及启示[J]. 中国地质大学学报(社会科学版), 2015, 15(5): 71-79.

[32] 王喜文. 工业 4.0(图解版)：通向未来工业的德国制造 2025[M]. 北京：机械工业出版社, 2015.

[33] 李联朝. 食品科学与工程工厂质量管理系统的现状及其未来发展[J]. 建筑工程技术与设计, 2016, (30): 1627.

[34] Peltola S M, Melchels F P, Grijpma D W, et al. A review of rapid prototyping techniques for tissue engineering purposes[J]. Annals of Medicine, 2008, 40(4): 268-280.

[35] Godoi F C, Prakash S, Bhandari B R. 3D printing technologies applied for food design: Status and prospects[J]. Journal of Food Engineering, 2016, 179: 44-54.

第 2 章 “食药同源”食品改善国民营养健康战略发展研究

习近平总书记在全国卫生与健康大会上强调：健康是促进人的全面发展的必然要求，是经济社会发展的基础条件，是民族昌盛和国家富强的重要标志，也是广大人民群众的共同追求。当前中国向着全面建成小康社会的奋斗目标越走越近，全民健康成为保障和改善民生的一道新课题。“食药同源”食品充分发挥我国传统资源优势，传承和弘扬中国“食药同源”的食疗文化，融合现代医学理论，改良食品生产技术，是未来我国食品产业的一个重要发展趋势，对改善国民营养健康状况具有重要意义。党中央、国务院高度重视“食药同源”和营养健康产业发展，《“健康中国 2030”规划纲要》《关于加强中医药健康服务科技创新的指导意见》《关于进一步促进农产品加工业发展的意见》都为“食药同源”产业发展指出了明确方向，提供了根本遵循。

2.1 国内外营养健康面临的挑战

营养健康问题是当今世界面临的重大挑战，目前正受到越来越广泛的关注。2018 年 5 月，世界卫生组织(WHO)在日内瓦发布最新报告《世界卫生统计 2018》[1]。报告指出，2016 年全球估计有 4100 万人死于非传染性疾病，占据总死亡人数(5700 万)的 71%，主要为四大疾病所致(图 3-2-1)：心脑血管疾病，1790 万人死亡(占 44%)；癌症，900 万人死亡(占 22%)；慢性呼吸系统疾病，380 万人死亡(占 9%)；糖尿病，160 万人死亡(占 4%)。同时，

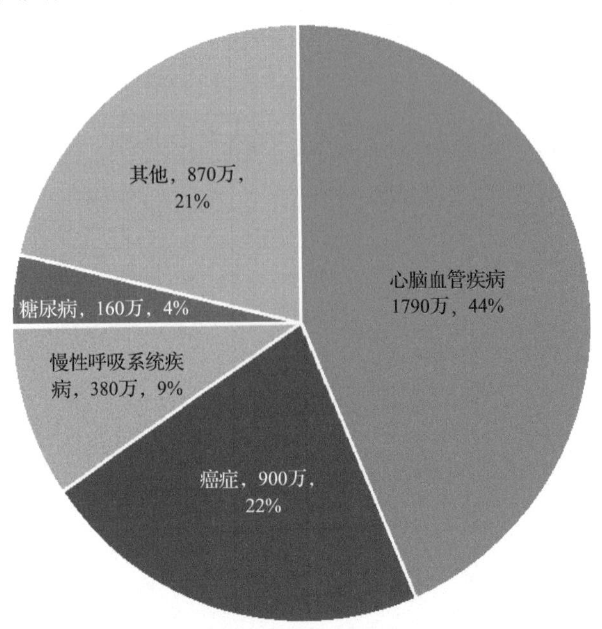

图 3-2-1 2016 年全球非传染性疾病死亡人数

最新发布的《2018 全球营养报告》[2]指出，有 20%的死亡与饮食营养失衡有关，饮食因素已成为全球发病率和死亡率的首要危险因素，其影响更胜于空气污染和烟草。根据报告，八项主要营养指标影响比较大，包括成人高血压、肥胖、超重、贫血、儿童发育迟缓、儿童消瘦、儿童超重和盐摄入量增加。全球 194 个国家和地区每年因营养性疾病损失 3.5 万亿美元，其中超重和肥胖导致的损失就达 5000 亿美元。

随着我国经济不断发展，国民营养状况已得到较大改善，但营养健康状况仍不容乐观，国家卫生健康委员会（卫健委）发布《2017 年我国卫生健康事业发展统计公报》[3]显示，全国卫生总费用持续上升，2017 年全国卫生总费用预计达 51598.8 亿元，人均卫生总费用 3712.2 元，卫生总费用占 GDP 百分比为 6.2%。此外，《中国卫生健康统计年鉴 2018》[4]数据显示，2017 年心脑血管疾病、癌症和慢性呼吸系统疾病是导致我国城乡居民死亡的主要死因。其中，慢性病出院病人数和人均医疗费用持续上升，已成为危害我国国民健康的头号杀手。

据《中国居民营养与慢性病状况报告（2015 年）》[5]发布的数据，中国因慢性病导致的死亡人数已占到全国总死亡人数的 86.6%，导致的疾病负担约占总疾病负担的 70%。《中国家庭健康大数据报告（2017）》[6]在北京召开的第二届中国家庭健康大会上发布，报告公布的大数据显示，在 2017 年在线就诊中，慢性病多发科室的患者量达到了总患者量的 32.2%，较 2013 年增加了 8.2%。白领阶层健康状况出现下滑，不良生活习惯导致该阶层人群出现越来越多的高血压、糖尿病等传统意义上的老年病。与 2013 年数据相比，2017 年我国一线城市白领中高血压患者平均年龄、糖尿病患者平均年龄均有下降。

为了改善营养健康状况，近几十年来我国已采取多项重大措施，但是存在的问题仍十分棘手。我国慢性病上升态势未得到有效遏制，拐点尚未出现，肥胖儿童向农村蔓延，贫血人群向城市扩展，青少年虽然营养不良发生率大幅下降，但超重和肥胖的比例却大幅增加，成人糖尿病、超重和肥胖比例也大幅升高。总之，我国目前正面临着严峻的营养健康挑战，亟须寻找正确的战略予以应对，充分利用好我国传统的“食药同源”食品宝库改善国民营养健康状况不失为一项重要的选择。

2.2 “食药同源”的起源与发展

2.2.1 “食药同源”的历史起源

上古时代，在寻找食物的过程中，人类逐渐分清了食物与药物的区别，将有治疗功能的物质均归于药物，而用于饱腹充饥、对人体有利的物质归纳为食物，因此便有了“食药同源”的说法。其中最为典型的例子就是神农尝百草。相传神农氏是中华民族农耕文化的始祖，对其记载有多种。陆贾《新语 · 道基第一》描述：“民以食肉饮血衣皮毛。至于神农，以为行虫走兽，难以养民，乃求可食之物，尝百草之实，察酸苦之味，教民食五谷”；《淮南子 · 修务训》云：神农“尝百草之滋味，水泉之甘苦，令民知所避就，当此之时，一日而遇七十毒。此其尝百草为别民之可食者，而非定医药也”；神农尝百草一日七十毒，虽然有些夸张但却形象地说明上古之人药食不分。

在长沙马王堆出土的医药书籍众多，相传成书均为战国以前，其中与“食药同源”理论相关的帛书有《养生方》（图 3-2-2）、《却谷食气》和《杂疗方》等。书中所载养生方法多数可“以食治之”，或“以食养”。不难看出，“食药同源”理论已初见端倪。《黄帝内经》则是该时期最重要的医学著作，对后世医家有着不可替代的影响。在“食药同源”方面确定了原则和使用方法，对于药、食的配伍，对五脏的影响及作用等多方面均有论述，对于药膳学的发展起到了深远的作用。其中载有“药以袪之，食以随之”，并强调“人以五谷为本”，其中非常卓越的理论如：“大毒治病，十去其六；常毒治病，十去其七；小毒治病，十去其八；无毒治病，十去其九；谷肉果菜，食养尽之，无使过之，伤其正也”，这可称为最早的食疗原则。“食药同源”理论在该时期一步步走向成熟，从仅以充饥为目的饮食到以保健养生为目的饮食，从单用食物以滋养的“食养”到药食结合的“药膳”，从仅在后世著作中提及只言片语到自主传承下来的养生经典，无不反映“食药同源”理论的重要与珍贵。

图 3-2-2　长沙马王堆出土的《养生方》残卷

在出自唐朝早期孙思邈之手的《千金要方》和《千金翼方》中，设有“食治”专篇（图 3-2-3），共收载药用食物 164 种，分为果实、菜蔬、谷米、鸟兽四大门类，为食疗、食养、药膳等方面做出了巨大贡献。同时期孟诜的《食疗本草》更是全世界最早的一部药膳学方面的专著（图 3-2-4），它集古代“食药同源”理论之大成，为“食药同源”理论的发展做出了巨大贡献。而明朝李时珍著的《本草纲目》可以说是集前朝养、疗本草之大成，其包涵诸多养生保健内容，它以中医五行学说为核心，以“五味”发挥五行学说，被认为是同时期最为璀璨的明珠，是前人“食药同源”理论和实践的总结，并在该基础上衍生出自己独特的理论体系，有力地证实了中医“食药同源”理论。

随着西方现代科学知识的引入，拓展了“食药同源”理论知识，同时，现代科学技术和大量临床医学实践进一步证明了“食药同源”物质兼具药效和营养功能，坚持食用能够有效预防慢性疾病并且降低患病风险。

图 3-2-3 千金食治，即《千金要方》原书的第 26 卷

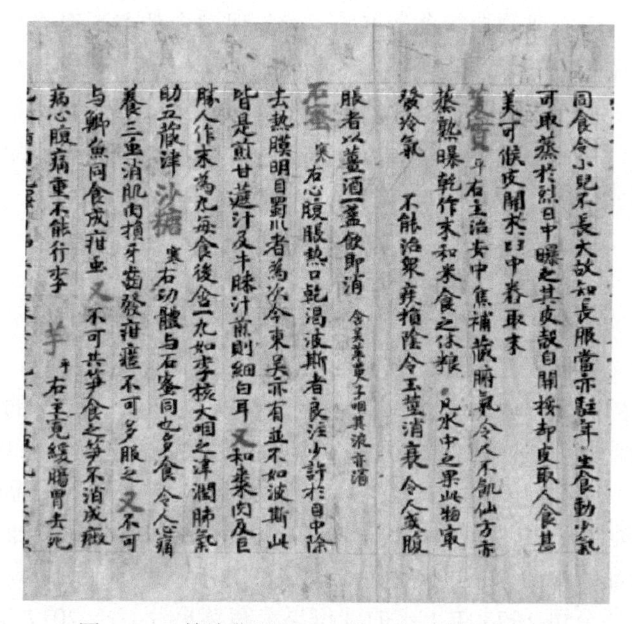

同食令小兒不長大故知長服當亦駐年。生食動少氣
可取蒸於烈日中曝之其皮殼自開接却皮取人食甚
美可候皮開米口中舂取末
芡實 平 右主治安中焦補藏腑氣令人不飢仙方亦
蒸熟曝乾作末和米食之休粮 凡水中之果此物最
發冷氣 不能治眾疾損陰令玉莖消衰令人
服者以薑酒一盞飲即消 含吳茱萸子咽其液亦消
石蜜 寒 右心腹脹熱口乾渴波斯者良注少許於目中除
去熱膜明目蜀川者為次今東吳亦有並不如波斯此
皆是煎甘蔗汁及牛膝汁煎則細白耳 又和棗肉及巨
勝人作末為丸每食後含一丸如李核大咽之津潤肺氣
助五藏津 沙糖 寒 右功體與石蜜同也多食令人心痛
養三蟲消肌肉損牙齒發疳𧏾不可多服之 又不可
與鯽魚同食成疳蟲 又不可共笋食之笋不消成癥
病心腹痛重不能行李 芋 平 右主寬緩腸胃去死

图 3-2-4 敦煌藏经洞出土的《食疗本草》残卷

2.2.2 “食药同源”食品的国内外发展现状

“食药同源”理论是我国人民在食物和药物发现中总结的智慧结晶，与西方国家提出的“厨房代替药房”“食物代替药物”[7]有异曲同工之妙。随着“食药同源”文化被越来越多的人认同和中医药走向世界，“食药同源”食品越来越受到世界人民青睐，“食药两用”已成为国际健康食品发展的大趋向[8]。无论是美国的“膳食补充剂”(dietary supplement)、

欧洲的“健康食品”（healthy food），日本的“功能食品”（functional food），还是中国的“保健食品”，都包括了大量以“食药同源”为理论基础开发的产品。

1. 美国

自 1994 年美国国会通过了《膳食补充剂、健康与教育法案》（Dietary Supplement Health and Education Act of 1994），允许各类食品在标签上使用营养健康声称，美国的膳食补充剂市场快速发展。美国的膳食补充剂主要包括维生素类产品、草药/植物类产品、特殊补充剂产品、替食型补充剂产品、运动营养类产品等，其中草药/植物类产品属于“食药同源”食品。在美国膳食补充剂市场中，草药/植物膳食补充剂约占 20%的市场份额，是中国中药产品或天然产品的重要目标市场。2017 年，美国草药/植物膳食补充剂的销售额首次超过 80 亿美元，较 2016 年增幅为 8.5%，这是 15 年来美国草药/植物类膳食补充剂销售增幅最大的一次。自 2004 年以来，美国消费者在草药/植物类膳食补充剂上的支出几乎翻了一番[9]。美国康宝莱（Herbalife，“草本生活”）是全球知名的营养和体重管理公司，其产品已覆盖全球 90 多个国家和地区，2017 年公司实现营收 44.28 亿美元。

2. 欧洲

欧洲是继美国之后主要的功能食品市场，营养保健食品市场渗透率较高，其年销售额以 15%～20%的速率持续增长，其中德国、英国、法国、意大利位居营养保健食品市场的前列[10]。欧洲占据了全球约 30%营养保健食品的市场份额。在欧洲，“能源饮料”也颇为盛行。如奥地利的红牛饮料市场占有率达到了 45%，法国的人参、黑胡椒饮料，西班牙的抗氧化功能饮料以及英国小球藻、蜂胶等休闲食品都深受消费者的喜爱。

3. 日本

“食药同源”思想对日本有着深刻影响，日本平安中期的宫中御医丹波康赖模仿中国医书的体裁，用汉文编撰了日本历史上第一部医学书籍《医心方》[11]，此书收集了大量中国医书中“食养”的药方。日本在近代也有“医食同源，药食一如”的说法，“食药同源”的思想影响着现代日本人饮食生活。2017 年日本功能食品市场规模约 1.23 万亿日元（约合人民币 725 亿元），比上一年度增长 1.9%。从产品形态上看，茶和乳品饮料等饮料类约占 9 成；从产品的功能上看，减脂、调节血糖、脑功能、护眼、肌肤健康、关节护理、减缓精神压力等相关产品销量较大。可果美创立于 1899 年，是日本市场占有率第一的混合果汁和果蔬汁品牌，该公司 1973 年上市的「可果美蔬菜果汁」于 2017 年 10 月以功能性标示食品身份亮相，出货业绩快速上升。2017 年公司销售额为 2142.1 亿日元（约合人民币 125 亿元）。

4. 中国

我国从法律标准层面已对药物和食物的概念界限进行了区分，但由于“食药同源”资源在历史上和民间应用广泛，出于安全和健康考虑，国家相关部门对“按照传统既是食品又是药品”进行明确规定。2012 年公布的《既是食品又是中药材物质目录》中，共有薏苡仁、山药、枸杞等 86 种药物被列入“食药同源”名单。薏苡仁具有祛湿的功效，其提取物薏苡仁油甘油三酯更是作为肺癌用药；山药、枸杞等食品具有明目和改善视力的功效；莲子、酸枣、百合可有助于安神、睡眠。同时这些食品也是人们日常食用的谷物、蔬菜、水果等，其中不乏丰富的氨基酸、矿物质、淀粉等营养成分，为人体提供日常所需的营养。2014 年新增人参、山银花、芫荽等 15 种中药材物质，在限定使用范围和剂量内作为药食两用。2018 年又新增 9 种中药材物质作为按照传统既是食品又是中药材物质名单(征求意见稿)：党参、肉苁蓉、铁皮石斛、西洋参、黄芪、灵芝、天麻、山茱萸、杜仲叶，在限定使用范围和剂量内作为药食两用。

随着我国居民生活水平普遍提高，饮食卫生和营养知识逐渐普及以及公众的健康意识日益增强，国民愈加重视保健和养生，崇尚自然，对具有营养保健功能的健康产品和食品的需求越来越旺盛。同时，随着社会高速发展，人们的生活压力变大，越来越多的人处于亚健康状态。我国以“食药同源”为理论的食疗文化，源远流长并受热捧，使得“食药同源”食品在日常食补或疾病保健中扮演着日益重要的角色。

我国“食药同源”食品尽管起源较早、种类多，面临大好发展局面，例如，江西江中食疗科技有限公司(简称江中食疗)成立于 2014 年，以研发、生产、销售“养胃”特色的食疗食品——猴姑米稀、猴姑饼干为主，拥有多项国家专利及美国临床试验注册平台的验证；其中米稀产品仅 2017 年就实现销售额 7.9 亿元。但是像江中食疗这样能形成规模的企业较少，产业体量和规模效益尚未形成。目前，我国有 4000 多家保健食品企业，共 7000 多个品牌，但是真正具有实力的保健食品企业不到 100 家。发达国家重视产品的研发和创新，企业积极投入大量资金研发新产品，不断提升产品的科技含量。据统计，400 多家外资企业以 7%的产品种类占据了国内市场约 40%的份额[12]，发达国家“食药同源”食品的涌入，对我国的“食药同源”食品产业形成了很大冲击。

2.3 “食药同源”食品产业存在的主要问题

我国“食药同源”食品产业整体发展还存在着诸如“食药同源”食品的基础研究薄弱、科技投入较低、法律法规不完善、市场管理不规范等问题，导致我国很多“食药同源”食品品种结构失调，产品生存周期较短，与美国、日本、欧洲等国家和地区还存在较大差距[13]。

2.3.1 “食药同源”食品基础研究薄弱

我国有丰富的“食药同源”资源，目前没能够充分发掘，无法形成独具特色的竞争力，“食药同源”资源的营养功能因子安全性评价体系不健全，“食药同源”资源的营养功能因子稳态化保持及靶向递送技术有待突破，新型高效营养功能因子提取、制备方法及工艺有待开发，这些都是“食药同源”食品发展亟须解决的科学和技术难题。

2.3.2 “食药同源”食品产业科研投入较低

我国“食药同源”食品产业科研投入较低，研发水平滞后于西方国家，企业重广告营销而轻研发，产品形态较为单一，导致“食药同源”食品产业没有形成技术竞争力和规模化垄断产业的能力。例如，某养元健康食品生产企业 2017 年营业收入 77.4 亿元，而当年研发费用仅为 1110.30 万元，占比约 1.43‰，与其重金在央视做广告和请知名主持人做代言相比(仅 2017 年上半年的营销费用高达 5.55 亿元)显得微不足道。在产学研结合和技术成果推广方面尚缺乏施之有效的平台和措施，导致技术成果与企业生产不能有效对接，如何建立有效的技术交流平台，实施科技成果在企业的零距离转化、无缝对接也是亟须解决的问题。

2.3.3　“食药同源”食品相关法律法规不完善

《中华人民共和国食品安全法》把我国食品分为两大类：普通食品和特殊食品，“食药同源”食品归属为普通食品。从“食药同源”发展历史可以看出，食养是利用食物的“偏性”来养生保健、调理健康、防治疾病，强调具有一定的功效。按照现有食品分类管理，“食药同源”食品不能标示及宣传任何功能，未明确适宜人群，给消费者的选购增加了难度，不利于“食药同源”食品的推广。因此，虽然“食药同源”食品的需求侧急速增长，供给侧也跃跃欲试，但现有的食品法律法规不适合于“食药同源”食品的特性。相应法律法规的缺乏，已成为制约“食药同源”食品产业持续发展的瓶颈问题。

2.3.4　“食药同源”食品市场管理不规范

目前，我国“食药同源”食品市场不成熟，存在诸多不规范的方面。产品缺乏正确的舆论宣传，一些企业的虚假、夸大宣传和概念炒作，导致消费者对整个“食药同源”食品产业产生了信任危机。部分媒体推波助澜，过分夸大“食药同源”食品行业存在的问题，导致消费者对功能产品望而却步，在一定程度上抑制了公众的消费欲望。在大企业研发出火爆的“食药同源”食品后，市场上跟风仿冒严重，出现了较为严重的低水平重复现象，严重扰乱了市场秩序，影响“食药同源”食品的形象和地位，使得我国的“食药同源”企业发展十分缓慢。此外，立足于中医理论，运用科学、客观的方法对其有效性、健康疗效适用性、安全性评价体系与监管的体系没有系统建立起来。

2.3.5　“食药同源”物质的认定难度较大

我国地广物博，各地饮食习惯丰富多样，具有传统食用习惯且收录于《中华人民共和国药典》(简称《药典》)中的物质远远不止以上 110 种。另一方面，国民普遍食用的传统食物中，不乏具有极高营养价值的物质尚未列入《药典》之中。而这些物质在获得“食药同源”认定的道路上却是几经波折，从申报到进行食品安全风险评估，再由国家卫健委组织专家评审及现场审核，发布征求意见到最后的正式公布，少则一年半载，多则四至五年，其中更多的中药材申报更是被无限期搁置。虽然国家卫健委同有关部门和单位每年“自上而下”从国家层面进行政策调整，扩大中药材作为食品应用，但对于大量具有极高营养价值的药物而言仍然是杯水车薪，所以在保证食品安全的基础上，加快“食药同源”物质认定成为一种必然趋势。

2.3.6　“食药同源”食品数据库有待建立

“食药同源”食品目前没有严格的产品认定及特定标识，其污染物、有害物质及微生物限量是按照普通食品标准制定的，而且多数“食药同源”食品原辅料及制作工艺较为复杂，相关类属交叉，无法确定相关制订指标，这就导致有些食品企业为了寻求利益，寻找现行标准的漏洞，或在类属交叉的情况下规避较为严格的污染物和有害物质的限量，在制定企业标准时投机取巧，导致产品的安全性和有效性不能确保，也导致消费者对“食药同源”食品的信任危机。世界早已进入信息化时代，国民的营养健康数据信息对于国家营养安全战略具有至关重要的作用，因此“食药同源”食品数据库的建立就显得尤为重要，迫在眉睫。

2.4 “食药同源”食品产业发展建议

2.4.1 加强“食药同源”食品基础研究和专业人才的培养

1. 加强“食药同源”资源及其营养功能因子的研究

将食品科学、生理学、营养学、药理学、毒理学、免疫学、生物工程等学科的科学理论有机结合，应用于“食药同源”资源的挖掘；利用现代生物学等实验手段，研究营养功能因子的量效关系及其安全用量，阐明营养功能因子的代谢途径和作用机理[14]，为营养功能因子的筛选、发现、评价及应用提供依据和借鉴。

2. 加强“食药同源”食品加工关键技术的研发

加强“食药同源”食品营养因子分离制备技术的研究，着重营养功能因子高效提取技术、高纯度制备技术、工业化连续分离技术和绿色低成本生产技术的开发；加强关键技术、关键设备和优化分离工艺与技术集成的研究，特别注重结合生物、化工分离领域的一些新兴技术如酶工程、物理场强化提取技术等，突破营养因子分离、制备和利用共性关键技术瓶颈，最终形成“食药同源”食品的高效、低能耗和环境友好型关键制造技术。

3. 加强“食药同源”食品专业人才培养

“食药同源”食品是一个多学科交叉融合创新的领域，要实现多学科交叉技术融合，人才队伍的培养至关重要。重点培养“食药同源”食品研发创新型人才、企业急需专业人才和高技能人才，加强“食药同源”食品产业发展相关的经管人才、专业技术人才队伍建设；鼓励跨学科、跨地域、跨国度产学研用合作等多种形式，增强协同创新能力，加大海外高层次人才引进力度，加速“食药同源”食品产业人才国际化进程，打造一支高素质的“食药同源”食品研发专业人才队伍。

2.4.2 支持“食药同源”食品产业高质量发展

1. 加大“食药同源”食品研发投入

利用我国中医理论优势，加大“食药同源”食品新产品科研投入，提高产品技术含量，加快“食药同源”食品的创新性研发，开发特色鲜明、丰富多样的“食药同源”食品，突破硬胶囊、片剂、口服液这三大“食药同源”食品主流形态，研发“食药同源”食品新形态，以普通食品为载体，让消费者享受到食品特有“色香味”的“食药同源”食品。我国“食药同源”食品的发展有着不同于其他国家的独有特点，具备了得天独厚的优势，应挖掘和发挥自身优势，打造中国特色的“食药同源”食品品牌，并在国际市场上占有应有份额。

2. 加强“食药同源”食品研发的产学研用合作

加大对“食药同源”食品产业化的支持力度，坚持以市场为导向，全面提高科技成果转化率；鼓励高校、科研院所、企业和医院开展“食药同源”食品产学研用合作，进一步完善产学研用协同创新体系，营造良好的人才发展环境；加快国家级“食药同源”重点实验室的建设工作，提高“食药同源”食品的科技创新能力。

3. 支持“食药同源”食品重点企业发展

“食药同源”食品产业的发展离不开重点企业的带动和示范，例如，江西江中食疗科技有限公司专注于“食药同源”食品的研发，开发的“食药同源”食品如江中猴姑米稀系列产品、改善胃肠道功能系列健康产品等在市场上取得很好的反响。围绕江中猴姑米稀产品，该企业与中国循证医学中心(1996年在华西医科大学附属第一医院成立，主要从事临床医学方法研究，1997年获国家卫生部认可)、江西中医药大学、南昌大学等单位合作，在江西5所三甲医院开展“江中猴姑®米稀™ 米糊改善脾气虚型非器质性胃肠疾病患者胃肠症状的功用评价”的临床研究，纳入受试人群 200 例。该米稀产品成为美国临床试验注册平台上首个临床试验注册的食疗产品。临床研究表明，连续食用江中猴姑米稀 2 周，对于胃部不适症状改善率为 29.2%，随访期间不适症状持续改善，连续食用 6 个月，改善率高达 79.5%，产品疗效显著、安全可靠。同时，该公司与南昌大学合作的“改善胃肠道功能系列健康产品研发关键技术与产业化”成果分别荣获2018年度中国食品科学技术学会科技创新奖——技术进步奖一等奖和江西省科技进步奖一等奖。该公司打造占地2000余亩的食疗产品全产业链生产基地，5万平方米的智能制造车间，在我国率先建成先进的规模化食疗食品制造基地，入选2018年江西省智能制造试点示范项目。江中食疗树立了利用“食药同源”食品改善营养健康、显示食疗效果的典型范例。国家相关职能部门可重点支持类似江中食疗这样的优秀企业和相关高校、科研院所开展“食药同源”理论基础研究、关键技术及产业化开发以及产品人群功效试验，将成果在更多的企业推广应用，推进我国“食药同源”食品产业整体升级发展，这也符合国家供给侧改革的战略需求。

2.4.3 完善“食药同源”食品相关法律法规建设

1. 建立“食药同源”食品相关的法律法规

在日本，“健康食品”和“保健功能食品”介于普通食品和药品之间。“健康食品”不得有健康声称，而“保健功能食品”则可以有健康声称[15]，包括特定保健用食品(foods for specified health uses，FOSHU)、营养素功能食品(foods with nutrient function claims，FNFC)和功能性标识食品(foods with function claims，FFC)三大类，以不同的方式进行审批管理。

我国可借鉴国外先进国家在健康食品管理方面成功的经验，构建一个全新的“食药同源”食品管理类别整理体系，并制定中医食疗产品功用目录，如养胃、暖宫、祛湿等等。对于单方食疗产品可根据药典明确其功效，允许功效声称；复方食疗产品可按普通食品备案，再进行上市后的健康功效评价。建立健全“食药同源”食品生产和流通原材料及辅料质量、设备、工艺流程、产品质量、功能评价方法相关标准的制定，并使其与国际标准相接轨。完善的法律法规体系有利于促进我国“食药同源”食品产业更好更快地发展，有利于保障国民健康水平的提升。

2. 推行“食药同源”食品特别营养标签

2011 年国家卫生部发布了《预包装食品营养标签通则》，要求强制标识的营养成分以及允许营养成分的功能声称十分有限。随着“食药同源”食品改善健康理念的发展，食品营养标签应当紧紧结合当下国民健康需求，科学制定，建议对“食药同源”食品推行特别营养标签，扩大对营养成分的功能声称，补充除《预包装食品营养标签通则》中规定的营养成分，通过增加这些营养成分的标识，让消费者认识到“食药同源”食品的营养价值；强制标识有害成分含量，让消费者在了解产品功能的基础上，知道其副作用并合理食用。

2.4.4 完善“食药同源”食品市场管理体系

1. 政府应加强对“食药同源”食品市场的管理

随着我国社会经济不断发展，供给侧改革的逐步推进，国民对食品安全的重视程度逐渐提高，对健康营养类食品的需求持续增长，因此完善食品安全管理体系刻不容缓。政府部门应明确职责，加强对市场的管理，明确部门、专业人员对“食药同源”食品行业的日常监督检查，采用定期与随机相结合的检查方式对其经营企业实施现场检查，规范企业生产行为，维护产业市场经营秩序，建立行业部门与社会公民相结合的监督员队伍，以确保产品从原料、生产过程、成品仓储、宣传广告、市场经营等符合法律规定和行业的要求，从而保障产品质量，保证食用安全，确保“食药同源”食品产业的可持续发展。

2. 企业实施先进的“食药同源”食品质量安全管理体系

在“食药同源”食品的生产中应用“良好农业规范(GAP)”、“良好生产规范(GMP)”、“良好卫生规范(GHP)”和“危害分析及关键控制点(HACCP)体系”等先进的食品安全控制技术，加强对主要原辅材料生产过程中影响原辅材料质量的关键因素分析，研究“食药同源”食品中有毒有害物质污染途径与过程控制技术，建立“食药同源”食品中相应的有害物质检测方法。“食药同源”食品生产企业要将行业标准提升为国家标准，不断完善产品标准，为规范我国“食药同源”食品行业的健康发展、提高产品质量、走向国际市场提供有力的保障和支持。

3. 对消费者加强“食药同源”食品的正确引导

利用媒体宣传“食药同源”食品专业知识，加强普通消费者关于“食药同源”食品的认识，引导消费者正确购买产品，并由专业人员帮助消费者了解产品的功能功效和服用禁忌，鼓励消费者正确理性消费；公开透明国家市场监督管理总局相关抽查及例行检查结果，确保“食药同源”食品的质量安全。

2.4.5 加快“食药同源”物质的认定

1. 设立专门的“食药同源”食品管理机构

建议政府主管部门设立专门的“食药同源”食品管理机构，在保证食品安全的基础上，规范“食药同源”物质认定程序，优化认定流程，最大程度缩短认定周期，保证一些具有极高营养价值的可食用药物安全、高效的认定，从而调动企业的积极性，促进“食药同源”食品产业的快速发展。

2. 制定“食药同源”物质的认定标准

考虑到“食药同源”物质的特殊性，应兼顾食品和药品的要求，可参考保健食品检测指标的要求，制定针对“食药同源”物质标志性成分或功能性成分的检测标准，完善“食药同源”物质通用性指标，增加相关基础指标，并对主要的功能性成分或者标志性成分依照毒理实验(人体、动物实验)、食品营养强化剂、膳食指南以及药典等法规进行筛选，建立包括指纹图谱、成分组成比例等内容的质量控制指标，尽可能保证认证物质的主要成分在功能性成分检测和基础指标中得以显示，根据这些指标评定物质是否符合“食药同源”性进而保证“食药同源”物质认定的安全性和高效性。研究建立与药物评价方法不同的临床评价体系和社会评价体系，使其与“食药同源”食品的实际情况更加匹配，具有更严谨的科学性和更强的可操作性。

2.4.6 加快“食药同源”食品数据库建设

1. 建立“食药同源”食品和企业数据库

对“食药同源”食品的原料名称、配伍、用量、质量标准、功效成分、检验方法以及相关说明等信息，建立“食药同源”食品数据库；对经营“食药同源”食品的企业信息包括企业名称、法人和主要产品等统一整理，建立经营企业数据库。一方面有助于国家制定“食药同源”食品质量与安全标准、功效成分检测标准以及相关成分限量标准等；另一方面也有助于消费者查询了解相关产品信息，产品溯源有据可寻，进而为“食药同源”食品的质量与安全提供保障。

2. 建立“食药同源”物质功效信息数据库

通过对“食药同源”物质功效的文献、论著等几大模块信息的整合，建立信息库可以系统反映“食药同源”物质各研究方向发展的全过程，展示不同研究方向的科研成果，对于“食药同源”物质的研究开发具有重要的参考价值。此外，通过“食药同源”物质功效信息数据库的建设，既可避免重复劳动，了解国内外在其领域的研究动态，探索新的突破口和创新点，从而推动“食药同源”食品产业的发展；也可为国家相关政策的制定提供科学依据，为科研院所及企业的相关研究方向提供重要参考。

参 考 文 献

[1] 世界卫生组织. 世界卫生统计 2018[R]. 日内瓦: 世界卫生组织, 2018.

[2] IFPRI. 2018 全球营养报告[R]. 北京: IFPRI, 2018.

[3] 国家卫健委. 2017 年我国卫生健康事业发展统计公报[R]. 北京: 国家卫健委, 2018.

[4] 国家卫健委. 中国卫生健康统计年鉴 2018[R]. 北京: 国家卫健委, 2018.

[5] 国家卫计委. 中国居民营养与慢性病状况报告(2015 年)[R]. 北京: 国家卫计委, 2015.

[6] 中国卫生信息与健康医疗大数据学会家庭健康专委会. 中国家庭健康大数据报告(2017)[R]. 北京: 中国卫生信息与健康医疗大数据学会家庭健康专委会, 2018.

[7] 单峰, 黄璐琦, 郭娟, 等. 药食同源的历史和发展概况[J]. 生命科学, 2015, 27(8): 1061-1069.

[8] 刘勇, 肖伟, 秦振娴, 等. “药食同源”的诠释及其现实意义[J]. 中国现代中药, 2015, 17(12): 1250-1252.

[9] Tyler Smith, Kimberly Kawa, Veronica Eckl, Claire Morton, Ryan Stredney. Herbal Supplement Sales in US Increased 8.5% in 2017, Topping $8 Billion[J]. Herbal Gram, 2018, 119: 62-71.

[10] 宗蕊, 郭斐, 王霰, 等. 美国、欧洲、日本营养健康产业发展历程及对我国营养健康产业发展的启示[J]. 粮食与食品工业, 2017(06): 5-9.

[11] 万芳. 中医“药食同源”思想对日本现代茶俗生活的影响研究[J].福建茶叶, 2017, 39(12): 26.

[12] 宗锦耀. 大力发展食药同源产业提高人民营养健康水平[N]. 农民日报, 2017-09-23(003).

[13] 王玲. 关于促进药食同源产业发展的几点思考[J].中国新药杂志, 2017, 26(15): 1755-1757.

[14] 聂少平, 唐炜, 殷军艺, 谢明勇. 食源性多糖结构和生理功能研究概述[J].中国食品学报,2018,18(12): 1-12.

[15] 夏新斌, 刘金红, 谢梦洲, 黄惠勇, 李玲.日本功能性食品发展对中国药膳产业发展的启示[J].食品与机械, 2018, 34(11): 205-207, 220.

第3章　我国“菜篮子”工程水果蔬菜残留农药治理战略发展研究

摘　　要

农药化学污染物残留问题已成为国际共同关注的食品安全重大问题之一。我国市售农产品中农药检出情况依然普遍，违禁、高剧毒农药残留仍在威胁民众“菜篮子”安全。作为农产品质量源头监管的关键点之一的农药残留监测技术，已从经典的色谱技术、质谱技术，发展到高分辨质谱技术，并在非靶向农药目标物定性筛查方面实现了智能化、信息化创新。在调研分析1990～2016年4000余篇农药残留检测SCI论文和国内外农药残留监控体系发展现状的基础上，结合作者团队近十年在高分辨质谱-互联网-数据科学/地理信息系统(GIS)三元融合技术研发与实践应用等方面取得的成果，着重探讨了提升农产品质量源头监管与风险溯源所需的核心技术手段，对构建我国市售食用农产品农药残留大数据库提出了规划和实施国家重大科技专项的建议，以期为落实国家“十三五”规划纲要“农药使用零增长行动”和“推进健康中国建设”提供技术支撑，促使食品安全监管前移，防患于未然，从根本上解决民众舌尖上的安全保障问题。

引　　言

农药是一把“双刃剑”，在保护农作物生长、提高农作物产量、保障农产品储存质量等方面起到了至关重要的作用。由于存在生物活性，残留农药对食品安全、生态环境的影响无法避免。世界各国已实施从农田到餐桌农药等化学污染物的监测监控调查，其中欧盟、美国和日本均建立了较完善的法律法规和监管机构，制定了农产品中农药最大残留限量(MRL)标准，严格控制农药使用的同时，不断加强和重视食品中有害残留物质的监控和检测技术的研发，并形成了非常完善的监控调查体系。尽管我国有关部门都有不同的残留监控计划，但还没有形成一套严格法律法规和全国一盘棋的监控体系，各部门仅有的残留数据资源在食品安全监管中发挥的作用也十分有限。我国农产品中农药残留大数据尚未形成资源，而这些基础数据对食品监管非常重要。值得庆幸的是，我国在这一领域的检测技术方面，现在已达到世界先进行列，完全有能力在这些基础研究上急起直追，迎头赶上。

3.1　农药残留监控体系发展现状

3.1.1　世界各国农药及化学污染物监控战略地位的确立

早在1976年世界卫生组织(WHO)、联合国粮食及农业组织(FAO)和联合国环境规划署(UNEP)共同建立了全球环境检测系统/食品项目，旨在掌握会员国食品污染状况，了解食品污染物摄入量，保护人体健康，促进贸易发展[1]。农药最大残留限量(MRL)标准是食品安全标准，也是国际贸易进出口的门槛，是食品安全监控体系的重要标准。现在欧盟、美国和日本已制定的 MRL 标准分别为 162248 项、39147 项和 51600 项[2-4]，而我国于 2017 年 6 月实施的国家标准“食品安全国家标准　食品中农药最大残留限量(GB 2763—2016)”[5]，仅规定了食品中 433 种农药的 4140 项最大残留限量，与欧盟、日本等国家和地区间的限量标准要求存在很大的差距，这对我国农药残留分析技术的研发与农药残留限量标准的制定均提出了巨大挑战。

3.1.2　美国、欧盟和日本残留农药监管与治理

从 20 世纪 70 年代，美国陆续建立了三大农药残留监控体系，包括国家残留监控计划(NRP)、农药残留监测计划(PPRM)和农药残留数据计划(PDP)，监控农药品种达 500 多种，并建成农药化学污染物残留数据库。欧盟《共同体农药残留监控计划》中包括欧盟和欧盟成员国两大残留监控体系，监控的农药品种达到 839 种。日本“肯定列表”监控农药 542 种，保障了农药的科学施用，降低了食品中农药残留水平，促进了绿色发展、环境友好，提高了食品安全水平。到目前为止，我国各有关部门最多监控的农药仅百种左右，且基本上处于各扫门前雪的状况，与先进国家和地区差距甚远，这与我们农业大国的地位很不相称。

3.1.3　我国残留农药监管治理现状

我国作为农业大国，是世界上农药生产和消费量较高的国家，2000～2015 年我国化学农药原药产品从 60 万吨增加到 374 万吨[6]。农药化学污染物是当前食品安全源头污染主要来源之一[7]。我国尚未形成有严格系统法律法规作保障的监控体系，尽管有关部门如原农业部、原卫计委和原质检总局也开展了残留监控计划，并取得了一定的成绩，但在决定全局食品安全监控中发挥的作用十分有限，导致在食品安全监管中发挥的作用未能显现。国家科技支撑计划项目(2012BAD29B01)研究发现，我国“菜篮子”中残留农药风险隐患依然严峻，高剧毒和违禁农药仍有检出，农药残留大量数据拷问我国 GMP、GAP 规范。“危害分析及关键控制点(HACCP)体系”等已被世界证明是行之有效的体系，没有落地生根。蔬菜水果农药残留不容忽视，要预防为主，监管前移是十分必要的，也是当务之急。建立和完善我国农药残留监控体系，保障“农田到餐桌”食品安全，为食品安全问题的上可溯源，下可追踪提供技术和数据支持，同时对大众日常消费的水果、蔬菜等农作物进行广泛筛查，监督和控制食品污染和保证食品质量，具有重要理论和现实意义。

3.2　残留农药监测技术发展趋势

作为农药残留监控体系的重要技术支撑手段，监测方法的科学性和可操作性是确保残留监控体系有效运转的基石和保障。欧盟、美国和日本农药残留监控体系采用的检测技术目前多为气相色谱、液相色谱技术以及低分辨质谱联用技术。同时，通过检索 15 个 SCI 杂志 1990～2016 年刊登的 4678 篇食用农产品农药残留检测技术论文分析发现，涉及检测

技术有 214 种，使用率最高的技术为液相色谱-串联质谱、气相色谱-质谱，液相色谱-紫外检测，气相色谱-电子捕获检测等；涉及色谱（配备选择性检测器）检测技术 1432 篇，涉及质谱检测技术 2091 篇，这两项技术成为残留分析应用最广泛的技术[8,9]。见图 3-3-1。

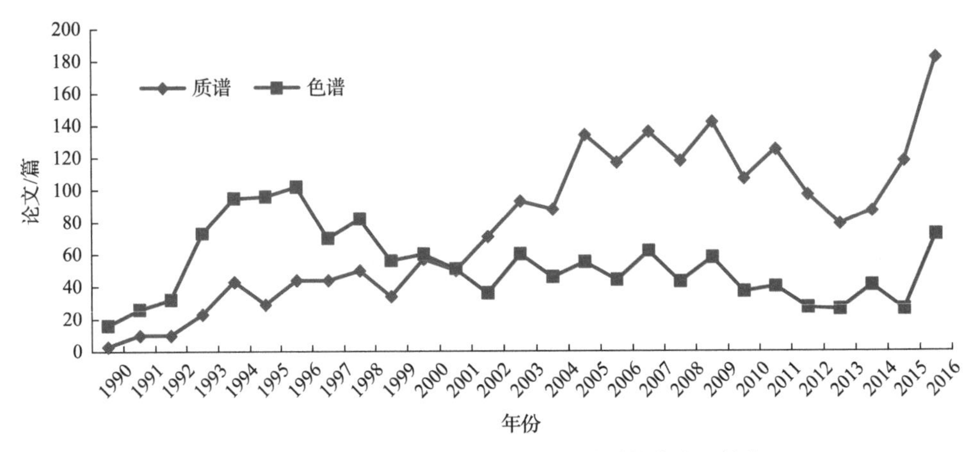

图 3-3-1　1990～2016 年色谱技术与质谱技术发展趋势

3.2.1　色谱-质谱技术成为残留分析的主流技术

从 1912 年 Thomson 研制成第 1 台质谱仪，到现在已 100 多年了，早期的质谱仪主要是用来进行同位素测定和无机元素分析，20 世纪 40 年代以后开始用于有机物分析，60 年代出现了气相色谱-质谱（GC-MS）联用仪，使质谱仪的应用领域大大扩展，开始成为有机物分析的重要仪器。计算机的应用加速了质谱技术快速发展，80 年代以后又出现了一些新的质谱技术，如原子轰击电离源、基质辅助激光解吸电离源、电喷雾电离（ESI）源、大气压化学电离（APCI）源，以及随之发展起来的液相色谱-质谱联用（LC-MS/MS）仪、感应耦合等离子体质谱仪、傅里叶变换质谱仪等。这些新的电离技术和新型质谱仪器，使质谱分析又取得了长足进展。目前质谱分析法已广泛地应用于化学、材料、环境、地质、能源、药物、刑侦、生命科学、食品科学、医学等各个领域。在食用农产品农药残留检测领域，质谱检测技术得到了突飞猛进的发展[9]。

在质谱技术中，GC-MS 技术从 1992 年起持续稳定发展；缘于 ESI 和 APCI 离子化技术进步，促使 LC-MS/MS 技术在自 2003 年起处于领先地位；高分辨质谱（HRMS），如飞行时间质谱（TOF/MS）和轨道阱质谱技术等，自 2002 年起在农药残留分析中得到应用，且应用数量逐年增加。高分辨质谱所独有的精确质量鉴别能力，使其成为未来残留分析的发展方向，见图 3-3-2。

3.2.2　高分辨质谱成为非靶向目标物筛查的发展方向

与低分辨质谱相区别，高分辨质谱是指能够提供高质量分辨率>10000 半峰宽（FWHM）、高质量准确度<5 ppm（10^{-6}）和高扫描速率的质谱检测技术。常见的高分辨质谱包括傅里叶变换离子回旋共振质谱（FTICR），傅里叶变换静电场轨道阱质谱（Orbitrap MS），飞行时间质谱（TOF/MS），四极杆-飞行时间质谱（Q-TOF/MS）等[10]。其主要原理是通过不

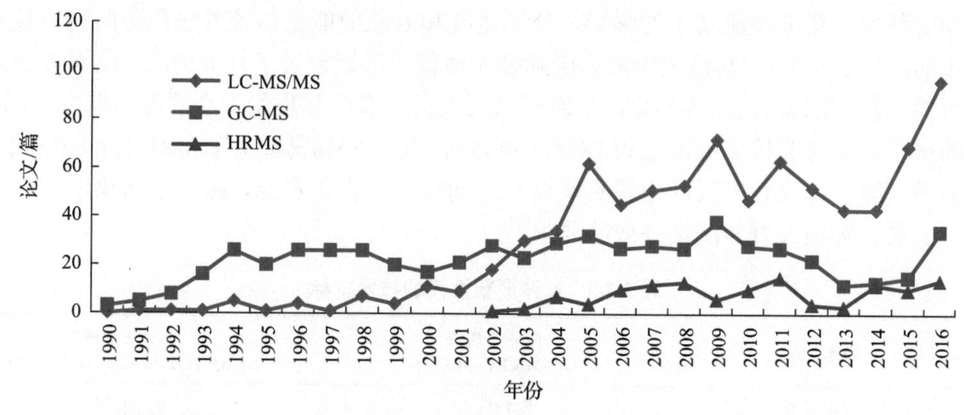

图 3-3-2　1990～2016 年传统质谱技术与高分辨质谱技术发展趋势

同质荷比的离子在飞行管中飞行时间的不同来对目标化合物加以区分的。目标化合物在离子源中电离后，经过传输进入飞行管，在脉冲电场的作用下对离子施加相同的电势能，并转化为离子的动能，从而使得离子在飞行管中飞行。由于施加电势能相同，因此离子的质荷比与其在飞行管中的飞行时间的平方成正比关系，通过计算最终可确定离子的质荷比。此外，飞行时间质谱也可与四极杆等组件进行串联，从而起到对目标离子进行过滤和筛选的目的，并可进一步通过碰撞碎裂获得相应的碎片离子信息。

由于高分辨质谱具有同时筛查大量目标化合物的能力，并且在全扫描模式下无需考虑目标化合物的数量。其应用于多残留筛查主要有以下方式：一种方式是基于精确质量数，色谱保留时间和同位素分布等条件对目标化合物进行定性测定；另一种方式是采用源内碎裂离子作为辅助定性的依据。截至目前，Q-TOF/MS 等高分辨质谱在复杂基质中农药残留的分析仍处于初步的摸索和尝试阶段。农药质谱信息库的建立，以及在质谱信息库基础上的千余种农药不用标准品的定性筛查方面研究的报道尚不多见。

3.3　残留农药高分辨质谱监测技术研发

21 世纪是信息化时代，农药残留分析如何实现电子化、农药残留大数据报告如何实现智能化、农药残留风险溯源如何实现视频化，是农药残留检测领域面临的三大挑战。我国学者围绕世界常用 1200 多种农药化学污染物展开研究，在高分辨质谱技术与数据科学、地理信息系统多元融合技术研发等方面均取得了原创性突破[11]。

3.3.1　研发残留农药电子标准实现监测电子化信息化

采用气相/液相色谱-四极杆-飞行时间质谱（GC/LC-Q-TOF/MS）研究开发了世界常用 1200 多种农药化学污染物的一级精确质量数据库和二级碎片离子的谱图库。在此基础上，为世界常用 1200 多种农药的每一种都建立了一个自身独有的电子身份证（电子识别标准），突破了农药残留检测以电子标准取代农药实物标准作参比的传统鉴定方法，实现了农药残留由靶向检测向非靶向筛查的跨越式发展。实现了高速度（30 min）、高通量（700/550 种以上）、高精度（0.0001 m/z）、高可靠性（10 个确证点以上）、高度信息化、自动化和电子化[12-14]。

由于彻底解决了靶向检测技术的弊端，分析速度和方法效能是传统方法和靶向检测技术不可想象的，见表 3-3-1。其检测能力居国际领先地位，远远超过了目前美国、欧盟和日本农药残留检测技术的实力(图 3-3-3)，从而可以大大提高农产品质量安全的保障能力。同时，检测的水果蔬菜种类覆盖范围达到 18 类 150 多种，其中 85%属于国家 MRL 标准(GB 2763)列明品种，紧扣国家标准反映市场真实情况。同时，节省了资源，减少了污染，完全达到了绿色发展、环境友好和清洁高效的要求[9]。

表 3-3-1　6 种更新换代的技术指标

序号	技术标准	低分辨质谱 GC-MS/LC-MS/MS	高分辨质谱 GC-Q-TOF/MS/LC-Q-TOF/MS
1	定性定量方式	实物标准	电子标准
2	检测方式	靶向检测	非靶向检测
3	扫描方式	分组扫描	一次全谱扫描
4	同时检测农药品种	传统方法最多 100 多种	1200 种(两种技术联用)
5	测定速度	4～8 h	0.5 h(高扫描速度)
6	一次样品制备	传统方法达不到这项指标	适用 18 类 135 种果蔬

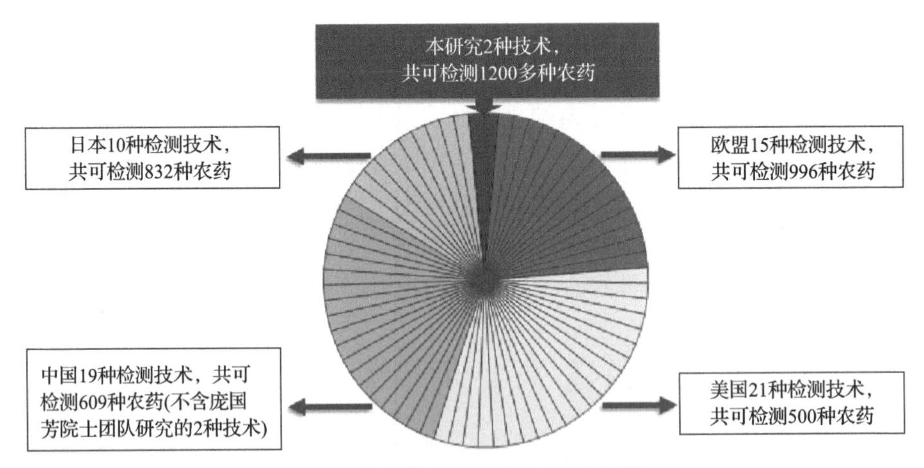

图 3-3-3　高分辨质谱检测技术的独到优势

3.3.2　研发三元融合技术实现残留农药大数据分析智能化

鉴于非靶标农药残留侦测技术的高度数字化、信息化和电子化，产生了海量分析数据，向传统数据统计分析方法提出了挑战，急需建立新的大数据的采集、传送、统计和智能分析系统。围绕食品农药残留检测数据分析中目前难以解决的数据维度多、数据关系复杂、分析要求高等难题，在深入分析农药残留检测数据特征和分析需求的基础上，解决了“多国 MRL 标准—农产品分类—千余种农药特性”的关联存储与查询关键技术；提出了面向农药残留检测数据的多维度交叉分析方法、农药残留污染综合评价与预警模型；建立了多国 MRL 标准等四大基础数据库，实现了农药残留基础数据的关联存取与调用，为农药残留侦测结果的判定提供了标准依据。

自主研发了农药残留数据采集系统，构建了国家农药残留侦测结果数据库。提出的“数据获取-信息补充-衍生物合并-禁药处理-污染等级判定”的数据融合与处理模型，实现了对农药多残留检测结果数据进行快速在线采集、融合，以及参照多国农药最大残留限量(MRL)标准的精准判定，实现了农药残留侦测结果数据库的动态添加与实时更新，为国家食品安全决策提供了科学数据支持[15]。

自主研发了农药残留海量数据智能分析系统，提出了面向海量农药残留检测数据的多维度交叉分析方法、农药残留污染综合评价与预警模型，实现了从农产品、农药、地域、多国 MRL 等多维度进行的 18 项农药残留指标的自动统计和 5 项报表的自动生成，以及根据统计结果的综合评价和预警信息的自动生成。最终实现“一键下载”，一本图文并茂的农药残留侦测报告 30 min 自动生成，大大提高了侦测报告的精准度，其制作效率是传统分析方法不可想象的，为国家农药残留数据分析提供了有效工具。

3.3.3　研发三元融合技术实现残留农药风险溯源视频化

将农药残留数据与地理数据相关联，完成了农药残留数据驱动方式下中国地图的新应用，其研发的核心技术包括：第一，从多空间分辨率，全国-省级-地市级多尺度表达农作物农药残留特征；第二，按照不同农产品类型对各类农药残留特征进行统计分析与制图；第三，反映各类农药残留在空间上和农作物类型上的分布特征与数量指标；第四，参照中国、欧盟和日本等国家和地区 MRL 标准，按地区和农产品种类展现农药残留超标情况。采用高分辨质谱+互联网+地理信息系统(GIS)多元技术融合，设计编制了目标农药-食品名称-食品产地等多维空间特征的可视化系统，现已形成两个产品：31 个省会/直辖市市售水果蔬菜农药残留水平地图集和 31 个省会/直辖市市售水果蔬菜农药残留在线制图系统，从而实现农药残留检测、溯源和预警三个关键点的“智慧一张图”管理，为产业自律、政府监管和第三方监督提供了基于空间可视化的科学数据支撑，构建了面向“全国-省-市(区)”多尺度的开放式专题地图表达框架，既便于现有数据的汇聚，又可实现未来数据的动态添加和实时更新[16]。

3.4　残留农药高分辨监测技术应用

3.4.1　我国 45 个重点城市“菜篮子”残留农药概况

根据“十二五”国家科技支撑计划项目(2012BAD29B01)和国家科技基础性工作专项(2015FY111200)研发的高分辨质谱信息化检测新技术，2012～2017 年对 45 个重点城市(4 个直辖市、27 个省会城市，14 个果蔬主产区，覆盖全国人口 25%)284 个区县 1500 余个采样点，采集的 135 种果蔬(占全国果蔬名录 85%以上)4 万多批次市售果蔬进行了农药残留筛查。81.6%样品检出残留农药，检出农药 532 种 115981 频次，获得了农药质谱图 3.2 亿张，形成了 10450 万字的农药残留检测与风险评估报告[17-24]。初步查清了 45 个重点城市“菜篮子”中农药残留“家底”，并且按中国、欧盟、日本最大残留限量(MRL)标准进行了评价。检出频次排前 10 的农药情况见表 3-3-2 和表 3-3-3。

表 3-3-2 检出频次排名前 10 的农药情况汇总(LC-Q-TOF/MS)

序号	地区	行政区域代码	统计结果
1	全国汇总		①多菌灵(5065),②烯酰吗啉(3643),③啶虫脒(3238),④吡虫啉(1930),⑤霜霉威(1925),⑥嘧菌酯(1866),⑦甲霜灵(1737),⑧苯醚甲环唑(1605),⑨噻虫嗪(1233),⑩吡唑醚菌酯(1187)
2	北京市	110000	①多菌灵(1059),②烯酰吗啉(858),③啶虫脒(709),④霜霉威(446),⑤吡虫啉(429),⑥嘧菌酯(422),⑦甲霜灵(396),⑧苯醚甲环唑(333),⑨噻虫嗪(312),⑩吡唑醚菌酯(298)
3	天津市	120000	①多菌灵(366),②啶虫脒(283),③烯酰吗啉(241),④嘧菌酯(169),⑤吡虫啉(160),⑥霜霉威(151),⑦甲霜灵(144),⑧苯醚甲环唑(106),⑨吡唑醚菌酯(102),⑩噻虫嗪(93)
4	石家庄市	130100	①多菌灵(743),②烯酰吗啉(480),③啶虫脒(326),④霜霉威(259),⑤甲霜灵(248),⑥嘧菌酯(248),⑦吡虫啉(232),⑧苯醚甲环唑(214),⑨噻虫嗪(191),⑩甲基硫菌灵(189)
5	太原市	140100	①多菌灵(40),②啶虫脒(35),③烯酰吗啉(23),④嘧菌酯(22),⑤吡虫啉(18),⑥霜霉威(16),⑦甲哌(15),⑧甲霜灵(14),⑨噻虫嗪(14),⑩嘧霉胺(11)
6	呼和浩特市	150100	①稻瘟灵(41),②多菌灵(29),③嘧菌酯(22),④烯酰吗啉(20),⑤马拉硫磷(16),⑥避蚊胺(15),⑦戊唑醇(14),⑧嘧霉胺(11),⑨苯醚甲环唑(10),⑩啶虫脒(9)
7	沈阳市	210100	①多菌灵(135),②烯酰吗啉(127),③抑霉唑(85),④啶虫脒(54),⑤苯醚甲环唑(49),⑥吡虫啉(46),⑦嘧菌酯(45),⑧噻菌灵(33),⑨霜霉威(29),⑩吡唑醚菌酯(28)
8	长春市	220100	①多菌灵(82),②烯酰吗啉(79),③苯醚甲环唑(51),④戊唑醇(46),⑤吡虫啉(41),⑥抑霉唑(41),⑦霜霉威(40),⑧嘧菌酯(39),⑨啶虫脒(32),⑩噻虫嗪(28)
9	哈尔滨市	230100	①多菌灵(142),②抑霉唑(93),③啶虫脒(89),④嘧霉胺(65),⑤烯酰吗啉(65),⑥苯醚甲环唑(55),⑦噻菌灵(54),⑧矮壮素(50),⑨甲霜灵(49),⑩嘧菌酯(43)
10	上海市	310000	①多菌灵(220),②啶虫脒(163),③烯酰吗啉(118),④霜霉威(101),⑤吡虫啉(91),⑥嘧菌酯(85),⑦甲霜灵(73),⑧噻菌灵(52),⑨噻嗪酮(49),⑩吡唑醚菌酯(46)
11	南京市	320100	①多菌灵(113),②啶虫脒(79),③烯酰吗啉(67),④霜霉威(61),⑤嘧菌酯(51),⑥甲基硫菌灵(44),⑦吡虫啉(43),⑧吡唑醚菌酯(43),⑨氟吡菌酰胺(36),⑩甲霜灵(36)
12	杭州市	330100	①啶虫脒(138),②多菌灵(120),③甲霜灵(56),④烯酰吗啉(53),⑤吡虫啉(44),⑥霜霉威(42),⑦嘧菌酯(34),⑧吡唑醚菌酯(28),⑨噻虫嗪(27),⑩苯醚甲环唑(26)
13	合肥市	340100	①多菌灵(85),②烯酰吗啉(68),③嘧菌酯(43),④啶虫脒(42),⑤嘧霉胺(26),⑥霜霉威(26),⑦灭蝇胺(22),⑧苯醚甲环唑(20),⑨戊唑醇(20),⑩甲霜灵(17)
14	福州市	350100	①多菌灵(129),②啶虫脒(85),③吡虫啉(82),④马拉硫磷(73),⑤烯酰吗啉(68),⑥苯醚甲环唑(41),⑦霜霉威(41),⑧噻虫嗪(38),⑨甲霜灵(36),⑩咪鲜胺(35)
15	南昌市	360100	①多菌灵(106),②啶虫脒(66),③烯酰吗啉(61),④吡虫啉(36),⑤霜霉威(36),⑥甲霜灵(26),⑦马拉硫磷(26),⑧苯醚甲环唑(22),⑨咪鲜胺(17),⑩嘧霉胺(17)
16	济南市	370100	①多菌灵(47),②嘧菌酯(41),③烯酰吗啉(35),④啶虫脒(23),⑤吡唑醚菌酯(19),⑥苯醚甲环唑(18),⑦甲霜灵(18),⑧戊唑醇(18),⑨甲哌(16),⑩马拉硫磷(16)
17	山东 9 市	370000	①多菌灵(328),②啶虫脒(236),③霜霉威(197),④烯酰吗啉(193),⑤噻虫嗪(126),⑥吡虫啉(102),⑦甲霜灵(99),⑧嘧菌酯(90),⑨烯啶虫胺(57),⑩苯醚甲环唑(56)
18	郑州市	410100	①多菌灵(103),②啶虫脒(59),③烯酰吗啉(58),④吡虫啉(51),⑤霜霉威(39),⑥咪鲜胺(33),⑦甲霜灵(21),⑧嘧霉胺(20),⑨噻虫嗪(18),⑩嘧菌酯(17)
19	武汉市	420100	①多菌灵(110),②烯酰吗啉(94),③啶虫脒(72),④马拉硫磷(57),⑤霜霉威(55),⑥吡虫啉(49),⑦甲霜灵(37),⑧嘧菌酯(28),⑨苯醚甲环唑(24),⑩氟硅唑(19)
20	长沙市	430100	①烯酰吗啉(84),②多菌灵(74),③啶虫脒(66),④马拉硫磷(42),⑤甲霜灵(35),⑥吡虫啉(33),⑦霜霉威(33),⑧戊唑醇(28),⑨丙环唑(21),⑩苯醚甲环唑(20)
21	广州市	440100	①吡蚜酮(90),②烯酰吗啉(62),③多菌灵(47),④啶虫脒(40),⑤苯醚甲环唑(29),⑥吡唑醚菌酯(28),⑦灭蝇胺(28),⑧毒死蜱(26),⑨哒螨灵(24),⑩吡虫啉(22)
22	深圳市	440300	①啶虫脒(36),②多菌灵(31),③烯酰吗啉(30),④戊唑醇(21),⑤苯醚甲环唑(19),⑥吡唑醚菌酯(15),⑦抑霉唑(14),⑧嘧霉胺(13),⑨莠灭净(13),⑩吡虫啉(10)

续表

序号	地区	行政区域代码	统计结果
23	南宁市	450100	①烯酰吗啉(28),②多菌灵(26),③毒死蜱(24),④苯醚甲环唑(18),⑤吡唑醚菌酯(13),⑥嘧菌酯(13),⑦戊唑醇(13),⑧哒螨灵(12),⑨氟硅唑(12),⑩啶虫脒(9)
24	海口市	460100	①烯酰吗啉(88),②啶虫脒(50),③苯醚甲环唑(47),④吡唑醚菌酯(44),⑤嘧菌酯(44),⑥多菌灵(43),⑦吡虫啉(31),⑧丙环唑(25),⑨甲霜灵(24),⑩霜霉威(23)
25	海南4县	460000	①多菌灵(127),②烯酰吗啉(108),③苯醚甲环唑(89),④啶虫脒(88),⑤嘧菌酯(77),⑥吡唑醚菌酯(74),⑦吡虫啉(56),⑧甲霜灵(53),⑨霜霉威(47),⑩戊唑醇(44)
26	重庆市	500000	①多菌灵(153),②烯酰吗啉(112),③甲霜灵(52),④啶虫脒(50),⑤霜霉威(45),⑥丙环唑(34),⑦嘧菌酯(30),⑧灭蝇胺(28),⑨噻虫嗪(28),⑩噻菌灵(28)
27	成都市	510100	①多菌灵(109),②烯酰吗啉(54),③啶虫脒(50),④甲霜灵(38),⑤霜霉威(33),⑥吡唑醚菌酯(29),⑦灭蝇胺(28),⑧嘧菌酯(24),⑨嘧霉胺(20),⑩丙环唑(19)
28	贵阳市	520100	①烯酰吗啉(44),②吡唑醚菌酯(28),③嘧菌酯(24),④甲霜灵(21),⑤啶虫脒(20),⑥苯醚甲环唑(18),⑦吡虫啉(16),⑧噻虫嗪(15),⑨丙环唑(13),⑩嘧霉胺(9)
29	昆明市	530100	①烯酰吗啉(79),②吡唑醚菌酯(47),③甲霜灵(45),④苯醚甲环唑(44),⑤啶虫脒(43),⑥多菌灵(43),⑦嘧菌酯(37),⑧吡虫啉(30),⑨嘧霉胺(30),⑩丙环唑(21)
30	拉萨市	540100	①多菌灵(36),②烯酰吗啉(21),③嘧霉胺(16),④嘧菌酯(15),⑤啶虫脒(13),⑥咪鲜胺(13),⑦吡唑醚菌酯(12),⑧吡虫啉(11),⑨灭蝇胺(10),⑩苯醚甲环唑(9)
31	西安市	610100	①多菌灵(184),②避蚊胺(182),③啶虫脒(130),④烯酰吗啉(119),⑤吡虫啉(84),⑥哒螨灵(83),⑦苯醚甲环唑(76),⑧嘧菌酯(75),⑨矮壮素(72),⑩甲霜灵(67)
32	兰州市	620100	①多菌灵(85),②啶虫脒(46),③噻菌灵(37),④嘧霉胺(34),⑤烯酰吗啉(32),⑥抑霉唑(31),⑦吡虫啉(27),⑧甲霜灵(23),⑨苯醚甲环唑(20),⑩*N*-去甲基啶虫脒(19)
33	西宁市	630100	①多菌灵(57),②啶虫脒(23),③苯醚甲环唑(21),④甲哌(21),⑤吡虫啉(15),⑥戊唑醇(15),⑦甲霜灵(14),⑧毒死蜱(10),⑨嘧菌酯(10),⑩噻菌灵(9)
34	银川市	640100	①烯酰吗啉(55),②多菌灵(52),③啶虫脒(34),④苯醚甲环唑(30),⑤吡虫啉(29),⑥*N*-去甲基啶虫脒(22),⑦嘧菌酯(21),⑧霜霉威(17),⑨戊唑醇(17),⑩甲霜灵(16)
35	乌鲁木齐市	650100	①啶虫脒(40),②多菌灵(34),③吡虫啉(33),④烯酰吗啉(16),⑤戊唑醇(14),⑥*N*-去甲基啶虫脒(13),⑦避蚊胺(13),⑧苯醚甲环唑(12),⑨霜霉威(10),⑩虫酰肼(8)

表3-3-3　全国各地检出频次排名前10的农药情况汇总(GC-Q-TOF/MS)

序号	地区	行政区域代码	统计结果
1	全国汇总		①威杀灵(3868),②毒死蜱(3551),③腐霉利(2201),④嘧霉胺(1473),⑤哒螨灵(1453),⑥仲丁威(1434),⑦联苯菊酯(1211),⑧烯丙菊酯(1085),⑨除虫菊酯(1059),⑩戊唑醇(1039)
2	北京市	110000	①威杀灵(1103),②毒死蜱(778),③腐霉利(528),④嘧霉胺(311),⑤联苯(305),⑥联苯菊酯(292),⑦仲丁威(289),⑧烯丙菊酯(265),⑨哒螨灵(233),⑩γ-氟氯氰菌酯(206)
3	天津市	120000	①威杀灵(497),②毒死蜱(309),③腐霉利(194),④烯丙菊酯(156),⑤联苯(134),⑥联苯菊酯(125),⑦嘧霉胺(103),⑧仲丁威(98),⑨γ-氟氯氰菌酯(91),⑩戊唑醇(83)
4	石家庄市	130100	①威杀灵(630),②毒死蜱(433),③腐霉利(362),④二苯胺(204),⑤烯丙菊酯(172),⑥嘧霉胺(169),⑦联苯菊酯(157),⑧哒螨灵(150),⑨硫丹(112),⑩戊唑醇(112)
5	太原市	140100	①抑芽唑(52),②三唑酮(50),③烯虫酯(45),④喹螨醚(44),⑤毒死蜱(43),⑥仲丁威(28),⑦芬螨酯(27),⑧吡喃灵(22),⑨哒螨灵(21),⑩腐霉利(17)
6	呼和浩特市	150100	①棉铃威(69),②二苯胺(26),③三唑酮(25),④腐霉利(22),⑤扑灭通(21),⑥西玛通(19),⑦仲丁威(19),⑧抑芽唑(17),⑨莠去通(17),⑩吡喃灵(16)
7	沈阳市	210100	①二苯胺(95),②威杀灵(74),③毒死蜱(53),④烯虫酯(51),⑤氟丙菊酯(48),⑥生物苄呋菊酯(45),⑦腐霉利(44),⑧戊唑醇(38),⑨哒螨灵(24),⑩啶酰菌胺(19)
8	长春市	220100	①二苯胺(210),②威杀灵(155),③毒死蜱(64),④除虫菊酯(45),⑤氟丙菊酯(40),⑥醚菌酯(36),⑦嘧霉胺(33),⑧哒螨灵(29),⑨腐霉利(27),⑩烯虫酯(26)

续表

序号	地区	行政区域代码	统计结果
9	哈尔滨市	230100	① 虫菊酯(106),②烯虫酯(90),③毒死蜱(85),④γ-氟氯氰菌酯(75),⑤威杀灵(69),⑥氯氰菊酯(58),⑦嘧霉胺(48),⑧二苯胺(46),⑨哒螨灵(41),⑩新燕灵(37)
10	上海市	310000	①除虫菊酯(195),②威杀灵(182),③毒死蜱(104),④邻苯二甲酰亚胺(94),⑤联苯(66),⑥烯丙菊酯(59),⑦仲丁威(59),⑧吡喃灵(53),⑨嘧霉胺(43),⑩西玛津(43)
11	南京市	320100	①毒死蜱(163),②威杀灵(160),③腐霉利(151),④嘧霉胺(67),⑤喹螨醚(66),⑥哒螨灵(61),⑦联苯(61),⑧醚菊酯(59),⑨联苯菊酯(55),⑩氟吡菌酰胺(49)
12	杭州市	330100	①威杀灵(159),②除虫菊酯(126),③邻苯二甲酰亚胺(87),④联苯(69),⑤毒死蜱(60),⑥烯丙菊酯(43),⑦西玛津(38),⑧腐霉利(29),⑨嘧霉胺(26),⑩喹螨醚(25)
13	合肥市	340100	①毒死蜱(69),②二苯胺(57),③嘧霉胺(45),④腐霉利(44),⑤芬螨酯(41),⑥戊唑醇(32),⑦萘乙酸(30),⑧三唑酮(23),⑨哒螨灵(22),⑩醚菊酯(22)
14	福州市	350100	①毒死蜱(83),②腐霉利(76),③新燕灵(54),④甲霜灵(53),⑤仲丁威(50),⑥戊唑醇(42),⑦哒螨灵(36),⑧解草腈(36),⑨嘧霉胺(35),⑩γ-氟氯氰菌酯(32)
15	南昌市	360100	①除虫菊酯(86),②毒死蜱(74),③烯虫酯(35),④仲丁威(30),⑤腐霉利(27),⑥哒螨灵(25),⑦嘧霉胺(24),⑧戊唑醇(24),⑨烯唑醇(23),⑩新燕灵(21)
16	山东 9 市	370000	①除虫菊酯(219),②毒死蜱(192),③腐霉利(156),④威杀灵(150),⑤联苯菊酯(108),⑥烯虫酯(89),⑦仲丁威(85),⑧嘧霉胺(80),⑨啶酰菌胺(65),⑩丙溴磷(61)
17	济南市	370100	①西玛通(99),②扑灭通(96),③棉铃威(92),④莠去通(85),⑤三唑酮(78),⑥醚菊酯(51),⑦毒死蜱(49),⑧腐霉利(48),⑨吡喃灵(40),⑩新燕灵(36)
18	郑州市	410100	①毒死蜱(73),②腐霉利(59),③醚菊酯(40),④仲丁威(38),⑤生物苄呋菊酯(35),⑥烯虫酯(34),⑦联苯菊酯(33),⑧嘧霉胺(32),⑨吡喃灵(30),⑩哒螨灵(28)
19	武汉市	420100	①毒死蜱(79),②哒螨灵(54),③醚菊酯(53),④仲丁威(52),⑤γ-氟氯氰菌酯(49),⑥戊唑醇(48),⑦腐霉利(41),⑧烯虫酯(40),⑨氟硅唑(27),⑩联苯菊酯(26)
20	长沙市	430100	①毒死蜱(65),②仲丁威(58),③哒螨灵(46),④醚菊酯(39),⑤戊唑醇(34),⑥烯虫酯(33),⑦γ-氟氯氰菌酯(32),⑧氟硅唑(31),⑨联苯菊酯(29),⑩烯唑醇(27)
21	广州市	440100	①速灭威(48),②哒螨灵(41),③毒死蜱(40),④仲丁威(34),⑤丙溴磷(22),⑥氟丙菊酯(22),⑦联苯菊酯(18),⑧炔丙菊酯(18),⑨3,5-二氯苯胺(17),⑩异丙威(17)
22	深圳市	440300	①哒螨灵(167),②速灭威(119),③甲萘威(100),④氟丙菊酯(68),⑤毒死蜱(59),⑥仲丁威(51),⑦嘧霉胺(24),⑧3,4,5-混杀威(23),⑨联苯菊酯(22),⑩炔丙菊酯(20)
23	南宁市	450100	①甲萘威(94),②哒螨灵(77),③速灭威(53),④毒死蜱(41),⑤炔丙菊酯(26),⑥仲丁威(19),⑦氟丙菊酯(15),⑧嘧霉胺(13),⑨异丙威(12),⑩3,5-二氯苯胺(11)
24	海南 4 县	460000	①毒死蜱(122),②威杀灵(65),③腐霉利(52),④烯丙菊酯(48),⑤戊唑醇(47),⑥联苯菊酯(42),⑦联苯(42),⑧仲丁威(39),⑨嘧霉胺(38),⑩氟硅唑(36)
25	海口市	460100	①毒死蜱(62),②威杀灵(40),③嘧霉胺(28),④腐霉利(25),⑤仲丁威(24),⑥戊唑醇(21),⑦氟硅唑(20),⑧联苯(18),⑨烯虫酯(16),⑩唑虫酰胺(15)
26	重庆市	500000	①威杀灵(60),②毒死蜱(50),③腐霉利(42),④烯丙菊酯(34),⑤仲丁威(32),⑥嘧霉胺(30),⑦联苯菊酯(25),⑧戊唑醇(21),⑨氟丙菊酯(20),⑩氟硅唑(20)
27	成都市	510100	①腐霉利(90),②毒死蜱(88),③威杀灵(58),④哒螨灵(48),⑤嘧霉胺(43),⑥生物苄呋菊酯(36),⑦氟硅唑(31),⑧戊唑醇(31),⑨丙溴磷(29),⑩联苯(29)
28	贵阳市	520100	①威杀灵(62),②联苯(54),③毒死蜱(46),④嘧霉胺(29),⑤仲丁威(20),⑥哒螨灵(14),⑦喹螨醚(13),⑧啶酰菌胺(12),⑨联苯菊酯(12),⑩烯丙菊酯(12)
29	昆明市	530100	①威杀灵(133),②毒死蜱(100),③联苯(86),④嘧霉胺(84),⑤仲丁威(59),⑥氟硅唑(36),⑦哒螨灵(34),⑧戊唑醇(29),⑨烯虫酯(29),⑩甲霜灵(28)
30	拉萨市	540100	①毒死蜱(14),②腐霉利(13),③嘧霉胺(12),④联苯(11),⑤威杀灵(11),⑥γ-氟氯氰菌酯(8),⑦戊唑醇(8),⑧啶酰菌胺(7),⑨烯丙菊酯(6),⑩联苯菊酯(5)
31	西安市	610100	①除虫菊酯(66),②异丙威(62),③威杀灵(50),④甲醚菊酯(32),⑤二苯胺(22),⑥丁二酸二丁酯(21),⑦哒螨灵(17),⑧生物苄呋菊酯(17),⑨仲丁威(17),⑩灭除威(14)
32	兰州市	620100	①毒死蜱(92),②威杀灵(65),③哒螨灵(43),④嘧霉胺(43),⑤烯丙菊酯(39),⑥腐霉利(30),⑦仲丁威(27),⑧γ-氟氯氰菌酯(25),⑨硫丹(23),⑩新燕灵(21)

续表

序号	地区	行政区域代码	统计结果
33	西宁市	630100	①威杀灵(42),②异丙威(38),③除虫菊酯(36),④烯丙菊酯(36),⑤二苯胺(30),⑥速灭威(23),⑦灭除威(20),⑧甲醚菊酯(19),⑨生物苄呋菊酯(12),⑩仲丁威(9)
34	银川市	640100	①威杀灵(41),②速灭威(30),③除虫菊酯(28),④烯丙菊酯(22),⑤敌敌畏(12),⑥解草腈(11),⑦毒死蜱(8),⑧二苯胺(8),⑨仲丁威(5),⑩甲醚菊酯(4)
35	乌鲁木齐市	650100	①毒死蜱(29),②烯丙菊酯(12),③γ-氟氯氰菌酯(9),④哒螨灵(8),⑤烯唑醇(7),⑥戊唑醇(6),⑦联苯(5),⑧威杀灵(5),⑨虫螨腈(4),⑩氟乐灵(4)

3.4.2 我国市售水果蔬菜农药残留规律性特征

2012～2017年使用GC/LC-Q-TOF/MS两种质谱联用技术对我国31个省会/直辖市和14个果蔬主产区284个区县，1384个采样点，18类134种果蔬38138批样品进行了筛查。GC-Q-TOF/MS检出378种农药，LC-Q-TOF/MS检出315种，扣除两种技术共检的160种农药，合计检出533种，按农药功能、化学组成和毒性分类见表3-3-4。从表3-3-4可以看出，我国目前使用的农药按功能分类，主要以杀虫剂、除草剂和杀菌剂为主，占94.7%；按化学组成分类，主要以有机氮、有机磷、有机氯、氨基甲酸酯和拟除虫菊酯类为主，占83.3%；我国目前使用的农药，按毒性分类，以低毒、中毒和微毒为主，占87.2%。高毒和剧毒占12.8%，禁用农药占比6.2%，这两部分具有重大安全隐患，应引起高度重视。按3种不同的统计方式分析，均可看出，LC-Q-TOF/MS单独检出的农药155种，GC-Q-TOF/MS单独检出农药218种，两种技术共同检出的是160种。两种技术单独检出的农药种数，分别加上共检的160种，则LC-Q-TOF/MS检出315种，GC-Q-TOF/MS检出378种，两种联用技术共检出533种农药，分别比LC-Q-TOF/MS提高了41%，比GC-Q-TOF/MS提高了29%，反映出LC-Q-TOF/MS和GC-Q-TOF/MS两种技术联用，具有很强的互补性。同时，也显著提高了农药残留风险隐患的发现能力。

表3-3-4　GC/LC-Q-TOF/MS联用技术检出的533种农药化合物类别及数量

类别		LC+GC(533)	LC(315)	GC(378)	仅LC(155)	仅GC(218)	共检(160)
(1)功能分类	杀虫剂	225	121	159	66	104	55
	除草剂	151	85	114	37	66	48
	杀菌剂	129	89	86	43	40	46
	植物生长调节剂	16	12	9	7	4	5
	其他	12	8	10	2	4	6
(2)元素分类	有机氮	239	171	159	80	68	91
	有机磷	80	54	54	26	26	28
	有机氯	64	10	62	2	54	8
	氨基甲酸酯	40	27	28	12	13	15
	拟除虫菊酯	21	4	21	0	17	4
	有机硫	20	12	12	8	8	4
	其他	69	37	42	27	32	10

续表

类别		LC+GC(533)	LC(315)	GC(378)	仅 LC(155)	仅 GC(218)	共检(160)
(3)毒性分类	低毒	207	119	142	65	88	54
	中毒	167	101	126	41	66	60
	微毒	91	55	63	28	36	27
	高毒	46	30	29	17	16	13
	剧毒	22	10	18	4	12	6
	违禁	33	17	27	6	16	11

同时，初步查清了 31 个省会/直辖市市售水果蔬菜不同产地，不同果蔬，不同目标残留农药存在状况及我国农药施用的五方面规律性特征：

(1)在测定的果蔬样品中，未检出和只检出 1 种农药残留的样品占比分别为 56.2%(LC-Q-TOF/MS)和 52.4%(GC-Q-TOF/MS)。同时大约 40%样品中检出了 2～5 种农药，见图 3-3-4。

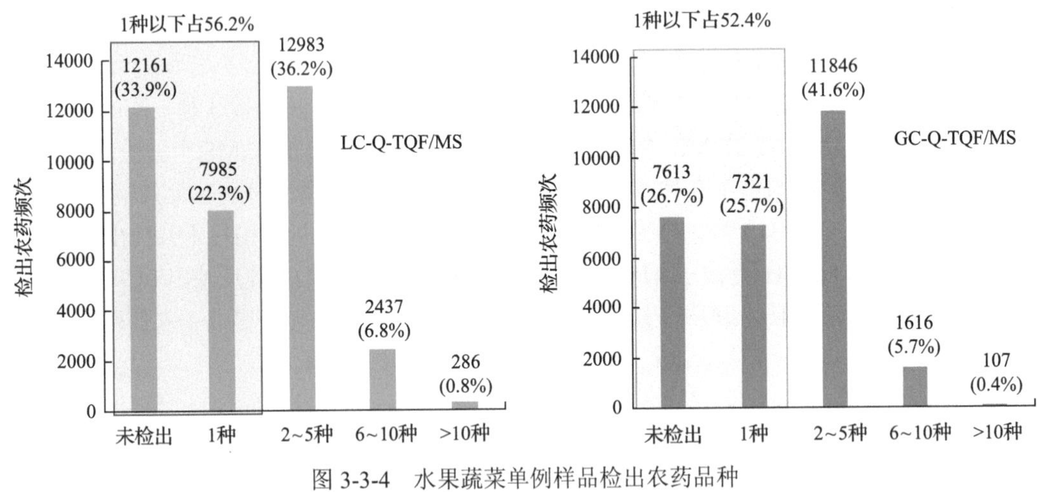

图 3-3-4　水果蔬菜单例样品检出农药品种

(2)GC-Q-TOF/MS 检出农药 68040 频次，GC-Q-TOF/MS 检出农药 54776 频次，合计检出 115891 频次，见图 3-3-5。残留水平低于“一律标准”(10 μg/kg)的频次占比分别为 50%和 44.1%。检测结果证明，目前我国蔬菜和水果检出农药以低、中残留水平为主；LC-Q-TOF/MS 占比 50%，GC-Q-TOF/MS 占比 44.1%。

(3)目前我国蔬菜和水果中检出农药残留以低毒、中毒和微毒农药为主，见图 3-3-6。LC-Q-TOF/MS 检出低毒、中毒和微毒农药占比 87.4%，GC-Q-TOF/MS 占比为 87.6%。说明我国目前施用的农药以中毒、低毒、微毒农药为主。两种技术单独检测出的品种和共检的品种、两种技术联用检测出的品种见表 3-3-4。

(4)两种技术检出的 533 种农药按功能分类见图 3-3-7，从图中可以看出，对除草剂而论，GC-Q-TOF/MS 比 LC-Q-TOF/MS 更适用于除草剂检测。两种技术互补不仅提高了未知风险发现能力，而且也可以更全面地反映出市售水果蔬菜农药残留真实状况。两种技术单独检测的品种、共检的品种和两种技术联用检测的品种见表 3-3-4。

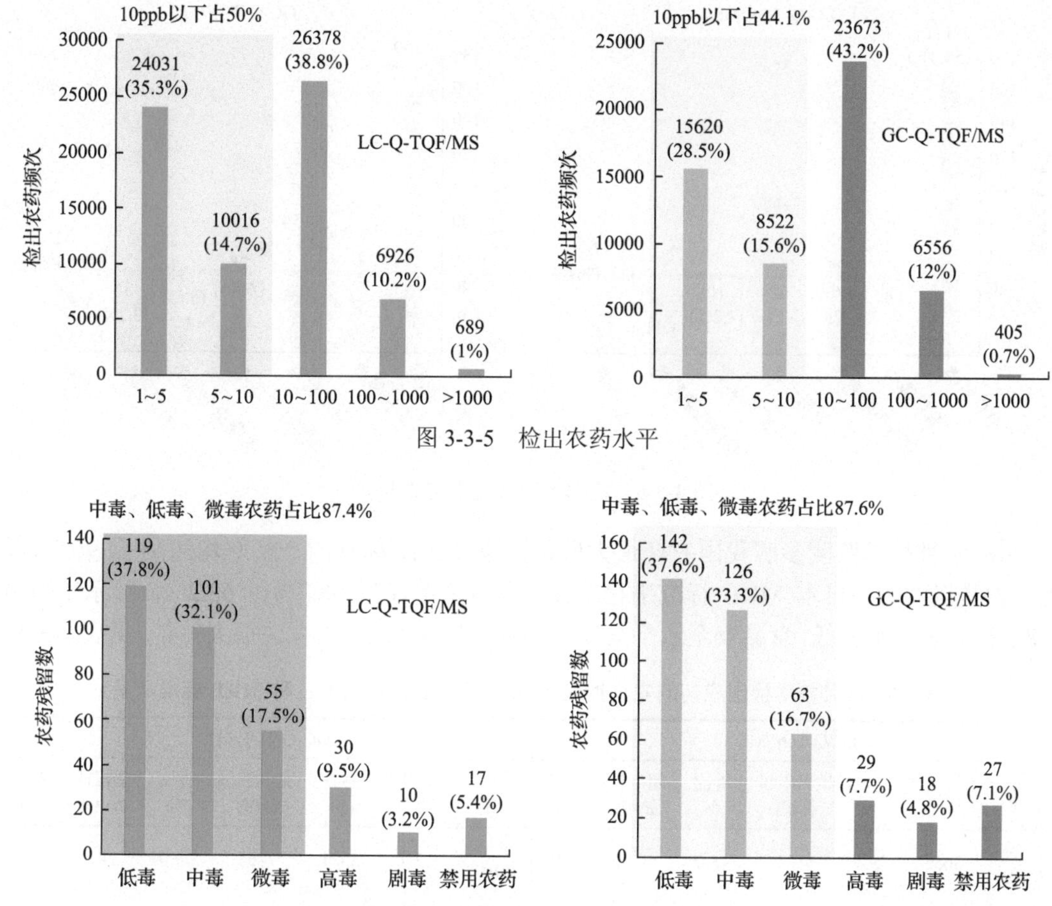

图 3-3-5　检出农药水平

图 3-3-6　检出 533 种农药毒性分布

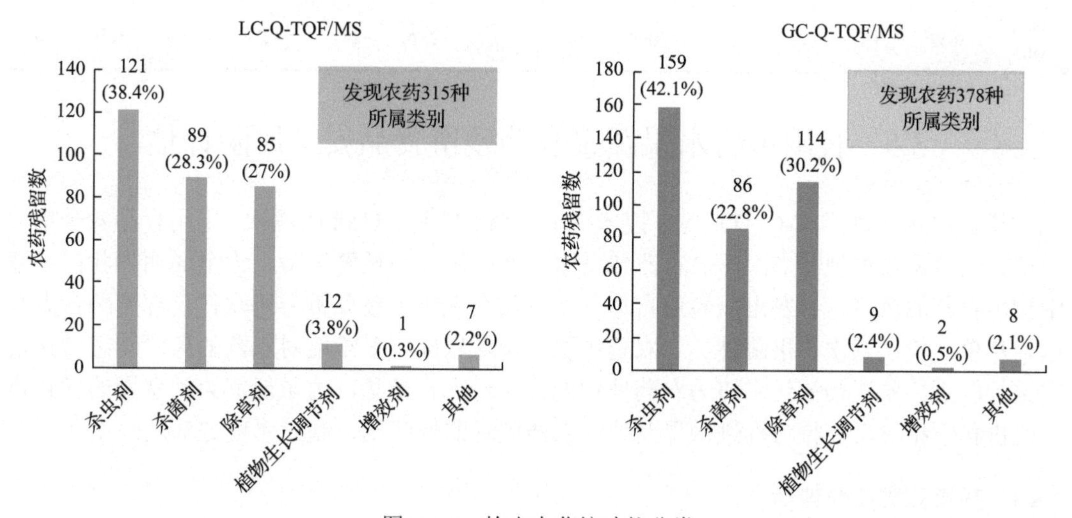

图 3-3-7　检出农药按功能分类

（5）两种技术联用检出 533 种农药按化学组成分类见图 3-3-8，进一步证明 GC-Q-TOF/MS 和 LC-Q-TOF/MS 检测农药各具特色，且互补性很强，两种技术联用才能真实反映出水果蔬菜农药残留存在的全面真实状况，如果以单一技术检测则有以偏概全的风险。

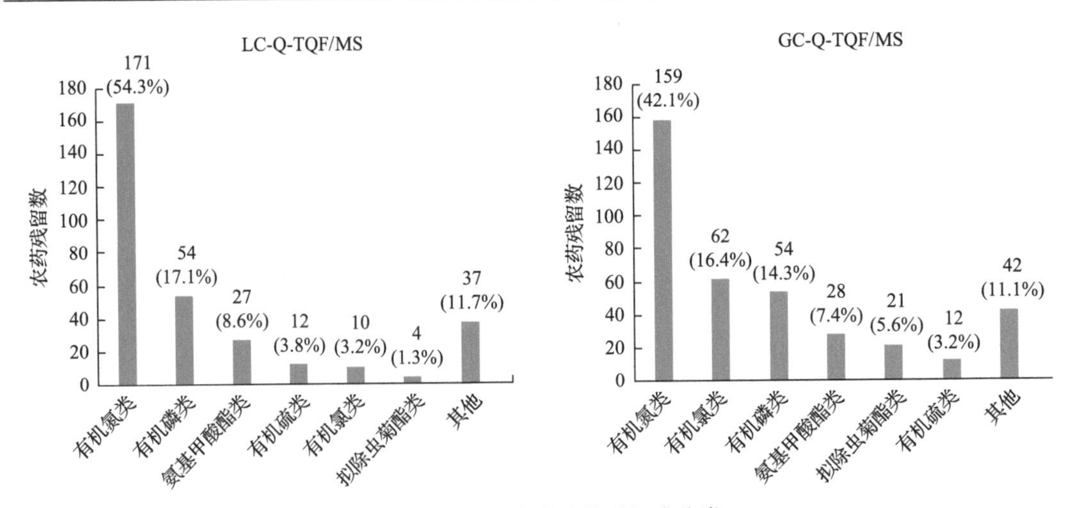

图 3-3-8　检出农药按化学组成分类

(6)两种技术监测参照我国农药最大残留限量(MRL)标准的合格率均达到了 96.5%以上。但是以欧盟和日本 MRL 标准进行统计，则合格率仅为 58.7%和 63.2%，显示出中国 MRL 标准限量水平低，食品安全水平与发达国家和地区相比，尚存在很大差距，见表 3-3-5。

表 3-3-5　两种技术检出农药的安全性对比(用中国、欧盟和日本三种 MRL 标准衡量)

LC-Q-TOF/MS							GC-Q-TOF/MS						
衡量标准	未检出样品/例	占比/%	检出未超标/例	占比/%	超标样品/例	占比/%	衡量标准	未检出样品/例	占比/%	检出未超标/例	占比/%	超标样品/例	占比/%
中国MRL	3652	29.1	8533	68.0	366	2.9	中国MRL	2370	24.1	7165	73.0	282	2.9
欧盟MRL	3652	29.1	7116	56.7	1783	14.2	欧盟MRL	2370	24.1	4753	58.4	2694	17.4
日本MRL	3652	29.1	7037	56.1	1862	14.8	日本MRL	2370	24.1	4211	55.9	3236	20.0

3.5　我国市售水果蔬菜农药残留食品安全风险评估

基于建立的 GC/LC-Q-TOF/MS 技术检出农药 533 种，115891 频次，采用食品安全指数模型和风险系数模型[17,18]，评估农药残留膳食暴露风险和预警风险，为全面明晰我国果蔬中检出农药的风险，开发出风险值自动计算—信息多维采集分析专用软件，深度融合大数据，从单个检出频次、果蔬种类、农药种类、地域空间等多维度对农药的风险动态变化规律进行解析，本次初探结果将为农药残留的深层研究作铺垫，力求能够为消费者的膳食摄入提供科学指导，还将为推进水果蔬菜中农药监管的规范化、制度化奠定基础。

3.5.1　膳食暴露风险评估

(1)在共计 115891 频次农药残留侦测结果中，99.4%频次处于很好或可以接受的安全状态，有 557 频次(0.60%)膳食暴露风险状态处于不可接受水平，见图 3-3-9。

(2)禁用农药与超标非禁用农药均具有较高膳食风险，禁用农药膳食暴露风险不可接受频次比例达7.82%；分别以MRL欧盟标准和MRL中国国家标准进行对比，超标非禁用农药不可接受频次比例分别为1.65%、13.85%，显著高于检出农药平均水平(0.60%)，应加强禁药和超标农药的监管，见图3-3-10。

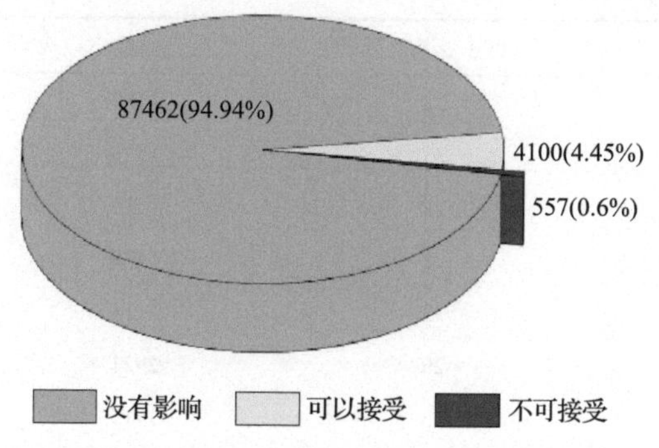

图3-3-9　果蔬中农药残留对膳食暴露安全的影响程度频次分布图

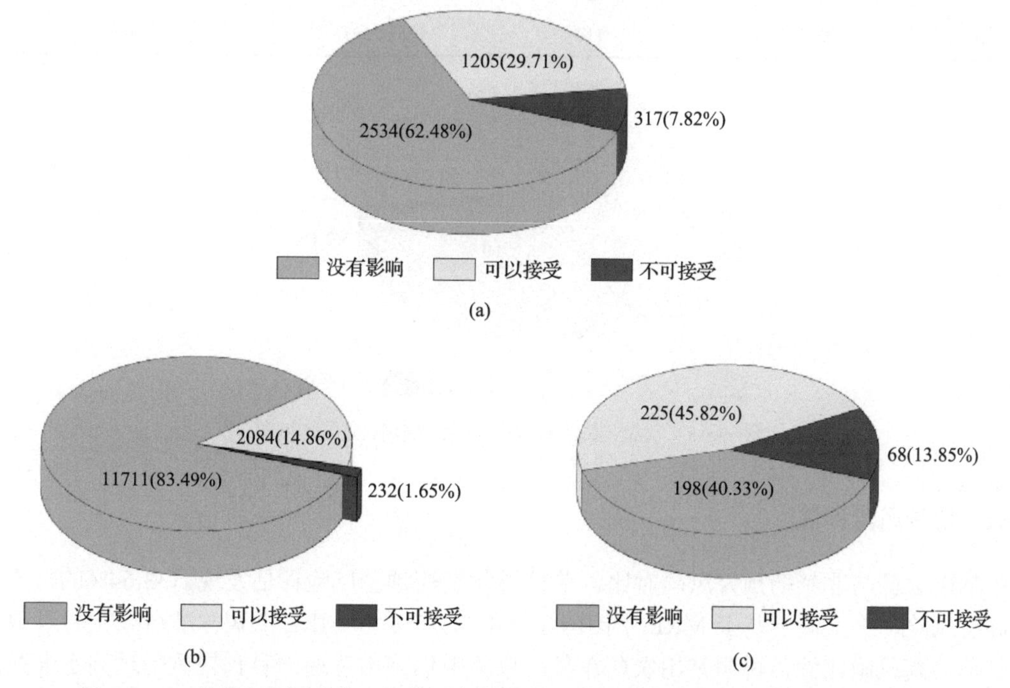

图3-3-10　果蔬中禁用农药及非禁用农药残留对膳食暴露安全的影响程度频次分布图

(a)禁用农药残留对膳食暴露安全的影响频次分布图；(b)基于欧盟标准的超标非禁用农药残留对膳食暴露安全的影响频次分布图；(c)基于中国国家标准的超标非禁用农药残留对膳食暴露安全的影响频次分布图

(3)高膳食风险果蔬品种为韭菜、茼蒿、橘、芹菜、菜豆、生菜、菠菜、油麦菜、小油菜、草莓，这些果蔬均为常见食品，日常食用量大，残留农药对人体健康潜在危害较大。果蔬样品中不可接受排名前10位的果蔬种类，见表3-3-6。

(4)调查侦测出农药532种，其中250种农药存在ADI标准，以单种农药为评估对象，求得每种农药的安全指数，残留农药对果蔬安全的影响程度分布如图3-3-11所示。6种农药对样品安全影响不可接受(占2.4%)，这6种农药分别为氧乐果、杀虫脒、氯唑磷、氟虫腈、七氯和氟吡禾灵，这些农药需重点控制其残留浓度。39 种农药对样品安全影响可以接受(占 15.6%)，205 种农药对样品安全没有影响(占 82.0%)。

表 3-3-6　果蔬样品中风险不可接受排名前 10 位的果蔬种类(每种果蔬检出频次＞500)

序号	基质	不可接受基质频次	农药残留检出频次	不可接受频次占比/%
1	韭菜	52	2185	2.38
2	茼蒿	23	1386	1.66
3	橘	22	1526	1.44
4	芹菜	71	5478	1.30
5	菜豆	33	3118	1.06
6	生菜	29	2921	0.99
7	菠菜	15	1715	0.87
8	油麦菜	29	3501	0.83
9	小油菜	12	1654	0.73
10	草莓	11	1597	0.69

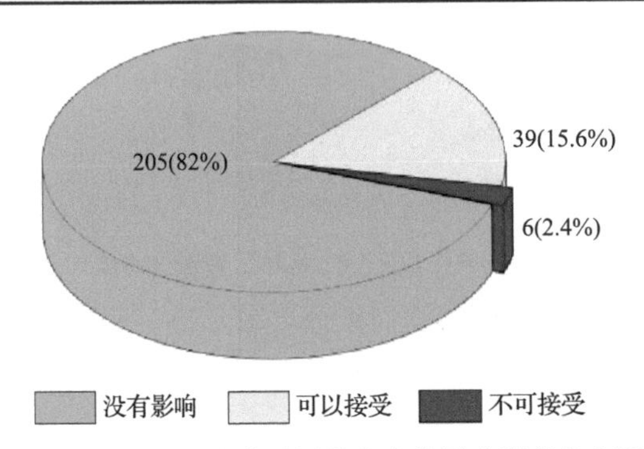

图 3-3-11　残留农药对果蔬安全的影响程度分布图

3.5.2　预警风险评估

禁用农药与非禁药预警风险对比，单种果蔬禁药预警风险评估发现，33.64%的样本处于高度风险，大大高于基于 MRL 中国国家标准(1.75%)和 MRL 欧盟标准(14.37%)计算的非禁药的高风险比例，说明禁用农药在我国果蔬中仍施用普遍，且预警风险远高于非禁用农药。

将每种果蔬中侦测出的每种禁用农药作为 1 个分析样本，发现在 97 种果蔬中检出 33 种禁用农药，共 541 个样本，果蔬中禁用农药的风险程度分布如图 3-3-12 所示。在 541 个样本中 182 频次(占 33.64%)处于高度风险；149 频次(占 27.54%)处于中度风险；210 频次(占 38.82%)处于低度风险，处于高度风险的 182 个样本涉及 82 种果蔬 18 种禁用农药。

侦测出非禁药共 499 种，分布在 133 种果蔬中，组成 8749 个样本，其中仅 1088 个样本有 MRL 中国国家标准，其风险程度分布情况如图 3-3-13 所示。处于高度风险的样本有 19 个(占 1.75%)；处于中度风险的有 24 个(占 2.21%)；处于低度风险的有 1045 个(占 96.05%)，处于高度风险的 19 个样本涉及 15 种果蔬 11 种非禁用农药。

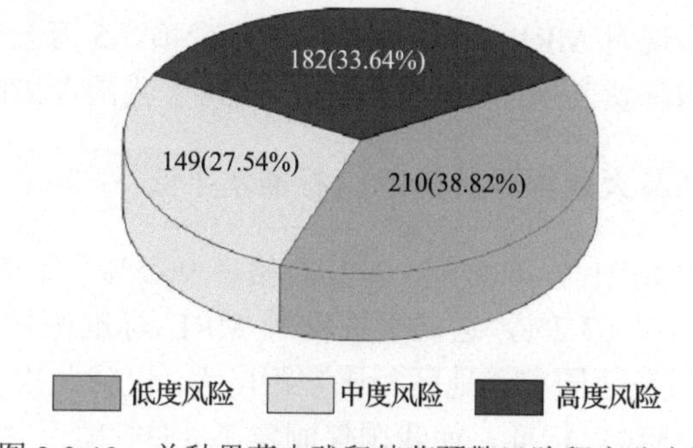

图 3-3-12　单种果蔬中残留禁药预警风险程度分布图

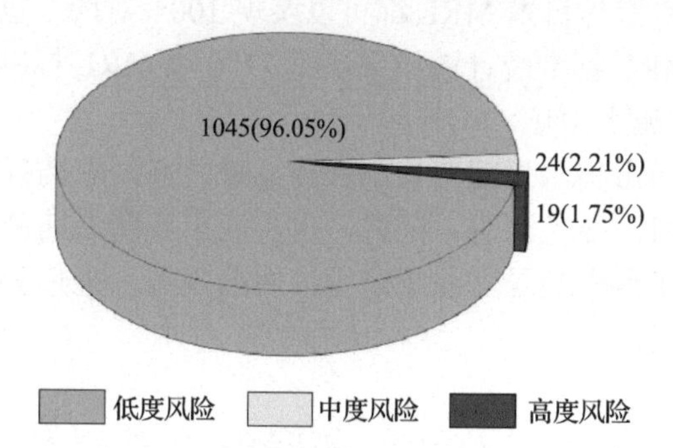

图 3-3-13　单种果蔬中残留非禁药预警风险程度分布（基于 MRL 中国国家标准）

3.6　我国市售水果蔬菜农药残留四项主要问题

3.6.1　残留农药品种多污染面广

45 个重点城市普查结果显示，30%的单种果蔬累计检出农药超过 100 种，而且呈现出越是常吃的果蔬，残留农药品种越多。其中检出农药品种排名前 6 位的果蔬分别是芹菜（230 种）、番茄（206 种）、苹果（206 种）、黄瓜（199 种）、葡萄（196 种）和菜豆（195 种）；检出农药品种数量排名前 6 位的城市分别为北京（303 种）、广州（275 种）、济南（260 种）、天津（252 种）、石家庄（232 种）和海口（221 种）。

3.6.2　高剧毒和禁用农药检出率高风险大

有 12.2%果蔬样品检出高剧毒和禁用农药 76 种，有 28 个城市每个城市检出高剧毒和禁用农药超过 10 种，涉及果蔬品种 110 种，占品种总数的 81%，其膳食安全风险是非禁用农药的 35 倍，食品安全风险大。其中检出高剧毒和违禁农药品种数排前 6 位的果蔬分别是芹菜（28 种），苹果（26 种）、菠菜（25 种）、韭菜（24 种）、生菜（23 种）和黄瓜（22 种）。检出高剧毒和违禁农药品种数排名前 6 位的城市分别为：广州（37 种）、北京（36 种）、济南（33 种）、天津（28 种）、上海（28 种）、石家庄（26 种）和海口（26 种）。

3.6.3　我国食品安全农药最大残留限量（MRL）标准数量少

我国现行国家标准 GB/T 2763—2016 食品中农药最大残留限量（MRL）标准项为 4140

项，而欧盟、日本和美国现有 MRL 标准分别为 16 万余项、5 万余项和 4 万余项，我国还不如欧盟一个零头，在国际贸易中必然受制于人，制约了我国在国际贸易中的话语权。

3.6.4 我国食品安全农药最大残留限量(MRL)标准水平低

这次普查结果按我国 MRL 标准衡量，平均合格率 96.5%，而按欧盟和日本 MRL 标准衡量，合格率仅为 58.7%和 63.2%，远低于按我国 MRL 标准衡量的合格率，显示出我国 MRL 标准限量水平低，与发达国家和地区相比差距巨大。仅就此次普查检出 533 种 115981 频次的农药涉及 9291 项 MRL 标准，而我国仅制定了 1535 项，占需求量的 16.3%，尚缺 7756 项，占 83.5%，而欧盟与日本 MRL 都可以实现 100%对应。也就是说，这次报告的结果是仅就 1535 项我国 MRL 标准统计的结果，而 7756 项 MRL 标准我国尚未制定，这些数据还在“睡大觉”，没有派上用场。

这些问题反映出我国市售水果蔬菜检出农药品种之多，农药残留分布地域之广，果蔬品种覆盖之全，出人预料，令人深思。同时，也反映出我国农药施用存在“无规矩、滥施用”的问题突出，偏离了科学指导和法规监管，农药残留污染形势严峻，直接威胁人民健康，而治理工作任重道远。

3.7 我国水果蔬菜农药残留治理的对策建议

3.7.1 升级农药残留监测技术手段

建议我国农药残留监控技术采用我国学者自主研发的高分辨质谱信息化检测新技术，实现更新换代，使未知风险发现能力直达国际领先水平。目前我国在用的农药残留监测主流技术都是传统的色谱法和质谱法，监控的农药品种都在 100 种左右，要达到与高分辨质谱信息化检测新技术检测世界常用 1200 多种农药化学污染物的能力，是不可能的。因此，建议抢抓先机，采用这项农药残留治理的“新武器”，实现弯道超车，直达国际领先地位。因为这项新技术，采用了电子标准替代实物标准作参比，实现了由靶向检测向非靶向筛查的跨越式发展，从而实现了农药残留供给侧改革的重大突破，其方法效能是传统色谱法和质谱法无法相比的。

3.7.2 加强农药残留标准体系建设

建议加强农药最大残留限量(MRL)和每日允许摄入量(ADI)标准的研究制定，使这些与民众健康相关的重要标准与世界先进国家和地区比肩。这次普查检出 533 种 115981 频次的农药，涉及 9291 项的 MRL 标准，而我国仅制定了 1535 项，占需求量的 16.5%，尚有 7756 项占 83.5%的 MRL 标准空缺。而欧盟与日本 MRL 标准却可以实现 100%对应。MRL 标准数量少、水平低是建设“质量强国”和“健康中国”的短板，建议在“十四五”规划中制定与世界先进国家和地区能比肩的 MRL 和 ADI 标准。

3.7.3 创建国家农药残留监控研究实验室和构建基础数据库

建议创建“国家农药残留监控研究实验室”和“国家农药残留基础大数据库”，为全面治理农药残留污染提供技术支撑。当前，我国果蔬农药残留污染正处于相当复杂和严重的阶段，这是积重难返几十年造成的问题。今后随着普查的继续，预计在我国果蔬中发现农药化学污染物将有可能超过800多种。因此，建议建立“国家农药残留监控研究实验室”和“国家农药残留基础大数据库”，主要承担两项使命：①继续实施一年四季果蔬农药残留普查，使全国人口和地域覆盖率均达到85%以上，密切跟踪我国农药残留发展动态。②加强农药毒理学基础研究，特别是农药毒代动力学、毒性效应对人类健康影响的研究，提升民众食品安全健康水平，为“健康中国”建设做出先导性的贡献。

3.7.4　将农药残留监测数据纳入政府政绩考核指标体系

2012～2017年，45个重点城市已累积农药残留筛查报告10450万字，因这些农药残留大数据与民众营养健康水平密切相关，这些报告的价值在当前应该比黄金珠宝还贵重。因此，一方面，建议将这些报告纳入各级政府购买计划，使之尽快在全国各省市转化成生产力，在我国农药残留污染治理攻坚战中发挥重大作用；另一方面，根据国务院办公厅印发的“菜篮子”市长负责制考核办法(国办发〔2017〕1号)，建议将各地农药残留普查结果，作为政府政绩考核指标，纳入政府绩效考核体系，在促进“健康中国”建设中也同时发挥重大作用。

总之，现在我国正在强力治理“气水土”的污染问题，目标明确，成效显著。其实农产品食品农药残留污染物与“气水土”污染物是孪生兄弟，治理应同步前进，同步达到“健康中国”和“美丽中国”的宏伟目标。

参考文献

[1] 杨杰，樊永祥，杨大进，等. 国际食品污染物监测体系理化指标监测介绍及思考[J]. 中国食品卫生杂志，2009，21(2)：161-168.

[2] European Commission. EU Pesticides database[DB/OL]. [2017-07-08]. http://ec.europa.eu/food/plant/pesticides/eu-pesticides-database/public/?event=homepage& language=EN.

[3] USDA. Maximum Residue Limits（MRL）Database[DB/OL]. [2017-07-08]. https://www.fas.usda.gov/maximum-residue-limits-mrl-database.

[4] The Japan Food Chemical Research Foundation. Maximum Residue Limits（MRLs）List of Agricultural Chemicals in Foods [DB/OL]. [2017-6-8]. http://www.m5.ws001.squarestart.ne. jp/foundation/search.html.

[5] GB 2763-2016. 食品安全国家标准　食品中农药最大残留限量[S]. 2016.

[6] 国家统计局. 中国统计年鉴[DB/OL]. [2017-07-08]. http://www.stats.gov.cn/tjsj/ndsj/.

[7] 旭日干，庞国芳. 中国食品安全现状、问题及对策战略研究[M]. 北京：科学出版社, 2016.

[8] 庞国芳，范春林，常巧英，等. 追踪近20年SCI论文见证世界农药残留检测技术进步[J]. 食品科学, 2012, 33(Z1)：1-7.

[9] 庞国芳，常巧英，范春林. 农药残留监测技术研究与监控体系构建展望[J]. 中国科学院院刊, 2017, 32(10)：1083-1090.

[10] 康健. 动物源性食品中兽药多残留快速检测技术及精确质量数据库的建立[D]. 秦皇岛：燕山大学, 2014.

[11] 庞国芳. 食用农产品农药残留监测与风险评估溯源技术研究[M]. 北京：科学出版社, 2018.

[12] Wang Z B, Chang Q Y, Kang J, Cao Y Z, Ge N, Fan C L, Pang G F. Screening and identification strategy for 317 pesticides in fruits and vegetables by liquid chromatography-quadrupole time-of-flight high resolution mass spectrometry[J]. Analytical Methods, 2015, 7(15)：6385-6402.

[13] Pang G F, Fan C L, Chang Q Y, Li J X, Kang J, Lu M L. Screening of 485 pesticide residues in fruits and vegetables by liquid chromatography-quadrupole time of flight mass spectrometry based on TOF accurate mass database and QTOF spectrum library. J AOAC Int., 2018, 101(4): 1156-1182.

[14] Li J X, Li X Y, Chang Q Y, Li Y, Jin L H, Pang G F, Fan C L. Non-targeted detection of 439 pesticide residues in fruits and vegetables by gas chromatography-quadrupole time of flight mass spectrometry based on TOF accurate mass database and QTOF spectrum library. J AOAC Int., 2018, 101(5): 1631-1638.

[15] 庞国芳, 陈谊, 范春林, 白若镔, 孙悦红, 常巧英. 高分辨质谱-互联网-数据科学三元融合技术构建农药残留侦测技术平台[J]. 中国科学院院刊, 2017, 32(12): 1384-1396.

[16] 庞国芳, 庞小平, 任福, 范春林, 秦雨, 陈辉. 高分辨质谱-互联网-地理信息系统三元融合技术绘制中国农药残留地图[J]. 中国科学院院刊, 2018, 33(01): 94-106.

[17] 庞国芳. 中国市售水果蔬菜农药残留报告(2012—2015)(华北卷)[M]. 北京: 科学出版社, 2018.

[18] 庞国芳. 中国市售水果蔬菜农药残留报告(2012—2015)(华南卷)[M]. 北京: 科学出版社, 2018.

[19] 庞国芳. 国市售水果蔬菜农药残留报告(2012—2015)(东北卷)[M]. 北京: 科学出版社, 2018.

[20] 庞国芳. 中国市售水果蔬菜农药残留报告(2012—2015)(西北卷)[M]. 北京: 科学出版社, 2018.

[21] 庞国芳. 中国市售水果蔬菜农药残留报告(2012—2015)(华东卷一)[M]. 北京: 科学出版社, 2018.

[22] 庞国芳. 中国市售水果蔬菜农药残留报告(2012—2015)(华东卷二)[M]. 北京: 科学出版社, 2018.

[23] 庞国芳. 中国市售水果蔬菜农药残留报告(2012—2015)(华中卷)[M]. 北京: 科学出版社, 2018.

[24] 庞国芳. 中国市售水果蔬菜农药残留报告(2012—2015)(西南卷)[M]. 北京: 科学出版社, 2018.

第 4 章　加强食品营养健康产业创新　厚植“健康中国”根基战略发展研究

4.1　我国即将全面跨入营养健康发展新时代

4.1.1　“健康中国”已提升为国家战略

习近平总书记高度重视健康产业发展，指出：“没有全民健康，就没有全面小康”[1]；“经济要发展，健康要上去，人民的获得感、幸福感、安全感都离不开健康”；“人民健康是民族昌盛和国家富强的重要标志”；“要把人民健康放在优先发展的战略地位”；“要倡导健康文明的生活方式，树立大卫生、大健康的观念，把以治病为中心转变为以人民健康为中心”；“要大力发展健康产业，促进健康与养老、旅游、互联网、健身、休闲、食品、医药、环保等产业融合发展”。党的十八大以来，党中央、国务院提出建设“健康中国”的国家战略，出台了《“健康中国2030”规划纲要》和《中国防治慢性病中长期规划(2017～2025)》，并制定了具体的行动计划《国民营养计划(2017～2030 年)》，为我国食品营养健康产业明确了发展方向，标志着我国即将全面迈入营养健康新时代。

4.1.2　营养健康产业发展正面临新的机遇期

经过改革开放以来的快速发展，我国食品工业进入营养健康升级转型加速期。供给与消费方面，食物资源利用由主要生产初级产品向生产功能性产品方向发展，食品消费由生存型消费向健康享受型消费转变，追求保障营养健康、满足食品消费多样化和个性化需求，呈现营养、健康、美味、休闲、多样和个性化的消费发展趋势。产业结构方面，绿色智能制造能力大幅提升，新旧动能转化加快，推动食品产业向提质增效、集约发展、自主创新、节能降耗、绿色环保的方向转变。产业形态方面，云计算、大数据、互联网、物联网、人工智能等新一代工业革命技术在食品产业领域的广泛应用，促进了食品产业与教育、文化、健康、养生、生态、农业、医药等领域的深度融合，催生了农业观光、生态旅游、休闲娱乐、创意创业、特色小镇、民俗文化等一二三产融合发展的新业态、新模式、新格局。科技创新方面，自主创新能力和产业支撑能力显著增强，食品生物工程、绿色制造、食品安全、中式主食工业化、精准营养、智能装备等领域的科技水平逐步进入世界前列，科技对食品产业发展的贡献率超过 60%。新一轮科技革命正在深刻改变世界的面貌，食品制造业将迎来以科技创新和金融资本双核驱动的黄金发展期，向着提供个性化精准营养、健康干预以及终身服务的绿色制造和高科技产业发展。

从国际经济社会发展规律来看，当一个国家或地区人均 GDP 不足 1000 美元时，面临的主要矛盾是缺吃少穿，保障粮食安全成为首要任务；当人均 GDP 处于 1000 美元和 1 万美元之间时，伴随着工业化、城市化对农产品加工与食品制造业需求的快速发展，保障食品安全成为社会关注重点；当人均 GDP 跨越 1 万美元后，人们对生活水平不断提高和美好生活的向往与发展不充分不平衡成为主要社会矛盾，食品营养健康上升为首要需求[2]。目前，我国经济发展跨入人均 GDP 1 万美元，食品产业正由食品安全保障期向营养健康提升期转型，即将全面跨入食品营养健康发展新时代，这是经济社会发展的客观规律和必然趋势，也是我国社会发展进步的必然结果与全新的历史机遇。

4.2　世界营养健康状况面临严峻挑战

4.2.1　国际营养健康报告

世界卫生组织(WHO)最新报告《世界卫生统计 2018》[3]指出，2016 年全球估计有 4100 万人死于非传染性疾病，占当年全球总死亡人数的 71%。主要为四大疾病所致：心脑血管疾病，1790 万人死亡(占 44%)；癌症，900 万人死亡(占 22%)；慢性呼吸系统疾病，380 万人死亡(占 9%)；糖尿病，160 万人死亡(占 4%)。同时，最新发布的《2018 全球营养报告》[4]表明，有 20%的死亡与饮食营养失衡有关，饮食因素已成为全球发病率和死亡率的首要危险因素，其影响更胜于空气污染和烟草。根据报告，八项主要营养指标影响比较大，包括成人高血压、肥胖、超重、贫血、儿童发育迟缓、儿童消瘦、儿童超重和盐摄入量增加。全球 194 个国家和地区每年因营养性疾病损失高达 3.5 万亿美元。

4.2.2　我国营养健康报告

国家卫健委发布的《2017 年我国卫生健康事业发展统计公报》[5]显示，全国卫生总费用持续上升，2017 年全国卫生总费用预计达 51598.8 亿元，人均卫生总费用 3712.2 元，占 GDP 的 6.2%。此外，《中国卫生健康统计年鉴 2018》[6]数据显示，2017 年心脑血管疾病、癌症和慢性呼吸系统疾病是导致我国城乡居民死亡的主要死因，其中，慢性病出院病人数和人均医疗费用持续上升，已成为危害我国国民健康的头号杀手。据《中国居民营养与慢性病状况报告(2015 年)》[7]发布的数据，中国因慢性病导致的死亡人数已占到全国总死亡人数的 86.6%，导致的疾病负担费用约占总疾病负担费用的 70%。在北京召开的第二届中国家庭健康大会上发布的《中国家庭健康大数据报告(2017)》[8]显示，在 2017 年在线就诊中，慢性病多发科室的患者量达到了总患者量的 32.2%，较 2013 年增加了 8.2%。白领阶层健康状况出现下滑态势，食物结构和营养失衡以及不良生活习惯导致该阶层人群出现越来越多的高血压、糖尿病等传统意义上的老年病。与 2013 年数据相比，2017 年我国一线城市白领中高血压患者和糖尿病患者的平均年龄均有下降。

总之，我国目前正面临着严峻的营养健康挑战，大力发展食品营养健康产业迫在眉睫。

4.3　食品营养健康产业是厚植“健康中国”的根基

4.3.1　健康中国，营养先行，食品营养是健康的基础

针对营养健康状况面临的严峻挑战，党中央、国务院及时提出了“健康中国”的国家

战略。“健康中国”由每一个健康的个体组成，而营养是关系个体疾病预防、治疗和健康维护的最基本要素。“健康中国”，营养先行，营养是健康促进和疾病预防中不可或缺的重要组成部分，“七分养，三分疗”。离开疾病谈营养是空谈，离开营养谈防慢病是空想，只有将两者有机结合起来，发挥营养保健康、营养促健康的作用，才能真正达到全面助力“健康中国”的效果。“健康中国”是一项集社会、环境、经济、文化于一体的宏大系统工程，不能简单地只考虑医疗因素，要警惕“健康中国”滑向“医疗中国”。做好食品营养工作是建设健康中国的基础，是贯彻落实《“健康中国 2030”规划纲要》[9]的重要举措，更是实现中华民族伟大复兴“中国梦”的坚强基石。

4.3.2　食养康养，“让食物成为你的药物，而不要让药物成为你的食物”

民以食为天，食以养为先，要达到营养健康的目标，首先要大力发展食品营养健康产业。古希腊哲学家、医学家，被称为“医学之父”的希波克拉底有句名言：“让食物成为你的药物，而不要让药物成为你的食物”。自古至今，世界各个国家和民族，人生病莫不首选更安全的食疗，这是人类与大自然长期相处的智慧，也被我国几千年的历史与实践所证明。用食物防病治病，是中华民族传统医学的根基。两千多年以前的周代，设置的四种医学中便有“食医”，且“食医”为先，是优先考虑的治病手段。战国时期的《黄帝内经》亦主张：“无毒治病，十去其九。谷肉果菜，食养尽之”。唐代的药王孙思邈主张“食治”，即用食物治病，“为医者，当晓病源，知其所犯，以食治之，食疗不愈，然后命药”，宋代的《圣济总录》专设食治一门，介绍各种疾病的食疗方法。因此，加快我国食品营养健康产业发展，改善国民营养健康状况，是筑牢“健康中国”的根基。

4.4　我国食品营养健康产业发展面临诸多瓶颈

加快我国食品营养健康产业发展已迫在眉睫，但由于法律法规不健全、市场不规范、消费者信任不足、进口产品竞争力大等因素，该产业目前与发达国家存在较大差距，正遭遇严重的发展瓶颈。

4.4.1　教育体系不完善，食品营养专业人才缺乏

食品营养健康产业是一个涵盖食品科学、生物、医药、化学等多学科的综合交叉领域，需要从人体的营养代谢、病理与健康状况、基因组学和个性化营养等多方位开展基础研究。目前，我国开设食品科学与工程专业的高校有 325 家，而设有食品营养专业的不到 30 家，营养与健康食品领域内不同层次人力资源相对短缺，国家级和省部级重点实验室、研发中心和工程中心等平台尚不完备，现有的学科和专业分类无法涵盖科学研究发展的需求，没有独立的学科和专业，不能引导各学科交叉形成综合研究力，很难满足食品营养健康产业快速发展的需求，亟待加强营养健康学科、专业和平台建设。

4.4.2　制度与法律法规不健全，功能声称缺乏共识

发达国家和地区相关法律法规较为完善，美国、欧盟等一直对营养健康食品按品类区

分，执行不同的标准分类监管。如美国食品药品管理局(FDA)专门制定了《营养标签与教育法》《膳食补充剂、健康与教育法案》等法规，对健康食品和膳食补充剂进行分类管理。在欧盟及澳大利亚，除了“降低疾病危险性”的功能声称外，管理机构对其他健康声称如营养素功能声称等仅需普通的审批程序。日本健康相关食品被划分为“健康食品”和“保健功能食品”两大类，建立不同的标准，采取不同的管理方式。“健康食品”不得有功能声称，而“保健功能食品”则可以有功能声称[10]，包括特定保健用食品(foods for specified health uses，FOSHU)、营养素功能食品(foods with nutrient function claims，FNFC)和功能性标识食品(foods with function claims，FFC)三大类，分别采取个别许可审批、规格标准审批以及备案制管理方式进行功能声称的管理。随着科技支撑、产品成熟以及市场需求的不断变化，FOSHU 的个别许可型审批制也逐步调整，增加了“规格标准 FOSHU”、“降低疾病风险 FOSHU”以及“附带条件 FOSHU”等审批方式[11]。到 2015 年，日本建立“功能性标识食品体系”，一方面契合了近年来联合国粮食及农业组织和世界卫生组织共同提出的发展营养导向型农业和食品体系的倡导，强调了营养与健康关系；另一方面也可以给消费者提供更多准确、贴切的保健功能食品讯息，使消费者能够根据自身的膳食情况，合理选择维持/增进自身健康的产品。

而我国在这方面整体上处于发展起步阶段，涉及营养健康领域的基本制度与法律法规大多处于空白状态，亟待补齐制约发展的诸多短板。我国具有功能声称的食品主要是保健食品(包括补充维生素、矿物质的营养素补充剂)，已于 2016 年 7 月 1 日开始实施《保健食品注册与备案管理办法》，并发布了《营养素补充剂原料目录》《营养素补充剂保健功能目录》等附件，对营养素补充剂采用了备案管理方式。而保健食品的原料目录、功能目录等相关附件尚未发布，保健食品仍实行注册制，这与日本 FOSHU 产品的个别许可制相似。按照现有管理模式，大部分营养健康食品种类不能标示和宣传任何功能，只有保健食品能够宣称原卫生部批准的 27 种功能。但“权健”事件发生后，国家职能部门及公众对保健食品及功能声称争议较大，部分原有功能声称甚至有被取消的危险。一旦要求在标签上不能标注功能声称，必将严重阻碍我国食品营养健康产业的发展。目前我国尚无一般“健康食品”的管理标准，仅对具有功能声称的保健食品进行管理，其弊端是不仅导致保健食品的审批门槛低，并且面对市场上出现的并未注册为保健食品的所谓“功能性饮料”“功能性糖果”等产品进行管理时又无标准可依。

4.4.3　标准体系不完善，行业自律缺乏约束

与日本、美国等发达国家相比，我国食品营养健康行业起步较晚，相关标准体系仍不健全。

第一，营养健康食品原料纳入困难。在纳入原料目录时，需要根据原料所属产品、所含标志性成分和受众范围，制订该原料每日用量的最低值和最高值，存在一定难度。此外，部分营养健康食品原料属于食药两用资源，其配方可能来自民间传统，不同企业在获取配方时有差异，其制作产品标准的指标就有所差异。

第二，营养健康食品污染物和有害物质指标选择困难。多数营养健康食品原辅料及制作工艺较为复杂，相关类属交叉，无法确定相关制订指标。而目前缺乏相应的涵括各类营

养健康食品的国家标准，这就导致有些保健食品企业为了寻求利益，寻找现行标准的漏洞，或在类属交叉的情况下规避较为严格的污染物和有害物质的限量，在制定企业标准时投机取巧，导致产品的安全性和有效性不能确保，也导致消费者对保健食品的信任危机。因此，需加强检测技术标准化研究，促进食品安全水平不断提升[12]。

第三，营养健康食品标准的通用性与可靠性有待提高。除特殊膳食食品外，我国未出台相关的国家质量安全标准对营养健康食品的功效成分及标志性成分做出规定。现行的《食品安全法》将保健食品纳入特殊食品实施监督管理，但根据《食品安全国家标准　保健食品》(GB 16740—2014)的规定，除产品原辅料、感官要求及理化指标外，其余指标如污染物限量、真菌毒素限量、微生物限量、食品添加剂和营养强化剂等各指标的制定基本是由保健食品类属决定的[13]。也就是说，在此标准中，保健食品的各个指标参考值与普通食品是相同的。而利用新食品原料和食药同源原料开发的食品更是缺乏相关标准法规。虽然营养健康食品并无治疗的效果，但其具有远高于普通食品的标志性成分(维生素、矿物质及其他功效成分)，故把营养健康食品的标准按照普通食品来制订既不符合营养健康食品的特性，也不利于食品营养健康行业的长远发展。随着食品营养健康行业的不断发展，原料和功效成分的范围越来越广，检验的项目及方法也需要不断地扩充及修订。而目前营养健康食品法规标准有缺失，覆盖范围和更新速度远落后于食品营养健康行业的发展，很大程度上阻碍了我国食品营养健康产业走向国际的步伐，导致其发展速度落后于国际先进水平。

4.4.4　产品创新不足，进口依赖度偏高

在发达国家，营养健康食品可预防慢性病已逐步形成共识，欧盟等发达国家和地区在功能性食品降低疾病风险方面研究比较深入，为营养健康食品的研发提供了理论支持和临床实践指导。而我国大多数相关企业投资与生产规模小，研发投入和成果转化率不高，造成产品低质量重复，缺乏国际竞争力。

第一，产品特色不够鲜明。我国有丰富的传统特色食品资源，以及源远流长的食药同源、食疗胜于药疗的文化传统，营养健康食品开发具备得天独厚的优势，但目前市面上的产品特色不够鲜明，如何结合传统中医药和养生保健理论，利用我国特有动植物资源开发具有民族特色的营养健康食品[14]，以及用于补充人体蛋白质、维生素、活性多糖[15]、脂肪酸、矿物质等膳食补充剂，不断满足和引导健康消费需求，开发适合不同人群的营养健康食品，有效预防和降低慢病风险，是食品营养健康产业急需解决的问题[16]。

第二，产品形态较为单一。硬胶囊、片剂、口服液目前仍是我国营养健康食品的三大主流形态，这些非传统形态的营养功能食品具有服用方便、易于携带等优点，但同时给人一种吃药的强烈感受，对于儿童、青少年这类消费者尤其不易接受。真正以普通食品载体形式出现、让消费者享受到食品特有“色香味”感受的营养健康食品很少，并且缺乏高、中、低的梯度化产品系列。如何改观营养健康食品的形象，回归其食品的本质属性，将其与老百姓的一日三餐饮食结合起来，是一个值得认真研究的问题。

第三，营养健康食品制造水平有待提高。我国营养健康食品相关的机械装备制造业具备相当大的规模，但在机械产品的设计、制造工艺、自控程度以及智能制造等方面还达不到国外先进水平。高端智能设备的研发投入和研发能力与国外知名制造商仍然存在较大差

距，设备的核心组件和配件的仿制产品多，自主创新研发的产品比例较低。与“工业 4.0”战略[17]中提出的在生产制造过程中与设计、开发、生产有关的数据将通过传感器采集并进行分析，形成可自律操作的智能生产系统差距较大。同时，食品营养健康行业的原料综合利用率和废弃物直接资源化或能源化的比例较低，产业链条有待进一步完善。

第四，基础研究相对薄弱，科技与创新投入待加强。我国食品营养健康中小型企业的科研投入较低，特别是在基础研究方面，研发水平滞后于西方国家。在功能成分活性保持、货架期预测、营养功能因子代谢等关键技术方面存在一定差距。目前我国食品营养健康产业中的基础研究主要集中在一些科研院所和大型企业，在产学研结合和技术成果推广方面尚缺乏施之有效的平台和措施，导致技术成果与企业生产不能实施有效对接。如何建立有效的技术交流平台，实施科技成果在企业的零距离转化、无缝对接是急需解决的问题。欧盟委员会公布的《2017 全球企业研发投入排行榜》显示，全球有 47 家食品饮料企业进入榜单，其中日本 17 家，美国 13 家，而中国仅 3 家。此外，跨境市场规模快速膨胀、原料及设备依赖进口等原因，导致我国相关产业进口依赖度高。

4.4.5 健康意识不强，非理性消费剧增

美国、德国等发达国家自 20 世纪 50 年代末起就提出健康管理的概念，通过近 60 年的教育与实施，这些国家的消费者个人健康意识强，大多将健康消费作为预防疾病的主要手段。消费者自觉地消费营养健康食品，已形成与日常食品消费无异的消费文化与习惯。美国的孩童自幼儿园起就接受专门的食品营养课程教育，学习健康饮食知识。约 60% 或更多的美国人部分或非常相信某些食品和饮料能够提供多种健康利益，超过 80% 的正在或将要消费这些食品或饮料。美国消费者主要偏重于降低患病风险的功能食品，产品功能主要集中在降低肥胖、糖尿病、癌症等疾病风险。此外，增强免疫、延缓衰老及改善胃肠道功能等作用的食品或饮料也日益受到关注[18]。而我国消费者对营养健康食品的了解大多来自广告宣传或功能食品商家自行组织的各种形式的直销活动，部分诚信意识淡薄的中小企业，违法违规生产经营，误导消费者，使得我国消费者长期处于被动治病状态，主动选择营养健康食品“治未病”的健康管理意识严重不足。加之相关宣传教育不到位，消费者健康素养偏低，健康管理理念和知识缺乏，导致非理性盲目消费剧增。

4.5 加快我国食品营养健康产业发展的对策建议

为适应新时代营养健康的新内涵，应对国民营养健康状况面临的严峻挑战，在研究先进国家成功经验的基础上，提出以下 6 项建议。

4.5.1 建立中国特色科技支撑体系，提高食品营养健康产业创新能力

建议国家发改委、科技部、农业农村部等在制订“十四五”国家科技发展规划及《国家中长期科技发展规划纲要(2021～2035)》和《国家乡村振兴战略规划》中，要重点考虑食品营养健康产业从基础研究到前沿技术、产业化示范等多层面系统布局，形成原始创新的理论与技术支撑；以我国居民营养代谢、消费习惯、口味偏好、饮食文化为基础，对大

宗和特种食材原料，以及全国上万种菜肴、数千种主食涉及的营养品质、加工特性等开展系统调查和评价，建立中国人自己的食材、食物、食谱营养大数据库，构建以优质动植物性食物为主、符合中国人饮食习惯和中华民族遗传生理特征的，覆盖食物营养供给、需求、代谢与健康全过程的创新研究体系，构建全产业链、全周期、全时段的营养健康评价和创新能力体系，推进符合我国国情的食品营养健康产业的发展；充分发掘我国丰富的传统食品资源，根据疾病谱、慢病谱和营养谱的变化，开发适合不同人群的营养健康食品；重点开发打造具有中国特色的营养健康产品，尤其是要大力开发我国独特的食药两用资源食品[19]，将传统中医理论与现代营养学相结合，将传统食疗配方与现代食品工艺相结合，发挥食疗食品改善国民营养健康状况的独特作用，推进食疗产业发展。规划建设一批国家级营养健康食品研发、加工、检测等重点实验室、科技创新中心和产业创新平台，发展新理论、新方法、新途径，突破新技术，创制新产品，研发新装备，制定新标准，培育新动能，发展新产业，抢占营养健康食品领域国际竞争战略制高点。强化企业科技创新能力，加大科研经费投入，突破食品营养健康产业关键技术瓶颈，在相关龙头企业进行产业化示范，推进培育优势品牌，提高品牌社会知名度，促进产业结构的改善及产业布局的合理化。通过相关技术创新、技术开发、技术集成、技术中试、技术熟化、技术与知识产权转让、技术入股、IPO 等多种途径模式和机制，以主体企业化、机制市场化、要素国际化等先进的管理和运行机制，引领和驱动我国食品营养健康产业发展，提升产业的国际竞争力。

4.5.2　健全营养标签与标准体系，引导产业可持续发展和理性消费

建议国家卫健委、市场监管总局等尽快明确营养健康食品的范畴和标准，把发展食品营养健康产业提升到我国食品行业供给侧改革、改善国民营养健康状况的战略高度；充分借鉴发达国家在营养健康食品管理方面的成功经验，在相关条件成熟的情况下，考虑建立类似“规格标准 FOSHU”、“降低疾病风险 FOSHU”以及“附带条件 FOSHU”等分类审批与管理模式，既节省重复注册审批的资源，又顺应市场需求，推进健康食品的分类发展。充分考虑我国几千年历史形成的以中医、中药为基础的食疗食养文化，制定符合我国国情的营养健康食品标准体系；对于目前争议较大的保健食品产业，应尽快出台功能评价方法和市场监管细则，以保障产业和市场的良性发展；要改革现行的医院科室体系，强化营养科室在各级医院架构中的基础地位和主导作用，将国民健康的战略重点从“治末病”逐步引导到以预防为主的“治未病”，建立科学权威的营养健康科普宣传平台，通过营养宣传和科学普及，使社会成员正确认识食品营养对健康的重要性，引导消费者特别是老年群体正确看待和理性消费保健食品，开启营养健康食品消费的新时代。

4.5.3　加强信息技术融合，研发基于工业 4.0 和个性化的食品智能制造

建议国家发改委、工信部等加快推进食品企业生产、设备、能源和供应链管理的智能化，将工业 4.0、3D 打印技术等逐步引入食品产业，形成集感知、分析、推理、决策和控制为一体的营养健康食品智能制造体系，提升食品工业创新能力和食品安全保障水平；发展基因检测、蛋白质组学、代谢组学、营养组学和微生物组学等技术与手段，创建不同人群健康大数据，建设营养健康实时在线监测跟踪与服务系统，针对不同人群健康状况提供

个性化营养预测、营养监测和精准营养干预解决方案；促进生产环节与消费者需求的信息化有机耦合，针对不同人群的营养健康需求，在 3D 打印技术和装备[20]同食品营养科学的结合下，实现营养健康食品的智能制造。在规模化水平上满足消费者个性化需求，推动从群体营养保障到个性化营养供给的发展，改善居民的膳食营养结构，加快传统食品产业的提质增效和转型升级，全面促进我国食品工业向智能化制造方向发展。

4.5.4　加强食品营养健康专业人才培养，为产业提供智力支持和人才保障

建议教育部等研究设置全新的“食品营养健康科学”专业，大力发展相关学科建设，培养营养健康产业相关领域多层次复合型人才；以培养创新型人才、急需专业人才和高技能人才队伍为先导，统筹专业技术和经管人才队伍建设，形成以科研领域和学术课题为纽带，学术带头人、中青年科研骨干和年青后备科研人才有机结合的创新型研究团队，在管理上形成促进学术交流、学科交叉和团队协同奋斗的激励机制，建立起一支学科齐全、掌握现代科学技术知识、具有较高学术水平和科技创新能力的功能食品科研队伍；加大海外高层次人才引进力度，加速产业高端人才的国际化进程，为食品营养健康产业发展提供强大的专业人才资源。在中小学试点开设食育课，在有条件的食品加工企业设立面对中小学生和家长的食品试做室，使学生从小养成科学的饮食消费习惯。

4.5.5　出台食品营养健康产业支持政策，营造产业发展良好环境

建议国家发改委、财政部、卫健委等研究制定有利于食品营养健康产业发展的政策和宏观调控举措，制定“十四五”食品营养健康产业发展规划，进一步落实《国民营养计划(2017～2030)》，明确食品营养健康产业引导政策和发展方向；出台鼓励和扶持产业发展的财政、信贷和税收优惠政策，设立食品营养健康产业引导基金，对企业引进新技术、新设备给予优惠贴息贷款；对开展科技创新的企业减征税收，引导产业步入健康发展轨道，促进食品营养健康产业快速发展。加强科研经费投入，突破营养健康食品行业系列技术瓶颈，重视营养健康食品的质量稳定和临床研究；强化企业科技创新能力，鼓励高等院校、重点科研院所、大型企业共同开展营养健康食品的协同创新，提高成果转化率。

4.5.6　加强国家层面的制度和法律法规建设，保障全民族营养健康事业长期稳定发展

建议全国人大、国家发改委、卫健委、农业农村部围绕建立科学高效的国家食品营养健康事业发展的制度体系、法律法规体系、政策体系、管理体系、科技创新体系、教育体系、产业体系、生产体系、经营体系和人才体系等，设置专门的研究课题，深入开展战略研究、顶层设计和系统规划，提出相应的制度、立法、政策和决策建议，供国家决策和立法参考，形成涵盖全产业链的长效机制，为“健康中国”早日实现提供制度、法制和政策保障。

参 考 文 献

[1] 王克群. 加快推进健康中国建设的意义与对策——学习习近平总书记在全国卫生与健康大会上的讲话[J]. 前进, 2016,(10): 26-29.

[2] 戴小枫. 拥抱食物与营养健康产业发展机遇期　加速健康中国社会建设[J]. 生物产业技术, 2017, (4): 1.

[3] 世界卫生组织. 世界卫生统计 2018[R]. 日内瓦: 世界卫生组织, 2018.
[4] IFPRI. 2018 全球营养报告[R]. 北京: IFPRI, 2018.
[5] 国家卫健委. 2017 年我国卫生健康事业发展统计公报[R]. 北京: 国家卫健委, 2018.
[6] 国家卫健委. 中国卫生健康统计年鉴 2018[R]. 北京: 国家卫健委, 2018.
[7] 国家卫计委. 中国居民营养与慢性病状况报告(2015 年) [R]. 北京: 国家卫计委, 2015.
[8] 中国卫生信息与健康医疗大数据学会家庭健康专委会. 中国家庭健康大数据报告(2017) [R]. 北京: 中国卫生信息与健康医疗大数据学会家庭健康专委会, 2018.
[9] 中共中央, 国务院. “健康中国 2030”规划纲要[M]. 北京: 人民出版社, 2016.
[10] 马于巽, 段昊, 刘宏宇, 陈文. 日本健康相关食品的分类与管理[J/OL]. 食品工业科技, http://kns.cnki.net/kcms/detail/11.1759.TS.20181107.1144.012.html.
[11] Iwatani S, Yamamoto N. Functional food products in Japan: A review[J]. Food Science & Human Wellness, 2019, 8(2): 96-101.
[12] 庞国芳, 范春林, 常巧英. 加强检测技术标准化研究促进食品安全水平不断提升[J]. 北京工商大学学报(自然科学版), 2011, 29(3): 1-7.
[13] GB 16740—2014. 食品安全国家标准　保健食品[S]. 2014.
[14] 朱蓓薇. 聚焦营养与健康, 创新发展海洋食品产业[J]. 轻工学报, 2017, (1): 1-6.
[15] 聂少平, 唐炜, 殷军艺, 谢明勇. 食源性多糖结构和生理功能研究概述[J]. 中国食品学报, 2018, 18(12): 1-12.
[16] 国家发改委, 工信部. 食品工业“十三五”发展规划[R]. 北京: 国家发改委, 工信部, 2016.
[17] 王喜文. 工业 4.0(图解版): 通向未来工业的德国制造 2025[M]. 北京: 机械工业出版社, 2015.
[18] 林雨晨. 全面解析美国膳食补充剂行业现状[J]. 食品安全导刊, 2016, (6): 19-21.
[19] Liu C X. Understanding “medicine and food homology”, developing utilization in medicine functions[J]. Chinese Herbal Medicines, 2018, (4): 337-338.
[20] Godoi F C, Prakash S, Bhandari B R. 3d printing technologies applied for food design: Status and prospects[J]. Journal of Food Engineering, 2016, 179: 44-54.